電機工程概論

第六版

Principles and Applications of Electrical Engineering, 6e

Giorgio Rizzoni
The Ohio State University

James Kearns
York College of Pennsylvania

林熊徵　何岳璟　何孟芬　蔡忠和　游信強
編譯

國立勤益科技大學電子工程系、修平科技大學電子工程系

McGraw Hill Education

國家圖書館出版品預行編目資料

電機工程概論/ Giorgio Rizzoni, James Kearns 著；林熊徵、何岳璟、何孟芬、蔡忠和、游信強 編譯. -- 二版. -- 臺北市：麥格羅希爾, 2016.08
　　面；　公分. -- (電子／電機叢書；EE036)
　　譯自：Principles and Applications of Electrical Engineering, 6e.
　　ISBN 978-986-341-274-8 (平裝)
　　1. 電機工程
448　　　　　　　　　　　　　　　　　　　　　　105014551

電子／電機叢書　EE036

電機工程概論 第六版

作　　　者	Giorgio Rizzoni, James Kearns
編 譯 者	林熊徵 何岳璟 何孟芬 蔡忠和 游信強
教科書編輯	李協芳
特 約 編 輯	吳育燐
企 劃 編 輯	陳佩狄
業 務 行 銷	李本鈞 陳佩狄 林倫全
業 務 副 理	黃永傑
出　版　者	美商麥格羅希爾國際股份有限公司台灣分公司
地　　　址	台北市 10044 中正區博愛路 53 號 7 樓
讀 者 服 務	E-mail: tw_edu_service@mheducation.com
	TEL: (02) 2383-6000　　FAX: (02) 2388-8822
法 律 顧 問	惇安法律事務所盧偉銘律師、蔡嘉政律師
總經銷(台灣)	臺灣東華書局股份有限公司
地　　　址	10045 台北市重慶南路一段 147 號 3 樓
	TEL: (02) 2311-4027　　FAX: (02) 2311-6615
	郵撥帳號：00064813
網　　　址	http://www.tunghua.com.tw
門　　　市	10045 台北市重慶南路一段 147 號 1 樓　TEL: (02) 2382-1762
出 版 日 期	2016 年 8 月（二版一刷）

Traditional Chinese Abridged Copyright © 2016 by McGraw-Hill International Enterprises, LLC., Taiwan Branch
Original title: Principles and Applications of Electrical Engineering, 6e.　ISBN: 978-0-07-352959-2
Original title copyright © 2016 by McGraw-Hill Education
All rights reserved.

ISBN：978-986-341-274-8

※著作權所有，侵害必究。如有缺頁破損、裝訂錯誤、請寄回退換

尊重智慧財產權！

本著作受銷售地著作權法令暨國際著作權公約之保護，如有非法重製行為，將依法追究一切相關法律責任。

譯者序

譯者任教於技職專科院校多年，有感於國內學子普遍對於專業英文書籍的閱讀力不從心，因而常造成學習上的困難，殊屬可惜。有鑑於此，因而決定共同努力在最短的時間內完成本書之翻譯，在字句上儘量以一般常用的中文呈現，希有助於莘莘學子排除語文的障礙，進而在電機工程的學習上有所收獲。本書之所以如期翻譯完成，要特別感謝美商麥格羅‧希爾國際股份有限公司台灣分公司的協助，還有所有參與翻譯的夥伴們犧牲了許多休閒時間所換來的成果，在此一併表達感激之意。

本書譯自 Giorgio Rizzoni 及 James Kearns 的 PRINCIPLES AND APPLICATIONS OF ELECTRICAL ENGINEERING（Sixth Edition），內容編排兼具邏輯與嚴謹架構，並輔以許多工業界應用範例，融入作者與業界合作的研發成果。本書旨在也能讓其他工程領域學生能順利進入電機與電腦的領域。本書內容具有諸多特點：1.「學習目標」提供讀者快速瀏覽各章節的學習重點。2.「解題重點」歸納出解決問題的方法與步驟。3.「範例」整合了電機工程理論的實務應用案例。4.「檢視學習成效」讓學生確認自己學習的觀念是否正確。5.「量測重點」主要著重在電機工程相關技術延伸到量測實務上。

本書分為兩大部分，第一部份是電路，包括第 1 章電機工程概論，第 2 章基本電路，第 3 章電阻性網路分析，第 4 章交流網路分析，第 5 章暫態分析，第 6 章頻率響應與系統觀念，第 7 章交流電源。第二部份則為電子學，其中包括第 8 章運算放大器，第 9 章半導體與二極體，第 10 章雙極性接面電晶體，第 11 章場效電晶體，第 12 章數位邏輯電路。本譯本因限於篇幅，並未收錄電力電子的部份。若讀者有興趣的話，可自行參考相關的書籍。本書雖以非電機工程學生為主要對象，但內容所涉及的電機專業知識一點也不亞於電機工程系所教科書的廣度與深度。換句話說，其它工程領域的學生可藉由本書學習到電機工程最核心的理論。另外一方面，本書對於入門階段的學生是相當實用的教材，不但提供了電機所需的基本知識與技能，並與目前最新工業界實務應用有相當程度的連結，絕對是一本相當值得推薦的經典之作。

林熊徵 何岳璟 何孟芬 蔡忠和 游信強
謹識於國立勤益科技大學電子工程系、修平科技大學電子工程系

譯者簡介

林熊徵

現職
國立勤益科技大學電子工程系教授

學歷
澳洲斯威本科技大學（Swinburne University of Technology）電機工程博士

經歷
國立勤益科技大學電子工程系系主任

專長領域
雲端監控、自動量測、訊號分析、機電整合

何岳璟

現職
國立勤益科技大學電子工程系教授

學歷
國立成功大學電機工程學系博士

經歷
國立勤益科技大學電算中心網路及系統服務組組長
樹德科技大學電腦與通訊系所助理教授

專長領域
光纖通訊元件設計、光纖感測元件設計、數值運算

何孟芬

現職
修平科技大學電子工程系副教授兼系主任

學歷
國立清華大學電機工程學系博士

經歷
工研院電子所助理工程師

專長領域
影像處理、視訊處理、單晶片應用

游信強

現職
國立勤益科技大學電子工程系副教授

學歷
國立交通大學電子工程系所博士

專長領域
奈米製造、奈米元件、軟性電子

蔡忠和

現職
國立勤益大學電子工程系助理教授

學歷
德州阿靈頓大學電機研究所碩士

經歷
環隆科技股份有限公司研發課長
國興資訊股份有限公司專案經理

專長領域
嵌入式系統應用、訊號量測介面、遊戲機系統

作者簡介

Giorgio Rizzoni 是福特汽車公司機電系統部門主管,目前亦擔任 Ohio State University (OSU) 機械與航太工程系及電機與電腦工程系教授,於 1980 年,1982 年,1986 年先後取得 University of Michigan 電機與電腦工程的學士、碩士與博士學位。從 1990 年起,他就一直擔任 Ohio State University(OSU) 自動化研究中心及工程學院跨領域研究中心主任。

Rizzoni 的研究領域,主要是在未來陸上車輛推進系統的動態與控制方面,包括先進引擎、新型燃料、電力與油電傳動系統、儲能系統、燃料電池系統等。同時,他也在這些領域開設了許多研究所課程。

Rizzoni 在 1999 年創立了自動化工業研究協會,2008 年創立了 SMART@CAR 協會,著重在插入式油電混合車以及車輛電網的發展,2009 年創建了 Center of Excellence for Commercial Hybrid Vehicles,進而與工業界建立了合作關係。在 2010 年,與 CAR Technologies LCC 及其他工業界夥伴合作,成立了「儲能技術卓越發展中心」(Center of Excellence for Energy Storage Technology)。

Jim Kearns 目前是 York College of Pennsylvania 電機與電腦工程系副教授,在 1982 年同時獲得 University of Pennsylvania 機械工程與經濟學雙學士學位。而在 1984 年與 1990 年,先後獲得 Camegie-Mellon University 以及 Georgia Institute of Technology 的機械工程碩士與博士學位。

Kearn 主要教學與研究領域包括聲學、機電系統。在 Universidad del Turabo 服務期間,負責規劃相關的電機工程課程。在 York College 服務時,則負責機械工程方面全新的機電整合課程,目前的研究為發展微生物燃料電池。

前言

由於電子技術的革命性發展,對世界最顯著的改變是在工程設計與分析領域上。特別在在日常生活與各種實務工程上,我們大量使用個人電腦、智慧手機、手持數位影音播放器、數位相機、觸控螢幕介面設備的相關技術,有著相當明顯的進步。也由於電機工程技術的推展,連帶對於機械、工業、電腦、土木、航太、化工、核能、材料、生物工程等其他科技領域的發展亦助益匪淺。這些快速發展的技術已深深融入至各種工程設計當中。因此,身為工程師必須具備跨領域整合的能力,才能符合科技潮流所需。

0.1　教學目標

工程教育與專業實務由於使用到最新電子技術,正持續面臨重大改變。本書從第一版問世後,最新電子技術與工程領域已明顯超過傳統電子電機工程。從各種工業生產應用了許多電子與電腦技術中就可以看出。本書主要希望工程領域的大二至研究所學生能夠更深入學習電機、電子、機電等專業科目。第二則能夠介紹這些基礎理論且著重在有效率地分析與計算。最後,並詳細闡述具體且相關實務的應用範例及練習。

0.2　本書架構

第六版在架構上做了相當幅度的調整,但最重要的核心並未有任何改變,此版調整每章節例題擺放的位置,以方便學生準備考試。本版除少數特例外,所有範例均擺在每章節最後的部分,以方便學生閱讀。此版本仍持續強化學生解決問題的能力,而在「解題重點」單元中增加詳細步驟說明,以便協助學生完成各章節習題。

第 1 部分:電路學

本書第 1 部分延續前版特色來進行改版更新。其中第 2 章一開始特別強調培養學生解析電路圖的能力,這絕對是學生是否能順利繼續學習此學科的關鍵。因為坊間多數書籍較缺少這樣的內容,結果許多學生進階到較為複雜的單元時,仍不得要領。

本書主要著重在於讓學生了解技術與實質的內容,而非計算能力。此外,在介紹解決問題的方法上也做了一些改進。學生透過本書可以思考以兩個步驟來解決問題:先簡化,然後再分析、解決。此部分也提到功率及等效電路,特別是戴維寧等效電路,還包括了暫態分析、頻率響應、基本一階與二階的電路模型等。我們鼓勵學生儘可能簡化暫態電路的問題,以便於分析。而學生在解決問題後,就會更了解模型的物理意義。

第二部分：電子學

　　第二部分特別深入電晶體電路的解題方法與技術，並以簡單有用的例題來說明。在介紹運算放大器的差異與應用之前，第 8 章鎖定三種主要的運算放大器模型（單位增益緩衝器、反相器、非反相器），第 10 章與第 11 章的重點仍為 BJT 與 FET 大訊號模型及其應用，也會介紹一些小訊號模型，以便實際用於探討 AC 放大器。這兩章不算複雜，且相當實用。

0.3　第六版特色

- 學習目標提供讀者快速瀏覽各章節的學習重點，以作為個人學習參考。
- 解題重點歸納出重要的解決問題方法與其步驟，幫助學生提升解決問題的能力。
- 範例介紹電機工程實務應用案例，並整合解題重點、循序漸進地說明。
- 檢視學習成效安排在範例後，讓學生得以確認自己學習的觀念是否正確。
- 量測重點主要著重在電機工程相關技術延伸到量測實務上。

目次 contents

譯者序　iv
作者簡介　vi
前言　vii

1 Chapter
電機工程概論　1

1.1　電機工程學　1
1.2　機電系統設計的基礎——電機工程　3
1.3　電機工程簡史　13
1.4　符號　15
1.5　單位系統　16
1.6　本書特色　16

習題　18

Part 1　電路　19

2 Chapter
基本電路　19

2.1　網路與電路特性　20
2.2　電荷、電流與克希荷夫電流定律　25
2.3　電壓與克希荷夫電壓定律　31
2.4　功率與被動符號規則　36
2.5　i-v 特性與電源　40
2.6　電阻與歐姆定理　43
2.7　串聯電阻與分壓定理　51
2.8　電阻並聯與電流分流　53
2.9　兩節點間的等效電阻　59
2.10　實際電壓源與電流源　65
2.11　量測裝置　67
2.12　電源與負載的關係　70

習題　74

3 Chapter
第 3 章　電阻性網路分析　79

3.1　網路分析　79
3.2　節點電壓法　80
3.3　網目電流法　91
3.4　含有相依電源的節點與網目分析　100
3.5　重疊原理　105
3.6　等效網路　109
3.7　最大功率傳輸　132
3.8　非線性電路元件　135

習題　140

4 Chapter
第 4 章　交流網路分析　145

4.1　電容與電感　146
4.2　時間相依的電源　161
4.3　含有能量儲存元件的電路　167
4.4　正弦波電源電路的相量解　169
4.5　阻抗　172
4.6　交流電路分析　184

習題　194

5 Chapter

暫態分析 199

5.1 暫態分析 200
5.2 暫態問題求解的要素 202
5.3 一階暫態分析 214
5.4 二階暫態分析 231

習題 256

6 Chapter

頻率響應與系統觀念 261

6.1 弦波頻率響應 261
6.2 傅立葉分析 268
6.3 低通與高通濾波器 278
6.4 帶通濾波器、共振,與品質因數 289
6.5 波德圖 299

習題 308

7 Chapter

交流電源 313

7.1 瞬時與平均功率 314
7.2 複數功率 321
7.3 功率因數校正 328
7.4 變壓器 335
7.5 三相電源 344
7.6 室內配線;接地與安全 350
7.7 發電與配電 354

習題 355

Part 2 電子學 359

8 Chapter

運算放大器 359

8.1 理想放大器 359
8.2 運算放大器 364
8.3 主動濾波器 387
8.4 積分器與微分器 393
8.5 運算放大器的物理局限 400

習題 413

9 Chapter

半導體與二極體 419

9.1 半導體元件的輸導 420
9.2 pn 接面與半導體二極體 421
9.3 半導體二極體的大訊號模型 425
9.4 半導體二極體的小訊號模型 430
9.5 整流電路 436
9.6 稽納二極體和電壓調節器 444
9.7 訊號處理的應用 449
9.8 光二極體 456

習題 460

10 Chapter

雙極性接面電晶體:操作,電路模型和應用 465

10.1 放大器和開關 466

10.2 雙極性接面電晶體（BJT） 468
10.3 BJT 的大訊號模型 476
10.4 小訊號放大器的基本介紹 485
10.5 閘極和開關 491

習題 496

11 Chapter

第 11 章 場效電晶體：操作、電路模型及應用 499

11.1 FET 種類 499
11.2 增強型 MOSFET 500
11.3 MOSFET 的偏壓電路 506
11.4 MOSFET 訊號放大器 511
11.5 CMOS 技術與 MOSFET 開關 517

習題 524

12 Chapter

數位邏輯電路 527

12.1 類比及數位訊號 527
12.2 二進制數字系統 529
12.3 布林代數及邏輯閘 537
12.4 卡諾圖與邏輯設計 549
12.5 組合邏輯模組 563

習題 570

A Appendix

線性代數與複數 573

A.1 聯立方程式，克拉瑪法則及矩陣方程式之求解 573
A.2 複數代數 575

B Appendix

拉普拉斯轉換 580

B.1 複數頻率 580
B.2 拉普拉斯轉換 583
B.3 轉移函數，極點，零點 587

C Appendix

工程師資格基礎考試 590

C.1 簡介 590
C.2 考試形式和內容 591
C.3 電力與電磁實務問題 591

D Appendix

ASCII 字元碼 596

名詞索引 599

1 電機工程概論

本章主要簡介最新電機工程相關技術的介紹及其未來展望。當學生們接觸到這個章節時，第一個浮上心頭的疑問，可能是為什麼要學習電機工程？事實上，本書的主要讀者是工程背景（含電機工程）的學生。所以上述此問題在書中會有合理的說明，也會進行一些討論。本章一開始先對電機工程定義出各種不同分枝的領域，探討之間的關係，以及藉由實際的例子詳盡說明電機工程如何與其他工程領域連結。在1.2 小節中，將會介紹機電系統工程，並以實例建立跨領域機電產品設計的基礎。內容亦會以簡要的歷史觀點，來看這個相對而言是門新興專業領域的發展過程。1.3 小節簡短回顧電機工程學的歷史發展，1.4 小節介紹基本物理量、單位系統及數學符號定義等，以利後面章節的學習。最後，1.5 小節介紹本書架構，建立學生與教師對於不同章節的連續整體概念。

1.1 電機工程學

大學部電機工程系的學生一般應修課程如表 1.1 所列，雖然，其中某些課程之間不全然有明顯的區隔，但已足夠提供學習電機工程參考的指標。本書的目的在於建立工程科系的學生對於電機工程學的基礎概念，這些知識極可能未來會與他們在專業領域上有所關連。所有列在表 1.1 中的領域，在本書上均會有適度的涉獵。例題 1.1 以汽車為例，說明了相當普遍的電子、電機、電動機械的裝置及其系統上的應用。當看過這個例子之後，再去參考圖 1.1 與表 1.1，就會獲得更多的啟發。

表 1.1 電機工程領域

電路分析
電磁學
固態電子學
電機機械
電子系統
數位邏輯電路
電腦系統
通訊系統
光電
儀表系統
控制系統

圖 1.1 電機工程領域

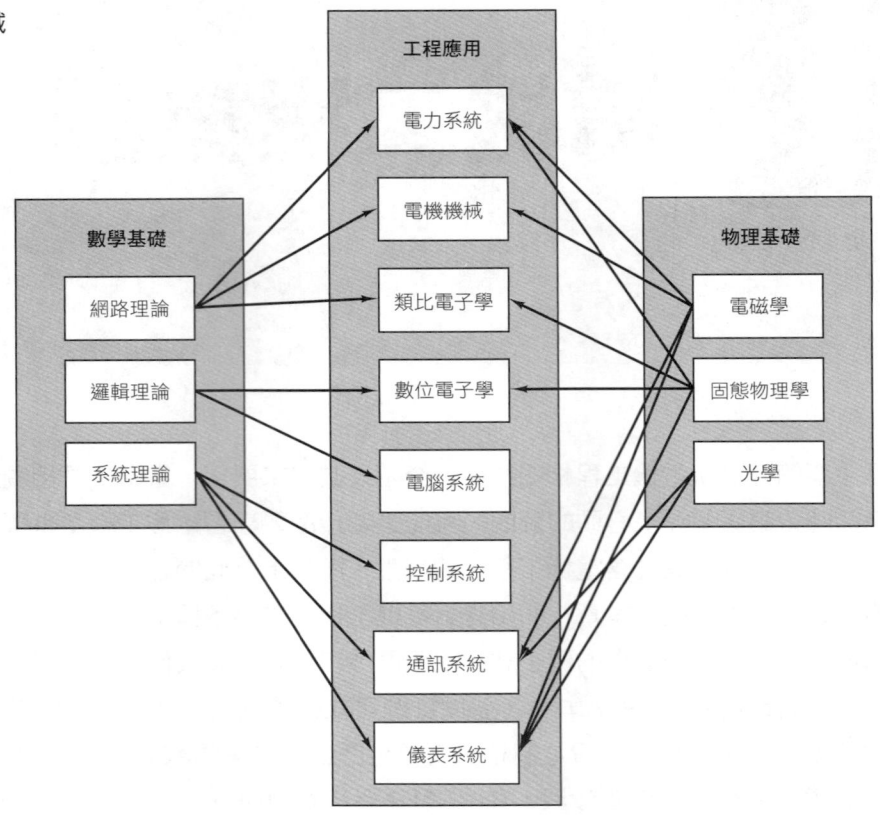

```
數學基礎              工程應用              物理基礎
                    電力系統
  網路理論            電機機械              電磁學
  邏輯理論            類比電子學            固態物理學
  系統理論            數位電子學            光學
                    電腦系統
                    控制系統
                    通訊系統
                    儀表系統
```

範例 1.1　小客車的電機系統

　　看似不同電機工程的專業領域之間，在實務上是如何順暢地一起運作？我們就以大家相當熟悉的汽車工程系統來做說明。圖 1.2 呈現一部現代化汽車的電機工程系統。就算是較舊型的汽車，電機系統——亦即電路——在整體汽車運作上也扮演重要的角色（第 2 章與第 3 章會介紹基礎的電路）。利用感應線圈可以產生足夠高的電壓而形成火花，然後進入火星塞間隙以點燃汽油與空氣的混合物。線圈之電源來自鉛酸電池的直流電壓，點火電路在第 5 章會加以介紹。電池除了可以供應點火電路所需的能量之外，也提供其他電子元件所需的電源，如電燈、雨刷、音響等。電路接配線所構成的複雜電路（圖 2.15）負責將電能（第 7 章）從電池傳送到各元件。電子燃油噴射與點火系統大量使用精密電子電路，相關電晶體與電子元件在第 8 章至第 10 章會加以介紹。

　　其他的電機工程領域的應用在汽車上相當常見，例如，收音機藉由天線接收電磁波，然後解調還原成原來的聲音。其他常見的*通訊系統*應用如衛星收音機、手機等。除此之外，具有 12V *電力系統*的電池，提供了各種電路功能運作所需的能量。為了延長電池使用的壽命，車上也會安裝由發電機與電力電子元件所組成的充電系統。電力系統的介紹涵蓋在第 7 章，電力電子裝置的內容則放在第 10 章。發電機的作用就如同馬達一樣，可以驅動電動鏡子、電動窗、電動座椅以及其他讓使用者更方便的裝置。另外，擴音器亦屬於電子設備，有關油電系統與電動車的技術將更進一步在範例 1.2 與 1.3 中說明。

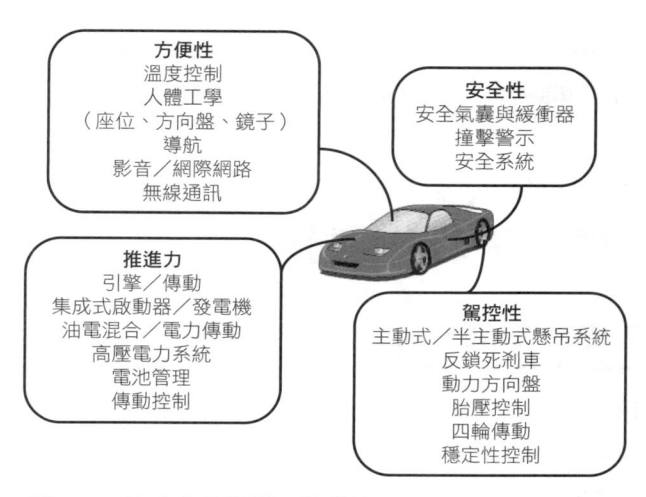

方便性
溫度控制
人體工學
（座位、方向盤、鏡子）
導航
影音／網際網路
無線通訊

安全性
安全氣囊與緩衝器
撞擊警示
安全系統

推進力
引擎／傳動
集成式啟動器／發電機
油電混合／電力傳動
高壓電力系統
電池管理
傳動控制

駕控性
主動式／半主動式懸吊系統
反鎖死剎車
動力方向盤
胎壓控制
四輪傳動
穩定性控制

圖 1.2　汽車上的電機工程系統

　　不只如此，有更多有趣的汽車所用到的電機工程技術應用其實尚未討論到，例如電腦系統。大家一定清楚，汽車的廢氣排放有害環境，因此衍生出引擎排放控制系統的議題。這類控制系統使用微處理器，接收元件（感測器）偵測訊號，如引擎轉速，廢氣中氧氣的濃度，節流閥（駕駛輸出引擎動力指令）的位置，及引擎進氣量，接著計算出最佳的汽油量與點火時間，產生最合乎當時情況、降低環境汙染的最潔淨燃油排氣。當電腦的應用越來越普遍，像是反鎖死系統、電子化控制懸吊系統、四輪傳動系統、電子巡航系統等，內建的電腦系統之間的聯繫須越來越快。在不久的將來，傳統的電路會被光纖網路與電子光學所取代。目前已有些先進的車用儀表板是使用電子光學顯示。

　　今日的汽車實受惠於通訊系統精進的發展。例如，汽車導航系統包括全球定位系統（GPS）技術，或各種通訊和網路的技術，如無線介面（例如藍芽標準），衛星無線電及駕駛輔助系統等。

1.2　機電系統設計的基礎——電機工程

　　從化學工廠到汽車，現今許多的機械與製程均需要一些電子或是電腦的控制。機械與製程的電腦化控制，在汽車、化工、航太、製造、測試，以及儀表、消費電子與工業電子等範疇均相當普遍。微電子在製造系統、工業產品及製程上的延伸應用，已讓工程系統在設計上形成一個嶄新的面貌。「機電設計」（mechatronic design）一詞雖源自日本，但在歐洲也廣泛的採用。由於機電設計主要為機械、電機、電子及軟體工程等各專業領域的整合，故儼然已成為工程設計方面的新學門。

　　工程實務的整合在大型或是較為複雜系統的設計與分析上是無可迴避的，但在獨立分門的傳統工程教育訓練中卻常被忽視。因此，本書的目標之一，就是要給各種工

程背景的學生，整合電機、電子以及軟體工程等的機會，進而應用至專業領域當中。於此，本書利用電腦輔助工具，以及提供相關範例與參考資料，我們會在 1.6 小節說明如何達成這些目標。

機電整合系統設計背後一些思考點會透過範例 1.2 與 1.3 說明：一是油電混合車 C-MAX 系列，另一個是保持路上最快紀錄的電動車。

範例 1.2　機電系統──福特 C-MAX 油電混合車

機電系統越來越廣為人知，而油電混合車（HEV）即為一例。油電混合車的傳動機組至少有 2 個動力來源，最主要是內燃機引擎，另外第二來源像是電動馬達。油電混合車之所以省油，主要是其額外加裝了混合的傳動設計與運轉，包括負載平衡、剎車能量再生、引擎關閉、引擎縮小化，以及機構控制或是機電傳動等項目。

這個例子聚焦在福特 C-MAX 油電混合車系列，如圖 1.3 所示，最近已在北美市場銷售。C-MAX 油電混合車有 2 款，一是 C-MAX *Hybrid*，另一個是插電式（PHEV）C-MAX *Energi*。兩種車款不但有更優良的省油表現，也具備消費者對同級車款所期望的舒適、性能、功能等許多特點。

福特 C-MAX HEV 總共可提供 188 匹的馬力。其使用具有 141 匹馬力的 2.0-L DOHC 內嵌式 4 汽缸阿金森循環引擎，並且結合 2 顆可瞬間傳輸動力最高可達 118 匹馬力的 AC 永磁式馬達。HEV 車款使用了 1.4 kWh 的鋰電池，而 PHEV 車款使用了 7.6 kWh 的鋰電池，續航力可達 33.8 km。兩款的最高電能均為 35 kW。

圖 1.3　福特 C-MAX 油電混合車（Courtesy of Ford Motor Company）

福特 C-MAX HEV 車款使用的四缸引擎，利用阿金森循環（Atkinson cycle）的原理運作，其非對稱性四衝程循環（four-stroke cycle）具有擴張比高於壓縮比的特性。因此，比起傳統的奧托循環（Otto cycle）更省油許多，目前大多數的汽油車均採用此種引擎。結合較高效率的阿金森循環的引擎以及雙電動馬達（如圖 1.4），在扭力與加速性方面足以媲美 V-6 引擎。然而，無論在市區或高速行駛的 5 L/100 km 耗油量卻更勝一籌。由於電池續航力的關係，插電式 C-MAX *Energi PHEV* 的省油效率較不容易精確定義，不過可以確定的是，其省油性能遠高於 C-MAX Hybrid。

圖 **1.4** HEV 傳動器（Courtesy of Ford Motor Company）

圖 **1.5** HEV 傳動器細部圖（Courtesy of Ford Motor Company）

　　傳動器剖面圖如圖 1.5 所示，包括了 2 顆 AC 永磁式馬達。透過類似於傳統自動排檔使用的行星齒輪組相互連結。這個傳動器整合了一個電力轉換器（power converter），可將電池組（如圖 1.6）提供的直流電轉換成 AC 變頻電源。除此之外，內部的電子電路還包含擁有類比與數位電路的控制

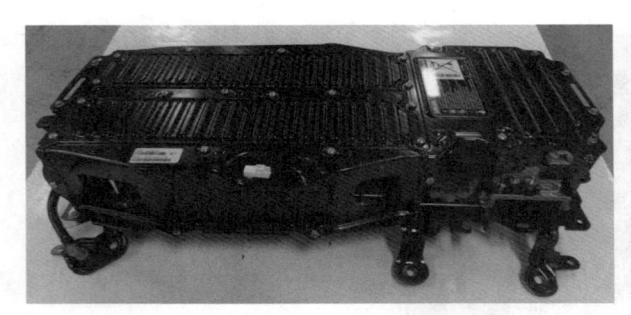

(a) C-MAX 油電車電池組

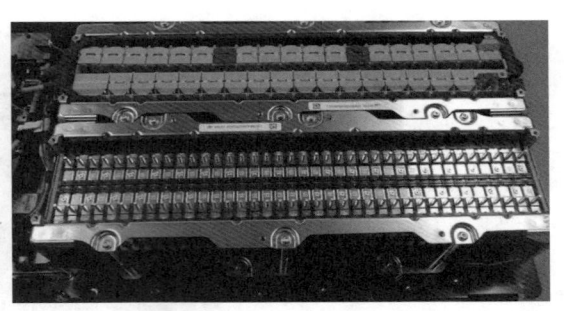

(b) C-MAX 油電車電池細部圖

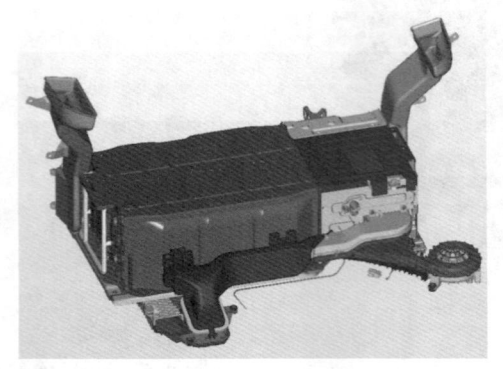

(c) C-MAX Energi 電池組

(d) C-MAX Energi 電池細部圖

圖 1.6 電池組（Courtesy of Ford Motor Company）

模組；數位電路包括微控制器，可以接收來自個感測器的訊號，以決定最佳的速度，以及提供引擎運轉時最佳的動力輸出。

　　除了儲存在傳統油箱的燃料之外，HEV 也儲存部分能量來源在電池中，圖 1.6 (a) 是 C-MAX HEV 電池的外觀圖。可以注意到電池刻意設計為平整的外觀，以便不影響置物箱的空間。圖 1.6(b) 為其內部組態圖。PHEV 車款的電池容量比 HEV 車款的大 5 倍，如圖 1.6(c) 與 1.6(d) 所示。

　　最後，圖 1.7 顯示一般油電混合系統傳動系統的運作，可以看出引擎和發電機是如何連結到兩個行星齒輪的輸入端，而傳動馬達連結到齒輪的輸出端。此圖說明了車子運轉的數種可能模式。例如，車子可單靠引擎配合機械傳動，也可單獨以傳動馬達來帶動，或者以引擎與 2 顆馬達同時帶動。甚至，車子減速時，車體運動時的機械能，可以利用發電機轉換成電能而儲存於電池，以利再行使用。另外一個有趣的特點是，傳動馬達足以讓車子從靜止開始行進，完全無需引擎帶動。因此，當車子遇到紅燈停止時，引擎可以安全地關閉，以減少引擎空轉而達到省油的目的。

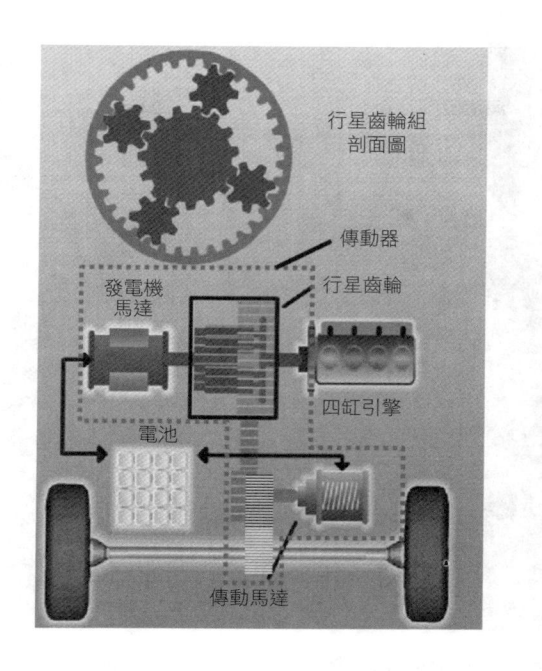

圖 1.7 福特 HEV 結構圖（Courtesy of Ford Motor Company）

行星齒輪組剖面圖
傳動器
發電機馬達
行星齒輪
四缸引擎
電池
傳動馬達

範例 1.3　機電系統 -Buckeye Bullet 陸上速度紀錄的電力汽車

陸地速度紀錄競賽

　　早期的現代化汽車工程，係以發展電力傳動的動力來源為主流。名為 *Jamais Contente* 的這部車（如圖 1.8），在 1899 年時是第一部締造超過時速 100 公里紀錄的汽車；這個紀錄維持了數年之久，直到內燃機引擎成為主要的推進系統之後才被打破。整整超過一個世紀，內燃機引擎的汽車一直主宰著賽車的競技場。然而，近年來，由於電力電子、電動車與電池科技的進步，連帶造成電動車，特別是油電車市場的需求。現代陸地速度紀錄（LSR）賽係在既定車道上進行，依汽車等級而達到的最快速度。從 1950 年代早期開始，無論業餘或是專業賽車手就在美國猶他州鹽湖城西邊 90 英哩，面積約 30,000 英畝的邦納維爾鹽地（Bonneville Salt Flats）進行競賽。邦納維爾鹽地表面布滿了鹽塊，由於極為平坦，且位於高海拔，空氣稀薄，是相當理想的競速場地。南加州計時聯誼會（Southern California Timing Association, SCTA）統籌該陸地速度紀錄（LSR）賽事，認定美國境內紀錄，也建立競賽與賽車的標準。世界的紀錄則為 Fédération Internationale de l'Automobile (FIA) 所負責。只要 FIA 代表在場且賽事符合 FIA 規則，在邦納維爾所創的紀錄同樣地也會列入世界紀錄。

　　根據 SCTA 所訂定的遊戲規則，電動車（E class）沒有體型的限制，依其重量但不計駕駛者，可分成三種不同的等級。圖 1.9 所提的車屬於 E.III 等級，此為不限重量的等級。美國陸上速度記錄競賽的賽道如圖 1.10(a) 所示，共分成三個部分。前 2 英哩是用來給汽車加速，第 3 至第 5 英里的速度則會用來計算均速。在第 5 英哩後的 2 英里是用來減速，車子可以使用 1 個或是多個拖曳傘進行減速。若要列入美國紀錄，車子必須在規定的 4 小時內完成 2 回合，若是要挑戰國際紀錄，則要 1 小時內完成 2 回合，一般的規則如圖 1.10(b) 所示。

圖 1.8 「La Jamais Contente」是第一部打破時速 100 km 陸上速度紀錄的電動車，4 月 29 日，1899 年，由法人 Camillo Jenatzy at Achères 所駕駛。(© Hulton Archive/Getty Images)

圖 1.9 在邦納維爾鹽地的 Venturi Buckeye Bullet 2.5，2010 年 8 月 23 日改寫電池電力汽車 FIA LSR 記錄，平均時速 495 km。(Photo by Barry Hathaway)

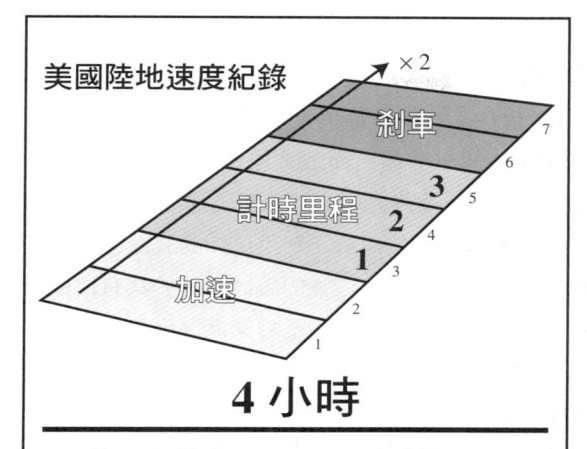

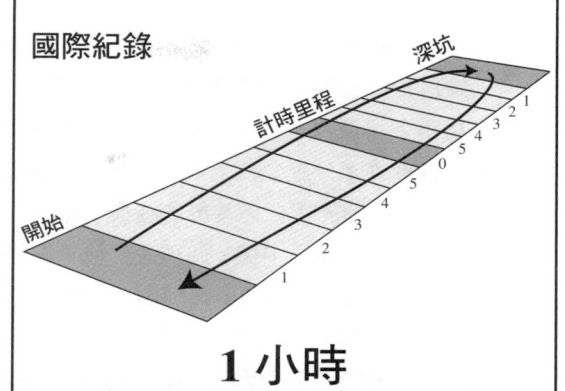

圖 1.10 邦納維爾路線示意圖。(a) 美國（U.S.）紀錄。(b) FIA（國際）紀錄

車輛設計

　　Buckeye Bullet 的設計圖如圖 1.11 所示，而 Venturi Buckeye Bullet 3 在本書撰寫的期間，同時也正在進行測試當中。這種車子稱為流線型汽車，表示其具有隱藏式車輪，以及長與流線型的外型。從圖 1.11 之實體模型可看出其全輪傳動的構造，藉由機構傳動的方式，裡面每一輪軸擁有 2 顆電動馬達，駕駛座位於車子的中間，兩個電池組置於駕駛座兩側，且尾翼附有降落傘。車體總長 12 公尺。

　　LSR 的車子設計包含結構設計、最佳化組裝、前後獨立懸吊系統與剎車系統的設計、使用動態流體計算與風動測試的車體設計，以及動態與空氣動力學穩定度分析。由於篇幅有限，我們只討論推進系統，包括一顆馬達，電能轉換器及電池組，同時重點擺在 Venturi Buckeye Bullet 2.5 這部 FIA 紀錄保持者的推進系統上面，如圖 1.9。

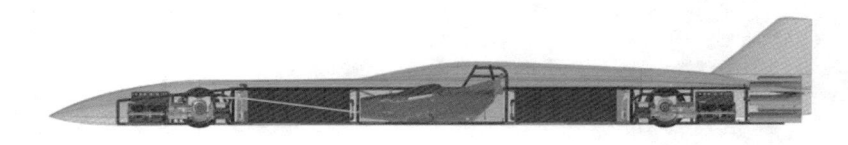

圖 1.11 Venturi Buckeye Bullet 3 外觀（Image courtesy of Venturi Buckeye Bullet team）

馬達

　　Venturi Buckeye Bullet 2.5 動力由單顆馬達所提供，且經由六速傳動連結到前輪軸。驅動馬達所需的動能係經由車子的模擬而決定；當馬達在高速運轉時的能量密度較高（在特殊額定功率下可減少重量），馬達的設計為最高速 12,000 轉／分鐘，而最大輸出的功率介於 8,500 到 10,500 轉／分鐘之間。同時，馬達能在任何 45 分鐘週期內，僅有 2 分鐘工作週期的滿載功率，所以馬達的選擇係基於能在最小體積內達最高負載條件的設計。利用已知的設計程序，高速鼠籠式馬達雀屏中選，此透過其他車輛的應用而得到了驗證。最後的設計係基於具有四極，0 到 10,500 轉／分鐘的運轉範圍，最大超轉速度為 12,000 轉／分鐘的三相交流感應馬達。馬達氣隙的決定取決於適合汽車應用的高振動以及轉子動力。定子與轉子的薄板利用耐高頻、低耗損磁性材料所製造，可以降低鐵心由於磁滯與渦流造成的損失，其工作頻率可達 360 Hz。由 Phelps Dodge Company 公司所生產的磁線用於定子繞線與變頻工作，其特別設計能抑制高壓切換時產生的火花，可適應高頻震動與高溫的環境。轉子鼠籠由鑄銅所製，可以減少熱能的損失，以及提供適合變頻馬達應用時的耐用特性。

　　為了減少總重量，馬達使用鋁殼材質。軸承、軸的密封　置、接線盒等配置均根據以往車子製造的經驗，選擇可耐額定功率與運轉速度的材料。在極端含鹽環境中，以及有限運轉工作週期條件之下，熱流理論分析顯示，在設計上可無需使用冷卻系統。在競賽考驗期間，馬達外殼以及定子／轉子鐵心的熱慣性完全足以儲存熱損失，並在靜止時間達到足夠繼續完成競賽的表面冷卻。圖 1.12 是 Venturi Buckeye Bullet 2.5 車子用的馬達，在實際賽車條件下，可以輸出近 550 kW 的機械動能。

　　Venturi Buckeye Bullet 3 賽車使用 4 顆電動馬達，每一輪軸各 2 顆，以多重減速器（multispeed reducer）相連結。各軸使用 2 顆馬達，是受限於裝配空間。四輪傳動的設計動機是希望達到最大的傳動能力，同時提供很大的扭力與能量（雙軸達 1.5 MW）。目前最新電動車的馬達係採用永磁式同

圖 1.12　500-kW 交流感應式馬達（Photo by Barry Hathaway）

馬達（2 顆直接結合）

飛行器剎車碟片

傳統齒輪減速器

過速離合器

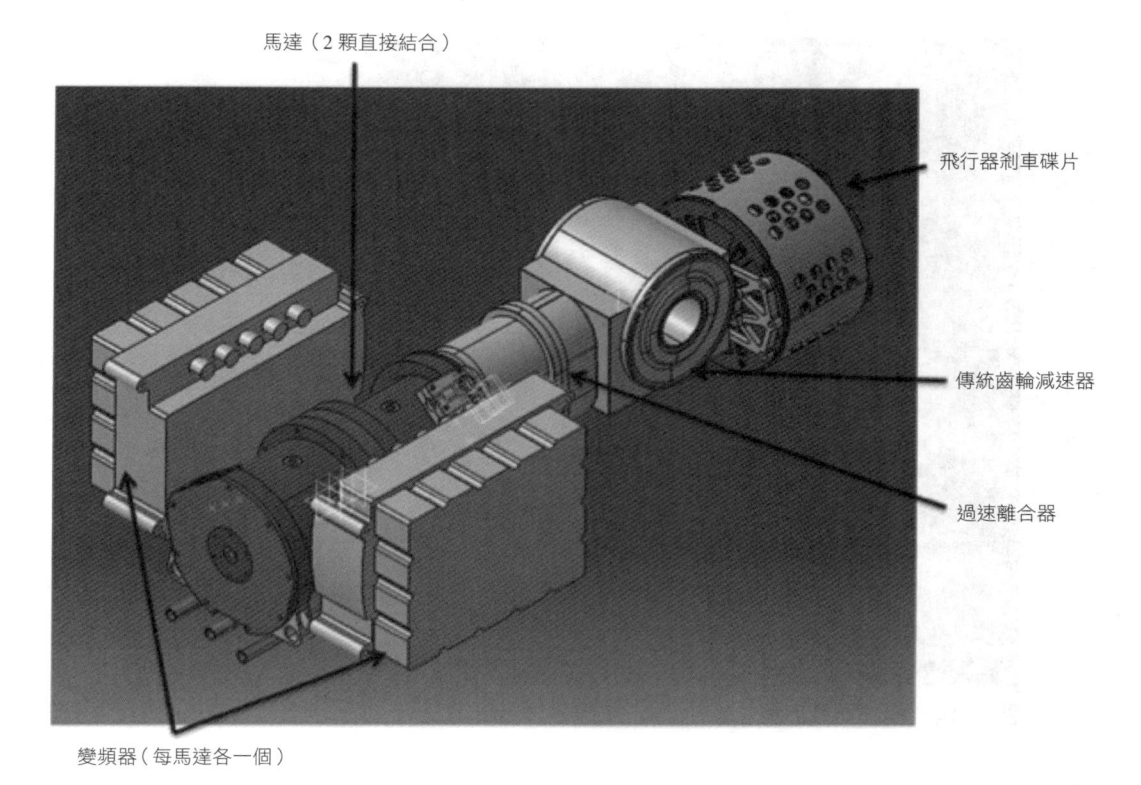

變頻器（每馬達各一個）

圖 1.13 Venturi Buckeye Bullet 3 電子傳動系統的設計，含有 2 顆永磁同步馬達，每顆各有專屬的變頻器控制器。（Image courtesy of Venturi Buckeye Bullet team）

步馬達，比感應馬達具有更高的效率與更小的體積。圖 1.13 是 Venturi Buckeye Bullet 3 單軸傳動實體圖，顯示 2 顆馬達、2 個變頻器、過速離合器（連接馬達到減速器），以及內置式剎車器（直接連到傳動軸以減少體積）。

變頻器（Inverter）

為了使電池之直流電源可以驅動交流馬達，我們需要透過稱為 DC-AC 電力轉換器（簡稱變頻器）的電力電子系統，將直流電轉換成具有調變振幅與頻率之交流電。圖 1.14 為改良自 Saminco 公司的電動公車產品、用於 Venturi Buckeye Bullet 2.5 的變頻。這個變頻器具有額定 900 VDC，其使用絕緣閘雙極電晶體（Insulated Gate Bipolar Transistor, IGBT）以超過 8 kHz 的頻率進行開關切換的動作，附有液體冷卻系統用以降溫。其連續額定功率為 250 kW，不過拜液體冷卻機制所賜，能在很短的時間內達到更高的功率。這個電力轉換器主要利用微處理器進行 DC-AC 的轉換，可調變適用於任何馬達，以達到系統最佳化。調整切換頻率可控制扭力的大小，藉以限制加速與抖動的現象。這些作用可減少輪胎滑動，以及降低傳動機構的負荷等。

變頻器另一個重要的特性是其動態剎車的功能。當齒輪在變換的時候，馬達轉速會由大約 10,000 轉／分鐘降至 7,000 轉／分鐘，使旋轉能量可藉由特殊電阻進行短暫放電，以便與離合器閉合的動作同步。

圖 1.14　變頻器細部圖（Photo by Giorgio Rizzoni）

電池

用於 Venturi Buckeye Bullet 2.5 的電池組係由磷酸鋰鐵的圓柱體所組成，每 48 顆做成一個模組。如圖 1.15 所示的電池模組可提供 900-VDC，以及具有 20 kW／小時輸出的容量。溫度是影響

圖 1.15　Venturi Buckeye Bullet 2.5 電池裝置（Photo by Barry Hathaway）

(a)　　　　　　　　　　　　　(b)

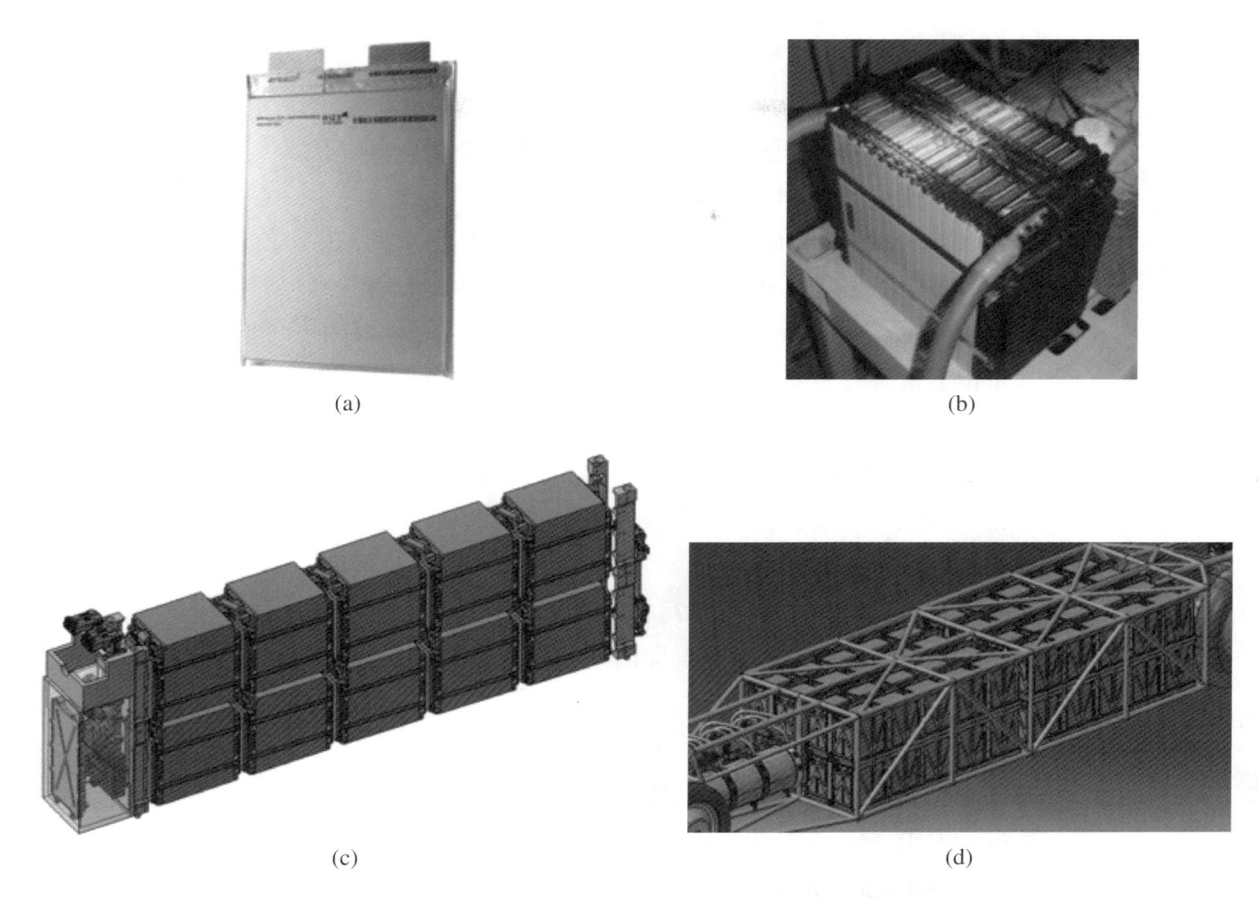

(c)　　　　　　　　　　　　　(d)

圖 1.16　Venturi Buckeye Bullet 3 的電池設計：(a) 電池、(b) 電池模組、(c) 電池組、(d) 電池系統（Images courtesy of Venturi Buckeye Bullet team）

電池效能的關鍵因素，所以必須隨時密切監測。由於 Venturi Buckeye Bullet 3 有 4 顆馬達與 4 個變頻器，所使用的電池較為複雜。圖 1.16 顯示電池排列的情形。

1.3　電機工程簡史

電機工程的進展，有部分可歸功於以下科學家的貢獻。這些列名的科學家、數學家與物理學家在本書中均會提及。

William Gilbert（1540–1603），英格蘭內科醫師，磁學理論始祖，於 1600 年發表 "*De Magnete*" 的磁力學論文。

Charles A. Coulomb（1736–1806），法國工程師與物理學家，於 1785 與 1791 年間，在法國科學院發表靜電定律。電荷單位 couloumb (C) 就是以其姓式來命名。

James Watt（1736–1819），英國發明家，發明了蒸汽引擎，功率的單位 watt (W) 就是以其姓氏來命名。

Alessandro Volta（1745–1827），義大利物理學家，發明電池，電位單位 Volt(V) 與其另一種量化的單位（電壓）以他命名。

Hans Christian Oersted（1777–1851），丹麥物理學家，在 1820 年發現電與磁場的關係，磁場強度的單位 Oersted (Oe) 是以其姓氏來命名。

André Marie Ampère（1775–1836），法國數學家，化學家，物理學家，以實驗方式量化了電流與磁場的關係。他的研究成果整理而發表於 1827 年的論文中，電流的單位 ampere (A) 就是以其姓氏為名。

Georg Simon Ohm（1789–1854），德國數學家，發現了電壓與電流的關係，以及量化了電阻的現象。他的研究成果發表於 1827 年，電阻的單位 Ohm (Ω) 就是以其姓氏為名。

Michael Faraday（1791–1867），英國物理學家、化學家，在 1831 年發現電磁感應。他的變壓器與電磁發電機開啟了電力的新紀元，電容的單位 farad (F) 就是以其姓氏為名。

Joseph Henry (1797–1878)，美國物理學家，在約 1831 年時發現自感現象，電感的單位 Henry (H) 就是以其姓氏為名。他也確立了電報機重要的架構，之後，Samuel F. B. Morse 將其建立得更臻完美。

Carl Friedrich Gauss（1777–1855），德國數學家 和 **Wilhelm Eduard Weber**（1804–1891），德國物理學家，在 1833 年發表一篇有關地球磁場量測的論文。gauss（高斯）就是磁場強度的單位，而 weber（韋伯）是磁力線的單位。

James Clerk Maxwell（1831–1879），蘇格蘭物理學家，發現光的電磁理論與電動力學的定律。現代電磁學的理論完全來自於 Maxwell 方程式。

Ernst Werner Siemens（1816–1892）與 **Wilhelm Siemens**（1823–1883），德國發明家與工程師，發明了電動馬達，同時讓電機科學更趨完美，電導的現代單位 siemens (S) 就是以其姓氏為名。

Heinrich Rudolph Hertz（1857–1894），德國科學家與實驗家，發現了電磁波特性，在 1888 年發表的成果，頻率的單位 hertz (Hz) 就是以其姓氏為名。

Nikola Tesla（1856–1943），克羅埃西亞發明家，1884 年移民美國。他發明了單相電力系統，以及感應馬達，他是現代交流電力系統先驅者，電力線密度單位 Tesla (T) 就是以其姓氏為名。

1.4 符號

這本書使用到的各種符號（變數、參數、單位）有做了一些更新，但仍遵循一般的用法。有些符號很相似，所幸符號出現時，通常內文會有清楚的說明。本書會用到的符號列表如下。

舉例而言，大寫的羅馬符號係用於單位，如伏特（V），安培（A）。大寫的斜體數學符號則用於參數與變數，如電阻（R）和 DC 電壓（V），要注意變數 V 與單位 V 之間的差異。另外，大寫的粗體數學符號用於如電壓與電流相量（**V** 和 **I**），阻抗（**Z**），電導（**Y**），頻率響應函數（**H** 和 **G**）。小寫的斜體符號一般是指時變的變數，如電壓（v 或 $v(t)$），電流（i 或 $i(t)$），其中 (t) 表示與時間有關。小寫斜體變數代表特殊常數，而大寫斜體變數代表非時變常數。

不同的下標用於代表參數與變數的特例或者多重事件，指數則使用斜體上標。

最後，在電機工程領域中，虛數單位 $\sqrt{-1}$ 通常以 j 表示，而非數學上採用的 i，原因在於避免與其他符號重複。

物理量	符號	說明
電壓	v 或 $v(t)$	時變與實數
	V	非時變與實數
	V	複數相量
有效電壓	$\tilde{V}$	非時變與實數
電流	i 或 $i(t)$	時變與實數
	I	非時變與實數
	I	複數相量
有效電流	$\tilde{I}$	非時變與實數
伏特	V	電壓單位
安培	A	電流單位
電阻	R	實數
電感	L	實數
電容	C	實數
電感抗	X	頻率相關與實數
阻抗	**Z**	頻率相關與複數
電導	**Y**	頻率相關與複數
轉移函數	**G** 或 **H**	頻率相關與複數
週期頻率	f	非時變與實數
角頻率	ω	非時變與實數
相位角	θ	非時變與實數
振幅	A	非時變與實數

1.5 單位系統

本書採用國際單位制（亦稱為 SI）。SI 單位廣為國際職業工程等協會所採用，共有 7 種基本的物理量，如表 1.2 所列。其他單位均由這些基本單位所衍生來的，例如弳度量（radian），是相位角的量測單位。本書相位角除非有特別指出是使用度（degree）為單位，否則一律使用弳度量為單位。

物理量常需要很大或者很小的單位，因此可利用表 1.3 的標準首碼 10 冪次方來表示。表 1.2 與表 1.3 對於閱讀本書有相當的幫助。

表 1.2 SI 單位

物理量	單位	符號
長度	公尺	m
質量	公斤	kg
時間	秒	s
電流	安培	A
溫度	絕對溫度	K
物質	莫耳	mol
光強度	燭光	cd

表 1.3 標準首碼

字首	符號	冪次
atto	a	10^{-18}
femto	f	10^{-15}
pico	p	10^{-12}
nano	n	10^{-9}
micro	μ	10^{-6}
milli	m	10^{-3}
centi	c	10^{-2}
deci	d	10^{-1}
deka	da	10
kilo	k	10^{3}
mega	M	10^{6}
giga	G	10^{9}
tera	T	10^{12}

1.6 本書特色

本書擁有許多有特色的設計，讓學生更容易學習。如果想涉獵更多書中的主題，可透過電腦輔助工具及網路進一步深入地探討。本書主要特點如下所述：

> **LO 學習目標**
> 1. 每一章節均列有明確的學習目標。
> 2. ⊃符號指出重要的定義與推導，以利學習目標的達成。
> 3. 範例均有相似的標記。

範例

　　本書的範例與主文內容有所區隔，因此很容易就可以找到。所有範例的解答均遵循相同的方式，即在清楚陳述問題後提供解答。答案包括幾個部分，列出全部已知的物理量、問題陳述後轉換成明確的目標（例如找出等效電阻 R）。接下來列出資料與假設值，最後進行分析。分析的方法依下列的原則進行：所有的問題都先以符號求出一般解答，讓學生在做習題時有所依據。數值會出現在分析的最後。每一個範例最後會做出總結及試著與其他章節內容連結。

　　本書的解題方式可作為解題的通則，其已超過一般電機工程導論的教學內容。本書範例的目的在於協助學生培養問題解決的習慣，以利往後職涯發展。

檢視學習成效

　　每一個範例後面至少會有一個練習題。

解答：並在該練習題後提供解答。

解題重點

　　每一個章節，特別是在前幾章，會有一個方框其標題為「解題重點」，這些方框的內容是總結重要的方法與解決一般問題的程序，通常是一步一步的說明，用以協助有條不紊地解決問題。

量測重點

　　本書已多次強調，量測的需求搭起了所有工程以及科學領域連結的橋梁。為了強化量測、實務與電機工程之間的關連性，特別著重在生醫、機械、熱流、流體系統等與電機工程相關領域中的量測例子。此單元旨在激發學生思考如何將電機工程應用在自己的專門領域上。許多例子是直接引用作者多年教學與研究的成果。

網站

　　本書專屬網站 http://www.mhhe.com/engcs/electrical/rizzoni 提供各位最新資訊、範例、勘誤表及其他重要的資訊。

習題

1.1 請列出 5 種一般家庭電動馬達的應用。

1.2 請參照汽車中電機系統的討論，並以表 1.1 電機工程應用，列出以下工程系統所所包含的應用：
   a. 船。
   b. 商用客機。
   c. 家庭。
   d. 化工製程控制廠。

1.3 電力系統提供各類商用與工業用的能源所需，請列出以下場所中可接收電能的系統與設備。
   a. 大型辦公大樓。
   b. 工廠的地板。
   c. 建築工地。

Part 1 電路

2 基本電路

第 2 章是全書的基礎,會介紹左右電路表現的基本理論,同時會定義電路的基本特性與節點、分支、網目與迴路等專有名詞。內容也會涵蓋電路的三大定律:克希荷夫電流與電壓定律,以及歐姆定律。基本電路元件(電源與電阻),電功率概念以及慣用被動符號的用法都會加以說明。例如會介紹分流與分壓的基本分析方法,並佐以工程的應用範例。範例包括了應變計的描述、與電路相關的應力及其他機械變數的量測,以及自動節流閥位置感測器的探討等。也會簡單地介紹一些量測的儀器。最後,本章會討論電源-負載的觀念作為總結,並說明如何利用它來找到以分流與分壓方法一樣的答案。

LO 學習目標

學生們可以學習到……

1. 辨識電路的基本特徵:節點、迴路、網目與分支。2.1 小節。
2. 應用克希荷夫定律(Kirchhoff's law)來簡化電路。2.2-2.3 小節。
3. 應用慣用的被動符號來計算電源所消耗或是提供的功率。2.4 小節。
4. 辨識電源與電阻,以及其 i-v 的特性。2.5-2.6 小節。
5. 應用歐姆定律、分壓與分流定律,在簡單的串並聯電路中,用以解出未知的電壓與電流值。2.6-2.8 小節。
6. 若有需要,可以正確地重畫出一個電阻電路,然後計算出兩節點之間的等效電阻。2.9 小節。
7. 在電壓源與電流源實際模型以及電壓表、電流表、瓦特計中,了解其內部電阻的影響程度。2.10-2.11 小節。
8. 應用電源-負載的觀念針對電路的問題,找出圖形化的解答。2.12 小節。

2.1 網路與電路特性

牛津線上字典定義網路（network）為「將人與事連結而成的團體或者系統」。在電路網路中，如電阻等元件係用導線連結。此字典也定義電路（circuit）為「具有電流可以流通的路徑」，或是「導線和元件組成的系統所形成的路徑」。所有的電路皆屬於網路，但網路不一定是電路。本書所謂的電路，其網路至少會包含一個完整的閉迴路。

電流與電壓為電路的兩個最基本的物理量。電路分析最重要的目的，就是要決定未知的電流或是電壓值。一旦電流與電壓確定之後，其他的數據，例如功率需求、效率、響應速度等，均可藉此計算而得。

電源與負載是電路分析中兩個有用的觀念。設計者或使用者多較為關注電路元件中的負載。電源通常預設為不包含在負載當中的所有其他東西。一般來說，電源通常是提供能量，而負載則是因特定目的消耗能量。以圖 2.1(a) 所示為汽車頭燈連結到電池的簡單電路：對駕駛人而言，因為頭燈能提供夜間照明，所以是較受關注的電路元件。從此觀點來看，頭燈即是負載，而電池則是電源，如圖 2.1(b) 所示。直覺上這個分類讓人覺得滿合理的，因為能量是由電源（電池）傳到負載（頭燈）。然而，一般而言，能量流動的方式不全然是如此。本章後面會針對電能的部分加以探討。

電源這個名詞的使用有時容易令人混淆，因為電路元件中，有所謂的理想電壓與電流源的名詞，各自有嚴格的定義與符號，這個部分在本章後面的內容中會加以討論。這些理想的電源與其他電路的元件經常會組合在一起，成為電路中的電源與負載。為避免混淆，本書會很清楚地聲明是理想的電壓源或電流源。

其他重要的電路概念與特性還有理想導線、節點、分支、迴路與網目等。節點的觀念對於理解電路圖特別有用。許多學生在分析電路時常有障礙，因為他們缺乏組織性的概念來解讀電路。有一個好用的方法，就是將電路視為各節點之間不同元件的組成。一旦節點觀念清楚建立後，就能簡化對於複雜的電路的分析。

(a) 實體示意圖

(b) 電機系統觀念示意圖

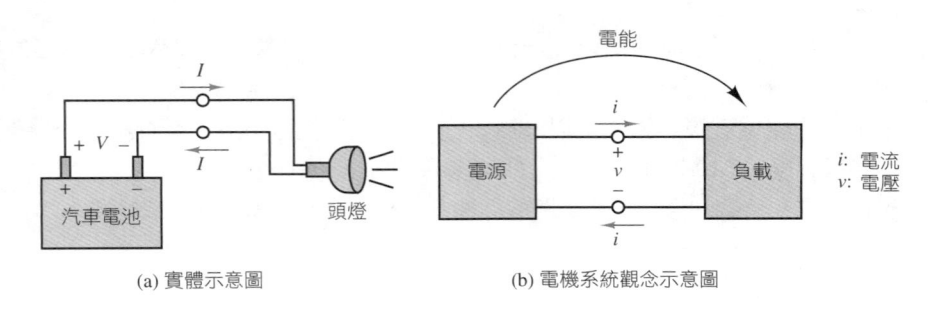

i: 電流
v: 電壓

圖 2.1 (a) 實體示意圖及 (b) 電機系統觀念示意圖。

理想導線

電路與網路圖用於表示實際（相近）的電路與網路。這些圖以理想導線將所有元件相互連結。理想的導線可以導通電荷，但不會有任何功率的損耗。換言之，在理想的導線上移動電荷是不耗能的。所幸在許多應用中，實際的導線相當接近理想的導線，但有時功率的損耗還是頗為可觀（例如，長距離輸配電與微型積體電路）。在這些應用中，理想導線的近似值必須加以擴大與／或小心使用。本書所有電路與網路圖中所有導線除非另有說明，否則均視為理想導線。

節點

一個**節點**（node）係指同時有一條或者多條理想導線共同匯集之處，而電荷可以在節點上任兩點間移動，但是不會穿越元件（如電阻）。由於節點係由理想導線所組成，因此在節點上每一點的電位都相同，也就使所謂的節點電壓，其數值與其他網路上的節點是有關連的。

兩條或者兩條以上理想導線的接點常用來表示為整體節點。然而，要注意的是，一個導線的接點並非整體節點，而必須是包含所有的接點才算是整體節點。在分析電路時，正確判斷有幾個節點相當重要。圖 2.2 提供了一個有助於判斷節點的方法。圖 2.2(a) 有 3 個節點，圖 2.2(b) 有 2 個節點。如圖 2.2(c) 所示的**超節點**（supernode），是指一個封閉邊界中涵蓋了兩個或者以上的節點。下一小節將說明，電路分析中兩個基本定律之一的克希荷夫電流定律（KCL）適用於具有封閉邊界的迴路，亦即任何節點或超節點均可適用。

另外值得注意的是，由於理想導線在電荷移動時不會耗能，因此，導線的形狀與長度均不會影響到電路的表現。同樣地，節點也是由理想導線所組成，因此，也不會有影響。有鑒於此，節點可以畫成其他的形式，只要電路中原來的元件相同即可。傳統電路圖係採用矩形的畫法，所有的線條都是由左到右或由上到下。不過，有人認為重畫電路，有助於呈現節點位置與數量。圖 2.3 顯示 2 個一樣的電路卻有不同的畫法。你可以看出這些電路有相同數量的節點嗎？

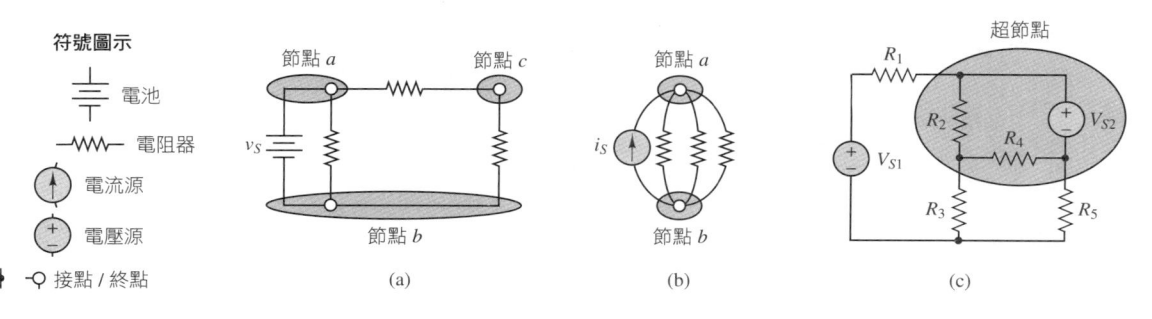

圖 2.2 電路圖的節點與超節點

(a) 傳統矩形電路的畫法　　(b) 重畫的等效電路

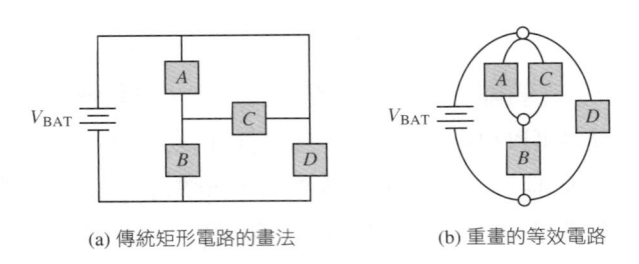

圖 2.3　(a) 傳統矩形電路的畫法、(b) 重畫的等效電路。電路可以任何形式呈現，但各節點之間其節點與元件數量不變的話，電路的本質不會改變。

請記得包括電壓在內的所有電位形式都是相對的數值。因此，電壓常被視為跨於元件兩端電壓的變化，也就是跨於元件兩端的電壓。電路圖中，元件兩端電壓差以符號 + 或 − 來表示。整體來說，這樣簡單的符號表示了電壓變化假設的方向。但是，節點電壓也常被提及。為了量化節點的電壓，第一步是要選擇一個參考節點，然後，其他相對的電壓係以此參考節點作為計算的共同基準。

任何網路上的節點皆可設為參考點。雖然為了簡單起見，通常會選零電位為參考點，但事實上參考點與其數值是可以任意選定的。選對適當的參考點可有效簡化電路的分析。依經驗法則，最好選擇可以同時連結到大量元件的節點。

參考點的符號標示如圖 2.4(a) 所示。這個符號也是一般常用的接地點符號，通常在複雜的電路中會出現很多次。但是，每一個電路仍然僅會有一個參考點。為了讓電路易於閱讀，我們會在電路中使用多個參考點符號，以減少參考點連接線的數量。我們簡單假設所有節點都是以理想導線連接，因此成為一個大參考點中的一部分。圖 2.4(b) 與 (c) 說明了實務上的用法。本章後面會探討參考點、接地點以及外殼接地的概念。

> 多個元件置於兩個相同節點之間的接法就是所謂的並聯。

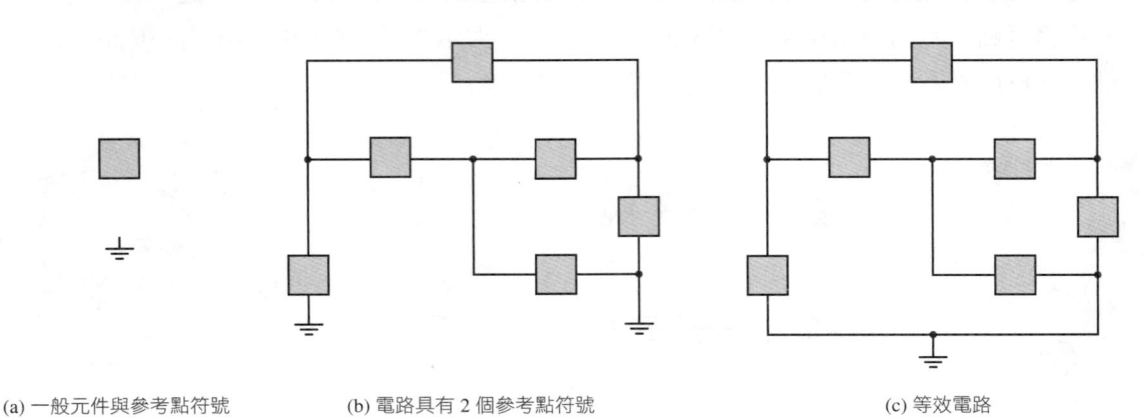

(a) 一般元件與參考點符號　　(b) 電路具有 2 個參考點符號　　(c) 等效電路

圖 2.4　縱使為了減少參考點之間的連線，參考點的符號在網路上可能會出現很多次，但每個網路只能有一個且是唯一的參考點。

分支

分支係指包括接線與元件的單一電路路徑,可能包含一個以上的元件,如圖 2.5 所示。根據定義,在分支電路中流經任何一個元件的電流,會與流過其他同分支的元件電流相同,此電流即為分支電流。

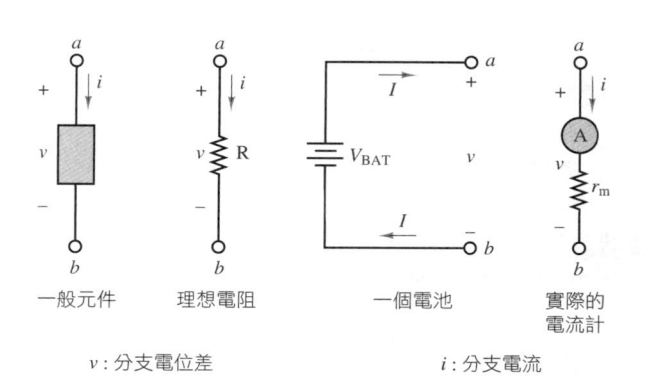

圖 2.5 電路分支的例子

迴路

所謂**迴路**就是任一個封閉的路徑(無論實體或是概念的),如圖 2.6 所示。圖 2.6(a) 顯示處於同一電路中的 2 個不同迴路可能會共用相同元件以及分支。有趣的是,一個迴路不必然一定要是包含元件與線路的封閉路徑。圖 2.6(b) 就顯示一個從節點 a 直接連結到節點 c 的迴路。

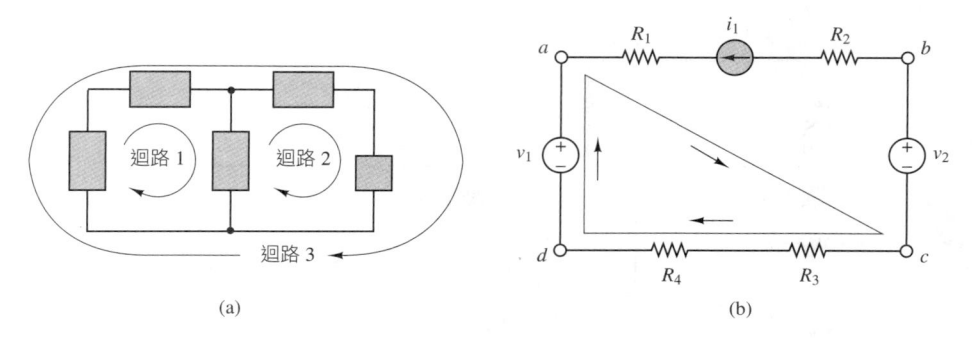

圖 2.6 迴路的例子,這些電路分別有幾個節點?
[答案:(a) 4;(b) 7]

網目

網目係指一個封閉電路路徑,但不包括其他封閉的實體路徑。圖 2.6(a) 中迴路 1 與 2 為網目,但迴路 3 不屬於網目,因其環繞了 2 個迴路。圖 2.6(b) 的電路有一個網目,圖 2.7 則說明了網目的確認其實是滿簡單的。

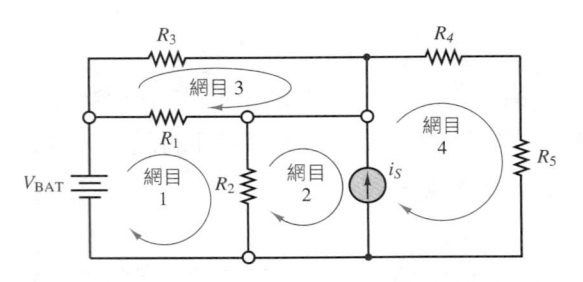

圖 2.7 具有 4 個網目的電路。此電路有幾個不同的封閉電路徑？

[答案：14]

範例 2.1　計算網路節點數

問題

請分別找出 4 個網路中節點的總數。

解

已知條件：接線與元件。

找出：每一個網路節點的數量。

示意圖、圖表、電路、已知數據：圖 2.8 包含 4 個元件：2 個電阻、2 個理想電壓源（一個獨立電源、一個相依電源）。圖 2.9 包含 5 個元件：4 個電阻、一個獨立理想電流源。圖 2.10 包含 5 個元件：4 個電阻、1 個運算放大器。圖 2.11 包含 3 個元件：2 個頭燈、1 個 12 V 電池。

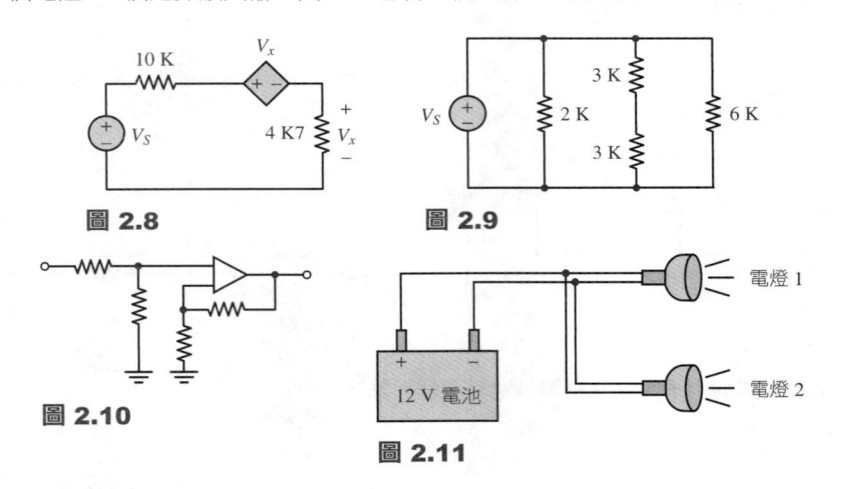

圖 2.8

圖 2.9

圖 2.10

圖 2.11

假設：全部的接線都是理想的導線。

分析：

圖 2.8 中，4 個元件均在同一個迴路上，每對元件之間就有一個節點，因此，共有 4 個節點。

圖 2.9 中，在兩個大的節點之間有 1 個電流源與 2 個 8 kΩ 的電阻，每一節點均有 2 個接線點，另外一個節點是在 2 個 6 kΩ 電阻之間，因此，算起來這個網路共有 3 個節點。

圖 2.10 中，有一個節點位於 R_1 的左邊，一個節點位於運算放大器與 R_F 的右邊，第 3 個節點

位於 R_1、R_2 以及運算放大器＋端（非反向端）之間，第 4 個節點位於 R_3、R_4 以及運算放大器－端（反向端）之間，第 5 個節點也是最後一個節點，是位於 R_2、R_3 之間的參考點，此電路共計有 5 個節點。

圖 2.11 中，有一個節點是位於電池＋端與頭燈之間，另一個節點為位於電池－端與兩頭燈之間，共有 2 個節點。

2.2 電荷、電流與克希荷夫電流定律

最早有關於電的記述可追溯到 2,500 年前，當時發現在一小片琥珀上的靜電能夠吸住非常輕的物體。電（electricity）這個字起源於西元前 600 年，是由 *elektron* 而來，是琥珀的古希臘文。但是，人類對電本質上真正的了解要比這個時期晚了許多。根據 Alessandro Volta 的研究及其銅鋅電池的發明，發現了靜電與金屬線連結到電池產生的電流具有同樣的基本機制：物質的原子結構，是由電子圍繞原子核（內含中子與質子）所組成。

Charles Coulomb
(1736–1806)。
（© INTERFOTO/Alamy）

基本電的物理量是**電荷**（charge）。電子可攜帶最小電荷的單位等於：

$$q_e = -1.602 \times 10^{-19} \text{ C} \tag{2.1}$$

電子的電荷量看似很小。然而，取名自於 Charles Coulomb 的電荷基本單位——**庫倫**（coulomb，C）是很恰當的，因為，傳統的電流係來自於大量帶電粒子的流動所形成。依慣例，電子帶負電，而質子帶正電。質子的電量為

$$q_p = -1.602 \times 10^{-19} \text{ C} \tag{2.2}$$

電子與質子經常被稱為**基本電荷**。

電流（electric current）定義為通過特定面積（通常為導線的截面積）的電荷淨變化率。本章後面會加以探討其他幾種非導線的電流載體。圖 2.12 所示為在導線中電流的示意圖。當 Δq 電荷在 Δt 時間內通過截面積 A 時，電流定義為

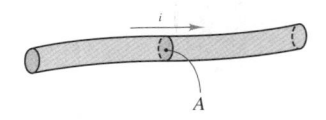

圖 2.12 在導線中的電流，其定義為通過截面積 A 的電荷淨變化率。

$$i \equiv \frac{\Delta q}{\Delta t} \qquad \frac{C}{s} \qquad (2.3)$$

箭頭的符號係通過導線這段電流 i 的假設方向，負的電流 i 表示實際方向與假設方向相反。若在很短的時間內通過大量的電荷時，可以微分方式加以呈現如下：

$$i \equiv \frac{dq}{dt} \qquad \frac{C}{s} \qquad (2.4)$$

電流的基本單位為**安培（ampere）**，1 安培（A）= 1 庫倫／秒（C/s）。這個單位是為感謝法國科學家 André-Marie Ampère 所命名。在電機工程中，正電流的方向就是正電荷流動的方向。這個用法直覺上滿讓人可以接受的，不過可能會在一開始造成困擾，因為真正在導線上移動的電荷是電子。電子在某一個方向移動的淨電荷分布效應，事實上等同於質子在相反方向的作用。換句話說，正電流可用於表示正電荷相對的流動。

閉迴路上的電流

本章稍早已將電路定義為「一個允許循環電流可以流動的完全且封閉的迴路路徑」。事實上，對於任意非零的電流而言，電荷守恆定則必須依賴閉迴路。

為了獲得非零的電流，必須要有閉迴路的路徑。

舉例而言，圖 2.13 為一個簡單的電路，由一顆電池（1.5 V 乾電池或鹼性電池）與一個燈炮所組成。根據電荷守恆定則，從電池流入燈炮的電流等於從燈炮流回到電池的電流。在這個迴路中，沒有電流（或是電荷）會「消失」。此定理是由德國科學家 G. R. Kirchhoff 所觀察到的，為大家所熟悉的**克希荷夫電流定律（Kirchhoff's current law，KCL）**。此定律說明了通過任何閉迴路邊界（節點或超節點）的電流，總淨量一定為零。數學方程式表示如下：

$$\sum_{n=1}^{N} i_n = 0 \qquad 克希荷夫電流定律（KCL） \qquad (2.5)$$

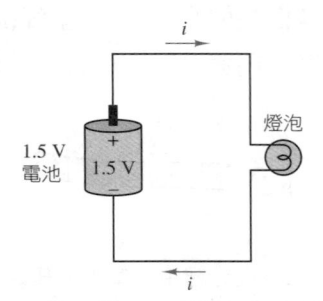

圖 2.13 由一顆電池與一個燈泡及二個節點組成的簡單電路

其中，流入封閉邊界的電流符號一定要與流出一樣邊界的電流符號相反，換句話說，「流入」（in）電流的總和必須等於「流出」（out）電流的總和。因此，另一種數學表示式如下：

$$\sum_{in} i = \sum_{out} i \qquad 另一種 \text{ KCL} \tag{2.6}$$

圖 2.14 為克希荷夫電流定律的應用例子，其為圖 2.13 電路再額外加入 2 個燈泡。我們可以發現，應用克希荷夫電流定律可找到電路上電流之間的關係。為了表示電流淨總和，我們必須選擇節點電流的電流符號。我們可預設進入節點的電流為正，流出為負，因此，利用克希荷夫電流定律可得

$$i - i_1 - i_2 - i_3 = 0 \text{ 等於 } i = i_1 + i_2 + i_3$$

請注意後面的表示式即為另一種 KCL 的應用，另要注意的是，其結果與使用不同符號的 KCL 是一樣的。

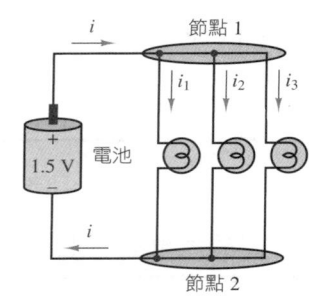

圖 2.14 KCL 應用在節點 1，可得 $i - i_1 - i_2 - i_3 = 0$，或等於 $i = i_1 + i_2 + i_3$。

範例 2.2　導體上的電荷與電流

問題

　　找出圓柱形導體上的總電荷量以及通過導線的電流量。

解

已知條件：導體幾何形狀、電荷密度、電荷載子速率。

找出：總電荷量 Q；通過導線的電流量 I。

已知資料：

導體長度：$L = 1 \text{ m}$。
導體直徑：$2r = 2 \times 10^{-3} \text{ m}$。
電荷密度：$n = 10^{29} \text{ carries/m}^3$。
一個電子的電荷量：$q_e = -1.602 \times 10^{-19}$。
電荷載子速率：$u = 19.9 \times 10^{-6} \text{ m/s}$。

假設：無。

分析：為了要計算導體的總電荷量，首先我們必須確定導體的體積。

$$體積 = 長度 \times 截面積$$

$$\text{Vol} = L \times \pi r^2 = (1\,\text{m})\left[\pi\left(\frac{2\times 10^{-3}}{2}\right)^2 \text{m}^2\right] = \pi \times 10^{-6}\,\text{m}^3$$

接著，計算導體中的電子載子總數以及其總電荷量。

$$N = \text{Vol} \times n = \left(\pi \times 10^{-6}\,\text{m}^3\right)\left(10^{29}\frac{\text{carriers}}{\text{m}^3}\right) = \pi \times 10^{23}\,\text{carriers}$$

$$電荷量 = 載子個數 \times 電荷量 / 載子$$

$$Q = N \times q_e = \left(\pi \times 10^{23}\,\text{carriers}\right)$$

$$\times \left(-1.602 \times 10^{-19}\frac{\text{C}}{\text{carrier}}\right) = -50.33 \times 10^3\,\text{C}$$

為了計算電流，我們須考慮電荷載子的速率，以及導體每單位長度的電荷密度：

$$電流 = 每單位長度的電荷密度 \times 載子速率$$

$$I = \left(\frac{Q}{L}\frac{\text{C}}{\text{m}}\right) \times \left(u\,\frac{\text{m}}{\text{s}}\right) = \left(-50.33 \times 10^3 \frac{\text{C}}{\text{m}}\right)\left(19.9 \times 10^{-6}\frac{\text{m}}{\text{s}}\right) = -1\,\text{A}$$

評論：電荷載子密度為物質特性的函數，而載子速率為電場的函數。

範例 2.3　應用克希荷夫電流定律於汽車配電上

問題

圖 2.15 顯示一個連結到不同元件的汽車電池，這些元件包括頭燈、尾燈、啟動馬達、風扇、電動鎖、儀表板等。電池必須提供足夠的電流至各個元件負載。利用克希荷夫電流定律，找出各個電流之間的關係。

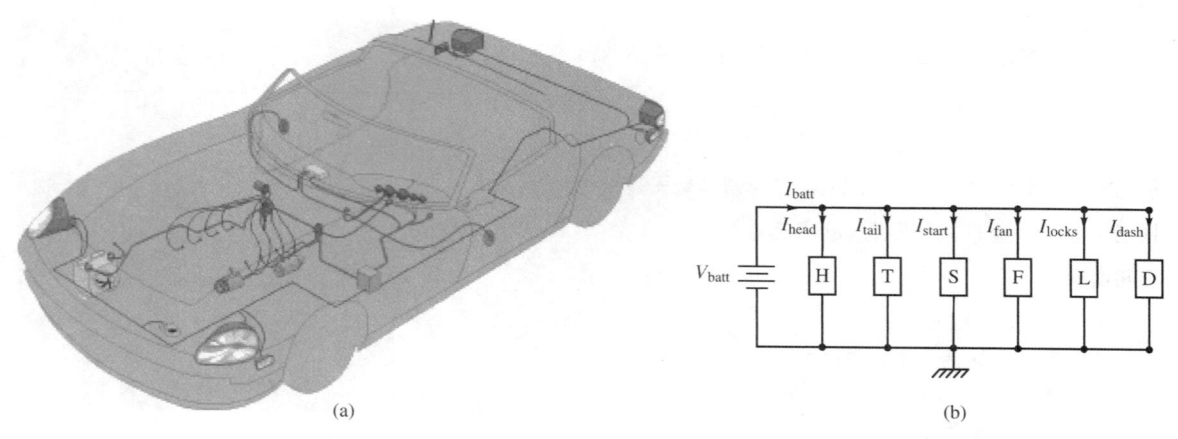

圖 2.15　(a) 汽車電機配電示意圖；(b) 等效電路。

解

已知條件：電機配電元件、頭燈、尾燈、啟動馬達、風扇、電動鎖、儀表板。
找出：電池電流至各負載電流的關係。
示意圖、圖表、電路、已知資料：如圖 2.15。
假設：無。
分析：

圖 2.15(b) 所示為配電的等效電路，說明了電池所提供電流分別流到不同的元件中，利用 KCL 定律於上方的節點，可得到

$$I_{bat} - I_{head} - I_{tail} - I_{start} - I_{fan} - I_{locks} - I_{dash} = 0$$

或

$$I_{bat} = I_{head} + I_{tail} + I_{start} + I_{fan} + I_{locks} + I_{dash}$$

範例 2.4 KCL 的應用

問題

算出圖 2.16 的未知電流。

解

已知條件：$I_S = 5 \text{ A}$　$I_1 = 2 \text{ A}$　$I_2 = -3 \text{ A}$　$I_3 = -1.5 \text{ A}$
找出：I_0 與 I_4。
分析：

由圖 2.16 中很清楚地可以看出，有 2 個節點分別為節點 a 與節點 b，第 3 個節點則為參考點。將 KCL 定律應用於 3 節點，可推得：

在節點 a：

$$\text{由}\quad \sum i_{\text{out}} = \sum i_{\text{in}} \quad \text{可得}\quad I_0 + I_1 + I_2 = 0$$
$$I_0 + 2 - 3 = 0$$
$$\therefore\quad I_0 = 1 \text{ A}$$

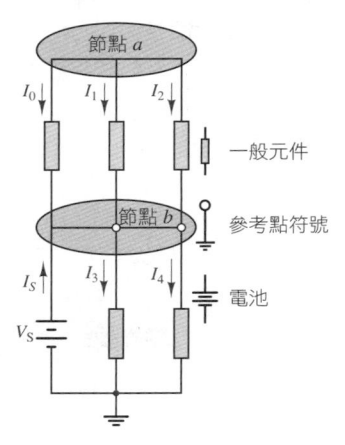

圖 2.16 利用 KCL 定律，在節點 a，可得 $I_0 + I_1 + I_2 = 0$，在節點 b，可得 $I_0 + I_1 + I_2 + I_S = I_3 + I_4$

請注意，此 3 種電流均假設是從節點流出，但是，I_2 為負值，意即實際的電流是從節點流入的。I_2 的數值是 3 A。符號僅單純表示電路圖中電流的方向。

在節點 b：

$$\text{由}\quad \sum i_{\text{in}} = \sum i_{\text{out}} \quad \text{可得}\quad I_0 + I_1 + I_2 + I_S = I_3 + I_4$$
$$1 + 2 - 3 + 5 = 1.5 + I_4$$
$$\therefore\quad I_4 = 3.5 \text{ A}$$

在參考點：如果我們使用傳統的用法，以流入節點的電流是正的，流出節點的電流是負的，就可得到下列的方程式：

$$-I_S + I_3 + I_4 = 0$$
$$-5 + 1.5 + I_4 = 0$$
$$\therefore \quad I_4 = 3.5 \text{ A}$$

評論： 由參考點所得到的答案，與節點 b 計算所得到的完全相同。由此可知，使用 KCL 定律可能會衍生一些多餘的演算過程。我們會在第 3 章介紹節點電壓法，可確保列出最少的獨立方程式。

範例 2.5　KCL 應用

問題

應用 KCL 定律在圖 2.17 中的電路，利用超節點的觀念來解出電源電流 i_{S1}。

解

已知條件： $i_3 = 2 \text{ A}$，$i_5 = 0 \text{ A}$。

找出： i_{S1}。

分析： 應用 KCL 定律在超節點上

由 $\quad \sum i_{\text{in}} = \sum i_{\text{out}} \quad$ 可得 $\quad i_{S1} = i_3 + i_5$
$$i_{S1} = 2 + 0 = 2 \text{ A}$$

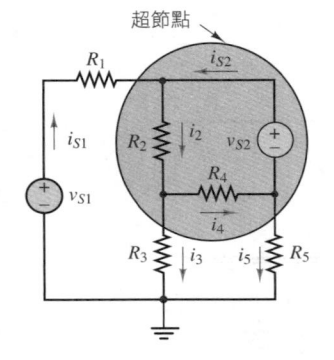

圖 2.17 應用 KCL 於超節點可導出 $i_{S1} = i_3 + i_5$

評論： 請注意，應用 KCL 定律，在下方的節點亦可獲得相同的結果。這再次說明了有時候使用 KCL 定律時，在 2 個不同的節點（含超節點）可能會產生多餘的結果。在第 3 章會探討的節點電壓法可避免列出多餘的方程式。

檢視學習成效

重複練習範例 2.4，其中 $I_0 = 0.5 \text{ A}$，$I_2 = 2 \text{ A}$，$I_3 = 7\text{A}$，$I_4 = -1 \text{ A}$，請找出 I_1 及 I_S。

解答：$I_1 = -2.5 \text{ A}; I_S = 6 \text{ A}$

檢視學習成效

利用範例 2.5 的結果以及以下的資料，請計算圖 2.17 中 I_{S2} 的電流。

$$i_2 = 3 \text{ A}, i_4 = 1 \text{ A}$$

解答：$I_{S2} = 1 \text{ A}$

2.3 電壓與克希荷夫電壓定律

在兩個節點之間要移動電荷通常需要能量，而每單位電荷所需的能量就稱為**電壓**（voltage），電壓的單位是**伏特**（volt）。

$$1 \text{ volt (V)} = 1 \frac{\text{joule (J)}}{\text{coulomb (C)}} \tag{2.7}$$

電路中兩節點之間的電壓（或**電位差**），是每一個電荷（庫倫）從一個節點移動到另一個節點所需的能量（焦耳，joule）。電壓的方向（極性）與在過程中電荷是否獲得或是失去能量有關。

再思考一下一個含有一顆電池與一個燈炮的簡單電路，如圖 2.18 所示。克希荷夫經由實驗的觀察，制訂出**克希荷夫電壓定律**（Kirchhoff's voltage law，KVL），說明了在一個迴路裡面淨電位差等於零，其數學式如下：

$$\sum_{n=1}^{N} v_n = 0 \qquad \text{克希荷夫電壓定律} \tag{2.8}$$

Gustav Robert Kirchoff （1824–1887）（© bilwissedition Ltd. & Co. KG/Alamy）

v_n 係指在一個迴路裡面，從一個節點到另一個節點的電壓差。

當要加總這些電壓差的時候，就必須考慮變化的極性。若電壓是從符號 − 到符號 + 的變化，即視為正的（電壓上升），反過來就是負的，亦即電壓下降。這兩種符號一起使用時，可以表示在某一元件上其電壓變化的假設方向。就如同電流的箭號用於指示假設電流的方向一樣。負號即表示與實際方向相反之意。

另一種表示方式是在同一個迴路中，電壓升（rise）總和等於電壓降（drop）的總和。

$$\sum_{\text{rises}} v = \sum_{\text{drops}} v \qquad \text{另一種 KVL} \tag{2.9}$$

圖 2.18 中，跨於燈炮兩端的電壓是從節點 a 到節點 b 的電壓變化，可表示為節點間的電壓差（v_a 與 v_b）。如前面所說明的，節點的電壓是指相對於參考電壓而言。為簡化分析起見，任何一個節點均可設定為零或其他數值以作為參考點。圖 2.18 電路僅有 2 個節點（a 與 b），其中任何一個均可作為參考點。

我們選擇節點 b 作為參考點，並設 $v_b = 0$。然後，觀察發現電池正端電壓高於參考電壓 1.5 V，因此，v_a

圖 2.18 利用 KVL 定律，從節點 b 繞一個迴路，可得到 1.5 V $- v_{ab} = 0$ 或是等效於 $v_{ab} = 1.5$ V

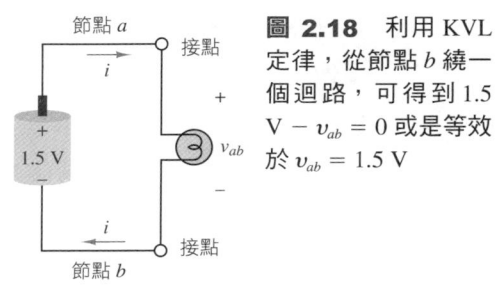

= 1.5 V。通常，電池會確保節點 a 的電壓永遠會比節點 b 的電壓高 1.5 V，以數學式表示如下：

$$v_a = v_b + 1.5 \text{ V}$$

當 $v_b = 0$ 作為參考點時，$v_a = 1.5$ V。

用以表示燈炮兩端電壓變化（從節點 b 到節點 a）的標號為 v_{ab}，其中

$$v_{ab} \equiv v_a - v_b = 1.5 \text{ V}$$

標號中 + 與 − 的極性，若 v_{ab} 為正，則表示 $v_a > v_b$。事實上，從圖 2.18 標示的 + 與 − 符號可看出，節點 a 的電壓的確高於節點 b 的電壓。v_{ab} 的符號有助於看成 v_a 相對於節點 b 的電壓。

注意：將電荷從節點 a 移動到節點 b 所需的功（work，W），直接正比於燈炮的電壓；同樣地，電荷從從節點 b 移動到節點 a 所需的功，直接正比於電池的電壓。假設 Q 是電路上單位時間內移動的總電荷量，造成了電流 i 的上升，因此，電池 Q 電荷從節點 b 到節點 a 做的功 W 為

$$W_{ab} = Q \times v_{ab} = Q \times 1.5 \text{ V}，即電池 Q 電荷所做的功。$$

其等於 Q 在燈泡上從 a 點到 b 點所做的功。相反地，做功也可表示燈泡在 Q 上從 a 到 b 所做的功，此時即以負數表示

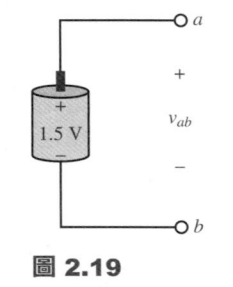

$$W_{ab} = Q \times v_{ba} = -Q \times v_{ab} = -Q \times 1.5 \text{ V}$$

電位（potential）這個字可視為電壓的同義字，因為，電壓是電路上兩節點間單位電荷的電位能。如圖 2.19 所示，如果燈泡從電路中斷開，在電池的兩端 v_{ab} 電壓仍然存在，這個電壓代表電池能夠提供能量到電路的能力。同樣地，跨於燈泡兩端的電壓，代表燈泡在電路中消耗能量所需做的功。一旦封閉迴路成立，電荷移動的速率取決於連結到電池的元件。

圖 2.19

參考節點與接地

參考節點的觀念，在實務上往往就是電路的接地點。接地（ground）代表電路一個特定的參考點與電壓，通常會有清楚的標誌。例如，接地的電壓可以設在機箱或者儀器的外殼，或者是地線本身。在家庭配線的電路中，接地點就是一個巨大的導體，像是埋在地下的銅釘或銅製水管。如前面所提及的，我們一般都是將接地點電壓設為零電位。

在實務上，接地這個名詞不應該任意地使用在某一個節點上。不過，接地的電壓值是否為零其實不重要。以下就簡單的液體流動來比擬與說明這個規則。考慮一個如圖 2.20 所示的水槽，距離地面有一定的高度。由重力 $u_{12} = g(h_1 - h_2)$ 所造成的每個

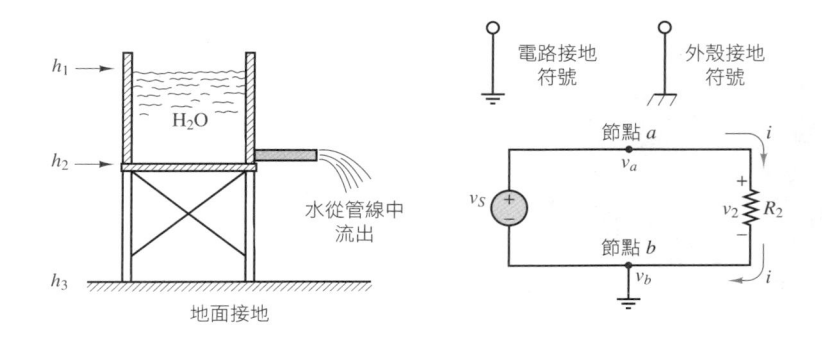

圖 2.20 水流與電流之間的類比來說明電位差與接地之間的關係

單位質量的位能差會讓水以一定的速率從管子流出來。此情況完全可以類比於單位電荷的電位差 $v_a - v_b$。現在假設在地面高度的 h_3 選定為零位能的參考點，水在管子中的流動與這個選擇有關嗎？當然沒有。水在管子中的流動與高度 $h_2 - h_3$ 有關嗎？答案也是沒有。這個現象可以用把水槽頂部 $h_1 - h_2$，改寫成 $(h_1 - h_3) - (h_2 - h_3)$ 來加以重新說明。此時，每個單位質量的位能差，可寫成每個單位質量相對於地面的位能差，即為

$$u_{12} = g(h_1 - h_2) = [g(h_1 - h_3)] - [g(h_2 - h_3)] = u_{13} - u_{23}$$

請注意 u_{13} 與 u_{23} 取決於 h_3 的指定值，但是 u_{12} 則不然。此題的關鍵是與位能的位差有關。電路也是一樣。電流在電路中的流動是取決於元件兩端電位差（電壓），與參考點的選擇或是接地點的指定值毫無關聯。

另一個類似的情境是，跳傘員從飛機上往下跳，並以降落傘到達地面（如圖 2.21）。為了定量跳傘員的位能 U，首先需要選定參考點的高度 h_0，如此，$U = mg\Delta h = mg(h - h_0)$，其中，$h$ 是跳傘員的所在位置。如果設定飛機為參考點的話，跳傘員的位能就成負值（$U < 0$）？不過，這樣的假設其實是沒有多大的意義。以地面作為參考點對跳傘員而言有意義多了。他們都知道，輕落地（soft landing）得靠碰觸空氣分子來釋放大部分的位能，而非靠撞擊地面。跳傘員非常清楚自己的命運與選定的參考點無關，但是某些參考點的選擇會比較有意義，電路的情況亦然。

圖 2.21 跳傘員非常清楚自己的命運與選定的參考點無關

範例 2.6　克希荷夫電壓定律──電動車電池組

問題

圖 2.22(a) 為 Smokin' Buckeye 電動競賽車的電池裝置。此例採用 KVL 定律說明 31 顆 12 V 電池的串聯，這些電池組成之電壓用於提供電動車電力所需。

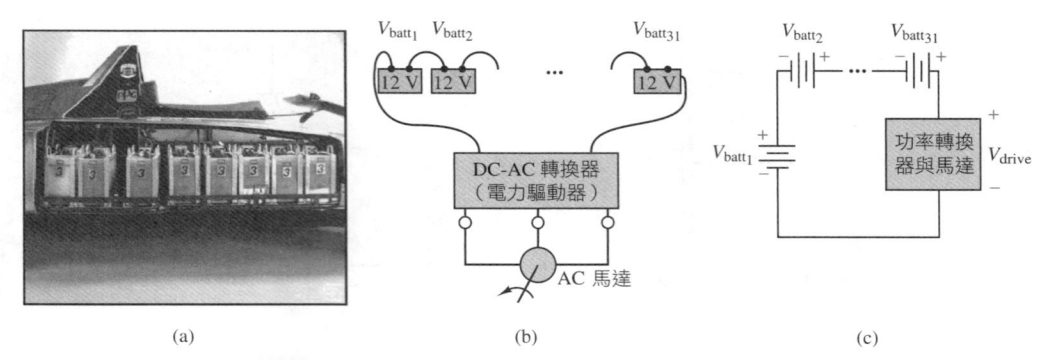

(a) (b) (c)

圖 2.22 以 KVL 說明電動車電池裝置

解

已知條件：Optima™ 公司鉛酸電池標示值。

找出：電池與電動馬達驅動器電壓之間的關係。

已知資料：$V_{batt} = 12 \text{ V}$；圖 2.22(a)、(b)、(c)。

假設：無。

分析：

圖 2.22(b) 所示為等效電路圖，說明了電池所供應的電壓如何應用於電動馬達上，以便將電能傳至汽車 150 kW 的三相感應馬達上。在圖 2.22(c) 的封閉電路中利用 KVL 定律可得：

$$\sum_{n=1}^{31} V_{batt_n} - V_{drive} = 0$$

因此，電動馬達通常以 31 × 12 = 372V 電池組所供應。在實務上，供應的電壓會隨著鉛酸電池的狀態有所變化，若電池在完全充飽的情況，電池組（如圖 2.22(a)）供應的電壓接近 400 V（每顆電池約 13 V）。

範例 2.7　KVL 的應用

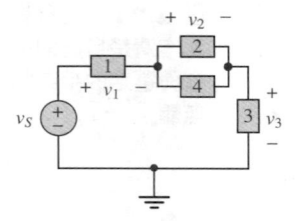

問題

利用 KVL 定律求出圖 2.23 電路中的未知電壓 v_2。

圖 2.23 4 個典型的元件與一個理想電壓源的電路

解

已知條件：

$$v_S = 12 \text{ V} \quad v_1 = 6 \text{ V} \quad v_3 = 1 \text{ V}$$

找出：v_2。

分析：應用 KVL 定律，從參考點開始順時鐘繞一個大圈的迴路，即可找到

$$v_S - v_1 - v_2 - v_3 = 0$$
$$v_S - v_1 - v_3 = v_2$$
$$12 - 6 - 1 = v_2 = 5 \text{ V}$$

評論：v_2 是跨於元件 2、4 的電壓差。此兩元件屬於並聯狀態，因為同時連接到兩個相同的節點，我們也可以說，包含這些元件的這兩個分支是並聯的。

範例 2.8　KVL 的應用

問題

利用 KVL 定律求出圖 2.24 電路中的未知電壓 v_1 與 v_4。

解

已知條件：

$$v_{S1} = 12\text{ V} \quad v_{S2} = -4\text{ V} \quad v_2 = 2\text{ V} \quad v_3 = 6\text{ V} \quad v_5 = 12\text{ V}$$

找出：v_1、v_4。

分析：為了找出未知的電壓，應用 KVL 定律以順時鐘方向列出右上方的網目：

$$v_{S1} - v_1 - v_2 - v_3 = 0$$
$$v_2 - v_{S2} + v_4 = 0$$

帶入已知數據之後，方程式變為

$$12 - v_1 - 2 - 6 = 0$$
$$v_1 = 4\text{ V}$$
$$2 - (-4) + v_4 = 0$$
$$v_4 = -6\text{ V}$$

採用其他的迴路來解出 v_1、v_4 是可能的方案，例如，利用右下方的網目可找到 v_4。

$$v_3 - v_4 - v_5 = 0$$
$$6 - v_4 - 12 = 0$$
$$v_4 = -6\text{ V}$$

或者以 KVL 定律，利用外圍的迴路可找到 v_1：

$$v_{S1} - v_1 - v_{S2} - v_5 = 0$$
$$12 - v_1 - (-4) - 12 = 0$$
$$v_1 = 4\text{ V}$$

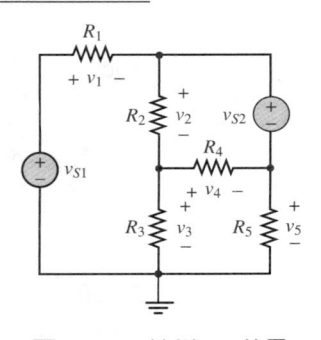

圖 2.24　範例 2.8 的電路圖

評論：請注意這個電路共有 7 個閉迴路。任何一個迴路均可應用 KVL 定律列出一個方程式，關鍵是需要包含 2 個未知數的 2 個線性獨立方程式方可求解。第 3 章將會介紹系統性的步驟（稱為網目分析），能夠以最少的方程式，在明確定義的電路中，解出所有的未知電壓以及電流。

檢視學習成效

應用 KVL 定律於圖 2.24 其他的 3 個迴路（未列在 2.8 的範例中），然後比較與範例 2.8 的解答。結果是否一致？

2.4 功率與被動符號規則

電壓定義為每單位電荷的能量，有助於對於功率的了解。請回想一下，功率就是定義為每單位時間所做的功，可由電路中的元件所提供或消耗之關係表示如下：

$$功率 = \frac{功}{時間} = \frac{功}{電荷} \cdot \frac{電荷}{時間} = 電壓 \times 電流 \tag{2.10}$$

因此，

> 功率 P 為元件兩端的電壓（V）與其通過電流（I）的乘積。

$$P = v_i \tag{2.11}$$

電壓的單位（焦耳／庫倫，J/C）乘上電流的單位（庫倫／秒，C/s）等於功率的單位（焦耳／秒，J/s；或瓦特，W）。

電路中元件的功率可為正亦可為負，傳統上係取決於元件本身是提供能量或是消耗能量的角色。考慮圖 2.25(a)，其電荷係從低電位移動至高電位。在移動的過程中，元件 A 做了功，因其電位增加了。做功的變化率即為功率。這個例子的功率為負，主要是能量係由元件 A 提供或釋放到電路。另一種可能的情形如圖 2.25(b)，電荷是由高電位移動到低電位。當電位變低時，此時移動電荷在元件 B 上做了功。此案例之功率為正值，因為元件從電路上的電荷中消耗或者釋放了能量。

> 在被動符號的規則中，電荷如果假設是從高電位流到低電位，那麼能量就是為元件所消耗的或者儲存的，此時功率是正的。

被動元件定義為不需要外加電源來致動的元件，常見的有電阻、電容、電感、二極體以及電動馬達等。被動元件可以消耗能量（例如電阻）和／或儲存與釋放能量（如電容與電感）。而主動元件則定義為需要外加電源來致動的元件，如電晶體、放大器、電壓源與電流源等。

電機工程界已一致採用被動符號的規則，所有在本書中所介紹的基本定理均遵循這樣的規範。當使用這些規則解題時要謹記在心，特別是對於未知電流的方向和／或電壓極性的假設，依據被動符號的規則是很重要的。若違反了這個規定，會導致錯誤的結果。另一方面，遵守這個規定時，無須事先預知電流的方向或是電壓的極性。如果假設有誤，答案便會出現負值，即表示假設與實際的方向或是極性是相反的。

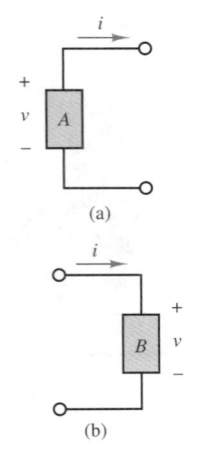

圖 2.25　假設 i 與 v 均為正值，(a) 能量由元件 A 提供，但 (b) 元件 B 則是消耗能量，兩者均以被動慣用符號標示之。

解題重點

被動符號規則

1. 分配每一個被動元件的電流,每一個電流方向均可任意地假設。
2. 每一個被動元件分配一個電壓,則電流的方向由高電位流到低電位。其他有效的表示方式,+ 表示電流進入的方向,− 表流出的方向。
3. 對於每一個主動元件,流經元件兩端的電壓而指定的電流,應依下列方式處理:
   (a) 如果經由元件的電流已知,則指定元件兩端的電壓,要使得電流係由低電位流至高電位的方向。
   (b) 如果元件兩端的電壓已知,則指定流經元件的電流,要使得電流係由低電位流至高電位的方向。
4. 依下列規則計算每一個元件的功率:
   (a) 被動元件其功率為正,等於 vi,即表示元件消耗功率或者儲存能量。
   (b) 主動元件其功率經常是負的,等於 $-vi$,即表示元件提供或者釋放能量。有時,主動元件亦會消耗能量,如電池正在充電時,此時功率為正,電流由正端進入。

範例 2.9　被動符號規則的使用

問題

應用被動符號規則,以解出圖 2.26 電路的電壓與網目電流。

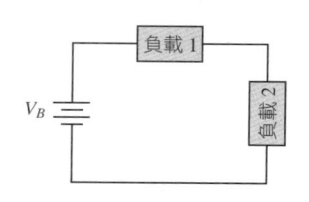

圖 2.26

解

已知條件:電池電壓,負載 1 與負載 2 消耗的功率。

找出:每一個負載的網目電流與電壓。

已知資料:圖 2.27(a) 及 (b),電池電壓 $V_B = 12$ V,負載 1 消耗的功率 $P_1 = 0.8$ W,負載 2 消耗的功率 $P_2 = 0.4$ W。

假設:無。

分析:這個問題可使用被動符號規則,以 2 種不同的方法解出。第一種方法假設網目電流是順時鐘方向,而第二種方法則假設網目電流是逆時鐘方向。無論使用哪一種方法,被動符號規則均可用於標示每一個負載電壓的變化。圖 2.27(a) 及 (b) 顯示這兩種方法的結果。請注意,負載電壓變化的選定應使假設的電流方向係由高電位流至低電位。

電池極性的方向,以長短條狀符號依序標示,電池正端與負端分別連結至長與短條狀的符號。

如圖 2.27(a) 所示,利用第一種方法解題有 4 個步驟:

1. 假設電流是順時鐘的方向。
2. 標示每一個負載上電壓的變化,因此,電流係由高電位流至低電位。
3. 利用 $P = vi$ 列出每一個負載的功率,且須符合被動符號規則。

$$P_1 = v_1 i = 0.8\,\text{W}$$
$$P_2 = v_2 i = 0.4\,\text{W}$$

電池的功率可表示為 $P_B = -V_B i$,之所以需要使用 $-vi$,是因為電流係由低電位流至高電位,與被動符號方向相反。

4. 根據能量守恆定理,所有電路中的總功率為零。因此,

$$P_1 + P_2 + P_B = 0$$
$$P_B = -P_1 - P_2 = -0.8\,\text{W} - 0.4\,\text{W} = -1.2\,\text{W} = -V_B i$$

現在可利用 3 種 vi 方程式來解出 3 個未知數 i, v_1, v_2,因為 $V_B = 12\,\text{V}$,電流 i 可得

$$i = \frac{-1.2\,\text{W}}{-12\,\text{V}} = 0.1\,\text{A}$$

因此,每個負載的電壓降為

$$v_1 = \frac{0.8\,\text{W}}{0.1\,\text{A}} = 8\,\text{V}$$
$$v_2 = \frac{0.4\,\text{W}}{0.1\,\text{A}} = 4\,\text{V}$$

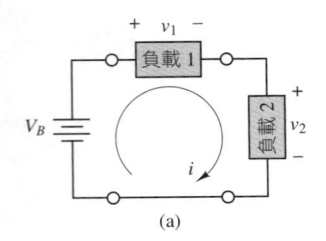

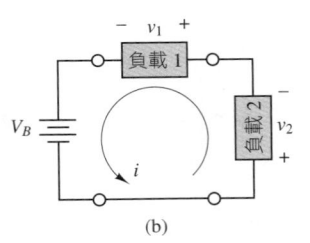

圖 2.27

以下第二種方法亦有 4 個步驟可用於解題,如圖 2.27(b) 所示:
1. 假設電流是逆時鐘的方向。
2. 標示每一個負載上電壓的變化,因此,電流係由高電位流至低電位。
3. 利用 $P = vi$ 列出每一個負載的功率,且須符合被動符號規則。

$$P_1 = v_1 i = 0.8\,\text{W}$$
$$P_2 = v_2 i = 0.4\,\text{W}$$

電池的功率可表示為 $P_B = V_B i$,之所以需要使用 $+vi$,是因為電池的電流係由高電位流至低電位,符合被動符號的規則。

4. 根據能量守恆定理,所有電路中的總功率為零。因此,

$$P_1 + P_2 + P_B = 0$$
$$P_B = -P_1 - P_2 = -0.8\,\text{W} - 0.4\,\text{W} = -1.2\,\text{W} = V_B i$$

現在可利用 3 種 vi 方程式來解出 3 個未知數 i, v_1, v_2,因為 $V_B = 12\text{V}$,電流 i 可推得

$$i = \frac{-1.2\,\text{W}}{12\,\text{V}} = -0.1\,\text{A}$$

因此,每個負載的電壓降為

$$v_1 = \frac{0.8\,\text{W}}{-0.1\,\text{A}} = -8\,\text{V}$$
$$v_2 = \frac{0.4\,\text{W}}{-0.1\,\text{A}} = -4\,\text{V}$$

評論：以上兩種解法所得到的實際電流與每一個負載兩端的電壓都相同。例如，使用第一種方法時，電流為順時鐘方向，其值為 0.1 A，而第二種方法所得的電流為逆時鐘方向，其值為 −0.1 A，負值表示真正的電流為順時鐘方向。這個例子提供了一個很好的說明，在分析電路時，並不需要事先知道未知電流的方向與電壓，重點是要遵循被動符號的規則。

另外要注意的是，必須遵守能量守恆定理，這個觀念在任何其他的物理系統上也一樣適用，提供的功率總是等於消耗的功率。

範例 2.10　功率計算

問題

如圖 2.28 所示電路，請找出哪些元件消耗功率，而哪些元件提供功率。是否符合能量守恆定理？請解釋你的答案。

解

已知條件：流經元件 D 與 E 的電流；元件 B,C, D, E 兩端的電壓。

找出：哪些元件是消耗功率的，哪些元件是提供功率的。證明能量守恆定理。

分析：應用 KCL 定律至 B、D、E 的節點，以找出通過元件 B 的電流。

$$i_B = 2\text{ A} + 3\text{ A} = 5\text{ A}$$

應用 KVL 定律，以逆時鐘方向繞外圍迴路一圈，可找到元件 A 的電壓。

$$-v_A - 3 + 10 + 5 = 0 \quad v_A = 12\text{ V}$$

遵循被動符號的規則，每一個元件的功率可以 $P = vi$ 加以計算。

$$P_A = -(12\text{ V})(5\text{ A}) = -60\text{ W}$$
$$P_B = -(3\text{ V})(5\text{ A}) = -15\text{ W}$$
$$P_C = (5\text{ V})(5\text{ A}) = 25\text{ W}$$
$$P_D = (10\text{ V})(3\text{ A}) = 30\text{ W}$$
$$P_E = (10\text{ V})(2\text{ A}) = 20\text{ W}$$

以上功率總和為零，進一步說明如下：

- A 提供 60 W
- B 提供 15 W
- C 消耗 25 W
- D 消耗 30 W
- E 消耗 20 W
- 總提供功率等於 75 W
- 總消耗功率等於 75 W
- 提供的總功率 = 消耗的總功率

評論：請注意是否以 $P = vi$ 或 $P = -vi$ 計算功率，完全取決於是否使用被動符號的規則。

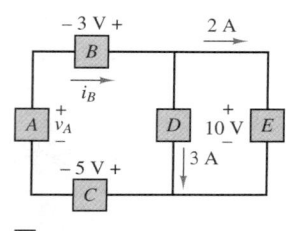

圖 2.28

檢視學習成效

在每個網目採用 KVL 定律，而非利用能量守恆定理求解，找出圖 2.27(a) 與 (b) 之電流與電壓。已知電池功率 $P_B = -1.2$ W。

檢視學習成效

計算圖 2.11 中通過每一個頭燈的電流，假設每一個頭燈功率是 50 W，請問電池需提供多少功率？

解答：$I_1 = I_2 = 4.17$ A; 100 W.

檢視學習成效

請確認下方左圖中 A 或 B 元件是提供功率與消耗功率，且計算消耗或提供的功率。

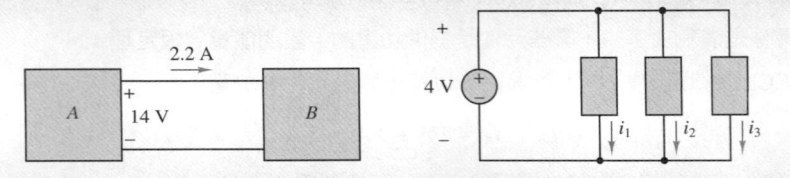

如果上方右圖中電壓源總共提供了 10 mW 的功率，且 $i_1 = 2$ mA、$i_2 = 1.5$ mA，請問 $i_3 = ?$ 如果 $i_1 = 1$ mA、$i_3 = 1.5$ mA，請問 $i_2 = ?$

解答：A 提供 30.8 W; B 消耗 30.8 W. $i_3 = -1$ mA; $i_2 = 0$ mA.

2.5 i-v 特性與電源

如同前面章節所述，元件所提供或者消耗的功率定義為 $P = vi$，v 和 i 遵循如圖 2.29 所示的被動符號規則。基於這樣的規則，功率為正，表示元件消耗或是儲存功率；功率為負，則表示元件提供或者釋放能量。v、i 與 P 的關係圖如圖 2.29(b) 所示。

任何特殊的電路元件都可能畫出其 i-v 圖，然後與圖 2.29(b) 比較，以決定元件係提供或者消耗功率。但是，任何電路元件的 v、i 關係都可能相當複雜，不易以如 $i = f(v)$ 般的封閉數學方程式來加以描述。所幸，大部分電路元件 i-v **特性**圖（或**伏特－安培特性**圖）均是已知，或者可由實驗的方式求得。

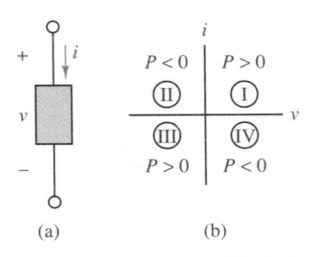

圖 2.29 (a) 一般電路的被動符號規則。(b) v、i 與功率 P 的關係，如典型的 i-v 特性圖。

例如，審視圖 2.30(a) 的電路，其中，傳統的白光燈炮置於單一迴路當中，串接一個可調電壓源以及一個電流表。請注意，被動符號規則使用在燈炮的壓降與通過的電流，其 i-v 特性取決於電壓的變動與形成的電流量，燈炮之 i-v 圖會類似於圖 2.30(b) 所示。請注意，i-v 特性圖從第三象限經由原點轉入第一象限。若電壓為正時，電流亦為正，當電壓為負時，電流亦為負，亦即兩者功率均為正，因此，表示燈炮總是消耗能量的。

有一些電子元件可以在 4 個象限其中的 3 個運作，因此，針對特定電壓與電流的組合，此類元件可作為能量的來源。第 9 章會介紹這樣具有雙重功能的例子，如光二極體，其可作用於被動模式（光感測器）或者主動模式（光電池）。

理想的電壓源與電流源 i-v 特性是滿簡單的理論，但卻是相當有用的觀念。一個**理想電源**可以提供任何大小的能量，但不會影響到其本身的作用，其分為兩種型態：電壓源與電流源。

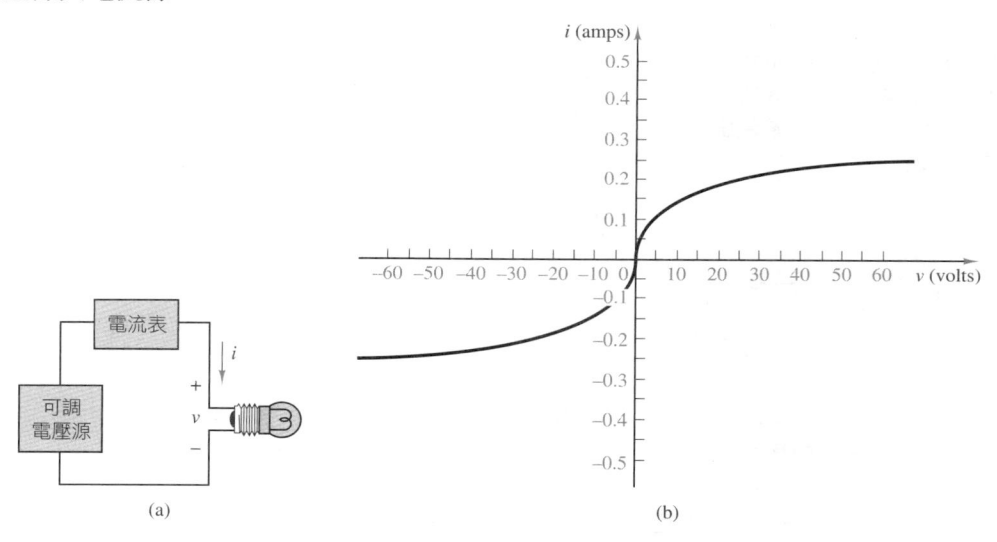

圖 2.30　(a) 量測燈炮 i-v 特性之示意圖。(b) 典型的燈炮 i-v 圖。

理想電壓源

一個**理想電壓源**係在其輸出端可以產生特定的電壓輸出，但其輸出電壓完全不受輸出電流多寡的影響。理想電壓源的電路符號如圖 2.31(a) 所示。請注意，其使用主動的符號規則，與被動符號規則相反。如圖 2.31(b) 所示，第 1 象限中 i-v 特性的垂直線，代表提供能量。電源所提供的能量與電流量取決於連結的電路。重要的是，理想電壓源可以保證接到其 +、− 輸出端的節點一定會有特定電壓的改變。此處 +、− 極性的符號，其正負值並非指其與零參考點相對的電位，在解題時不要弄錯。

> 一個理想電壓源在其輸出端可以產生特定的電壓輸出，完全不受輸出電流多寡的影響。經由電源所提供的電流量取決於與其連結的電路。

各類型的電池、電源供應器以及訊號產生器如果適當地使用的話，能夠近似於理想電源的特性。然而，這些實際的設備在電壓不受影響的前提之下，其輸出電流量還是會有一定的範圍限制，就像傳統的 12V 汽車電池的作用一樣。當汽車內各種電子設備啟動或者關閉時，我們可以利用數位電壓表來測量，其汽車的電池電壓的變化。我們發現，縱使電動窗正在運作中，電池電壓幾乎保持不變，不過，一旦引擎啟動，在啟動的瞬間，電池電壓會明顯下降。

圖 2.32 提供本書會用到的幾種各種電壓源符號。請注意，理想電源的輸出電壓可能是時間的函數。一般而言，除非有特別註明，否則，本書係使用下列的符號（如圖 2.32）。一般的電壓源係以小寫的 v 來表示。假如需要強調其為時變的電壓，則以 $v(t)$ 來表示。最後，直流電壓源係以大寫的 V 來表示，傳統上，電壓源正電流的方向是從低電位流至高電位，亦即，電流從 − 端進入，從 + 端流出。

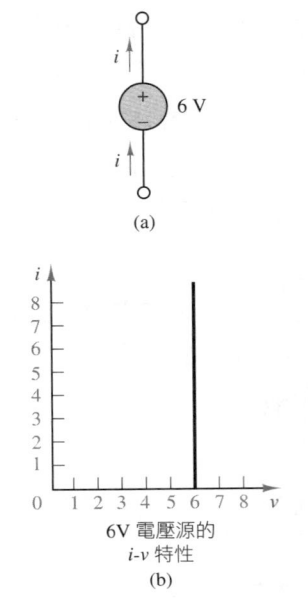

圖 2.31 (a) 使用主動符號規則的理想電壓源；(b) 典型的 i-v 特性，其指出能量係由電源所提供。

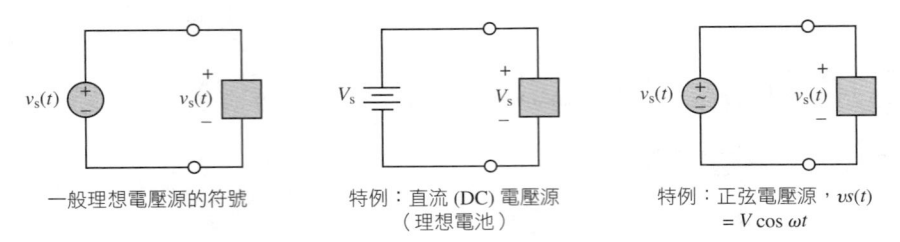

圖 2.32 三種通用的理想電壓源

一般理想電壓源的符號　　特例：直流 (DC) 電壓源（理想電池）　　特例：正弦電壓源，$v_s(t) = V\cos\omega t$

理想電流源

一個**理想電流源**係在其輸出端可以產生特定的電流輸出，與其跨於兩端的電壓大小無關。理想電流源的電路符號如圖 2.33(a) 所示。請注意，主動符號規則與被動符號規則剛好相反。如圖 2.33(b) 所示，i-v 特性在第 1 象限中的橫向直線代表提供能量。電源所提供的能量與電流量取決於連結的電路。重要的是，理想電流源可以保證其經由兩端接點之輸出電流，由 − 端進入的電流與 + 端輸出的電流完全相同。

圖 2.33 (a) 使用主動符號規則的理想電流源；(b) 典型的 i-v 特性，其指出能量係由電源所提供。

一個理想電流源係經由兩端提供特定的電流輸出，但與其跨於兩端的電壓大小無關。兩端電壓的大小取決於所連結的電路。

理想電流源不像理想電壓源一樣容易找到實務範例。不過，一般來講，理想電壓源串上一個很大的輸出電阻，可以提供一個雖然很小但接近於固定的電流，可視為接近理想電流源。電池充電器就是普遍且類比於理想電流源的範例。

圖 2.34 為描繪一個理想電流源的電路，其包含了一般符號，字母大小寫的意義與電壓源的符號一樣。

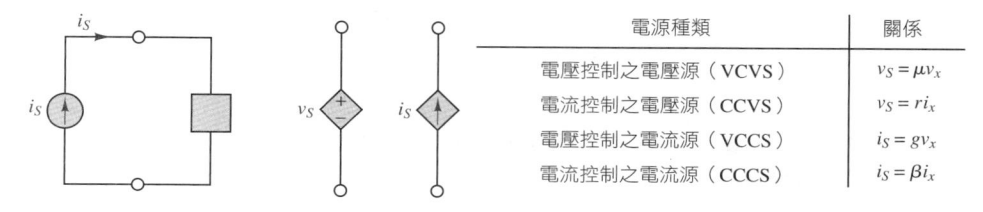

電源種類	關係
電壓控制之電壓源（VCVS）	$v_S = \mu v_x$
電流控制之電壓源（CCVS）	$v_S = r i_x$
電壓控制之電流源（VCCS）	$i_S = g v_x$
電流控制之電流源（CCCS）	$i_S = \beta i_x$

圖 2.34 此簡單的電路包含一個通用的理想時變的電流源。　**圖 2.35** 相依電流源的符號。

相依（控制）電源

如前所述，理想電源能夠產生特定的電壓或者電流，且不受其他電路上的元件所影響，因此又稱為獨立電源（independent source）。另外一種電源型態是其輸出（電壓或電流）與電路上某些其他電壓或電流有關，因此又稱為**相依／控制電源（dependent/controlled source）**。如圖 2.35 所示，這些電源的符號其形狀為菱形，以便與獨立電源區隔。下表說明了電源電壓 v_S 或電源電流 i_S，及其相依的電路電壓 v_x 或電路電流 i_x 之間的關係。

相依電源在某些電子電路分析上相當有用，會在第 8、10 與 11 章介紹電子放大器時，再次說明。

2.6　電阻與歐姆定理

當電荷流經導線或是元件時，會碰到某種程度的**阻力（resistance）**，其阻力的大小與材料的電阻性、導線的幾何形狀或者元件有關。在實務上，所有電路元件均會呈現某些電阻性，並會以熱能的方式消耗能量。以熱的形態消耗能量是否不利，要視電路元件的目的而定。例如，傳統的烤箱，就是利用其電阻的繞組進行能量的轉換以達到其目的。所有的電熱器也都是利用這種過程。然而，另一方面，由於市內配線上電阻所引起的熱損代價很高，也可能會導致危險。在微電子電路上，電阻所產生的熱會

限制微處理器的速度,以及可以置入電晶體的數量。

圓柱形導線截面的電阻(如圖 2.36(a)),如下所示

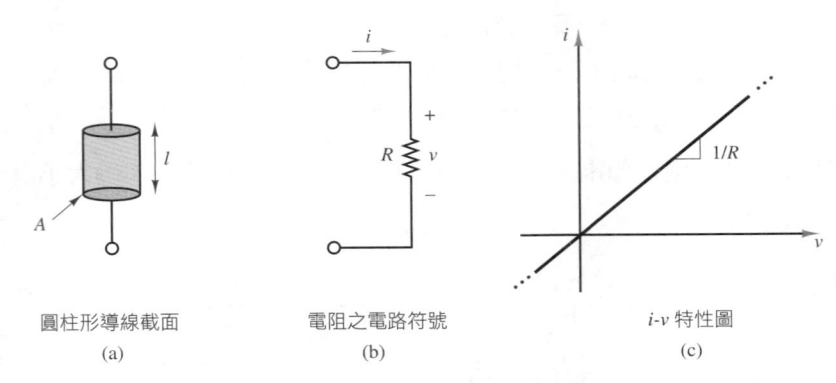

圖 2.36 (a) 電阻性導線的線段;(b) 理想電阻的電路符號;(c) 理想電阻的 i-v 特性關係圖。

$$R = \rho \frac{l}{A} = \frac{l}{\sigma A} \tag{2.12}$$

其中 ρ 與 σ 分別為電子材料的電阻與導電特性。l 與 A 分別為導線線段長度與截面積大小。從上式很清楚地可以看出,導電性與電阻性恰好相反。電阻的單位是**歐姆**(Ω),其中

$$1\,\Omega = 1\text{ V/A} \tag{2.13}$$

實際導線或電路元件之電阻,在電路圖中通常是視為**理想電阻**,會把導線或電路元件整個分散之電阻 R 包入在單一元件當中。理想電阻有一個線性的關係,即為**歐姆定理**,即

$$\boxed{v = iR \quad \text{歐姆定理}} \tag{2.14}$$

換句話說,跨於理想電阻兩端的電壓直接正比於其通過的電流量,此比率常數即為電阻。理想電阻的電路符號與其 i-v 特性關係圖分別如 2.36(b) 與 (c) 所示。請注意在這裡使用被動符號規則是滿恰當的,因為電阻本身就是一個被動元件。

電導(conductance,G)(單位為西門斯,S)經常定義為電阻的倒數。

$$G = \frac{1}{R} \quad \text{西門斯 } (S) \text{ 其中} \quad 1\,\text{S} = \frac{1\text{A}}{\text{V}} \tag{2.15}$$

基於電導,歐姆定理為

$$i = Gv \tag{2.16}$$

歐姆定理是一個經驗關係式,在電機工程領域中應用得相當廣泛。此定理雖然簡單,卻非常接近導體的物理特性。不過,其 i-v 的線性特性通常無法應用在大的電壓

或是電流的範圍。對某些導體而言，歐姆定理甚至在適度電壓或是電流的範圍內，也無法逼近 *i-v* 的線性關係。縱使如此，大部分的導體在某些電壓或是電流的範圍內，會呈現區段線性 *i-v* 的特性，例如，圖 2.37 白熾燈泡以及二極體。

短路與開路

短路與**開路**是歐姆定理的兩個特例，因其電阻值分別為 0 或是無限大。理論上，短路就是無論通過元件的電流多少，其跨於元件兩端的電壓為 0，圖 2.38 所示為其理想狀態下短路的電路符號。

在實務上，任何導體或多或少都會有些電阻存在，然而，在特定的條件之下，許多的材料是可以相當接近短路的特性。例如，大線徑的銅管在室電的環境中，視為有效的短路。然而，在低功率的微電子電路〈像是手機〉，典型的接地平面為 35×10^{-6} m 的厚度就可作為短路之用。典型的無焊接麵包版設計可使用 22 號（22-gauge）硬體跨接線，成為麵包版上元件之間的有效短路。表 2.1 列出一些 *American Wire Gauge Standards* 所規範的常用電阻值（每 1,000 英尺）。

表 2.1 銅線的電阻

規格	線數	每線（英吋）的直徑	每 100 英尺（英尺）的電阻
24	Solid	0.0201	28.4
24	7	0.0080	28.4
22	Solid	0.0254	18.0
22	7	0.0100	19.0
20	Solid	0.0320	11.3
20	7	0.0126	11.9
18	Solid	0.0403	7.2
18	7	0.0159	7.5
16	Solid	0.0508	4.5
16	19	0.0113	4.7
14	Solid	0.0641	2.52
12	Solid	0.0808	1.62
10	Solid	0.1019	1.02
8	Solid	0.1285	0.64
6	Solid	0.1620	0.4
4	Solid	0.2043	0.25
2	Solid	0.2576	0.16

歐姆定理的極限情況是，當 $R \to \infty$ 時，此情況稱為**開路**。理論上，開路會造成通過元件的電流為 0，與其跨於兩端的電壓無關。圖 2.39 所示為開路的電路符號。

開路在實務上很容易模擬。對於中等等級的電壓而言，導線上的缺口或是斷線，均會造成開路。不過，在足夠高的電壓之下，這樣的裂口會因電離而讓電荷通過，甚至兩端點之間的絕緣體，在很高的

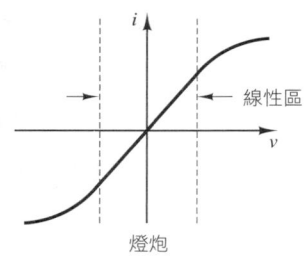

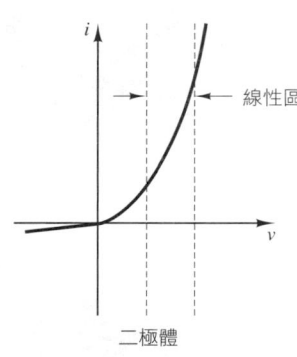

圖 2.37 在非線性 *i-v* 特性中分段線性的區段

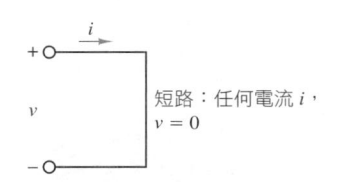

短路：任何電流 *i*，$v = 0$

圖 2.38 短路

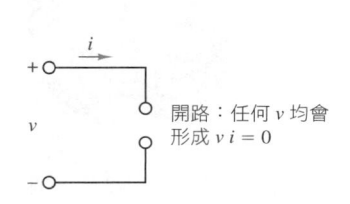

開路：任何 *v* 均會形成 $vi = 0$

圖 2.39 開路

電壓之下，仍會崩潰。兩導體間的空氣間隙，在接近暴露的元件表面上，其離子化的粒子可能會導致電荷的脈衝而跳過間隙，進而形成離子化的路徑而崩潰。火星塞的點火系統就是利用這個現象，點燃內燃機引擎中空氣與汽油的混合物。絕緣體強度（dielectric strength）是絕緣材料可以承受，而不會崩潰或者讓電流通過的最大電場（每單位距離的電壓）限度。它會受到溫度、壓力以及材料的厚度的影響。在海平面與室溫環境之下，典型空氣的絕緣體強度為 3 kV/mm，玻璃為 10 kV/mm，橡膠為 20 kV/mm，純水為 30 kV/mm，鐵氟龍（Teflon）為 60 kV/mm。

個別電阻

實驗室、家庭手工或商用硬體常常用到不同的個別電阻，各具有不同的數值、誤差值與額定功率。而且，每一種電阻都設計有其工作溫度的範圍。某些個別電阻（如熱敏電阻）設計成對溫度高度敏感，可用為溫度轉換器。

大多數的個別電阻為圓柱形，有不同色碼來標示其數值與誤差值。常用的電阻有數種：以碳與磁粉混合而成的碳素電阻（圖 2.40）；由細條狀碳以絕緣芯包裹而成的碳膜電阻，其數值由長度與寬度所設定；金屬薄膜電阻，其電阻值由金屬薄膜的特性所設定，亦為絕緣芯包裹而成（圖 2.41）。

個別電阻具有各種額定功率，功率大小和電阻的大小成正比。圖 2.42 與圖 2.43 所示為典型的 1/4 W 電阻以及 1/2 W 電阻。要注意電阻外表標示的條紋。典型的個別電阻亦有 1、2、5、10 W 甚至更大規格的額定功率。許多工業用功率電阻係由繞線所製作而成，例如鎳鉻合金線，或是周圍為非導電芯，如陶瓷、塑膠、玻璃纖維等材料。其他的是用碳的圓柱段所做成。功率電阻具有各種包裝形式，如水泥、模壓塑料、具散熱鰭片與瓷漆塗料之鋁殼。典型的功率電阻如圖 2.44 所示。

圖 2.40　碳素電阻器

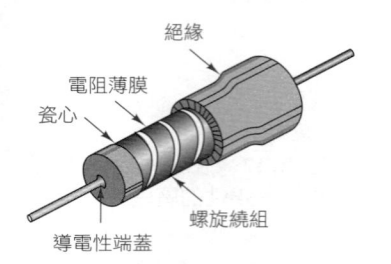

圖 2.41　薄膜電阻

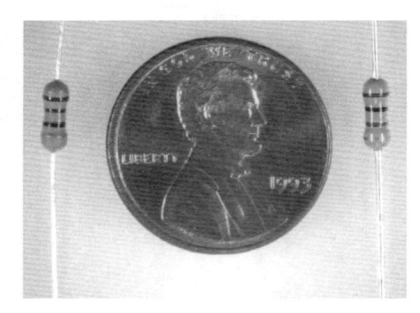

圖 2.42　典型的 1/4 W 電阻
（photos by Jim Kearns）

圖 2.43　典型的 1/2 W 電阻
（photos by Jim Kearns）

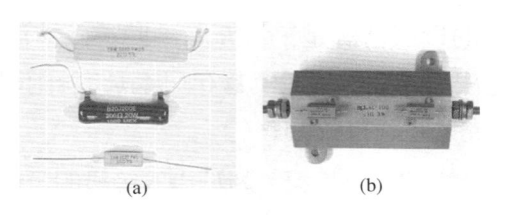

圖 2.44　(a)25 W、20 W、5 W (b)2 個 5 W 電阻置於 100 W 電阻的上面。

個別電阻經常使用色碼來標示其數值與誤差值。有 4 種色碼最常見，前 2 個為 2 位數的整數，第 3 個為 10 的次方，第 4 個為誤差值，每一個色碼所代表的數值如圖 2.45 與表 2.3 所示。

$$(2 \text{ 位或 } 3 \text{ 位數}) \times 10^{\text{乘數}}, \text{歐姆}(\Omega)$$

黑色	0	藍色	6
棕色	1	紫色	7
紅色	2	灰色	8
橘色	3	白色	9
黃色	4	銀色	10%
綠色	5	金色	5%

電阻值 $= (b_1 b_2) \times 10^{b_3}$；$b_4 = \%$ 為實際誤差值

圖 2.45 電阻色碼

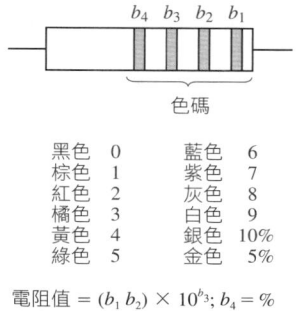

表 2.2 在室溫下一般材料的電阻係數

材料	電阻係數 (Ω-m)
鋁	2.733×10^{-8}
銅	1.725×10^{-8}
金	2.271×10^{-8}
鐵	9.98×10^{-8}
鎳	7.20×10^{-8}
白金	10.8×10^{-8}
銀	1.629×10^{-8}
碳	3.5×10^{-5}

表 2.3 $b_1 b_2$ 為 2 位數碼；b_3 為乘數

$b_1 b_2$	碼	b_3	碼	Ω	b_3	碼	kΩ	b_3	碼	kΩ	b_3	碼	kΩ
10	棕-黑	1	棕色	100	2	紅色	1.0	3	橘色	10	4	黃色	100
12	棕-紅	1	棕色	120	2	紅色	1.2	3	橘色	12	4	黃色	120
15	棕-綠	1	棕色	150	2	紅色	1.5	3	橘色	15	4	黃色	150
18	棕-灰	1	棕色	180	2	紅色	1.8	3	橘色	18	4	黃色	180
22	紅-紅	1	棕色	220	2	紅色	2.2	3	橘色	22	4	黃色	220
27	紅-紫	1	棕色	270	2	紅色	2.7	3	橘色	27	4	黃色	270
33	橘-橘	1	棕色	330	2	紅色	3.3	3	橘色	33	4	黃色	330
39	橘-白	1	棕色	390	2	紅色	3.9	3	橘色	39	4	黃色	390
47	黃-紫	1	棕色	470	2	紅色	4.7	3	橘色	47	4	黃色	470
56	綠-藍	1	棕色	560	2	紅色	5.6	3	橘色	56	4	黃色	560
68	藍-灰	1	棕色	680	2	紅色	6.8	3	橘色	68	4	黃色	680
82	灰-紅	1	棕色	820	2	紅色	8.2	3	橘色	82	4	黃色	820

例如，電阻有 4 條色碼（黃、紫、紅、金），其數值為

$$(黃)(紫) \times 10^{紅} = 47 \times 10^2 = 4700 \, \Omega = 4.7 \text{ k}\Omega$$

「金」代表其電阻誤差值為 ±5%。4.7 kΩ 經常縮寫成 4K7，其中字母 K 標示出小數點的位置，而且單位為 kΩ，同樣地，3.3 MΩ 經常縮寫為 3M3。表 2.3 所列為電子工業協會（Electronic Industries Association，EIA）所建立的標準，誤差值為 10%，又稱為 E12 系列。12 代表每十進位電阻值所用的對數步階。注意，相鄰的十進位〈行〉之間的差異為十倍。

由於個別電阻製造時無法非常地精確，因此其實際的數值僅是近似於標示值，誤差值即表示實際與標示值之間的容許度。其他的 EIA 系列有 E6、E24、E48、E96 及 E192，其誤差值分別為 20%、5%、2%、1% 與更低的誤差範圍。

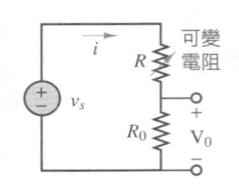

圖 2.46 位於串聯迴路中的可變電阻

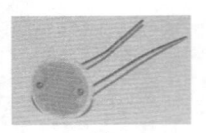

圖 2.47 (a) 典型的硫化鎘電池。(b) 依賴硫化鎘電池偵測明暗的夜燈。
（photos by Jim Kearns）

圖 2.48 典型的負溫度係數（NTC）熱敏電阻。
（photos by Jim Kearns）

可變電阻

可變電阻的電阻值不是固定的，像是光敏電阻、熱敏電阻，其電阻值會分別隨著光線強度、溫度而改變。有許多有用的感測器係利用這樣的可變電阻。

圖 2.46 是一個具有電壓源的簡單迴路，另含可變電阻 R 與固定電阻 R_0。在迴路中利用 KVL 定律可找到：

$$v_S = iR + iR_0 = i(R + R_0)$$
$$= iR + v_0$$

解出 i，然後帶入上式可得：

$$i = \frac{v_S}{R + R_0} \quad \text{與} \quad v_0 = iR_0 = v_S \frac{R_0}{R + R_0}$$

現在，假設可變電阻的範圍是從 0Ω 到某一個遠大於 R_0 的 R_{max}。當 $R = 0$：

$$v_0 = v_S \frac{R_0}{R + R_0} = v_S \frac{R_0}{R_0} = v_S \quad (R = 0)$$

當 $R = R_{max}$：

$$v_0 = v_S \frac{R_0}{R + R_0} = v_S \frac{R_0}{R_{max} + R_0} \approx v_S \frac{R_0}{R_{max}} \approx 0 \quad (R = R_{max})$$

因此，當 R 從 0 到 R_{max} 變化時，v_0 由 v_S 變化到 0。我們可觀察到當 R 在變化時，v_0 也在變化。想像一下，若圖 2.46 中的可變電阻是一個光敏電阻，例如圖 2.47(a) 的硫化鎘（CdS）電池，當光線很強時，其電阻很小，當光線很弱或暗時，其電阻很大。這個結果就會造成在強光條件下，$v_0 \approx v_S$，在昏暗條件下，$v_0 \approx 0$。要實現一個如圖 2.47 的夜燈，我們所需要的物件就是，當 $v_0 \ll v v_{ref}$ 時，燈會打開，而當 $v_0 \gg v_{ref}$ 時，燈會關掉。其中 v_{ref} 為一個適當的參考電壓，如 $v_S/2$。

圖 2.48 所示為一個典型的熱敏電阻，其特性與光敏電阻完全一樣，差別在於其會對溫度變化產生的響應。

電位計

電位計是一個具有 3 端的裝置。圖 2.49 為其示意圖與其電路符號。A、C 端點之間的固定電阻 R_0，係以緊密的繞線圈所形成。端點 B 連結至接觸刷，會隨著旋轉鈕方向沿著線圈滑動。電路符號中的箭頭表示滑動的位置。電阻的 B 端點到其他 2 個端點之間的電阻值取決於接觸刷的位置；當 R_{BA} 增加時，R_{BC} 會減少，反之亦然，但 $R_{BA} + R_{BC}$ 的總和會等於 R_0。

圖 2.50(a) 說明了電位計符號在一個簡單電路中的應用。電表（meter）代表一個理想電壓表，可以量測兩個端點之間的電壓，但不會影響到整個電路的運作。圖 2.50(b) 為其等效電路，其中，端點 A 與端點 B 以及端點 B 與端點 C 之間的電阻，係以分段的方式呈現。請注意，這些電路實質上有 3 個節點。

理想電壓表顯示之 v_{BC} 的計算類似於前面所述的可變電阻。應用 KVL 定律於包括電壓源與 2 個電阻的迴路當中，利用歐姆定律以及迴路的電流 i 來表現電阻的電壓，其結果為：

$$v_{BC} = v_S \frac{R_{BC}}{R_{BC} + R_{AB}}$$

此 2 個串聯電阻是分壓定理的重要範例。對此，下一節會有充分的討論。當接觸刷轉至端點 C 時，$R_{BC} = 0$ 以及 $v_{BC} = 0$。當接觸刷轉至端點 A 時，$R_{AB} = 0$ 以及 $v_{BC} = v_S$。一般來講，接觸刷由端點 A 轉到端點 C 時，在端點 B 與端點 C 的壓降會持續地由 v_S 下降到 0。

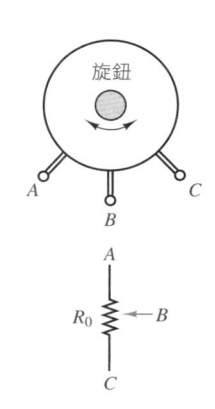

圖 2.49 3 端之電阻裝置，在 A、C 端點間具有固定電阻 R_0，B 端點與其他 2 個端點之間的電阻值可利用旋轉鈕來加以設定。

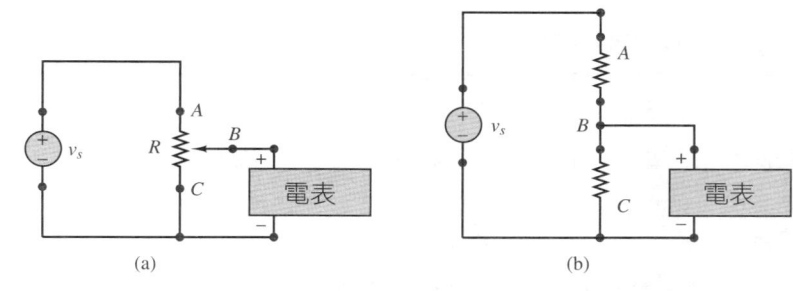

圖 2.50 (a) 一個簡單電路中的電位計；(b) (a) 的等效電路，其中 $R = R_{AB} + R_{BC} = R_{AC}$

電阻的功率損耗

所有的個別電阻均有其額定功率，不是用色碼加以區隔，但與本身體積大小成正比，通常越大的電阻其額定功率越高。電阻消耗的功率計算如下：

$$\begin{aligned} P = vi = (iR)i = i^2 R > 0 \\ = v\left(\frac{v}{R}\right) = \frac{v^2}{R} > 0 \end{aligned} \quad (2.17)$$

請記得，被動符號規則會定義且連結電壓 v 與電流 i，而元件的消耗功率為正的。以電阻為例，功率總是為正，且會以熱的形式散發至周遭。這意味著如果流過電阻的電流〈或電阻兩端的電壓〉過大，功率將超過電阻的額定功率，會使電阻冒煙甚至燒毀！過熱的電阻其氣味對於技術人員與業餘愛好者而言，可說是相當的熟悉。

元件所消耗的功率為正。

圖 2.51 典型 1/2 W 電位計與其結構圖

範例 2.11 說明了如何使用額定功率來判定所給的電阻是否適合在特殊的應用上。

範例 2.11　使用電阻的額定功率

問題

給於一個已知電阻的電壓，請決定可符合 1/4 W 額定功率的最小電阻值。

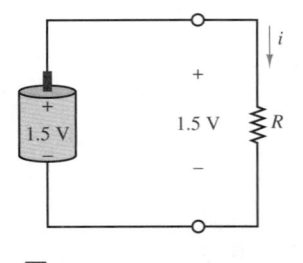

解

已知條件：額定功率 0.25 W，接於電阻兩端的電池電壓各為 1.5 V 與 3 V。

找出：符合 1/4 W 電阻的最小電阻值。

已知資料：圖 2.52 與 2 圖 2.53。

分析：

$$P_R = v \cdot i = v \cdot \frac{v}{R} = \frac{v^2}{R}$$

設定 P_R 等於電阻功率，則得到 $v^2/R \leq 0.25$，或者 $R \geq v^2/0.25$，對於一個 1.5 V 電池而言，最小的電阻規格為 $R = 1.5^2/0.25 = 9\Omega$。對於 3 V 電池而言，最小的電阻規格為 $R = 3^2/0.25 = 36\Omega$。

評論：以額定功率來選擇電阻的規格是很重要的，因為在實務上，當超過額定功率時，電阻最終會失效。另外注意的是，當電壓加倍時，電阻最小的規格要乘上 4 倍，代表功率是以電壓的平方增加。還有，電阻 R 在 3 V 電池所消耗的功率，與在 1.5 V 電池所消耗的功率不是 2 倍而是 4 倍的關係。換句話說，在圖 2.53 中電阻 R 所消耗的功率，不能假設那兩顆 1.5 V 電池提供的功率是圖 2.52 圖中 1 個 1.5 V 電池的 2 倍。在數學式中，功率為非線性，因此不能滿足重疊定理的條件。在第 3 章中會針對這個重要的觀念進行討論。

圖 2.52

圖 2.53

檢視學習成效

典型的 3 端點電源供應器（請參閱下圖），提供 ±12 V，如端點 C 到 B 為 12 V，端點 B 到 A 亦為 12 V。請問 1/4 W 電阻置於端點 A 和 C 之間之最小電阻值為何？（提示：端點 C 到 A 之間電壓為 +24 V）

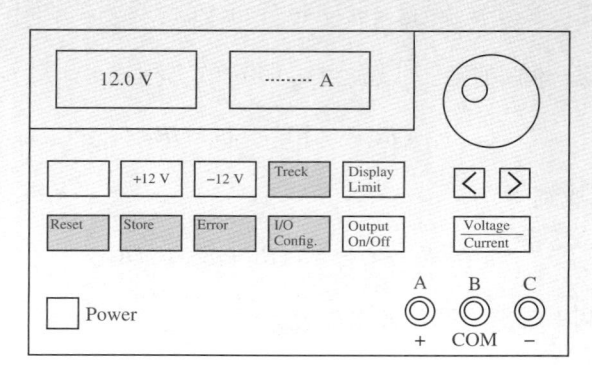

右邊單一迴路中含有一顆電池，一個電阻，以及一個未知的元件。

1. 如果 $V_{battery}$ 為 1.45 V，$i = 5$ mA，請找出供應到電池或電池所供應的功率為何？
2. 如果 $i = -2$ mA，請重複計算步驟 1。

如下圖所示為具有 3 個網目的電路，電池提供功率給電阻 R_1、R_2、R_3，請使用 KCL 定律來計算電流 i_B，假設 $V_{battery} = 3$ V，請計算電池所提供的功率為何？

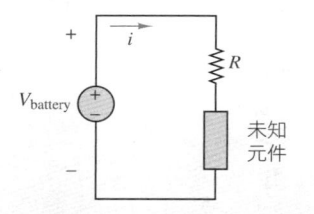

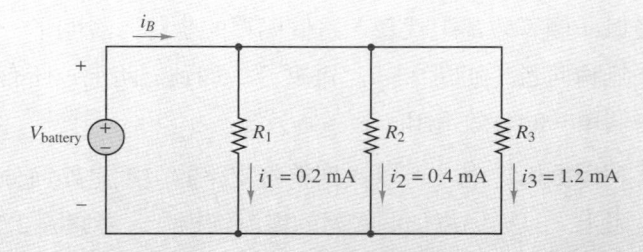

解答：2,304 Ω；$P_1 = 7.25 \times 10^{-3}$ W（由電池供應）；$P_2 = 2.9 \times 10^{-3}$ W（供應給電池）；$i_B = 1.8$ mA；$P_B = 5.4$ mW

2.7 串聯電阻與分壓定理

在同一個單一電流路徑上，常出現 2 個或者更多的電路元件；也就是說，這些元件是串聯的。當元件串聯時，整體迴路的電壓會由各個元件所分割，此一重要的特性稱為**電壓分壓**。

任何跨於兩個串聯電阻上電壓的比值,等於這些電阻值的比值。

大部分電壓分壓的情況是發生在 2 個串聯的電阻上,如圖 2.54。應用 KVL 定律在串聯迴路上,形成電源兩端的電壓降 v_S,等於兩個電阻壓降 v_1 與 v_2 的總和。

$$v_S = v_1 + v_2 \quad \text{KVL}$$

歐姆定理可應用在每一個電阻上,以找到 v_1 與 v_2 的方程式。

$$v_1 = iR_1 \quad \text{和} \quad v_2 = iR_2$$

將 v_1 與 v_2 帶入,可找到:

$$v_S = iR_1 + iR_2 = i(R_1 + R_2) \equiv iR_{EQ}$$

這個式子定義了兩個串聯電阻的等效電阻 R_{EQ},

$$R_{EQ} = (R_1 + R_2) \quad (兩個電阻串聯)$$

當 3 個或更多個電阻串聯在一起時,等效電阻等於所有電阻的總和。

$$\boxed{R_{EQ} = \sum_{n=1}^{N} R_n \quad \text{多個電阻串聯}} \tag{2.18}$$

R_{EQ} 明顯比任何一個串聯的單一電阻值還要大。2 個或者更多的電阻常會用一個等效電阻取代,如圖 2.55 所示。正確做法是將所有電阻移除,然後以一個等效電阻代替。這個簡單的步驟,說明了一個非常重要的原理:無論何者(如圖 2.54 之電壓源)加到支路上,所有串聯之電阻可視為一個單一的等效電阻。

利用歐姆定理,可以找到整體支路的電壓是如何分割到每一個串聯的電阻上,且通過每一個電阻的電流均相同。考慮圖 2.54 的串聯迴路:

$$i = \frac{v_1}{R_1} = \frac{v_2}{R_2} = \frac{v_S}{R_{EQ}}$$

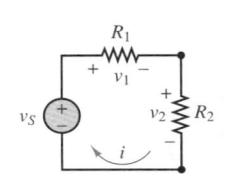

圖 2.54 電流 i 會流經這 3 個元件,利用 KVL 定律,$v_S = v_1 + v_2$。

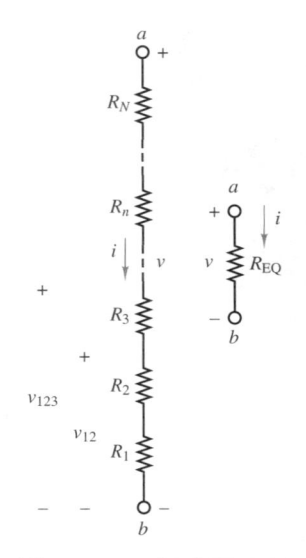

圖 2.55 3 個或更多個電阻串聯之等效電阻等於所有電阻的總和。

上式可導出以下的關係:

$$\frac{v_1}{v_S} = \frac{R_1}{R_{EQ}} \quad \text{和} \quad \frac{v_2}{v_S} = \frac{R_2}{R_{EQ}} \quad \text{和} \quad \frac{v_1}{v_2} = \frac{R_1}{R_2}$$

這個結果就是所謂的電壓分壓,顯示串聯電阻所分配到的電壓比率,等於相對應電阻所占整體電阻的比率。電壓降 v_1 與 v_2 為總電壓 v_S 的分數,因為兩個 R_1 與 R_2 均小於 R_{EQ}。

當電路圖中出現串聯時,我們應該立即想到電壓分壓。

$$\boxed{串聯 \implies 分壓}$$

值得注意的是，電路的分壓規則可應用於任何兩個串聯的電阻上，但不是任何兩個個別的電阻上。例如，考慮圖 2.55 電路的串聯電阻。跨於 $R_1 + R_2$ 電壓的比率相對於 $R_1 + R_2 + R_3$ 電壓的比率，等於 $R_1 + R_2$ 對 $R_1 + R_2 + R_3$ 的比率。亦即

$$\frac{v_{12}}{v_{123}} = \frac{R_1 + R_2}{R_1 + R_2 + R_3} \quad \text{電壓分壓}$$

範例 2.12　電壓分壓

問題

計算圖 2.56 電路的電壓 v_3。

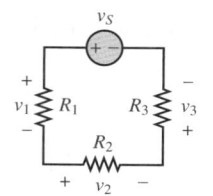

解

找出：未知電壓 v_3。

示意圖、圖表、電路、已知資料：$R_1 = 10\ \Omega$；$R_2 = 6\ \Omega$；$R_3 = 8\ \Omega$；$v_S = 3$ V。圖 2.56。

分析：此一電路為一個簡單的串聯電路，也就是，所有元件均沿著相同的電流路徑。利用分壓定理，可直接解出 v_3：

$$\frac{v_3}{v_S} = \frac{R_3}{R_1 + R_2 + R_3} = \frac{8}{10 + 6 + 8} = \frac{1}{3}$$

因此，$v_3 = v_S/3 = 1$ V。

評論：對於分支上串聯元件應用分壓定理是滿直接的，但有時候，要確認哪些電阻是串聯的，可能會有一些困難。此課題於範例 2.14 中會加以探討。

圖 **2.56**

檢視學習成效

重算範例 2.12，將每一個電阻電壓的極性反過來，然後證明當負號的意義納入考量後，所得的結果將會一樣。

2.8　電阻並聯與電流分流

兩個相同節點之間經常會出現有 2 個或者更多個電路元件，亦即，這些元件是並聯的。當元件是並聯時，流入兩個節點中任何一點的電流，會依並聯的元件進行分流。此一重要的特性即為**電流分流**（current division）。

經由兩個並聯電阻的電流比例，等於其電阻比例的倒數。

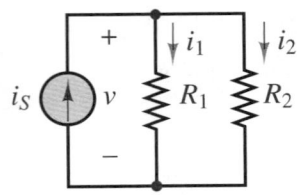

圖 2.57 電壓 v 跨於 3 個並聯的每一個元件當中，依 KCL 定律，$i_S = i_1 + i_2$。

最基本的電流分流發生於兩個電阻並聯時，如圖 2.57 所示。利用 KCL 定律於上方的節點，流經電源的電流 i_S 會等於流過兩個電阻的電流總和。

$$i_S = i_1 + i_2 \quad \text{KCL}$$

在每一個電阻使用歐姆定理可找到 i_1 與 i_2。

$$i_1 = \frac{v}{R_1} \quad \text{和} \quad i_2 = \frac{v}{R_2}$$

將 i_1 與 i_2 代入，可得：

$$i_S = \frac{v}{R_1} + \frac{v}{R_2} = v\left(\frac{1}{R_1} + \frac{1}{R_2}\right) \equiv v\frac{1}{R_{EQ}}$$

此式定義了兩個並聯電阻的等效電阻 R_{EQ}。

$$\frac{1}{R_{EQ}} = \frac{1}{R_1} + \frac{1}{R_2} \quad \text{（兩個電阻並聯）}$$

然而，倒轉的等效電阻方程式不太好用，因此，更有用的型態為：

$$R_{EQ} = R_1 \parallel R_2 = \frac{R_1 R_2}{R_1 + R_2} \quad \text{（兩個電阻並聯）}$$

$R_1 \parallel R_2$ 的符號表示 R_1 與 R_2 是並聯的組成。同樣的符號亦可用於其他更多電阻並聯的組合，如下：

$$R_1 \parallel R_2 \parallel R_3 \cdots$$

R_{EQ} 很容易看出其比 R_1 或 R_2 要小，為了證明此點，R_{EQ} 可簡單寫成：

$$R_{EQ} = R_1 \parallel R_2 = R_1 \frac{R_2}{R_1 + R_2} = R_2 \frac{R_1}{R_1 + R_2}$$

以上兩個分數均小於 1，因此，$R_{EQ} < R_1$ 及 $R_{EQ} < R_2$。

當 3 個或者以上電阻並聯時，如圖 2.38 所示，等效電阻的倒數等於所有電阻倒數的總和。

$$\frac{1}{R_{EQ}} = \frac{1}{R_1} + \frac{1}{R_2} + \cdots + \frac{1}{R_N} \tag{2.20}$$

或者

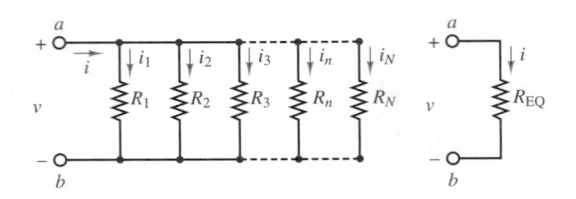

圖 2.58 3 個或者以上並聯電阻之等效電阻，其倒數等於這些電阻倒數的總和。

$$R_{EQ} = \frac{1}{1/R_1 + 1/R_2 + \cdots + 1/R_N} \quad \text{等效並聯電阻} \quad (2.21)$$

要注意 R_{EQ} 比任何一個並聯的電阻值還小。2 個以上的電阻可利用等效電阻加以取代，這個通常是滿有用的方法，如圖 2.58 所示。為了能夠正確地做到這一點，移除位於兩個節點（a 和 b）之間的電阻，然後以等效電阻取代之。此一簡單的步驟闡明了一個很重要的原理：無論最終是何者（如圖 2.57 電流源）加到節點 a 和 b，所有並聯電阻可視為單一的等效電阻 R_{EQ}。

利用歐姆定理，並注意所有跨電阻的電壓都是相同的，可以找出進入節點的電流是如何在並聯電阻之間形成分流的。考慮圖 2.57 的並聯電路：

$$v = i_1 R_1 = i_2 R_2 = i_S R_{EQ}$$

可導出下列的關係式：

$$\frac{i_1}{i_S} = \frac{R_{EQ}}{R_1} \quad \text{和} \quad \frac{i_2}{i_S} = \frac{R_{EQ}}{R_2} \quad \text{和} \quad \frac{i_1}{i_2} = \frac{R_2}{R_1}$$

這個結果稱為電流分流，顯示通過並聯電阻的電流比例，與相對應電阻值成反比。電流 i_1 與 i_2 為總電流 i_S 的分數，因為 R_1 與 R_2 兩者均大於 R_{EQ}。

上式電流分流的結果可納入 R_{EQ} 而重寫成：

$$\frac{i_1}{i_S} = \frac{R_2}{R_1 + R_2} \quad \text{和} \quad \frac{i_2}{i_S} = \frac{R_1}{R_1 + R_2} \quad \text{和} \quad \frac{i_1}{i_2} = \frac{R_2}{R_1}$$

其中，前兩個表示式就描述了對兩個並聯電阻的分流。這看來很眼熟，因為很類似於串聯電阻的分壓定理。

當電路圖中出現並聯時，我們應立即聯想到分流定理：

$$\boxed{\text{並聯} \implies \text{分流}} \quad (2.22)$$

要注意的是，分流定理可應用於任何兩個並聯的電阻上，而不是任何兩個個別電阻。例如，考慮圖 2.58 並聯的電阻。流經 R_1 與 R_2 合併的電流對流經 R_3 電流的比率，等於 R_3 對 $(R_{12})_{EQ}$ 的比率，亦即：

$$\frac{i_1 + i_2}{i_3} = \frac{R_3}{(R_{12})_{EQ}} \quad \text{分流}$$

其中

$$(R_{12})_{EQ} = \frac{R_1 R_2}{R_1 + R_2}$$

同樣地：

$$\frac{i_n}{i} = \frac{(R_{1\cdots N})_{EQ}}{R_n} \quad \text{分流}$$

其中

$$\frac{1}{(R_{1\cdots N})_{EQ}} = \frac{1}{R_1} + \frac{1}{R_2} + \cdots + \frac{1}{R_N}$$

後兩個式子合併可推得：

$$\boxed{\frac{i_n}{i} = \frac{1/R_n}{1/R_1 + 1/R_2 + \cdots + 1/R_n + \cdots + 1/R_N}} \quad \text{分流器 (current divider)} \tag{2.23}$$

範例 2.13 說明了分流規則。有許多電路會包含並聯與串聯電路。範例 2.14 與 2.15 說明了如何以分壓與分流定理分析這些電路。縱使對相當複雜的電路分析，這些理論也相當有所助益。我們會在第 3 章介紹各種分析電路的技術和方法來分析電阻性電路。

範例 2.13 分流定理

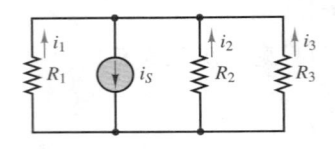

圖 2.59

問題

計算圖 2.59 電路中的電流 i_1。

解

已知條件：電流源電流，電阻值。

找出：未知電流 i_1。

已知資料：$R_1 = 10\,\Omega$；$R_2 = 2\,\Omega$；$R_3 = 20\,\Omega$；$i_S = 4\,\text{A}$；圖 2.59。

分析：利用分流定理可直接找出：

$$\frac{i_1}{i_S} = \frac{1/R_1}{1/R_1 + 1/R_2 + 1/R_3} = \frac{\frac{1}{10}}{\frac{1}{10} + \frac{1}{2} + \frac{1}{20}} = \frac{2}{13}$$

因此：

$$i_1 = 4\,\text{A} \times \frac{2}{13} \approx 0.62\,\text{A}$$

另一種方法，就是找出 $R_2 \parallel R_3$ 的等效電阻，然後，利用在兩並聯電阻之間的分流觀念。

$$R_2 \parallel R_3 = \frac{R_2 R_3}{R_2 + R_3} = \frac{(2)(20)}{2 + 20} \approx 1.82\,\Omega$$

（注意：$R_2 \parallel R_3$ 小於 R_2 及 R_3）

$$\frac{i_1}{i_S} = \frac{R_2 \parallel R_3}{R_2 \parallel R_3 + R_1} \approx \frac{1.82}{1.82 + 10} = \frac{2}{13}$$

這個結果與直接應用分流定理所得到的結果相同：

$$i_1 = 4\,\text{A} \times \frac{2}{13} \approx 0.62\,\text{A}$$

評論：在兩節點間的並聯電阻使用分流定理是滿直接的，但有時候，要判斷哪些是並聯元件可能會有一些難度。這個主題會在範例 2.14 中探討。

範例 2.14 串聯與並聯電阻

問題

計算圖 2.60 電路中的電壓 v。

解

已知條件：電壓源，電阻值。

找出：未知的電壓 v。

已知資料：如圖 2.60 及 2.61。

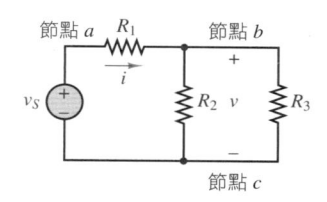

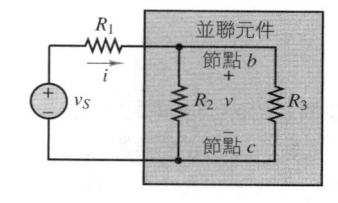

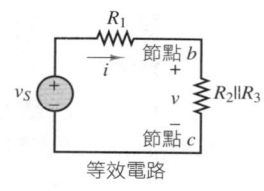

圖 2.60

圖 2.61

分析：圖 2.60 的電路含有 3 個電阻，但各電阻之間不是完全是串聯或是並聯的關係。乍看之下，這個問題可能不是很清楚，但是請思考這 3 個電阻中是否其中有滿足了串聯或是並聯的條件。

1. 所有 3 個電阻均在同一個電流的路徑上嗎？是否有一個共同的電流會流經這 3 個電阻呢？很清楚地，電流 i 流入節點 b 時，會產生分流，而最後匯集到節點 c。有一些電流會流經 R_2，但其餘的電流會流經 R_3。沒有一個共同的電流會流經這 3 個電阻，亦即**並非串聯**。

2. 所有 3 個電阻均位於相同的節點上嗎？R_1 位於節點 a 與 b 之間，然而，R_2 與 R_3 坐落於節點 b 與 c 之間。因此，這 3 個電阻並非位於相同的兩個節點，亦即**並非並聯**。

不過，注意一下圖 2.61 就會發現，這個電路其實是有可能簡化的，因為電阻 R_2 與 R_3 位於相同的兩個節點間，因此屬於並聯。這 2 個電阻可用一個節點 b 與 c 間的等效電阻取代如下：

$$R_{\text{EQ}} = R_2 \parallel R_3 = \frac{R_2 R_3}{R_2 + R_3}$$

等效電路就如同圖 2.61 所示，結果成為一個簡單迴路。直接利用分壓定理可解出 v：

$$v = \frac{R_2 \parallel R_3}{R_1 + R_2 \parallel R_3} v_S$$

亦可找出電流：

$$i = \frac{v}{R_2 \parallel R_3} = \frac{v_S}{R_1 + R_2 \parallel R_3}$$

評論：請注意，從電流 i 的方程式中可看出，在 R_1 與 $R_2 \parallel R_3$ 串聯的等效電阻上應用歐姆定理，完全可將電流 i 算出來。請見圖 2.61。

範例 2.15　惠斯登電橋

問題

惠斯登電橋（Wheatstone bridge）是一個電阻電路，經常用於量測電路上。一般電橋電路的型態如圖 2.62(a) 所示，其中，R_1、R_2 及 R_3 為已知，R_x 為待測值。此電路如圖 2.62(b) 重畫之後，很清楚地說明了 R_1 與 R_2 串聯，R_3 與 R_x 亦然。從節點 c 到參考點的 2 個支路為並聯。參考點的電位雖可任意設定，但設為 0 會比較好解題。

1. 以 4 個電阻及電壓源，找出電壓 $v_{ab} = v_a - v_b$ 的表示式。
2. 當 $R_1 = R_2 = R_3 = 1\,k\Omega$，$v_S = 12\,V$，以及 $v_{ab} = 12\,mV$，找出 R_x。

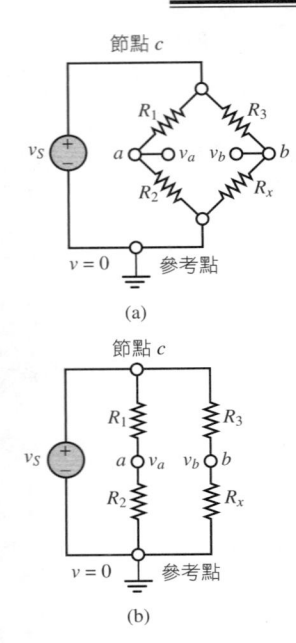

圖 2.62　串並聯混合的惠斯登電橋

解

分析：

1. 此電路含括 3 個並聯的分支電路：電源 v_S 分支，$R_1 + R_2$ 分支，$R_3 + R_x$ 分支。全部的 3 個分支均位於節點 c 與參考點之間，亦有相同的電壓 v_S。

在分析電路時要特別注意，所有節點的電壓均以參考點為基準，亦即，跨於 R_2 上的電壓為 v_a，跨於 R_x 上的電壓為 v_b，$v_c = v_S$。

基於 R_1 與 R_2 串聯，應用分壓定理並依據 v_c 可求得 v_a，同樣地，由於 R_3 與 R_x 串聯，應用分壓定理並依據 v_c，可求得 v_b。

$$\frac{v_a}{v_c} = \frac{R_2}{R_1 + R_2} \qquad 和 \qquad \frac{v_b}{v_c} = \frac{R_x}{R_3 + R_x}$$

加入 $v_c = v_S$ 可算出 $v_{ab} = v_a - v_b$，如下：

$$v_{ab} = v_S \left(\frac{R_2}{R_1 + R_2} - \frac{R_x}{R_3 + R_x} \right)$$

這個結果很有用且十分通用。

1. 代入 v_{ab}、v_S、R_1、R_2、R_3 等數值至上述方程式中，可算出：

$$0.012 = 12 \left(\frac{1\,k\Omega}{2\,k\Omega} - \frac{R_x}{1\,k\Omega + R_x} \right)$$

兩邊同時除以 -12 以及兩邊各加 0.5 可得：

$$0.499 = \frac{R_x}{1\,k\Omega + R_x}$$

兩邊同時乘上 $1\,k\Omega + R_x$ 可得：

$$0.499\,(1\,k\Omega + R_x) = R_x \quad 或 \quad 499.0 = 0.501 R_x \quad 或 \quad R_x = 996\,\Omega$$

評論： 惠斯登電橋經常用於量測儀器上。

檢視學習成效

圖 2.59 電路中，請利用分流定理找出 i_2 與 i_3，以及證明無論利用哪一個節點，應用 KCL 定律其答案均相同。同時，證明任兩個分支電流的比率，與其電阻值的比率恰好相反。最後，根據 $R_1 = 5 \times R_2$，請證明 $i_2 = 5 \times i_1$，以及利用 $R_3 = 2 \times R_1$，證明 $i_1 = 2 \times i_3$。

檢視學習成效

考慮圖 2.60，將 R_3 以開路替換，當電源電壓 $v_S = 5$ V，$R_1 = R_2 = 1$ kΩ，請計算電壓 v。

重複上題，R_3 存在於電路中，其值為 $R_3 = 1$ kΩ。

重複上題，R_3 存在於電路中，其值為 $R_3 = 0.1$ kΩ。

解答：$v = 2.50$ V; $v = 1.67$ V; $v = 0.4167$ V

檢視學習成效

使用範例 2.15 第一部分的結果，當 $v_{ab} = 0$ 時，請找出 R_x 與其他 3 個電阻之間的關係式。利用範例 2.15 的資料，何種 R_x 數值可以滿足電橋平衡的條件 $v_{ab} = 0$？平衡電橋的條件需要 4 個電阻均相同嗎？

解答：$R_1 R_x = R_2 R_3$; 1 kΩ; 不同。

2.9 兩節點間的等效電阻

在稍早章節有關串聯與並聯電阻的內容中，曾介紹了等效電阻的觀念，總結如下：

1. 在節點 a 與 b 間（請參閱圖 2.66）的兩串聯電阻 R_1 與 R_2，其等效電阻為：

$$R_{EQ} = R_1 + R_2 \quad \text{（兩電阻串聯）}$$

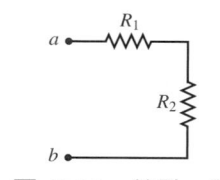

圖 2.66 節點 a 與 b 之間的串聯電阻

2. 在節點 a 與 b 間（請參閱圖 2.67）的兩並聯電阻 R_1 與 R_2，其等效電阻為：

$$R_{EQ} = \frac{R_1 R_2}{R_1 + R_2} \quad \text{（兩電阻並聯）}$$

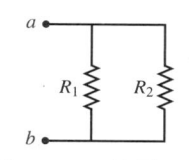

圖 2.67 節點 a 與 b 之間的並聯電阻

請注意，兩個串聯電阻的等效電阻一定大於其中最大的電阻。同時，兩個並聯電阻的等效電阻一定小於其中最小的電阻。

以上兩種情況最核心的觀念是，兩節點間無論是串聯或是並聯的兩個電阻，可以單一電阻取代，其值為*等效電阻*。在解決問題的時候，這兩個電阻可以單一電阻取代而移除。對於複雜的電阻網路，無論串聯或是並聯，都可利用等效電阻進行簡化。

任何兩個節點之間有一個等效電阻，其等效電阻並不是屬於電路的特性，而是兩個節點間的特性。

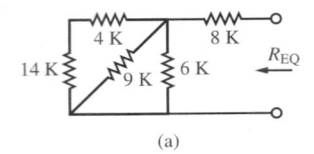

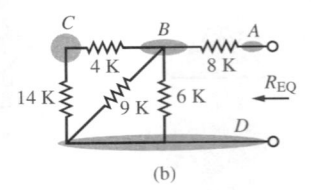

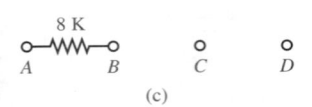

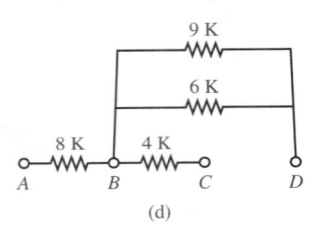

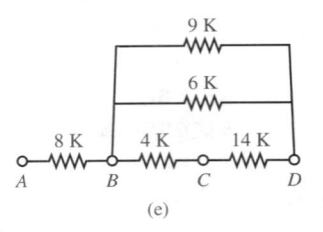

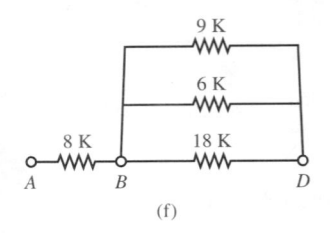

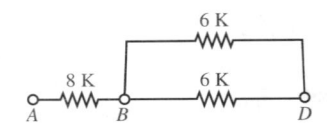

重畫電阻網路

傳統上，電路與網路均以包含水平線、垂直線，有時是對角線的直線繪出。然而，某些網路有可能相當複雜或容易誤導，特別是對較無經驗的分析人員而言。此時，重畫電路或許會有所幫助，以強調哪些元件位於相同的節點，哪些位於相同的路徑。考慮找出圖 2.68(a) 的等效電阻，圖中 K 表示為千歐姆的縮寫。

1. 小心算出網路中節點的數量。以連續的字母序列 A、B、C、……標示節點及其範圍。開路的兩端點應以各為序列的起點與終點。鄰近的節點以鄰近的字母標示，例如節點 B 應相鄰節點 A 與 C。請見 2.68(b)。開始重畫時。每一個節點以相同的小圈圈沿著直線（垂直或水平）標示出，並在節點間為電阻預留適當空間。
2. 每一個小圈圈依序以字母 A、B、C、……標示，這些小圈圈表示為網路的節點。
3. 一一將原始網路中兩個節點中的電阻，畫入於重畫電路。請參閱圖 2.68(c)、(d) 及 (e)。
4. 利用重畫的網路以及串並聯的定義，確認哪些電阻屬於串聯或是並聯的。將這些串並聯的電阻以等效的電阻取代，如圖 2.68(f)。
5. 重複步驟 5，直到第一個節點與最後一個節點之間，僅剩下一個等效電阻。請參閱圖 2.68(g)、(h) 與 (i)。

對於有四個節點以上的電路，這種直線圖特別好用。

計算與近似技巧提示

特別對於並聯電阻而言，一般人不免會依賴電子計算機快速地算出等效電阻。不過，有一些簡單的目測方式可以讓你很快得到答案。學會這些技巧會讓我們覺得較有自信，而不會因為有時沒有計算機而影響解題。

首先，要記得兩個或更多電阻串聯的等效電阻，會比最大的電阻值更大，另外，兩個或更多電阻並聯的等效電阻，會比最小的電阻值更小。這能讓你很快知道串聯與並聯等效電阻的最低與最高範圍。

當然，計算串聯電阻的等效電阻很容易，只要將所有電阻值總和

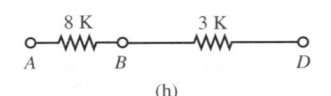

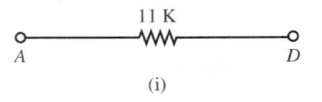

起來即可。另一方面，並聯電阻的等效電阻乍看之下，其計算並不是那麼簡單，不過，思考一下並聯電阻其等效電阻的公式：

$$R_{EQ} = R_1 \| R_2 = \frac{R_1 R_2}{R_1 + R_2}$$

假設 R_2 比 R_1 大 N 倍，如下

$$R_2 = N \cdot R_1$$

將 R_2 帶入：

$$R_{EQ} = R_1 \| NR_1 = \frac{N \cdot R_1^2}{R_1 + N \cdot R_1} = \frac{N \cdot R_1}{1 + N} = \frac{R_2}{1 + N}$$

以 N 為整數作為例子：

$$R_2 = R_1 \qquad\qquad R_{EQ} = \frac{R_2}{2} \qquad (2.24)$$

$$R_2 = 2R_1 \qquad\qquad R_{EQ} = \frac{R_2}{3} \qquad (2.25)$$

$$R_2 = 3R_1 \qquad\qquad R_{EQ} = \frac{R_2}{4} \qquad (2.26)$$

$$R_2 = 4R_1 \qquad\qquad R_{EQ} = \frac{R_2}{5} \qquad (2.27)$$

以上結果歸納如下：當 R_2 等於 R_1 並聯時，等效電阻是 R_2 的一半；當 R_2 等於 2 倍 R_1 並聯時，等效電阻是 R_2 的三分之一；當 R_2 等於 3 倍 R_1 並聯時，等效電阻是 R_2 的四分之一；當 R_2 等於 4 倍 R_1 並聯時，等效電阻是 R_2 的五分之一；以此類推。

$R_{EQ} = R_2/(1 + N)$（其中 R_2 是兩並聯電阻中較大者）這個關係式對於非整數的 N 值，雖然其計算會稍為複雜一些，但仍然成立。

在實務上，當 $N \geq 10$ 時，將兩並聯電阻的等效電阻近似於其中較小者是可以被接受的，這個就是所謂的 10:1 規則。很容易就可以看出，上式公式的誤差值小於 10%。但要注意的是，在相同的電路下，不要一直重複這樣的近似方法，因為誤差是會累積的。

Y-Δ 轉換（The Wye-Delta Transformation）

有時候我們會發現，電路上所包含的電阻，其接法既不是串聯亦非並聯。舉例而言，考慮惠斯登電橋的網路，如圖 2.62(a) 與 (b) 所示，其中，電阻 R_5 連接到端點 v_a 與 v_b。稍微觀察一下就會清楚地發現，5 個電阻中沒有任一個屬於串聯或是並聯。像這樣的例子，就可利用所謂的 Y-Δ 轉換，使得電路可簡化成串聯或是並聯的型態。

圖 2.69(a) 與 (b) 分別為一般 Y 網路和 Δ 電阻網路。請注意，每一個網路有 3 個

外部的節點 A、B 和 C。如果一個網路任一對節點間的等效電阻，等於另一個網路相對應節點間的等效電阻，則此這兩個網路是等效的。通常，為了計算每對節點間的等效電阻，加入一個理想的電源足以算出以下的比值：

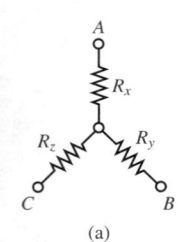

$$R_{EQ} \equiv \frac{V_S}{I_S} \qquad \text{等效電阻的定義。}$$

圖 2.69a

這個方法稍早之前已用於兩串聯（圖 2.54）和並聯（圖 2.57）電阻的計算。為了避免不必要的細節，注意當理想電源跨接於 3 個節點（如圖 2.69(a) 或 (b)）中的 2 個節點時，第 3 個節點並不會受到影響。這個結果就是說，理想電源所看到的等效電阻可以很容易觀察到。例如，當一個理想電源置於節點 A-B 之間時，從電源端看出去的等效電阻就是：

$$R_{AB} = R_x + R_y \qquad \text{Y 網路} \qquad (2.28)$$

$$= R_2 \| (R_1 + R_3) = \frac{R_2(R_1 + R_3)}{R_1 + R_2 + R_3} \qquad \Delta \text{ 網路} \qquad (2.29)$$

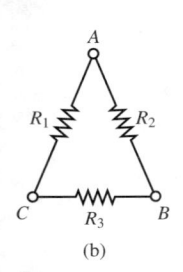

圖 2.69b

同樣地，當一個理想電源置於節點 A-C 以及節點 B-C 之間時，從電源端看出去的等效電阻就是：

$$R_{AC} = R_x + R_z \qquad \text{Y 網路} \qquad (2.30)$$

$$= R_1 \| (R_2 + R_3) = \frac{R_1(R_2 + R_3)}{R_1 + R_2 + R_3} \qquad \Delta \text{ 網路} \qquad (2.31)$$

$$R_{BC} = R_y + R_z \qquad \text{Y 網路} \qquad (2.32)$$

$$= R_3 \| (R_1 + R_2) = \frac{R_3(R_1 + R_2)}{R_1 + R_2 + R_3} \qquad \Delta \text{ 網路} \qquad (2.33)$$

以上 R_{AB}、R_{AC}、R_{BC} 這 3 個方程式，將 Y 電阻 R_x、R_y、R_z 連結到了 Δ 電阻 R_1、R_2、R_3。由這些方程式可解出下列的結果：

$$R_x = \frac{R_1 R_2}{R_1 + R_2 + R_3} \qquad (2.34)$$

$$R_y = \frac{R_2 R_3}{R_1 + R_2 + R_3} \qquad (2.35)$$

$$R_z = \frac{R_1 R_3}{R_1 + R_2 + R_3} \qquad (2.36)$$

或

$$R_1 = \frac{R_x R_y + R_x R_z + R_y R_z}{R_y} \qquad (2.37)$$

$$R_2 = \frac{R_x R_y + R_x R_z + R_y R_z}{R_z} \qquad (2.38)$$

$$R_3 = \frac{R_x R_y + R_x R_z + R_y R_z}{R_x} \qquad (2.39)$$

以上兩組方程式可用於 Y-Δ 網路之間的轉換。正確地使用這個轉換的關鍵，在於 3 個節點 A、B 和 C 必須完全一致地貼到另一個網路 3 個節點上，如圖 2.69(a) 與 (b)。

範例 2.16　兩節點間的等效電阻

問題

請計算節點 $a \longleftrightarrow b$ 與 $a \longleftrightarrow c$ 之間的等效電阻，如圖 2.70(a)。

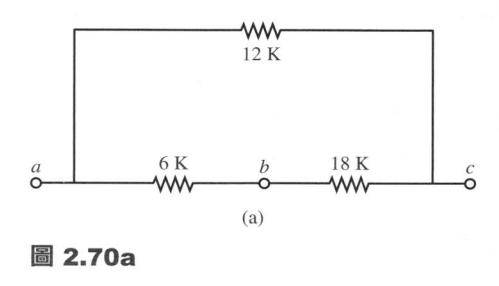

圖 2.70a

解

已知條件：網路之電阻值。

找出：$a \longleftrightarrow b$ 與 $a \longleftrightarrow c$ 之間的等效電阻。

已知資料：圖 2.70(a) 到 (e)。

分析：應用串並聯等效電阻的公式，簡化網路成為單一的等效電阻。

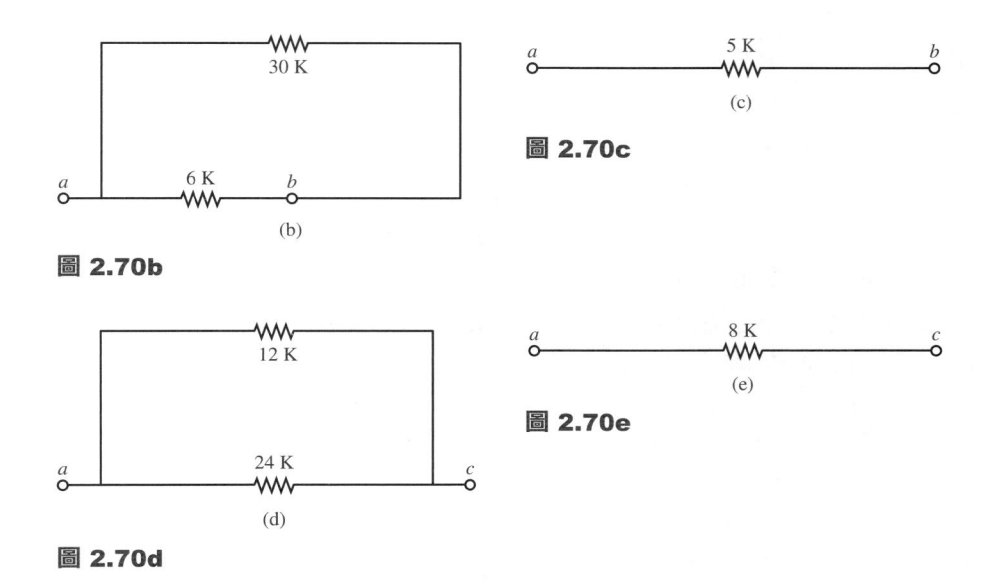

圖 2.70b

圖 2.70c

圖 2.70d

圖 2.70e

1. 為了找到節點 a 到 b 之間的等效電阻，要注意，從 a 到 b 有兩條路徑：一條直接經由 6K 電阻，另一條是經由 12K 與 18K 電阻。因此，從 a 看 b，最後兩個電阻是串聯的，可以 30K 電阻替換，如圖 2.70(b) 所示。如此，從 a 到 b 的兩條路徑成為並聯，其等效電阻為 (6 · 30)/(6 + 30) 或 5K，亦可以 (30/6)K 算之，因為，30 為 6 的 5 倍大。請見圖 2.70(c)。

2. 為了找到節點 a 到 c 之間的等效電阻，要注意，從 a 到 c 有兩條路徑：一條直接經由 12K 電阻，另一條是經由 6K 與 18K 電阻。因此，從 a 看 c，最後兩個電阻是串聯的，可以單一 24K 電阻取代，如圖 2.70(d) 所示。同時，從 a 到 c 這兩條路徑是並聯的，也就是說，12K 與 24K 的電阻位於相同的節點（a 與 c）上，其等效電阻為 (12 · 24)/(12 + 24) 或 8K，亦可以 (24/3)K 計算之，因為，24 為 12 的 2 倍大。請見圖 2.70(e)。

評論：a ⟷ b 的等效電阻與 a ⟷ c 之間的等效電阻並不相同，這個結果說明了此網路並不存在一個等效電阻，但兩節點之間的確存在一個等效電阻，而相同網路上兩個不同對之間的節點，是可能有不同的等效電阻的。

範例 2.17　兩節點間的等效電阻

問題

計算圖 2.71(a) 中節點 A ⟷ E 之間的等效電阻。

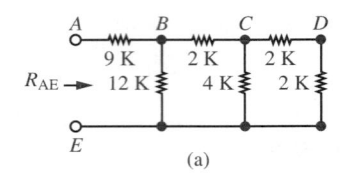

圖 2.71a

解

已知條件：網路之電阻值。

找出：A ⟷ E 之間的等效電阻。

已知資料：圖 2.71(a)-(g)。

分析：依下列程序，在直線構成的電阻網路上重畫電路。

1. 首先，注意原電路上有 5 個節點（A . . . E）。儘可能將相鄰的節點依序標示。
2. 沿著直線的方向，以小圓圈依序標示 A . . . E。
3. 每對相鄰的節點插入適當的電阻。如圖 2.71(a)，節點 A 與 B 之間有一個 9K 的電阻，有一個 2K 的電阻介於每對節點（BC、CD 和 DE）之間。放好這些電阻後重畫直線構成的網路，如圖 2.71(b) 所示。
4. 還有兩個電阻需要安置。4K 與 12K 電阻位於節點 CE 與 BE 之間。圖 2.71(c) 所示為兩電阻放置後完整重畫之電路。
5. 一一將網路中串聯與並聯的電阻以等效電阻取代。從圖 2.71(c) 可發現，在節點 CD 和 DE 之間的 2K 電阻對是串聯的，因此以 4K 電阻取代，如圖 2.71(d) 所示。
6. 接著，節點 C 和 E 之間兩個 4K 電阻以等效電阻 2K 取代，如圖 2.71(e) 所示。
7. 現在，節點 B 和 E 之間的 2 個 2K 電阻是串聯的，因此用 4K 之等效電阻取代。之後，馬上就可以發現，節點 B 和 E 之間，4K 與 12K 電阻是並聯的，因此再以 3K 等效電阻取代，如圖 2.71(f) 所示。

圖 2.71b

圖 2.71c

圖 2.71d

圖 2.71e

圖 2.71f

圖 2.71g

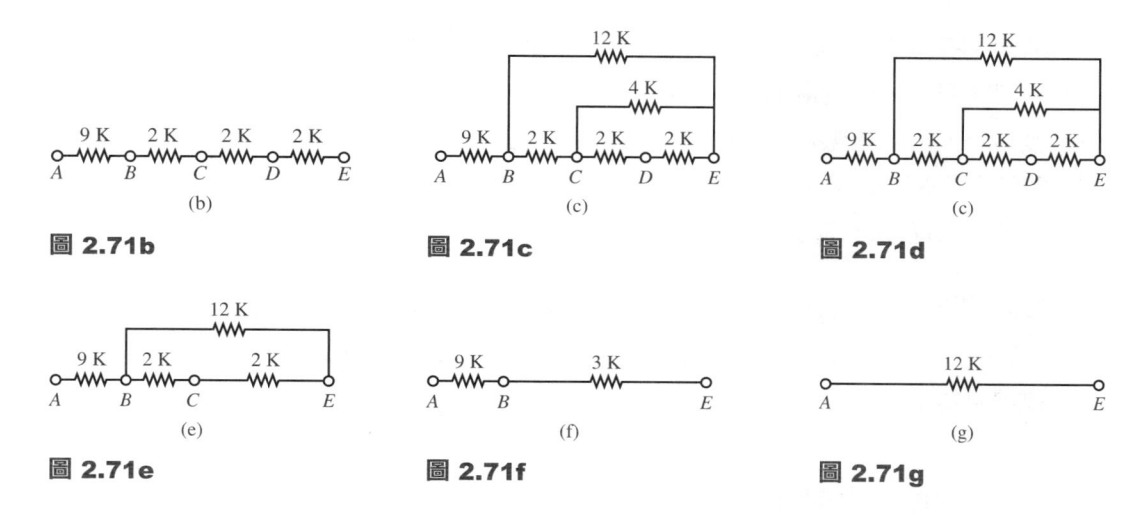

8. 最後，9K 電阻與 3K 電阻串聯的，因此，以 12K 等效電阻取代，如圖 2.71(g) 所示。

評論： 只要多練習，這種看似繁複的步驟會更加簡短且有效率。試試看下面檢視學習成效的問題。

檢視學習成效

找出圖 2.70(a) 中介於節點 b 與 c 的等效電路。

解答：9K

檢視學習成效

找出圖 2.71(a) 中介於節點 A 與 C 的等效電路。

解答：10.75K

2.10 實際電壓源與電流源

理想電源是預設的輸出電壓或是電流完全與其他的因素無關。理想電壓源在其輸出端點維持一定的預設輸出電壓值，與通過端點的電流無關；同樣地，理想電流源在其輸出端點維持一定的預設輸出電流值，與端點輸出的電壓無關。這些理想的電源均未考慮有效的內部電阻。事實上內部電阻為實際電壓源與電流源的特性，是造成實際電源輸出受到負載影響的因素。

例如，考慮傳統 12 V，450 A-h 的汽車電池。後者的額定值表示輸出到負載的電流有一定的限制，而且電池的輸出電壓會受到輸出電流的影響。這樣的影響可從汽車引擎發動時，電池電壓會下降而可觀察到。幸運的是，要建立模型並不需要對於電池物理特性有詳細的理解與分析。反而，內部電阻的概念容許我們利用兩種雖然簡單卻有效的模型來近似實際的電源。

> 實際電壓源可以戴維寧模型（*Thévenin* model）近似之，其係以理想電壓源 v_S 串接一個內部電阻 r_S 組合而成。在實務上，r_S 比其從電源端看出的傳統等效電阻為小。

> 實際電流源可以諾頓模型（*Norton* model）近似之，其係以理想電流源 i_S 並接一個內部電阻 r_S 組合而成。在實務上，r_S 比其從電源端看出的傳統等效電阻為大。

圖 2.72 中有框起來的部分就是所謂的戴維寧模型，係以一個理想電壓源 v_S 串聯一個內部電阻 r_S 組合而成。根據這個模型，電源輸出的電流 i_S 與理想電壓源 v_S、內部電阻 r_S 以及負載 R_o 有關。最大的電流發生在 $R_o \rightarrow 0$（亦即短路）時。從理想電壓源看出去的等效電阻為 $r_S + R_o$。因此，利用歐姆定理，電源輸出之電流可簡單表示如下：

$$i_S = \frac{v_S}{r_S + R_o} \qquad 而 \qquad i_{S\max} = \frac{v_S}{r_S}$$

負載電壓 v_L 可利用分壓定理直接得知：

$$\frac{v_o}{v_S} = \frac{R_o}{r_S + R_o}$$

在實務上，實際電源的內部電阻 r_S 設計上比起典型的負載電阻要小許多。在這種情況之下，負載電壓 v_o 接近於理想電壓源電壓 v_S，因此，可獲得範圍較大的負載電流，通常，實際電壓源的有效內部電阻會列在技術規格當中。假設 R_o 比 r_S 要小很多，那麼負載電壓 v_o 就會比 v_S 明顯地小很多。此現象稱為負載效應（loading effect），例如，汽車電池用於發動引擎時即為一個案例。

圖 2.73 中灰色框的部分就是所謂的諾頓模型，係以一個理想電流源 i_S 串聯一個內部電阻 r_S 組合而成。根據這個模型，電源輸出的電壓 v_S 與理想電流源 i_S、內部電阻 r_S 以及負載 R_o 有關。最大的電流發生在 $R_o \rightarrow 0$（亦即開路負載）時。從理想電流源看出去的等效電阻為 $r_S \| R_o$。因此，利用歐姆定理，電源電壓可簡單地表示如下：

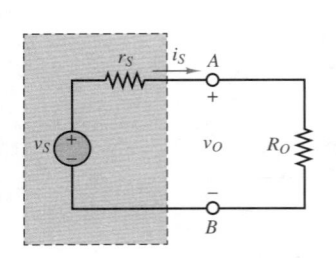

圖 2.72 實際電壓源的戴維寧模型

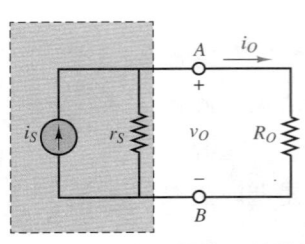

圖 2.73 實際電流源的諾頓模型

$$v_S = i_S \frac{r_S R_o}{r_S + R_o} \qquad \text{而} \qquad v_{S\max} = i_S r_S$$

負載電流 i_o 可利用分流定理直接得知：

$$\frac{i_o}{i_S} = \frac{r_S}{r_S + R_o}$$

在實務上，實際電流源的內部電阻 r_S 設計上比起典型的負載電阻要大。在這種情況之下，負載電流 i_o 近似於理想電流源電流 i_S，因此，可獲得範圍較大的負載電壓。通常，實際電流源的有效內部電阻會列在技術規格當中；假設 R_o 比 r_S 要大很多，那麼負載電流 i_o 就會比 i_S 明顯地小很多。此現象稱為*負載效應*。

2.11 量測裝置

在實務上，最經常進行的量測是電阻、電壓、電流與功率。理想的量測裝置並不會受到量測數據的影響，但實際上，當量測裝置架在網路上時，網路本身就已改變，因此，真正所量到的數值是相當有可能會受到影響。乍看之下，這個問題似乎無解，也就是需要進行量測時，一定要使用量測裝置，但一旦使用量測裝置時，所量測到的數據並不是真正的數值。為了獲得真正的數據，量測裝置必須移除，可是一旦裝置移除，又變成無法進行量測了……。

所幸，如果量測裝置的特性是已知的，通常我們可以預估量測在定性與定量方面的影響程度。本章中介紹了一個實際量測裝置的簡易模型，可用於兩者合理的估算。

歐姆表

歐姆表用於量測兩節點之間的等效電阻。特別的是，歐姆表量測元件電阻時，是與其並聯。圖 2.74 顯示歐姆表連接於電阻兩端，這是使用歐姆表時的重要規則。

> 當使用歐姆表量測電阻時，元件至少要有一端必須與網路斷開。

如果元件沒有與網路斷開的話，歐姆表所量測到的元件有效電阻是與網路並聯的結果。一般沒有經驗的使用者經常會在測量時，用手固定電阻的兩端。這當然是錯誤的，因為此量測的等效電阻已將人體的電阻也一起並聯進來了。

安培表

安培表使用上係與元件串聯，以進行量測通過元件的電流。圖 2.75(a) 所示為一個理想的安培表，其插入至一個簡單的串聯迴路當中，以進行電流量測。一個理想的安培表具有零電阻，因此不會因為安培表的插入而影響到量測的電流。但安培表較為

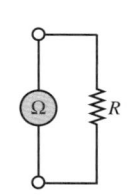

圖 2.74
連接電阻的理想歐姆表

實務的模型是一個理想電流源串聯一個內部電阻，如圖 2.75(b) 所示。為了能獲得一個精確的量測，安培表的內部電阻必須比整體串聯電路的等效電阻要小很多，例如，圖 2.75(a) 安培表內部的電阻 r_m 必須比電路串聯迴路上的 $R_1 + R_2$ 要小很多。在實務上，當使用安培表時，需要遵守 2 個規則：

1. 使用安培表量測通過元件的電流時，其必須與元件串聯。
2. 使用安培表時，其內部等效電阻必須比整體串聯電路的等效電阻要小很多。

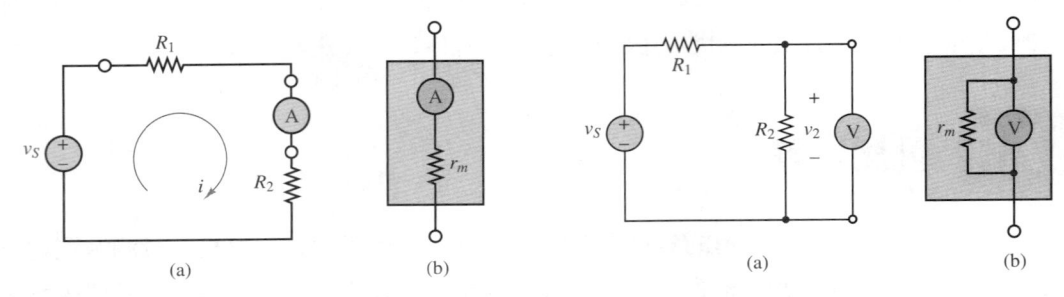

圖 2.75 (a) 理想安培表與 R_1 及 R_2 串聯。(b) 實際安培表的實務模型，r_m 為其內部的電阻。

圖 2.76 (a) 理想電壓表與 R_2 並聯。(b) 實際電壓表的實務模型，r_m 為其內部的電阻。

電壓表

電壓表量測電壓時係與元件並聯。圖 2.76(a) 所示為一個理想的電壓表接到一個簡單迴路的 R_2 上。由於一個理想的電壓表具有無限大的電阻，因此不會因為電壓表的加入而影響到量測的電壓。但電壓表較為實務的模型是一個理想電壓源並聯一個內部電阻，如圖 2.75(b) 所示。為了能獲得一個精確的量測，電壓表的內部電阻必須比整體兩節點間的等效電阻要大很多，例如圖 2.76(a) 中電壓表內部的電阻 r_m 必須比電路並聯迴路上的 R_2 要大很多。在實務上，當使用電壓表時，需要遵守 2 個規則：

1. 使用電壓表量測元件上的電壓時，其必須與元件並聯。
2. 使用電壓表時，其內部等效電阻必須比整體並聯電路的等效電阻要大很多。

瓦特計

瓦特計是一個具 3 端的裝置（請參閱圖 2.77(a)），以便量測電路元件所消耗的功率。瓦特計基本上是一個安培表與電壓表的組合，如圖 2.77(b) 所示。因此，很自然地，實際的瓦特計係以內部電阻加以模型化，類似於安培表與電壓表實際的模型。瓦特計可以同時量測電流與電壓，以及計算兩個數值的乘積，用以決定所消耗的功率。

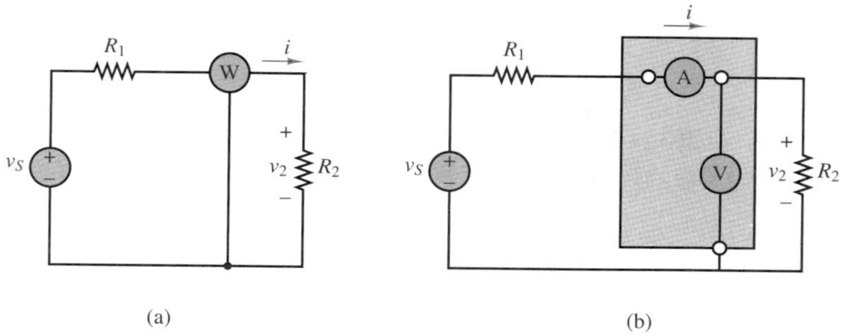

圖 2.77 (a) 一個理想的瓦特計與 R_2 串並聯。(b) 理想的瓦特計的模型是理想安培表與與理想電壓表的組合。實務的模型以其各自實務的模型取代之。

範例 2.18　實際電壓表的影響

問題

使用以下表格，用於決定圖 2.76(a) 電壓表的有效內部電阻，其中，電壓表的模型如圖 2.76(b) 所示。

表 2.4 決定內部電阻的電壓表資料

$R_1 = R_2$	v_2 (V)
10 kΩ	2.49
470 kΩ	2.44
1 MΩ	2.38
4.7 MΩ	2.02
10 MΩ	1.67

解

已知條件：$v_S = 5.0$ V，$R_1 = R_2$ 各種數值，電壓表資料。

找出：電壓表的有效內部電阻 r_m。

已知資料：圖 2.76(a) 與 (b)，及表 2.4。

分析：將圖 2.76 (b) 電壓表的實務模型帶入圖 2.76(a) 理想電壓表中，注意電壓表的內部電阻 r_m 與 R_2 並聯，並聯的等效電阻為：

$$R_{EQ} = r_m \| R_2 = \frac{r_m R_2}{r_m + R_2}$$

跨於 R_2 上與電壓表上的電壓可直接以分壓定理求得：

$$\frac{v_2}{v_S} = \frac{R_{EQ}}{R_1 + R_{EQ}} \tag{2.40}$$

$$= \frac{r_m R_2}{R_1(r_m + R_2) + r_m R_2} \tag{2.41}$$

分子與分母各除以 R_1，可得到 r_m 的係數。

$$= \frac{r_m (R_2/R_1)}{r_m (1 + R_2/R_1) + R_2} \tag{2.42}$$

兩邊各乘以右邊的分母，可求得 r_m：

$$r_m = \frac{(v_2/v_S) R_2}{R_2/R_1 - (v_2/v_S)(1 + R_2/R_1)} \tag{2.43}$$

當 $R_2 = R_1$：

$$= \frac{v_2/v_S}{1 - 2v_2/v_S} R_2 \tag{2.44}$$

注意 $r_m = R_2$，當

$$\frac{v_2/v_S}{1 - 2v_2/v_S} = 1$$

解出 v_2/v_S 可得

$$\frac{v_2}{v_S} = \frac{1}{3}$$

因為 $v_S = 5.0\text{ V}$，當 $v_2 = 5.0/3 = 1.67\text{(V)}$，上述的條件即被滿足。表 2.4 顯示，$v_2$ 為此數值時，$R_1 = R_2 = 10\text{ M}\Omega$。因此，電壓表的內部電阻為：

$$r_m = 10\text{ M}\Omega$$

這個數值是許多手持多功量表在電壓表模式下的典型值。

評論：只要簡單地帶入 v_2、v_S，R_1 和 R_2，利用表 2.4 中的數據 $R_1 = R_2$ 及 v_2，是有可能得到不同的 r_m 估算值。不過，在實務上，r_m 估算值不會相同，原因是當 $R_2 \ll r_m$ 時，v_2 的量測對於實驗性的誤差敏感很多。從表中前面的數據即可看出，當 $R_2 = r_m$ 時是對誤差值最不敏感的情況。

檢視學習成效

利用表 2.4 中的數據 $R_1 = R_2$ 及 v_2，請找出不同的 r_m 估算值，並畫出 r_m 對 R_2 的關係圖。

解答：r_m 估算值為：1.25M; 9.56M; 9.92M; 9.89M; 10.06M

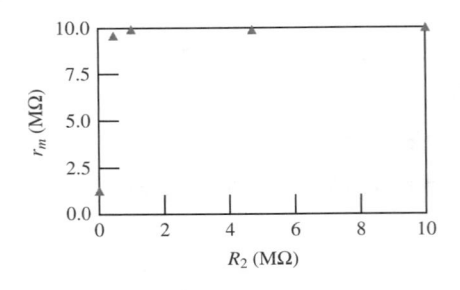

2.12 電源與負載的關係

本書中有一個重要的分析方法，就是將電路分成兩個僅以兩個端點互相連結的部分。這兩個部分就是所謂的**電源**和**負載**，如圖 2.78 所示。一般而言，負載是主要受到關注的電路元件，而電源則預設為在負載以外的所有其他部分。傳統上，電源負責提供能量，而負載則是為了某種目的消耗能量。舉例來說，考慮一個接到汽車電池上的頭燈，如圖 2.79 所示。對駕駛而言，頭燈是重點電路元件，因為能讓駕駛在夜間也能看到道路。從這個觀點來看，頭燈是屬於負載，而電池是電源。此例中，功率係由電源（電池）移轉至負載（頭燈）（注意：功率不必然一定由電源轉移至負載）。

有一點很重要的是，請不要將理想的獨立與相依電壓源及電流源，與這裡所講的廣義電源搞混了。理想電源，以及其他的電路元件，會組成廣義的電源。本書中，理想電源所指的是電壓源或是電流源，藉以避免混淆。

圖 2.78

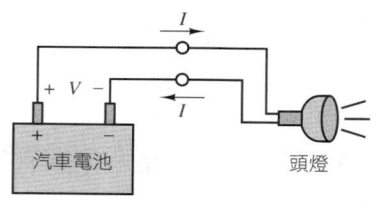

圖 2.79

電源－負載的觀念可以引申出圖示的解法，藉此經常能夠透視電路的行為。此法對於含有二極體與電晶體的非線性的問題來說滿很重要。考慮圖 2.80(a) 與 (b) 兩個電路。每一個電路均在 A 與 B 端點區隔出電源與負載兩個區塊。因此，我們能分別分析電源以及負載，藉此深入探討整個電路的行為。

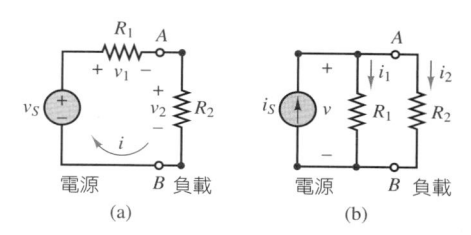

圖 2.80 (a) 一個簡單的電壓分壓器用以區隔電源與負載。(b) 一個簡單的電流分流器用以區隔電源與負載。

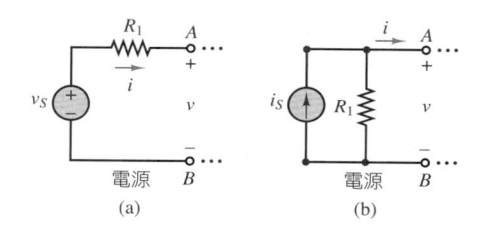

圖 2.81 (a)KVL 得出 $v_S = iR_1 + v$。(b) KCL 得出 $i_S = i + v/R_1$。

電源網路

如圖 2.81(a) 與 (b) 所示，電源網路是與負載分開的。電源網路可利用稍早之前介紹的戴維寧以及諾頓模型加以呈現。KVL 定律可用於圖 2.81(a) 的迴路，而 KCL 定律可用於圖 2.81(b) 上方的節點：

$$v_S = iR_1 + v \qquad\qquad i_S = i + \frac{v}{R_1} \qquad (2.45)$$

重新整理這些方程式可得：

$$i = \frac{v_S - v}{R_1} \qquad\qquad v = (i_S - i)R_1 \qquad (2.46)$$

註解：這些橢圓形網路都是較大型電路的一部分，且非單獨存在。端點 A 與 B 並不一定是真的開路，因此，電流 i 並未假設為零。

這些方程式的 i-v 圖形如圖 2.82(a) 與 (b)。請注意每一個圖形都是直線，此為負載線（load line），其斜率為 $-1/R_1$（負的）。有趣的是，當 $v_S = i_S R_1$ 時，兩個圖形會相同。這是所謂電源轉換（source transformation）分析工具的基礎，第 3 章會加以介紹。另外，要注意的是，當戴維寧以及諾頓網路的端點，以理想導線連接起來時（意

即短路），通過導線的短路電流 i_SC：

$$i_\text{SC} = \frac{v_S}{R_1} \qquad\qquad i_\text{SC} = i_S \tag{2.47}$$

當戴維寧以及諾頓網路的端點未有接線時（即為開路），端點的開路電壓 v_OC：

$$v_\text{OC} = v_S \qquad\qquad v_\text{OC} = i_S R_1 \tag{2.48}$$

有趣的是，當端點 A 與 B 之間的電阻分別為零及無限大時，短路電流與開路電壓為 i-v 圖形的兩個截斷點，代表了電源的解答，其餘在負載線上的 (i, v) 點，就是當端點 A 與 B 之間的電阻為非零但有限值時的答案。當電阻由零增加時，(i, v) 的答案係沿著負載線的左上方移至右下方。

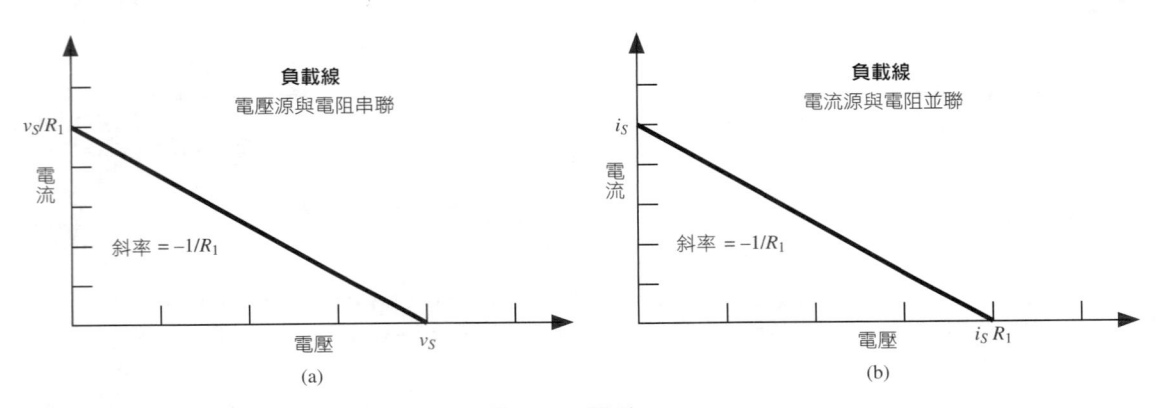

圖 2.82 (a) 戴維寧電源 i-v 圖形 (b) 諾頓電源 i-v 圖形

專門術語：負載線所代表的意義是其包含了電源網路所有可能的 (i, v) 解答，同時隱喻了任何由 $0\Omega \rightarrow \infty$ 電阻負載的解答，就是在負載線上的某一個點。

有一點要注意的是，如果 $v_S = i_S R_1$，這兩條負載線是等效的，也就表示這兩個電源網路是等效的。等效網路的觀念，對於了解、分析以及設計電路相當有用，這個部分在第 3 章會有進一步的討論。

網路負載

兩種網路中任何一個網路，其電阻可用一個簡單的電阻 R_2 加以表示，如圖 2.83 所示。其 i-v 關係就是歐姆定律。

$$v = i R_2 \qquad\qquad i = \frac{v}{R_2} \tag{2.49}$$

i-v 圖形是一條簡單的正斜率（$1/R_2$）直線，其截斷點位於原點。此直線可重疊至電源網路的圖形上，結果如圖 2.84(a) 與圖 (b) 所示。

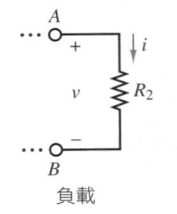

圖 2.83 R_2 表示為一般負載。

代表所有可能答案的負載線和特定負載的負載線的交點，構成了該負載

的答案。我們可以由圖形中觀察到,當 R_2 增加或是減少時,對於 A、B 端點間電壓 v 與電流 i 變化的影響。

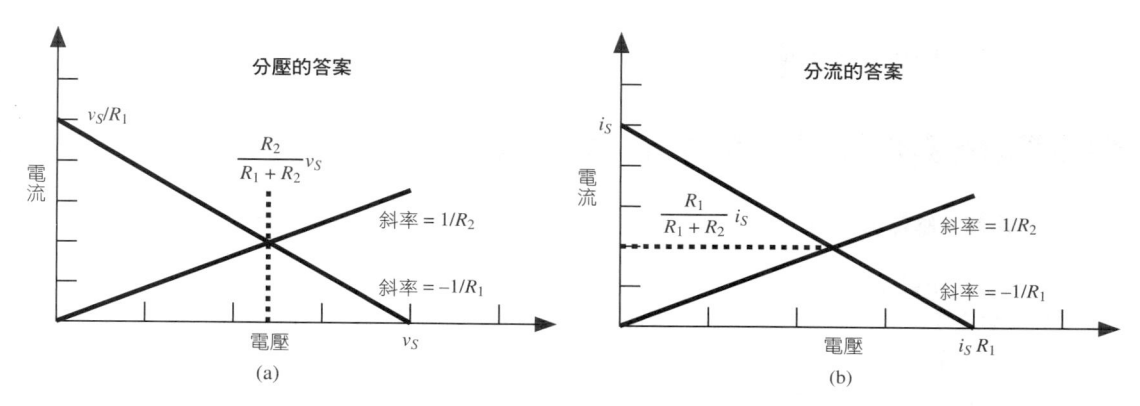

圖 2.84 (a) 根據戴維寧電源,以分壓得到 $v_2 = \frac{R_2}{R_1+R_2} v_S$。(b) 根據諾頓電流源,以分流得到 $i_2 = \frac{R_1}{R_1+R_2} i_S$。

將電源與負載網路的解答相等,即可找出交點的代數解。在有加入負載的情況下,底下左邊與右邊所示的結果,分別為戴維寧與諾頓電源:

$$i = \frac{v_S - v}{R_1} \qquad\qquad v = (i_S - i) R_1 \qquad (2.50)$$

$$= \frac{v}{R_2} \qquad\qquad = i R_2 \qquad (2.51)$$

重整這些方程式之後可得:

$$\frac{v}{v_S} = \frac{R_2}{R_1 + R_2} \qquad\qquad \frac{i}{i_S} = \frac{R_1}{R_1 + R_2} \qquad (2.52)$$

大功告成!這些分壓與分流的方程式與從圖 2.80(a) 與 (b) 所得到的結果是一樣的。這種圖解法在有非線性負載的情況下特別有用,例如,當電路含有二極體或者電晶體的情況。在後面章節中會有進一步的介紹。

結論

本章介紹了在後面章節中學習所需要的基礎,以便具備足夠分析電路的能力。在完成本章的學習之後,學生應該要學會:

1. 判別電路的基本特性,如節點、迴路、網目以及分支。2.1 小節。
2. 應用克希荷夫定律至簡單的電路中。2.2-2.3 小節。
3. 應用被動符號規則計算電路所消耗或者提供的功率。2.4 小節。
4. 判別電源、電阻及其 i-v 的特性。2.5-2.6 小節。
5. 應用歐姆定理、分壓與分流定理,在串聯、並聯與串並聯電路中,計算未知的電壓與電流。2.6-2.8 小節。

6. 有需要的話，正確地重畫電阻電路，計算兩節點間的等效電阻。2.9 小節。
7. 在實際電壓與電流源模型以及電壓表、安培表與瓦特計中，了解其內部電阻對於電路所造成的影響。2.10-2.11 小節。
8. 應用電源－負載的觀念，找到電路的圖形化解答。2.12 小節。

習題

2.1 小節：電荷、電流與電壓

2.1 一個自由電子每單位電荷擁有 17kJ/C 初始電位能（電壓），且速率為 93 Mm/s。稍後，若每單位電荷電位能變為 6 kJ/C，則其電子速率變化多少？

2.2 一個特殊充飽電的電池可傳輸 $2.7 \cdot 10^6$ 庫倫的電荷量。請問：(a) 電池安培－小時的容量是多少？(b) 有多少電子可傳輸？

2.3 汽車電池的額定值是 120 A-h，表示其在特定的測試條件之下，12 V 輸出 1 A 可達 120 小時（其他的測試條件下，額定值可能會有所不同）。
　a. 電池儲存了多少能量。
　b. 如果頭燈整夜開著（8 小時），隔天早晨還會剩下多少能量？（假設兩個頭燈整體額定功率均為 150 W）。

2.4 假設經由導線傳輸的電流如圖 P2.4 曲線。
　a. 在 $t_1 = 0$ 與 $t_2 = 1s$ 之間，請計算流經導線的電荷 q 總量。
　b. 重複計算 $t_2 = 2$、3、4、5、6、7、8、9 和 10 s。
　c. 在 $0 \le t \le 10$ s 期間，請畫出 $q(t)$ 曲線圖。

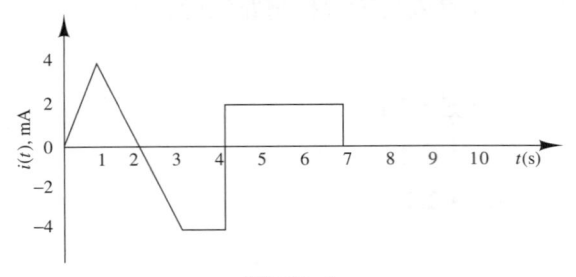

圖 P2.4

2.2、2.3 小節：KCL、KVL 定律

2.5 圖 P2.5 假設 $i_0 = 2$ A，$i_2 = -7$ A，請應用 KCL 定律計算未知的電流。

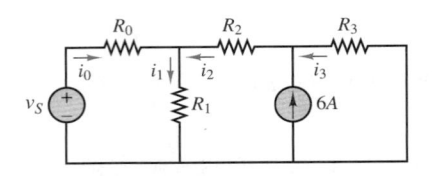

圖 P2.5

2.6 圖 P2.6 假設 $i_a = 2$ mA，$i_b = 7$ mA，以及 $i_c = 4$ mA。請利用 KCL 定律計算電路的電流 i_1、i_2 與 i_3。

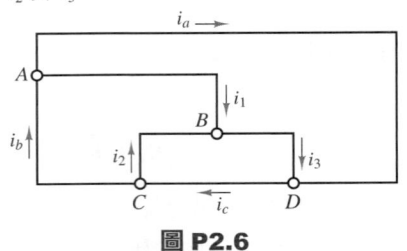

圖 P2.6

2.7 圖 P2.7 電路，假設 $i_a = -2$ A，$i_b = 6$ A，$i_c = 1$ A，以及 $i_d = -4$ A。利用 KCL 定律，計算電流 i_1、i_2、i_3 與 i_4。

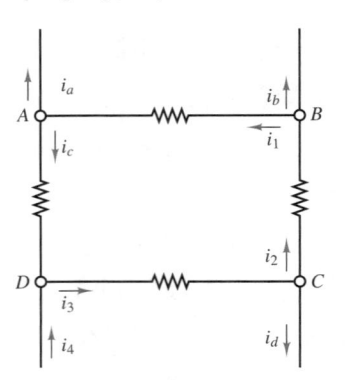

圖 P2.7

2.4 小節：功率與被動符號規則

2.8 請計算圖 P2.8 每一個電源所傳輸的功率。

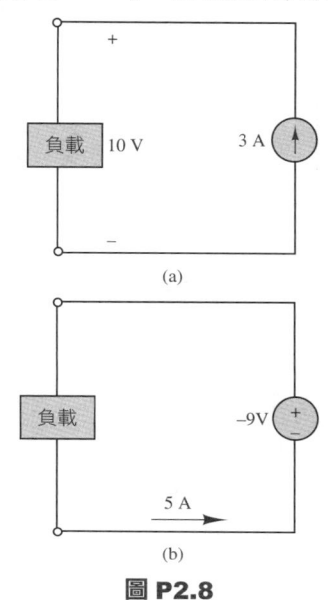

圖 **P2.8**

2.9 圖 P2.9 的電路，請計算 R_4 所吸收的功率，以及電流源所傳輸的功率。

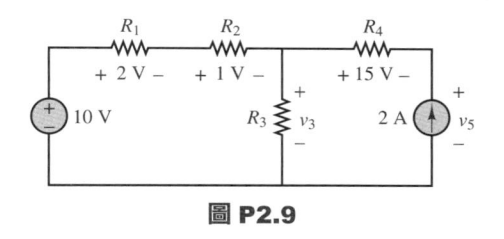

圖 **P2.9**

2.10 如圖 P2.10 電路，請計算 5 Ω 電阻所吸收的功率。

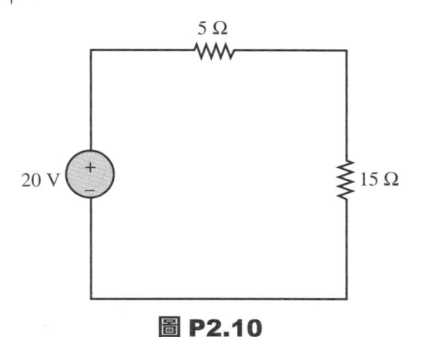

圖 **P2.10**

2.5-2.6 小節：電源、電阻與歐姆定理

2.11 圖 P2.11 電路中，請計算電源端電壓 v_T，R_o 所吸收的功率，以及電路的效率。效率定義為負載功率對電源功率的比值。

$$v_S = 12 \text{ V} \qquad R_S = 5 \text{ k}\Omega \qquad R_o = 7 \text{ k}\Omega$$

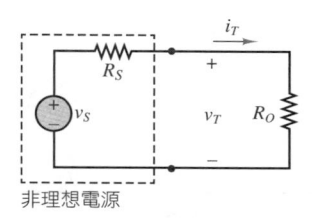

圖 **P2.11**

2.12 參考圖 P2.12，假設 $V_S = 7$ V，$I_S = 3$ A，$R_1 = 20\ \Omega$，$R_2 = 12\ \Omega$ 與 $R_3 = 10\ \Omega$，請計算：

a. 電流 i_1 和 i_2。
b. V_S 所提供的功率。

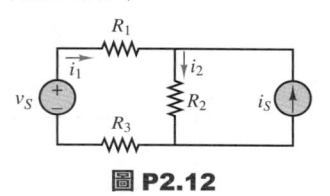

圖 **P2.12**

2.7-2.8 小節：分壓與分流

2.13 參考圖 P2.13，假設 $R_0 = 2\ \Omega$，$R_1 = 1\ \Omega$，$R_2 = \frac{4}{3}\ \Omega$，$R_3 = 6\ \Omega$，$v_S = 12$ V，應用 KVL 定律與歐姆定理，計算：

a. 網目電流 i_a、i_b、i_c。
b. 流經每一個電阻的電流。

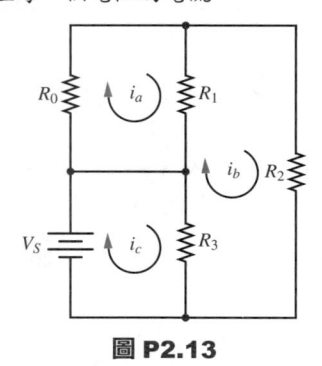

圖 **P2.13**

2.9 小節：等效電阻

2.14 找出圖 P2.14 從電源端看出去的等效電阻，利用此結果計算 i、i_1 與 v_2。

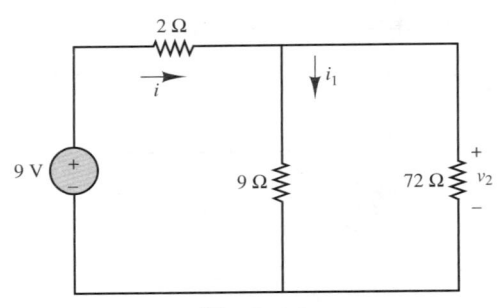

圖 P2.14

2.15 在圖 P2.15 電路中，15 Ω 電阻所吸收的功率是 15 W，請算出 R 值。

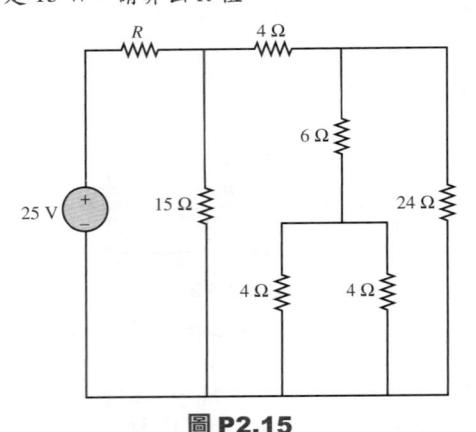

圖 P2.15

2.16 圖 P2.16 電路中，請找出從電源端看出去的等效電阻，電源傳輸了多少功率呢？

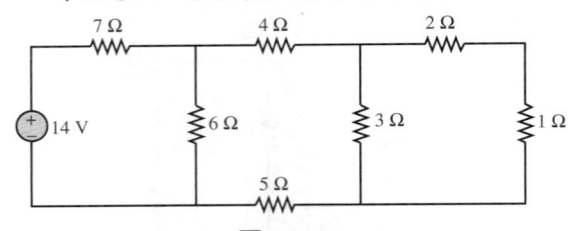

圖 P2.16

2.17 參考圖 P2.17，假設 $v_S = 20$ V，$R_1 = 10$ Ω，$R_2 = 5$ Ω，$R_3 = 8$ Ω，$R_4 = 4$ Ω，$R_5 = 4$ Ω，$R_6 = 2$ Ω，$R_7 = 1$ Ω 以及 $R_8 = 10$ Ω。電路中有個節點？應用 KCL 定律與歐姆定理找出：

a. R_7 的電流。

b. 從電壓源 v_S 端看出去的等效電阻。

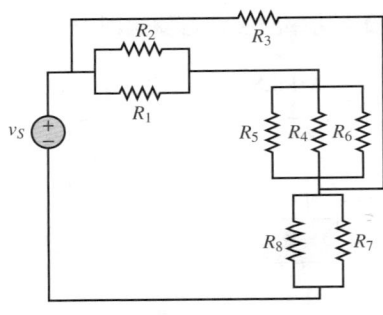

圖 P2.17

2.18 圖 P2.18 中，假設 $v_S = 10$ V，$R_1 = 9$ Ω，$R_2 = 4$ Ω，$R_3 = 4$ Ω，$R_4 = 5$ Ω 與 $R_5 = 4$ Ω，請找出：

a. 電路中節點數。

b. 電源 v_S 傳輸的功率。

c. 從電壓源 v_S 端看出去的等效電阻。

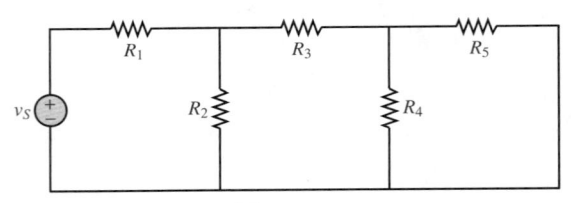

圖 P2.18

2.19 圖 P2.19 中，假設 $i_S = 5$ A，$R_1 = 10$ Ω，$R_2 = 7$ Ω，$R_3 = 8$ Ω，$R_4 = 4$ Ω 與 $R_5 = 2$ Ω，請找出：

a. 電路中節點數。

b. 電源 i_S 傳輸的功率。

c. 從電源 i_S 端看出去的等效電阻。

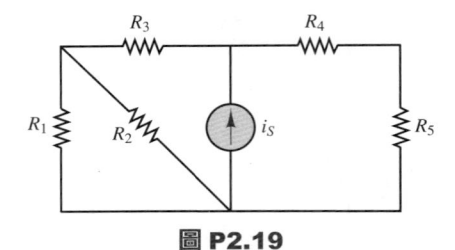

圖 P2.19

2.20 計算圖 P2.20 中節點 A 與 B 之間的電壓。

$v_S = 12$ V

$R_1 = 11$ kΩ $R_3 = 6.8$ kΩ

$R_2 = 220$ kΩ $R_4 = 0.22$ MΩ

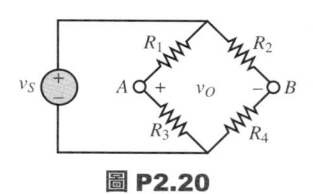

圖 **P2.20**

2.21 參考圖 P2.21，假設 $v_S = 15$ V，$R_1 = 12$ Ω，$R_2 = 5$ Ω，$R_3 = 8$ Ω，$R_4 = 2$ Ω，$R_5 = 4$ Ω，$R_6 = 2$ Ω 以及 $R_7 = 1$ Ω。請找出：

a. 電壓 v_{ac} 與 v_{bd}。
b. 電源 v_S 所傳輸的功率。

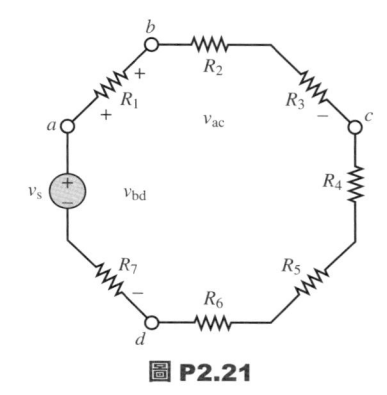

圖 **P2.21**

2.22 考慮實用的安培表如圖 P2.22 所示，其為理想安培表與 1 kΩ 串聯，此安培表最大僅能量測到 30 μA 的範圍，若僅依賴旋轉開關，如要量測到 10 mA，100 mA 與 1 A 的範圍，請問如何選擇適當的 R_1、R_2、R_3 的電阻值。

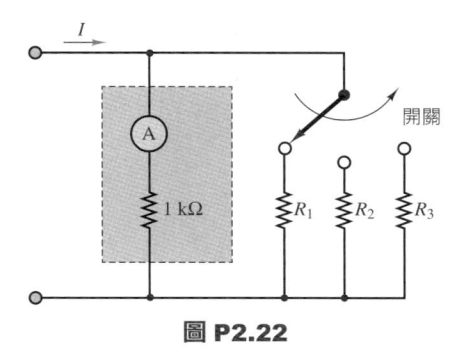

圖 **P2.22**

2.23 實用的電壓表有 r_m 的內阻，當電路連線如圖 P2.75 時，如果表頭讀數為 11.81 V，請問 r_m 為何？假設 $V_S = 12$ V 與 $R_S = 25$ kΩ。

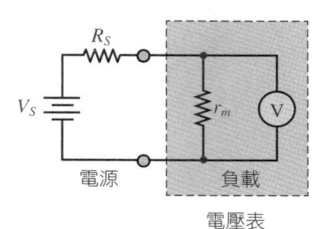

圖 **P2.23**

2.24 電壓表用於量測圖 P2.77 跨於電阻兩端的電壓，此儀器模型為一理想電壓表並聯一個 120 kΩ，電壓表置於 R_4 兩端以量測其電壓值。假設 $R_1 = 8$ kΩ，$R_2 = 22$ kΩ，$R_3 = 50$ kΩ，$R_S = 125$ kΩ 以及 $i_S = 120$ mA。請依下列數值，分別考慮有電壓表及無電壓表時，找出 R_4 上之電壓值。

a. $R_4 = 100$ Ω
b. $R_4 = 1$ kΩ
c. $R_4 = 10$ kΩ
d. $R_4 = 100$ kΩ

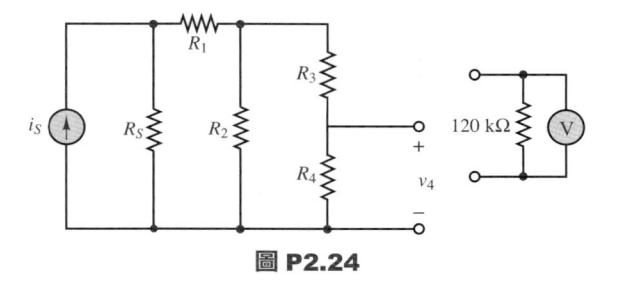

圖 **P2.24**

3 電阻性網路分析

Part 1　電路

第 3 章將介紹分析電阻性電路的基本技巧。一開始會先定義網路變數與網路問題分析，介紹兩種最廣泛運用的分析技巧，也就是節點分析與網目分析，適用於所有電路。再來會說明基於重疊原理的解決方案，只能應用於線性電路。接著說明戴維寧與諾頓等效電路的觀念，由此導到電路中最大功率傳輸的討論，開始對於非線性負載以及負載線分析的學習。完成本章後，你將具備計算任意電阻性電路的能力。本章節的主要學習目標概述如下。

> **LO 學習目標**
>
> 1. 使用節點分析，計算包含線性電阻與相依及獨立電源之電路問題。〈3.2 與 3.4〉
> 2. 使用網目分析，計算包含線性電阻與相依及獨立電源之電路問題。〈3.3 與 3.4〉
> 3. 使用重疊原理，計算包含獨立電源之線性電路。〈3.5〉
> 4. 計算包含線性電阻與相依及獨立電源之電路的戴維寧與諾頓等效電路。〈3.6〉
> 5. 使用等效電路概念，計算電阻端與負載端之間的最大功率傳輸。〈3.7〉
> 6. 使用等效電路概念，利用負載線分析技巧來計算非線性負載之電壓、電流與功率。〈3.8〉

3.1 網路分析

電路分析主要著重在如何決定未知網目電流變數與節點電壓變數，因此要能簡要且系統性定義出電路中的相關變數。一旦已知與未知變數確定，就能建構出與這些變數相關的方程組，然後加以求解。電路分析其實就是寫出足以求得所有未知變數的最簡潔的方程式組，也就是本章的目的。範例 3.1 定義某電路中相關的電壓與電流。

範例 3.1

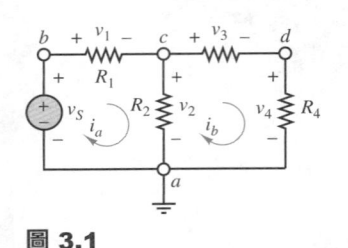

問題

找出圖 3.1 中電路的分支電壓、節點電壓、迴路電流與網目電流。

解

從圖中可以找出節點電壓與分支電壓如下：

節點電壓	分支電壓	相關性
$v_a = 0$ (參考電壓)		
v_b	v_S	$v_S = v_b - v_a$
	v_1	$v_1 = v_b - v_c$
v_c	v_2	$v_2 = v_c - v_a$
	v_3	$v_3 = v_c - v_d$
v_d	v_4	$v_4 = v_d - v_a$

圖 3.1

評論：電流 i_a 與 i_b 為網目電流。

在這個範例中，我們找到了九個變數！由於使用歐姆定律會得到太多資訊，應該要有個較系統性的方法處理。此時需要的是能精簡必要的方程式數量，也就是說，電路中若定義了 N 個變數，該方法將產生 N 個方程式。本章將專注在探討系統性方法的開發。

3.2 節點電壓法

節點電壓分析是最常使用的電路分析法。本節將介紹該方法如何應用在線性電阻電路上。在**節點電壓法**中，電路裡每一個節點均被設定為獨立電壓變數。**參考節點**可以是任一節點（但通常會使用接地點），然後其他節點電壓會以此參考節點電壓為準。接著，任何兩個相鄰節點間的電流可使用歐姆定律算出，也就是說每一個分支電流將可以用一個或是多個節點電壓加以表示。最後，針對每一個節點電壓（參考電壓節點除外）使用 KCL，產生相對應之方程式。圖 3.2 與 3.3 描述如何於節點分析中應用歐姆定律與 KCL。

一旦每一個分支電流都以節點電壓表示，KCL 定律將應用在每一個節點上：

$$\sum i = 0 \tag{3.1}$$

將此法系統性應用於含有 n 個節點的電路上，可得 $n - 1$ 個方程式。但是由於參考電壓為已知，其數值通常設定為 0（請見第 2 章對於參考電壓的探討）因此最後將形成

第 **3** 章　電阻性網路分析

在節點電壓法當中，利用歐姆定律，由 a 點流向 b 點的分支電流可以由節點電壓 v_a 與 v_b 加以表示。

$$i = \frac{v_a - v_b}{R}$$

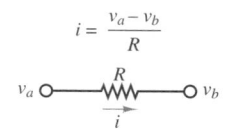

圖 3.2　節點分析中的分支電流表示式

利用 KCL：$i_1 - i_2 - i_3 = 0$。在節點電壓法當中，KCL 為：

$$\frac{v_a - v_b}{R_1} - \frac{v_b - v_c}{R_2} - \frac{v_b - v_d}{R_3} = 0$$

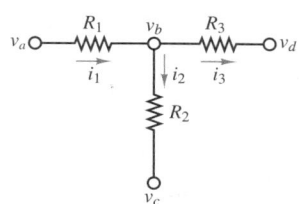

圖 3.3　應用 KCL 的節點分析中

$n - 1$ 個變數（節點電壓）與 $n - 1$ 個獨立線性方程式。就節點分析而言，其系統性的分析方法是摘要於「解題重點：節點分析」。

解題重點

節點分析

1. 選定參考節點。一般而言，最佳參考節點通常選定在具有最多分支的節點上。參考節點電壓通常會為簡單起見而被設為 0，而其他節點電壓皆是相對於參考節點電壓。
2. 為剩餘 $n - 1$ 個節點設定電壓變數 $v_1, v_2, \ldots, v_{n-1}$。
   - 如果電路中未包含任何電壓源，所有 $n - 1$ 個電壓都視為獨立變數。
   - 如果電路中包含 m 個電壓源：
     ◇ 只會有 $(n - 1) - m$ 個獨立電壓變數。
     ◇ 有 m 個相依電壓變數。
     ◇ 對每個電壓源而言，跨在電壓源兩端的節點電壓（例如 v_j 或 v_k）其中之一須視為相依變數。
3. 在獨立變數的節點使用 KCL 與歐姆定律，將每個電阻電流以相鄰節點電壓表示。本書設定流進節點的電流為正，流出節點的電流為負。當然反向設定也是允許的。
   - 對每一個電壓源 v_S，將產生一個額外的相依方程式（例如 $v_k = v_j + v_S$）。
   - 當電壓源一端為參考電壓時，節點電壓 v_j 或 v_k 將有一個會和參考節點電壓相同，通常是 0。
4. 彙整 $n - 1$ 個變數的係數，並求解 $n - 1$ 個線性方程式。
   - 有些相依方程式可能是很簡單的 $v_k = v_S$。此時，即可直接代入以減少方程式與變數的數量。

上述流程可以用來計算任意電路。你可以先練習沒有電壓源的電路，再挑戰有電壓源的較複雜電路。對某些人而言，將電路圖重畫成非方形的模式能更清楚看出節點間的各種電路元件。圖 3.4 中右邊的圖示先畫出三個節點圈，然後再加上每對節點中的元件。要能成功重畫電路以更方便進行節點分析的首要條件是要找出正確的節點數。

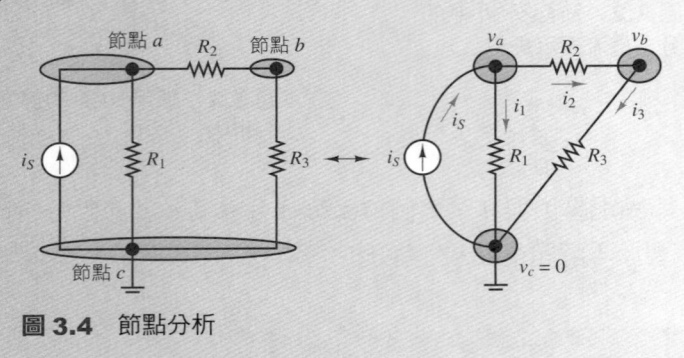

圖 3.4 節點分析

詳細說明與範例

在圖 3.4 中，電流 i_1、i_2 與 i_3 的方向是可以被任意選擇的，但最好能選較符合一般預期的方向。在此，電流源 i_S 為流入節點 a，因此電流 i_1 與 i_2 是假設流出節點 a。在節點 a 上運用 KCL 可以獲得

$$i_S - i_1 - i_2 = 0 \tag{3.2}$$

同理在節點 b 可以獲得

$$i_2 - i_3 = 0 \tag{3.3}$$

在參考節點上運用 KCL 既不必要也不恰當，因為方程式和其他兩個相依。我們可使用本範例證明上述說法。在節點 c 使用 KCL 將得到方程式如下

$$i_1 + i_3 - i_S = 0 \tag{3.4}$$

方程式 3.2 與方程式 3.3 的和等於方程式 3.4，因此證明了上面的論述。

> 對於具有 n 個節點的電路，使用 KCL 後將會獲得 $n-1$ 個獨立方程式。第 n 個方程式通常會選為 $v=0$ 當為參考。

使用節點電壓法時，分支電流須以相鄰的節點電壓表示。上述範例中，利用歐姆定律，電流 i_1、i_2 與 i_3 可以用節點電壓 v_a、v_b 與 v_c 來表示。節點 a 與 c 間的電流可表示為

第 3 章 電阻性網路分析

$$i_1 = \frac{v_a - v_c}{R_1} \tag{3.5}$$

以此類推

$$i_2 = \frac{v_a - v_b}{R_2} \tag{3.6}$$

$$i_3 = \frac{v_b - v_c}{R_3}$$

將電流表示式帶入兩個節點方程式可以獲得：

$$i_S - \frac{v_a}{R_1} - \frac{v_a - v_b}{R_2} = 0 \tag{3.7}$$

$$\frac{v_a - v_b}{R_2} - \frac{v_b}{R_3} = 0 \tag{3.8}$$

熟練的人直接觀察電路即可獲得方程式 3.7 與 3.8。在已知 i_S、R_1、R_2 與 R_3 之後，此二式可用於求解節點電壓變數 v_a 與 v_b。匯整節點電壓係數後，能以下方式表示：

$$\begin{aligned}\left(\frac{1}{R_1} + \frac{1}{R_2}\right) v_a + \left(-\frac{1}{R_2}\right) v_b &= i_S \\ \left(-\frac{1}{R_2}\right) v_a + \left(\frac{1}{R_2} + \frac{1}{R_3}\right) v_b &= 0\end{aligned} \tag{3.9}$$

範例 3.2 至 3.6 將進一步詳細說明此方法。

範例 3.2　節點分析：求解分支電流問題

問題

求解圖 3.5 電路的所有電流與電壓。

解

已知條件：電流源、電阻值。

求：所有節點電壓與分支電流。

已知資料：$i_1 = 10$ mA；$i_2 = 50$ mA；$R_1 = 1$ kΩ；$R_2 = 2$ kΩ；$R_3 = 10$ kΩ；$R_4 = 2$ kΩ。

分析：參考節點電壓法的求解步驟。

1. 選定電路最下方之節點為參考電壓（電壓值為 0）。
2. 將圖 3.5 重新繪製成圖 3.6。
3. 在每個節點應用 KCL，用歐姆定律將分支電流表示成節點電壓，如下所示：

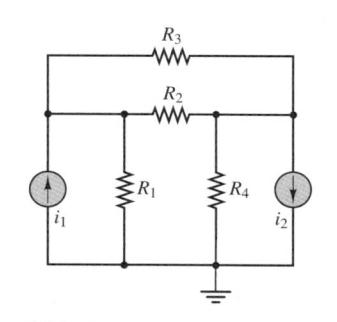

圖 3.5

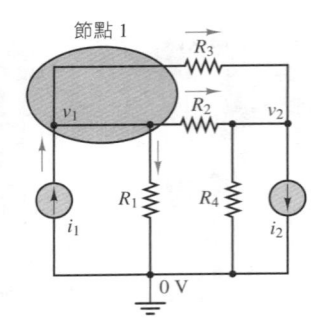

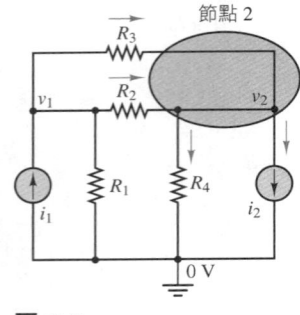

$$i_1 - \frac{v_1 - 0}{R_1} - \frac{v_1 - v_2}{R_2} - \frac{v_1 - v_2}{R_3} = 0 \quad \text{節點 1}$$

$$\frac{v_1 - v_2}{R_2} + \frac{v_1 - v_2}{R_3} - \frac{v_2 - 0}{R_4} - i_2 = 0 \quad \text{節點 2}$$

彙整節點電壓的係數後可以獲得：

$$\left(\frac{1}{R_1} + \frac{1}{R_2} + \frac{1}{R_3}\right)v_1 + \left(-\frac{1}{R_2} - \frac{1}{R_3}\right)v_2 = i_1 \quad \text{節點 1}$$

$$\left(-\frac{1}{R_2} - \frac{1}{R_3}\right)v_1 + \left(\frac{1}{R_2} + \frac{1}{R_3} + \frac{1}{R_4}\right)v_2 = -i_2 \quad \text{節點 2}$$

4. 代入相關數值後，方程組可以表示如下：

$$1.6v1 - 0.6v2 = 10$$
$$-0.6v1 + 1.1v2 = -50$$

求解上述方程組獲得節點電壓：

$$v1 = -13.57 \text{ V}$$
$$v2 = -52.86 \text{ V}$$

圖 3.6

知道節點電壓後，即可找出各分支電流。例如，流過電阻 R_3 的電流計算如下：

$$i_{R_3} = \frac{v_1 - v_2}{10,000} = 3.93 \text{ mA}$$

該數值若為正，表示一開始所假設之電流方向與實際電流方向相同。同理，流過電阻 R_1 的電流計算如下：

$$i_{R_1} = \frac{v_1}{1,000} = -13.57 \text{ mA}$$

此時電流值為負，表示一開始所假設之電流方向與實際電流方向相反；但因為相較於接地，節點 1 的電壓是負的。接著逐一計算，可獲得電阻 R_2 與 R_4 的電流為 i_{R2} = 19.65 mA 與 i_{R4} = −26.43 mA.

範例 3.3　節點分析：求解節點電壓

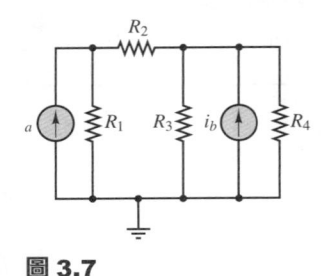

問題

寫出圖 3.7 電路的節點方程式並求解節點電壓。

圖 3.7

解

已知條件：電流源、電阻值。

求：所有節點電壓

已知資料：i_a = 1 mA；i_b = 2 mA；R_1 = 1 kΩ；R_2 = 500 Ω；R_3 = 2.2 kΩ；R_4 = 4.7 kΩ。

分析：參考節點電壓法的求解步驟。

1. 選定電路最下方之節點為參考電壓（電壓值為 0）。

2. 由圖 3.7 重新繪製成圖 3.8，圖中兩個非參考節點，(也就是兩個獨立變數) 標示為 v_a 與 v_b。

3. 在每個節點應用 KCL，用歐姆定律將分支電流表示成節點電壓，如下所示：

$$i_a - \frac{v_a}{R_1} - \frac{v_a - v_b}{R_2} = 0 \quad 節點\ a$$

$$\frac{v_a - v_b}{R_2} + i_b - \frac{v_b}{R_3} - \frac{v_b}{R_4} = 0 \quad 節點\ b$$

彙整節點電壓的係數後可以獲得：

$$\left(\frac{1}{R_1} + \frac{1}{R_2}\right)v_a + \left(-\frac{1}{R_2}\right)v_b = i_a$$

$$\left(-\frac{1}{R_2}\right)v_a + \left(\frac{1}{R_2} + \frac{1}{R_3} + \frac{1}{R_4}\right)v_b = i_b$$

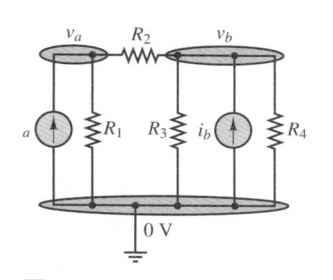

圖 3.8

4. 代入相關數值後，方程組可以表示如下：

$$3 \times 10^{-3} v_a \quad -2 \times 10^{-3} v_b = 1 \times 10^{-3}$$
$$-2 \times 10^{-3} v_a \quad +2.67 \times 10^{-3} v_b = 2 \times 10^{-3}$$

或是

$$3v_a \quad -2v_b = 1$$
$$-2v_a \quad +2.67v_b = 2$$

將上述第二個方程式乘上 3/2 並與第一個方程式相加可獲得節點電壓 $v_b = 2$ V。再將 v_b 代入任一方程式可以獲得 $v_a = 1.667$ V。

範例 3.4　使用克拉瑪法則求解 2×2 線性方程組。

問題

使用克拉瑪法則（請參閱附錄 A）求解範例 3.3 的方程式。

解

已知條件：線性方程式。

求：節點電壓。

分析：範例 3.3 中的 2×2 的線性方程組可以寫成陣列方式，並利用克拉瑪法則進行求解。該陣列表示如下：

$$\begin{bmatrix} 3 & -2 \\ -2 & 2.67 \end{bmatrix} \begin{bmatrix} v_a \\ v_b \end{bmatrix} = \begin{bmatrix} 1 \\ 2 \end{bmatrix}$$

利用克拉瑪法則可求解節點電壓 v_a 與 v_b，如下：

$$v_a = \frac{\begin{vmatrix} 1 & -2 \\ 2 & 2.67 \end{vmatrix}}{\begin{vmatrix} 3 & -2 \\ -2 & 2.67 \end{vmatrix}} = \frac{(1)(2.67) - (-2)(2)}{(3)(2.67) - (-2)(-2)} = \frac{6.67}{4} = 1.667 \text{ V}$$

$$v_b = \frac{\begin{vmatrix} 3 & 1 \\ -2 & 2 \end{vmatrix}}{\begin{vmatrix} 3 & -2 \\ -2 & 2.67 \end{vmatrix}} = \frac{(3)(2)-(-2)(1)}{(3)(2.67)-(-2)(-2)} = \frac{8}{4} = 2\text{ V}$$

此結果與範例 3.3 相同。

評論： 對於簡單電路，例如電路中只有兩個節點變數（不包含參考節點），克拉瑪法則是一個相當有效率的求解方法。然而對於較龐大的電路，一旦獲得陣列表示式後，可以使用電腦軟體（例如 Matlab）求解。範例 3.5 將示範如何使用 Matlab 求解。

範例 3.5　使用 Matlab 求解 3×3 系統的線性方程式。

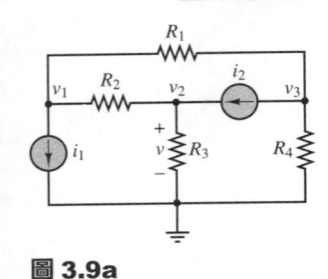

問題

　　針對圖 3.9(a)，使用節點電壓分析法解電路中的電壓 v。假設 $R_1 = 2\Omega$, $R_2 = 1\Omega$, $R_3 = 4\Omega$, $R_4 = 3\Omega$, $i_1 = 2$A 與 $i_2 = 3$A。

圖 3.9a

解

已知條件： 所有電阻值與電流源。

求： 橫跨於電阻 R_3 之電壓。

分析： 參考圖 3.9a 與節點分析解題重點的步驟。

1. 選擇參考節點並將其標示出。
2. 針對 3 個非參考節點定義其節點電壓 v1，v2，v3。
3. 在 n − 1 個節點上運用 KCL，並使用歐姆定律將電流流過之電阻表示成兩相鄰節點電壓之差。

$$\frac{v_3 - v_1}{R_1} + \frac{v_2 - v_1}{R_2} - i_1 = 0 \quad \text{節點 1}$$

$$\frac{v_1 - v_2}{R_2} - \frac{v_2}{R_3} + i_2 = 0 \quad \text{節點 2}$$

$$\frac{v_1 - v_3}{R_1} - \frac{v_3}{R_4} - i_2 = 0 \quad \text{節點 3}$$

4. 彙整每個獨立變數 (節點電壓) 之係數，可將系統方程式表示如下：

$$-\left(\frac{1}{R_1}+\frac{1}{R_2}\right)v_1 + \left(\frac{1}{R_2}\right)v_2 + \left(\frac{1}{R_1}\right)v_3 = i_1$$

$$\left(\frac{1}{R_2}\right)v_1 - \left(\frac{1}{R_2}+\frac{1}{R_3}\right)v_2 = -i_2$$

$$\left(\frac{1}{R_1}\right)v_1 - \left(\frac{1}{R_1}+\frac{1}{R_4}\right)v_3 = i_2$$

5. 將方程式左右兩邊同時程上右邊的共同分母。節點 1 的公同分母為 R_1R_2，節點 2 的共同分木圍 R_2R_3，節點 3 的共同分母為 R_1R_4。帶入所有電阻值與電流源後，可以獲得：

$$(-1-2)v_1 + 2v_2 + 1v_3 = 4 \quad \text{節點 1}$$

$$4v_1 + (-1-4)v_2 + 0v_3 = -12 \quad \text{節點 2}$$

$$3v_1 + 0v_2 + (-2-3)v_3 = 18 \quad \text{節點 3}$$

```
Command Window
 New to MATLAB? Watch this Video, see Examples, or read Getting Started.

            This is a Classroom License for instructional use only.
            Research and commercial use is prohibited.
>> A = [-3 2 1; 4 -5 0; 3 0 -5]

A =

    -3     2     1
     4    -5     0
     3     0    -5

>> b = [4; -12; 18]

b =

     4
   -12
    18

>> x = a\b
Undefined function or variable 'a'.

Did you mean:
>> x = A\b

x =

   -3.5000
   -0.4000
   -5.7000

fx >>
```

圖 3.9 (b) 典型 Matlab 命令視窗。使用者可於符號 >> 後輸入資料。請注意，Matlab 對於不同案例有不同的影響，如圖中第四個步驟。

補齊係數為零之缺項，三個電壓變數皆會出現在每一個方程式中。此三個未知數的方程式可以由計算機加以求解。或使用 Matlab 求解之。

6. 使用 Matlab 求解，將方程式改寫成陣列使必要的。

$$\begin{bmatrix} -3 & 2 & 1 \\ 4 & -5 & 0 \\ 3 & 0 & -5 \end{bmatrix} \begin{bmatrix} v_1 \\ v_2 \\ v_3 \end{bmatrix} = \begin{bmatrix} 4 \\ -12 \\ 18 \end{bmatrix}$$

一般而言，這些方程式可以使用簡潔的形式加以表示：

$$Ax = b$$

此處，x 為一個 3×1 行向量，其中每一個元素為節點電壓 V_1, V_2, V_3。

如圖 3.9(b) 所示，在 Matlab 中 3×3 陣列與 3×1 行向量以下列方式輸入：

$$A = [-3\ 2\ 1\ ;\ 4\ -5\ 0\ ;\ 3\ 0\ -5]$$

$$b = [4\ ;\ -12\ ;\ 18] \quad \text{(or} \quad b = [4\ \ -12\ \ 18]')$$

在上述方程式右上方的撇號為轉換 Matlab 轉換運算子。此處將 1×3 陣列轉換成 3×1 行向量是有幫助的。在 Matlab 中使用 求解 x，可以獲得：

$$x = [-3.5\text{V} \quad -0.4\text{V} \quad -5.7\text{V}]'$$

此為三個節點電壓 $[v_1\ v_2\ v_3]'$ 橫跨在電阻 R_3 上的電壓將為：

$$v = v_2 = -0.4\text{V}$$

檢視學習成效

使用節點電壓法分別求解左圖與右圖中的 i_o 與 v_x。

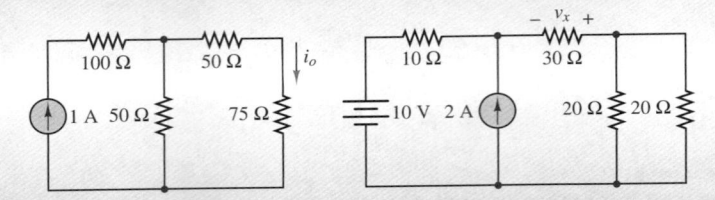

解答：0.2857 A; −18V

包含電壓源的節點分析

在先前的電路範例中並未包含任何的電壓源，然而實際上電壓源是相當普遍的。圖 3.10 可以用來介紹如何將節點分析運用在這樣的電路上。「解題重點：節點分析」中的相關步驟如下所示

步驟 1：選定參考節點。一般而言，最佳參考節點通常具有最多分支的節點。參考節點電壓通常為簡單起見而設為 0，其他節點電壓數則皆是相對於參考電壓。

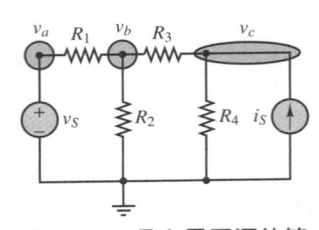

圖 3.10 具有電壓源的節點分析

若有電壓源，選擇的參考節點最好能讓連接至少一個電壓源。圖 3.10 中的參考節點（以接地符號表示）假設為 0V。

步驟 2：將剩餘 $n-1$ 個節點標示成 $v_1, v_2, \ldots, v_{n-1}$。如果電路中包含 m 個電壓源：

- 只存在 $(n-1)-m$ 個獨立電壓變數。
- 有 m 個相依電壓變數。
- 對任何一個電壓源而言，相鄰的兩個節點電壓變數（例如 v_j 或 v_k）之一須視為相依變數。

將剩餘三個節點（4 − 1 = 3）標示成 v_a、v_b 與 v_c，如圖 3.10 所示。由於電路只有一個電壓源（$m=1$），電路有 2 個獨立變數（4 − 1 − 1 = 2）及 1 個相依變數。只有 v_a 相鄰電壓源，因此也是相依變數。

步驟 3： 在每個和獨立變數相關的節點應用 KCL，使用歐姆定律將電阻電流以相鄰節點電壓表示。流進節點的電流被設定為正，流出節點的電流被設定為負。

- 對每一個電壓源 v_S，將產生一個額外的相依方程式（例如 $v_k = v_j + v_S$）。
- 當電壓源相鄰參考電壓時，節點電壓 v_j 或 v_k 其中之一將會是參考節點電壓，通常為 0 V。

在兩個與獨立變數相關的 v_b 和 v_c 上應用 KCL：

節點 b：

$$\frac{v_a - v_b}{R_1} - \frac{v_b - 0}{R_2} - \frac{v_b - v_c}{R_3} = 0 \tag{3.10a}$$

節點 c：

$$\frac{v_b - v_c}{R_3} - \frac{v_c}{R_4} + i_S = 0 \tag{3.10b}$$

相依變數 v_a 可表示如下：

$$v_a = 0 + V_S = V_S \tag{3.10c}$$

步驟 4： 匯整 $n-1$ 個變數的係數，並求解 $n-1$ 個線性方程組。

- 某些相依方程式具有簡單的形式，例如 $v_k = v_s$，在這種情況下方程式與變數的數量可以直接用代換的方式加以簡化。

將 V_c 帶入方程式 3.10a，可獲得：

$$\frac{v_S - v_b}{R_1} - \frac{v_b}{R_2} - \frac{v_b - v_c}{R_3} = 0 \tag{3.11}$$

最後，匯整兩獨立變數的係數，線性方程組可以表示如下：

$$\begin{aligned}\left(\frac{1}{R_1} + \frac{1}{R_2} + \frac{1}{R_3}\right) v_b + \left(-\frac{1}{R_3}\right) v_c &= \frac{1}{R_1} v_S \\ \left(-\frac{1}{R_3}\right) v_b + \left(\frac{1}{R_3} + \frac{1}{R_4}\right) v_c &= i_S \end{aligned} \tag{3.12}$$

針對兩線性方程式求解之，便可獲得兩個獨立節點電壓變數。

範例 3.6　當電壓源非相鄰於參考節點時之電路計算

問題

使用節點分析方法，求解圖 3.11(a) 電路中流經電壓源之電流。假設：$R_1 = 2\ \Omega$，$R_2 = 2\ \Omega$，$R_3 = 4\ \Omega$，$R_4 = 3\ \Omega$，$i_S = 2$ A，$v_S = 3$ V。

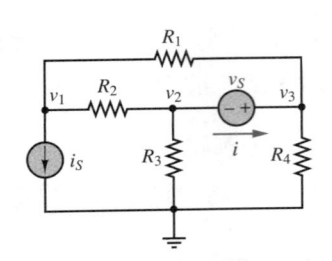

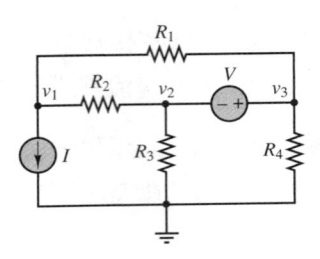

圖 3.11 (a) 範例 3.6 之電路　　**圖 3.11** (b) 範例 3.6 的超節點電路

解

已知條件：電阻值、電流源與電壓源。

求：流經電壓源的電流

分析：參考圖 3.11(a) 與節點電壓法求解步驟

1. 選定參考節點。
2. 定義三個非參考節點電壓 v_1、v_2 與 v_3。由於電壓源要求節點 3 的電位必須比節點 2 的電位高出 v_S，因此 $v_3 = v_2 + v_S$。這也使得 v_3 為相依電壓變數，而 v_1、v_2 為獨立電壓變數，各自需要一個 KCL 方程式。
3. 在兩個獨立電壓 v_1 與 v_2 的節點處應用 KCL：

$$\frac{v_3 - v_1}{R_1} + \frac{v_2 - v_1}{R_2} - i_S = 0 \quad \text{節點 1 的 KCL}$$

$$\frac{v_1 - v_2}{R_2} + \frac{0 - v_2}{R_3} - i = 0 \quad \text{節點 2 的 KCL}$$

其中 $\quad i = \dfrac{v_3 - v_1}{R_1} + \dfrac{v_3 - 0}{R_4} \quad \text{節點 3 的 KCL}$

將電流 i 帶入節點 2 之方程式並重新整理，可得

$$\frac{v_1 - v_2}{R_2} + \frac{0 - v_2}{R_3} - \frac{v_3 - v_1}{R_1} - \frac{v_3 - 0}{R_4} = 0 \quad \text{節點 2}$$

由上述可以發現，假設電流變數 i，並利用 KCL 以節點電壓表示該電流，然後立即又被但換掉，很明顯整個過程是完全不必要的。事實上，KCL 能使用在任一節點，也可以使用在封閉邊界，又稱為超節點。假設將節點 v_2 及 v_3 與電壓源 V 整體視為一個節點（超節點），則流經電阻 R_1、R_2、R_3 與 R_4 的電流在運用 KCL 之後，結果如下。很明顯該方程式與上述節點 2 的方程式相同。

$$\frac{v_1 - v_2}{R_2} + \frac{0 - v_2}{R_3} + \frac{v_1 - v_3}{R_1} + \frac{0 - v_3}{R_4} = 0$$

重新整理可得

$$\frac{v_1 - v_2}{R_2} + \frac{0 - v_2}{R_3} - \frac{v_3 - v_1}{R_1} - \frac{v_3 - 0}{R_4} = 0$$

4. 最後代入已知數值，並匯整節點電壓的係數，該電路的線性方程組可獲得如下：

$$-2v_1 + 1v_2 + 1v_3 = 4 \quad \text{節點 1}$$
$$12v_1 + (-9)v_2 + (-10)v_3 = 0 \quad \text{節點 2}$$
$$-v_2 + v_3 = 3 \quad \text{相依方程式}$$

利用 $v_3 = v_2 + v_S$，該方程組可進一步簡化如下：

$$-2v_1 \quad + 2v_2 = 1$$
$$12v_1 \quad +(-19)v_2 = 30$$

求解上述方程式便可獲得所有節點變數，其結果如下：

$$-7v_2 = 36 \quad \text{或} \quad v_2 = \frac{-36}{7} = -5.14 \text{ V}$$

將此值代入任一式中可求得

$$2v_1 = -72/7 - 1 \quad \text{或} \quad v_1 = \frac{-79}{14} = -5.64 \text{ V}$$

和

$$v_3 = v_2 + 3 = \frac{-36}{7} + 3 \quad \text{或} \quad v_3 = \frac{-15}{7} = -2.14 \text{ V}$$

因此流經電壓源的電流為：

$$i = \frac{v_3 - v_1}{R_1} + \frac{v_3}{R_4} = \frac{-2.14 + 5.64}{2} + \frac{-2.14}{3} = 1.04 \text{ A}$$

評論：在獲得三個節點電壓後，所有分支電流計算如下：

$$i_1 = |v_3 - v_1|/R_1 \text{，} i_2 = |v_2 - v_1|/R_2 \text{，} i_3 = |v_2|/R_3 \text{，} i_4 = |v_3|/R_4 \text{。}$$

檢視學習成效

使用反方向電流，重新計算範例 3.6 的節點電壓與電流 i。

解答：$v_1 = 5.21$ V, $v_2 = 1.71$ V, $v_3 = 4.71$ V 與 $i = 1.32$ A

3.3 網目電流法

另一個用於分析電路中獨立變數的方法為**網目電流法**。該方法類似節點電壓法，會針對電路中每一個獨立變數產生一個獨立方程式。在這個方法中，每一個網目會設定一個網目電流，並在所有網目或是某些網目利用 KVL 定律產生一組線性方程式。

網目電流法需要假設每個網目電流的方向，一般會假設皆以順時鐘方向流動（當然也可假設為反時鐘方向）。在這樣的假設下，若是一分支隸屬於兩個網目，則該分支電流為兩個網目電流之差。如圖 3.12 所示，運用歐姆定律後，流經電阻 R_2 的電流為：

$$(i_1 - i_2)R_2 \quad \text{或} \quad (i_2 - i_1)R_2$$

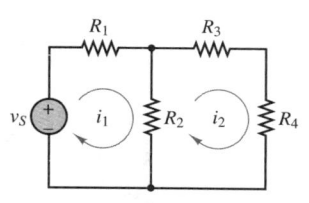

圖 3.12 包含兩個網目之電路

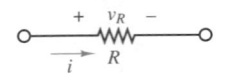

圖 3.13 歐姆定律意味著電流從正電位(+)流向負電位(-)

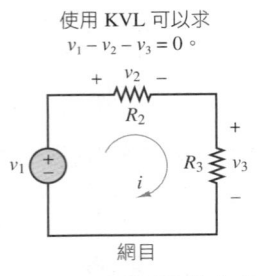

圖 3.14 於網目中使用 KVL

哪一種表示法才正確？答案要視應用 KVL 時的慣例而定。使用歐姆定律時，為了避免產生混淆，應在各網目中使用相同電流方向。歐姆定律意味著通過電阻之電流是從正電位流向負電位，如圖 3.13 所示，且電壓變化和通過電阻的淨電流成正比。因此使用 KVL 時，其方向應與網網目電流方向一致（如圖 3.14）。v_1 與 v_2 可以表示如下：

$$v_1 = i_1 R_1 \tag{3.13}$$

或

$$v_2 = (i_1 - i_2) R_2 \tag{3.14}$$

請注意，流經 R_2 的淨電流方向與網目電流方向 i_1 一致，可以表示成 ($i_1 - i_2$)。下面為在線性電路中使用網目電流法的相關流程步驟。

解題重點

網目分析

1. 針對網目電流與 KVL 選定電流方向（順時鐘或是逆時鐘）。除有特殊需要外，本書中的所有範例皆採用順時鐘方向。
2. 針對 n 個網目定義網目電流變數 $i_1, i_2, \ldots, i_n$。
   - 如果電路未包含電流源，則 n 個網目電流皆視為獨立變數。
   - 如果電路包含 m 個電流源：
     - 有 $n - m$ 個獨立電流變數。
     - 有 m 個相依電流變數。
     - 當電流源只相鄰一個網目，該網目電流值會受電流源影響，因此可視為相依變數。
     - 當電流源相鄰於兩個網目，兩個網目電流變數之差會受電流源影響。將兩個網目電流之一視為相依變數，另一個為獨立變數。

3. 在每個與獨立變數相關的網目應用 KVL，使用歐姆定律將每個電阻兩端的電壓差以相鄰網目電流表示。
   - 每一個電流源 i_S，將存在一個額外的相依方程式（例如 $i_S = i_k - i_j$）。
4. 彙整所有 n 個變數的係數，並求解線性 n 方程式組。
5. 使用已知網目電流，求解電路中任意或全部的分支電流。可用歐姆定律或 KVL 求得電路中任意電壓差。

上述程序可以用來求解任意平面電路。一開始最好先使用上述程序練習未包含電流源的簡單電路，接著再將該方法運用包含電流源的複雜電路。

詳細說明與範例

圖 3.15 中有兩個網目，各有定義成順時鐘方向的網目電流。該電路未包含任何電流源，因此有兩個獨立網目電流變數 i_1 和 i_2。i_1 的 KVL 方程式為：

$$v_S - i_1 R_1 - (i_1 - i_2) R_2 = 0 \qquad \text{網目 1} \qquad (3.15)$$

i_2（見圖 3.16）的 KVL 方程式為：

$$-(i_2 - i_1) R_2 - i_2 R_3 - i_2 R_4 = 0 \qquad \text{網目 2} \qquad (3.16)$$

將網目 2 方程式的兩邊都乘以 -1。彙整 i_1 與 i_2 的係數可以獲得線性方成組如下所示：

$$\begin{aligned}(R_1 + R_2)i_1 - R_2 i_2 &= v_S \\ -R_2 i_1 + (R_2 + R_3 + R_4)i_2 &= 0\end{aligned} \qquad (3.17)$$

求解上述方程組可以獲得所有網目電流，進而找出流經 R_2 的分支電流。若網目電流為負，則代表真正電流方向與原假設之方向相反。

要注意的是，在兩個 KVL 方程式中，跨越 R_2 兩端的電壓差表示方式不同，因為兩者用的都是順時鐘方向。網目 1 中的 KVL 經過 R_2 時為從上至下，而網目 2 中的 KVL 則為從下至上。這種結果可能會在使用網目電流法時造成混淆。因此，每個網目的電壓降以及該使用何種符號都要小心確認，才不會出錯。

範例 3.7 至範例 3.11 將進一步說明此方法的相關細節。

網目 1：運用 KVL 後可以獲得 $v_S - v_1 - v_2 = 0$，其中 $v_1 = i_1 R_1$ 與 $v_2 = (i_1 - i_2) R_1$。

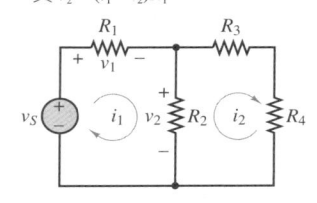

圖 3.15 網目 1 中電流與電壓的設定

網目 2：以 KVL 求得

$$v_2 + v_3 + v_4 = 0$$

其中

$$v_2 = (i_2 - i_1)R_2$$
$$v_3 = i_2 R_3$$
$$v_4 = i_2 R_4$$

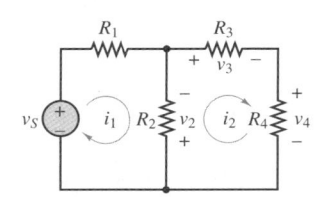

圖 3.16 網目 2 中電流與電壓的設定

範例 3.7　網目分析：針對具有兩個網目的電路，求解網目電流

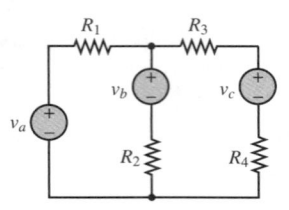

問題

求解圖 3.17 的網目電流。

圖 3.17

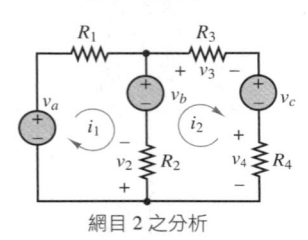

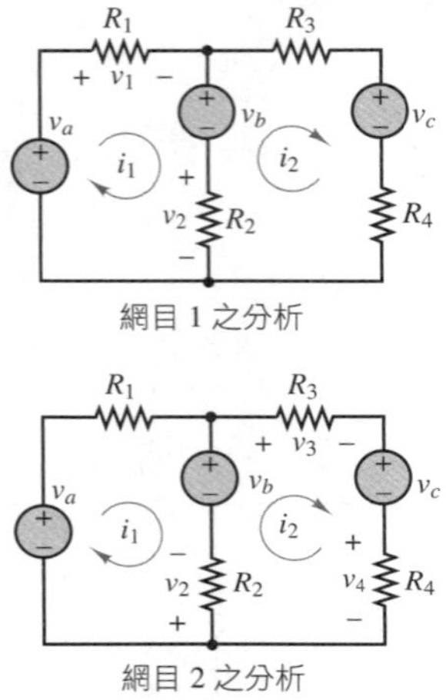

圖 3.18 網目 1 之分析／網目 2 之分析

解

已知條件：電壓源、電阻值。

求：網目電流。

已知資料：$v_a = 10\text{ V}$；$v_b = 9\text{ V}$；$v_c = 1\text{ V}$；$R_1 = 5\text{ }\Omega$；$R_2 = 10\text{ }\Omega$；$R_3 = 5\text{ }\Omega$；$R_4 = 5\text{ }\Omega$。

分析：參考圖 3.17 與 3.18 及網目分析步驟。

1. 選定順時鐘為電流方向。

2. 請注意，該電路中包含兩個網目且沒有任何電流源，因此電流 i_1 與 i_2 為獨立變數。

3. 在每個與獨立變數相關的網目應用 KVL，使用歐姆定律將每個電阻兩端的電壓差以相鄰網目電流表示，可獲得如下兩個方程式：

$$v_a - R_1 i_1 - v_b - R_2(i_1 - i_2) = 0 \quad \text{網目 1}$$
$$-R_2(i_2 - i_1) + v_b - R_3 i_2 - v_c - R_4 i_2 = 0 \quad \text{網目 2}$$

4. 彙整係數，並帶入相關數值以得下列線性方程組：

$$15 i_1 - 10 i_2 = 1 \quad \text{網目 1}$$
$$-10 i_1 + 20 i_2 = 8 \quad \text{網目 2}$$

求解上述線性方程組，電流 i_1 與 i_2 如下：

$$i_1 = 0.5\text{ A} \quad \text{和} \quad i_2 = 0.65\text{ A}$$

評論：注意 R_2 兩端的電壓用 KVL 表示時，網目 1 和網目 2 的表示不同。在網目 1 中，流經 R_2 的電流由上至下，而在網目 2 中是由下至上。

範例 3.8　網目分析：針對具有三個網目的電路，求解網目電流方程式。

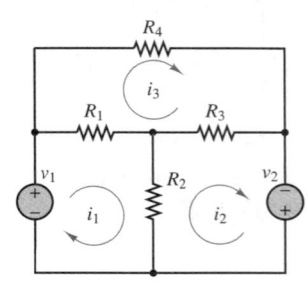

問題

求解圖 3.19 中，電路的電流方程式

圖 3.19

解

已知條件：電壓源、電阻值。

求：網目電流方程式。

已知資料：$v_1 = 12\text{ V}$；$v_2 = 6\text{ V}$；$R_1 = 3\text{ }\Omega$；$R_2 = 8\text{ }\Omega$；$R_3 = 6\text{ }\Omega$；$R_4 = 4\text{ }\Omega$。

分析：參考圖 3.19 與網目分析步驟。

1. 選定順時鐘為電流方向。
2. 請注意，該電路中包含三個網目且沒有任何電流源，因此電流 i_1、i_2 與 i_3 為獨立變數。
3. 針對網目 1 使用 KVL 與歐姆定律，可獲得方程式如下：
$$v_1 - R_1(i_1 - i_3) - R_2(i_1 - i_2) = 0$$
針對網目 2 使用 KVL 與歐姆定律，可獲得方程式如下：
$$-R_2(i_2 - i_1) - R_3(i_2 - i_3) + v_2 = 0$$
針對網目 3 使用 KVL 與歐姆定律，可獲得方程式如下：
$$-R_1(i_3 - i_1) - R_4 i_3 - R_3(i_3 - i_2) = 0$$
4. 匯整電流係數並帶入相關數值可獲得線性方程組如下所示：
$$(3+8)i_1 - 8i_2 - 3i_3 = 12$$
$$-8i_1 + (6+8)i_2 - 6i_3 = 6$$
$$-3i_1 - 6i_2 + (3+6+4)i_3 = 0$$
在任一網目中使用 KVL 來驗證上述方程式。

範例 3.9 網目分析：針對具有三個網目的電路，使用 **MatLab** 求解網目電流方程式。

問題

圖 3.20 為一個運用於居家或商業建築物中的簡易直流電路模型。其中包含兩個理想電源與兩個配電系統的等效電阻 R_4 與 R_5。R_1 與 R_2 為 110V 時額定功率分別為 800W 與 300W 之負載。R_3 為 220V 時額定功率為 3 KW 之負載。請求解橫跨於這三個負載的電壓。

解

已知條件：圖 3.20 中，電壓源與電組分別為 $v_{S1} = v_{S2} = 110v$, $R_4 = R_5 = 1.3\Omega$, $R_1 = 15\Omega$, $R_2 = 40\Omega$, $R_3 = 16\Omega$。

求：i_1, i_2, i_3, v_a, v_b。

分析：參考圖 3.20 與網目分析步驟。

1. 選定順時鐘為電流方向。
2. 注意！電路中有三個網目，因此定義了三個順時鐘方向的網目電流變數 i_1, i_2, i_3 如圖 3.20 所示。由於電路中沒有電流源，因此 i_1, i_2, i_3 皆為獨立變數。
3. 針對每一個網目分別使用 KVL，並使用歐姆定律將每個電阻兩端的電壓差以相鄰網目電流表示，可獲得如下方程式：

網目 1 $v_{S1} - R_4 i_1 - R_1(i_1 - i_3) = 0$

網目 2 $v_{S2} - R_2(i_2 - i_3) - R_5 i_2 = 0$

網目 3 $-R_1(i_3 - i_1) - R_3 i_3 - R_2(i_3 - i_2) = 0$

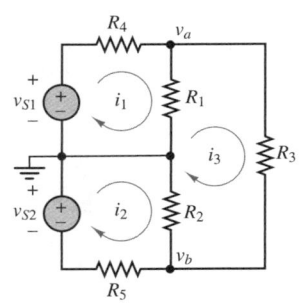

圖 **3.20**

4. 匯整電流係數可以獲得以三個未知網目電流所組成的 3 個方程式

$$-(R_1+R_4)i_1 \quad\quad\quad + \quad\quad\quad R_1 i_3 = -v_{S1}$$
$$\quad\quad\quad - (R_2+R_5)i_2 + \quad\quad R_2 I_3 = -v_{S2}$$
$$R_1 i_1 + \quad\quad R_2 i_2 - (R_1+R_2+R_3)i_3 = 0$$

5. 代入所有參數數值並以陣列表示，其結果如下：

$$\begin{bmatrix} -16.3 & 0 & 15 \\ 0 & -41.3 & 40 \\ 15 & 40 & -71 \end{bmatrix} \begin{bmatrix} i_1 \\ i_2 \\ i_3 \end{bmatrix} = \begin{bmatrix} -110 \\ -110 \\ 0 \end{bmatrix}$$

上述形式能簡單的表示成電壓源向量 [V] 等於電組陣列 [R] 與網目電流向量 [I] 的乘積。

$$[R][I]=[V]$$

網目電流的解可以表示如下：

$$[I]=[R]^{-1}[V]$$

藉由分析與數值方法，可得上述網目電流向量的解。針對這個問題，可以使用 Matlab 來計算 3×3 電阻矩陣 [R] 的反矩陣 [R]−1。

$$[R]^{-1}=\begin{bmatrix} -0.1072 & -0.0483 & -0.0499 \\ -0.0483 & -0.0750 & -0.0525 \\ -0.0499 & -0.0525 & -0.0542 \end{bmatrix}$$

接著求得網目電流。

$$[I]=[R]^{-1}[V]=\begin{bmatrix} -0.1072 & -0.0483 & -0.0499 \\ -0.0483 & -0.0750 & -0.0525 \\ -0.0499 & -0.0525 & -0.0542 \end{bmatrix}\begin{bmatrix} -110 \\ -110 \\ 0 \end{bmatrix}=\begin{bmatrix} 17.11 \\ 13.57 \\ 11.26 \end{bmatrix}$$

因此我們得到

$$i_1 = 17.11\text{ A} \quad i_2 = 13.57\text{ A} \quad i_3 = 11.26\text{ A}$$

使用歐姆定律與網目電流，兩個未知節點電壓 V_a 與 V_b 很容易計算。在下面計算中請注意，正號的使用。

$$v_a - 0 = R_1(i_1-i_3)$$
$$v_a = 87.75\text{ V}$$
$$v_b - 0 = R_2(i_3-i_2)$$
$$v_b = -92.40\text{ V}$$

節點電壓數值 Va 與 Vb 是相對於參考節點。請證明 KVL 對於每一個網目皆是成立的，藉此檢核自我理解程度。

評論：相較於使用在範例 3.5 中的 Matlab 左除計算，此範例中計算反矩陣式很沒有效率。然而，對於大多數的問題而言，使用個人電腦求解，時間上的差異非常小。

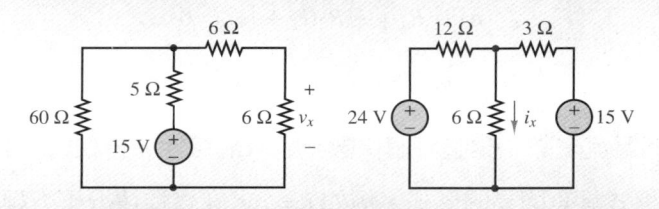

> **檢視學習成效**
>
> 使用網目電流法，求解左圖中未知電壓 v_x。
>
> 使用網目電流法，求解右圖中未知電流 I_x。
>
> 解答：5 V; 2 A

> **檢視學習成效**
>
> 請使用節點電壓法，重新計算範例 3.9。

具有電流源之網目電流分析

先前範例中的電路並未包含任何電流源。但實務上，電路中出現電流源的實例比比皆是，其相關分析步驟如下。

步驟 1：針對網目電流與 KVL，選定一個電流方向（順時鐘方向或者逆時鐘方向）。

步驟 2：針對 n 個網目，定義網目電流變數 $i_1, i_2, ..., i_n$。如果電路中包含了 m 個電流源：

- 將有 $n-m$ 個獨立變數。
- 將有 m 個相依變數。
- 當電流源只相鄰一個網目，則可直接將網目電流變數設定為該電流源。
- 當電流源相鄰兩個網目之間，則兩個網目電流變數之差可設定為該電流源。

圖 3.21 中的電路具有兩個網目與一個電流源。因此，該電路有一個獨立網目電流變數 i_1 與一個相依網目電流變數 i_2。其中 i_1 為順時鐘方向，i_S 為逆時鐘方向，且 $i_2 = -i_S$。圖 3.21 顯示第二個網目電流為反時鐘方向的 i_S。

步驟 3：針對獨立網目電流變數 i_1 使用 KVL，並用歐姆定律將電阻的電壓差以相鄰的網目電流表示。

- 每個電流源 i_S，都會有另一個相依方程式（如：$i_S = i_k - i_j$）。

此處的相依方程式當然為

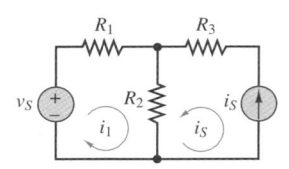

圖 3.21 具有電流源之網目電流分析

在 i_1 網目使用 KVL，得

$$v_S - R_1 i_1 - R_2(i_1 + i_S) = 0 \tag{3.18}$$

或

$$(R_1 + R_2)i_1 = v_S - R_2 i_S$$

步驟 4：針對 n 個電流變數，彙整每個係數，並求解線性 n 方程組。

某些相依方程式具有簡易的形式，例如 $i_j = i_s$。在這種情況下方程式與變數的數量可以直接用代換的方式加以簡化。電流源的存在剛好可以簡化這個問題，上述方程是只有一個未知網目電流 i_1 與一個方程式如下所示：

$$i_1 = \frac{v_S - R_2 i_S}{R_1 + R_2} \tag{3.19}$$

步驟 5：使用已求出之網目電流，可求得電路中任意電流。任何電壓差都可使用歐姆定律或 KVL 求得。透過觀察，發現通過 R_1 的電流是 i_1，通過 R_3 的電流是 i_S，通過 R_2 的電流是 $i_1 + i_S$。相較於參考節點，跨於電流源兩端之電壓為：

$$i_S R_3 + (i_1 + i_S)R_2 \tag{3.20}$$

範例 3.10　網目分析：三個網目與一個電流源

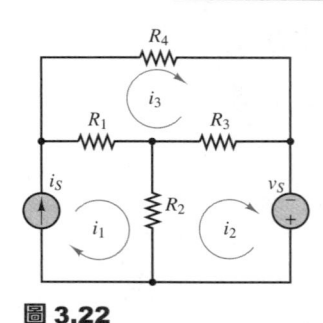

問題

求解圖 3.22 中之網目電流。

解

已知條件：電壓源、電流源與電阻值

求：網目電流

已知資料：$i_S = 0.5\,\text{A}$；$v_S = 6\,\text{V}$；$R_1 = 3\,\Omega$；$R_2 = 8\,\Omega$；$R_3 = 6\,\Omega$；$R_4 = 4\,\Omega$。

分析：參考圖 3.22 與網目電流法的求解步驟。

1. 選擇順時鐘方向為網目電流方向。
2. 設定網目電流變數為 i_1、i_2 與 i_3。由於兩個網目並未分享電流源，因此 i_1 為相依變數，i_2 與 i_3 為獨立變數且 $i_1 = i_S$
3. 針對每一個網目運用 KVL 並於在每一個電阻上使用歐姆定律表示其壓降。檢視圖中，發現：

$$i_1 = i_S = 0.5\,\text{A}$$

運用 KVL 可獲得網目 2 與網目 3 之電流方程式。

$$-R_2(i_2 - i_1) - R_3(i_2 - i_3) + v_S = 0 \quad\text{網目 2}$$

$$-R_1(i_3 - i_1) - R_4 i_3 - R_3(i_3 - i_2) = 0 \quad\text{網目 3}$$

圖 3.22

4. 匯整每個電流變數之係數並求解 n 個線性方程組。

某些相依方程式具有簡易的形式，例如 $i_j = i_s$。在這種情況下方程式與變數的數量可以直接用代換的方式加以簡化。

$$14i_2 - 6i_3 = 10$$
$$-6i_2 + 13i_3 = 1.5$$

求解線性方程組，可獲得 i_2 與 i_3，其結果分別如下

$$i_2 = 0.95 \text{ A} \qquad i_3 = 0.55 \text{ A}$$

運用 KVL 來驗證上述答案。

範例 3.11　網目分析：兩個網目與一個電流源

問題

求解圖 3.23 中之未知電壓 v_x。

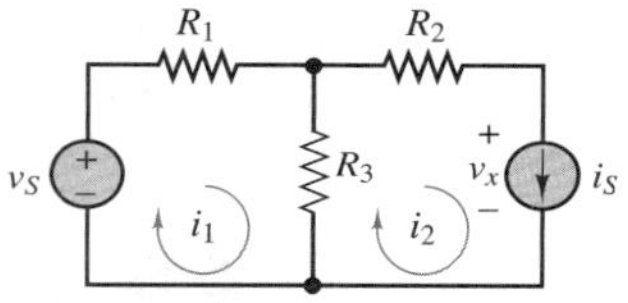

解

已知條件：$v_S = 10$ V；$i_S = 2$ A；$R_1 = 5\,\Omega$；$R_2 = 2\,\Omega$；$R_3 = 4\Omega$。

求解：v_x。

圖 3.23　電源存在時的網目分析示意圖

分析：參考圖 3.23 與網目電流法的求解步驟

1. 選擇順時鐘方向為網目電流方向。
2. 設定兩個網目電流變數 i_1 與 i_2。由於電流源僅相鄰網目 2，因此 i_1 為獨立變數，i_2 為相依變數且 $i_2 = i_S$
3. 針對每一個網目運用 KVL 並於在每一個電阻上使用歐姆定律表示其壓降。檢視圖中，發現：

$$i_2 = i_S$$

運用 KVL 可獲得網目 1 之電流方程式。

$$v_S - i_1 R_1 - (i_1 - i_2)R_3 = 0$$

4. 匯整每個電流變數之係數並求解 n 個線性方程組。

某些相依方程式具有簡易的形式，例如 $i_j = i_s$。在這種情況下方程式與變數的數量可以直接用代換的方式加以簡化。電流源的存在剛好可以簡化這個問題，上述方程是只有一個未知網目電流 i_1 與一個方程式。將 $i_2 = i_S$ 代入網目 1 之方程式，可以獲得：

$$i_1 = \frac{v_S + i_S R_3}{R_1 + R_3} = \frac{10 + 2 \times 4}{5 + 4} = 2 \text{ A}$$

5. 使用已獲得之網目電流與歐姆定律可求得電路中任意電流與電壓。其中電壓 v_x 為

$$-(i_2 - i_1)R_3 - i_2 R_2 - v_x = 0$$

或

$$v_x = i_1 R_3 - i_2(R_2 + R_3) = (2 \times 4) - [2 \times (2+4)] = -4 \text{ V}$$

評論：電流源的出現可以消除一個未知網目電流，因此不必同時求解方程組我們便可以獲得 v_x。

檢視學習成效

使用網目電流法，求解例題 3.10 並運用 KCL 加以驗證。

檢視學習成效

若電流源為 1 A，求解例題 3.11 中的電流 i_1。

解答：1.56 A

3.4 含有相依電源的節點與網目分析

經稍許修正，前述方法仍可運用於含有相依電源之電路，因此也會在第 8 章與第 9 章學到電晶體放大器時。回顧第二章對於相依電源之論述：相依電源之數值將取決於電路中其他電壓或電流。當電路中出現相依電源時，可以比照無相依電源方式，以節點電壓法或網目電流法處理節點或網目方程式。相依電源可能以額外未知變數出現在電路圖中。此時，對電路中另外的電流或電壓的相依性會以**限制方程式**表示。該方程式多半簡易，並且可以直接代入節點與網目分析方程式中，進而消去額外未知變數。結果將得到與原先未知電壓或電流相同之方程組。

舉例來說，圖 3.24 是一個雙載子電晶體的簡易模型（請參閱第 9 章），該模型中包含了三個網目與三個節點（含參考節點）。因此，使用節點分析將產生兩個方程式，其中包含兩個未知節點電壓。若使用網目分析也將只產生兩個方程式，其中包含了兩個未知網目電流。

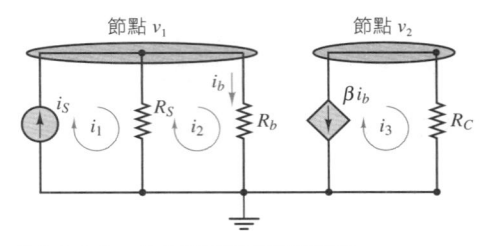

圖 3.24 具有相依電源的電路

就網目分析而言，由左至右電流被標示成 i_1、i_2 與 i_3，此外電流有如下之關係

$$i_1 = i_S \qquad i_2 = i_b \qquad i_3 = -\beta i_b \tag{3.21}$$

在網目 2 中使用 KVL 可以獲得如下：

$$-(i_2 - i_1)R_S - i_2 R_b = 0 \tag{3.22}$$

求解上述方程式可獲得 i_2。

$$i_2 = i_1 \frac{R_S}{R_S + R_b} = i_S \frac{R_S}{R_S + R_b} \tag{3.23}$$

最後

$$i_3 = -\beta i_b = -\beta i_2 = -\beta i_S \frac{R_S}{R_S + R_b} \tag{3.24}$$

就網目分析而言，在節點 1 使用 KCL 可以獲得：

$$i_S = \frac{v_1}{R_S} + i_b = \frac{v_1}{R_S} + \frac{v_1}{R_b} \tag{3.25}$$

然後在節點 2 使用 KCL 可以獲得：

$$\beta i_b + \frac{v_2}{R_C} = \beta \frac{v_1}{R_b} + \frac{v_2}{R_C} = 0 \tag{3.26}$$

利用分流原理可以獲得 i_b 與 i_s 的關係，結果如下所示

$$i_b = i_S \frac{R_S}{R_b + R_S} \tag{3.27}$$

最後利用歐姆定律可獲得節點 1 與節點 2 之電壓：

$$v_1 = i_S \frac{R_S R_b}{R_S + R_b}$$

$$v_2 = -\beta i_S \frac{R_S R_C}{R_S + R_b} \tag{3.28}$$

範例 3.12 與 3.13 將進一步說明如何處理相依電源。

範例 3.12　含有相依電源之分析

問題

　　求解圖 3.25 中的節點電壓

解

已知條件：電流源，電阻值與；限制方程式。

求：未知節點電壓 v2。

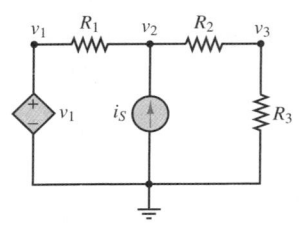

圖 3.25

已知資料：$i_S = 0.5$ A，$R_1 = 5\ \Omega$，$R_2 = 2\ \Omega$，$R_3 = 4\ \Omega$。相依電源之限制方程式：$v_1 = 2 \times v_3$。

分析：參考圖 3.25 與節點電壓法的求解步驟。

1. 電路中存在四個節點。選擇最下方之節點為參考節點。
2. 電路中有三個節點電壓與一個相依電壓源。因此本電路實質上有兩個獨立節點電壓 v_2 與 v_3 和一個相依節點電壓 v_1。
3. 在節點 1 與節點 2 上使用 KCL 與歐姆定律可以獲得兩個電流方程式，如下所示。

$$\frac{v_1 - v_2}{R_1} + i_S - \frac{v_2 - v_3}{R_2} = 0 \quad \text{節點 1}$$

$$\frac{v_2 - v_3}{R_2} - \frac{v_3 - 0}{R_3} = 0 \quad \text{節點 2}$$

上述兩個方程式中包含了三個節點電壓變數。很明顯，第三個方程式為限制方程式。

$$v_1 = 2 \times v_3$$

利用限制方程式消去 v_1，並匯整 v_2 與 v_3 的係數可進一步獲得線性方程組如下。

$$\left(\frac{1}{R_1} + \frac{1}{R_2}\right) v_2 + \left(-\frac{2}{R_1} - \frac{1}{R_2}\right) v_3 = i_S$$

$$\left(\frac{1}{R_2}\right) v_2 - \left(\frac{1}{R_2} + \frac{1}{R_3}\right) v_3 = 0$$

4. 代入已知數值後可得

$$0.7 v_2 - 0.9 v_3 = 0.5$$
$$0.5 v_2 - 0.75 v_3 = 0$$

求解聯立方程組可以獲得各節點電壓為 $v_3 = 10/3 = 3.33$ V，$v_2 = 5$ 與 $v_1 = 2 \times v_3 = 6.66$ V。

範例 3.13 　含有相依電源之網目分析

問題

求解圖 3.26 中之電壓增益 $G_v = v_2 / v_1$。

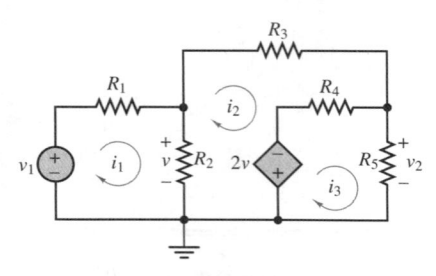

圖 3.26　含有相依電壓源之電路

解

已知條件：$R_1 = 1\ \Omega$，$R_2 = 0.5\ \Omega$，$R_3 = 0.25\ \Omega$，$R_4 = 0.25\ \Omega$，$R_5 = 0.25\ \Omega$。

求：$G_v = v_2 / v_1$。

分析：參考圖 3.26 與網目電流法的求解步驟，進而求得 i_3 與 v_1 的關係。其中限制方程式為 $2v = 2(i_1 - i_2) R_2$。

1. 選擇順時鐘方向為網目電流方向。
2. 在電路中有三個網目，因此將有三個獨立網目電流變數 i_1、i_2 與 i_3。
3. 運用 KVL 與歐姆定律，三個網目的電壓方程式表示如下。

第 3 章 電阻性網路分析

$$v_1 - R_1 i_1 - R_2(i_1 - i_2) = 0 \quad \text{網目 1}$$
$$-R_2(i_2 - i_1) - R_3 i_2 - R_4(i_2 - i_3) + 2v = 0 \quad \text{網目 2}$$
$$-2v - R_4(i_3 - i_2) - R_5 i_3 = 0 \quad \text{網目 3}$$

依據歐姆定律，很明顯 $v = (i_1 - i_2) R_2$。利用此關係消去網目 2 與網目 3 之中的電壓 $2v$，可獲得結果如下。

$$-R_2(i_2 - i_1) - R_3 i_2 - R_4(i_2 - i_3) + 2R_2(i_1 - i_2) = 0 \quad \text{網目 2 修正後}$$
$$-2R_2(i_1 - i_2) - R_4(i_3 - i_2) - R_5 i_3 = 0 \quad \text{網目 3 修正後}$$

4. 匯整 i_1，i_2 與 i_3 之係數可獲得一線性方程組：

$$(R_1 + R_2)i_1 \quad - R_2 i_2 \quad = v_1$$
$$(3R_2)i_1 - (3R_2 + R_3 + R_4)i_2 + (R_4)i_3 = 0$$
$$-2R_2 i_1 + (2R_2 + R_4)i_2 - (R_4 + R_5)i_3 = 0$$

此線性方程組可以陣列方式表示如下：

$$\begin{bmatrix} (R_1 + R_2) & -R_2 & 0 \\ 3R_2 & -(3R_2 + R_3 + R_4) & R_4 \\ -2R_2 & (2R_2 + R_4) & -(R_4 + R_5) \end{bmatrix} \begin{bmatrix} i_1 \\ i_2 \\ i_3 \end{bmatrix} = \begin{bmatrix} v_1 \\ 0 \\ 0 \end{bmatrix}$$

帶入已知數值後可得

$$\begin{bmatrix} 1.5 & -0.5 & 0 \\ 1.5 & -2 & 0.25 \\ -1 & 1.25 & -0.5 \end{bmatrix} \begin{bmatrix} i_1 \\ i_2 \\ i_3 \end{bmatrix} = \begin{bmatrix} v_1 \\ 0 \\ 0 \end{bmatrix}$$

以上方程式可以線性代數方式加以表示如下所示：

$$R_{33} i_{31} = v_{31}$$

此處下標為行與列的數量。

使用 Matlab「左除」指令，如下所示，可得電流的解。

$$i_{31} = R_{33} \backslash v_{31}$$

求解後可獲得三個網目電流

$$i_1 = 0.88 v_1$$
$$i_2 = 0.64 v_1$$
$$i_3 = -0.16 v_1$$

5. 最後在電阻 R_5 上運用歐姆定律即可獲得 v_1 與 v_2 之關係，也就是電壓增益 G_v。

$$v_2 = R_5 i_3 = R_5(-0.16 v_1) = 0.25(-0.16 v_1) = -0.04 v_1$$
$$G_v = \frac{v_2}{v_1} = \frac{-0.04 v_1}{v_1} = -0.04$$

評論：使用於求解這個問題的 Matlab 指令：

```
v = [1; 0; 0];
R = [1.5 -0.5 0; 1.5 -2 0.25; -1 1.25 -0.5];
i = R\v;
G = i(3)*0.25
```

注意，在 Matlab 的計算中，v_1 式設定為 1，而 $G = v_2 / v_1 = v_2 = i_3 R_5$。

節點電壓與網目電流的重要性

節點電壓法與網目電流法是分析線性電路最常見的技巧。這些方法能有系統與有效率地獲得求解問題所需之最少數量方程式。由於這些方法是建立在電路分析技巧 KVL 與 KCL 之上，因此也能運用在非線性電路上，例如本章後面將提到的內容。你應該盡早熟練這兩種方法，以便能更輕鬆駕馭更進階的學習。

然而這些方法的熟練，對於了解與掌握電路特性與行為是不足夠的。除了很簡單的例子，這些方法無法提供可以被歸納、解釋與簡要性的解。對於產生有用的數值資料，它們確實提供很有用的方法。對於產生用於繪圖與解釋的參數（例如電阻）是非常有用的。相較於此，本章節剩餘部分所要探討的原理與方法，由於這些方法能洞悉電路的普遍狀況，更顯得其效用。

檢視學習成效

假設 $v_1 = 2i_s$，求解範例 3.12。

解答：$v_2 = \frac{21}{11}$ V; $v_3 = \frac{14}{11}$ V

檢視學習成效

假設 $v_x = 3i_x$，針對左圖使用節點電壓法，求解橫跨於 8 Ω 電阻之電壓。

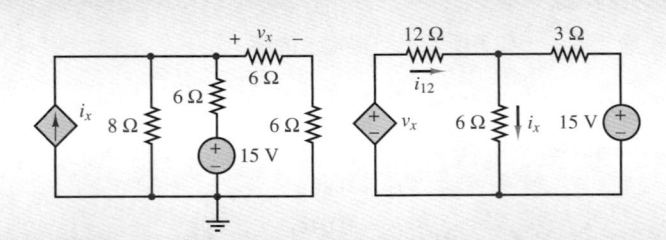

假設 $v_x = 2i_{12}$，針對右圖使用網目電流法，求解未知電流 i_x。

解答：12 V; 1.39 A

檢視學習成效

使用節點電壓法找出範例 3.13 中獨立方程式的數量，並就效率上與網目電流法進行比較。

3.5 重疊原理

重疊原理是有效且最常用來分析任意線性電路的工具。此外，對於了解多電源電路運作行為也非常有幫助。

> 對於任意線性電路，重疊原理的意義是，每個獨立電源對於電路中每一個電壓與電流皆會起作用。此外，每個獨立電源的作用彼此並不相關。換句話說，在一個具有 N 個獨立電源的電路中，每一個電壓與電流是 N 個獨立電源作用的總和。

就解決問題的工具而言，重疊原理會將原問題分解成兩個或是較為簡單的問題。這個方法的效率是取決於預求解的問題本身。然而，這個方法可以使原本複雜的電路問題得到一個簡單的解，而使用節點與網路分析的幫助有限。

使用重疊原理進行運算時，每次只需保留一個電源，也就是將其他電源設為零，然後計算該唯一電源所產生的電流與電壓，依此方式分別計算電路中所有電源所產生的作用，加總後結果便是原問題之答案。

設為零的電壓源就等同短路。同理，設為零的電流源就等同斷路（或開路），如圖 3.27 所示。此外，重疊原理也可以使用在具有相依電源的電路之中，但是，相依電源不可設為零。因為並不是獨立電源，因此不可以如法炮製，否則會導致錯誤結果。

1. 當電壓源設定為零時，可用短路來加以取代。

原始之電路　　　　電壓源被設定為短路之電路圖形

2. 當電流源設定為零時，可用斷路加以取代。

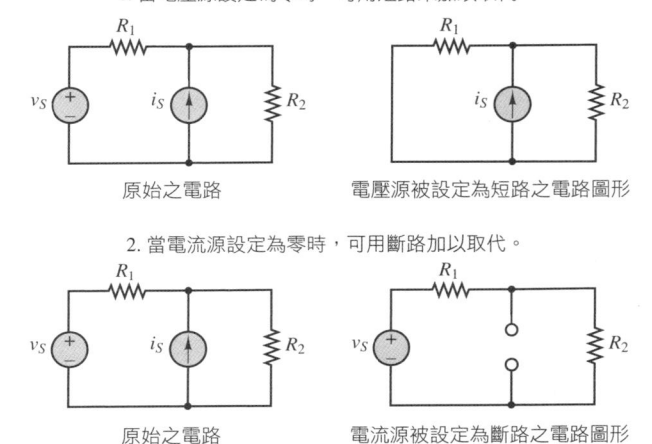

原始之電路　　　　電流源被設定為斷路之電路圖形

圖 3.27 將電壓源與電流源設定為零

解題重點

求解重疊原理

1. 定義電路中要求解的電壓 V 與電流 I。
2. 對每一個電源，定義子電壓 v_k 或子電流 i_k（該電源之作用）。總電壓與電流為所有子電壓與子電流之加總

$$V = v_1 + v_2 + \cdots + v_N \quad \text{或} \quad I = i_1 + i_2 + \cdots + i_N$$

3. 除了電源 S_j 之外，將其他電源皆設為零，並求解子電壓 v_k 或子電流 i_k，$k = 1, 2,..., N$。
4. 依此方式，分別計算電路中所有電源所產生的子電壓或子電流，最後進行加總，結果便是原先問題之完整答案。

詳細說明與範例

重疊原理可以簡單運用在計算單迴路電路的電流，其中該電路有串聯之雙電源，如圖 3.28 所示。

運用 KCL 與歐姆定律，圖 3.28 中左邊電路的電流可以很容易被獲得，如下所示。

$$v_{B1} + v_{B2} - iR = 0 \quad \text{或} \quad i = \frac{v_{B1} + v_{B2}}{R} \tag{3.29}$$

在圖 3.28 中，左邊的電路等於右邊兩個子電路的總和，而且兩個子電路中皆只存在一個電壓源，也就是說另一個電壓源已被短路所取代。KCL 與歐姆定律可以直接運用在這兩個子電路，其電流分別如下所示：

$$i_{B1} = \frac{v_{B1}}{R} \quad \text{或} \quad i_{B2} = \frac{v_{B2}}{R} \tag{3.30}$$

根據重疊原理：

$$i = i_{B1} + i_{B2} = \frac{v_{B1}}{R} + \frac{v_{B2}}{R} = \frac{v_{B1} + v_{B2}}{R} \tag{3.31}$$

一如預期，我們可以求出完整解。這個簡單範例說明了基本方法。然而，需要更具有挑戰性的範例來進一步證實。

> 例題 3.14 與 3.15 將進一步說明重疊原理的相關細節。

流過電阻 R 的淨電流為每個獨立電源作用之總和：$i = i_{B1} + i_{B2}$。

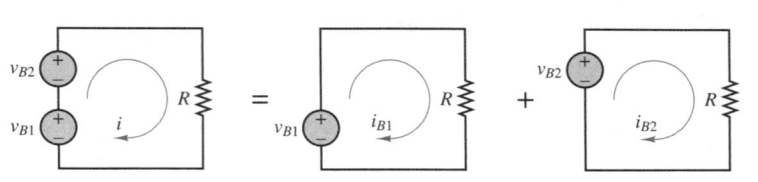

圖 3.28 重疊原理

例題 3.14　重疊原理

問題

利用重疊原理求解圖 3.29(a) 之電流 i_2。

解

已知量：每一個電源的電壓值與電流值；電阻值。
求解：未知電流 i_2
已知條件：$v_S = 10\text{ V}$；$i_S = 2\text{ A}$；$R_1 = 5\text{ Ω}$；$R_2 = 2\text{ Ω}$；$R_3 = 4\text{ Ω}$
解析：參考圖 3.29(a) 與分析步驟。

1. 本例題目的在於求解電流 i_2
2. 電路中存在兩個獨立電源，因此總電流 i_2 能分成兩個子電流，如下所示：

$$i_2 = i_2' + i_2''$$

3. 關閉電流源，也就是以開路將其取代，電路會變成簡單的串聯迴路如圖 3.29(b) 所示。圖中，總電阻為 $5 + 2 + 4 = 11\text{ Ω}$，子電流 i_2' 為 $10\text{ V}/11\text{ Ω} = 0.909\text{ A}$

關閉電壓源，也就是以短路將其取代，電路會變成三個並聯分支的電路如圖 3.29(c) 所示，i_S, R_1 與 $R_2 + R_3$。利用分流原理，我們可以獲得

$$i_2'' = (-i_S)\frac{R_1}{R_1 + R_2 + R_3} = (-2\text{A})\frac{5}{5 + 2 + 4} = -0.909\text{ A}$$

4. 最後未知電流為

$$i_2 = i_2' + i_2'' = 0.909\text{ A} - 0.909\text{ A} = 0\text{ A}$$

評論：重疊原理不一定是非常有效率的工具。初學者可能會覺得系統化的方法更好用，例如節點分析方法。

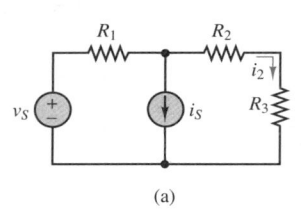

圖 3.29　(a) 用於說明重疊原理之電路圖形

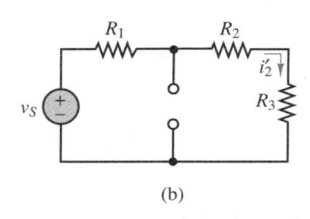

圖 3.29　(b) 將電流源斷路後之電路圖形

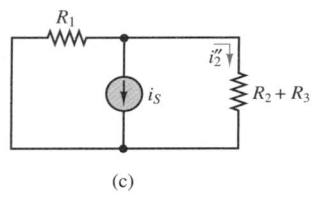

圖 3.29　(c) 將電流壓源短路後之電路圖形

例題 3.15　重疊原理

問題

求解圖 3.30(a) 中電阻 R 之電壓 v_R。

解

已知量：$i_B = 12\text{ A}$；$v_G = 12\text{ V}$；$R_B = 1\text{ Ω}$；$R_G = 0.3\text{ Ω}$；$R = 0.23\text{ Ω}$。
求解：v_R。
解析：參考圖 3.30(a) 與分析步驟。

1. 本例題之目的在於求解電壓 v_R。

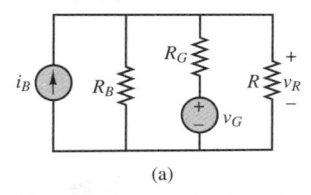

圖 3.30　(a) 用於驗證重疊原理之電路圖形

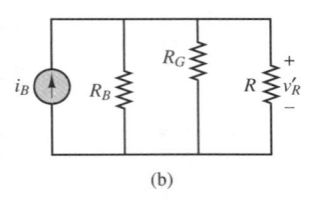

圖 3.30 (b) 移除電壓源後之電路圖形

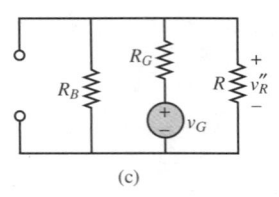

圖 3.30 (c) 移除電流源後之電路圖形

2. 電路中存在兩個獨立電源，因此總電壓 v_R 可以被分解成兩個子電壓，如下所示：

$$v_R = v_R' + v_R''$$

3. 將電壓源短路，並重畫電路，如圖 3.30(b) 所示。圖中，總電阻 R_{eq} 與電壓 v_R'（運用歐姆定律）可獲得如下：

$$R_{eq} = (R_B \parallel R_G \parallel R) = \frac{1}{1/R_B + 1/R_G + 1/R} = \frac{1}{1/1 + 1/0.3 + 1/0.23}$$

$$= \frac{(0.3)(0.23)}{(0.3)(0.23) + 0.23 + 0.3} = \frac{0.069}{0.599} \, \Omega$$

$$v_R' = i_B R_{eq} = (12 \text{ A}) \frac{0.069}{0.599} = 1.38 \text{ V}$$

將電流源斷路，並重新繪製電路，如圖 3.30(c) 所示。利用 KCL，跨在電阻 R 上的電壓可獲得如下：

$$-\frac{v_R''}{R_B} - \frac{v_R'' - v_G}{R_G} - \frac{v_R''}{R} = -v_R'' \left[\frac{1}{R_B} + \frac{1}{R_G} + \frac{1}{R} \right] + \frac{v_G}{R_G} = 0$$

$$v_R'' = \frac{v_G}{R_G} \frac{1}{1/R_B + 1/R_G + 1/R} = \frac{12}{0.3} \frac{1}{1/1 + 1/0.3 + 1/0.23} = 4.61 \text{ V}$$

藉由求解 R_B 與 R 的並聯電阻，然後運用分壓原理，可以得到與 KCL 相同的結果。

$$R_{eq} = R_B \parallel R = \frac{R_B R}{R_B + R} = \frac{0.23}{1.23} \approx 0.187 \, \Omega$$

$$v_R'' = v_G \frac{R_{eq}}{R_{eq} + R_G} = (12 \text{ V}) \frac{0.23}{0.23 + (1.23)(0.3)} = 4.61 \text{ V}$$

4. 加總上述子電壓便可得到，跨在電阻 R 上的總電壓，如下所示：

$$v_R = v_R' + v_R'' = 5.99 \text{ V}$$

評論： 在這個問題中，使用重疊原理唯一的優點在於可以了解每一個電源的作用。但是，其工幾乎是 KCL 方法的兩倍之多。

檢視學習成效

在範例 3.14 中，網路電流法與節點電壓法證實可以得到同樣的結果。

檢視學習成效

範例 3.15 證實，運用 KCL 能得到同樣的結果。

> **檢視學習成效**
>
> 針對範例 3.3 之電路,使用重疊原理求解電壓 v_a 與 v_b。

> **檢視學習成效**
>
> 使用重疊原理求解範例 3.7。

> **檢視學習成效**
>
> 使用重疊原理求解範例 3.10。

3.6 等效網路

第 2 章在討論理想電源時曾提到,電路可視為擁有兩區塊,電源與負載,而兩者在兩端彼此互連,讓功率由電源端流向負載端。圖 2.1 中的兩個電路分割成電源與負載兩個區塊。負載是一般的研究重心,而其他的部分一律視為電源。圖 2.1(a) 為電路之實體圖,圖 2.1(b) 為圖 2.1(a) 之概念圖。電源對負載的影響完全取決於電源雙端之電流與電壓特性。換句話說,若任兩電源具有相同的電流與電壓特性,這兩個電源會視為相互等效。而對於負載而言,只要這兩個電源是相互等效,其內部細節為何完全無關。

如圖 3.31 所示,一個僅具有兩個端點的網路,可在端點與其他網路連結,被稱為**單埠網路**。該網路的特性可由端點之間的電壓與電流關係加以描述。主要的概念如下

- 單埠網路對於單埠負載的影響可完全用電源的電流電壓特性表示。
- 若兩個單埠網路的電流電壓特性相同,可被視為等效。
- 等效網路的意思是,對於任何負載,兩端的電壓與電流都相同。

在第二章中,我們已使用單一電阻的意義引進了等效電路的概念。本章節只是將此觀念進一步推廣到一般的電子電路網路當中。

戴維寧與諾頓等效電路

無論多麼複雜的線性電路皆可以被表示成簡單的等效電路。本節會描述用來計算這些等效電路的技巧,對於分析非線性電路也非常有幫助。

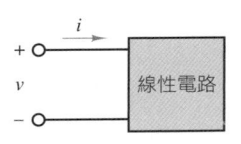

圖 3.31 單埠網路

> **重點**
>
> 任意單埠線性網路皆可表示成兩種等效網路之一。也就是：
> - 戴維寧電源，包含一個獨立電壓源 v_T 且串聯一個電阻 R_T，如圖 3.32 所示
> - 諾頓電源，包含一個獨立電流源 i_N 且串連一個電阻 R_N，如圖 3.33 所示
>
> 由於這些等效網路和原始線性網路相當，因此彼此也應相對等。換句話說，戴維寧電源和諾頓電源可以互換，所用的技巧稱為電源轉換。 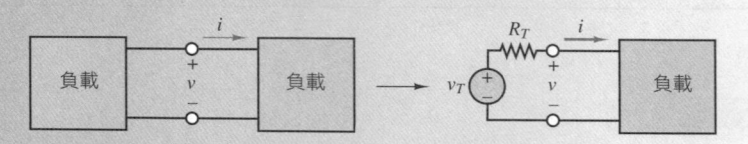
>
> **圖 3.32** 戴維寧等效原理之圖例 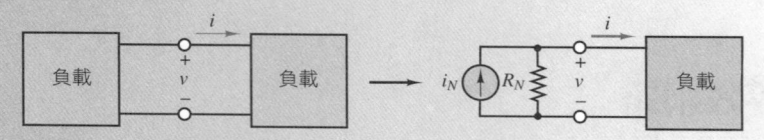
>
> **圖 3.33** 諾頓等效原理之圖例
>
> 任意單埠線性網路的等效電路是由 v_T、R_T 或 i_N、R_N 所組成。
> - v_T 為戴維寧等效電壓。
> - R_T 為戴維寧等效電阻。
> - i_N 為諾頓等效電流。
> - R_N 為諾頓等效電阻。
>
> 其中 $R_T = R_N$ 與 $v_T = i_N R_T$，而且 v_T 與 i_N 分別為開路電壓與短路電流。

線性，戴維寧定理與諾頓定理

一般而言，線性函數的定義為：

疊加性：若 $y_1 = f(x_1)$ 與 $y_2 = f(x_2)$ 則 $y_1 + y_2 = f(x_1 + x_2)$

一致性：若 $y = f(x)$ 則 $\alpha y = f(\alpha x)$

此處 x 為函數的輸入，y 為函數的輸出。

線性網路也符合相同的定義。重疊原理的意義就是每個電源對於電路中每個電壓與電流皆有各自的作用。也就是說總電壓與總電流是各自作用的總和 ($y_1 + y_2$)。

一致性指的是任意電源的作用與電源呈線性比值。例如電源 x_1 的作用為 y_1，當電源增加為兩倍 $2x_1$ 則作用也增加兩倍 $2y_1$，此處 $\alpha = 2$ 為線性比值。

第 3 章 電阻性網路分析

一般而言，線性網路的認定必須證明上述兩個條件皆成立或是至少針對某一範圍的輸入，網路是線性的。幸好通常不需要直接證明疊加性與一致性。一個充分非必要條件為：

> 若所有組成元件都是線性的，則該網路為線性。一般線性元件指的是，理想電源、電阻、電容與電感。

章節 3.6 主要內容是著重於說明兩個與線性網路有關的原理。

> **戴維寧定理**
> 任意單埠線性網路皆可表示成一個等效電壓源 v_T 且串聯一個電阻 R_T。

> **諾頓定理**
> 任意單埠線性網路皆可表示成一個等效電流源 i_N 且並聯一個電阻 R_N。

下面幾個章節將說明如何計算 R_T（與其等效電阻 R_N），v_T 與 i_N。對於熟練戴維寧與諾頓等效電路的計算，唯一的方法是耐心的反覆練習。

不具相依電源時，R_T 或 R_N 的計算方式

在沒有相依電源的單埠網路中，計算戴維寧或是諾頓等效電阻的第一個步驟為辨識出連接負載的兩個端點（例如 a 與 b）。有時候單埠源網路即為已知問題，在這樣的情況下，應該可以辨識出網路端點。一般情況，定義與辨識負載與源網路是必需的。在圖 3.34 中，電阻 R_o 被選定為負載，很明顯，端點 a 與 b 連接了負載與源網路。第二步驟為移除負載，並將源網路中所有獨立電源設為零，也就是以短路取代電壓源，以斷路取代電流源。在圖 3.34 中的源網路，電壓源是用短路取代。最後使用串並聯等效電阻方式求得由負載電阻 R_o（端點 a 與 b）所看到之等效電阻。例如，在圖 3.35 中，R_1 與 R_2 為並聯 (由於被兩個相同端點 b 與 c 所連接)。後橫跨於端點 a 與 b 的總電阻可以簡單表示如下：

$$R_T = R_3 + R_1 \parallel R_2 \tag{3.32}$$

當簡單的串並聯技巧無法獲得等效電阻時，可以使用等效電阻之基本原理求解之，也就是先假設一個獨立電壓源，求解其對應之電流源，相除後便可獲得該等效電阻。反之，也可以先假設一個獨立電流源，求解其對應之電壓源，相除後依樣可以獲得其等效電阻。例如，計算圖 3.36 中端點 a 與 b 之間的電阻。為了計算 R_T，一個假設電壓源 v 是跨在端點 a 與 b 之間，結果可以獲得電流 i 流過電壓源，因此 R_T 可簡單表示成

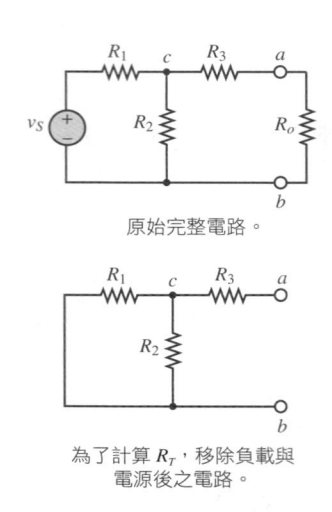

圖 3.34 戴維寧等效電阻的計算

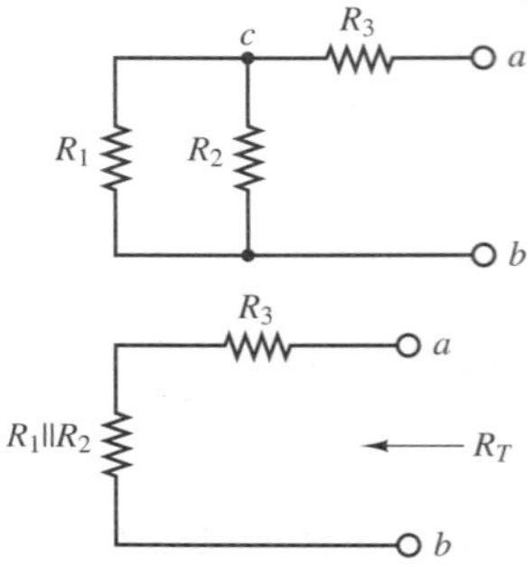

圖 3.35 由負載端看入之等效電阻

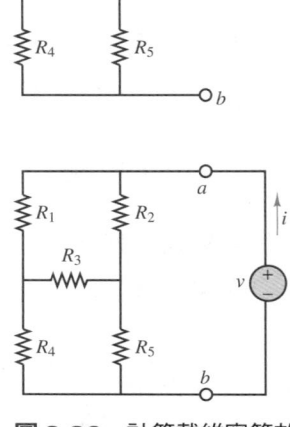

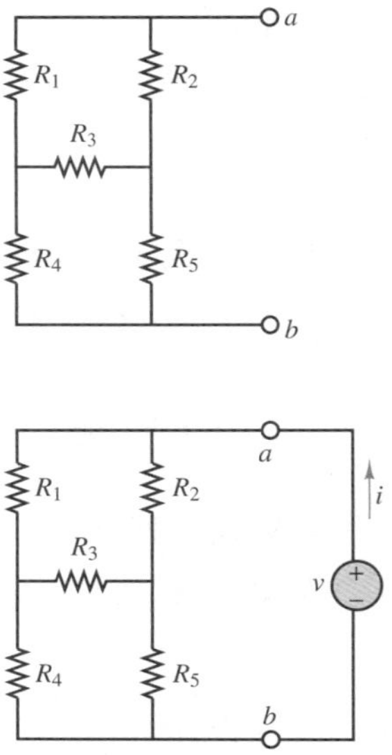

圖 3.36 計算戴維寧等效電阻的通則

$$R_T = \frac{v}{i} \tag{3.33}$$

圖 3.36 顯示一個特別知名的網路，其中的電阻既非串聯亦非並聯。

具相依電源時，R_T 或 R_N 的計算方式

當網路中有相依電源時，無法直接使用獨立電源歸零的方式算出戴維寧等效電阻 R_T。相依電源不可設為零。此時必須依據等效電阻的定義：

$$R_{eq} \equiv \frac{v}{i} \tag{3.34}$$

從圖 3.36 可看出，任意電阻電路兩端的等效電阻可以用此法求得：在兩端連接電壓源 v，求解電源 i，然後將電壓除以電流 v/i。此法也適用於內含電阻與相依電源的網路。因此，當網路內含相依電源時，以下為求解 R_T 的步驟：

第 1 步： 將獨立電源設為零，並以短路或斷路取代。
第 2 步： 在網路兩端連上獨立電壓源 v_S。
第 3 步： 計算流過電壓源的電流 i_S，如圖 3.36 所示。
第 4 步： 計算 $R_T = v_S / i_S$。

若原始網路沒有獨立電源，此法依舊可行。最後，要將戴維寧或諾頓原理用於內含相依電源的電路時，必須遵循以下規則。

> 應用戴維寧或諾頓原理時，每個相依電源及其相依變數必須對應在網路或是負載中。

解題重點

求解戴維寧等效電阻

使用下面步驟計算電源中之戴維寧等效電阻。

1. 辨識出電源網路並標示出兩端點：a 與 b。
2. 以短路與斷路方式移出獨立電源。
3. 對於沒有相依電源的電源網路，其計算方式如下：
   a. 使用串並聯技巧計算等效電阻。
   b. 當串並聯技巧不足以獲得等效電阻時，請使用等效電阻之基本定義，也就是，假設電壓源（或電流源）求解對應之電流（或電壓），電壓除以電流即是等效電阻。

對於電源網路中具有相依電源，其計算方式如下：
   a. 在網路兩端連上獨立電壓源 v_S。
   b. 計算流過電壓源的電流 i_S，如圖 3.36 所示。
   c. 計算 $R_T = v_S / i_S$。

當網路中有相依電源時，其相關的相依變數必須也屬於該網路。

當電源網路的等效電阻與負載無關時，則戴維寧等效電阻與諾頓等效電阻相同。

$$R_T = R_N \tag{3.35}$$

範例 3.16 至範例 3.18 將進一步說明相關程序。

範例 3.16　針對具有電流源之電路，計算等效電阻

問題

求解圖 3.37 中，由負載電阻 R_o 所看到的等效電阻。

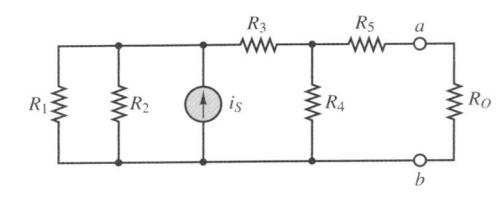

圖 3.37

圖 3.38

解

已知條件：電流源與電阻值。

求：戴維寧等效電阻。

已知資料：$R_1 = 20\ \Omega$；$R_2 = 20\ \Omega$；$i_S = 5\ A$；$R_3 = 10\ \Omega$；$R_4 = 20\ \Omega$；$R_5 = 10\ \Omega$。

分析：參考圖 3.37 與戴維寧分析步驟。

1. 除了負載 R_o 外，其餘都是電源網路。移除 R_o。網路兩端標示為 a 和 b。
2. 將電流源斷路，結果如圖 3.38 所示。
3. 很明顯 R_1 與 R_2 並聯，其結果再與 R_3 串聯。之後再與 R_4 並聯。最後，再與 R_5 串聯，可獲得等效電阻如下：

$$R_T = R_5 + \{[(R_1 \parallel R_2) + R_3] \parallel R_4\}$$
$$= 10 + \{[(20 \parallel 20) + 10] \parallel 20\} = 20\ \Omega$$

評論：這個範例的網路是以簡單的矩形加以呈現。但是，相同的網路可能會用複雜的方式加以呈現。不管如何，針對連接不同電阻的節點與運用串並聯等效電阻方法來正確計算網路的等效電阻是很容易的。

範例 3.17　針對具有電壓源與電流源之電路，計算等效電阻

問題

求解圖 3.39 中，由負載電阻 R_o 所看到的戴維寧等效電阻。

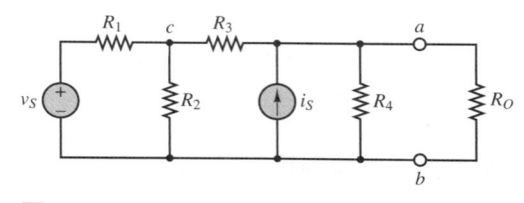

圖 3.39

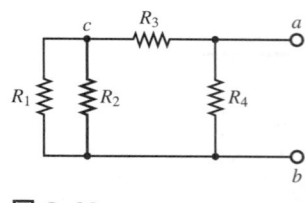

圖 3.40

解

已知條件：電阻值。

求：戴維寧等效電阻 R_T。

已知資料：$v_S = 5\ V$；$R_1 = 2\ \Omega$；$R_2 = 2\ \Omega$；$R_3 = 1\ \Omega$；$i_S = 1\ A$；$R_4 = 2\ \Omega$。

分析：參考圖 3.39 與戴維寧分析步驟。

1. 除了負載電阻 R_o，其餘的皆為源網路。移除負載電阻並將源網路的端點標示為 a 與 b。
2. 將電壓源與電流源關閉，也就是分別以短路與斷路取代。結果如圖 3.40 所示。
3. 在源網路中有四個節點而且不具有相依電源。很明顯 R_1 與 R_2 並聯，其結果再與 R_3 串聯。最後，再與 R_4 並聯，可獲得等效電阻如下：

$$R_T = \{[(R_1 \parallel R_2) + R_3] \parallel R_4\}$$
$$= \{[(2 \parallel 2) + 1] \parallel 2\} = 1\ \Omega$$

評論：請註意圖 3.38 與 3.40 的相似性。你是否可以藉由觀察圖 3.37 與圖 3.39 辨識出這兩個相似電阻網路。請試著做做看。

範例 3.18　針對具有相依電壓源之電路，計算等效電阻

問題

求解圖 3.41 中，由負載電阻 R_o 所看到的戴維寧等效電阻 R_T。

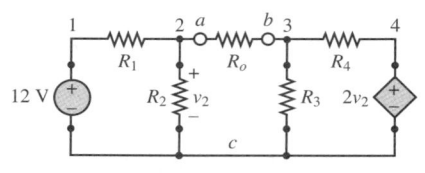

圖 3.41

解

已知條件：電壓源與電阻值。

求：戴維寧等效電阻。

已知資料：$R_1 = 24\ \text{k}\Omega$；$R_2 = 8\ \text{k}\Omega$；$R_3 = 9\ \text{k}\Omega$；$R_4 = 18\ \text{k}\Omega$。

分析：參考圖 3.41 與戴維寧分析步驟。

1. 除了負載電阻 R_o，其餘的皆為源網路。移除負載電阻，源網路的端點被標示為 a 與 b。
2. 將圖 3.41 中的獨立電壓源關閉，也就是以短路取代。結果 R_1 與 R_2 為並聯且可以使用一個等效電組取代之。
3. 源網路中包含了一個相依電源。在端點 a 與 b 之間連接一個獨立電壓源 v_s，並標示流過之電流為 i_s，如圖 3.42 所示。在該圖中，有兩個網目電流 i_1 與 i_2 可以使用這兩個電流與網目分析方法求解電路。

在每一個網目使用 KVL，可以獲得結果如下：

$$v_S - (R_1 \parallel R_2)i_1 - R_3(i_1 - i_2) = 0 \qquad 網目\ 1$$
$$2v_2 - R_4 i_2 - R_3(i_2 - i_1) = 0 \qquad 網目\ 2$$

利用 $v_2 = i_1 (R_1 \parallel R_2)$，可以將上述方程式改寫如下

$$v_S - (R_1 \parallel R_2)i_1 - R_3(i_1 - i_2) = 0 \qquad 網目\ 1$$
$$2(R_1 \parallel R_2)i_1 - R_4 i_2 - R_3(i_2 - i_1) = 0 \qquad 網目\ 2$$

彙整電流係數並代入所有電阻值。

$$15i_1 - 9i_2 = v_S \qquad 網目\ 1$$
$$21i_1 - 27i_2 = 0 \qquad 網目\ 2$$

由上述方程式消去 i_2 並計算 v_S 與 i_1 之比值，等效電阻則為：

$$8i_1 = v_S \qquad 或 \qquad \frac{v_S}{i_1} = R_T = 8\ \text{k}\Omega$$

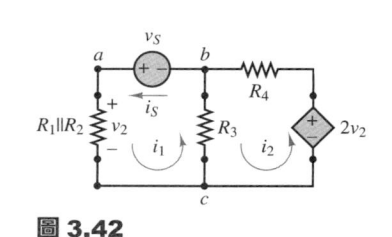

圖 3.42

評論： 這樣的結果可以使用另一個方法加以計算。首先，移除負載並計算橫跨於端點 a 與 b 的開路電壓 V_{OC}。接著，以導線連接端點 a 與 b 並計算流過導線的短路電流 I_{SC}。最後，從定義上計算 R_T（請看本節的重點）

$$R_T \equiv \frac{V_{OC}}{I_{SC}}$$

請試著做做看。是否有效？

計算戴維寧電壓

本節將介紹如何計算任意電路的戴維寧等效電壓 v_T。戴維寧等效電壓定義如下：

> 移除負載後，兩端點的**開路電壓** v_{OC} 為戴維寧等效電壓 v_T。

為了計算 V_T，從源網路中移除負載與計算橫跨於源網路端點的開路電壓是必要的。圖 3.43 顯示，開路電壓 v_{OC} 與戴維寧電壓 v_T 是相等的。當端點 a 與 b 開路，流經電阻 R_T 的電流 i 為零。因此 R_T 上的壓降為零。運用 KVL 可以獲得：

$$v_T = iR_T + v_{OC} = v_{OC} \tag{3.36}$$

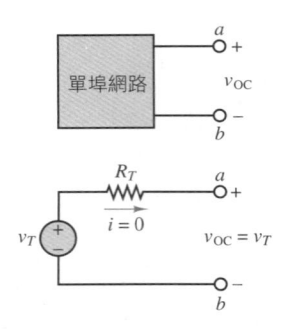

圖 3.43 戴維寧等效電路

解題重點

求解戴維寧等效電壓

依循下面步驟計算戴維寧等效電壓。

1. 辨識出電源網路並標示出兩個端點（例如 a 端點與 b 端點）。
2. 定義兩端點的開路電壓 v_{OC}。
3. a. 對於有獨立電源的網路，使用如節點電壓法求解開路電壓 v_{OC}。
   b. 對於無獨立電源的網路，開路電壓 v_{OC} 為零。
4. 網路的戴維寧等效電壓定義為 v_{OC}。

計算開路電壓最好是以實際範例說明。如圖 3.44 所示，從 $a \to c \to b$ 的等效電阻為 $R_T = R_3 + R_1 \parallel R_2$。為了計算開路電壓 v_{OC}，而移除負載電阻，結果如圖 3.45 所示，觀察可以發現流經 R_3 的電流為零，因此 R_1 與 R_2 為串聯，如圖 3.46 所示。V_{OC} 為橫跨於 R_2 的電壓。該電壓可以透過串聯回路 $v_S \to R_1 \to R_2 \to v_S$ 並配合分壓原理獲得。

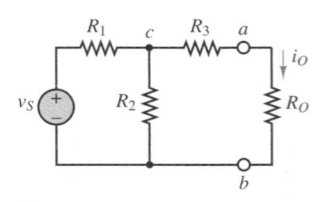

圖 3.44

圖 3.45

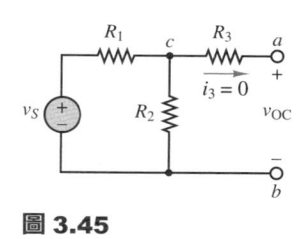

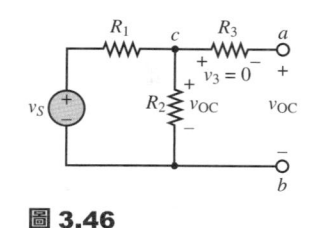

圖 3.46

$$v_{OC} = v_{R2} = v_S \frac{R_2}{R_1 + R_2}$$

就原始電路與戴維寧等效電路而言，如圖 3.47 所示，很明顯這兩個電路中，流經負載電阻的電流是一樣的。

$$i_o = v_T \cdot \frac{1}{R_T + R_o} = v_S \frac{R_2}{R_1 + R_2} \cdot \frac{1}{(R_3 + R_1 \parallel R_2) + R_o} \tag{3.37}$$

v_T 為零是可能的。在這個情況下，經由定義 $v_T = i_N R_T$，R_T 可能不為零。也就是說，當 v_T 為零，i_N 也為零，因此 R_T 可以不為零。在這情況下，源網路的戴維寧等效電路為一個簡單電阻 R_T。

兩個特殊狀況：

1. 當 v_T 與 R_T 皆為零，i_N 可以為任意值。這樣的源網路就是等效於短路電路。你看得出來為什麼嗎？
2. 當 i_N 為零且 R_T 為無限大，v_T 可以為任意值。這樣的源網路就是等效於開路電路。你看得出來為什麼嗎？如果不能，請看下一章節「計算諾頓電流」。

範例 3.19 至範例 3.21 將進一步說明求解等效電壓的程序。

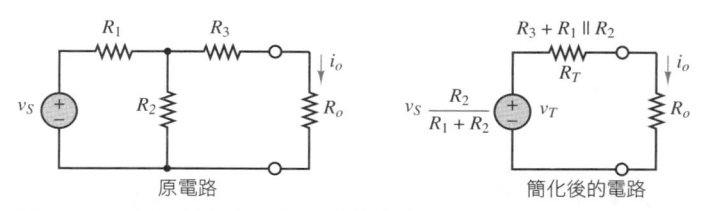

原電路　　　　　　　　簡化後的電路

圖 3.47 對負載電阻而言的等效電路

範例 3.19　針對具有獨立電源的電路，計算等效電壓 v_T。

問題

計算圖 3.48 的開路電壓。

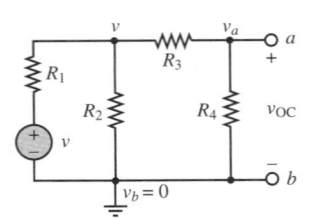

圖 3.48

解

已知條件：電壓源與電阻值。

求：開路電壓 v_{OC}。

已知資料：$v_S = 12\text{ V}$；$R_1 = 1\text{ }\Omega$；$R_2 = 10\text{ }\Omega$；$R_3 = 10\text{ }\Omega$；$R_4 = 20\text{ }\Omega$。

分析：參考圖 3.48 與戴維寧等效電路分析步驟。

1. 在這個問題中，源網路為端點 a 與 b 左邊的所有元件。
2. 開路電壓 V_{OC} 橫跨在端點 a 與 b，如圖所示。
3. 電路中有四個節點。選定節點 b 為參考節點（參考電壓 $v_b = 0$）。另一個節點為電壓源 (v_s)。針對其餘兩個節點，節點分析將產生兩個未知節點電壓 v 與 v_a 的 KCL 方程式。使用 KCL 可以獲得兩個方程式，如下所示

$$\frac{v_S - v}{R_1} - \frac{v - 0}{R_2} - \frac{v - v_a}{R_3} = 0 \quad \text{節點 } v$$

$$\frac{v - v_a}{R_3} - \frac{v_a - 0}{R_4} = 0 \quad \text{節點 } v_a$$

彙整節點電壓係數可得：

$$\left(\frac{1}{R_1} + \frac{1}{R_2} + \frac{1}{R_3}\right)v - \frac{1}{R_3}v_a = \frac{v_S}{R_1} \quad \text{節點 } v$$

$$\frac{1}{R_3}v - \left(\frac{1}{R_3} + \frac{1}{R_4}\right)v_a = 0 \quad \text{節點 } v_a$$

代入相關數值並以陣列方式呈現方程式如下：

$$\begin{bmatrix} 1.2 & -0.1 \\ 0.1 & -0.15 \end{bmatrix} \begin{bmatrix} v \\ v_a \end{bmatrix} = \begin{bmatrix} 12 \\ 0 \end{bmatrix}$$

求解上述矩陣可獲得節點電壓為 $v = 10.6\text{ V}$ 與 $v_a = 7.1\text{ V}$。因此開路電壓為 $v_{OC} = 7.1\text{ V}$。

評論：在戴維寧原理的問題中，電路是否為源網路加上負載或是單純為源網路，是不容易分辨的。在這麼範例中，一般可能會誤認 R_4 為負載（雖然沒有任何負載的註明）。是實上，由於 R_4 的壓降被標示成開路電壓 v_{OC}，這意謂著端點 a 與 b 左側應視為源網路。

範例 3.20 針對具有兩個獨立電源的電路，計算等效電壓 v_T 與等效電阻 R_T。

問題

求解圖 3.49 的戴維寧等效電路，並藉此計算負載電流 i。

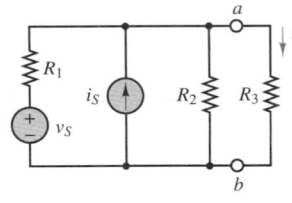

圖 3.49

解

已知條件：電源與電阻值。

求：等效電壓、等效電阻與負載電流。

已知資料：$v_S = 24\text{ V}$；$i_S = 3\text{ A}$；$R_1 = 4\text{ }\Omega$；$R_2 = 12\text{ }\Omega$；$R_3 = 6\text{ }\Omega$。

分析：參考圖 3.49 與戴維寧等效電路分析步驟。

1. R_3 為電路中的負載電阻。
2. 開路電壓如圖 3.51 所示。
3. 求解等效電阻與等效電壓，並藉此計算負載電流。

- 求解 R_T：將電路中所有電源設定為零，也就將電壓源以短路取代，練流源以斷路取代，如圖 3.50 所示。端點 a 與 b 之間的等效電阻為 $R_T = R_1 \| R_2 = 4 \| 12 = 3\Omega$。

- 求解 v_T：在圖 3.51 中，電路存在 3 個節點，節點 b 為參考節點，參考電壓為 $v_b = 0$。另一個為電壓源 v_S，因此求解此問題只需要一個節點方程式：

$$\frac{v_S - v_a}{R_1} + i_S - \frac{v_a}{R_2} = 0 \quad \text{或} \quad v_a = (v_S + i_S R_1)\frac{R_2}{R_1 + R_2}$$

帶入相關數值可以獲得節點電壓（也就是開路電壓）$v_a = v_{OC} = 27\ \text{V}$。

- 求解 i：利用戴維寧等效電路，如圖 3.52 所示，負載電流可以很容易被獲得如下：

$$i = \frac{27}{3+6} = 3\ \text{A}$$

評論：等效電路分析有幾個重要優點。藉由將複雜線性源網路簡化成單一結構，下面結果可以很快被獲得：

- 任意負載上的電壓與電流。
- 最大負載電流 v_T / R_T（負載近似為短路）。
- 最大負載電壓 v_T（負載近似為開路）。
- 負載可以獲得的最大傳輸功率（請看章節 3.7）。

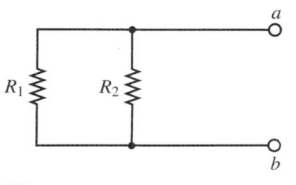

圖 3.50

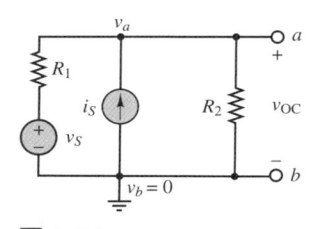

圖 3.51

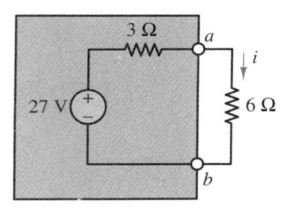

圖 3.52 簡化電路

範例 3.21　針對具有相依電源的電路，計算等效電壓 v_T。

問題

求解圖 3.53 中，由負載電組所看到的戴維寧等效電壓。

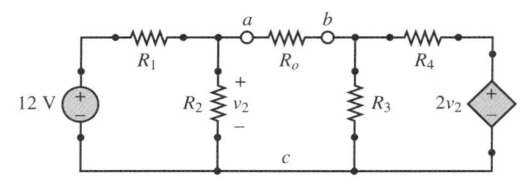

圖 3.53

解

已知條件：電源與電阻值。

求：等效電壓 v_T。

已知資料：$R_1 = 24\ \text{k}\Omega$；$R_2 = 8\ \text{k}\Omega$；$R_3 = 9\ \text{k}\Omega$；$R_4 = 18\ \text{k}\Omega$。

分析：參考圖 3.53 與戴維寧等效電路分析步驟。這個電路與範例 3.18 一樣，該例中的等效電阻 $R_T = 8\ \text{k}\Omega$。這個範例的等效電壓也因此得知。

1. 除了負載 R_O 之外其餘為源網路。將負載移除。源網路的兩個端點被標示成 a 與 b。
2. 定義開路電壓 v_{OC} 如圖 3.54 所示。

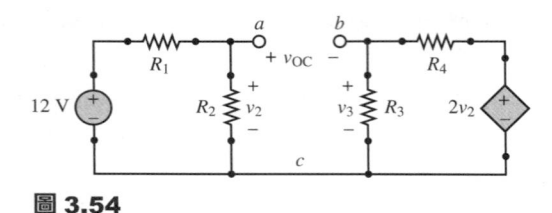

圖 3.54

3. 很明顯左邊與右邊兩個迴路具有共同節點 c。定義跨在電阻 R_3 的電壓為 v_3。接著在中間迴路使用 KVL 可以獲得：

$$v_2 = v_{OC} + v_3$$

左邊迴路利用分壓原理可獲得 v_2 電壓如下：

$$v_2 = 12\ \text{V}\frac{R_2}{R_1 + R_2} = 12\ \text{V}\frac{8}{24 + 8} = 3\ \text{V}$$

同理右邊迴路運用分壓原理可以獲得 v_3：

$$v_3 = 2v_2\frac{R_3}{R_3 + R_4} = 6\ \text{V}\frac{9}{9 + 18} = 2\ \text{V}$$

將這些值代入 KVL 可得到：

$$v_{OC} = v_2 - v_3 = 1\ \text{V}$$

最後可以獲得開路電壓，也就是等效電壓為：$v_T = v_{OC} = 1\ \text{V}$。

計算諾頓等效電流

類似戴維寧等效電壓，諾頓等效電流可定義如下：

諾頓等效電流 i_N 等於負載端的短路電流 i_{SC}。

圖 3.55 顯示一個任意線性單埠電路與其諾頓等效電路。很明顯地，負載端短路時所量到的電流 i_{SC} 為諾頓等效電流 i_N。換句話說，量測諾頓等效電流的基本方法就是直接將負載端短路。

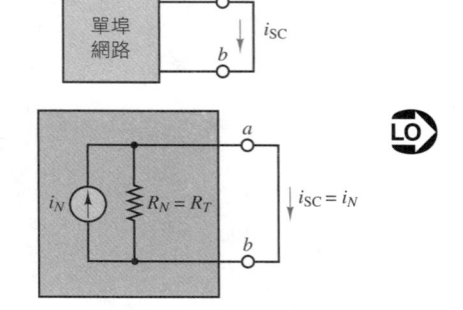

圖 3.55 諾頓等效電路

第 3 章 電阻性網路分析

> **解題重點**
>
> **求解諾頓等效電流**
>
> 　　依循下面步驟計算諾頓等效電流。
>
> 1. 辨識出電源網路並標示出兩個端點（例如 a 端點與 b 端點）。
> 2. 定義通過這兩端點的電流為短路電流。
> 3. a. 對於有獨立電源的電路，使用相關方法（例如節點電壓法）求解短路電流 i_{SC}。
>   b. 對於無獨立電源的電路，短路電流 i_{SC} 為零。
> 4. 網路的諾頓電流 i_N 即是 i_{SC}。

　　圖 3.56 中的負載端已短路。使用本章所介紹過的技巧可以很容易獲得短路電流 i_{SC}。不論節點或網目分析都很好用。

　　要找出網目電流 i_1 和 i_2，KVL 網目方程式如下：

$$v_S - R_1 i_1 - R_2(i_1 - i_2) = 0 \quad \text{網目 1}$$
$$-R_2(i_2 - i_1) - R_3 i_2 = 0 \quad \text{網目 2}$$

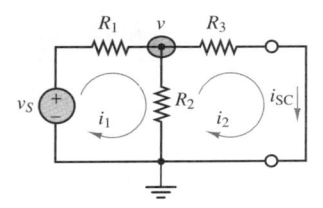

圖 3.56 計算諾頓等效電流

彙整兩式後，分別可得：

$$(R_1 + R_2)i_1 - R_2 i_2 = v_S \quad \text{網目 1}$$
$$-R_2 i_1 + (R_2 + R_3)i_2 = 0 \quad \text{網目 2}$$

將網目 2 方程式乘上 $(R_1+R_2)/R_2$ 並將結果加至網目 1 方程式，可以發現：

$$\left[\frac{(R_1 + R_2)(R_2 + R_3)}{R_2} - R_2\right] i_2 = v_S$$

最後將上述方程式兩邊同時乘上 R_2 可以獲得：

$$i_{SC} = i_2 = \frac{v_S R_2}{(R_1 + R_2)(R_2 + R_3) - R_2^2} = \frac{v_S R_2}{R_1 R_2 + R_1 R_3 + R_2 R_3}$$

要找出節點電壓 v，KCL 節點方程式如下：

$$\frac{v_S - v}{R_1} = \frac{v}{R_2} + \frac{v}{R_3}$$

彙整後可得：

$$v_S R_2 R_3 = v(R_1 R_2 + R_1 R_3 + R_2 R_3)$$

或

$$v = v_S \frac{R_2 R_3}{R_1 R_2 + R_1 R_3 + R_2 R_3}$$

最後短路電流為：

$$i_{SC} = \frac{v-0}{R_3} = \frac{v_S R_2}{R_1 R_2 + R_1 R_3 + R_2 R_3}$$

兩種方式所得的答案當然一樣！因此，諾頓電流 i_N 為

$$i_N = i_{SC} = \frac{v_S R_2}{R_1 R_2 + R_1 R_3 + R_2 R_3}$$

為什麼要使用兩種方法求解 i_{SC} 兩次呢？當時間允許，這麼做對於驗證你的計算結果是有幫助的。

範例 3.22 至範例 3.23 將更進一步說明，求解諾頓等效電流的程序。

範例 3.22　計算具有兩個獨立電源的諾頓等效電流。

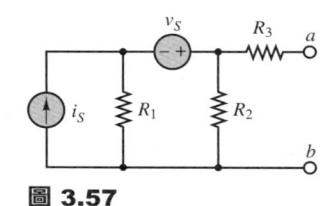

問題

求解圖 3.57 的諾頓等效電阻與電流。

圖 3.57

解

已知條件：電壓源、電流源與電阻值。

求：諾頓等效電阻與電流。

已知資料：$v_S = 6$ V；$i_S = 2$ A；$R_1 = 6\,\Omega$；$R_2 = 3\,\Omega$；$R_3 = 2\,\Omega$。

假設：參考節點位於電路最底部。

- 求 i_N：圖 3.58 中的負載端已被短路取代，因此可以使用網目電流法。當然你也可以使用節點電壓法求解。此外，本範例也提供了練習「超節點」的好機會，圖中 v_1 與 v_2 能形成一個超節點。

    (a) 此電路包含了三個節點。其中一個為參考節點。

    (b) 有兩個標示為 v_1 和 v_2 的非參考節點。

    (c) 電路中只有一個電壓源，因此只有一個獨立節點電壓變數；另一個為相依變數。

    (d) 在超節點上，使用 KCL 可以獲得：

    $$i_S - \frac{v_1 - 0}{R_1} - \frac{v_2 - 0}{R_2} - \frac{v_2 - 0}{R_3} = 0 \qquad \text{超節點}$$

    $$v_2 - v_1 = v_S \qquad \text{限制方程式}$$

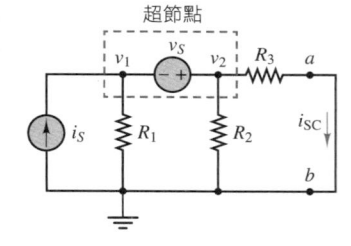

    (e) v_2 是重點，因為 $v_2 = i_{SC} R_3$。將限制方程式代入超節點方程式，結果如下：

    $$i_S = \frac{v_2 - v_S}{R_1} + v_2 \frac{R_2 + R_3}{R_2 R_3}$$

    $$i_S + \frac{v_S}{R_1} = v_2 \left[\frac{1}{R_1} + \frac{R_2 + R_3}{R_2 R_3} \right]$$

    整理後，可以獲得 v_2 為：

圖 3.58

$$v_2 = \left(i_S + \frac{v_S}{R_1}\right)\left[\frac{R_1 R_2 R_3}{R_1 R_2 + R_1 R_3 + R_2 R_3}\right]$$

$$= \left(2 + \frac{6}{6}\right)\left[\frac{6 \cdot 3 \cdot 2}{6 \cdot 3 + 6 \cdot 2 + 3 \cdot 2}\right]$$

$$= (2+1)\left[\frac{18}{18}\right] = 3 \text{ V}$$

(f) 最後利用 $v_2 = i_{SC}R_3$ 可以獲得短路電流，如下所示：

$$i_{SC} = \frac{v_2}{R_3} = \frac{3}{2} = 1.5 \text{ A} = i_N$$

- 求 R_T：為了計算戴維寧等效電阻，電路中電壓源被短路，電流源被斷路，結果如圖 3.59 所示。很明顯，等效電阻為 R_1 並聯 R_2，其結果再串聯 R_3，$R_T = R_1 \parallel R_2 + R_3 = 6\,\Omega \parallel 3\,\Omega + 2\,\Omega = 4\Omega$。

圖 3.60 顯示原始電路的諾頓等效電路。

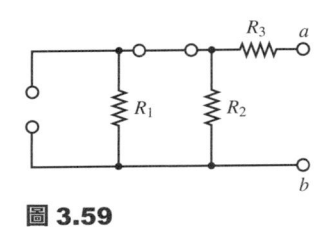

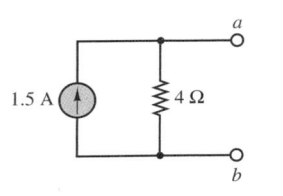

圖 3.59

圖 3.60 諾頓等效電路

評論：重疊原理是另一個求解 i_{SC} 的適合方法。請以另一個角度檢視圖 3.58，先考慮電流源 i_S，i_{SC} 可以很容易由分流原理獲得。相同的，再考慮電壓源 v_S，節點電壓 v_2 可以很容易藉由分壓原理獲得，再使用歐姆定律，電壓源 v_S 所作用的 i_{SC} 便可獲得。

範例 3.23 針對具有相依電源之電路計算其諾頓等效電流 i_N。

問題

求圖 3.61 中，由負載電組 R_o 所看到的諾頓等效電流。

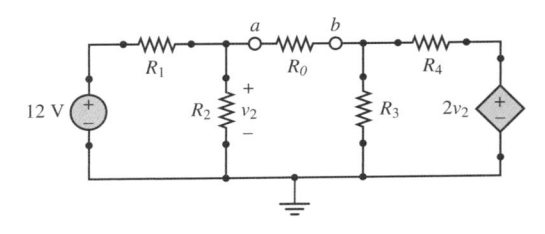

圖 3.61

解

已知條件：電源與電阻值。

求：諾頓等效電流。

已知資料：$R_1 = 24\text{ k}\Omega$；$R_2 = 8\text{ k}\Omega$；$R_3 = 9\text{ k}\Omega$；$R_4 = 18\text{ k}\Omega$。

假設：參考節點為電路最下端。

分析：參考圖 3.61 與諾頓等效電路分析步驟。

1. 除了負載 R_o 之外其餘為源網路。將負載移除。源網路的兩個端點被標示成 a 與 b。
2. 定義短路電流 i_{SC}，如圖 3.62 所示。

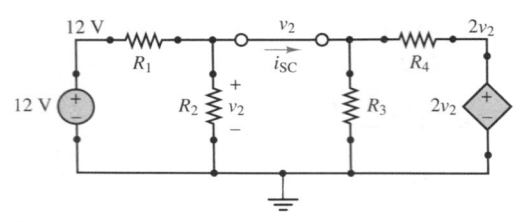

圖 **3.62**

3. 之後電路有三的非參考節點。一個為已知，其餘兩個與 v_2 有關。因此，只有一個獨立變數 v_2，在該節點上利用 KCL 可以獲得此獨立變數。

$$\frac{12 - v_2}{R_1} - \frac{v_2 - 0}{R_2} - \frac{v_2 - 0}{R_3} - \frac{v_2 - 2v_2}{R_4} = 0$$

代入相關數值後可獲得 v_2 如下：

$$3(12 - v_2) - 9v_2 - 8v_2 - 4(-v_2) = 0$$

或

$$16v_2 = 36 \qquad 其中可得 \qquad v_2 = \frac{9}{4} = 2.25 \text{ V}$$

4. 在 R_2 上運用 KCL 可以獲得 i_{SC} 如下：

$$\frac{12 - v_2}{R_1} - \frac{v_2 - 0}{R_2} - i_{SC} = 0$$

$$i_{SC} = \frac{9.75}{24} - \frac{2.25}{8} = \frac{3}{24} = \frac{1}{8} = 0.125 \text{ mA} = i_N$$

評論：本範例的電路與範例 3.18 與範例 3.21 是相同的。在這三個範例中，戴維寧等效電組 R_T，戴維寧等效電壓 v_T 與諾頓等效電流 i_N，分別求得 8kΩ，1V，0.125mA。雖這三個數值是三種不同意義，但是彼此卻有關係 $v_T = i_N \cdot R_T$。依據這個重要關係，我們將繼續學習功能強大與更普遍適用的求解技巧。

電源轉換

由諾頓與戴維寧等效原理可以得知，任意線性單埠網路可以表示成電壓源串聯電阻，或電流源並聯電阻，如圖 3.36 所示。換句話說，諾頓的電流源與戴維寧的電壓源是可以互相轉換的，其關係如下所示：

$$v_T = i_N R_T \tag{3.38}$$

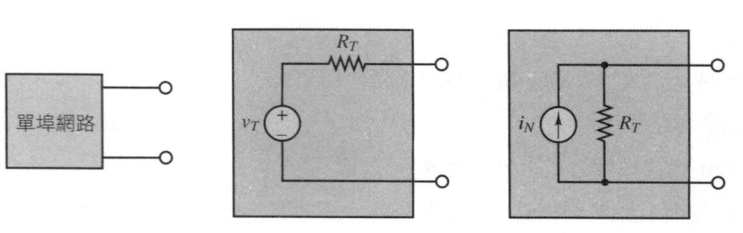

圖 **3.63**　線性單埠網路的等效電路

圖 3.64 電源轉換

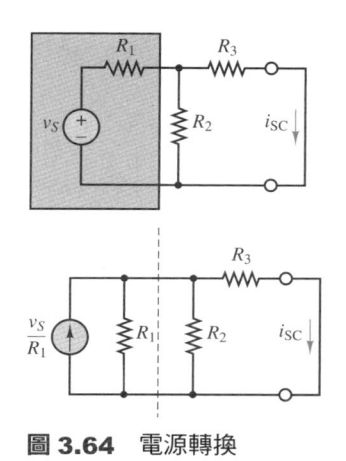

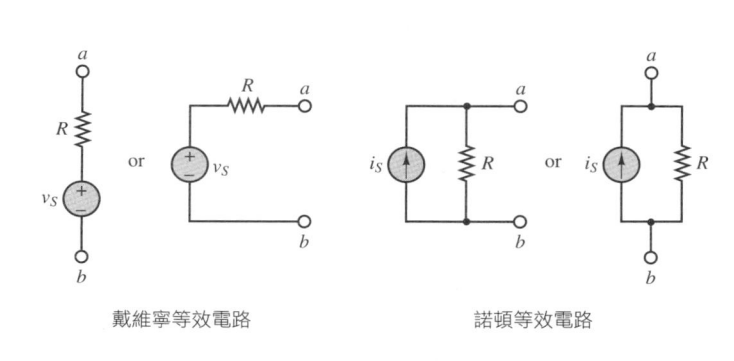

圖 3.65 運用於電源轉換的電路

戴維寧等效電路　　　諾頓等效電路

在圖 3.64 中，灰色區塊的電路可以諾頓等效電路取代。取代後之電路，很明顯可以使用簡單的分流原理計算出流經 R_3 的電流，結果如下：

$$i_{\text{SC}} = i_N = \frac{1/R_3}{1/R_1 + 1/R_2 + 1/R_3}\frac{v_S}{R_1} = \frac{v_S R_2}{R_1 R_3 + R_2 R_3 + R_1 R_2} \tag{3.39}$$

圖 3.65 顯示如何辨識出諾頓與戴維寧等效電路的轉換。範例 3.24 描述整個轉換程序。

範例 3.24　電源轉換

問題

使用電源轉換，求解圖 3.66 中負載 R_o 所看到的諾頓等效電路。

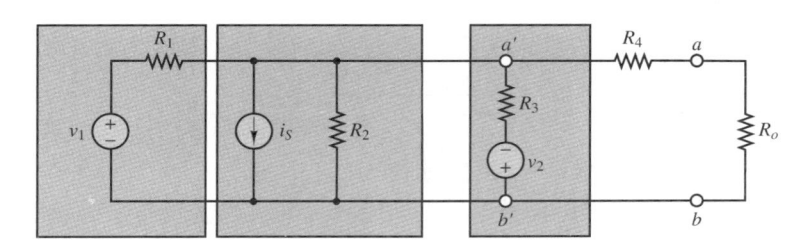

圖 3.66

解

已知條件：電壓源、電流源與電阻值。

求：戴維寧等效電阻與諾頓電流 $i_N = i_{\text{SC}}$。

已知資料：$v_1 = 50$ V；$i_S = 0.5$ A；$v_2 = 5$ V；$R_1 = 100\ \Omega$；$R_2 = 100\ \Omega$；$R_3 = 200\ \Omega$；$R_4 = 160\ \Omega$。

假設：參考節點位於電路最下方。

分析：將電路中涉及戴維寧與諾頓的節點做標示，如圖 3.67 所示。出現在 a'' 與 b'' 兩端點之間的戴維寧電壓 v_1 與電阻 R_1 可以由諾頓電流 v_1 / R_1 與電阻 R_1 取代。相同地，位於 a' 與 b' 兩端點之間

的戴維寧電壓 v_2 與電阻 R_3 可以由諾頓電流 v_2/R_3 與電阻 R_3 取代。圖 3.68 顯示轉換後電路。並聯電路的元件可任意更換前後排列順序，結果如圖 3.69(a) 所示。

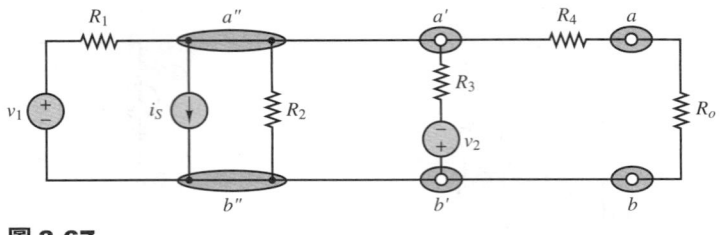

圖 3.67

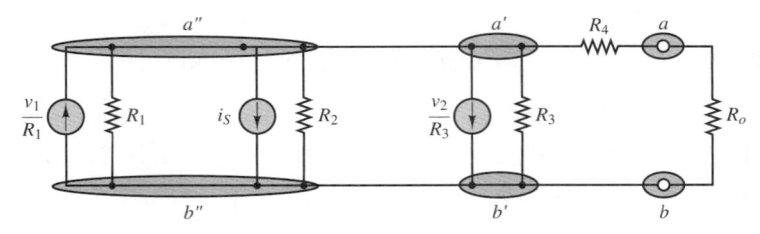

圖 3.68

三個電流源並聯可得往下的單一等效電流 0.025A（0.5 − 0.025 − 0.5 = 0.025 A）。此外，三個電阻並聯可得 40 Ω（200∥100∥100），簡化後電路如圖 3.69(b) 所示。

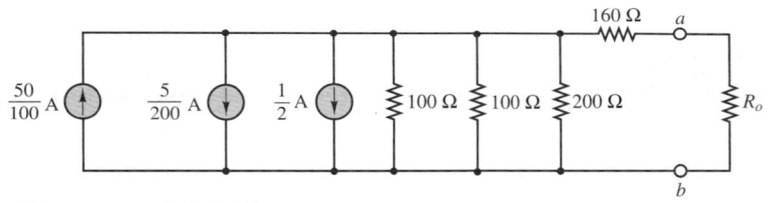

圖 3.69 (a) 未簡化電路

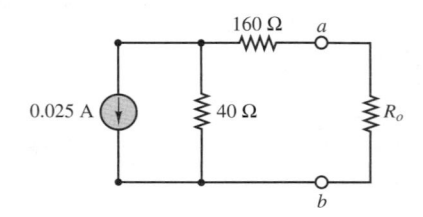

圖 3.69 (b) 簡化後之電路

將圖 3.69(b) 中諾頓等效電路換成戴維寧等效電路後，電阻 40 Ω 與電阻 160 Ω 為串聯，可得 200 Ω 電阻。再將戴維寧電路轉回諾頓電路，可得諾頓等效電流為 0.005A，結果如圖 3.70 所示。

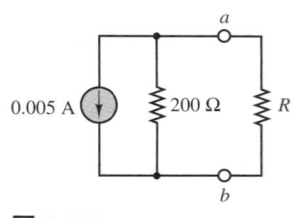

圖 3.70

評論：在圖 3.66 中負載電組所看到的戴維寧等效電阻，可將電源全部移除後獲得如下：

$$R_T = R_1 \parallel R_2 \parallel R_3 + R_4 = 200\parallel100\parallel100 + 160 = 200\ \Omega$$

很明顯結果與圖 3.70 相同。

並非所有電路都像這個範例一樣，可以運用電源轉換將整個電路簡化。但是，電源轉換可以將複雜電路進行局部簡化，再運用其它技巧進行求解，例如網目電流法與節點電壓法。

以實驗方式求解戴維寧與諾頓等效電路

對於真實電路而言，像是電池、電表等，由於電路內部的複雜度，直接計算戴維寧與諾頓等效電路是不可行的。因此可以使用量測方式取代電路分析與計算。線性電路完全可以用戴維寧等效電壓 v_T 與諾頓等效電流 i_N 來計算，其等效電阻 R_T 如下：

$$R_T = \frac{v_T}{i_N} \tag{3.40}$$

圖 3.71 說明短路電流與開路電壓的量測方式。很明顯地，計算短路電流與開路電壓時，必須考慮安培計內阻 r_A 與伏特計內阻 r_V。

真實短路電流 i_N 與電壓 v_T，及真實量測電流 i_{SC} 與電壓 v_{OC}，關係如下：

連接至負載的未知網路。

連接至安培計的未知電路。

連接至伏特計的未知電路。

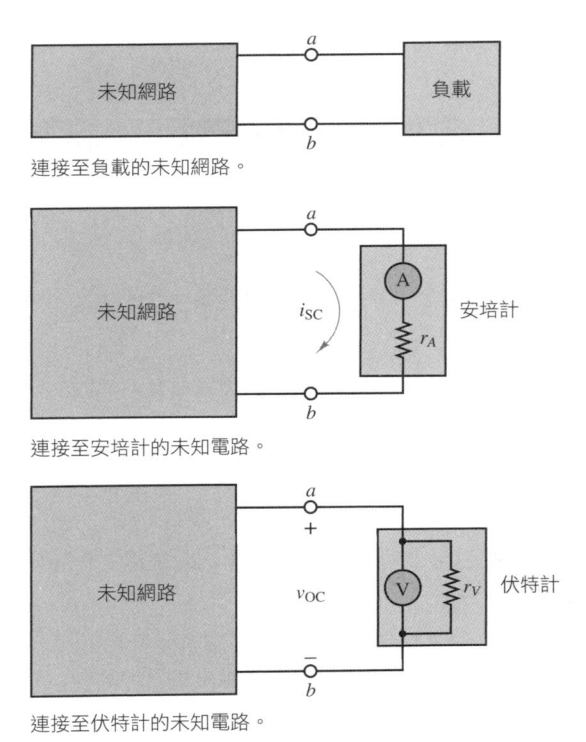

圖 3.71 開路電壓與短路電流的量測

$$i_N = i_{\text{SC}}\left(1 + \frac{r_A}{R_T}\right)$$

$$v_T = v_{\text{OC}}\left(1 + \frac{R_T}{r_V}\right) \tag{3.41}$$

其中 R_T 為跨於未知網路兩端點 a 與 b 的戴維寧等效電阻。理想的安培計內阻應為零（短路）。理想伏特計內阻應為無限大（開路）。事實上，如果等效電阻是遠小於伏特計內阻 r_V，則量測到的開路電壓會很接近真實的戴維寧等效電壓。同理，如果等效電阻遠大於安培計的內阻 r_A，則量測到的短路電流會很接近真實的諾頓等效電流。

> 在網路內阻未知的情況下，最好不要直接串聯安培計量測電流。為了量測電流，安培計內阻通常設計成極小。直接接上安培計可能導致大電流通過，而損壞該電路與安培計。

另一個直接量測 i_{SC} 的方法為收集元件的負載線資料並繪製成圖形。圖 2.82 與圖 3.79 為線性網路典型的負載線。實驗負載線可藉由於元件兩端連接電阻負載來取得。一開始負載應該是開路以便直接量測開路電壓。接著由大電阻逐步調小。負載電壓可用伏特計加以量測，負載電流可以使用歐姆定律扣除電阻負載影響獲得。對於理想負載線而言，這些資料會從電壓軸 (v_{OC}) 至電流軸 (i_{SC}) 形成一條直線。實際上，應該考慮實驗誤差並使用負載線資料計算出最佳回歸線。

量測重點

以實驗方式求解戴維寧等效電路

問題

以量測開路電壓與短路電流方式，求解未知網路的戴維寧等效電路。

解

已知條件：短路電流 i_{SC}、開路電壓 v_{OC}、安培計內阻 r_A 與伏特計內阻 r_V。

求：等效電阻 R_T 與戴維寧等效電壓 $v_T = v_{\text{OC}}$。

已知資料：量測開路電壓 $v_{\text{OC}} = 6.5$ V；量測短路電流 $i_{\text{SC}} = 3.25$ mA；安培計內阻 $r_A = 25\ \Omega$；伏特計內阻 $r_V = 10$ MΩ。

假設：未知電路是線性的，並包含了理想電源與電阻。此外，在電路與安培計不會被燒毀的情況下，可量測到短路電流。

分析：圖 3.72 的未知電路被戴維寧等效電路取代，並連接到安培計量測短路電流，以及連接到伏特計量測開路電壓。利用歐姆定律可以獲得短路電流如下：

$$i_{\text{SC}} = \frac{v_T}{R_T + r_A}$$

利用分壓原理可以獲的開路電壓如下：

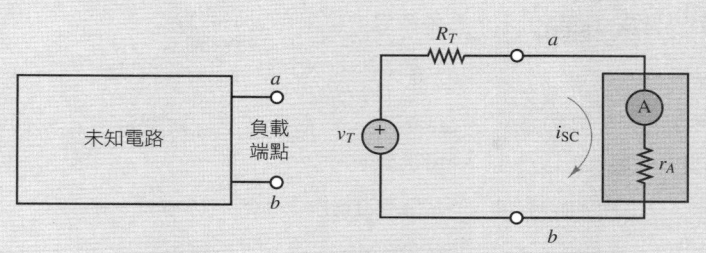

連接至安培計量測短路電流之網路

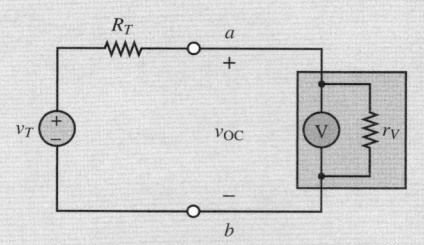

連接至伏特計量測開路電壓之網路

圖 3.72

$$v_{\text{OC}} = \frac{r_V}{R_T + r_V} v_T$$

利用上述關係，戴維寧等效電壓可獲得如下：

$$v_T = i_{\text{SC}}(R_T + r_A)$$

$$= v_{\text{OC}}\left(1 + \frac{R_T}{r_V}\right)$$

或

$$i_{\text{SC}} R_T \left(1 + \frac{r_A}{R_T}\right) = v_{\text{OC}}\left(1 + \frac{R_T}{r_V}\right)$$

通常 r_V 會遠大於 r_A 與 R_T。在 r_V 遠大於 R_T 的情況下，上述方程式可簡化如下：

$$i_{\text{SC}} R_T \left(1 + \frac{r_A}{R_T}\right) = v_{\text{OC}}$$

在 r_A 遠小於 R_T 的情況下，上述方程式可以近似如下：

$$i_{\text{SC}} R_T = v_{\text{OC}}\left(1 + \frac{R_T}{r_V}\right)$$

若兩個條件皆常例情況下，戴維寧等效電阻可近似為：

$$i_{\text{SC}} R_T = v_{\text{OC}}$$

若不針對 R_T，r_A，r_V 進行所由量測，那只能使用上述方程式。當然 R_T 一開始是未知的，因此考慮一者或兩者假設成立成立的合理性是重要的。

評估列在範例上面的量測資料，短路電流與開路電壓如下：

$$i_{\text{SC}} = 3.25\,\text{mA} \qquad \text{與} \qquad v_{\text{OC}} = v_T = 6.5\,\text{V}$$

如果上述兩個假設皆成立的情況下，戴維寧等效電阻可以近似為：

$$R_T \approx \frac{v_{OC}}{i_{SC}} = 2.0\,\text{k}\Omega$$

該數值是 r_A 的 80 倍大，但卻是 r_V 的 5000 倍小。很明顯地，此電路中 r_A 對於電路的影響遠大於 r_V。如果假設 r_V 遠大於 R_T，則 R_T 可近似為：

$$R_T \approx \frac{v_{OC}}{i_{SC}} - r_A = 2.0\,\text{k}\Omega - 25\,\Omega = 1975\,\Omega$$

該結果與 2.0 kΩ 有 1.25% 的差異。再則假設 r_A 遠小於 R_T，R_T 可近似為：

$$R_T \approx \frac{v_{OC}}{i_{SC}} \frac{r_V}{r_V - \frac{v_{OC}}{i_{SC}}} = (2.0\,\text{k}\Omega)\frac{10^7}{10^7 - 2.0\,\text{k}\Omega} = 2000.4\,\Omega$$

該結果與 2.0 kΩ 有 0.02% 的。如果兩個假設皆不成立，R_T 則是：

$$R_T = \frac{v_{OC} - i_{SC} r_A}{i_{SC} - \frac{i_{SC}}{r_V}} = 1975.4\,\Omega$$

在計算 R_T 時，如先前所預期的，r_A 的影響大於 r_V。

檢視學習成效

求解下圖中，由負載電阻 R_o 所看到的戴維寧等效電阻。

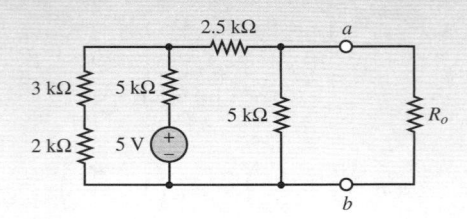

求解下面電路中負載電阻 R_o 所看到的戴維寧等效電阻。

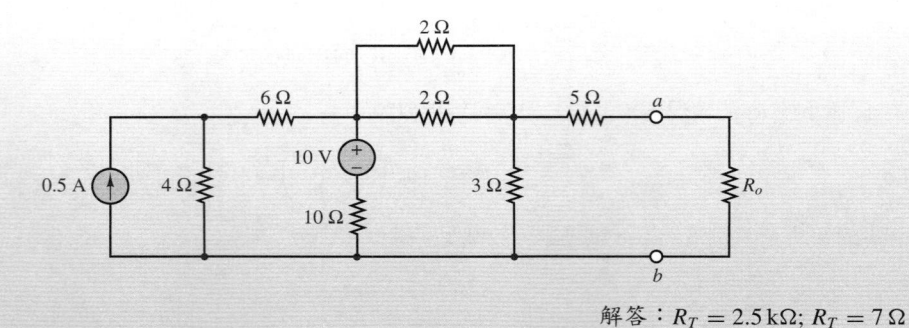

解答：$R_T = 2.5\,\text{k}\Omega$；$R_T = 7\,\Omega$

檢視學習成效

針對下面電路，求解負載電阻 R_o 所看到的戴維寧等效電阻。

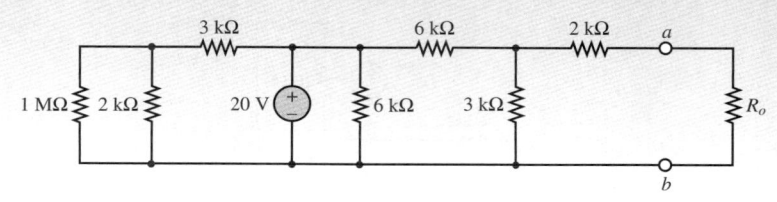

針對下面電路，求解負載電阻 R_o 所看到的戴維寧等效電阻。

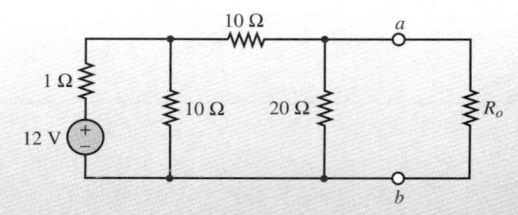

解答：$R_T = 4.23\text{ k}\Omega$; $R_T = 7.06\text{ }\Omega$

檢視學習成效

求解圖 3.48 的開路電壓，其中 $R_1 = 5\text{ }\Omega$。

解答：4.8 V.

檢視學習成效

利用網目電流法求解圖 3.44 的負載電流 i_o，其中 $v_S = 10$ V, $R_1 = R_3 = 50\text{ }\Omega$, $R_2 = 100\text{ }\Omega$, $R_0 = 150\text{ }\Omega$。

解答：28.57 mV.

檢視學習成效

求解負載電阻 R_o 所看到的戴維寧等效電路。

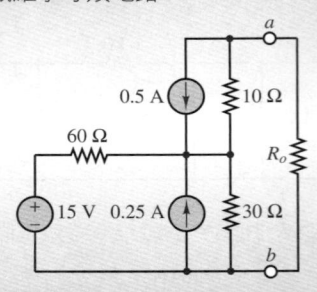

解答：$R_T = 30\,\Omega$; $v_{OC} = v_T = 5\,V$

檢視學習成效

求解負載電阻 R_o 所看到的戴維寧等效電路。

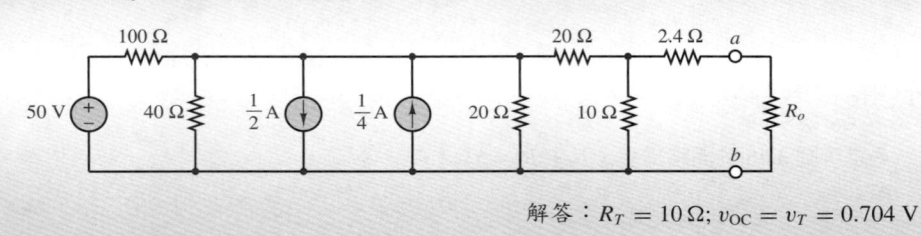

解答：$R_T = 10\,\Omega$; $v_{OC} = v_T = 0.704\,V$

檢視學習成效

請使用網目電流法重新計算範例 3.22。註：三個網目電流中，有一個為已知。

3.7 最大功率傳輸

就計算負載關係而言，將任意線性電路簡化成戴維寧或諾頓等效電路是非常有幫助的，例如計算負載的吸收功率。其實戴維寧與諾頓模型已告知電源所產生的功率，一定會有一部分被電源的內阻所消耗掉。既然這情況無法避免，那麼在最理想狀況下，有多少功率可以由電源端傳輸到負載端呢？負載端可以從電源端吸收到的最大功率為多少？這些問題就是本章節所要探討的主軸，也就是**最大功率傳輸**。

第 3 章 電阻性網路分析

圖 3.73 顯示目前討論的最大功率傳輸的模型,其中實際電源已被戴維寧等效電路所取代。

負載所消耗的功率 P_o 為:

$$P_o = i_o^2 R_o \tag{3.42}$$

此外,負載電流為:

$$i_o = \frac{v_T}{R_o + R_T} \tag{3.43}$$

結合上述兩個公式,可得負載功率如下:

$$P_o = \frac{v_T^2}{(R_o + R_T)^2} R_o \tag{3.44}$$

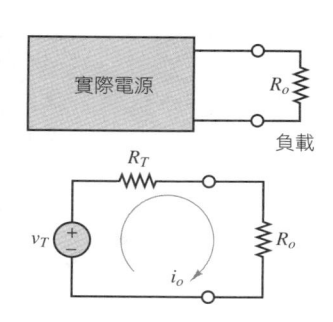

將表示式 P_o 對 R_o 微分,並另為零,可以求得最大功率傳輸時的負載值(當然需假設 V_T 與 R_T 為常數)。

$$\frac{dP_o}{dR_o} = 0 \tag{3.45}$$

執行微分後可以獲得:

$$\frac{dP_o}{dR_o} = \frac{v_T^2(R_o + R_T)^2 - 2v_T^2 R_o (R_o + R_T)}{(R_o + R_T)^4} \tag{3.46}$$

明顯地,最大功率傳輸必須符合下列方程式:

$$(R_o + R_T)^2 - 2R_o(R_o + R_T) = 0 \tag{3.47}$$

求解上述方程式可以獲得:

$$\boxed{R_o = R_T} \tag{3.48}$$

已知 v_T 與 R_T,可以傳輸到負載 R_o 的最大功率為何?

圖 3.73 電源與負載之間的功率傳輸

因此,要達到最大功率傳輸,負載電阻必須與電源內阻互相**匹配**,也就是相等。圖 3.74 呈現 P/v_T^2 與 R_o/R_T 之關係,很清楚可以看到,最大功率發生在 $R_o = R_T$。

這個分析得知,在固定的等效電源電阻條件下,要使得傳輸至負載達到最大功率,則必須滿足負載電阻等於等效電源電阻。而若是負載電阻固定的條件下,為了使得傳輸至電源電阻達到最大功率,需要探討的重點為何?在這樣的情況下,為了最大化功率傳輸,電源電阻值應該為何?這個答案可在本節最後的檢視學習成效找到。

功率轉換有一個問題,就是**電源負載**,如圖 3.75 所示。此現象為:當實際電壓源連接到負載上面,流經負載的電流會在電源內阻上產生一個壓降 v_{int},也就是說,電阻的電壓會比開路電壓低。如同前面所敘述的,開路電壓就是戴維寧等效電壓。以圖 3.75 為例,內部壓降為 iR_T,因此負載電壓如下:

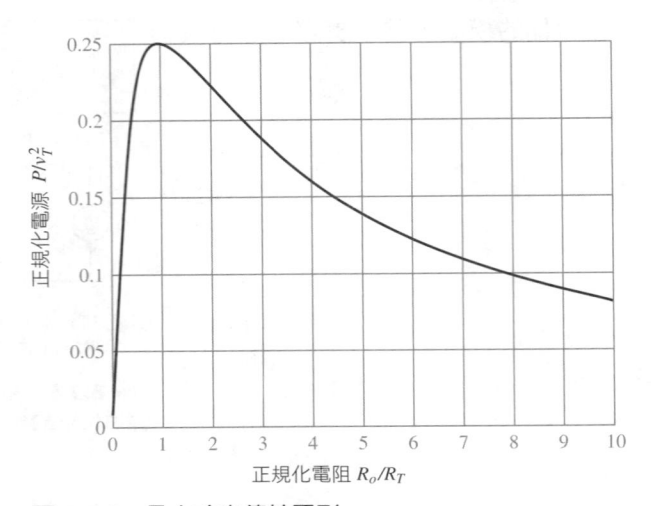

圖 3.74 最大功率傳輸圖形

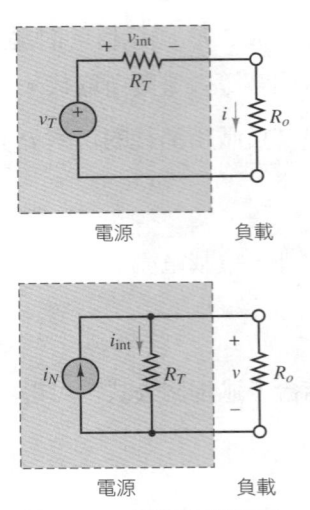

圖 3.75 電源負載效應

$$v_o = v_T - iR_T \tag{3.49}$$

很明顯地，實際電壓源的內阻越小越好。以電流源為例，由於內阻的出現，將造成電流源的部分電流 i_{int} 流經內阻，如圖 3.75 所示。因此流經負載的電流為短路電流（諾頓電流）的一部份，如下所示：

$$i_o = i_N - \frac{v}{R_T} \tag{3.50}$$

很明顯地，實際電流源的內阻越大越好。

範例 3.25　最大功率傳輸。

問題

　　使用最大功率傳輸原理，求解當喇叭電阻與電源電阻匹配時，功率傳輸到喇叭的增加量，如圖 3.76 所示。

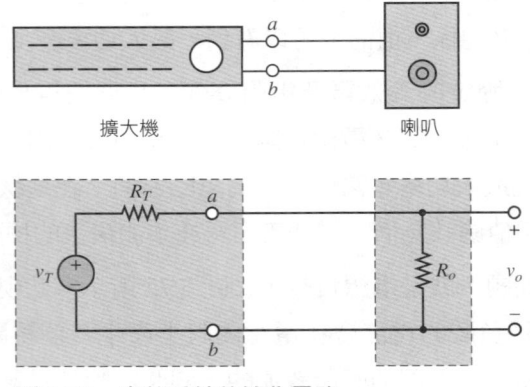

圖 3.76 音效系統的簡化電路

解

已知條件：電源等效電阻 R_T；未匹配時喇叭電阻 R_U；匹配時喇叭電阻 R_M。

求：匹配與不匹配時傳輸到喇叭的功率差異，與增加百分比。

已知資料：$R_T = 8\,\Omega$；$R_U = 16\,\Omega$；$R_M = 8\,\Omega$。

假設：擴大器可以線性電阻元件加以表示。

分析：當 8 Ω 擴大器連接到 16 Ω 喇叭時，利用分壓原理可以獲得：

$$v_U = \frac{R_U}{R_U + R_T} v_T = \frac{2}{3} v_T$$

然後負載功率為：

$$P_U = \frac{v_U^2}{R_U} = \frac{4}{9} \frac{v_T^2}{R_U} = 0.0278 v_T^2$$

若 8 Ω 擴大器連接到 8 Ω 喇叭時，負載電壓 v_M 與功率 P_M 可計算如下：

$$v_M = \frac{1}{2} v_T$$

與

$$P_M = \frac{v_M^2}{R_M} = \frac{1}{4} \frac{v_T^2}{R_M} = 0.03125 v_T^2$$

因此，負載功率的增加百分比為：

$$\Delta P = \frac{0.03125 - 0.0278}{0.0278} \times 100 = 12.5\%$$

評論：事實上，本範例中用擴大器與喇叭中簡單的電阻模型來說明並不恰當，另外在下面章節呈現適合的電路。對於音響愛好者，有關 hi-fi 電路的進一步資訊可以參考第 7 章。

> **檢視學習成效**
>
> 當一個電壓源具有內阻 1.2 Ω 與 30 V 開路電壓。如果負載電壓不低於開路電壓 2%，則負載電阻應為多少？
>
> 當一個電流源具有內阻 12 kΩ 與 200 mA 短路電流。如果 200 Ω 負載電阻連接到電流源，則負載電流降低的百分比為多少？
>
> 針對負載電阻為常數，電源內阻為變數時，重新推導公式 3.38。也就是負載功率 P_o 對電源內阻 R_S 微分。當最大負載功率發生時，電源內阻為何？
>
> 解答：$58.8\,\Omega$；1.64%；$R_S = 0$

3.8 非線性電路元件

到目前為止，本章內容都侷限在線性電路，所出現的範例也都能簡單求解，這是因為所有電阻都為理想電阻，且都有合乎歐姆定律的線性電流與電壓特性。但是在實

務上，常會需要處理非線性元件，例如二極體與電晶體。本節將介紹兩個分析非線性電路元件的方法。

非線性元件的特性

有些非線性元件的電流與電壓具有簡單函數關係。圖 3.77 描述一個電壓與電流呈現指數函數的元件，其方程式如下所示：

$$\begin{aligned} i &= I_0 (e^{\alpha v} - 1) & v > 0 \\ i &= -I_0 & v \leq 0 \end{aligned} \quad (3.51)$$

事實上，這關係很類似半導體二極體的電壓與電流非線性曲線。處理非線性元件的困難之處在於無法像簡單電路一樣能獲得可解析解，即使是簡單非線性電路。

分析包含非線性元件的電路方法是將其視為負載並計算源網路的戴維寧等效電路，如圖 3.78 所示。運用 KVL 可以獲得下面方程式：

$$v_T = R_T i_x + v_x \quad (3.52)$$

對於求解未知電壓 v_x 與未知電流 i_x，非線性元件的電流與電壓特性曲線是所需的第二個方程式。假設負載為半導體二極體且操作在正電壓，由於該元的反向飽和電壓非常小，因此電流方程組可以表示如下：

$$\begin{aligned} i_x &= I_0 e^{\alpha v_x} & v_x > 0 \\ v_T &= R_T i_x + v_x \end{aligned} \quad (3.53)$$

雖然此處看似有兩個方程式，應能求解了兩個未知，不幸的是其中一個方程式為非線性。將方程組中的電流 i_x 消除後可得：

$$v_T = R_T I_0 e^{\alpha v_x} + v_x \quad (3.54)$$

或

$$v_x = v_T - R_T I_0 e^{\alpha v_x} \quad (3.55)$$

在超函數無法獲得解析解的情況下，如何求解 v_x 呢？數值求解法是一個可行的技巧。利用初始值並進行多次疊代，直到找到足夠精確的解答。這個技巧能運用在習題中。另一個技巧為圖形求解法，將於接下來的內容中介紹。

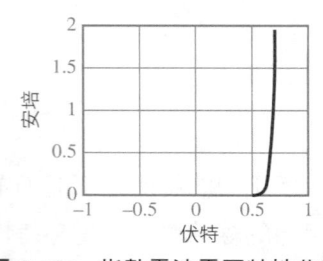

圖 3.77 指數電流電壓特性曲線

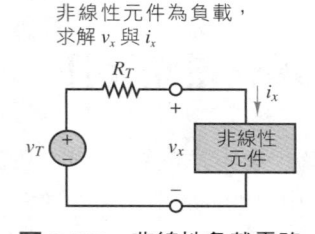

圖 3.78 非線性負載電路

非線性電路的圖形（負載線）求解法

非線性系統方程組可由圖形法分析求解之。針對圖 3.78，使用 KVL 可以獲得：

$$i_x = -\frac{1}{R_T}v_x + \frac{v_T}{R_T} \tag{3.56}$$

該方程式為斜率 $-1/R_T$ 的直線並與縱軸交於 V_T/R_T，也稱為負載線，如圖 3.79 所示。另一條曲線為非線性元件的 i-v 特性方程式。此兩條線段之交點即為方程組的解，如圖 3.80 所示。本章所介紹之簡化線性網路的技巧，也可運用在非線性負載問題上，如圖 3.81 所示。

> 範例 3.26 與範例 3.27 將詳細介紹負載線分析技巧。

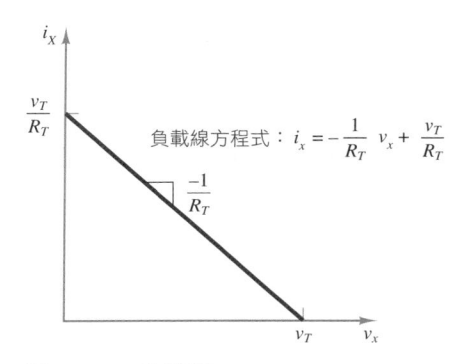

圖 3.79 負載線

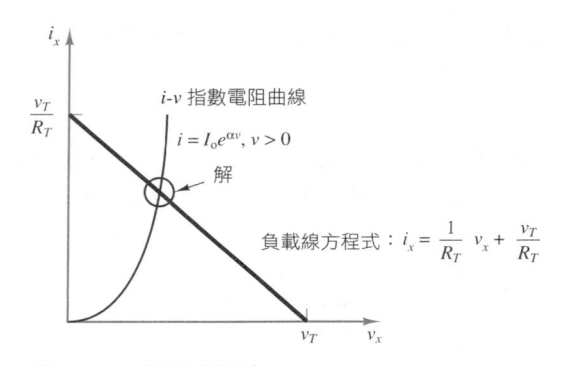

圖 3.80 圖形求解法

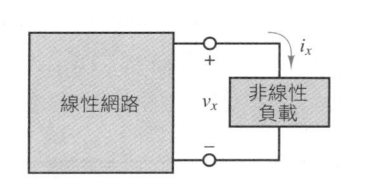

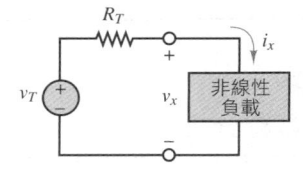

圖 3.81 線性網路與戴維寧等效電路之轉換

範例 3.26　非線性負載的功率損耗。

問題

當一個線性電源產生器連接至非線性負載上，求解負載功率損耗。

解

已知條件：電源產生器的戴維寧等效電路與負載的 i-v 特性曲線。

求：負載的功率損耗 P_x。

已知資料：$R_T = 30\,\Omega$；$v_T = 15\,V$。

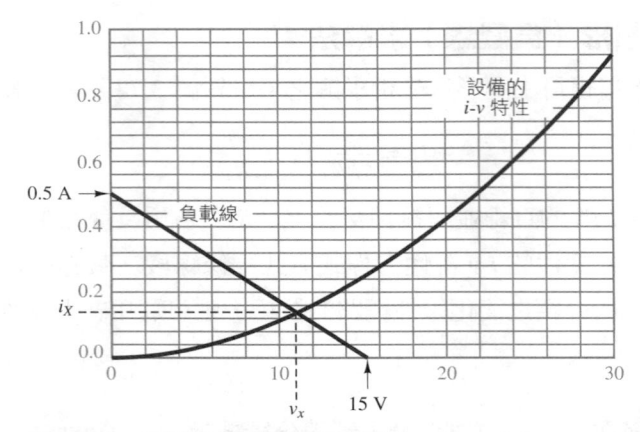

圖 3.82 非線性負載的圖形求解法

分析：使用圖 3.81 的電路模型求出電壓 v_x 與電流 i_x 關係方程式，也就是圖解法之負載線：

$$i_x = -\frac{1}{R_T}v_x + \frac{v_T}{R_T} \quad \text{or} \quad i_x = -\frac{1}{30}v_x + \frac{15}{30}$$

此方程式為 i_x, v_x 平面上的一直線，且交縱軸於 0.5 A，交水平軸於 15 V。將非線性負載的電壓電流曲線重疊在該直線上，其交點為此問題的解，如圖 3.82 所示。交點近似為：

$$i_x = 0.14\,\text{A} \qquad v_x = 11\,\text{V}$$

因此，非線性負載的功率損耗為：

$$P_x = 0.14 \times 11 = 1.54\,\text{W}$$

在這個範例中所使用的方法本質上也是一個實際量測的程序。本章節所介紹的分析方法也都可以運用在實際量測上。

範例 3.27　負載線分析。

問題

一個溫度感測器具有如以下左圖所示之非線性 i-v 特性曲線。此負載連接至由戴維寧等效電路所描述之線性網路，如圖 3.81 所示。求解流過該溫度感測器之電流。

解

已知條件：$R_T = 6.67\,\Omega$，$V_T = 1.67\,\text{V}$，$i_x = 0.14 - 0.03v_x^2$。

求：i_x。

分析：左圖為非線性負載的 i-v 特性曲線。右圖為負載線圖解法，其中負載線方程式如下：

$$i_x = -\frac{1}{R_T}v_x + \frac{v_T}{R_T} = -0.15v_x + 0.25$$

非線性負載 i-v 特性 (a)

負載線圖解法 (b)

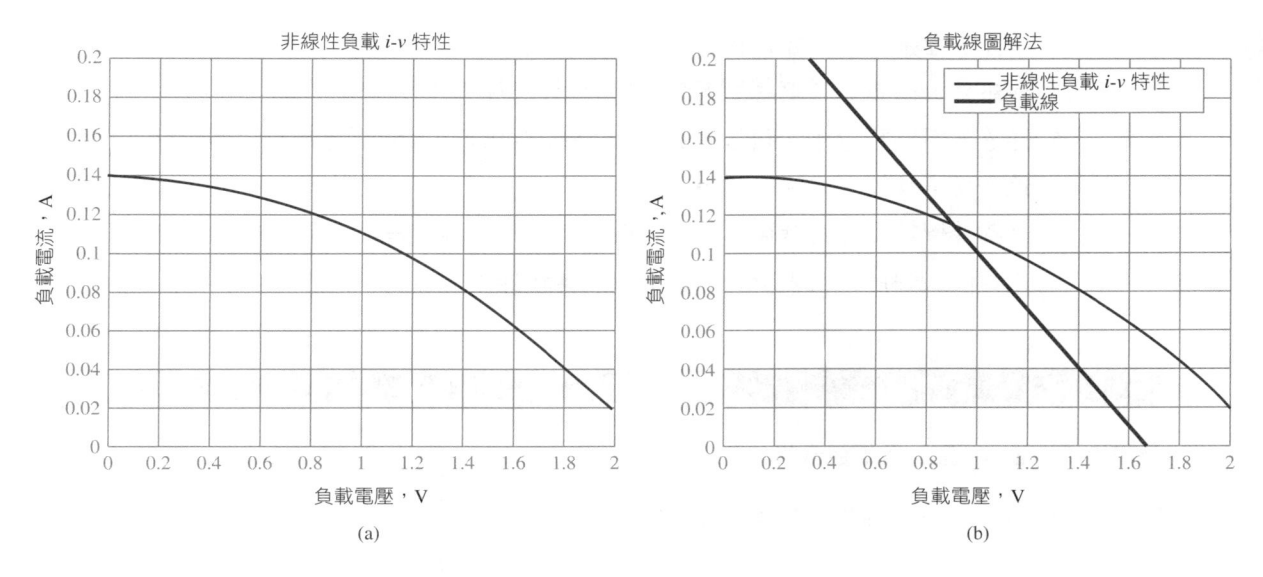

求解兩線之交點可得：$i_x \approx 0.12$ A，$v_x \approx 0.9$ V。

檢視學習成效

範例 3.26 介紹如何使用圖形法求解。若範例 3.26 中的電源產生器連接的是非線性負載，其非線性曲線為 $v_x = \beta i_x^2 (\beta = 15.0)$，求解負載電流 i_x。[提示：假設電流只存在正數解。]

解答：$i_x = 0.414$ A

檢視學習成效

已知非線性 i-v 特性曲線為 $i_x = 0.14 + 0.03\ v_x^2$，求解負載電流 i_x。[提示：假設電流只存在正數解。]

解答：$i_x = 0.40$ A

結論

　　本章介紹了線性電阻電路分析與兩個電路簡化技巧。在此階段，範例相當重要，因為只有對基本電路分析有透徹了解才能更容易吸收進階觀念。因此在本章裡，讀者應熟練的六個分析技巧詳列如下：

1. 在電路圖形中，洞悉出節點、電源與負載是分析電路的首要能力。
2. 節點電壓法與網目電流法的觀念相近，也是本書中最常運用在分析電路的兩種方法。此外，此二法也可以陣列方式呈現與求解。

3. 重疊原理是相當重要且有用的電路求解觀念。
4. 戴維寧與諾頓等效電路的觀念，對於學習更進階網路不可或缺。
5. 從等效電路觀念中，可以清楚了解功率是如何由電源端傳輸到負載端與如何達到最大功率傳輸。
6. 針對非線性元件的計算，數值求解法與圖形求解法是目前最常被使用的技巧。

本章內容對於學習本書其他更進階的技巧非常重要。

習題

章節 3.2 – 3.4　節點與網目分析

3.1　針對圖 P3.1，使用節點電壓法求解電壓 v_1 與 v_2。

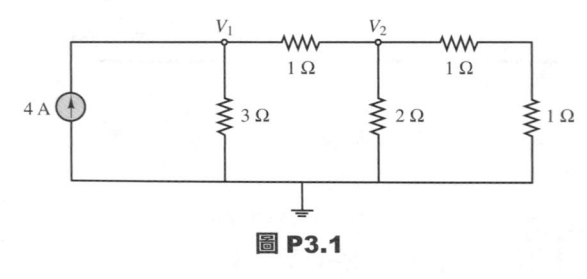

圖 P3.1

3.2　針對圖 P3.2，使用節點電壓法求解電阻 0.25 Ω 上之電壓 v_2。

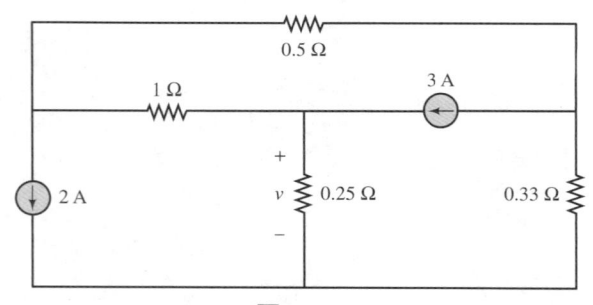

圖 P3.2

3.3　在圖 P3.3 中，網目電流為：$I_1 = 5$ A，$I_2 = 3$ A，$I_3 = 7$ A。

求解下列電阻的分支電流。

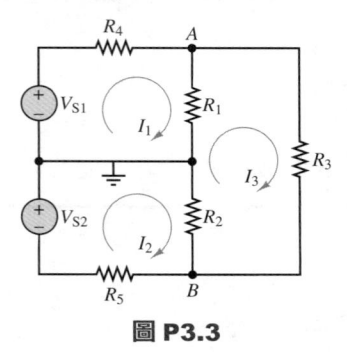

　　a. R_1。　b. R_2。　c. R_3。

圖 P3.3

3.4　針對圖 P3.4，使用節點分析求解電壓 V_a。其中 $R_1 = 12$ Ω，$R_2 = 6$ Ω，$R_3 = 10$ Ω，$V_1 = 4$ V，$V_2 = 1$ V。

圖 P3.4

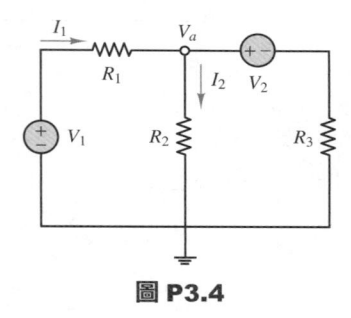

3.5　針對圖 P3.5，使用節點分析求解電壓 v_1、v_2 與 v_3。其中 $R_1 = 10$ Ω，$R_2 = 8$ Ω，$R_3 = 10$ Ω，$R_4 = 5$ Ω，$i_S = 2$ A，$v_S = 1$ V。

圖 P3.5

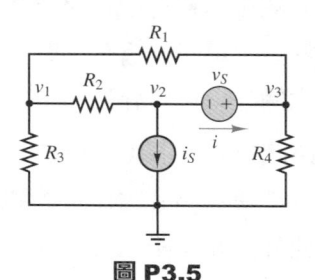

3.6 針對圖 P3.6，使用節點分析求解電壓 V_a 與 V_b。其中，$R_1 = 10\ \Omega$，$R_2 = 4\ \Omega$，$R_3 = 6\ \Omega$，$R_4 = 6$，$V_1 = 2\ \text{V}$，$V_2 = 4\ \text{V}$，$I_1 = 2\ \text{A}$。

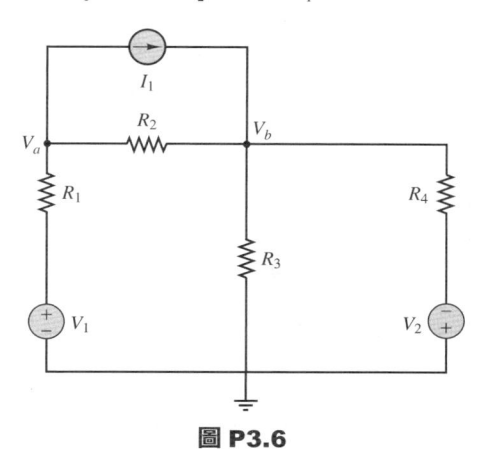

圖 P3.6

3.7 針對圖 P3.7，使用網目分析求解電流 i_1，i_2 與電阻 $10\ \Omega$ 所跨之電壓。

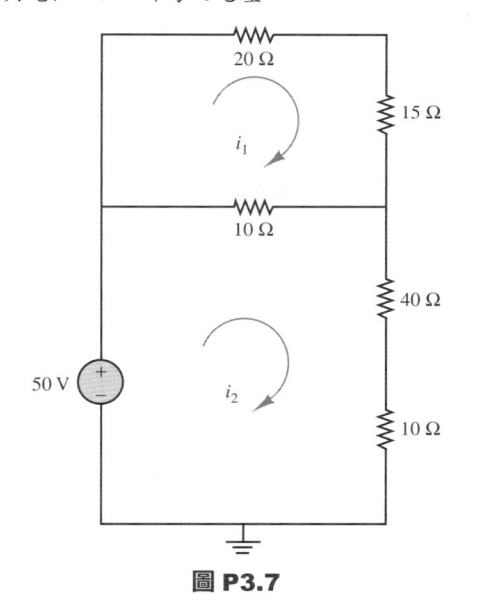

圖 P3.7

3.8 針對圖 P3.8，使用網目分析求解電流 I_1、I_2 與 I_3。（以 I_2 電流方向為依據。）

圖 P3.8

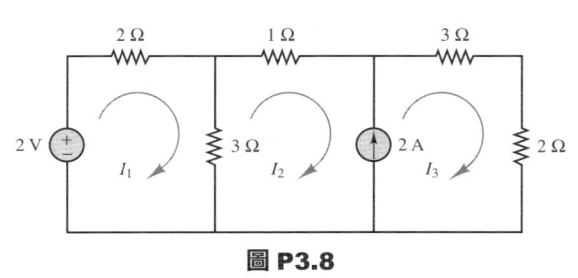

3.9 在圖 P3.9 中，假設電壓源、電流源與所有電阻皆為已知。
　　a. 寫出計算節點電壓所需要的所有節點方程式。
　　b. 以陣列方式，寫出節點電壓方程組的解。

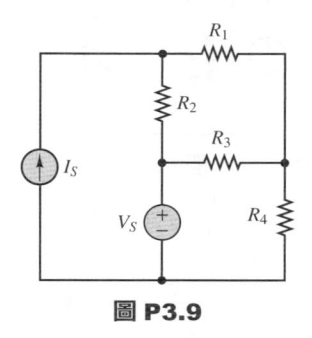

圖 P3.9

3.10 圖 P3.10 為一個溫度量測系統，其中溫度 T 與電壓源 V_{S2} 成正比，比值為 k。請使用節點分析計算溫度。

$V_{S2} = kT$　　　　$k = 10\ \text{V/°C}$
$V_{S1} = 24\ \text{V}$　　　$R_S = R_1 = 12\ \text{k}\Omega$
$R_2 = 3\ \text{k}\Omega$　　　$R_3 = 10\ \text{k}\Omega$
$R_4 = 24\ \text{k}\Omega$　　　$V_{ab} = -2.524\ \text{V}$

事實上，溫度感測器為電壓源 V_{S2} 串聯 R_S，V_{ab} 為溫度量測。

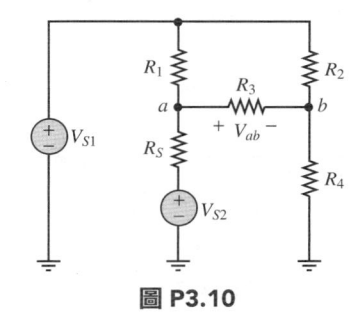

圖 P3.10

3.11 針對圖 P3.11，使用網目分析求解網目電流。其中，$R_1 = 10\ \Omega$，$R_2 = 5\ \Omega$，$V_1 = 2\ \text{V}$，$V_2 = 1\ \text{V}$，$I_s = 2\ \text{A}$。

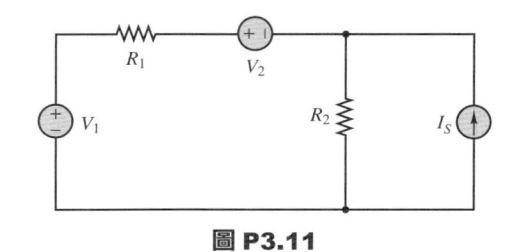

圖 P3.11

3.12 針對圖 P3.12，使用網目分析求解電流 i。其中，$v_S = 5.6$ V；$R_1 = 50\ \Omega$；$R_2 = 1.2$ kΩ；$R_3 = 330\ \Omega$；$g_m = 0.2$ S；$R_4 = 440\ \Omega$。

圖 P3.12

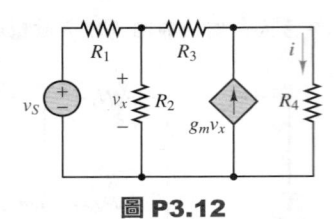

3.13 針對圖 P3.13，使用網目分析求解電壓增益 $G_v = v_2/v_s$。

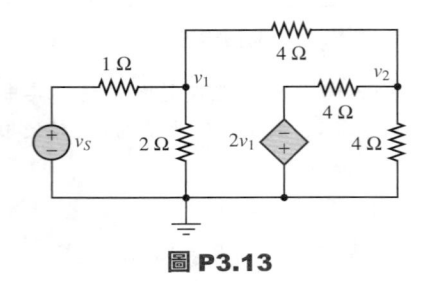

圖 P3.13

3.14 針對圖 P3.14，使用網目分析求解所有分支電流。其中，$R_1 = 10\ \Omega$，$R_2 = 5\ \Omega$，$R_3 = 4\ \Omega$，$R_4 = 1\ \Omega$，$V_1 = 5$ V，$V_2 = 2$ V。

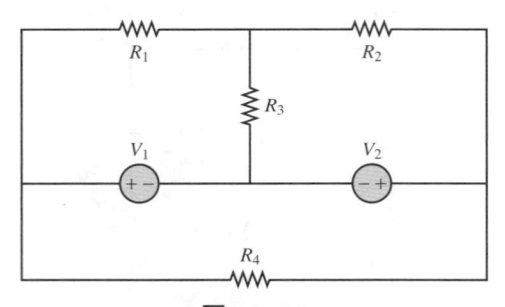

圖 P3.14

3.15 針對圖 P3.15，使用節點分析求解三個節點電壓與電流 i。其中，$R_1 = 10$，$R_2 = 20$，$R_3 = 20$，$R_4 = 10$，$R_5 = 10$，$R_6 = 10$，$R_7 = 5$，$V_1 = 20$ V，$V_2 = 20$ V。

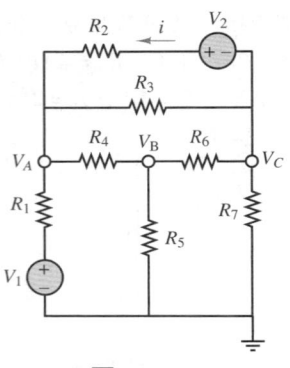

圖 P3.15

章節 3.5　重疊原理

3.16 依據圖 P3.16，在只考慮電壓源 V_{S2} 的情況下，使用重疊原理求解電阻 R_3 之電流 i。其他參數如下所示：

$V_{S1} = V_{S2} = 450$ V

$R_1 = 7\ \Omega$

$R_2 = 5\ \Omega$

$R_3 = 10\ \Omega$

$R_4 = R_5 = 1\ \Omega$

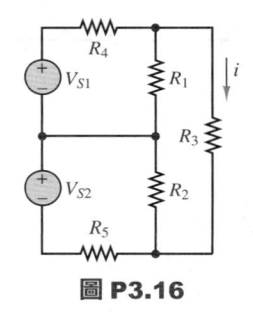

圖 P3.16

3.17 依據圖 P3.17，使用重疊原理求解電阻 R_3 之電流 i。其中，$R_1 = 10\ \Omega$，$R_2 = 4\ \Omega$，$R_3 = 2\ \Omega$，$R_4 = 2\ \Omega$，$R_5 = 2\ \Omega$，$V_S = 10$ V，$I_S = 2$ A。

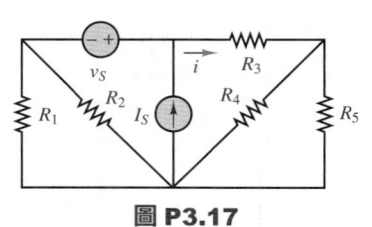

圖 P3.17

3.18 依據圖 P3.18，使用重疊原理求解電源 V_s 所提供之功率 P。其中 $R_1 = 12\ \Omega$，$R_2 = 10\ \Omega$，$R_3 = 5\ \Omega$，$R_4 = 5\ \Omega$，$V_S = 10\ \text{V}$，$I_S = 5\ \text{A}$。

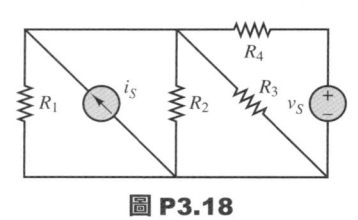

圖 **P3.18**

章節 3.6 等效網路

3.19 依據圖 P3.19，求解由電阻 $3\ \Omega$ 所看到的戴維寧等效電路。

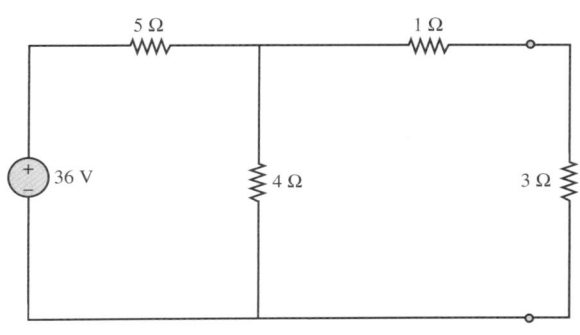

圖 **P3.19**

3.20 針對圖 P3.20，求解由電阻 R_2 所看到的諾頓等效電路。並藉此計算該電阻之電流。其中，$I_1 = 10\ \text{A}$，$I_2 = 2\ \text{A}$，$V_1 = 6\ \text{V}$，$R_1 = 3\ \Omega$，$R_2 = 4\ \Omega$。

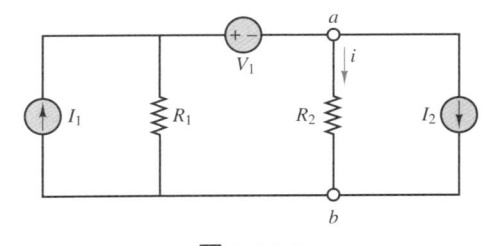

圖 **P3.20**

3.21 針對圖 P3.21，求解由電阻 R 所看到的戴維寧等效電路。並藉此計算該電阻之電流 i_R。其中，$V_o = 10\ \text{V}$，$I_o = 5\ \text{A}$，$R_1 = 2\ \Omega$，$R_2 = 2\ \Omega$，$R_3 = 4\ \Omega$ 與 $R = 3\ \Omega$。

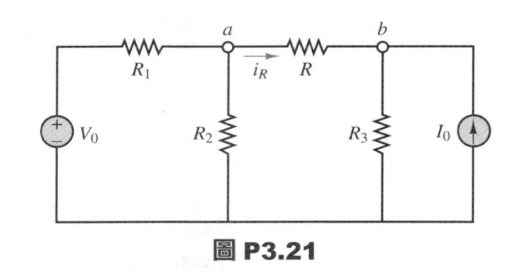

圖 **P3.21**

3.22 針對圖 P3.22，求解由電阻 R_o 所看到的戴維寧等效電阻。

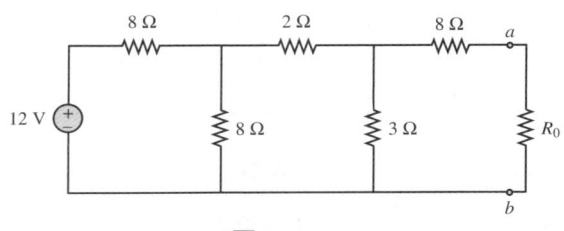

圖 **P3.22**

3.23 圖 P3.23 為一惠斯登電橋，該電路已使用在許多實際運用上，例如求解未知電阻 R_X。若 $R = 1\ \text{k}\Omega$，$V_S = 12\ \text{V}$ 及 $V_{ab} = 12\ \text{mV}$，請以 R，R_X 及 V_S 表示 $V_{ab} = V_a - V_b$。請問 R_X 為何？

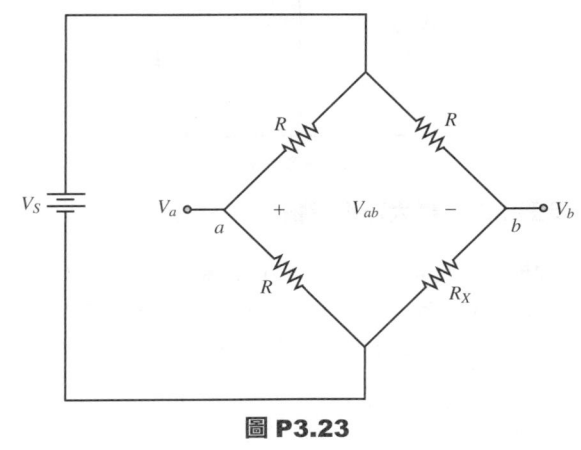

圖 **P3.23**

3.24 針對圖 P3.10，求解電阻 R_3 所看到的戴維寧等效電阻。若 R_3 為負載電阻，請計算節點 a 與節點 b 所看到的戴維寧開路電壓 V_T 與諾頓短路電流 I_N。

3.25 針對圖 P3.25，求解電阻 R_3 所看到的諾頓等效電路。並藉此計算該電阻之功率損耗。其中，$R_1 = 10\ \Omega$，$R_2 = 9\ \Omega$，$R_3 = 4\ \Omega$，$R_4 = 4\ \Omega$，$I_S = 2\ \text{A}$。

圖 P3.25

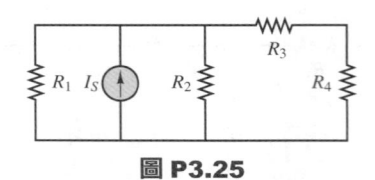

3.26 針對圖 P3.26，求解兩端點 (a, b) 所看到的諾頓等效電路。其中，$R_1 = 6\,\Omega$，$R_2 = 3\,\Omega$，$R_3 = 2\,\Omega$，$R_4 = 2\,\Omega$，$V_s = 10\,V$，$I_S = 3\,A$。

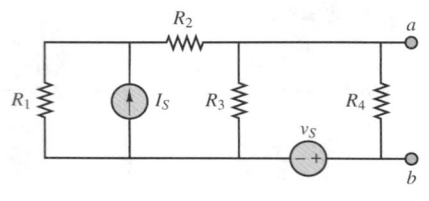

圖 P3.26

3.27 針對圖 P3.27，求解兩端點 (a, b) 所看到的諾頓與戴維寧等效電路。其中，$R_1 = 12\,\Omega$，$R_2 = 10\,\Omega$，$R_3 = 5\,\Omega$，$R_4 = 2\,\Omega$，$I_S = 3\,A$。

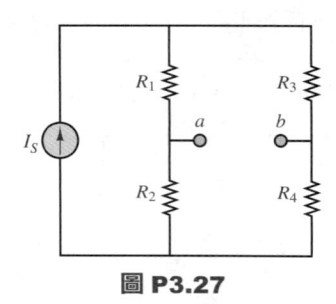

圖 P3.27

章節 3.7　最大功率傳輸

3.28 負載 R_o 所看到的戴維寧等效電路如圖 P3.28 所示。其中，$V_T = 10\,V$，$R_T = 2\,\Omega$ 且 R_o 為達到最大功率傳輸時之電阻。求解下列問題：

a. 電阻 R_o 為何？
b. 電阻 R_o 所造成的功率損耗為何？
c. 電路效率 (P_o / P_{VT}) 為何？

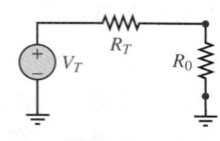

圖 P3.28

章節 3.8　非線性電路元件

3.29 在實際電路中，絕大部分皆為非線性，但是在電壓與電流曲線上，某些點是可以線性化的，這些點被稱為工作點 $[V_0, I_0]$。其電壓與電流關係如下所示：

$$I = mV + b \text{ 其中 } m = \text{斜率}, b = \text{截點}$$

在工作點上，斜率的倒數被定義成增量電阻 R_{inc}：

$$R_{\text{inc}} = \left.\frac{dV}{dI}\right|_{[V_0, I_0]} \approx \left.\frac{\Delta V}{\Delta I}\right|_{[V_0, I_0]}$$

a. 依據圖 P3.29，求解非線性元件的工作點。
b. 求解工作點上的增量電阻。
c. 如果 $V_T = 20\,V$，工作點與增量電阻分別為何？

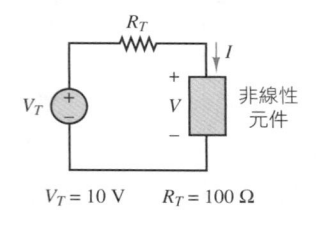

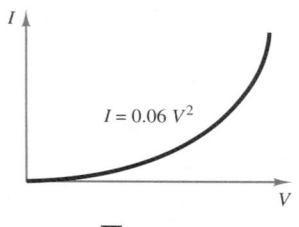

$V_T = 10\,V \qquad R_T = 100\,\Omega$

$I = 0.06\,V^2$

圖 P3.29

4 交流網路分析

Part 1 電路

第 4 章介紹儲存能量的電路元件——電容與電感,以及處理包含電容電感的電路分析方法。本章也會介紹包含時變正弦波的電壓或電流源的交流電路(直流電路為固定值的電壓電流源)。由於電容電感的電壓—電流關係中含有時間的導數,因此其交流電路的解會以微分方程式的形式來描述。好在相量分析的技巧可以將這些微分方程式轉為代數方程式,大幅簡化了求解過程,只不過代數方程式中會出現複數,需要對其進行加減乘除的四則計算(大部分的計算機都可以處理這些計算)。重要的是必須要理解這些複數值之間的意義以及關係。只要有耐心練習,即使是對複數沒有任何經驗的學生也可以很快地熟練使用相量分析的技巧。

正弦波是非常重要的訊號,原因有二。首先,幾乎所有的家用以及工業用的電力都是以正弦波的形式產生、發送以及傳播。所有的渦輪發電系統(例如燃煤發電、太陽能發電、水力發電、風力發電)都是靠著週期性轉動來發電,也因此以數學表示時就會是正弦波。其次,所有的週期性訊號(例如鋸齒波、三角波、方波)都可以用正弦波成份來組成(傅立葉定理)。

電壓與電流的正弦波訊號有三個重要的特性值:振幅、頻率和相位。在交流電路中,所有的電壓電流的頻率都是均勻的常數,其數值是由獨立的電壓電流源決定。因此在相量分析中不需要計算頻率的成份。交流電路中電壓電流的振幅和相位雖然也是常數,但並不統一,而且除了會受到獨立電源影響外,也會受到其他電路元件的影響。因此交流電路分析需要計算電壓或電流的振幅與相位(直流分析中只需要考慮振幅)。由於相量可以將振幅與相位合併為單一的物理量,因此非常適合在交流電路分析中使用。

在相量分析中,電阻、電容、電感都可用阻抗元件來表示。阻抗的概念可以使歐姆定律同時應用到電阻電容電感等元件;克希荷夫定律也同樣可以應用到相量分析上。因此,交流電路可以用第 2 章與第 3 章中直流電路相同的方式來計算(例如分壓

定律、節點分析、線性疊加、戴維寧與諾頓定律、等效訊號源轉換）。唯一的差別就是，這些計算必須使用相量的複數形式來處理。

本章還會介紹波形的平均以及等效（方均根）振幅。方均根值可用來表示相當於該波形的能量的等效直流電壓，可做為比較不同波形的一個方式。

在本章以及全書中除非有特別提及，角度都是以弳度表示。

LO 學習目標

1. 計算電容與電感中的電流、電壓以及能量。4.1 節。
2. 計算任意週期波形的平均以及等效（方均根）振幅。4.2 節。
3. 寫出含有電感與電容的電路的微分方程式。4.3 節。
4. 正弦電壓或電流的時變形式與相量形式的轉換；電路的阻抗形式表示法。4.4 節。
5. 使用直流分析的方式來應用在相量表示的交流電路上。4.5 節。

4.1 電容與電感

第 2 章介紹了理想的電阻可以很有效的近似許多實際的電子元件。除了電阻這種消耗能量的元件之外，很多如電感電容的電子元件也會有儲存或放出能量的特性，就彷彿水箱和飛輪中機械系統的角色。這兩種能量儲存能量的機制就可以用兩種理想的電路元件描述：理想的電容與理想的電感，兩者都可用來近似實際電路的性質。在實際的電子電路中，所有的元件都會有部分的電阻、部分的電感、以及部分的電容特性，也就是都會有消耗以及儲存能量的能力。

電容中的能量是以兩個導體平板的間的電場形式儲存，而電感是由導體線圈中的磁場形式儲存。這兩種元件都可以充電（儲存能量增加）或放電（儲存能量降低）。理想的電容電感可以無限持續儲存能量，而實際上的電容電感則會有「洩漏」的現象，也就是儲存的能量會隨著時間緩慢降低。

所有的電容電感都有著互為對偶性的關係，也就是電容和電感可以互為鏡像對應，兩者的對偶性可以由表 4.1 中觀察到。

理想電容

電容是利用分離電荷來儲存能量的元件。一般來說，電容存在於兩個分隔的導體表面間。一個簡單的例子是兩個面積為 A 距離為 d 的平行板，板間的空隙可能是真

表 4.1 電容與電感的特性

	電容	電感
電流與電壓的微分關係	$i = C\dfrac{dv}{dt}$	$v = L\dfrac{di}{dt}$
電流與電壓的積分關係	$v_C(t) = \dfrac{1}{C}\displaystyle\int_{-\infty}^{t} i_C(\tau)\,d\tau$	$i_C(t) = \dfrac{1}{L}\displaystyle\int_{-\infty}^{t} v_L(\tau)\,d\tau$
直流等效	開路	短路
串聯	$C_{eq} = \dfrac{C_1 C_2}{C_1 + C_2}$	$L_{eq} = L_1 + L_2$
並聯	$C_{eq} = C_1 + C_2$	$L_{eq} = \dfrac{L_1 L_2}{L_1 + L_2}$
儲存能量	$W_C = \dfrac{1}{2} C v_C^2$	$W_L = \dfrac{1}{2} L i_L^2$

圖 4.1 平行板電容的構造

空，也可以是絕緣的材料，如空氣、雲母片、鐵氟龍等。絕緣材料的差異對電容而言可以用材料的介電常數 κ 表示。[1] 圖 4.1 即為一個電容的基本架構以及電路符號的表示法。

前述的理想平行板電容 C 可以寫為：

$$C = \frac{\kappa \varepsilon_0 A}{d} \tag{4.1}$$

其中 $\varepsilon_0 = 8.85 \times 10^{-12}$ F/m 為真空中的電容率。

導體間的真空或絕緣材料會使得電荷無法在導體間移動。然而如果在電容的兩平面間給予一個電壓差，電荷會累積在兩個平面上。當電壓調整，累積電荷的量也會隨之變化，因此雖然沒有電荷直接穿過兩個導體間，但就如同電流穿過電容一樣。

分離的電荷量值會與平板的外加電壓差成正比

$$Q_C = C V_C \tag{4.2}$$

其中 C 為電容值，可用來表示元件累積電荷的能力。電容值的單位是庫倫每伏特或是法拉（F）。對一般應用來說，法拉是一個非常大的數量，較為常見的是使用微法拉（$1\,\mu\text{F} = 10^{-6}$ F）或是皮法拉（$1\,\text{pF} = 10^{-12}$ F）

電流流經電容的量則可以其上儲存之電荷變化率來表示：

$$i_C(t) = \frac{dq_C(t)}{dt} \tag{4.3}$$

電容的電壓電流關係可以從式 4.2 和式 4.3 中得到：

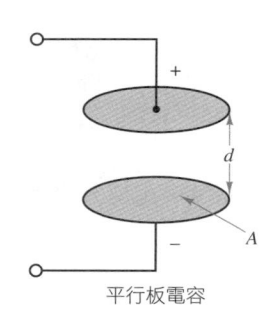

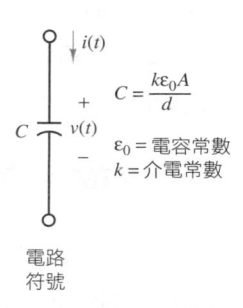

---

[1] 介電材料是沒有導電電子，但有大量電偶極的材料，此外該電偶即可電場所極化。

$$i_C(t) = C \frac{dv_C(t)}{dt} \qquad \text{電容的電壓電流關係} \tag{4.4}$$

式 4.4 在積分之後可以得到電容的等效電壓電流關係：

$$v_C(t) = \frac{1}{C} \int_{-\infty}^{t} i_C(\tau) d\tau \tag{4.5}$$

式 4.4 中可以看出，在直流電路中，流經電容的電流必為零。為什麼？因為電容兩端的電壓在直流電路中必然是常數，因此電壓對時間的微分也必然為零，因此式 4.4 中可以得到流經電容的電流必為零。

> 電容在直流電路中可等效為開路。

式 4.5 表示電容的電壓是由其過去時間通過的電流決定。若要計算電壓，則必須知道在某個初始時間 t_0 的初始電壓 V_0（初始條件），此時：

$$v_C(t) = V_0 + \frac{1}{C} \int_{t_0}^{t} i_C(\tau) d\tau \qquad t \geq t_0 \tag{4.6}$$

初始電壓 $v_C(t_0) = V_0$ 的意義在於在 t_0 的時間已經有一些電荷儲存在電容中，而該電容造成的電壓為 V_0。該電壓可由 $Q = CV$ 的關係求出。

等效電容

電阻在串聯或並聯時可以用一個等效電阻來表示，同樣的電容在串聯或並聯時也可以用一個等效電容來表示。以下為計算的規則。

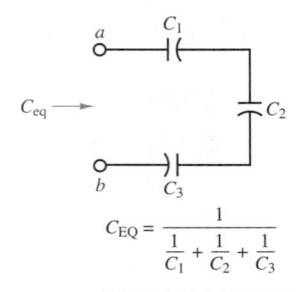

兩個電容串聯與並聯時，其等效電容分別為：

$$C_{eq} = \frac{C_1 C_2}{C_1 + C_2} \qquad \text{與} \qquad C_{eq} = C_1 + C_2 \tag{4.7}$$

可注意到串聯的電容為其兩電容的乘積除以和，與並聯的電阻規則相同。同樣的並聯的電容值為兩電容的和，也與串聯的電阻相同。更廣義的規則描述於圖 4.2 中。

$$C_{EQ} = \frac{1}{\frac{1}{C_1} + \frac{1}{C_2} + \frac{1}{C_3}}$$

串聯電容結合並聯電阻

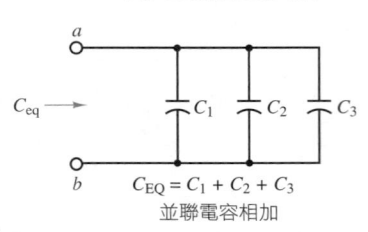

$$C_{EQ} = C_1 + C_2 + C_3$$

並聯電容相加

圖 4.2 電流中的等效電容

> 計算等效電容時，串聯電容就如同並聯電阻，而並聯電容就如同串聯電阻。

離散式電容

實際的電容很少用以空氣分隔的平行板來實現，因為這種架構會產生很低的電容值，或是佔據非常大的面積。為了要增加可

表 4.2 電容

材料	電容值範圍	最高電壓 (V)	頻率範圍 (Hz)
雲母	1 pF to 0.1 μF	100–600	10^3–10^{10}
陶瓷	10 pF to 1 μF	50–1,000	10^3–10^{10}
聚酯薄膜	0.001 μF to 10 μF	50–500	10^2–10^8
紙	1,000 pF to 50 μF	100–10,000	10^2–10^8
電解電容	0.1 μF to 0.2 F	3–600	10–10^4

提供的電容值（儲存能量的能力），實際的電容常用緊密的捲曲狀金屬片，中間以絕緣材料做分隔（紙或是聚酯薄膜）。表 4.2 列舉了幾種電容中常用的參數、材料、耐壓範圍、和適用的頻率範圍。耐壓範圍是一個重要參數，因為高電壓很有可能會貫穿絕緣材料。

實際的電容在板間會有些許洩漏的現象。製作精度上的瑕疵會使得一些電荷能夠穿越兩個金屬板間。這個現象通常可以用一個等效的電阻來與電容並聯。

電容中儲存的能量

電容中儲存的能量 $W_C(t)$ 可以從其功率積分得到，也就是電壓電流的乘積：

$$P_C(t) = i_C(t)v_C(t) = C\frac{dv_C(t)}{dt}v_C(t) = \frac{d}{dt}\left[\frac{1}{2}Cv_C^2(t)\right] \tag{4.8}$$

總能量則可以由功率的積分得到：

$$W_C(t) = \int P_C(\tau)\,d\tau = \int \frac{d}{d\tau}\left[\frac{1}{2}Cv_C^2(\tau)\right]d\tau \tag{4.9}$$

$$\boxed{W_C(t) = \frac{1}{2}Cv_C^2(t)} \qquad \text{能量儲存於電容中，單位為焦耳}$$

例 4.4 說明了如何計算電容儲存的能量。

量測重點

電容式位移傳感器與麥克風

從圖 4.2 中可看到平行板電容的電容值為：

$$C = \frac{\varepsilon A}{d} = \frac{\kappa \varepsilon_0 A}{d}$$

其中 ε 為材料的**電容率**，κ 為介電常數，ε_0 = 8.854 c 10^{-12} F/m 為真空的電容率，A 為平行板的面積，d 為平行板的間距。空氣的介電常數 $\kappa_{air} \approx 1$。若有一個面積一平方公尺、間隔一毫米的空氣平行板電容，其電容值為 8.854 nF，對這麼大的面積而言，這個電容值相當的小。另一方面，平行板電容可應用在運動傳感器上，可以利用電容來量測物體的運動或是位移。在

受到外力時，電容性運動傳感器中的平板會產生相對運動。透過平行板電容值的計算，可以得到：

$$C = \frac{8.854 \times 10^{-3} A}{x}$$

其中 C 為皮法拉的電容值，A 為平方毫米的平板面積，x 為毫米的平板間距。可觀察到 C 與 x 成反比，為非線性的關係。然而，若 x 的變化很小，C 的變化可以近似為線性變化。

傳感器的敏感度可以定義為電容 C 變化與間距 x 變化的比值。

$$S = \frac{dC}{dx} = -\frac{8.854 \times 10^{-3} A}{x^2} \quad \frac{\text{pF}}{\text{mm}}$$

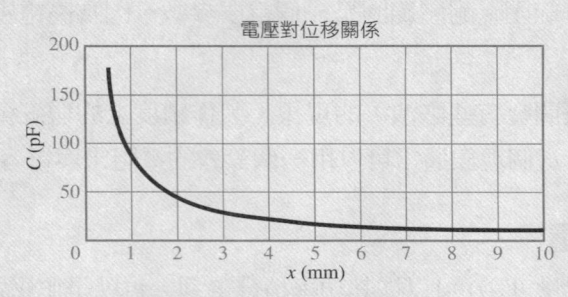

圖 4.3 電容式位移傳感器的響應

因此，敏感度為間距的函數，如圖 4.3 所示。當 x 趨近 0 時，$C(x)$ 的斜率會增加而使 S 增加。圖 4.3 顯示了 10 平方毫米的傳感器的特性。這種電容式位移傳感器使用在常見的**電容式麥克風**中，聲音的壓力波會使得麥克風中金屬線圈位移，位移造成的電容變化可再轉換成電壓或電流的變化。圖 4.4 將此概念延伸為差動壓力的量測。三極的可變電容可用兩個固定的面與一個通常為鋼製的偏移面製作。通常固定面是在玻璃板上挖出並鍍上導電層的凹槽，中間會有一個孔使得偏移面可以接觸到外界的流體或空氣。當偏移面兩方的壓力相同時，接腳 b、d 之間的電容 C_{db} 會與接腳 b、c 之間的電容 C_{bc} 相同。如果有壓力差存在，這兩個電容值就會變化，靠近偏斜面一方的電容會增加，而另一方的電容會降低。

當壓力差為零的時候，圖 4.4 中的惠斯登電橋可以用來精準的平衡輸出電壓 v_{out}。當壓力變化而使得兩個電容值不相同的時候，輸出電壓就會變化而不為零。後面將會再對該電橋電路進行分析。

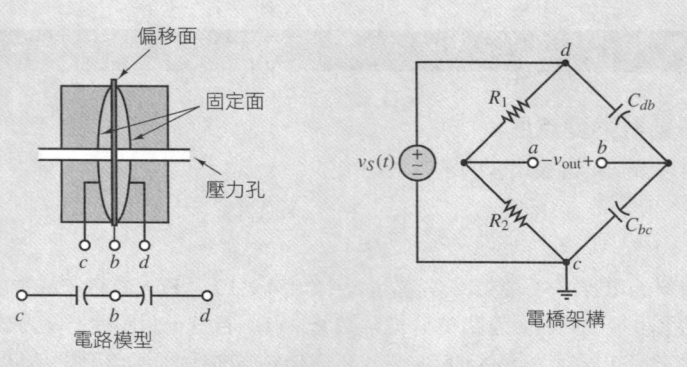

圖 4.4 電容性壓力傳感器與對應的電橋電路

範例 4.1　超級電容中的電荷分離量

問題

超級電容有很多不同的應用,例如在油電混合車取代或是配合電池使用。本例帶你認識該元件。

超級電容可以透過極化電解液來儲存靜電能量,雖然是電化學元件(因此也稱為電化學雙層電容),但在能量儲存機制上並不牽涉到化學反應。這個機制是高度可逆的,因此超級電容可以充放電高達數十萬次。超級電容可以視為兩個有外接偏壓的非活性的多孔板掛於電解液中。外加的正電壓會吸引電解液中的負離子,而外加的負電壓則會吸引正離子,這個現象就如同電容電荷分隔並儲存在兩個金屬板間一樣。

電容是藉由電荷分隔來儲存能量,所以越大的面積或是越小的間距可以得到越大的電容。傳統的電容面積是以平板的導體形成。若要得到高電容,可以把材質捲曲起來,或是製造一些質地來增加表面積。傳統的電容間距是以絕緣材料做分隔,通常會用塑膠片、紙片、或是陶瓷材料,並依其特性盡可能打薄。

超級電容使用多孔的碳基電極材料如圖 4.5 所示。多孔結構可以使表面積達到 2,000 平方公尺每克(m^2/g),比一般的或是特殊處理的平板結構要高得多。超級電容的間距是由電解液中的離子決定,而離子會被吸引到電極上。這種電荷距離(小於 10Å)遠小於一般材料的厚度。這些效應加起來使得超級電容與一般電容比起來有非常高的電容值。

請利用以上的資訊計算超級電容的儲存電荷,並計算在最高的電流下需要多少時間來使該電容放電。

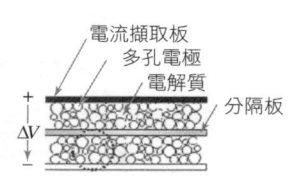

圖 4.5　超級電容結構

解

已知物理量:技術規格如下:

電容	100 F	($-10\%/+30\%$)
串聯電阻	DC	15 mΩ (±25%)
	1 kHz	7 mΩ (±25%)
電壓	連續	2.5 V;極值 2.7 V
限流	25 A	

求解:名目電壓下的電荷量以及使用最大限流完全放電所需要的時間。

分析:根據電容的電荷儲存定義可計算出

$$Q = CV = 100 \text{ F} \times 2.5 \text{ V} = 250 \text{ C}$$

計算放電所需的時間,可先假設電流為:

$$i = \frac{dq}{dt} \approx \frac{\Delta q}{\Delta t}$$

由於總電荷為 250 C,假設放電電流為 25 A,所需的放電時間為:

$$\Delta t = \frac{\Delta q}{i} = \frac{250 \text{ C}}{25 \text{ A}} = 10 \text{ s}$$

評論:超級電容會在第 5 章做更多討論,會在考慮內部電阻的狀況下,檢視充電與放電現象。

範例 4.2　由電壓計算通過電容的電流

問題

由兩端的電壓計算流經電容的電流。

解

已知物理量：電容兩端電壓，電容值。

求解：通過電容的電流。

假設：電容的初始電流為零。

已知條件：$v(t) = 5(1 - e^{-t/10^{-6}})$ V; $t \geq 0$ s; $C = 0.1\mu$F 電容兩端電壓繪於圖 4.6。

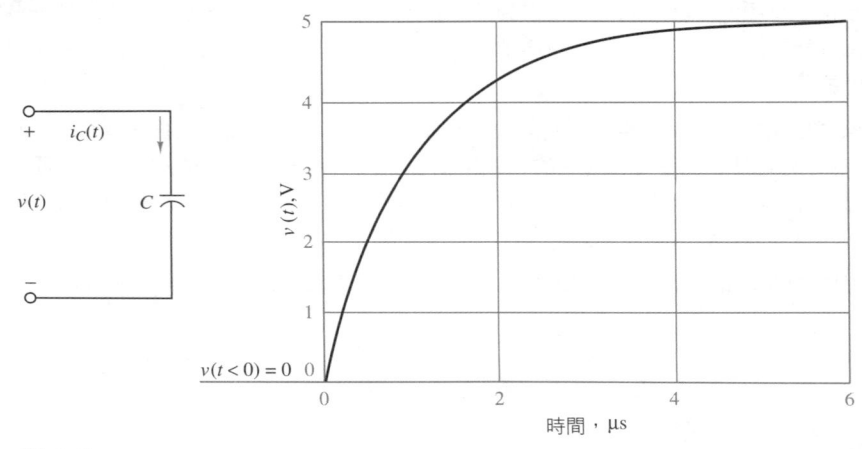

圖 4.6

假設：電容初始狀態是完全放電：$v(t = 0) = 0$。

分析：使用電容的定義，可藉由對電壓微分求得電流值：

$$i_C(t) = C\frac{dv(t)}{dt} = 10^{-7}\frac{5}{10^{-6}}\left(e^{-t/10^{-6}}\right) = 0.5e^{-t/10^{-6}} \text{ A} \quad t \geq 0$$

圖 4.7 中繪出電流的圖形，可注意到當電壓指數上升時，電流瞬間跳到了 0.5 A；電容的電流可以瞬間變化是一個非常重要的特性。

評論：當電壓趨近 5 V 的定值時，電容達到最大可乘載的電荷量（因為 $Q = CV$）而無法使更多的電流流進電容，此時總電荷為 $Q = 0.5 \times 10^{-6}$ C。這是相當小的電荷量，但卻可在短時間產生相當大的電流。例如，充滿電的電容可在 5 微秒的時間內提供 100 mA 電流：

$$I = \frac{\Delta Q}{\Delta t} = \frac{0.5 \times 10^{-6}}{5 \times 10^{-6}} = 0.1 \text{ A}$$

這種電容儲存能量的特性可以應用在許多實際電路上。

圖 4.7

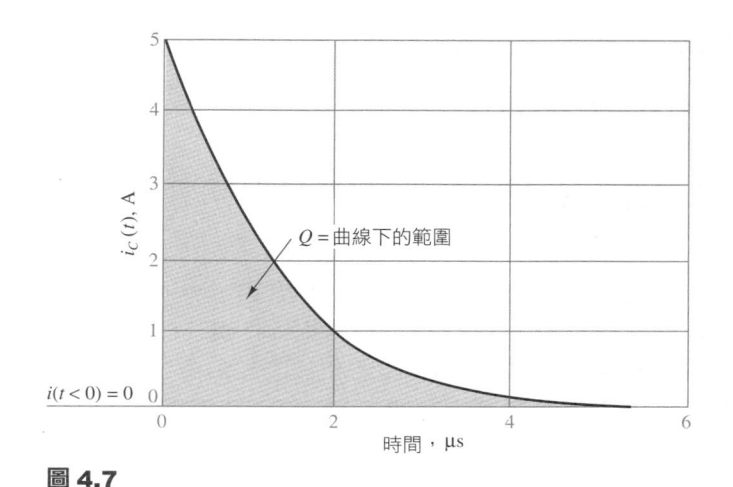

範例 4.3　由電流與初始條件計算電容的電壓

問題

由電流與初始電荷計算電容兩端的電壓。

解

已知物理量：電流；初始電壓；電容值。

求解：電容兩端電壓對時間的關係。

已知條件：通過電容的電流繪於圖 4.8(a)。

$$i_C(t) = I \begin{cases} 0 & t < 0\,\text{s} \\ 10\,\text{mA} & 0 \leq t \leq 1\,\text{s} \\ 0 & t > 1\,\text{s} \end{cases}$$

$$v_C(t=0) = 2\,\text{V} \qquad C = 1{,}000\,\mu\text{F}$$

假設：電容初始狀態已充電至 $V_0 = v_C(t=0) = 2$ V。

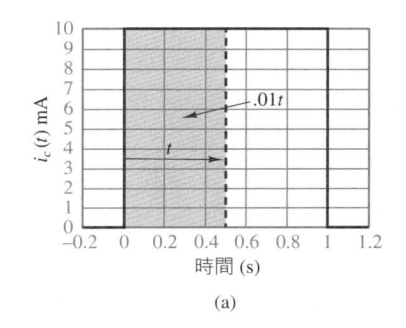

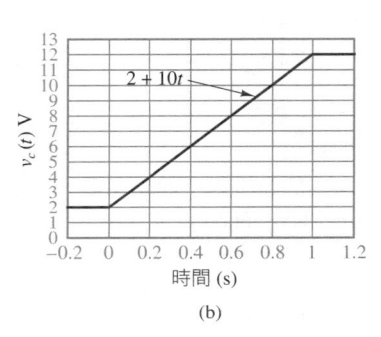

圖 4.8

分析：當電流已知時，電容的電壓與電流的積分關係可以用來計算電壓：

$$v_C(t) = \frac{1}{C}\int_{t_0}^{t} i_C(t')\,dt' + v_C(t_0) \qquad t \geq t_0$$

$$= \begin{cases} \dfrac{1}{C}\displaystyle\int_0^1 I\,dt' + V_0 = \dfrac{I}{C}t + V_0 = 10t + 2 \text{ V} & 0 \leq t \leq 1\text{ s} \\ 12 \text{ V} & t > 1\text{ s} \end{cases}$$

評論：當電流在 $t = 1$ s 停止時，由於電荷數量不變，所以電壓也維持定值，也就是當 $t = 1$ s 時，$V = Q/C =$ 常數 $= 12$ V。記住，電容的最終電壓值由兩個因素決定：(1) 電壓的初始值、(2) 電容所有過去的電流變化。圖 4.8(a) (b) 描述了這兩個波形。

範例 4.4　超級電容中的能量儲存

問題

　　計算例 4.1 中的超級電容儲存的能量。

解

已知物理量：見例 4.1

求解：電容中儲存的能量

分析：利用式 4.9 計算能量：

$$W_C = \frac{1}{2}Cv_C^2 = \frac{1}{2}(100\text{ F})(2.5\text{ V})^2 = 312.5\text{ J}$$

檢視學習成效

　　比較例 4.4 中的超級電容與功率電子應用中的電解電容（近似規模），兩者的儲存能量。若電解電容的規格為 2,000 μF 與 400 V，計算電解電容的能量。

解答：160 J

檢視學習成效

　　比較例 4.1 中的超級電容與功率電子應用中的電解電容（近似規模），兩者的充電間距。若電解電容的規格為 2,000 μF 與 400V，計算電解電容的充電間距。

解答：0.8 C

檢視學習成效

計算例 4.3 中流經電容的最大電流，假設電壓為 $v_C(t) = 5t + 3$ V 在 $0 \le t \le 5$ s。

解答：5 mA

檢視學習成效

一個 1,000 μF 電容兩端的電壓波形如下圖，請畫出其電流波形。

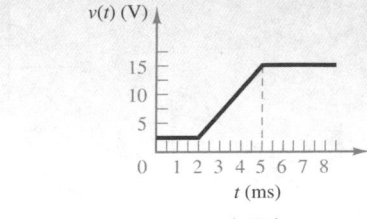

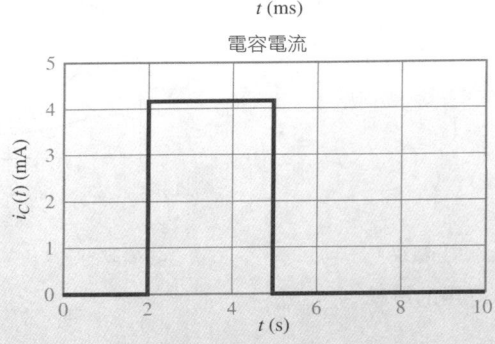

理想電感

電感是一個將能量以磁場形式儲存在導體線圈中的元件。一般來說，電感會存在任何圍成一個迴路的導線中。例如，螺線管是一個緊密環繞的線圈，其長度定義為 l、截面積為 A、圈數為 N。通常電感會使線圈圍繞著一個以絕緣體或是鐵磁性材料為主的**芯**，其結構可見圖 4.9。電流流經線圈時會產生一個穿過並且圍繞其芯的磁場。在理想的電感中導線的電阻為零。

電感值 L 可定義為：

$$L \equiv \frac{N\Phi}{i_L}$$

其中 Φ 為流經電感中芯的磁通量，i_L 為流經電感中芯的電流。理想的螺線管的電感值為：

(a) 電路符號

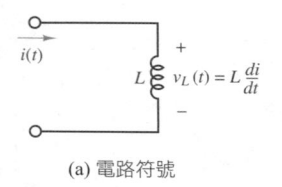

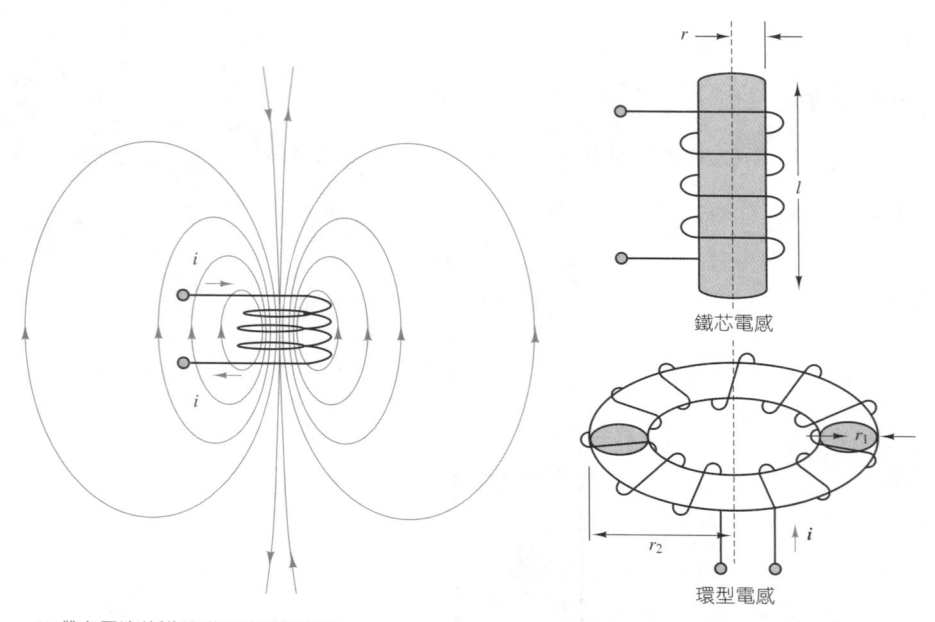

(b) 帶有電流的導線附近的磁通量線

(c) 實際的電感 鐵芯電感 螺旋管電感

圖 4.9 電感與實際應用的電感

$$L = \frac{\mu N^2 A}{\ell}$$

其中 μ 為中芯的導磁率。另一種常見的電感是螺旋電感，同樣可見於圖 4.10 中。螺旋管電感的截面有時也會成方形或圓形。

線圈的電感以亨利（H）計算：

$$1\,\text{H} = 1\,\text{V-s/A} \tag{4.10}$$

在**實際電感**上，亨利是一個合理的單位，不過有時也會使用毫亨利甚至微亨利。

電感的電壓電流關係可以從法拉第定律得到，只要依照電感定義將總磁通量 $N\Phi$ 代換為 Li。推導結果為：

$$\boxed{v_L(t) = L\frac{di_L(t)}{dt}} \quad \text{電感的電壓電流關係} \tag{4.11}$$

式 4.11 可以利用積分得到一個等效的關係式：

$$i_L(t) = \frac{1}{L} \int_{-\infty}^{t} v_L(\tau)\,d\tau \tag{4.12}$$

從式 4.11 中可以觀察到，電感兩端的電壓在直流電路中為零，因為依照定義，直流電路中流經電感的電流必為常數，所以其一階導數必然為零。因此，式 4.11 中的電感兩端的電壓也為零。

> 電感在直流電路中可等效為短路。

式 4.12 表示，流經電感的的電流是由其過去的電壓所決定。若要計算電流，則必須知道在某個初始時間 t_0 的初始電流 I_0（初始條件），此時：

$$i_L(t) = I_0 + \frac{1}{L}\int_{t_0}^{t} v_L(\tau)\,d\tau \qquad t \geq t_0 \tag{4.13}$$

等效電感

電阻在串聯或並聯時可以用一個等效電阻來表示，因此同樣的電感在串聯或並聯時也可以用一個等效電感來表示。以下為計算的規則。

兩個電感串聯與並聯時，其等效電感分別為：

$$L_{\text{eq}} = L_1 + L_2 \qquad \text{與} \qquad L_{\text{eq}} = \frac{L_1 L_2}{L_1 + L_2} \tag{4.14}$$

可注意到並聯的電感為其兩電感的乘積除以和，與並聯的電阻規則相同。同樣的串聯的電感值為兩電感的和，也與串聯的電阻相同。

> 計算等效電感時，串聯電感就如同串聯電阻，而並聯電感就如同並聯電阻。

對偶性

所有的電容和電感的關係都有對偶性，意指電容的關係式和電感的關係式互為鏡像。特別是在電容的關係式中的電壓和電流的角色，在電感的關係式中會互相交換。電壓電流的關係分別是：

$$i = C\frac{dv}{dt} \qquad \text{與} \qquad v = L\frac{di}{dt}$$

注意，電感的關係式可以藉由把電容的關係式中的電流換成電壓、電壓換成電流得到，同時把電容 C 換成電感 L。另一個對偶性的例子可以從電容電感的儲存能量關係式中看出（見下節）。

對偶性也可以在無關電壓電流的關係式中出現。例如，在計算等效電容與等效電

感的關係式中,串聯電容合成方式與並聯電感相同,且並聯電容合成方式與串聯電感相同。另一個例子可從電容電感的直流特性觀察。直流的電容為開路,而直流的電感為短路。本書後還有其他對偶性的例子。對偶性可以提供一個有助於學生記憶方程式的工具!

電感中儲存的能量

電感中儲存的能量 $W_L(t)$ 可以從其功率積分得到,也就是電壓電流的乘積:

$$P_L(t) = i_L(t)v_L(t) = i_L(t)L\frac{di_L(t)}{dt} = \frac{d}{dt}\left[\frac{1}{2}Li_L^2(t)\right] \tag{4.15}$$

$$W_L(t) = \int P_L(\tau)d\tau = \int \frac{d}{d\tau}\left[\frac{1}{2}Li_L^2(\tau)\right]d\tau \tag{4.16}$$

$$\boxed{W_L(t) = \frac{1}{2}Li_L^2(t) \qquad \text{能量儲存於電感中,單位為焦耳}}$$

可注意到與式 4.9 相比可看出與電容的對偶性關係。

範例 4.5　計算電感的電壓與電流

問題

從電流計算電感兩端的電壓。

解

已知物理量:電感上的電流;電感值。

求解:電感兩端的電壓。

已知條件:

$$i_L(t) = \begin{cases} 0 \text{ mA} & t \leq 1 \text{ ms} \\ -\frac{0.1}{4} + \frac{0.1}{4}t \text{ mA} & 1 \leq t \leq 5 \text{ ms} \\ 0.1 \text{ mA} & 5 \leq t \leq 9 \text{ ms} \\ 13 \times \frac{0.1}{4} - \frac{0.1}{4}t \text{ mA} & 9 \leq t \leq 13 \text{ ms} \\ 0 \text{ mA} & t \geq 13 \text{ ms} \end{cases}$$

$$L = 10 \text{ H}$$

時間 t 以毫秒表示。電感上的電流繪於圖 4.10。

假設:$i_L(t = 0) \leq 0$。

分析:電感兩端的電壓可以由微分電流再乘上電感值得到。

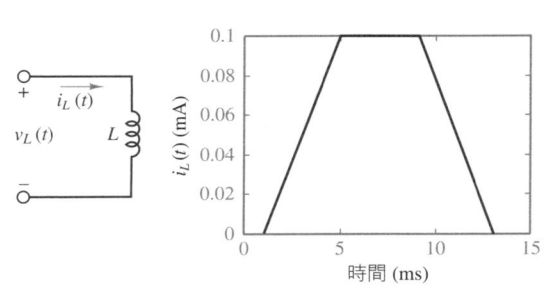

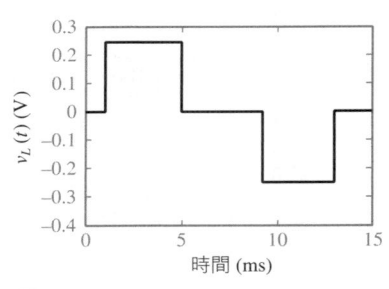

圖 4.10

圖 4.11

$$v_L(t) = L\frac{di_L(t)}{dt}$$

各段分別微分電感的電流之後，可以得到：

$$v_L(t) = \begin{cases} 0\,\text{V} & t < 1\,\text{ms} \\ 0.25\,\text{V} & 1 < t < 5\,\text{ms} \\ 0\,\text{V} & 5 < t < 9\,\text{ms} \\ -0.25\,\text{V} & 9 < t < 13\,\text{ms} \\ 0\,\text{V} & t > 13\,\text{ms} \end{cases}$$

電感兩端的電壓繪於圖 4.11

評論：注意，電感兩端的電壓可以做瞬間變化。

範例 4.6　由電壓計算電感的電流

問題

使用電感兩端的電壓對時間的圖形與初始電流計算電流對時間的函數。

解

已知物理量：電感兩端的電壓；初始條件（$t = 0$ 時的電流）；電感值。

求解：通過電感的電流。

已知條件：

$$v(t) = \begin{cases} 0\,\text{V} & t < 0\,\text{s} \\ -10\,\text{mV} & 0 < t < 1\,\text{s} \\ 0\,\text{V} & t > 1\,\text{s} \end{cases}$$

$$L = 10\,\text{mH}; \qquad i_L(t=0) = I_0 = 0\,\text{A}$$

電感兩端的電壓繪於圖 4.12(a)。

分析：使用電感的電壓電流的積分關係可得到電流資訊：

$$i_L(t) = i_L(t_0) + \frac{1}{L}\int_{t_0}^{t} v(\tau)\,d\tau \qquad t \geq t_0$$

$$= \begin{cases} I_0 + \dfrac{1}{L}\displaystyle\int_0^t (-10\times 10^{-3})\,d\tau = 0 + \dfrac{-10^{-2}}{10^{-2}}t = -t\,\text{A} & 0 \leq t \leq 1\,\text{s} \\ -1\,\text{A} & t \geq 1\,\text{s} \end{cases}$$

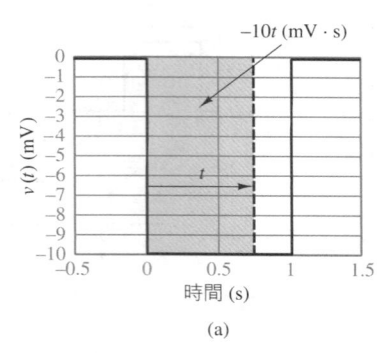

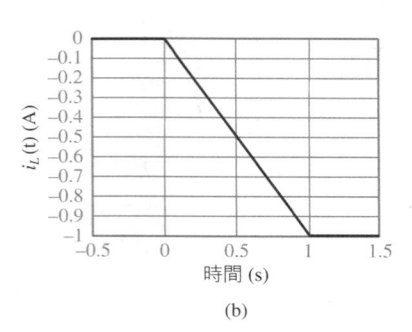

圖 4.12

通過電感的電流繪於圖 4.12(b)

評論：注意，電感兩端的電壓可以做瞬間變化。

範例 4.7　點火線圈中儲存的能量

問題

計算車用點火線圈中儲存的能量。

解

已知物理量：電感上的初始電流（$t=0$ 時的電流）；電感值。

求解：電感中儲存的能量。

已知條件：$L = 10$ mH，$i_L = I_0 = 8$ A。

分析：

$$W_L = \frac{1}{2}Li_L^2 = \frac{1}{2} \times 10^{-2} \times 64 = 32 \times 10^{-2} = 320 \text{ mJ}$$

評論：第 5 章中會對車用點火線圈的暫態電壓電流作更深入的分析。

檢視學習成效

下圖是通過一個 50mH 電感的電流波形。請畫圖電感的電壓 $v_L(t)$。

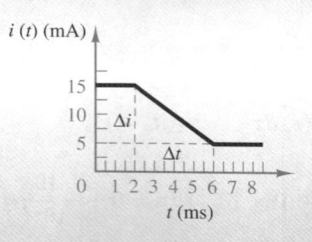

電感器電壓

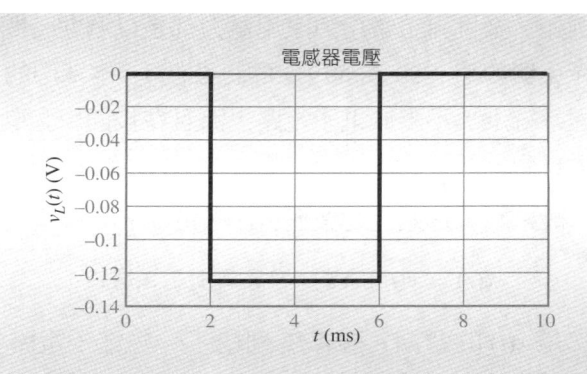

檢視學習成效

計算一個 10mH 電感兩端的最大電壓值，已知 $0 \leq t \leq 2$ s 時通過的電流為 $i_L(t) = -2t(t-2)$ A，其餘時間為零。

解答：40 mA

檢視學習成效

計算並繪出儲存在一個 50mH 電感中的能量與功率，電流波形繪於下方。$t = 3$ ms 時，儲存的能量為何？

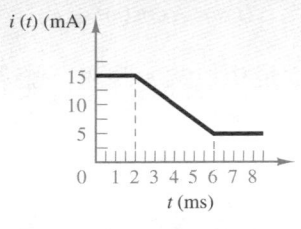

解答：
$$w(t) = \begin{cases} 5.625 \times 10^{-6} \text{ J} & 0 \leq t < 2 \text{ ms} \\ 0.156t^2 - (2.5 \times 10^{-3})t + 10^{-5} & 2 \leq t < 6 \text{ ms} \\ 0.625 \times 10^{-6} & t \geq 6 \text{ ms} \end{cases}$$

$$p(t) = \begin{cases} (20 \times 10^{-3} - 2.5t)(-0.125 \text{ W}) & 2 \leq t < 6 \text{ ms} \\ 0 & 則 \end{cases}$$

$w(t = 3 \text{ ms}) = 3.9\ \mu\text{J}$

4.2 時間相依的電源

週期性的時間相依波形常見於實際的應用，同時也可很有效地近似許多物理現

象，例如，全世界工業用與家用電力都是以週期時間相依電壓電流的形式來產生與傳送（50 或 60 Hz 的正弦波）。本章中的方法可以應用在許多工程系統上，不限於電子電路，而且在後面學習動力系統或控制系統時也會見到。

一般來說，週期性的波形 $x(t)$ 滿足以下的方程式

$$x(t) = x(t + nT) \qquad n = 1, 2, 3, \ldots \tag{4.17}$$

其中 T 是 $x(t)$ 的週期。圖 4.13 列舉了一些電子電路中常見的週期性波形。如正弦波、三角波、方波、脈衝波、鋸齒波等波形通常可以以電壓形式（較少見以電流形式）由商用的訊號產生器提供。

本章討論時變的電壓電流，特別是正弦（交流）的電源。圖 4.14 是時間相依的電源的常用電路符號：

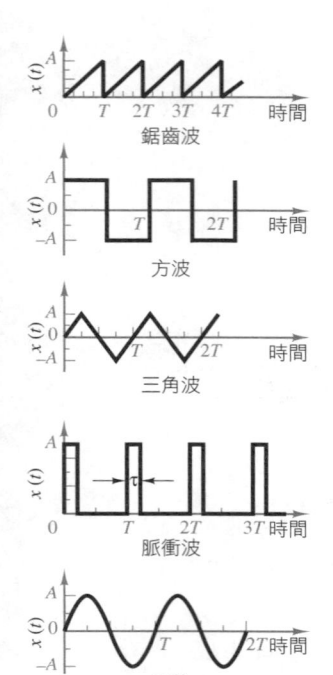

圖 4.13

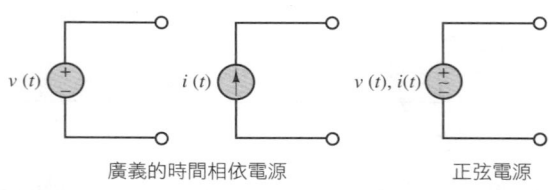

圖 4.14 時間相依電源

正弦波是最重要的一種時間相依波形，一般性的表示式為：

$$x(t) = A\cos(\omega t + \phi) \tag{4.18}$$

其中 A 是振幅，ω 是角頻率，ϕ 是相位角。圖 4.15 整理了 A、ω、ϕ 在以下波形中的定義：

$$x_1(t) = A\cos(\omega t) \qquad 及 \qquad x_2(t) = A\cos(\omega t + \phi)$$

其中

$$\begin{aligned}
f &= 週期頻率 = \frac{1}{T} && \text{cycles/s 或 Hz} \\
\omega &= 角頻率 = 2\pi f && \text{rad/s} \\
\phi &= 2\pi \frac{\Delta t}{T} && \text{rad} \\
&= 360 \frac{\Delta t}{T} && \text{deg}
\end{aligned} \tag{4.19}$$

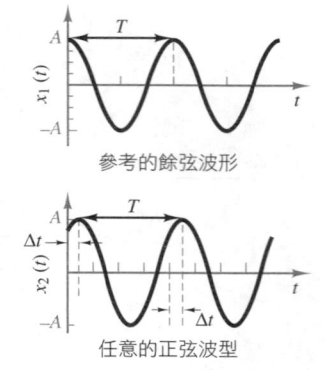

圖 4.15 正弦波

正弦波相對於參考波形的時間差可以用相位差 φ 來表示。參考波形通常為餘弦函數。例如，一個正弦波可以用一個餘弦波加上一個 $\pi/2$ 的相位差來表示：

$$A\sin(\omega t) = A\cos\left(\omega t - \frac{\pi}{2}\right) \qquad (4.20)$$

注意,負的相位差代表一個往右的時間差。

雖然角頻率(單位為弳度每秒)很常用來描述正弦波的頻率,一般的頻率 f(單位為次數每秒或赫茲 Hz)也很常使用。在樂理中,正弦波代表的是純音,例如 A-440 代表的是 440 Hz。頻率和角頻率的關係為 2π 的乘積。

$$\boxed{\omega = 2\pi f \qquad \text{角頻率}} \qquad (4.21)$$

平均值

有很多量化的方法可以來計算時變的電子訊號的振幅。一種方法是平均值(也就是直流值),波形的平均值是對一個適當的時間區間內做積分計算如下:

$$\boxed{\langle x(t) \rangle = \frac{1}{T}\int_0^T x(\tau)\,d\tau \qquad \text{平均值}} \qquad (4.22)$$

其中 T 是積分的時間範圍。圖 4.16 描述的 $x(t)$ 在 T 秒內的平均振幅。對正弦訊號而言,其平均值為零。

$$\langle A\cos(\omega t + \phi)\rangle = 0 \qquad (4.23)$$

這個結果可能會造成一些誤解。如果一個正弦的電壓或電流的平均值為零,那麼其平均功率是否為零呢?很明顯的不是,否則一般的 60Hz 正弦波電力就無法照亮我們的家庭或是街道了!

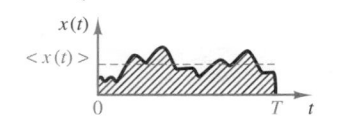

圖 4.16 波形的平均值

等效值或方均根值

一個更有用的計算交流波形 $x(t)$ 的振幅大小的方式稱為方均根值(RMS 值),計算時會考慮波形對於其平均值的變化,其定義為:

$$\boxed{x_{\text{rms}} = \sqrt{\frac{1}{T}\int_0^T x^2(t')\,dt'} \qquad \text{方均根值}} \qquad (4.24)$$

注意,平方根中的部分是 $x^2(t)$ 的平均,也就是說方均根值即為平方值的平均再取其平方根。還有,所謂「平方值的平均」的單位與 $x^2(t)$ 相同,而「平方值的平均的平方根」x_{rms} 的單位與 $x(t)$ 相同。

為什麼方均根值會很有用？可考慮兩個類似的電路，電路中都有一個電阻 R 與電源串接：其中一個是直流電源而另一個為交流電源，電路圖可參考圖 4.17。該交流電源的等效值可視為一個直流值使得兩個電路中的電阻 R 消耗的能量相同。如此可以決定一個交流電源的等效值來計算電源的功率，其表示式如下：

$$P_{\text{avg}} = I_{\text{eff}}^2 R = \frac{V_{\text{eff}}^2}{R} \tag{4.25}$$

上面的等效值如何與方均根值連結？實際上可證明這個交流電源的等效值就是其方均根值！

$$I_{\text{eff}} = I_{\text{rms}} = \sqrt{\frac{1}{T} \int_0^T i_{\text{ac}}^2(\tau)\,d\tau} \quad \text{與} \quad V_{\text{eff}} = V_{\text{rms}} = \sqrt{\frac{1}{T} \int_0^T v_{\text{ac}}^2(\tau)\,d\tau} \tag{4.26}$$

> 交流電源的方均根值或是等效值為一個可對同一個電阻造成相同平均功率的直流值。

電壓或電流的等效值（或方均根值）可寫作 V_{rms} 或 $\tilde{V}$ 與 I_{rms} 或 $\tilde{I}$。例 4.9 證明了正弦波的方均根值與極大值的比值為 $1/\sqrt{2} \approx 0.707$。一般而言，這個比對不同種類的波形如方波、三角波、鋸齒波等會有不同值。表 4.3 列出了一些不同波形的比值，也列出了這些波型的傅立葉級數，顯示這些波形都可表示成正弦波的疊加。

表 4.3 方均根值與極大值的比值

波形	$x(t)$	$x_{\text{rms}}/x_{\text{pk}}$
正弦波	$A \sin(\omega t)$	$\dfrac{\sqrt{2}}{2} \approx 0.707$
方波	$\dfrac{8A}{\pi} \sum_{k=1}^{\infty} \dfrac{\sin[(2k-1)\omega t]}{2k-1}$	1
三角波	$\dfrac{8A}{\pi^2} \sum_{k=1}^{\infty} (-1)^k \dfrac{\sin[(2k-1)\omega t]}{(2k-1)^2}$	$\dfrac{\sqrt{3}}{3} \approx 0.577$
鋸齒波	$\dfrac{2A}{\pi} \sum_{k=1}^{\infty} \dfrac{\sin(k\omega t)}{k}$	$\dfrac{\sqrt{3}}{3} \approx 0.577$

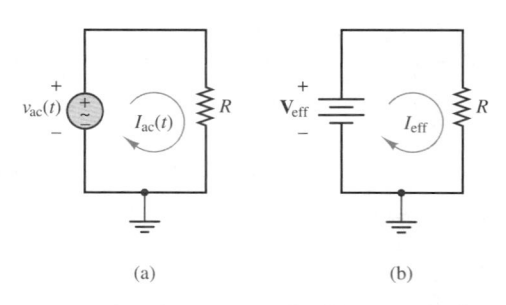

圖 4.17 交流和直流電路，說明等效與方根值的概念

範例 4.8　正弦波的平均值

問題

計算訊號 $x(t) = 10\cos(100t)$ 的平均值。

解

已知物理量：週期訊號 $x(t)$ 的函數。

求解：$x(t)$ 的平均值

分析：此為週期性訊號而其週期為 $T = 2\pi/\omega = 2\pi/100$，因此要對一個週期去積分並計算其平均值：

$$\langle x(t)\rangle = \frac{1}{T}\int_0^T x(t')\,dt' = \frac{100}{2\pi}\int_0^{2\pi/100} 10\cos(100t)\,dt$$

$$= \frac{10}{2\pi}\langle \sin(2\pi) - \sin(0)\rangle = 0$$

評論：正弦波的平均值為零，與其振幅或頻率無關。

範例 4.9　正弦波的方均根值

問題

計算訊號 $i(t) = I\cos(\omega t)$ 的方均根值。

解

已知物理量：週期訊號 $i(t)$ 的函數。

求解：$i(t)$ 的方均根值

分析：利用式 (4.26) 中方均根值的定義，可計算出：

$$i_{\text{rms}} = \sqrt{\frac{1}{T}\int_0^T i^2(t')\,dt'} = \sqrt{\frac{\omega}{2\pi}\int_0^{2\pi/\omega} I^2\cos^2(\omega t')\,dt'}$$

$$= \sqrt{\frac{\omega}{2\pi}\int_0^{2\pi/\omega} I^2\left[\frac{1}{2} + \frac{1}{2}\cos(2\omega t')\right]dt'}$$

$$= \sqrt{\frac{1}{2}I^2 + \frac{\omega}{2\pi}\int_0^{2\pi/\omega}\frac{I^2}{2}\cos(2\omega t')\,dt'}$$

可注意到在平方根中積分式的值為零（參考例 4.8），因為我們是對一個正弦波積分兩個週期。

$$i_{\text{rms}} = \frac{I}{\sqrt{2}} = 0.707I$$

其中 I 是波形 $i(t)$ 的極值。

評論：正弦波的方均根值與其振幅或頻率無關。

檢視學習成效

將電壓 $v(t) = 155.6 \sin(377t + \pi/6)$ 表示為餘弦形式。可注意到角頻率 $\omega = 377$ rad/s 和頻率 60 Hz 相同,也就是一般北美地區電力的頻率。

解答:$v(t) = 155.6 \cos(377t - \pi/3)$

檢視學習成效

計算下圖鋸齒波的平均值與方均根值。

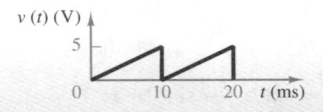

解答:$v_{avg} = 2.5$ V;$v_{rms} = 2.89$ V

檢視學習成效

計算下圖三角波的平均值與方均根值。

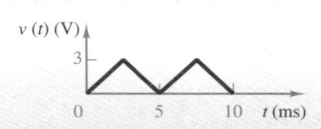

解答:$v_{avg} = 1.5$ V;$v_{rms} = \sqrt{3}$ V

檢視學習成效

計算下圖半餘弦波的平均值與方均根值。

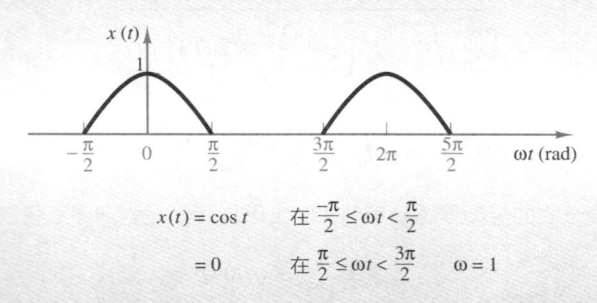

$x(t) = \cos t$ 在 $\dfrac{-\pi}{2} \leq \omega t < \dfrac{\pi}{2}$

$\quad\quad\;\; = 0$ 在 $\dfrac{\pi}{2} \leq \omega t < \dfrac{3\pi}{2}$ $\quad \omega = 1$

解答:$x_{avg} = 1/\pi$;$x_{rms} = 0.5$

4.3 含有能量儲存元件的電路

在第 2 章與第 3 章中討論的電阻性電路不受時間影響，電源都是常數值（直流），而電阻的電壓電流關係（歐姆定律）也與時間無關。因此，在前兩章中的方程式都是代數方程式且電壓電流都是常數。如果在電阻電路中使用正弦波電源，電壓和電流就不再是常數而會對時間有正弦函數的關係。此變化會與電源有著相同的頻率和相位，同時電壓電流的振幅會與電阻電路有關。這種使用正弦波電源的電路稱為交流電路。

純電阻的交流電路和直流電路相比並無特殊之處。然而當電容電感加入到交流電路之後，交流電路的行為就變得比較有意思且有挑戰了，主要原因在於電容電感的電壓電流關係和時間有關，因此電路中的電壓和電流的振幅與相位會與電源的值不同，造成交流電路的解必須對所有的電壓電流都要考慮振幅與相位兩個參數。相對地，直流電路只需要考慮振幅一個參數。注意，交流電路中，所有電壓電流的頻率都與電源的頻率相同。

為了更清楚地描述此處的問題，考慮圖 4.18 中的一個簡單串聯迴路，其中包含一個已知的正弦電壓源、電阻、電容。使用迴路的 KVL 可以得到以下的方程式：

含有能量儲存元件的電路可由微分方程式描述。

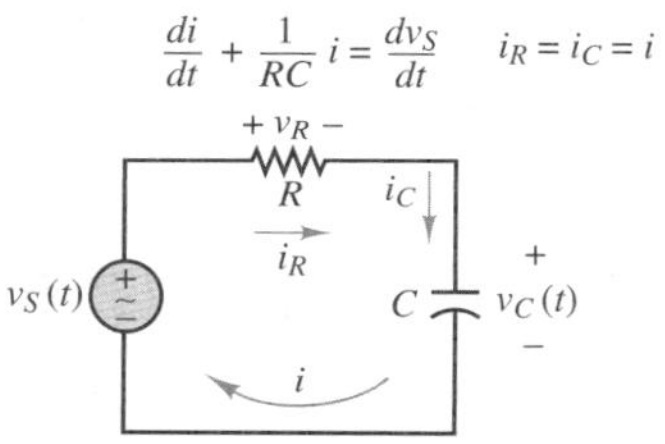

$$\frac{di}{dt} + \frac{1}{RC}i = \frac{dv_S}{dt} \quad i_R = i_C = i$$

圖 4.18 含有能量儲存元件的電路

$$v_S - v_R - v_C = 0 \quad \text{或} \quad v_R + v_C = v_S \tag{4.27}$$

電容兩端的電壓 v_C 通常稱為這個電路的狀態變數。電路的狀態變數就是電容兩端的電壓和通過電感的電流。注意，並聯的電容會有相同的狀態變數，同樣的串聯電感也有類似特性。串聯電容和並聯電感也可以分別簡化為一個只有單一狀態變數的等效的電容或電感。因此，一個電路中的狀態變數數目等於無法被簡化的電容電感數目。一般來說，最好是先學習如何求解狀態變數，因為這對於完整求解時間相依電路很重要（參考第 5 章的「暫態分析」）。同時，狀態變數也可以完整描述電路的行為。其他的所有變數都可以從中推導出來。

要求解出 v_C 必須先利用電阻與電容基本的電壓電流關係：

$$v_R = i_R R \quad \text{與} \quad i_C = C\frac{dv_C}{dt} \tag{4.28}$$

可注意到電阻和電容的電流在這個單一迴路中是相同的，因此：

$$v_R = i_R R = i_C R = RC\frac{dv_C}{dt} \tag{4.29}$$

將結果代回到式 4.27：

$$RC\frac{dv_C}{dt} + v_C = v_S \tag{4.30}$$

同除式 4.30 的兩邊簡化為標準形式：

$$\frac{dv_C}{dt} + \frac{1}{RC}v_C = \frac{1}{RC}v_S \tag{4.31}$$

這個結果就是一個一階的線性常微分方程式。v_C 的解有兩個部分：(1) 暫態解以及 (2) 穩態解。完整的微分方程解就是將這兩個部分相加。很重要的是，當得到完整的 v_C 之後，$i(t)$ 和 $v_R(t)$ 就可以很容易由式 4.28 和 4.29 得到。

$i(t)$ 和 $v_R(t)$ 也可以寫出類似的微分方程式。$i(t)$ 的方程式為：

$$\frac{di}{dt} + \frac{1}{RC}i = \frac{1}{R}\frac{dv_S}{dt} \tag{4.32}$$

可注意到方程式的左邊和式 4.31 中相同，只有右邊有不同。$v_R(t)$ 的微分方程式也有類似特性。常數 RC 的單位是時間；這個常數是很重要的一類參數，通常被稱為時間參數。

在處理更複雜的電路時，計算流程大致上是一樣的，除了 KVL、KCL 需要對很多電路元件重複使用很多次，得到的結果會是數個一階或者是二階的線性常微分方程式。可以想像，當計算複雜的電路時，會得到非常複雜且冗長的結果。實際上，有些時候雖然我們只對某電壓或電流感興趣，但會需要同時對全部的狀態變數求解。

為了避免這些複雜的狀況，有另一個方式可以盡量避免計算時間的導數而分別計算穩態解與暫態解：

- 穩態解：求穩態解時，可以用尤拉公式把正弦函數以複數的指數函數表示，避免使用電容電感的電壓電流關係中的時間導數關係。這些方程式可以用標準的代數方程式技巧來求解，其中唯一的複雜度在於實數的計算變為複數的計算。另一個好處是，在於求解電路問題中，只需要了解一些過程細節即可，而不需要真的去處理。
- 暫態解：戴維寧定律與諾頓定律會盡可能用來簡化電路，以處理電路中的狀態變數。這樣得到的結果通常會是已知的簡單一階或二階電路形式，不需要真的去求解微分方程式。這個方法只要在所有的電容電感可分離為簡單的負載下都有用。剩下的電路只包含電阻與獨立電源，可用第 3 章中的技巧簡化。第 5 章中會對暫態解做更深入的探討。

後面的章節主要討論如同圖 4.18 中電路，或是更複雜電路的穩態解。雖然這些穩態解並沒有明確地包含正弦函數，但仍然代表著正弦函數，最終仍可以用尤拉公式很明確地轉換回去。圖 4.19 顯示一個典型的正弦函數解的例子。深黑色的曲線代表著圖 4.18 提供能量的正弦電壓源，灰色曲線代表著電容兩端受電源激發得到的電壓。

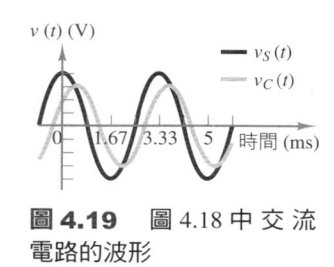

圖 4.19 圖 4.18 中交流電路的波形

注意，電容的電壓只是把電源的電壓做大小的縮放以及時間的平移（也就是相位的平移）。電源就如同是其他電壓電流的參考值。圖 4.19 就是一個典型的穩態解，可以總結如下：

> 在一個有著正弦波電源的線性電路中，所有的電壓電流都是有著與電源相同頻率的正弦波。這些電壓電流相對於電源只做大小的縮放與在時間上的平移（也就是相位的平移）。

檢視學習成效

求出圖 4.20 電路中描述 $v_R(t)$ 的微分方程式。

解答：$\dfrac{dv_R}{dt} + \dfrac{1}{RC}v_R = \dfrac{dv_S}{dt}$

4.4 正弦波電源電路的相量解

本節介紹如何使用複數來描述正弦訊號，不需要去求微分方程式的解。（附錄 A 中會介紹較完整的複數的代數運算，包含範例以及練習題。）本章後段會假設讀者都很熟悉複數的垂直座標與極座標的表示式、如何在兩個表示式之間做轉換、複數的加減乘除運算。

任意的正弦訊號都可以用時域表示：

$$v(t) = A\cos(\omega t + \theta)$$

或是以頻域表示（也叫做相量）：

$$V(j\omega) = Ae^{j\theta} = A\angle\theta = A(\cos\theta + j\sin\theta)$$

括號中的 $j\omega$ 就代表著相量中的與時間相依的 $e^{j\omega t}$。

相量是一個複數，其大小為正弦波振幅的極值，相位為正弦波相對於電源的相

Leonhard Euler (1707–1783)
(© *The Print Collector/Alamy.*)

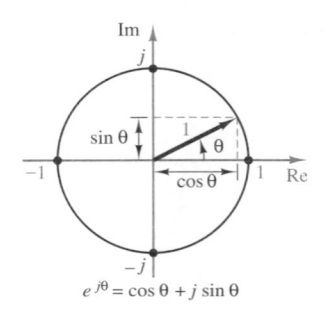

圖 4.20 尤拉公式

位。頻域上的相位差和時域上的時間差是等效的。

因為正弦波電源的頻率 ω 對交流電路中所有的相量都相等，複數的指數項 $e^{j\omega t}$ 就不需明確寫出，因此必須特別注意電路中的每一個正弦波電源的頻率為何。

尤拉公式

本方程式取名於著名的瑞士數學家 Leonhard Euler，是相量表示式的基礎。相量與向量很相似，差異在於相量是在複數平面上計算其大小與方向。另外，向量可拆解為 x 與 y 分量，而相量可拆解為實數部分與虛數部分。尤拉公式定義了複數的指數 $e^{j\theta}$ 為一個複數平面上的單位相量，其實數與虛數部分可表示為：

$$e^{j\theta} = \cos\theta + j\sin\theta \tag{4.33}$$

其中虛數單位 $j \equiv \sqrt{-1}$。θ 只是一個佔位符號，任何數值都可以代換到 θ 的位置。下一節會討論 θ 的物理意義即代表著正弦波的相位差。

圖 4.20 中的**深黑色**箭頭代表著複數平面上的複數指數項，其實數部分和虛數部分分別為 $\cos\theta$ 與 $\sin\theta$。這兩個分量及指數項本身就組成了一個直角三角形，從畢氏定理可以得到：

$$\left|e^{j\theta}\right|^2 = \cos^2\theta + \sin^2\theta = 1 \tag{4.34}$$

因此 $e^{j\theta}$ 的大小為一，這也是稱為單位相量的原因。單位相量的角度為 θ。當 θ 增加或減少時，單位相量就會在複數平面上對著原點做逆時針或順時針的旋轉。

如圖 4.20 般使得複數形式變得圖形化是極為有用的方法。例如當 $\theta = \pi/2$ 時，單位相量的點是沿著虛數軸向上，也就是：

$$e^{j\pi/2} = 1\angle\frac{\pi}{2} = j \tag{4.35}$$

其中 $1\angle\frac{\pi}{2}$ 代表大小是 1 而相位角是 $\theta = \pi/2$。而當 $\theta = \pi$ 時，單位相量的點是沿著實數軸向左，也就是：

$$e^{j\pi} = 1\angle\pi = -1 \tag{4.36}$$

同樣的：

$$e^{j3\pi/2} = 1\angle\frac{3\pi}{2} = -j \quad \text{與} \quad e^{j2\pi} = 1\angle 2\pi = 1 \tag{4.37}$$

這些表示式將極座標形式放於左邊，垂直座標形式放在最右邊。在極座標形式中，相量是以大小（或是振幅）與相位角表示，可寫成 $Ae^{j\theta}$ 或 $A\angle\theta$；在垂直座標形式中，相量是以實數部分與虛數部分表示。表 4.4 中列舉了幾個常見的相量的極座標與垂直座

表 4.4 常見的相量於極座標與垂直座標的表示法

複數的指數函數	極座標	垂直座標
$Ae^{\pm j(\pi/6)}$	$A\angle \pm \pi/6$	$A(\sqrt{3}/2 \pm j/2)$
$Ae^{\pm j\pi/4}$	$A\angle \pm \pi/4$	$A(\sqrt{2}/2 \pm j\sqrt{2}/2)$
$Ae^{\pm j\pi/3}$	$A\angle \pm \pi/3$	$A(1/2 \pm j\sqrt{3}/2)$
$Ae^{\pm j \arctan(3/4)}$	$A\angle \pm \arctan(3/4)$	$A(0.8 \pm j0.6)$
$Ae^{\pm j \arctan(4/3)}$	$A\angle \pm \arctan(4/3)$	$A(0.6 \pm j0.8)$

標的形式比較。

一般狀況下，極座標和垂直座標有以下的關係：

$$Ae^{j\theta} = A\angle\theta = A\cos\theta + jA\sin\theta \tag{4.38}$$

實際上，尤拉的恆等式不過就是複數平面上的三角函數關係而已。

相量

要了解如何將正弦訊號以複數表示，可先將一般的正弦波訊號以尤拉公式重新表達：

$$A\cos(\omega t + \theta) = \text{Re}\,(Ae^{j(\omega t + \theta)}) \tag{4.39}$$

注意，任何的正弦波都可以用一個複數指數函數的實部來表示，該指數內為 $\omega t + \theta$ 且其大小或振幅為 A。這個表示式可以進一步簡化：由於對所有的電壓電流而言，角頻率 ω 都是相同的，所以其中的成分 $e^{j\omega t}$ 會出現在每一個相量中，而不需要寫出來；同樣取實部的運算子 Re 也可簡化，最終可得到如下的關係：

$$\text{Re}\left\{Ae^{j(\omega t + \theta)}\right\} = \text{Re}\left\{Ae^{j\omega t}e^{j\theta}\right\} \Rightarrow Ae^{j\theta} \tag{4.40}$$

在這個表示式中，⇒ 代表著在省略取實部的運算子 Re 以及 $e^{j\omega t}$ 成分的狀況下兩者是等效的。一般來說，這樣地簡化同樣可以用來表示極座標和垂直座標下的相量：

$$Ae^{j\theta} = A\angle\theta = A(\cos\theta + j\sin\theta) \tag{4.41}$$

簡化的目的是為了方便運算。計算時必須記得，實際上有一個沒有寫出來的 $e^{j\omega t}$ 成分。

第 4.5 節會介紹一個新的物理量稱為阻抗。阻抗的定義為電壓相量與電流相量的比值。在此處可先了解處理複數的乘除運算的五個重要複數運算規則：

1. 兩相量比值的大小即為兩相量大小的比值。例如，|**V/I**| = |**V**| / |**I**|。
2. 兩相量比值的角度即為兩相量角度的差。∠(**V/I**) = ∠**V** − ∠**I**。
3. 要求得相量 **A** 的共軛 **Ā**，可將其全部的虛數單位 j 的符號反轉得到。共軛相量的大小與原相量相同。共軛相量的相位角為原相量的相位角取負值。

4. 相量與其共軛的乘積為一實數，該實數為相量的大小取平方，可以由原相量的實數部分取平方與虛數部分取平方後相加得到。
5. 相量的相位角可由該相量的虛數部分與實數部分的比值取反正切函數得到。例如：$\angle \mathbf{A} = \arctan([\mathrm{Im}(\mathbf{A})/\mathrm{Re}(\mathbf{A})])$

上述的粗體字部分為相量。

交流訊號的疊加

例 4.10 中探討了有著不同大小與相位，但有相同頻率的兩個正弦波電源。很重要的是，該範例使用的方法並不能應用於兩個有不同頻率電源的狀況。以下會探討兩個不同頻率的電源的狀況。

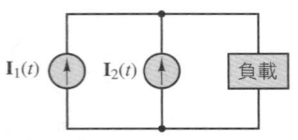

圖 4.21 交流訊號的疊加

考慮圖 4.21 中的電路，其中一個負載被兩個並聯的電流源激發：

$$i_1(t) = A_1 \cos(\omega_1 t + \theta_1)$$
$$i_2(t) = A_2 \cos(\omega_2 t + \theta_2) \tag{4.42}$$

使用 KCL，負載電流是兩個電源的電流相加：

$$i_{\text{load}}(t) = i_1(t) + i_2(t) \tag{4.43}$$

到目前為止都很正常，然而當 i_1 與 i_2 有著不同頻率的狀況下，式 4.43 並沒有辦法使用相量形式來表示。一開始可能會試圖寫成：

$$\mathbf{I}_{\text{load}} = \mathbf{I}_1 + \mathbf{I}_2$$
$$= A_1 e^{j\theta_1} + A_2 e^{j\theta_2} \tag{4.44}$$

然而考慮到 $e^{j\omega_1 t}$ 和 $e^{j\omega_2 t}$ 並沒有在 $\mathbf{I}_1$ 與 $\mathbf{I}_2$ 中寫出：

$$i_1(t) = \mathrm{Re}\,(\mathbf{I}_1 e^{j\omega_1 t})$$
$$i_2(t) = \mathrm{Re}\,(\mathbf{I}_2 e^{j\omega_2 t}) \tag{4.45}$$

式 4.44 中的兩個相量沒有辦法相加，而必須分開表示；負載電流的表示式只能寫為式 4.43 的形式。如果要分析有著不同頻率的正弦波電源的電路，必須要對每一個電源分別求解，再將其個別的解相加起來。例 4.11 會說明如何使用交流疊加來求得兩個不同頻率電源造成的電路響應。

4.5 阻抗

電阻、電容、電感的電壓電流關係都可以用相量的形式來表示。使用相量可以把電壓電流關係轉為廣義的歐姆定律：

$$\mathbf{V} = \mathbf{I}\mathbf{Z}$$

其中相量 $\mathbf{Z}$ 稱為阻抗。電阻、電感、電容的阻抗分別可以寫為：

第 4 章 交流網路分析　173

$$\mathbf{Z}_R = R \qquad \mathbf{Z}_L = j\omega L \qquad \mathbf{Z}_C = \frac{1}{j\omega C} = \frac{-j}{\omega C}$$

電阻、電感、電容的組合則可以用一個等效的阻抗來表示：

$$\mathbf{Z}(j\omega) = R(j\omega) + jX(j\omega) \qquad 單位為 \Omega（歐姆）$$

其中 $R(j\omega)$ 與 $X(j\omega)$ 也可分別稱為阻抗 $\mathbf{Z}$ 的「電阻」部分與「電抗」部分。這兩項一般來說都是頻率 ω 的函數。

導納則定義為阻抗的倒數：

$$\mathbf{Y} \equiv \frac{1}{\mathbf{Z}} \qquad 單位為 S$$

依上述的定義，第 3 章中介紹的直流電路的電路關係與方法都可以拓展到交流電路中，不需要再學習任何新方法或是方程式來解交流電路，只需要學習如何使用相量的方式來應用這些方法和方程式。

廣義的歐姆定律

阻抗的概念反映出電感和電容可被視為隨頻率變化電阻的這個事實。圖 4.22 描述了由正弦電壓源 $\mathbf{V}_S$ 與阻抗負載 $\mathbf{Z}$ 組成的交流電路，阻抗也同樣是以相量表示電阻、電容、電感的特性，可得到電流 $\mathbf{I}$ 可由以下關係式表示為一個相量：

$$\boxed{\mathbf{V} = \mathbf{I}\mathbf{Z}} \qquad 廣義的歐姆定律 \tag{4.46}$$

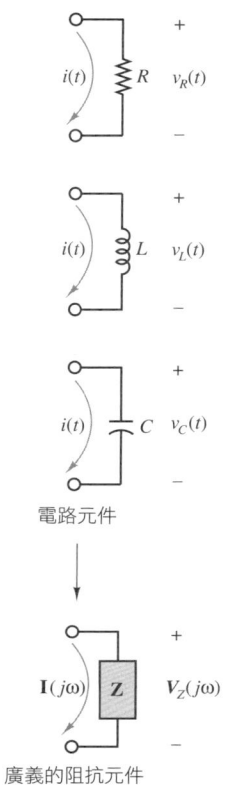

圖 4.22　阻抗的概念

任何以電阻、電容、電感組成的網路都可以找到一個描述其特性的阻抗 $\mathbf{Z}$。要求得 $\mathbf{Z}$ 則需先得到電阻、電容、電感的阻抗值，可由阻抗的定義得到：

$$\boxed{\mathbf{Z} \equiv \frac{\mathbf{V}}{\mathbf{I}}} \qquad 阻抗的定義 \tag{4.47}$$

當電阻、電容、電感的阻抗已知之後，就可以用串聯與並聯的方式（即為電阻的串聯與並聯規則）來求得電源所看到的等效阻抗。

電阻的阻抗

電阻的電壓電流關係就是歐姆定律，在正弦電源的條件下可寫為：（參考圖 4.23）

$$v_R(t) = i_R(t)R$$

或以相量形式表達

$$\mathbf{V}_R e^{j\omega t} = \mathbf{I}_R e^{j\omega t} R \tag{4.48}$$

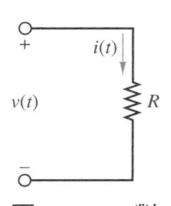

圖 4.23　對於電阻：$v_R(t) = i_R(t)R$

其中相量 $\mathbf{V}_R = V_R e^{j\theta_V}$、$\mathbf{I}_R = I_R e^{j\theta_I}$。

式 4.47 的兩邊可以同除以 $e^{j\omega t}$：

$$\mathbf{V}_R = \mathbf{I}_R R \tag{4.49}$$

電阻的阻抗可以用阻抗的定義得到：

$$\mathbf{Z}_R \equiv \frac{\mathbf{V}_R}{\mathbf{I}_R} = R \tag{4.50}$$

因此：

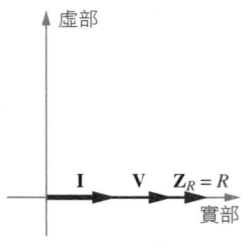

$$\boxed{\mathbf{Z}_R = R \qquad \text{電阻的阻抗}} \tag{4.51}$$

電阻的阻抗是實數，也就是大小為 R 相位為零如圖 4.24 所示。阻抗的相位與元件的電壓與電流相位差相等。對於電阻而言，電壓與電流是同相位的，也就是說，在時域上，電壓與電流的波形沒有時間差。

必須記住交流電路中的相量電壓與電流都是頻率的函數，也就是 $\mathbf{V} = \mathbf{V}(j\omega)$ 與 $\mathbf{I} = \mathbf{I}(j\omega)$，這對於後面計算電容電感的阻抗很重要。

圖 4.24 電阻的阻抗相量圖，其中 Z = V/I

電感的阻抗

電感的電壓電流關係如下：（參考圖 4.25）

$$v_L(t) = L \frac{di_L(t)}{dt} \tag{4.52}$$

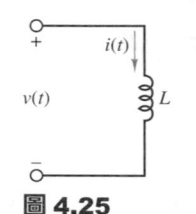

圖 4.25 對於電感：$v_L(t) = L \frac{di_L}{dt_L}(t)$

後續的推導必須很小心的進行。流經電感的電流在時域上可寫為：

$$i_L(t) = I_L \cos(\omega t + \theta)$$

如此

$$\begin{aligned}
\frac{d}{dt} i_L(t) &= -I_L \omega \sin(\omega t + \theta) \\
&= I_L \omega \cos(\omega t + \theta + \pi/2) \\
&= \mathrm{Re}\left(I_L \omega e^{j\pi/2} e^{j\omega t + \theta}\right) \\
&= \mathrm{Re}\left[I_L (j\omega) e^{j\omega t + \theta}\right]
\end{aligned} \tag{4.53}$$

注意，對時間求導數的淨效果是在原始 $i_L(t)$ 複數表示式一個額外的 $(j\omega)$ 項前，也就是：

時域	頻域
$\frac{d}{dt}$	$j\omega$

因此將電感的電壓電流關係以相量形式表示：

$$\mathbf{V}_L = L(j\omega)I_L \tag{4.54}$$

電感的阻抗即可由阻抗的定義得到：

$$\mathbf{Z}_L \equiv \frac{\mathbf{V}_L}{I_L} = j\omega L \tag{4.55}$$

因此

$$\boxed{\mathbf{Z}_L = j\omega L = \omega L \angle \frac{\pi}{2}} \quad \text{電感的阻抗} \tag{4.56}$$

電感的阻抗是正的純虛數，也就是阻抗的大小為 ωL 且相位為 $\pi/2$ 強度或 90°，如圖 4.26 所示。與前述相同，阻抗的相位即為元件的電壓與電流的相位差，對電感而言，電壓會領先電流 $\pi/2$ 強度，也就是說電壓波的波形會出現在電流波的波形的 $T/4$ 秒之前，其中 T 是兩者共同的週期。

可注意到電感的行為就如同一個複數隨頻率變化的電阻，其電阻值 ωL 隨著角頻率 ω 成正比。也就是一個電感會隨著頻率增加成正比「阻擋」來自電源的電流：在低頻時，電感的行為如同短路一般；而在高頻時，電感的行為就如同開路一般。

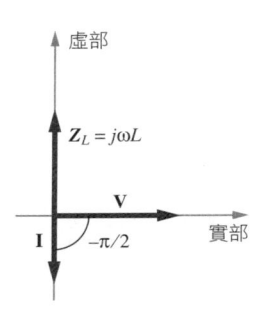

圖 4.26 電感的阻抗相量圖，其中 $\mathbf{Z} = \mathbf{V}/\mathbf{I}$

電容的阻抗

電感電容的對偶性能推導出電容的阻抗應該與上述推導電容的阻抗方式成鏡像。電容的電壓電流關係如下：（參考圖 4.27）

$$i_C(t) = C \frac{dv_C(t)}{dt} \tag{4.57}$$

電容兩端的電壓在時域上可寫為：

$$v_C(t) = V_C \cos(\omega t + \theta)$$

如此

$$\begin{aligned}
\frac{d}{dt} v_C(t) &= -V_C \omega \sin(\omega t + \theta) \\
&= V_C \omega \cos(\omega t + \theta + \pi/2) \\
&= \text{Re}\left(V_C \omega e^{j\pi/2} e^{j\omega t + \theta}\right) \\
&= \text{Re}\left[V_C(j\omega) e^{j\omega t + \theta}\right]
\end{aligned} \tag{4.58}$$

注意，對時間求導數的效果可視為在原始的表示式 $v_C(t)$ 外加一個額外的 $(j\omega)$ 項。因此，將電容的電壓電流關係以相量形式表示：

圖 4.27 對於電容：
$i_C(t) = C \frac{d}{dt} v_C(t)$

$$\mathbf{I}_C = C(j\omega)\mathbf{V}_C \tag{4.59}$$

電容的阻抗即可由阻抗的定義得到：

$$\mathbf{Z}_C \equiv \frac{\mathbf{V}_C}{\mathbf{I}_C} = \frac{1}{j\omega C} = \frac{-j}{\omega C} \tag{4.60}$$

因此

$$\boxed{\mathbf{Z}_C = \frac{1}{j\omega C} = \frac{-j}{\omega C} = \frac{1}{\omega C}\angle\frac{-\pi}{2} \qquad \text{電容的阻抗}} \tag{4.61}$$

電容的阻抗是負的純虛數，也就是阻抗的大小為 $1/\omega C$ 且相位為 $-\pi/2$ 弳度 $-90°$，如圖 4.28 所示。與前述相同，阻抗的相位即為元件的電壓與電流的相位差。對電容而言，電壓會落後電流 $\pi/2$ 弳度，也就是說電壓波的波形會出現在電流波的 $T/4$ 秒之後，其中 T 是兩者共同的週期。

可注意到，電容的行為就如同一隨頻率變化的複數電阻，其電阻值 $1/\omega C$ 隨著角頻率 ω 成反比。因此，電容會隨著頻率成反比「阻擋」來自電源的電流。在低頻時，電容的行為如同開路一般；而在高頻時，電容的行為就如同短路一般。

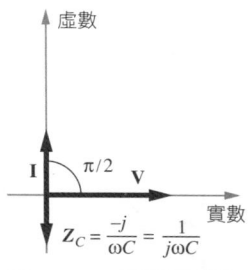

圖 4.28 電容的阻抗相量圖，其中 $\mathbf{Z} = \mathbf{V}/\mathbf{I}$

廣義的阻抗

阻抗的概念對於分析交流電路問題是很有用的，使得為直流電路建立的電路理論可以應用到交流電路上。例 4.12 到 4.14 說明了串聯和並聯的阻抗元件如何簡化為單一的阻抗，方法與電阻電路非常類似。唯一的差異就在於計算等效阻抗時，要使用複數運算而不是純量運算。

圖 4.31 在複數平面上描述了 $\mathbf{Z}_R(j\omega)$、$\mathbf{Z}_L(j\omega)$、$\mathbf{Z}_C(j\omega)$。在此要強調，雖然電阻的阻抗是純實數，而電容電感的阻抗是純虛數，對任意的電路而言，電源所看到的阻抗可以是複數：

$$\mathbf{Z}(j\omega) = R + X(j\omega) \tag{4.62}$$

此處的 R 稱為電阻、X 稱為電抗，R、X、$\mathbf{Z}$ 的單位都是歐姆。

圖 4.29 將 R、L、C 的阻抗表示在複數平面上，右上象限的阻抗稱為電感性，而右下象限的阻抗稱為電容性

導納

第 3 章提到，在某些電路分析的問題上，使用電導會比使用電阻更容易處理，例如在做節點分析或是在許多並聯元件的分析時，因為並聯的電導只要相加即可。在交流電路分析時，也可以

第 4 章 交流網路分析

同樣定義類似的參數，也就是一個複數阻抗的倒數。如同 G 定義為電阻的倒數一般，導納 $\mathbf{Y}$ 定義為阻抗的倒數：

$$\mathbf{Y} \equiv \frac{1}{\mathbf{Z}} \quad \text{單位為 S} \tag{4.63}$$

當阻抗 $\mathbf{Z}$ 是純實數時，導納 $\mathbf{Y}$ 就與電導 G 相等。但一般的狀況下，$\mathbf{Y}$ 都是複數：

$$\mathbf{Y} = G + jB \tag{4.64}$$

其中 G 是交流電導，B 稱為電納，也就是一個相對於電抗的參數。G 明顯地和 B 與 R 和 X 相關，但之間的關係並非單純的倒數。假設 $\mathbf{Z} = R + jX$，那麼導納則為：

$$\mathbf{Y} = \frac{1}{\mathbf{Z}} = \frac{1}{R + jX} \tag{4.65}$$

分子分母乘上一個 $\mathbf{Z}$ 的共軛複數 $R - jX$ 得到：

$$\mathbf{Y} = \frac{\bar{\mathbf{Z}}}{\bar{\mathbf{Z}}\mathbf{Z}} = \frac{R - jX}{R^2 + X^2} \tag{4.66}$$

於是可以得到：

$$\begin{aligned} G &= \frac{R}{R^2 + X^2} \\ B &= \frac{-X}{R^2 + X^2} \end{aligned} \tag{4.67}$$

注意，一般來說，G 並不會是 R 的倒數！例 4.15 說明如何計算常見電路的 Y。

量測重點

電容式位移傳感器

在前一個量測重點中有介紹到，電容式位移傳感器包含一個可變距離 x 的平行板電容，其電容值為：

$$C = \frac{8.854 \times 10^{-3} A}{x} \quad \text{pF}$$

其中 C 是皮法拉的電容值，A 是平方毫米的平行板面積，x 是毫米的可變距離。該電容的阻抗為：

$$\mathbf{Z}_C = \frac{1}{j\omega C} = \frac{x}{j\omega(8.854 \times 10^{-3})A} \quad \text{T}\Omega$$

因此在特定的頻率 ω 下，電容的阻抗可與分隔的距離成線性變化。這個結果可以應用於一個電橋，如圖 4.4 中，一半的電橋是差動壓力傳感器，而兩個固定平板間的薄膜會受到兩邊的壓力變化。造成當電橋的一端電容增加時（參考圖 4.30），會使另一端的電容就會減少。假設電橋是以正弦波電源激發。

使用分壓和 KVL 來計算輸出的電壓相量：

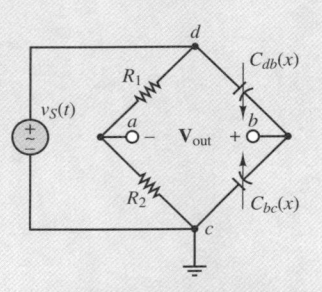

圖 4.30 電容式位移傳感器的電橋電路

$$\mathbf{V}_{\text{out}}(j\omega) = \mathbf{V}_S(j\omega)\left(\frac{\mathbf{Z}_{C_{bc}}(x)}{\mathbf{Z}_{C_{db}}(x) + \mathbf{Z}_{C_{bc}}(x)} - \frac{R_2}{R_1 + R_2}\right)$$

當薄膜沒有移開中心位置，此時傳感器兩邊的名目電容值為：

$$C = \frac{\varepsilon A}{d}$$

其中 d 是薄膜對固定平面的分隔距離（毫米）。當薄膜位移一個等效距離 x 時，可計算出兩邊的電容：

$$C_{db} = \frac{\varepsilon A}{d - x} \quad \text{與} \quad C_{bc} = \frac{\varepsilon A}{d + x}$$

因此，兩邊的阻抗值為：

$$\mathbf{Z}_{C_{db}} = \frac{d - x}{j\omega(8.854 \times 10^{-3})A} \quad \text{與} \quad \mathbf{Z}_{C_{bc}} = \frac{d + x}{j\omega(8.854 \times 10^{-3})A}$$

由此得到輸出的電壓相量為：

$$\begin{aligned}
\mathbf{V}_{\text{out}}(j\omega) &= \mathbf{V}_S(j\omega)\left(\frac{\frac{d + x}{j\omega(8.854 \times 10^{-3})A}}{\frac{d - x}{j\omega(8.854 \times 10^{-3})A} + \frac{d + x}{j\omega(8.854 \times 10^{-3})A}} - \frac{R_2}{R_1 + R_2}\right) \\
&= \mathbf{V}_S(j\omega)\left(\frac{1}{2} + \frac{x}{2d} - \frac{R_2}{R_1 + R_2}\right) \\
&= \mathbf{V}_S(j\omega)\frac{x}{2d} \quad \text{（假設 } R_1 = R_2\text{）}
\end{aligned}$$

因此，輸出電壓的大小會隨著輸入電壓等比例變化，並且與位移量成正比。圖 4.31 顯示一個典型的 $v_{\text{out}}(t)$，對應於一個 0.05 毫米「三角狀」薄膜位移，且 $d = 0.5$ 毫米、$\mathbf{V}_S$ 為頻率 25 赫茲、振幅 1 伏特。

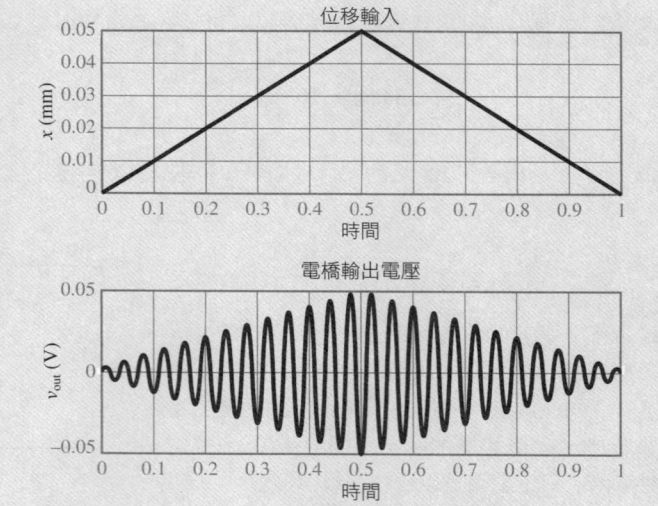

圖 4.31 電容式位移傳感器的位移輸入與電橋輸出電壓

第 4 章 交流網路分析

範例 4.10　使用相量將兩個正弦波電源相加

問題

計算兩個串聯的正弦波電壓源兩端的電壓相量（圖 4.32）。

解

已知物理量：

$$v_1(t) = 15\cos\left(377t + \frac{\pi}{4}\right) \quad \text{V}$$

$$v_2(t) = 15\cos\left(377t + \frac{\pi}{12}\right) \quad \text{V}$$

求解： 等效的電壓相量 $v_S(t)$。

分析： 將兩阻電壓以相量表示：

$$\mathbf{V}_1(j\omega) = 15\angle\frac{\pi}{4} \quad \text{V}$$

$$\mathbf{V}_2(j\omega) = 15e^{j\pi/12} = 15\angle\frac{\pi}{12} \quad \text{V}$$

圖 4.33 的向量圖將 $\mathbf{V}_1$ 及 $\mathbf{V}_2$ 表示在複數平面上。將電壓從極座標轉為垂直座標形式：

$$\mathbf{V}_1(j\omega) = 10.61 + j10.61 \quad \text{V}$$

$$\mathbf{V}_2(j\omega) = 14.49 + j3.88 \quad \text{V}$$

接下來使用 KVL：

$$\mathbf{V}_S(j\omega) = \mathbf{V}_1(j\omega) + \mathbf{V}_2(j\omega) = 25.10 + j14.49 = 28.98e^{j\pi/6} = 28.98\angle\frac{\pi}{6} \quad \text{V}$$

最後將 $\mathbf{V}_S(j\omega)$ 轉換至時域的形式：

$$v_S(t) = 28.98\cos\left(377t + \frac{\pi}{6}\right) \quad \text{V}$$

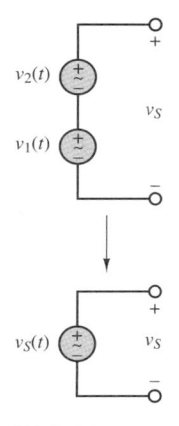

圖 4.32

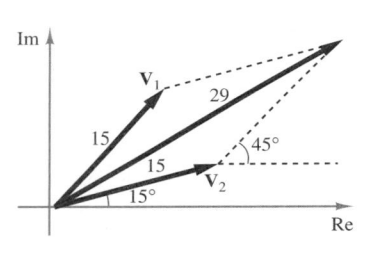

圖 4.33　相量圖可表示出兩個電壓相量的相加

評論： 將兩個正弦函數在時域上相加，再使用三角函數的恆等式計算，可以得到相同的結果。

$$v_1(t) = 15\cos\left(377t + \frac{\pi}{4}\right) = 15\cos\frac{\pi}{4}\cos(377t) - 15\sin\frac{\pi}{4}\sin(377t) \quad \text{V}$$

$$v_2(t) = 15\cos\left(377t + \frac{\pi}{12}\right) = 15\cos\frac{\pi}{12}\cos(377t) - 15\sin\frac{\pi}{12}\sin(377t) \quad \text{V}$$

合併整理後：

$$v_1(t) + v_2(t) = 15\left(\cos\frac{\pi}{4} + \cos\frac{\pi}{12}\right)\cos(377t) - 15\left(\sin\frac{\pi}{4} + \sin\frac{\pi}{12}\right)\sin(377t)$$

$$= 15[1.673\cos(377t) - 0.966\sin(377t)]$$

$$= 15\sqrt{(1.673)^2 + (0.966)^2} \times \cos\left[377t + \arctan\left(\frac{0.966}{1.673}\right)\right]$$

$$= 15\left[1.932\cos\left(377t + \frac{\pi}{6}\right)\right] = 28.98\cos\left(377t + \frac{\pi}{6}\right) \quad \text{V}$$

上述表示式必然與相位法一致，但是需要更多的運算。相位法分析通常能簡化運算。

範例 4.11　交流重疊原理

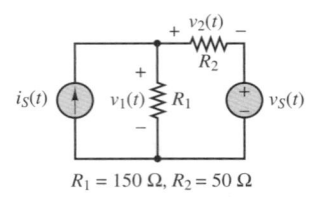

問題

針對圖 4.34，計算電壓 $v_1(t)$ 與 $v_2(t)$。

圖 4.34　$R_1 = 150\,\Omega,\ R_2 = 50\,\Omega$

解

已知條件：

$$i_S(t) = 0.5\cos[2\pi(100t)] \quad \text{A}$$
$$v_S(t) = 20\cos[2\pi(1{,}000t)] \quad \text{V}$$

求： $v_1(t)$ 與 $v_2(t)$。

分析： 由於電流源與電壓源頻率不同，因此可以使用重疊原理分別計算各電源之貢獻。首先考慮電流源，如圖 4.35 將電壓源短路。以相位法表示電流源，結果如下所示：

$$\mathbf{I}_S(j\omega) = 0.5 e^{j0} = 0.5\angle 0 \ \text{A} \qquad \omega = 2\pi 100 \ \text{rad/s}$$

圖 4.35

然後

$$\mathbf{V}_{R1}(\mathbf{I}_S) = \mathbf{I}_S \frac{R_2}{R_1 + R_2} R_1 = 0.5\angle 0 \left(\frac{50}{150+50}\right)150 = 18.75\angle 0 \ \text{V}$$
$$\omega = 2\pi(100)\ \text{rad/s}$$

$$\mathbf{V}_{R2}(\mathbf{I}_S) = \mathbf{I}_S \frac{R_1}{R_1 + R_2} R_2 = 0.5\angle 0 \left(\frac{150}{150+50}\right)50 = 18.75\angle 0 \ \text{V}$$
$$\omega = 2\pi(100)\ \text{rad/s}$$

接著考慮電壓源，同理將電流源斷路，如圖 4.36 所示。以相位法表示電流源，結果如下所示：

$$\mathbf{V}_S(j\omega) = 20 e^{j0} = 20\angle 0 \ \text{V} \qquad \omega = 2\pi(1{,}000)\ \text{rad/s}$$

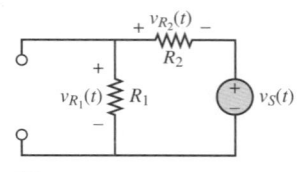

圖 4.36

利用分壓原理可以獲得：

$$\mathbf{V}_{R1}(\mathbf{V}_S) = \mathbf{V}_S \frac{R_1}{R_1 + R_2} = 20\angle 0 \left(\frac{150}{150+50}\right) = 15\angle 0 \ \text{V}$$
$$\omega = 2\pi(1{,}000)\ \text{rad/s}$$

$$\mathbf{V}_{R2}(\mathbf{V}_S) = -\mathbf{V}_S \frac{R_2}{R_1 + R_2} = -20\angle 0 \left(\frac{50}{150+50}\right) = -5\angle 0 = 5\angle \pi \ \text{V}$$
$$\omega = 2\pi(1{,}000)\ \text{rad/s}$$

將電壓源與電流源的貢獻加總並轉回時域，即可獲得跨在各電阻上之電壓：

$$\mathbf{V}_{R1} = \mathbf{V}_{R1}(\mathbf{I}_S) + \mathbf{V}_{R1}(\mathbf{V}_S)$$
$$v_1(t) = 18.75\cos[2\pi(100t)] + 15\cos[2\pi(1{,}000t)] \quad \text{V}$$

與

$$\mathbf{V}_{R2} = \mathbf{V}_{R2}(\mathbf{I}_S) + \mathbf{V}_{R2}(\mathbf{V}_S)$$
$$v_2(t) = 18.75\cos[2\pi(100t)] + 5\cos[2\pi(1{,}000t) + \pi] \quad \text{V}$$

評論： 因為兩元件頻率不同，故不可能再進一步簡化。

範例 4.12　真實電容器的阻抗

問題

真實電容可由一理想電容並聯電阻加以取代。該電阻代表電容器的能量損耗。針對角頻率 $\omega = 377$ rad/s（60 Hz），求解真實電容阻抗。如果該電容器工作在更高頻率，例如 800 kHz，則阻抗為何？

解

已知條件： 圖 4.37；$C_1 = 0.001\ \mu\text{F} = 1\times10^{-9}$ F；$R_1 = 1$ MΩ。

求： 並聯元件之等效阻抗。

分析： 利用並聯原理計算等效阻抗。

$$\mathbf{Z}_1 = R_1 \parallel \frac{1}{j\omega C_1} = \frac{R_1(1/j\omega C_1)}{R_1 + 1/j\omega C_1} = \frac{R_1}{1 + j\omega C_1 R_1}$$

代入數值後可得：

$$\mathbf{Z}_1(\omega=377) = \frac{10^6}{1 + j377\times 10^6 \times 10^{-9}} = \frac{10^6}{1 + j0.377}$$
$$= 9.3571\times 10^5 \angle(-0.3605)\ \Omega$$

理想電容器阻抗為：

$$\mathbf{Z}_{C1}(\omega=377) = \frac{1}{j377\times 10^{-9}} = 2.6525\times 10^6 \angle(-1.5708)\ \Omega$$

當頻率為 800 kHz，或是 $1600\pi \times 10^3$ rad/s，真實電容阻抗為：

$$\mathbf{Z}_1(\omega = 1600\pi \times 10^3) = \frac{10^6}{1 + j1600\pi \times 10^3 \times 10^{-9} \times 10^6}$$
$$= \frac{10^6}{1 + j1600\pi} = 198.9 \angle(-1.5706)\ \Omega$$

理想電容阻抗為：

$$\mathbf{Z}_{C1}(\omega = 1600\pi \times 10^3) = \frac{1}{j1600\pi \times 10^3 \times 10^{-9}} = 198.9 \angle(-1.5708)\ \Omega$$

很明顯，阻抗 $\mathbf{Z}_1$ 與 $\mathbf{Z}_{C1}$ 相同。也就是說，在高頻時電阻特性是可忽略的。

評論： 在並聯架構中，低頻時，理想電容器阻抗較電阻大許多，因此整體阻抗會由電阻主導。相反地，在高頻時，理想電容器阻抗比電阻小許多，因此整體阻抗將由理想電容主導。

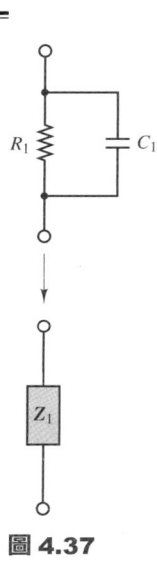

圖 **4.37**

範例 4.13　真實電感器的阻抗

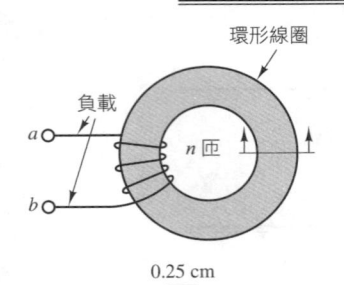

問題

圖 4.38 為一環形電感器。真實電感可由一理想電感串聯電阻取代，如圖 4.39 所示。該電阻代表電感器的線材阻值，也代表能量損耗。求解使真實電感器具有大電阻值的頻率範圍，其中電感阻抗至少為電阻的 10 倍大。

圖 4.38 真實電感器

圖 4.39

解

已知條件：$L = 0.098$ H；線頭長度 $= 20$ cm；$n = 250$ 匝；線為 30 口徑大小（30 口徑的電阻為 0.344 Ω/m）。

求：使真實電感器近似理想電感器的頻率範圍。

分析：使用環形截面積與匝數計算線材長度 l_w：

$$l_w = 250(2 \times 0.25 + 2 \times 0.5) = 375 \text{ cm}$$

$$\text{總長為} = 375 + 20 = 395 \text{ cm}$$

因此，總電阻為：

$$R = 0.344 \text{ }\Omega/\text{m} \times 3.95 \text{ m} = 1.36 \text{ }\Omega$$

使用下面關係式計算頻率範圍：

$$\omega L > 13.6 \quad \text{或} \quad \omega > \frac{13.6}{L} = \frac{13.6}{0.098} = 139 \text{ rad/s}$$

將角頻率換成頻率可得 $f = \omega/2\pi > 22$ Hz。

評論：在串聯架構中，低頻時，理想電感器阻抗小，整體阻抗由電阻主導。相反地，高頻時，理想電感器阻抗大，因此整體阻抗由電感值主導。此外高頻將使電感產生電容性，因此等效模型應適當修正。

範例 4.14　串並網路的阻抗

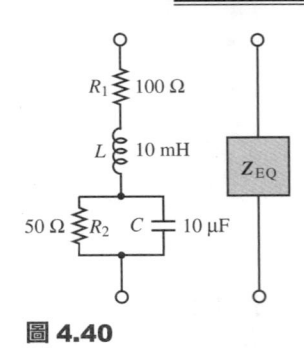

問題

針對圖 4.40，求解該電路的等效阻抗。

圖 4.40

解

已知條件：$\omega = 10^4$ rad/s；$R_1 = 100$ Ω；$L = 10$ mH；$R_2 = 50$ Ω；$C = 10$ μF。

求：串並電路的等效阻抗。

分析：等效阻抗 $\mathbf{Z}_\parallel$ 為 R_2 並聯 C，如下所示：

$$\mathbf{Z}_\parallel = R_2 \parallel \frac{1}{j\omega C} = \frac{R_2(1/j\omega C)}{R_2 + 1/j\omega C} = \frac{R_2}{1 + j\omega C R_2}$$

$$= \frac{50}{1 + j10^4 \times 10 \times 10^{-6} \times 50} = \frac{50}{1 + j5} = 1.92 - j9.62$$

$$= 9.81 \angle (-1.3734) \text{ }\Omega$$

整體等效阻抗 $\mathbf{Z}_{eq}$ 為 $\mathbf{Z}_\parallel$ 串聯 L 與 R_1：

$$\mathbf{Z}_{eq} = R_1 + j\omega L + \mathbf{Z}_\parallel = 100 + j10^4 \times 10^{-2} + 1.92 - j9.62$$
$$= 101.92 + j90.38 = 136.2 \angle 0.725 \; \Omega$$

評論：在 $\omega = 10^4$ rad/s 時，由上式可發現，整體等效阻抗呈現電感性。

範例 4.15　導納

問題

針對圖 4.43，求解橫跨於兩網路的等效導納。

解

已知條件：$\omega = 2\pi \times 10^3$ rad/s；$R_1 = 50 \; \Omega$；$L = 16$ mH；$R_2 = 100 \; \Omega$；$C = 3 \; \mu F$。

求：橫跨於兩個網路的等效導納。

分析：在網路 (a) 中，橫跨於兩端點 a、b 的等效阻抗為：

$$\mathbf{Z}_{ab} = R_1 + j\omega L$$

計算阻抗倒數可獲得導納如下：

$$Y_{ab} = \frac{1}{\mathbf{Z}_{ab}} = \frac{1}{R_1 + j\omega L} = \frac{R_1 - j\omega L}{R_1^2 + (\omega L)^2}$$

代入相關數值可得：

$$Y_{ab} = \frac{1}{50 + j2\pi \times 10^3 \times 0.016} = \frac{50 - j(2\pi \times 10^3)(0.016)}{50^2 + (2\pi \times 10^3)^2(0.016)^2}$$
$$= 3.966 \times 10^{-3} - j7.975 \times 10^{-3} \quad \text{S}$$

在網路 (b) 中，橫跨於兩端點 a、b 的等效阻抗為：

$$\mathbf{Z}_{ab} = R_2 \parallel \frac{1}{j\omega C} = \frac{R_2(1/j\omega C)}{R_2 + (1/j\omega C)}$$

分子分母同乘 $j\omega C$ 後可得：

$$\mathbf{Z}_{ab} = \frac{R_2}{1 + j\omega R_2 C}$$

計算阻抗倒數可獲得導納如下：

$$Y_{ab} = \frac{1}{\mathbf{Z}_{ab}} = \frac{1 + j\omega R_2 C}{R_2} = \frac{1}{R_2} + j\omega C = 0.01 + j0.019 \quad \text{S}$$

評論：導納的單位為 siemens（S）與電導單位相同。

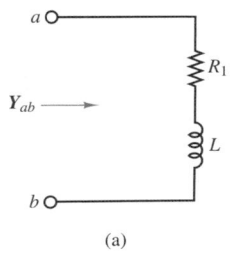

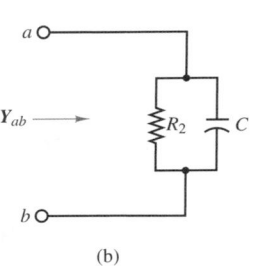

圖 4.43

檢視學習成效

以相位法加總兩弦波電壓 $v_1(t) = A\cos(\omega t + \varphi)$ 與 $v_2(t) = B\cos(\omega t + \theta)$，然後將結果還原至時域。

a. $A = 1.5$ V、$\phi = 10°$；$B = 3.2$ V、$\theta = 25°$。
b. $A = 50$ V、$\phi = -60°$；$B = 24$ V、$\theta = 15°$。

解答：(a) $v_1 + v_2 = 4.67\cos(\omega t + 0.353 \text{ rad})$;
(b) $v_1 + v_2 = 60.8\cos(\omega t - 0.656 \text{ rad})$

檢視學習成效

加總兩弦波電流 $i_1(t) = A\cos(\omega t + \phi)$ 與 $i_2(t) = B\cos(\omega t + \theta)$。其中，相關參數如下：

a. $A = 0.09$ A、$\phi = 72°$；$B = 0.12$ A、$\theta = 20°$。
b. $A = 0.82$ A、$\phi = -30°$；$B = 0.5$ A、$\theta = -36°$。

解答：(a) $i_1 + i_2 = 0.19\cos(\omega t + 0.733)$; (b) $i_1 + i_2 = 1.32\cos(\omega t - 0.5633)$

檢視學習成效

計算範例 4.14 的等效阻抗，其中角頻率分別為：$\omega = 1{,}000$ 與 $100{,}000$ rad/s。

針對範例 4.14，計算橫跨於並聯電路 R_2C 的電抗與電容，其中角頻率為 $\omega = 10$ rad/s。

解答：$\mathbf{Z}(1{,}000) = 140 - j10$; $\mathbf{Z}(100{,}000) = 100 + j999$; $X_\| = 0.25$; $C = 0.4$ F

檢視學習成效

計算範例 4.14 的等效導納。

解答：$Y_{eq} = 5.492 \times 10^{-3} - j4.871 \times 10^{-3}$

4.6 交流電路分析

相位法與阻抗觀念使得第 3 章裡針對直流電路所學習的方法可以適用在交流電路分析上。這些方法將運用在包含被動元件（R、L、C）與弦波電源的交流電路中。圖 4.42 為交流電路的時域與相位表示法。

交流分析的第一步驟是將所有電源以相位法加以表示，並使用電源頻率計算每一

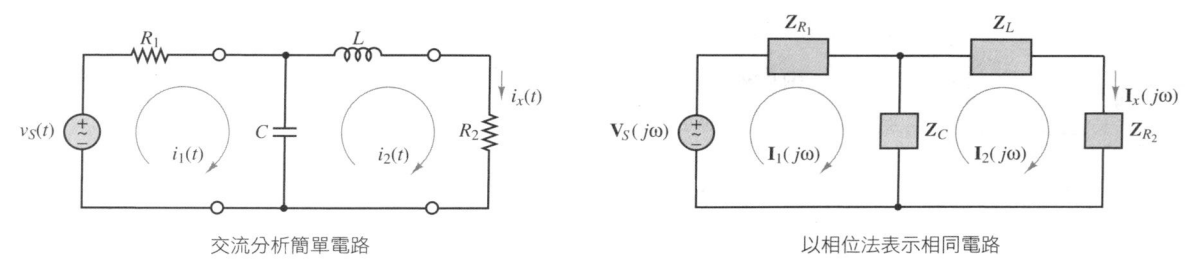

交流分析簡單電路　　　　　　　　　以相位法表示相同電路

圖 4.42　交流電路

個電路元件的阻抗。當然所獲得的阻抗包含了大小與相位。

第二步驟是將第 2 章與第 3 章所學習到的分析電阻的方法運用在交流阻抗上。兩者唯一的差別在於，交流分析使用複數運算，而直流分析使用實數運算。例如，兩串聯阻抗的分壓原理可以表示如下：

$$\frac{\mathbf{V}_1}{\mathbf{V}_2} = \frac{\mathbf{Z}_1}{\mathbf{Z}_2}$$

相同的，兩並聯阻抗的分流原理可以表示如下：

$$\frac{\mathbf{I}_1}{\mathbf{I}_2} = \frac{\mathbf{Z}_2}{\mathbf{Z}_1}$$

很明顯這些表示式與第 2 章裡串並聯電阻所得到的結果相同。KCL、KVL、歐姆定律、戴維寧等效原理、諾頓等效原理、重疊原理與電源轉換皆可適用於交流分析，只是在運算時，必須以阻抗與相位電源取代電阻與純量電源。處理交流分析的最後步驟是將計算的結果轉回時域。

> **解題重點**
> **交流電路分析**
> 1. 確認電路中弦波電源與頻率。
> 2. 將弦波電源以相位法表示。
> 3. 使用電源頻率計算電路元件阻抗。
> 4. 使用適當電路分析技巧求解電路，例如：戴維寧等效原理、諾頓等效原理、重疊原理、電源轉換、節點電壓法與網目電流法。
> 5. 將計算結果轉回時域。

交流等效電路

無論是交流電路分析或直流電路分析，等效電路的觀念皆非常有用。圖 4.43(a) 描述第 2 章所介紹的電源負載觀念。圖中，整個電路被區分成兩個區塊：一個為電源，另一個為負載，而且以兩端點（a、b）相互連接。電源網路可使用戴維寧等效

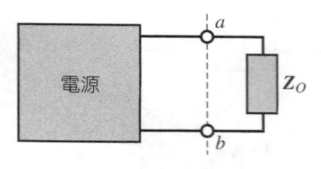

電路加以簡化,如圖 4.43(b) 所示。其中戴維寧等效電源是由相位法所表示的電壓源 $\mathbf{V}_T(j\omega)$ 與串聯阻抗 $\mathbf{Z}_T(j\omega)$ 所組成。利用分壓原理負載電壓,可以被獲得如下:

$$\frac{\mathbf{V}_o}{\mathbf{V}_S} = \frac{\mathbf{Z}_o}{\mathbf{Z}_o + \mathbf{Z}_S}$$

計算串並聯阻抗與導納的方法如圖 4.44 所示。

諾頓等效電源是由相位法所表示的電流源 $\mathbf{I}_N$ 與並聯阻抗 $\mathbf{Z}_N(j\omega) = \mathbf{Z}_T(j\omega)$ 所組成。圖 4.45 描述如何計算戴維寧等效電壓 $\mathbf{V}_T$、諾頓等效電流 $\mathbf{I}_N$ 與戴維寧等效電阻 $\mathbf{Z}_T$。接下來的範例問題會釐清此等效電路的計算,也會詳細探討到複數運算。

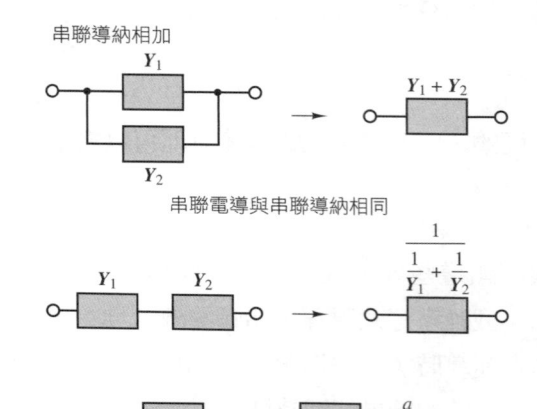

(a) 電源負載觀念

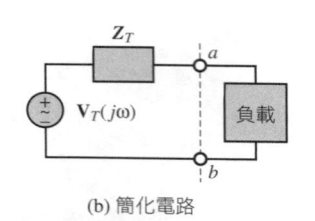

(b) 簡化電路

圖 4.43 戴維寧等效交流電路

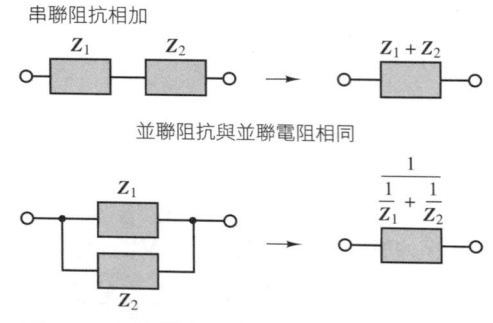

圖 4.44 阻抗與導納的簡化規則

連接 $\mathbf{Z}_o$ 負載的相位電路

計算戴維寧等效電壓的電路

$$\mathbf{V}_{OC} = \mathbf{V}_T = \frac{\mathbf{Z}_2}{\mathbf{Z}_1 + \mathbf{Z}_2}\mathbf{V}_S$$

計算等效阻抗 $\mathbf{Z}_T$ 的電路

$$\mathbf{Z}_{ab} = \mathbf{Z}_T = \mathbf{Z}_3 + (\mathbf{Z}_1 \parallel \mathbf{Z}_2) + \mathbf{Z}_4$$

計算諾頓等效電流的電路

$$\mathbf{I}_{SC} = \mathbf{I}_N = \frac{\mathbf{V}_S}{\mathbf{Z}_1} \frac{\frac{1}{\mathbf{Z}_3 + \mathbf{Z}_4}}{\frac{1}{\mathbf{Z}_1} + \frac{1}{\mathbf{Z}_2} + \frac{1}{\mathbf{Z}_3 + \mathbf{Z}_4}}$$

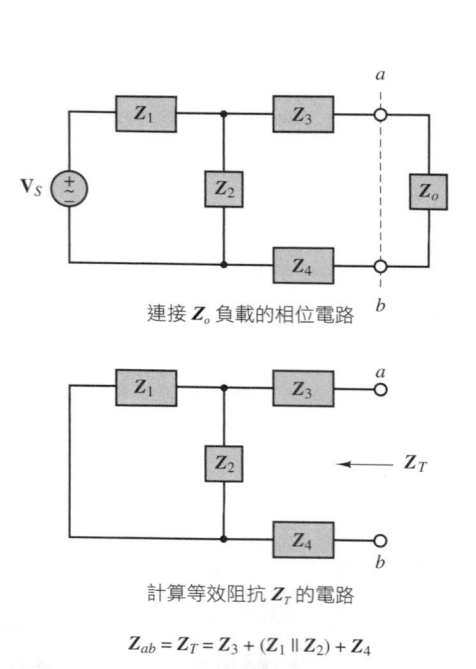

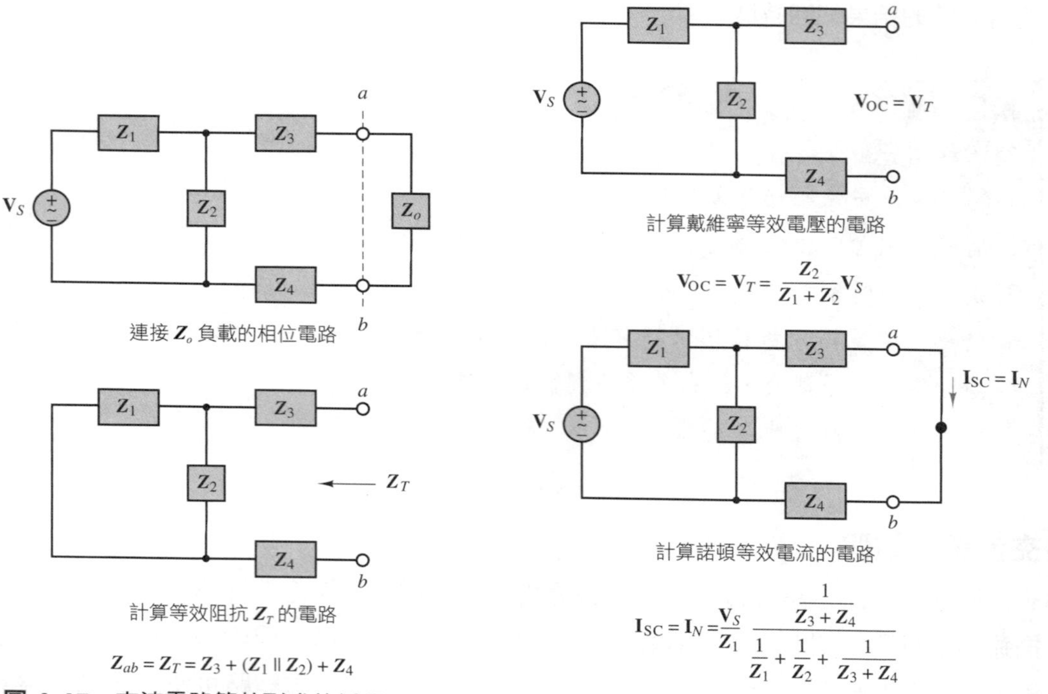

圖 4.45 交流電路等效形式的循環

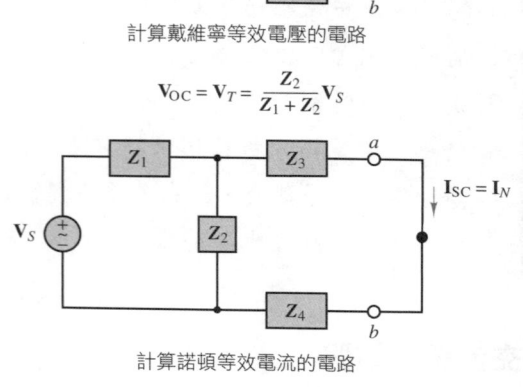

範例 4.16　使用相位法分析交流電路

問題

針對圖 4.46，使用相位法求解電壓源的電流。

解

已知條件：圖 4.46；圖 4.47；$v_S(t) = 10 \cos \omega t$；$\omega = 377$ rad/s；$R_1 = 50\ \Omega$；$R_2 = 200\ \Omega$；$C = 100\ \mu F$。

圖 4.46

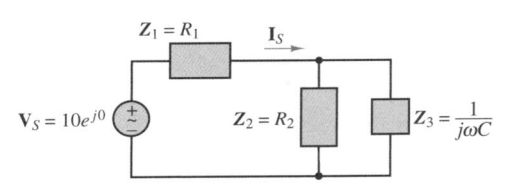

圖 4.47

求：電壓源的電流 $i_S(t)$。

分析：定義節點電壓 v 並使用節點電壓分析，可得：

$$i_S(t) = \frac{v_S(t) - v(t)}{R_1}$$

接著，依循交流電路分析步驟：

步驟 1：$v_S(t) = 10 \cos\omega t$ V $\omega = 377$ rad/s ($f = 60$ Hz)

步驟 2：$\mathbf{V}_S(j\omega) = 10\angle 0$ V

步驟 3：$\mathbf{Z}_{R_1} = R_1 \quad \mathbf{Z}_{R_2} = R_2 \quad \mathbf{Z}_C = \dfrac{1}{j\omega C}$

相位化之電路如圖 4.47 所示。

步驟 4：使用節點分析解出電源電流。首先求出

$$\frac{\mathbf{V}_S - \mathbf{V}}{\mathbf{Z}_{R_1}} = \frac{\mathbf{V}}{\mathbf{Z}_{R_2}\|\mathbf{Z}_C}$$

$$\frac{\mathbf{V}_S}{\mathbf{Z}_{R_1}} = \mathbf{V}\left(\frac{1}{\mathbf{Z}_{R_2}\|\mathbf{Z}_C} + \frac{1}{\mathbf{Z}_{R_1}}\right) = \mathbf{V}\left(\frac{1}{\dfrac{R_2 \cdot (1/j\omega C)}{R_2 + (1/j\omega C)}} + \frac{1}{R_1}\right)$$

$$= \mathbf{V}\left(\frac{j\omega C R_2 + 1}{R_2} + \frac{1}{R_1}\right) = \mathbf{V}\left[\frac{(j\omega C R_2 R_1 + R_1) + R_2}{R_1 R_2}\right]$$

$$\mathbf{V} = \left[\frac{(j\omega C R_2 R_1 + R_1) + R_2}{R_1 R_2}\right]^{-1} \frac{\mathbf{V}_S}{R_1} = \left[\frac{R_1 R_2}{(j\omega C R_2 R_1 + R_1) + R_2}\right]\frac{\mathbf{V}_S}{R_1}$$

$$= \left[\frac{50 \times 200}{(j377 \times 10^{-4} \times 50 \times 200 + 50) + 200}\right]\frac{\mathbf{V}_S}{50}$$

$$= 0.4421\angle(-0.9852)\mathbf{V}_S = 4.421\angle(-0.9852)$$

然後計算電壓源的電流，結果如下：

$$\mathbf{I}_S = \frac{\mathbf{V}_S - \mathbf{V}}{\mathbf{Z}_{R_1}} = \frac{10\angle 0 - 4.421\angle(-0.9852)}{50} = 0.1681\angle(0.4537)$$

步驟 5：最後將上述結果轉回時域，可得

$$i_S(t) = 0.1681\cos(377t + 0.4537)$$

範例 4.17　具有弦波電源的交流電路。

問題

以任意弦波電源 $A\cos(\omega t + \phi)$，求解範例 4.16。

解

已知條件：$R_1 = 50\ \Omega$；$R_2 = 200\ \Omega$，$C = 100\ \mu F$。

求：電壓源的電流 $\mathbf{I}_S(j\omega)$（以相位法表示）。

分析：將電壓源與所有阻抗以相位法表示：$\mathbf{V}_S(j\omega) = A\angle\phi$，$\mathbf{Z}_{R_1} = 50\ \Omega$；$\mathbf{Z}_{R_2} = 200\ \Omega$；$\mathbf{Z}_C = -j10^4/\omega$ Ω。注意，電容抗阻是 ω 的函數。電源電流可得如下：

$$\mathbf{I}_S = \frac{\mathbf{V}_S}{\mathbf{Z}_{R_1} + \mathbf{Z}_{R_2}\|\mathbf{Z}_C}$$

將阻抗並聯（$\mathbf{Z}_{R_2}\|\mathbf{Z}_C$）可得：

$$\mathbf{Z}_{R_2}\|\mathbf{Z}_C = \frac{\mathbf{Z}_{R_2}\times\mathbf{Z}_C}{\mathbf{Z}_{R_2}+\mathbf{Z}_C} = \frac{200\times 10^4/j\omega}{200 + 10^4/j\omega} = \frac{2\times 10^6}{10^4 + j\omega 200}\ \Omega$$

因此，所有阻抗為：

$$\mathbf{Z}_{R_1} + \mathbf{Z}_{R_2}\|\mathbf{Z}_C = 50 + \frac{2\times 10^6}{10^4 + j\omega 200} = \frac{2.5\times 10^6 + j\omega 10^4}{10^4 + j\omega 200}\ \Omega$$

最後，相位法電源電流如下：

$$\mathbf{I}_S = \frac{\mathbf{V}_S}{\mathbf{Z}_{R_1} + \mathbf{Z}_{R_2}\|\mathbf{Z}_C} = A\angle\phi\ \frac{10^4 + j\omega 200}{2.5\times 10^6 + j\omega 10^4}\ \text{A}$$

評論：代入數值 A、ϕ、與 ω，此範例中的表示式可用於計算任意弦波訊號。並運用範例 4.16 的數值以驗證所獲得相同的答案。

範例 4.18　使用節點分析求解交流電路。

問題

　　馬達的電子特性可由串聯的 *RL* 電路加以近似（詳細內容將於本書最後兩介紹）。在本題中，一電壓源供應電流給兩個不同馬達，如圖 4.48 所示。

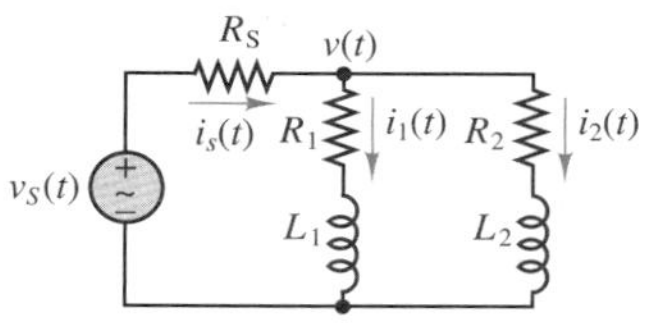

圖 4.48 用於說明節點分析的交流電路

解

已知條件：$R_S = 0.5\ \Omega$；$R_1 = 2\ \Omega$；$R_2 = 0.2\ \Omega$；$L_1 = 0.1$ H；$L_2 = 20$ mH；$v_S(t) = 155\cos(377t)$ V。

求：馬達負載電流 $i_1(t)$ 和 $i_2(t)$。

分析：計算電壓源與馬達阻抗。

$$\mathbf{Z}_S = 0.5\ \Omega$$
$$\mathbf{Z}_1 = 2 + j377 \times 0.1 = 2 + j37.7 = 37.75\angle 1.52\ \Omega$$
$$\mathbf{Z}_2 = 0.2 + j377 \times 0.02 = 0.2 + j7.54 = 7.54\angle 1.54\ \Omega$$

電壓源為：$\mathbf{V}_S = 155\angle 0$ V。

接著，針對節點電壓 V 使用 KCL 可得：

$$\frac{\mathbf{V}_S - \mathbf{V}}{\mathbf{Z}_S} = \frac{\mathbf{V}}{\mathbf{Z}_1} + \frac{\mathbf{V}}{\mathbf{Z}_2}$$

$$\frac{\mathbf{V}_S}{\mathbf{Z}_S} = \frac{\mathbf{V}}{\mathbf{Z}_S} + \frac{\mathbf{V}}{\mathbf{Z}_1} + \frac{\mathbf{V}}{\mathbf{Z}_2} = \mathbf{V}\left(\frac{1}{\mathbf{Z}_S} + \frac{1}{\mathbf{Z}_1} + \frac{1}{\mathbf{Z}_2}\right)$$

$$\mathbf{V} = \left(\frac{1}{\mathbf{Z}_S} + \frac{1}{\mathbf{Z}_1} + \frac{1}{\mathbf{Z}_2}\right)^{-1} \frac{\mathbf{V}_S}{\mathbf{Z}_S} = \left(\frac{1}{0.5} + \frac{1}{2 + j37.7} + \frac{1}{0.2 + j7.54}\right)^{-1} \frac{\mathbf{V}_S}{0.5}$$
$$= 154.1\angle 0.079\text{ V}$$

利用歐姆定律可獲得馬達電流，如下所示：

$$\mathbf{I}_1 = \frac{\mathbf{V}}{\mathbf{Z}_1} = \frac{154\angle 0.079}{2 + j37.7} = 4.083\angle -1.439$$

$$\mathbf{I}_2 = \frac{\mathbf{V}}{\mathbf{Z}_2} = \frac{154\angle 0.079}{0.2 + j7.54} = 20.44\angle -1.465$$

最後，以時域表示馬達電流如下：

$$i_1(t) = 4.083\cos(377t - 1.439)\text{ A}$$
$$i_2(t) = 20.44\cos(377t - 1.465)\text{ A}$$

圖 4.49 描述電壓源 (除以 10) 與馬達電流。

評論：請注意電壓源與兩個馬達電流的相位差異。

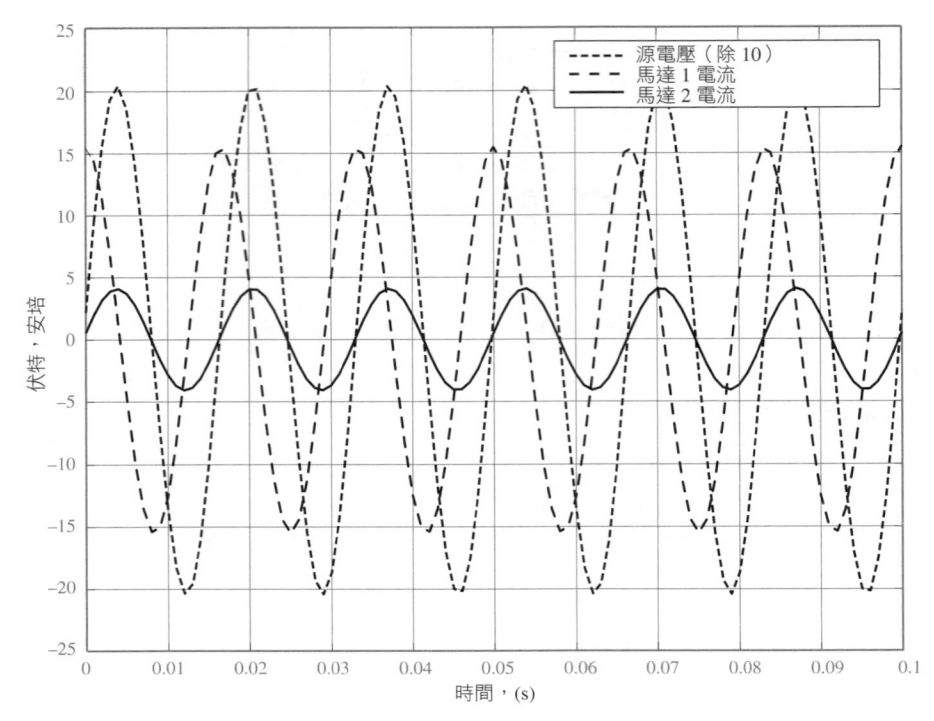

圖 4.49 範例 4.18 的電源電壓與馬達電流

範例 4.19　使用戴維寧等效原理求解交流電路。

圖 4.50

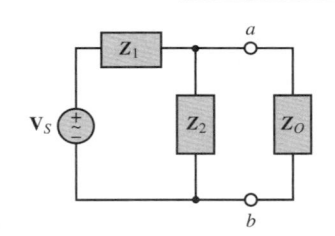

問題

計算圖 4.50 的戴維寧等效電路。

解

已知條件：$Z_1 = 5\ \Omega$；$Z_2 = j20\ \Omega$，$v_S(t) = 110\cos(377t)$ V。

求：戴維寧等效電路。

分析：移除負載與電壓源並計算由兩端點 a、b 所看到的等效阻抗，如圖 4.51 所示。

$$\mathbf{Z}_T = \mathbf{Z}_1 \| \mathbf{Z}_2 = \frac{\mathbf{Z}_1 \times \mathbf{Z}_2}{\mathbf{Z}_1 + \mathbf{Z}_2} = \frac{5 \times j20}{5 + j20} = 4.71 + j1.176\ \Omega$$

接著求解兩端點 a、b 所看到的開路電壓：

$$\mathbf{V}_T = \frac{\mathbf{Z}_2}{\mathbf{Z}_1 + \mathbf{Z}_2}\mathbf{V}_S = \frac{j20}{5 + j20}110\angle 0 = \frac{20\angle \pi/2}{20.6\angle 1.326}110\angle 0 = 106.7\angle 0.245\ \text{V}$$

最後完成的等效電路如圖 4.52 所示。

評論：用於簡化本範例等效電路的程序與電阻性電路是完全一樣的，唯一差別在於電阻性電路處理實數電阻，但是本範例處理複數阻抗。

圖 4.51

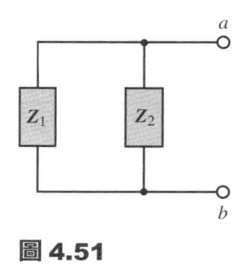

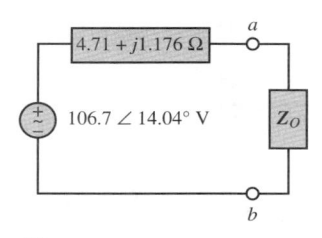

圖 4.52

範例 4.20　運用戴維寧等效原理處理交流電路。

問題

針對圖 4.53，求解負載電阻所看到的戴維寧等效電路，其中弦波電壓源的頻率分別為：(a) 10^3 Hz 與 (b) 10^6 Hz。

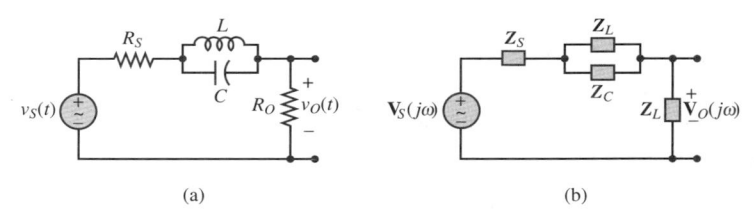

圖 4.53　(a) 範例 4.20 電路；(b) 運用相位分析的相同電路

解

已知條件：$R_S = R_o = 50\ \Omega$，$C = 0.1\ \mu F$，$L = 10$ mH。

分析：首先將電路傳換到相位表示法，如圖 4.55(b) 所示。接著戴維寧等效電阻可被獲得如下：

$$\mathbf{Z}_T = \mathbf{Z}_S + \mathbf{Z}_L || \mathbf{Z}_C = R_S + \frac{j\omega L \times 1/j\omega C}{j\omega L + 1/j\omega C}$$

$$= R_S + \frac{j\omega L}{j\omega L \times j\omega C + 1} = R_S + j\frac{\omega L}{1 - \omega^2 LC}$$

將負載移除後可以發現戴維寧等效電壓等於原始電壓源：

$$\mathbf{V}_T = \mathbf{V}_S$$

接著分別計算兩個頻率下的戴維寧等效阻抗。

a. 當 $f = 10^3$ Hz（$\omega = 6.2832 \times 10^3$）：

$$\mathbf{Z}_T = R_S + j\frac{\omega L}{1 - \omega^2 LC} = 50 + j65.414 = 82.33\angle 0.9182$$

b. 當 $f = 10^6$ Hz（$\omega = 6.2832 \times 10^6$）：

$$\mathbf{Z}_T = R_S + j\frac{\omega L}{1 - \omega^2 LC} = 50 - j1.5916 = 50\angle(-0.0318)$$

評論：在高頻時，等效阻抗是非常接近電阻 R_s，此結果是因為電容與電感在高頻時，分別近似短路與斷路。高頻時非常小的阻抗影響並聯等效的阻抗。

範例 4.21　使用網目電流法求解交流電路。

問題

針對圖 4.54，使用網目分析計算電流 $i_1(t)$ 與 $i_2(t)$。

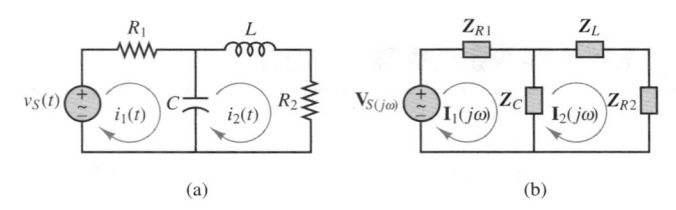

圖 4.54　(a) 範例 4.21 電路；(b) 運用相位分析的相同電路

解

已知條件：$R_1 = 100\ \Omega$，$R_2 = 75\ \Omega$，$C = 1\ \mu F$，$L = 0.5\ H$，$v_S(t) = 15\cos(1{,}500t)\ V$。

分析：依據交流電路分析步驟。

步驟 1：$v_S(t) = 15\cos(1{,}500t)\ V\quad \omega = 1{,}500\ \text{rad/s}$

步驟 2：$\mathbf{V}_S(j\omega) = 15 \angle 0\ V$

步驟 3：$\mathbf{Z}_{R_1} = R_1 \quad \mathbf{Z}_{R_2} = R_2 \quad \mathbf{Z}_C = \dfrac{1}{j\omega C} \quad \mathbf{Z}_L = j\omega L$

相位法所描述的電路如圖 4.54(b) 所示。

步驟 4：運用 KVL，網目 1 與網目 2 之方程式如下所示：

$$\mathbf{V}_S(j\omega) - \mathbf{Z}_{R_1}\mathbf{I}_1(j\omega) - \mathbf{Z}_C[\mathbf{I}_1(j\omega) - \mathbf{I}_2(j\omega)] = 0 \qquad 網目\ 1$$

$$\mathbf{Z}_C[\mathbf{I}_2(j\omega) - \mathbf{I}_1(j\omega)] + \mathbf{Z}_L \mathbf{I}_2(j\omega) + \mathbf{Z}_{R_2}\mathbf{I}_2(j\omega) = 0 \qquad 網目\ 2$$

以陣列表示為：

$$\begin{bmatrix} \mathbf{Z}_{R_1} + \mathbf{Z}_C & -\mathbf{Z}_C \\ -\mathbf{Z}_C & \mathbf{Z}_C + \mathbf{Z}_L + \mathbf{Z}_{R_2} \end{bmatrix} \begin{bmatrix} \mathbf{I}_1(j\omega) \\ \mathbf{I}_2(j\omega) \end{bmatrix} = \begin{bmatrix} \mathbf{V}_S(j\omega) \\ 0 \end{bmatrix}$$

求解後可得：

$$\mathbf{I}_1(j\omega) = \dfrac{\begin{vmatrix} \mathbf{V}_S(j\omega) & -\mathbf{Z}_C \\ 0 & \mathbf{Z}_C + \mathbf{Z}_L + \mathbf{Z}_{R_2} \end{vmatrix}}{\begin{vmatrix} \mathbf{Z}_{R_1} + \mathbf{Z}_C & -\mathbf{Z}_C \\ -\mathbf{Z}_C & \mathbf{Z}_C + \mathbf{Z}_L + \mathbf{Z}_{R_2} \end{vmatrix}} = \dfrac{\mathbf{Z}_C + \mathbf{Z}_L + \mathbf{Z}_{R_2}}{(\mathbf{Z}_{R_1} + \mathbf{Z}_C)(\mathbf{Z}_C + \mathbf{Z}_L + \mathbf{Z}_{R_2}) - \mathbf{Z}_C^2}\mathbf{V}_S(j\omega)$$

$$\mathbf{I}_2(j\omega) = \frac{\begin{vmatrix} \mathbf{Z}_{R_1} + \mathbf{Z}_C & \mathbf{V}_S(j\omega) \\ -\mathbf{Z}_C & 0 \end{vmatrix}}{\begin{vmatrix} \mathbf{Z}_{R_1} + \mathbf{Z}_C & -\mathbf{Z}_C \\ -\mathbf{Z}_C & \mathbf{Z}_C + \mathbf{Z}_L + \mathbf{Z}_{R_2} \end{vmatrix}} = \frac{\mathbf{Z}_C}{(\mathbf{Z}_{R_1} + \mathbf{Z}_C)(\mathbf{Z}_C + \mathbf{Z}_L + \mathbf{Z}_{R_2}) - \mathbf{Z}_C^2} \mathbf{V}_S(j\omega)$$

步驟 5：代入阻抗變數，可得：

$$\mathbf{I}_1(j\omega) = \frac{1/j\omega C + j\omega L + R_2}{(R_1 + 1/j\omega C)(1/j\omega C + j\omega L + R_2) - (1/j\omega C)^2} \mathbf{V}_S(j\omega)$$

$$= \frac{j\omega C + (j\omega C)^2(j\omega L) + (j\omega C)^2 R_2}{(j\omega C R_1 + 1)[1 + (j\omega C)(j\omega L) + j\omega C R_2] - 1} \mathbf{V}_S(j\omega)$$

$$\mathbf{I}_2(j\omega) = \frac{1/j\omega C}{(R_1 + 1/j\omega C)(1/j\omega C + j\omega L + R_2) - (1/j\omega C)^2} \mathbf{V}_S(j\omega)$$

$$= \frac{j\omega C}{(j\omega C R_1 + 1)[1 + (j\omega C)(j\omega L) + j\omega C R_2] - 1} \mathbf{V}_S(j\omega)$$

代入所有數值後，可得電流：

$$\mathbf{I}_1(j\omega) = 0.0033 \angle 0.92 = 0.0033 \angle 52.6° \text{ A}$$
$$\mathbf{I}_2(j\omega) = 0.0196 \angle -1.49 = 0.0196 \angle -85.3° \text{ A}$$

步驟 6：最後將結果轉回時域：

$$i_1(t) = 3.3 \cos(1{,}500t + 0.92) = 3.3 \cos(1{,}500t + 52.6°) \text{ mA}$$
$$i_2(t) = 19.6 \cos(1{,}500t - 1.49) = 19.6 \cos(1{,}500t - 85.3°) \text{ mA}$$

檢視學習成效

針對範例 4.17，計算電流 $\mathbf{I}_S(j\omega)$ 大小，其中 $A = 10$，$\phi = 0$ 且角頻率分別為：$\omega = 10$，10^2，10^3，10^4 與 10^5 rad/s。

解答：$|\mathbf{I}_S| = 0.041$ A; 0.083 A; 0.194 A; 0.2 A; 0.2 A。當頻率增加，由電容阻鏡減少，在 ω 接近無限大時，電容近似短路。因此，在足夠的高頻時，$|\mathbf{I}_S| \approx |\mathbf{V}_S|/R_1 = 0.2$ A。

檢視學習成效

在範例 4.18 中，假設 R_2 與 L_2 串連的分支為負載，請求解諾頓等效電路。

解答：短路電流為 $310e^{j0}$ 諾頓等效阻抗為 $\approx 0.5e^{j0.013}$ Ω。

檢視學習成效

計算範例 4.20，兩個已知頻率下電容器與電感器的阻抗。將這些值與 R_s 比較，結果是否如該結論所述。

解答：At $\omega = 2\pi \times 10^3$, $\mathbf{Z}_L = j62.832\,\Omega$, $\mathbf{Z}_C = -j1.5915 \times 10^3\,\Omega$. At $\omega = 2\pi \times 10^6$, $\mathbf{Z}_L = j6.2832 \times 10^4\,\Omega$, $\mathbf{Z}_C = -j1.5915\,\Omega$。

檢視學習成效

計算範例 4.21 中電壓源的電流，可先計算電壓源所看到的等效阻抗，即 $\mathbf{Z}_L + \mathbf{Z}_{R2}$ 串聯，與 $\mathbf{Z}_C$ 並聯，再與 $\mathbf{Z}_{R1}$ 串聯，證明該電流等於網目電流 $i_1(t)$。

結論

本章節介紹了分析交流電路時非常有幫助的觀念與技巧。在學習完本章節後，您應該具備下面能力：

1. 計算電容與電感的電流，電壓與能量。
2. 計算任意週期訊號的平均值與均方根直。
3. 針對包含電感與電容之電路，寫出微分方程式。
4. 將時域弦波電壓與電流轉換到相位空間，並使用阻抗表示所有電路元件。
5. 使用電三章的電路分析技巧計算相位空間中的交流電路。

習題

4.1 節　電容與電感

4.1 通過電感（0.8H）的電流為 $i_L = \sin(100t + \frac{\pi}{4})$。請寫出電感的電壓數學式。

4.2 針對下面所有電流，請寫出電感（200mH）的電壓數學式。

　a. $i_L = -2\sin 10t$　A
　b. $i_L = 2\cos 3t$　A
　c. $i_L = -10\sin(50t - \frac{\pi}{4})$　A
　d. $i_L = 7\cos(10t + \frac{\pi}{4})$　A

4.3 在圖 P4.3 中，$R = 2\,\Omega$，$C = 0.1\mathrm{F}$，且電壓為：

$$v(t) = \begin{cases} 0 & \text{for } -\infty < t < 0 \\ t & \text{for } 0 \le t < 10\text{ s} \\ 10 & \text{for } 10\text{ s} \le t < \infty \end{cases}$$

請計算電容所儲存的能量。

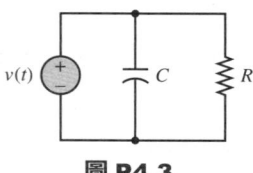

圖 P4.3

4.4 在圖 P4.4 中，$R = 4\,\Omega$，$C = 0.2\,\mathrm{F}$，且電壓為：

$$v(t) = \begin{cases} 0 & -\infty < t < 0 \\ 4t & 0 \leq t < 4 \text{ s} \\ 2 - 0.5t & 4 \leq t < 10 \text{ s} \\ 0 & t > 10 \text{ s} \end{cases}$$

求：

a. 電感所儲存的能量。

b. 電源所傳輸的能量。

4.5 假設有一跨在電容器上之電壓，如圖 P4.5 所示。請計算電容電流 $i_C(t)$ 並繪製該圖形。其中各參數如下所示：

$v_{PK} = 20 \text{ V} \qquad T = 40 \, \mu\text{s} \qquad C = 680 \text{ nF}$

圖中斜率不連續點將對電流造成何種影響？

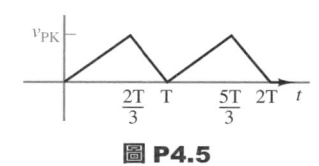

圖 P4.5

4.6 圖 P4.6 為一理想電感器的電壓與電流圖形，請計算該電感器之電感值。

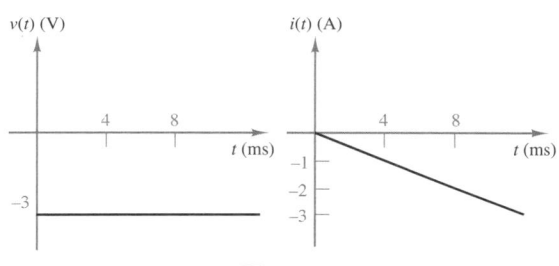

圖 P4.6

4.7 圖 P4.7 為一理想電容器的電壓與電流圖形，請計算該電容器之電容值。

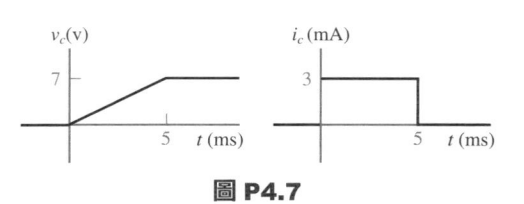

圖 P4.7

4.8 圖 P4.8 為流經電感器 2H 的電流，請計算並繪製電感器之電壓 $v_L(t)$。

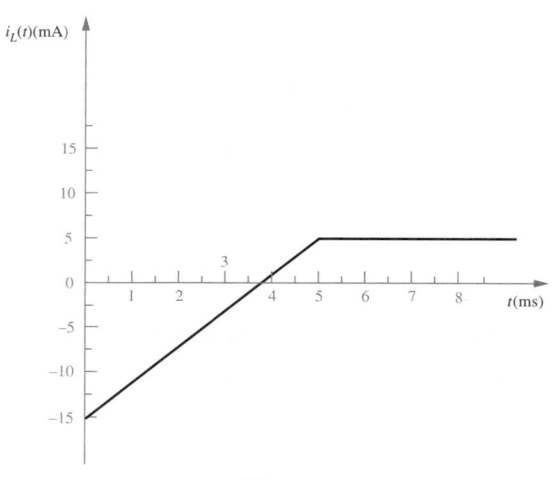

圖 4.8

4.9 橫跨在一電容器上之電壓如圖 P4.9 所示，請畫出電容電流 $i_C(t)$。

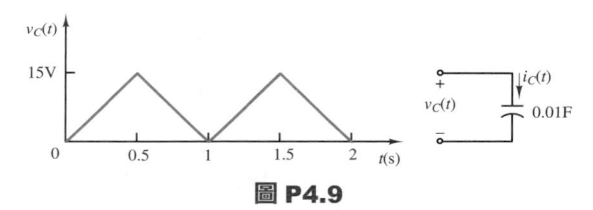

圖 P4.9

4.2 節　時變電源

4.10 若一訊號 $x(t)$ 如下所示，請計算該訊號的平均值與均方根值。

$x(t) = 3\cos(7\omega t) + 4$

4.11 流經 1 Ω 電阻的電流如圖 P4.11 所示，請計算電阻所損耗之功率。

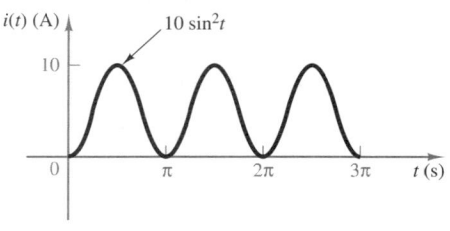

圖 P4.11

4.12 針對圖 P4.12，請計算均方根值。

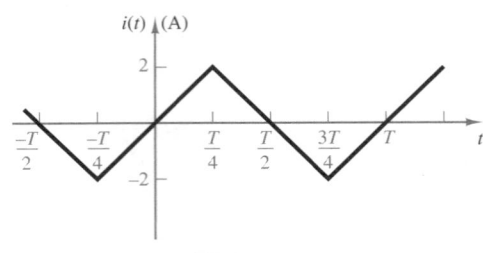

圖 **P4.12**

4.3 節　包含能量儲存元件之電路

4.13　針對圖 P4.13，請計算穩態時電感器與電容器所儲存之能量。

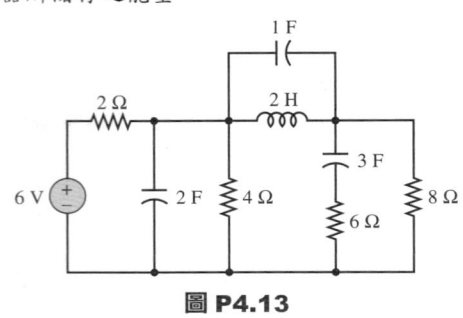

圖 **P4.13**

4.4 節　包含弦波電源的相位求解法弦波訊號源的相位解

4.14　請以相位法表示下面函數：
 a. $v(t) = 155 \cos(377t - 25°)$ V
 b. $v(t) = 5 \sin(1{,}000t - 40°)$ V
 c. $i(t) = 10 \cos(10t + 63°) + 15 \cos(10t - 42°)$ A
 d. $i(t) = 460 \cos(500\pi t - 25°) - 220 \sin(500\pi t + 15°)$ A

4.15　計算下面複數乘積並與相位表示法比較。
 a. $(50 + j10)(4 + j8)$
 b. $(j2 - 2)(4 + j5)(2 + j7)$

4.16　將下面複數轉換成直角表示法：
　　j^{+j}　　$e^{-j\pi}$　　$e^{+j2\pi}$

4.17　某元件上的電壓與電流如下所示：
$$i(t) = 8\cos\left(\omega t + \frac{\pi}{4}\right) \text{ A}$$
$$v(t) = 2\cos\left(\omega t - \frac{\pi}{4}\right) \text{ V}$$

其中 $\omega = 600$ rad/s。請計算：
 a. 該元件為電阻、電容或是電感？
 b. 該元件的單位為 Ω、F 或是 H？

4.18　針對圖 P4.18，使用時域法與相位法表示該弦波圖形。

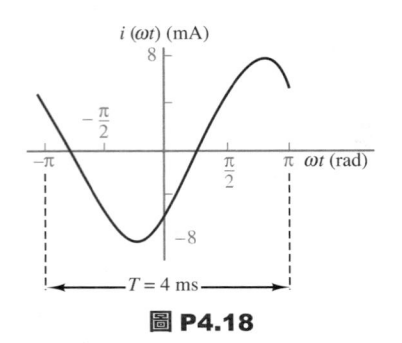

圖 **P4.18**

4.5 節　阻抗

4.19　針對圖 P4.19，計算電源 v_S 所看到的等效阻抗。其中各參數如下：
$$v_S(t) = 10\cos(4{,}000t + 60°) \text{ V}$$
$R_1 = 800$ mH, Ω　　$R_2 = 500$ nF Ω
$L = 200$ mH　　$C = 70$ nF

圖 **P4.19**

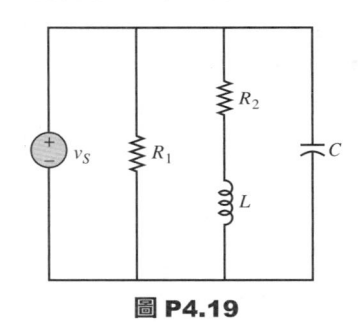

4.20　針對阻抗元件歐姆定律可以表示如下：
$$\mathbf{V} = \mathbf{IZ}$$
假設流經電容 0.5μF 的電流如下：
$$i_s(t) = I_\circ \cos\left(\omega t + \frac{\pi}{6}\right)$$
　　$I_\circ = 13$ mA　　$\omega = 1{,}000$ rad/s

 a. 以相位表示法表示電流源。
 b. 求解電容器的阻抗。
 c. 以相位法求解電容器的電壓值。

4.21　針對圖 P4.21，求解電阻 R_2 所跨之電壓 $v_2(t)$。電路中其它參數如下所示：
$$i(t) = 20\cos(533.33t) \text{ A}$$
$R_1 = 8$ Ω　　$R_2 = 16$ Ω
$L = 15$ mH　　$C = 117\mu$F

第 **4** 章 交流網路分析　197

圖 **P4.21**

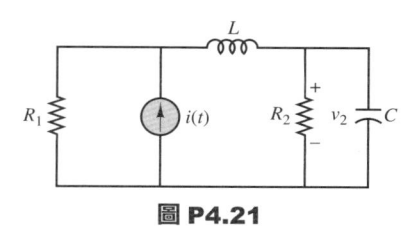

4.22 真實電感可由電阻 L 串聯理想電感加以表示。針對圖 P4.22，請計算電壓源 v_s 所提供之電流。

$v_S(t) = V_o \cos(\omega t + 0)$
$V_o = 10\text{ V}$　　$\omega = 6\text{ Mrad/s}$　　$R_S = 50\text{ }\Omega$
$R_C = 40\text{ }\Omega$　　$L = 20\text{ }\mu\text{H}$　　$C = 1.25\text{ nF}$

圖 **P4.22**

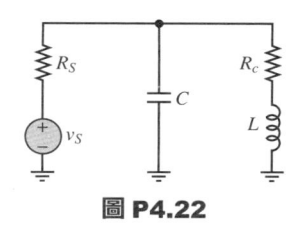

4.23 針對圖 P4.23，使用相位法求解電流 $v(t)$。

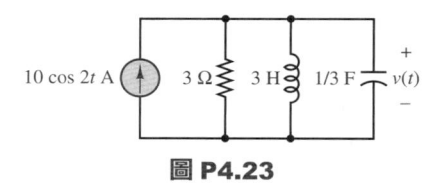

圖 **P4.23**

4.24 針對圖 P4.24，求解電壓 $\mathbf{V}_R$。

$\omega = 3\text{ rad/s}$　　$\mathbf{V}_S = 13\angle 0\text{ V}$
$R = 15\text{ }\Omega$　　$L_1 = 7\text{ H}$　　$L_2 = 2\text{ H}$

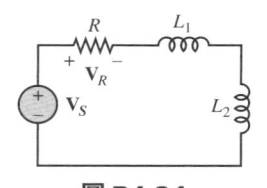

圖 **P4.24**

4.25 針對圖 P4.25，求解流經電阻的電流 $i_R(t)$。

$i_S(t) = 1\cos(200\pi t)\text{A}$

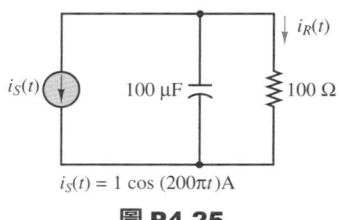

圖 **P4.25**

4.26 針對圖 P4.26，求解阻抗 **Z**。其中，各參數如下：$\omega = 2\text{ rad/s}$，$R_1 = R_2 = 2\text{ }\Omega$，$C = 0.25\text{ F}$，$L = 1\text{ H}$。

圖 **P4.26**

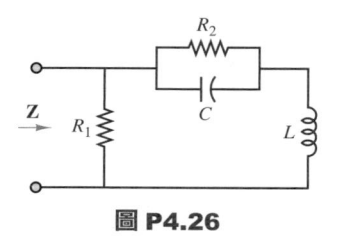

4.27 針對 P4.27，求解電感器所跨之電壓 $v_L(t)$。

$v_S(t) = 24\cos(1{,}000t)$

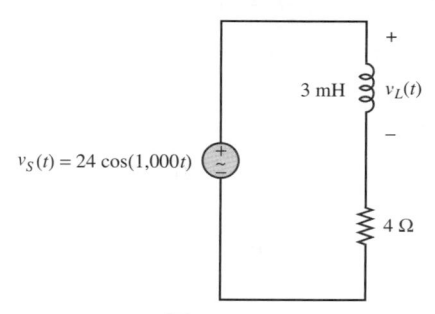

圖 **P4.27**

4.28 針對圖 P4.28，求解使得等效阻抗 $\mathbf{Z}_{eq}$ 為電阻性之頻率。

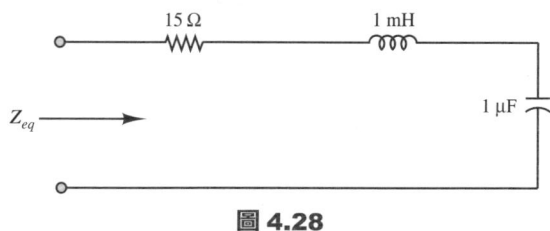

圖 **4.28**

4.6 節　交流電路分析

4.29 針對圖 P4.29，使用相位法求解 i_L。

$i_1(t) = 5\cos(500t)\text{ A}$
$i_2(t) = 5\cos(500t)\text{ A}$
$R = 5\text{ }\Omega$　　$C = 2\text{ mF}$　　$L = 2\text{ mH}$

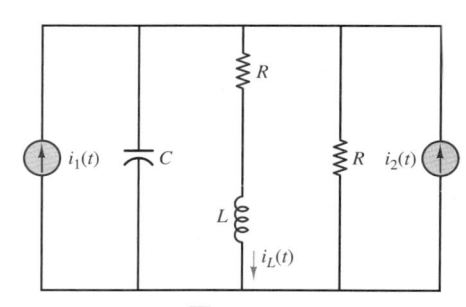

圖 **P4.29**

4.30 針對圖 P4.30，使用網目分析法求解電流 $i_1(t)$ 與 $i_2(t)$。其中 $\mathbf{V}_1 = 10e^{-j40}$ V，$\mathbf{V}_2 = 12e^{j40}$ V，$R_1 = 8\,\Omega$，$R_2 = 4\,\Omega$，$R_3 = 6\,\Omega$，$X_L = 10\,\Omega$，$X_C = -14\,\Omega$。

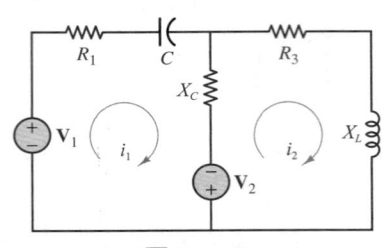

圖 P4.30

4.31 圖 P4.31 為惠斯登電橋，可用於計算電桿器或是電容器之電抗。R_1 與 R_2 可以被調整，使得 V_{ab} 為零。

   a. 假設電橋平衡 ($v_{ab} = 0$)，請示用電路中其他元件表示 X_4。

   b. 假設電橋平衡且 $C_3 = 4.7\mu F$, $L_3 = 0.098$ H, $R_1 = 100\,\Omega$, $R_2 = 1\,\Omega$, 與 $v_S(t) = 24\sin(2{,}000t)$。電路中未知元件的電抗為何？它是電容器還是電感器？數值為多少？

   c. 在此電路中什麼頻率該避免，為什麼？

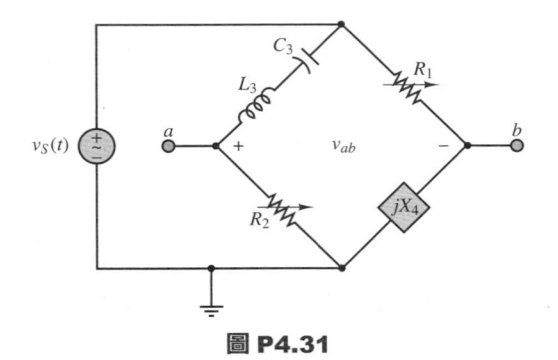

圖 P4.31

4.32 針對圖 P4.32，求解負載 Z_O 所看到的戴維寧等效網路，其中 $\mathbf{V}_S = 10\angle 0°$ V, $R_S = 40\,\Omega$, $X_L = 40\,\Omega$, $X_C = -2{,}000\,\Omega$。

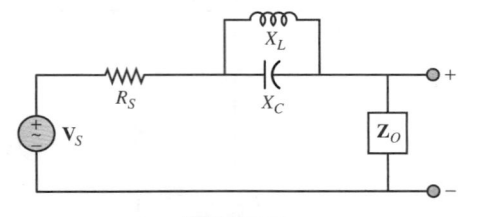

圖 P4.32

4.33 針對圖 P4.33，求解電容所看到的諾頓等效電路，並利用該結果與分流原理計算 $i_C(t)$。其中

$v_S(t) = 4\cos(100t)$ V
$R_1 = 7\,\Omega \qquad R_2 = 8\,\Omega$
$L = 30$ mH $\qquad C = 10$ mF

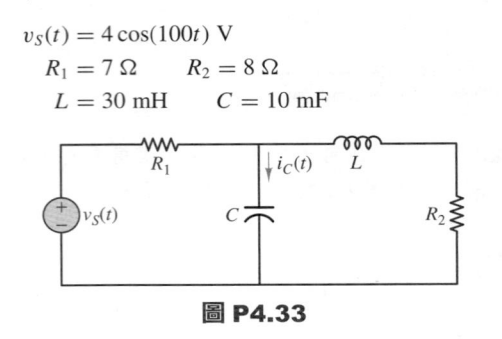

圖 P4.33

4.34 針對圖 P4.34 使用網目分析方法求解相位網目電流方程式。

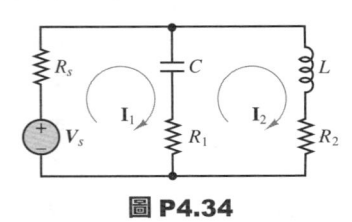

圖 P4.34

4.35 針對圖 P4.35，請求解電論中之電壓 V_o。假設：

$\mathbf{V}_i = 4\angle \frac{\pi}{6}$ V $\qquad \omega = 1{,}000$ rad/s
$L = 60$ mH $\qquad C = 12.5\,\mu F$
$R_o = 120\,\Omega$

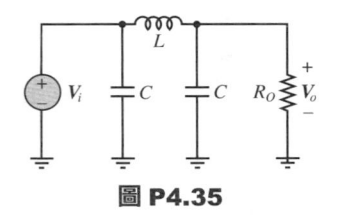

圖 P4.35

5 暫態分析

Part 1　電路

第五章的重點為時間相依電路完全響應的暫態部分。之前第四章曾提到，完全響應包含：(1) 暫態響應（transient response），(2) 穩態響應（steady-state response）兩部分，也可對應為自然與強制響應。第五章將討論電路的暫態事件，如切換開關。由於暫態響應的一般性質與事件型式無關，為了簡化，本章僅探討開關引發的暫態響應。

任何暫態響應最終結果都為零，電路最後只剩下穩態解。暫態解乃是提供由一個狀態（即，「舊」或「初始」穩態）到另一個狀態（即「新」或「最終」穩態）的過渡，可視為由一個穩態到另一個穩態的時間橋樑。雖然本章大部份例題（無論新舊狀態）都是直流穩態，但是暫態分析也可應用於兩個交流穩態或其他非穩態。

當電子電路的開關打開或閉合時，電路的電壓與電流通常會過渡到一個新狀態。開關切換為暫態事件，因為會造成短路（閉合的開關）變成開路（打開的開關），反之亦然。這兩種開關位置產生兩個不同的電路，而兩者間突然的改變則會導致暫態響應。

「舊」狀態不會瞬間過渡到「新」狀態，因為電容與電感可以儲存能量，而儲能元件需要一段時間充電或放電，以達到「新」穩態。過渡也許能很快發生，但無法瞬間完成。

暫態分析的目的可以用下列問題來表達：

1. 暫態事件中，狀態變數（state variable）的初始條件（initial condition）為何？
2. 狀態變數的初始條件與其他變數的初始條件有何關聯？
3. 任意變數由初始條件到最終穩態的過渡方式為何？
4. 過渡的快、慢程度？
5. 任意變數的最終穩態為何？

本章檢驗兩種類型的電路：含有單一個儲能元件的一階 RC 與 RL 電路，以及有兩

個不可約之儲能元件的二階電路。最簡單的二階電路為串聯 RLC 與並聯 RLC 電路。雖然存在其他更複雜的二階電路與更高階電路，但上述這些類型已呈現暫態電路的基本行為，故本章這幾個類型電路為主。

> 一階電路含有單一個儲能元件。二階電路含有兩個不可約之儲能元件。

本章將介紹一階與二階電路的實際應用，會顯現許多相似性，以強調解法的一般性質，以及可應用到大範圍的物理系統，包含液壓、機械系統與熱系統。

學習目標

1. 瞭解暫態響應的基本量。5.1 節
2. 含電感與電容的電路，寫出標準型式的微分方程式。5.2 節
3. 含電感與電容的直流電路，求出其穩態。5.2 節
4. 由可開關直流電源激勵之一階電路，求出其完整解。5.3 節
5. 由可開關直流電源激勵之二階電路，求出其完整解。5.4 節
6. 瞭解電子電路以及液壓、熱、與機械系統之間的相似性。5.1–5.4 節

5.1 暫態分析

圖 5.1 為直流電路（圖 5.1(a)）以及交流電路（圖 5.1(b)）在時間 $t = 0.2$ s 的暫態事件結果，其中波形包含三部分：

- 初始穩態（initial steady state），$0 \leq t \leq 0.2$ s。
- 暫態響應（transient response），$0.2 \leq t \leq 1.8$ s（近似值）。
- 最終穩態（final steady state），$t > 1.8$ s。

暫態分析旨在求出由初始穩態過渡到終值穩態間之電壓與電流的變化。

圖 5.2 為探討暫態響應的典型電路。於 $t = 0$ 時，連接 RLC 電路與電池的單極單擲（single-pole, single-throw, SPST）開關，啟動了暫態響應。若電路中儲能元件的數量增加，形成更高階的電路型式，暫態分析的複雜度隨之提升。本章分析一階與二階電路，就已可顯示出暫態分析的基本模型。

本章的討論分析主要針對圖 5.3 的一般電路模型，其中方塊代表負載，由一或兩個儲能元件與電阻所組成。圖 5.3(a) 中，R_T 為戴維寧等效電阻（Thévenin equivalent

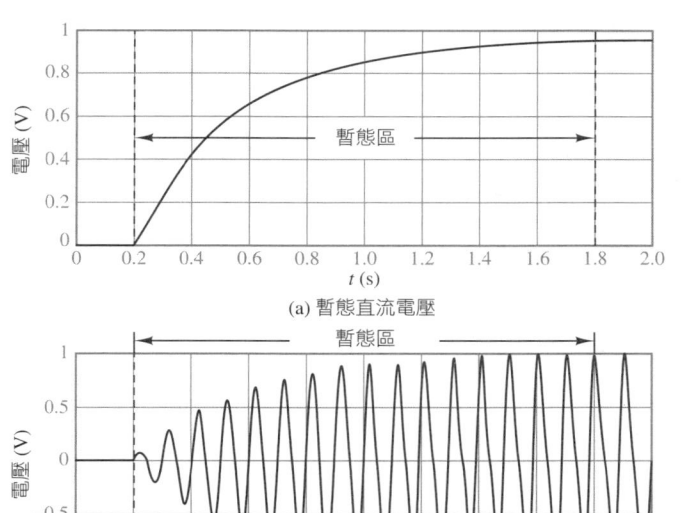

圖 5.1 一階與二階暫態響應

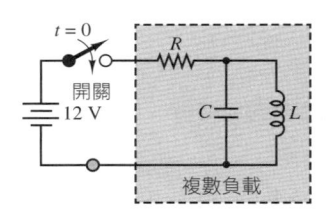

(a) 暫態直流電壓

(b) 暫態交流電壓

圖 5.2 含開關的直流電路

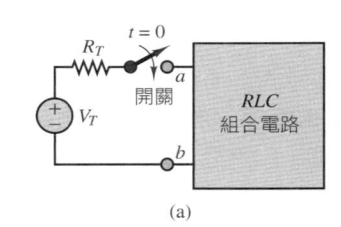

圖 5.3 暫態分析問題的一般模型，負載為 RLC 組合，電源為 (a) 戴維寧或 (b) 諾頓等效網路。

resistance），V_T 為 a、b 端點間的開路電壓。圖 5.3(b) 中，R_N 為諾頓等效電阻，I_N 為 a 點流到 b 點的短路電流。

當負載為一階，只包含電感或電容，暫態響應為**指數上升**或**指數下降**的波形（如圖 5.4）。這兩種波形都會隨時間衰減，亦即暫態響應最後為 0，只剩下新的穩態響應。

當有兩個儲能元件時，不論是串聯或是並聯 RLC 網路都會作詳細討論。二階電路的分析較複雜，根據**無因次阻尼比（dimensionless damping ratio）**ζ 的值，可能出現三種不同的暫態響應。當 ζ > 1，暫態響應稱為過阻尼（over-damped），為兩個指數上

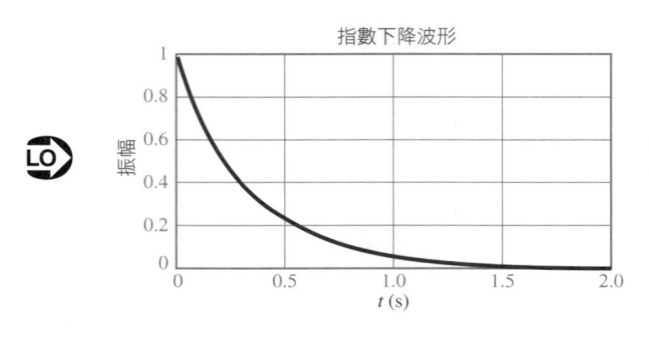

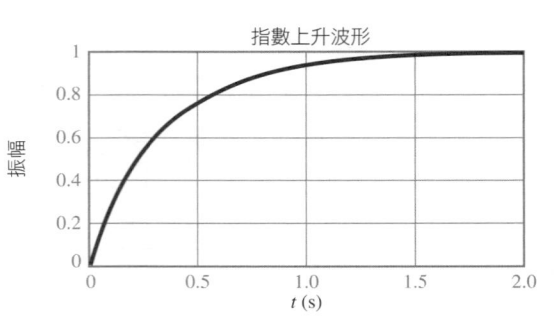

圖 5.4 指數下降與上升響應

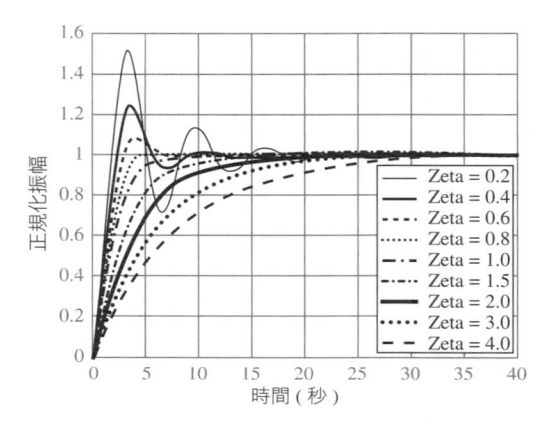

圖 5.5 不同無因次阻尼比 ζ（zeta）的二階暫態響應

升或下降波形的和。當 ζ < 1，暫態響應為欠阻尼（underdamped），出現衰減的弦波。而當 ζ = 1，暫態響應為臨界阻尼（critically damped），波形兼具過阻尼與欠阻尼的外觀。圖 5.5 以突然切換開關的直流電源產生不同 ζ 值對暫態響應的影響。

5.2 暫態問題求解的要素

以下將列出一階與二階暫態問題求解的關鍵因素，且本章只考慮直流電源。交流電源電路的數學較複雜，但是基本觀念相同。暫態電路的例題請見 5.3 與 5.4 節。

時間區間

暫態事件的起始點訂於 $t = 0$，之前與之後的瞬間以 $t = 0^-$ 和 $t = 0^+$ 表示。初始穩態為時間 $t < 0$ 的電路行為，最終穩態為時間 $t \to \infty$ 的電路行為，兩者之間即為暫態響應。

實際上，當時間 $t \geq t_\infty$ 達到最終穩態，t_∞ 標記出暫態響應的有效結尾，最常採用的 t_∞ 為 5τ，τ 是電路的時間常數，之後會進一步討論。

初始穩態（$t < 0$）

初始穩態期間，電路的電壓與電流可能是常數（直流）、弦波（交流），或其他波形。就初始直流穩態而言，電容等效於開路，而電感等效於短路，電路可以用第三章的方法求解，至於初始交流穩態電路可以用第四章的阻抗法求解。

> 直流穩態時，電容視同開路，而電感視同短路。

狀態變數

電路狀態變數為電感電流與電容電壓，狀態變數的個數等於不可約之儲能元件的個數，因此一階與二階電路分別有一個以及兩個狀態變數。比較方便的做法是先求出暫態響應的狀態變數，再利用與狀態變數的關係求出其他變數。不論解法為何，必須先求得時間 t = 0⁻ 的狀態變數。

初始條件

電路暫態響應的初始條件由暫態事件那一刻所儲存的能量來決定。儲存在電容的能量，可由電壓表示，而電感能量可以由電流表示。既然儲存在電容或電感的能量無法瞬間改變，那電容電壓與電感電流也就不可能瞬間改變。換句話說，狀態變數是時間連續函數。

電容與電感的電壓－電流關係式，就可以看出狀態變數的連續性質。

$$i_C = C\frac{dv_C}{dt} \qquad \text{及} \qquad v_L = L\frac{di_L}{dt} \tag{5.1}$$

若 v_C 或 i_L 不連續，表示 i_C 或 v_L 無窮大。由於這是不可能的，所以 v_C 和 i_L 恆為連續。

同樣的情況不見得適用電路中其他的非狀態變數，電阻或電容電流，以及電阻或電感電壓，可能是不連續的。在暫態事件中，只有狀態變數是連續的。

> 唯有電感電流與電容電壓永遠是連續的，因此，這兩個狀態變數在暫態事件中也是連續的。數學表示如下：
>
> $$v_C(0^+) = v_C(0^-) \tag{5.2}$$
> $$i_L(0^+) = i_L(0^-) \tag{5.3}$$

因為非狀態變數可能是連續或不連續，作為初始條件並不可靠，只有狀態變數可作為暫態事件的初始條件。

能量與暫態響應

暫態響應期間，電路中的能量會持續供應、交換或是消耗掉，直到達到新的穩

態。獨立電壓電流源供應能量；儲能元件如果超過一個，可以交換能量。電阻則是消耗能量。過程持續到新的穩態形成，期間供應的時間平均能量等於消耗的時間平均能量。

圖 5.6 電路，假設在 $t < 0$ 時，電容已經長時間連接到電池，因此電容電壓 v_C 等於電池電壓 V_B，儲存在電容的能量為 $W_C = Cv_C^2/2$（見第四章），電阻電流均為 0。

$t = 0$ 時，兩開關切換，電容脫離電池迴路，同時與 R_2 連接成串聯迴路。因電容儲存的能量必須隨時間連續，所以在 $t = 0^+$ 時，$W_C = Cv_C^2/2$。同時電阻兩端電壓由 0 變成 v_C，因此 R_2 電流也會由 0 變成有限的非零值。對串聯迴路而言，KCL 要求 $i_C + i_{R_2} = 0$，電容電流為：

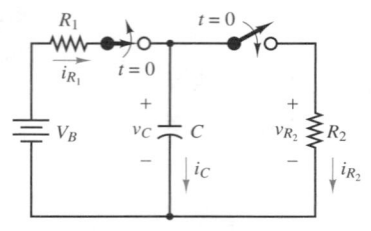

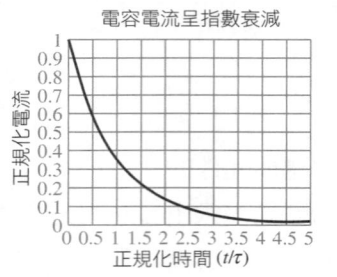

圖 5.6 儲存在電容的能量被電阻消耗掉。

$$i_C = -i_{R_2} = -\frac{v_{R_2}}{R_2} = -\frac{v_C}{R_2} \tag{5.4}$$

其中 i_{R_2} 的表示式為歐姆定律。回想第四章，電容電流定義為儲存電荷的時間變化率，也就是與電容電壓成正比。亦即：

$$i_C(t) = \frac{dQ_C}{dt} \quad \text{且} \quad Q_C = CV_C \tag{5.5}$$

將上式代入 5.4 式後：

$$C\frac{dv_C}{dt} = -\frac{v_C}{R_2} \quad \text{或} \quad \frac{dv_C}{dt} = -\frac{1}{R_2 C}v_C \tag{5.6}$$

5.6 式指出電容電壓變化率與電容電壓成正比。當 $t = 0^+$ 時，電容電壓以最大速率放電，此時的 i_{R_2} 也是最大值。電容持續放電，v_C 和 i_{R_2} 跟著降低，連帶使得 v_C 的降低率跟著下降。理論上，因為放電率愈來愈小，電容不會完全放電。值得一提的是，因為並未存在獨立電源，可以抵銷電阻消耗掉的能量，$R_2 C$ 串聯迴路的能量只可能減少。

圖 5.6 為 i_{R_2} 的正規化暫態響應，曲線上任一點的斜率與本身這一點的值成正比。一個變數的變化率與變數本身的值成正比，此關係式即是指數函數的基本特徵。也因此，圖 5.6 中 $R_2 C$ 迴路的暫態響應可以描述為：

$$\frac{dv_C}{dt} \propto v_C(t) \propto e^{-st} \quad \text{其中 } s = \frac{1}{RC} \tag{5.7}$$

常數 s 通常表示為 $1/\tau$，τ 為時間常數。此種衰減指數，不論是上升或下降，普遍存在於物理系統暫態響應的數學式當中，衰減的指數率是由時間常數決定。

注意到圖 5.6 中 i_{R_2} 的正規化暫態響應只到 $t = 5\tau$，此時 v_C 和 i_{R_2} 的值已經低於原本大小的 1%。實務上來說，當 $t \geq 5\tau$，電容可視為完全放電。

在 $t = 5\tau$ 後的某時間點，如果圖 5.6 電路的開關切換回原本的位置，會出現甚麼

情形?電容不再連接 R_2,而是重新與電池 V_B、電阻 R_1 連接成串聯迴路。此時因為橫跨於 R_1 的電壓 $(V_B - v_C)$,使得 i_{R_1} 為最大值,因此電容以最大速率充電。電容持續充電,$(V_B - v_C)$ 以及 i_{R_1} 持續降低,造成 v_C 的增加率隨之下降。這結果為另一種上升的指數衰減,如圖 5.4 右圖所示。此 $V_B R_1 C$ 串聯迴路的時間常數 τ 為 $R_1 C$。

這些基本行為同樣出現在含有一個電感、一個或多個電阻以及獨立電源的電路。

值得注意的是,範例中的電流 i_{R_1} 和 i_{R_2} 在暫態事件中是不連續的。本節之前已經強調過,只有狀態變數(如 v_C)會在暫態事件中維持連續。

最後,有兩個或更多儲能元件的電路,這些元件有可能在暫態響應中彼此進行能量交換。發生這種現象時,電路的電壓與電流呈現震盪現象,而其震盪的平均值隨時間成指數衰減。

以上這些討論展現暫態響應基本行為的物理準則。5.3 和 5.4 節有許多暫態響應的詳盡範例,包含微分方程的數學推導,與相關的問題解法。本節最後有一階電路微分方程式的兩個範例,

時間常數

一階電路的時間常數 τ,可以衡量電路對於暫態事件響應的速度。小的時間常數代表快速響應;大的時間常數代表慢速響應。一階電路的時間常數 τ 可以是:

$$R_T C \quad 或 \quad \frac{L}{R_N} \tag{5.8}$$

根據儲能元件是電容或電感而定。R_T 是電容看到的戴維寧等效電阻,R_N 而是電感看到的諾頓等效電阻。

圖 5.7 為典型一階衰減指數。有兩種方法可以直接由圖形求得時間常數 τ。最簡單常用的方法,是求出指數曲線降低至初值 $x(0)$ 與長期穩態 $x(\infty)$ 之間差值的 $(e-1)/e$(約 63 %)所需要的時間。另一種方法是找出指數曲線在 $t = 0$ 的切線與水平漸進線 $x(\infty)$ 的交叉點。此點對應的時間,即是 τ。

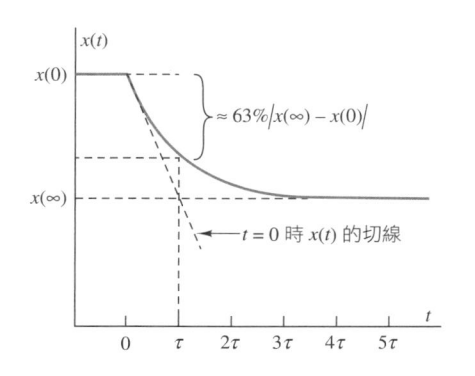

圖 5.7 一階響應 $x(t)$ 求得時間常數的兩種作圖法。

二階電路的分析較複雜，根據無因次阻尼比（dimensionless damping ratio）ζ 的值，可能出現三種不同的暫態響應。當 $\zeta > 1$，稱為過阻尼（over-damped），為兩個一階衰減指數的和，彼此有個別的時間常數。當 $\zeta = 1$，響應為臨界阻尼（critically damped）。而當 $\zeta < 1$，響應稱為欠阻尼（underdamped）。如圖 5.5，後兩種響應無法單純以兩個衰減指數來描述。

長期穩態

長期穩態是在暫態響應完全衰減之後所維持的狀態。圖 5.7 的一階衰減指數，其長期穩態為 $x(\infty)$。長期穩態與電路在 t > 0 後的獨立電源有關，通常以增益（gain）K 乘以代表電源的強制函數 $F(t)$ 來表示。為了簡化，本章只考慮直流獨立電源電路，其結果只會產生直流長期穩態。

完整響應

完整響應為暫態響應與長期穩態的和。通常在暫態響應中，電路每個狀態變數都含有一個未知常數。因此，完整響應也會有相同個數的未知常數。未知常數由電路在 $t = 0^+$ 的初始條件決定。

解暫態電路問題最常犯的錯誤，就是只將初始條件用在暫態響應，而非用在完整響應，事先提醒千萬別犯這種錯誤！

自然與強制響應

通常，將完整響應表示為自然與強制響應的和，而非暫態響應與長期穩態的和，是有用的。不管哪一種方式都不會改變完整響應。自然響應為完整響應當中，來自於 $t = 0$ 時儲存在系統的初始能量所造成的部分。強制響應則是 $t > 0$ 電路中的獨立電源所形成。

而 5.9 式代表任意一階電路變數，為具有獨特指數衰減的暫態響應，以及長期穩態 $x(\infty)$，兩者的和。

$$x(t) = \left[x(0^+) - x(\infty)\right] e^{-t/\tau} + x(\infty) \tag{5.9}$$

暫態響應部分包含初始條件 $x(0^+)$ 與長期穩態的差值。表示式可以重寫為：

$$x(t) = x_N(t) + x_F(t) = x(0^+)e^{-t/\tau} + x(\infty)\left(1 - e^{-t/\tau}\right) \tag{5.10}$$

5.10 式的第一項為自然響應 $x_N(t)$，第二項為強制響應 $x_F(t)$。類似做法也可用於二階電路的完整響應。

範例 5.1　初始條件

問題

圖 5.8(a) 電路，求開關打開前那一瞬間的電感電流。

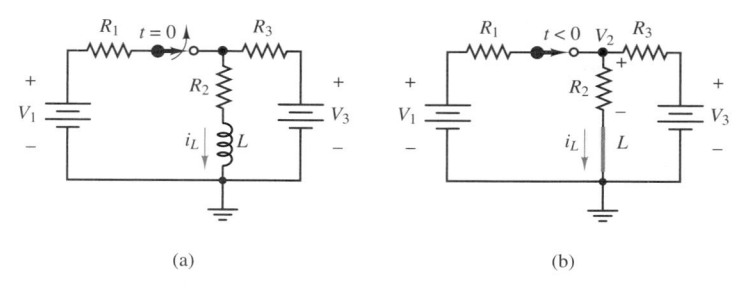

圖 5.8　(a) 範例 5.1 電路；(b) 開關打開前那一瞬間的電路。

解

已知條件：$R_1 = 1\ \text{k}\Omega$；$R_2 = 5\ \text{k}\Omega$；$R_3 = 3.33\ \text{k}\Omega$；$L = 0.1\ \text{H}$；$V_1 = 12\ \text{V}$；$V_2 = 4\ \text{V}$。

求：電感電流 i_L。

假設：假設開關在 $t = 0$ 前已經長時間保持閉合。

分析：因為開關在 $t = 0$ 前已經長時間保持閉合，電路為直流穩態條件，電感視同短路，如圖 5.8(b)。在節點 a 套用 KCL 以求得電感電流 i_L：

$$\frac{V_2 - V_1}{R_1} + \frac{V_2 - 0}{R_2} + \frac{V_2 - V_3}{R_3} = 0$$

集合 V_1、V_2 和 V_3 係數，得：

$$\left(\frac{1}{R_1} + \frac{1}{R_2} + \frac{1}{R_3}\right) V_2 - \frac{V_1}{R_1} - \frac{V_3}{R_3} = 0$$

最後，重新整理得：

$$V_a = \left(\frac{1}{R_1} + \frac{1}{R_2} + \frac{1}{R_3}\right)^{-1} \left(\frac{V_1}{R_1} + \frac{V_2}{R_3}\right) = 8.80\ \text{V}$$

即可求出流經電感的電流 i_L：

$$i_L(0) = \frac{V_2}{R_2} = \frac{8.80}{5,000} = 1.76\ \text{mA}$$

評論：電流 $i_L(0)$ 為圖 5.8(a) 電路的初始條件，在暫態事件中，例如打開或閉合開關，唯有狀態變數（即電感電流與電容電壓）為連續。

範例 5.2　電感電流與電容電壓的連續性

問題

圖 5.9 電路，求 $t = 0$ 時電感電流與電容電壓的初始條件。

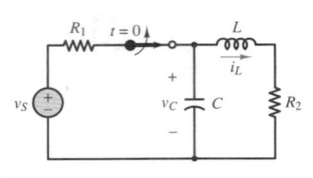

圖 5.9

解

已知條件：v_S；R_1；R_2；L；C

求：$t = 0^+$ 時的電感電流與電容電壓。

假設：開關在 $t = 0$ 前已經長時間保持閉合。

分析：直流穩態，電感視同短路，電容視同開路。因此電路實際上為單一迴路，其電流 i 等於電感短路電流，如下：

$$i = i_L = \frac{v_S}{R_1 + R_2} \qquad t < 0$$

電容開路電壓可用分壓求得

$$v_C = v_S \frac{R_2}{R_1 + R_2} \qquad t < 0$$

既然電感電流與電容電壓無法瞬間改變，電感電流與電容電壓的初始條件為：

$$i_L(t = 0^+) = i_L(t = 0^-) = \frac{v_S}{R_1 + R_2}$$

$$v_C(t = 0^+) = v_C(t = 0^-) = v_S \frac{R_2}{R_1 + R_2}$$

範例 5.3　電感電流的連續性

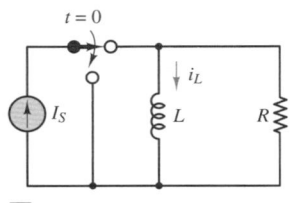

圖 5.10

問題

圖 5.10 電路，求電感電流的初始條件與最終值。

解

已知條件：電源電流 I_S；電感與電阻值。

求：$t = 0^+$ 與 $t \to \infty$ 的電感電流。

已知資料：$I_S = 10$ mA。

假設：電流源已經長時間連接到電路。

分析：對 $t < 0$，電感可視為短路，$i_L = I_S$。因為所有電流都流經電感導致的短路，跨在電阻 R 的電壓須為 0。當 $t = 0^+$，開關打開，因為電感電流為連續

$$i_L(0^+) = i_L(0^-) = I_S$$

$t > 0$，電流源與電感、電阻分開，自成一分離迴路。電感、電阻串聯，另成一個迴路因此迴路並無電源存在，電阻消耗掉能量而導致迴路電流最後衰減至 0（長期穩態）。電流為時間函數，如圖 5.11。

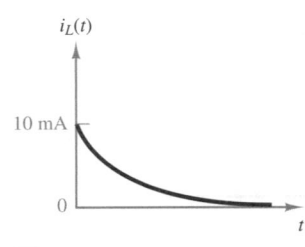

圖 5.11

評論：因電感電流無法瞬間改變，圖 5.11 電流方向是由初始條件來指定。

範例 5.4　長期直流穩態

問題

圖 5.12(a) 電路，試求開關閉合經過一段長時間後的電容電壓。

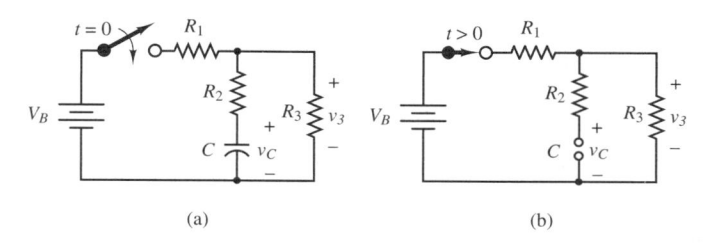

圖 5.12 (a) 範例 5.4 電路；(b) 開關閉合經過一段長時間後之電路。

解

已知條件：電路元件值 $R_1 = 100\ \Omega$；$R_2 = 75\ \Omega$；$R_3 = 250\ \Omega$；$C = 1\ \mu F$；$V_B = 12\ V$。

分析：開關閉合經過一段長時間（$t \to \infty$），暫態響應衰減完畢，電路達到新的直流穩態。直流狀態下，電容可視為開路，如圖 5.12(b) 所示。因此，電阻 R_2 沒有電流經過，電阻 R_1 和 R_3 形成串聯。利用分壓可得：

$$v_3(\infty) = \frac{R_3}{R_1 + R_3} V_B = \frac{250}{350}(12) = 8.57\ V$$

由於流經 R_2 的電流為零，跨在 R_2 的電壓同樣為零，v_C 等於右上節點到底部節點的電壓降，也就是 v_3，所以：

$$v_C(\infty) = V_3(\infty) = 8.57\ V$$

評論：電壓 $v_C(\infty)$ 為電容電壓長期穩態值。

範例 5.5　寫出 RC 電路問題的微分方程式

問題

試推導圖 5.13 電容電壓的微分方程式。

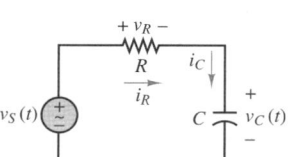

圖 5.13

解

已知條件：R；C；$v_S(t)$。

求：$v_C(t)$ 和 $i(t)$ 的微分方程式。

假設：無。

分析：沿迴路使用 KVL 得：

$$v_S - iR - v_C = 0$$

使用電容 i-v 關係式

$$i_C = C\frac{dv_C}{dt}$$

代入 i，因為對串聯電路而言，$i = i_C$：

$$v_S - RC\frac{dv_C}{dt} - v_C = 0$$

方程式兩邊都除以 RC，再重新排列得：

$$\frac{dv_C}{dt} + \frac{1}{RC}v_C = \frac{1}{RC}v_S$$

注意，微分方程式中第一項的因次為每單位時間的電壓，由於式中其他項須有相同因次，可推論 RC 的因次為時間！

將上述 KVL 方程式作微分，可得迴路電流 i 的微分方程式：

$$\frac{dv_S}{dt} - R\frac{di}{dt} - \frac{dv_C}{dt} = 0$$

再次使用電容 i-v 關係式，代入 v_C 的導數得：

$$\frac{dv_S}{dt} - R\frac{di}{dt} - \frac{i}{C} = 0$$

方程式兩邊除以 R，重新排列得：

$$\frac{di}{dt} + \frac{1}{RC}i = \frac{1}{R}\frac{dv_S}{dt}$$

當電流 i 與電壓 v_C 從舊穩態轉換到新穩態時，兩者皆為時間函數。

留意 $v_C(t)$ 與 $i(t)$ 微分方程式之間的相似，方程式左邊有相同形式與相同的係數，而右邊則與電壓源 v_S 有關，這兩個方程式的解都足以求出電路中其他變數。

評論：一階 RC 電路有一個狀態變數——電容電壓 v_C。

範例 5.6　寫出 RL 電路問題的微分方程式

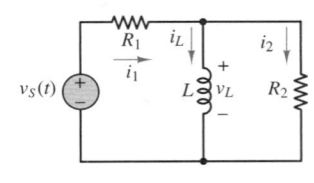

問題

試推導圖 5.14 電感電流的微分方程式。

圖 5.14

解

已知條件：$R_1 = 10\ \Omega$；$R_2 = 5\ \Omega$；$L = 0.4\ \text{H}$。

求：i_L 和 v_L 的微分方程式。

假設：無。

分析：右上節點使用 KCL 得：

$$i_1 - i_L - i_2 = 0$$

左邊網目利用 KVL 得：

$$v_S - i_1R_1 - v_L = 0$$

將 KVL 方程式中的 i_1 以 KCL 取代，重新排列得：

$$(i_L + i_2)R_1 + v_L = v_S$$

使用歐姆定律 $v_L = i_2 R_2$ 來取代 i_2：

$$\left[i_L + \frac{v_L}{R_2}\right]R_1 + v_L = v_S$$

要得到 i_L 的微分方程式，只要用電感微分型式的 i-v 關係式，來取代 v_L，

$$v_L = L\frac{di_L}{dt}$$

結果為：

$$\left[i_L + \frac{L}{R_2}\frac{di_L}{dt}\right]R_1 + L\frac{di_L}{dt} = v_S$$

將項次結合，並將方程式兩側除以 R_1 可得：

$$L\frac{R_1 + R_2}{R_1 R_2}\frac{di_L}{dt} + i_L = \frac{v_S}{R_1}$$

將方程式兩邊除以第一項導數的係數，產生：

$$\frac{di_L}{dt} + \frac{R_1 R_2}{R_1 + R_2}\frac{i_L}{L} = \frac{R_2}{R_1 + R_2}\frac{v_S}{L}$$

或

$$\frac{di_L}{dt} + \frac{R_T}{L}i_L = \frac{R_T}{LR_1}v_S$$

其中 R_T 為電感所見的戴維寧等效電阻。注意微分方程式的第一項因次為每單位時間的電流，由於式中其他項須有相同因次，可以推論出 L/R 的因次為時間！

將數值代入得：

$$\frac{di_L}{dt} + 8.33 i_L = 0.833 v_S$$

將下式兩邊取導數，可得 v_L 的微分方程式

$$\left[i_L + \frac{v_L}{R_2}\right]R_1 + v_L = v_S$$

使用電感的微分 i-v 關係式，代入 i_L 的導數，結果為：

$$\left[\frac{v_L}{L} + \frac{1}{R_2}\frac{dv_L}{dt}\right]R_1 + \frac{dv_L}{dt} = \frac{dv_S}{dt}$$

結合項次，並將方程式兩邊除以 R_1 可得：

$$\frac{R_1 + R_2}{R_1 R_2}\frac{dv_L}{dt} + \frac{v_L}{L} = \frac{1}{R_1}\frac{dv_S}{dt}$$

注意到第一項導數的係數，是電感所見的戴維寧等效電阻 R_T 的倒數，將方程式兩邊乘上 R_T 得：

$$\frac{dv_L}{dt} + \frac{R_T}{L}v_L = \frac{R_T}{R_1}\frac{dv_S}{dt}$$

評論： 一階 R_L 電路有一個狀態變數——電感電流 i_L。

範例 5.7　相機閃光燈充電──電容能量與時間常數

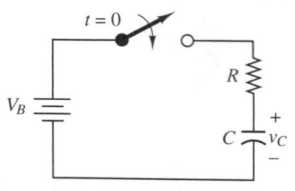

圖 5.15 相機閃光燈充電之等效電路。

問題

相機閃光燈用電容來儲存能量，相機使用 6 V 電池工作。試求充電到達儲存能量最大值 90% 所需的時間，時間以秒與時間常數的倍數來表示。

解

已知條件：V_B；R；C。

求：到達儲存總能量最大值 90% 所需的時間。

已知資料：$V_B = 6$ V；$C = 1{,}000$ μF；$R = 1$ kΩ。

假設：$t = 0$ 之前電容為完全放電。

分析：在長期穩態（t → ∞），儲存在電容的總能量為：

$$E_\text{total} = \tfrac{1}{2}Cv_C^2 = \tfrac{1}{2}CV_B^2 = 18 \times 10^{-3} \text{ J}$$

所以，總能量 90% 為

$$E_{90\%} = 0.9 \times 18 \times 10^{-3} = 16.2 \times 10^{-3} \text{ J.}$$

對應的電容電壓計算如下

$$\tfrac{1}{2}Cv_C^2 = 16.2 \times 10^{-3}$$

$$v_C = \sqrt{\frac{2 \times 16.2 \times 10^{-3}}{C}} = 5.692 \text{ V}$$

$t > 0$ 時電容看到的戴維寧等效電阻為 R，因此，電路的時間常數 $\tau = R_T C = 10^3 \times 10^{-3} = 1$ s，時間常數是暫態響應速度的標準測量。本範例中，充電電路的暫態響應為

$$v_C = 6(1 - e^{-t/\tau}) = 6(1 - e^{-t})$$

此表示式滿足初始條件 $v_C(0) = 0$，而且也滿足長期直流穩態值 $v_C(t \to \infty) = V_B$。解上式 $v_C = 5.692$ V 的時間，即可求出到達能量 90% 所需的時間，所以

$$5.692 = 6(1 - e^{-t})$$
$$0.949 = 1 - e^{-t}$$
$$0.051 = e^{-t}$$
$$t = -\ln 0.051 = 2.97 \text{ s}$$

此時間約為 3τ。

評論：電容大約在 3τ 的時間可以充電到總能量 90%，此事實並不限於本範例。所有一階系統有相同的型式，因此也會有同樣的結果。在相同的 3τ 時間，電壓變化百分比為何？電壓要達到最終值 99% 所需的時間常數為何？

解答：95 % 以及 4.6τ。

檢視學習成效

範例 5.1(a) 部分的單刀單擲（SPST）開關，在 $t = 0$ 時打開。經過一段長時間後，電感電流為何？

解答：$i_L(\infty) = \dfrac{V_2}{R_2 + R_3} = 0.48\,\text{mA}$

檢視學習成效

使用重疊定理，求範例 5.1 初始條件 $i_L(t_0^+)$。

解答：$i_L(t_0^+) = i_L(t_0^-) = \dfrac{V_1}{R_2}\dfrac{R_2\|R_3}{R_2\|R_3 + R_1} + \dfrac{V_2}{R_2}\dfrac{R_1\|R_2}{R_1\|R_2 + R_3} = 1.76\,\text{mA}$

檢視學習成效

範例 5.3 電路的單刀雙擲（SPDT）開關，在 $t = 0$ 時切換。假設經長時間後 $t = t_\infty$，開關再度切換回原來的位置。在 $t = t_\infty$，電感的初始電流為何？當 $t > t_\infty$，電感的最終長期穩態電流為何？

解答：$i_L(t_\infty) = 0;\ i_L(t\ t_\infty) = I_S = 10\,\text{mA}$

檢視學習成效

假設範例 5.4(b) 部分的單刀單擲（SPST）開關，最終再度打開。試問再經過一段長時間後，電容電壓為何？

解答：$v_C(t \to \infty) = 0\,\text{V}$，電容經由 R_2 與 R_3 放電。

檢視學習成效

利用電容與電感的微分 $i\text{-}v$ 關係式，以及 KVL 或 KCL，寫出下面每個電路的微分方程式。

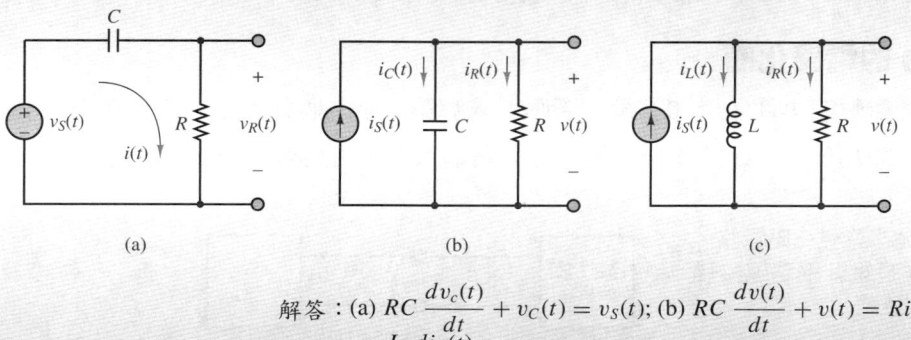

(a) (b) (c)

解答：(a) $RC\dfrac{dv_C(t)}{dt} + v_C(t) = v_S(t)$；(b) $RC\dfrac{dv(t)}{dt} + v(t) = Ri_S(t)$；
(c) $\dfrac{L}{R}\dfrac{di_L(t)}{dt} + i_L(t) = i_S(t)$

檢視學習成效

範例 5.5 電路，使用 KVL 兩次，以推導當 $t>0$ 時 v_C 的微分方程式。

解答：$\dfrac{d^2 v_C}{dt^2} + \dfrac{R_2}{L}\dfrac{dv_C}{dt} + \dfrac{1}{LC} v_C = 0$

檢視學習成效

範例 5.7，如果再放置一個相同的電容，與原來的電容並聯，試問充電時間會如何改變？總儲存能量會如何改變？

解答：兩者都會加倍，因 C_{eq} 為原來電容的兩倍，所以 τ 與 E_{total} 跟著加倍。

5.3 一階暫態分析

一階系統（first-order system） 在工程訓練中很重要，而且在自然界中經常發生。系統特性由單一個狀態變數決定，系統能量與狀態變數的平方成正比。系統會消耗能量，因此，狀態變數的變化率與變數本身成正比。基本結果就是一階系統的暫態響應為時間的衰減指數（decaying exponential）函數。理想的一階電子系統具備電容或電感（非兩者兼具）與電阻，或許還有電源。理想的一階機械系統具備質量與阻尼（比如，滑動或黏性摩擦），但不含彈性或是順從性。理想的一階流體系統如一個具有充滿液體的水槽及可變孔口的液壓系統。具有流容與黏性散逸。許多傳導與對流熱系統亦存在一階行為。

通常，解暫態電路問題需要計算出：(1) 暫態事件前的穩態響應，(2) 緊接著暫態事件的暫態響應，(3) 暫態響應衰減完之後保持的長期穩態響應。含有常數電源的一階電路，其完整響應的計算步驟已經在上節描述。方法簡單易懂，只要適度練習即可熟練。

$t > 0$ 的電路化簡

針對暫態事件（$t > 0$）後的響應，求解第一步為將電路分成電源網路與負載，儲能元件即為負載，如圖 5.16。如電源網路為線性，可用戴維寧或諾頓等效網路取代。

圖 5.16 常見一階電路，可看作是電源網路連接儲能元件負載

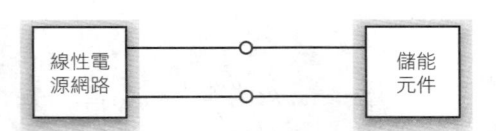

圖 5.17 常見一階電路，電容負載與戴維寧電源。

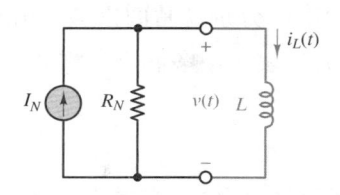

圖 5.18 常見一階電路，電感負載與諾頓電源。

如圖 5.17，當負載為電容，且電源網路由戴維寧等效網路替代，沿迴路用 KVL 得：

$$V_T - iR_T - v_C = 0$$

當然，$i = i_C$，且對電容而言，$i_C = C\,dv_C/dt$。經代換與重新安排項次後，結果為：

$$R_T C \frac{dv_C}{dt} + v_C = V_T \qquad \text{電容負載與戴維寧電源} \qquad (5.11)$$

直流電源網路的長期穩態解為 $v_C = V_T$。

同理，當負載為電感且電源網路由諾頓等效網路替代，如圖 5.18 所示，任意兩節點使用 KCL 得：

$$I_N - \frac{v}{R_N} - i = 0$$

當然，$v = v_L$ 且對電感而言 $v_L = L\,di_L/dt$。經代換與重新安排項次後，結果為：

$$\frac{L}{R_N} \frac{di_L}{dt} + i_L = I_N \qquad \text{電感負載與諾頓電源} \qquad (5.12)$$

直流電源網路的長期穩態解為 $i_L = I_N$。

電容或電感負載也可分別使用諾頓或戴維寧電源，藉由將電源表示式以 $V_T = I_N R_T$ 和 $R_T = R_N$ 取代，結果會與以上所述相同。

必須注意的是這些解法乃針對 $t > 0$，也就是暫態響應。有可能暫態事件之後負載所看到的等效電源網路，與事件前不同。這兩個領域都可使用等效網路法，但切勿假設事件中負載所看到的等效網路不變。

一階微分方程式

5.11 式與 5.12 式有相同的常見型式：

$$\boxed{\tau \frac{dx(t)}{dt} + x(t) = K_S\,f(t) \qquad \text{一階系統方程式}} \qquad (5.13)$$

其中常數 τ 和 K_S 分別為**時間常數**（time constant）與**直流增益**（DC gain）。本章中，假設 f(t) 等於代表一或多個直流電源的常數 F，通用的一階微分方程式為：

$$\tau \frac{dx(t)}{dt} + x(t) = K_S F \qquad t \geq 0 \tag{5.14}$$

x(t) 的解有兩部分：暫態響應與長期穩態響應。這兩部分可以重新安排成**自然**與**強制**響應，如 5.2 節所示，兩者的和為**完整響應**（complete response），為了具體指明完整響應，需要初始條件 $x(0^+)$。

一階暫態響應

藉由設定 5.14 式中 F = 0，可得暫態響應 x_{TR} 如：

$$\tau \frac{dx_{TR}(t)}{dt} + x_{TR}(t) = 0 \tag{5.15}$$

假設 x 的解型式如下：

$$x_{TR}(t) = \alpha e^{st} \tag{5.16}$$

將上式代入 5.15 式，形成特徵方程式。

$$\tau s + 1 = 0 \qquad \text{特徵方程式} \tag{5.17}$$

s 的解為：

$$s = \frac{-1}{\tau} \tag{5.18}$$

為特徵方程式的根，將其代入 5.16 式中的 s，產生衰減指數。

$$\boxed{x_{TR}(t) = \alpha e^{-t/\tau} \qquad \text{暫態響應}} \tag{5.19}$$

必須等到找出完整響應，才能求出 5.19 式中常數 α 的數值。假如系統沒有強制函數，暫態響應即為完整響應，常數 α 等於初始條件 $x(0^+)$。

當 t = nτ，n = 0, 1,..., 5 時，$x_{TR}(t)$ 的振幅見圖 5.20，資料顯示，經過 3 個時間常數，x_{TR} 衰減約 95%，經過 5 個時間常數，x_{TR} 衰減約 99%。

圖 5.20 正規化一階指數衰減

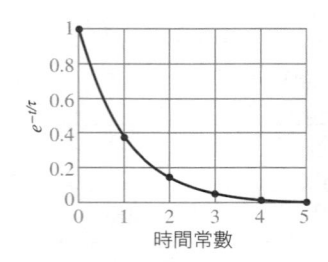

長期穩態響應

依舊假設一階電路只含有直流電源，因此 f(t) 為常數 F，一階系統長期穩態響應的解為：

$$\tau \frac{dx_{SS}(t)}{dt} + x_{SS}(t) = K_S F \qquad t \geq 0 \tag{5.20}$$

對常數 F 而言，解為 $x_{SS} = K_S F$，因此

$$\boxed{x_{SS}(t) \equiv x(\infty) = K_S F \quad F = \text{常數}} \tag{5.21}$$

完整響應

完整響應是暫態與長期穩態響應的和：

$$x(t) = x_{TR}(t) + x_{SS}(t) = \alpha e^{-t/\tau} + x(\infty) = \alpha e^{-t/\tau} + K_S F \qquad t \geq 0 \tag{5.22}$$

利用初始條件 $x(0^+)$ 來解未知常數 α：

$$\begin{aligned} x(0^+) &= \alpha + x(\infty) \\ \alpha &= x(0^+) - x(\infty) \end{aligned} \tag{5.23}$$

將 α 代入 5.22 式，可找出完整響應：

$$\boxed{x(t) = \left[x(0^+) - x(\infty)\right] e^{-t/\tau} + x(\infty) \qquad t \geq 0} \tag{5.24}$$

解題重點

一階暫態電路分析

1. 找出暫態事件前一瞬，$t = 0^-$ 時狀態變數的值，也就是找出 $v_C(0^-)$ 與 $i_L(0^-)$。
2. 將暫態事件發生後一瞬，狀態變數的值設定等於之前的值，也就是設定 $v_C(0^+) = v_C(0^-)$ 或 $i_L(0^+) = i_L(0^-)$ 為暫態響應的初始條件。

   注意：在暫態事件期間，只有狀態變數保證是連續的，任意變數 x(t) 的初始條件必須利用狀態變數的初始條件來求得。
3. 當 t > 0，將儲能元件當作負載，並簡化剩餘的電源網路。假設電源網路是線性，當儲能元件為：
   - 電容，利用戴維寧等效（V_T 和 R_T）來取代電源網路，如圖 5.8。
   - 電感，利用諾頓等效（I_N 和 R_N）來取代電源網路，如圖 5.9。

4. 當 $t>0$，利用 KVL 或 KCL 導出狀態變數的微分方程式。
   - 負載為電容，使用 KVL 導出：
   $$\tau \frac{dv_C}{dt} + v_C = V_T$$
   - 負載為電感，使用 KCL 導出：
   $$\tau \frac{di_L}{dt} + i_L = I_N$$
5. 當 $t>0$，求微分方程式的解，並套用初始條件，可以求得狀態變數的完整解。
   - 當負載為電容，狀態變數的完整解：
   $$v_C(t) = [v_C(0^+) - V_T]\, e^{-t/\tau} + V_T \qquad 與\ \tau = R_T C$$
   任意變數的完整解：
   $$x(t) = [x(0^+) - x(\infty)]\, e^{-t/\tau} + x(\infty) \qquad 與\ \tau = R_T C$$
   - 當負載為電感，狀態變數的完整解：
   $$i_L(t) = [i_L(0^+) - I_N]\, e^{-t/\tau} + I_N \qquad 與\ \tau = L/R_N$$
   任意變數的完整解：
   $$x(t) = [x(0^+) - x(\infty)]\, e^{-t/\tau} + x(\infty) \qquad 與\ \tau = L/R_N$$

注意：任意變數 $x(t)$ 所導出的微分方程式，其左側與狀態變數相同；右側則單純是 $x(t)$ 長期穩態值，可利用第 2 章至第 4 章的方法求出來。特別重要的是，所有變數的時間常數是相同的，亦即時間常數為整個原始電路的特性。

範例 5.8　簡化一階暫態電路

問題

求圖 5.21 一階電路的符號解。

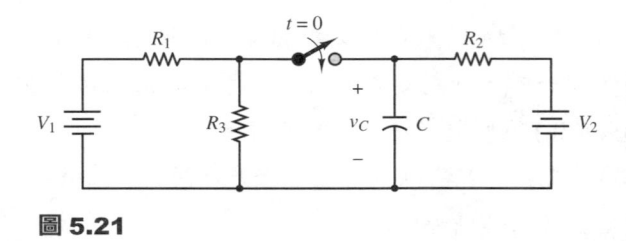

圖 5.21

解

已知條件：V_1；V_2；R_1；R_2；R_3；C。

求：所有時間 t，作為時間函數的電容電壓 $v_C(t)$。

已知資料：圖 5.21。

假設：假設開關在閉合前，已經長時間維持打開的狀態，因此在 $t = 0$ 暫態事件前，電路為直流穩態。

分析：

步驟 1：求 $t<0$ 時的 v_C。$t<0$ 時，電路為直流穩態，因此電容視為開路，R_2 無電流經過，電壓降為零。由 KVL 知，電容兩端的電壓為 V_2。

$$v_C(t) = V_2 \qquad t < 0$$

謹記，必須先解出在暫態事件前，狀態變數的值，即便這並非最後要求的變數。

步驟 2：找出 v_C 的初始條件。狀態變數 v_C 的初始條件已由步驟 1 得到，$t = 0$ 時，v_C 的初始條件為 V_2。

$$v_C(0^-) = v_C(0^+) = V_2 \qquad \text{電容電壓連續性}$$

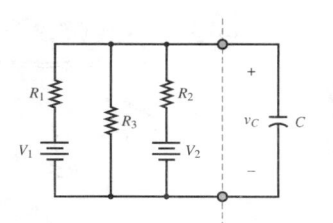

圖 5.22　$t>0$ 時 圖 5.21 的電路

步驟 3：簡化 $t>0$ 時的電路。開關閉合後，形成的電路如圖 5.22，此圖強調戴維寧電源 (V_1, R_1) 與 (V_2, R_2)，電容作為負載，並將其餘網路簡化為戴維寧等效網路。

圖 5.22 的戴維寧電源可轉換成等效諾頓電源，如圖 5.23，形成電阻與獨立電流源都是並聯的網路。將電流源合併（相加）成單一電流源，電阻合併成單一等效電阻 R_T，形成的諾頓電源再轉換成戴維寧電源，然後如圖 5.24，再接上負載。

步驟 4：寫出微分方程式。沿著圖 5.24 迴路，利用 KVL 可得 $t>0$ 的微分方程式：

$$V_T - iR_T - v_C = V_T - R_T C \frac{dv_C}{dt} - v_C = 0 \qquad t>0$$

$$R_T C \frac{dv_C}{dt} + v_C = V_T \qquad t>0$$

其中

$$R_T = R_1 || R_2 || R_3$$

$$V_T = \left(\frac{V_1}{R_1} + \frac{V_2}{R_2}\right) R_T$$

一階微分方程式的時間常數為 $\tau = R_T C$。

步驟 5：求暫態解。將微分方程式的右邊設為零，解 v_C，其解恆為：

$$(v_C)_{TR} = \alpha\, e^{-t/\tau}$$

請注意，未知常數 α 可在完整解中使用初始條件求得，而非單獨用於暫態解。

步驟 6：求長期穩態解。當開關閉合一段長時間後（特別指 $t \geq 5\tau$），可以求出 v_C 的長期直流穩態解，此時電容如同開路，所以 $(v_C)_{SS} \equiv v_C(\infty) = V_T$。

步驟 7：完整解。完整解是暫態解與長期穩態解的和。

$$v_C(t) = (v_C)_{TR} + (v_C)_{SS} = \alpha\, e^{-t/\tau} + V_T$$

利用初始條件 $v_C(0^+) = V_2$，可以求得未知常數 α，結果如下：

$$V_2 = v_C(0^+) = \alpha + V_T \qquad \text{或} \qquad \alpha = V_2 - V_T$$

最後，完整解為：

$$v_C(t) = (V_2 - V_T) e^{-t/R_T C} + V_T$$

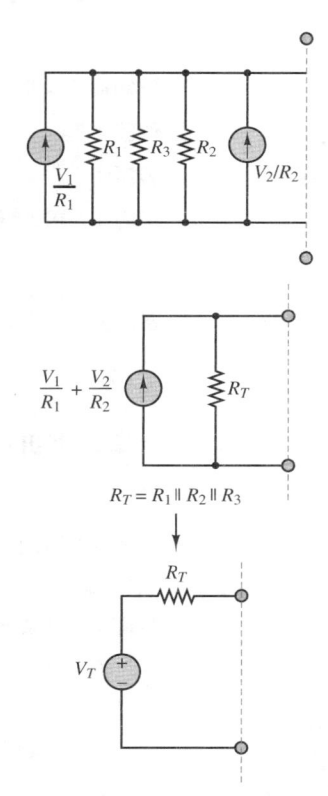

圖 5.23　圖 5.22 電源網路簡化成戴維寧等效型式

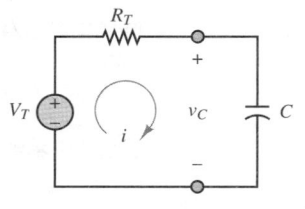

圖 5.24　$t>0$ 時使用戴維寧定理簡化圖 5.22 電路

範例 5.9　直流電動機的起動暫態

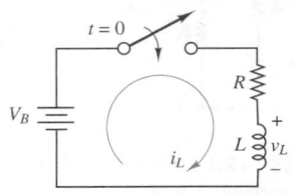

圖 5.25 範例 5.9 電路

問題

可以用圖 5.25 的等效一階串聯 RL 電路，作為直流電動機的近似模型，求 i_L 完整解。

解

已知條件：電池電壓 V_B；電阻 R；以及電感 L。

求：所有時間 t，作為時間函數的電感電流 $i_L(t)$。

已知資料：$R = 4\,\Omega$；$L = 0.1\,\text{H}$；$V_B = 50\,\text{V}$。圖 5.25。

假設：無。

分析：

步驟 1：**求 $t < 0$ 時的 v_C**。開關閉合前，流經電感的電流為零，因此，

$$i_L(t) = 0\,\text{A} \qquad t < 0$$

當開關閉合長時間後，電感電流為定值，可以利用短路來替換電感，計算出電流如下。

$$i_L(\infty) = \frac{V_B}{R} = \frac{50}{4} = 12.5\,\text{A}$$

步驟 2：**找出 i_L 的初始條件**。狀態變數 i_L 的初始條件由步驟 1 得到 $t = 0$ 時，i_L 的初始條件為 0。

$$i_L(0^+) = i_L(0^-) = 0 \qquad \text{電感電流連續性}$$

步驟 3：**簡化 $t > 0$ 時的電路**。當 $t > 0$，連接到電感的網路已經是戴維寧電源的型式，因此不需進一步簡化。

步驟 4：**求微分方程式**。沿著圖 5.25 迴路，利用 KVL 可得 $t > 0$ 的微分方程式：

$$V_B - i_L R - v_L = 0 \qquad t > 0$$

$$V_B - i_L R - L\frac{di_L}{dt} = 0$$

將強制函數 V_B 移到右邊 V_B：

$$\frac{L}{R}\frac{di_L(t)}{dt} + i_L(t) = \frac{1}{R}V_B \qquad t > 0$$

時間常數 τ 為第一個導數項的係數：

$$\tau = \frac{L}{R} = 0.025\,\text{s}$$

步驟 5：**求暫態解**。將微分方程式的右邊設為零，解 i_L，其解恆為：

$$(i_L)_{TR} = \alpha\,e^{-t/\tau} = \alpha\,e^{-t/0.025} = \alpha\,e^{-40t}$$

請注意，未知常數 α 可藉由在完整解中使用初始條件求得，而非單獨用於暫態解。

步驟 6：求長期穩態解。當開關閉合很長一段時間後（特別指 $t \geq 5\tau$）可以求出 i_L 的長期直流穩態解，此時電感形同短路，因此 $(i_L)_{SS} \equiv i_L(\infty) = V_B/R = 12.5 \text{ A}$。

步驟 7：完整解。完整解是暫態解與長期穩態解的和。

$$i_L(t) = (i_L)_{TR} + (i_L)_{SS} = \alpha e^{-40t} + 12.5 \text{ A}$$

利用初始條件 $i_L(0^+) = 0$，可以求得未知常數 α，結果如下：

$$0 = i_L(0^+) = \alpha + 12.5 \text{ A} \quad \text{或} \quad \alpha = 0 - 12.5 \text{ A} = -12.5 \text{ A}$$

最後，完整解為：

$$i_L(t) = -12.5 \, e^{-t/0.47} + 12.5 \text{ A}$$

完整解也可表示成自然與強制響應：

$$i_L(t) = i_{LN}(t) + i_{LF}(t) = 0 + 12.5 \left(1 - e^{-40t}\right)$$

完整響應，以及分解成 (a) 暫態加穩態響應，與 (b) 自然加強制響應的結果，可參考圖 5.27。

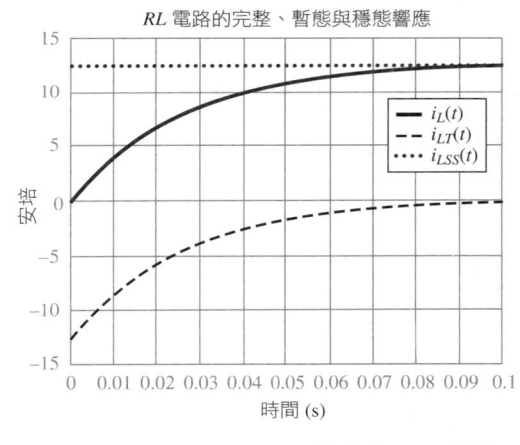

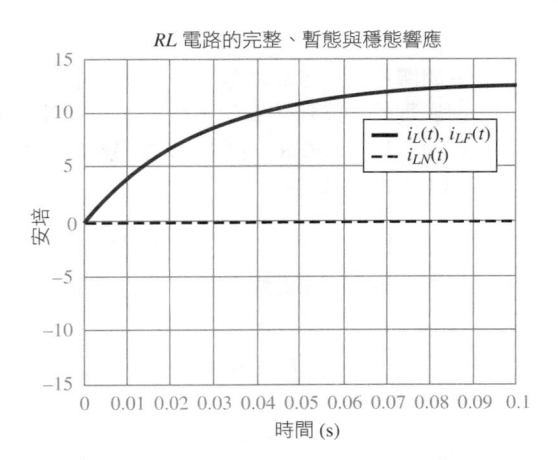

圖 5.26 電動機 $i_L(t)$ 的完整響應：(a) 穩態 $i_{LSS}(t)$ 加暫態 $i_{LT}(t)$ 響應；(b) 強制 $i_{LF}(t)$ 加自然 $i_{LN}(t)$ 響應。

評論：實際上，將開關與電感串聯並非好主意，當開關打開時，電感電流被迫突然改變，造成的 di_L/dt 使 $v_L(t)$ 變得很大，由電感性反衝造成的大電壓暫態可能損壞電路元件。此問題的實際解法，飛輪二極體，會在第 12 章介紹。

範例 5.10　直流電動機關閉時的暫態

問題

試求圖 5.27 簡化的電動機電路模型中，所有時間的電動機電壓，電動機由灰色方塊中的串聯 RL 電路代表。

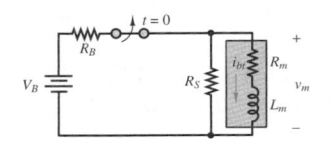

圖 5.27

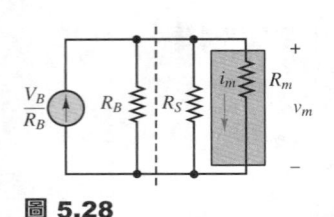

解

已知條件：V_B；R_B；R_S；R_m；L。

求：作為時間函數的電動機電壓。

已知資料：$R_B = 2\,\Omega$；$R_S = 20\,\Omega$；$R_m = 0.8\,\Omega$；$L = 3\,\text{H}$；$V_B = 100\,\text{V}$。

假設：開關已經閉合很長一段時間。

圖 5.28

分析：因為開關已經閉合很長一段時間，圖 5.27 電路中的電感形同短路，圖 5.28 為修正後的電路，電感由短路取代，左邊的戴維寧電路也由諾頓等效取代，可用分流法則求出電動機電流：

$$i_m = \frac{1/R_m}{1/R_B + 1/R_s + 1/R_m}\frac{V_B}{R_B}$$

$$= \frac{1/0.8}{1/2 + 1/20 + 1/0.8}\frac{100}{2} = 34.72\,\text{A}$$

此電流為電感電流的初始條件：$i_L(0) = 34.72\,\text{A}$。因電動機電感視同短路，$t < 0$ 時的電動機電壓為

$$v_m(t) = i_m R_m = 27.8\,\text{V} \qquad t < 0$$

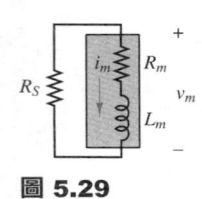

當開關打開，電源供應被切斷，電動機只看到分流（並聯）電阻 R_S，如圖 5.30 所示。之前提過電感電流無法瞬間改變，因此，電動機（電感）電流 i_m 需持續以相同方向流動，由於現在只剩下串聯 RL 電路，其中電阻 $R = R_S + R_m = 20.8\,\Omega$，電感電流會以時間常數 $\tau = L/R = 0.1442$ s 作指數衰減

圖 5.29

$$i_L(t) = i_m(t) = i_L(0)e^{-t/\tau} = 34.7e^{-t/0.1442} \qquad t > 0$$

將電動機電阻與電感的壓降相加，即可計算出電動機電壓：

$$v_m(t) = R_m i_L(t) + L\frac{di_L(t)}{dt}$$

$$= 0.8 \times 34.7 e^{-t/0.1442} + 3\left(-\frac{34.7}{0.1442}\right)e^{-t/0.1442} \qquad t > 0$$

$$= -694.1 e^{-t/0.1442} \qquad t > 0$$

電動機電壓如圖 5.30。

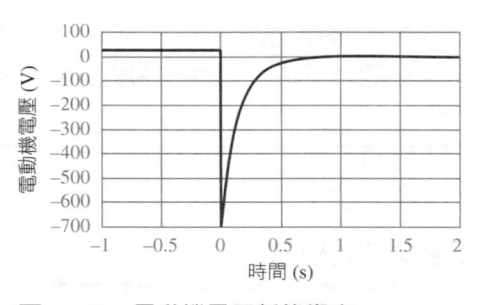

圖 5.30 電動機電壓暫態響應

評論：請注意在關閉的暫態中，電動機電壓如何由 t < 0 的穩態值 27.8 V，快速變化成很大的負值。此電感性反衝（inductive kick）在 RL 電路很典型，起因於電感電流無法瞬間改變，但是電感電壓可以，而且與 i_L 的導數成正比。此範例雖為電動機的簡化代表，卻有效闡述了電動機需要特殊的起動與停止電路。

量測重點

同軸電纜脈衝響應

問題：

　　脈衝（pulse）訊號在電纜中傳輸是很實際的重點。數位電腦的特性就是用短的電壓脈衝代表二進制訊號，通常需要透過**同軸電纜（coaxial cable）**長距離傳輸這種電壓脈衝。同軸電纜的特性可以由單位長度的有限電阻值，與單位長度的電容（通常為 pF/m）來表示。圖 5.31 為一長同軸電纜的簡化模型，若一 10-m 電纜的電容為 1,000 pF/m，串聯電阻為 0.2 Ω/m，當脈衝傳輸經此電纜後，試問其脈衝輸出波形為何？

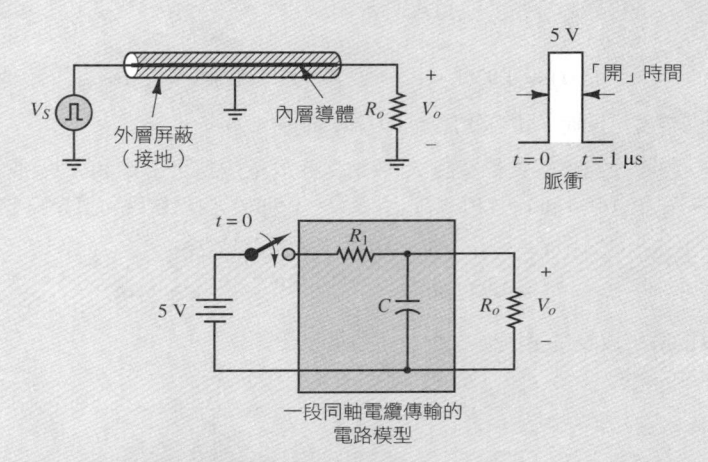

圖 5.31　脈衝透過同軸電纜傳輸

解：

已知條件──電纜長度、電阻與電容；電壓脈衝的振幅與脈衝寬度。

求──作為時間函數的電纜電壓。

已知資料── $r_1 = 0.2\ \Omega/\text{m}$；$R_o = 150\ \Omega$；$c = 1,000\ \text{pF/m}$；$l = 10\ \text{m}$；脈衝寬度 $= 1\ \mu\text{s}$。

假設──短的電壓脈衝於 $t = 0$ 時施加於電纜，初始條件為零。

分析──電壓脈衝可以用 5V 電池接到開關來表示，開關在 $t = 0$ 時閉合，在 $t = 1\ \mu\text{s}$ 時再度打開。解題策略如下，首先決定初始條件；接著求 $t > 0$ 時暫態問題的解；最後，計算 $t = 1\ \mu\text{s}$ 時的電容電壓值。也就是開關再度打開時，求另一個暫態問題的解。直覺上，我們知道電容將充電 $1\ \mu\text{s}$，達到特定的電壓值，此值為開關再度打開時，電容電壓的初始條件。這時因電壓源已被移除，電容電壓將衰減到零。請注意此電路的特性，由兩個暫態階段的兩個不同時間常數來表示。假設開關已經打開很長一段時間，此問題的初始條件為零。

　　藉由計算開關閉合時，相對於電容的戴維寧等效電路，可得 $0 < t < 1\ \mu\text{s}$ 的微分方程式 $0 < t < 1\ \mu\text{s}$：

$$V_T = \frac{R_o}{R_1 + R_o} V_B \qquad R_T = R_1 \| R_o \qquad \tau = R_T C \qquad 0 < t < 1\ \mu\text{s}$$

由之前的結果可顯示，微分方程式表示如下

$$R_T C \frac{dv_C}{dt} + v_C = V_T \qquad 0 < t < 1\ \mu\text{s}$$

其解的型式為

$$v_C(t) = -V_T e^{-t/R_T C} + V_T = V_T(1 - e^{-t/R_T C}) \qquad 0 < t < 1\,\mu s$$

計算電纜的有效電阻與電容值，並將數值代入求解：

$$R_1 = r_1 \times l = 0.2 \times 10 = 2\,\Omega$$
$$C = c \times l = 1{,}000 \times 10 = 10{,}000\,\text{pF}$$
$$R_T = 2 \| 150 = 1.97\,\Omega \qquad V_T = \frac{150}{152} V_B = 4.93\,\text{V}$$
$$\tau_{\text{on}} = R_T C = 19.74 \times 10^{-9}\,\text{s}$$

所以

$$v_C(t) = 4.93(1 - e^{-t/19.74 \times 10^{-9}}) \qquad 0 < t < 1\,\mu s$$

當 $t = 1\,\mu s$，開關再度打開時，電容電壓為 $v_C(t = 1\,\mu s) = 4.93\,\text{V}$。

開關再度打開時，電容經負載電阻 R_o 放電；此放電效應可由 C 和 R_o 組成電路的自然響應來說明，結果為：$v_C(t = 1\,\mu s) = 4.93\,\text{V}$，$\tau_{\text{off}} = R_o C = 1.5\,\mu s$。自然響應可直接寫成：

$$v_C(t) = v_C(t = 1 \times 10^{-6}) \times e^{-(t - 1 \times 10^{-6})/\tau_{\text{off}}}$$
$$= 4.93 \times e^{-(t - 1 \times 10^{-6})/1.5 \times 10^{-6}} \qquad t \geq 1\,\mu s$$

圖 5.32 為 $t > 0$ 的解，以及電壓脈衝的圖。

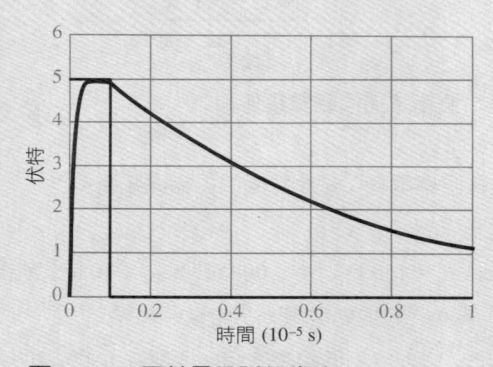

圖 5.32 同軸電纜脈衝響應

評論：圖 5.32 中，因為充電時間常數 τ_{on} 很短，電壓響應迅速達到預定值約 5 V。另一方面，放電時間常數 τ_{off} 則相當慢。然而，當電纜長度增加時，τ_{on} 也會增加，使得電壓脈衝可能無法在時限內達到預定的 5-V。這個例子使用的數值有些不切實際，由於電纜本身電容與電阻的關係，在應用上電纜長度可能是有所限制的。通常，如輸電線等長電纜線及高頻電路，無法以這裡用的集中參數方法來分析，而必須用分散式電路分析（distributed circuit analysis）技術。

第 5 章 暫態分析

範例 5.11　超電容（ultracapacitor）的暫態響應

問題

工業用，不斷電系統（UPS）是打算在不預期停電發生時，可以提供持續的電力。超電容能儲存大量的能量，且在短暫停電時釋放出來，以保護脆弱或緊要的電機／電子系統。假設我們想設計一個在永久的電力供應中，能夠彌補 5 s 電源故障的 UPS。此 UPS 支持的系統，其額定電壓是 50 V，最大電壓是 60 V，但是當電源電壓低到 25 V 時仍可運作，試設計此 UPS，決定所需的適當數量的串聯與並聯元件。

解

已知條件：最大、額定與最小電壓；功率定額與時間需求；超電容資料（見範例 4.1）。

求：符合規格所需的串聯與並聯超電容電池數量。

已知資料：圖 5.33。一個電池的電容值：C_{cell} = 100 F；一個電池的電阻值：R_{cell} = 15 mΩ；額定電池電壓 V_{cell} = 2.5 V。（見範例 4.1）

假設：負載可以用 0.5-Ω 電阻表示。

分析：符合規格所需的「電池堆」（stack）總電容值，可由結合串聯與並聯的電容而得，如圖 5.33(a) 所示，圖 5.33(b) 為單一電池的電路模型。我們首先定義本題會用到的重要變數。

因為額定電壓為 50 V，而當電源電壓低到 25 V 時，負載仍可運作，所以電源的容許電壓降

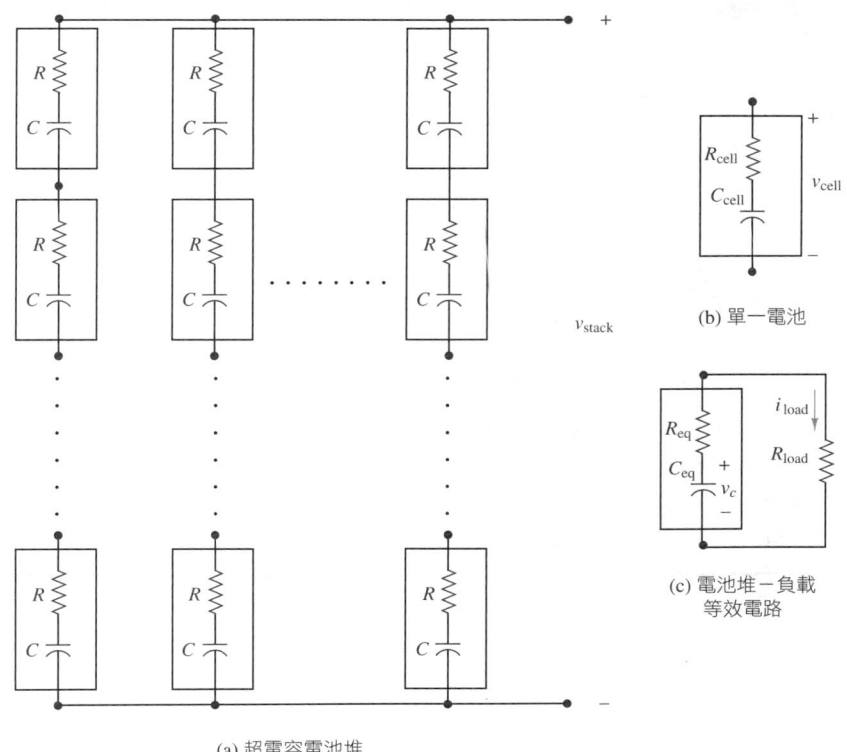

(a) 超電容電池堆

(b) 單一電池

(c) 電池堆－負載等效電路

圖 5.33

（allowable voltage drop）$\Delta V = 25$ V。

電壓下降(不得低於容許最小值 25 V)的時間間隔（time inverval）是 5 s。

電池堆的等效電組包含 n 個並聯電阻串，每串有 m 個電阻，因此

$$R_{eq} = mR_{cell}||mR_{cell}||\ldots||mR_{cell} \quad n \text{ 次}$$
$$= \frac{m}{n}R_{cell}$$

電池堆的等效電容可用同樣方法求得，記得電容串聯的算法與電阻並連相同（反之亦然）：

$$C_{eq} = \frac{n}{m}C_{cell}$$

最後，已知電池堆的等效電阻與電容，即可計算時間常數為

$$\tau = R_{eq}C_{eq} = \frac{m}{n}R_{cell}\frac{n}{m}C_{cell} = R_{cell}C_{cell} = 1.5 \text{ s}$$

串聯電容的總數量可由電壓最大值求得：

$$m = \frac{V_{max}}{V_{cell}} = \frac{60}{2.5} = 24 \text{ 個串聯電池}$$

先假設 $n = 1$，看解答合不合理。建立了基本參數後，接著將 KCL 用在圖 5.33(c) 的等效電路，以獲得電池堆電壓的關係式。另外上述提到我們想確保電池堆電壓能維持大於最低容許電壓（25 V）至少 5 s：

$$C_{eq}\frac{dv_c(t)}{dt} + \frac{v_c(t)}{R_{eq} + R_{load}} = 0$$

電路初始條件假設電池堆充電到 V_{max}，即，$vC(0^-) = v_C(0^+) = 60$ V。既然沒有外部刺激，$v_c(\infty) = 0$，因此暫態與自然響應是一致的，完整解的型式如下：

$$v_C(t) = [v_C(0) - v_C(\infty)]e^{-t/\tau} + v_C(\infty) \quad t \geq 0$$
$$= v_C(0)e^{-t/\tau} = v_C(0)e^{-t/(R_{eq}+R_{load})C_{eq}}$$
$$= 60e^{-t/\{[(m/n)R_{cell}+R_{load}](n/m)C_{cell}\}} \quad t \geq 0$$

利用分壓法則，將負載電壓表示成與超電容電壓相關聯：

$$v_{load}(t) = \frac{R_{load}}{R_{eq} + R_{load}}v_c(t) = \frac{R_{load}}{(m/n)R_{cell} + R_{load}}v_c(t)$$
$$= \frac{0.5}{(m/n)(0.015) + 0.5}60e^{-t/\{[(m/n)R_{cell}+R_{load}](n/m)C_{cell}\}}$$

因為當 $t = 5$ s 時，負載電壓須超過 25 V（最小容許負載電壓），此關係式可用來計算並聯串數量 n 的適當數值。可代入已知數值 $m = 24$, $R_{load} = 0.5$, $C_{cell} = 100$ F, $R_{cell} = 15$ mΩ, $t = 5$ s 以及 $v_{load}(t=5) = 25$ V，解出唯一的未知數 n，這題可當成作業。圖 5.34 畫出 $n = 1$ 至 5，電池堆負載系統的暫態響應，可看出當 $n = 3$ 時，滿足 $v_{load} = 25$ V 維持至少 5 s 的要求。

UPS 負載電壓的暫態響應

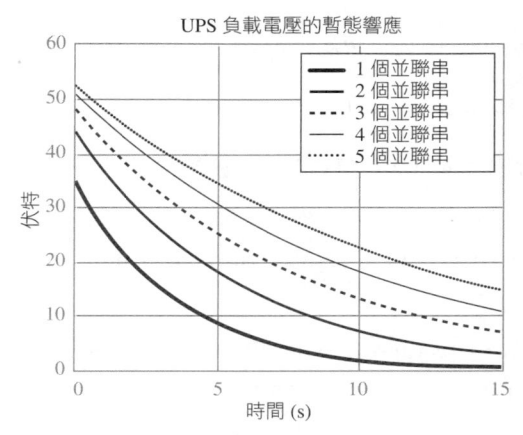

圖 5.34 超電容電路的暫態響應

範例 5.12　脈衝電源的一階響應

問題

圖 5.35 的電路包含一個可用來連接與分離電池的開關，開關已經打開一段很長的時間，$t = 0$ 時開關閉合，接著在 $t = 50$ ms 時開關再度打開，試求作為時間函數的電容電壓。

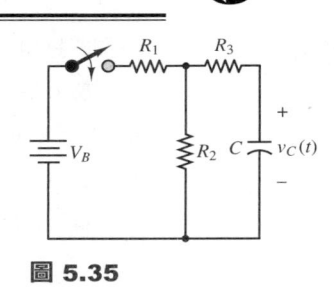

解

已知條件：V_B；R_1；R_2；R_3；C。

求：所有時間 t，作為時間函數的電容電壓 $v_C(t)$。

已知資料：$V_B = 15$ V, $R_1 = R_2 = 1{,}000$ Ω, $R_3 = 500$ Ω 以及 $C = 25$ μF。圖 5.35。

假設：無。

分析：

圖 5.35

第一部分（$0 \leq t < 50$ ms）

步驟 1：穩態響應。首先觀察到儲存在電容的電荷，存在經由電阻 R_3 與 R_2 的放電路徑，因此電容必須完全放電，所以

$$v_C(t) = 0 \text{ V} \quad t < 0 \quad \text{及} \quad v_C(0^-) = 0 \text{ V}$$

要決定穩態響應，須將電路當作開關已經閉合一段很長的時間，此時電容視同開路，計算出等效開路（戴維寧）電壓與等效電阻為

$$v_C(\infty) = V_B \frac{R_2}{R_1 + R_2} = 7.5 \text{ V}$$
$$R_T = R_3 + R_1 \| R_2 = 1 \text{ k}\Omega$$

步驟 2：初始條件。利用電容電壓的連續性決定變數 $v_C(t)$ 的初始條件：

$$v_C(0^+) = v_C(0^-) = 0 \text{ V}$$

步驟 3：寫出微分方程式。當 $t \geq 0$，使用戴維寧等效電路，且 $V_T = v_c(\infty)$，可以寫出微分方程式

$$V_T - R_T i_C - v_C = V_T - R_T C \frac{dv_C(t)}{dt} - v_C(t) = 0 \qquad 0 \leq t < 50 \text{ ms}$$

$$R_T C \frac{dv_C}{dt} + v_C = V_T \qquad 0 \leq t < 50 \text{ ms}$$

步驟 4：**時間常數**。由上面的方程式，能得知下列變數與參數：

$$x = v_C \qquad \tau = R_T C = 0.025 \text{ s} \qquad K_S = 1$$
$$f(t) = V_T = 7.5 \text{ V} \qquad 0 \leq t < 50 \text{ ms}$$

步驟 5：**完整解**。完整解是

$$v_C(t) = v_C(\infty) + [v_C(0) - v_C(\infty)]e^{-t/\tau} \qquad 0 \leq t < 50 \text{ ms}$$
$$v_C(t) = V_T + (0 - V_T)e^{-t/R_T C} = 7.5(1 - e^{-t/0.025}) \quad \text{V} \qquad 0 \leq t < 50 \text{ ms}$$

第二部分（$t \geq 50$ ms）

在陳述問題時已提過 $t = 50$ ms 時開關再度打開，此時電容經串聯電阻 R_3 與 R_2 放電。因為在開關打開後，沒有強制函數，所以長期穩態 $v_C(\infty)$ 是零，而暫態與自然響應是相同的，所以完整解的型式為 $v_C(t - t_1) = \alpha e^{-(t-t_1)/\tau}$，其中 $t_1 = 50$ ms。

1. 開關打開時，電容兩端電壓 v_C（狀態變數）在 $t = 50$ ms 時是連續的。
2. 常數 α 為 $t = 50$ ms 時，v_C 的初始條件。
3. 當 $t \geq 50$ ms，時間常數 $\tau = (R_2 + R_3)C = 0.0375$ s。

利用 $0 \leq t \leq 50$ ms 時的解，計算 $v_C(t = t_1 = 50 \text{ ms})$，並求出 α，$\alpha = 7.5(1 - e^{-0.05/0.025}) = 6.485$ V。

因此，$t \geq 50$ ms 時，電容電壓是：

$$v_C(t) = 6.485 e^{-(t-0.05)/0.0375}$$

完整響應如下圖。

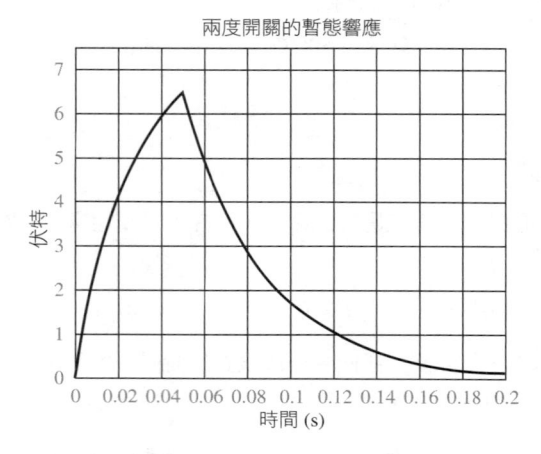

兩度開關的暫態響應

評論：請注意這兩部分的響應，時間常數是不一樣的。上升部分的響應變化（因為時間常數較短）比下降部分快。同時注意第 2 部分的暫態解是以時間偏移 $(t - 0.05)$ ms 的形式表示開關在 $t = 50$ ms 時打開。

範例 5.13　一階自然與強制響應

問題

試求圖 5.36 電路，電容電壓的表示式。

解

已知條件：$v_C(t = 0^-)$；V_B；R；C。

求：所有時間 t，作為時間函數的電容電壓 $vC(t)$。

已知資料：$v_C(t = 0^-) = 5\,\text{V}$；$R = 1\,\text{k}\Omega$；$C = 470\,\mu\text{F}$；$V_B = 12\,\text{V}$。圖 5.36。

假設：無

分析：

步驟 1：求 t < 0 時的 v_C。$t < 0$ 時，電容不屬於封閉迴路，因此電容電流為零，換句話說，電容電荷（也就是能量）是定值。此範例假設電容存在初始電荷 $q = Cv_C(0^-) = C(5\,\text{V})$，因此：

$$v_C(t) = 5\,\text{V} \qquad t < 0 \qquad 且 \qquad v_C(0^-) = 5\,\text{V}$$

當開關已經閉合一段很長的時間，電路達到新的直流穩態，電容可以用開路取代之，迴路電流逐漸降到零。

$$v_C(\infty) = V_B = 12\,\text{V}$$

步驟 2：找出 v_C 的初始條件。狀態變數 v_C 的初始條件，已在步驟 1 求得；亦即，$t = 0$ 時 v_C 的初始條件是 5 V。

$$v_C(0^-) = v_C(0^+) = 5\,\text{V} \qquad 電容電壓連續性$$

步驟 3：簡化 $t > 0$ 時的電路。$t > 0$ 時，連接到電容的網路已經是戴維寧電源的型式，所以不需進一步簡化。

步驟 4：寫出微分方程式。沿著圖 5.36 迴路，利用 KVL 可得 $t > 0$ 的微分方程式：

$$12\,\text{V} - Ri_C - v_C = 12\,\text{V} - RC\frac{dv_C}{dt} - v_C = 0 \qquad t > 0$$

$$RC\frac{dv_C}{dt} + v_C = 12\,\text{V} \qquad t > 0$$

時間常數 τ 是第一個導數項的係數：

$$\tau = RC = 0.47\,\text{s}$$

步驟 5：求暫態解。欲求暫態解，將微分方程式右側設為零，並解出 v_C，解的型式恆為：

$$(v_C)_{\text{TR}} = \alpha\, e^{-t/\tau} = \alpha\, e^{-t/0.47}$$

請注意，未知常數 α，可藉由在完整解中使用初始條件求得，而非單獨用於暫態解。

步驟 6：求長期穩態解。當開關閉合一段長時間後（特別指 $t \geq 5\tau$），可以求出 v_C 的長期直流穩態解，此時電容如同開路，因此 $(v_C)_{\text{SS}} \equiv v_C(\infty) = 12\,\text{V}$。

步驟 7：完整解。完整解是暫態解與長期穩態解的和。

$$v_C(t) = (v_C)_{\text{TR}} + (v_C)_{\text{SS}} = \alpha\, e^{-t/0.47} + 12\,\text{V}$$

圖 5.36

藉由使用初始條件 $v_C(0^+) = 5\,\text{V}$，可得未知常數 α，結果為：

$$5\,\text{V} = v_C(0^+) = \alpha + 12\,\text{V} \quad \text{或} \quad \alpha = 5\,\text{V} - 12\,\text{V} = -7\,\text{V}$$

最後，完整解是：

$$v_C(t) = -7\,e^{-t/0.47} + 12$$

完整解也可表示成自然與強制響應：

$$v_C(t) = v_{CN}(t) + v_{CF}(t) = 5e^{-t/0.47} + 12\left(1 - e^{-t/0.47}\right)$$

完整響應可以分解成 (a) 暫態加穩態響應，與 (b) 自然加強制響應，如圖 5.37。

評論：請注意圖 5.37(a) 中，長期穩態響應 v_{CSS} 等於電池電壓，而暫態響應 $v_{CTR}(t)$ 從 -7 指數上升到 0 V。另一方面，在圖 5.37(b) 中，初始儲存在電容的能量衰減至零，如自然響應 v_{CN} 的結果；而外部強制函數則造成電容電壓呈指數上升到 12 V，如強制響應 v_{CF} 所示。

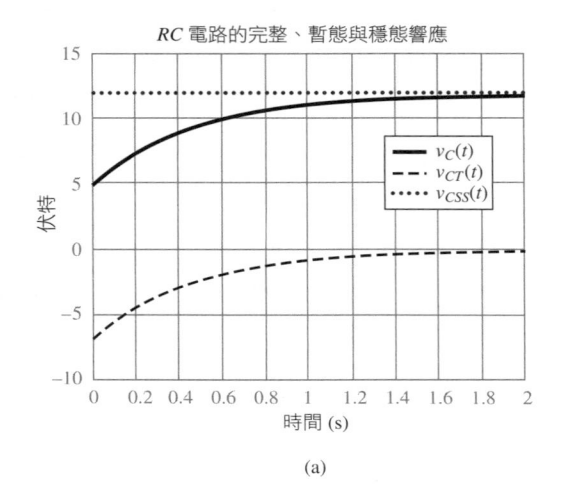

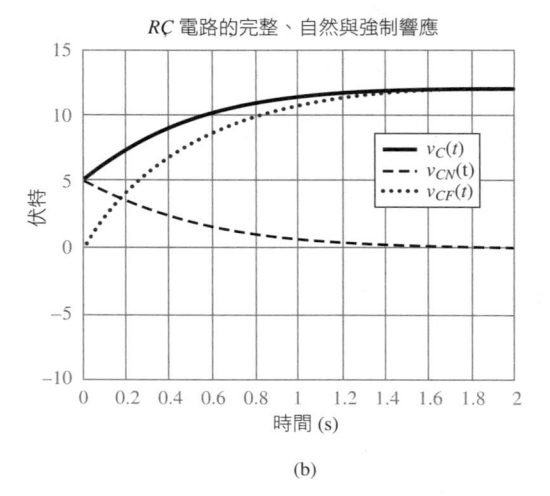

圖 5.37 (a) 圖 5.36 電路的完整、暫態和穩態響應；(b) 同一個電路的完整、自然和強制響應

> **檢視學習成效**
>
> 範例 5.8，若初始條件（$t < 0$ 時的電容電壓）為零，結果為何？
>
> 解答：完整解等於強制解。
> $$v_C(t) = v_{CF}(t) = 12(1 - e^{-t/0.47}) \text{ V}$$

> **檢視學習成效**
>
> 範例 5.10，若開關在 $t = 100$ ms 時打開，指數衰減的初始條件為何？
>
> 解答：7.363 V

> **檢視學習成效**
>
> 由範例 5.13 推導出的結果，求解暫態響應中未知數 n 的值。
>
> 解答：解為 2.9，四捨五入得 $n = 3$

5.4 二階暫態分析

通常，二階電路有兩個不可抵消的儲能元件：兩個電容、兩個電感，或是一個電容與一個電感。以新的基本原理而言，後者是最重要的。因為二階電路有兩個不可抵消的儲能元件，所以電路有兩個狀態變數，而其行為可以用二階微分方程式來描述。

最簡單、最重要的二階電路如圖 5.38 和 5.39 所示，電容與電感可為並聯或是串聯。圖中電路建議電容與電感應視為一體的負載，電路其餘部分為戴維寧或諾頓等效電源網路。這些電路的分析方法比起其他二階電路較單純，適合首次分析此種電路的學習者。更複雜的二階電路的分析法，將出現在本節之後的範例中。

本節內容對學生來說，是很有挑戰的。重要的是要有耐心跟決心。我們會以有系統且循序漸進的方式帶領你學習本節。各位準備好，切勿驚慌！

一般特性

分析特定的二階電路之前，有必要先介紹任何二階電路廣義的微分方程式。

$$\frac{1}{\omega_n^2}\frac{d^2x}{dt^2} + \frac{2\zeta}{\omega_n}\frac{dx}{dt} + x = K_S f(t) \qquad (5.25)$$

常數 ω_n 和 ζ 分別是**自然頻率**（natural frequency）與**無因次阻尼比**（dimensionless damping ratio），這些參數是二階電路的特性，且決定了電路的響應，其值可藉由將 5.25 式與特定的 RLC 電路直接比較而得。接下來將指出，二階電路有三個可能的響應：過阻尼、臨界阻尼與欠阻尼（underdamped），二階電路的響應完全由 ζ 所決定。

5.25 式中，$f(t)$ 是強制函數，K_S 是特定變數 $x(t)$ 的**直流增益**（DC gain）。相同電路中不同的變數，可能有不同的直流增益。然而，所有變數有相同的自然頻率 ω_n，相同的無因次阻尼比 ζ，所以也有相同型式的響應，這將可節省解題的時間。

並聯 LC 電路

考慮圖 5.38 電路，兩個狀態變數 i_L 和 v_C，其中 v_C 為主要的狀態變數，因為所有四個電路元件都共用此變數。通常在暫態事件那一刻，儲能元件的能量可能不是零，也就是電容電壓 $v_C(0)$ 與電感電流 $i_L(0)$ 可能不是零。這兩個狀態變數恆為連續，所以：

$$v_C(0^+) = v_C(0^-) \qquad \text{且} \qquad i_L(0^+) = i_L(0^-)$$

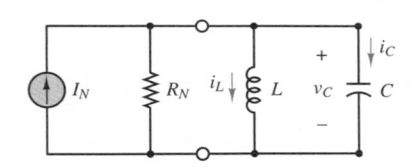

圖 5.38 二階電路，並聯的電容與電感為一體的負載，連接到諾頓等效網路

任一節點使用 KCL，可導出以兩個狀態變數為主的微分方程式。

$$I_N - \frac{v_C}{R_N} - i_L - i_C = 0 \qquad \text{KCL}$$

利用下述的關係，KCL 方程式可轉換成以 i_L 為主的二階微分方程式：

$$v_C = v_L = L\frac{di_L}{dt} \qquad \text{和} \qquad i_C = C\frac{dv_C}{dt} = LC\frac{d^2 i_L}{dt^2}$$

代入 KCL 當中的 v_C 與 i_C，可求出：

$$I_N - \frac{L}{R_N}\frac{di_L}{dt} - i_L - LC\frac{d^2 i_L}{dt^2} = 0$$

重新排列得：

$$LC\frac{d^2 i_L}{dt^2} + \frac{L}{R_N}\frac{di_L}{dt} + i_L = I_N \tag{5.26}$$

另一種做法，可以將 KCL 方程式兩邊作微分且代入：

$$\frac{di_L}{dt} = \frac{v_C}{L} \qquad 和 \qquad \frac{di_C}{dt} = C\frac{d^2 v_C}{dt^2}$$

結果是：

$$\frac{dI_N}{dt} - \frac{1}{R_N}\frac{dv_C}{dt} - \frac{v_C}{L} - C\frac{d^2 v_C}{dt^2} = 0$$

將方程式兩邊乘上 L，如果電源 I_N 為常數，則其時間導數為零，形成如下的二階微分方程式：

$$LC\frac{d^2 v_C}{dt^2} + \frac{L}{R_N}\frac{dv_C}{dt} + v_C = 0 \tag{5.27}$$

5.27 式不含強制函數（右側為零），代表 v_C 的長期穩態解為零，換句話說，v_C 的暫態解也同樣是完整解。

欲解 5.26 和 5.27 式，須先確認無因次阻尼比 ζ 與自然頻率 ω_n。注意到對電路任何變數而言，這兩個方程式的左側是完全一致的，因此可藉由將任一個微分方程式與 5.25 式作比較，求得 ω_n 和 ζ，結果為：

$$\frac{1}{\omega_n^2} = LC \qquad 和 \qquad \frac{2\zeta}{\omega_n} = \frac{L}{R_N}$$

這兩個方程式的解為：

$$\omega_n = \frac{1}{\sqrt{LC}} \qquad 和 \qquad \zeta = \frac{1}{2R_N}\sqrt{\frac{L}{C}} \tag{5.28}$$

i_L 和 v_C 的暫態響應型式，只與 ζ 有關。當 ζ 大於、等於或小於 1，暫態響應 $(i_L)_{TR}$ 與 $(v_C)_{TR}$ 分別為過阻尼、臨界阻尼或欠阻尼，本節之後會詳細介紹這三種響應型式。完整解為：

$$i_L(t) = (i_L)_{TR} + (i_L)_{SS} = (i_L)_{TR} + I_N$$

以及

$$v_C(t) = (v_C)_{TR} + (v_C)_{SS} = (v_C)_{TR} + L\frac{dI_N}{dt}$$

當 I_N 為常數，則 $(v_C)_{SS} = 0$ 且 $v_C(t) = (v_C)_{TR}(t)$。

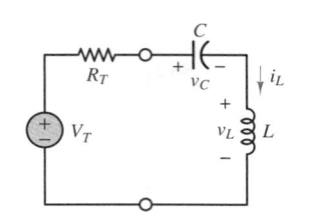

圖 5.39 二階電路，串聯的電容與電感為一體的負載，連接到戴維寧等效網路

串聯 LC 電路

串聯 LC 電路求解的做法可遵照並聯 LC 電路的步驟。考慮圖 5.39 電路，並注意到與之前並聯 LC 電路的對偶性。事實上，只要將上面所得的方程式，把 L 換成 C，i_L 換成 v_C，R_N 換成 $1/R_T$，以及 I_N 換成 V_T。

再次，兩個狀態變數 i_L 和 v_C，其中 i_L 為主要的狀態變數，因為所有四個電路元件都共用此變數。同樣，在暫態事件那一刻，儲能元件的能量可能不是零，也就是，電容電壓 $v_C(0)$ 與電感電流 $i_L(0)$ 可能不是零。這兩個狀態變數恆為連續，所以

$$v_C(0^+) = v_C(0^-) \qquad 且 \qquad i_L(0^+) = i_L(0^-)$$

沿著串聯迴路使用 KVL，可導出以兩個狀態變數為主的微分方程式。

$$V_T - i_L R_T - v_C - v_L = 0 \qquad \text{KVL}$$

利用下述的關係，KVL 方程式可轉換成以 v_C 為主的二階微分方程式：

$$i_L = i_C = C \frac{dv_C}{dt} \qquad 且 \qquad v_L = L \frac{di_L}{dt} = LC \frac{d^2 v_C}{dt^2}$$

將 v_L 與 i_L 代入 KVL 方程式得：

$$V_T - R_T C \frac{dv_C}{dt} - v_C - LC \frac{d^2 v_C}{dt^2} = 0$$

重新排列得：

$$\boxed{LC \frac{d^2 v_C}{dt^2} + R_T C \frac{dv_C}{dt} + v_C = V_T} \tag{5.29}$$

另一種做法，可以將 KVL 方程式兩邊作微分且代入

$$\frac{dv_C}{dt} = \frac{i_L}{C} \qquad 且 \qquad \frac{dv_L}{dt} = L \frac{d^2 i_L}{dt^2}$$

結果是：

$$\frac{dV_T}{dt} - R_T \frac{di_L}{dt} - \frac{i_L}{C} - L \frac{d^2 i_L}{dt^2} = 0$$

將方程式兩邊乘上 C，如果電源 V_T 為常數，則其時間導數為零，形成如下的二階微分方程式：

$$\boxed{LC \frac{d^2 i_L}{dt^2} + R_T C \frac{di_L}{dt} + i_L = 0} \tag{5.30}$$

5.30 式不含強制函數（右側為零），代表 i_L 的長期穩態解為零，換句話說，i_L 的暫態解也是完整解。

欲解 5.29 和 5.30 式，須先確認無因次阻尼比 ζ 與自然頻率 ω_n。注意到對電路任何變數而言，這兩個方程式的左側是完全一致的，因此可藉由將任一個微分方程式與 5.25 式作比較，求得 ω_n 和 ζ，結果為：

$$\frac{1}{\omega_n^2} = LC \qquad 且 \qquad \frac{2\zeta}{\omega_n} = R_T C$$

這兩個方程式的解為：

$$\boxed{\omega_n = \frac{1}{\sqrt{LC}} \qquad 且 \qquad \zeta = \frac{R_T}{2}\sqrt{\frac{C}{L}}} \tag{5.31}$$

i_L 和 v_C 的暫態響應型式，只與 ζ 有關，當 ζ 大於、等於，或小於 1 時，則暫態響應 $(i_L)_{TR}$ 和 $(v_C)_{TR}$ 分別為過阻尼、臨界阻尼，或欠阻尼，本節之後會詳細介紹這三種響應型式。完整解為：

$$v_C(t) = (v_C)_{TR} + (v_C)_{SS} = (v_C)_{TR} + V_T$$

以及

$$i_L(t) = (i_L)_{TR} + (i_L)_{SS} = (i_L)_{TR} + C\frac{dV_T}{dt}$$

當 V_T 為常數，則 $(i_L)_{SS} = 0$ 且 $i_L(t) = (i_L)_{TR}(t)$。

暫態響應

將微分方程式的右側設為零，可求出暫態響應 $x_{TR}(t)$：

$$\frac{1}{\omega_n^2}\frac{d^2 x_{TR}}{dt^2} + \frac{2\zeta}{\omega_n}\frac{dx_{TR}}{dt} + x_{TR} = 0 \tag{5.32}$$

如同一階系統，此方程式的解為指數型式：

$$x_{TR}(t) = \alpha e^{st} \qquad \text{假設的暫態響應} \tag{5.33}$$

將其代入微分方程式，可得特徵方程式（characteristic equation）：

$$\frac{s^2}{\omega_n^2} + \frac{2\zeta}{\omega_n}s + 1 = 0 \tag{5.34}$$

接著產生兩個**特徵根**（characteristic root）s_1 和 s_2。將二次方程式的公式用在特徵方程式，即可找出 s_1 和 s_2 的值。

$$s_{1,2} = -\zeta\omega_n \pm \frac{1}{2}\sqrt{(2\zeta\omega_n)^2 - 4\omega_n^2} = -\omega_n\left(\zeta \pm \sqrt{\zeta^2 - 1}\right) \tag{5.35}$$

特徵根 s_1 和 s_2 與下列三種可能的響應：過阻尼（$\zeta>1$）、臨界阻尼（$\zeta=1$），和欠阻尼（$\zeta<1$）有關聯，接下來會詳細介紹這三種響應。

1. 過阻尼響應（$\zeta > 1$）

兩個相異的負實根：(s_1, s_2)。當 $\zeta > 1$ 且根為 $s_{1,2} = \omega_n\left(-\zeta \pm \sqrt{\zeta^2 - 1}\right)$ 時，暫態響應為過阻尼，通解為

$$x_{TR}(t) = \alpha_1 e^{s_1 t} + \alpha_2 e^{s_2 t} = e^{-\zeta\omega_n t}\left[\alpha_1 e^{\left(\omega_n\sqrt{\zeta^2-1}\right)t} + \alpha_2 e^{\left(-\omega_n\sqrt{\zeta^2-1}\right)t}\right]$$
$$= \alpha_1 e^{-t/\tau_1} + \alpha_2 e^{-t/\tau_2}$$
$$\tau_1 = \frac{1}{\omega_n\left(\zeta - \sqrt{\zeta^2-1}\right)} \qquad \tau_2 = \frac{1}{\omega_n\left(\zeta + \sqrt{\zeta^2-1}\right)} \tag{5.36}$$

過阻尼響應為兩個一階響應的和，如圖 5.40 所示。

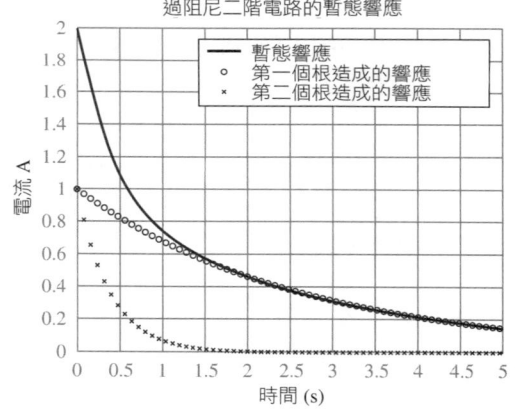

圖 5.40 過阻尼二階系統的暫態響應，其中 $\alpha_1 = \alpha_2 = 1$；$\zeta = 1.5$；$\omega_n = 1$

2. 臨界阻尼響應（$\zeta = 1$）

負的實數重根：(s_1, s_2)。當 $\zeta = 1$ 時，暫態響應為臨界阻尼，5.35 式中平方根的引數為零，因此 $s_{1,2} = -\zeta\omega_n = -\omega_n$。通解為：

$$x_{TR}(t) = \alpha_1 e^{s_1 t} + \alpha_2 t e^{s_2 t} = e^{-\omega_n t}(\alpha_1 + \alpha_2 t) = e^{-t/\tau}(\alpha_1 + \alpha_2 t)$$
$$\tau = \frac{1}{\omega_n} \tag{5.37}$$

臨界阻尼響應為一階指數項與乘上 t 的類似項的和，這兩個組成與完整解見圖 5.41。

圖 5.41 臨界阻尼二階系統的暫態響應，其中 $\alpha_1 = \alpha_2 = 1$；$\zeta = 1$；$\omega_n = 1$

3. 欠阻尼響應（$\zeta < 1$）

兩個共軛複根：(s_1, s_2)。當 $\zeta < 1$ 時，暫態響應為欠阻尼，5.35 式中平方根的引數為負值，因此 $s_{1,2} = \omega_n \left(-\zeta \pm j\sqrt{1-\zeta^2} \right)$。下列的複指數會出現在暫態響應的通式：

$$e^{\omega_n \left(-\zeta + j\sqrt{1-\zeta^2} \right) t} \qquad e^{\omega_n \left(-\zeta - j\sqrt{1-\zeta^2} \right) t} \tag{5.38}$$

利用尤拉公式可將複指數表示成正弦曲線，結果為：

$$x_{TR}(t) = e^{-\zeta \omega_n t} \left[\alpha_1 \sin(\omega_d t) + \alpha_2 \cos(\omega_d t) \right] \tag{5.39}$$

其中 $\omega_d = \omega_n \sqrt{1-\zeta^2}$ 為**阻尼自然頻率（damped natural frequency）**。注意到 ω_d 為震盪頻率，與震盪週期 T 的關係為 $\omega_d T = 2\pi$，且當 ζ 趨近於零時，ω_d 趨近於自然頻率 ω_n。震盪是具有衰減指數 $e^{-\zeta \omega_n t}$ 的阻尼型式，其時間常數為 $\tau = 1/\zeta \omega_n$，如圖 5.42。當

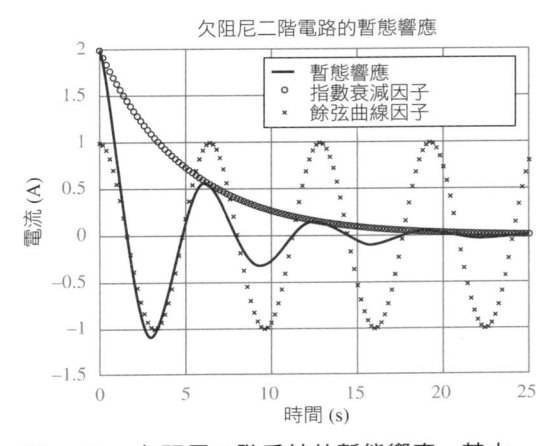

圖 5.42 欠阻尼二階系統的暫態響應，其中 $\alpha_1 = \alpha_2 = 1$；$\zeta = 0.2$；$\omega_n = 1$

ζ 增加趨近於 1（更多阻尼）時，τ 減少且震盪會更快衰減。而在極限情況 ζ → 0，響應為單純的弦波。

長期穩態響應

對有開關的直流電源而言，5.40 式的強制函數 F 是常數，其結果為常數的長期 ($t \to \infty$) 穩態響應 x_{SS}。

$$\frac{1}{\omega_n^2}\frac{d^2 x_{SS}}{dt^2} + \frac{2\zeta}{\omega_n}\frac{dx_{SS}}{dt} + x_{SS} = K_S F \tag{5.40}$$

因 x_{SS} 也必定是常數，所以其解為：

$$x_{SS} = x(\infty) = K_S F \qquad t \to \infty \tag{5.41}$$

完整響應

如同一階系統，完整解是暫態與長期穩態響應的和，之後的「解題重點」中，會詳細介紹過阻尼、臨界阻尼和欠阻尼案例的完整數學解。在任一個案例中，儲能元件的初始條件將用來解未知常數 α_1 與 α_2。程序中使用這兩個初始條件求 $t = 0^+$ 時，$x(t)$ 與 dx/dt 的值，這三種案例的詳細程序有些微不同，會在範例中討論。

一個特別有用的完整解是*步級響應*（unit-step response），令 $K_S f(t)$（見 5.25 式）為單位步級函數（unit step）當 $t < 0$ 時等於 0，而 $t > 0$ 時等於 1。假設無因次阻尼比 $\zeta = 0.1$，欠阻尼震盪週期 $T = 2\pi$，因此阻尼自然頻率 $\omega_d = 1$。圖 5.43 為對應的步級響應，會漸近趨近值等於 1 的長期直流穩態解。

而欠阻尼暫態響應，其震盪量隨時間呈指數衰減，波封（圖 5.43 中的虛線）的時間常數為 $\omega_d \tau = \sqrt{1-\zeta^2}/\zeta \approx 10$，因此當 $\omega_d t = 5\tau$，震盪在長期直流穩態值的 1% 以內。

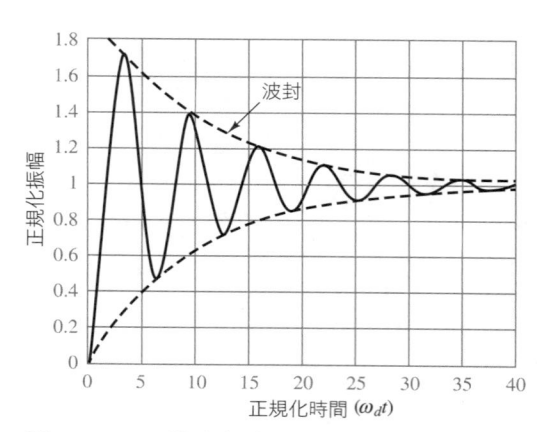

圖 5.43 二階步級響應，其中 $K_S = 1$, $\omega_d = 1$ 以及 $\zeta = 0.1$。

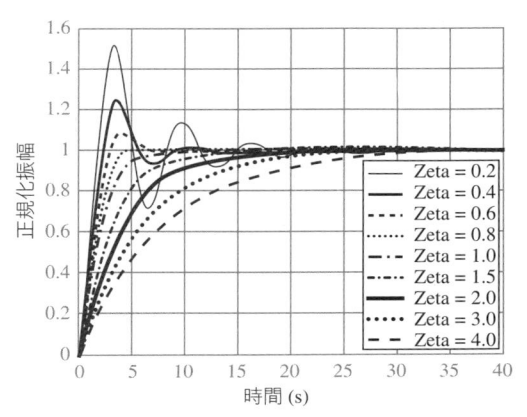

圖 5.44 二階步級響應，$K_S = 1$，$\omega_d = 1$，且 ζ 的範圍由 0.2 到 4.0。

留意震盪衰減的速率受 ζ 控制。圖 5.44 顯示當 ζ 增加，長期直流穩態響應的過沖（overshoot）會減少，直到 $\zeta = 1$（臨界阻尼），響應不再震盪，此時過沖為零。而 $\zeta > 1$（過阻尼）的響應呈現零過沖，且不會產生震盪。

解題重點

二階暫態響應

1. 求出 $x(t)$ 在開關 ($t = 0$) 切換之前與切換後經過長時間的長期直流穩態響應解，分別設為 $x(0^-)$ 和 $x(\infty)$。

2. 利用電容電壓與電感電流的連續性 $[v_C(0^+) = v_C(0^-)$ 與 $i_L(0^+) = i + L(0^-)]$，確認 $x(0^+)$ 與 $dx(0^+)/dt$ 的初始條件。

3. 應用 KVL 和／或 KCL 以找出兩個一階微分方程式，其中一個可能是狀態變數之一的 i-v 關係式，運用這些方程式，求得只含一個狀態變數，並為標準型式（5.25 式）的二階微分方程式。

4. 將微分方程式的係數與標準型式作比較，寫出與自然頻率 ω_n 以及無因次阻尼比 ζ 相關的兩個方程式，求 ω_n 與 ζ 的解。

5. 由 ζ 的值決定 $x(t)$ 的暫態響應為過阻尼、臨界阻尼，或欠阻尼。

   過阻尼（$\zeta > 1$）：
   $$x(t) = x_{TR}(t) + x_{SS} = e^{-\zeta\omega_n t}\left(\alpha_1 e^{\omega_n t\sqrt{\zeta^2-1}} + \alpha_2 e^{-\omega_n t\sqrt{\zeta^2-1}}\right) + x(\infty) \quad t \geq 0$$

   臨界阻尼（$\zeta = 1$）：
   $$x(t) = x_{TR}(t) + x_{SS} = e^{-\omega_n t}(\alpha_1 + \alpha_2 t) + x(\infty) \quad t \geq 0$$

欠阻尼（$\zeta < 1$）：
$$x(t) = x_{TR}(t) + x_{SS} = e^{-\zeta\omega_n t}[\alpha_1 \sin(\omega_d t) + \alpha_2 \cos(\omega_d t)]$$
$$+ x(\infty) \quad t \geq 0$$
$$\omega_d = \omega_n\sqrt{1-\zeta^2}$$

6. 使用狀態變數的初始條件求常數 α_1 與 α_2 的解。

- 令完整解的 $t = 0^+$，將 $x(0^+)$ 表示成 α_1 和 α_2 的型式。
- 完整解作微分，且令 $t = 0^+$，將 $dx(0^+)/dt$ 表示成 α_1 和 α_2 的型式。
- 利用步驟 3 的結果，將 $t = 0^+$ 時的 $x(t)$ 和 dx/dt，與狀態變數 $v_C(0^+)$ 和 $i_L(0^+)$ 產生關聯。

比較步驟 6，$x(0^+)$ 和 $dx(0^+)/dt$ 的兩組方程式，解得 α_1 與 α_2。

解題重點

二階系統的根

根 s_1 與 s_2 的一般型式為
$$s_{1,2} = -\zeta\omega_n \pm \omega_n\sqrt{\zeta^2 - 1}$$
根的本質與平方根的引數相關。

情況 1：**相異的負實根**。此情況發生在 $\zeta > 1$，因為平方根內為正數，結果是 $s_{1,2} = -\omega_n[\zeta \pm \sqrt{\zeta^2 - 1}]$，為二階**過阻尼響應**。

情況 2：**負的實數重根**。此情況發生在 $\zeta = 1$，因為平方根內為零，結果是重根 $s = -\zeta\omega_n = -\omega_n$，為二階**臨界阻尼響應**。

情況 3：**共軛複根**。此情況發生在 $\zeta < 1$，因為平方根內為負數，結果是一對共軛複根 $s_{1,2} = -\omega_n[\zeta \pm j\sqrt{1-\zeta^2}]$，為二階**欠阻尼響應**。

範例 5.14　二階電路問題的暫態響應

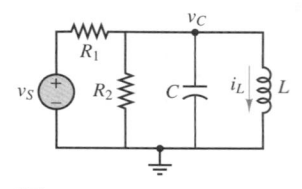

問題

試求圖 5.45 電路，$i_L(t)$ 的暫態響應。

解

已知條件：v_S；R_1；R_2；C；L。

圖 5.45

求：圖 5.45 電路，$i_L(t)$ 的暫態響應。

已知資料：$R_1 = 8$ kΩ；$R_2 = 8$ kΩ；$C = 10$ μF；$L = 1$ H。

假設：無。

分析：欲計算電路的暫態響應，將電源設為零（短路），此時兩個電阻為並聯，可以以單一電阻 $R = R_1 \| R_2$ 取代之。形成的並聯 RLC 電路，使用 KCL，此時電路頂端的節點電壓為電容電壓：

$$\frac{v_C}{R} + C\frac{dv_C}{dt} + i_L = 0$$

上式為有兩個狀態變數的一階微分方程式，欲轉換成只含一個狀態變數的二階微分方程式，使用：

$$v_C = v_L = L\frac{di_L}{dt}$$

代換 v_C 得：

$$LC\frac{d^2 i_L}{dt^2} + \frac{L}{R}\frac{di_L}{dt} + i_L = 0$$

此式的型式符合 5.25 式，其中 $K_S = 1$，$\omega_n^2 = 1/LC$，且 $2\zeta/\omega_n = L/R$。

使用下式可計算微分方程式的根：

$$s_{1,2} = -\zeta\omega_n \pm \frac{1}{2}\sqrt{(2\zeta\omega_n)^2 - 4\omega_n^2} = -\zeta\omega_n \pm \omega_n\sqrt{\zeta^2 - 1}$$

建議先計算出上面的三個參數，$K_S = 1$，$\omega_n = 1/\sqrt{LC} = 1/\sqrt{10^{-5}} = 316.2$，以及 $\zeta = L\omega_n/2R = 0.04$。因為 $\zeta < 1$，響應為欠阻尼，根的型式：$s_{1,2} = -\zeta\omega_n \pm j\omega_n\sqrt{1-\zeta^2}$。帶入數值得 $s_{1,2} = -12.5 \pm j\,316.0$，所以電路中任何變數的暫態響應，其形式為：

$$x_{TR}(t) = \alpha_1 e^{\left(-\zeta\omega_n + j\omega_n\sqrt{1-\zeta^2}\right)t} + \alpha_2 e^{\left(-\zeta\omega_n - j\omega_n\sqrt{1-\zeta^2}\right)t}$$
$$= \alpha_1 e^{(-12.5+j316.0)t} + \alpha_2 e^{(-12.5-j316.0)t}$$

只有當完整響應為已知，且初始條件已定時，方能求出常數 α_1 和 α_2 的值。

評論：一旦將二階微分方程式表示成標準型式，且三個參數的值確定後，即可很容易利用解題重點的訣竅，寫出暫態解。

範例 5.15　過阻尼二階電路完整響應

問題

試求圖 5.46 迴路電流 i 的完整響應。

解

已知條件：V_S；R；C；L。

求：圖 5.46 電路，迴路電流 i 的完整響應。

已知資料：$V_S = 25$ V；$R = 5$ kΩ；$C = 1$ μF；$L = 1$ H。

假設：電容在開關閉合前已充電（經由另一個未顯示在圖中的分離電路），因此 $v_C(0) = 5$ V。

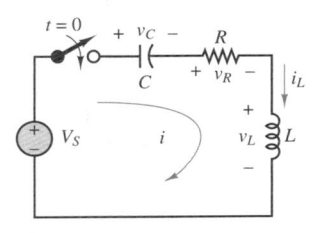

圖 5.46

分析：

步驟 1：穩態響應。當開關打開時，電路電流 i 為零（短路），所以電感電流的初始條件亦為零；即 $i_L(0) = 0$。電容兩端的初始電壓 $v_C(0)$ 無法由電路推導而得，而是已知的值，此題的 $v_C(0) = 5$ V。

當開關閉合經過長時間後，且暫態響應已經衰減完畢，可將電容視為開路，而電感為短路，來求得長期直流穩態值 $i(\infty)$。可看出 $i(\infty) = 0$，因為電容在此單一迴路中為開路狀態。

步驟 2：初始條件。解二階電路需要兩個初始條件，而這兩個初始條件有賴於電感電流與電容電壓的時間連續性，即 $i_L(0^-) = i_L(0^+) = 0$ 與 $v_C(0^-) = v_C(0^+) = 5$ V。欲求出完整解中兩個未知常數，需要將初始條件用在與這些常數相關的兩個方程式的狀態變數，這兩個式子是 $i(0^+) = i_L(0^+) = 0$ 與 $di(0^+)/dt = di_L(0^+)/dt$。後一個方程式可以在 $t = 0^+$ 時使用 KVL 而得：

$$V_S - v_C(0^+) - R i_L(0^+) - v_L(0^+) = 0$$

$$V_S - v_C(0^+) - R i_L(0^+) - L \frac{di_L(0^+)}{dt} = 0$$

$$\frac{di_L(0^+)}{dt} = \frac{V_S}{L} - \frac{v_C(0^+)}{L} = 25 - 5 = 20 \text{ A/s}$$

步驟 3：微分方程式。沿迴路使用 KVL，可寫出含兩個狀態變數 v_C 和 i_L 的一階微分方程式：

$$V_S - v_C - R i_L(t) - L \frac{di_L(t)}{dt} = 0 \qquad t \geq 0$$

欲求得只含 i_L 的二階微分方程式需要多兩個步驟，首先，將一階方程式兩邊作微分：

$$\frac{dV_S}{dt} - \frac{dv_C}{dt} - R \frac{di_L}{dt} - L \frac{d^2 i_L}{dt^2} = 0$$

接著，因 i_L 也是流經電容的電流，寫出電容的 i-v 關係式如下：

$$i_L = i_C = C \frac{dv_C}{dt} \qquad \text{或} \qquad \frac{dv_C}{dt} = \frac{i_C}{C} = \frac{i_L}{C}$$

將此結果代入二階微分方程式，並將兩邊乘上 C，重新安排項次得：

$$LC \frac{d^2 i_L}{dt^2} + RC \frac{di_L}{dt} + i_L = C \frac{dV_S}{dt} = 0 \qquad t \geq 0$$

注意到當 V_S 為直流電源時，二階微分方程式的右邊（強制函數）為零，此結果在意料之中，因為電容可看作直流開路，因此驅使 i_L 的長期直流穩態值為零。

值得一提的是，要想寫出其他變數 x 的二階微分方程式很容易，因為左邊與 i_L 的完全相同，結果為：

$$LC \frac{d^2 x}{dt^2} + RC \frac{dx}{dt} + x = K_S f(t) \qquad t \geq 0$$

其中強制函數 $f(t)$ 與電路的獨立電源有關，直流增益 K_S 則與特定變數 x 有關。對電路中所有獨立電源都是直流電源的情形，右邊為長期直流穩態值 $x(\infty)$，所以：

$$LC \frac{d^2 x}{dt^2} + RC \frac{dx}{dt} + x = x(\infty) \qquad t \geq 0$$

步驟 4：解 ω_n 與 ζ。將二階微分方程式與 5.25 式的標準型式作比較，可求出：

$$\omega_n = \sqrt{\frac{1}{LC}} = 1{,}000 \text{ rad/s}$$

$$\zeta = RC \frac{\omega_n}{2} = \frac{R}{2} \sqrt{\frac{C}{L}} = 2.5$$

因此，此二階電路響應為過阻尼。

步驟 5：**寫出完整解**。電路為過阻尼，所以完整解的型式為：

$$x = x_{\text{TR}} + x_{\text{SS}} = \alpha_1 e^{\left(-\zeta\omega_n + \omega_n\sqrt{\zeta^2-1}\right)t} + \alpha_2 e^{\left(-\zeta\omega_n - \omega_n\sqrt{\zeta^2-1}\right)t} + x_{\text{SS}} \qquad t \geq 0$$

既然 $x_{\text{SS}} = x(\infty) = 0$，完整解與暫態解相同：

$$i_L(t) = \alpha_1 e^{\left(-\zeta\omega_n + \omega_n\sqrt{\zeta^2-1}\right)t} + \alpha_2 e^{\left(-\zeta\omega_n - \omega_n\sqrt{\zeta^2-1}\right)t} \qquad t \geq 0$$

步驟 6：**解常數 α_1 和 α_2**。最後，用初始條件來解常數 α_1 和 α_2，由第一個初始條件得：

$$i_L(0^+) = \alpha_1 e^0 + \alpha_2 e^0$$
$$\alpha_1 = -\alpha_2$$

第二個初始條件如下 ..

$$\frac{di_L(t)}{dt} = \left(-\zeta\omega_n + \omega_n\sqrt{\zeta^2-1}\right)\alpha_1 e^{\left(-\zeta\omega_n + \omega_n\sqrt{\zeta^2-1}\right)t}$$
$$+ \left(-\zeta\omega_n - \omega_n\sqrt{\zeta^2-1}\right)\alpha_2 e^{\left(-\zeta\omega_n - \omega_n\sqrt{\zeta^2-1}\right)t}$$

$$\frac{di_L(0^+)}{dt} = \left(-\zeta\omega_n + \omega_n\sqrt{\zeta^2-1}\right)\alpha_1 e^0 + \left(-\zeta\omega_n - \omega_n\sqrt{\zeta^2-1}\right)\alpha_2 e^0$$

將 $\alpha_1 = -\alpha_2$ 代入，得

$$\frac{di_L(0^+)}{dt} = \left(-\zeta\omega_n + \omega_n\sqrt{\zeta^2-1}\right)\alpha_1 - \left(-\zeta\omega_n - \omega_n\sqrt{\zeta^2-1}\right)\alpha_1$$
$$= 2\left(\omega_n\sqrt{\zeta^2-1}\right)\alpha_1 = 20$$
$$\alpha_1 = \frac{20}{2\left(\omega_n\sqrt{\zeta^2-1}\right)} = 4.36 \times 10^{-3} \text{ A}$$
$$\alpha_2 = -\alpha_1 = -4.36 \times 10^{-3} \text{ A}$$

最後寫出完整解為：

$$i_L(t) = 4.36 \times 10^{-3} e^{-208.7t} - 4.36 \times 10^{-3} e^{-4,791.3t} \text{ A} \qquad t \geq 0$$

圖 5.47 為完整解與所含成分的圖。

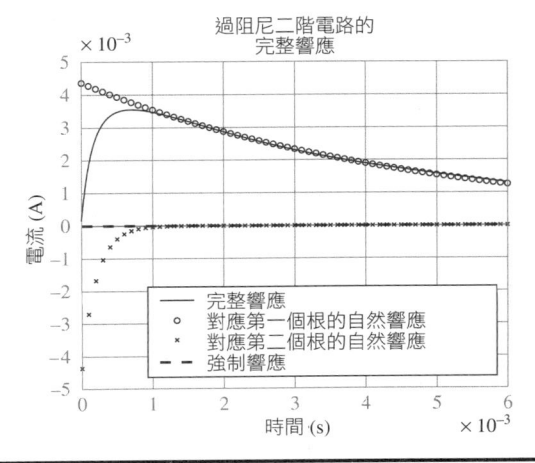

圖 5.47 過阻尼二階電路的完整響應。

範例 5.16　臨界阻尼二階電路完整響應

問題

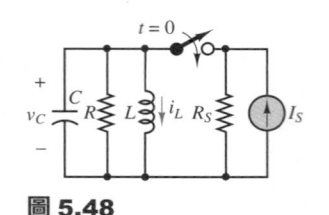

試求圖 5.48 電壓 v_C 的完整響應。

圖 5.48

解

已知條件：I_S；R；R_S；C；L。

求：圖 5.48 電路，v_C 的微分方程式之完整響應。

已知資料：$I_S = 5$ A；$R = R_S = 500\ \Omega$；$C = 2\ \mu F$；$L = 500$ mH。

假設：無。

分析：

步驟 1：**穩態響應**。當開關打開經過長時間後，儲存在電容與電感的能量都已經由電阻散逸；因此電路的電流與電壓為零：$i_L(0^-) = 0$，$v_C(0^-) = v(0^-) = 0$。

在開關閉合經過長時間後，且暫態響應已經衰減完畢，可將電容視為開路，而電感為短路，因為電感視同短路，所有電源電流都會流經電感，且 $i_L(\infty) = I_S = 5$ A。相反地，流經電阻的電流為零，因此 $v_C(\infty) = v(\infty) = 0$ V。

步驟 2：**初始條件**。解二階電路需要兩個初始條件，而這兩個初始條件有賴於電感電流與電容電壓的時間連續性，即 $i_L(0^-) = i_L(0^+) = 0$ A 以及 $v_C(0^-) = v_C(0^+) = 0$ V。既然微分方程式以變數 v_C 來表示，兩個所需的初始條件是 $v_C(0^+)$ 與 $dv_C(0^+)/dt$。可以在 $t = 0^+$ 時利用 KVL 而得：

$$I_S - \frac{v_C(0^+)}{R_S} - i_L(0^+) - \frac{v_C(0^+)}{R} - C\frac{dv_C(0^+)}{dt} = 0$$

因為 $v_C(0^+) = 0$ 且 $i_L(0^+) = 0$，$d_{v_C}(0^+)/dt$ 的結果為：

$$\frac{dv_C(0^+)}{dt} = \frac{I_S}{C} = \frac{5}{2 \times 10^{-6}} = 2.5 \times 10^6\ \frac{\text{V}}{\text{s}}$$

步驟 3：**微分方程式**。在上方節點使用 KCL，可寫出含兩個狀態變數 v_C 和 i_L 的一階微分方程式：

$$I_S - \frac{v_C}{R_S} - i_L - \frac{v_C}{R} - C\frac{dv_C}{dt} = 0 \qquad t \geq 0$$

兩邊作微分可得二階微分方程式，因 v_C 也是跨於電感兩端的電壓，電感的 i-v 關係式如：

$$v_C = v_L = L\frac{di_L}{dt}$$

將關係式代入 di_L/dt 可得到只與 v_C 有關的二階微分方程式，最後將兩邊乘上 L，並重新安排項次得：

$$LC\frac{d^2v_C}{dt^2} + \frac{L(R_S + R)}{R_S R}\frac{dv_C}{dt} + v_C = L\frac{dI_S}{dt} = 0 \qquad t \geq 0$$

注意到當 I_S 為直流電源時，二階微分方程式的右邊（強制函數）為零，此結果在意料之中，因為電感可看作直流短路，因此迫使 v_C 的長期直流穩態值為零。

值得一提的是，要想寫出其他變數 x 的二階微分方程式很容易，因為左邊與 v_C 的完全相同，結果為：

$$LC\frac{d^2x}{dt^2} + \frac{L(R_S + R)}{R_S R}\frac{dx}{dt} + x = K_S f(t) \qquad t \geq 0$$

其中強制函數 $f(t)$ 與電路的獨立電源有關，直流增益 K_S 則與特定變數 x 有關。對電路中所有獨立電源都是直流電源的情形，右邊為長期直流穩態值 $x(\infty)$，

$$LC \frac{d^2x}{dt^2} + \frac{L(R_S + R)}{R_S R} \frac{dx}{dt} + x = x(\infty) \qquad t \geq 0$$

步驟 4：**解 ω_n 與 ζ**。將二階微分方程式與標準型式作比較，可觀察到

$$\omega_n = \sqrt{\frac{1}{LC}} = 1,000 \text{ rad/s}$$

$$\zeta = \frac{L}{R_{eq}} \frac{\omega_n}{2} = \frac{1}{2R_{eq}} \sqrt{\frac{L}{C}} = 1$$

$$R_{eq} = \frac{RR_S}{R + R_S} = 250 \, \Omega$$

因此，此二階電路響應為臨界阻尼。

步驟 5：**寫出完整解**。臨界阻尼（$\zeta = 1$）的完整解型式為（$\zeta = 1$）：

$$x = x_{TR} + x_{SS} = \alpha_1 e^{-\zeta \omega_n t} + \alpha_2 t e^{-\zeta \omega_n t} + x(\infty) \qquad t \geq 0$$

既然 $v_{CSS} = v_C(\infty) = 0$，完整解與暫態解相同

$$v_C(t) = \alpha_1 e^{-\zeta \omega_n t} + \alpha_2 t e^{-\zeta \omega_n t} \qquad t \geq 0$$

步驟 6：**解常數 α_1 和 α_2**。最後，用初始條件來解常數 α_1 和 α_2，第一個初始條件得：

$$v_C(0^+) = \alpha_1 e^0 + \alpha_2 \cdot 0 \cdot e^0 = 0 \qquad \text{或} \qquad \alpha_1 = 0$$

第二個初始條件是：

$$\frac{dv_C(t)}{dt} = (-\zeta \omega_n) \alpha_1 e^{-\zeta \omega_n t} + (-\zeta \omega_n) \alpha_2 t e^{-\zeta \omega_n t} + \alpha_2 e^{-\zeta \omega_n t}$$

$$\frac{dv_C(0^+)}{dt} = (-\zeta \omega_n) \alpha_1 e^0 + \alpha_2 e^0 = \alpha_2 \qquad \text{或} \qquad \alpha_2 = 2.5 \times 10^6 \text{ V}$$

最後完整解為：

$$v_C(t) = 2.5 \times 10^6 t e^{-500t} \text{ V} \qquad t \geq 0$$

完整解與所含成份的圖，如圖 5.49 所示。

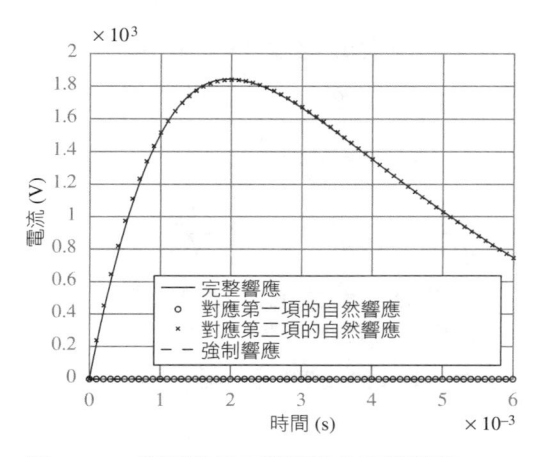

圖 5.49 臨界阻尼二階電路的完整響應。

範例 5.17　欠阻尼二階電路完整響應

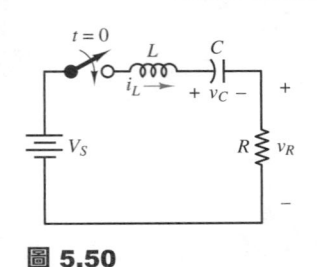

問題

試求圖 5.50 電流 i_L 的完整響應。

解

已知條件：V_S；R；C；L。

求：圖 5.50 電流 i_L 的完整響應。

已知資料：$V_S = 12$ V；$R = 200\ \Omega$；$C = 10\ \mu$F；$L = 0.5$ H。

假設：電容已充電，所以 $v_C(0^-) = v_C(0^+) = 2$ V。

分析：

步驟 1：穩態響應。當開關打開時，電感電流應為零，所以 $i_L(0^-) = 0$，而電容初始充電電壓值 $v_C(0^-) = 2$ V。當開關閉合經過長時間後，電容與電感可分別當作開路與短路，所以迴路電流為零，電池電壓則橫跨在電容兩端：$i(\infty) = 0$ A，$v_C(\infty) = V_S = 12$ V。

步驟 2：初始條件。解二階電路需要兩個初始條件，而這兩個初始條件有賴於電感電流與電容電壓的時間連續性，即 $i_L(0^-) = i_L(0^+) = 0$ A 與 $v_C(0^-) = v_C(0^+) = 2$ V。既然微分方程式以變數 i_L 來表示，兩個所需的初始條件是 $i_L(0^+)$ 和 $di_L(0^+)/dt$。可以在 $t = 0^+$ 時使用 KVL 找出第二個初始條件：

$$V_S - v_C(0^+) - Ri_L(0^+) - v_L(0^+) = 0$$

$$V_S - v_C(0^+) - Ri_L(0^+) - L\frac{di_L(0^+)}{dt} = 0$$

$$\frac{di_L(0^+)}{dt} = \frac{V_S}{L} - \frac{v_C(0^+)}{L} = \frac{12}{0.5} - \frac{2}{0.5} = 20 \text{ A/s}$$

步驟 3：微分方程式。沿迴路使用 KVL，可寫出含兩個狀態變數 v_C 和 i_L 的一階微分方程式：

$$V_S - L\frac{di_L}{dt} - v_C - Ri_L = 0 \qquad t \geq 0$$

欲求得只含 i_L 的二階微分方程式需要兩個額外步驟，首先，將一階方程式兩邊作微分：

$$\frac{dV_S}{dt} - L\frac{d^2i_L}{dt^2} - \frac{dv_C}{dt} - R\frac{di_L}{dt} = 0$$

接著，注意到 i_L 也是流經電容的電流，寫出電容的 i-v 關係式如：

$$i_L = i_C = C\frac{dv_C}{dt} \qquad 或 \qquad \frac{dv_C}{dt} = \frac{i_C}{C} = \frac{i_L}{C}$$

將此結果代入二階微分方程式，並將兩邊乘上 C 得：

$$LC\frac{d^2i_L}{dt^2} + RC\frac{di_L}{dt} + i_L = C\frac{dV_S}{dt} = 0 \qquad t \geq 0$$

注意到當 V_S 為直流電源時，二階微分方程式的右邊（強制函數）為零，此結果在意料之中，因為電容可看作直流開路，因此使 i_L 長期直流穩態值為零。

　　值得一提的是，要寫出其他變數 x 的二階微分方程式很容易，因為左邊與 i_L 完全相同、結果為：

圖 5.50

$$LC\frac{d^2x}{dt^2} + RC\frac{dx}{dt} + x = K_S f(t) \qquad t \geq 0$$

其中強制函數 f(t) 與電路的獨立電源有關，直流增益 K_S 則與特定變數 x 有關。對電路中所有獨立電源都是直流電源的情形，右邊為長期直流穩態值 x(∞)，所以：

$$LC\frac{d^2x}{dt^2} + RC\frac{dx}{dt} + x = x(\infty) \qquad t \geq 0$$

步驟 4：**解 ω_n 與 ζ**。將二階微分方程式與標準型式 5.25 式作比較，可觀察到：

$$\omega_n = \sqrt{\frac{1}{LC}} = 447 \text{ rad/s}$$

$$\zeta = RC\frac{\omega_n}{2} = \frac{R}{2}\sqrt{\frac{C}{L}} = 0.447$$

因此，此二階電路響應為欠阻尼。

步驟 5：**寫出完整解**。此電路為欠阻尼（ζ＜1），寫出完整解為：

$$x(t) = x_{\text{TR}}(t) + x_{\text{SS}}(t) = \alpha_1 e^{\left(-\zeta\omega_n + j\omega_n\sqrt{1-\zeta^2}\right)t}$$
$$+ \alpha_2 e^{\left(-\zeta\omega_n - j\omega_n\sqrt{1-\zeta^2}\right)t} + x(\infty) \quad t \geq 0$$

既然 $x_{\text{SS}} = i_{LF} = i_L(\infty) = 0$，完整解與暫態解一致：

$$i_L(t) = \alpha_1 e^{\left(-\zeta\omega_n + j\omega_n\sqrt{1-\zeta^2}\right)t} + \alpha_2 e^{\left(-\zeta\omega_n - j\omega_n\sqrt{1-\zeta^2}\right)t} \qquad t \geq 0$$

步驟 6：**解常數 α_1 和 α_2**。最後，用初始條件來解常數 α_1 和 α_2，第一個初始條件得：

$$i_L(0^+) = \alpha_1 e^0 + \alpha_2 e^0 = 0$$
$$\alpha_1 = -\alpha_2$$

第二個初始條件是：

$$\frac{di_L(t)}{dt} = \left(-\zeta\omega_n + j\omega_n\sqrt{1-\zeta^2}\right)\alpha_1 e^{\left(-\zeta\omega_n + j\omega_n\sqrt{1-\zeta^2}\right)t}$$
$$+ \left(-\zeta\omega_n - j\omega_n\sqrt{1-\zeta^2}\right)\alpha_2 e^{\left(-\zeta\omega_n - j\omega_n\sqrt{1-\zeta^2}\right)t}$$
$$\frac{di_L(0^+)}{dt} = \left(-\zeta\omega_n + j\omega_n\sqrt{1-\zeta^2}\right)\alpha_1 e^0 + \left(-\zeta\omega_n - j\omega_n\sqrt{1-\zeta^2}\right)\alpha_2 e^0$$

將 $\alpha_1 = -\alpha_2$ 代入，可得：

$$\frac{di_L(0^+)}{dt} = \left(-\zeta\omega_n + j\omega_n\sqrt{1-\zeta^2}\right)\alpha_1 - \left(-\zeta\omega_n - j\omega_n\sqrt{1-\zeta^2}\right)\alpha_1 = 20 \text{ A/s}$$

$$2\left(j\omega_n\sqrt{1-\zeta^2}\right)\alpha_1 = 20$$

$$\alpha_1 = \frac{10}{j\omega_n\sqrt{1-\zeta^2}} = -j\frac{10}{\omega_n\sqrt{1-\zeta^2}} = -j0.025 \text{ A}$$

$$\alpha_2 = -\alpha_1 = j0.025 \text{ A}$$

最後寫出完整解為：

$$i_L(t) = -j0.025e^{(-200+j400)t} + j0.025e^{(-200-j400)t} \qquad t \geq 0$$
$$= 0.025e^{-200t}(-je^{j400t} + je^{-j400t}) = 0.025e^{-200t} \times 2\sin 400t \text{ A}$$
$$= 0.05e^{-200t}\sin 400t \text{ A} \qquad t \geq 0$$

在上述方程式中，我們使用尤拉公式來獲得最後的表示式，圖 5.51 為完整解與所含成分的圖。

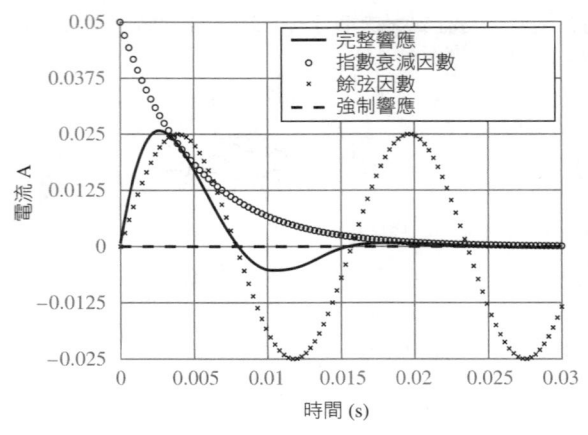

圖 5.51 欠阻尼二階電路的完整響應。

範例 5.18　汽車點火電路的暫態響應

問題

圖 5.52 是簡化的電路，但可真實代表汽車點火系統。電路包含汽車電池、變壓器[1]（點火線圈）、電容（舊式用詞為集電器 condenser）與開關。開關通常是電子式開關（也就是電晶體，請見第 10 章），可視為理想開關。左邊電路代表當電子開關閉合瞬間，點火電路跟著放電。因此，可以

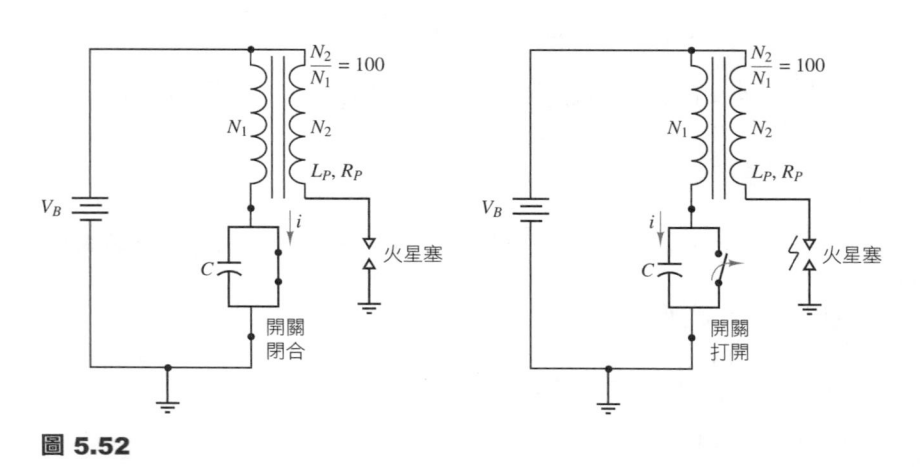

圖 5.52

---

[1] 變壓器會在第 7 章詳細討論；本範例特別討論點火線圈變壓器的運作。

假設在開關閉合之前，即在 $t = 0$，電感未儲存任何能量，此外，因電容兩端短路（閉合的開關），電容電荷全散逸，電容也未儲存任何能量。如今已經給予適當的時間讓點火線圈的一次線圈（左邊電感）來儲存能量，接著在 $t = \Delta t$ 時開關打開，將快速在二次線圈（右邊電感）建立電壓。該電壓會提升到極高值，肇因於兩個效應：**電感性電壓反衝**（inductive voltage kick）——需要極大的電壓才能使流經線圈的電流變化率很大（參考電感的 i-v 關係式），以及變壓器的電壓加乘效果。結果為非常短暫的高電壓暫態（可達數千伏），使得火星塞產生火花。

解

已知條件：V_B；N_2/N_1；L_p；R_p；C。

求：點火線圈電流 $i(t)$ 與火星塞兩端的開路電壓 $v_{OC}(t)$。

已知資料：$V_B = 12$ V；$N_2/N_1 = 100$；$L_p = 5$ mH；$R_p = 2\ \Omega$；$C = 10\ \mu$F。

假設：開關在 $t = 0$ 閉合前，已經打開很長時間，接著開關在 $t = \Delta t$ 再度打開。

分析：假設一開始，電感和電容都未儲存能量，接著開關閉合，如圖 5.52(a)，此時主線圈電感與電阻形成一階電路。此電路的解將提供開關準備再度打開時的初始條件。此電路與範例 5.9 相同，借用範例 5.9 的解答，可得終值與時間常數

$$i_L(t) = i_L(\infty) + [i_L(0) - i_L(\infty)]e^{-t/\tau} \qquad t \geq 0$$
$$i_L(t) = 6(1 - e^{-t/2.5 \times 10^{-3}}) \qquad t \geq 0$$

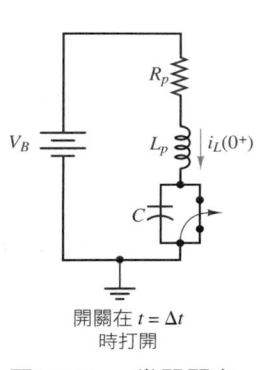

圖 5.53 當開關在 $t = \Delta t$ 時打開，電容不再被旁路，形成二階暫態。

其中

$$i_{LSS}(\infty) = \frac{V_B}{R_p} = 6 \text{ A} \qquad \text{終值}$$

$$\tau = \frac{L_p}{R_p} = 2.5 \times 10^{-3} \text{ s} \qquad \text{時間常數}$$

令開關保持閉合直到 $t = \Delta t = 12.5$ ms $= 5\tau$，在時間 Δt，電感電流值為

$$i_L(t = \Delta t) = 6(1 - e^{-5}) = 5.96 \text{ A} \qquad 0 \leq t < \Delta t$$

也就是，電流在 5 個時間常數時，達到終值的 99%。

現在，當開關在 $t = \Delta t$ 打開，如圖 5.52(b)，結果為類似範例 5.17 的串聯 RLC 電路。差別是電感電流的初始條件非零（回想範例 5.17 是電容有非零的初始條件）。可以借用範例 5.17 的解，雖然初始條件不同，只需稍作修改，如下所示。

步驟 1：當 $t > \Delta t$ 的穩態響應。當開關打開經過長時間後，且暫態響應已經衰減完畢，此時電容形成開路，而電感為短路。因為電容為開路，所有電源電壓會落在電容兩端，電感電流當然為零：$i_L(\infty) = 0$ A，$v_C(\infty) = V_S = 12$ V。

步驟 2：$t = \Delta t$ 時的初始條件。在 $t = \Delta t = 12.5$ ms，$i_L(\Delta t^-) = 5.96$ A 且 $v_C(\Delta t^-) = 0$ V。因為微分方程式以 i_L 表示，所需的兩個初始條件為 $i_L(\Delta t^+)$ 與 $di_L(\Delta t^+)/dt$。第一個初始條件直接由解 $i_L(\Delta t^+) = i_L(\Delta t^-) = 5.96$ A 得到，而第二個初始條件可在 $t = \Delta t^+$ 時用 KVL 求出：

$$V_B - v_C(\Delta t^+) - R i_L(\Delta t^+) - L \frac{di_L(\Delta t^+)}{dt} = 0$$

$$\frac{di_L(\Delta t^+)}{dt} = \frac{V_B}{L} - \frac{v_C(\Delta t^+)}{L} - \frac{R}{L}i_L(\Delta t^+) = \frac{12}{5 \times 10^{-3}} - 0 - \frac{2 \times 5.96}{5 \times 10^{-3}}$$
$$= 16.0 \text{ A/s}$$

步驟 3：**微分方程式**。利用 KVL 寫出串聯電路的微分方程式：

$$L_p C \frac{d^2 i_L}{dt^2} + R_p C \frac{di_L}{dt} + i_L = C \frac{dV_B}{dt} = 0 \quad t > \Delta t$$

步驟 4：**解 ω_n 與 ζ**。

$$\omega_n = \sqrt{\frac{1}{L_p C}} = 4,472 \text{ rad/s}$$

$$\zeta = R_p C \frac{\omega_n}{2} = \frac{R_p}{2}\sqrt{\frac{C}{L_p}} = 0.0447$$

此點火電路為欠阻尼。

步驟 5：**寫出完整解**。

$$i_L(t) = \alpha_1 e^{\left(-\zeta\omega_n + j\omega_n\sqrt{1-\zeta^2}\right)(t-\Delta t)} + \alpha_2 e^{\left(-\zeta\omega_n - j\omega_n\sqrt{1-\zeta^2}\right)(t-\Delta t)} \quad t > \Delta t$$

步驟 6：解常數 α_1 和 α_2。最後，用初始條件來解常數 α_1 和 α_2，當 $t = \Delta t^+$ 時，第一個初始條件得：

$$i_L(\Delta t^+) = \alpha_1 e^0 + \alpha_2 e^0 = 5.96 \text{ A}$$
$$\alpha_1 = 5.96 - \alpha_2$$

當 $t = \Delta t^+$ 時，第二個初始條件如下：

$$\frac{di_L(\Delta t^+)}{dt} = \left(-\zeta\omega_n + j\omega_n\sqrt{1-\zeta^2}\right)\alpha_1 e^0 + \left(-\zeta\omega_n - j\omega_n\sqrt{1-\zeta^2}\right)\alpha_2 e^0$$

將 $\alpha_1 = 5.96 - \alpha_2$ 代入，可得：

$$\frac{di_L(\Delta t^+)}{dt} = \left(-\zeta\omega_n + j\omega_n\sqrt{1-\zeta^2}\right)\alpha_1$$
$$+ \left(-\zeta\omega_n - j\omega_n\sqrt{1-\zeta^2}\right)(5.96 - \alpha_1) = 16.0 \text{ A/s}$$

$$2\left(j\omega_n\sqrt{1-\zeta^2}\right)\alpha_1 + 5.96\left(-\zeta\omega_n - j\omega_n\sqrt{1-\zeta^2}\right) = 16.0 \text{ V}$$

$$\alpha_1 = \frac{16.0 - 5.96\left(-\zeta\omega_n - j\omega_n\sqrt{1-\zeta^2}\right)}{2j\omega_n\sqrt{1-\zeta^2}} = 2.98 - j0.135 \text{ A}$$

$$\alpha_2 = 5.96 - \alpha_1 = 2.98 + j0.135 \text{ A}$$

最終完整解為：

$$i_L(t) = (2.98 - j0.135)e^{\left(-\zeta\omega_n + j\omega_n\sqrt{1-\zeta^2}\right)(t-\Delta t)}$$
$$+ (2.98 + j0.135)e^{\left(-\zeta\omega_n - j\omega_n\sqrt{1-\zeta^2}\right)(t-\Delta t)} \quad t > \Delta t$$

$$i_L(t) = 2.98 e^{(-\zeta\omega_n)(t-\Delta t)}\left(e^{\left(+j\omega_n\sqrt{1-\zeta^2}\right)(t-\Delta t)} + e^{\left(-j\omega_n\sqrt{1-\zeta^2}\right)(t-\Delta t)}\right)$$
$$- j0.135 e^{(-\zeta\omega_n)(t-\Delta t)}\left(e^{\left(+j\omega_n\sqrt{1-\zeta^2}\right)(t-\Delta t)} - e^{\left(-j\omega_n\sqrt{1-\zeta^2}\right)(t-\Delta t)}\right)$$

$$= 2.98 e^{(-200)(t-\Delta t)}\left(e^{(+j4,468)(t-\Delta t)} + e^{(-j4,468)(t-\Delta t)}\right)$$
$$- j0.135 e^{(-200)(t-\Delta t)}\left(e^{(+j4,468)(t-\Delta t)} - e^{(-j4,468)(t-\Delta t)}\right)$$

$$= 5.96 e^{(-200)(t-\Delta t)}\cos[4,468(t-\Delta t)] + 0.27 e^{(-200)(t-\Delta t)}\sin[4,468(t-\Delta t)] \quad t > \Delta t$$

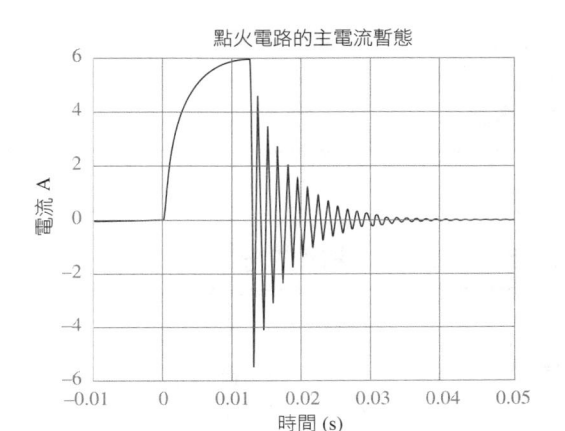

圖 5.54 點火電流的暫態響應。

時間為 $-10 \leq t \leq 50$ ms 的電感電流呈現在圖 5.54，注意到出現在 $t = 0$ 的一階暫態，後面接著出現在 $t = 12.5$ ms 的二階暫態。

欲計算一次電壓，將電感電流微分，然後乘上 L；若要計算加在火星塞上的二次電壓，因為 1:100 的變壓器，會使二次電壓為一次電壓的 100 倍[2]。因此，二次電壓的表示式為：

$$v_{\text{spark plug}} = 100 \times L \frac{di_L}{dt} = 0.5 \times \frac{d}{dt} \{5.96 e^{(-200)(t-\Delta t)} \cos[4,468(t-\Delta t)]$$
$$+ 0.27 e^{(-200)(t-\Delta t)} \sin[4,468(t-\Delta t)]\}$$
$$= 0.5 \times \{5.96(-200) e^{(-200)(t-\Delta t)} \cos[4,468(t-\Delta t)]$$
$$+ 5.96 e^{(-200)(t-\Delta t)} (-4,468) \sin[4,468(t-\Delta t)]\}$$
$$+ 0.5 \times \{0.27(-200) e^{(-200)(t-\Delta t)} \sin[4,468(t-\Delta t)]$$
$$- 0.27 e^{(-200)(t-\Delta t)} 4,468 \cos[4,468(t-\Delta t)]\}$$

接近 $t = \Delta t$ 時的電壓會產生火花，計算當 $t = \Delta t$ 時的值為：

$$v_{\text{spark plug}}(t = \Delta t) = 0.5 \times [5.96(-200)] - 0.5 \times (0.27 \times 4,468) = -1,199.18 \text{ V}$$

很重要的是，$v_{\text{spark plug}}$ 快速振盪，第一個高峰電壓出現在 0.32 ms 附近，約為 $-12,550$ V。圖 5.55 為

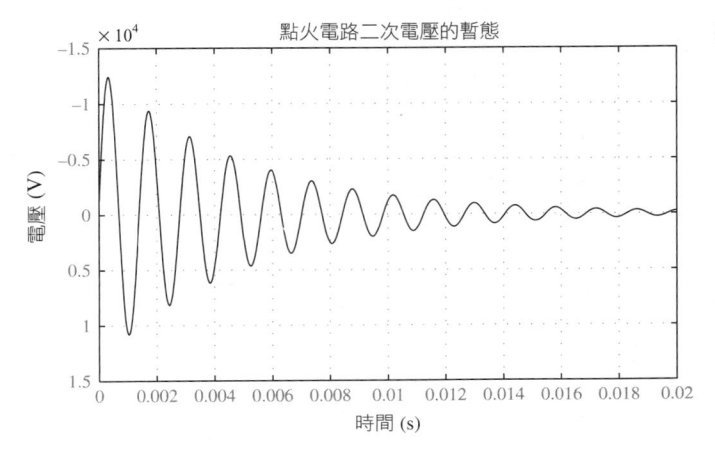

圖 5.55 二次點火電壓響應。

---

[2] 相反地，副電流減小 100 倍，所以能量是守恆的──見 7.3 節。

從開關打開的時間開始，電感電壓的圖，切換開關的結果為一連串大（負）電壓的尖端脈衝，足以在火星塞間隙產生一串火花。然而，一旦單一火花產生，因為火花本身形同通到地的低阻抗離子路徑，火星塞的整個動態隨之改變。

範例 5.19 非串聯、非並聯 RLC 電路的分析

問題

假設圖 5.56 電路，在 $t<0$ 時為直流穩態，當 $t=0$ 時開關閉合，試求 $t>0$ 時電容電壓 v_C 與電感電流 i_L 的微分方程式。

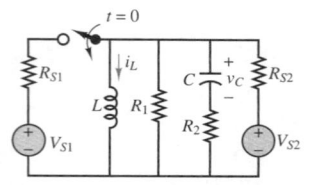

圖 5.56

解

已知條件：V_{S1}；R_{S1}；V_{S2}；R_{S2}；R_1；R_2；L；C。

求：當 $t>0$ 時，求圖 5.56 電容電壓 v_C 與電感電流 i_L 的微分方程式。

假設：$t<0$ 時為直流穩態。

分析：本範例與之前範例最大的差異在於，電容與電感既非串聯，也非並聯。如下所示，首先須找出狀態變數 v_C 和 i_L 的兩個一階微分方程式，以便求得其中任一個狀態變數的二階微分方程式。

步驟 1：當 $t<0$ 的穩態響應。 當開關打開時，V_{S1} 和 R_{S1} 與電路其他部分並未連接在一起。假設直流穩態時，電感形同短路，電容形同開路，使得 R_1 電壓為零，R_2 電流為零，因此 R_{S2} 兩端電壓為 V_{S2}。在頂端節點使用 KCL，而沿著含電感與電容的迴路使用 KVL，可找出下列 i_L 和 v_C 的值：

$$i_L(0^-) = \frac{V_{S2}}{R_{S2}} \quad \text{和} \quad v_C(0^-) = 0$$

步驟 2：在 $t=0$ 的初始條件。 狀態變數 i_L 和 v_C 的初始條件，可藉由連續性要求而求得。

$$i_L(0^+) = i_L(0^-) = \frac{V_{S2}}{R_{S2}} \quad \text{和} \quad v_C(0^+) = v_C(0^-) = 0$$

步驟 3：簡化 $t>0$ 的電路。 當開關閉合時，第一步是簡化電路，將其分成電源與負載。選擇最不複雜的兩端點網路，將電感與電容當作負載，其餘為電源，如圖 5.57。

左邊的兩個戴維寧電源可以轉換成諾頓電源，如圖 5.58。形成的並聯電流源可以用單一等效電流源取代，同樣地，並聯電阻可以用單一等效電阻取代，圖 5.59 為經過簡化的電路，其中：

$$I_0 = I_{S1} + I_{S2} \quad \text{以及} \quad R_0 = R_{S1}||R_{S2}||R_1$$

步驟 4：推導微分方程式。 通常當電感與電容非並聯，也非串聯時，須用到 KVL 和／或 KCL 兩

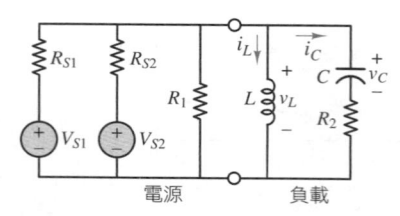

圖 5.57

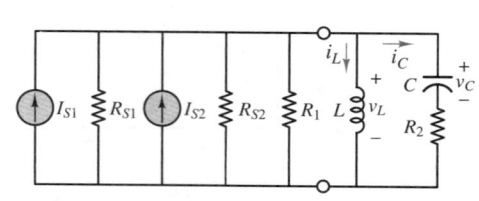

圖 5.58

次,以便得到兩個以 i_L 和 v_C 表示的一階微分方程式,請注意這兩個方程式須考慮到所有電路元件。對圖 5.59 電路,在頂端節點用 KCL 可找出:

$$I_0 - \frac{v_L}{R_0} - i_L - i_C = 0$$

在最右邊包含電感和電容的迴路,使用 KVL 得:

$$v_L - v_C - i_C R_2 = 0$$

下一步是利用電感和電容的 i-v 關係式,消去非狀態變數 v_L 和 i_C。

$$v_L = L\frac{di_L}{dt} \quad \text{和} \quad i_C = C\frac{dv_C}{dt}$$

結果為兩個狀態變數的一階微分方程式。

$$I_0 = \frac{L}{R_0}\frac{di_L}{dt} + i_L + C\frac{dv_C}{dt}$$

$$0 = L\frac{di_L}{dt} - v_C - R_2 C\frac{dv_C}{dt}$$

接下來結合這兩個一階微分方程式,以消去其中一個狀態變數,結果將是以剩下的狀態變數表示的二階微分方程式,這個步驟需要耐心以及聰明的操作。

舉例說,將第一個方程式乘上 R_2,並將結果與第二個方程式相加,產生:

$$I_0 R_2 = L\frac{R_0 + R_2}{R_0}\frac{di_L}{dt} + i_L R_2 - v_C$$

將兩邊微分得:

$$\frac{dv_C}{dt} = L\frac{R_0 + R_2}{R_0}\frac{d^2 i_L}{dt^2} + R_2\frac{di_L}{dt}$$

將結果代入兩個原始一階微分方程式的第一個式子,可得:

$$LC\frac{R_0 + R_2}{R_0}\frac{d^2 i_L}{dt^2} + \left(R_2 C + \frac{L}{R_0}\right)\frac{di_L}{dt} + i_L = I_0$$

導出來以 i_L 表示的二階微分方程式很合理,因為 i_L 的長期直流穩態值是 I_0,正如圖 5.59 所示。以 v_C 表示的二階微分方程式與上式的左邊相同,同樣由圖 5.59 可觀察到,v_C 的長期直流穩態值是零。因此:

$$LC\frac{R_0 + R_2}{R_0}\frac{d^2 v_C}{dt^2} + \left(R_2 C + \frac{L}{R_0}\right)\frac{dv_C}{dt} + v_C = 0$$

步驟 5:**解 ω_n 與 ζ**。將任一個二階微分方程式與 5.25 式作比較,可寫出:

$$\frac{1}{\omega_n^2} = LC\frac{R_0 + R_2}{R_0} \quad \text{和} \quad \frac{2\zeta}{\omega_n} = \left(R_2 C + \frac{L}{R_0}\right)$$

由上述兩個式子可解出:

$$\omega_n = \sqrt{\frac{1}{LC}}\sqrt{\frac{R_0}{R_0 + R_2}} \quad \text{和} \quad \zeta = \frac{\omega_n}{2}\left(R_2 C + \frac{L}{R_0}\right)$$

步驟 6:**完整解**。暫態解的型式(過阻尼、臨界阻尼、欠阻尼)由 ζ 的值決定,而 ζ 與電路元件的值有關。完整解為暫態解與長期直流穩態值之和,不論暫態解的型式為何,完整解一定有兩個未知

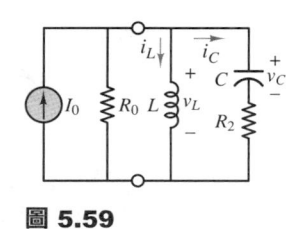

常數。

步驟 7：**未知常數**。要展示解未知常數的過程，考慮電感電流 i_L 的一般完整解。

$$i_L(t) = (i_{L})_{\text{TR}}(t) + (i_{L})_{\text{SS}}$$

這兩個未知常數是暫態解 $(i_L)_{\text{TR}}(t)$ 的一部分。需要有兩個線性獨立代數方程式來解未知常數，第一個方程式可以直接由 i_L 的初始條件得到，也就是：

$$\frac{V_{S2}}{R_{S2}} = i_L(0^+) = (i_L)_{\text{TR}}(0^+) + (i_L)_{\text{SS}}$$

而第二個方程式可由在 $t = 0^+$ 時 i_L 的導數獲得，亦即：

$$\left.\frac{di_L(t)}{dt}\right|_{t=0^+} = \left.\frac{di_{L_{\text{TR}}}(t)}{dt}\right|_{t=0^+} + \left.\frac{di_{L_{\text{SS}}}(t)}{dt}\right|_{t=0^+}$$

利用兩個狀態變數 i_L 與 v_C 的初始條件，可以求出 $t = 0^+$ 時 i_L 的導數。通常而言，需要用到由 KVL 和／或 KCL 導出的一個或兩個一階微分方程式。如前式所得，這兩個一階微分方程式已經合併成：

$$I_0 R_2 = L \frac{R_0 + R_2}{R_0} \frac{di_L}{dt} + i_L R_2 - v_C$$

重新安排項次，求出在 $t = 0^+$ 的值：

$$\left.\frac{di_L(t)}{dt}\right|_{t=0^+} = \left.\frac{(I_0 R_2 - i_L R_2 + v_C) R_0}{L(R_0 + R_2)}\right|_{t=0^+}$$

之前已經求出這兩個狀態變數的初始條件，接下來即可解這兩個線性獨立代數方程式，以求出未知常數。

註：通常而言，未知常數與長期穩態的值，對不同的變數來說是不一樣的。然而，電路中所有變數有相同的自然頻率 ω_n 與無因次阻尼係數 ζ。也就是，對所有變數來說，二階微分方程式的左邊是完全相同。另外，因為只有狀態變數在暫態過程中保證是連續的，所以任何變數與其導數的初始條件，必須與狀態變數的初始條件相關。

檢視學習成效

範例 5.14，試問 R 值為多少，會使電路響應成為臨界阻尼？

解答：$R = 158.1$

檢視學習成效

範例 5.15 電路，求 v_C 的微分方程式。

解答：$LC \dfrac{d^2 v_C}{dt^2} + RC \dfrac{dv_C}{dt} + v_C = V_S$

檢視學習成效

範例 5.16 電路，求 i_L 的微分方程式。

解答：$LC\dfrac{d^2v_C}{dt^2} + RC\dfrac{dv_C}{dt} + v_C = V_S \quad t \geq 0$

檢視學習成效

若範例 5.17 的電感值 降成原始值的一半（從 0.5 到 0.25 H），試問 R 值範圍為何，會使電路響應成為欠阻尼？

解答：$R \leq 316\,\Omega$

結論

第 5 章主要討論直流開關暫態情形下，一階與二階微分方程式的解，同時展現電子電路，與其他物理系統，如熱、液壓、與機械系統之間有若干相似。

在電機、電子與機電系統中，儘管存在許多其他形式的激勵，直流電源的開與關是很常發生的。此外，本章討論的方法可以擴展到更普遍的問題的解。

徹底研讀本章後，可熟悉下列學習目標：

1. 寫出含電感與電容電路的微分方程式。此過程包括應用 KVL 和／或 KCL 來寫出一階微分方程式，及使用電感與電容的 i-v 關係式寫出狀態變數的微分方程式。
2. 求出含電感與電容電路之直流穩態解。藉著將導數項設為零，可以容易求得任何微分方程式的直流穩態解。或者，因為在直流條件下，電感可視作短路，而電容可視為開路，所以任何電路變數的直流穩態響應，可以直接由電路獲得。
3. 寫出標準型式之一階電路微分方程式，並求出由可開關直流電源激勵之一階電路的完整解。最常用兩個常數：直流增益與時間常數，來描述一階系統。已經學會如何認識這些常數，如何計算初始與最終條件，以及如何用觀察計算出所有一階電路的完整解。
4. 寫出標準型式之二階電路微分方程式，並求出由可開關直流電源激勵之二階電路的完整解。可用三個常數：直流增益、自然頻率及無因次阻尼係數，來描述二階系統。然而，求二階電路完整解的方法與求一階電路的方法，在邏輯上是相同的，會包含更多細節。
5. 了解電子電路以及液壓、熱、與機械系統之間的相似。自然界許多物理系統顯示出與本章電子電路相同的一階與二階特性，本章介紹熱、液壓，以及機械系統的相似性。

習題

5.2 節：暫態問題求解的要素

5.1 圖 P5.8，寫出 $t > 0$ 時，i_L 和 v_3 的微分方程式，兩者有何關聯？

5.2 圖 P5.10，寫出 $t > 0$ 時，i_C 的微分方程式。

5.3 圖 P5.16，寫出 $t > 0$ 時，v_C 的微分方程式。假設 $R_1 = 5\,\Omega$, $R_2 = 4\,\Omega$, $R_3 = 3\,\Omega$, $R_4 = 6\,\Omega$，且 $C_1 = C_2 = 4\,F$。

5.4 圖 P5.8，決定 i_L 與 v_3 的初始與最終條件。

5.5 圖 P5.10，決定 i_C 的初始與最終條件。

5.6 圖 P5.16，決定 v_C 的初始與最終條件。

5.7 圖 P5.19，決定 i_L 的初始與最終條件。假設 $L_1 = 1\,H$ 且 $L_2 = 5\,H$。

5.3 節：一階暫態分析

5.8 在 $t = 0^-$，正當開關開啟前，圖 P5.8 的電感電流 $i_L = 140\,mA$，此值是否與直流穩態相同？正當開關開啟之前，電路是否為穩態？假設 $V_s = 10\,V$, $R_1 = 1\,k\Omega$, $R_2 = 5\,k\Omega$, $R_3 = 2\,k\Omega$，以及 $L = 1\,mH$。

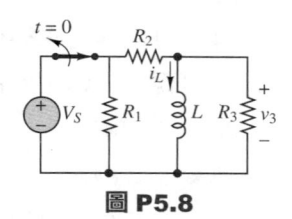

圖 P5.8

5.9 圖 P5.9，試求正當開關閉合之前與之後的電容電流 i_C。假設當 $t < 0$ 得穩態條件為 $V_1 = 15\,V$, $R_1 = 0.5\,k\Omega$, $R_2 = 2\,k\Omega$，以及 $C = 0.4\,\mu F$。

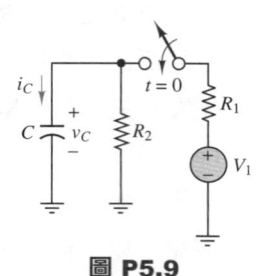

圖 P5.9

5.10 假設在 $t < 0$ 時，圖 P5.10 電路存在穩態條件，$V_1 = 15\,V$, $R_1 = 100\,\Omega$, $R_2 = 1.2\,k\Omega$, $R_3 = 400\,\Omega$, $C = 4.0\,\mu F$。試求在 $t = 0^+$，正當開關閉合後的電容電流 i_C。

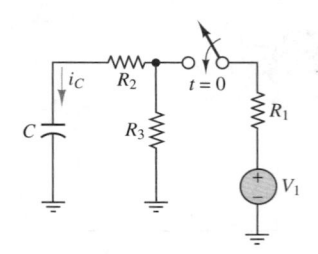

圖 P5.10

5.11 假設在 $t < 0$ 時，圖 P5.11 電路存在穩態條件，同時假設：

$V_{S1} = 9\,V$　　$V_{S2} = 12\,V$

$L = 120\,mH$　　$R_1 = 2.2\,\Omega$

$R_2 = 4.7\,\Omega$　　$R_3 = 18\,k\Omega$

試求出電感所看到的諾頓等效網路，並用來求出 $t > 0$ 時電路的時間常數。

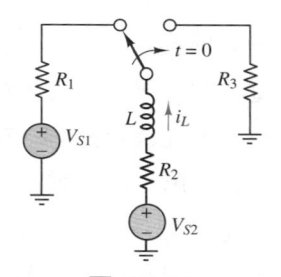

圖 P5.11

5.12 圖 P5.12 的開關在 $t = 0$ 時閉合，試求出在 $t > 0$ 時電容所看到的戴維寧等效網路，並用來求出 $t > 0$ 時電路的時間常數。$R_S = 8\,k\Omega$, $V_S = 40\,V$, $C = 350\,\mu F$，以及 $R = 24\,k\Omega$。

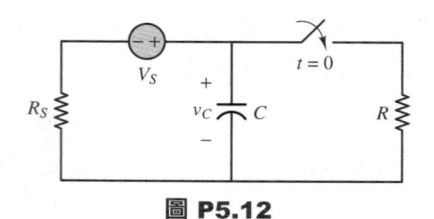

圖 P5.12

5.13 當 $t<0$，圖 P5.11 的電路為穩態，開關在 $t=0$ 時切換，試求 $t>0$ 時的電感電流 i_L。假設

$V_{S1} = 9$ V $\quad V_{S2} = 12$ V
$L = 120$ mH $\quad R1 = 2.2\ \Omega$
$R_2 = 4.7\ \Omega$ $\quad R_3 = 18$ kΩ

5.14 試求圖 P5.14 所有時間的電容電流 i_C，假設 $t<0$ 時為直流穩態條件，同時假設：$V_1 = 10$ V, $C = 200\ \mu$F, $R_1 = 300$ mΩ，以及 $R_2 = R_3 = 1.2$ kΩ。

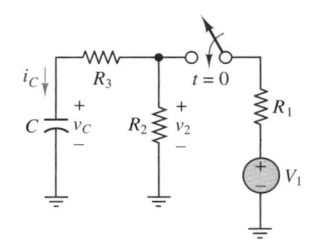

圖 P5.14

5.15 $t<0$ 時，圖 P5.15 電路為直流穩態，開關在 $t=0$ 時閉合，試求所有時間的電壓 v_C。假設：$R_1 = R_3 = 3\ \Omega$, $R_2 = 6\ \Omega$, $V_1 = 15$ V，以及 $C = 0.5$ F。

圖 P5.15

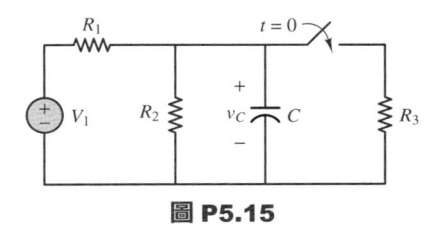

5.16 圖 P5.16 電路，假設開關 S_1 恆維持打開，而開關 S_2 原本打開，直到 $t=0$ 時才閉合。假設 $t<0$ 時為穩態條件，同時假設 $R_1 = 5\ \Omega$, $R_2 = 4\ \Omega$, $R_3 = 3\ \Omega$, $R_4 = 6\ \Omega$，以及 $C_1 = C_2 = 4$ F。

a. 求 $t=0^+$ 時的電容電壓 v_C。
b. 求 $t>0$ 的時間常數 τ。
c. 求所有時間的 v_C，並畫出此函數。
d. 在以下時間點 $t=0, \tau, 2\tau, 5\tau, 10\tau$，計算 v_C 對 $vC(\infty)$ 的比值。

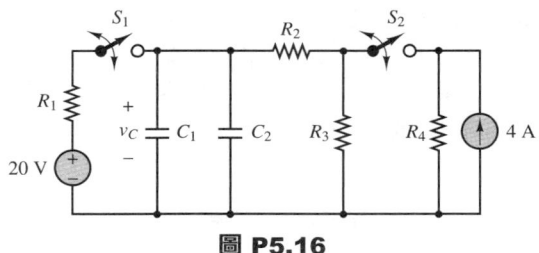

圖 P5.16

5.17 圖 P5.16 電路，假設開關 S_1 與 S_2 在 $t=0$ 前已經維持閉合一段很長時間，然後在 $t=0$ 時 S_1 打開；而 S_2 則在 $t=48$ s 時才打開。同時假設 $R_1 = 5\ \Omega$, $R_2 = 4\ \Omega$, $R_3 = 3\ \Omega$, $R_4 = 6\ \Omega$，以及 $C_1 = C_2 = 4$ F。

a. 求當 $t=0$ 時的電容電壓 v_C。
b. 求 $0<t<48$ s 時的時間常數 τ。
c. 求 $0<t<48$ s 時的 v_C。
d. 求 $t>48$ s 時的 τ。
e. 求 $t>48$ s 時的 v_C。
f. 畫出所有時間的 v_C。

5.18 圖 P5.18 電路，已知開關打開前的時間常數為 1.5 ms，開關打開後為 10 ms，試求電阻 R_1 與 R_2 的值。假設 $R_S = 15$ kΩ, $R_3 = 30$ kΩ，以及 $C = 1\mu$F。

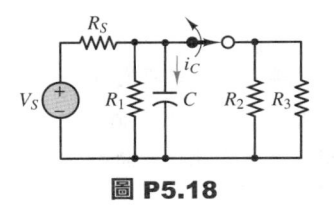

圖 P5.18

5.19 圖 P5.19 電路，開關在 $t=0$ 切換後經多久時間，$i_L = 5$ A？畫出 $i_L(t)$。

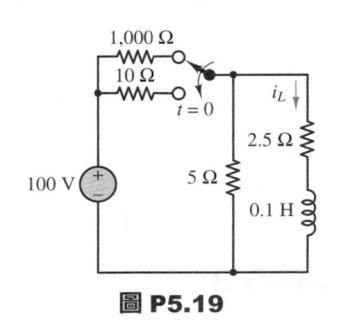

圖 P5.19

5.20 圖 P5.20 電路包含一個電壓控制開關，當電容電壓達到 v_M^c 或 v_M^o 時，會分別使開關閉合或打開。若 $v_M^o = 1$ V 且電容電壓波形的週期為 200 ms，試求 v_M^c。

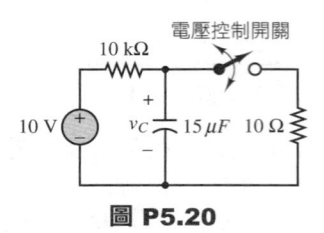

圖 P5.20

5.21 當 $t > 0$，試求圖 P5.21 中 C_1 的電壓 v_1，令 $C_1 = 5$ μF 且 $C_2 = 10$ μF。假設電容初始時並未充電。

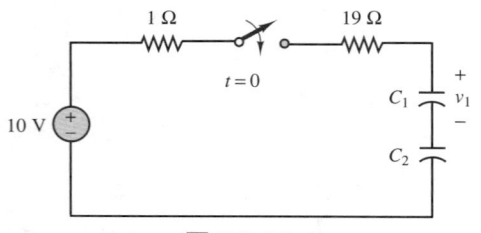

圖 P5.21

5.22 圖 P5.22 電路為電子相機閃光燈之充電電路模型，每一次使用，閃光燈應該充電到 $v_C \geq 7.425$ V。假設 $C = 1.5$ mF，$R_1 = 1$ kΩ，且 $R_2 = 1$ Ω。

a. 照相後要花多少時間讓閃光燈再度充電？
b. 快門按鈕維持閉合 1/30 s，假設電容是充滿電的狀態，在此段時間有多少能量傳送給閃光燈泡 R_2？
c. 假如在閃光後 3 s 按下快門按鈕，有多少能量傳送給閃光燈泡 R_2？

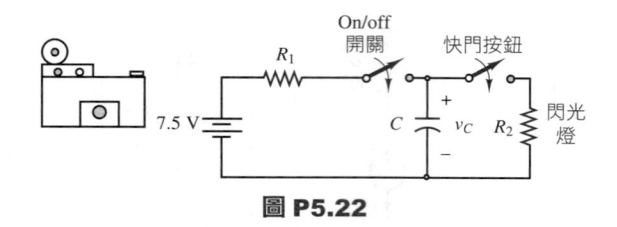

圖 P5.22

5.4 節：二階暫態分析

5.23 圖 P5.23 電路：

$R_{S1} = 130$ Ω $R_{S2} = 290$ Ω
$R_1 = 1.1$ kΩ $R_2 = 700$ Ω
$L = 17$ mH $C = 0.35$ μF

假設當 $t < 0$ 時存在穩態條件，試求當 $t \to \infty$，電容電壓 v_C 以及電感電流 i_L。

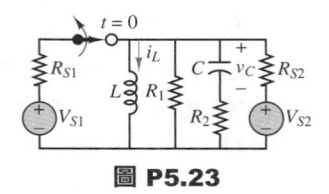

圖 P5.23

5.24 圖 P5.24 電路，若開關在 $t = 0$ 時閉合，且

$V_S = 170$ V $R_S = 7$ kΩ
$R_1 = 2.3$ kΩ $R_2 = 7$ kΩ
$L = 30$ mH $C = 130$ μF

試求當 $t \to \infty$，電感電流 i_L 以及電容電壓 v_C。

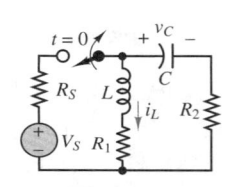

圖 P5.24

5.25 圖 P5.25 電路，若開關在 t = 0 時切換，且

$V_S = 12$ V $R_S = 100$ Ω
$R_1 = 31$ kΩ $R_2 = 22$ kΩ
$L = 0.9$ mH $C = 0.5$ μF

試求當 $t \to \infty$，流經 R_1 的電流 i_1 以及橫跨 R_2 的電壓 v_2。

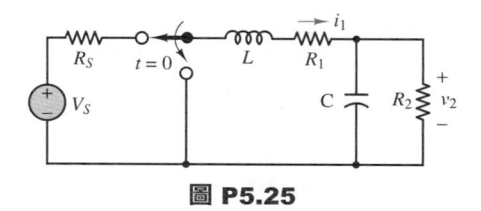

圖 P5.25

5.26 當 $t < 0$，圖 P5.26 的電路為直流穩態，試求在 $t = 0^+$，開關打開後那一刻之電感電流 i_L 以及電容電壓 v_C。

$V_{S1} = 15$ V $V_{S2} = 9$ V
$R_{S1} = 130$ Ω $R_{S2} = 290$ Ω
$R_1 = 1.1$ kΩ $R_2 = 700$ Ω

$L = 17$ mH $C = 0.35$ μF

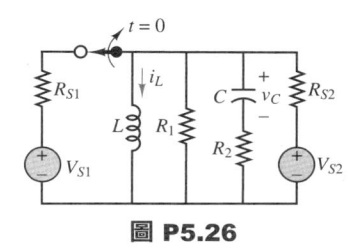

圖 P5.26

5.27 假設圖 P5.27 電路的開關已經閉合一段很長時間，在 $t = 0$ 然後在 $t = 5$ s 時再度閉合。試求當 $t \geq 0$ 時的電感電流 i_L 以及橫跨 2-Ω 電阻的電壓 v。

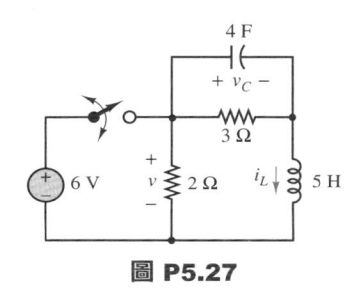

圖 P5.27

5.28 求出當 $t > 0$ 時，圖 P5.28 的 i_L，假設 $i(0) = 2.5$ A 且 $v_C(0) = 10$ V。

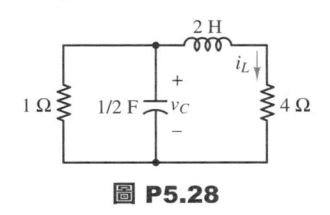

圖 P5.28

5.29 當 $t > 0$，試求圖 P5.29 中 $i = 2.5$ A 的時間 t，假設在 $t = 0^-$ 時為直流穩態。

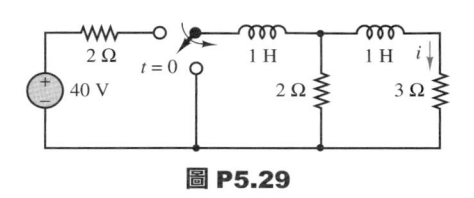

圖 P5.29

5.30 當 $t > 0$，試求圖 P5.30 中 $v = 7.5$ V 的時間 t，假設在 $t = 0^-$ 時為直流穩態。

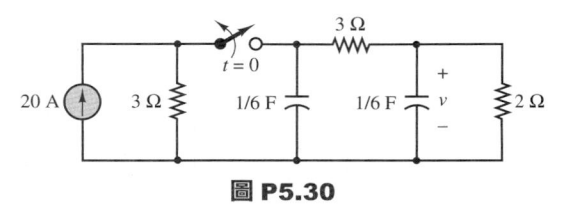

圖 P5.30

Part 1　電路

6　頻率響應與系統觀念

工程問題中常會遇到與頻率相關的現象。舉例來說，結構遇到風力時會以獨特的頻率振動（有些高樓會有可察覺到的振動！）船隻的螺旋槳軸振動頻率，與引擎的轉速以及螺旋槳的葉片數量有關。內燃機由個別汽缸的燃燒事件作週期性刺激，週期由汽缸點火來決定。風吹過管路，產生共振、發出聲音（管樂器的原理）。所有類型的濾波器都與頻率有關，在這方面，電子電路與其他動態系統並無差別。本章會詳盡闡述電子電路頻率響應，其中大部分奠基於相量與阻抗的觀念。由於屬於通用觀念，同樣可應用於其他物理系統的分析。

本章用到的數量通常與角度有關。除非特別註明，角度的單位為弳度。

> **LO 學習目標**
>
> 1. 了解頻域分析的物理意義，並使用交流電路分析工具來計算頻率響應。6.1 節。
> 2. 利用傅立葉級數表示法來計算週期訊號的傅立葉頻譜，並將此表示法與頻率響應連結，計算週期性輸入的電路響應。6.2 節。
> 3. 分析簡單的一階與二階電子濾波器，並決定頻率響應與濾波性質。6.3 節。
> 4. 計算電路的頻率響應，圖形表示採用波德圖的型式。6.4 節。

6.1 弦波頻率響應

電路的**弦波頻率響應**（sinusoidal frequency response），或簡單稱**頻率響應**（frequency response），乃是提供電路對任意頻率的弦波輸入反應的衡量標準。換句話說，對一特定振幅、相位與頻率的輸入訊號，可利用電路的頻率響應計算出特定的輸

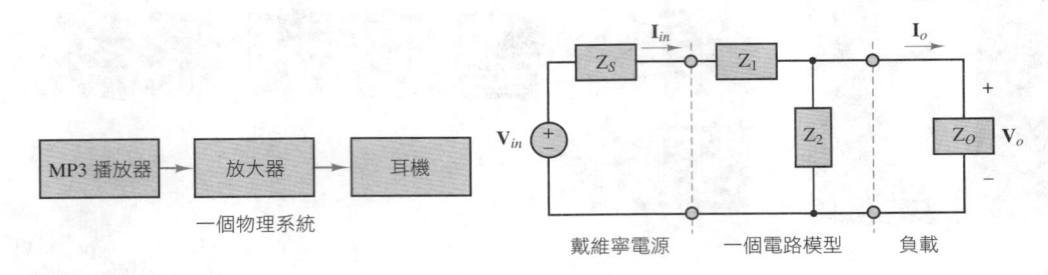

圖 6.1 一個電路模型

出訊號。舉例來說，假設你想決定圖 6.1 電路，在不同頻率下，負載電壓 $\mathbf{V}_o$ 和電流 $\mathbf{I}_o$ 會如何隨之改變，就像是當放大器（電路）置於耳機（負載）與 MP3 播放器（訊號源）之間時[1]，耳機對聲音訊號會如何響應。圖 6.1 電路中，訊號源由戴維寧電源代表，阻抗通常為頻率的函數，放大電路由兩個阻抗 $\mathbf{Z}_1$ 和 $\mathbf{Z}_2$ 經由理想化連結而成，而負載由額外的阻抗 $\mathbf{Z}_o$ 表示。此系統頻率響應的一般定義如下：

電路的頻率響應是指負載電壓或電流的變動測量，為外加訊號頻率的函數。

頻率響應函數

頻率響應函數為一選定輸出（output）對一選定輸入（input）的比例。電路分析中，選定輸入常是獨立電壓或電流源，而選定輸出可以是電路中其他電壓或電流。依照慣例，頻率響應以 $\mathbf{G}$ 或 $\mathbf{H}$ 來表示，其中 $\mathbf{G}$ 為無因次增益（gain），$\mathbf{H}$ 為阻抗或電導。四種不同的頻率響應函數定義如下：

$$\mathbf{G}_V(j\omega) = \frac{\mathbf{V}_o(j\omega)}{\mathbf{V}_{in}(j\omega)} \qquad \mathbf{G}_I(j\omega) = \frac{\mathbf{I}_o(j\omega)}{\mathbf{I}_{in}(j\omega)}$$
$$\mathbf{H}_Z(j\omega) = \frac{\mathbf{V}_o(j\omega)}{\mathbf{I}_{in}(j\omega)} \qquad \mathbf{H}_Y(j\omega) = \frac{\mathbf{I}_o(j\omega)}{\mathbf{V}_{in}(j\omega)} \tag{6.1}$$

輸入 $\mathbf{V}_{in}$ 和 $\mathbf{I}_{in}$ 常常分別被選為獨立電壓源與電流源，輸出 $\mathbf{V}_o$ 和 $\mathbf{I}_o$ 可自由選擇，代表電路的負載。

上述頻率響應函數是相關的，舉例來說，若 $\mathbf{G}_V(j\omega)$ 和 $\mathbf{G}_I(j\omega)$ 已知，另兩個可以直接推導出來：

---

[1] 高傳真音響系統的電路比本章討論的電路複雜得多。然而，以直覺與每天經驗而言，音源類比提供了有用的範例。聲音頻譜術語如低音（bass）、中音（midrange）與高音（treble）眾所周知，只是了解簡中細節的人不多，本章內容提供了解這些觀念的技術基礎。

$$\mathbf{H}_Z(j\omega) = \frac{\mathbf{V}_o(j\omega)}{\mathbf{I}_{in}(j\omega)} = \frac{\mathbf{I}_o(j\omega)}{\mathbf{I}_{in}(j\omega)}\mathbf{Z}_o(j\omega) = \mathbf{G}_I(j\omega)\mathbf{Z}_o(j\omega) \quad (6.2)$$

$$\mathbf{H}_Y(j\omega) = \frac{\mathbf{I}_o(j\omega)}{\mathbf{V}_{in}(j\omega)} = \frac{\mathbf{V}_o(j\omega)}{\mathbf{Z}_o(j\omega)}\frac{1}{\mathbf{V}_{in}(j\omega)} = \frac{\mathbf{G}_V(j\omega)}{\mathbf{Z}_o(j\omega)} \quad (6.3)$$

頻率響應函數很重要，因其將頻率響應，以輸出（負載）電壓或電流對應給定輸入的單一函數來表示。

電路簡化

通常要決定選擇的頻率響應函數的第一步是將電路分成負載（與選定的輸出一致）與電源。再次考慮圖 6.1 電路，接到負載的網路，可用戴維寧等效取代之，如圖 6.2。一旦將負載重新接回如圖 6.3，可用分壓定理，將 $\mathbf{V}_o$ 以 $\mathbf{V}_T$ 表示，最終以 $\mathbf{V}_{in}$ 表示之。

$$\begin{aligned}\mathbf{V}_o &= \frac{\mathbf{Z}_o}{\mathbf{Z}_o + \mathbf{Z}_T}\mathbf{V}_T \\ &= \frac{\mathbf{Z}_o}{\mathbf{Z}_o + (\mathbf{Z}_{in} + \mathbf{Z}_1)\mathbf{Z}_2/(\mathbf{Z}_{in} + \mathbf{Z}_1 + \mathbf{Z}_2)} \cdot \frac{\mathbf{Z}_2}{\mathbf{Z}_{in} + \mathbf{Z}_1 + \mathbf{Z}_2}\mathbf{V}_{in} \\ &= \frac{\mathbf{Z}_o\mathbf{Z}_2}{\mathbf{Z}_o(\mathbf{Z}_{in} + \mathbf{Z}_1 + \mathbf{Z}_2) + (\mathbf{Z}_{in} + \mathbf{Z}_1)\mathbf{Z}_2}\mathbf{V}_{in}\end{aligned} \quad (6.4)$$

增益 $\mathbf{G}_V(j\omega)$ 是無因次的複數量，為：

$$\mathbf{G}_V(j\omega) = \frac{\mathbf{V}_o}{\mathbf{V}_{in}}(j\omega) = \frac{\mathbf{Z}_o\mathbf{Z}_2}{\mathbf{Z}_o(\mathbf{Z}_{in} + \mathbf{Z}_1 + \mathbf{Z}_2) + (\mathbf{Z}_{in} + \mathbf{Z}_1)\mathbf{Z}_2} \quad (6.5)$$

因此，如果電路元件的阻抗已知，增益也就已知。

$\mathbf{V}_o(j\omega)$ 是 $\mathbf{V}_{in}(j\omega)$ 經過相位偏移以及振幅變動後的版本。

如果電路的向量電源電壓與頻率響應已知，向量負載電壓可計算如下：

$$\mathbf{V}_o(j\omega) = \mathbf{G}_V(j\omega) \cdot \mathbf{V}_{in}(j\omega) \quad (6.6)$$

$$V_o e^{j\phi_o} = |\mathbf{G}_V|e^{j\angle\mathbf{G}_v} \cdot V_{in}e^{j\phi_{in}} \quad (6.7)$$

圖 6.2 戴維寧等效電源網路

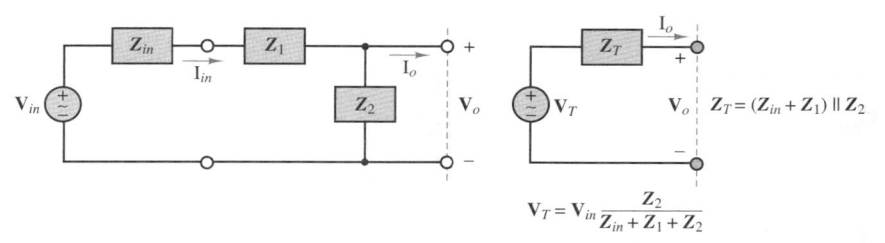

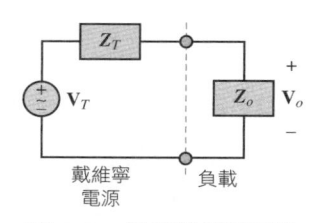

圖 6.3 從負載端看到的等效電路

所以

$$V_o = |\mathbf{G}_V| \cdot V_{\text{in}} \tag{6.8}$$

且

$$\phi_o = \angle \mathbf{G}_v + \phi_{\text{in}} \tag{6.9}$$

在任何給定的角頻率 ω，負載電壓為與電源電壓頻率相同的弦波訊號。

一階與二階原型

推導頻率響應的第一步，是用戴維寧或諾頓定理來簡化電路。如果電路為一階，或是有串聯或並聯儲能元件的二階電路，可以簡化為圖 6.4 至圖 6.7 四個原型的其中之一。

圖 6.4 的一階電路，迴路電流 $\mathbf{I}_C$，利用歐姆定律可寫成與戴維寧電源電壓 $\mathbf{V}_T$ 有關：

$$\mathbf{I}_C = \frac{\mathbf{V}_T}{R_T + \mathbf{Z}_C} \tag{6.10}$$

將分子與分母乘上 $(j\omega)C$，並將等號兩邊除以 $\mathbf{V}_T$，求得頻率響應函數為：

$$\mathbf{H}_Y(j\omega) = \frac{\mathbf{I}_C}{\mathbf{V}_T} = \frac{(j\omega)C}{1 + (j\omega)\tau} \tag{6.11}$$

其中 $\tau = R_T C$。

接著可求出 $\mathbf{V}_C$ 相關於 $\mathbf{V}_T$ 的頻率響應函數：

$$\mathbf{G}_V(j\omega) = \frac{\mathbf{V}_C}{\mathbf{V}_T} = \frac{\mathbf{I}_C}{\mathbf{V}_T} \mathbf{Z}_C = \frac{(j\omega)C}{1 + (j\omega)\tau} \frac{1}{(j\omega)C} = \frac{1}{1 + (j\omega)\tau} \tag{6.12}$$

其中再度 $\tau = R_T C$。注意分母與 $\mathbf{H}_Y$ 相同，這是常見的結果，因為分母表示電路的基本動態，分子則表示電路變數的差別。直接用分壓推導 $\mathbf{G}_V$ 很有用，試試看！

圖 6.5 的一階電路，可利用類似方法求得電壓 $\mathbf{V}_L$ 相關於諾頓電源電流 $\mathbf{I}_N$ 的頻率響應，用歐姆定律可寫出：

$$\mathbf{V}_L = \mathbf{I}_N (R_N \| \mathbf{Z}_L) = \mathbf{I}_N \frac{R_N(j\omega)L}{R_N + (j\omega)L} \tag{6.13}$$

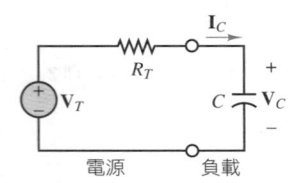

圖 6.4 含一個電容的簡化一階電路

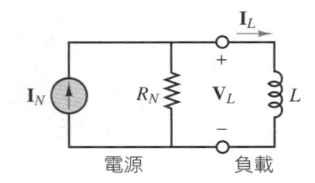

圖 6.5 含一個電感的簡化一階電路

將等號兩邊除以 $\mathbf{I}_N$，接著將分子與分母同時除以 R_N，可以找出頻率響應函數。

$$\mathbf{H}_Z(j\omega) = \frac{\mathbf{V}_L}{\mathbf{I}_N} = \frac{(j\omega)L}{1+(j\omega)\tau} \tag{6.14}$$

在此範例中，$\tau = L/R_N$。

再次，可以很容易求出 $\mathbf{I}_L$ 相關於 $\mathbf{I}_N$ 的頻率響應函數：

$$\mathbf{G}_I(j\omega) = \frac{\mathbf{I}_L}{\mathbf{I}_N} = \frac{\mathbf{V}_L}{\mathbf{I}_N}\frac{1}{\mathbf{Z}_L} = \frac{1}{1+(j\omega)\tau} \tag{6.15}$$

其中，$\tau = L/R_N$。分母再度與 $\mathbf{H}_Z$ 相同，直接用分流推導 $\mathbf{G}_I$ 是有用的練習，試試看！

二階電路以同樣方法來處理。考慮圖 6.6 的串聯 LC 電路，用歐姆定律可得迴路電流 $\mathbf{I}_L$ 與戴維寧電源電壓 $\mathbf{V}_T$ 的相關性：

$$\mathbf{V}_T = \mathbf{I}_L(R_T + \mathbf{Z}_C + \mathbf{Z}_L) \tag{6.16}$$

將等號兩邊除以 $\mathbf{I}_L$，取倒數，分子與分母同時乘上 $j\omega C$ 得：

$$\begin{aligned}\mathbf{H}_Y(j\omega) = \frac{\mathbf{I}_L}{\mathbf{V}_T} &= \frac{(j\omega)C}{1+(j\omega)R_TC+(j\omega)^2LC} \\ &= \frac{(j\omega)C}{1+(j\omega)\tau+(j\omega/\omega_n)^2}\end{aligned} \tag{6.17}$$

其中 $\tau = R_TC$ 且 $\omega_n^2 = 1/LC$。後一項與二階暫態電路的自然頻率相同。

利用 $\mathbf{H}_Y$ 的結果可以找出二階串聯 LC 電路的電壓增益 $\mathbf{G}_V$。

$$\mathbf{G}_V(j\omega) = \frac{\mathbf{V}_C}{\mathbf{V}_T} = \frac{\mathbf{I}_C}{\mathbf{V}_T}\mathbf{Z}_C \tag{6.18}$$

當然，對串聯迴路來說，$\mathbf{I}_C = \mathbf{I}_L$ 所以：

$$\mathbf{G}_V(j\omega) = \frac{\mathbf{I}_L}{\mathbf{V}_T}\mathbf{Z}_C = \mathbf{H}_Y\mathbf{Z}_C = \frac{1}{1+(j\omega)\tau+(j\omega/\omega_n)^2} \tag{6.19}$$

再次，$\tau = R_TC$ 且 $\omega_n^2 = 1/LC$。

最後，圖 6.7 為二階並聯 LC 電路，用歐姆定律可得並聯電壓 VC 與諾頓電源電流 $\mathbf{I}_N$ 的相關性：

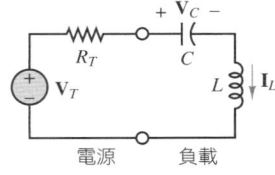

圖 6.6 含有串聯電容與電感的簡化二階電路

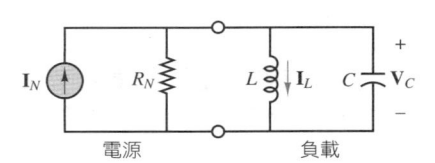

圖 6.7 含有並聯電容與電感的簡化二階電路

$$\mathbf{V}_C = \mathbf{I}_N \, (R_N \| \mathbf{Z}_L \| \mathbf{Z}_C) \tag{6.20}$$

將等號兩邊除以 $\mathbf{I}_N$ 得：

$$\mathbf{H}_Z(j\omega) = \frac{\mathbf{V}_C}{\mathbf{I}_N} = \frac{1}{1/R_N + 1/j\omega L + j\omega C} \tag{6.21}$$

分子與分母同時乘上 $j\omega L$ 得：

$$\mathbf{H}_Z(j\omega) = \frac{(j\omega)L}{1 + (j\omega)L/R_N + (j\omega)^2 LC} = \frac{(j\omega)L}{1 + (j\omega)\tau + (j\omega/\omega_n)^2} \tag{6.22}$$

其中 $\tau = L/R_N$，$\omega_n^2 = 1/LC$，與二階串聯 LC 電路的自然頻率相同。

利用 $\mathbf{H}_Z$ 的結果可以找出二階並聯 LC 電路的電流增益 $\mathbf{G}_I$。

$$\mathbf{G}_I(j\omega) = \frac{\mathbf{I}_L}{\mathbf{I}_N} = \frac{\mathbf{V}_L}{\mathbf{I}_N}\frac{1}{\mathbf{Z}_L} \tag{6.23}$$

當然，$\mathbf{V}_L = \mathbf{V}_C$，所以：

$$\mathbf{G}_I(j\omega) = \frac{\mathbf{V}_L}{\mathbf{I}_N}\frac{1}{\mathbf{Z}_L} = \frac{\mathbf{H}_Z}{\mathbf{Z}_L} = \frac{1}{1 + (j\omega)\tau + (j\omega/\omega_n)^2} \tag{6.24}$$

再次，$\tau = L/R_N$ 且 $\omega_n^2 = 1/{LC}$。

極點與零點

依定義，頻率響應函數是輸出對應輸入的比。因此，任何特定的頻率響應函數通常也會產生一個比例。任何頻率響應函數的分子與分母，總是可以表示成四個不同項的乘積，一項為常數，另三項依照出現在分子或分母，分別稱為零點（zeros）或極點（poles）。每一項有自己的名稱，如下所列。

1. K 　　常數
2. $(j\omega)$ 　　位於原點的極點或零點
3. $(1 + j\omega\tau)$ 　　單極點或零點
4. $[1 + j\omega\tau + (j\omega/\omega_n)^2]$ 　　二次(複數)極點或零點

單極點或零點也可能是 $(1 + j\omega/\omega_0)$ 的型式，其中 $\omega_0 = 1/\tau$。

本節之前推導出的一階與二階頻率響應函數，為標準型式的良好範例，其中的分子與分母都是以這四項的乘積來表示，之後討論濾波器與波德圖時會重複出現。

範例 6.1　使用戴維寧定理計算頻率響應

問題

計算圖 6.8 的頻率響應 $\mathbf{G}_V(j\omega) = \mathbf{V}_o/\mathbf{V}_s$。

解

已知條件：$R_1 = 10 \text{ k}\Omega$；$C = 10 \text{ }\mu\text{F}$；$R_o = 10 \text{ k}\Omega$。

求：頻率響應 $\mathbf{G}_V(j\omega) = \mathbf{V}_o / \mathbf{V}_S$。

假設：無。

分析：R_o 為負載電阻，使用戴維寧定理決定電源網路的等效電路；也就是，端點 a 與 b 左側的等效網路。電源網路的戴維寧等效阻抗 $\mathbf{Z}_T$ 為：

$$\mathbf{Z}_T = (R_1 \| \mathbf{Z}_C)$$

端點 a 與 b 兩端的戴維寧（開路）電壓 $\mathbf{V}_T$ 可由分壓求得：

$$\mathbf{V}_T = \mathbf{V}_S \frac{\mathbf{Z}_C}{R_1 + \mathbf{Z}_C}$$

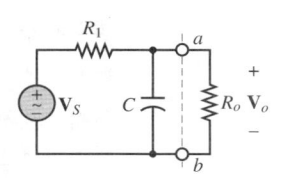

圖 6.8

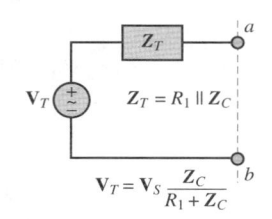

圖 6.9

將負載重新接回戴維寧電源，再次使用分壓求出負載兩端電壓 $\mathbf{V}_o$：

$$\mathbf{V}_o = \frac{R_o}{\mathbf{Z}_T + R_o} \mathbf{V}_T$$

$$= \frac{R_o}{R_1 \mathbf{Z}_C/(R_1 + \mathbf{Z}_C) + R_o} \frac{\mathbf{Z}_C}{R_1 + \mathbf{Z}_C} \mathbf{V}_S$$

所以：

$$\mathbf{G}_V(j\omega) = \frac{\mathbf{V}_o}{\mathbf{V}_S}(j\omega) = \frac{R_o \mathbf{Z}_C}{R_o(R_1 + \mathbf{Z}_C) + R_1 \mathbf{Z}_C}$$

電路元件的阻抗為 $R_1 = 10^3 \text{ }\Omega$，$\mathbf{Z}_C = 1/(j\omega \times 10^{-5})\text{ }\Omega$，且 $R_o = 10^4 \text{ }\Omega$，頻率響應結果為：

$$\mathbf{G}_V(j\omega) = \frac{\dfrac{10^4}{j\omega \times 10^{-5}}}{10^4 \left(10^3 + \dfrac{1}{j\omega \times 10^{-5}}\right) + \dfrac{10^3}{j\omega \times 10^{-5}}} = \frac{100}{110 + j\omega}$$

$$= \frac{100}{\sqrt{110^2 + \omega^2}\, e^{j\tan^{-1}(\omega/110)}} = \frac{100}{\sqrt{110^2 + \omega^2}} \angle -\tan^{-1}\left(\frac{\omega}{110}\right)$$

評論：推導頻率響應函數時，使用等效電路是很有幫助的，因為這個方式會迫使我們辨識電源與負載的量。然而，這不是求解唯一的方法。舉例來說，節點分析法也可以很簡單得到相同的結果，藉由認知上方節點電壓與負載電壓相同，直接解得 $\mathbf{V}_o$ 為 $\mathbf{V}_S$ 函數的關係，省略掉計算戴維寧等效電源電路的中間步驟。

範例 6.2　計算頻率響應

問題

計算圖 6.10 的頻率響應 $\mathbf{H}_Z(j\omega) = \mathbf{V}_o / \mathbf{I}_S$。

解

已知條件：$R_1 = 1 \text{ k}\Omega$；$L = 2 \text{ mH}$；$R_o = 4 \text{ k}\Omega$。

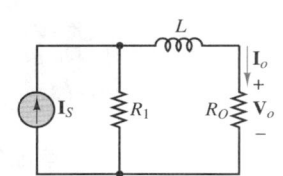

圖 6.10

求：頻率響應 $\mathbf{H}_Z(j\omega) = \mathbf{V}_o / \mathbf{I}_S$。

假設：無。

分析：可利用之前範例的作法，將連接到 R_o 的任何電路，找出其戴維寧或諾頓等效網路，來求出頻率響應函數。也可以使用分流找出 $\mathbf{I}_o$，然後用歐姆定律找出 $\mathbf{V}_o$，接著求得頻率響應函數。

利用分流寫出：

$$\mathbf{I}_o = \frac{R_1}{R_1 + R_o + j\omega L}\mathbf{I}_S$$

將分母的因子 $R_1 + R_o$ 分解出得：

$$\mathbf{I}_o = \frac{R_1}{R_1 + R_o}\frac{1}{1 + j\omega L/(R_1 + R_o)}\mathbf{I}_S$$

然後：

$$\frac{\mathbf{V}_o}{\mathbf{I}_S}(j\omega) = \mathbf{H}_Z(j\omega) = \frac{I_o R_o}{I_S}$$

$$= \frac{R_1 R_o}{R_1 + R_o}\frac{1}{1 + j\omega L/(R_1 + R_o)}$$

將數值代入，可得：

$$\mathbf{H}_Z(j\omega) = \frac{(10^3)(4 \times 10^3)}{10^3 + 4 \times 10^3}\frac{1}{1 + (j\omega)(2 \times 10^{-3})/(5 \times 10^3)}$$

$$= (0.8 \times 10^3)\frac{1}{1 + j0.4 \times 10^{-6}\omega}$$

評論：$\mathbf{H}_Z(j\omega)$ 的單位是歐姆，請驗證之！

檢視學習成效

範例 6.1，當頻率 $\omega = 10, 100$ 和 $1,000$ rad/s 時，計算 $\mathbf{G}_V$ 的數值與相位。

解答：數值 = 0.9054, 0.6727 與 0.0994；相位（度）= −5.1944, −42.2737 與 −83.7227

檢視學習成效

範例 6.2，當頻率 $\omega = 1, 10$ 和 100 Mrad/s 時，計算 $\mathbf{H}_Z$ 的數值與相位 $\mathbf{H}_Z$。

解答：數值 = 742.78Ω, 194.03Ω 與 19.99Ω；相位（度）= −21.8°, −75.96° 與 −88.57°

6.2 傅立葉分析

本節的目的是介紹訊號頻域分析的觀念，特別是**傅立葉級數（Fourier series）**。接下來幾頁會解釋，如何藉著重疊不同振幅、相位和頻率的各種正弦訊號，可以來代

表週期訊號。令訊號 $x(t)$ 為週期 T 的週期訊號，即

$$x(t) = x(t+T) = x(t+nT) \qquad n = 1, 2, 3, \ldots; \ T = 週期 \qquad (6.25)$$

圖 6.11 為週期訊號的例子。

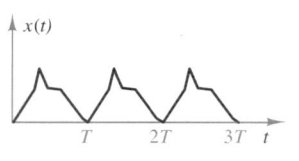

圖 6.11 週期訊號

訊號 $x(t)$ 可以表示成正弦成分的無窮總和，也就是熟知的**傅立葉級數**（**Fourier series**），為下列兩個表示式中的任一個。

傅立葉級數

1. 正弦－餘弦（正交）表示法

$$x(t) = a_0 + \sum_{n=1}^{\infty} a_n \cos\left(n\frac{2\pi}{T}t\right) + \sum_{n=1}^{\infty} b_n \sin\left(n\frac{2\pi}{T}t\right) \qquad (6.26)$$

2. 數值與相位型式

$$x(t) = c_0 + \sum_{n=1}^{\infty} c_n \sin\left(n\frac{2\pi}{T}t + \theta_n\right) \qquad (6.27)$$

$$x(t) = c_0 + \sum_{n=1}^{\infty} c_n \cos\left(n\frac{2\pi}{T}t - \psi_n\right) \qquad (6.28)$$

任一個表示式中，週期 T 與訊號的**基頻**（fundamental frequency）ω_0 有關

$$\omega_0 = 2\pi f_0 = \frac{2\pi}{T} \qquad \text{rad/s} \qquad (6.29)$$

頻率 $2\omega_0, 3\omega_0, 4\omega_0$ 等，稱為**諧波**（harmonics）。

當參數 a_n、b_n、c_n 和 θ_n 定義如下時，很容易可以顯示出 6.26 與 6.27 式是相等的，

$$\sqrt{a_n^2 + b_n^2} = c_n \qquad 與 \qquad \frac{b_n}{a_n} = \cot(\theta_n) \qquad (6.30)$$

類似地，當參數 a_n、b_n、c_n 和 ψ_n 定義如下時，可以顯示出 6.26 與 6.28 式是相等的，

$$\sqrt{a_n^2 + b_n^2} = c_n \qquad 與 \qquad \frac{b_n}{a_n} = \tan(\psi_n) \qquad (6.31)$$

圖 6.12 為傅立葉級數 $\{a_n, b_n\}$ 和 $\{c_n, \theta_n\}$ 型式相等的圖形表示。

傅立葉級數這兩種型式，6.26 與 6.27 式（或 6.28）的任一個，各有自己的優點。正弦 - 餘弦表示法使用自變數的奇、偶函數，奇函數呈現對於原點反對稱，且滿足條件：

$$f(-t) = -f(t) \qquad 奇函數 \qquad (6.32)$$

正正弦函數為奇函數。偶函數則對於原點對稱，且滿足條件：

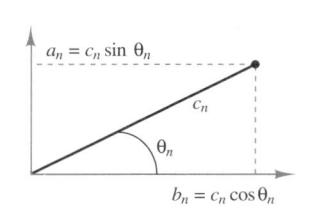

圖 6.12 $\{a_n, b_n\}$ 與 $\{c_n, \theta_n\}$ 型式間的關係。

(a) 偶函數，$x(-t) = x(t)$

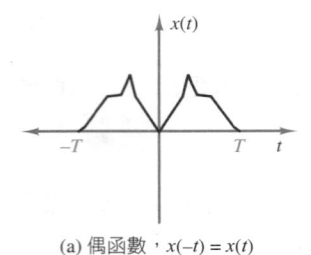

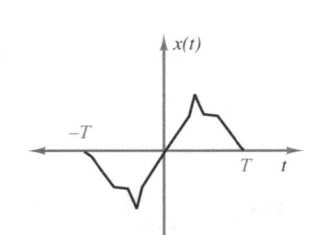

(b) 奇函數，$x(-t) = -x(t)$

圖 6.13 奇、偶函數的定義

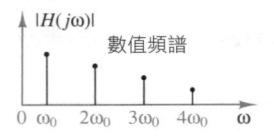

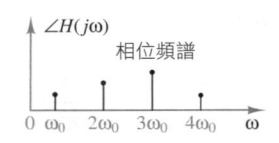

圖 6.14 離散頻譜

$$f(-t) = f(t) \qquad 偶函數 \tag{6.33}$$

餘弦函數是偶函數（與常數一樣）例如 a_0 亦是。圖 6.13 是奇、偶函數的例子。

6.26 式表示法的優點是，如果已知 $x(t)$ 為奇（偶）函數，可以表示成只有奇（偶）函數的和〔也就是，只用正弦（餘弦）項〕，能更容易計算傅立葉級數的係數。

6.27 與 6.28 式的數值與相位型式，將數值資訊 c_n 與相位資訊 θ_n 或 ϕ_n 分開來。使用這種型式，傅立葉級數可能很容易將線性系統對週期性輸入的數值與相位表示法結合，在往後的幾節會加以描述。數值與相位成分常可以表示成圖 6.14 的**離散頻譜**（frequency spectrum）。

計算傅立葉級數的係數

可利用下列公式計算週期函數 $x(t)$ 的係數 $\{a_n, b_n\}$ 或 $\{c_n, \theta_n\}$：

$$a_0 = \frac{1}{T}\int_0^T x(t)\, dt = \frac{1}{T}\int_{-T/2}^{T/2} x(t)\, dt = x(t) \text{ 的平均值} \tag{6.34}$$

$$a_n = \frac{2}{T}\int_0^T x(t) \cos\left(n\frac{2\pi}{T}t\right) dt = \frac{2}{T}\int_{-T/2}^{T/2} x(t) \cos\left(n\frac{2\pi}{T}t\right) dt \tag{6.35}$$

$$b_n = \frac{2}{T}\int_0^T x(t) \sin\left(n\frac{2\pi}{T}t\right) dt = \frac{2}{T}\int_{-T/2}^{T/2} x(t) \sin\left(n\frac{2\pi}{T}t\right) dt \tag{6.36}$$

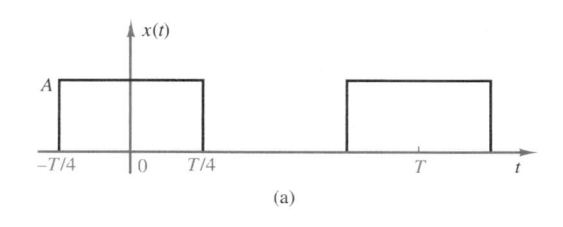

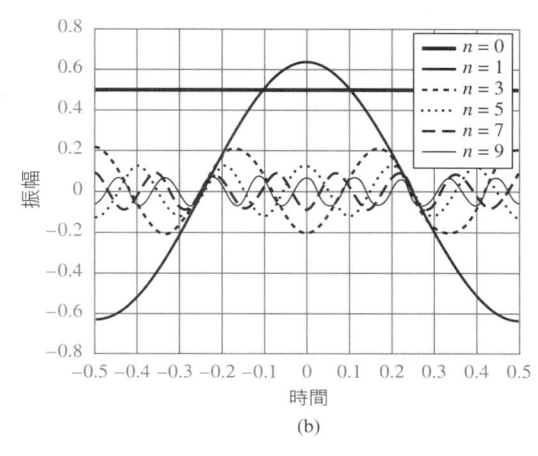

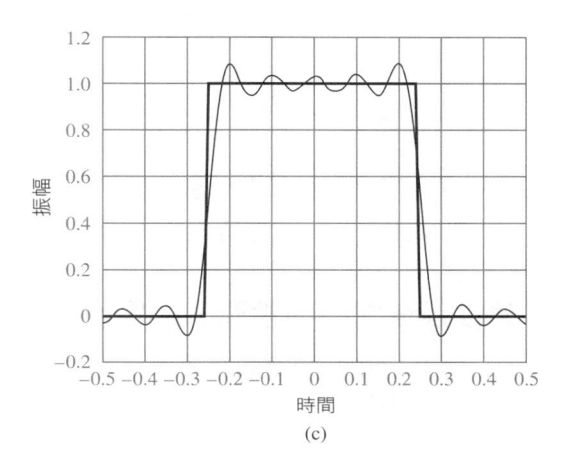

圖 6.15 方波與其傅立葉級數表示。(a) 方波（偶函數）；(b) 方波前六個傅立葉級數項；(c) 前六個傅立葉級數項的和與方波重疊

積分極限寫成兩種不同型式，說明積分從何開始無關緊要，只要對一整個週期積分即可。利用 6.30 和 6.31 式，可以從係數 a_n 和 b_n 推導出 c_n 和 θ_n（或 ϕ_n）值。

欲說明傅立葉級數分解的重要性，考慮圖 6.15(a) 的方波，其為偶函數。只有偶函數（餘弦）項為非零，前 6 個非零的傅立葉級數項顯示在圖 6.15(b)。注意到第一項是 a_0，為函數的平均值 $A/2$，另五項則與奇數 n（1, 3, 5, 7 與 9）有關。另外注意到，當 n = 1, 5 與 9 時，係數是正的，而 n = 3 與 7 時是負的（可觀察餘弦波形的峰值）。正、負餘弦的交替是必要的，每一項可以從之前的項加上或減掉，使得波形平坦化而成為方波。圖 6.15(c) 比較了原始方波與傅立葉級數近似波形，很明顯 10 項不足以重製出方波銳利的邊緣。不過可以清楚看出，當我們加上更多傅立葉項時，形成的近似波形會更接近方波訊號。

圖 6.15(a) 方波的完整傅立葉級數如下：

$$f(t) = \frac{A}{2} + \frac{2A}{\pi} \sum_{n=1}^{\infty} (-1)^{(n-1)} \frac{\cos[(2n-1)(2\pi)t/T]}{2n-1}$$

有趣的是，如果圖 6.15(a) 方波往右移 $T/4$，形成的波形將會是奇函數。此種方波，在 $0 < t < T/2$ 區間內的值是 A，而在 $T/2 < t < T$ 區間內的值是零。完整傅立葉級數如今只包含奇函數（正弦），為：

$$f(t) = \frac{A}{2} + \frac{2A}{\pi} \sum_{n=1}^{\infty} \frac{\sin[(2n-1)(2\pi)t/T]}{2n-1}$$

另一些常見波形的傅立葉級數整理如下，任一例中，波峰到波谷的振幅為 A，週期為 T，平均值為 $A/2$。

$$f(t) = \frac{A}{2} + \frac{A}{\pi} \sum_{n=1}^{\infty} \frac{\sin(2n\pi t/T)}{n} \qquad 鋸齒波$$

$$f(t) = \frac{A}{2} - \frac{4A}{\pi^2} \sum_{n=1}^{\infty} \frac{\cos[(2n-1)(2\pi)t/T]}{(2n-1)^2} \qquad 三角波$$

這些傅立葉級數在函數本身可微分處是收斂的，方波的傅立葉級數在 $t = 0, T/2, T,...$ 處不收斂，而鋸齒波在 $t = 0, T, 2T,...$ 處不收斂。

線性系統對週期性輸入的響應

當系統是受到週期性輸入激勵，此輸入可以用已知振幅、相位，與不同頻率弦波之傅立葉級數代表時，頻率響應的觀念特別有用。假設傅立葉級數擁有有限的項：

$$x(t) = c_0 + \sum_{n=1}^{N} c_n \sin\left(n\frac{2\pi}{T}t + \theta_n\right) \tag{6.37}$$

N 個弦波中任一個，其特性由振幅 c_n、相位 θ_n，與頻率 $\omega_n = n\omega_0$ 決定，其中 $\omega_0 = 2\pi/T$，且 T 為輸入訊號的週期。舉例來說，週期輸入可以是範例 6.3 所示的鋸齒波。

圖 6.16 使用頻率響應觀念來說明輸入—輸出系統，圖中顯示，如果一個線性系統的輸入 $q_{in}(t)$ 可以由相量 $Q_{in}(j\omega)$ 代表，則輸出可以將相量輸入與線性系統的頻率響應函數相乘計算而得。此乘積為複數，計算方式為將輸入相量的數值與頻率響應函數的數值相乘，而輸入相量的相角則與頻率響應的相角相加。

在週期性輸入表示成（截尾的）傅立葉級數的例子中，必須認知到每一個輸入弦波成分，都是根據頻率響應而傳遞經過系統。因此，穩態的週期性輸出訊號的離散數值頻譜，等於輸入訊號的離散數值頻譜，乘上在適當頻率（appropriate frequencies）之系統頻率響應的振幅比例。穩態的週期性輸出訊號的相位頻譜，等於輸入訊號的相位頻譜，加上在適當頻率之系統頻率響應的相角。如果 $x(t)$ 為線性系統的輸入，其型式如 6.37 式，且若線性系統的頻率響應函數是 $\mathbf{H}(j\omega)$，則系統輸出 $y(t)$ 為

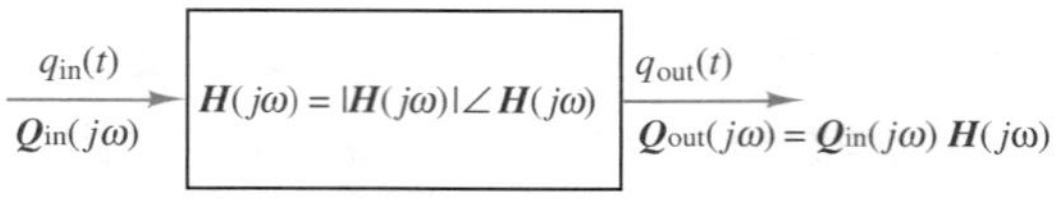

$$\frac{q_{in}(t)}{Q_{in}(j\omega)} \rightarrow \boxed{H(j\omega) = |H(j\omega)| \angle H(j\omega)} \rightarrow \frac{q_{out}(t)}{Q_{out}(j\omega) = Q_{in}(j\omega)H(j\omega)}$$

圖 6.16 線性系統對一相量輸入的響應

$$y(t) = \sum_{n=1}^{N} |\mathbf{H}(j\omega_n)| c_n \sin[\omega_n t + \theta_n + \angle \mathbf{H}(j\omega_n)] \tag{6.38}$$

其中 $|\mathbf{H}(j\omega_n)|$ 與 $\angle \mathbf{H}(j\omega_n)$ 分別為對應於輸入第 n 個諧波,頻率 $n\omega_0$ 時的數值與相位。

範例 6.3　計算傅立葉級數的係數

問題

計算圖 6.17 鋸齒(sawtooth)函數的完整傅立葉頻譜;也就是,找出係數 a_n 與 b_n,這兩者作為 n 的函數之一般表示法,然後計算 $x(t)$ 的頻譜,即係數 c_n 與 θ_n,並畫出訊號頻譜。

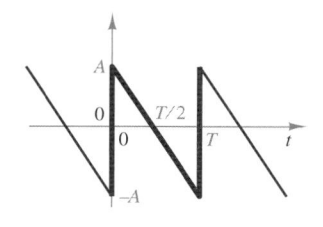

解

已知條件:鋸齒波的振幅和週期。

求:傅立葉級數係數 a_n 和 b_n。

已知資料:函數為週期性,週期是 $T = 1$ s,振幅峰值為 $A = 1$。

假設:無。

分析:圖 6.17(a) 的函數對於縱軸為反對稱,所以是奇函數,因此,只有係數 b_n 非零。首先,寫出 $x(t)$ 一個週期的表示式:

$$x(t) = A\left(1 - \frac{2t}{T}\right) \qquad 0 \leq t < T$$

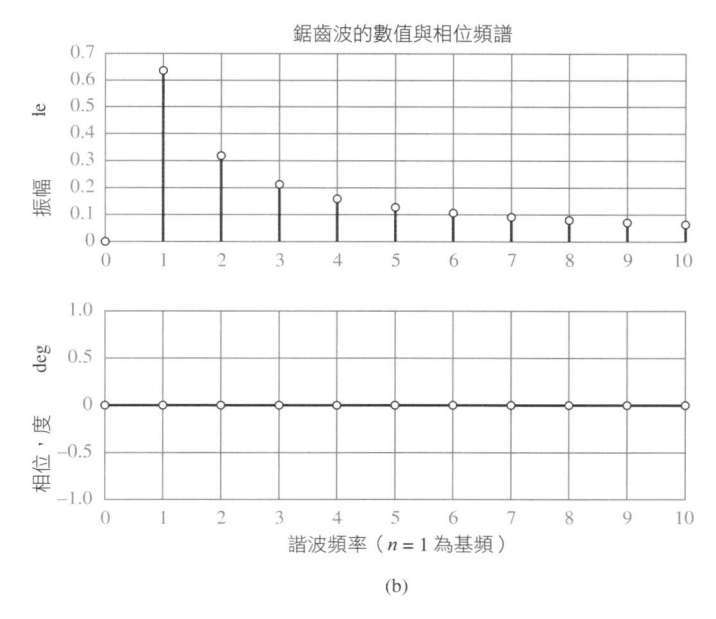

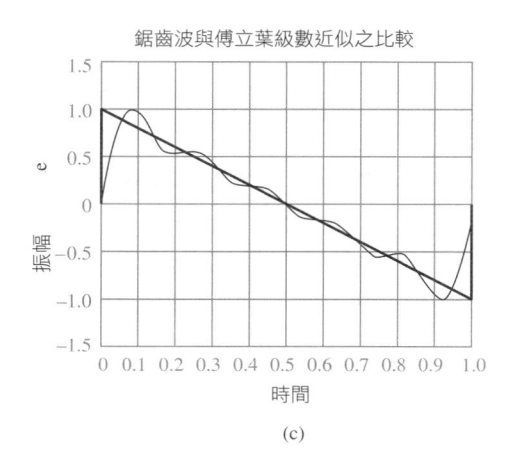

圖 6.17　(a) 週期(鋸齒)函數

圖 6.17　(b) 鋸齒波頻譜;(c) $N = 5$ 之鋸齒波近似

接著計算 6.36 式的積分：

$$b_n = \frac{2}{T}\int_0^T A\left(1 - \frac{2t}{T}\right)\sin\left(n\frac{2\pi}{T}t\right)dt$$

$$= \frac{2}{T}\int_0^T A\sin\left(n\frac{2\pi}{T}t\right)dt + \frac{2A}{T}\int_0^T \left(-\frac{2t}{T}\right)\sin\left(n\frac{2\pi}{T}t\right)dt$$

$$= \frac{2A}{T}\left[-\frac{T}{2n\pi}\cos\left(n\frac{2\pi}{T}t\right)\right]_0^T - \frac{4A}{T^2}\int_0^T t\cdot\sin\left(n\frac{2\pi}{T}t\right)dt$$

$$= 0 - \frac{4A}{T^2}\left[\frac{1}{n^2(2\pi/T)^2}\sin\left(n\frac{2\pi}{T}t\right) - \frac{t}{n(2\pi/T)}\cos\left(n\frac{2\pi}{T}t\right)\right]_0^T$$

$$= -\frac{4A}{T^2}\left[-\frac{T^2}{2n\pi}\cos(2n\pi)\right] = \frac{2A}{n\pi} \quad n = 1, 2, 3, \ldots$$

利用 6.30 式計算訊號頻譜：

$$c_n = \sqrt{a_n^2 + b_n^2} = |b_n|$$

$$\theta_n = \cot^{-1}\frac{b_n}{a_n} = \cot^{-1}\frac{b_n}{0} = 0$$

$x(t)$ 頻譜的個別成分顯示在圖 6.17(b)。

評論：電腦程式，如 Matlab™，可用來觀察傅立葉級數近似波形的結果，圖 6.17(c) 即為近似波形。

範例 6.4　計算傅立葉級數的係數

問題

計算圖 6.18(a) 脈波波形的完整傅立葉展開式，其中 $\tau/T = 0.2$，並畫出訊號頻譜。

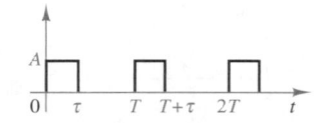

圖 6.18　(a) 脈波列

解

已知條件：脈波列波形的振幅和週期。

求：傅立葉級數係數 a_n 和 b_n；傅立葉頻譜。

已知資料：函數為週期性，週期 $T = 1$ s，振幅峰值 $A = 1$。

假設：無。

分析：圖 6.18(a) 的函數既不是奇函數，也不是偶函數，因此，必須計算所有的 a_n 和 b_n 係數。首先，寫出 $x(t)$ 一個週期的表示式：

$$x(t) = \begin{cases} A & 0 \leq t < \tau \\ 0 & \tau \leq t < T \end{cases}$$

接著計算 6.34 到 6.36 式的積分：

$$a_0 = \frac{1}{T}\int_0^{T/5} A\,dt = \frac{A}{5}$$

$$a_n = \frac{2}{T}\int_0^T A\cos\left(n\frac{2\pi}{T}t\right)dt = \frac{2}{T}\int_0^{T/5} A\cos\left(n\frac{2\pi}{T}t\right)dt + \int_{T/5}^T 0\cos\left(n\frac{2\pi}{T}t\right)dt$$

$$= \frac{2}{T}\frac{AT}{2n\pi}\sin\left(\frac{2n\pi}{T}t\right)\bigg|_0^{T/5}$$

$$= \frac{2}{T}\frac{AT}{2n\pi}\left[\sin\left(\frac{2n\pi}{5}\right) - 0\right] = \frac{A}{n\pi}\sin\left(\frac{2n\pi}{5}\right)$$

$$b_n = \frac{2}{T}\int_0^{T/5} A\sin\left(n\frac{2\pi}{T}t\right)dt = \frac{2}{T}\frac{AT}{2n\pi}\left[-\cos\left(\frac{2n\pi}{T}t\right)\right]\bigg|_0^{T/5}$$

$$= \frac{2}{T}\frac{AT}{2n\pi}\left[-\cos\left(\frac{2n\pi}{5}\right) + \cos(0)\right] = \frac{A}{n\pi}\left[1 - \cos\left(\frac{2n\pi}{5}\right)\right]$$

利用 6.30 式計算訊號頻譜：

$$c_n = \sqrt{a_n^2 + b_n^2} = \sqrt{\left[\frac{A}{n\pi}\sin\left(\frac{2n\pi}{5}\right)\right]^2 + \left\{\frac{A}{n\pi}\left[1 - \cos\left(\frac{2n\pi}{5}\right)\right]\right\}^2}$$

$$\theta_n = \cot^{-1}\left(\frac{b_n}{a_n}\right) = \cot^{-1}\left\{\frac{(A/n\pi)[1 - \cos(2n\pi/5)]}{(A/n\pi)\sin(2n\pi/5)}\right\}$$

$x(t)$ 的頻譜（數值與相位）顯示在圖 6.18(b)，表 6.1 列出兩種型式的前七個係數。

評論：包含前十個頻率成分的傅立葉級數近似波形可用 Matlab™ 產生與觀察，圖 6.18(c) 呈現此結果。

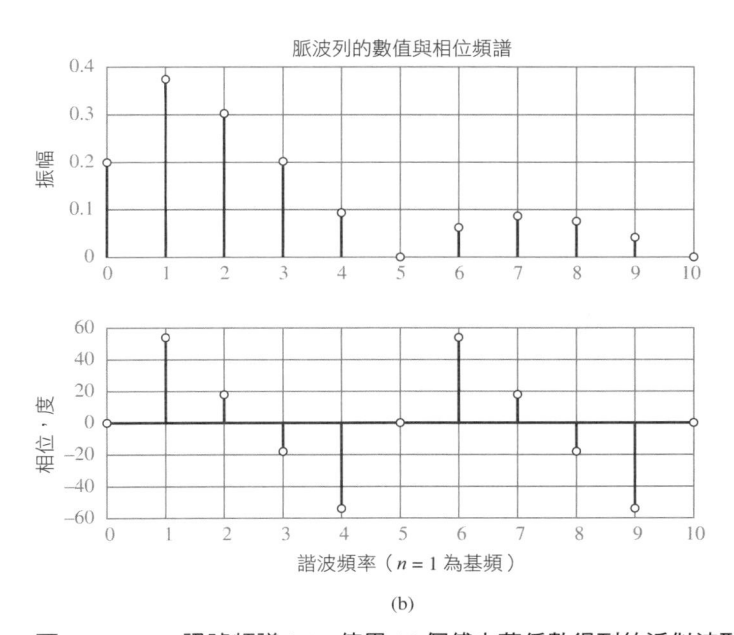

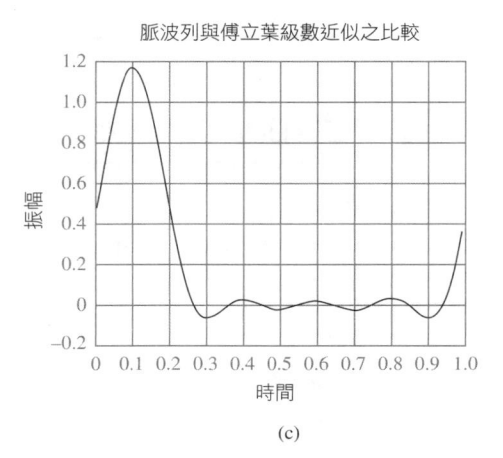

圖 6.18 (b) 訊號頻譜；(c) 使用 11 個傅立葉係數得到的近似波形

表 6.1 脈波列的傅立葉係數

n	a_n	b_n	c_n	θ_n (deg)
0	0.2	0	0.2	
1	0.3027	0.2199	0.3742	54
2	0.0935	0.2879	0.3027	18
3	−0.0624	0.1919	0.2018	−18
4	−0.0757	0.0550	0.0935	−54
5	0	0	0	0
6	0.0505	0.0367	0.0624	54
7	0.0267	0.0823	0.0865	18
8	−0.0234	0.0720	0.0757	−18
9	−0.0336	0.0244	0.0416	−54
10	0	0	0	0

範例 6.5 計算傅立葉級數的係數

問題

計算訊號 $x(t) = 1.5 \cos(100t)$ 之完整傅立葉展開式的係數。

解

已知條件： 訊號波形表示式。

求： 傅立葉級數係數 a_n 和 b_n。

已知資料： 函數為週期性，週期 $T = 2\pi / 100$，振幅峰值為 1.5。

假設： 無。

分析： 此函數因為只含有弦波項，所以已經是傅立葉級數的型式。可以認知下列參數：$\omega_0 = 100$；$a_0 = 0$；$a_1 = 1.5$；$b_1 = 0$；等（所有其他的 a_n 和 b_n 係數都是零）。將係數表示成數值－大小型式，可得

$$c_1 = 1.5 \quad \text{以及} \quad \theta_1 = \frac{\pi}{2}$$

範例 6.6 週期性輸入的線性系統響應問題

問題

一線性系統，其 $\mathbf{H}(j\omega) = 2 / (0.2j\omega + 1)$，受範例 6.3，$T = 0.25$ s 以及 $A = 2$ 的鋸齒波激勵。

解

已知條件： $T = 0.25$ s；$A = 2$。

求： 輸出 $y(t)$ 對輸入 $x(t)$ 的響應。

假設： 波形可由傅立葉級數的前兩項作良好的近似。

分析： 範例 6.3 鋸齒波的傅立葉近似：

$$x(t) = \frac{2A}{\pi}\sin\left(\frac{2\pi}{0.25}t\right) + \frac{A}{\pi}\sin\left(\frac{4\pi}{0.25}t\right) = \frac{4}{\pi}\sin(8\pi t) + \frac{2}{\pi}\sin(16\pi t)$$

然後：

$$c_1 = \sqrt{a_1^2 + b_1^2} = |b_1| = \frac{4}{\pi} \qquad \omega_1 = 1\omega_0 = 8\pi$$

且

$$c_2 = \sqrt{a_2^2 + b_2^2} = |b_2| = \frac{2}{\pi} \qquad \omega_2 = 2\omega_0 = 16\pi$$

系統頻率響應可表示成數值與相位型式：

$$\mathbf{H}(j\omega) = \frac{2}{0.2j\omega + 1} = |\mathbf{H}(j\omega)|\angle\mathbf{H}(j\omega) = \frac{2}{\sqrt{(0.2\omega)^2 + 1}}\angle\left(-\arctan\frac{\omega}{5}\right)$$

頻率響應的數值與相位呈現在圖 6.19(a)，可觀察到系統只在頻率 $\omega_1 = 8\pi = 25.1$ rad/s 與 $\omega_2 = 16\pi = 50.2$ rad/s 產生。可在這些頻率，用圖 6.19(a) 的圖形法，或是用如下的分析法，來計算系統頻率響應。

$$|\mathbf{H}(j\omega_1)| = \frac{2}{\sqrt{(0.2\omega_1)^2 + 1}} = 0.3902 \quad \Phi(j\omega_1) = -1.37\,\text{rad} = -78.75°$$

$$|\mathbf{H}(j\omega_2)| = \frac{2}{\sqrt{(0.2\omega_2)^2 + 1}} = 0.1980 \quad \Phi(j\omega_2) = -1.47\,\text{rad} = -84.32°$$

最後，計算系統的穩態週期性輸出：

$$y(t) = \sum_{n=1}^{2} |\mathbf{H}(j\omega_n)|c_n \sin\left[\omega_n t + \theta_n + \angle\mathbf{H}(j\omega_n)\right]$$
$$= 0.3902 \times \frac{4}{\pi}\sin(8\pi t - 1.37) + 0.1980 \times \frac{2}{\pi}\sin(16\pi t - 1.47)$$

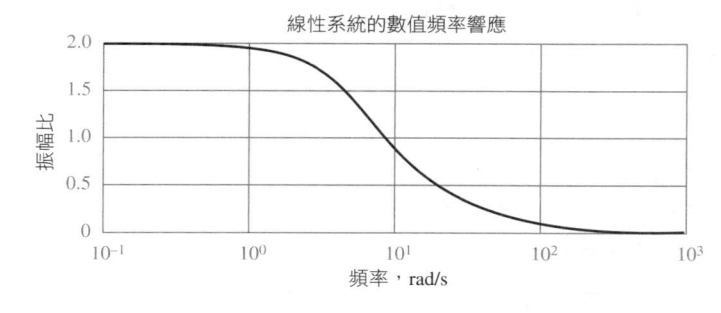

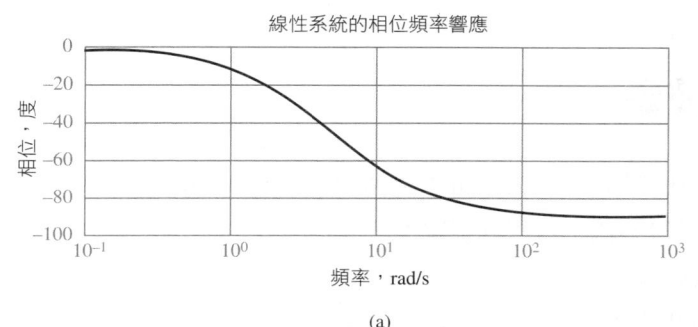

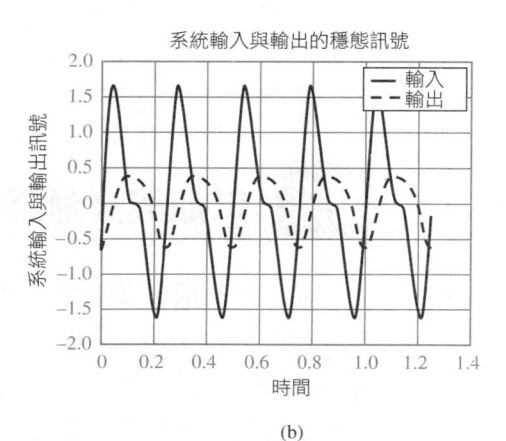

圖 6.19 (a) 線性系統頻率響應；(b) 輸入與輸出波形

圖 6.19(b) 畫出系統的輸入與輸出訊號，注意到範例 6.3 鋸齒波傅立葉級數的前兩個成分提供粗略的近似波形。本範例的系統頻率響應，若是在傅立葉級數近似中包含更高頻率（$n > 2$）的成分，則計算出的響應準確性是否會增加？

評論： Matlab™ 有內建函數可計算線性系統，也可用來對任何輸入作傅立葉級數的近似。

檢視學習成效

如果波形週期由 1 改變到 0.1 s，圖 6.17(b) 的頻譜圖會如何改變？

解答：基頻與所有諧波都將增加 10 倍；頻譜圖形不變。

檢視學習成效

如果圖 6.18(a) 脈波列的工作週期（duty cycle）變成 $\tau / T = 0.25$，哪一個傅立葉係數此時為零？

解答：$n = 4, 8$

檢視學習成效

決定訊號 $y(t) = 1.5 \cos(100t + \pi / 4)$ 的傅立葉係數 a_n 和 b_n。（提示：使用三角等式來展開餘弦函數。）

解答：$a_0 = 0$, $a_1 = 1.0607$, $b_1 = 1.0607$ 其他係數皆為零。

檢視學習成效

將範例 6.6 的結果展開到包含三個頻率成分，$y(t)$ 在頻率 $3\omega_0$ 成分的振幅與相位為何？

解答：數值 $= 0.0562$，相位 $= -1.505$，強度 $= -86.2°$

6.3 低通與高通濾波器

濾波器有很多實際的應用，時髦的太陽眼鏡可以濾掉對眼睛有害的紫外線並減少到達眼睛的陽光強度。車輛的減震系統，可以濾掉噪音，且減少路面坑洞對乘客的衝擊。同樣的觀念應用到電子電路：可以衰減（attenuate）（即降低振幅）或是整個去除不想要的頻率之訊號，例如由電磁干擾（electromagnetic interference，EMI）造成的訊號。

低通濾波器

圖 6.20 為一簡單的 **RC 濾波器（RC filter）**，輸入與輸出電壓分別是 $\mathbf{V}_i$ 和 $\mathbf{V}_o$。要得到濾波器的頻率響應，可考慮以下函數

$$H(j\omega) = \frac{\mathbf{V}_o}{\mathbf{V}_i}(j\omega) \tag{6.39}$$

RC 低通濾波器，電路保留較低頻訊號，但是會將超過截止頻率 ω0 = 1 / RC 的訊號予以衰減。電壓 $\mathbf{V}_i$ 與 $\mathbf{V}_o$ 分別為輸入與輸出電壓。

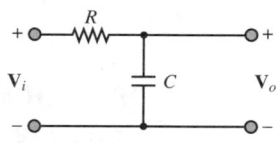

圖 6.20 簡單 RC 濾波器

同時注意到可利用分壓，將輸出電壓表示為輸入電壓的函數：

$$\mathbf{V}_o(j\omega) = \mathbf{V}_i(j\omega)\frac{1/j\omega C}{R + 1/j\omega C} = \mathbf{V}_i(j\omega)\frac{1}{1 + j\omega RC} \tag{6.40}$$

因此，RC 濾波器的頻率響應為

$$\frac{\mathbf{V}_o}{\mathbf{V}_i}(j\omega) = \frac{1}{1 + j\omega CR} \tag{6.41}$$

可立刻觀察到，當訊號頻率是零時，頻率響應函數的值為 1。亦即，濾波器可通過所有的輸入，為什麼？要回答這個問題，我們注意到在 $\omega = 0$ 時，電容阻抗，$1/j\omega C$，變成無窮大，因此，電容形同開路，且輸出電壓等於輸入：

$$\mathbf{V}_o(j\omega = 0) = \mathbf{V}_i(j\omega = 0) \tag{6.42}$$

因為訊號弦波頻率等於零時，是直流訊號，濾波器電路無法影響直流電壓與電流。當訊號頻率增加，因為分母隨 ω 增加，所以頻率響應的數值會減少。更準確地說，6.43 到 6.46 式描述 RC 濾波器頻率響應的數值與相位：

$$\begin{aligned} \mathbf{H}(j\omega) &= \frac{\mathbf{V}_o}{\mathbf{V}_i}(j\omega) = \frac{1}{1 + j\omega CR} \\ &= \frac{1}{\sqrt{1 + (\omega CR)^2}}\frac{e^{j0}}{e^{j\arctan(\omega CR/1)}} \\ &= \frac{1}{\sqrt{1 + (\omega CR)^2}} \cdot e^{-j\arctan(\omega CR)} \end{aligned} \tag{6.43}$$

或

$$\mathbf{H}(j\omega) = |\mathbf{H}(j\omega)|e^{j\angle \mathbf{H}(j\omega)} \tag{6.44}$$

其中

$$|\mathbf{H}(j\omega)| = \frac{1}{\sqrt{1 + (\omega CR)^2}} = \frac{1}{\sqrt{1 + (\omega/\omega_0)^2}} \tag{6.45}$$

且

$$\angle \mathbf{H}(j\omega) = -\arctan(\omega CR) = -\arctan\frac{\omega}{\omega_0} \tag{6.46}$$

其中

$$\omega_0 = \frac{1}{RC} \tag{6.47}$$

要想像濾波器的效應，最簡單的方法是在任一頻率，將相量電壓 $\mathbf{V}_i = Vie^{j\varphi i}$，乘上濾波器的比例因子 |**H**|，並且移動相角 ∠**H**，其形成的輸出為相量 $V_o e^{j\varphi o}$，其中

$$V_o = |\mathbf{H}| \cdot V_i$$
$$\phi_o = \angle\mathbf{H} + \phi_i$$
(6.48)

|**H**| 和 ∠**H** 為頻率函數。頻率 ω_0 稱為濾波器的**截止頻率（cutoff frequency）**，如目前所示，代表電路的濾波特性。

習慣上會用兩個圖來代表 $\mathbf{H}(j\omega)$，分別是 |**H**| 和 ∠**H**，都是 ω 的函數。圖 6.21 為正規化型式，也就是，|**H**| 和 ∠**H** 的圖橫軸為 ω/ω_0，相當於截止頻率 $\omega_0 = 1$ rad/s。注意到圖中頻率軸為對數刻度，這在電機領域很實用，因為可在同一個圖中看到更大範圍的頻率而不需過度壓縮低頻部分。圖 6.21 的頻率響應圖經常用來描述電路的頻率響應，因為只要一瞥，就能將濾波器對激勵輸入的作用提供清晰的觀念。例如，圖 6.16 RC 濾波器的性質為讓低頻（$\omega \ll 1/RC$）訊號「通過」，而濾掉高頻（$\omega \gg 1/RC$）訊號，此種濾波器稱為**低通濾波器（low-pass filter）**。截止頻率 $\omega = 1/RC$ 有特殊的象徵，大致代表濾波器開始濾掉更高頻率訊號的點，在截止頻率時 $|\mathbf{H}(j\omega)|$ 的值為 $1/\sqrt{2} = 0.707$。截止頻率只與 R 和 C 的值有關，因此，我們只要選擇適當的 C 和 R 的值，就可以調整想要的濾波器響應，進而選擇想要的濾波特性。

實際的低通濾波器通常比簡單 RC 組合要複雜許多，這種先進的濾波網路超過本書的範疇，然而，一些常用濾波器的建置會在第 8 章討論，並與運算放大器相連結。

圖 6.21 *RC* 濾波器的數值與相位響應圖

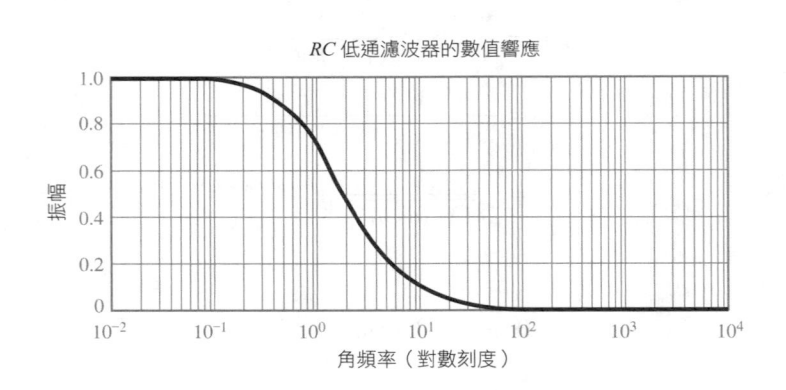

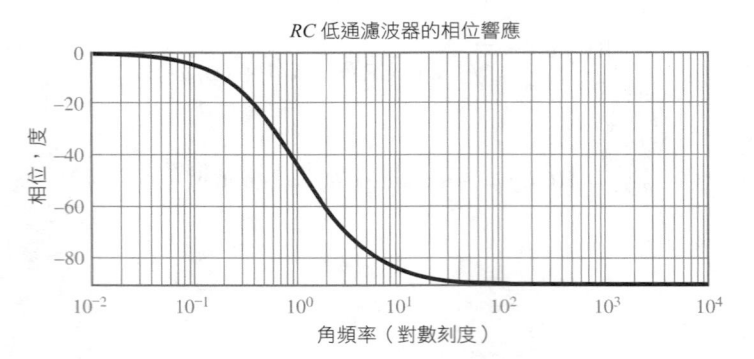

高通濾波器

正如低通濾波器保留低頻訊號,衰減掉較高頻訊號,**高通濾波器**(**high-pass filter**)則是衰減掉低頻訊號,而保留頻率超過截止頻率(cutoff frequency)的訊號。考慮圖 6.22 的高通濾波器電路,頻率響應定義為:

RC 高通濾波器,電路保留較高頻訊號,但是會將超過截止頻率 $\omega_0 = 1/RC$ 的訊號予以衰減。

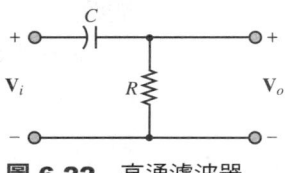

圖 6.22 高通濾波器

$$\mathbf{H}(j\omega) = \frac{\mathbf{V}_o}{\mathbf{V}_i}(j\omega)$$

分壓產生:

$$\mathbf{V}_o(j\omega) = \mathbf{V}_i(j\omega)\frac{R}{R + 1/j\omega C} = \mathbf{V}_i(j\omega)\frac{j\omega CR}{1 + j\omega CR} \tag{6.49}$$

因此濾波器的頻率響應為

$$\frac{\mathbf{V}_o}{\mathbf{V}_i}(j\omega) = \frac{j\omega CR}{1 + j\omega CR} \tag{6.50}$$

可表示成數值-與-相位型式

$$\mathbf{H}(j\omega) = \frac{\mathbf{V}_o}{\mathbf{V}_i}(j\omega) = \frac{j\omega CR}{1 + j\omega CR} = \frac{\omega CR e^{j\pi/2}}{\sqrt{1 + (\omega CR)^2} e^{j\arctan(\omega CR/1)}}$$
$$= \frac{\omega CR}{\sqrt{1 + (\omega CR)^2}} \cdot e^{j[\pi/2 - \arctan(\omega CR)]} \tag{6.51}$$

或

$$\mathbf{H}(j\omega) = |\mathbf{H}|e^{j\angle \mathbf{H}}$$

其中

$$|\mathbf{H}(j\omega)| = \frac{\omega CR}{\sqrt{1 + (\omega CR)^2}}$$

$$\angle \mathbf{H}(j\omega) = 90° - \arctan(\omega CR) \tag{6.52}$$

可以驗證高通濾波器的振幅響應在 $\omega = 0$ 時為零,當 ω 趨近無窮大時會漸進於 1;相位在 $\omega = 0$ 時是 $\pi/2$,當 ω 增加時,會趨近零。高通濾波器的振幅-與-相位響應曲線呈現於圖 6.23,這些圖已經過正規化,其截止頻率 $\omega_0 = 1$ rad/s。再次注意到,如同低通濾波器一樣,可以定義截止頻率 $\omega_0 = 1/RC$。

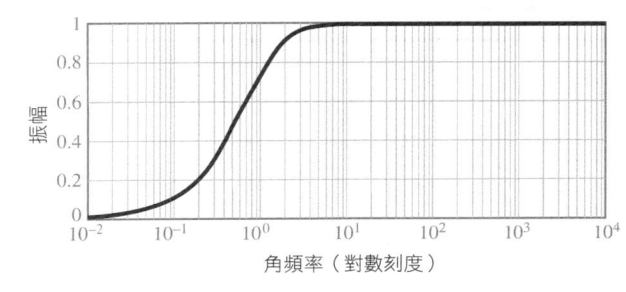

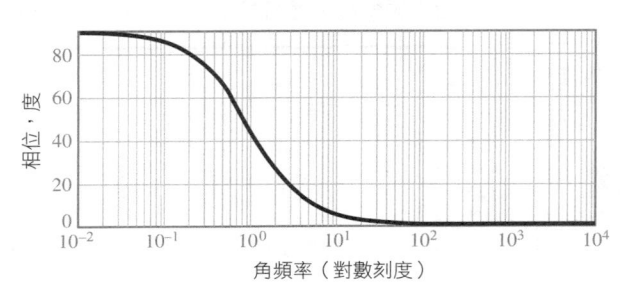

圖 6.23 高通濾波器頻率響應

範例 6.7　RC 低通濾波器頻率響應問題

問題

計算圖 6.20 的 RC 濾波器，對於頻率為 60 與 10,000 Hz 弦波輸入的響應。

解

已知條件：R = 1 kΩ；C = 0.47 μF；$v_i(t) = 5\cos(\omega t)$ V。

求：每個頻率的輸出電壓 $v_o(t)$。

假設：無。

分析：本題中，輸入訊號電壓與電路的頻率響應（6.43 式）為已知，想求的是兩個不同頻率的輸出電壓。如果電壓表示成相量型式，可用頻率響應來計算：

$$\frac{\mathbf{V}_o}{\mathbf{V}_i}(j\omega) = \mathbf{H}_V(j\omega) = \frac{1}{1 + j\omega CR}$$

$$\mathbf{V}_o(j\omega) = \mathbf{H}_V(j\omega)\mathbf{V}_i(j\omega) = \frac{1}{1 + j\omega CR}\mathbf{V}_i(j\omega)$$

濾波器的截止頻率 $\omega_0 = 1/RC = 2{,}128$ rad/s，所以 6.45 與 6.46 式型式的頻率響應表示式為：

$$\mathbf{H}_V(j\omega) = \frac{1}{1 + j\omega/\omega_0} \qquad |\mathbf{H}_V(j\omega)| = \frac{1}{\sqrt{1 + (\omega/\omega_0)^2}} \qquad \angle\mathbf{H}(j\omega) = -\arctan\left(\frac{\omega}{\omega_0}\right)$$

接下來，當 $\omega = 60$ Hz $= 120\pi$ rad/s，比值 $\omega/\omega_0 = 0.177$；在 $\omega = 10{,}000$ Hz $= 20{,}000\pi$，$\omega/\omega_0 = 29.5$。因此，每個頻率的輸出電壓計算如下：

$$\mathbf{V}_o(\omega = 2\pi 60) = \frac{1}{1 + j0.177}\mathbf{V}_i(\omega = 2\pi 60) = (0.985 \times 5)\angle -0.175 \text{ V}$$

$$\mathbf{V}_o(\omega = 2\pi 10{,}000) = \frac{1}{1 + j29.5}\mathbf{V}_i(\omega = 2\pi 10{,}000) = (0.0339 \times 5)\angle -1.537 \text{ V}$$

最後，每個頻率的時域響應為：

$$v_o(t) = 4.923\cos(2\pi 60 t - 0.175) \text{ V} \qquad 當 \omega = 2\pi 60 \text{ rad/s}$$

$$v_o(t) = 0.169\cos(2\pi 10{,}000 t - 1.537) \text{ V} \qquad 當 \omega = 2\pi 10{,}000 \text{ rad/s}$$

濾波器的數值與相位響應畫在圖 6.24，圖中只有訊號的低頻成分可以通過濾波器，低通濾波器只能通過聲音頻譜的低音範圍（bass range）。

評論：近似解答可以很快由圖 6.18 的數值與相位圖得到，只要將輸入電壓振幅（5 V）乘上每一個頻率的響應，並且讀出每個頻率的相位移即可，結果會與上面計算所得很接近。

第 6 章 頻率響應與系統觀念 283

範例 6.7 RC 濾波器的數值響應

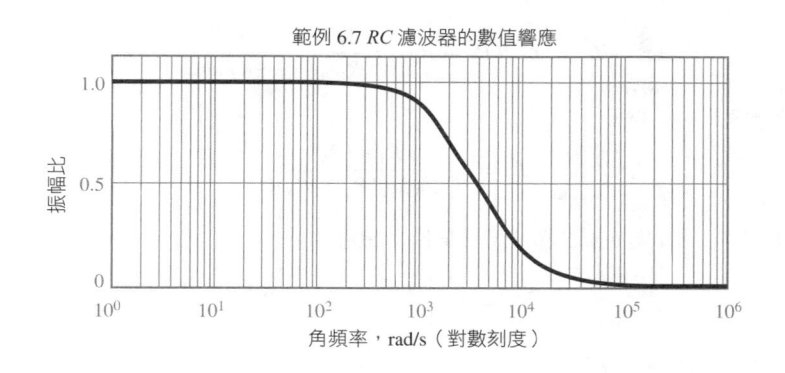

範例 6.7 RC 濾波器的相位響應

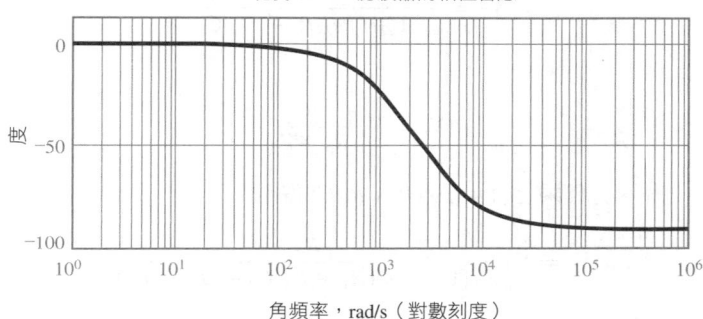

圖 6.24 範例 6.7 RC 濾波器的響應

範例 6.8 實際 RC 低通濾波器的應用

問題

決定圖 6.25 網路的頻率響應函數 $\mathbf{V}_o / \mathbf{V}_S$，以及頻率響應。

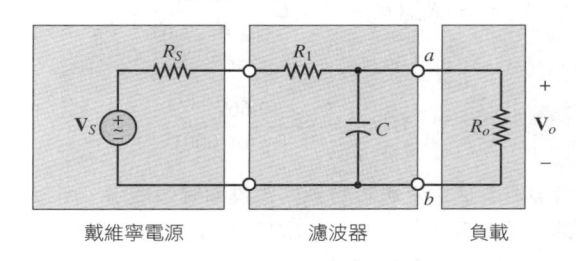

戴維寧電源　　濾波器　　負載

圖 6.25 電路中插入 RC 濾波器

解

已知條件：$R_S = 50\ \Omega$；$R_1 = 200\ \Omega$；$R_o = 500\ \Omega$；$C = 10\ \mu\text{F}$。

求：頻率響應函數 $\mathbf{V}_o / \mathbf{V}_S$、頻率響應，以及給定頻率的輸出電壓 $v_o(t)$。

假設：無。

分析：圖 6.26 代表更實際的濾波電路，一個 RC 低通濾波器插入電源與負載電路之間，由負載所看到的戴維寧等效阻抗是：

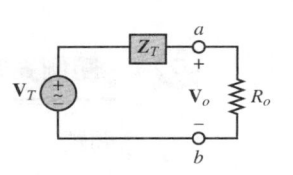

圖 6.26 圖 6.25 的等效電路

$$\mathbf{Z}_T = \mathbf{Z}_C \| (R_1 + R_S) = \frac{1/j\omega C(R_1 + R_S)}{R_1 + R_S + 1/j\omega C}$$

分子、分母同時乘上 $j\omega C$ 得:

$$\mathbf{Z}_T = \frac{R_1 + R_S}{1 + (j\omega)(R_1 + R_S)C}$$

利用分壓定理找出端點 a 與 b 間的戴維寧（開路）電壓 $\mathbf{V}_T$。

$$\mathbf{V}_T = \mathbf{V}_S \frac{1/j\omega C}{1/j\omega C + R_1 + R_S}$$

再次，分子、分母乘上 $j\omega C$ 得:

$$\mathbf{V}_T = \mathbf{V}_S \frac{1}{1 + (j\omega)(R_1 + R_S)C}$$

接著，使用分壓找出 $\mathbf{V}_o$。

$$\mathbf{V}_o = \mathbf{V}_T \frac{R_o}{R_o + \mathbf{Z}_T}$$

將 $\mathbf{V}_T$ 和 $\mathbf{Z}_T$ 代入，分子、分母乘上 $[1 + (j\omega)(R_1 + R_S)C]$ 得:

$$\mathbf{V}_o = \mathbf{V}_S \frac{R_o}{R_o[1 + (j\omega)(R_1 + R_S)C] + (R_1 + R_S)}$$

最後，等號兩邊除以 $\mathbf{V}_S$，並將分母提出 $(R_o + R_1 + R_S)$ 因子，可得:

$$\mathbf{H}_V(j\omega) = \frac{\mathbf{V}_o}{\mathbf{V}_S} = \frac{K}{1 + (j\omega)\tau}$$

其中

$$K = \frac{R_o}{R_o + R_1 + R_S}$$

且

$$\tau = [R_o \| (R_1 + R_S)]C = \frac{R_o(R_1 + R_S)C}{R_o + R_1 + R_S}$$

代入電阻與電容值得到:

$$\mathbf{H}(j\omega) = \frac{0.667}{1 + j(\omega/600)}$$

評論：注意時間常數 τ 等於電容值乘上電容看到的戴維寧等效電阻。所以，將 RC 低通濾波器放在電路中間的作用，是將濾波器的截止頻率由 $1/R_1C$ 移到 $1/R_TC$。另外，頻率響應函數的低頻振幅為 K，當電容以開路加以取代時，其值為 $|\mathbf{V}_o/\mathbf{V}_S|$。

範例 6.9　低通濾波器的衰減

問題

　　一特定低通濾波器的頻率響應由下列頻率響應函數所描述，在什麼頻率時，響應的數值會掉到其最大值的 10%？

$$\mathbf{H}(j\omega) = \frac{K}{(j\omega/\omega_1 + 1)(j\omega/\omega_2 + 1)}$$

解

已知條件：濾波器的頻率響應函數。

求：響應的振幅等於最大值的 10% 時的頻率 $\omega 10\%$。

已知資料：$\omega_1 = 100$；$\omega_2 = 1,000$。

假設：無。

分析：當 $\omega \to 0$ 時，頻率響應函數出現最大振幅為 K，當頻率增加，頻率響應函數的數值呈單調下降，正好解釋為何此頻率響應函數描述的是「低通」濾波器。低頻時，輸入可「通過」到達輸出；而更高頻率時，輸出為經過過濾（減少）的輸入。欲解此問題，將頻率響應函數的振幅設成 $0.1K$，解出 ω，如下所示：

$$|\mathbf{H}(j\omega)| = \left| \frac{K}{(j\omega/\omega_1 + 1)(j\omega/\omega_2 + 1)} \right| = 0.1K$$

$$\frac{1}{\sqrt{(1 - \omega^2/\omega_1\omega_2)^2 + \omega^2(1/\omega_1 + 1/\omega_2)^2}} = 0.1$$

要簡化此表示式，代入一虛擬變數 $\Omega = \omega^2$，然後取倒數並將等號兩邊平方，可得 Ω 的二次方程式：

$$\left(1 - \frac{\Omega}{\omega_1\omega_2}\right)^2 + \Omega\left(\frac{1}{\omega_1} + \frac{1}{\omega_2}\right)^2 = 100$$

$$\Omega^2 + \left[(\omega_1\omega_2)^2\left(\frac{1}{\omega_1} + \frac{1}{\omega_2}\right)^2 - 2\omega_1\omega_2\right]\Omega - 99(\omega_1\omega_2)^2 = 0$$

代入 ω_1 和 ω_2 的值，利用二次公式解出兩個根，$\Omega = -1.6208 \times 10^6$ 和 $\Omega = 0.6108 \times 10^6$。只有正根有物理意義，所以解為 $\omega = \sqrt{\Omega} = 782$ rad/s。圖 6.27(a) 描述濾波器的數值響應，在頻率大約是 800 rad/s 時，數值響應近似於 0.1，相位響應則顯示在圖 6.27(b)。

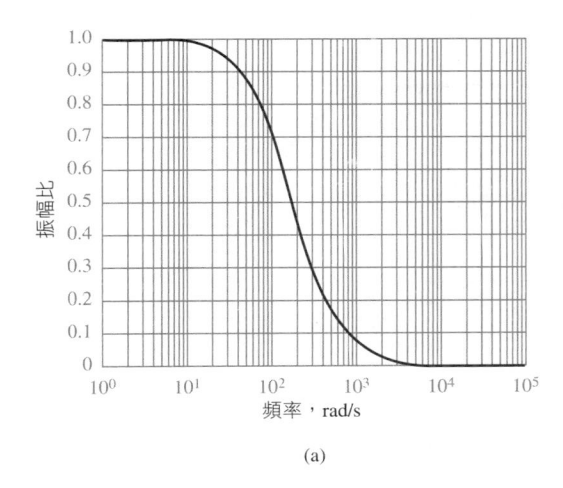

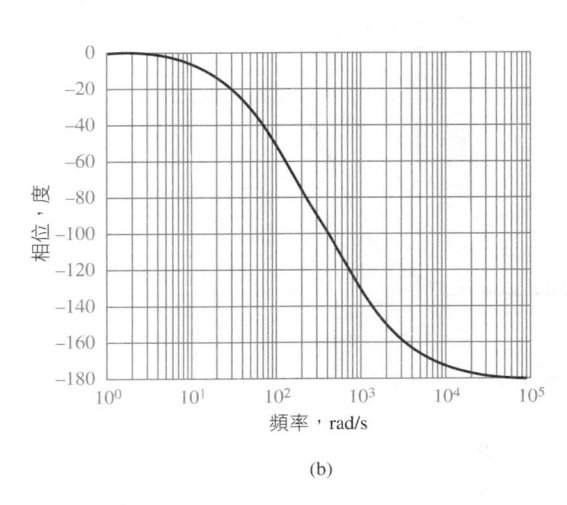

圖 6.27 範例 6.9 濾波器的頻率響應。(a) 數值響應；(b) 相位響應

範例 6.10　RC 高通濾波器頻率響應問題

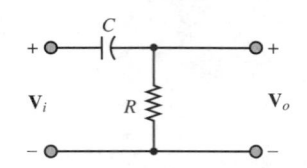

問題

計算圖 6.28 RC 高通濾波器的響應，求出頻率 $\omega_1 = 2\pi \times 100$ 與 $\omega_2 = 2\pi \times 10{,}000$ rad/s 時的濾波器響應。

圖 6.28 RC 高通濾波器。

解

已知條件：$R = 200\ \Omega$；$C = 0.199\ \mu F$。

求：頻率響應 $H_V(j\omega)$。

假設：無。

分析：高通濾波器的截止頻率是 $\omega_0 = 1/RC = 25.126$ kHz $= 2\pi \times 4{,}000$ rad/s，大約是 ω_1 和 ω_2 的中間值。由 6.50 式可得電路頻率響應函數：

$$\mathbf{H}_V(j\omega) = \frac{\mathbf{V}_o}{\mathbf{V}_i}(j\omega) = \frac{j\omega CR}{1 + j\omega CR}$$

$$= \frac{\omega/\omega_0}{\sqrt{1 + (\omega/\omega_0)^2}} \angle \left[\frac{\pi}{2} - \arctan\left(\frac{\omega}{\omega_0}\right)\right]$$

現在可計算在 ω_1 與 ω_2 時的頻率響應：

$$\mathbf{H}_V(\omega = 2\pi \times 100) = \frac{100/4{,}000}{\sqrt{1 + (100/4{,}000)^2}} \angle \left[\frac{\pi}{2} - \arctan\left(\frac{100}{4{,}000}\right)\right] = 0.025\angle 1.546$$

$$\mathbf{H}_V(\omega = 2\pi \times 10{,}000) = \frac{10{,}000/4{,}000}{\sqrt{1 + (10{,}000/4{,}000)^2}} \angle \left[\frac{\pi}{2} - \arctan\left(\frac{10{,}000}{4{,}000}\right)\right]$$

$$= 0.929\angle 0.38$$

結果指出在 $\omega_1 \ll \omega_0$ 時，輸出比起輸入是非常小（2.5%），而在 $\omega_2 \gg \omega_0$ 時，輸出相當於輸入（92.9%）。通常，高頻時（$\omega \gg \omega_0$），輸入會「通過」到達輸出，而在低頻時（$\omega \ll \omega_0$），輸出為將過過濾（減少）的輸入。完整頻率響應（振幅以及相位）在圖 6.29。

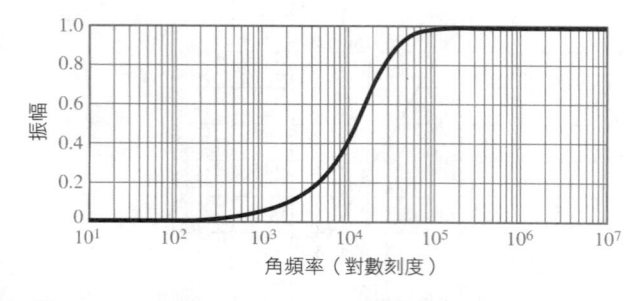

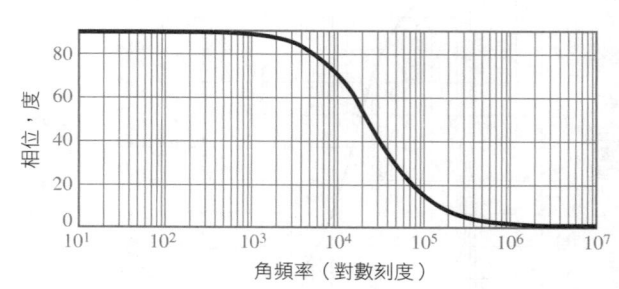

圖 6.29 範例 6.10 高通 RC 濾波器的響應

評論：當 $\omega_0 = 2\pi \times 4{,}000$ 時（亦即，4,000 Hz），濾波器將只通過聲音頻譜的高音範圍（treble range）。

檢視學習成效

一個簡單的 RC 低通濾波器，由 10-μF 電容與 2.2-kΩ 電阻組成，在什麼頻率範圍，濾波器的輸出是在輸入振幅的 1% 之內（即，何時 $V_o \geq 0.99 V_s$）？

解答：$0 \leq \omega \leq 6.48$ rad/s

檢視學習成效

圖 6.25，令 $|V_S| = 1$ V，內阻 $R_S = 50$ Ω。假設 $R = 1$ kΩ 且 $C = 0.47$，當負載電阻 $R_o = 470$ Ω 時，決定截止頻率？

解答：$\omega_0 = 6,553.3$ rad/s

檢視學習成效

使用圖 6.27(b) 的相位響應圖，決定在什麼頻率時，輸出訊號的相位移（相對於輸入訊號）等於 $-90°$。

解答：$\omega = 300$ rad/s（近似）

檢視學習成效

以下四個「原型」濾波器，決定每一個的截止頻率，哪些是高通？哪些是低通？

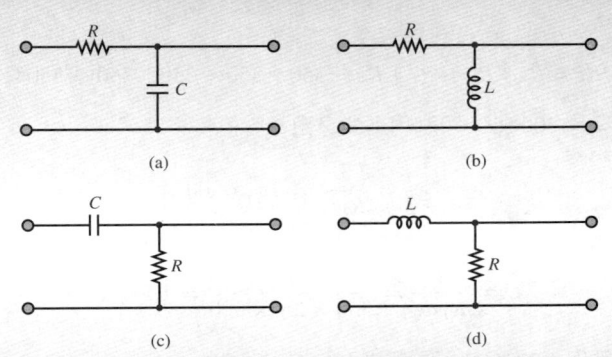

(a) (b) (c) (d)

證明只要將圖 6.20 電路中的電容換成電感，即可得到高通濾波器響應，請推導電路的頻率響應。

解答：(a) $\omega_0 = \dfrac{1}{RC}$ (low); (b) $\omega_0 = \dfrac{R}{L}$ (high); (c) $\omega_0 = \dfrac{1}{RC}$ (high); (d) $\omega_0 = \dfrac{R}{L}$ (low)

$$|H(j\omega)| = \frac{\omega L/R}{\sqrt{1+(\omega L/R)^2}} \quad \angle H(j\omega) = 90° + \arctan\left(\frac{-\omega L}{R}\right)$$

量測重點

惠斯登電橋濾波器（Wheatstone Bridge Filter）

問題：

範例 2.15 的惠斯登電橋電路，以及第 2 章量測工具箱「惠斯登電橋與力的量測」，在許多儀器量測應用，包含力的量測（measurement of force）上常用到。圖 6.30 描述惠斯登電橋電路，當不想要的雜訊與干擾出現在量測過程中，經常可以用低通濾波器來降低雜訊的效應。圖 6.30 中，連接到惠斯登電橋輸出端的電容，與橋的電阻相連接，構成一個有效且簡易的低通濾波器。假設橋的每隻腳的平均電阻為 350 Ω（變規的標準值）並且我們想要量測頻率 30 Hz 的弦波力，從之前的量測中，得知截止頻率 300 Hz 的濾波器，足以降低雜訊的效應，請選擇能夠符合濾波器要求的電容。

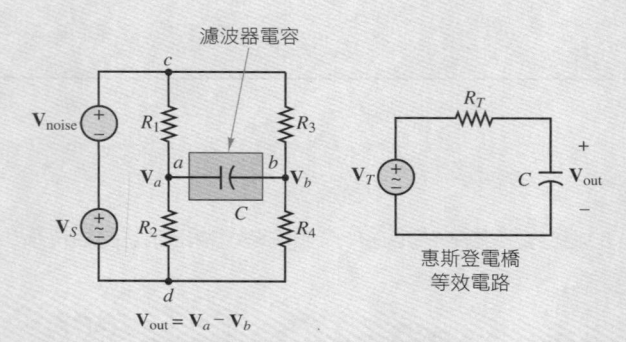

圖 6.30 惠斯登電橋及其等效電路與簡單電容性濾波器

解：

如圖 6.30 的右圖所示，藉著求惠斯登電橋的戴維寧等效電路，計算想要的濾波器電容值會變得相對簡單。經由將兩個電壓源短路，且移除置於負載端的電容，可以計算出惠斯登電橋電路的戴維寧電阻：

$$R_T = R_1 \parallel R_2 + R_3 \parallel R_4 = 350 \parallel 350 + 350 \parallel 350 = 350\,\Omega$$

因為要求的截止頻率是 300 Hz，可利用下式算出電容值

$$\omega_0 = \frac{1}{R_T C} = 2\pi \times 300$$

或

$$C = \frac{1}{R_T \omega_0} = \frac{1}{350 \times 2\pi \times 300} = 1.51\,\mu F$$

惠斯登橋的頻率響應與 6.27 式有相同型式：

$$\frac{V_{out}}{V_T}(j\omega) = \frac{1}{1 + j\omega C R_T}$$

可以計算在 30 Hz 頻率時的響應，以驗證在所想要的訊號頻率時，衰減與相移是最小的：

$$\frac{V_{out}}{V_T}(j\omega = j2\pi \times 30) = \frac{1}{1 + j2\pi \times 30 \times 1.51 \times 10^{-6} \times 350}$$

$$= 0.9951\angle(-5.7°)$$

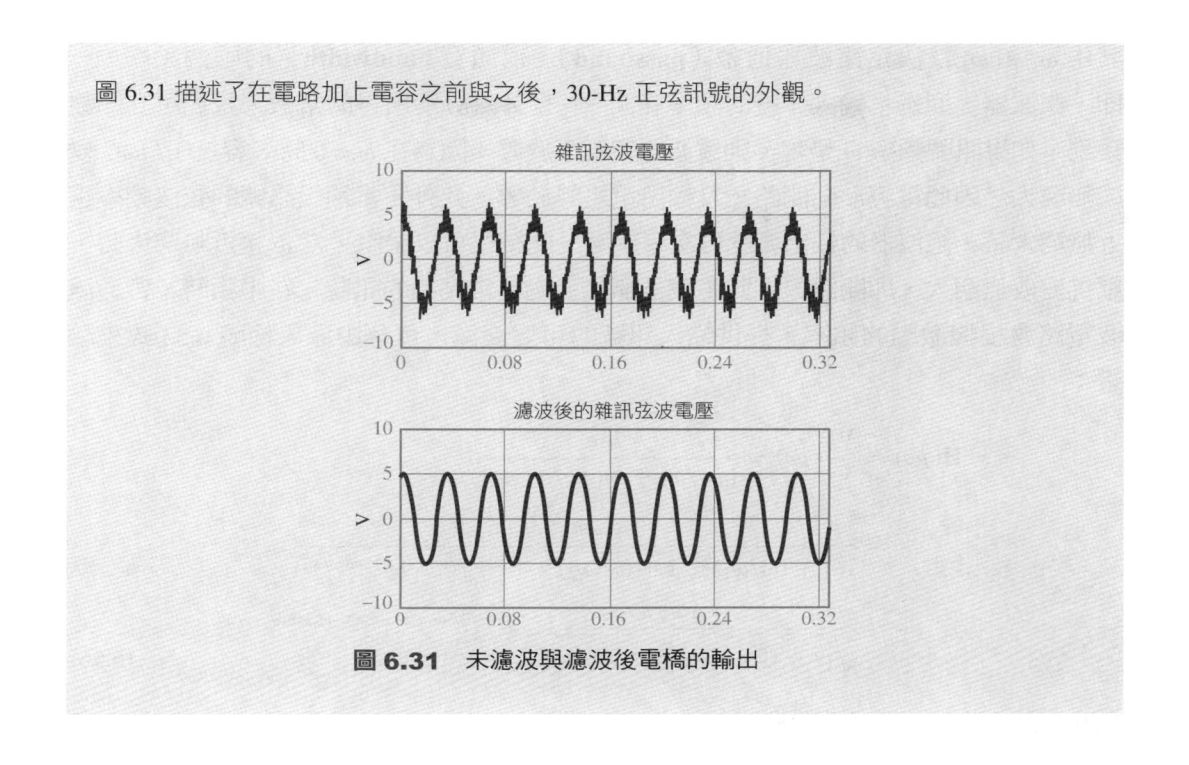

圖 6.31 描述了在電路加上電容之前與之後，30-Hz 正弦訊號的外觀。

雜訊弦波電壓

濾波後的雜訊弦波電壓

圖 6.31 未濾波與濾波後電橋的輸出

6.4 帶通濾波器、共振，與品質因數

利用與之前相同的原理與程序，可以推導出特定類型電路的**帶通濾波器（bandpass filter）**，此種濾波器可讓某範圍頻率內的輸入通過到達輸出。簡單二階（second-order）（即，兩個儲能元件）帶通濾波器的分析，與低通和高通濾波器類似，考慮圖 6.32 電路，其指定的頻率響應函數：

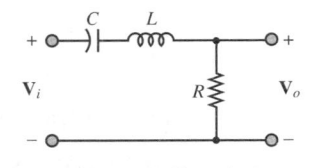

圖 6.32 RLC 帶通濾波器。

$$\mathbf{H}(j\omega) = \frac{\mathbf{V}_o}{\mathbf{V}_i}(j\omega)$$

用分壓找出：

$$\mathbf{V}_o(j\omega) = \mathbf{V}_i(j\omega)\frac{R}{R + 1/j\omega C + j\omega L}$$
$$= \mathbf{V}_i(j\omega)\frac{j\omega CR}{1 + j\omega CR + (j\omega)^2 LC} \quad (6.53)$$

所以，頻率響應函數是：

$$\frac{\mathbf{V}_o}{\mathbf{V}_i}(j\omega) = \frac{j\omega CR}{1 + j\omega CR + (j\omega)^2 LC} \quad (6.54)$$

6.54 式常可以分解成下面型式

$$\frac{\mathbf{V}_o}{\mathbf{V}_i}(j\omega) = \frac{jA\omega}{(j\omega/\omega_1 + 1)(j\omega/\omega_2 + 1)} \quad (6.55)$$

其中 ω_1 和 ω_2 為決定濾波器**通帶（passband）**（或**頻寬 bandwidth**）的兩個頻率——即，濾波器「通過」輸入訊號的頻率範圍——且 A 為分解所得的常數。我們可立即觀察到，如果訊號頻率 ω 是零，則濾波器響應等於零。因為在 $\omega = 0$ 時，容抗 $1/j\omega C$ 變成無窮大。因此電容形同開路，且輸出電壓等於零。此外，當輸入訊號的弦波頻率趨近無窮大時，濾波器的輸出響應再次等於零，此結果可以驗證，當 ω 趨近無窮大時，感抗變成無窮大，即開路，因此濾波器無法通過非常高頻的訊號。在中頻時，帶通濾波電路會根據激勵的頻率，提供輸入訊號的可變衰減，可藉由深入檢視 6.53 式來驗證：

$$\mathbf{H}(j\omega) = \frac{\mathbf{V}_o}{\mathbf{V}_i}(j\omega) = \frac{jA\omega}{(j\omega/\omega_1 + 1)(j\omega/\omega_2 + 1)}$$

$$= \frac{A\omega e^{j\pi/2}}{\sqrt{1+(\omega/\omega_1)^2}\sqrt{1+(\omega/\omega_2)^2}e^{j\arctan(\omega/\omega_1)}e^{j\arctan(\omega/\omega_2)}}$$

$$= \frac{A\omega}{\sqrt{[1+(\omega/\omega_1)^2][1+(\omega/\omega_2)^2]}} e^{j[\pi/2 - \arctan(\omega/\omega_1) - \arctan(\omega/\omega_2)]} \tag{6.56}$$

6.56 式為 $H(j\omega) = |H|e^{j\angle H}$ 的型式，

$$|\mathbf{H}(j\omega)| = \frac{A\omega}{\sqrt{[1+(\omega/\omega_1)^2][1+(\omega/\omega_2)^2]}} \tag{6.57}$$

及

$$\angle \mathbf{H}(j\omega) = \frac{\pi}{2} - \arctan\frac{\omega}{\omega_1} - \arctan\frac{\omega}{\omega_2}$$

圖 6.32 帶通濾波器頻率響應的數值與相位圖，呈現在圖 6.33，這些圖已經經過正規化，濾波器的通帶中心點為頻率 $\omega = 1$ rad/s。

圖 6.33 的頻率響應圖建議，帶通濾波器形同高通與低通濾波器的組合。如前面案例所示，只要選擇適當的 L、C 和 R 的值，即可調整濾波器響應。

共振和頻寬

將圖 6.32 二階帶通濾波器的頻率響應函數重寫成下式，更能解釋二階濾波器響應：

$$\frac{\mathbf{V}_o}{\mathbf{V}_i}(j\omega) = \frac{j\omega CR}{LC(j\omega)^2 + j\omega CR + 1}$$

$$= \frac{(2\zeta/\omega_n)j\omega}{(j\omega/\omega_n)^2 + (2\zeta/\omega_n)j\omega + 1} \tag{6.58}$$

$$= \frac{(1/Q\omega_n)j\omega}{(j\omega/\omega_n)^2 + (1/Q\omega_n)j\omega + 1}$$

帶通濾波器振幅響應

帶通濾波器相位響應

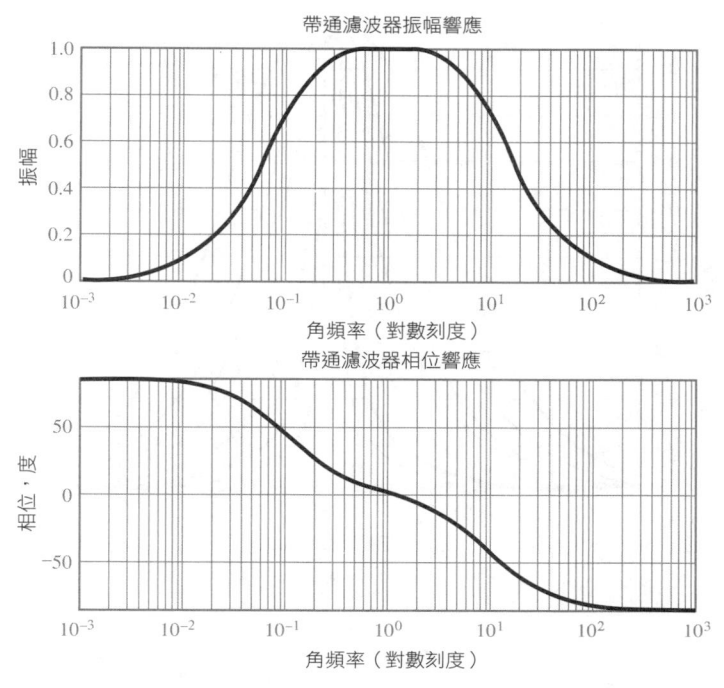

圖 6.33 *RLC* 帶通濾波器的頻率響應

定義如下：[2]

$$\omega_n = \sqrt{\frac{1}{LC}} = 自然或共振頻率$$

$$Q = \frac{1}{2\zeta} = \frac{1}{\omega_n CR} = \omega_n \frac{L}{R} = \frac{1}{R}\sqrt{\frac{L}{C}} = 品質因數 \quad (6.59)$$

$$\zeta = \frac{1}{2Q} = \frac{R}{2}\sqrt{\frac{C}{L}} = 阻尼比$$

圖 6.34 描述當 $\omega_n = 1$ 時，不同 Q 值（和 ζ）時，二階帶通濾波器的正規化頻率響應（數值與相位）。頻率響應在頻率 ω_n 周圍的峰值，稱為共振峰值（resonant peak），而 ω_n 為**共振頻率（resonant frequency）**。當**品質因數（quality factor）** Q 增加，共振的陡峭程度隨之增加，濾波器逐漸成為具有選擇性（selective）（亦即，有能力濾掉輸入訊號大多數的頻率成分，只除了共振頻率周圍很窄的頻帶）。帶通濾波器選擇性的其中一個測量就是**頻寬（bandwidth）**，經由在圖 6.34(a) 上畫出一條水平線（畫在振幅比值為 0.707 處，之後會解釋理由），（數值）頻率響應與水平線相交兩點

---

[2] 如果研讀過第 5 章二階暫態響應那一節，就會認識參數 ζ 和 ω_n。

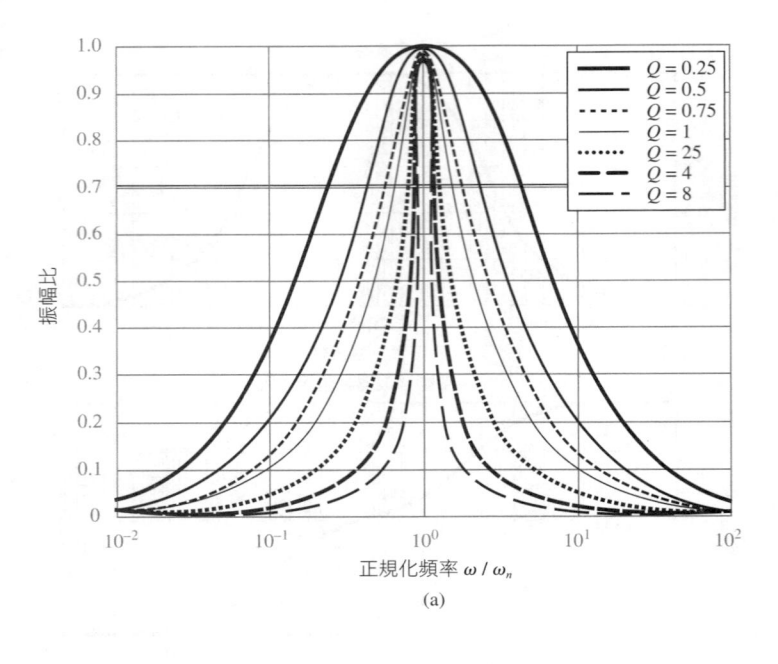

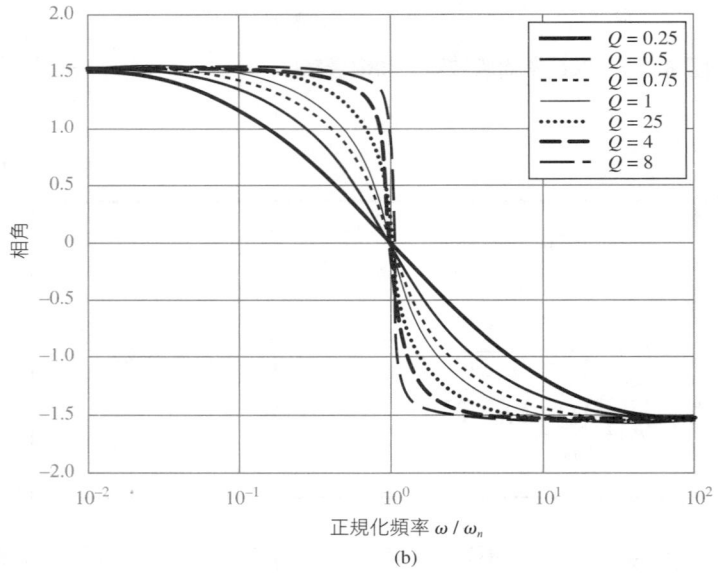

圖 6.34 (a) 二階帶通濾波器的正規化數值響應；(b) 二階帶通濾波器的正規化相位響應

之間的頻率範圍，定義為濾波器的**半功率頻寬（half-power bandwidth）**，半功率名稱的由來，是因為當振幅響應等於 0.707（或 $1/\sqrt{2}$）時，濾波器輸出端電壓（或電流）相對於最大值（在共振頻率），降低相同比例。因為電子訊號的功率正比於電壓或電流的平方，當輸出電壓或電流下降 $1/\sqrt{2}$，則功率減少 $\frac{1}{2}$。因此，我們將 0.707 線與頻率響應相交點的頻率稱為**半功率頻率（half-power frequency）**。頻寬 B 的另一個有用

定義如下，在之後範例中，我們將使用這個定義，高品質（high-Q）濾波器具有窄頻寬，而低品質（low-Q）濾波器則有寬頻寬。

$$B = \frac{\omega_n}{Q} \qquad 頻寬 \tag{6.60}$$

範例 6.11　帶通濾波器頻率響應

問題

針對兩組元件值，計算圖 6.32 帶通濾波器的頻率響應。

解

已知條件：

a. $R = 1\ \text{k}\Omega$；$C = 10\ \mu\text{F}$；$L = 5\ \text{mH}$。

b. $R = 10\ \Omega$；$C = 10\ \mu\text{F}$；$L = 5\ \text{mH}$。

求： 頻率響應 $H_V(j\omega)$。

假設： 無。

分析： 將帶通濾波器的頻率響應寫成 6.52 式：

$$\mathbf{H}_V(j\omega) = \frac{\mathbf{V}_o}{\mathbf{V}_i}(j\omega) = \frac{j\omega CR}{1 + j\omega CR + (j\omega)^2 LC}$$

$$= \frac{\omega CR}{\sqrt{(1-\omega^2 LC)^2 + (\omega CR)^2}} \angle \left[\frac{\pi}{2} - \arctan\left(\frac{\omega CR}{1-\omega^2 LC}\right)\right]$$

現在可針對兩組不同串聯電阻值來計算響應，例 a（大串聯電阻）的頻率響應如圖 6.35，例 b（小串聯電阻）的頻率響應如圖 6.36。接著計算每一例的數值，因為兩例的 L 和 C 相同，所以兩個電路的共振頻率也是相同的：

$$\omega_n = \frac{1}{\sqrt{LC}} = 4.47 \times 10^3\ \text{rad/s}$$

相反地，品質因數 Q 則不同：

a. $Q_a = \dfrac{1}{\omega_n CR} \approx 0.02235$

b. $Q_b = \dfrac{1}{\omega_n CR} \approx 2.235$

由 Q 值，可以計算這兩個濾波器的近似頻寬：

$$B_a = \frac{\omega_n}{Q_a} \approx 200{,}000\ \text{rad/s} \qquad 例\ a$$

$$B_b = \frac{\omega_n}{Q_b} \approx 2{,}000\ \text{rad/s} \qquad 例\ b$$

圖 6.35 和 6.36 的頻率響可證實這些觀察。

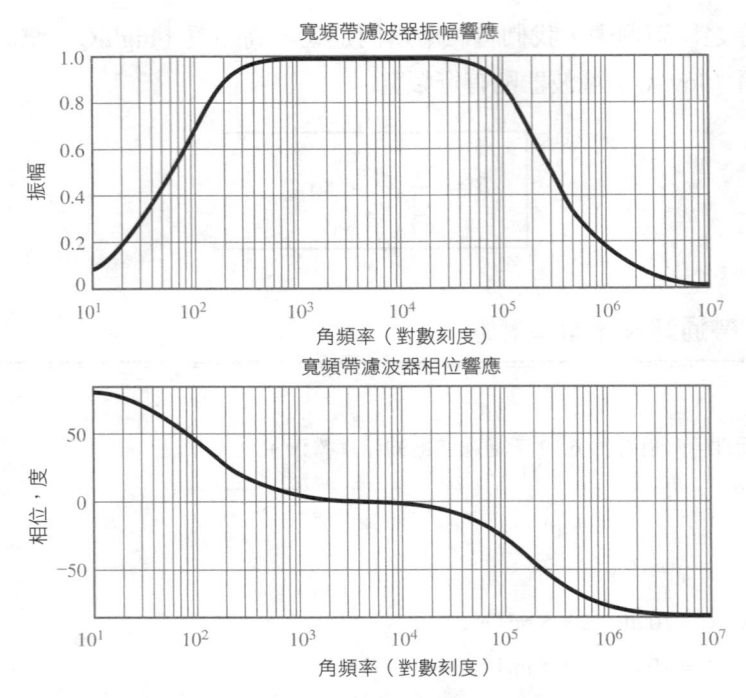

圖 6.35 範例 6.11 寬頻帶帶通濾波器之頻率響應

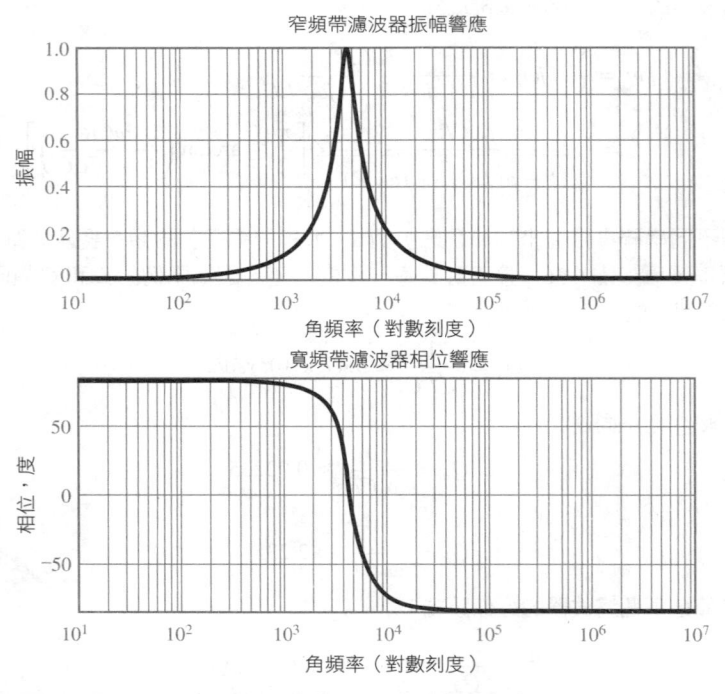

圖 6.36 範例 6.11 窄頻帶帶通濾波器之頻率響應

評論：很明顯，在較高頻與較低頻時，輸入訊號大部分振幅會被從輸出濾掉，而在中頻（4,500 rad/s）時，大部分輸入訊號的振幅會通過濾波器。本範例分析的第一個帶通濾波器，可「通過」聲音頻譜的中頻帶（midband range）範圍，而第二個則只能通過**中心頻率**（center frequency）4,500 rad/s 周圍很窄頻帶的頻率，這種窄頻帶濾波器可應用在**調諧電路**（tuning circuit），如使用在傳統 AM 收音機（雖然頻率比本範例要高得多）。在調諧電路，窄頻帶濾波器用來將頻率調諧至電台的**載波**（carrier wave）頻率（即 AM 820 的電臺傳送的載波頻率為 820kHz）。利用可變電容，可將其調諧至載波頻率的一定範圍內，進而選擇喜好的電臺，接著利用其他電路將調變在載波上實際的語音或音樂訊號加以解碼。

檢視學習成效

將頻率響應的數值設為 $1/\sqrt{2}$，計算範例 6.11 帶通濾波器的頻率 ω_1 和 ω_2（具有 $R = 1$ kΩ）。結果為 ω 的二次方程式，可以解得兩個頻率，也就是熟知的**半功率頻率**（half-power frequencies）。

解答：$\omega_1 = 99.95$ rad/s; $\omega_2 = 200.1$ krad/s

量測重點

AC 電力線干擾濾波器

問題：

窄頻帶濾波器的一個應用為拒絕 AC 電力線導致的干擾。任何來自 AC 電力線，不想要的 60-Hz 訊號，可能對敏感的儀器造成嚴重干擾。醫學儀器，如**心電圖儀**（electrocardiograph）常用 60-Hz 陷波濾波器來降低干擾[3]對心臟測量的影響。圖 6.37 描述一電路，以 60-Hz 弦波產生器來代表 60-Hz 雜訊的影響，與代表想要訊號的訊號源（V_S）相串聯。在此範例，我們設計一個 60-Hz 窄頻（或陷波 notch）濾波器，來移除不想要的 60-Hz 雜訊。

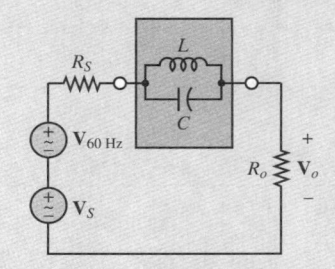

圖 6.37 60-Hz 陷波濾波器

解：

已知條件—— $R_S = 50\ \Omega$。

求——陷波濾波器適當的 L 和 C 值。

---

[3] 見第 8 章量測重點：「心電圖放大器」。

假設──無。

分析──要決定適當的電容和電感值，將陷波濾波器的阻抗寫成：

$$\mathbf{Z}_\| = \mathbf{Z}_o \| \mathbf{Z}_C = \frac{j\omega L / j\omega C}{j\omega L + 1/j\omega C}$$

$$= \frac{j\omega L}{1 - \omega^2 LC}$$

當 $\omega^2 LC = 1$，電路阻抗無窮大！頻率

$$\omega_0 = \frac{1}{\sqrt{LC}}$$

為 LC 電路的共振頻率。如果選擇此共振頻率等於 60 Hz，則此電路對 60-Hz 電流呈現無窮大的阻抗，因而阻擋干擾訊號，而大部分其他頻率成分則是可以通過。我們因此選擇 L 和 C 的值，使得 $\omega_0 = 2\pi \times 60$。令 $L = 100$ mH，然後

$$C = \frac{1}{\omega_0^2 L} = 70.36\,\mu\text{F}$$

整個電路的頻率響應如下：

$$\mathbf{H}_V(j\omega) = \frac{\mathbf{V}_o(j\omega)}{\mathbf{V}_i(j\omega)} = \frac{R_o}{R_S + R_o + \mathbf{Z}_\|}$$

$$= \frac{R_o}{R_S + R_o + j\omega L/(1 - \omega^2 LC)}$$

畫在圖 6.38。

評論──計算陷波濾波器在頻率 60 Hz 附近的響應極具啟發性，可驗證陷波濾波器的衰減作用。

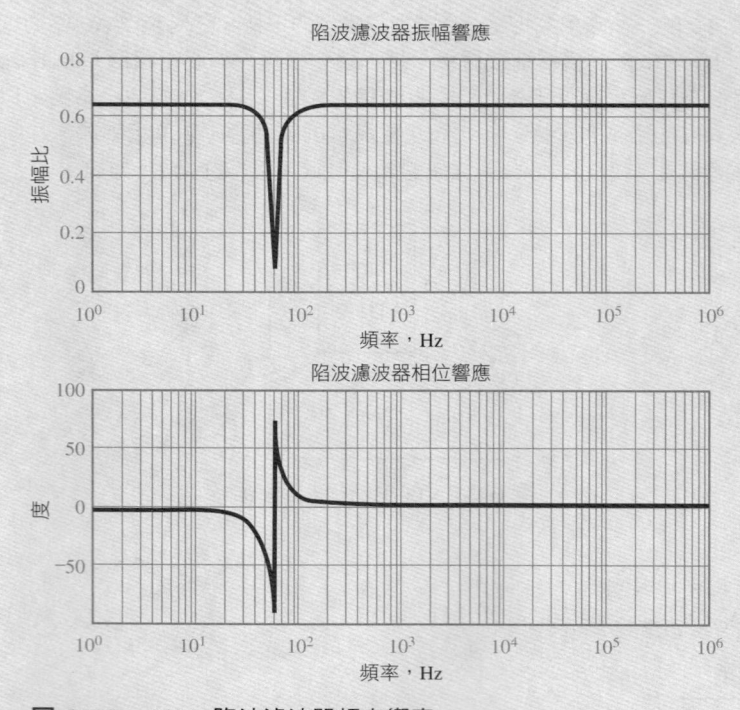

圖 6.38 60-Hz 陷波濾波器頻率響應

量測重點

地震轉換器

本範例說明將頻率響應的觀念應用在實際的位移轉換器。分析**地震位移轉換器（seismic displacement transducer）**的頻率響應，顯示出描述機械式轉換器的方程式，與二階電子電路的很類似。

圖 6.39 為轉換器的結構，轉換器被覆蓋在盒子內，盒子則被牢牢固定在一個可測量其運動的物體表面，因此，盒子與物體有相同的位移 x_i。在盒子內部，一小質量 M 支撐在並聯的剛性 K 之彈簧，以及阻尼器 B 之上。電位計的接帚臂連接到浮動質量 M；電位計本身則附著於轉換器盒子，所以電壓 V_o 正比於質量與盒子的相對位移 x_o。

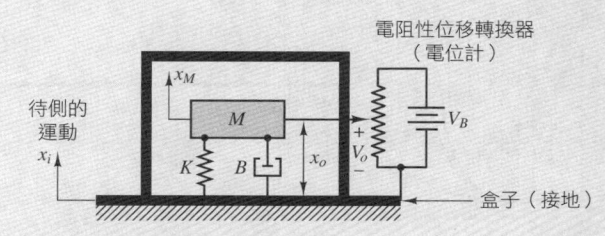

圖 6.39 地震位移轉換器

質量－彈簧－阻尼器系統的運動方程式，可以將所有施加到質量 M 的外力相加而得：

$$Kx_o + B\frac{dx_o}{dt} = M\frac{d^2x_M}{dt^2} = M\left(\frac{d^2x_i}{dt^2} - \frac{d^2x_o}{dt^2}\right)$$

其中須注意質量的運動，等於盒子運動與質量相對盒子本身運動的差值，也就是，

$$x_M = x_i - x_o$$

若假設質量的運動為弦波，可用相量分析求得轉換器的頻率響應，相量值定義如下

$$\mathbf{X}_i(j\omega) = |X_i|e^{j\phi_i} \quad \text{and} \quad \mathbf{X}_o(j\omega) = |X_o|e^{j\phi_o}$$

根據 6.2 節傅立葉分析的討論，弦波運動的假設是有道理的。接著回想（第 4 章），相量取導數，相當於將相量乘上 $j\omega$，我們可將二階微分方程式重寫如下：

$$M(j\omega)^2\mathbf{X}_o + B(j\omega)\mathbf{X}_o + K\mathbf{X}_o = M(j\omega)^2\mathbf{X}_i$$
$$(-\omega^2M + j\omega B + K)\mathbf{X}_o = -\omega^2M\mathbf{X}_i$$

頻率響應的表示式如：

$$\frac{\mathbf{X}_o(j\omega)}{\mathbf{X}_i(j\omega)} = H(j\omega) = \frac{-\omega^2M}{-\omega^2M + j\omega B + K}$$

轉換器的頻率響應畫在圖 6.40，其中成分值 $M = 0.005$ kg 與 $K = 1,000$ N/m，三個 B 值分別為：

$B = 10$ N-s/m   點線
$B = 2$ N-s/m   虛線
$B = 1$ N-s/m   實線

轉換器很明顯展現高通響應，指出對於夠高的輸入訊號頻率，測量到的位移（正比於電壓 V_o）等於想得到的數量，即輸入位移 x_i。注意到轉換器的頻率響應對阻尼的變化是很敏感的：當 B 從 2 變到 1，在頻率 $\omega = 316$ rad/s（約 50 Hz）附近，會出現一陡峭的共振峰（resonant peak），而當 B 增加到 10，振幅響應曲線則會往右移。因此，此轉換器，配上喜好的阻尼 $B = 2$，能夠正確測量頻率在最小值，約 1,000 rad/s（或 159 Hz）以上的位移。觀察結果，我們希望所有頻率都能獲得固定的振幅響應，因此選擇 $B = 2$ 為喜好的設計，在圖 6.40 中，$B = 2$ 最近似於理想狀況。此觀念普遍應用在各式各樣的**震動測量（vibration measurement）**。

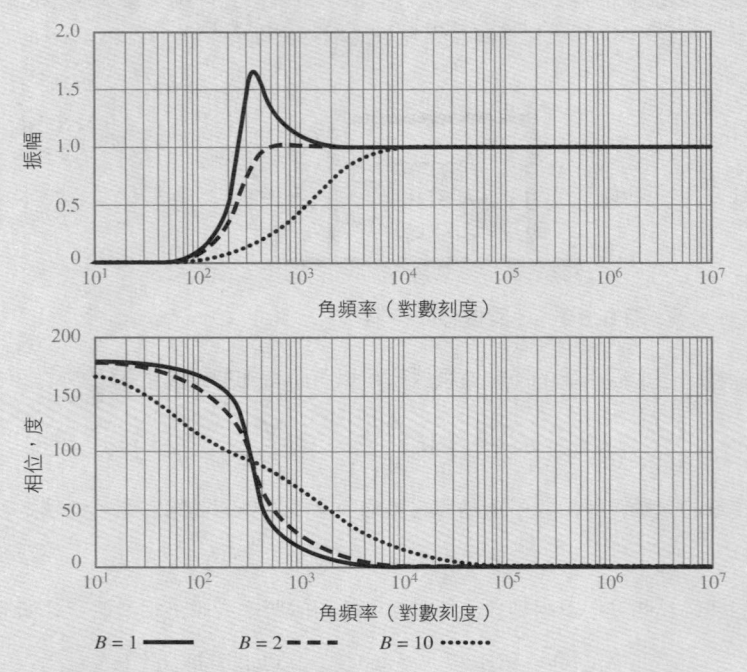

圖 6.40 地震轉換器的頻率響應

現在說明二階電子電路如何展現有如地震轉換器的同型式響應。考慮圖 6.41 的電路，利用前幾節的的原理，可得電路的頻率響應如：

$$\frac{\mathbf{V}_o}{\mathbf{V}_i}(j\omega) = \frac{j\omega L}{R + 1/j\omega C + j\omega L} = \frac{(j\omega L)(j\omega C)}{j\omega CR + 1 + (j\omega L)(j\omega C)}$$

$$= \frac{-\omega^2 L}{-\omega^2 L + j\omega R + 1/C}$$

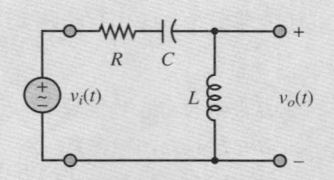

圖 6.41 可類比地震轉換器的電子電路

將上式與地震轉換器的頻率響應作比較，

$$\frac{\mathbf{X}_o(j\omega)}{\mathbf{X}_i(j\omega)} = H(j\omega) = \frac{-\omega^2 M}{-\omega^2 M + j\omega B + K}$$

我們發現這兩者有明確的相似。事實上，可在輸入與輸出運動，以及輸入與輸出電壓之間獲得相似性。同時注意到，質量 M 的角色與電感 L 類似，阻尼器 B 則類似電阻 R，而彈簧 K 類似電容 C 的倒數。由描述這兩個系統的方程式有相同的型式，可以推論出機械系統與電子電路之間的相似性。工程師常用這種相似性，來建立物理系統的電子模型，或類比。例如，要研究一個大型機械系統，以便宜的電子電路作為模型來，比起直接使用原尺寸系統要更簡單且更省成本。

6.5 波德圖

線性系統的頻率響應圖通常以對數圖型式呈現，以數學家 Hendrik W. Bode 為名，稱為**波德圖（Bode plot）**。其中橫軸代表對數刻度的頻率（基底 10），縱軸代表頻率響應函數的振幅或相位。波德圖的振幅單位為**分貝（decibels，dB）**，其中

$$\left|\frac{A_o}{A_i}\right|_{dB} = 20\log_{10}\left|\frac{A_o}{A_i}\right| = 20\log_{10}\frac{|A_o|}{|A_i|} \tag{6.61}$$

雖然對數圖似乎比較複雜，但是有兩個顯著的優點：

1. 頻率響應函數的乘積項，變成和項 $\log(ab/c) = \log(a) + \log(b) - \log(c)$。優點為波德（對數）圖可由個別項的個別圖之和來組成。此外，6.1 節討論過，任何頻率響應函數都只存在四種不同形式的項：
   a. 常數 K。
   b. 「位於原點」的極點或零點 $(j\omega)$。
   c. 單極點或零點 $(1 + j\omega\tau)$ 或 $(1 + j\omega/\omega_0)$。
   d. 二次（複數）極點或零點 $[1 + j\omega\tau + (j\omega/\omega_n)^2]$。
2. 這四種不同形式的項都可以用線段作良好的近似，可相加形成更複雜頻率響應函數的整體波德圖。

RC 低通濾波器波德圖

舉例，考慮範例 6.7（圖 6.20）的 RC 低通濾波器，頻率響應函數為：

$$\frac{\mathbf{V}_o}{\mathbf{V}_i}(j\omega) = \frac{1}{1 + j\omega/\omega_0} = \frac{1}{\sqrt{1 + (\omega/\omega_0)^2}} \angle -\tan^{-1}\left(\frac{\omega}{\omega_0}\right) \tag{6.62}$$

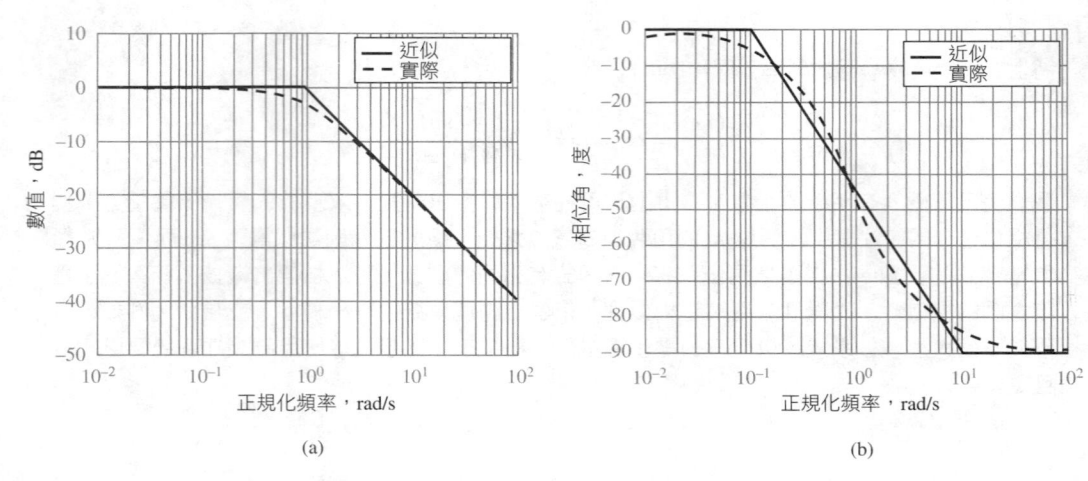

圖 6.42 RC 低通濾波器的波德圖；頻率變數以 ω/ω_0 作正規化。(a) 數值響應；(b) 相角響應

其中電路時間常數是 $\tau = RC = 1/\omega_0$，ω_0 為濾波器的截止，或半功率頻率。頻率響應函數有 $K = 1$ 的常數，以及截止頻率 $\omega_0 = 1/\tau = 1/RC$ 的單極點。

圖 6.42 為濾波器的波德數值與相位圖，橫軸的正規化頻率是 $\omega\tau$，數值圖乃是由頻率響應函數絕對值的對數型式得到：

$$\left|\frac{\mathbf{V}_o}{\mathbf{V}_i}\right|_{dB} = 20\log_{10}\frac{|K|}{|1+j\omega\tau|} = 20\log_{10}\frac{|K|}{|1+j\omega/\omega_0|} \tag{6.63}$$

當 $\omega \ll \omega_0$，單極點的虛數部分遠小於實數部分，因此 $|1+j\omega/\omega_0| \approx 1$，於是：

$$\left|\frac{\mathbf{V}_o}{\mathbf{V}_i}\right|_{dB} \approx 20\log_{10}K - 20\log_{10}1 = 20\log_{10}K \quad (\text{dB}) \tag{6.64}$$

所以在極低頻（$\omega \ll \omega_0$），6.63 式可用零斜率的直線作良好的近似，此為波德數值圖的低頻漸近線（low-frequency asymptote）。

當 $\omega \gg \omega_0$，單極點的虛數部分遠大於實數部分，因此 $|1+j\omega/\omega_0| \approx |j\omega/\omega_0| = (\omega/\omega_0)$。於是：

$$\begin{aligned}\left|\frac{\mathbf{V}_o}{\mathbf{V}_i}\right|_{dB} &\approx 20\log_{10}K - 20\log_{10}\frac{\omega}{\omega_0} \\ &\approx 20\log_{10}K - 20\log_{10}\omega + 20\log_{10}\omega_0\end{aligned} \tag{6.65}$$

所以在極高頻（$\omega \gg \omega_0$），6.63 式可用每**十倍頻（decade）**-20 dB 斜率的直線作良好的近似，此線與 $\log\omega$ 軸在 $\log\omega_0$ 處交會，此為波德數值圖的高頻漸近線（high-frequency asymptote）。十倍頻代表頻率有 10 倍的變化，所以，在 ω 有一個十倍頻的增加，相當於在 $\log\omega$ 有一單位的改變。

最後，當 $\omega = \omega_0$，單極點的實數與虛數部分相等，因此 $|1+j\omega/\omega_0| = |1+j|$

$=\sqrt{2}$，6.63 式變成：

$$20\log_{10}\frac{|K|}{|1+j\omega/\omega_0|} = 20\log_{10}K - 20\log_{2^{1/2}} = 20\log_{10}K - 3\,\text{dB} \tag{6.66}$$

一階低通濾波器的波德數值圖，由在 ω_0 交會的兩條直線來近似，圖 6.42(a) 顯示近似結果。實際的波德數值圖在截止頻率 $\omega = \omega_0$ 處，會比近似圖低 3dB。

頻率響應函數的相角 $\angle(\mathbf{V}_o/\mathbf{V}_i) = -\tan^{-1}(\omega/\omega_0)$，有下列特性：

$$-\tan^{-1}\left(\frac{\omega}{\omega_0}\right) = \begin{cases} 0 & \text{當 } \omega \to 0 \\ -\dfrac{\pi}{4} & \text{當 } \omega = \omega_0 \\ -\dfrac{\pi}{2} & \text{當 } \omega \to \infty \end{cases}$$

相角可以三條直線作初步近似：

1. 對 $\omega < 0.1\omega_0$，$\angle(\mathbf{V}_o/\mathbf{V}_i) \approx 0$。
2. 對 $0.1\omega_0$ 與 $10\omega_0$，$\angle(\mathbf{V}_o/\mathbf{V}_i) \approx -(\pi/4)\log(10\omega/\omega_0)$。
3. 對 $\omega > 10\omega_0$，$\angle(\mathbf{V}_o/\mathbf{V}_i) \approx -pi/2$。

這些直線近似圖顯示在圖 6.42(b)。

表 6.2 列出實際以及近似的波德數值與相位圖之差異，可看到最大的數值差異是出現在截止頻率的 3 dB；所以截止頻率常被稱為 **3 dB 頻率（3-dB frequency）** 或是半功率頻率（half-power frequency）。

表 6.2 一階濾波器漸近近似的修正因數

ω/ω_0	數值響應誤差	相位響應誤差
0.1	0	-5.7
0.5	-1	4.9
1	-3	0
2	-1	-4.9
10	0	$+5.7$

RC 高通濾波器波德圖

RC 高通濾波器的案例（見圖 6.22），用 *RC* 低通濾波器的同樣方式來分析，頻率響應函數為：

$$\begin{aligned}\frac{\mathbf{V}_o}{\mathbf{V}_o} &= \frac{j\omega CR}{1+j\omega CR} = \frac{j(\omega/\omega_0)}{1+j(\omega/\omega_0)} \\ &= \frac{(\omega/\omega_0)\angle(\pi/2)}{\sqrt{1+(\omega/\omega_0)^2}\angle\arctan(\omega/\omega_0)} \\ &= \frac{\omega/\omega_0}{\sqrt{1+(\omega/\omega_0)^2}}\angle\left(\frac{\pi}{2}-\arctan\frac{\omega}{\omega_0}\right)\end{aligned} \tag{6.67}$$

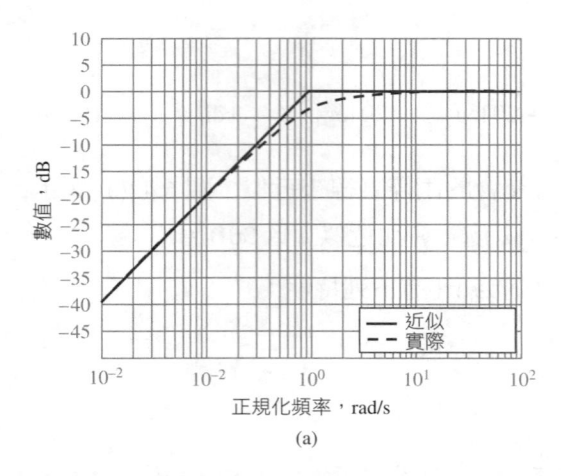

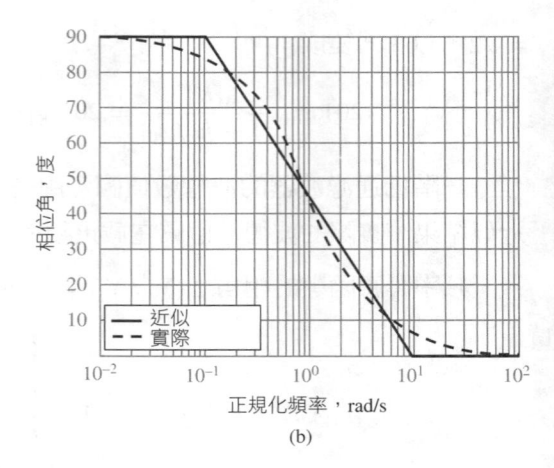

圖 6.43 RC 高通濾波器的波德圖。(a) 數值響應；(b) 相位響應

圖 6.43 畫出 6.67 式的波德圖，其中橫軸為正規化頻率 ω / ω_0。可以很容易再次決定低頻與高頻的直線漸近近似，結果與一階低通濾波器很相像。當 $\omega < \omega_0$，波德數值近似以斜率 +20 dB/decade 與原點（$\omega = 1$）相交，當 $\omega > \omega_0$，波德數值近似則為 0 dB、零斜率。波德相位圖的直線近似為：

1. 對 $\omega < 0.1\omega_0$，$\angle(\mathbf{V}_o / \mathbf{V}_i) \approx \pi / 2$。
2. 對 $0.1\omega_0$ 與 $10\omega_0$，$\angle(\mathbf{V}_o / \mathbf{V}_i) \approx -(\pi/4) \log(10\omega / \omega_0)$。
3. 對 $\omega > 10\omega_0$，$\angle(\mathbf{V}_o / \mathbf{V}_i) \approx 0$。

這些直線近似圖顯示在圖 6.43(b)。

更高階濾波器的波德圖

高階系統的波德圖可藉由結合更高階頻率響應函數的因數之波德圖而得，如，

$$\mathbf{H}(j\omega) = \mathbf{H}_1(j\omega)\mathbf{H}_2(j\omega)\mathbf{H}_3(j\omega) \tag{6.68}$$

可表示成對數型式，如

$$|\mathbf{H}(j\omega)|_{dB} = |\mathbf{H}_1(j\omega)|_{dB} + |\mathbf{H}_2(j\omega)|_{dB} + |\mathbf{H}_3(j\omega)|_{dB} \tag{6.69}$$

以及

$$\angle\mathbf{H}(j\omega) = \angle\mathbf{H}_1(j\omega) + \angle\mathbf{H}_2(j\omega) + \angle\mathbf{H}_3(j\omega) \tag{6.70}$$

考慮如下的頻率響應函數範例

$$\mathbf{H}(j\omega) = \frac{j\omega + 5}{(j\omega + 10)(j\omega + 100)} \tag{6.71}$$

計算漸近近似的第一步，包含因數分解表示式的每一項，使其出現 $a_i(j\omega/\omega_i+1)$ 型式，其中頻率 ω_i 對應適當的 3-dB 頻率 ω_1, ω_2 或 ω_3。例如，將 6.71 式重寫成為：

$$\mathbf{H}(j\omega) = \frac{5(j\omega/5+1)}{10(j\omega/10+1)100(j\omega/100+1)}$$
$$= \frac{0.005(j\omega/5+1)}{(j\omega/10+1)(j\omega/100+1)} = \frac{K(j\omega/\omega_1+1)}{(j\omega/\omega_2+1)(j\omega/\omega_3+1)} \quad (6.72)$$

6.72 式可重寫成對數型式：

$$|\mathbf{H}(j\omega)|_{dB} = |0.005|_{dB} + \left|\frac{j\omega}{5}+1\right|_{dB} - \left|\frac{j\omega}{10}+1\right|_{dB} - \left|\frac{j\omega}{100}+1\right|_{dB} \quad (6.73)$$
$$\angle \mathbf{H}(j\omega) = \angle 0.005 + \angle\left(\frac{j\omega}{5}+1\right) - \angle\left(\frac{j\omega}{10}+1\right) - \angle\left(\frac{j\omega}{100}+1\right)$$

對數數值表示式的每一項，都可個別畫圖。常數對應 -46 dB 的值，如圖 6.44(a) 所示，為零斜率的直線。分子項，其 3-dB 頻率 $\omega_1 = 5$，表示成如圖 6.42(a) 一階波德圖的型式，只除了此直線在 $\omega_1 = 5$ 離開零軸的斜率為 $+20$ dB/decade；兩個分母項可分別畫成在 $\omega_2 = 10$ 與 $\omega_3 = 100$ 離開零軸，斜率 -20 dB/decade 的直線。可看出一旦將頻率響應函數轉化成 6.69 式的型式，即可很容易畫出個別因數的圖。

接著考慮 6.73 式的相位響應部分，第一項，常數的相角恆為零。相反地，分子的一階項，可如圖 6.42(b) 所示作近似，即，在 $0.1\omega_1 = 0.5$ 處開始畫一條斜率 $+\pi/4$ rad/decade 的直線（因為是分子項，所以斜率為正），在 $10\omega_1 = 50$ 處結束，此時達到 $+\pi/2$ 近似。兩個分母項也有類似的行為，只除了直線斜率是 $-\pi/4$，分別由頻率 $0.1\omega_2$ 和 $10\omega_2$，以及 $0.1\omega_3$ 和 $10\omega_3$ 之間畫斜率 $-\pi/4$ rad/decade 的直線。

圖 6.44 描述 6.73 式中個別因數的漸近近似，圖 6.44(a) 為數值因數，而圖 6.44(b) 為相位因數。組合所有的漸近近似即可得到完整的頻率響應近似，圖 6.45 描述漸近波

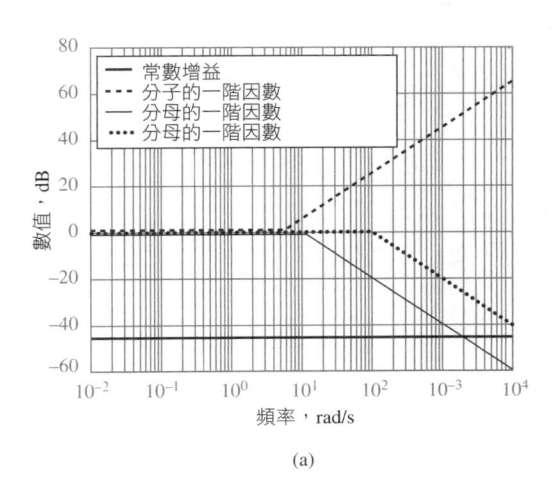

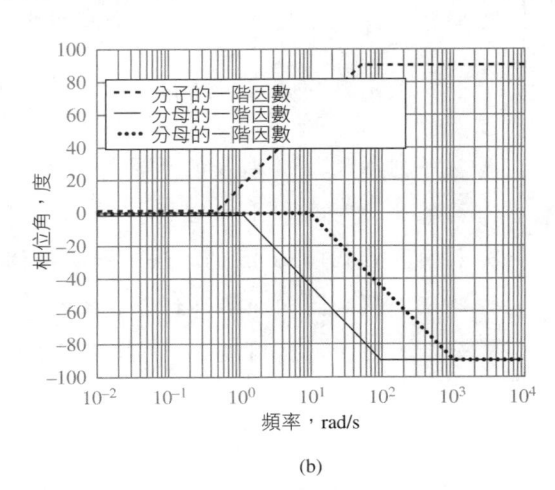

圖 6.44 二階頻率響應函數的波德近似圖。(a) 數值響應直線近似；(b) 相角響應直線近似

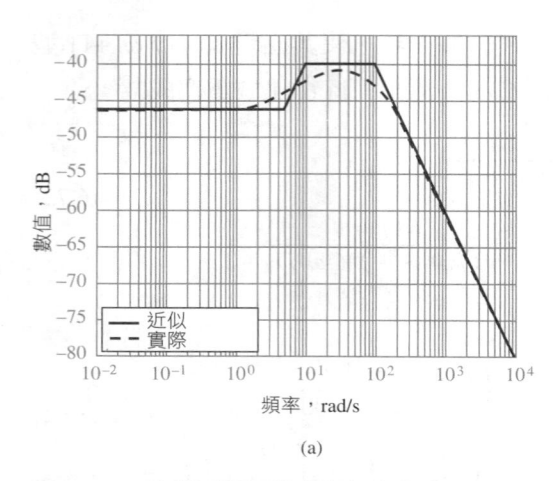

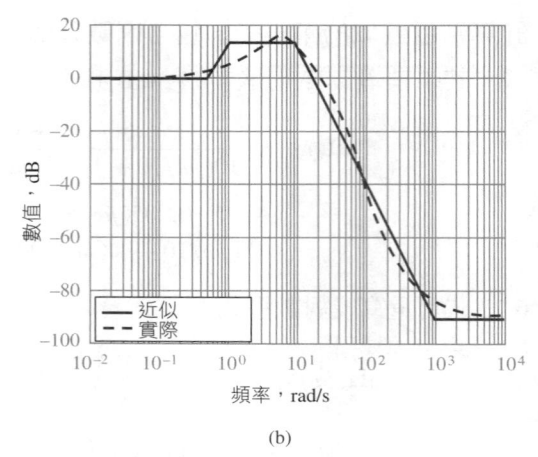

圖 6.45 波德近似圖與實際頻率響應函數的比較。(a) 二階頻率響應函數的數值響應；(b) 二階頻率響應函數的相角響應

德近似的結果，並與實際頻率響應函數作比較。

可看出一旦將頻率響應函數分解成適當型式，即便是更高階的頻率響應函數，也可以相當容易畫出波德圖的良好近似，範例 6.12 與 6.13 將會作進一步說明，以下將對此方法進行總結。

解題重點

波德圖

此方塊說明波德漸近近似的建構步驟，此方法假設響應並無複數共軛因數，且分子與分母都可被分解成具有實數根的一階項。

1. 將頻率響應函數表示成因數分解型式，類似 6.57 式：

$$H(j\omega) = \frac{K(j\omega/\omega_1 + 1)\cdots(j\omega/\omega_m + 1)}{(j\omega/\omega_{m+1} + 1)\cdots(j\omega/\omega_n + 1)}$$

2. 為半對數圖選擇適合的頻率範圍，至少延伸到最低的 3dB 頻率以下十倍頻，最高的 3dB 頻率以上十倍頻。
3. 利用圖 6.42 至 6.45 的方法，針對每個一階因數，畫出數值與相位漸近近似。
4. 將個別項的圖相加，得到合成的響應。
5. 如有需要，可應用表 6.2 的修正因數。

範例 6.12　波德圖近似

問題

畫出以下頻率響應函數的波德漸近近似圖

$$\mathbf{H}(j\omega) = \frac{0.1j\omega + 20}{2\times 10^{-5}(j\omega)^3 + 0.1002(j\omega)^2 + j\omega}$$

解

已知條件：電路頻率響應函數。

求：給定頻率響應函數的波德圖近似。

假設：無。

分析：遵循解題步驟方塊「波德圖」，首先將函數分解成標準型式

$$\mathbf{H}(j\omega) = \frac{K(j\omega/\omega_1 + 1)\cdots(j\omega/\omega_m + 1)}{(j\omega/\omega_{m+1} + 1)\cdots(j\omega/\omega_n + 1)}$$

經由代數運算，可得下列標準型式的頻率響應函數：

$$\mathbf{H}(j\omega) = \frac{20(j\omega/200 + 1)}{j\omega(j\omega/10 + 1)(j\omega/5{,}000 + 1)}$$

可立即發現分母有 $j\omega$ 因數項；此項需另外處理。函數 $1/j\omega$ 的波德圖可表示為如下的對數型式：

$$\left|\frac{1}{j\omega}\right|_{dB} = -20\log_{10}\frac{\omega}{1}$$

$$\angle\frac{1}{j\omega} = 0 - \frac{\pi}{2} = -\frac{\pi}{2}$$

即，分母因數 $j\omega$ 的數值可以用斜率 -20 dB/decade，且與頻率（水平）軸在 $\omega = 1$ 交會的直線代表，相位響應則為常數 $-\pi/2$。

現在可以畫出每個個別一階因數的數值與相位響應，如圖 6.46(a) 和 (b) 所示。數值與相位響應的合成漸近近似則呈現在圖 6.47(a) 與 (b)。

(a)

(b)

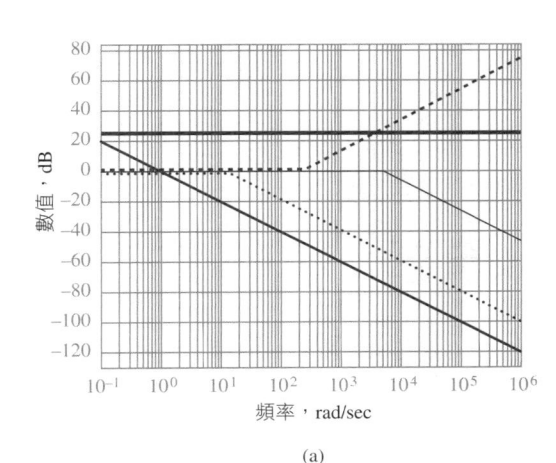

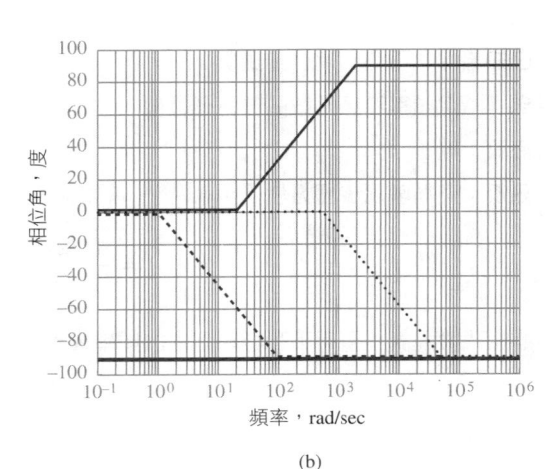

圖 6.46　個別一階項的近似（漸近）頻率響應。(a) 數值響應的直線近似；(b) 相位響應的直線近似

頻率響應函數的實際數值　　　　　　　頻率響應函數的實際相角

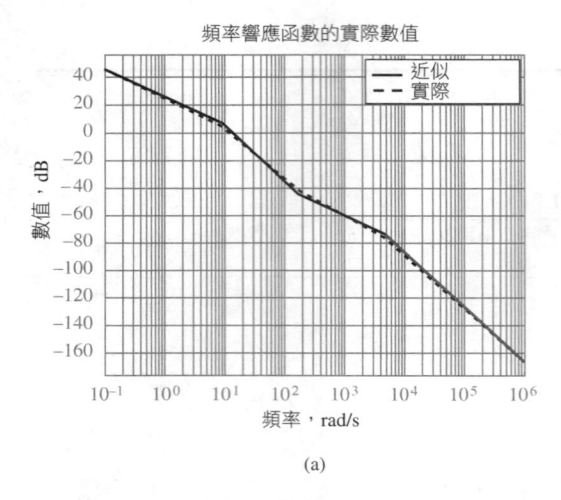

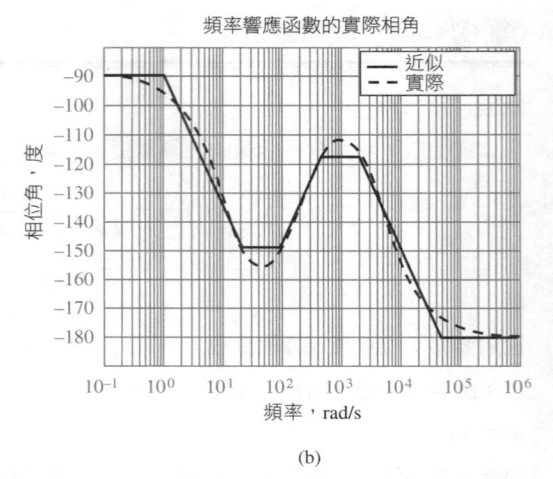

圖 6.47 近似與精確頻率響應的比較。(a) 頻率響應函數的實際數值；(b) 頻率響應函數的實際相角

評論：可利用電腦程式產生圖 6.46 與 6.47 的波德圖近似，所以要產生漸近近似，唯一要努力的就是對頻率響應函數進行因數分解。

範例 6.13　波德圖近似

問題

畫出以下頻率響應函數的波德漸近近似圖。

$$\mathbf{H}(j\omega) = \frac{10^{-3}(j\omega)^2 + 0.1 j\omega}{[1/(9 \times 10^4)](j\omega)^2 + (3{,}030/90{,}000)j\omega + 1}$$

解

已知條件：電路頻率響應函數。

求：給定頻率響應函數的波德圖近似。

假設：無。

分析：遵循解題步驟方塊「波德圖」，首先將函數分解成標準型式。

$$\mathbf{H}(j\omega) = \frac{K(j\omega/\omega_1 + 1) \cdots (j\omega/\omega_m + 1)}{(j\omega/\omega_{m+1} + 1) \cdots (j\omega/\omega_n + 1)}$$

經由代數運算，可得下列標準型式的頻率響應函數：

$$\mathbf{H}(j\omega) = \frac{0.1 j\omega(j\omega/100 + 1)}{(j\omega/30 + 1)(j\omega/3{,}000 + 1)}$$

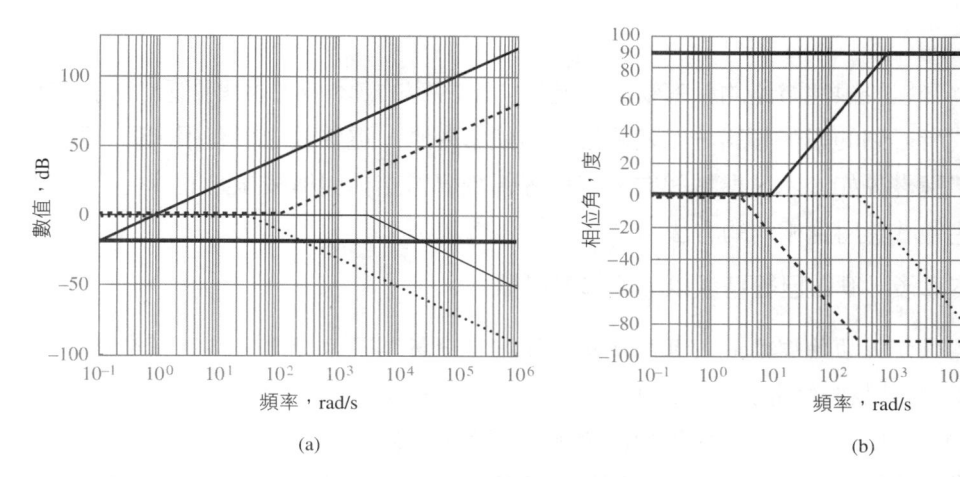

圖 6.48 個別一階項的近似（漸近）頻率響應。(a) 數值響應的直線近似；(b) 相位響應的直線近似

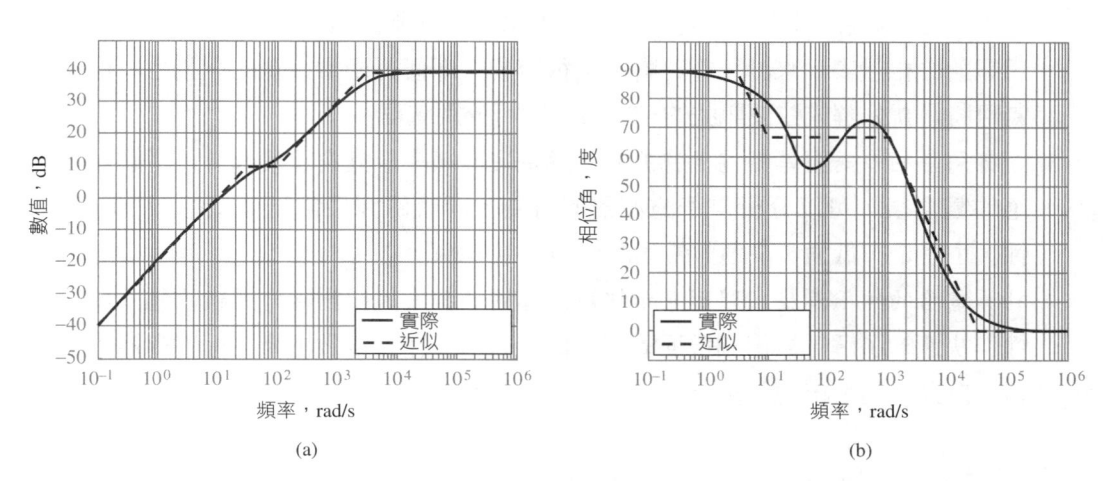

圖 6.49 近似與精確頻率響應的比較。(a) 頻率響應函數的實際數值；(b) 頻率響應函數的實際相角

可發現分子有 $j\omega$ 因數項，此因數可表示為如下的對數型式：

$$|j\omega|_{dB} = 20\log_{10}\frac{\omega}{1}$$

$$\angle j\omega = \frac{\pi}{2}$$

即，$j\omega$ 的數值可以用斜率 +20 dB/decade，且與頻率（水平）軸在 $\omega = 1$ 交會的直線來代表，因數 $j\omega$ 的相位為常數 $\pi/2$。

畫出每個個別一階因數的數值與相位響應，如圖 6.48(a) 和 (b) 所示。數值與相位響應的合成漸近近似則呈現在圖 6.49(a) 與 (b)。

評論： 可利用 Matlab™ 產生波德圖，電路模擬軟體，如 B2Spice，也可產生波德圖。

結論

第 6 章聚焦於線性電路的頻率響應，為第 4 章內容的延伸。由週期訊號的傅立葉級數表示式所得到的訊號頻譜，以及濾波器的頻率響應，這些觀念很有用，而且可延伸到電機工程之外如土木、機械與航太工程等領域學習結構與機械振動的學生，也會發現在這些領域應用到相同的方法。

學完本章後，應該已經精通以下的學習目標：

1. 了解頻域分析的物理意義，且能使用交流電路分析工具來計算電路的頻率響應。在第 4 章，已經學到必要的工具（相量分析與阻抗）來計算電路的頻率響應；在 6.1 節，這些工具用來決定線性電路的頻率響應函數。
2. 使用傅立葉級數表示式來計算週期訊號的傅立葉頻譜，並將表示式與頻率響應概念連結，以便計算電路對應週期輸入的響應。頻譜觀念在許多工程應用上很重要；6.2 節學習計算週期性函數的傅立葉頻譜，訊號的頻譜使頻域分析（即，使用訊號的相量表示來計算電路響應）很容易，即便對相當複雜的訊號也一樣，因為可將訊號分解成弦波訊號的和，接著即可分別處理。
3. 分析簡單的一階與二階電子濾波器，並決定其頻率響應與濾波性質。了解頻率響應的觀念後，可以分析電子濾波器的行為，同時研究最常見類型的頻率響應特性，也就是，低通、高通與帶通濾波器。
4. 計算電路的頻率響應，圖形表示採用波德圖的型式。要對線性系統的頻率響應特性作快速的了解，波德圖這種圖形近似很有用。在大多數主修工程者會遇到的學科—自動控制系統的訓練上，波德圖是很有用的。

習題

6.1 節：弦波頻率響應

6.1 a. 試求圖 P6.1 電路的頻率響應 $V_{out}(j\omega)/V_{in}(j\omega)$。假設 $L = 0.5$ H 且 $R = 200$ kΩ。

b. 將頻率在 10 與 10^7 rad/s 之間，電路的數值與相位畫在繪圖紙上，頻率採線性刻度。

c. 重複 b，使用半對數紙。（頻率為對數軸）

d. 在半對數紙上畫出數值響應，單位為分貝。

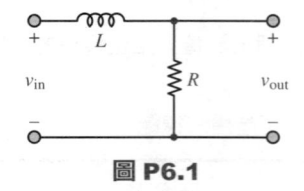

圖 P6.1

6.2 圖 P6.2 電路，重複習題 6.1 的步驟。

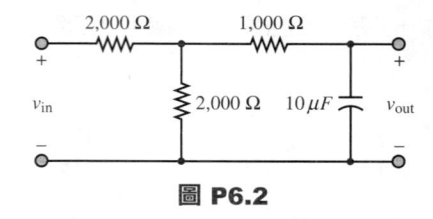

圖 P6.2

6.3 試求圖 P6.3 電路之頻率響應，並畫出頻率響應圖。$R_1 = 20$ kΩ, $R_2 = 100$ kΩ, $L = 1$ H, $C = 100$ μF。

圖 P6.3

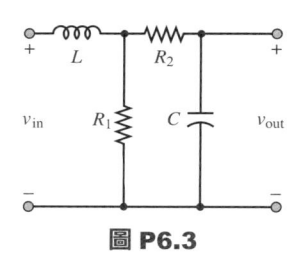

6.4 圖 P6.4 電路，其中 $L = 2$ mH 且 $R = 2$ kΩ，

a. 決定極高頻與極低頻的輸入阻抗 $\mathbf{Z}(j\omega) = \mathbf{V}_i(j\omega) / \mathbf{I}_i(j\omega)$。
b. 求阻抗的表示式。
c. 將表示式寫成 $\mathbf{Z}(j\omega) = R[1 + j(\omega L / R)]$ 的型式。
d. 試求當 c 小題表示式的虛數部分等於 1 時的頻率 $\omega = \omega_C$。
e. 在 $\omega = 10^5$ rad/s, 10^6 rad/s, 以及 10^7 rad/s，估計（不需計算）$\mathbf{Z}(j\omega)$ 的數值與相角。

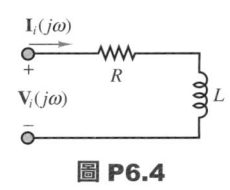

圖 P6.4

6.5 圖 P6.5 電路

$R_1 = 1.3$ kΩ　　$R_2 = 1.9$ kΩ

$C = 0.5182$ μF

試求：

a. 極高頻與極低頻的電壓頻率響應函數
$$\mathbf{H}_V(j\omega) = \frac{\mathbf{V}_o(j\omega)}{\mathbf{V}_i(j\omega)}$$

b. 電壓頻率響應函數表示式，並將其寫成
$$\mathbf{H}_v(j\omega) = \frac{H_o}{1 + jf(\omega)}$$

的型式，其中
$$H_o = \frac{R_2}{R_1 + R_2} \qquad f(\omega) = \frac{\omega R_1 R_2 C}{R_1 + R_2}$$

c. 當 $f(\omega) = 1$ 的頻率，以及 H_o 的分貝值。

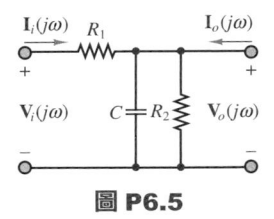

圖 P6.5

6.6 圖 P6.6 電路，試求如下型式的頻率響應函數：
$$\mathbf{H}_v(j\omega) = \frac{\mathbf{V}_o(j\omega)}{\mathbf{V}_i(j\omega)} = \frac{H_{vo}}{1 \pm jf(\omega)}$$

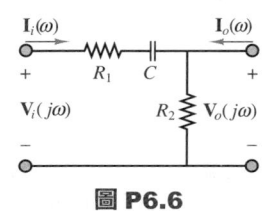

圖 P6.6

6.2 節：傅立葉分析

6.7 計算圖 P6.7 週期函數的傅立葉級數係數，函數定義如下：
$$x(t) = \begin{cases} 0 & 0 \le t \le \frac{T}{3} \\ A & \frac{T}{3} \le t \le T \end{cases}$$

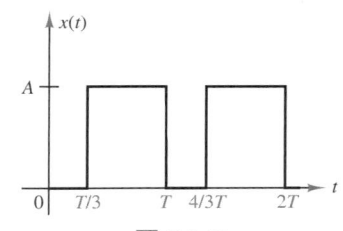

圖 P6.7

6.8 計算圖 P6.8 函數的傅立葉級數展開式，並表示成正弦—餘弦（a_n, b_n 係數）型式。

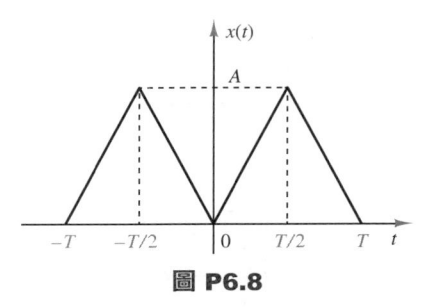

圖 P6.8

6.9 寫出圖 P6.9 訊號的表示式，並推導其傅立葉級數的完整表示式。

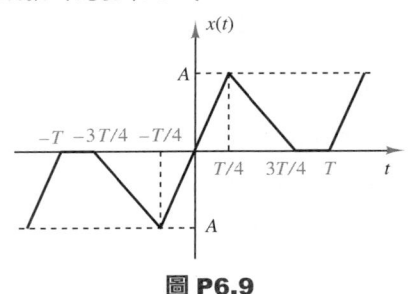

圖 P6.9

6.3 節：濾波器

6.10 使用一 15-kΩ 電阻，設計截止頻率為 200 kHz 的 RC 高通濾波器。

6.11 範例 6.7 電路，相移等於 $-10°$ 的頻率為何？

6.12 範例 6.11 電路，輸出衰減 10%（即，$V_o = 0.9V_S$）的頻率為何？

6.13 圖 P6.1 的濾波器，受鋸齒波激勵，我們只對波形前兩個傅立葉成分的響應有興趣。決定濾波器的輸出，並將輸入與輸出波形畫在同一個圖。假設鋸齒波的週期 $T = 10$ μs，振幅峰值 $A = 1$。

6.14 以範例 6.4 的脈波列為輸入，重複問題 6.33。

6.15 圖 P6.15 的濾波器為低通、高通，或是帶止（陷波）濾波器？

(a)

(b)

(c)

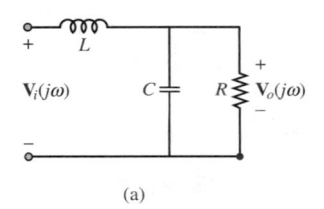

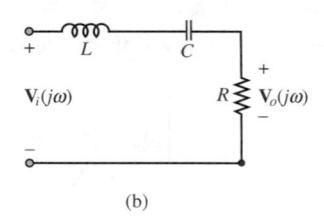

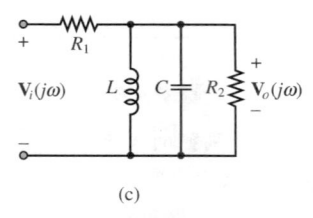

圖 **P6.15**

6.16 圖 P6.16 濾波器電路：
a. 決定其為低通、高通，或是帶止濾波器。
b. 決定頻率響應 $\mathbf{V}_o(j\omega) / \mathbf{V}_i(j\omega)$，假設 $L = 10$ mH, $C = 1$ nF, $R_1 = 50$ Ω, $R_2 = 2.5$ kΩ。

圖 **P6.16**

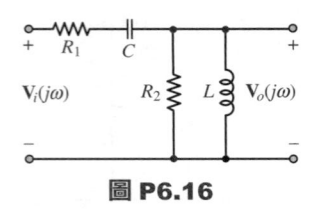

6.17 圖 P6.17 之陷波濾波器電路，試推導出標準型式的電壓頻率響應 $H(j\omega)$，其中：

$$\mathbf{H}(j\omega) = \frac{\mathbf{V}_o(j\omega)}{\mathbf{V}_i(j\omega)}$$

假設：

$R_S = 500$ Ω $R_o = 5$ kΩ

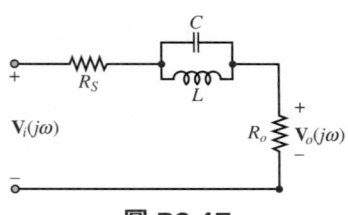

$C = 5$ pF $L = 1$ mH

圖 **P6.17**

6.18 圖 P6.17 之陷波濾波器電路，試推導出標準型式的電壓頻率響應 $H(j\omega)$，其中：

$$\mathbf{H}(j\omega) = \frac{\mathbf{V}_o(j\omega)}{\mathbf{V}_i(j\omega)}$$

假設：

$R_S = 4.4$ kΩ $R_o = 60$ kΩ $\omega_r = 25$ Mrad/s

$C = 0.8$ nF $L = 2$ μH

同時求半功率頻率，頻寬與 Q。

6.4 節：波德圖

6.19 試求圖 P6.19 網路的頻率響應 $\mathbf{V}_{\text{out}}(\omega) / \mathbf{V}_S(\omega)$，並畫出波德數值與相位圖，已知 $R_S = R_o = 5$ kΩ, $L = 10$ μH 和 $C = 0.1$ μF。

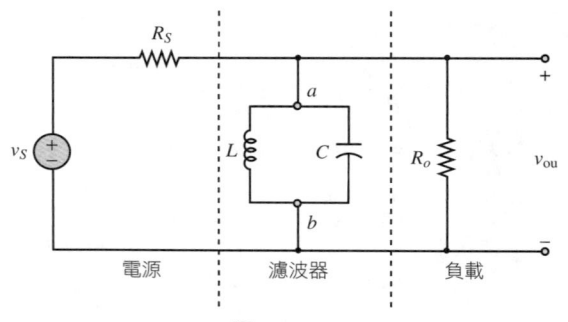

電源　　濾波器　　負載

圖 **P6.19**

6.20 圖 P6.20 之陷波濾波器電路，假設 $R_S = R_0 = 500\ \Omega$，$L = 10$ mH 且 $C = 0.1\ \mu$F。

  a. 決定頻率響應 $\mathbf{V}_{out}(j\omega) / \mathbf{V}_S(j\omega)$。

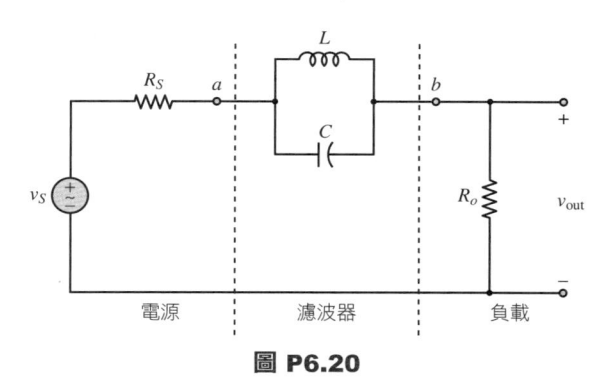

  b. 畫出波德數值與相位圖。

圖 **P6.20**

6.21 圖 P6.21 電路為放大器－喇叭連線的代表，分相濾波器允許低頻訊號通過到達低音喇叭，濾波器接法為熟知的 π 網路。

  a. 求頻率響應 $\mathbf{V}_o(j\omega) / \mathbf{V}_S(j\omega)$。

  b. 若 $C_1 = C_2 = C$, $R_S = R_o = 600\ \Omega$，且 $1/\sqrt{LC} = R/L = 1/RC = 2{,}000\ \pi$，在頻率範圍 100 Hz $\le f \le 10$ kHz，畫出波德數值與相位圖。

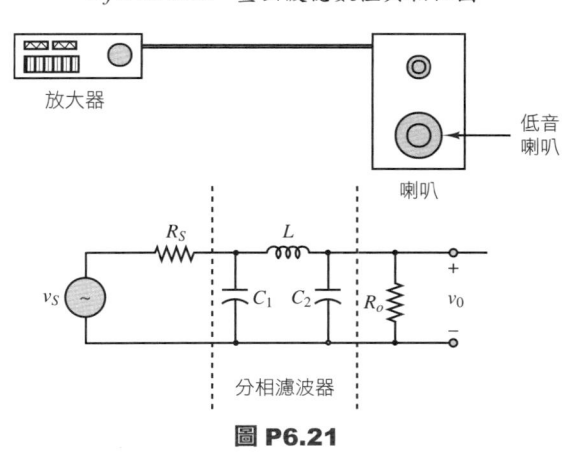

圖 **P6.21**

6.22 假設在特定頻率範圍內，輸出振幅對輸入振幅的比，正比於 $1/\omega^3$，試問在此頻率範圍，波德數值圖的斜率為何？以 dB/decade 表示之。

6.23 圖 P6.23(a)，求標準型式的等效阻抗 $\mathbf{Z}_{eq}$。從圖 P6.23(b) 選出最能描述作為頻率函數的阻抗之行為。描述如何找出共振與截止頻率，以及值為常數範圍的阻抗數值。請在波德圖標記，以便指出正在討論的特徵。

(a)

(b)

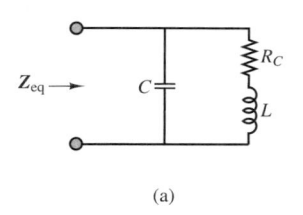

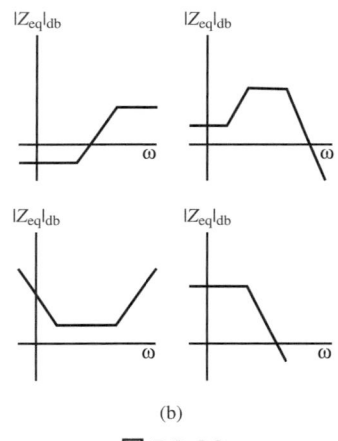

圖 **P6.23**

Part 1　電路

7 交流電源

　　本章的重點是簡單的交流電源以及電力的產生與配電，基本觀念延伸自第 4 章所介紹的向量與阻抗。本章內容涵蓋基本的平均功率與複數功率的觀念，以及如何對於複數負載進行計算。同時，本章也會介紹功率因數的觀念以及其校正（調整）的方法，簡要地探討理想的變壓器與最大功率轉移定理，接著介紹三相交流電源、電力安全等內容，最後，探討電力的產生與配電。

　　本章會用到的數量通常與角度有關。除非特別註明，角度的單位為弳度量。

學習目標

1. 了解瞬時功率與平均功率的意義，使用交流電源的符號，計算平均功率，以及計算複數負載的功率因數。7.1 節。
2. 使用複數功率的符號；計算複數負載的視在功率、有效功率（實功）、無效功率（虛功），以及畫出功率三角形。7.2 節。
3. 計算校正複數負載功率因數所需要的電容值。7.3 節。
4. 分析理想的變壓器；計算初級與次級電流、電壓，以及匝數比；計算跨於理想變壓器上的反射電源與阻抗；了解最大功率轉移定理。7.4 節。
5. 使用 3 相交流電源的符號；計算 wye 與 delta 平衡負載的電流與電壓。7.5 節。
6. 了解室內配電與用電安全的基本原理。7.6, 7.7 節。

7.1 瞬時與平均功率

當線性電路被正弦訊號所激發時，電路中的所有電壓與電流均會是具有與電源相同頻率的正弦訊號。圖 7.1 描繪了一般線性電路的樣貌。傳遞到任意負載的電壓 $v(t)$ 與電流 $i(t)$，最普遍的表示式如下：

$$v(t) = V \cos(\omega t + \theta_V)$$
$$i(t) = I \cos(\omega t + \theta_I) \qquad (7.1)$$

其中 V 與 I 分別為弦波訊號的峰值電壓與電流，θ_V 與 θ_I 則分別為其個別的相位角。

圖 7.2 顯示兩種類似波形，單位振幅為 1，角頻率為 150 rad/s，相位角 $\theta_V = 0$ 與 $\theta_I = \pi/3$。請注意電流相位角超前電壓，或者可說是電壓相位角落後電流。請記住，所有相位角都是相對於某些參考點，而參考點通常會選擇為電源的相位角。參考點的相位角可任意設定，因此，通常設為零是最為簡單的做法。另外要記得，相位角代表某弦波相對於參考弦波的時間延遲。

元件所消耗的**瞬時功率**（instantaneous power）為其瞬時電壓與電流的乘積。

$$p(t) = v(t)i(t) = VI \cos(\omega t + \theta_V) \cos(\omega t + \theta_I) \qquad (7.2)$$

上式可利用三角函數等式簡化：

$$2\cos(x)\cos(y) = \cos(x+y) + \cos(x-y) \qquad (7.3)$$

令 $x = \omega t + \theta_V$，$y = \omega t + \theta_I$，則推得：

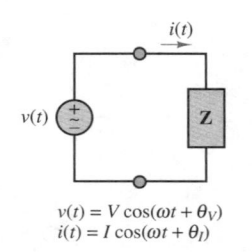

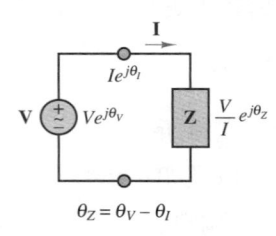

圖 7.1 AC 電路的時域與頻域，負載的相位角為 $\theta_Z = \theta_V - \theta_I$

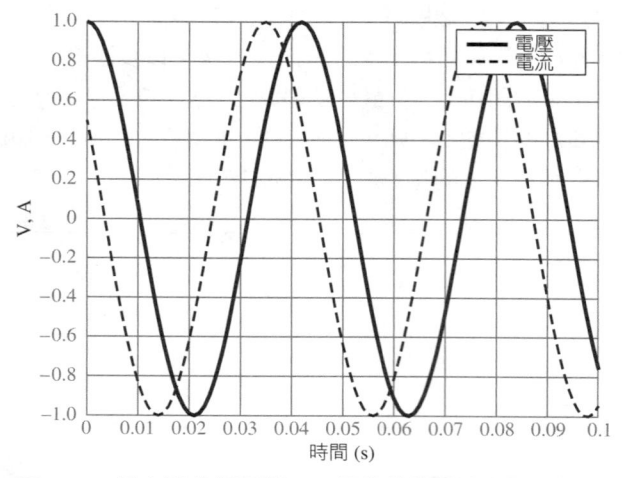

圖 7.2 具有單位振幅與 60° 相位差的電流與電壓波形

$$p(t) = \frac{VI}{2}[\cos(2\omega t + \theta_V + \theta_I) + \cos(\theta_V - \theta_I)]$$

$$= \frac{VI}{2}[\cos(2\omega t + \theta_V + \theta_I) + \cos(\theta_Z)] \tag{7.4}$$

式 7.4 說明了元件所消耗的瞬時功率等於常數 $\frac{1}{2}VI\cos(\theta_Z)$ 與弦波 $\frac{1}{2}VI\cos(2\omega t + \theta_V + \theta_I)$ 的和,期振盪頻率為電源頻率的 2 倍。由於在一個週期或夠長時間內,弦波對於時間的平均值為零,因此,常數 $\frac{1}{2}VI\cos(\theta_Z)$ 就成為複數負載 **Z** 所消耗的平均功率,其中, θ_Z 為負載的相位角。

圖 7.3 所示為圖 7.2 電壓與電流訊號的瞬時與平均功率。這些觀察的結果可用數學式加以證實。瞬時功率的時間平均值定義如下:

$$P_{\text{avg}} \equiv \frac{1}{T} \int_{t_0}^{t_0+T} P(t)\, dt \tag{7.5}$$

其中 T 為 $p(t)$ 的週期。利用式 7.4 取代 $p(t)$ 可得:

$$\begin{aligned} P_{\text{avg}} &= \frac{1}{T}\int_{t_0}^{t_0+T} \frac{VI}{2}\left[\cos(2\omega t + \theta_V + \theta_I) + \cos(\theta_Z)\right] dt \\ &= \frac{VI}{2T}\int_{t_0}^{t_0+T} \left[\cos(2\omega t + \theta_V + \theta_I) + \cos(\theta_Z)\right] dt \end{aligned} \tag{7.6}$$

第 1 項 $\cos(2\omega t + \theta_V + \theta_I)$ 的積分為 0。但第 2 項(常數)積分為 T $\cos(\theta_Z)$。因此,平均功率 P_{avg} 是:

$$\boxed{P_{\text{avg}} = \frac{VI}{2}\cos(\theta_Z) = \frac{1}{2}\frac{V^2}{|\mathbf{Z}|}\cos(\theta_Z) = \frac{1}{2}I^2|\mathbf{Z}|\cos(\theta_Z)} \tag{7.7}$$

其中

$$|\mathbf{Z}| = \frac{|\mathbf{V}|}{|\mathbf{I}|} = \frac{V}{I} \qquad 與 \qquad \theta_Z = \theta_V - \theta_I \tag{7.8}$$

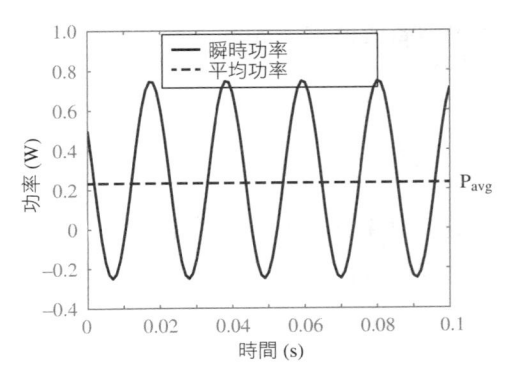

圖 7.3 圖 7.2 訊號的瞬時與平均功率

有效值（Effective Values）

在北美地區，交流電源以固定頻率每秒 60 循環（赫茲 Hz）運作，其相對的角頻率 ω 為：

$$\omega = 2\pi \cdot 60 = 377 \text{ rad/s} \qquad 交流電源頻率 \tag{7.9}$$

在歐洲地區或許多其他世界各地，交流電源頻率為 50 Hz。

> 除非另有特別說明，本章所使用的角頻率 ω 假設為 377 rad/s。

傳統上，AC 電源分析係採用有效值（effective）或均方根值（root-mean-square，rms）（參閱 4.2 小節），而非 AC 電壓與電流的峰值。對於弦波訊號而言，有效電壓 $\tilde{V} \equiv V_{\text{rms}}$ 與峰值電壓 V 的關係如下：

$$\tilde{V} = V_{\text{rms}} = \frac{V}{\sqrt{2}} \tag{7.10}$$

同樣地，有效電流 $\tilde{I} \equiv I_{\text{rms}}$ 與峰值電流 I 的關係如下：

$$\tilde{I} = I_{\text{rms}} = \frac{I}{\sqrt{2}} \tag{7.11}$$

> AC 電源的均方根值（rms）或有效值等效於直流（DC）值在相同電阻上所消耗一樣的平均功率。

平均功率可用有效電壓與電流值表示。將 $V = \sqrt{2}\tilde{V}$ 和 $I = \sqrt{2}\tilde{I}$ 帶入式 7.7 中可得：

$$P_{\text{avg}} = \tilde{V}\tilde{I} \cos(\theta_Z) = \frac{\tilde{V}^2}{|\mathbf{Z}|} \cos(\theta_Z) = \tilde{I}^2 |\mathbf{Z}| \cos(\theta_Z) \tag{7.12}$$

電壓和電流的相位也可用有效值表示如下：

$$\tilde{\mathbf{V}} = \tilde{V} e^{j\theta_V} = \tilde{V} \angle \theta_V \tag{7.13}$$

$$\tilde{\mathbf{I}} = \tilde{I} e^{j\theta_I} = \tilde{I} \angle \theta_I \tag{7.14}$$

很重要需特別注意的是，第 4 章中稱為複數量的數學符號，像 $\mathbf{V}$，$\mathbf{I}$，$\mathbf{Z}$ 是使用粗體。但像是 V，I，$\tilde{V}$，$\tilde{I}$ 等純量則是使用斜體。兩者間的關係是 $V = |\mathbf{V}|$，$\tilde{V} = |\tilde{\mathbf{V}}|$。

阻抗三角形（Impedance Triangle）

圖 7.4 呈現的**阻抗三角形**觀念是向量在複數平面上一個很重要的圖形。利用基本的三角原理可得：

$$R = |\mathbf{Z}| \cos \theta \tag{7.15}$$
$$X = |\mathbf{Z}| \sin \theta \tag{7.16}$$

其中 R 是電阻，X 是電抗。請注意 R 與 P_{avg} 均正比於 $\cos(\theta_Z)$，代表阻抗三角形也可應用在此，以 P_{avg} 作為正三角形的一邊。這種三角形又稱為*功率三角形*，和抗阻三角形同為有用的解題觀念，7.2 小節中將會介紹。

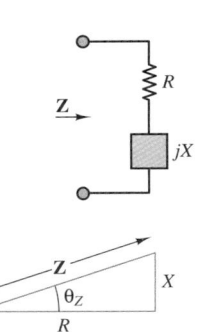

圖 7.4 阻抗三角形

功率因數 (Power Factor)

負載阻抗的相位角 θ_Z 在 AC 電路中扮演非常重要的角色，從式 7.12 中可看出，AC 負載所消耗的平均功率正比於 $\cos(\theta_Z)$，因此 $\cos(\theta_Z)$ 被稱為**功率因數（power factor，pf）**。對於純電阻負載而言：

$$\theta_Z = 0 \quad \rightarrow \quad \text{pf} = 1 \qquad \text{電阻負載} \tag{7.17}$$

對於純電感性或電容性負載而言：

$$\theta_Z = +\pi/2 \quad \rightarrow \quad \text{pf} = 0 \qquad \text{電感性負載} \tag{7.18}$$
$$\theta_Z = -\pi/2 \quad \rightarrow \quad \text{pf} = 0 \qquad \text{電容性負載} \tag{7.19}$$

對於負載具有非零電阻（實數）與電抗（虛數）的部分：

$$0 < |\theta_Z| < \pi/2 \quad \rightarrow \quad 0 < \text{pf} < 1 \qquad \text{複數負載} \tag{7.20}$$

利用 $\text{pf} = \cos(\theta_Z)$ 的定義，平均功率可表示如下：

$$P_{avg} = \tilde{V}\tilde{I}\text{pf} \tag{7.21}$$

由於 $\text{pf}_R = 1$，因此，消耗在電阻上的平均功率是：

$$(P_{avg})_R = \tilde{V}_R \tilde{I}_R \text{pf}_R = \tilde{V}_R \tilde{I}_R \tag{7.22}$$

相反地，消耗在電容或是電感上的平均功率為：

$$(P_{avg})_X = \tilde{V}_X \tilde{I}_X \text{pf}_X = 0 \tag{7.23}$$

因為 $\text{pf}_X = 0$，其中下標 X 表示為具有電抗的元件（電感或電容）。需注意的是，縱使電感與電容不會消耗功率，但由於會影響到電路上跨於電阻兩端的電壓與電流，所以也會影響到電路功率的消耗。

當 θ_Z 為正時，負載為電感性，功率因數被視為落後（lagging）狀態；當 θ_Z 為負時，負載為電容性，功率因數被視為超前（leading）狀態。很重要的是，由於餘弦

（cosine）是偶函數，因此，pf = cos(θ_Z) = cos($-\theta_Z$)。即便事先知道負載是否為電感性或是電容性可能是蠻重要的，不過，功率因數的值僅能指出電感性或是電容性的程度。如果真的要知道負載是否為電感或是電容性，那就必須知道功數因素是超前或是落後狀態。

範例 7.1　計算 AC 平均與瞬時功率。

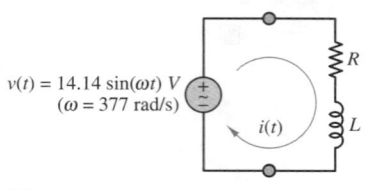

問題

計算圖 7.5 負載所消耗之平均與瞬時功率。

圖 7.5　$v(t) = 14.14 \sin(\omega t)$ V （$\omega = 377$ rad/s）

解

已知條件：電源電壓與頻率，負載電阻與電感值。

找出：RL 負載之 P_{avg}，$p(t)$。

已知資料：$v(t) = 14.14\sin(377t)$ V；$R = 4\Omega$；$L = 8$ mH。

假設：無。

分析：電壓源以 $\sin(377t)$ 表示。傳統上，所有時變的正弦波應以餘弦表示。為了將 $\sin(377t)$ 轉換成 $\cos(377t + \theta_V)$，請回想一下，正弦等於餘弦在時間上向右移位 $\pi/2$ 的相位，也就是說，$\sin(377t) = \cos(377t - \pi/2)$。因此，角頻率 $\omega = 377$ rad/s 的電源電壓可表示如下：

$$\tilde{V} = 10 \angle \left(-\frac{\pi}{2}\right) \text{ V rms}$$

其中，14.14 V = 10 Vrms。

負載的等效阻抗是：

$$Z = R + j\omega L \approx 4 + j3 = 5\angle(36.9°) = 5\angle(0.644 \text{ rad})\, \Omega$$

迴路的電流是：

$$\tilde{I} = \frac{\tilde{V}}{Z} \approx \frac{10\angle(-\pi/2)}{5\angle(0.644)} \approx 2\angle(-2.215) \text{ A rms}$$

有兩種方法可清楚地說明如何計算電路消耗的功率：

1. 最直接有效的方法就是計算：

$$P_{avg} = \tilde{V}\tilde{I}\cos(\theta_Z) = 10 \times 2 \times \cos(0.644) \approx 16 \text{ W}$$

2. 另外一個方法就是利用電感消耗平均功率為 0 的原理。因此，總消耗功率等於電阻消耗的功率：

$$(P_{avg})_R = \tilde{I}^2 R \text{pf}_R = \tilde{I}^2 R \approx (2)^2 \times 4 = 16 \text{ W}$$

瞬時功率可得：

$$p(t) = v(t) \times i(t) = \sqrt{2} \times 10 \sin(377t) \times \sqrt{2} \times 2 \cos(377t - 2.215) \text{ W}$$

瞬時電壓與電流波形以及瞬時與平均功率繪於圖 7.6。

範例 7.1 之電壓與電流波形

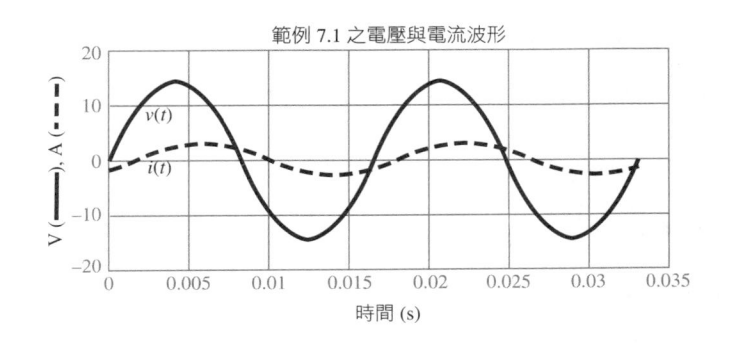

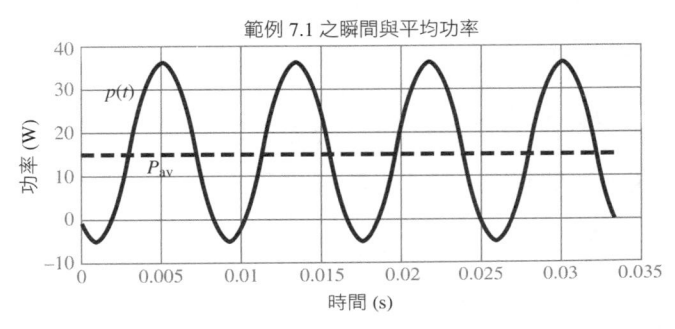

範例 7.1 之瞬間與平均功率

圖 7.6

評論：在工程實務上，使用 rms 值計算功率是標準的用法。而且，要注意，縱使平均功率為正，瞬時功率有時也可能為負。這個結果反映出一個事實：雖然電感的平均功率為零，但當電感從弦波電源端進行充電或是放電時，電感的瞬時功率有可能為正或為負。

範例 7.2　計算 AC 平均功率

問題

計算圖 7.7 負載上的平均功率。

$\omega = 377$ rad/s

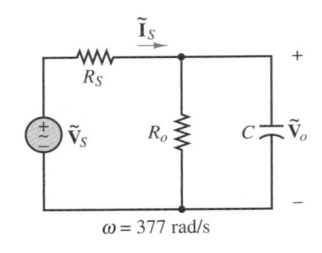

圖 7.7

解

已知條件：電源電壓，內部電阻，負載電阻，電容與頻率。

找出：$R_o \| C_o$ 負載之 P_{avg}。

已知資料：$\tilde{\mathbf{V}}_S = 110\angle 0°$ V rms；$R_S = 2\,\Omega$；$R_o = 16\,\Omega$；$C = 100\,\mu$F；$\omega = 377$ rad/s。

假設：無。

分析：

首先，以角頻率 $\omega = 377$ rad/s 計算負載的阻抗：

$$\mathbf{Z}_o = R_o \| \frac{1}{j\omega C} = \frac{R_o}{1+j\omega C R_o} = \frac{16}{1+j0.6032} = 13.7\angle(-0.543)\,\Omega$$

其中角頻率係以弧度量為單位。接著，利用分壓定理來計算負載電壓：

$$\tilde{\mathbf{V}}_o = \frac{\mathbf{Z}_o}{R_S + \mathbf{Z}_o}\tilde{\mathbf{V}}_S = \frac{13.7\angle(-0.543)}{2 + 13.7\angle(-0.543)}110\angle 0 = 97.6\angle(-0.067)\text{ V rms}$$

最後，利用式 7.12 計算平均功率：

$$P_{\text{avg}} = \frac{|\tilde{\mathbf{V}}_o|^2}{|\mathbf{Z}_o|}\cos(\theta_Z) = \frac{97.6^2}{13.7}\cos(-0.543) = 595\text{ W}$$

另外，計算電源電流 $\tilde{\mathbf{I}}_S$，然後利用式 7.12 來計算平均功率。

$$\tilde{\mathbf{I}}_S = \frac{\tilde{\mathbf{V}}_o}{\mathbf{Z}_o} = 7.12\angle 0.476\text{ A rms}$$

$$P_{\text{avg}} = |\tilde{\mathbf{I}}_s|^2|\mathbf{Z}_o|\cos(\theta) = 7.12^2 \times 13.7 \times \cos(-0.543) = 595\text{ W}$$

LO 範例 7.3　計算 AC 平均功率

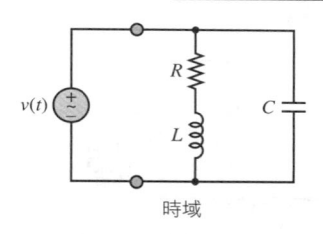

問題

計算圖 7.8 負載所消耗的平均功率。

解

已知條件：電源電壓，內部電阻，負載電阻，電容與電感值，以及頻率。

找出：複數負載之 P_{avg}。

已知資料：$\tilde{\mathbf{V}}_s = 110\angle 0$ V rms；$R = 10\,\Omega$；$L = 0.05$H；$C = 470\,\mu$F；$\omega = 377$ rad/s，圖 7.8。

假設：無。

分析：首先，計算在角頻率 $\omega = 377$ rad/s 之負載阻抗 Z_o。

$$\mathbf{Z}_o = (R + j\omega L) \| \frac{1}{j\omega C} = \frac{(R + j\omega L)/j\omega C}{R + j\omega L + 1/j\omega C}$$

$$= \frac{R + j\omega L}{1 - \omega^2 LC + j\omega CR} = 1.16 - j7.18$$

$$= 7.27\angle(-1.41)\,\Omega$$

圖 7.8

請注意，等效負載在 $\omega = 377$ rad/s 時有一個負的虛部，意即是一個電容性的負載，如圖 7.9 所示。

其平均功率為：

$$P_{\text{avg}} = \frac{|\tilde{\mathbf{V}}_s|^2}{|\mathbf{Z}_o|}\cos(\theta) = \frac{110^2}{7.27}\cos(-1.41) = 266\,\text{W}$$

評論： 在 $\omega = 377$ rad/s 時，電容對於等效阻抗的影響比電感大。在低頻時，由於電容的阻抗比電感阻抗 $R + j\omega L$ 大，因此，並聯等效阻抗會有電感性。當並聯等效阻抗的虛部為零時，最好能先找出頻率。

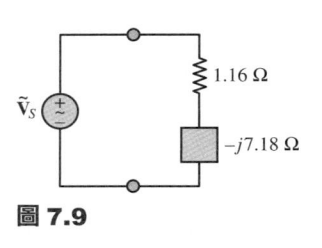

圖 7.9

檢視學習成效

考慮圖 7.10 的電路。找出從電源端看進去的負載阻抗，並計算負載的平均功率。常數 155.6 乘上餘弦函數所得的一定是峰值而非 rms。

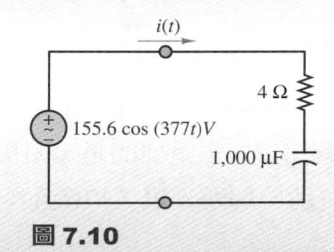

圖 7.10

解答：$\mathbf{Z} = 4.8e^{-j33.5°}\,\Omega$; $P_{\text{avg}} = 2{,}103.4\,\text{W}$

檢視學習成效

範例 7.2 請計算電源內部電阻 R_S 所消耗的功率，同時計算 $P_{\text{avg}} = \tilde{I}_S^2|\mathbf{Z}|\cos(\theta_Z)$。

解答：101.46 W；595 W

7.2 複數功率

定義**複數功率**（**complex power S**）有助於簡化交流（AC）功率的計算：

$$\boxed{\mathbf{S} = \tilde{\mathbf{V}}\tilde{\mathbf{I}}^*} \qquad \text{複數功率} \tag{7.24}$$

其中星號（*）表示共軛複數（參閱附錄 A）。請注意，取相量之共軛複數就是將其相位角乘以 -1。換句話說，$\angle\mathbf{S} = \angle\tilde{\mathbf{V}} + \angle\tilde{\mathbf{I}}^* = \angle\tilde{\mathbf{V}} - \angle\tilde{\mathbf{I}} = \theta_Z$，由複數功率的定義可得：

$$\begin{aligned}
\mathbf{S} &= \tilde{V}\tilde{I}\cos(\theta_Z) + j\tilde{V}\tilde{I}\sin(\theta_Z) \\
&= \tilde{I}^2|\mathbf{Z}|\cos(\theta_Z) + j\tilde{I}^2|\mathbf{Z}|\sin(\theta_Z) \\
&= \tilde{I}^2 R + j\tilde{I}^2 X = \tilde{I}^2\mathbf{Z}
\end{aligned} \tag{7.25}$$

圖 7.11 阻抗三角形

表 7.1 實功與虛功

實功 P_{avg}	虛功 Q
$\tilde{V}\tilde{I}\cos(\theta)$	$\tilde{V}\tilde{I}\sin(\theta)$
$\tilde{I}^2 R$	$\tilde{I}^2 X$

$|\mathbf{S}| = \sqrt{P_{av}^2 + Q^2} = \tilde{V}\cdot\tilde{I}$
$P_{av} = \tilde{V}\tilde{I}\cos\theta$
$Q = \tilde{V}\tilde{I}\sin\theta$

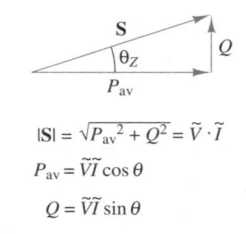

圖 7.12 複數功率三角形

其中 $R = |\mathbf{Z}|\cos(\theta_Z)$，$X = |\mathbf{Z}|\sin(\theta_Z)$ 分別為圖 7.11 阻抗三角形之電阻與電抗。S 實部與虛部分別為**有效功率** $P_{\text{avg}} = \tilde{V}\tilde{I}\cos(\theta_Z)$，以及**無效功率** $Q = \tilde{V}\tilde{I}\sin(\theta_Z)$，因此：

$$\mathbf{S} = P_{\text{avg}} + jQ \tag{7.26}$$

複數功率之 |**S**| 值稱為**視在功率**（apparent power）S，單位為**伏安 (volt-ampere, VA)**。Q 的單位是**無效伏安**（volt-amperes reactive），或是 VAR。

S、P 和 Q 的關係歸納在圖 7.12。很重要的是，阻抗與功率三角形兩者類似，亦即有相同的形狀，這個結果有助於解題。表 7.1 所示為一般計算 P 與 Q 的數學關係式。

複數功率亦可表示成：

$$\mathbf{S} = \tilde{I}^2\mathbf{Z} = \tilde{I}^2 R + j\tilde{I}^2 X \tag{7.27}$$

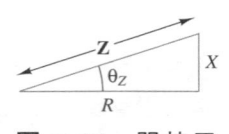

更進一步來說，因為 $\tilde{V} = \tilde{I}|\mathbf{Z}|$ 和 $|\mathbf{Z}|^2 = \mathbf{Z}\mathbf{Z}^*$，複數功率可表示如下：

$$\begin{aligned}\mathbf{S} &= \tilde{I}^2\mathbf{Z} = \frac{\tilde{I}^2\mathbf{Z}\mathbf{Z}^*}{\mathbf{Z}^*} \\ &= \frac{\tilde{V}^2}{\mathbf{Z}^*}\end{aligned} \tag{7.28}$$

如同前面所述，電容與電感（電抗負載）是無耗損元件，本身並不會消耗能量。不過由於電容與電感會影響到實際耗能電阻的電壓與電流，因此會影響到電路的功率消耗。此影響程度的量化指標以 Q 表示，而 Q 值完全取決於電容與電感。值得注意的是，$Q = 0$，pf = 1，因而 $P = S$，此為純電阻性網路。P 代表電路實際所做的功，像是馬達所消耗的 P 值代表其真正運轉時的有效工作。基於這樣的理由，電力公司當然希望所有提供給使用者的 S 值能夠全部轉為有用的 P 值。然而，所有的馬達均具有些許電感，造成 $Q \neq 0$，pf < 1，以及 $P < S$。要修正馬達的電感效應，可以在馬達上加一個並聯的電容，如此便可減少 Q 值，進而減少提供給 P 的 S 值。

解題重點

1. 使用 AC 電路分析的方法來計算負載上的電壓及其電流,並將峰值轉成有效值。

$$\tilde{\mathbf{V}} = \tilde{V}\angle\theta_V, \qquad \tilde{\mathbf{I}} = \tilde{I}\angle\theta_I$$

2. 計算 $\theta_Z = \theta_V - \theta_I$ 以及功率因數 $\text{pf} = \cos(\theta_Z)$,畫出如圖 7.11 之阻抗三角形。
3. 使用以下兩個方法中的一個來計算 P_{avg} 和 Q。
   - 計算複數功率 $\mathbf{S} = \tilde{\mathbf{V}}\tilde{\mathbf{I}}^*$,使得到 $P = P_{\text{avg}} = \text{Re}(\mathbf{S})$,$Q = \text{Im}(\mathbf{S})$,$S = |\mathbf{S}|$。相量取共軛複數就是將其相位角乘上 -1,如 $\angle\mathbf{S} = \angle\tilde{\mathbf{V}} - \angle\tilde{\mathbf{I}} = \theta_Z$。
   - 計算視在功率 $S = |\mathbf{S}| = \tilde{V}\tilde{I}$,使得 $P = P_{\text{avg}} = S_{\text{pf}}$,$Q = S\sin(\theta_Z)$。
4. 畫出如圖 7.12 之功率三角形,並確認 $S^2 = P^2 + Q^2$,$\tan(\theta_Z) = Q/P$。
5. 如果 Q 是負的,則負載是電容性的且其功率因數是超前的;如果 Q 是正的,則負載是電感性的且其功率因數是落後的。

範例 7.4 　複數功率的計算

問題

計算圖 7.13 負載 $\mathbf{Z}_o$ 的複數功率。

解

已知條件:電源,負載電壓與電流。

找出:複數負載之 $\mathbf{S} = P_{\text{avg}} + jQ$。

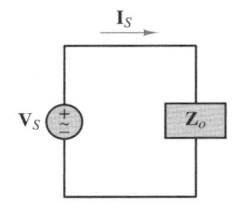

圖 7.13

已知資料:$v(t) = 100\cos(\omega t + 0.262)$ V;$i(t) = 2\cos(\omega t - 0.262)$ A;$\omega = 377$ rad/s。

假設:所有相位角均以強度量為單位。

分析:首先,要知道常數乘上餘弦函數的結果一定是峰值而非 rms 值。這些函數可轉換成有效值的向量形態,如下:

$$\tilde{\mathbf{V}} = \frac{100}{\sqrt{2}}\angle 0.262 \text{ V} \qquad \tilde{\mathbf{I}} = \frac{2}{\sqrt{2}}\angle(-0.262) \text{ A}$$

利用式 7.12,計算負載相位角,有效功率,無效功率。

$$\theta_Z = \angle(\tilde{\mathbf{V}}) - \angle(\tilde{\mathbf{I}}) = 0.524 \text{ rad}$$

$$P_{\text{avg}} = |\tilde{\mathbf{V}}||\tilde{\mathbf{I}}|\cos(\theta_Z) = \frac{200}{2}\cos(0.524) = 86.6 \text{ W}$$

$$Q = |\tilde{\mathbf{V}}||\tilde{\mathbf{I}}|\sin(\theta_Z) = \frac{200}{2}\sin(0.524) = 50 \text{ VAR}$$

應用式 7.24 複數功率的定義,重複計算:

$$S = \tilde{V}\tilde{I}^* = \frac{100}{\sqrt{2}}\angle 0.262 \times \frac{2}{\sqrt{2}}\angle -(-0.262) = 100\angle 0.524$$
$$= (86.6 + j50)\text{ VA}$$

因此,

$$P_{\text{avg}} = 86.6\text{ W} \qquad Q = 50\text{ VAR}$$

評論:請注意複數功率的定義如何同時產生兩種數值。

範例 7.5　有效功率與無效功率的計算

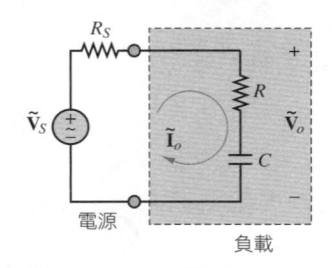

問題

計算圖 7.14 負載的複數功率。

圖 7.14

解

已知條件:電源電壓與電阻;負載阻抗。

找出:複數負載之 $S = P + jQ$。

已知資料:$\tilde{V}_S = 110\angle 0°$ V;$R_S = 2\Omega$;$R = 5\Omega$;$C = 2{,}000\,\mu\text{F}$;$\omega = 377$ rad/s。

假設:所有數值均為有效值,所有相位角均以弳度量為單位。

分析:負載阻抗是:

$$Z_o = R + \frac{1}{j\omega C} = (5 - j1.326)\,\Omega = 5.173\angle(-0.259)\,\Omega$$

接著,應用分壓定理以及廣義的歐姆定理來計算負載電壓和電流:

$$\tilde{V}_o = \frac{Z_o}{R_S + Z_o}\tilde{V}_S = \frac{5 - j1.326}{7 - j1.326} \times 110 = 79.86\angle(-0.072)\text{ V}$$

$$\tilde{I}_o = \frac{\tilde{V}_o}{Z_o} = \frac{79.86\angle(-0.072)}{5.173\angle(-0.259)} = 15.44\angle 0.187\text{ A}$$

最後,計算如式 7.24 所定義的複數功率:

$$S = \tilde{V}_o\tilde{I}_o^* = 79.9\angle(-0.072) \times 15.44\angle(-0.187) = 1{,}233\angle(-0.259)$$
$$= (1{,}192 - j316)\text{VA}$$

因此,

$$P = 1{,}192\text{ W} \qquad Q = -316\text{ VAR}$$

評論:此無效功率是電容性或是電感性?由於 $Q<0$,因此,無效功率是電容性。

範例 7.6 複數負載的實際功率轉移。

問題

計算圖 7.15 負載 a,b 端的負載功率。將電感從負載端移走之後，重新計算並比較這兩種情況的實際功率。

圖 7.15

解

已知條件：電源電壓與電阻；負載阻抗。

找出：

1. 複數負載之 $\mathbf{S}_1 = P_1 + jQ_1$。
2. 實際負載之 $\mathbf{S}_2 = P_2 + jQ_2$。
3. 針對每一種情況，計算其負載所消耗功率相對於電路所消耗實際功率的比率。

已知資料：$\tilde{\mathbf{V}}_S = 110\angle 0° \text{ V}$；$R_S = 4\Omega$；$R = 10\Omega$；$jX_L = j6\Omega$。

假設：所有數值均為有效值，所有相位角均以弳度量為單位。

分析：

1. 因負載含有電感，其阻抗 $\mathbf{Z}_o$ 是：

$$\mathbf{Z}_o = R \| j\omega L = \frac{10 \times j6}{10 + j6} = 5.145\angle 1.03 \ \Omega$$

應用分壓定理來計算負載電壓 $\tilde{\mathbf{V}}_o$，以及廣義的歐姆定理來計算 $\tilde{\mathbf{I}}_o = \tilde{\mathbf{I}}_S$。

$$\tilde{\mathbf{V}}_o = \frac{\mathbf{Z}_o}{R_S + \mathbf{Z}_o}\tilde{\mathbf{V}}_S = \frac{5.145\angle 1.03}{4 + 5.145\angle 1.03} \times 110 = 70.9\angle 0.444 \text{ V}$$

$$\tilde{\mathbf{I}}_o = \frac{\tilde{\mathbf{V}}_o}{\mathbf{Z}_o} = \frac{70.9\angle 0.444}{5.145\angle 1.03} = 13.8\angle(-0.586) \text{ A}$$

最後，計算如式 7.24 所定義的複數功率：

$$\mathbf{S}_1 = \tilde{\mathbf{V}}_o \tilde{\mathbf{I}}_o^* = 70.9\angle 0.444 \times 13.8\angle 0.586 = 978\angle 1.03 \text{ VA}$$
$$= (503 + j839) \text{ VA}$$

因此，

$$P_1 = 503 \text{ W} \qquad Q_1 = 839 \text{ VAR}$$

2. 將電感從圖 7.16 負載中移走，其阻抗是：

$$\mathbf{Z}_o = R = 10 \ \Omega$$

計算電壓及電流：

$$\tilde{\mathbf{V}}_o = \frac{\mathbf{Z}_o}{R_S + \mathbf{Z}_o}\tilde{\mathbf{V}}_S = \frac{10}{4+10} \times 110 = 78.57\angle 0 \text{ V}$$

$$\tilde{\mathbf{I}}_o = \frac{\tilde{\mathbf{V}}_o}{\mathbf{Z}_o} = \frac{78.57\angle 0}{10} = 7.857\angle 0 \text{ A}$$

圖 7.16

最後，依式 7.24 計算負載功率：

$$\mathbf{S}_2 = \tilde{\mathbf{V}}_o \tilde{\mathbf{I}}_o^* = 78.57\angle 0 \times 7.857\angle 0 = 617\angle 0 = (617 + j0) \text{ VA}$$

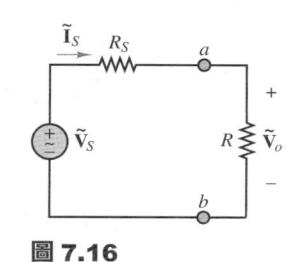

因此，

$$P_2 = 617\,\text{W} \qquad Q_2 = 0\,\text{VAR}$$

3. 為了計算電路所有消耗的實際功率 P_total，需要將電源的電阻考慮進來，然後計算每一種情況：

$$\mathbf{S}_\text{total} = \tilde{\mathbf{V}}_S \tilde{\mathbf{I}}_S^* = P_\text{total} + jQ_\text{total}$$

情況 1：

$$\tilde{\mathbf{I}}_S = \frac{\tilde{\mathbf{V}}_S}{\mathbf{Z}_\text{total}} = \frac{\tilde{\mathbf{V}}_S}{R_S + \mathbf{Z}_o} = \frac{110}{4 + 5.145\angle 1.03} = 13.8\angle(-0.586)\,\text{A}$$

$$\mathbf{S}_{1_\text{total}} = \tilde{\mathbf{V}}_S \tilde{\mathbf{I}}_S^* = 110 \times 13.8\angle(+0.586) = (1{,}264 + j838)\,\text{VA} = P_{1_\text{total}} + jQ_{1_\text{total}}$$

實際功率轉移的比率是：

$$100 \times \frac{P_1}{P_{1_\text{total}}} = \frac{503}{1{,}264} = 39.8\%$$

情況 2：

$$\tilde{\mathbf{I}}_S = \frac{\tilde{\mathbf{V}}_S}{\mathbf{Z}_\text{total}} = \frac{\tilde{\mathbf{V}}_S}{R_S + R} = \frac{110}{4 + 10} = 7.857\angle 0\,\text{A}$$

$$\mathbf{S}_{2_\text{total}} = \tilde{\mathbf{V}}_S \tilde{\mathbf{I}}_S^* = 110 \times 7.857 = (864 + j0)\,\text{VA} = P_{2_\text{total}} + jQ_{2_\text{total}}$$

實際功率轉移的比率是：

$$100 \times \frac{P_2}{P_{2_\text{total}}} = \frac{617}{864} = 71.4\%$$

評論：如果有可能消除阻抗的無效部分，從電源端實際轉移到負載的功率會明顯增加。這種做法稱為功率因數校正。

範例 7.7　計算功率與功率三角形

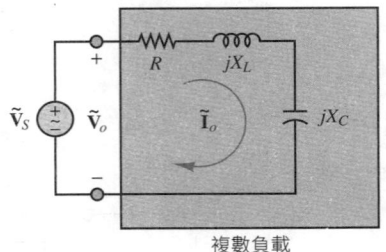

問題

找出圖 7.17 負載之無效功率與實際功率，並畫出相關的功率三角形。

解

已知條件：電源電壓；負載阻抗。

找出：複數負載之 $S = P_\text{avg} + jQ$。

已知資料：$\tilde{\mathbf{V}}_S = 60\angle 0\,\text{V}$；$R = 3\,\Omega$；$jX_L = j9\,\Omega$；$jX_C = -j5\,\Omega$。

假設：所有數值均為有效值，所有相位角均以弳度量為單位。

分析：首先，計算負載電流：

$$\tilde{\mathbf{I}}_o = \frac{\tilde{\mathbf{V}}_o}{\mathbf{Z}_o} = \frac{60\angle 0}{3 + j9 - j5} = \frac{60\angle 0}{5\angle 0.9273} = 12\angle(-0.9273)\,\text{A}$$

圖 7.17

接著，依式 7.24 定義計算負載複數功率：

$$\mathbf{S} = \tilde{\mathbf{V}}_o \tilde{\mathbf{I}}_o^* = 60\angle 0 \times 12\angle 0.9273 = 720\angle 0.9273 = (432 + j576) \text{ VA}$$

因此，

$$P = 432 \text{ W} \qquad Q = 576 \text{ VAR}$$

總無效功率必須等於個別元件無效功率的總和，如 $Q = Q_C + Q_L$。計算兩種數值如下：

$$Q_C = |\tilde{\mathbf{I}}_o|^2 \times X_C = (144)(-5) = -720 \text{ VAR}$$
$$Q_L = |\tilde{\mathbf{I}}_o|^2 \times X_L = (144)(9) = 1{,}296 \text{ VAR}$$

和

$$Q = Q_L + Q_C = 576 \text{ VAR}$$

評論：圖 7.18 所示為相對於電路的功率三角形。相量圖說明如何將 P、Q_C、Q_L 三個相量相加而得到複數功率 $\mathbf{S}$。

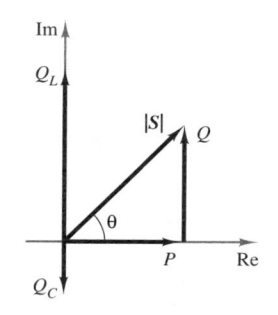

Note: $S = P + jQ_C + jQ_L$

圖 7.18

檢視學習成效

計算範例 7.2 中負載之實際功率與無效功率。

解答：$P_{\text{avg}} = 595 \text{ W}$; $Q = -359 \text{ VAR}$

檢視學習成效

計算圖 7.10 負載之實際功率與無效功率。

解答：$P_{\text{avg}} = 2.1 \text{ kW}$; $Q = 1.39 \text{ kVAR}$

檢視學習成效

參考範例 7.6，計算實際功率轉移的比率，其中電感值為原範例的一半。

解答：29.3%

檢視學習成效

計算範例 7.7 中負載的功率因數，考慮電路中有電感元件與無電感元件的情況。

解答：pf = 0.6，落後（電路中有電感 L）；pf = 0.5145，超前（未有電感 L）

7.3 功率因數校正

如果功率因數接近 1，表示來自 AC 電源端的電能傳輸是有效率的，反之，低的功率因數意味著效率低，如範例 7.6 所述。如果負載要求提供一個特定的實際功率 P，當功率因數增加到最大時，也就是說，當 pf = $\cos(\theta_Z) \to 1$，則負載所需求的電流就會降到最低。當 pf < 1，在負載上加入適當的電抗（例如電容）可以增加（校正）功率因數。當 pf 是超前時，必須加入電感；當 pf 是落後時，則必須加入電容。

> 如果 $\theta_Z > 0$，則 $Q > 0$，此時負載是電感性的，負載電流會落後負載電壓，且功率因數 pf 是落後的。反之，如果 $\theta_Z < 0$，則 $Q < 0$，此時負載是電容性的，負載電流會超前負載電壓，以及功率因數 pf 是超前的。

表 7.2 說明以及統整了這些觀念。為了簡化起見，表中電壓相位角 $\tilde{\mathbf{V}}$ 為零，以做為電流向量的參考相位。

在實務上，設計用於特定工業用途的負載通常是電感性的，主要是由於馬達的使用。若在負載上加入並聯電容，可以校正電感性負載的功率因數，此程序稱為*功率因數校正*。

在需要用到大量電能的工業工程應用上，負載功率因數的量測與校正非常重要。特別是機器設備、工地、重機械，以及其他重電力的使用者，必須很清楚知道自身對於電力公司而言，所呈現的負載功率因數是多少。如同前面所述，低的功率因數表示

表 7.2 與複數功率有關的情況

	電阻性負載	電容性負載	電感性負載
歐姆定律	$\tilde{\mathbf{V}} = \tilde{\mathbf{I}}\mathbf{Z}$	$\tilde{\mathbf{V}} = \tilde{\mathbf{I}}\mathbf{Z}$	$\tilde{\mathbf{V}} = \tilde{\mathbf{I}}\mathbf{Z}$
複數阻抗	$\mathbf{Z} = R$	$\mathbf{Z} = R + jX$ $X < 0$	$\mathbf{Z} = R + jX$ $X > 0$
相位角	$\theta = 0$	$\theta < 0$	$\theta > 0$
複數座標圖	$\theta = 0$，$\tilde{\mathbf{I}}$ 與 $\tilde{\mathbf{V}}$ 同向於實軸	$\tilde{\mathbf{I}}$ 在上方，與 $\tilde{\mathbf{V}}$ 夾角 $|\theta|$	$\tilde{\mathbf{V}}$ 在實軸，$\tilde{\mathbf{I}}$ 在下方夾角 θ
說明	電流與電壓同相	電流超前電壓	電流落後電壓
功率因數	相等	超前，< 1	落後，< 1
無效功率	0	負的	正的

需要從電力系統獲得更多的電流，會造成更多電力的損耗。因此，複數負載功率因數的計算對於任何工程師而言是很重要的工作。

解題重點
功率因數校正

1. 按解題重點方塊「複數功率的計算」所列步驟，找出負載的起始相位角 θ_Z，功率因數 pf_i，實功 P_i，虛功 Q_i。如果 P_i 以及 pf 或 θ_Z 為已知，則可直接使用 $Q = P\tan(\theta_Z)$ 來計算 Q 值。另外，以功率三角形的觀念來求解也很有幫助。

2. 對於落後的功率因數，在負載端加入並聯電容可得：

$$\Delta Q = Q_C = \frac{\tilde{V}^2}{|\mathbf{Z}_C|}\sin(\theta_Z) = -\omega C \tilde{V}^2$$

3. 最終的無效功率 Q_f 可表示為：

$$Q_f = Q_i + \Delta Q$$

4. 加入並聯電容並不會改變有效功率值。因此，$P_f = P_i$，最後負載的相位角是：

$$\theta_{Z_f} = \tan^{-1}\left(\frac{Q_f}{P_f}\right)$$

5. 最後的功率因數是：

$$pf_f = \cos(\theta_{Z_f})$$

範例 7.8　功率因數校正

問題

　　計算圖 7.19 電路的功率因數。外加並聯電容至負載端以將功率因數校正為 1。

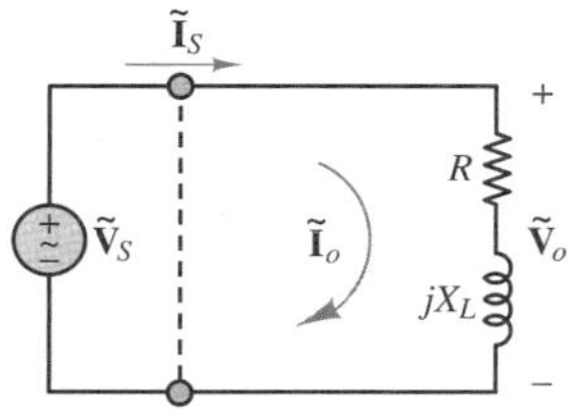

解

已知條件：電源電壓；負載阻抗。

找出：

1. 複數負載之 $\mathbf{S} = P + jQ$。
2. pf = 1 之並聯電容值。

已知資料：$\tilde{\mathbf{V}}_S = 117\angle 0$ V rms；$R = 50$ Ω；$jX_L = j86.7$ Ω；$\omega = 377$ rad/s。

假設：所有數值均為有效值，所有相位角均以弳度量為單位。

分析：

1. 首先，計算負載的阻抗：

$$\mathbf{Z}_o = R + jX_L = 50 + j86.7 = 100\angle 1.047\ \Omega$$

圖 7.19

接著，計算負載電流 $\tilde{\mathbf{I}}_o = \tilde{\mathbf{I}}_S$：

$$\tilde{\mathbf{I}}_o = \frac{\tilde{\mathbf{V}}_o}{\mathbf{Z}_o} = \frac{117\angle 0}{50 + j86.7} = \frac{117\angle 0}{100\angle 1.047} = 1.17\angle(-1.047)\,\text{A}$$

依式 7.24 所定義的方程式可求得複數功率：

$$\mathbf{S} = \tilde{\mathbf{V}}_o \tilde{\mathbf{I}}_o^* = 117\angle 0 \times 1.17\angle 1.047 = 137\angle 1.047 = (68.4 + j118.5)\,\text{VA}$$

因此，

$$P = 68.4\,\text{W} \qquad Q = 118.5\,\text{VAR}$$

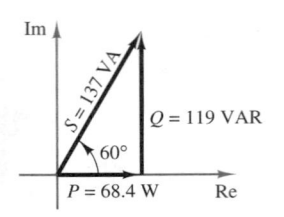

圖 7.20

圖 7.20 顯示本電路的功率三角形。此相量圖說明在加入 P 與 Q 額外相量後，結果為負數功率 $\mathbf{S}$。

2. 為了將功率因數校正至 1，必須減掉 118.5VAR。此可由並聯一個電容 $Q_C = -118.5$VAR 來實現。所需電容值可以找到：

$$X_C = \frac{|\tilde{\mathbf{V}}_o|^2}{Q_C} = -\frac{(117)^2}{118.5} = -115\,\Omega$$

電容電抗 X_C：

$$jX_C = \frac{1}{j\omega C} = -\frac{j}{\omega C}$$

因此，可得：

$$C = -\frac{1}{\omega X_C} = -\frac{1}{377(-115)} = 23.1\,\mu\text{F}$$

3. 所需的電源總電流是 $\tilde{\mathbf{I}}_S = \tilde{\mathbf{I}}_o + \tilde{\mathbf{I}}_c$：

$$\tilde{\mathbf{I}}_c = \frac{\tilde{\mathbf{V}}_S}{\mathbf{Z}_c} = (j\omega C)(117\angle 0) = (377)(23.1\,\mu\text{F})(117)\angle(\pi/2) \approx 1.02\angle 90°\,\text{A}$$

注意 $|\tilde{\mathbf{I}}_c| = |\tilde{\mathbf{V}}_S|/|X_c| \approx 117/115 \approx 1.02\,\text{A}$，總電流以相量加法計算為：

$$\tilde{\mathbf{I}}_S \approx 1.17\angle(-1.047) + 1.02\angle(\pi/2) \approx 0.585\angle 0\,\text{A}$$

校正過的功率因數 pf=1 表示，負載的阻抗為純電阻性的，亦即，$\theta_Z = 0$。因此，電源電流與電源電壓必須為同相位；結果也的確如此。

評論：請注意，由於功率因數增加，電源電流減少了。功率因數校正在電力系統上是一個非常普遍的程序，如圖 7.21 說明。

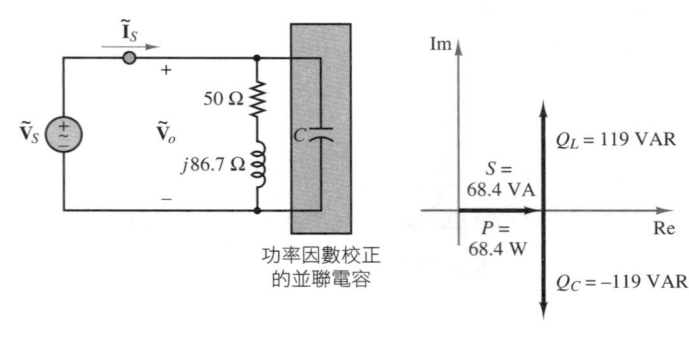

圖 **7.21** 功率因數校正

第 7 章 交流電源　　331

範例 7.9　串聯電容可用於校正功率因數嗎？

問題

圖 7.22 的電路使用串聯電容來校正功率因數，為什麼這個方法並不像範例 7.8 並聯的方法一樣合適？

圖 7.22

解

已知條件：電源電壓；負載阻抗。

找出：負載（電源）電流。

已知資料：$\tilde{V}_S = 117\angle 0$ V；R = 50 Ω；$jX_L = j86.7$ Ω；$jX_C = -j86.7$ Ω。

假設：所有數值均為有效值，所有相位角均以強度量為單位。

分析：首先，計算 a，b 兩端點之間的負載阻抗：

$$\mathbf{Z}_o = R + jX_L + jX_C = 50 + j86.7 - j86.7 = 50 \, \Omega$$

注意，所選擇的電容抗會使得載變成純電阻性，亦即，$\theta_Z = 0$，因此，功率因數被校正成 pf=1。目前看來這個結果很好。

接著，計算串聯負載的電流：

$$\tilde{\mathbf{I}}_o = \tilde{\mathbf{I}}_S = \frac{\tilde{\mathbf{V}}_S}{\mathbf{Z}_o} = \frac{117\angle 0}{50} = 2.34 \, \text{A}$$

校正過的功率因數 pf = 1 表示，負載的阻抗現在成為純電阻性，亦即，$\theta_Z = 0$，因此，電源電流與電源電壓變為同相位的關係。

計算未做校正之前的負載電流，即可知道使用這個方法的問題所在。

$$(\tilde{\mathbf{I}}_o)_{\text{initial}} = \frac{\tilde{\mathbf{V}}_S}{R + jX_L} = \frac{117\angle 0}{50 + j86.7} \approx 1.17\angle(-\pi/3) \, \text{A}$$

評論：注意，額外串接電容會增加 2 倍的電流量，因此，電源就得提供 2 倍的功率。在實務上，加裝並聯電容的方法相對容易。電容可利用大型推放的方式置於廠區的某處，且遠離生產線的馬達。電力公司會以優惠電價的方式來鼓勵工業用戶提高其功率因數。

範例 7.10　功率因數校正

問題

圖 7.23 中 100 kW 與落後 pf = 0.7 的負載用一個電容來校正其功率因數。求解單獨負載的無效功率，以及校正功率功數 pf = 1 所需的電容值。

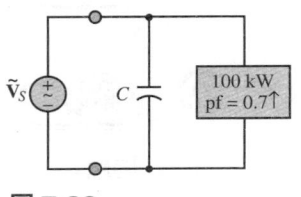

圖 7.23

解

已知條件：電源電壓；負載功率和功率因數。

找出：
1. 單獨負載的無效功率（虛功）Q。
2. 可校正功率因數 pf = 1 之電容 C。

已知資料： $\tilde{V}_S = 480\angle 0$ V rms；$P = 10^5$ W；負載 pf = 0.7 落後；$\omega = 377$ rad/s。

假設： 所有數值均為有效值，所有相位角均以弳度量為單位。

分析：
1. 僅單獨針對負載而言，pf = 0.7 落後或 $\cos(\theta_Z) = 7/10$，功率三角形如圖 7.24 所示。實功 $P = 100$ kW。利用功率三角形的觀念可求出負載的無效功率：

$$Q = P\tan(\theta_Z) = (100\,\text{kW})(\sqrt{51}/7) = 102\,\text{kVAR}$$

由於功率因數是落後的，根據表 7.2，無效功率是正的，功率三角形如圖 7.25 所示。

2. 為了設定功率因數 pf = 1，電容必須提供的無效功率為 -102 kVAR，如下：

$$Q_C = \Delta Q = Q_\text{final} - Q_\text{initial} = 0 - 102\,\text{kVAR} = -102\,\text{kVAR}$$

由於跨於電容兩端的電壓 $\tilde{V}_C$ 等於電源電壓 $\tilde{V}_S$，因此，電容的無效功率是：

$$Q_C = \frac{|\tilde{V}_C|^2}{|X_C|}\sin(-90°) = -(\omega C)|\tilde{V}_S|^2 = -(377)(480^2)C$$

要將功率校正至 pf = 1（總無效功率為 0），電容必須滿足：

$$Q_C = -(377)(480^2)C = -102\,\text{kVAR}$$

或

$$C = \frac{102\,\text{kVAR}}{(377)(480^2)} = 1{,}175\,\mu\text{F}$$

利用三角形及／或畢氏定理可知視在功率 $|S| = 143$ kVA，如圖 7.25 所示。

評論： 其實功率因數校正是不需要知道負載的阻抗的。不過，計算從 $\tilde{V}_S$ 端看進去的等效阻抗以及檢視 $\cos(\theta_Z) = 0.7$ 是有用的練習。

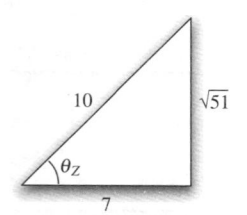

圖 7.24 功率三角形相對關係

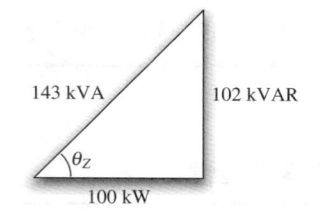

圖 7.25 功率三角形

範例 7.11　功率因數校正

問題

圖 7.26 顯示有第 2 個負載加到圖 7.23 的電路中。計算校正功率因數 pf = 1 所需的電容值。以相量圖畫出 $\tilde{I}_C$、$\tilde{I}_1$、$\tilde{I}_2$ 的關係。

第 7 章 交流電源　333

圖 7.26

解

已知條件：電源電壓；負載功率和功率因數。

找出：

1. 負載 1 和負載 2 的總虛功。
2. 可校正功率因數 pf = 1 之電容 C。
3. $\tilde{\mathbf{I}}_C$、$\tilde{\mathbf{I}}_1$、$\tilde{\mathbf{I}}_2$ 以及畫出這些電流的相量圖。

已知資料：$\tilde{\mathbf{V}}_S = 480\angle 0$ V rms；$P_1 = 100$ kW；$\text{pf}_1 = 0.7$ 落後；$P_2 = 50$ kW；$\text{pf}_2 = 0.95$ 超前；$\omega = 377$ rad/s。

假設：所有數值均為有效值，所有相位角均以弧度量為單位。

分析：

1. 利用 $P = |\tilde{\mathbf{V}}||\tilde{\mathbf{I}}|\text{pf}$ 的關係計算 $\tilde{\mathbf{I}}_1$、$\tilde{\mathbf{I}}_2$。

$$P_1 = |\tilde{\mathbf{V}}_S||\tilde{\mathbf{I}}_1|\cos(\theta_1) \quad \rightarrow \quad |\tilde{\mathbf{I}}_1| = \frac{P_1}{|\tilde{\mathbf{V}}_S|\cos(\theta_1)} \approx 298 \text{ A}$$

以及

$$\angle\tilde{\mathbf{V}}_S = \angle\tilde{\mathbf{I}}_1 + \theta_{Z_1} \quad \rightarrow \quad \angle\tilde{\mathbf{I}}_1 = \angle\tilde{\mathbf{V}}_S - \theta_{Z_1} = 0 - \cos^{-1}(0.7) \approx -0.795 \text{ rad}$$

需注意的是，雖然反三角函數有 2 個數值，例如，$\cos^{-1}(0.7) \approx \pm 0.795$ rad，但由於負載 1 的功率因數是落後的，因此，正確的答案是 $\theta_{Z_1} = +0.795$。

同樣地，對於負載 2 而言：

$$P_2 = |\tilde{\mathbf{V}}_S||\tilde{\mathbf{I}}_2|\cos(\theta_2) \quad \rightarrow \quad |\tilde{\mathbf{I}}_2| = \frac{P_2}{|\tilde{\mathbf{V}}_S|\cos(\theta_2)} \approx 110 \text{ A}$$

以及

$$\angle\tilde{\mathbf{V}}_S = \angle\tilde{\mathbf{I}}_2 + \theta_{Z_2} \quad \rightarrow \quad \angle\tilde{\mathbf{I}}_1 = \angle\tilde{\mathbf{V}}_S - \theta_{Z_2} = 0 - \cos^{-1}(0.95) \approx +0.318 \text{ rad}$$

負載 2 的功率因數是超前的，因此，$\theta_{Z_2} = -0.318$ 是正確的答案。

$$Q_1 = P_1 \tan(+0.795 \text{ rad}) \approx +102 \text{ kVAR}$$

以及

$$Q_2 = P_2 \tan(-0.318 \text{ rad}) \approx -16.4 \text{ kVAR}$$

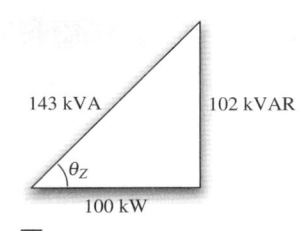

圖 7.27

兩個負載的功率三角形分別如圖 7.27 與 7.28 所示，總無效功率等於 $Q = Q_1 + Q_2 \approx 85.6 \text{ kVAR}$。

2. 為了設定功率因數 pf = 1，電容必須提供 -85.6 kVAR 的無效功率，也就是：

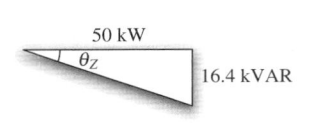

圖 7.28

$$Q_C = \Delta Q = Q_{\text{final}} - Q_{\text{initial}} = 0 - 85.6\,\text{kVAR} = -85.6\,\text{kVAR}$$

僅單獨考慮電容,其無效功率是:

$$Q_C = \frac{|\tilde{\mathbf{V}}_C|^2}{X_C} = -(\omega C)|\tilde{\mathbf{V}}_S|^2 = -(377)(480^2)C$$

因此,為了要校正功率因數至 pf = 1,電容必須滿足:

$$Q_C = -(377)(480^2)C = -85.6\,\text{kVAR}$$

或

$$C = \frac{85.6\,\text{kVAR}}{(377)(480^2)} \approx 985\,\mu\text{F}$$

3. 要計算電容的電流,是不可能使用 $P = |\tilde{\mathbf{V}}||\tilde{\mathbf{I}}|\text{pf}$ 的,因為電容其 $P = 0$,pf = 0。另一個方法是利用歐姆定理計算。

$$\tilde{\mathbf{V}}_C = \tilde{\mathbf{I}}_C \mathbf{Z}_C \quad \rightarrow \quad |\tilde{\mathbf{I}}_C| = \frac{|\tilde{\mathbf{V}}_C|}{|\mathbf{Z}_C|} = \omega C|\tilde{\mathbf{V}}_C| \approx 178.2\,\text{A}$$

其中,$\tilde{\mathbf{V}}_C = \tilde{\mathbf{V}}_S$,$\tilde{\mathbf{I}}_C$ 的相位角是:

$$\angle \tilde{\mathbf{I}}_C = \angle \tilde{\mathbf{V}}_C - \theta_{Z_C} = 0 - (-\pi/2) = +\pi/2\,\text{rad}$$

電流向量圖如圖 7.29 所示。

評論:由功率三角形可以看出,電容電流亦可以 $Q_C = |\tilde{\mathbf{V}}_C||\tilde{\mathbf{I}}_C|\sin(\theta_C)$ 關係式加以計算,其中,$\theta_C = -\pi/2$,$Q_C = |\tilde{\mathbf{V}}_C|^2/X_C = -(\omega C)|\tilde{\mathbf{V}}_C|^2$,請試試看。

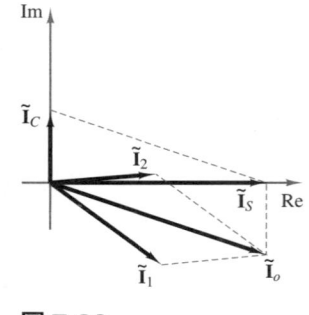

圖 7.29

檢視學習成效

範例 7.8 經功率因數校正之後,求解 $\tilde{\mathbf{I}}_S$ 的數值。

解答:0.585 A

檢視學習成效

以下有兩種負載電流及電壓的情況。分別找出各負載的功率因數,以及是超前或是落後。

a. $v(t) = 540\cos(\omega t + 15°)$ V,$i(t) = 2\cos(\omega t + 47°)$ A
b. $v(t) = 155\cos(\omega t - 15°)$ V,$i(t) = 2\cos(\omega t - 22°)$ A

解答:a. 0.848,超前;b. 0.9925,落後

> **檢視學習成效**
>
> 根據以下數據，請判斷負載是電容性的或是電感性的。
>
> a. pf = 0.87，超前的。
> b. pf = 0.42，超前的。
> c. $v(t) = 42\cos(\omega t)$ V，$i(t) = 4.2\sin(\omega t)$ A。提示：$\sin(\omega t)$ 落後 $\cos(\omega t)$。
> d. $v(t) = 10.4\cos(\omega t - 22°)$ V，$i(t) = 0.4\cos(\omega t - 22°)$ A。
>
> 解答：a. 電容性；b. 電容性；c. 電感性；d. 兩者皆非（電阻性）

> **檢視學習成效**
>
> 一個電感性負載具 $L = 100$ mH 串聯 $R = 0.4$ Ω。假設 $\omega = 377$ rad/s，求解其功率因數。
>
> 解答：pf = 0.0106，落後

7.4 變壓器

變壓器經常會作為兩個不同的 AC 電路的介面，居中扮演磁場耦合以及傳輸電壓與電流的角色，例如，匹配一個高電壓與低輸出電流之電路，至另一個低電壓與高輸入電流的電路。變壓器在電機工程中相當重要，在配電系統中更是不可或缺。本節的目標是介紹理想的變壓器以及電感映射和阻抗匹配的觀念。

理想變壓器

理想的變壓器有 2 個彼此透過磁場互相耦合的線圈，其間並沒有導線連結。變壓器的輸入端稱為**主要**線圈，而輸出端則稱為**次級**線圈。主要線圈與次級線圈的匝數分別為 n_1 與 n_2。**匝數比** N 定義為：

$$N = \frac{n_2}{n_1} \tag{7.29}$$

圖 7.30 顯示通常會在變壓器上指定的電壓與電流，圖中黑點的標記表示有相同極性的線圈端。

回想法拉第定律可知，當有時變電流通過時，每個線圈本身會產生一個時變的磁場，這種動作稱為自感；接著，就會感應出一個反抗改變的時變磁力線。此種自感的淨效應以線圈的電感 L 來表示。然而，當兩個線圈同時存在時，就像在變壓器中，線圈彼此會產生互感；線圈一產

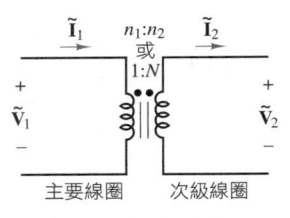

圖 7.30 理想變壓器

生的部分時變磁場會傳至線圈二，進而感應出另一個反抗電動勢。這種互感的淨效應以兩線圈的互感 M 來表示。L 與 M 兩者均會影響變壓器的表現。

請注意前面內容所強調的時變。法拉第定理中有一個結論是，通過線圈的直流電會產生固定的磁場，且不會對線圈本身或是對附近其他線圈引發反抗作用，換句話說，就是不會產生自感或互感。另外，直流通過線圈時會形同短路的現象，因此，對於直流而言，變壓器並沒有什麼作用。

如同圖 7.30 所示，理想變壓器中的主要與次級電壓及電流的關係是：

$$\boxed{\begin{aligned}\tilde{\mathbf{V}}_2 &= N\tilde{\mathbf{V}}_1 \\ \tilde{\mathbf{I}}_2 &= \frac{\tilde{\mathbf{I}}_1}{N}\end{aligned} \qquad \text{理想變壓器}} \tag{7.30}$$

當 $N > 1$，$|\tilde{\mathbf{V}}_2| > |\tilde{\mathbf{V}}_1|$，此種變壓器稱為**升壓變壓器**。當 $N < 1$，$|\tilde{\mathbf{V}}_2| < |\tilde{\mathbf{V}}_1|$，此種變壓器稱為**降壓變壓器**。理想變壓器的任何一邊均可視為主要端，因此，要使用降壓變壓器成為升壓變壓器，對調兩邊的接點即可。最後，當 $N = 1$ 時，此種變壓器稱為**隔離變壓器**，可用於耦合或是隔離兩個電路，以及調整兩個電路介面的輸出與輸入阻抗。

比較理想變壓器的主要端與次級端，可發現兩者複數功率相同：

$$\mathbf{S}_1 = \tilde{\mathbf{I}}_1^* \tilde{\mathbf{V}}_1 = N\tilde{\mathbf{I}}_2^* \frac{\tilde{\mathbf{V}}_2}{N} = \tilde{\mathbf{I}}_2^* \tilde{\mathbf{V}}_2 = \mathbf{S}_2 \tag{7.31}$$

換句話說，**理想變壓器符合功率守恆定理**。

如圖 7.31 所示，許多實際的變壓器次級線圈中為中心抽頭，其次級電壓可切割成兩個同等電壓。這種類型的變壓器通常用在高壓電進入室內配電的入口處，其主要端被變壓成 240 V，然後又切割成 2 個 120 V 的電壓。參考圖 7.31 可知，$\tilde{\mathbf{V}}_2$ 和 $\tilde{\mathbf{V}}_3$ 兩者提供一般 120 V 的室電，然而，$(\tilde{\mathbf{V}}_2 + \tilde{\mathbf{V}}_3)$ 則可提供高功率電器需要的 240 V 電源，如乾衣機、電灶等。

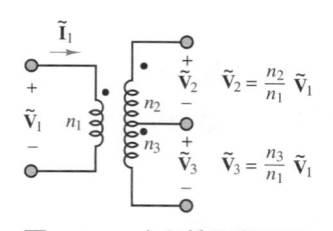

圖 7.31 中心抽頭變壓器

阻抗反射（Impedance Reflection）

變壓器一般用於耦合某 AC 電路至另一個 AC 電路，如圖 7.32 所示，其中 AC 戴維寧電源網路透過變壓器連結到負載 $\mathbf{Z}_2$。

從戴維寧電源端看進去的等效阻抗是 a, b 兩端點右邊整個網路的阻抗。根據式 7.30，利用理想變壓器的關係以及等效阻抗的定義，可得到：

圖 7.32 理想變壓器的運作

$$\mathbf{Z}_1 \equiv \frac{\tilde{\mathbf{V}}_1}{\tilde{\mathbf{I}}_1} = \frac{\tilde{\mathbf{V}}_2}{N} \frac{1}{N\tilde{\mathbf{I}}_2}$$

$$= \frac{1}{N^2} \frac{\tilde{\mathbf{V}}_2}{\tilde{\mathbf{I}}_2} \qquad (7.32)$$

$$= \frac{1}{N^2} \mathbf{Z}_2$$

因此，從 AC 戴維寧電源端看出的等效阻抗 $\mathbf{Z}_1$，等於負載阻抗 $\mathbf{Z}_2$ 減少了 $1/N^2$ 倍。

同樣地，從 $\mathbf{Z}_2$ 看出去的等效網路是對端點 c、d 左邊整體網路的戴維寧等效電路。當 $\mathbf{Z}_2$ 以開路替代時，$\tilde{\mathbf{I}}_2 = 0$，其戴維寧（開路）電壓是：

$$\tilde{\mathbf{V}}_T = (\tilde{\mathbf{V}}_2)_{OC} = N\tilde{\mathbf{V}}_1 \qquad (7.33)$$

但是，因為 $\tilde{\mathbf{I}}_1 = N\tilde{\mathbf{I}}_2 = 0$，$\mathbf{Z}_S$ 上的電壓為零，因此可得 $\tilde{\mathbf{V}}_1 = \tilde{\mathbf{V}}_S$：

$$\tilde{\mathbf{V}}_T = (\tilde{\mathbf{V}}_2)_{OC} = N\tilde{\mathbf{V}}_S \qquad (7.34)$$

當 $\mathbf{Z}_S$ 以短路取代時，$\tilde{\mathbf{V}}_2 = 0$，短路電流是：

$$(\mathbf{I}_2)_{SC} = \frac{\mathbf{I}_1}{N} \qquad (7.35)$$

不過，因為 $\tilde{\mathbf{V}}_1 = \tilde{\mathbf{V}}_2/N = 0$，$\mathbf{Z}_S$ 上的電壓為 $\tilde{\mathbf{V}}_S$，由 $\tilde{\mathbf{I}}_1 = \tilde{\mathbf{V}}_S/\mathbf{Z}_S$ 可得：

$$(\tilde{\mathbf{I}}_2)SC = \frac{1}{N} \frac{\tilde{\mathbf{V}}_S}{\mathbf{Z}_S} \qquad (7.36)$$

因此，從 $\mathbf{Z}_2$ 看出去的戴維寧等效阻抗是：

$$\mathbf{Z}_T = \frac{(\tilde{\mathbf{V}}_2)_{OC}}{(\tilde{\mathbf{I}}_2)_{SC}} = N\tilde{\mathbf{V}}_S \frac{N\mathbf{Z}_S}{\tilde{\mathbf{V}}_S} = N^2\mathbf{Z}_S \qquad (7.37)$$

因此，從 $\mathbf{Z}_2$ 看出去的戴維寧等效阻抗是電源阻抗 Z_S 的 N^2 倍。

圖 7.33 統整說明這些效應，也就是電壓器上的**阻抗反射**，在功率轉移上扮演重要的角色。

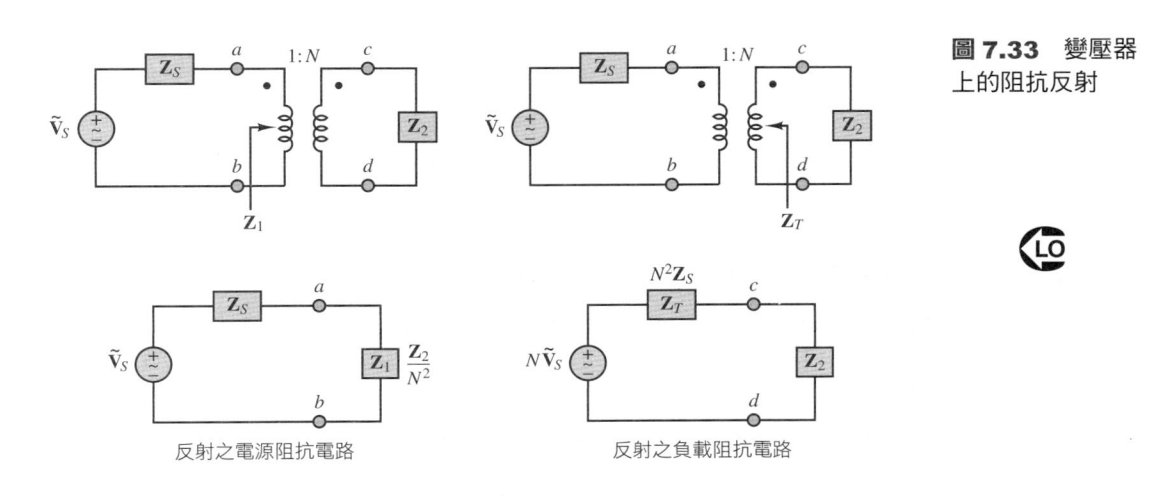

圖 7.33 變壓器上的阻抗反射

反射之電源阻抗電路

反射之負載阻抗電路

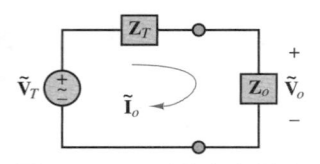

圖 7.34 AC 電路中最大的功率轉移問題

最大功率轉移（Maximum Power Transfer）

回想電阻性的直流電路，當負載電阻等於電源的戴維寧等效電阻時，可獲得最大的功率轉移。對於交流電路而言，可達到最大功率轉移的條件稱為**阻抗匹配**（impedance matching）。

考慮圖 7.34 所示的一般 AC 電路。假設電源阻抗 $\mathbf{Z}_T$ 是：

$$\mathbf{Z}_T = R_T + jX_T \tag{7.38}$$

負載 $\mathbf{Z}_o$ 該是多少才可獲得最大的負載**實際功率**（有效功率）轉移？負載所吸收的實際功率是：

$$P_o = \tilde{V}_o \tilde{I}_o \cos\theta_{Z_o} = \mathrm{Re}\,(\tilde{\mathbf{V}}_o \tilde{\mathbf{I}}_o^*) \tag{7.39}$$

應用分壓定理以及廣義的歐姆定理可得到：

$$\tilde{\mathbf{V}}_o = \frac{\mathbf{Z}_o}{\mathbf{Z}_T + \mathbf{Z}_o} \tilde{\mathbf{V}}_T \qquad \tilde{\mathbf{I}}_o = \frac{\tilde{\mathbf{V}}_T}{\mathbf{Z}_T + \mathbf{Z}_o} \tag{7.40}$$

令 $\mathbf{Z}_o = R_o + jX_o = |\mathbf{Z}_o|\cos\theta_{Z_o} + j|\mathbf{Z}_o|\sin\theta_{Z_o}$，利用 $\tilde{V}_o = |\tilde{\mathbf{V}}_o|$ 和 $\tilde{I}_o = |\tilde{\mathbf{I}}_o|$，負載所吸收的功率可表示如下：

$$P_o = \frac{|\mathbf{Z}_o|}{|\mathbf{Z}_T + \mathbf{Z}_o|}\tilde{V}_T \times \frac{1}{|\mathbf{Z}_T + \mathbf{Z}_o|}\tilde{V}_T \times \frac{R_o}{|\mathbf{Z}_o|} \tag{7.41}$$

或者，簡化之後：

$$P_o = \frac{R_o}{|\mathbf{Z}_T + \mathbf{Z}_o|^2}\tilde{V}_T^2 = \frac{R_o}{(R_T + R_o)^2 + (X_T + X_o)^2}\tilde{V}_T^2 \tag{7.42}$$

P_o 的最大功率轉移的條件可利用下式得到：

$$dP_o = \frac{\partial P_o}{\partial R_o}dR_o + \frac{\partial P_o}{\partial X_o}dX_o = 0 \tag{7.43}$$

或

$$\frac{\partial P_o}{\partial R_o} = 0 \qquad \text{和} \qquad \frac{\partial P_o}{\partial X_o} = 0 \tag{7.44}$$

當 $R_o = R_T$ 和 $X_o = X_T$ 會同時滿足這些條件，P_o 最大負載實功轉移的條件是 $\mathbf{Z}_o = \mathbf{Z}_T^*$。

$$\boxed{\mathbf{Z}_o = \mathbf{Z}_T^* \qquad \text{最大功率轉移}} \tag{7.45}$$

> 當負載阻抗等於電源戴維寧等效阻抗的共軛複數時，可獲得最大的負載功率轉移。當這個條件被滿足，負載與電源的阻抗即為匹配。

在某些情況下，由於實務上的限制，負載可能無法匹配到電源的阻抗。此時可用變壓器作為兩者之間的介面以達到最大功率轉移。圖 7.35 說明了從電源端看出去的反

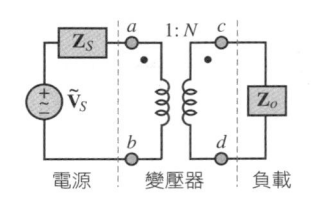

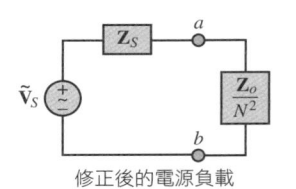

圖 7.35 AC 電源加上變壓器的最大功率轉移

射負載阻抗是如何等於 Z_o/N^2 的，最大功率轉移的條件因此可推得：

$$\frac{\mathbf{Z}_o}{N^2} = \mathbf{Z}_S^*$$
$$R_o = N^2 R_S \quad (7.46)$$
$$X_o = -N^2 X_S$$

範例 7.12　理想的變壓器匝數比

問題

圖 7.36 中的變壓器的輸入電源為 120 V rms，需要輸出 24 V 與 500 mA。主要線圈 $n_1 = 3{,}000$ 匝。求解次級線圈需要的匝數。主要線圈電流為多少？

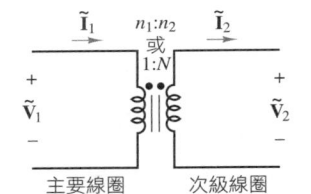

圖 7.36 範例 7.12

解答

已知條件：主要與次級電壓；次級電流；主要線圈匝數。

找出：n_1 和 $\tilde{\mathbf{I}}_1$。

已知資料：$\tilde{\mathbf{V}}_1 = 120\text{ V}$；$\tilde{\mathbf{V}}_2 = 24\text{ V}$；$\tilde{\mathbf{I}}_2 = 500\text{ mA}$；$n_1 = 3{,}000$ 匝。

假設：所有數值均為有效值，所有相位角均以弳度量為單位。

分析：

使用式 7.30 來計算次級線圈的匝數：

$$\frac{\tilde{\mathbf{V}}_1}{n_1} = \frac{\tilde{\mathbf{V}}_2}{n_2} \qquad n_2 = n_1 \frac{\tilde{\mathbf{V}}_2}{\tilde{\mathbf{V}}_1} = 3{,}000 \times \frac{24}{120} = 600 \text{ 匝}$$

再次使用式 7.29 和 7.30 來計算主要線圈電流：

$$n_1 \tilde{\mathbf{I}}_1 = n_2 \tilde{\mathbf{I}}_2 \qquad \tilde{\mathbf{I}}_1 = \frac{n_2}{n_1} \tilde{\mathbf{I}}_2 = \frac{600}{3{,}000} \times 500 = 100 \text{ mA}$$

評論：由於變壓器並不會影響到電壓及電流的相位角，因此，利用有效值就可以直接求解。

範例 7.13　中間抽頭變壓器

問題

　　一個理想的中間抽頭變壓器（如圖 7.37）具有主要線圈 4,800 V，次級線圈電壓 240 V，且 $\tilde{V}_2 = \tilde{V}_3 = 120\,\text{V}$。次級線圈上有三個電阻負載。假設 R_2、R_3、R_4 分別消耗 P_2、P_3、P_4 的功率，求解主要線圈的電流。另計算通過每個負載的電流以及每個負載的電阻。

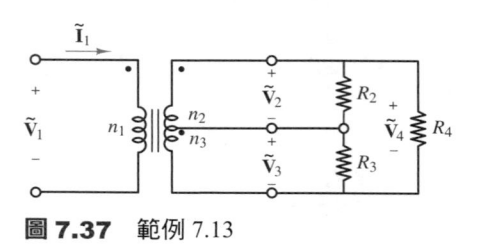

圖 7.37　範例 7.13

解答

已知條件：主要與次級電壓；次級電流；負載額定功率。

找出：$\tilde{I}_{\text{primary}} = |\tilde{\mathbf{I}}|$。

已知資料：$\tilde{\mathbf{V}}_1 = 4{,}800\,\text{V rms}$；$\tilde{\mathbf{V}}_2 = 120\,\text{V rms}$；$\tilde{\mathbf{V}}_3 = 120\,\text{V rms}$；$P_2 = 5{,}000\,\text{W}$；$P_3 = 1{,}000\,\text{W}$；$P_4 = 1{,}500\,\text{W}$。

假設：所有數值均為有效值，所有相位角均以弧度量為單位，變壓器是理想的。

分析：

理想變壓器的功率是守恆的，因此：

$$\mathbf{S}_{\text{primary}} = \mathbf{S}_{\text{secondary}}$$

因為每一個負載是純電阻性的，$\theta_Z = 0$，$\text{pf} = \cos\theta_Z = 1$，因此：

$$|\mathbf{S}|_{\text{secondary}} = P_{\text{secondary}} = P_2 + P_3 + P_4 = 7{,}500\,\text{W}$$

因為 $|\mathbf{S}|_{\text{primary}} = |\mathbf{S}|_{\text{secondary}}$：

$$\tilde{V}_{\text{primary}} \times \tilde{I}_{\text{primary}} = 7{,}500\,\text{W}$$

因此：

$$\tilde{I}_{\text{primary}} = \frac{7{,}500\,\text{W}}{4{,}800\,\text{V rms}} = 1.5625\,\text{A rms}$$

通過每一個電阻的電流：

$$\tilde{I}_2 = \frac{P_2}{\tilde{V}_2} = \frac{5{,}000\,\text{W}}{120\,\text{V rms}} \approx 41.7\,\text{A rms}$$

$$\tilde{I}_3 = \frac{P_3}{\tilde{V}_3} = \frac{1{,}000\,\text{W}}{120\,\text{V rms}} \approx 8.3\,\text{A rms}$$

$$\tilde{I}_4 = \frac{P_4}{\tilde{V}_2 + \tilde{V}_3} = \frac{1{,}500\,\text{W}}{240\,\text{V rms}} = 6.25\,\text{A rms}$$

電阻值為：

$$\tilde{R}_2 = \frac{P_2}{\tilde{I}_2^2} = 2.88\,\Omega$$

$$\tilde{R}_3 = \frac{P_3}{\tilde{I}_3^2} = 14.4\,\Omega$$

$$\tilde{R}_4 = \frac{P_4}{\tilde{I}_4^2} = 38.4\,\Omega$$

評論：本範例的計算相當直接，主要是因為負載為純電阻性，亦即 $\theta_Z = 0$，因此，功率三角形是平的，且視在功率 S 等於平均功率 P。當負載為複數時，$\theta_Z > 0$，功率三角形就不是平的，此時視在功率 S 會等於實功率 $P\cos\theta_Z$。

範例 7.14　使用變壓器改善電力傳輸的效率。

問題

　　圖 7.38 說明變壓器於電力線傳輸上的使用。電力線上的電壓在傳輸遠距離前後需經過轉換的過程。這個例說明使用變壓器可獲得之改善傳輸的效率。為了簡化起見，假設發電機、傳輸線與負載都是理想變壓器和純電阻性的模型。

解答

已知條件：電路元件的數值。

找出：計算圖 7.38 中兩個電路的電力傳輸效率。

已知資料：升壓變壓器的匝數比為 N；降壓變壓器的匝數比為 $M = 1/N$；所有變壓器均為理想的。

假設：無。

分析：圖 7.38(a) 中負載電流與電源電流是相等的，因此，電力傳輸效率為：

$$\eta = \frac{P_{\text{load}}}{P_{\text{source}}} = \frac{\tilde{V}_{\text{load}}\tilde{I}_{\text{load}}}{\tilde{V}_{\text{source}}\tilde{I}_{\text{load}}} = \frac{\tilde{V}_{\text{load}}}{\tilde{V}_{\text{source}}} = \frac{R_{\text{load}}}{R_{\text{source}} + R_{\text{line}} + R_{\text{load}}}$$

圖 7.38(b) 中，變壓器置於整體電路 3 大區塊之間。從傳輸線看出的等效負載電阻（或者說是從降壓變壓器看出的反射電阻）可利用式 7.32 得到：

$$R'_{\text{load}} = \frac{1}{M^2} R_{\text{load}} = N^2 R_{\text{load}}$$

從升壓變壓器輸出端看到的等效阻抗是 $R'_{\text{load}} + R_{\text{line}}$，而從發電機看出的等效電阻（或者說是從升壓變壓器看出的反射電阻）是：

$$R''_{\text{load}} = \frac{1}{N^2}(R'_{\text{load}} + R_{\text{line}}) = R_{\text{load}} + \frac{1}{N^2} R_{\text{line}}$$

這些轉換如圖 7.38(c) 所示。這兩個變壓器的效應在於將電源端看出的電阻降低了 N^2 倍。電源電流是：

$$\tilde{I}_{\text{source}} = \frac{\tilde{V}_{\text{source}}}{R_{\text{source}} + R''_{\text{load}}} = \frac{\tilde{V}_{\text{source}}}{R_{\text{source}} + (1/N^2)R_{\text{line}} + R_{\text{load}}}$$

電源功率是：

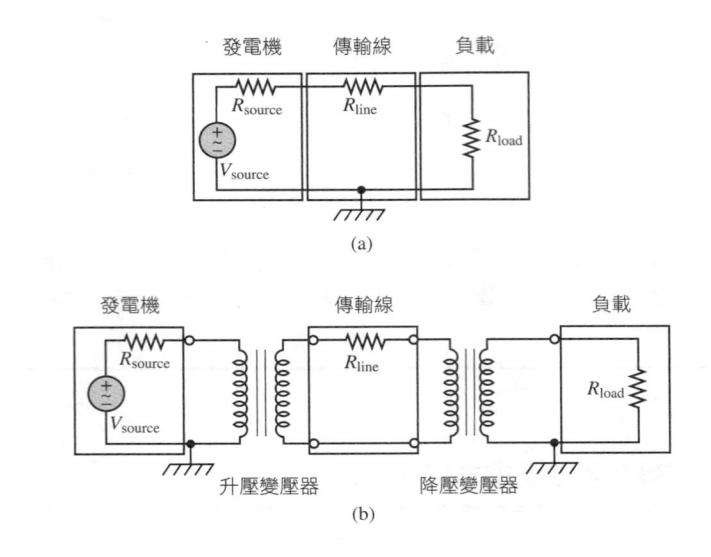

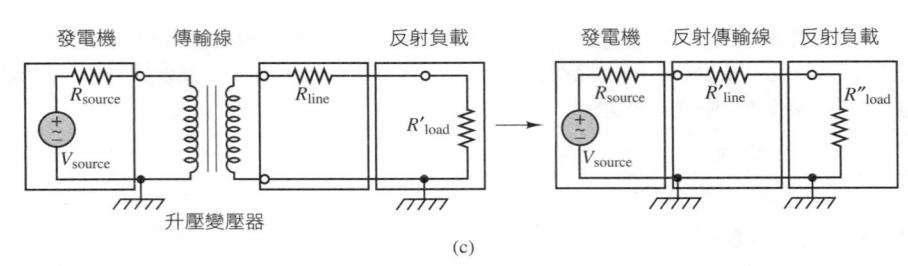

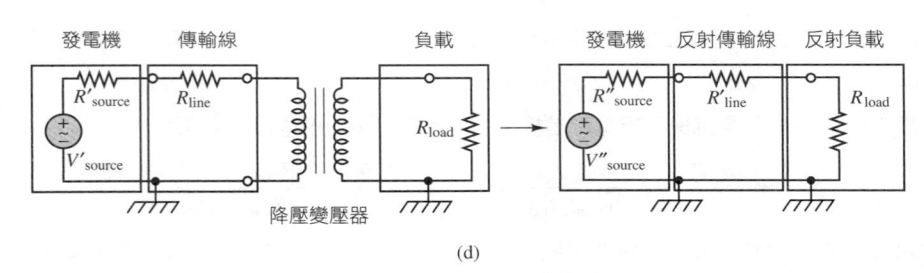

圖 7.38　電力傳輸：(a) 直接電力傳輸；(b) 變壓器電力傳輸；(c) 從發電機看出的等效電路；(d) 從負載看出的等效電路

$$P_{\text{source}} = \frac{\tilde{V}_{\text{source}}^2}{R_{\text{source}} + (1/N^2)R_{\text{line}} + R_{\text{load}}}$$

重複這樣的程序，從左邊開始將電源電路反射至右邊的升壓變壓器：

$$\tilde{V}'_{\text{source}} = N\tilde{V}_{\text{source}} \qquad \text{和} \qquad R'_{\text{source}} = N^2 R_{\text{source}}$$

現在，在降壓變壓器左邊的電路包含了串聯的 $\tilde{V}'_{\text{source}}$，$R'_{\text{source}}$ 與 R_{line}，反射到右邊的降壓變壓器後可得串聯的 $\tilde{V}''_{\text{source}} = M\tilde{V}'_{\text{source}} = \tilde{V}_{\text{source}}$，$R''_{\text{source}} = M^2 R'_{\text{source}} = R_{\text{source}}$，$R'_{\text{line}} = M^2 R_{\text{line}}$，以及 R_{load}。這些轉換如圖 7.38(d) 所示。因此，負載電壓、電流和功率為：

$$\tilde{I}_{\text{load}} = \frac{\tilde{V}_{\text{source}}}{R_{\text{source}} + (1/N^2)R_{\text{line}} + R_{\text{load}}}$$

$$\tilde{V}_{\text{load}} = \tilde{V}_{\text{source}} \frac{R_{\text{load}}}{R_{\text{source}} + (1/N^2)R_{\text{line}} + R_{\text{load}}}$$

$$P_{\text{load}} = \tilde{I}_{\text{load}}\tilde{V}_{\text{load}} = \frac{\tilde{V}_{\text{source}}^2 R_{\text{load}}}{\left[R_{\text{source}} + (1/N^2)R_{\text{line}} + R_{\text{load}}\right]^2}$$

最後,功率效率為負載功率對電源功率的比值:

$$\eta = \frac{P_{\text{load}}}{P_{\text{source}}} = \frac{\tilde{V}_{\text{source}}^2 R_{\text{load}}}{\left[R_{\text{source}} + (1/N^2)R_{\text{line}} + R_{\text{load}}\right]^2} \frac{R_{\text{source}} + (1/N^2)R_{\text{line}} + R_{\text{load}}}{\tilde{V}_{\text{source}}^2}$$

$$= \frac{R_{\text{load}}}{R_{\text{source}} + (1/N^2)R_{\text{line}} + R_{\text{load}}}$$

請注意,圖 7.38(a) 電力傳輸的效率因其傳輸線電阻降低 $1/N^2$ 而得以改善。

範例 7.15 變壓器的最大功率轉移。

問題

請找出可讓圖 7.39 中變壓器可獲得最大功率轉移之匝數比與負載阻抗 X_o。

解

已知條件:電源電壓,頻率,阻抗;負載電阻。

找出:變壓器之匝數比與負載阻抗。

已知資料:$\tilde{V}_S = 240\angle 0$ V rms;$R_S = 10\ \Omega$;$L_S = 0.1$ H;$R_o = 400\ \Omega$;$\omega = 377$ rad/s。

假設:所有數值均為有效值,所有相位角均以弳度量為單位,變壓器是理想的。

分析:

根據式 7.46 最大功率轉移的條件是 $R_o = N^2 R_S$ 和 $X_o = -N^2 X_S = -N^2(\omega \times 0.1)$,因此:

$$N^2 = \frac{R_o}{R_S} = \frac{400}{10} = 40 \qquad N = \sqrt{40} = 6.325$$

$$X_o = -40 \times 37.7 = -1{,}508\ \Omega$$

因此,負載阻抗為電容:

$$C = -\frac{1}{X_o \omega} = -\frac{1}{(-1{,}508)(377)} = 1.76\ \mu\text{F}$$

圖 7.39

檢視學習成效

參考範例 7.12,如果 $n_2 = 600$ 且變壓器需要傳送 1 A 電流,請計算主要線圈需要的匝數。主要線圈電流為多少?

解答:$n_1 = 3{,}000; \tilde{I}_1 = 200$ mA

檢視學習成效

如果範例 7.13 中的變壓器次級線圈有 300 匝,則主要線圈需要的匝數為何?

解答:$n_2 = 6,000$

檢視學習成效

假設發電機可產生 480 V rms 的電壓源,且 $N = 300$。進一步假設電源阻抗為 2 Ω,負載為 8 Ω。請計算圖 7.31(b) 電路對於圖 7.31(a) 電路的效率改善。

解答:80% 比 67%

檢視學習成效

圖 7.40 變壓器是理想的,假設 $Z_S = 1,800$ Ω,$Z_o = 8$ Ω,請找出可獲得最大功率轉移的匝數 N。

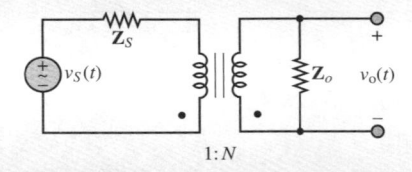

圖 7.40

現在假設 $N = 5.4$,$Z_o = 2 + j10$ Ω,請找出可獲得最大功率轉移的電源阻抗 Z_S。

解答:$N = 0.0667$; $\mathbf{Z}_S = 0.0686 - j0.3429$ Ω

7.5 三相電源

　　截至目前為止,本章所有的內容均只提到**單相 AC 電源**,亦即單相弦波電源。然而,今日大部分的電源均為**三相電源**,亦即提供三個相位不同的弦波電源。這樣的優點主要是效率:在傳遞相同功率的情況之下,三相系統中導線與其他元件的重量遠低於須提供相等功率的單相系統。再者,來自單相電源系統的功率會有脈動的自然現象,而三相電源可以提供穩定的電源。例如,本節後面會說明,三相電源發電機可以產生三個**平衡的電壓**,也就是每一相電源均具有相同振幅與頻率但相差 120° 相位角度,可以傳輸穩定的瞬時功率。

　　從早期愛迪生發展的 DC 電源系統轉變到現在的三相 AC 系統的原因如下:可變

圖 7.41

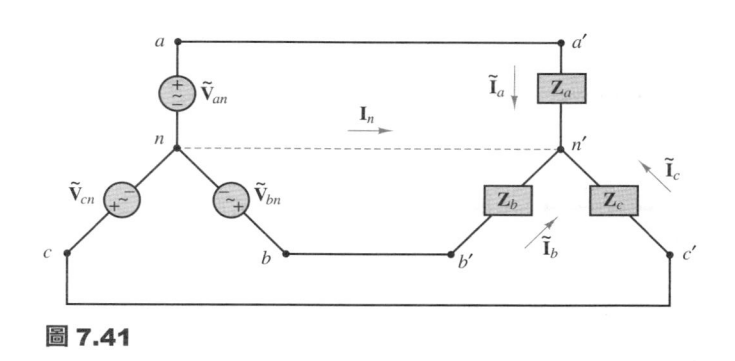

電壓可降低遠距功率傳輸的損耗、可以傳輸穩定的功率、對導線的更有效利用，以及可以提供工業用馬達的起始力矩。

考慮三相電源 **wye（Y）型接法**，如圖 7.41 所示。每一相電源之間均有 120° 相差，因此：

$$\begin{aligned}\tilde{\mathbf{V}}_{an} &= \tilde{V}_{an}\angle 0° \\ \tilde{\mathbf{V}}_{bn} &= \tilde{V}_{bn}\angle -(120°) \qquad \text{相電壓} \\ \tilde{\mathbf{V}}_{cn} &= \tilde{V}_{cn}\angle (-240°) = \tilde{V}_{cn}\angle 120°\end{aligned} \qquad (7.47)$$

假如三相電源是平衡的，則：

$$\tilde{\mathbf{V}}_{an} + \tilde{\mathbf{V}}_{bn} + \tilde{\mathbf{V}}_{cn} = 0 \qquad \text{平衡的相電壓} \qquad (7.48)$$

三相平衡的**相電壓**每一個均相隔 120°，每一相的振幅均相同：

$$\tilde{V}_{an} = \tilde{V}_{bn} = \tilde{V}_{cn} = \tilde{V} \qquad (7.49)$$

這個結果稱為**正 abc 相序**，如圖 7.42 所示。在 wye 型接法中，三相電壓有共同的中心接點，標示為 n。

線電壓也可以定義成 aa' 和 bb'，aa' 和 cc'，bb' 和 cc' 線間的電壓差。每一個線電壓與相電壓之間的關係為：

$$\begin{aligned}\tilde{\mathbf{V}}_{ab} &= \tilde{\mathbf{V}}_{an} - \tilde{\mathbf{V}}_{bn} = \sqrt{3}\tilde{V}\angle 30° \\ \tilde{\mathbf{V}}_{bc} &= \tilde{\mathbf{V}}_{bn} - \tilde{\mathbf{V}}_{cn} = \sqrt{3}\tilde{V}\angle (-90°) \qquad \text{線電壓} \\ \tilde{\mathbf{V}}_{ca} &= \tilde{\mathbf{V}}_{cn} - \tilde{\mathbf{V}}_{an} = \sqrt{3}\tilde{V}\angle 150°\end{aligned} \qquad (7.50)$$

值得注意的是，圖 7.41 的電路可畫成圖 7.43 電路，很清楚地可以看出這三個分支的電路是並聯的。

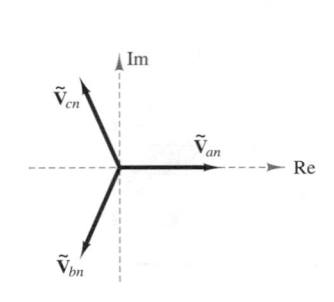

圖 7.42 平衡三相電壓正相（abc）序

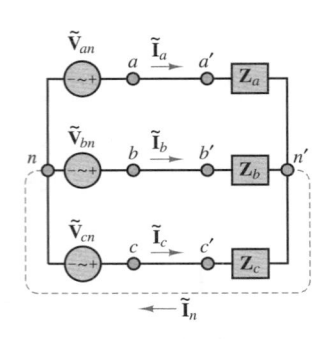

圖 7.43 平衡三相 AC 電路

當 $\mathbf{Z}_a = \mathbf{Z}_b = \mathbf{Z}_c = \mathbf{Z}$，這個 Y 型電路也是平衡的。當電源與負載都平衡時，利用 KCL 定律可證明 $n - n'$ 間的中線電流 $\tilde{\mathbf{I}}_n$ 會為零。

$$\tilde{\mathbf{I}}_n = \tilde{\mathbf{I}}_a + \tilde{\mathbf{I}}_b + \tilde{\mathbf{I}}_c = \frac{\tilde{\mathbf{V}}_{an} + \tilde{\mathbf{V}}_{bn} + \tilde{\mathbf{V}}_{cn}}{\mathbf{Z}} = 0 \tag{7.51}$$

三相平衡電力系統另外一個特性如圖 7.43 所示之簡化電路，其中平衡負載的阻抗以相同電組 R 取代，因為 $\theta_R = 0$。傳遞到每個電阻的瞬時功率 $p(t)$ 利用式 7.4 可得到：

$$p_a(t) = \frac{\tilde{V}^2}{R}(1 + \cos 2\omega t)$$

$$p_b(t) = \frac{\tilde{V}^2}{R}[1 + \cos(2\omega t - 120°)] \tag{7.52}$$

$$p_c(t) = \frac{\tilde{V}^2}{R}[1 + \cos(2\omega t + 120°)]$$

傳遞到總負載的總瞬時功率 $p(t)$：

$$p(t) = p_a(t) + p_b(t) + p_c(t)$$

$$= \frac{\tilde{V}^2}{R}[3 + \cos 2\omega t + \cos(2\omega t - 120°) + \cos(2\omega t + 120°)]$$

$$= \frac{3\tilde{V}^2}{R} = \text{constant!} \tag{7.53}$$

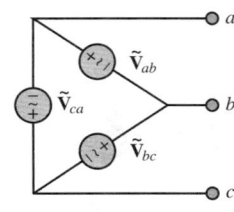

我們可以證明這 3 個弦波項的總和為零。（提示：考慮 $e^{j(2\omega t)}$、$e^{j(2\omega t - \pi/3)}$、$e^{j(2\omega t + \pi/3)}$ 之相量和。）

因此，對於簡化的電阻性負載，三相電源所傳遞到負載的總功率是定值。這是一個實務上非常重要的結果：以穩定的形式傳輸功率可減少電源與負載間的磨耗。

三相 AC 電源 **delta（Δ）型態** 縱使實際上很少用到，但也可以這樣使用，如圖 7.44 所示。

線電壓為 V_{ab}、V_{bc}、V_{ca} 的 Δ 三相發電機

圖 7.44 delta 型態

平衡的 wye 負載

純電阻性負載的這些結果可常態化成一般任意複數的負載。考慮圖 7.41，此時平衡的負載含有 3 個複數負載：

$$\mathbf{Z}_a = \mathbf{Z}_b = \mathbf{Z}_c = \mathbf{Z}_y = |\mathbf{Z}_y|\angle\theta \tag{7.54}$$

因為 $n - n'$ 間的中線是共用的，每個阻抗只會看到自己相對應的相電壓。由於 $\tilde{V}_{an} = \tilde{V}_{bn} = \tilde{V}_{cn}$，因此，$\tilde{I}_a = \tilde{I}_b = \tilde{I}_c$，電流的相位差為 $\pm 120°$。每一相的功率可以從相電壓和相關的線電流求得。每相複數功率以 **S** 標示，其中：

$$\begin{aligned}\mathbf{S} &= P + jQ \\ &= \tilde{V}\tilde{I}\cos\theta + j\tilde{V}\tilde{I}\sin\theta\end{aligned} \tag{7.55}$$

傳輸到平衡的 wye 負載總實功為 $3P$，總虛功為 $3Q$，總複數功率 $\mathbf{S}_T$ 為：

$$\begin{aligned}\mathbf{S}_T &= P_T + jQ_T = 3P + j3Q \\ &= \sqrt{(3P)^2 + (3Q)^2}\angle\theta\end{aligned} \tag{7.56}$$

視在功率 $|\mathbf{S}_T|$ 是：

$$\begin{aligned}|\mathbf{S}_T| &= 3\sqrt{(\tilde{V}\tilde{I})^2\cos^2\theta + (\tilde{V}\tilde{I})^2\sin^2\theta} \\ &= 3\tilde{V}\tilde{I}\end{aligned} \tag{7.57}$$

因此可得：

$$\begin{aligned}P_T &= |\mathbf{S}_T|\cos\theta \\ Q_T &= |\mathbf{S}_T|\sin\theta\end{aligned} \tag{7.58}$$

平衡的 Δ 負載

平衡的負載可以 Δ 型態連結。圖 7.45 顯示一個 wye 型發電機與 Δ 型負載。

很明顯地，每一個阻抗 $\mathbf{Z}_\Delta$ 都會看到相對應的線電壓而非相電壓。例如，跨在

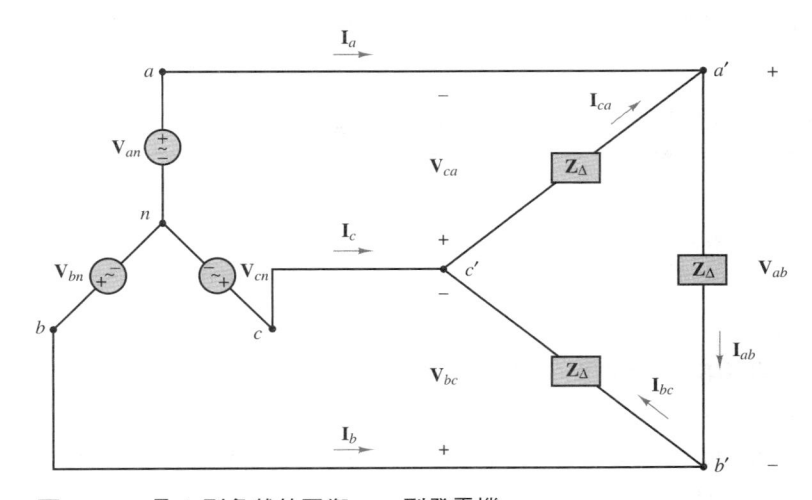

圖 7.45 具 Δ 型負載的平衡 wye 型發電機

$\mathbf{Z}_{c'a'}$ 上的電壓是 $\tilde{\mathbf{V}}_{ca}$。因此，這 3 個負載電流為：

$$\tilde{\mathbf{I}}_{ab} = \frac{\tilde{\mathbf{V}}_{ab}}{\mathbf{Z}_\Delta} = \frac{\sqrt{3}\tilde{V}\angle(\pi/6)}{|\mathbf{Z}_\Delta|\angle\theta}$$

$$\tilde{\mathbf{I}}_{bc} = \frac{\tilde{\mathbf{V}}_{bc}}{\mathbf{Z}_\Delta} = \frac{\sqrt{3}\tilde{V}\angle(-\pi/2)}{|\mathbf{Z}_\Delta|\angle\theta} \qquad (7.59)$$

$$\tilde{\mathbf{I}}_{ca} = \frac{\tilde{\mathbf{V}}_{ca}}{\mathbf{Z}_\Delta} = \frac{\sqrt{3}\tilde{V}\angle(5\pi/6)}{|\mathbf{Z}_\Delta|\angle\theta}$$

在使用相同電源之下，找出可以和 wye 負載 $\mathbf{Z}_y$ 一樣有相同電流量的 Δ 負載 $\mathbf{Z}_\Delta$，就能找出兩者間的關係。考慮圖 7.41 與 7.45。例如，相 a 藉由 wye 負載所汲取的電流是：

$$(\tilde{\mathbf{I}}_a)_y = \frac{\tilde{\mathbf{V}}_{an}}{\mathbf{Z}} = \frac{\tilde{V}}{|\mathbf{Z}_y|}\angle(-\theta) \qquad (7.60)$$

Δ 負載所汲取的電流是：

$$(\tilde{\mathbf{I}}_a)_\Delta = \tilde{\mathbf{I}}_{ab} - \tilde{\mathbf{I}}_{ca}$$

$$= \frac{\tilde{\mathbf{V}}_{ab}}{\mathbf{Z}_\Delta} - \frac{\tilde{\mathbf{V}}_{ca}}{\mathbf{Z}_\Delta}$$

$$= \frac{1}{\mathbf{Z}_\Delta}(\tilde{\mathbf{V}}_{an} - \tilde{\mathbf{V}}_{bn} - \tilde{\mathbf{V}}_{cn} + \tilde{\mathbf{V}}_{an})$$

$$= \frac{1}{\mathbf{Z}_\Delta}(2\tilde{\mathbf{V}}_{an} - \tilde{\mathbf{V}}_{bn} - \tilde{\mathbf{V}}_{cn})$$

$$= \frac{3\tilde{\mathbf{V}}_{an}}{\mathbf{Z}_\Delta} = \frac{3\tilde{V}}{|\mathbf{Z}_\Delta|}\angle(-\theta) \qquad (7.61)$$

$(\tilde{\mathbf{I}}_a)_\Delta$ 與 $(\tilde{\mathbf{I}}_a)_y$ 相等的條件是：

$$\mathbf{Z}_\Delta = 3\mathbf{Z}_y \qquad (7.62)$$

這個結果意味著在相同分支阻抗條件下，Δ 負載將汲取 3 倍 wye 負載的電流與功率。

範例 7.16　平衡的 Wye-Wye 電路的單相解答

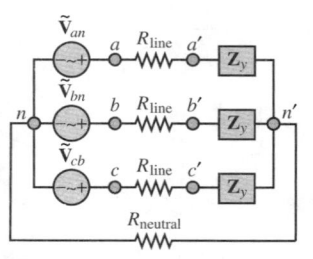

問題

計算圖 7.46 三相發電機傳輸到負載的功率。

圖 7.46

解

已知條件：電源電壓，線電阻，負載電阻。

找出：傳輸到負載的功率 P_{load}。

已知資料：$\tilde{\mathbf{V}}_{an} = 480\angle 0$ V rms；$\tilde{\mathbf{V}}_{bn} = 480\angle(-2\pi/3)$ V rms；$\tilde{\mathbf{V}}_{cn} = 480\angle(2\pi/3)$ V rms；$R_{\text{line}} = 2\ \Omega$；$R_{\text{neutral}} = 10\ \Omega$；$\mathbf{Z}_y = R_o + jX_o = 2 + j4 = 4.47\angle 1.107\ \Omega$。

假設： 所有數值均為有效值，所有相位角均以弳度量為單位。

分析： 由於電路是平衡的，$\tilde{V}_{n-n'} = 0$，流經中線的電流為零。因此，單相電路如圖 7.47 所示，例如，相 a 負載所吸收的功率為：

$$P_a = |\tilde{I}_a|^2 R_o$$

其中，

$$|\tilde{I}_a| = \left|\frac{\tilde{V}_a}{Z_y + R_{\text{line}}}\right| = \left|\frac{480\angle 0}{2 + j4 + 2}\right| = \left|\frac{480\angle 0}{5.66\angle(\pi/4)}\right| = 84.85 \text{ A rms}$$

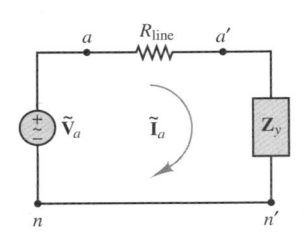

圖 7.47 三相電路中的一相

因此，$P_a = (84.85 \text{ A})^2(2\,\Omega) = 14.4\,\text{kW}$。因為此電路是平衡的，相 b 與相 c 的結果也會相等：

$$P_{\text{load}} = 3P_a = 43.2\,\text{kW}$$

範例 7.17　並聯的 wye-delta 電路

問題

計算圖 7.48 三相發電機傳輸到 wye-delta 負載的功率。

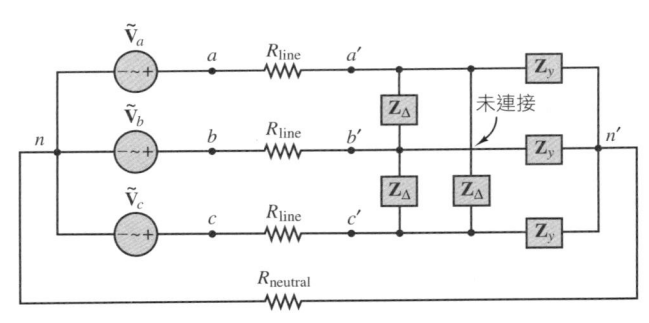

圖 7.48

解

已知條件： 電源電壓，線電阻，負載電阻。

找出： 傳輸到負載的功率 P_{load}。

已知資料： $\tilde{V}_{an} = 480\angle 0$ V rms；$\tilde{V}_{bn} = 480\angle(-2\pi/3)$ V rms；$\tilde{V}_{cn} = 480\angle(2\pi/3)$ V rms；$Z_y = 2 + j4 = 4.47\angle 1.107\,\Omega$；$Z_\Delta = 5 - j2 = 5.4\angle(-0.381)$；$R_{\text{line}} = 2\,\Omega$；$R_{\text{neutral}} = 10\,\Omega$。

假設： 所有數值均為有效值，所有相位角均以弳度量為單位。

分析： 首先，根據式 7.62 將平衡的 delta 負載轉換成等效的 wye 負載，圖 7.49 說明了這個轉換。

$$Z_{\Delta-y} = \frac{Z_\Delta}{3} = 1.667 - j0.667 = 1.8\angle(-0.381)\,\Omega$$

由於這個電路是平衡的，$\tilde{V}_{n-n'} = 0$，流經中線的電流為零。因此，單相電路如圖 7.56 所示。例如，相 a 負載所吸收的功率為：

$$P_a = |\tilde{I}_a|^2 R_a = |\tilde{I}_a|^2 \text{Re}(Z_a)$$

圖 7.49 將平衡的 delta 負載轉換成等效的 wye 負載。

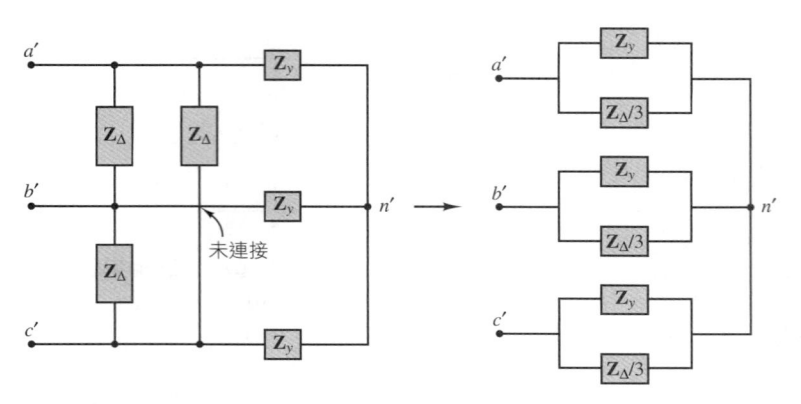

圖 7.50 單相電路

其中

$$\mathbf{Z}_a = \mathbf{Z}_y \| \mathbf{Z}_{\Delta-y} = \frac{\mathbf{Z}_y \times \mathbf{Z}_{\Delta-y}}{\mathbf{Z}_y + \mathbf{Z}_{\Delta-y}} = 1.62 - j0.018 = 1.62\angle(-0.011)\,\Omega$$

負載 $|\tilde{\mathbf{I}}_a|$ 為

$$|\tilde{\mathbf{I}}_a| = \left| \frac{\tilde{\mathbf{V}}_a}{\mathbf{Z}_o + R_{\text{line}}} \right| = \left| \frac{480\angle 0}{1.62 + j0.018 + 2} \right| = 132.6\,\text{A rms}$$

以及 $P_a = (132.6)^2 \times \text{Re}(\mathbf{Z}_o) = 28.5\,\text{kW}$。因為此電路是平衡的，相 b 與相 c 的結果也會相等：

$$P_{\text{load}} = 3P_a = 85.5\,\text{kW}$$

檢視學習成效

找出範例 7.16 中線電阻所耗損的功率。

計算範例 7.16 傳輸到平衡負載的複數功率 $\mathbf{S}_o$，假設線電阻為零，$\mathbf{Z}_y = 1 + j3\,\Omega$。

說明跨於 wye 負載每一分支的電壓等於相對應的相電壓（亦即 $\mathbf{Z}_a$ 上的電壓是 $\tilde{\mathbf{V}}_a$）。

證明平衡的 wye 負載 3 個分支所吸收的瞬時功率總和是常數，且為 $3\tilde{V}\tilde{I}\cos\theta$。

解答：$P_{\text{line}} = 43.2\,\text{kW}$；$\mathbf{S}_o = 69.12\,\text{kW} + j207.4\,\text{kVA}$

7.6 室內配線；接地與安全

　　一般室內用電是由當地電力公司供應 3-線 AC 系統。來自電線桿的這 3 條線，其中包含了一條連接到地的中性線，以及 2 條「火」線。每一條火線供應了 120 V rms 到家庭用戶的電路，兩條線相位差 180°，後面會說明。圖 7.51 中的相電壓經常會使用有絕緣且不同顏色的導線加以區隔：W 表示白色（中線），B 表示黑色（火線），R 表示紅色（火線），這個用法是一致性的慣例。

每一條火線上的電壓可表示如下：

$$\tilde{V}_B - \tilde{V}_R = \tilde{V}_{BR} = \tilde{V}_B - (-\tilde{V}_B) = 2\tilde{V}_B = 240\angle 0° \tag{7.63}$$

有一些設備像電烤箱，冷氣機，電熱器等係使用 240 V rms 電源，但其他家庭較小型的照明及電器等則使用 110 V rms 電源。

使用 240 V rms 電源主要的對象是需要較大電能消耗的電器。考慮圖 7.52 的 2 種電路。在同樣負載功率的條件下，240 V rms 可以減少電線所耗損的功率，因為電線耗損的功率與通過的電流平方成正比。為了降低耗損，在低電壓的狀態下，電線的尺寸就必須增加。這麼作通常可以將導線電阻減半。上層電路中，假設 $R_S / 2 = 0.01$ Ω，負載功率 10k-W 需要的電流大約為 83.3 A，然而，下層電路 $R_S = 0.02$ Ω，大約僅需一半的電流（41.7 A）。（你應該能證明上層電路導線大約損失 I^2R = 69.4 W，下層電路則為 34.7 W。）

限制 I^2R 的損耗不僅能減少導線熱能的產生使其更安全，而且也更有效率。圖 7.53 為典型的家庭室內配線圖。請注意，不同線路都是分別接線及裝有保險絲的。

今天，大部分家庭用電具有 3 線的插座，樣式如圖 7.54 所示。為什麼需要同時有地線與中線的接點呢？答案就是「安全」：接地線

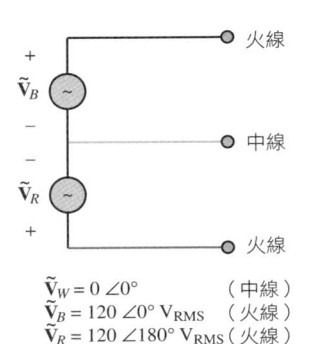

$\tilde{V}_W = 0 \angle 0°$ （中線）
$\tilde{V}_B = 120 \angle 0°$ V$_{RMS}$ （火線）
$\tilde{V}_R = 120 \angle 180°$ V$_{RMS}$（火線）

圖 7.51 室內電路線電壓慣例

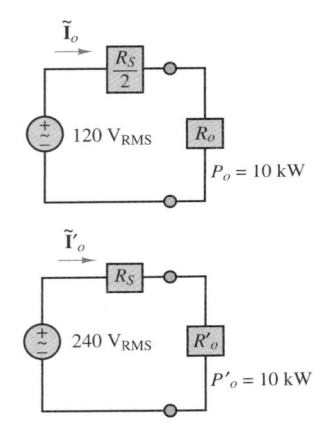

圖 7.52 在 120- 和 240-VAC 電路中的線損失

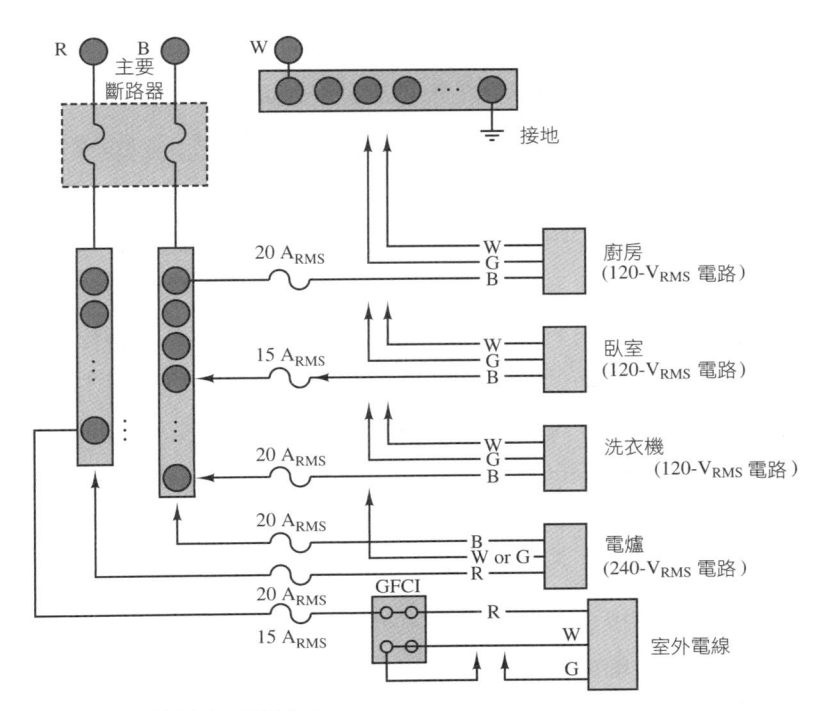

圖 7.53 傳統室內配線圖

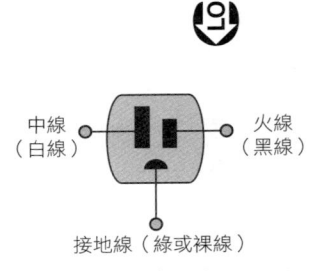

圖 7.54 3 線插座

圖 7.55 不可預期的接法

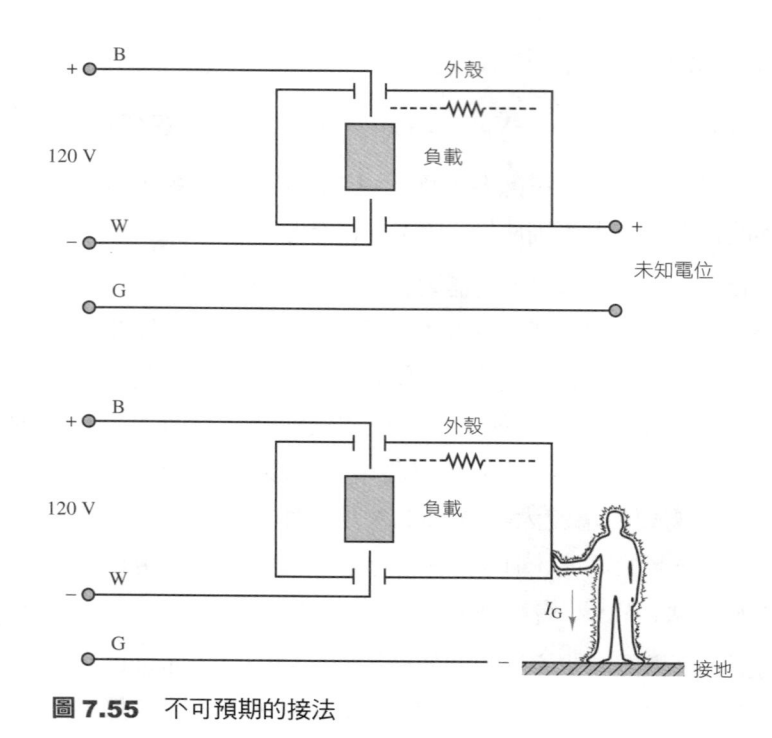

係透過電器的外殼連接到地。若沒有這樣的規定，電器的外殼與地之間可能會存在電位差，如果外殼絕緣不良的話，甚至可能會產生有火線的電位，如此，接地不好的外殼可能會造成相當大的危險。圖 7.51 說明了縱使外殼有絕緣，不可預期的接法（以虛線標示）仍然可能發生。當人體的手接觸到外殼時，身體與地之間就會產生一個電流的路徑，這個接地迴路所產生的電流標示為 I_G，會流經身體而造成危險。

在某些情況之下，這種不預期的接地迴路，其造成的危險可能大到能導致人體電擊而死亡。圖 7.56 描述了當接觸點是乾燥的情況下，一般男性對於身體通過電流所產生的效應。一旦皮膚所能提供的天然絕緣功能被破壞，像是有水分時，就可能發生嚴重後果。因此，對於人體來講，電路的危險性取決於一些特殊條件：只要環境有水或者濕氣，乾燥皮膚或者乾的鞋底的天然電阻值會大幅降低，而即使是低的電壓還是有可能產生致命的電流。正確的電器接地規範可避免因電擊而死亡。圖 7.53 顯示的**接地故障電路中斷器（ground fault circuit interrupter，GFCI）**，是特殊的安全電路，一般裝設於室外或者浴室中，因為這些地方是最有可能因觸電而造成死亡的場所。下面的範例提供了最佳的應用說明。

假設有個環繞著金屬圍籬的室外游泳池使用一座燈桿，如圖 7.57 所示。燈桿和金屬圍籬可視為某種外殼。如果游泳池旁的圍籬沒有正確的接地，或者燈具和燈桿間的絕緣欠佳時，很容易被不知情的泳客

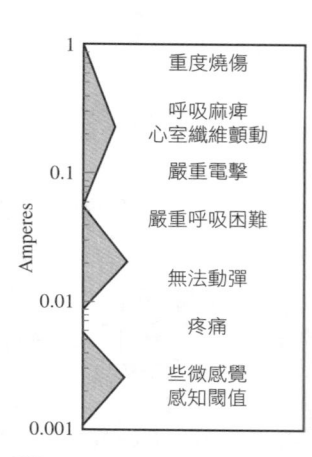

圖 7.56

圖 7.57 室外游泳池

觸摸而形成接地的路徑。**接地故障電路中斷器（GFCI）**可以防止致命接地迴路的產生，會同時感測火線（B）和中線（W）的電流量。如果火線（B）電流 I_B 和中線（W）電流 I_W 之間有差數毫安培以上電流時，GFCI 就會立即斷路。任何兩電流間有明顯的不同時，即表示有第 2 條接地的路徑產生，當然就會造成危險。圖 7.58 說明了這個觀念，GFCI 通常是可以重置的斷路器，因此，當它再次啟動時，不需要每次都更換保險絲。

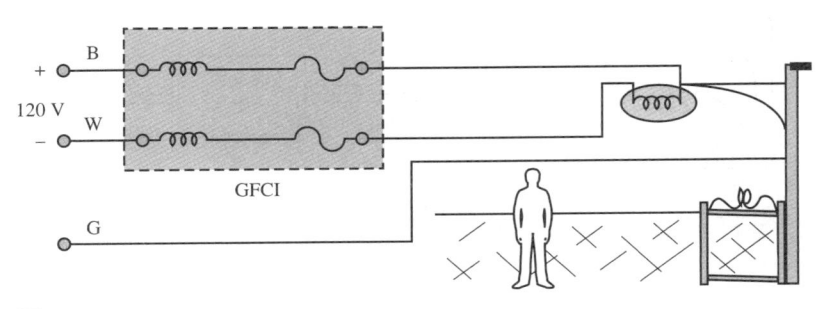

圖 7.58

檢視學習成效

利用圖 7.52 的電路，說明在相同額定功率的條件之下，120 V I^2R 的損失要比 240 V 電器來得高。

解答：在相同額定功率下，120 V rms 電路比 240 V rms 電路的耗損多出一倍。

7.7 發電與配電

我們現在針對電力系統來做一個簡單的結論。電力有各種不同的來源，發電機則是用於將不同的能源轉換成電能的工具。一般來說，電能可來自於水力、熱力、地熱、風力、太陽能以及核能等。電能來源的選擇通常取決於應用的需求，以及成本與環境等。本節說明 AC 電力網路的架構，簡要回顧第 7.6 節所提及之電力傳輸路程。

一般發電機產生的電力電壓為 18 kV rms，如圖 7.59 所示。為了降低導線所造成的損失，發電機的輸出利用升壓變壓器提高到數百千伏（345 kV rms，如圖 7.59）。如果沒有這樣的轉換，大部分的電能會損耗在**傳輸線**上。

電力公司的發電廠可提供數百兆伏安（MVA）的三相電力。因此，電力公司使用三相升壓變壓器以增加線電壓至約 345 kV rms。我們可以明顯地看到，在發電機額定的功率下，通過升壓變壓器的電流會大幅降低。

出了發電廠後，電力網路負責分配電能到數個**變電站**。我們稱這樣的網路為**電網（power grid）**。在變電站，電壓會降至較低的準位（典型為 10 to 150 kV rms）。雖然大部分的負載係由個別的變電站所供應，一些非常大的負載，如工業用的馬達，會由電網直接提供的。在地區性的變電站，電壓會藉由三相降壓變壓器進一步降到 4,800V。這些變電站將電力分配到家庭用電和工業用戶，基於用電安全，電壓會利用電線桿上的降壓變壓器進一步將電壓降至適合民宅使用的安全用電標準 −120/240-V 3

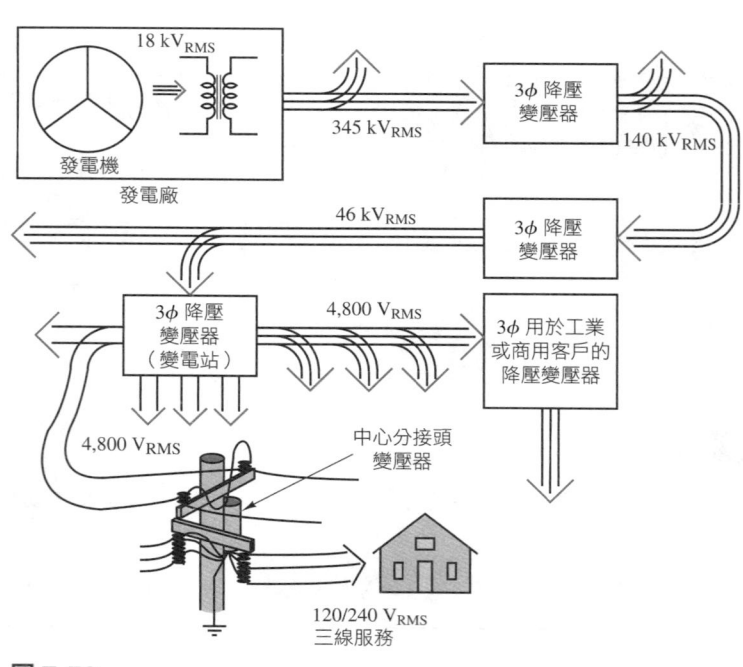

圖 7.59

線單相的室電（如 7.6 小節所討論的）。工業與商業用戶則可獲得 460V 和／或 208V 三相電源的服務。

結論

第 7 章介紹了分析 AC 電源系統的重要原理。AC 電源在工業用途上以及對於家庭生活的便利性都非常重要，因此所有工程師都無可避免會接觸到 AC 電源系統的應用。本章內容提供了身為工程師所需要的知識背景。在本章最後，你理應可以掌握以下幾個學習的目標：

1. 了解瞬時與平均功率，主要 AC 功率符號，以及計算 AC 電路的平均功率。計算複數負載的功率因數，AC 電路負載所消耗的功率包含平均功率與波動項的總和。在實務上，平均功率是最重要的數據。
2. 學到複數功率的符號；計算複數負載的視在功率、實功（有效功率）、虛功（無效功率）。畫出功率三角形，以及計算功率因數校正所需要的電容值，透過複數的演算可以得到最佳的分析。複數功率 S 定義成負載電壓相量與負載電流取共軛複數的乘積，複數功率 S 實數的部分就是實功，其為負載真正消耗的功率，複數功率 S 虛數的部分就是虛功（無效功率），表示能量是儲存在電路上但無法實際用於電路的運作，虛功的數值可以用因率因數加以量化，且利用功率因數的校正可降低虛功的數值。
3. 分析理想的變壓器；計算主要線圈與次級線圈的電壓和電流，以及匝數比；計算變壓器上反射的電源與阻抗。了解最大功率轉移。變壓器在電機工程上的應用廣泛，其中最常見的是用於輸配電上，利用輸配電前後其升壓與降壓的程序，以改善傳輸的效率。
4. 學到三相電源的符號；計算平衡的 wye 與 delta 負載電壓和電流，三相電源的發電與配電。家庭用電通常使用單相電源，而工業用電則經常直接使用三相電源。
5. 了解室內配電的基本原理，用電安全，以及 AC 電源的輸配電等。

習題

7.1 節：瞬時與平均功率

7.1 烙鐵的加熱元件其電組為 20 Ω，若使用 90 V rms 的電壓，請計算烙鐵所消耗的功率。

7.2 電流源 $i(t)$ 連接到 50 Ω 的電阻，請計算傳輸到這個電阻的功率為何？以下為 $i(t)$ 的訊號：

a. $7\cos 100t$ A
b. $7\cos(100t - 30°)$ A
c. $7\cos 100t - 3\cos(100t - 60°)$ A
d. $7\cos 100t - 3$ A

7.3 有一個霓虹燈使用 115 V rms 的電壓，其電流為 2.5 A，這個電流落後電壓 30° 的相位，請找出這個燈的阻抗，實際消耗的功率，以及功率因數。

7.2 節：複數功率

7.4 當使用 220 V rms 電源時產生了 10 A rms 的電流，此電流落後電壓 60°，請找出這個電路所消耗的功率以及其功率因數。

7.5 根據圖 P7.5，請依以下的數據，計算平均功率（P），虛功（Q），複數功率（S）。請注意：相量值採用有效值。

a. $v_S(t) = 650\cos(377t)$ V
$i_o(t) = 20\cos(377t - 10°)$ A

b. $\tilde{V}_S = 460\angle 0°$ V rms
$\tilde{I}_o = 14.14\angle -45°$ A rms

c. $\tilde{V}_S = 100\angle 0°$ V rms
$\tilde{I}_o = 8.6\angle -86°$ A rms

d. $\tilde{V}_S = 208\angle -30°$ V rms
$\tilde{I}_o = 2.3\angle -63°$ A rms

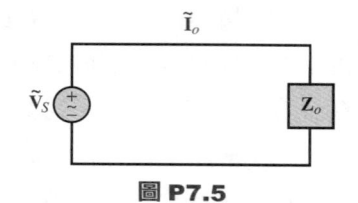

圖 P7.5

7.6 根據圖 P7.5，決定負載是否是電容性或是電感性的，假設：

a. pf=0.87（超前）
b. pf=0.42（超前）
c. $v_S(t) = 42\cos(\omega t)$ V
$i_L(t) = 4.2\sin(\omega t)$ A
d. $v_S(t) = 10.4\cos(\omega t - 12°)$ V
$i_L(t) = 0.4\cos(\omega t - 12°)$ A

7.7 負載阻抗為 $\mathbf{Z}_o = 10 + j3$ Ω 其連接到具有 1 Ω 內阻的電源，如圖 P7.7 所示，請計算以下的數值：

a. 傳輸到負載的平均功率。
b. 電力線所吸收的平均功率。
c. 發電機所提供的視在功率。
d. 負載的功率因數。
e. 電力線加上負載的功率因數。

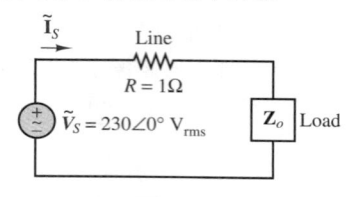

圖 P7.7

7.3 節：功率因數校正

7.8 果汁機裡面的馬達可以用一個電阻串聯一個電感加以模型化，如圖 P7.8 所示。牆上插座的電源表示為理想的 120 V rms 串聯 2 Ω 電阻。假設電源頻率是 377 rad/s。

a. 馬達的功率因數是多少？
b. 電壓源的功率因數是多少？
c. 馬達所消耗的平均功率 P_{AV} 是多少？
d. 馬達需要並聯多少電容值，才可使得功率因數從電源端看入變成 0.9 落後。

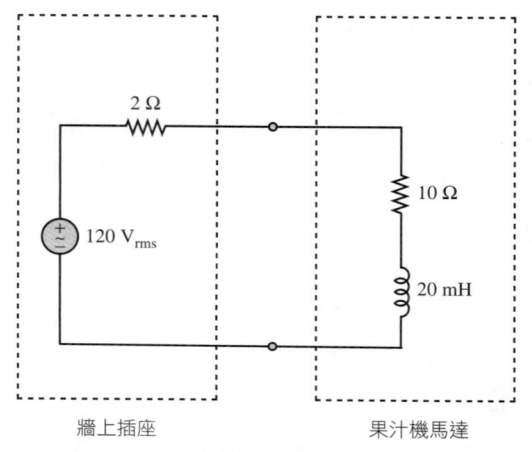

圖 P7.8

7.9 圖 P7.5 依據以下數值，請決定負載 $\mathbf{Z}_o$ 需要並聯何種電容值，方可使得從電源端看入的功率因數為 1？假設 $\omega = 377$ rad/s。

a. $\tilde{V}_s = 300\angle 0$ V rms，$\tilde{I}_o = 80\angle(-0.15\pi)$ A rms
b. $\tilde{V}_s = 100\angle 0$ V rms，$\tilde{I}_o = 30\angle(-\pi/4)$ A rms
c. $\tilde{V}_s = 12\angle(-\pi/4)$ V rms，$\tilde{I}_o = 3\angle(-\pi/2)$ A rms

7.4 節：變壓器

7.10 圖 P7.10 所示為中間抽頭的變壓器，主要線圈端的電壓調降至兩個次級端電壓。假設每一個次級端均提供 7-kW 電阻性負載，主線圈則接到 100 V rms 電源。請計算：

a. 主要線圈功率。
b. 主要線圈電流。

圖 P7.10

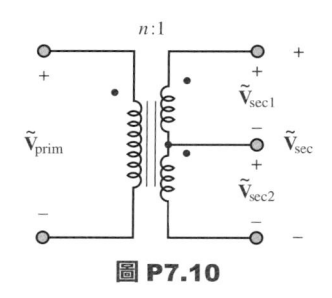

7.11 圖 P.11 假設 $\tilde{V}_g = 80\angle 0$ V rms，$R_g = 2\ \Omega$，$R_o = 12\ \Omega$，變壓器是理想的，請計算：

a. 從電源端看入的等效阻抗。

b. 電源所提供的功率 P_{source}。

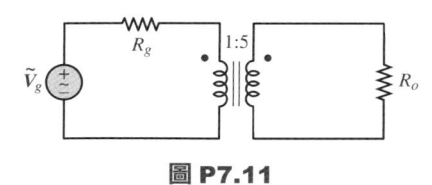

圖 P7.11

7.12 一個理想的變壓器在 380 V rms 下可傳輸 460 kVA 至客戶端，如圖 P7.12 所示。

a. 變壓器可以提供多少電流至客戶端？

b. 如果客戶端的負載為純電阻性，客戶端能夠接收的最大功率為何？

c. 如果客戶端的功率因數為 0.8 落後，客戶端能夠接收的最大功率為何？

d. 如果功率因數為 0.7 落後，最大功率為何？

e. 如果客戶端需求 300 kW 的功率，在這個變壓器下，最小的功率因數為何？

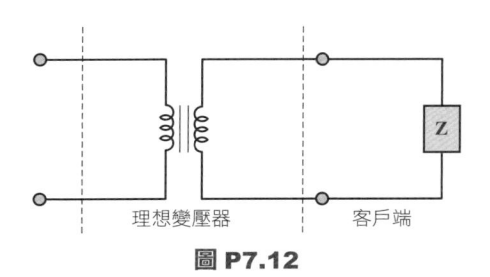

圖 P7.12

7.5 節 三相電源

7.13 依據圖 P7.13 三相網路，請計算每一條線的電流以及 wye 網路所消耗的實功。假設 $\tilde{V}_R = 110\angle 0$ V rms，$\tilde{V}_W = 110\angle 2\pi/3$ V rms，$\tilde{V}_B = 110\angle 4\pi/3$ V rms，$R = 50\ \Omega$，$L = 120$ mH，$C = 133\ \mu$F，$f = 60$ Hz。

圖 P7.13

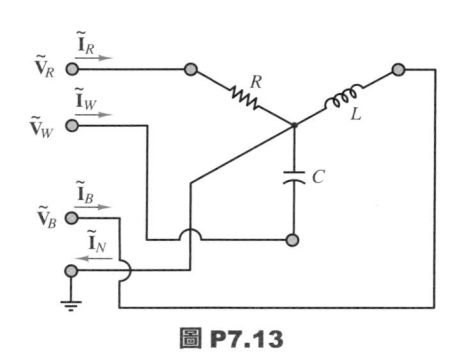

7.14 有一個使用三相電源的電烤箱其相電阻是 10 Ω，且接上三相 380 V rms 交流電壓，請計算：

a. 以 wye 和 delta 接法其通過電阻的電流。

b. 以 wye 和 delta 接法其電烤箱所消耗的功率。

7.15 依據圖 P7.15 三相電路有一個平衡的 wye 電源但不平衡的 wye 負載。

$v_{s1} = 170\cos(\omega t)$ V
$v_{s2} = 170\cos(\omega t + 2\pi/3)$ V
$v_{s3} = 170\cos(\omega t - 2\pi/3)$ V
$f = 60$ Hz $\qquad \mathbf{Z}_1 = 0.5\angle 20°\ \Omega$
$\mathbf{Z}_2 = 0.35\angle 0°\ \Omega \qquad \mathbf{Z}_3 = 1.7\angle(-90°)\ \Omega$

利用下列的方法，計算通過 $\mathbf{Z}_1$ 的電流：

a. 網目電流法。

b. 重疊定理。

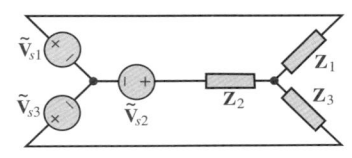

圖 P7.15

Part 2　電子學

8　運算放大器

放大與開關是二極體與電晶體這兩種基本電子零件所執行的基本運作,當然,許多專用電子元件是用二極體與電晶體來研製,其中一種就是運算放大器,簡稱 op-amp,熟練它對任何電子實務應用是必要的。本章介紹理想運算放大器之一般特性及特色,以及運用各種常用功能強大的電路,放大電路的回授效應以及運算放大器之增益和頻率響應也將討論。本章介紹的模型是基於前面章節已經深入探討的觀念,即是戴維寧和諾頓等效電路與頻率響應。本章設計來提供對運算放大器深入分析及實務的理解,以使學生能順利地將它用在工程上的實用放大電路。

> **LO 學習目標**
>
> 1. 了解理想放大器的特性以及增益、輸入阻抗、輸出阻抗及回授的觀念。8.1 節。
> 2. 了解開回路和閉回路運算放大器組態之差異;使用理想運算放大器分析來計算簡單反相、非反相、加法、差動放大器之增益,並分析更進階運算放大器電路;辨識運算放大器資料表的重要性能參數。8.2 節。
> 3. 分析並設計簡單主動濾波器、理想積分器及微分器電路。8.3-8.4 節。
> 4. 了解實物的運算放大器之主要局限。8.5 節。

8.1　理想放大器

放大器是許多電子應用不可或缺面向,也許放大器最熟悉應用是將數位音源(如 MP3 播放機)的低電壓低功率訊號轉變成適於驅動耳機的準位,如圖 8.1 所示。放大器幾乎在每個工程領域都有重要應用,因為絕大多數用於量測的傳感器與感測器會產生電訊號,然後經過類比及數位儀器放大、濾波、取樣及處理。譬如機械工程師使用

圖 8.1 典型的數位音訊播放器
(© Jim Kearns)

熱敏電阻、加速度及計應變計來轉換溫度、加速度及應力成為電訊號。這些訊號必須放大再傳送，然後濾波（放大器的功能），之後經取樣以產生原本類比訊號的數位形態。其他較不明顯功能，比如阻抗隔離也由放大器執行。這樣很清楚的，放大器能做的工作，就不僅是放大訊號，雖然那功能當然非常重要。本章探討放大器一般特性，並聚焦在尤為重要的積體電路放大器（**運算放大器**）的特性及應用。

理想放大器的特性

圖 8.2 描述放大器的最簡模型，圖中訊號 v_S 被放大 G 倍（放大器電壓增益）。理想上，放大器輸入阻抗是無限大，所以 $v_{in} = v_S$，如果輸出阻抗為 0，v_o 將由放大器決定並和 R 無關，是以：

$$v_o = Gv_{in} = Gv_S \quad \text{理想放大器} \tag{8.1}$$

由放大器看到的輸入是戴維寧電壓源（v_S 和 R_S 串聯），而輸出則為單一等效電阻 R。

一個較貼近真實的放大器模型在圖 8.3，圖中放大器的輸入與輸出阻抗的觀念被合併成單一電阻 R_{in} 及 R_{out}。從負載 R 的觀點，放大器就是戴維寧電壓源（Av_{in} 和 R_{out} 串聯），而從外部訊號源的觀點（v_S 和 R_S 串聯），放大器就是一個等效電阻 R_{in}。和受控電壓源關聯的常數 A，又稱作開回路增益。[1]

使用圖 8.3 放大器模型並運用分壓，放大器輸入電壓為：

$$v_{ab} = v_{in} = \frac{R_{in}}{R_S + R_{in}} v_S \tag{8.2}$$

運用分壓可得到放大器輸出電壓為：

$$v_o = Av_{in} \frac{R}{R_{out} + R} \tag{8.3}$$

代入 v_{in} 再兩邊除以 v_S：

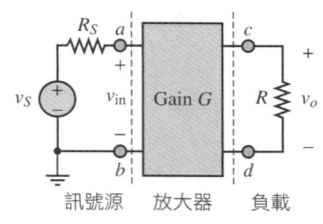

圖 8.2 位於訊號源及負載間之放大器

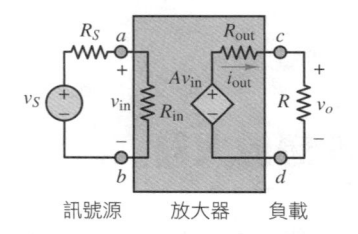

圖 8.3 簡單電壓放大器模型

---

[1] 電壓增益 G 和開迴路增益 A 也可以分別標定為 AV 和 AVOL。電導也標定為 G; 從使用情況來正確詮釋是相當重要的。幸好工程工地中很少使用電導 G，反而較常使用電阻 R。

$$\frac{v_o}{v_S} = A \frac{R_{\text{in}}}{R_{\text{in}} + R_S} \frac{R}{R + R_{\text{out}}} \tag{8.4}$$

這是從 v_S 到 v_o 的電壓增益，放大器電壓增益 G 為：

$$G \equiv \frac{v_o}{v_{\text{in}}} = A \frac{R}{R_{\text{out}} + R} \tag{8.5}$$

於此模型，電壓增益受外部電阻 R 影響，意謂不同負載會改變放大器運作，此外放大器輸入電壓 v_{in} 同樣也受 v_S 影響。這兩種狀況都不理想，按理說一個「優質」放大器其增益應和無關負載，也不干擾訊號來源。當 $R_{\text{out}} \ll R$ 及 $R_{\text{in}} \gg R_S$ 時可達到這些特性，當 $R_{\text{out}} \to 0$：

$$\lim_{R_{\text{out}} \to 0} \frac{R}{R + R_{\text{out}}} = 1 \tag{8.6}$$

因而：

$$G \equiv \frac{v_o}{v_{\text{in}}} \approx A \quad \text{when} \quad R_{\text{out}} \to 0 \tag{8.7}$$

還有，當 $R_{\text{in}} \to \infty$：

$$\lim_{R_{\text{in}} \to \infty} \frac{R_{\text{in}}}{R_{\text{in}} + R_S} = 1 \tag{8.8}$$

因而

$$v_{\text{in}} \approx v_S \quad \text{當} \quad R_{\text{in}} \to \infty \tag{8.9}$$

通常，「優質」電壓放大器會有很小輸出阻抗和很大輸入阻抗。

輸入與輸出阻抗

通常放大器的輸入阻抗 R_{in} 和輸出阻抗 R_{out} 定義為：

$$R_{\text{in}} = \frac{v_{\text{in}}}{i_{\text{in}}} \quad \text{and} \quad R_{\text{out}} = \frac{v_{\text{OC}}}{i_{\text{SC}}} \tag{8.10}$$

上面是放大器輸出端的開路電壓 v_{OC} 和短路電流 i_{SC}。一個理想電壓放大器具有 0 輸出阻抗與無限大輸入阻抗，所以放大器不會受制於輸入端和輸出端負載效應。實務上，電壓放大器設計為有很大輸入阻抗和很小輸出阻抗。

回授

回授是使用放大器輸出來增強或抑制輸入的程序，在許多放大器應用中扮演關鍵作用。不具回授的放大器稱為開回路模式，而具回授的放大器則稱閉回路模式。圖 8.3 所示的放大器模型，其輸出並未影響輸入，所以沒有回授，是開回路模式。前面提到，放大器最基本特性是增益，就是輸出對輸入的比值。一個實際放大器的開回路

增益 A 通常是很大,而閉回路增益 G 則是開回路增益的降低版本。A 和 G 的關係將後續在本章探討和說明。

在閉回路模式有兩種可能的回授:增強放大器輸入的正回授,及減抑放大器輸入的負回授。正回授和負回授都很有用,然而,負回授是目前應用上最常見的回授模式。一般而言,負回授使得放大器大的開回路增益 A 交換成較小的閉回路增益 G。這交換乍看似不佳,但交換卻會帶來許多關鍵益處,這些放大器益處為:

1. 降低對電路及環境參數變異之敏感性,最顯著地是溫度。
2. 頻寬加大。
3. 增加線性。
4. 提升信噪比。

此外,負回授之建立是由放大器輸出到輸入間的一個或多個路徑來實作,每個回授路徑的阻抗能調整來改善整體放大器電路輸入及輸出阻抗。這些輸入與輸出阻抗是可用來了解連接到放大器的其他電路之負載效應的特性。

圖 8.4 說明位於訊號源與負載間的放大器之訊號流動方塊圖,箭頭標示訊號流動方向。所示訊號有 u_s、u_f、e 及 y。矩形的輸出訊號為各自輸入的 A 或 β 倍,此為正的常數倍數,因此:

$$y = Ae \quad \text{及} \quad u_f = \beta y \tag{8.11}$$

圓圈加總輸入 u_s 及 u_f 以輸出 e。極性符號(±)表示 u_s 和 u_f 對加總各造成正與負的作用,就是:

$$e = u_s - u_f = u_s - \beta y \tag{8.12}$$

因為回授訊號 u_f 製作負的影響於加總,所以說圖 8.4 引用了負回授。

整合等式 8.11 和 8.12,得到:

$$y = Ae = A(u_s - u_f) = A(u_s - \beta y) \tag{8.13}$$

重新整理求 y 的解。然後放大器閉路增益為:

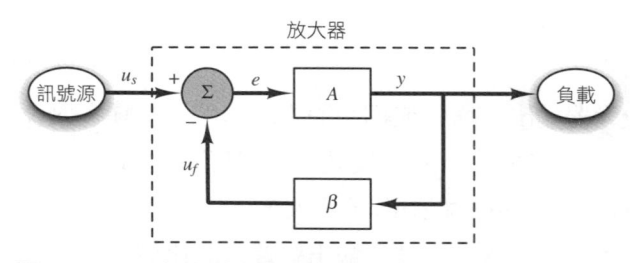

圖 8.4 通用放大器之訊號流動方塊圖

$$G \equiv \frac{y}{u_s} = \frac{A}{1 + A\beta} \tag{8.14}$$

這個量 $A\beta$ 被稱為回路增益,等式 8.14 提示了放大器內的方塊其運作不受其他方塊或外部訊號源及負載的影響。就是說這是理想的方塊,其負載效應為零。

這裡提出兩個要點:

1. 閉路增益 G 取決於 β,這稱為回授係數。
2. 因為 $A\beta$ 是正的,所以閉路增益 G 小於開路增益 A。

此外對大部分實際的放大器,$A\beta$ 是相當大的,因此:

$$G \approx \frac{1}{\beta} \tag{8.15}$$

這結論特別重要,因為這表示只要 $A\beta \gg 1$,則放大器閉路增益 G 幾乎和開路增益 A 無關,G 反過來是主要取決於回授係數 β。

> 當 $A\beta \gg 1$ 時,放大器閉路增益 G 主要由回授係數 β 決定。

此外,等式 8.14 能用來找出兩輸入 u_s 與 u_f 的比值。

$$\frac{u_f}{u_s} = \frac{y}{u_s}\frac{u_f}{y} = \frac{A}{1+A\beta}\beta = \frac{A\beta}{1+A\beta} \tag{8.16}$$

因此,當 $A\beta \gg 1$ 時,有個重要結果是:

$$\frac{u_f}{u_s} \to 1 \quad \text{或} \quad u_s - u_f \to 0 \tag{8.17}$$

這結果表示當回路增益 $A\beta$ 大時,輸入訊號 u_s 和回授訊號 u_f 的差值將趨近於 0。

> 當回路增益 $A\beta \gg 1$ 時,輸入訊號 u_s 和回授訊號 u_f 的差值將趨近於 0。

等式 8.15 和 8.17 將會反覆出現在分析運算放大器電路的閉回路模式。

負回授的效益

如前面提到負回授以減少增益來換取幾種效益,譬如將等式 8.14 的兩邊取導數得到:

$$dG = \frac{dA}{1+A\beta} - \frac{A\beta dA}{(1+A\beta)^2} = \frac{dA}{(1+A\beta)^2} \tag{8.18}$$

左右邊各除以 G 及 $A/(1+A\beta)$ 後:

$$\frac{dG}{G} = \frac{1}{1+A\beta}\frac{dA}{A} \tag{8.19}$$

當 $A\beta \gg 1$ 時,這結果說明因 A 變化所產生之 G 的百分比變化是相當小的,換言之,閉回路增益 G 對開回路增益 A 的變化是相對較不敏感。

> 當 $A\beta \gg 1$ 時，閉回路增益 G 對開回路增益 A 的變化是相對較不敏感。

對任何放大器，開回路增益 A 是頻率的函數，譬如，一個運算放大器開回路增益 $A(\omega)$ 可以簡單極點來描繪：

$$A(\omega) = \frac{A_0}{1 + j\omega/\omega_o} \tag{8.20}$$

這裡 ω_o 是 3-dB 截止頻率，圖 8.5 為波德震幅特性圖。等式 8.20 帶入等式 8.14，得到：

$$G(\omega) = \frac{A(\omega)}{1 + A(\omega)\beta} = \frac{A_0/(1 + j\omega/\omega_o)}{1 + A_0\beta(1 + j\omega/\omega_o)} \tag{8.21}$$

將等式 8.21 的分子和分母各乘以 $1 + j\omega/\omega_o$，再分解出 $1 + A_0\beta$ 後得到：

$$G(\omega) = \frac{A_0}{1 + A_0\beta} \frac{1}{1 + j\omega/\omega_g} = G_o \frac{1}{1 + j\omega/\omega_g} \tag{8.22}$$

這裡 $\omega_g = \omega_o(1 + A_0\beta)$。因此閉回路 3-dB 截止頻率將比開回路 3-dB 截止頻率大 $(1 + A_0\beta)$ 倍。

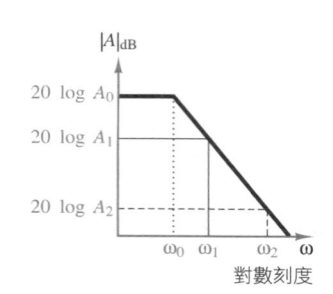

圖 8.5 典型放大器振幅波德圖

> 閉回路 3-dB 截止頻率比開回路 3-dB 截止頻率大 $(1 + A_0\beta)$ 倍。

同樣的若放大器以單零點來描述，其 3-dB 截止頻率比開回路 3-dB 截止頻率小 $(1 + A_0\beta)$ 倍。

類似分析能證明犧牲放大器增益後，負回授能提高線性度與訊雜比。最後，這節所討論的具負回授的一般放大器之所有特點，也存在於使用運算放大器和一些基本元件所建構的閉回路放大器。

8.2 運算放大器

一個**運算放大器**是在一個矽晶片上整合大量微電子零件的一個**積體電路**（IC）。結合其他常用元件，一個運算放大器能設計成電路來對電訊號進行放大、濾波及數學運算如：加、減、乘、除、微分及積分。運算放大器應用於大部分測量和儀器中，作為多功能建置模組。

一個運算放大器的運作可用一個相當簡單模型來描述，可以讓我們了解其功用與應用而不需鑽研內部細節。對初學電子學與積體電路，運算放大器的簡單及多功能性使其成為很吸引人的電子裝置。圖 8.6 右下方展示一個標準運算放大器的接腳圖，有兩隻輸入腳（2 和 3）跟一隻輸出腳（6），另注意那兩隻電源腳（4 和 7）。運算放大

器是主動元件，也就是需要外部電源才能動作。腳 4 接到直流低電壓 V_S^-，而腳 7 接高電壓 V_S^+。這兩組直流電壓充分的分別低於或高於運算放大器的參考電壓並框住輸出範圍。

圖 8.6 左上顯示的低頻小訊號模型，這和圖 8.3 放大器模型相同，其中 R_{in} 為輸入阻抗而 R_{out} 為輸出阻抗。運算放大器本身是差動放大器，因為輸出是輸入電壓 v^+ 和 v^- 之差值的函數，分別稱為非反相及反相輸入。注意到內部獨立電壓源的數值是 $A(v^+ - v^-)$，這裡 A 是運算放大器開迴路增益。實際的運算放大器 A 設計得相當大，典型的是介於 10^5 到 10^7。如前面章節討論的，透過設計大的開迴路增益可交換成小閉迴路增益 G 以得到各種的放大器電路有益特性，電路中運算放大器被當作一個零件。[2]

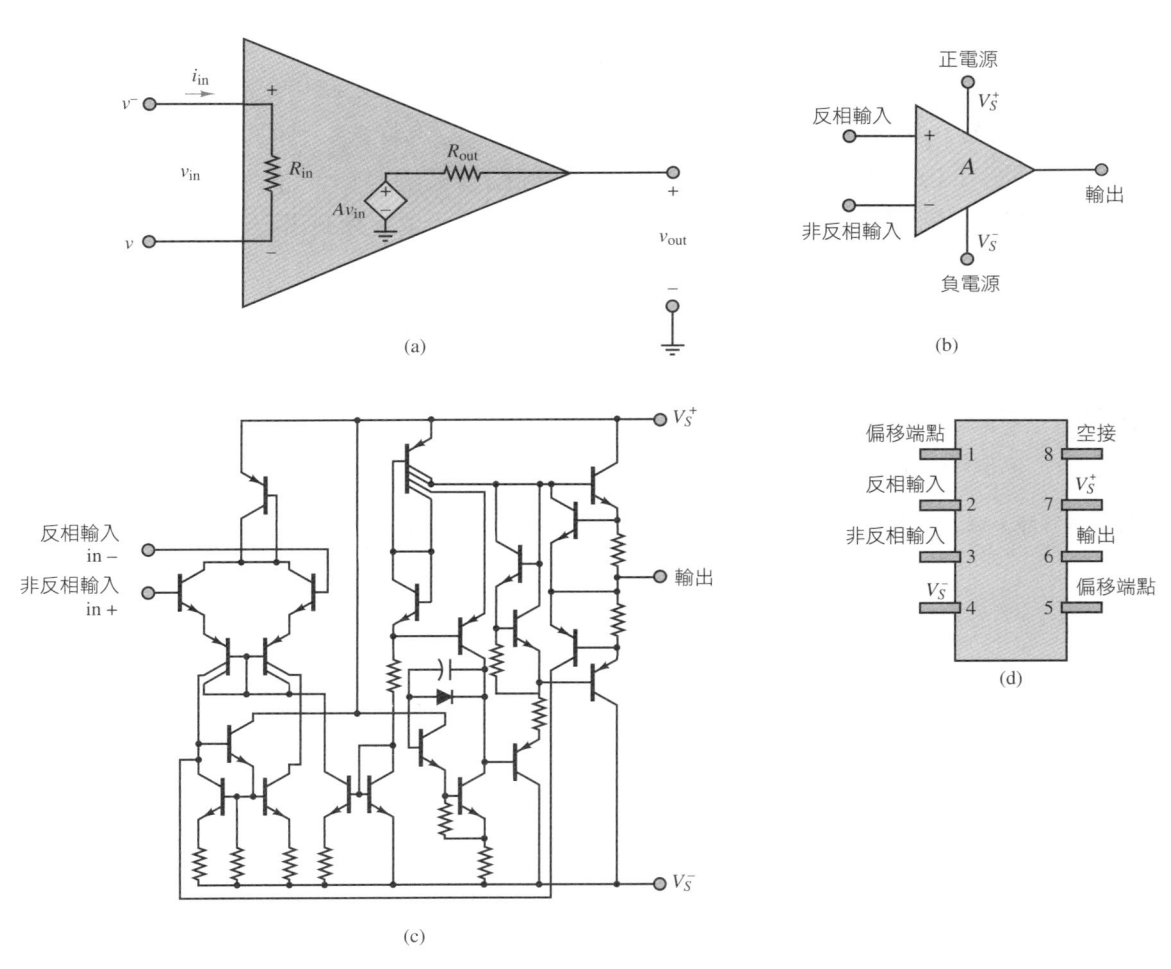

圖 8.6 (a) 小訊號運算放大器模型；(b) 簡化的運算放大器電路符號；(c) 典型運算放大器的 IC 電路圖；(d) 單顆運算放大器 IC 接腳圖

---

[2] 圖 8.6 的運算放大器是電壓放大器；另一種類型的運算放大器稱為電流或跨導放大器，這部分會在習題中說明。

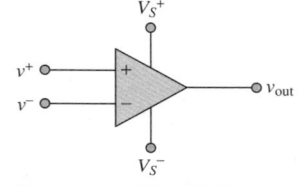

理想運算放大器

實際的運算放大器具有很大的開回路增益，輸入阻抗 R_{in} 也很大，一般為 10^6 至 10^{12} Ω 的等級，而輸出阻抗 R_{out} 則很小通常是 10^0 或 10^1 Ω 的等級。在理想情況下，運算放大器具有無限大的開回路增益與輸入阻抗，輸出阻抗則為 0。當輸出阻抗為 0，理想運算放大器輸出電壓則為：

$$v_{out} = A(v^+ - v^-) = A\Delta v \tag{8.23}$$

但是當開回路增益 A 趨近無窮大時這關係是否切實？對實際運算放大器，意味下列兩可能性之一會成立：

1. 在 $\Delta v \neq 0$ 的情況，輸出電壓飽和並近於正電源或負電源值 V_S^+ 或 V_S^-，如圖 8.7。這外接直流電源讓實際運算放大器能動作，並限制其輸出電壓 v_{out}，這狀況適用於在開回路模式的運算放大器之所有實際應用；也就是沒有從 v_{out} 回授到 v^-。
2. 在 $\Delta v = 0$ 的情況，輸出電壓並非由運算放大器本身決定，而是由所附的其他電路。回顧 8.1 節當 $A\beta \gg 1$，放大器閉回路增益約等於 $1/\beta$ 且幾乎和 A 本身無關。因此這狀況適用於在閉回路模式的運算放大器之所有實際應用；也就是有從 v_{out} 到 v^- 負回授的情況。

截至目前運算放大器最明顯的開回路模式之應用是比較器，而多數運算放大器閉回路模式的實際應用會在本章討論。

注意在圖 8.7 字母「A」並不出現在三角符號內，這意味著開回路增益是無限大。理想運算放大器符號也暗示著流過兩輸入端的電流是零，這是理想運算放大器無限大輸入阻抗衍生的結果，被稱為理想運算放大器第一條黃金法則。

圖 8.7 理想運算放大器

$$i^+ = i^- = 0 \quad \text{第一條黃金法則} \tag{8.24}$$

回顧 8.1 節負回授的討論，當 $A\beta \gg 1$ 時放大器兩個輸入端 u_s 和 u_f 的壓差趨近於 0。對理想運算放大器其 $A \to \infty$，當從 v_{out} 到 v^- 有回授路徑時，放大器兩個輸入端 v^+ 和 v^- 的壓差將為 0。

$$v^+ = v^- \quad \text{第二條黃金法則；需有負回授} \tag{8.25}$$

理想運算放大器黃金法則
1. $i^+ = i^- = 0$。
2. $v^+ = v^-$（當有負回授時）。

放大器原型

有三種應用具負回授之運算放大器的基本放大器：

- 反相放大器。
- 非反相放大器。
- 隔離緩衝器（電壓隨耦器）。

這些原型有許多重要應用，且是其他重要放大器的建造組件。了解和認識這些原型是學習基於運算放大器之放大器的必要第一步，值得強調的是運算放大器很少以一個獨立的放大器來使用；而是搭配其他元件以形成專門的放大器。

反相放大器

圖 8.8 展示一個基本反相放大器電路，這名稱來自一個事實是輸入訊號 v_S「看」反相輸入端（−），且如下所示，輸出訊號 v_o 是輸入訊號的反相版本。下面分析的目的是去確定輸出與輸入訊號的關係。一開始，假設運算放大器為理想的，再應用克希荷夫電流定律於標示為 v^- 之反相節點。

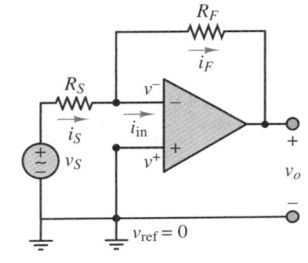

圖 8.8 反相放大器

$$i_S = i_F + i_{in} \tag{8.26}$$

然而理想運算放大器的第一條黃金守則談到 $i_{in} = i^- = 0$，因此 $i_S = i_F$ 所以 R_S 和 R_F 形成虛擬串接。應用歐姆定律到各電阻，得到：

$$i_S = \frac{v_S - v^-}{R_S} \qquad i_F = \frac{v^- - v_o}{R_F} \tag{8.27}$$

應用 $v^+ = 0$ 來化簡這些等式，再運用理想運算放大器的第二條黃金守則使 $v^- = v^+ = 0$，因此：

$$i_S = i_F$$

或 $\tag{8.28}$

$$\frac{v_S}{R_S} = \frac{-v_o}{R_F}$$

交叉相乘得到閉回路增益 G：

$$\boxed{G = \frac{v_o}{v_S} = -\frac{R_F}{R_S} \qquad \text{反相放大器}} \tag{8.29}$$

留意 G 的大小可能大於或小於 1。

另一種方法是應用 R_S 和 R_F 虛擬串接分壓。

或

$$\frac{v_S - v_o}{v_S - 0} = \frac{R_S + R_F}{R_S}$$

$$1 - \frac{v_o}{v_S} = 1 + \frac{R_F}{R_S}$$ (8.30)

將等式兩邊減 1 將得到與等式 8.29 相同的結果。

留意這反相放大器的閉回路增益只由選定的電阻決定，這推導是專對理想運算放大器。對實際運算放大器，只要開回路增益夠大這結果只是稍有差異。重要的是記得這結果取決於理想運算放大器的兩條黃金守則，尤其是當存在負回授時第二條黃金守則才有效。

> 只要開回路增益 A 夠大，存在於輸出到反相輸入端的負回授將驅使兩輸入端之間的電壓差為 0。

反相放大器的輸入阻抗就只是：

$$R_{\text{in}} = \frac{v_{\text{in}}}{i_{\text{in}}} = \frac{v_S - 0}{i_S} = R_S$$ (8.31)

留意虛擬接地在促使這計算如此簡易所起的重要作用，這結果也透露反相放大器的一個缺點。一般來說，理想放大器會有無限大的輸入阻抗才不致造成來源網路的負載，所以會讓人想挑選非常大的 R_S 以修正此問題；然而這樣做，閉回路增益 (等式 8.29) 便會被降低，因此不可能設計一個反相放大器具有很大增益，且有很大輸入阻抗。

非反相放大器

圖 8.9 展示一個基本非反相放大器電路。這名稱來自輸入訊號 v_S「看到」非反相輸入端（+），且輸出訊號 v_o 是輸入訊號的非反相（正相）版本，下面分析的目的是去確定輸出與輸入訊號的關係。假設這是理想運算放大器，再應用克希荷夫電流定律於標示為 v^- 之反相節點。

$$i_F = i_1 + i_{\text{in}}$$ (8.32)

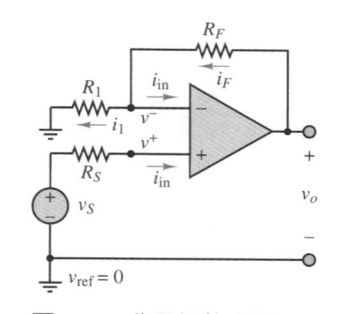

圖 8.9 非反相放大器

根據理想運算放大器第一條黃金守則提出 $i_{\text{in}} = i^- = i^+ = 0$，因而 $i_F = i_1$，是以 R_F 和 R_1 形成虛擬串接。應用歐姆定律到這兩個電阻，得到：

$$i_1 = \frac{v^- - 0}{R_1} \qquad i_F = \frac{v_{\text{out}} - v^-}{R_F}$$

或

$$\frac{v^-}{R_1} = \frac{v_o - v^-}{R_F}$$ (8.33)

因有負回授，可應用理想運算放大器第二條黃金法則，因此 $v^- = v^+$。留意因為 $i_{\text{in}} = 0$，在 R_S 的壓降為 0，因而 $v^- = v^+ = v_S$。將此結果帶入等式 8.33 再整理各項，得到閉

回路增益 G：

$$G = \frac{V_o}{v_S} = 1 + \frac{R_F}{R_1} \qquad \text{非反相放大器} \tag{8.34}$$

留意到 $G \geq 1$。

另一種方法是應用 R_1 和 R_F 虛擬串接分壓。

$$\frac{V_o - 0}{v^- - 0} = \frac{R_1 + R_F}{R_1} \tag{8.35}$$

由於 $v^- = v_S$：

$$\frac{V_o}{v_S} = 1 + \frac{R_F}{R_1} \tag{8.36}$$

這是和等式 8.34 相同的結果。

留意這非反相放大器的閉回路增益 G 只由選定的電阻決定，這推導是專對理想運算放大器。對實際運算放大器，只要開回路增益夠大這結果只是稍有差異。重要的是記得這結果取決於理想運算放大器的兩條黃金守則，尤其是當存在負回授時第二條黃金守則才有效。

> 只要開回路增益 A 夠大，存在於輸出到反相輸入端的負回授將驅使兩輸入端之間的電壓差為 0。

非反相放大器的輸入阻抗就只是：

$$R_{\text{in}} = \frac{v_{\text{in}}}{i_{\text{in}}} = \frac{v_S - 0}{i_{\text{in}}} \to \infty \tag{8.37}$$

實務上，由於運算放大器有非常大的輸入阻抗，因此非反相放大器的輸入阻抗是非常大，這限制 i_{in} 為非常小的值。注意非反相放大器閉回路增益和輸入阻抗無關，因此反相放大器不必像反相放大器，苦於在增益和輸入阻抗之間做取捨。然而非反相放大器受限於增益值要大於 1，反之反相放大器可以是任何增益值。

隔離緩衝器或電壓隨耦器

圖 8.10 展示一個隔離緩衝器也稱為電壓隨耦器，注意輸入訊號「看到」非反相輸入端（+）因此輸出訊號 v_o 應是 v_S 的非反相（正）版本。這電路的分析就跟電路本身一樣簡單，假設這是理想運算放大器，因為存有負回授，兩條黃金守則皆有效。就是：

$$i^+ = i^- = 0 \qquad \text{及} \qquad v^+ = v^- \tag{8.38}$$

觀察可知 $v^+ = v_S$ 和 $v^- = v_{\text{out}}$，所以閉回路增益 G 為：

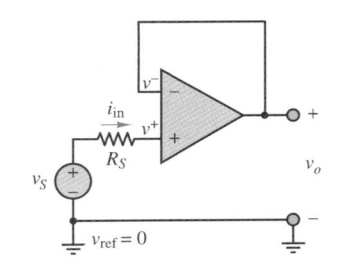

圖 8.10 隔離緩衝器或電壓隨耦器

$$G = \frac{v_o}{v_S} = 1 \qquad \text{隔離緩衝器或電壓隨耦器} \qquad (8.39)$$

這電路稱為電壓隨耦器的理由現在該是明顯了；輸出電壓 v_o「跟隨」（等於）輸入電壓 v_S。另一方面，這電路也稱作隔離緩衝器的理由並不明顯。不過因為 $i^+ = 0$，理想運算放大器具有無限大輸入阻抗，因此運算放大器對電壓源並無負載，但是電路仍使 v_S 重現於輸出端。任何輸出端的負載效應由運算放大器承受而非電壓源，因而電壓源已從輸出端隔離或緩衝。

隔離緩衝器的輸入阻抗為：

$$R_{\text{in}} = \frac{v_{\text{in}}}{i_{\text{in}}} = \frac{v_S - 0}{i_{\text{in}}} \rightarrow \infty \qquad (8.40)$$

實務上，由於運算放大器有非常大的輸入阻抗，因此隔離緩衝器的輸入阻抗是非常大，這限制 i_{in} 為非常小的值。只要開回路增益 A 很大，致使負回授驅使 v^- 為 v^+，閉回路增益將固定為 1。

戴維寧定理的應用

注意在圖 8.8 和 8.9 中，輸入訊號源畫成戴維寧訊號源。這意味著只要放大器電路輸入訊號源為線性且能簡化成等效的戴維寧訊號源，之前反相及非反相放大器的結論就都能套用。就是說 R_S 和 v_S 分別是是任意線性輸入電路的戴維寧等效電阻與開路電壓。

譬如，探討圖 8.11 的反相放大器電路和圖 8.8 原型並不相同，然而電壓源 v_{in}「看到」反相輸入端，因此輸出電壓 v_o 將是 v_{in} 的反相版本。這電路是一個反相放大器。將端點 a 和 b 左邊的整個線性電路替換為戴維寧等效電路，以推導 v_o。

圖 8.12 展示從端點 a 和 b 拆離的訊號源網路，為求得輸入電路的戴維寧等效電阻，設電壓源為 0 並替換為短路，則：

$$R_T = R_{\text{ab}} = R \| R = \frac{R}{2} \qquad (8.41)$$

跨端點 a 和 b 的戴維寧（開路）電壓能由分壓求得：

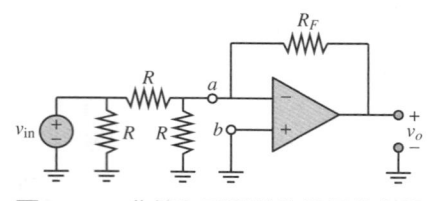

圖 8.11 化簡為原型前的反相放大器

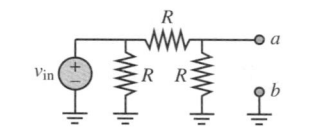

圖 8.12 從端點 a 和 b 拆離的訊號源網路

$$V_T = V_{ab} = \frac{R}{R+R}v_{\text{in}} = \frac{v_{\text{in}}}{2} \tag{8.42}$$

圖 8.13 展示接到其他放大器電路的戴維寧等效訊號源網路，注意這簡化的放大器和圖 8.8 反相放大器原型是相同型式，因此運用等式 8.29：

$$\frac{v_o}{V_T} = -\frac{R_F}{R_T} = -\frac{2R_F}{R} \tag{8.43}$$

為計算原本放大器電路的閉回路增益，寫成：

$$G = \frac{v_o}{v_{\text{in}}} = \frac{v_o}{V_T} \cdot \frac{V_T}{v_{\text{in}}}$$

$$= -\frac{2R_F}{R} \cdot \frac{1}{2}$$

$$= -\frac{R_F}{R} \tag{8.44}$$

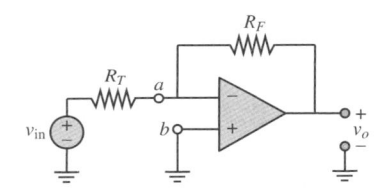

圖 8.13 簡化成反相放大器

圖 8.13 將任何線性輸入訊號源網路明確表示為戴維寧等效網路以歸納成圖 8.8。相同的方法可用來歸納在圖 8.9 和 8.10 的非反相放大器和隔離緩衝器電路，圖中 v_S 和 R_S 分別成為輸入訊號源網路的戴維寧（開路）電壓和戴維寧等效電阻。

多個訊號源與疊加原理

有許多情況需要放大器接收多個輸入訊號源網路，使用基本原理如 KCL、KVL 和歐姆定律便可完成這些放大器的分析。然而經常有用的是去應用疊加原理來簡化整個放大器電路以成為多組件放大器，各自僅有一個獨立開啟的訊號源。戴維寧定理常可用來轉換這些組件放大器成為某一種放大器原型：反相放大器、非反相放大器或隔離緩衝器。兩個具多輸入訊號源放大器的重要範例是加法器和差動放大器。

加法器

如圖 8.14 所示，運算放大器**加法器**是基於反相放大器的有用電路。假設是理想的運算放大器，第一條黃金守則說到 $i^+ = i^- = 0$，因此應用 KCL 到反相節點，其結果是：

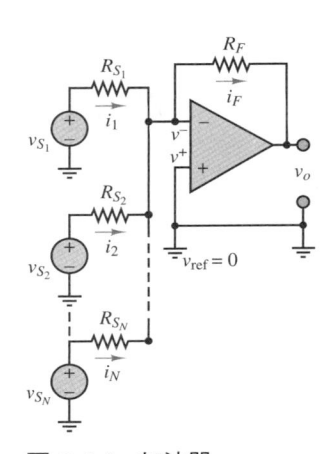

圖 8.14 加法器

$$\sum_{n=1}^{N} i_n = i_1 + i_2 + \cdots + i_N = i_F \tag{8.45}$$

因為有負回授，第二條黃金守則也有效，這樣 $v^- = v^+ = 0$，所以歐姆定律可用在各電阻，得到：

$$i_n = \frac{v_{S_n} - 0}{R_{S_n}} \quad n = 1, 2, \ldots, N$$

以及 \tag{8.46}

$$i_F = \frac{0 - v_o}{R_F}$$

等式 8.46 能帶入等式 8.45，求得：

$$\sum_{n=1}^{N} \frac{v_{S_n}}{R_{S_n}} = -\frac{v_o}{R_F}$$

或 \tag{8.47}

$$v_o = -\sum_{n=1}^{N} \frac{R_F}{R_{S_n}} v_{S_n}$$

這加算放大器的輸出是這 N 個輸入訊號源的加權和，各個訊號源 v_{S_n} 的權重因子等於回授電阻 R_F 對訊號源電阻 R_{S_n} 的比率。注意如果 $R_S = R_{S_1} = R_{S_2} = \cdots = R_{S_N}$，則：

$$\boxed{v_o = -\frac{R_F}{R_S} \sum_{n=1}^{N} v_{S_n} \qquad \text{加法器}} \tag{8.48}$$

加法器也可應用疊加原理來分析。考慮關掉 v_{S1} 外的所有電壓源，由於 0 電壓源等同短路，結果是電阻 $R_2, \ldots, R_N$ 的壓降是 0。因此，如圖 8.15 所示 $i_2 = i_3 = \cdots = i_N = 0$。假定是理想運算放大器所以 $i^+ = i^- = 0$，則應用 KCL 在反相端節點，產生：

$$i_1 = i_F \tag{8.49}$$

因為有負回授，第二條黃金守則再次生效，因而歐姆定律可用於 R_{S1} 和 R_F，得到：

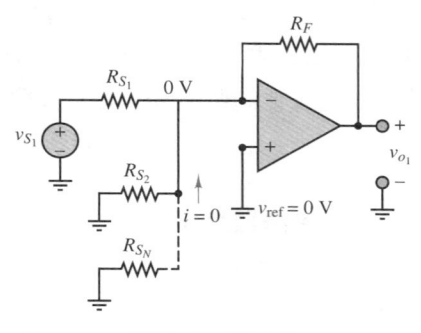

圖 8.15 啟動單一訊號源之加法器

$$i_1 = \frac{v_{S_1} - 0}{R_{S_1}} \quad \text{和} \quad i_F = \frac{0 - v_{o_1}}{R_F} \tag{8.50}$$

將上面兩等式帶入等式 8.49 後整理得到：

$$v_{o_1} = -\frac{R_F}{R_{S_1}} v_{S_1} \tag{8.51}$$

這裡的 v_{o1} 是來自電壓源 v_{S1} 的成分，值得注意的是這結果和圖 8.16 反相放大器原型相同，這相同是由於事實上電流 $i_2, i_3, ..., i_N$ 都是 0，因而 R_{S1} 和 R_F 仍為虛擬串接，這如同反相放大器原型。

圖 8.14 中，因為戴維寧訊號源 v_{Sn} 和 R_{Sn} 配成對且是並列，源於 v_{Sn} 的 v_o 成分為：

$$v_{o_n} = -\frac{R_F}{R_{S_n}} v_{S_n} \quad n = 1, 2, \ldots, N \tag{8.52}$$

加總所有輸出成分，得到：

$$v_o = -\sum_{n=1}^{N} \frac{R_F}{R_{S_n}} v_{S_n} \tag{8.53}$$

這和等式 8.47 是相同的。

差動放大器

如圖 8.17 所示，**差動放大器**是基於反相與非反相放大器原型的有用電路。這個放大器通常用在放大兩訊號之差值，兩訊號源 v_1 和 v_2 可能是互為獨立或是源自相同工序，如心電圖放大器。

差動放大器的分析可以運用基本原理（KCL 或歐姆定理）或應用疊加原理。兩種方法都假設是理想運算放大器，因為有負回授兩條黃金守則均有效。第一個方法，首先看到 $i^+ = I^- = 0$，因而 R_1 和 R_F 是虛擬串接，R_2 和 R_3 也是。因此非反相端之電壓 v^+ 能以分壓計算。

$$v^+ = \frac{R_3}{R_3 + R_2} v_2 = \frac{R_3/R_2}{1 + (R_3/R_2)} v_2 \tag{8.54}$$

同樣的，沿著另一組虛擬串接的分壓得出：

$$i = \frac{v_1 - v_o}{R_1 + R_F} = \frac{v^- - v_o}{R_F} \tag{8.55}$$

求 v^- 解得出：

$$v^- = \frac{R_F v_1 + R_1 v_o}{R_1 + R_F} = \frac{(R_F/R_1) v_1 + v_o}{1 + (R_F/R_1)} \tag{8.56}$$

第二條黃金守則為 $v^+ = v^-$，因而

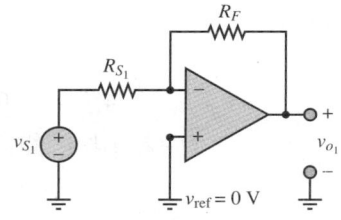

圖 8.16 啟動單一訊號源之加法器等同是反相放大器電路

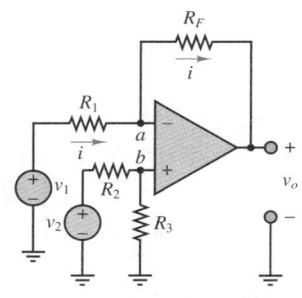

圖 8.17 放大器在反相和非反相端都有輸入源

$$\frac{R_3/R_2}{1+(R_3/R_2)}v_2 = \frac{(R_F/R_1)v_1 + v_o}{1+(R_F/R_1)}$$

或
$$v_o = \frac{1+(R_F/R_1)}{1+(R_3/R_2)}\frac{R_3}{R_2}v_2 - \frac{R_F}{R_1}v_1 \tag{8.57}$$

v_o 的這個表達樣式太複雜，讓人難以記住。然而是能大幅簡化，只要選定電阻值符合：

$$\frac{R_F}{R_1} = \frac{R_3}{R_2} \tag{8.58}$$

因而：

$$\boxed{v_o = \frac{R_F}{R_1}(v_2 - v_1) \qquad 差動放大器} \tag{8.59}$$

圖 8.18 展示差動放大器的一個特定版本，若設 $R_3 = R_F$ 及 $R_2 = R_1$，便會符合等式 8.58。

圖 8.17 電路亦可用疊加原理來分析，假設是理想運算放大器，且因有負回授所以兩條黃金法則生效。一開始，設 $v_2 = 0$，如圖 8.19 得到因 v_1 所得的 v_o。因為 $i^+ = 0$，在 R_2 和 R_3 沒電壓降所以 $v^+ = 0$。因此這電路是反相放大器，其輸出參照等式 8.29 為：

$$v_{o_1} = -\frac{R_F}{R_1}v_1 \tag{8.60}$$

再設 $v_1 = 0$ 以求得 v_2 由所產生的輸出 V_o，如圖 8.20。因 $i^+ = 0$，v_2、R_2 和 R_3 形成虛擬串接。應用分壓求得：

$$v^+ = \frac{R_3}{R_3 + R_2}v_2 \tag{8.61}$$

因此，這電路等同是圖 8.21 非反相放大器，輸出參照等式 8.34 為：

$$v_{o_2} = \left(1 + \frac{R_F}{R_1}\right)v^+ = \left(1 + \frac{R_F}{R_1}\right)\frac{R_3}{R_3 + R_2}v_2 \tag{8.62}$$

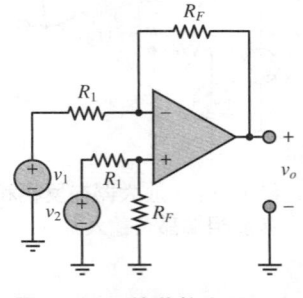

圖 8.18 差動放大器

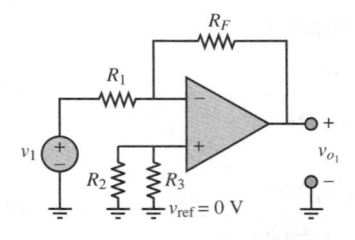

圖 8.19 當 $v_2 = 0$ 的反向放大器

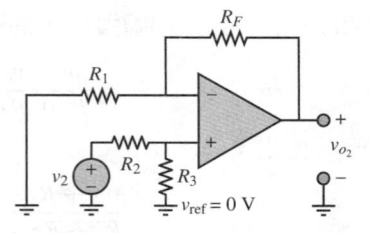

圖 8.20 圖 8.17 的放大器（$v_1 = 0$）

圖 8.21 非反相放大器，當 $v_1 = 0$

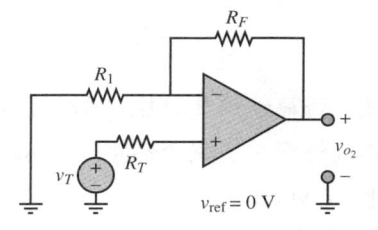

圖 8.22 將圖 8.20 的非反相端源網路替換成戴維寧等效網路

最後，應用疊加原理，求得：

$$v_o = v_{o_1} + v_{o_2} = -\frac{R_F}{R_1}v_1 + \left(1 + \frac{R_F}{R_1}\right)\frac{R_3}{R_3 + R_2}v_2 \tag{8.63}$$

照樣的，選定下列電阻值能大大化簡這列式：

$$\frac{R_F}{R_1} = \frac{R_3}{R_2} \tag{8.64}$$

結果就是等式 8.59。

上述兩種求解方法都完全正確，也沒有哪一個是較另一個容易。然而疊加原理對測定各電壓源各有影響，就是當只有一個電壓來源改變時，將可快速重新計算解答。

重要的是要認識到當任一輸入端的線性源網路較圖 8.17 電路複雜時，是可能應用戴維寧定理來化簡。譬如，非反相端源網路如圖 8.22 所示，這裡：

$$v_T = \frac{R_3}{R_3 + R_2}v_2 \quad \text{和} \quad R_T = R_2 \| R_3 \tag{8.65}$$

共模和差模

經常需要放大可能因雜訊或干擾而受損的兩訊號間的差值，兩輸入訊號可以拆解成兩部分：**共模**和**差模**。這兩種模式用數學來定義：

$$v_{\text{CM}} = \frac{v_1 + v_2}{2} \quad \text{和} \quad v_{\text{DM}} = v_2 - v_1 \tag{8.66}$$

這裡共模 v_{CM} 是 v_1 和 v_2 的平均值。

$$v_1 = v_{\text{CM}} - \frac{v_{\text{DM}}}{2} \quad \text{和} \quad v_2 = v_{\text{CM}} + \frac{v_{\text{DM}}}{2} \tag{8.67}$$

依此定義，理想運算放大器的輸出就只是：

$$v_o = \frac{R_F}{R_1}(v_2 - v_1) = \frac{R_F}{R_1}v_{\text{DM}} \tag{8.68}$$

就是說，差動放大器拒絕了兩輸入的共模訊號。在許多情況，一個輸入和另一輸入的雜訊和干擾相同或近乎相同，因此一個差動放大器能用來消除兩輸入共同的雜訊和干擾。實務上，差動放大器的輸出為：

$$v_o = A_{\text{DM}}(v_2 - v_1) + A_{\text{CM}}\left(\frac{v_2 + v_1}{2}\right) \tag{8.69}$$

此處 A_{DM} 和 A_{CM} 各為差模和共模增益。於理想況 $A_{\text{CM}} = 0$，就如圖 8.18 電路，以理想的運算放大器且外接電阻完全參照等式 8.58。實際的差動放大器拒絕共模的程度稱之為**共模拒斥比**（CMRR）：

$$\text{CMRR} = 20\log\left|\frac{A_{\text{DM}}}{A_{\text{CM}}}\right| \quad (\text{in dB}) \tag{8.70}$$

例如 op-amp 本身就是差動放大器，一個常見運算放大器 741 其典型 CMRR 為 90 dB。量測重點單元中，心電圖放大器提供了差動放大器一般應用的實際樣貌。

表 8.1 總結本節介紹的基本運算放大器電路。

表 8.1 基本放大器摘要

組態	電路圖	輸出電壓（理想運算放大器）
反相放大器	圖 8.8	$-\dfrac{R_F}{R_S}v_S$
非反相放大器	圖 8.9	$\left(1 + \dfrac{R_F}{R_S}\right)v_S$
隔離緩衝器	圖 8.10	v_S
加法器	圖 8.14	$-\dfrac{R_F}{R_S}\displaystyle\sum_{n=1}^{N} v_{S_n}$
差動放大器	圖 8.18	$=\dfrac{R_F}{R_1}(v_2 - v_1)$

量測重點

心電圖放大器

這範例說明兩導極**心電圖量測**的背後原理。如圖 8.23 所示，所需的心臟波形來自適當安置於患者胸部之兩電極的電壓差值。一個健康無雜訊的心電波形 $v_1 - v_2$ 呈現於圖 8.24。

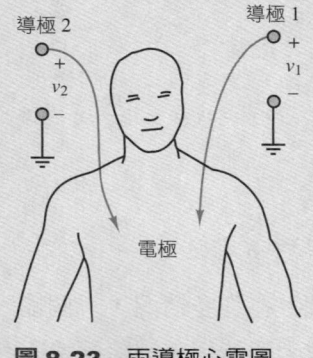

圖 8.23 兩導極心電圖

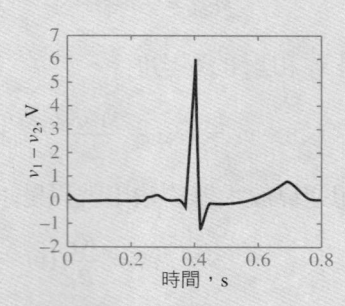

圖 8.24 心電波形

可惜的是，存在 60-Hz 110-V 交流電源線上的雜訊，由於電容性耦合，也可能傳到心電圖上。環境的電磁干擾也會和導極電線形成的閉回路交互作用造成另一雜訊源，其他雜訊含括因呼吸造成的電極皮膚介面改變、肌肉收縮及其他移位。再者因電極而造成不同的直流偏移使訊號變複雜。實際心電圖的相關訊號處理包含儀表放大器（範例 8.2）與主動濾波器（參考 8.3 節）。此舉例的重點侷限在差動放大器拒斥典型心電圖的 60-Hz 共模雜訊之作用，考慮到這一點限制，若心電圖的訊號為圖 8.23 標示的 v_1 和 v_2，則可以表示為：

導極 1：

$$v_1(t) + v_n(t) = v_1(t) + V_n \cos(377t + \phi_n)$$

導極 2：

$$v_2(t) + v_n(t) = v_2(t) + V_n \cos(377t + \phi_n)$$

如圖 8.25 所示，因為電極設計得相同且互相靠近，在兩條導線上的干擾訊號 $V_n \cos(377t + \phi_n)$ 會大致相同。如果差動放大器的電阻能正確匹配，電壓輸出將為：

$$v_o = \frac{R_2}{R_1}[(v_1 + v_n) - (v_2 + v_n)] = \frac{R_2}{R_1}(v_1 - v_2)$$

因此，60-Hz 共模雜訊會被消除或大為消減，而所要的心電圖波形會被放大。很好！實務上，共模拒斥比並非無限大，但可做得非常大以符合正確的診斷所需的設計規格。

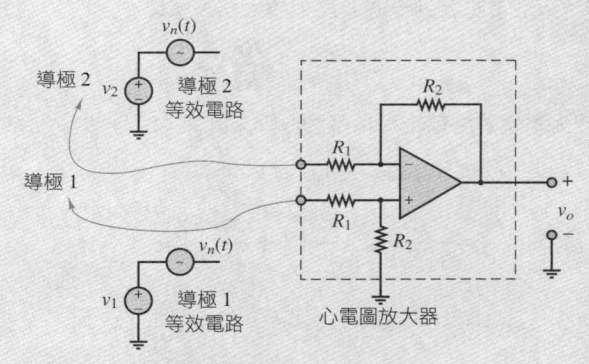

圖 8.25 心電圖放大器

量測重點

感測器校準電路

在許多實際情況下，感測器輸出和待測物理變量之關聯會需要一些訊號調理。最想要的感測器輸出型式就是感測器電氣輸出（如電壓）和物理變量之關聯是常數因子。這種關係描繪在圖 8.26(a)，這裡校準常數 k 為電壓對溫度的關聯。注意，k 為正數，且校準曲線通過點 (0, 0)。另方面，圖 8.26(b) 的感測器特性最能以下列等式來描述：

$$v_{\text{sensor}} = -\beta T + V_0$$

靠圖 8.27 顯示的簡單電路，有可能去修改圖 8.26(b) 感測器校準曲線成為較想要的圖

8.26(a) 曲線。透過簡單增益調整，這電路提供所要的校準常數 k，而零偏移則以接到電源的可變電阻來調整。詳細電路運作將在下段描述。

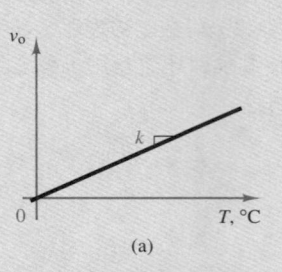

圖 8.26 感測器校準曲線

圖 8.27 感測器校準電路

非理想特性的描述為：

$$v_{\text{sensor}} = -\beta T + V_0$$

當 $V_{\text{ref}} = 0$，感測器電壓輸入端看到一個反相放大器，所以：

$$(v_o)_{\text{sensor}} = -\frac{R_F}{R_S} v_{\text{sensor}}$$

同樣的，當 $v_{\text{sensor}} = 0$，電池電壓看到一個非反相放大器，所以：

$$(v_o)_{\text{ref}} = 1 + \frac{R_F}{R_S} V_{\text{ref}}$$

因此，圖 8.27 運算放大器電路總輸出可用疊加原理來計算：

$$v_o = (v_o)_{\text{sensor}} + (v_o)_{\text{ref}}$$

$$= -\frac{R_F}{F_S} v_{\text{sensor}} + \left(1 + \frac{R_F}{R_S}\right) V_{\text{ref}}$$

$$= -\frac{R_F}{R_S}(-\beta T + V_0) + \left(1 + \frac{R_F}{R_S}\right) V_{\text{ref}}$$

對於一個線性響應的要求，如圖 8.26(a) 所示為 $v_o = kT$，這裡 k 是線性響應之斜率常數，在選定適當的 R_F、R_S 和 V_{ref} 時，可符合此需求因而：

$$kT = -\frac{R_F}{R_S}(-\beta T + V_0) + \left(1 + \frac{R_F}{R_S}\right) V_{\text{ref}}$$

要讓此等式有效，兩邊係數 T 需相等且右邊常數項的和必須為 0。就是：

$$k = \frac{R_F}{R_S} \beta$$

及

$$\frac{R_F}{R_S} V_0 = \left(1 + \frac{R_F}{R_S}\right) V_{\text{ref}}$$

或

$$V_{\text{ref}} = \frac{R_F}{R_S + R_F} V_0$$

第 8 章　運算放大器

值得一提的是當 $R_F \gg R_S$ 時 $V_{\text{ref}} \approx V_0$，在這狀況成立時，感測器校準電路所需的適當電池電壓便能直接由圖 8.26(b) 感測器校準曲線來決定。我們應試著選一個大數值 R_S，校準電路才不致成為感測器的負載。

另值得一提的是放大器的反相方面的效果就是反轉斜率，而參考電池電壓是去提升或降低反轉的校準曲線以通過原點。因此，感測器校準電路更常稱為移位器。參閱範例 8.3 作進一步討論。

範例 8.1　反相放大器

問題

計算圖 8.8 反相放大器電路的電壓增益及輸出電壓。如果使用 5% 或 10% 精度電阻，則電壓增益不確定性會如何？

解

已知量： 回授、源阻值及源電壓。

求： $G = v_{\text{out}}/v_{\text{in}}$；對 5% 或 10% 精度電阻時，$G$ 的最大百分比變化。

已知資料： $R_S = 1\ \text{k}\Omega$；$R_F = 10\ \text{k}\Omega$；$v_S(t) = A\cos(\omega t)$；$A = 0.015\ \text{V}$；$\omega = 50\ \text{rad/s}$。

假設： 理想放大器，所以運算放大器輸入電流為 0，負回授使得 $v^+ = v^-$。

分析： 使用等式 8.29，輸出電壓為：

$$v_o(t) = G \times v_S(t) = -\frac{R_F}{R_S} \times v_S(t) = -10 \times 0.015\cos(\omega t) = -0.15\cos(\omega t)$$

輸入及輸出波形如圖 8.28 所繪。

放大器的標稱增益 $G_{\text{nom}} = -10$。假設使用 5% 精度的電阻，最糟誤差將發生在極端的情況：

$$G_{\text{min}} = -\frac{R_{F\,\text{min}}}{R_{S\,\text{max}}} = -\frac{9{,}500}{1{,}050} = 9.05 \qquad G_{\text{max}} = -\frac{R_{F\,\text{max}}}{R_{S\,\text{min}}} = -\frac{10{,}500}{950} = 11.05$$

百分比誤差因而計算為

$$100 \times \frac{G_{\text{nom}} - G_{\text{min}}}{G_{\text{nom}}} = 100 \times \frac{10 - 9.05}{10} = 9.5\%$$

$$100 \times \frac{G_{\text{nom}} - G_{\text{max}}}{G_{\text{nom}}} = 100 \times \frac{10 - 11.05}{10} = -10.5\%$$

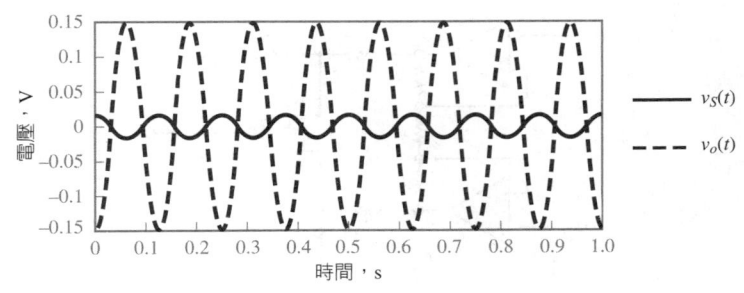

圖 8.28

因此當使用 5% 精度的電阻，放大器增益可能變動 ±10%（近乎）。若使用 10% 精度的電阻，百分比誤差計算出將近 ± 20%，如下所示。

$$G_{\min} = -\frac{R_{F\min}}{R_{S\max}} = -\frac{9{,}000}{1{,}100} = 8.18 \qquad G_{\max} = -\frac{R_{F\max}}{R_{S\min}} = -\frac{11{,}000}{900} = 12.2$$

$$100 \times \frac{G_{\text{nom}} - G_{\min}}{G_{\text{nom}}} = 100 \times \frac{10 - 8.18}{10} = 18.2\%$$

$$100 \times \frac{G_{\text{nom}} - G_{\max}}{G_{\text{nom}}} = 100 \times \frac{10 - 12.2}{10} = -22.2\%$$

評論： 在最壞情況下的閉回路增益 G 的百分誤差約為電阻容差的兩倍，該結果可從假設電阻容差 x 來計算並指出最壞情況是：

$$|\Delta G| = \frac{R_F(1+x)}{R_S(1-x)} - \frac{R_F}{R_S}$$

設 $G_{\text{nom}} = -R_F / R_S$ 因此：

$$\frac{|\Delta G|}{|G_{\text{nom}}|} = \frac{1+x}{1-x} - 1 = \frac{2x}{1-x}$$

$$= 2x(1 + x + x^2 + \cdots) \approx 2x \qquad (x \ll 1)$$

範例 8.2　儀表放大器

問題

計算圖 8.29 儀表放大器電路的閉回路電壓增益。

解

已知量： 回授及源阻值。

求：

$$G = \frac{v_o}{v_1 - v_2}$$

假設： 假設是理想運算放大器。

分析： 通常為提供橋式傳感器和差動放大器級間的阻抗隔離，訊號 v_1 和 v_2 會各別放大。這項技術產生了**儀表放大器**（IA），如圖 8.29。

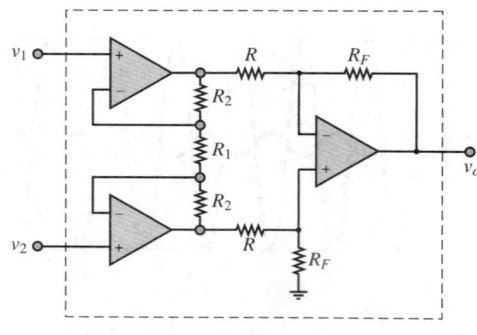

圖 8.29　儀表放大器

因為儀表放大器具廣泛用途，為確保最佳電阻匹配，圖 8.29 整組電路常封裝為一個積體電路。這種結構的優點是，相較於分立零件，電阻 R_1 和 R_2 在積體電路中能更精密匹配。

首先考慮輸入電路，由於對稱性，電路可以如圖 8.30(a) 來表示半邊電路，描繪出儀表放大器第一級的下半。接下來，認識到圖 8.30(a) 電路是非反相放大器（見圖 8.9），所以閉回路電壓增益為（等式 8.34）：

$$A = 1 + \frac{R_2}{R_1/2} = 1 + \frac{2R_2}{R_1}$$

兩輸入 v_1 和 v_2 因此各為儀表放大器第二級的輸入，如圖 8.30(b)。認知到第二級是為差動放大器（見圖 8.18），因此引用等式 8.59 可寫下輸出電壓：

$$v_o = \frac{R_F}{R}(Av_1 - Av_2) = \frac{R_F}{R}\left(1 + \frac{2R_2}{R_1}\right)(v_1 - v_2)$$

因此可以計算儀表放大器的閉回路電壓增益：

$$\boxed{G = \frac{v_o}{v_1 - v_2} = \frac{R_F}{R}\left(1 + \frac{2R_2}{R_1}\right)} \quad \text{儀表放大器}$$

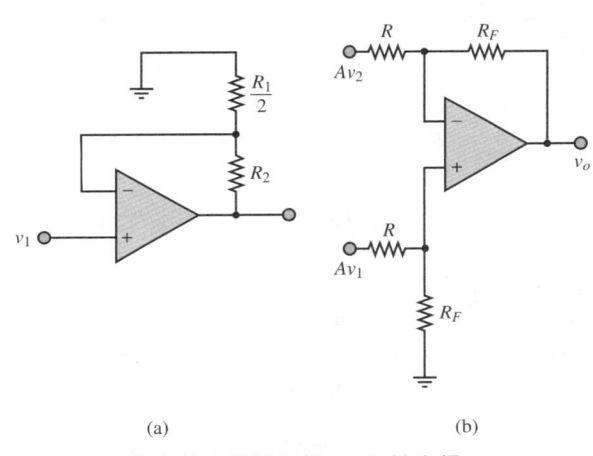

圖 8.30 儀表放大器輸入級 (a) 和輸出級 (b)

範例 8.3　電位移位器

問題

圖 8.31 電位移位器具有對一訊號添加或減去直流偏移的功能，分析此電路並設計使能移除感測器訊號上的 1.8-V 直流偏移。

解

已知量：感測器（輸入）電壓；回授及源電阻。
求：移除直流偏壓所需的 V_{ref} 值。

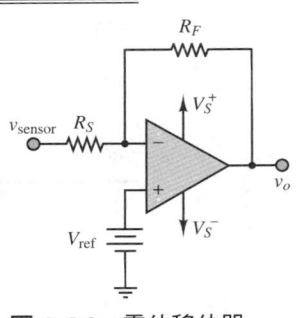

圖 8.31 電位移位器

已知：$v_{\text{sensor}}(t) = 1.8 + 0.1 \cos(\omega t)$；$v_{\text{sensor}}(t) = 1.8 + 0.1 \cos(\omega t)$；$R_F = 220\ \text{k}\Omega$；$R_S = 10\ \text{k}\Omega$。

假設：假設理想運算放大器。

分析：輸出電壓可以很容易地利用疊加原理來計算。當參考電壓源 V_{ref} 設為 0 並以短路替代，感測器輸入電壓 v_{sensor} 看到一個反相放大器，因此：

$$\frac{v_{o_1}}{v_{\text{sensor}}} = -\frac{R_F}{R_S}$$

當感測器輸入電壓源設為 0 並以短路替代，參考電壓源（電池）看到一個非反相放大器，這因而：

$$\frac{v_{o_2}}{V_{\text{ref}}} = 1 + \frac{R_F}{R_S}$$

因此總輸出電壓是來自兩個來源之貢獻的加總：

$$v_o = v_{o_1} + v_{o_2} = -\frac{R_F}{R_S} v_{\text{sensor}} + \left(1 + \frac{R_F}{R_S}\right) V_{\text{ref}}$$

替換 v_{sensor} 表達式到之前等式，得到：

$$v_o = -\frac{R_F}{R_S}[1.8 + 0.1\cos(\omega t)] + \left(1 + \frac{R_F}{R_S}\right) V_{\text{ref}}$$

$$= -\frac{R_F}{R_S}[0.1\cos(\omega t)] - \frac{R_F}{R_S}(1.8) + \left(1 + \frac{R_F}{R_S}\right) V_{\text{ref}}$$

要移除直流偏移，需要：

$$-\frac{R_F}{R_S}(1.8) + \left(1 + \frac{R_F}{R_S}\right) V_{\text{ref}} = 0$$

或

$$V_{\text{ref}} = 1.8 \frac{R_F/R_S}{1 + R_F/R_S} = 1.722\ \text{V}$$

評論：我們並不希望這電路上有精準電壓源，因為可能會對電路設計增加可觀費用，且用電池情況它是不可調。圖 8.32 電路說明可調電壓參考如何能從用於運算放大器的直流電源來產生；用了兩個固定電阻 R 和一個電位器 R_p。加入固定電阻是在確保從刷臂到任一電源都能有最小阻值 R，因此避免可能的電位器過熱。一個 V_{ref} 表達式可由分壓獲得：

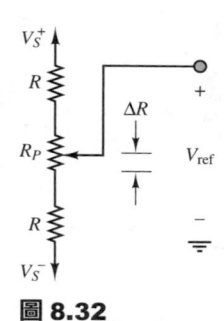

$$\frac{V_{\text{ref}} - V_S^-}{V_S^+ - V_S^-} = \frac{R + \Delta R}{2R + R_p}$$

若如通常的情況，電壓源是對稱的，$V_S^+ = -V_S^-$ 是以：

$$\frac{V_{\text{ref}} + V_S^+}{2V_S^+} = \frac{R + \Delta R}{2R + R_p}$$

重排各項得到：

$$V_{\text{ref}} = \frac{2\Delta R - R_p}{2R + R_p} V_S^+$$

圖 8.32

V_{ref} 值由電位器 ΔR 刷臂位置來決定，且當 $R_p \gg R$，V_{ref} 範圍約為 $\pm V_S^+$。

範例 8.4　使用運算放大器作溫度控制

問題

運算放大器經常作為類比控制系統的建置模塊，此範例目的是為了說明運算放大器於溫度控制電路的運用。圖 8.33(a) 描繪一套系統，在溫度變動的環境，保持其溫度穩定在 20°C。系統溫度經由熱電偶來量測並由線圈（阻值 R_{coil}）來加熱，熱通量為 $q_{in} = i^2 R_{coil}$，這裡 i 是功率放大器供應的電流。系統在三面絕熱，第四面不絕熱以便熱量通過對流散熱，並以等效熱阻 R_t 表示。系統的質量 m、比熱 c 及熱容 $C_t = mc$（見第 5 章熱容與熱系統動力學）。

解

已知量：感測器輸入電壓；回授及源電阻，與熱系統元件值。

求：選定所需的比例增益 K_p 值以實現自動溫度控制。

已知資料：$R_{coil} = 5\,\Omega$；$R_t = 2°C/W$；$C_t = 50\,J/°C$；$\alpha = 1\,V/°C$。圖 8.33(a) 到 (e)。

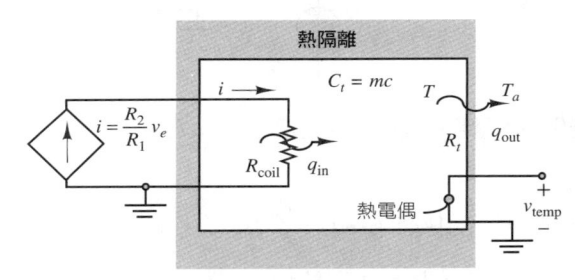

圖 8.33　(a) 熱系統

假設：假設是理想運算放大器 s。

分析：能量守恆要求：

$$q_{in} - q_{out} = \frac{dE_{stored}}{dt}$$

這裡 q_{in} 代表由電熱器加到系統的熱，q_{out} 代表透過熱對流從系統散到周圍空氣的熱，而 E_{stored} 代表由熱容所儲存在系統的能量。系統溫度 T 由熱電偶量測，其輸出電壓等比於溫度：$v_{temp} = \alpha T$。此外假設功率放大器模型為電壓控制電流源（VCCS），因此：

$$i = K_v K_p v_e = \frac{R_2}{R_1} v_e = \frac{R_2}{R_1}(v_{ref} - v_{temp}) = \frac{R_2}{R_1}\alpha(T_{ref} - T)$$

這裡 v_e 是參考電壓與測得電壓間的錯誤或差異，如圖 8.33(b) 負回授系統讓 v_e 為 0，當 v_e 為正值，$v_{ref} > v_{temp}$ 因此系統啟動加熱；反之當 v_e 為負值，$v_{ref} < v_{temp}$ 所以系統啟動冷卻。v_e 為正值時功率放大器輸出正電流，是以圖 8.33(b) 方塊圖對應一個自動控制系統藉增加或降低加熱線圈電流以保持系統溫度在所要的（基準）值。功率放大器的比例增益 K_p 決定線圈電流增加量，可以讓使用者優化系統的響應以達到特定設計需求。譬如，一個系統規格或許要求自動溫度控制系統須設計來保持溫度在基準溫度的 1 度之內，即使外部溫度干擾大到 10 度。該系統的響應可以通過改變比例增益來調整。

電壓放大器可以通過使用兩個運算放大器的兩級放大器被實現為，如圖 8.33(c) 所示。第一級是一個閉回路增益 $G_1 = -1$ 的反相放大器，使得在節點 a 上的電壓是 $-v_{ref}$。第二級是一個加法器，在每個輸入的閉回路增益為 $G_2 = -R_2/R_1$。因此，在節點 b 的輸出電壓是：

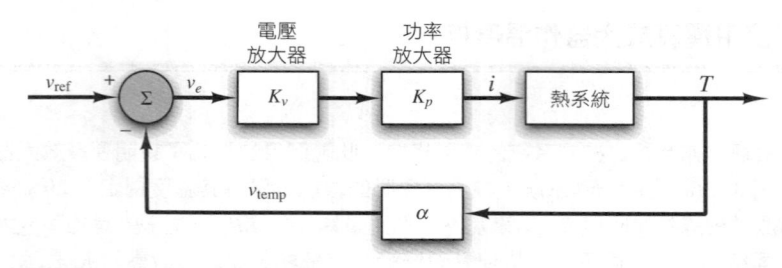

圖 8.33 (b) 控制系統方塊圖

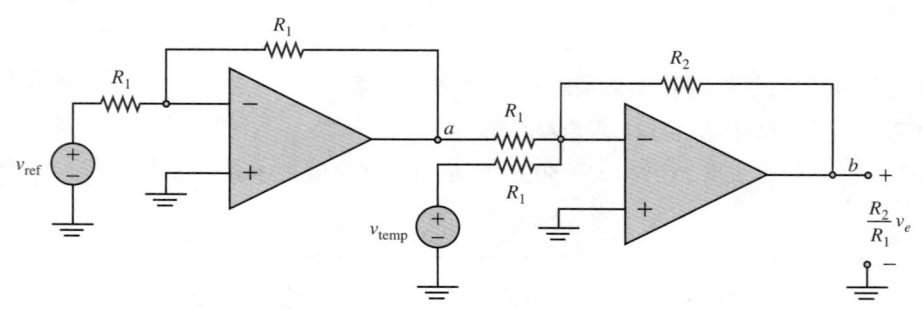

圖 8.33 (c) 產生誤差電壓的比例增益之電路

$$v_b = -\frac{R_2}{R_1}(v_a + v_{\text{temp}}) = \frac{R_2}{R_1}(v_{\text{ref}} - v_{\text{temp}}) = \frac{R_2}{R_1}(v_e)$$

係數 R_2/R_1 是電壓增益 K_v，換言之，選擇回授電阻 R_2 就是相當於選擇 K_v。

　　熱系統本身是由上面能量守恆方程式來描述，由加熱線圈添加到系統的能量的速率就是 $i^2 R_{\text{coil}}$。系統通過對流熱傳遞所減去的能量的速率被定義為 $(T-T_a)/R_t$，其中 R_t 是集總參數或稱為熱阻。小值的 R_t 對應於大值的對流傳熱係數，反之亦然。最後，能量被存入系統的淨速率是與系統溫度 T 的改變速率成比例，等式中比例常數 C_t 被稱為熱容。有了這些定義，能量守恆方程式可以改寫為：

$$i^2 R_{\text{coil}} - \frac{T - T_a}{R_t} = C_t \frac{dT}{dt}$$

或

$$R_t C_t \frac{dT}{dt} + T = R_t R_{\text{coil}} i^2 + T_a$$

式中 $i = K_p K_v v_e = K_p K_v \alpha(T_{\text{ref}} - T)$。注意，這個方程式通常是一個非線性一階常微分方程，時間常數為 $\tau = R_t C_t = 2°C/W \times 50 J/°C = 100 s$。

　　當 $K_p = 0$，沒有電流被提供給加熱線圈，熱系統響應則僅僅是其自身的自然響應；也就是說，當 $K_p = 0$ 自動控制將不啟動且該系統響應為開迴路響應。在這種情況下，控制微分方程式是：

$$\tau \frac{dT}{dt} + T = T_a$$

解法為（見第 5 章）：

$$T = (T_0 - T_a)e^{-t/\tau} + T_a$$

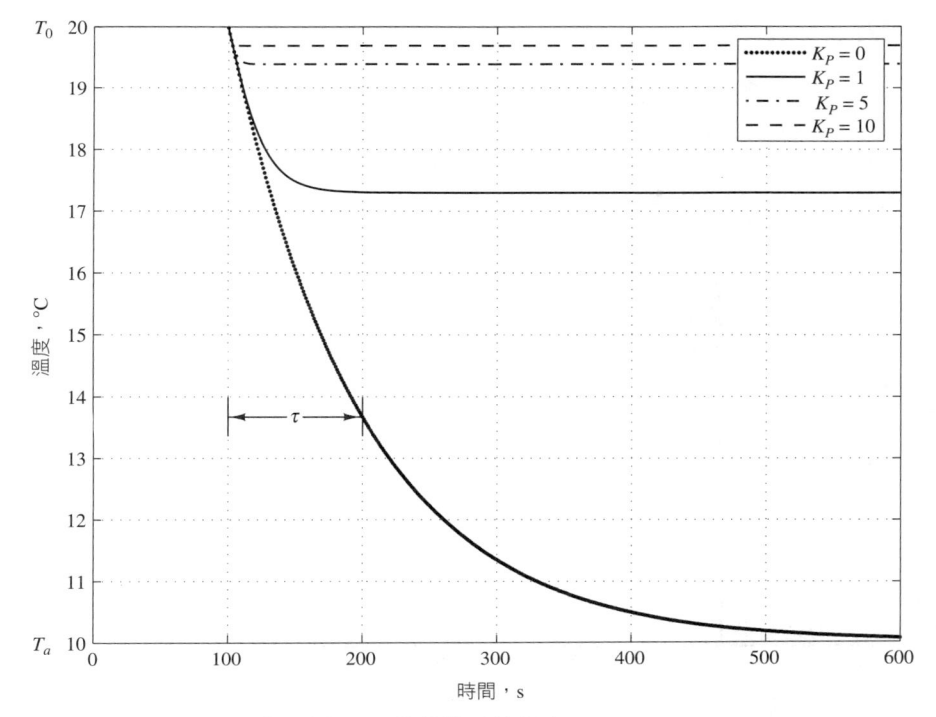

圖 8.33 (d) 不同的比例增益 K_p 值的熱系統響應

這裡 T_0 是系統溫度的初始值。比如假設 $T_0 = 20°C$ 和 $T_a = 10°C$，使用已知的 R_t 和 C_t 的數據算出時間常數 τ 是 $R_t C_t = 100$ s。所以：

$$T = (10°\text{C})e^{-t/100} + 10°\text{C} \qquad 開回路響應$$

當增益 K_p 增加到 1，只要溫度低於基準值 v_e 便會增加。熱電偶的傳導常數被設為 $\alpha = 1$，使得電壓 v_{temp} 在數值上等於系統的溫度。圖 8.33(d) 顯示 K_p 值從 1 到 10 的溫度響應。當增益增加，所要的和實際溫度之間的誤差會非常迅速減小。觀察到 $K_p = 5$ 時溫度誤差是小於 1 度（回想設計規格）。為了更理解整個控制系統的運作，觀察加熱器電流會很有幫助的，也就是誤差電壓的放大版本。圖 8.33(e) 示出了當 $K_p = 1$，電流增大至大約 2.7 A 的最終值；當 $K_p = 5$ 或 10 時，電流的增加更為迅速，並且最終分別穩定在 3 和 3.1 A。在 $K_p = 5$ 時，電流約需 17 秒達到穩態值，以及 $K_p = 10$ 時約需 8 秒。

評論：若 K_p 增加，系統的響應速度也增加；然而，該系統的穩態誤差也增加。預期這種效應，因而設計規格設定了 1°C 的容差。

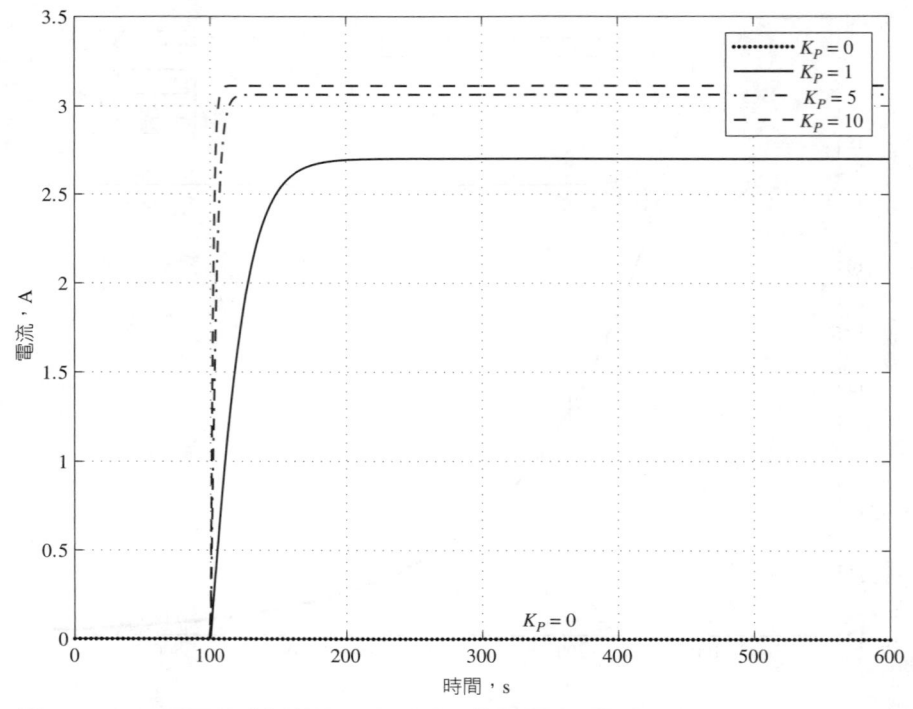

圖 8.33 (e) 不同的比例增益 K_p 值的功率放大器輸出電流

檢視學習成效

研究一個標稱閉回路增益 $-1,000$ 的理想反相放大器（見圖 8.8），對非理想運算放大器具有限但很大的開回路增益於閉回路增益的影響可以通過假設在反相端的電壓 v^- 只是約等於非反相端子電壓 $v^+ = 0$。在這種假設下，$v_{out} = -Av^-$。第一條黃金法則仍然適用，這樣 $i_{in} = 0$ 且 R_S 與 R_F 是虛擬串接。使用此資訊導出閉回路增益對開回路增益 A 的函數列式。計算當 A 等於 10^7、10^6、10^5 及 10^4 時之閉回路增益，若閉回路增益偏離標稱值要在 0.1% 內，則開回路增益需要多大？

解答：999.1；999.0；990.1；909.1。而 0.1% 精確度為，$A = 10^6$。

檢視學習成效

對範例 8.1，當使用 1% 的「精密」電阻，計算增益的不確定性時。

解答：$+1.98$ 至 -2.02%

檢視學習成效

當開回路增益 A 是有限時，推導一個隔離緩衝器的閉回路增益表達式。若閉回路增益偏離 1 要在 0.1% 內，則開回路增益要多大？

解答：閉迴路增益的表示式為 $v_\text{out}/v_\text{in} = 1 + 1/A$；因此以 0.1% 精確度，$A$ 應等於 10^4。

檢視學習成效

對範例 8.3，求 ΔR 值以去除感測器訊號的直流偏壓。假設電源電壓是對稱的 ±15 V 和一個 10-kΩ 電位器連接到兩個 10-kΩ 固定電阻，如圖 8.32。當一個 1-kΩ 電位接到兩個 10-kΩ 固定電阻，V_ref 的範圍是多少？

解答：$\Delta R = 6.722\,\text{k}\Omega$; V_ref 介於 ±0.714 V

檢視學習成效

在面對環境溫度下降 10°C 時，對 K_P 值為 1、5 或 10 時，各需有多少穩態功率瓦數輸入到範例 8.4 的熱系統以保持其溫度。

解答：$K_P = 1$: 36.5 W; $K_P = 5$: 45 W; $K_P = 10$: 48 W

檢視學習成效

參照量測重點單元「感測器校準電路」，如果溫度感測器 β = 0.235 和 V_0 = 0.7 V，以及所要的關聯是 $v_\text{out} = 10\,T$，求得 R_F/R_S 和 V_ref 的數值。

解答：$R_F/R_S = 42.55$; $V_\text{ref} = 0.684$ V

8.3 主動濾波器

如果把 4 和 6 章中研究的儲能元件引入到設計，將會大大擴展運算放大器的應用範圍；這些元件的頻率依存特性將證明在各種類型的運算放大器電路的設計是有用的。尤其是透過在輸入和回授電路適當使用複數阻抗是可能形塑通過運算放大器的頻率響應。運用運算放大器來設計的濾波器類型被稱為**主動濾波器**，因為除第 6 章研究的被動電路之濾波功能外，運算放大器另可提供放大（增益）。

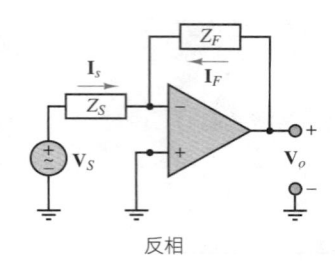

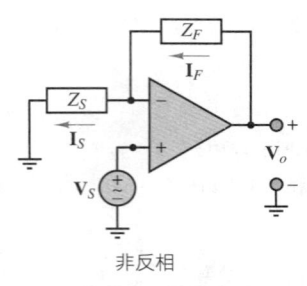

圖 8.34 採用複數阻抗的運算放大器電路（反相、非反相）

最簡單的方法來說明運算放大器的頻率響應如何可以任意地形塑（幾乎），就是以阻抗 Z_F 和 Z_S 取代在圖 8.8 和 8.9 的電阻 R_F 和 R_S，如圖 8.34。對反相放大器來說，閉回路增益的表達式是一件簡單的事，如下式

$$\frac{\mathbf{V}_o}{\mathbf{V}_S}(j\omega) = -\frac{\mathbf{Z}_F}{\mathbf{Z}_S} \tag{8.71}$$

而對非反相放大器，其增益為

$$\frac{\mathbf{V}_o}{\mathbf{V}_S}(j\omega) = 1 + \frac{\mathbf{Z}_F}{\mathbf{Z}_S} \tag{8.72}$$

這裡 $\mathbf{Z}_F$ 和 $\mathbf{Z}_S$ 可以是任意複數阻抗函數，而 $\mathbf{V}_S$、$\mathbf{V}_o$、$\mathbf{I}_F$ 和 $\mathbf{I}_S$ 都是相量。因此可以簡單地通過選擇適當的回授阻抗對源阻抗比率，將可塑造一個理想運算放大器濾波器的頻率響應。透過將一個類似於第 6 章的低通濾波器電路連接到運算放大器的回授回路，可以得到相同的濾波效果，此外訊號也會被放大。

圖 8.35 所示為最簡單的運算放大器低通濾波器，其分析相當簡單，如果我們利用閉回路增益為頻率的函數此條件，式子如下

$$\mathbf{G}_{LP}(j\omega) = -\frac{\mathbf{Z}_F}{\mathbf{Z}_S} \tag{8.73}$$

這裡

$$\mathbf{Z}_F = R_F \parallel \frac{1}{j\omega C_F} = \frac{R_F}{1 + j\omega C_F R_F} \tag{8.74}$$

及

$$\mathbf{Z}_S = R_S \tag{8.75}$$

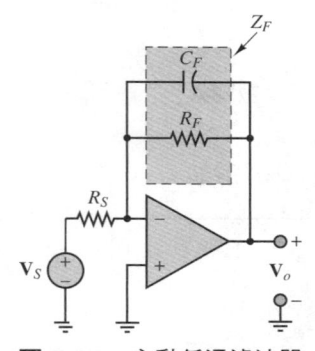

圖 8.35 主動低通濾波器

注意 $\mathbf{Z}_F$ 和無源 RC 電路的低通特性之間的相似性！閉回路增益 $\mathbf{G}_{LP}(j\omega)$ 的計算是

$$\mathbf{G}_{LP}(j\omega) = -\frac{\mathbf{Z}_F}{\mathbf{Z}_S} = -\frac{R_F/R_S}{1 + j\omega C_F R_F} \quad \text{低通濾波器} \tag{8.76}$$

這個表達式可以分解為兩項。第一項是放大係數類似於一個簡單反相放大器所獲得的放大（就是和圖 8.35 的電路相同，但拿掉了電容器）；第二項是一個低通濾波器，其截止頻率由回授回路的並聯 R_F 和 C_F 來決定。濾波效果是完全類似由圖 8.36 所示的無源電路來實現的。然而，運算放大器濾波器還提供倍數 R_F / R_S 的放大。

很明顯，該運算放大器濾波器的響應就是無源濾波器的一個放大的版本。圖 8.37 顯示主動低通濾波器的振幅響應於兩張不同的曲線圖（圖中，$R_F / R_S = 10$ 和 $1 / R_F C_F = 1$）；第一張繪製振幅比值 $\mathbf{V}_o(j\omega)$ 與對數刻度的角頻

圖 8.36 無源低通濾波器

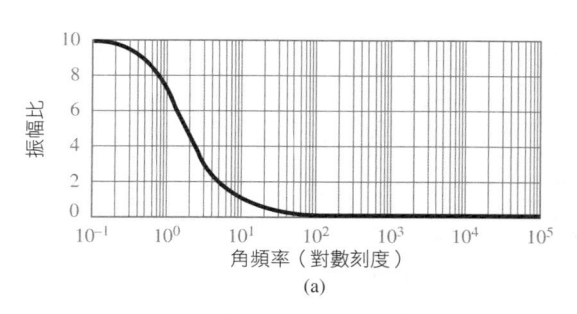

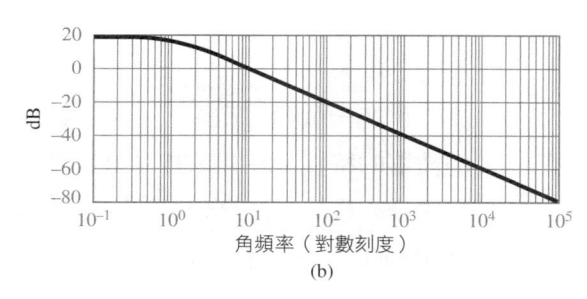

圖 8.37 主動低通濾波器的正規化響應 (a) 振幅比響應；(b) 分貝響應

率 ω 的關聯，而第二張繪製振幅比值 $20 \log \mathbf{V}_s(j\omega)$（以分貝為單位）同樣與對數刻度的 ω 的關聯。回想第 6 章中，分貝頻率響應曲線圖常會遇到。注意，在分貝曲線圖，濾波器於顯著的高於截止頻率的頻率響應斜率.

$$\omega_0 = \frac{1}{R_F C_F} \tag{8.77}$$

為 -20 dB/decade，而於顯著低於截止頻率之頻率的斜率等於零。在截止頻率的響應值，以分貝為單位會是

$$|\mathbf{G}_{\text{LP}}(j\omega_0)|_{\text{dB}} = 20 \log_{10} \frac{R_F}{R_S} - 20 \log \sqrt{2} \tag{8.78}$$

其中

$$-20 \log_{10} \sqrt{2} = -3 \text{ dB} \tag{8.79}$$

因此 ω_0 也稱為 3-dB 頻率。

主動低通濾波器的優點之一是，可以輕易的經由控制 R_F / R_S 比率與 $1/R_F C_F$，來調整增益和頻寬。

另外，也可以由適當地連接電阻和儲能元件到一個運算放大器來建構其他類型的過濾器。例如，一個高通主動濾波器可以很容易地使用圖 8.38 電路來完成，輸入路徑的阻抗是：

$$\mathbf{Z}_S = R_S + \frac{1}{j\omega C_S} \tag{8.80}$$

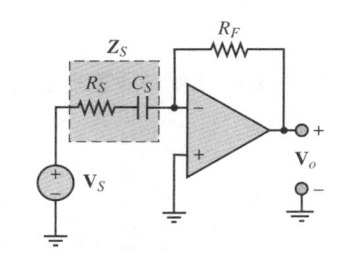

圖 8.38 主動高通濾波器

回授路徑的阻抗是：

$$\mathbf{Z}_F = R_F \tag{8.81}$$

此反相放大器的閉回路增益是：

$$\mathbf{G}_{\text{HP}}(j\omega) = -\frac{\mathbf{Z}_F}{\mathbf{Z}_S} = -\frac{j\omega C_S R_F}{1 + j\omega R_S C_S} \quad \text{高通濾波器} \tag{8.82}$$

注意當 $\omega \to 0$ 會使 $G \to 0$。也注意到，當 $\omega \to \infty$，閉回路增益 G 趨近一個常值：

$$\lim_{\omega \to \infty} \mathbf{G}_{\mathrm{HP}}(j\omega) = -\frac{R_F}{R_S} \tag{8.83}$$

亦即,在一個頻率範圍以上時,此電路是一個線性放大器,這正是人們所期望的高通濾波器的特性。在圖 8.39 中(圖中,$R_F / R_S = 10$ 及 $1 / R_S C = 1$)高通響應以線性和分貝兩種來描繪。注意分貝圖中頻率顯著低於 $\omega = 1/R_S C_S = 1$ 時,濾波器響應斜率為 +20 dB/decade,而在頻率顯著高於頻率高於截止(或 3 dB)頻率時斜率等於零。

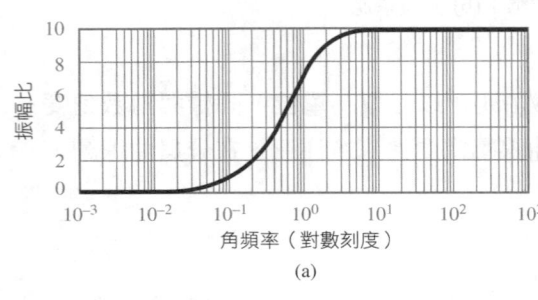

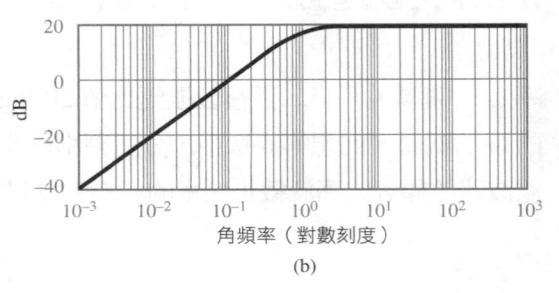

圖 8.39 主動高通濾波器的正規化響應 (a) 振幅比值響應;(b) dB 響應

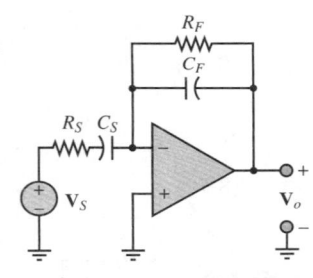

圖 8.40 主動帶通濾波器

就主動濾波器的最後一個範例,讓我們看一個簡單的主動帶通濾波器構造,這種類型的響應可由簡單組合前面討論的高、低通濾波器來實現。該電路如圖 8.40 所示。

帶通電路的分析 依循著前面範例使用的相同架構。首先,我們演算回授和輸入阻抗:

$$\mathbf{Z}_F = R_F \parallel \frac{1}{j\omega C_F} = \frac{R_F}{1 + j\omega C_F R_F} \tag{8.84}$$

$$\mathbf{Z}_S = R_S + \frac{1}{j\omega C_S} = \frac{1 + j\omega C_S R_S}{j\omega C_S} \tag{8.85}$$

接著我們計算運算放大器的閉回路頻率響應,如下:

$$\mathbf{G}_{\mathrm{BP}}(j\omega) = -\frac{\mathbf{Z}_F}{\mathbf{Z}_S} = -\frac{j\omega C_S R_F}{(1 + j\omega C_F R_F)(1 + j\omega C_S R_S)} \quad \text{帶通濾波器} \tag{8.86}$$

對剛獲得的運算放大器響應形態並不意外。這非常類似(雖不完全相同)等式 8.76 和 8.82 的低通和高通響應的結果,特別是,$\mathbf{G}_{\mathrm{BP}}(j\omega)$ 的分母正是 $\mathbf{G}_{\mathrm{LP}}(j\omega)$ 和 $\mathbf{G}_{\mathrm{HP}}(j\omega)$ 之分母的乘積。以稍不同的樣式來重寫 $\mathbf{G}_{\mathrm{LP}}(j\omega)$ 後會更明白,觀察各個 RC 乘積對應到某個臨界頻率:

$$\omega_1 = \frac{1}{R_F C_S} \qquad \omega_{\mathrm{LP}} = \frac{1}{R_F C_F} \qquad \omega_{\mathrm{HP}} = \frac{1}{R_S C_S} \tag{8.87}$$

這是很容易驗證若是下述情況

$$\omega_{\mathrm{HP}} > \omega_{\mathrm{LP}} \tag{8.88}$$

運算放大器濾波器的響應可以線性和分貝兩種來描繪，如圖 8.41（圖中，$\omega_1 = 1$、$\omega_{HP} = 1,000$ 及 $\omega_{LP} = 10$），分貝圖很清楚說明實際上帶通響應是前面所示的低通和高通響應的圖形疊加。兩個 3 分貝（或截止）頻率相同於 $\mathbf{G}_{LP}(j\omega)$、$1/R_F C_F$；與 $\mathbf{G}_{HP}(j\omega)$、$1/R_S C_S$。第三頻率，$\omega_1 = 1/R_F C_S$，表示在濾波器的響應跨過 0 分貝軸線（上升斜率）的點。因為 0 dB 相當於 1 增益，該頻率被稱為**單一增益頻率**。

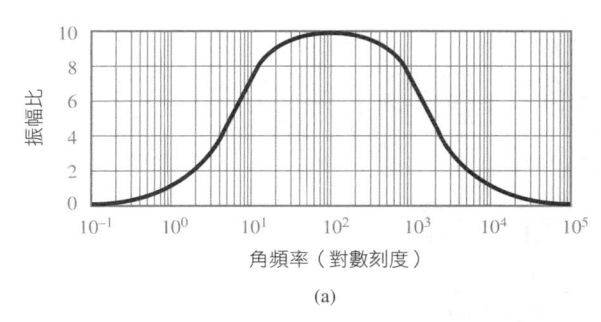

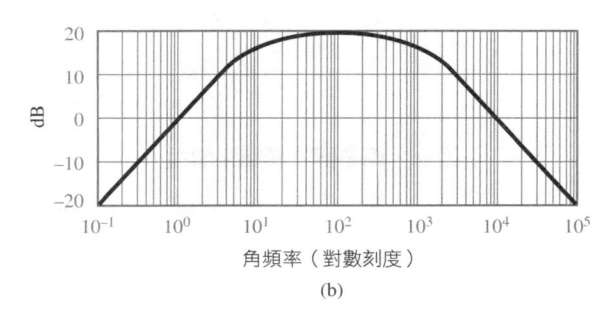

圖 8.41 主動帶通濾波器的正規化響應 (a) 振幅比值響應；(b) dB 響應

迄今探討的觀念可以用於建造更複雜的頻率功能，而實際應用上遇到的主動濾波器大多是一個或兩個以上儲能元件的電路。藉建構 $\mathbf{Z}_F$ 和 $\mathbf{Z}_S$ 的適當函數，便可能實現具有更優越頻率選擇性（即截止銳度）的濾波器，以及平坦的帶通或帶阻功能（即在限定頻帶的頻率中，允許或拒絕訊號之濾波器）。幾個簡單的應用放在作業問題中探討；在此要討論為何目前為止在所分析的電路中只用電容器。運算放大器濾波器的優點之一是不需要使用電容和電感來獲得帶通響應，一個運算放大器連接上合適的電容器便能完成此任務。這看似小事但在實務上是非常重要的，因為量產接近公差和確切規格的電感很昂貴，且往往比具同等儲能功能的電容更笨重。反之，電容器很容易以積體電路等相當小型封裝形式來製造各式公差和數值。

範例 8.5 呈現如何藉在設計中加入儲能元件，可以構建具有更大頻率選擇性的主動濾波器。

範例 8.5　二階低通濾波器

問題

推演圖 8.42 的運算放大器電路，其為頻率的函數之閉回路電壓增益。

解

已知量：回授和源阻抗。

求：

$$\mathbf{G}(j\omega) = \frac{\mathbf{V}_o(j\omega)}{\mathbf{V}_S(j\omega)}$$

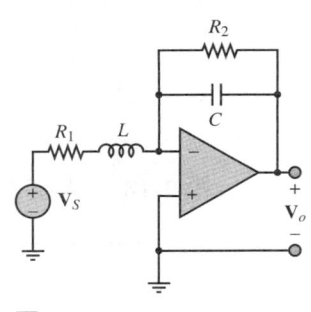

圖 8.42

已知資料：$1/R_2C = R_1/L = \omega_0$。

假設：假設是理想運算放大器。

分析：對於圖 8.42 之濾波器的增益表達式可以使用等式 8.71 來確定：

$$G(j\omega) = \frac{\mathbf{V}_o(j\omega)}{\mathbf{V}_S(j\omega)} = -\frac{\mathbf{Z}_F(j\omega)}{\mathbf{Z}_S(j\omega)}$$

這裡

$$\mathbf{Z}_F(j\omega) = R_2 \Big\| \frac{1}{j\omega C} = \frac{R_2}{1 + j\omega C R_2} = \frac{R_2}{1 + j\omega/\omega_0}$$

$$\mathbf{Z}_S(j\omega) = R_1 + j\omega L = R_1\left(1 + j\omega \frac{L}{R_1}\right) = R_1\left(1 + \frac{j\omega}{\omega_0}\right)$$

因此，濾波器的閉回路增益 G 為：

$$G(j\omega) = -\frac{R_2/(1 + j\omega/\omega_0)}{R_1(1 + j\omega/\omega_0)}$$

$$= -\frac{R_2/R_1}{(1 + j\omega/\omega_0)^2}$$

注意在很低和很高的頻率時，可以簡化圖 8.42 的電路。這些簡化樣式的解答可用於驗證先前的演算式，例如，在很低的頻率下，電感器的作用就像一個短路而電容器就像一個開路。使用這些近似解法，電路變成簡單的反相放大器其閉回路增益為：

$$G(j\omega) \approx -\frac{R_2}{R_1} \qquad \omega \ll \omega_0$$

當 $\omega \ll \omega_0$ 這種近似解法吻合完整的解法，因為 $1 + j\omega/\omega_0 \approx 1$。同樣地，在非常高頻時，電感器的作用就像一個開路而電容器就像一個短路。使用這些近似解法，從電路的輸出到反相端呈現了虛擬短路，而訊號源 V_S 看到一個非常大的輸入阻抗。由於反相端的虛擬接地，效果是 $V_o \approx 0$，因此閉回路增益為：

$$G(j\omega) \approx 0 \qquad \omega \gg \omega_0$$

當 $\omega \gg \omega_0$ 這種近似解法吻合完整的解法，因為 $1 + j\omega/\omega_0 \to j\omega/\omega_0 \to \infty$ 在 $\omega \to \infty$。驗證是優良求解的一個重要面向，因為這會增加對解法的信心，且如果做得巧妙，常會揭露出錯誤的解法。

評論：注意對圖 8.42 濾波器增益的演算式，和對一階低通濾波器的增益等式 8.76 之間的相似性。顯然在本範例所分析的電路也是一個二階低通濾波器，如同分母中的二次項所標示。

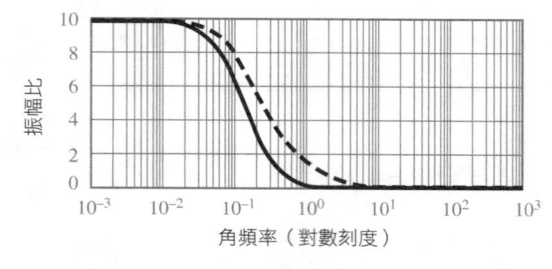

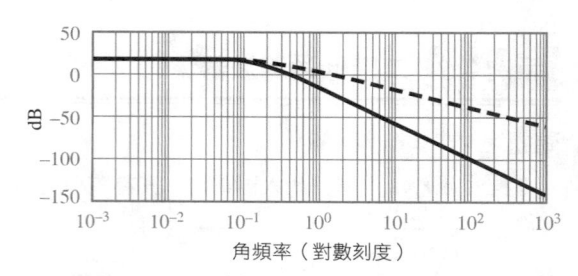

圖 8.43 一階和二階主動低通濾波器的比較：(a) 振幅比值響應；(b) dB 響應

> **檢視學習成效**
>
> (a) 設計一個低通濾波器具有閉回路增益 100 和 800 Hz 截止（3 分貝）頻率，假設只有 0.01-μF 電容可用。求 R_F 和 R_S。
>
> (b) 重做上題設計於 2,000 Hz 截止頻率的高通濾波器。不過，這次假定只有標準值的電阻可用（見第 2 章的標準值表格）。選擇最近的元件值，並計算截止頻率的百分誤差。
>
> (c) 從上面兩題的濾波器低頻增益，找出對應於 1-dB 衰減的頻率。
>
> (d) 範例 8.5 濾波器在截止頻率 ω_0 時的 dB 增益是多少？就截止頻率 ω_0 而言，找出此濾波器的 3dB 頻率，並注意這兩個是不一樣的。
>
> 解答：(a): $R_F = 19.9\text{k}\Omega$, $R_S = 199\Omega$; (b): $R_F = 8.2\text{k}\Omega$, $R_S = 82\Omega$, 誤差：增益 = 0%, $\omega_{3\,\text{dB}} = 2.95\%$; (c): 407 Hz 與 3.8 kHz; (d): −6 dB; $\omega_{3\,\text{dB}} = 0.642\omega_0$

8.4 積分器與微分器

在前面的章節中，我們研究了正弦輸入運算放大器電路的頻率響應。然而，對某些含有儲能元件的運算放大器電路，如果我們分析其時變、但不一定為正弦輸入的響應，更能呈現其更普遍的性質。在這類電路中最常用的有積分器和微分器；這些電路的分析安排在以下段落。

理想積分器

考慮圖 8.44 的電路，其中 $v_S(t)$ 是一個時間的任意的功能（例如，脈衝串，三角波或方波）。所示的運算放大器電路提供一個正比於 $v_S(t)$ 的積分輸出。積分器電路的分析，如同之前的觀察

$$i_S(t) = -i_F(t) \tag{8.89}$$

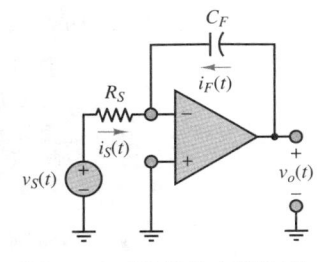

圖 8.44 運算放大積分器

這裡

$$i_S(t) = \frac{v_S(t)}{R_S} \tag{8.90}$$

從電容器的基本定義也瞭解到

$$i_F(t) = C_F \frac{dv_o(t)}{dt} \tag{8.91}$$

然後源電壓可表示為輸出電壓導數的函數：

$$\frac{1}{R_S C_F} v_S(t) = -\frac{dv_o(t)}{dt} \tag{8.92}$$

等式 8.92 兩邊做積分，獲得：

$$v_o(t) = -\frac{1}{R_S C_F} \int_{-\infty}^{t} v_S(t') \, dt' \quad \text{積分器} \tag{8.93}$$

積分器有多種應用。

理想微分器

使用類似於用於積分器的論點，我們可以得出圖 8.45 的理想微分器電路。輸入和輸出之間的關係可經下列觀察得到

$$i_S(t) = C_S \frac{dv_S(t)}{dt} \tag{8.94}$$

和

$$i_F(t) = \frac{V_o(t)}{R_F} \tag{8.95}$$

圖 8.45 運算放大器的微分器

因此微分器電路的輸出是比例於輸入的導數：

$$V_o(t) = -R_F C_S \frac{dv_S(t)}{dt} \quad \text{運算放大器的微分器} \tag{8.96}$$

雖然數學上有吸引力，這運算放大器電路的微分特性在實務中很少使用，因為微分往往放大了可能存在於訊號中的任何雜訊。

量測重點

充電放大器

作為力、壓力和加速度測量的最常見換能器是**壓電換能器**。這些換能器包含的壓電晶體能產生相應於變形的電荷。因此，如果將力施加到晶體（導致了位移），電荷便在晶體內產生。如果外力產生位移 x_i，則該換能器將產生電荷 q 如下式：

$$q = K_P x_i$$

圖 8.46 描述了該壓電換能器的基本結構，以及簡單的電路模型。該模型包括電流源與電容器並聯，其中電流源代表相應於外力而產生的電荷的變化率；電容乃傳感器結構的衍生，其構造為在兩導電極（實際上是一個平行板電容器）之間夾壓電晶體（例如，石英或羅謝爾鹽）。

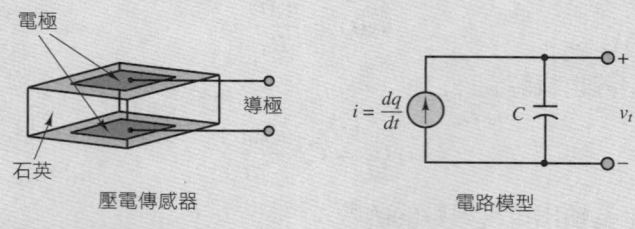

圖 8.46 壓電傳感器

雖然在原理上是可能採用傳統的電壓放大器，用於放大所述傳感器輸出電壓 v_t，如下式

$$v_t = \frac{1}{C}\int i\,dt = \frac{1}{C}\int \frac{dq}{dt}dt = \frac{q}{C} = \frac{K_P x_i}{C}$$

但使用的**電荷放大器**通常是有利的。電荷放大器基本上是一個積分電路，如圖 8.47，其特徵為非常高的輸入阻抗。[3] 高阻抗是必要的，否則換能器產生的電荷會經由放大器的輸入阻抗洩漏到地。

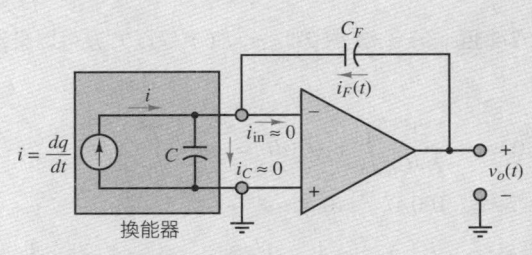

圖 8.47 電荷放大器

因為高輸入阻抗，流入放大器的電流可忽略不計；進一步，由於放大器的高開回路增益，反相端電壓實質上是為地電位。因此，在換能器上的電壓實際上為零。因此，為符合 KCL，回授電流 $i_F(t)$ 的必須等於且相反於換能器電流 i：

$$i_F(t) = -i$$

而且由於

$$V_o(t) = \frac{1}{C_F}\int i_F(t)\,dt$$

因此輸出電壓與位移都是按照換能器產生的電荷而定：

$$V_o(t) = \frac{1}{C_F}\int -i\,dt = \frac{1}{C_F}\int -\frac{dq}{dt}dt = -\frac{q}{C_F} = -\frac{K_P x_i}{C_F}$$

由於位移乃由外力或壓力造成的，此感測原理被廣泛採用在力和壓力的測量。

範例 8.6　方波積分

問題

若輸入是圖 8.48 的振幅 $\pm A$ 和週期 T 的方波，計算圖 8.44 積分電路的輸出電壓。

圖 8.48

解

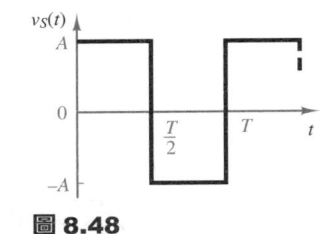

已知量：回授和源阻抗；輸入波形特性。

求：$v_o(t)$。

已知資料：$T = 10$ ms; $C_F = 1\ \mu\text{F}$; $R_S = 10\ \text{k}\Omega$

---

[3] 特殊的運算放大器，運用 FET 做輸入電路可得到非常高的輸入阻抗。參見第 11 章。

假設： 是理想運算放大器且在 $t = 0$ 時 $v_o = 0$。

分析： 以公式 8.93 表示積分器輸出：

$$v_o(t) = -\frac{1}{R_F C_S} \int_{-\infty}^{t} v_S(t')\, dt' = -\frac{1}{R_F C_S} \left[\int_{-\infty}^{0} v_S(t')\, dt' + \int_{0}^{t} v_S(t')\, dt' \right]$$

$$= v_o(0) - \frac{1}{R_F C_S} \int_{0}^{t} v_S(t')\, dt'$$

觀察到 $v_S(t) = A$ 對 $0 \leq t < T/2$ 且 $v_S(t) = -A$ 對 $T/2 \leq t < T$，是以方波可以分段方式來積分。因此，對於該波形的兩個半週期：

$$v_o(t) = -\frac{1}{R_F C_S} \int_{0}^{t} v_S(t')\, dt' = -100 \int_{0}^{t} A\, dt'$$

$$= -100 A t \qquad 0 \leq t < \frac{T}{2}$$

$$v_o(t) = v_o\left(\frac{T}{2}\right) - \frac{1}{R_F C_S} \int_{T/2}^{t} v_S(t')\, dt' = -100 A \frac{T}{2} - 100 \int_{T/2}^{t} (-A)\, dt'$$

$$= -100 A \frac{T}{2} + 100 A \left(t - \frac{T}{2}\right) = -100 A (T - t) \qquad \frac{T}{2} \leq t < T$$

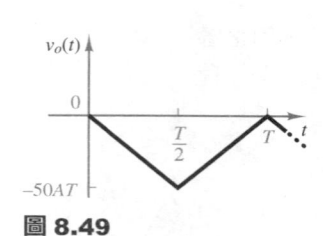

因為波形是週期性的，上面的結果將以週期 T 在重複，如圖 8.49。另請注意，輸出電壓的平均值不是零。

評論： 方波的積分是這樣一個三角波。這是一個要記住的有用的事實。注意，初始條件的影響是非常重要的，因為其決定了三角波的起點。

圖 8.49

範例 8.7　以運算放大器作比例積分控制

問題

這個例子的目的是為了說明比例積分（PI）控制的常見做法，考慮例 8.4 的溫度控制電路，再次出示在圖 8.50(a)，以增益 K_P 採取的比例控制仍可能會有一個穩態誤差在系統的最終溫度。這個誤差可用自動控制系統來消除，只要在比例項外再加正比於誤差電壓積分的回授分量。圖 8.50(b)

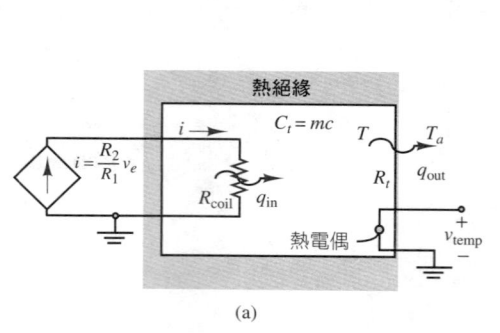

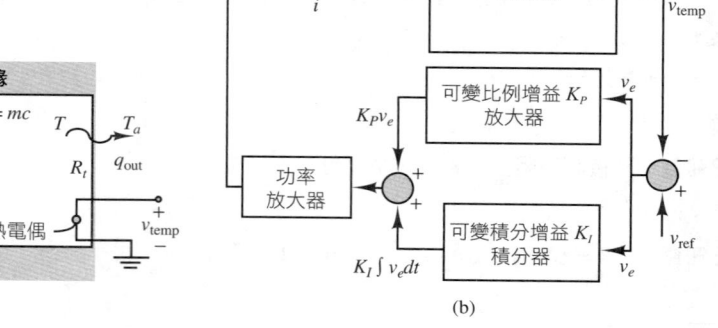

圖 8.50 (a) 熱系統和 (b) 控制系統的方塊圖

描繪了這種 PI 控制器的方塊圖。現在，控制系統的設計中，需要選擇兩個增益，比例增益 K_P 和積分增益 K_I。

解

已知量：感測器（輸入）電壓；回授和源電阻，熱敏系統組件值。

求：選擇所需的比例增益 K_P 和積分增益 K_I 以實現零穩態誤差的自動控溫。

已知資料：$R_{coil} = 5\ \Omega$；$R_t = 2°C/W$；$C_t = 50\ J/°C$；$\alpha = 1\ V/°C$。

假設：假設理想運算放大器。

分析：圖 8.50(c) 電路顯示兩個運算放大器電路，頂圖電路產生誤差電壓 v_e。唯一的差別是，在這種情況下，電路不提供任何增益。底圖電路以比例增益 $-K_P = -R_2/R_1$ 放大 v_e 並計算 v_e 乘以積分增益 $-KI = -1/R_3C$ 的積分。這兩個量，再透過另一個反相加法線路，進行相加及符號改變。

圖 8.50(d) 展示該系統在 $K_P = 5$ 的溫度響應和不同的 K_I 值（如例 8.5 的選擇）。要注意的是現在穩態誤差為零！這是結合了積分項的控制器的一個特性。圖 8.50(e) 展示供給加熱器線圈的電流。請注意，響應是相當快的，並且溫度偏差是最小的。

評論：例 8.4 中描述 在控制器加入積分項 使系統的溫度振盪於所述於（對夠高的 K_I 值）的回應 $-10°C$ 溫度擾動的擺動。這振盪是欠阻尼二階系統的特性（見第 5 章）── 但我們開始是用一階熱系統！在加入積分項的已增加了系統的階數，現在有可能在系統中呈現振盪特性，也就是具有複數共軛根（極）。對那些熟悉熱系統的人，會相當驚訝吧！

　　普遍熟知熱系統不能呈現欠阻尼動作（即，熱系統特性不可像是電感）。引入積分增益其實會引起溫度波動，如同一個人造的「熱電感器」引入系統。

(c)

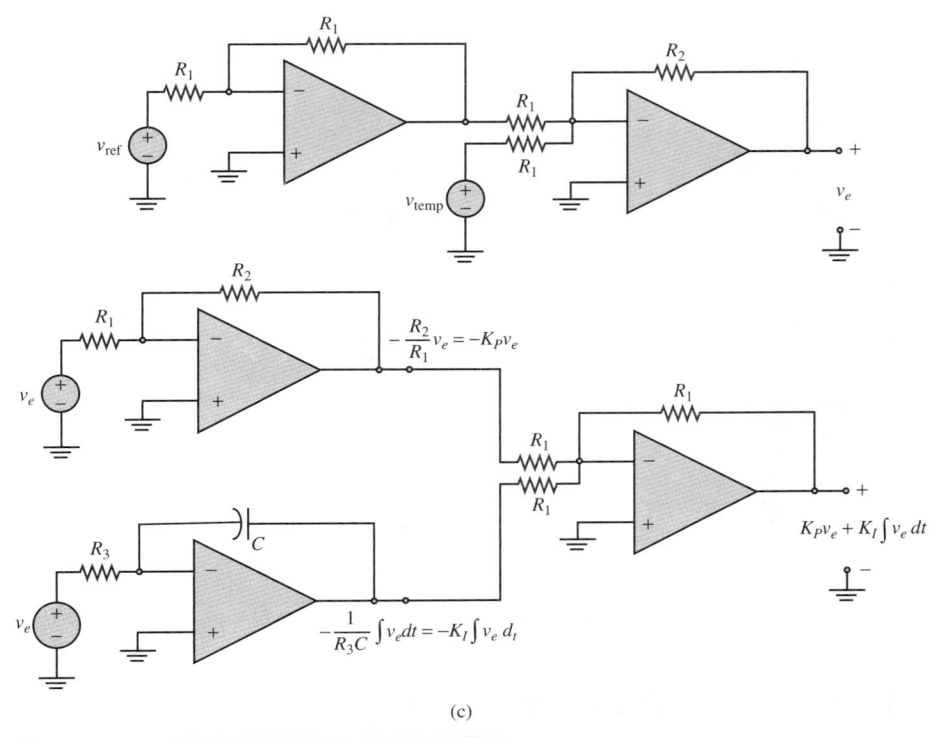

圖 8.50 (c) 產生誤差電壓和比例增益的電路

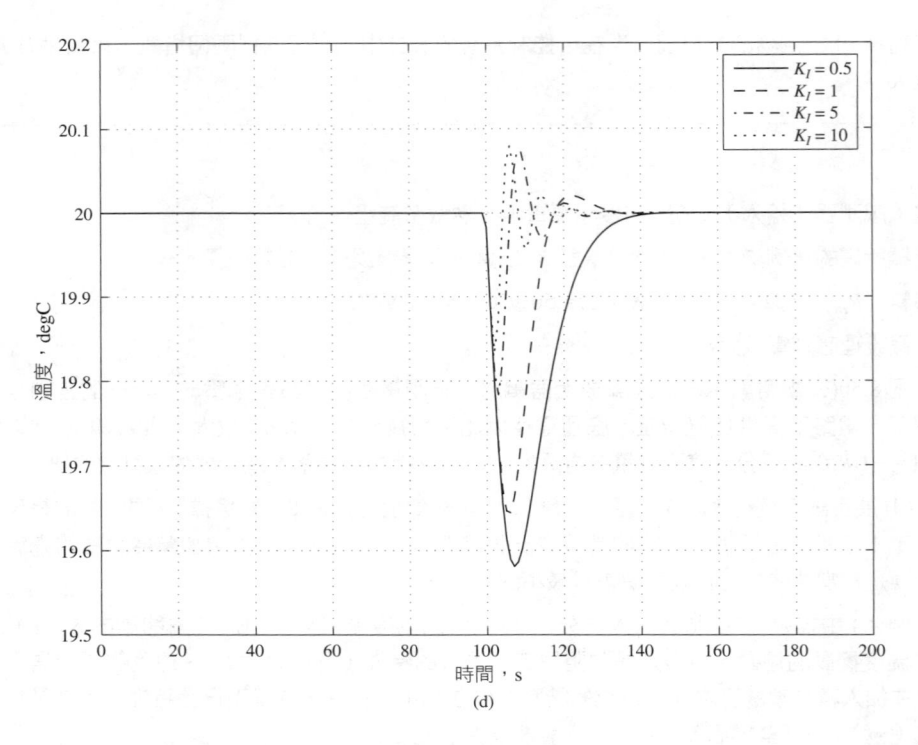

圖 8.50 (d) 熱系統對各種積分增益值 K_I 的響應 ($K_P = 5$)

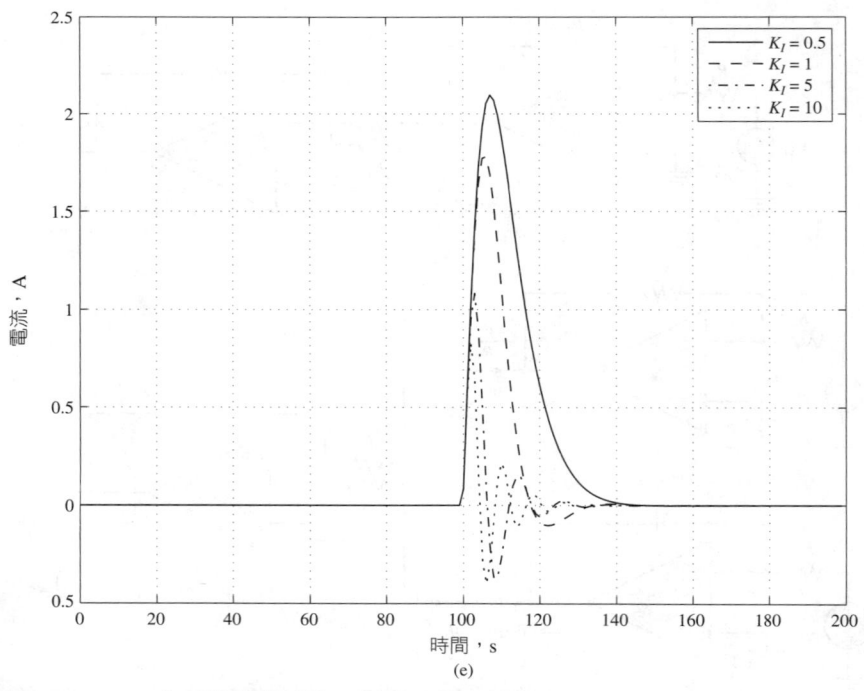

圖 8.50 (e) 各種積分增益值 K_I 的功率放大器電流系統 ($K_P = 5$)

第 8 章 運算放大器　　399

檢視學習成效

繪製一個理想積分器的波德圖式的頻率響應。推算以 dB/decade 的直線段斜率。假設 $R_S C_F =10$ 秒。

解答：−20 dB/decade

檢視學習成效

繪製一個理想積分器的波德圖式的頻率響應。推算以 dB/decade 的直線段斜率。假設 $R_S C_F =100$ 秒。

驗證如果例 8.6 的三角波被輸入到圖 8.45 的理想微分器，將產生一個方波輸出。

解答：+20 dB/decade

範例 8.8　使用串級放大器來模擬一個微分方程式

問題

導出對應於圖 8.51 所示電路的微分方程式。

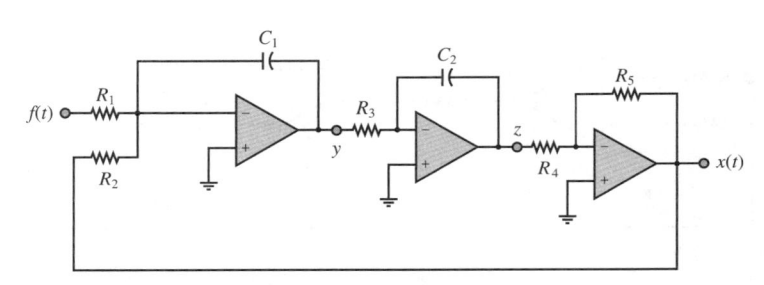

圖 8.51　未知系統的類比計算機模擬

解

已知量：電阻和電容值。

求：微分方程式 $x(t)$。

已知資料：$R_1 = 0.4\ \text{M}\Omega$；$R_2 = R_3 = R_5 = 1\ \text{M}\Omega$；$R_4 = 2.5\ \text{k}\Omega$；$C_1 = C_2 = 1\ \mu\text{F}$。

假設：假設理想運算放大器。

分析：從電路右手側開始分析，以確定作為 x 函數的中間變數 z：

$$x = -\frac{R_5}{R_4}z = -400z$$

移到左邊，接著確定 y 和 z 之間的關係：

$$z = -\frac{1}{R_3 C_2}\int y(t')\,dt' \quad \text{或} \quad y = -\frac{dz}{dt}$$

最後，確定作為 x 和 f 的函數 y：

$$y = -\frac{1}{R_2C_1}\int x(t')\,dt' - \frac{1}{R_1C_1}\int f(t')\,dt' = -\int \left[x(t') + 2.5f(t')\right] dt'$$

或是

$$\frac{dy}{dt} = -x - 2.5f$$

將演算式帶入另一式並消除 y 和 z 獲得：

$$x = -400z$$

$$\frac{dx}{dt} = -400\frac{dz}{dt} = 400y$$

$$\frac{d^2x}{dt^2} = 400\frac{dy}{dt} = 400(-x - 2.5f)$$

且

$$\frac{d^2x}{dt^2} + 400x = -1{,}000f$$

評論：注意第一個放大器中，加算與積分功能已整合成單一方塊。

檢視學習成效

導出對應於圖中所示電路的差分方程式。

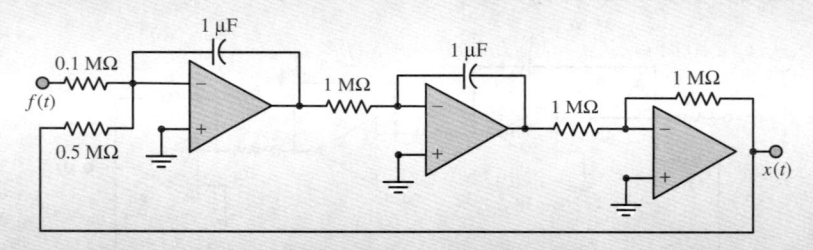

解答：$d^2x/dt^2 + 2x = -10f(t)$

8.5 運算放大器的物理局限

到目前為止，在幾乎所有的討論和例子，運算放大器都被視為一個理想的元件，其特點是無限的輸入阻抗，零輸出電阻，和無限的開回路電壓增益。雖然該模型在大量的應用中能適當代表其運作，實際運算放大器並非理想而有其局限，這該在儀器的設計時考量。特別在處理相對較大的電壓和電流及在高頻訊號的情況下，知道運算放大器的非理想特性是重要的。

電源電壓限制

如圖 8.6 所示運算放大器（和所有的放大器，在一般情況）由外部直流電壓電源 V_S^+ 和 V_S^- 供電，這通常是對稱並且在等級 ±10 到 ±20 V 之間。一些運算放大器是特別設計以單電源工作，但為簡單起見，我們只考慮對稱電源。限制電源電壓的影響是放大器僅能就其電源電壓範圍內的訊號作放大；事實上放大器不可能產生比 V_S^+ 大或比 V_S^- 更小的電壓。這種限制可以表述如下：

$$V_S^- < v_o < V_S^+ \qquad \text{電源電壓局限} \tag{8.97}$$

對於大多數運算放大器，這限制實際上大約少於電源電壓 1.5 伏特。這會如何影響實際的放大器電路的性能？一個例子最能說明這個觀念。

注意電源電壓限制實際上是如何使正弦波的峰值突然驟減。這種類型的硬性非線性很徹底的改變了訊號特性，如果沒有注意到便可能導致顯著錯誤。來對這種截波將如何影響訊號提供一個直觀的想法，你有沒有想過為什麼搖滾吉他有一個特有的聲音？這是非常不同於古典或爵士吉他的聲音。這原因是「搖滾音樂」來自過度放大其訊號，試圖超過電源電壓限制以致引發截波，其性質類似於運算放大器因電源電壓限制導致的失真。此截波加寬每一音調的頻譜內容，並使聲音失真。

一個最直接受電源電壓限制的電路是運算放大器積分器。

頻率響應限制

所有放大器其頻寬為有限的這一個特性，對運算放大器亦造成嚴重限制。迄今為止，我們都假定在理想運算放大器的模型中，開回路增益是一個非常大的常數。在現實中，A 是頻率的函數，其特徵是低通響應。對典型的運算放大器，

$$A(j\omega) = \frac{A_0}{1 + j\omega/\omega_0} \qquad \text{有限頻寬限制} \tag{8.98}$$

運算放大器的開回路增益的截止頻率 ω_0 代表大約在這頻率點，放大器響應以頻率的函數開始滑落，並且是類似於第 6 章 RC 和 RL 電路的截止頻率。圖 8.52 以線性及分貝圖描繪 $A(j\omega)$，對相當典型值 $A_0 = 10^6$ 和 $\omega_0 = 10\pi$。從圖 8.52 會很清楚看到，在增高頻率時，非常大的開回路增益的假設變得越來越不準確。回想在反相放大器的閉回路增益的初始推導：在取得最終結果 $\mathbf{V}_o/\mathbf{V}_S = -R_F/R_S$ 時，假設是 $A \to \infty$。對較高頻率這個假設明顯不適當。

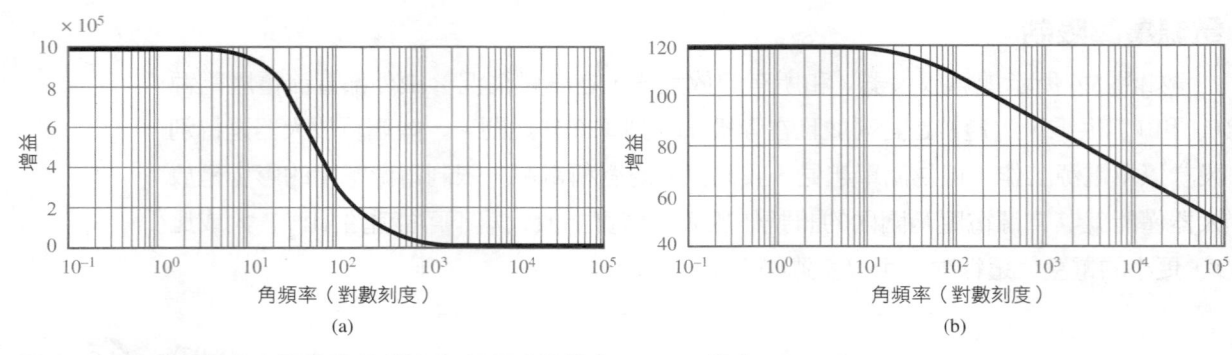

圖 8.52 實際運算放大器的開環增益 (a) 振幅比值響應；(b) dB 響應

實際運算放大器的有限頻寬，對任何已知放大器產生一個限定的增益頻寬積。有限的增益頻寬積的影響是，當放大器的閉回路增益增大時，3-dB 頻寬成比例地降至其極限。如果放大器是在開回路模式中使用，其增益將等於 A_0，且 3-dB 頻寬將等於 ω_0。有限的增益頻寬積因此等於放大器的開回路增益和開回路頻寬的乘積：$A_0\omega_0 = K$。

當放大器被連接在一個閉回路的結構（例如，作為一個反相放大器），其增益通常遠小於開回路增益而放大器的 3-dB 頻寬則成比例地增加。為進一步解釋，圖 8.53 呈現以相同運算放大器來設計成兩個不同的線性放大器（以任兩個不同的負回授組態來製作）。第一個有閉回路增益 $G_1 = A_1$ 而第二個有閉回路增益 $G_2 = A_2$。圖中的粗線表示的開回路頻率響應，對應增益 A_0 和截止頻率 ω_0。當增益從 A_0 減到 A_1，截止頻率從 ω_0 增加到 ω_1。隨著增益減小到 A_2，頻寬增加到 ω_2。因此：

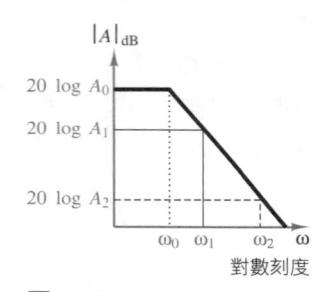

圖 8.53

$$\boxed{\text{任何已知運算放大器的增益-頻寬乘積是定數。} \\ A_0 \times \omega_0 = A_1 \times \omega_1 = A_2 \times \omega_2 = K} \tag{8.99}$$

輸入偏移電壓

實際運算放大器的另一個限制是因為即使在沒有任何外部輸入時，可能在運算放大器的輸入端有一個**偏移電壓**會出現。這個電壓通常以 $\pm V_{os}$ 表示，因為運算放大器內部電路的不匹配引起的。偏移電壓呈現為反相和非反相輸入端之間的差動輸入電壓。額外的輸入電壓將導致放大器在輸出的直流偏壓誤差。V_{os} 的典型值及最大值都列在製造商的數據表。因此偏移電壓所造成的最壞的影響能事先預測。

輸入偏壓電流

運算放大器另一個非理想特性來自在反相和非反相端的小量輸入偏壓電流。而這

都屬於運算放大器輸入端的內部結構。圖 8.54 說明非零值輸入偏壓電流 I_B 的存在並流入運算放大器。

I_{B+} 和 I_{B-} 的典型值取決於在運算放大器在製造中使用的半導體技術。運算放大器以雙極電晶體為輸入級可能會看到大到 1 μA 的輸入偏壓電流，而以 FET 作輸入的元件，輸入偏壓電流是小於 1 nA。這些電流取決於運算放大器的內部設計，並不一定相等。

圖 8.54

$$\boxed{\text{輸入偏壓電流 } I_{os} \text{ 常標定為} \\ I_{os} = I_{B+} - I_{B-}}$$ (8.100)

以分析的觀點而言，後者參數有時是較方便。

輸出偏移調整

偏移電壓和輸入偏移電流都有助於輸出偏移電壓 $V_{o,os}$。一些運算放大器提供了方法來最小化 $V_{o,os}$。例如，μA741 運算放大器提供了用於此步驟的接腳。圖 8.55 顯示了一個典型接腳配置，說明八腳雙排直插式封裝（DIP）運算放大器和用於使輸出偏移電壓歸零的電路。調整可變電阻，直到 v_{out} 達到最小（理想情況下，0 V）。以這種方式歸零輸出電壓，可同時消除輸入偏移電壓和電流對輸出的影響。

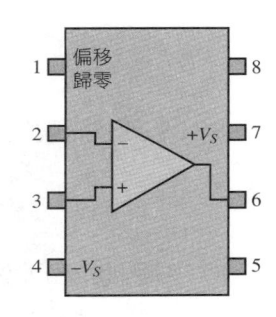

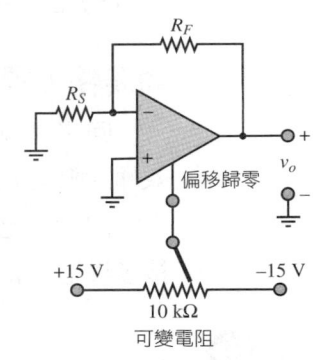

擺動率限制

有關實際運算放大器性能的另一個重要限制，是和電壓的快速變化有關。運算放大器的輸出僅能產生有限速度變化。此速率限制被稱為**擺動率**。考量理想的步階輸入，在 $t = 0$ 時輸入電壓從 0 切換到 V 伏特。然後我們期望輸出從 0 切換至 AV 伏特，其中 A 是放大器的增益。然而，v_o 只能以有限速率變化；從而，

$$\boxed{\left|\frac{dv_o}{dt}\right|_{max} = S_0 \quad \text{擺動率限制}}$$ (8.101)

圖 8.55 輸出偏移電壓調整

圖 8.56 顯示運算放大器在輸入電壓為理想步階變化時的響應。這裡 v_o 的斜率 S_0，代表擺動率。

擺動率限制會影響正弦訊號，或呈現突然變化的訊號，以及像圖 8.56 的步階電壓。在我們更仔細地檢視正弦響應前，這影響可能不是很明顯。如圖 8.57 所示，很明

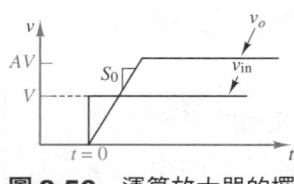

圖 8.56 運算放大器的擺動率限制

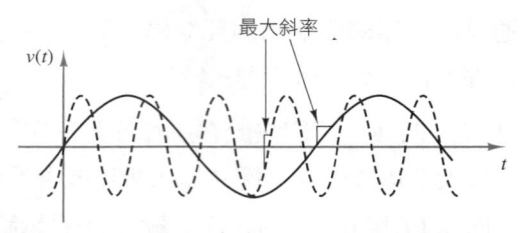

圖 8.57 正弦訊號的最大斜率隨訊號的頻率而改變

顯的正弦波變化的的最大速率發生在過零點。為了評估在過零點的波形斜率，讓

$$v_{\text{in}}(t) = V \sin \omega t \quad \text{因而} \quad v_o(t) = AV \sin \omega t \tag{8.102}$$

然後

$$\frac{dv_o}{dt} = \omega AV \cos \omega t \tag{8.103}$$

正弦訊號的最大斜率將發生在 $\omega t = 0, \pi, 2\pi,...$，是以

$$\left|\frac{dv_o}{dt}\right|_{\max} = \omega AV = S_0 \tag{8.104}$$

因此，正弦波的最大斜率正比於訊號的頻率和幅度。在圖 8.57 虛線所示的曲線，代表隨 ω 增加，過零點的 $v(t)$ 斜率亦增加。此結果所產生的直接後果為何？

短路輸出電流

回想在圖 8.3 所示的運算放大器模型，圖中所描繪的運算放大器的內部電路為等效輸入阻抗 R_{in} 和一個受控電壓源 $A_{v_{\text{in}}}$。實際上，內部電壓源不是理想的，因為不能提供無限大的電流（到負載，到回授線路，或兩者）。這種非理想運算放大器特性的直接後果是，放大器最大輸出電流受到短路輸出電流 ISC 所限定：

$$\boxed{|i_{\text{out}}| < I_{\text{SC}} \quad \text{短路輸出電流局限性}} \tag{8.105}$$

進一步解釋這一點，考慮運算放大器需要提供電流到回授路徑（以「歸零」在輸入端的電壓差）以及到連接到輸出端的任何負載電阻 R_o。圖 8.58 顯示了這樣的想法對一個反相放大器的情況，其中 I_{SC} 是將提供給短路負載（$R_o = 0$）的負載電流。

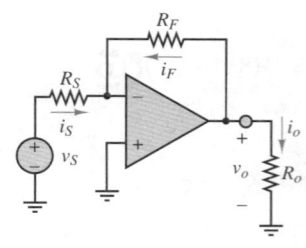

圖 8.58

共模拒斥比

共模和差模電壓以及共模拒斥比（CMRR）的概念在 8.2 節中介紹過且由等式 8.66 到 8.70 來說明。CMRR 這放大器特性是可以在任何特

定放大器（如一個 741 運算放大器）的數據表中找到。

$$\text{CMRR} = 20 \log \left| \frac{A_\text{DM}}{A_\text{CM}} \right| \quad (\text{單位：dB})$$

實際運算放大器的注意事項

在前面幾頁介紹的結論意味著，只要幾個簡單的步驟，並選擇合適的電阻值，運算放大器允許設計相當複雜的電路。這肯定是真的，但前提是電路元件選擇符合一定的標準。選擇運算放大器電路的元件值幾個重要的實務條件總結如下。

1. 使用標準電阻值。在原則上雖然任意增益的值可以透過選擇電阻的適當組合來達成，設計者經常受限於使用標準的 5% 的電阻值。例如，對圖 8.58 所示的反相放大器如果要設計的增益為 25，我們可能會選擇 100 和 4-kΩ 的電阻來達成 $R_F/R_S = 25$。然而，4 kΩ 不是標準值；最接近的 5% 容差的電阻值是 3.9 kΩ，導致了 25.64 的增益。你能否找到標準 5% 電阻的組合，使其比例更接近 25 kΩ。

2. 確保負載電流是合理的。假設在步驟 1 例子的最大輸出電壓為 10 V，在 R_F =100 kΩ 和 R_S =4 kΩ 下，你的設計所需的反饋電流為 I_F =10/100000 = 0.1 毫安。這對一個運算放大器是非常合理的值。如果試圖使用一個 10-Ω 回授電阻和 0.39-Ω 源電阻來達到相同的增益，回授電流將變大到 1 A。這個值通常超過通用運算放大器的能力，因此非常低的電阻值一般是不可行的。另一方面，10-kΩ 和 390-Ω 電阻仍然會導致可接受的電流。根據經驗，一般情況下，實務設計時避免低於 100 Ω 的電阻值。

3. 避免過大的電阻值以避免雜散電容，造成雜散訊號經由電容性耦合機制而耦合到電路。大電阻也可能導致其他問題。根據經驗，一般情況下，避免用高於 1 MΩ 電阻值在實際設計。

4. 精密設計可能有必要。如果某設計要求放大器非常準確的增益值，這可能是適合使用精密電阻此（昂貴）選項：例如，1% 容差電阻通常成本相當高。本章例題和習題，則會使用較高和較低公差電阻器來探討其增益變化。

範例 8.9 **反相放大器的電源電壓限制**

問題

計算和繪製圖 8.59 反相放大器的輸出電壓。

解

已知量：電阻和電源電壓值；輸入電壓。

求：$v_o(t)$。

已知資料：$R_o = 1$ kΩ；$R_F = 10$ kΩ；$R_o = 1$ kΩ；$V_S^+ = 15$ V., $V_S^- = -15$ V；$v_S(t) = 2 \sin(1{,}000t)$。

圖 **8.59**

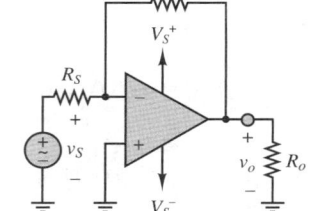

假設：假設一個電源電壓受限的運算放大器。

分析：對於理想運算放大器的輸出將是

$$v_o(t) = -\frac{R_F}{R_S}v_S(t) = -10 \times 2\sin(1{,}000t) = -20\sin(1{,}000t)$$

然而，電源電壓限制在 ±15V，因此運算放大器輸出電壓將在達到 ±20 V 的理論峰值輸出之前已飽和。圖 8.60 顯示了輸出電壓波形。

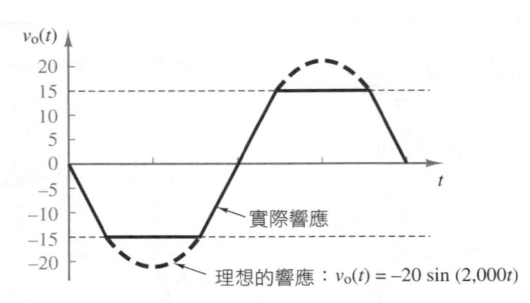

圖 8.60 電源電壓限制的運算放大器輸出

評論：實際上將在低於電源電壓 1.5V 時達到飽和，或大約 ±13.5V。

範例 8.10　運算放大器積分器的電源電壓限制

問題

計算和繪製圖 8.44 積分器的輸出電壓。

解

已知量：電阻，電容和電源電壓值；輸入電壓。

求：$v_o(t)$。

已知資料：$R_S = 10$ kΩ；$C_F = 20$ μF；$V_S^+ = 15$ V；$V_S^- = -15$ V；$v_S(t) = 0.5 + 0.3\cos(10t)$。

假設：假設電源電壓受限制的運算放大器。初始條件為 $v_{out}(0) = 0$。

分析：對於理想的運算放大器積分器的輸出將是

$$v_{out}(t) = -\frac{1}{R_S C_F}\int_{-\infty}^{t} v_S(t')\,dt' = -\frac{1}{0.2}\int_{-\infty}^{t}[0.5 + 0.3\cos(10t')]\,dt'$$
$$= -2.5t + 1.5\sin(10t)$$

然而，因電源電壓被限制在 ±15V，因此，當 2.5t 這項隨時間增加，積分器輸出電壓將飽和在低電源電壓值 −15V。

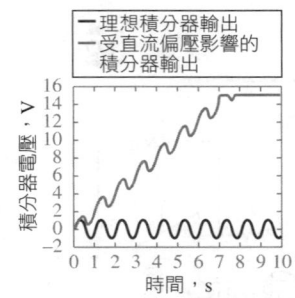

圖 8.61 直流偏移對積分器的影響

評論：注意，波形的直流偏移導致積分器輸出電壓隨時間線性增加。即使一個很小的直流偏移總會導致積分飽和。解決方式是加一個與電容器並聯的大回授電阻。

範例 8.11　運算放大器的增益頻寬積限制

問題

如果放大器需要具有 20 kHz 的音頻頻寬，確定一個運算放大器允許的最大閉回路電壓增益。

解

已知量：增益頻寬積。

求：$G_{\max}$。

已知資料：$A_0 = 10^6$；$\omega_0 = 2\pi \times 5$ rad/s。

假設：假設一個增益頻寬積有限的運算放大器。

分析：運算放大器的增益頻寬積是

$$A_0 \times \omega_0 = K = 10^6 \times 2\pi \times 5 = \pi \times 10^7 \text{ rad/s}$$

所需頻寬為 $\omega_{\max} = 2\pi \times 20{,}000$ rad/s，最大可允許增益因此將為

$$G_{\max} = \frac{K}{\omega_{\max}} = \frac{\pi \times 10^7}{\pi \times 4 \times 10^4} = 250 \frac{V}{V}$$

對於任何閉回路電壓增益大於 250 時，放大器頻寬將減少。

評論：如果我們想達成的增益大於 250 並保持相同的頻寬，將有兩個選項：(1) 使用具有更大的增益頻寬積的不同運算放大器，或 (2) 串接兩個較低增益但較大頻寬的放大器，使得增益的乘積大於 250。

為進一步探討第一個選項，不妨看看不同運算放大器的元件數據表、並驗證比這個例子使用的放大器大更多的增益頻寬積。

範例 8.12　以串級放大器的方式提高增益頻寬積

問題

確定圖 8.62 串級放大器的整體 3-dB 頻寬。

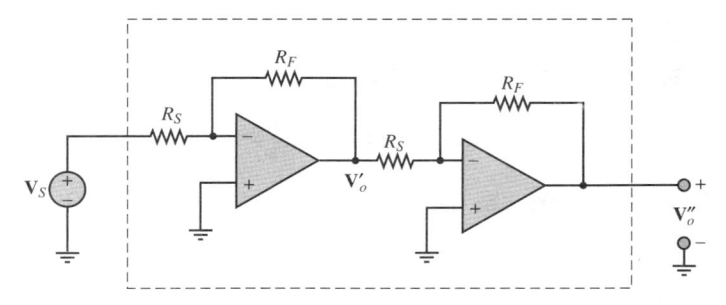

圖 8.62　串級放大器

解

已知量： 增益頻寬積及每個放大器的增益。

求： 串級放大器的 ω_3 dB。

已知資料： 每個放大器的 $A_0\Omega_0 = K = 4\pi \times 10^6$，每個放大器的 $R_F / R_S = 100$。

假設： 假設增益頻寬積受限（否則是理想）的運算放大器。

分析： 讓 G_1 和 ω_1 分別表示第一放大器的增益和 3-dB 頻寬，而 G_2 和 ω_2 為第二放大器的。

第一放大器的 3-dB 頻寬是

$$\omega_1 = \frac{K}{G_1} = \frac{4\pi \times 10^6}{10^2} = 4\pi \times 10^4 \, \frac{\text{rad}}{\text{s}}$$

第二放大器也是有

$$\omega_2 = \frac{K}{G_2} = \frac{4\pi \times 10^6}{10^2} = 4\pi \times 10^4 \, \frac{\text{rad}}{\text{s}}$$

因此，串級放大器的近似頻寬為 $4\pi \times 10^4$，而串級放大器的增益為 $G_1G_2 = 100 \times 100 = 10^4$ 或 80 dB。

如果我們試圖以具有相同 K 的單級放大器來得到相同的增益，達成的頻寬只是

$$\omega_3 = \frac{K}{G_3} = \frac{4\pi \times 10^6}{10^4} = 4\pi \times 10^2 \, \frac{\text{rad}}{\text{s}}$$

評論： 在實務上，串級放大器的實際 3-dB 頻寬並不像兩級放大器的各級一樣大，因為各放大器的增益低於截止頻率時已開始減小。

範例 8.13　輸入偏移電壓對放大器的影響

問題

計算輸入偏移電壓 V_{os} 的對圖 8.63 所示放大器輸出的影響。

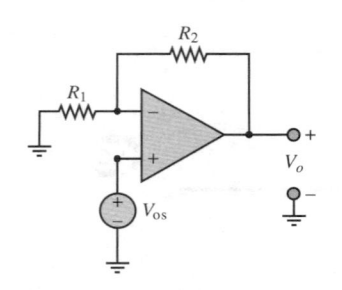

圖 8.63 運算放大器輸入偏移電壓

解

已知量： 標稱閉回路電壓增益；輸入偏移電壓。

求： 偏移電壓在輸出電壓 $V_{\text{o, os}}$ 的分量。

已知資料： $A_{\text{nom}} = 100$；$V_{\text{os}} = 1.5$ mV。

假設： 假設是受輸入偏移電壓限制（否則理想）的運算放大器。

分析： 放大器被接成非反相架構；因此，其增益是

$$G_{\text{nom}} = 100 = 1 + \frac{R_F}{R_S}$$

以一個理想電壓源表示的直流偏移電壓，表示為直接施加到非反相輸入；從而

$$V_{\text{o, os}} = G_{\text{nom}}V_{\text{os}} = 100V_{\text{os}} = 150 \, \text{mV}$$

因此，我們會預期放大器的輸出向上移動 150 mV。

評論： 輸入偏移電壓當然不是外部源，但代表運算放大器輸入端之間的電壓偏移。圖 8.55 描述偏移可以如何歸零。偏移電壓的最差狀況通常會列在元件的數據表中。通用運算放大器 741c 的典型值是 2 mV，FET 輸入的 TLO81 則是 5 mV。

範例 8.14　輸入偏移電流對放大器的影響。

問題

確定圖 8.64 的輸入偏移電流 I_{os} 對放大器輸出的影響。

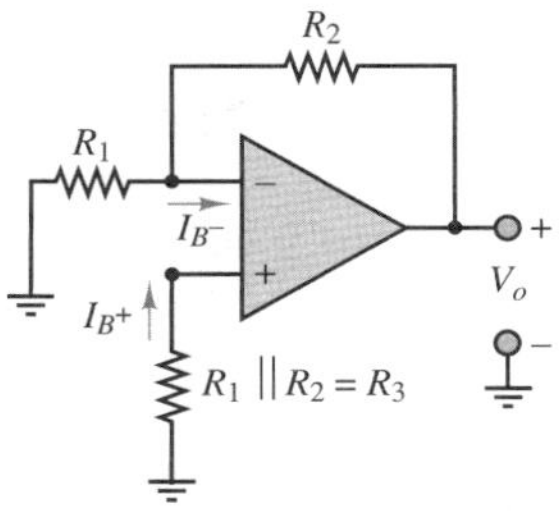

解

已知量：電阻值；輸入偏移電流。

求：在輸出電壓 $v_{out,os}$ 的偏移電壓分量。

已知資料：$I_{os} = 1\ \mu A$；$R_2 = 10\ k\Omega$。

假設：假設輸入偏移電流限制（否則理想）的運算放大器。

分析：我們計算在沒有外部輸入時，偏移電流所造成的反相和非反相端電壓：

$$v^+ = R_3 I_{B^+} \qquad v^- = v^+ = R_3 I_{B^+}$$

有了這些值，我們可以應用 KCL 在反相端節點來寫出

$$\frac{V_o - v^-}{R_2} - \frac{v^+}{R_1} = I_{B^-}$$

$$\frac{V_o}{R_2} - \frac{-R_3 I_{B^+}}{R_2} - \frac{-R_3 I_{B^+}}{R_1} = I_{B^-}$$

$$V_o = R_2 \left[-I_{B^+} R_3 \left(\frac{1}{R_2} + \frac{1}{R_1} \right) + I_{B^-} \right] = -R_2 I_{os}$$

因此，我們會預期放大器的輸出下修至 $R_2 I_{os}$，或 $10^4 \times 10^{-6} = 10\ mV$。

評論：通常，最壞情況下的輸入偏移電流（或輸入偏壓電流）會列在元件數據表中。數值範圍可以從 100 pA（對 CMOS 運算放大器，例如，LMC6061）到大約 200 nA 的低價通用放大器（例如，$\mu A741c$）。

圖 8.64

範例 8.15　擺動率限制對放大器的影響

問題

對已知振幅和頻率的正弦輸入電壓，確定擺動率限制 S_0 對反相放大器輸出的影響。

解

已知量：擺動率限制 S_0；正弦輸入電壓的振幅和頻率；放大器閉回路增益。

求：在同一張圖上繪製放大器的理論上的正確輸出和實際輸出。

已知資料：$S_0 = 1\ V/\mu s$；$v_S = \sin(2\pi \times 10^5 t)$；$G = 10$。

假設：假設運算放大器擺動率是限制的，但其他是理想的。

分析：已知閉回路電壓增益為 10，計算理論的輸出電壓為：

$$v_o = -10\sin(2\pi \times 10^5 t)$$

輸出電壓的最大斜率接著計算如下：

$$\left|\frac{dv_o}{dt}\right|_{max} = G\omega = 10 \times 2\pi \times 10^5 = 6.28 \frac{V}{\mu s}$$

顯然，上述計算出的值遠超過了擺動率限制。圖 8.65 畫出在實驗中會測量到的波形的近似外觀。

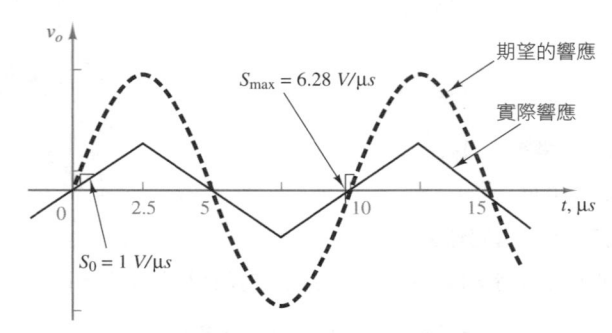

圖 8.65 擺動率限制造成的失真

評論：注意，本例已嚴重超出擺動率限制，輸出波形明顯失真，實際上已經成為一個三角波。擺動率限制的影響並非一直這麼劇烈和可見；因此人們需要注意運算放大器的規格。擺動率限制列在元件數據表中的典型值範圍可以從 13 V/μs（對於 TLO81）到 0.5 V/μs 左右（例如，μA741c）。

範例 8.16 短路電流限制對一個放大器的影響

問題

在已知振幅的正弦輸入電壓，確定短路限制 I_{SC} 對反相放大器輸出的影響。

解

已知量：短路電流限制 I_{SC}；正弦輸入電壓的振幅；放大器閉回路增益。

求：計算所允許的最小負載電阻值 R_{omin}，對於比 R_{omin} 小的電阻繪製理論和實際輸出電壓波形。

已知資料：$I_{SC} = 50$ mA；$v_S = 0.05 \sin(\omega t)$；$G = 100$。

假設：假設運算放大器是短路電流限制的，但其他是理想的。

分析：所給閉回路電壓增益 100，計算理論的輸出電壓為：

$$v_o(t) = -Gv_S(t) = -5\sin(\omega t)$$

為了評估短路電流限制的影響，需計算輸出電壓的峰值，因為這時候會需要從運算放大器輸出最大的電流：

$$V_{o_{peak}} = 5\,V$$
$$I_{SC} = 50\,mA$$
$$R_{o_{min}} = \frac{V_{o_{peak}}}{I_{SC}} = \frac{5\,V}{50\,mA} = 100\,\Omega$$

對任何小於 100 Ω 負載電阻，所需的負載電流將大於 I_{SC}。例如，如果我們選擇一個 75-Ω 負載電阻，我們會發現

$$V_{o_{peak}} = I_{SC} \times R_o = 3.75 \text{ V}$$

即，輸出電壓不能達到理論上正確的 5-V 峰值，而將是「壓縮」到僅為 3.75 V 的峰值電壓。這種效應呈現在圖 8.66。

評論： 短路電流限制會列在元件數據表。對於低價通用放大器的典型值（比方説，741c）是在幾十 mA。

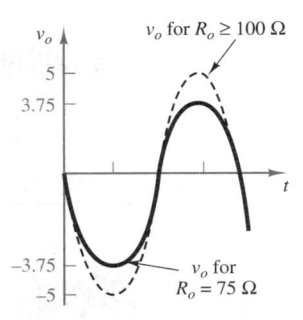

圖 8.66 短路電流限制造成的失真

檢視學習成效

如果輸入訊號有一個 0.1V 直流偏壓〔即是 $v_S(t) = 0.1 + 0.3 \cos(10t)$〕，對例 8.10 的積分器（約）需多長時間達到飽和。

解答：約 30 s

檢視學習成效

如果需要的頻寬為 100 kHz，由例 8.11 的運算放大器能達到的最大增益是多少？

解答：$A_{max} = 50$

檢視學習成效

在例 8.12，在截止頻率以下的頻率，各放大器的閉回路增益被假定為常數。在實務上，這只算是接近真實，因為通常在比閉回路增益截止頻率低得多的頻率時，每個運算放大器的開回路增益 A 開始隨頻率降低。而運算放大器的開回路增益的頻率響應能概略估算為：

$$A(j\omega) = \frac{A_0}{1 + j\omega/\omega_0}$$

使用此算式，以找出串級放大器的閉回路增益的表達式。（提示：合併的增益等於個別閉回路增益的乘積。）在截止頻率 ω_0，串級放大器真正的分貝增益是多少？

例 8.12 的串級放大器的 3-dB 頻寬是多少？〔提示：串級放大器的增益是個別運算放大器的頻率響應的乘積。計算該乘積的大小，將其設定等於 $(1/\sqrt{2}) \times 10000$，再解出 ω。〕

解答：74 dB; $\omega_{3\,dB} = 2\pi \times 12{,}800$ rad/s

> **檢視學習成效**
>
> 如果要偏移不超過 50 mV，例 8.13 中的運算放大器電路能接受的最大增益值是多少？
>
> 解答：$A_{V\max} = 33.3$

> **檢視學習成效**
>
> 若所要的峰值輸出振幅（10 V），對例 8.15 的運算放大器，不會導致違反擺動率限制的最大頻率是多少？
>
> 解答：$f_{\max} = 159$ kHz

結論

運算放大器構成類比電子的一個最重要的模組。本章的內容將在本書後面的章節中頻繁引用。在完成這一章時，應該已經掌握：

1. 了解理想放大器的特性以及增益、輸入阻抗、輸出阻抗和回授的概念。理想放大器代表著電子儀器的基本構件。清楚建立了理想放大器的概念，我們可以設計出實用的放大器、濾波器、積分器和諸多訊號處理電路。一個實際的運算放大器非常接近理想放大器的特性。

2. 了解開回路和閉回路結構的運算放大器之間的差異；並利用理想運算放大器分析，計算（或完成設計）簡單的反相、非反相、加算及差動放大器的增益。運用理想運算放大器來分析更進階的運算放大器電路，並在運算放大器數據表找出重要的性能參數。藉由幾個簡化的假設，運算放大器電路的分析變得容易，因為運算放大器具有非常大的輸入阻抗，一個非常小的輸出阻抗，和一個很大的開回路增益。簡單的反相和非反相放大器架構經由適當地選擇和安置幾個電阻，便可完成非常有用的電路設計。

3. 分析和設計簡單的主動濾波器。分析和設計理想積分器和微分器電路。在運算放大器電路使用電容器以延伸其應用到包括濾波、積分和微分。

4. 了解類比計算機的結構和運作，和設計類比計算機電路來解決簡單的微分方程式。運算放大器的加法器和積分器特性使其可以建構類比計算機，用於輔助解微分方程式和進行動態系統的模擬。雖然依照數位計算機的數值模擬在過去的二十年已經變得非常流行，但是在一些特殊的應用，仍然需要類比計算機。

5. 了解運算放大器的主要物理限制。重要的是了解到運算放大器電路性能有其侷限，這在本章早先章節所介紹的簡單運算放大器模型並未預期到。在實際的設計中，若是要達到運算放大器電路的設計性能，電壓供應的限制、頻寬限制、偏移、擺動率限制和輸出電流限制等相關的議題是非常重要的。

習題

8.1 節　理想放大器

8.1 圖 P8.1 中所示的電路具有一個直流訊號源，兩級的放大，和一個負載。推算功率增益（單位分貝）

$G = P_0/P_S = V_oI_o / V_SI_S$，其中：

$R_s = 0.5$ kΩ　　$R_{o3} = 0.7$ kΩ
$R_{i1} = 3.2$ kΩ　　$R_{i2} = 2.8$ kΩ
$R_{o1} = 2.2$ kΩ　　$R_{o2} = 2.2$ kΩ
$A_1 = 90$　　　$H_2 = 300$ mS

圖 P8.1

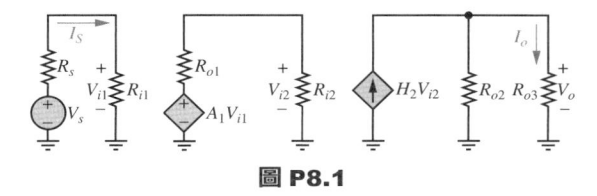

8.2 對圖 P8.2 中所示的理想的運算放大器的電壓和電流，什麼近似值是有效的。對這些近似值，必須要符合什麼樣的條件？

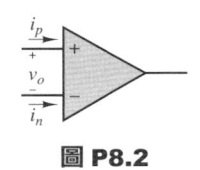

圖 P8.2

8.2 節　運算放大器

8.3 求出圖 P8.3(a) 和 (b) 的電路中的 v_1。在圖 P8.3(a) 3-kΩ 電阻是輸出的「負載」；也就是說，因為接上的 3-kΩ 電阻並聯到下方 6-kΩ 電阻造成 v_1 改變。然而，在圖 P8.3(b) 該隔離緩衝器保持 v_1 在 $v_g/2$，不受 3-kΩ 電阻的存在和其值的影響！

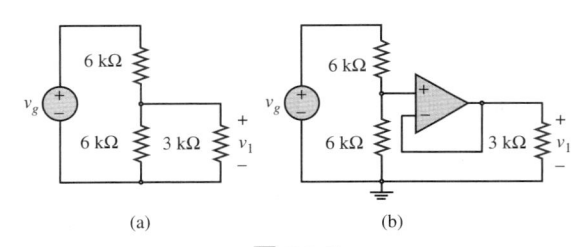

(a)　　(b)
圖 P8.3

8.4 求在圖 P8.4 的電壓 v_o 以 (i) 應用節點分析，並且以 (ii) 找出節點 a 和 b 左邊的戴維寧等效網絡，以形成一個典型的反相放大器。

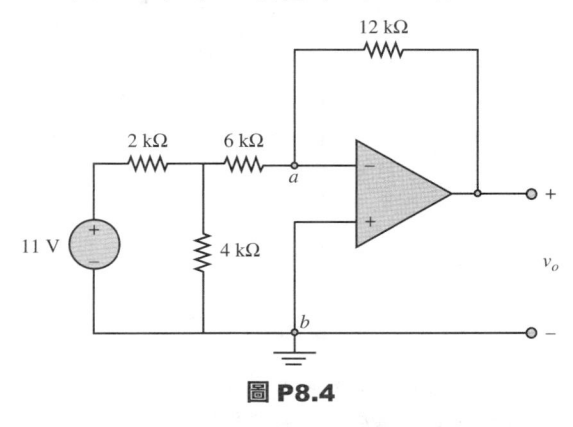

圖 P8.4

8.5 推算圖 P8.5 電路的閉回路電壓增益 $G = v_o/v_1$ 的表示式。找出由電壓源所看到的輸入電導 i_1/v_1。假設是理想的運算放大器。

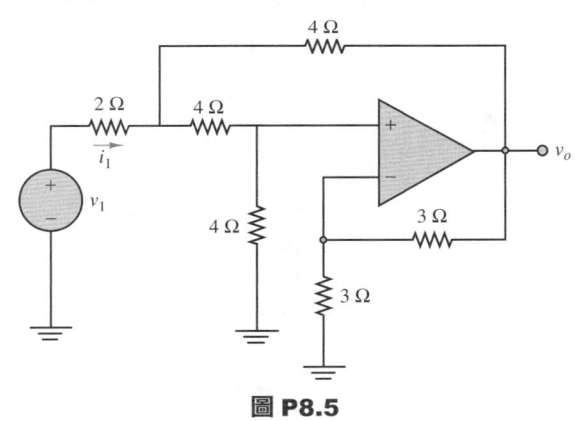

圖 P8.5

8.6 在圖 P8.6 所示的電路是一個負阻抗轉換器。找出輸入阻抗 $\mathbf{Z}_{\text{in}}$：

$$\mathbf{Z}_{\text{in}} = \frac{V_1}{I_1}$$

當：

a. $\mathbf{Z}_o = R$

b. $\mathbf{Z}_o = \dfrac{1}{j\omega C}$

圖 P8.6

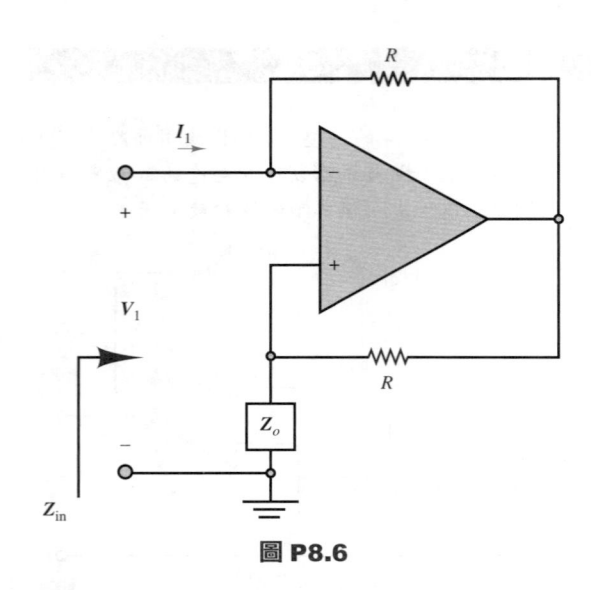

8.7 由於電感需要大捲的導線，這需要大的空間且往往成為感應周遭雜訊的優良天線，所以很難用作為積體電路組件。「固態電感」則為一種替代品，可以如圖 P8.7 來構造。

  a. 推算輸入阻抗 $\mathbf{Z}_{in} = V_1/I_1$。

  b. 當 $R = 1,000\,\Omega$ 及 $C = 0.02\,\mu\text{F}$，$\mathbf{Z}_{in}$ 是多少？

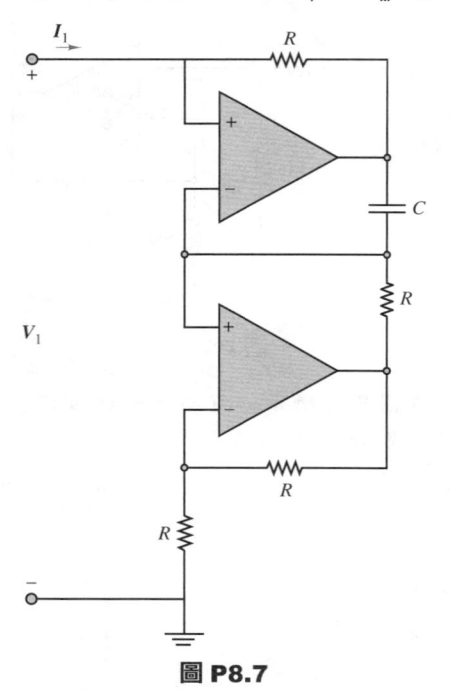

圖 P8.7

8.8 使用反相放大器架構可以很容易製作出電流源。驗證通過 R_o 的電流 I 並不受 R_o 值的影響，假設運算放大器在其線性工作區域中，並找出 I 的值。

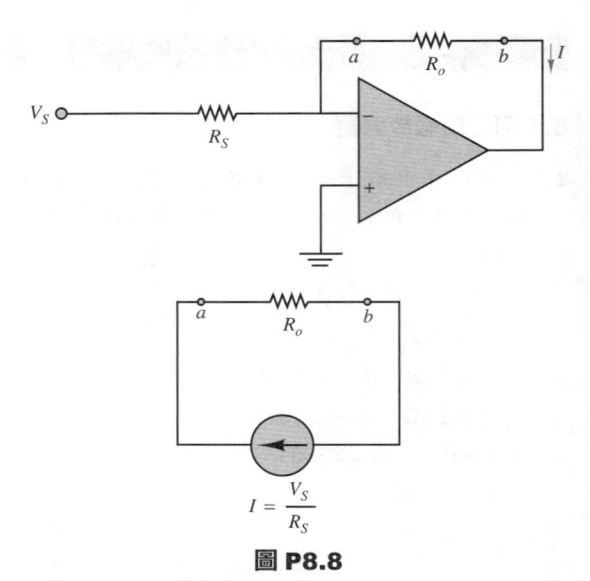

圖 P8.8

$$I = \frac{V_S}{R_S}$$

8.9 推算圖 P8.9 電路的響應函數 $\tilde{V}_2/\tilde{V}_1$。

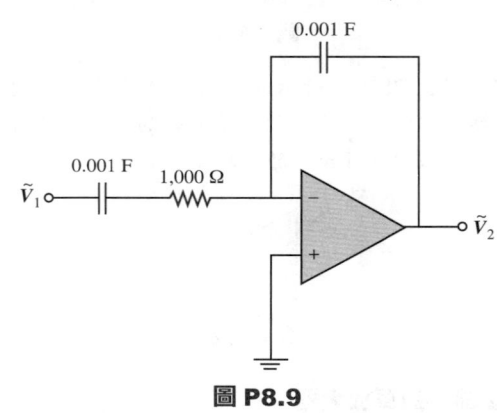

圖 P8.9

8.10 圖 P8.10 展示了一個使用 741 運算放大器晶片的簡單實用放大器。接腳則如圖所示。假設運算放大器具有 2-MΩ 輸入阻抗，開回路增益 $A = 200{,}000$，以及輸出阻抗 $R_o = 50\,\Omega$。找出閉回路增益 $G = v_o/v_i$。

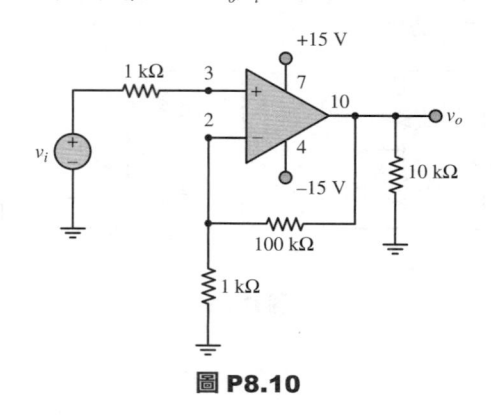

圖 P8.10

8.11 圖 P8.11 所示的放大器有訊號源（v_s 與 R_s 串接）和負載 R_o，放大級是用摩托羅拉 MC1741C 運算放大器。假設：

$R_s = 2.2$ kΩ　　$R_1 = 1$ kΩ

$R_F = 8.7$ kΩ　　$R_o = 20$ Ω

運算放大器本身有 2-MΩ 的輸入電阻，75-Ω 輸出電阻，以及 200K 的開回路增益。做初步近似，將假定為理想運算放大器。一個更好的模型應包括各前述參數的影響。

a. 假設運算放大器不是理想，請推導出整體放大器的輸入電阻 $r_i = v_i / i_i$，其中 $v_i = v_s - i_i R_s$。

b. 推算輸入電阻的值，並將其與理想運算放大器的輸入電阻做比較。

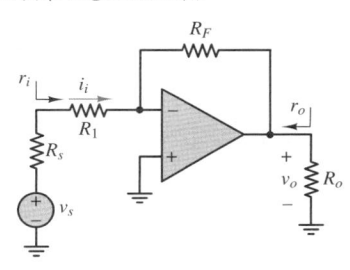

圖 P8.11

8.12 對圖 P8.12 所示的電路中，假設 $v_S = 0.3 + 0.2 \cos(\omega t)$，$R_s = 4$ Ω 且 $R_o = 15$ Ω。假設是一個理想運算放大器，推算輸出電壓 v_o。改用摩托羅拉 MC1741C 運算放大器具有習題 P8.29 所給的特性，再次計算 v_o。

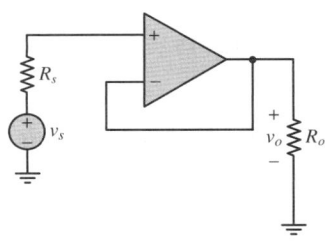

圖 P8.12

8.13 對圖 P8.13 所示的電路，假設 $v_{S1} = -2$ V，$v_{S2} = 2 \sin(2\pi \cdot 2{,}000t)$ V，$R_1 = 100$ kΩ，$R_2 = 50$ kΩ 及 $R_F = 150$ kΩ。推算輸出電壓 v_o。

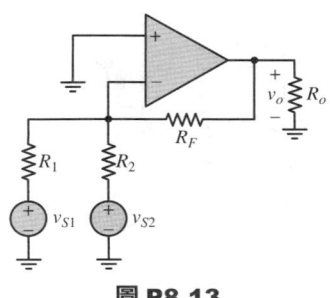

圖 P8.13

8.14 在圖 P8.14 所示電路，假設為理想運算放大器，所有的電阻都是相同的且 $V_{\text{in}} = 4 \angle 0$ V，推算輸出電壓 V_o。

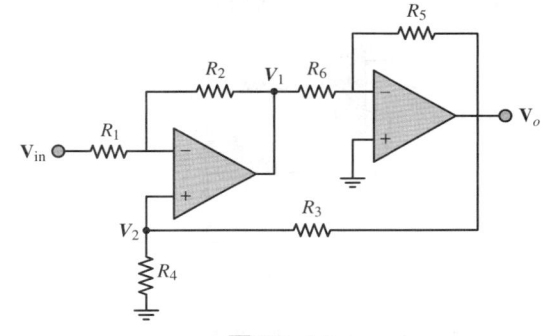

圖 P8.14

8.15 一個線性電位器 R_P 用來感測和產生一個電壓 v_y 正比於 xy 噴墨印表頭的 y 坐標，參考訊號 v_R 是由控制印表機的軟體所提供，這兩電壓之間的差值被放大以驅動馬達，馬達改變印表頭的位置直到這電壓差等於零。為能正確運作，馬達電壓必須為 10 倍於訊號和參考電壓之間的差。為在正確的方向旋轉時，相對於 v_y 馬達的電壓必須負壓。此外，i_P 必須是小得可以忽略，以避免造成電位器負載導致錯誤的訊號電壓。

a. 設計滿足這些規格的運算放大器電路。以你設計的放大器電路替換虛線框並重繪圖 P8.15，務必標示元件數值。

b. 就以一個 8 腳 μA741C 運算晶片，在重繪的圖中標上腳位。

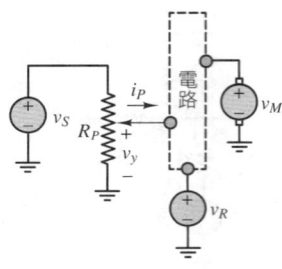

圖 P8.15

8.16 圖 P8.16 顯示一個簡單的電壓 — 電流轉換器。證明只要 $V_s > 0$，通過發光二極體（LED）的電流 I_o，因此其亮度，將正比於源電壓 V_s。該 LED 只允許所示方向的電流。

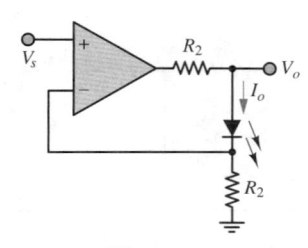

圖 P8.16

8.17 一個運算放大器電壓表電路如圖 P8.17 需要測量 $V_S = 15$ mV 的最大輸入。運算放大器的輸入電流是 $I_B = 0.25\ \mu$A。電流表設計為當 $I_m = 80\ \mu$A 和 $r_m = 8$ kΩ 時是滿刻度偏轉。決定 R_3 和 R_4 的合適值，以使電錶的滿刻度偏轉對應於 $V_S = 15$ mV。對一個非理想運算放大器，I_B 的重要性是什麼？

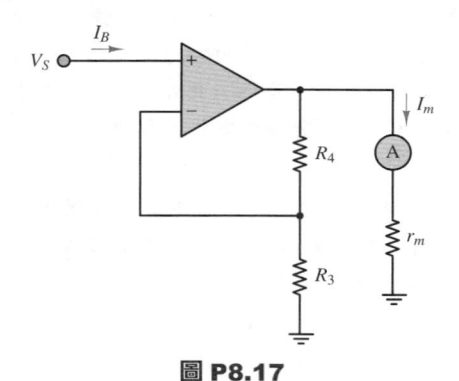

圖 P8.17

8.3 節　主動濾波器

8.18 圖 P8.18 所示的運算放大器電路用於高通濾波器。假設：

$C = 0.2\ \mu$F　　$R_o = 222$ Ω

$R_1 = 1.5$ kΩ　　$R_2 = 5.5$ kΩ

推算：

a. 通帶內的電壓增益 $|V_o / V_s|$（單位為 dB）。

b. 截止頻率。

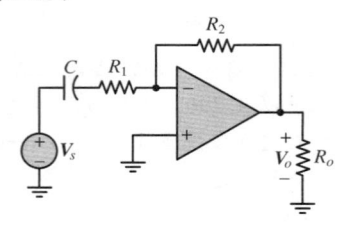

圖 P8.18

8.19 在圖 P8.19 的主動濾波器電路，假設：

$C = 120$ pF　　$R_o = 180$ kΩ

$R_1 = 3$ kΩ　　$R_2 = 50$ kΩ

推算轉折頻率與在非常低以及在非常高頻率的 $|V_o / V_i|$。

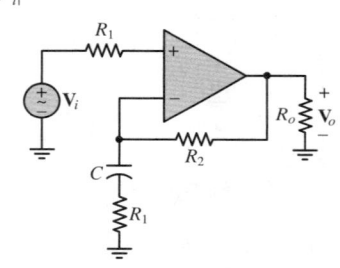

圖 P8.19

8.20 圖 P8.20 所示的運算放大器電路用於低通濾波器。假設：

$C = 0.8\ \mu$F　　$R_o = 1$ kΩ

$R_1 = 5$ kΩ　　$R_2 = 15$ kΩ

推算：

a. 電壓增益 V_o / V_s 的標準形式的表示式。

b. 在通帶和在截止頻率的 dB 增益。

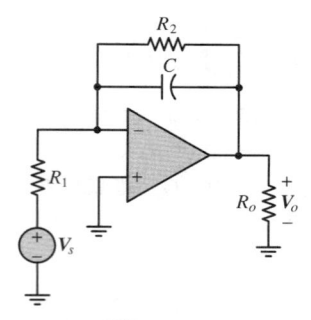

圖 P8.20

8.21 圖 P8.21 所示的電路是一個帶通濾波器。
假設：
$R_1 = R_2 = 10\ k\Omega \quad R_o = 4.7\ k\Omega$
$C_1 = C_2 = 0.1\ \mu F$
推算：
a. 在通帶的電壓增益 $|V_o/V_i|$。
b. 諧振頻率。
c. 轉折頻率。
d. 品質因素 Q。
e. V_o/V_i 的波德振幅和相位圖。

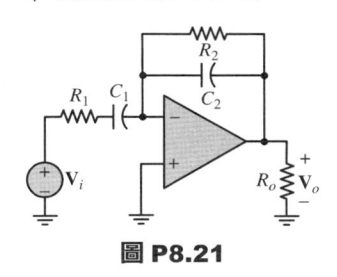

圖 P8.21

8.22 圖 P8.21 所示的電路是一個帶通濾波器。
假設：
$R_1 = 2.2\ k\Omega \quad R_2 = 100\ k\Omega$
$C_1 = 2.2\ \mu F \quad C_2 = 1\ nF$
推算通帶增益。

8.23 圖 P8.23 所示電路可被用作低通濾波器。
a. 推導出電路的頻率響應 V_o/V_{in}。
b. 如果 $R_1 = R_2 = 100\ k\Omega$ 和 $C = 0.1\ \mu F$，計算在 $\omega = 1{,}000$ rad/s 的 dB 值 V_o/V_{in} 衰減。
c. 計算在 $\omega = 2{,}500$ rad/s 時，V_o/V_{in} 的振幅和相位。
d. 找出 V_o/V_{in} 的衰減小於 1 dB 的頻率範圍。

圖 P8.23

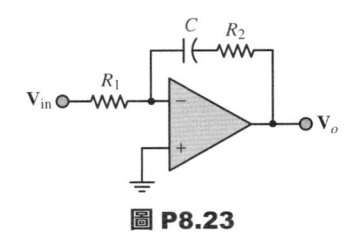

8.24 對於圖 P8.24 的電路，畫出 V_2/V_1 的振幅響應圖，並標示半功率頻率。假設是理想的運算放大器。

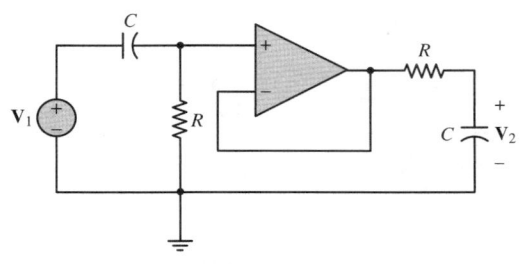

圖 P8.24

8.25 推算圖 P8.25 的 V_o/V_S 電壓增益的符號表示式。這增益代表什麼樣的濾波器？

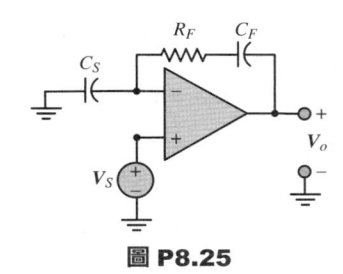

圖 P8.25

8.4 節 積分器與微分器

8.26 圖 P8.26(a) 所示的電路產生的輸出電壓 v_o，可能是圖 P8.26(b) 這源電壓 v_s 的積分或導數再乘上一些增益。假設：
$C = 0.5\ \mu F \quad R = 8\ k\Omega \quad R_o = 2\ k\Omega$

對於已知源電壓，推算作為時間函數的輸出電壓並繪圖。

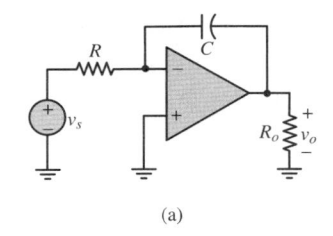

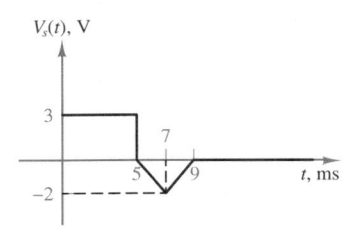

(a)

(b)

圖 P8.26

8.27 推導圖 P8.27 電路的微分方程式 $x(t)$。

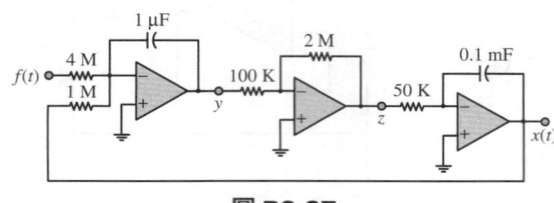

圖 P8.27

8.5 節　運算放大器的實體限制

8.28 考慮圖 8.9 的非反相放大器，假設輸入偏壓電流為零，$R_1 = R_F = 4.7$ kΩ。若運算放大器具有 2 mV 的輸入偏移電壓，推算其造成 v_o 的誤差。假定偏移電壓如圖 8.63 所示的出現。

8.29 考慮圖 P8.29 的標準反相放大器。假設偏移電壓可以忽略，並且兩個輸入偏壓電流相等。找出 R_x 的值，以消除由於偏壓電流而造成的輸出電壓誤差。

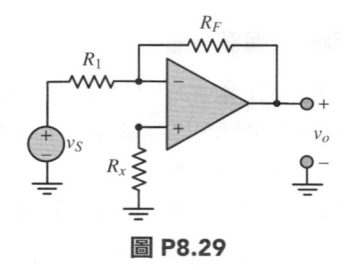

圖 P8.29

8.30 在圖 P8.30 所示的電路，推導作為 $v_{in}(t)$ 函數的輸出電壓 $v_o(t)$。計算擺動率對輸出電壓的最大斜率的影響，假設 v_{in} 先是零，隨後經歷步階振幅 ΔV 的增加。

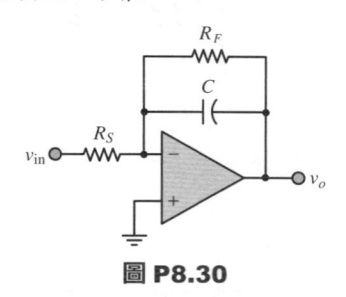

圖 P8.30

8.31 考慮一個差動放大器。我們期望其共模輸出小於 1% 的差模輸出。若差模增益 $A_{dm} = 1{,}000$，找出最小分貝共模拒斥比，以滿足這一要求。設若

$v_1 = \sin(2{,}000\pi t) + 0.1\sin(120\pi t)$ V
$v_2 = \sin(2{,}000\pi t + 180°) + 0.1\sin(120\pi t)$ V
$v_o = A_{dm}(v_1 - v_2) + A_{cm}\dfrac{v_1 + v_2}{2}$

8.32 在圖 8.8 的反相放大器使用的非理想運算放大器，具有開回路電壓增益 $A = 250 \times 10^3$。假設 v^- 雖小但不為零，輸入端的電流 i_{in} 仍可以假定為零。應用公式 8.23 求：

$$\dfrac{v_o}{v_S} = \dfrac{-R_F/R_S}{1 + (1/A)[(R_F + R_S)/R_S]}$$

a. 如果 $R_S = 10$ kΩ 和 $R_F = 1$ MΩ，找出閉回路電壓增益 $G = v_o/v_S$。

b. 設 $R_F = 10$ MΩ，重做小題 a。

c. 設 $R_F = 100$ MΩ，重做小題 a。

d. 對小題 a 到 c，當 $A \to \infty$ 估算 G。

8.33 有一個理想運算放大器的單位增益頻寬等於 5.0 MHz，找出在 $f = 500$ kHz 時的電壓增益。

8.34 正弦聲音（音壓）波 $p(t)$ 的撞擊在靈敏度 S（mV/kPa）的電容式麥克風。麥克風的輸出電壓 v_s 由兩個串級反相放大器放大以產生放大的訊號 v_0。如果 $v_0 = 5\ V_{RMS}$，確定聲波（單位為 dB）的峰值幅度。在不會使 v_0 有運算放大器的任何飽和效應下，估計聲波的最大峰值振幅。

Part 2　電子學

9 半導體與二極體

自二極體和電晶體發明之後，**固態電子學**領域有了跳躍式的發展。由於這些個別的電子元件能整合進複雜的電路與系統中，因此造就了的現代數位與邏輯電子系統。雖然個別的電子元件已經被積體電路化（例如，運算放大器），但我們還是必須了解這些元件是如何操作與應用。本書第二部分是論二極體、電晶體與其他電子元件的特性與應用。

本章介紹半導體二極體，經常運用在許多功率系統及高、低功率電子電路中。即便二極體的 i-v 特性本質上是非線性的，但可使用簡單的線性模型來近似二極體特性，進而利用前面章節中開發的分析工具進行分析。

學習目標

1. 了解半導體元件的物理基礎，特別是 pn 接面的一般基本原則，並須熟悉二極體方程式和 i-v 特性。9.1-9.2 節。
2. 在簡易電路中，使用不同的半導體二極體電路模型。模型有兩種：適合整流電路的大訊號模型，及適合訊號處理與應用的小訊號模型。9.2 節。
3. 學習實踐全波整流電路，使用大訊號二極體，分析並找出實際整流器的規格。9.3 節。
4. 了解稽納二極體作為在基準電壓的基礎操作，並使用簡單的電路模型來分析基本電壓調節器。9.4 節。
5. 使用 9.2 節介紹的二極體模型來分析訊號處理，並應用在各種實際二極體電路的操作。9.5 節。
6. 了解光電二極體的基本操作原理，包括光電池，光感應器，和發光二極體。9.6 節。

9.1 半導體元件的輸導

基本的半導體，矽和鍺，來自週期表第 IV 族的元素[1]；這些元素的導電性比典型的導體差很多，但比普通絕緣體強很多。例如，銅（良導體）的電導率為 5.96×10^7 S/m，玻璃（二氧化矽一種常見的絕緣體）的電導率為 10^{-13} S/m。而矽和鍺，這兩種半導體電導率分別為 10^{-3} S/m 和 10^0 S/m。矽和鍺還有另一個重要特性：當溫度上升時，電導率會隨溫度上升而增加，而大多數的導體的導電率（例如，金屬）隨溫度上升而降低。要注意的是，大部分的 IV 族元素不一定是半導體；錫和鉛就屬於金屬，導電率高且隨溫度上升而降低。

導電材料只要在外層傳導帶有足夠的弱電子鍵，即可形成電場來產生電流。與導電材料相反，在半導體材料的外層傳導帶的電子是以共價鍵連結，所以需要更強的電場才能脫離。圖 9.1 顯示常見的半導體純矽（Si）的晶格排列。溫度夠高時，熱能會引起晶格原子振動；當有足夠的動能存在時，一些價電子會跳脫與晶格結構的鍵結，形成傳導電子。這些**自由電子**可以使電流在半導體中流動。隨著溫度升高，更多的價電子被解放出來，這解釋了為什麼半導體能夠隨溫度升高增加導電性。

然而，這些自由價電子不是存在於半導體中唯一的電荷載體。每當一個自由電子從晶格中釋放，晶格會出現相對的正電荷或電洞，如圖 9.2 所示。電洞是半導體中的正電荷載體，但在晶格中的移動率和自由電子不同。自由電子較電洞更容易移動許多。此外，在外部電場的影響下，這兩種電荷載子的移動方向相反，如圖 9.3。

偶爾自由電子移動到電洞的附近時，會與其重新結合形成共價鍵，這時這兩個電荷載子都會消失。**再結合（recombination）**的發生與自由電子和電動的數量成正比，結果會使半導體載子的數目降低。然而，儘管有再結合現象，在不同溫度下還是有一些自由電子和電洞可以產生傳導。可用的電荷載子的數目被稱為**本質濃度（intrinsic concentration，n_i）**。最常見 n_i 表示如下：

$$n_i \propto T^{1.5} e^{-E_g/2kT} \tag{9.1}$$

T 是溫度（K）；E_g 為能隙，矽的能隙為 1.12 eV；k 是波茲曼常數 8.62

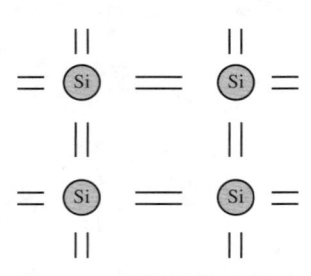

圖 9.1 四個價電子的矽晶格結構

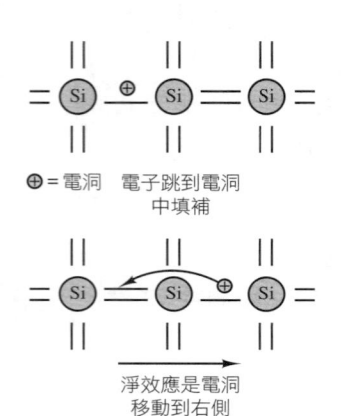

⊕ = 電洞　電子跳到電洞中填補

淨效應是電洞移動到右側

空位（或電洞）當一個自由電子離開它的結構位子時被創造出來。如果其他電子取代自由電子時，這個「電洞」可以圍繞晶格移動。

圖 9.2 在晶格結構中的自由電子和「電洞」

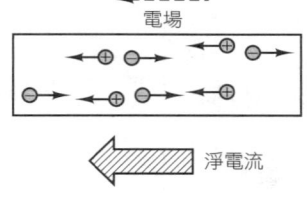

電場

淨電流

外部電場力量讓電洞往左移動和自由電子往右移動。淨電流向左邊流動。

圖 9.3 半導體中的電流流動

---

[1] 半導體也可以由一個以上的元素組成，在這種情況下，這些元素不一定是 IV 族。

$\times 10^{-5}$ eV/K。當溫度 $T = 300$ K，n_i 約為 1.5×10^{10} carriers/cm^3。注意，溫度對 n_i 的影響很大。[2]

當 Si「摻雜」V 族元素時產生了自由電子。

已知純半導體不是特別好的導體，因此要提升其電導率，可經由**摻雜**，將三價（III 族）或五價（V 族）的元素添加到半導體的晶體結構，來增加電荷載子的密度。[3] 如硼和鎵的三價雜質，會在半導體的晶格中添加電洞，而稱為受體；如磷和砷的五價雜質，則會在半導體的晶格中添加自由電子，即為施體，如圖 9.4 所示。

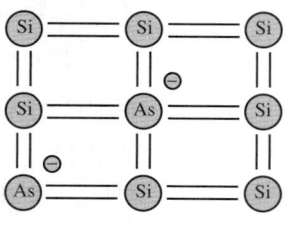

圖 9.4 半導體的摻雜

在摻雜有施體元素的半導體中，自由電子是多數電荷載子，電洞是少數電荷載子。這些材料被稱為 ***n* 型半導體**。同樣地，在摻雜受體元素的半導體中，電洞是多數電荷載子，自由電子是少數電荷載子。這些材料被稱為 ***p* 型半導體**。在熱平衡時，自由電子的濃度 n（負）與電洞的濃度 p（正）：

$$pn = n_i^2 \tag{9.2}$$

在摻雜的半導體中，摻雜載子的濃度通常比半導體的原本載子濃度大得多。在這種情況下，多數載子的濃度大約等於摻雜載子的濃度，而該濃度是依摻雜過程而定，並且不會受溫度影響。然而，少數載子的濃度容易受到溫度影響，而且濃度也比半導體的原本載子濃度小得多。例如，在一個 n 型材料，自由電子 n_n 的濃度大致等於施體原子 n_D 的濃度。因為 $p_n n_n = n_i^2$，公式為：

$$n_n \approx n_D \gg n_i \qquad \text{與} \qquad p_n = \frac{n_i^2}{n_n} \approx \frac{n_i^2}{n_D} \ll n_i \qquad n\text{-型} \tag{9.3}$$

同樣地，在 p 型材料中 n_A 是受體載子的濃度：

$$p_p \approx n_A \gg n_i \qquad \text{與} \qquad n_p = \frac{n_i^2}{p_p} \approx \frac{n_i^2}{n_A} \ll n_i \qquad p\text{-型} \tag{9.4}$$

在前兩個方程式，i、n 和 p 標示分別表示材料為本質（純）半導體、n 型，或 p 型。

要記住，摻雜 n 型和 p 型材料本身是電中性的，因為施體和受體元件的質子和電子數量相同。材料種類會清楚的表示出在該材料晶格的導帶中，其多數電荷載子的移動特性。

9.2 *pn* 接面與半導體二極體

單獨一段簡單 n 型或 p 型的材料無法建構成電子電路。然而，當 n 型和 p 型材料

---

[2] 補充期刊資料 [A.B. Sproul and M.A. Green, *J. Appl. Phys.* 70, 846 (1991)] $n_i \propto T^2 e^{-E_G/2kT}$ 在 300 K 時大約等於 1.0×10^{10} carriers/cm^3。

[3] 這裡使用的族系系統是舊制系統編排的方式。在現在國際系統中，III 族、IV 族和 V 族分別重新編號為 13 族，14 族和 15 族，之所以依舊使用早期的數字系統，是因為該數字代表元素價電子的數量。

的截面互相接觸形成 **pn 接面**，就會產生許多有趣的特質，形成二**極體**。當二極體具有一定數量時，這些 pn 接面會有不同的應用特性。

圖 9.5 描述了一個理想化的 pn 接面。由於 n 型與 p 型材料的自由電子濃度差異，自由電子會從右側的 n 型材料通過接面擴散到左側的 p 型材料。相反地，電洞也會因為濃度差而從左穿越接面至右側。在這兩種情況下，**擴散電流** I_d 的方向是由左到右，因為正電流被定義為帶正電荷電洞的移動方向。

自由電子離開 n 型材料並進入接面後，將再結合 p 型材料的電洞。同樣地，當電洞離開 p 型材料進入 n 型材料後，會與自由電子再結合。一旦自由電子和電洞再結合即不再移動，而會在晶格中以共價鍵連結。一開始時，大多數再結合發生在 pn 接面處。然而，隨著時間的增加，越來越多接面處附近的移動電荷已經被結合。再來需要結合的電子電洞必須移到較遠處。內建電位能障會在接面的兩邊產生，形成越來越大的能障範圍，其中幾乎不存在可移動的電荷載子，此區域被稱為**空乏區**。空乏區會帶電，因為已經再組合的移動電荷載子在停留的晶格區域中找不到相對的電荷。從圖 9.5 可看出，帶負電荷的 p 型區域接面處的左側和帶正電的 n 型區域的接面處的右側所形成的空乏區。

一旦空乏區開始形成，所形成的淨電荷分隔會在空乏區產生從帶正電的 n 型朝向帶負電荷的 p 型方向的電場。該電場將造成整個空乏區的**電位能障（potential barrier）**或**接觸電位（contact potential）**，減緩多數載子持續擴散。這種電位主要取決於半導體材料（矽大約 0.6～0.7 V），也稱為偏移電壓 V_γ。

與多數載子相關的擴散電流會穿過空乏區，另有一個與少數電荷載子相關的**漂移電流** I_S 會以相反方向穿過空乏區。自由電子和電洞會受熱而分別在 p 型和 n 型材料中產生。這些少數載子一旦靠近空乏區，會被電場影響而穿越空乏區。注意，漂移電流的電子與電洞都會造成從右到左的正電流，因為正電流被定義為正電洞從右到左移動或者負自由電子從左向右移動。

圖 9.6 顯示穿過空乏區的擴散電流和漂移電流。當平均淨漂移電流恰好抵消平均淨擴散電流時，空乏區達到平衡寬度。回顧之前，擴散電流的大小主要由施體和受體

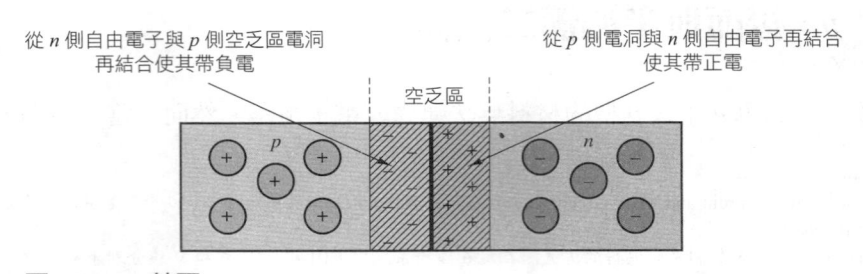

圖 9.5 pn 接面

元素的濃度來決定，而漂移電流的大小主要由溫度決定。因此，空乏區的平衡寬度同時取決於溫度和摻雜過程。

現在考慮如圖 9.7（a），pn 接面所接電源為**逆向偏壓**。假設電源和 pn 型材料間有適當連結。電源的逆偏方向會加寬空乏區，增加能障，使得多數載子的擴散電流減小。另一方面，少數載子漂移電流會增加，使得有一個小的（奈米安培等級）從 n 到 p 型區域的非零電流 I_0。I_0 非常小，因為來自少數載子。因此，當逆偏時，二極體電流 i_D 是：

$$i_D = -I_0 = I_S \qquad \text{逆向偏壓的二極體電流} \tag{9.5}$$

I_S 被稱為**逆向飽和電流**。

當 pn 接面為順向偏壓，如圖 9.7（b）所示，空乏區變窄，穿過的能障也降低，使得多數載子的擴散電流增加。當順向偏壓二極體電壓 v_D 增加，擴散電流 I_d 會呈指數增加：

$$I_d = I_0 e^{q_e v_D / kT} = I_0 e^{v_D / V_T} \tag{9.6}$$

其中，$q_e = 1.6 \times 10^{-19}$ C 是基本電荷，T 是材料的絕對溫度（K）和 $V_T = kT / q_e$ 是**熱電壓**。在室溫下，$V_T \approx 25$ mV。在順向偏壓下的淨二極體電流為：

$$\boxed{i_D = I_d - I_0 = I_0(e^{v_D / V_T} - 1) \qquad \text{二極體方程式}} \tag{9.7}$$

圖 9.8 顯示典型矽二極體（$v_D > 0$）二極體方程式描述的二極體 i-v 特性。由於 I_0 通常很小（10^{-9} 到 10^{-15} A），二極體方程式往往近似為：

$$i_D = I_0 e^{v_D / V_T} \tag{9.8}$$

在 v_D 只大於零點幾伏特時，上述公式對室溫下的矽二極體是很好的近似。

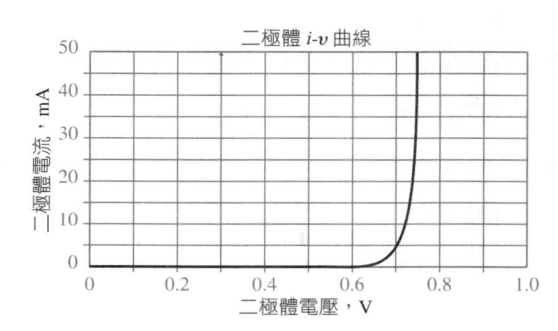

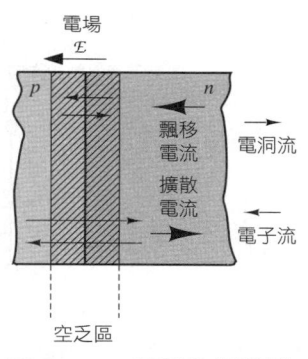

圖 9.6 pn 接面的漂移電流與擴散電流

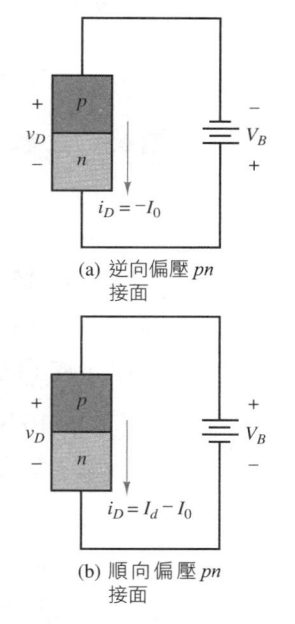

(a) 逆向偏壓 pn 接面

(b) 順向偏壓 pn 接面

圖 9.7 pn 接面的順向偏壓與逆向偏壓

圖 9.8 典型二極體 i-v 特性曲線

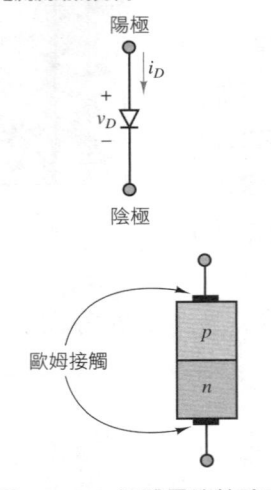

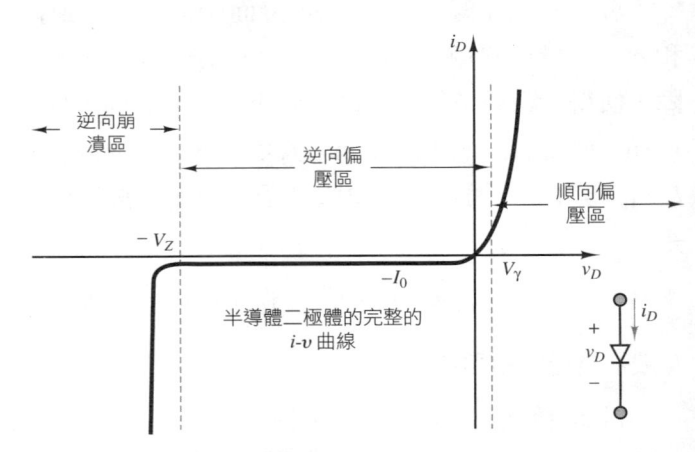

圖 9.9 二極體電路符號　　**圖 9.10** 二極體的 $i\text{-}v$ 特性

　　pn 接面只能傳導顯著的順向偏壓方向的電流，使其扮演像是止回閥的角色。圖 9.9 顯示一個普通的 pn 接面和二極體電路符號。三角形的箭頭方向顯示出順向偏壓電流的方向。正電流 i_D 不論是在二極體或是電池都從**陽極**傳至**陰極**，陰極指的是電子或負電荷載子的來源。[4]

　　圖 9.10 顯示了完整的 $i\text{-}v$ 二極體的特性。要注意的是，$v_D < 0$ 時，二極體電流近似為零，除非 v_D 是足夠大的負（逆向偏壓），使得**逆向崩潰**（reverse breakdown）發生。當 $v_D < -V_Z$，二極體會受到兩種影響而以逆向偏壓方向傳導電流：稽納效應和累增崩潰。當 $V_Z < 5.6 \text{ V}$，稽納效應往往在矽二極體中占據主導地位，而累增崩潰則是會在更大及更負的二極體電壓時主導。

　　這兩種效應產生的原因基本上類似但不全然相同。當空乏區被設計為重度摻雜但非常薄，在給定的電位差 v_D 下，電場足以斷絕空乏區內的共價鍵並產生自由電子和電洞對，使其受逆偏電場的引導，進而產生崩潰電流時，稽納效應會相當顯著。另一方面，當逆偏電位差 v_D 夠大，使少數載子動能在碰撞時足以脫離共價鍵，將發生累增崩潰。這過程將釋放自由電子和電洞，也同樣會受到電場影響。這個賦予新載子能量所的過程被稱為撞擊離子化。這些新的電荷載子也可有足夠的能量來激勵其他低能量電子，使得二極體逆向偏壓足以釋放電荷載子，產生累增崩潰。

　　稽納崩潰時，高濃度的電荷載子持續提供維持大的逆向偏壓所需的電流。這電壓幾乎恆定，稱為**稽納電壓** V_Z。這種現象對於用來調節（保持恆定）跨負載電壓非常有

---

[4] 電池的正極被稱為陰極，因為在內部是陰離子朝負端前往的來源。

用。不過要小心,典型矽二極體設計不適用於逆向崩潰,因為在大的 V_Z 時,即使電流不大也可能產生過高功率,造成二極體的燒毀!

9.3 半導體二極體的大訊號模型

從使用者的角度來看(相對於設計者),不管是使用負載線分析或適合的電路模型來分析元件的工作電流或電壓,使用 i-v 特性曲線就足以判斷元件的特性。這節將說明為什麼可以使用半導體二極體的 i-v 特性曲線來建構一簡單又有用的電路模型。大訊號模型能描述元件操作在相當大的電壓及電流下的行為;小訊號模型則描述元件對微細變化的響應。對使用者來說,這些電路模型能簡化二極體電路分析,並能使用第 3 章所介紹的電路分析工具,有效率地分析較「困難」的電路。本節前面兩段主要是介紹不同的二極體電路模型。這將提供學習者在特定的應用中,挑選適當的模型以及相關知識。

理想二極體模型

最簡單的大訊號二極體模型是**理想二極體(ideal diode)**,近似於簡單的開關元件(就如同液壓管路防止逆流的止回閥)。圖 9.11 顯示理想二極體特性。當 $v_D < 0$ 時,理想二極體可以近似成開路;當 $v_D \geq 0$ 時,可以近似成短路。雖然簡單,理想二極體模型在分析二體極電路上卻非常實用。

圖 9.11 理想二極體的符號是使用一個黑色的三角形符號來表示。

考慮圖 9.12 的電路,包含了一個 1.5 V 的電源,一個理想二極體以及一個 1-kΩ 的電阻。一般分析步驟或先假設二極體是正向偏壓($v_D \geq 0$),也就是短路,如圖 9.13 所示。在此假設下,二極體為導通,$v_D = 0$,而迴路電流 i_D = 1.5 V / 1 kΩ = 1.5 mA。由於所得的電流方向與二極體電壓都與原先假設一致($v_D \geq 0$,$i_D > 0$)時,因此可知

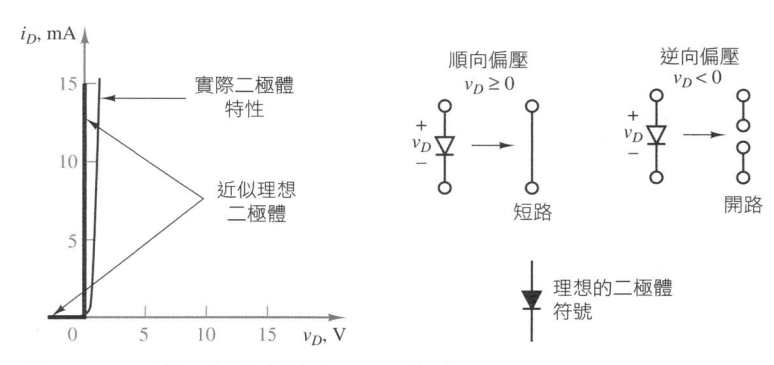

圖 9.11 理想二極體大訊號 on/off 模型

圖 9.12 理想二極體的電路

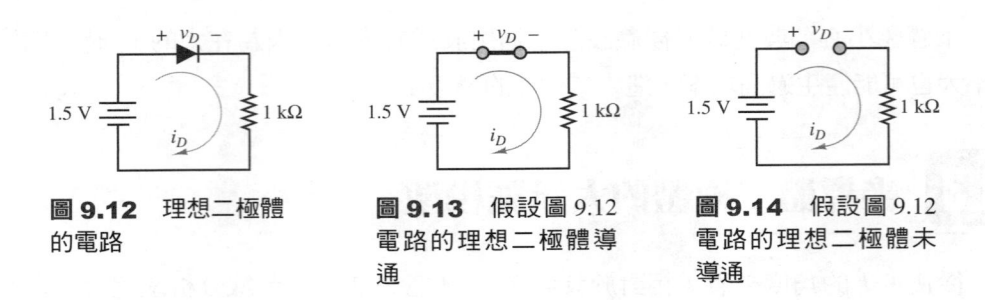

圖 9.13 假設圖 9.12 電路的理想二極體導通

圖 9.14 假設圖 9.12 電路的理想二極體未導通

假設正確。

為了測試相反的假設，假定理想二極體是逆向偏壓（$v_D < 0$），相當於開路，如圖 9.14 所示。由於是開路，電流 i_D 必須為零，因此歐姆定律需要電阻兩端的電壓也為零。利用 KVL 定理，v_D =1.5 V。然而，這樣得出的結果與理想二極體逆向偏壓的假設相互是矛盾。因此，這種假設不正確。

這個方法也能用在更複雜的電路上，只要能一一測試所有二極體正向與逆向偏壓的可能組合即可。此時最好能先測試最有可能得到正確答案的組合。多練習後，正確的猜測能省下許多時間。記住你只需要找出一組不會和假設衝突的結果就行了。

偏移二極體模型

理想二極體模型雖然在近似二極體的大規模特性上很有用，但卻不能說明偏移電壓的存在。比較好的模型是**偏移二極體模型**，包含一個理想二極體及一個串聯的電源，如圖 9.15，其中電源電壓等於偏移電壓（矽二極體 V_r = 0.6 V，除非特別指出）。這個電源會將理想二極體的特性曲線在電壓軸上往右移動，如圖 9.16 所示。

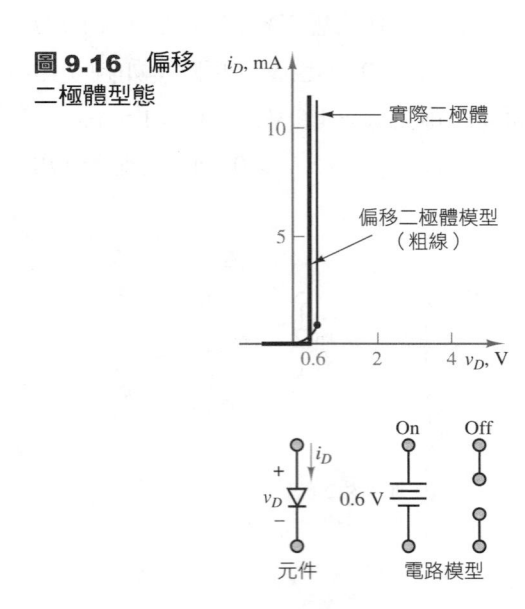

圖 9.15 偏移二極體

圖 9.16 偏移二極體型態

偏移二極體可以如下方程式表示：

$$v_D \geq 0.6 \text{ V} \quad \text{二極體} \rightarrow 0.6\text{-V 電源}$$
$$v_D < 0.6 \text{ V} \quad \text{二極體} \rightarrow \text{開路}$$

偏移二極體模型 (9.9)

解題重點

決定理想二極體的導通狀態

1. 假設每個二極體的導通狀態（順向或逆向偏壓）。
2. 代入理想二極體電路模型（如果是短路則要順向偏壓，開路逆向偏壓）。
3. 利用線性電路的分析技術，求解出二極體的電流和電壓。
4. 如果解出的答案和假設一致，則該假設正確；如果不一致，原先對於二極體導通狀態的假設至少有一項錯誤。至少改變一種假設後再嘗試。不斷重複過程，直到找出一個正確解。小心記錄所有測試過的假設組合。

範例 9.1　決定理想二極體的導通狀態

問題

確定圖 9.17 所示電路之理想二極體是否為導通。

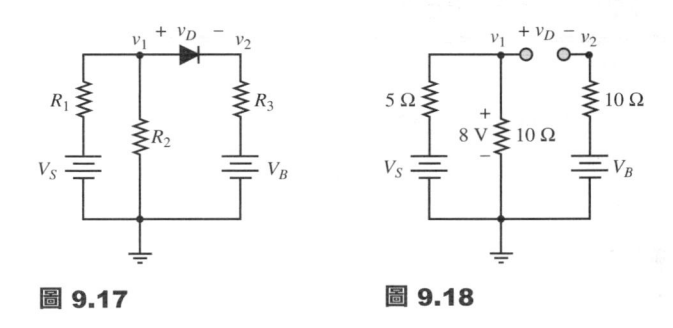

圖 9.17　**圖 9.18**

解

已知條件：$V_S = 12$ V；$V_B = 11$ V；$R_1 = 5 \ \Omega$；$R_2 = 10 \ \Omega$；$R_3 = 10 \ \Omega$。

求解：二極體的導通狀態。

假設：使用理想二極體模型。

分析：一開始假設二極體沒有導通，並使用開路模型取代該二極體，如圖 9.18 所示。跨越 R_2 兩端電壓可由分壓定理求得：

$$v_1 = \frac{R_2}{R_1 + R_2} V_S = \frac{10}{5 + 10} 12 = 8 \text{ V}$$

利用 KVL 定理分析右邊的電路，發現沒有電流在該電路中流動。

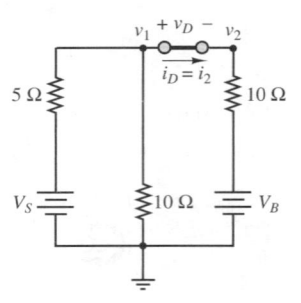

所以：
$$v_1 = v_D + V_B \quad \text{或} \quad v_D = 8 - 11 = -3 \text{ V}$$

這個結果告訴我們，二極體是逆向偏壓，並證實了一開始的假設。所以，二極體並不導通。

如進一步的分析，假設二極體是導通的。在這種情況下，用短路取代二極體，如圖 9.19 所示。該電路可由節點分析來解決，因為二極體被當成短路，所以 $v_1 = v_2$。

$$\frac{V_S - v_1}{R_1} = \frac{v_1 - 0}{R_2} + \frac{v_2 - V_B}{R_3}$$

$$\frac{V_S}{R_1} + \frac{V_B}{R_3} = \frac{v_1}{R_1} + \frac{v_1}{R_2} + \frac{v_2}{R_3}$$

$$\frac{12}{5} + \frac{11}{10} = \left(\frac{1}{5} + \frac{1}{10} + \frac{1}{10}\right) v_1$$

$$v_1 = 2.5(2.4 + 1.1) = 8.75 \text{ V}$$

因此 $v_1 = v_2 = 8.75$ V，通過二極體的電流為：

$$i_D = \frac{v_1 - V_B}{R_3} = \frac{8.75 - 11}{10} = -0.225 \text{ A}$$

這個結果和一開始的假設是相反的，因為如果二極體是導通的，電流只會向順向方向流動。因此二極體沒有導通。

範例 9.2　決定理想二極體的導通狀態

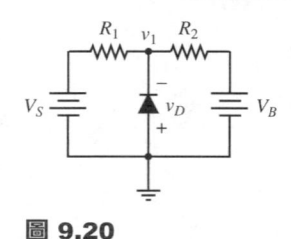

問題

確定圖 9.20 的理想二極體是否導通。

解

已知條件： $V_S = 12$ V；$V_B = 11$ V；$R_1 = 5$ Ω；$R_2 = 4$ Ω。

求解： 二極體的導通狀態。

假設： 使用理想二極體模型

分析： 一開始假設二極體並不導通，並用開路取代二極體，如圖 9.21 所示。電流的流動為：

$$i = \frac{V_S - V_B}{R_1 + R_2} = \frac{1}{9} \text{ A}$$

v_1 節點電壓為：

$$\frac{12 - v_1}{5} = \frac{v_1 - 11}{4}$$

$$v_1 = 11.44 \text{ V}$$

這個結果表示，由於 $v_D = 0 - v_1 = -11.44$ V，所以二極體是逆向偏壓。因此二極體沒有導通。

範例 9.3　使用偏移二極體模型

問題

使用偏移二極體模型決，求出圖 9.22 電路中，使二極體 D_1 導通的 V_1 值。

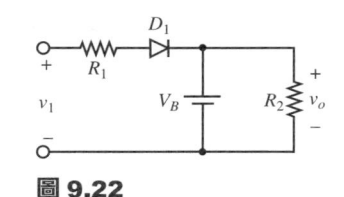

解

已知條件：$V_B = 2$ V；$R_1 = 1$ kΩ；$R_2 = 500$ Ω；$V_\gamma = 0.6$ V。

求解：使二極體 D_1 導通的最低 v_1 值。

假設：使用偏移二極體模型。

圖 9.22

分析：一開始使用偏移二極體模型來取代電路中的二極體，如圖 9.23 所示。從求解前面例子的經驗中可以知道，如果 v_1 是負的，則二極體將會截止。為了求出當 v_1 增加到多少時二極體會導通，可以假設二極體是截止的，並寫下其電路方程式。如果是在實驗室中作實驗，可以逐漸增加 v_1，直到二極體導通為。當二極體是截止時，沒有電流流過 R_1。二極體不導通時，用 KVL 可得：

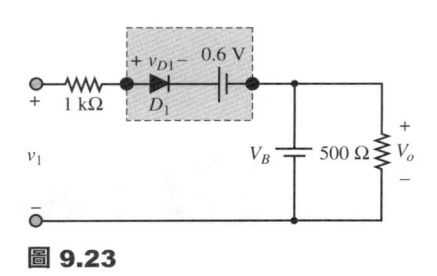

$$v_1 = v_{D1} + 0.6 + 2 \quad 或 \quad v_{D1} = v_1 - 2.6$$

圖 9.23

因此，所需的二極體導通的條件是：

$$v_1 \geq 2.6 \text{ V} \quad \text{二極體導通的條件}$$

評論：相同的分析方法可用於解答偏移二極體模型和理想二極體模型問題。

檢視學習成效

在圖 9.17 的二極體電路中，如果電阻器 R_2 被替換成開路，二極體將導通嗎？

解答：正確

檢視學習成效

重複分析範例 9.2，假設二極體導通，並證明這個假設和產生矛盾結果使用理想二極體的概念，找出下圖哪個二極體有導通。

a. $v_1 = 0$ V；$v_2 = 0$V
b. $v_1 = 5$ V；$v_2 = 5$V
c. $v_1 = 0$ V；$v_2 = 5$V
d. $v_1 = 5$ V；$v_2 = 0$V

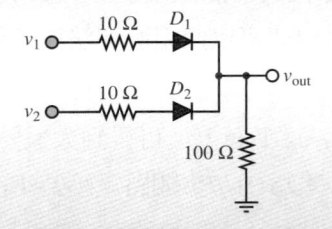

解答：(a) 皆不通；(b) 都通；(c) 只有 D_2；(d) 只有 D_1

> **檢視學習成效**
>
> 找出以下哪個二極體有導通。每個二極體均有 0.6 V 的偏移電壓。
>
> 解答：兩個二極體都導通。

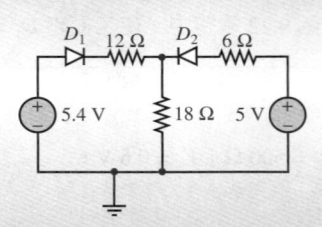

9.4 半導體二極體的小訊號模型

如果以更嚴謹的模式來檢驗二極體的 i-v 特性，會發現短路近似法不適合用來表達二極體的小訊號行為。小訊號行為通常表示二極體對於平常工作電流和電壓上出現的小的時變訊號時的響應。圖 9.8 描述矽二極體 i-v 曲線細部圖形。如果以這樣的刻度來看二極體的行為，短路近似不是很準確。然而，對一階近似來說，當端電壓大於偏移電壓其 i-v 特性時，即為線性，二極體就像是一個電阻。因此當二極體導通時時，即為，線性用電阻（取代短路）來當二極體的模型是合理的。負載線分析法可用來決定二極體的**小訊號電阻**，此電阻與其 i-v 特性的斜率有關。

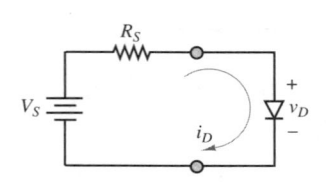

圖 9.24 說明負載線分析的二極體電路

圖 9.24 電路為純電阻電路接到二極體之戴維寧等效電路。從 KVL 定理得到控制方程式：

$$V_S = i_D R_S + v_D \tag{9.10}$$

二極體方程式：

$$i_D = I_0(e^{v_D/V_T} - 1) \tag{9.11}$$

這兩個包含兩個未知數方程式，無法求解，因為其中一個方程式的未知數 v_D 包含指數項。這種類型的超越方程式可以使用圖解法與數值法來分析。在這裡只使用圖解法。

將上述兩個方程式繪在 i_D-v_D 平面上，可得到大家熟悉的曲線，類似圖 9.8。而負載線方程式所得為一直線，斜率為 $-1/R$，開路電壓為 V_S，短路電流為 V_S/R_S。

$$i_D = \frac{V_S - v_D}{R_S} = -\frac{1}{R_S}v_D + \frac{V_S}{R_S} \qquad \text{負載線方程式} \qquad (9.12)$$

將這兩條曲線重疊可得圖 9.25，由圖中得到兩個方程式的解為 (I_Q, V_Q)。兩條曲線的交會點稱為**靜止點（工作點）**或是 **Q 點**。電壓 $v_D = V_Q$ 及電流 $i_D = I_Q$ 是圖 9.24 中二極體的真實電壓和電流。這個方法在含有大量元件的電路中仍然適用，只要將這些電路以戴維寧等效表示，而二極體則當成負載。

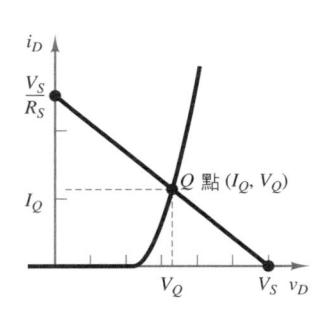

圖 9.25 方程式 9.13 和 9.14 的圖解方式

片斷線性二極體模型

二極體電路的圖解法可能有點複雜，而且準確性受圖形的解析度所影響。但這卻提供了**片斷線性二極體模型**的觀點。在片斷線性模型中，二極體在截止「關」狀態時被當成開路；而在導通「開」狀態時被當成一線性電阻串聯 V_γ。圖 9.26 繪出這個模型的概念。要注意的是用來近似二極體，「開」狀態的直線是 Q 點的切線。因此在 Q 點附近，二極體扮演斜率為 $1 / r_D$ 線性小訊號電阻的角色，其中：

$$\frac{1}{r_D} = \left.\frac{\partial i_D}{\partial v_D}\right|_{(I_Q, V_Q)} \qquad \text{二極體增量電阻} \qquad (9.13)$$

二極體逆向偏壓被定義為切線在 Q 的交點處切線的線性電阻並延伸到電壓軸。因此在二極體順偏狀態時，而當作短路並視為線性電阻 r_D。片斷線性模型提供了線性表示式的方便性，也提高了理想二極體模型或偏移模型較好的準確性。此模型在實際應用時用來說明二極體的性能是非常有用的。

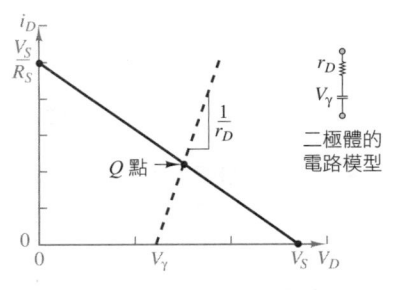

圖 9.26 片斷線性二極體模型

解題重點

決定二極體的工作點

1. 將電路簡化成戴維寧或諾頓等效電路並以二極體為負載。
2. 寫下負載線方程式。（方程式 9.12）
3. 利用兩個方程式（負載線方程式和二極體方程式），以數值方法求解兩個未知數（二極體電壓和電流）。
4. 利用圖解法（例如，從圖中數據），找出負載線曲線和二極體曲線的交會點。此交會點即二極體的工作點 Q。

範例 9.4　使用負載線分析及二極體曲線決定二極體的工作點

問題

決定圖 9.27 電路圖中 1N914 二極體之工作點，並計算 12-V 電池的總輸出功率。

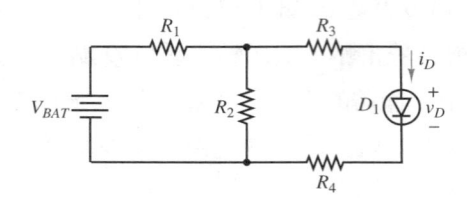

圖 9.27

解

已知條件：$V_{BAT} = 12$ V；$R_1 = 50\ \Omega$；$R_2 = 10\ \Omega$；$R_3 = 20\ \Omega$；$R_4 = 20\ \Omega$。

求解：二極體的工作電壓和電流及電源所提供之功率。

假設：使用二極體非線性模型，也就是利用 i-v 曲線（圖 9.28）。

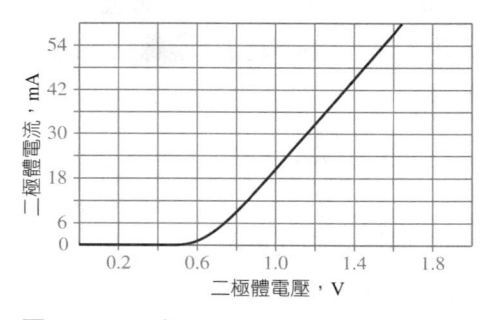

圖 9.28　一個 1N914 二極體 i-v 曲線

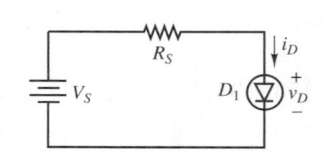

圖 9.29

分析：首先考慮圖 9.27 二極體電路。並用戴維寧等效表示法替換（如圖 9.29），用來作為圖 9.30 負載線分析用。從戴維寧等效表示法看到的二極體的等效電阻與（開路）電壓為：

$$R_S = R_3 + R_4 + (R_1 \| R_2) = 20 + 20 + (10\|50) = 48.33\ \Omega$$

$$V_S = \frac{R_2}{R_1 + R_2} V_{BAT} = \frac{10}{60} 12 = 2\ \text{V}$$

短路電流為 $V_S / R_S = 41$ mA。二極體曲線和負載線，交會於 $V_Q = 1.0$ V 和 $I_Q = 21$ mA；該交叉點為靜止（Q）點或稱工作點。

電源的輸出功率可從 $P_B = 12 \times I_B$ 求出，其中 I_B 是指流過 R_1 電阻的電流。從 KCL 定理中可知由電源流出的電流必定等於流經 R_2 電阻和二極體電流的總和。而我們已經知道流過二極體的電流為 I_Q。為了求出流過 R_2 電阻的電流，首先要計算跨越 R_2 電阻兩端的電壓。觀察可知該電壓為跨越 R_3、R_4 及 D_1 端電壓之和：

$$V_{R2} = I_Q(R_3 + R_4) + V_Q = 0.021 \times 40 + 1 = 1.84\ \text{V}$$

因此流經 R_2 的電流為 $I_{R2} = V_{R2} / R_2 = 0.184$ A。

最後：

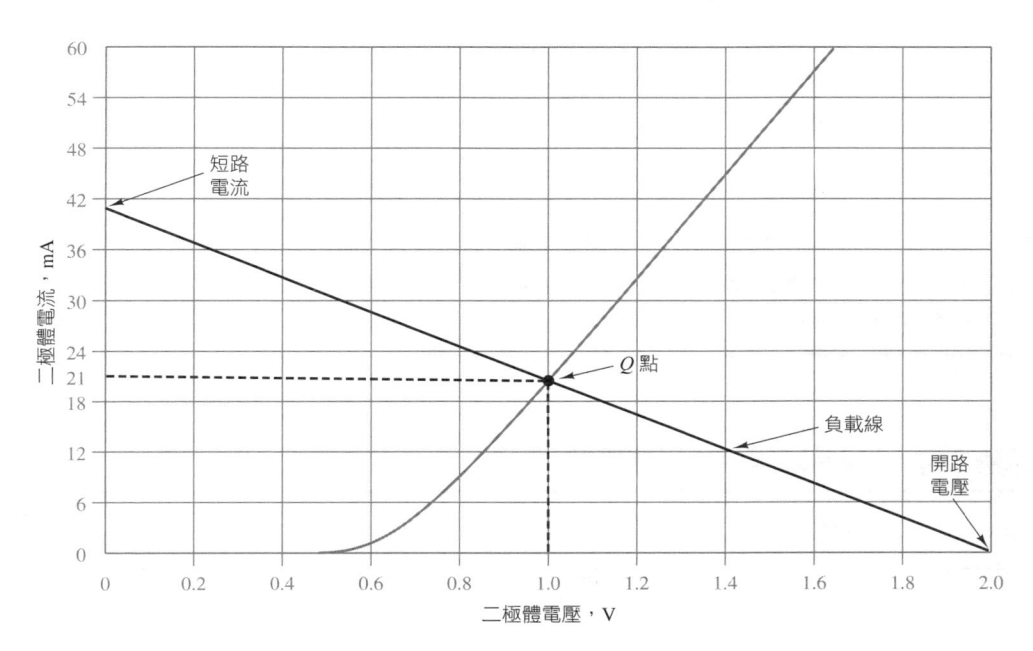

圖 9.30 負載線和二極體 $i\text{-}v$ 特性曲線重疊

$$P_B = 12 \times I_B = 12 \times (0.021 + 0.184) = 12 \times 0.205 = 2.46 \text{ W}$$

評論： 由於使用二極體非線性模型所導致的非線性方程式並非只能用圖解法。它也可以用數值方法求解。

範例 9.5　計算二極體的小訊號增量電阻

問題

利用二極體方程式決定二極體的增量電阻。

解

已知條件： $I_0 = 10^{-14}$ A ; $V_T = 25$ mV（當 $T = 300$ K）; $I_Q = 50$ mA。

求解： 二極體小訊號電阻 r_D。

假設： 使用近似的二極體方程式（方程式 9.8）。

分析： 近似二極體方程式為：

$$i_D = I_0 e^{v_D/V_T}$$

從上面的表示式中，可以利用式 9.13 計算出二極體的增量電阻：

$$\frac{1}{r_D} = \left.\frac{\partial i_D}{\partial v_D}\right|_{(I_Q, V_Q)} = \frac{q I_0}{kT} e^{v_Q/V_T}$$

要計算出上述表示式的數值，得先從二極體的工作電流 $I_Q = 50$ mA 計算出二極體的工作電壓：

$$V_Q = \frac{kT}{q} \log_e \frac{I_Q}{I_0} = 0.731 \text{ V}$$

將 V_Q 的值代入 r_D 的表示式，可得：

$$\frac{1}{r_D} = \frac{10^{-14}}{0.025} e^{0.731/0.025} = 2 \text{ S} \quad \text{或} \quad r_D = 0.5 \text{ }\Omega$$

評論：當計算出二極體工作點的線性化增量電阻時，並不表示二極體可以被簡化成電阻。該二極體的小訊號電阻是用來說明片斷線性模型中二極體電壓和電流的關係（也就是說當電壓大於偏移電壓時，二極體的 i-v 曲線不只是單純的垂直線而已，請參考圖 9.26）。

範例 9.6　使用片斷線性二極體模型

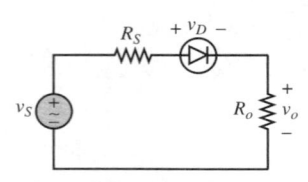

問題

使用片斷線性近似法決定圖 9.31 整流器的負載電壓。

圖 9.31

解

已知條件：$v_S(t) = 10 \cos \omega t$；$V_\gamma = 0.6$ V；$r_D = 0.5 \text{ }\Omega$；$R_S = 1 \text{ }\Omega$；$R_o = 10 \text{ }\Omega$。

求解：負載電壓 v_o。

假設：使用二極體片斷線性模型（圖 9.26）。

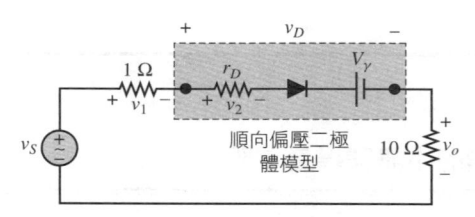

圖 9.32　插入圖 9.31 順向偏壓的片斷線性二極體模型電路

分析：使用 KVL 來決定圖 9.32 中理想二極體導通的條件。

$$v_S = v_1 + v_D + v_o = v_1 + v_2 + V_\gamma + v_o \quad \text{順向偏壓導通的二極體}$$
$$v_S = v_D \quad \text{未導通的二極體}$$

二極體在負的 v_S 時會截止。當二極體截止時（也就說開路）；所述電壓 v_1、v_2 和 v_o 將為零；所以 $v_D = v_S$ 未導通。在順向偏壓傳導狀態的二極體，二極體電流仍然是零。在此條件下電壓 v_1、v_2 和 v_o 是零（歐姆定律）和理想的二極體的順向偏壓相同，使得 $v_D = v_S = V_\gamma = 0.6$ V。

因此，對於傳導的條件是：

$$v_D = v_S = V_\gamma = 0.6 \text{ V} \quad \text{導通狀態下}$$

一旦二極體導通，我們將理想二極體以短路代替，並使用分壓定理決定負載電壓。所以負載電壓的方程式為：

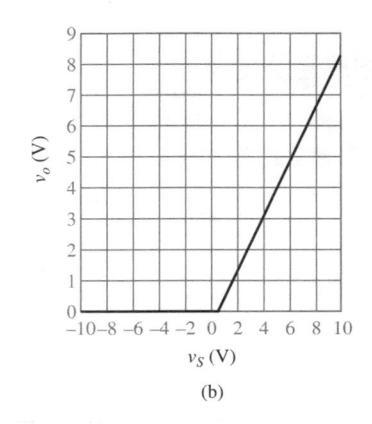

圖 9.33　(a) 電源電壓和整流後的負載電壓圖；(b) 電壓轉移特性

$$v_o = \begin{cases} 0 & v_S < V_\gamma = 0.6 \text{ V} \\ \dfrac{R_o}{R_S + r_D + R_o}(v_S - V_\gamma) = 8.7\cos\omega t - 0.52 & v_S \geq 0.6 \text{ V} \end{cases}$$

圖 9.33(a) 表示的為電壓源和負載電壓的繪製曲線。而圖 9.33(b) 表示的為 v_o 與 v_S 的電路傳輸特性圖形。

檢視學習成效

使用負載線分析，決定下圖的二極體電路的工作點 Q。此二極體 $i\text{-}v$ 特性如圖 9.30 所示。使用短路電流的 V_S/R_S 作為縱軸截距和 $-1/R_S$ 作為負載線的斜率，畫出負載線。

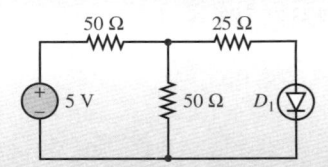

解答：$V_Q = 1.11$ V, $I_Q = 27.7$ mA

檢視學習成效

計算範例 9.5 中二極體的增量電阻，假設流經二極體的電流為 250 mA。

解答：$r_D = 0.1\ \Omega$

檢視學習成效

下圖的半波整流電路，其中 $v_i = 18 \cos t$ V，負載電阻 $R = 4\ \Omega$。利用片斷線性模型繪出輸出波形。假設 $V_\gamma = 0.6$ V 和 $r_D = 1\ \Omega$。整流後波形的峰值為何？

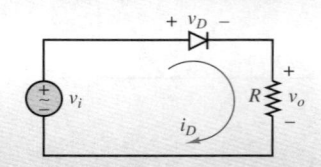

解答：$v_{o,\text{peak}} = 13.92$ V

9.5 整流電路

電力公司透過電力系統遞送過來的交流電，是我們最容易獲得的一種電能模式。然而我們使用的電器用品，常常都是使用直流電。這些直流電力可以使用在電動馬達的控制，消費者電子電路，諸如 MP3 播放器、平板電腦和智慧型手機的操作等處。所以將交流電轉換成直流電就非常重要。常見的訊號轉換，也就整流是其中的重要一環，也就是將所有電子訊號都轉成擁有相同符號。例如，電源從家用插座輸出交流電經過整流器轉換成直流電，然後提供給電器用品使用。整流的基本原理可以使用理想二極體來說明。

本節介紹以下三種類型的整流電路。

- 半波整流器
- 全波整流器
- 橋式整流器

半波整流器

觀察圖 9.34 中的電路，交流電的來源 v_i 連接到一個理想二極體和電阻負載迴路。當二極體加上順向偏壓（$v_D \geq 0$）時，允許電流通過，猶如開關被閉合（短路），$v_o = v_i$ 且 $i_D = v_i / R$；相反地，當二極體被加上逆向偏壓（$v_D \leq 0$）時，不允許電流通過，猶如開關被打開（開路）。環路電流 i_D 等於零時，在歐姆定律下，輸出電壓 v_o 也將為零。在圖 9.35，假定頻率為 $\omega = 2\pi f = 2\pi$（60Hz）輸入電壓 v_i 和所得到的輸出電壓 v_o，可以由圖中明確地得知。

儘管輸入（DC）的電壓平均值為零，整流輸出（DC）電壓 v_o 平均值不一定為零，在一般情況下，可計算為：

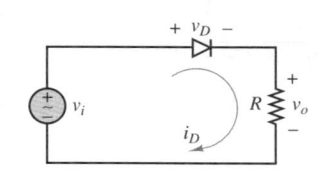

圖 9.34 半波整流器

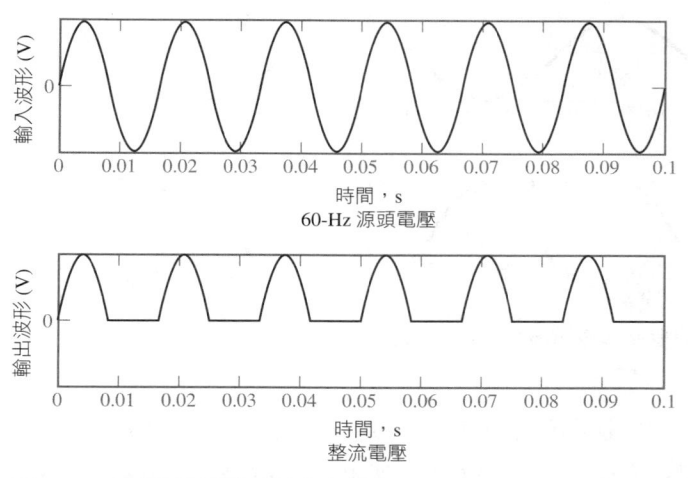

圖 9.35 半波整流器的輸入和輸出

$$(v_o)_{\text{avg}} = \frac{1}{T}\int_0^T v_o(t)\,dt = \frac{\omega}{2\pi}\int_0^{2\pi/\omega} v_o(t)\,dt \tag{9.14}$$

其中 T 是輸出波形的週期。假設 $v_i = 120\sqrt{2}\sin(\omega t)$ V。然後：

$$\begin{aligned}(v_o)_{\text{avg}} &= \frac{\omega}{2\pi}\left[\int_0^{\pi/\omega} 120\sqrt{2}\sin(\omega t)\,dt + \int_{\pi/\omega}^{2\pi/\omega} 0\,dt\right] \\ &= \frac{120\sqrt{2}}{\pi} = 54.0\text{ V}\end{aligned} \tag{9.15}$$

圖 9.34 的電路稱為**半波整流器**，因為輸入波形輸出時只有在上半部（正）出現。這個結果並不特別好，也沒有特別有效，因為有一半輸入波形遺失。所幸，全波整流器更能夠比半波整流器有效利用各種波形。

全波整流器

半波整流器並不是一個非常好的 AC-DC 轉換器，因為，負半週期內 AC 波形有一半的能量並未被利用到（未導通）。在圖 9.36 中所示的**全波整流器**可以有效的改善半波整流器的缺點。圖 9.36 中的全波整流器的第一部分包括了一個 AC 電源和一個中心接頭的變壓器，匝數比為 1:2N。變壓器的目的是為了在整流前增加（$N>1$）或降低（$N<1$）電壓源 v_S。變壓器輸出側的每一半的電壓振幅是 Nv_S。

此外變壓器也有隔離 AC 電壓源的作用，因為在變壓器輸入端與輸出端並沒有實際的接觸。

在大部分的應用上，次要電壓〈整流器的輸入電壓〉比二極體的偏移電壓要大許多。此時，二極體可視為理想狀態，而不致影響分析結果。全波整流器操作的關鍵是，由於 v_S 會在正負間游移，兩個二極

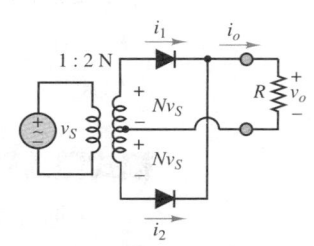

圖 9.36 全波整流器

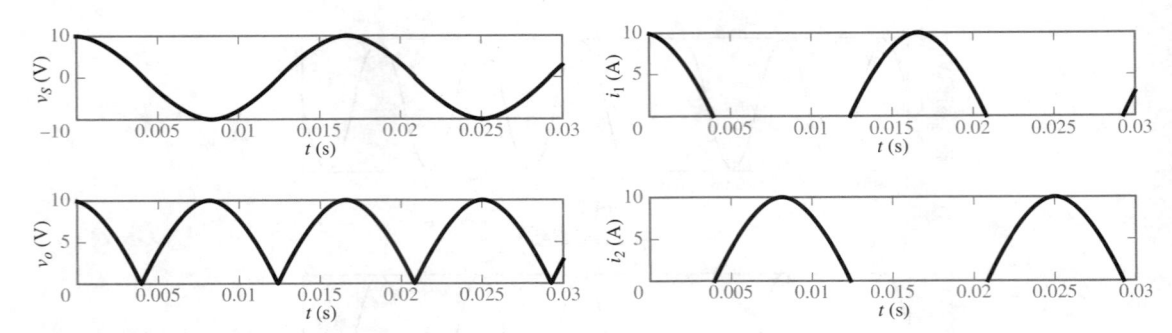

圖 9.37 全波整流器的電流和電壓波形（$R = 1\,\Omega$）

體會輪流出現順向與逆向偏壓。例如 v_S 為正半周時，上方的二極體是順向偏壓，而下面的二極體則是逆向偏壓，反之亦然。因此負載電流 i_o 符合以下兩種關係：

$$i_o = i_1 = N\frac{v_S}{R} \qquad v_S \geq 0 \tag{9.16}$$

$$i_o = i_2 = -N\frac{v_S}{R} \qquad v_S \leq 0 \tag{9.17}$$

i_o 的方向維持不變，都是正向。

電壓源、負載電壓以及電流 i_1、i_2 都畫在圖 9.37 中，其中電阻 $R = 1\,\Omega$、$N = 1$。全波整流器的效率比先前提到的半波整流器要高出一倍。注意，輸出電壓正好是兩個半形整流器 180。也就是異相的輸出累加。因此，全波整流器的直流輸出應是半波整流的兩倍。上述情況可透過計算全波整流器輸出的 DC 值來確認。

$$\begin{aligned}(v_o)_{\text{avg}} &= \frac{1}{T}\int_0^T v_o(t)\,dt = \frac{\omega}{2\pi}\int_0^{2\pi/\omega} v_o(t)\,dt \\ &= \frac{\omega}{2\pi}\left[\int_0^{\pi/\omega}|v_o(t)|\,dt + \int_{\pi/\omega}^{2\pi/\omega}|v_o(t)|\,dt\right] \\ &= 2\frac{\omega}{2\pi}\left[\int_0^{\pi/\omega}|v_o(t)|\,dt\right]\end{aligned} \tag{9.18}$$

請記住，這種計算的結果是近似，因為我們假設通過理想二極體而忽略二極體偏壓。若要考慮二極體偏壓，會有短暫時間兩個二極體都是逆向，且輸出的電壓為零。淨效應會使輸出波形減少 V_γ，如圖 9.37 所示。不過，調整後的波形原本應為負（在 0 與 $-V_\gamma$ 之間）的部分其實都是零，因為兩個二極體在 $-V_\gamma < v_S < V_\gamma$ 的短暫時間內都是逆向偏壓。

橋式整流器

一種經常以積體電路「包裝」的整流電路是橋式整流器。其使用四個二極體連接成橋狀結構，如同圖 9.38 所示。

圖 9.38 全波橋式整流器

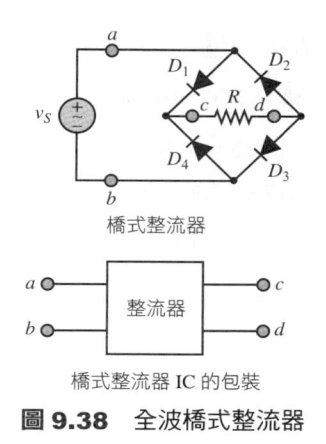

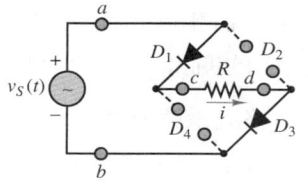

在 $v_S(t)$ 的正半週時，D_1 和 D_3 為順向偏壓

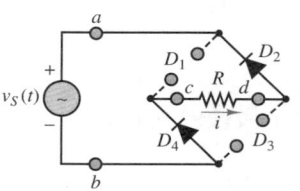

在 $v_S(t)$ 的負半週時，D_2 和 D_4 為順向偏壓

圖 9.39 橋式整流器的操作原理

當輸入波 v_S 的符號在正負間擺盪時，橋式整流器的四個二極體會成對地輪流變換成順向或逆向偏壓狀態，如圖 9.39 所示。v_S 在正半週期時，二極體 D_1 和 D_3 為順向，D_2 和 D_4 為逆向；反之 v_S 在負半週時，D_1 和 D_3 為逆向，D_2 和 D_4 為順向。由於電橋的結構，在這兩個「半週期」流經負載電阻的電流的方向都是一樣的（從 c 到 d）。

圖 9.40(a) 和 (b) 分別是 30-V 峰值的 AC 訊號和經過理想二極體整流後的波形。若每個二極體的偏移電壓 $V_\gamma = 0.6$ V，輸出波形會減少 $2V_\gamma = 1.2$ V，如圖 9.40(c) 所示，而且在兩個半週期都會發生。在 v_S 為正的半週期時，a 到 b 的電路間有兩個順向偏壓的二極體 D_1 和 D_3。反之，在 v_S 為負的半週期時，b 到 a 的電路間也有兩個順向偏壓的二極體 D_2 和 D_4。每個順向偏壓的二極體都需要付出 V_γ 的「代價」。

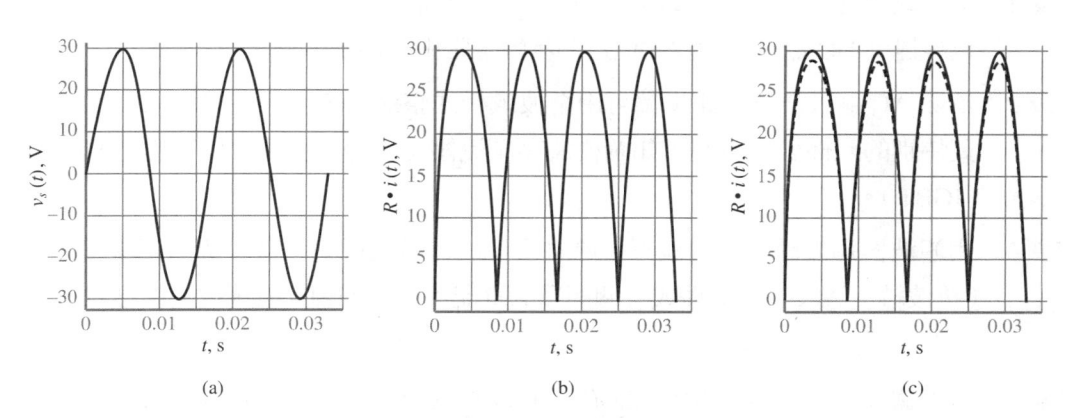

圖 9.40 (a) 未經整流的電流波形；(b) 整流後的負載電壓（理想二極體）；(c) 整流後的負載電壓（理想及偏移二極體）

和全波整流器相同，即使少了 $2V_\gamma$，所有整流後的輸出都不會是負的。只是在 $-2V_\gamma < v_s < 2V_\gamma$ 的期間，所有四個二極體都是逆向偏壓，而整流輸出波形是零。

在實際的整流電路應用中，要整流的訊號波形多為 60 Hz，110 V 的電源電壓。如圖 9.37 和 9.40 所示，整流後，輸出波形的基本頻率為輸入訊號的兩倍。因此，對於 60 Hz 的輸入波形而言，其基本波紋頻率為 120 Hz 或 754 rad/s。

因此需要低通濾波器：

$$\omega_0 \ll \omega_{\text{ripple}} \tag{9.19}$$

圖 9.41 表示出最後得到波形。

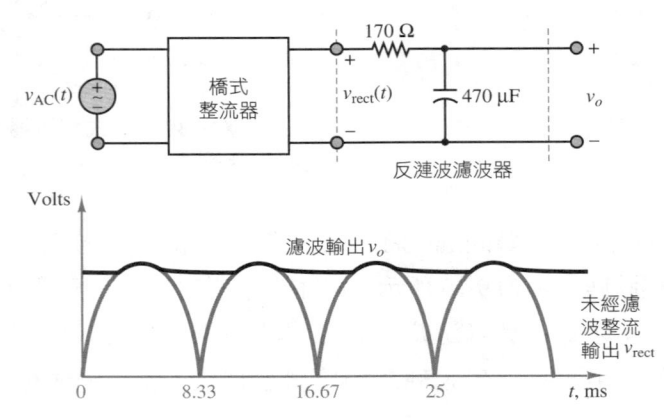

圖 9.41 含有濾波器的橋式整流器電路

直流電源

要將 AC 輸入轉換為實用的 DC 輸出，消除波形只是所需要 4 個基本步驟的其中之一。一個典型**直流電源**的基本步驟，依次是：

步驟 1：提高或降低 AC 輸入時波形的振幅（升壓或降壓）。雖然高頻開關模式的電路也能提供 DC 輸出的縮放，但這個步驟是常由一個變壓器完成。

步驟 2：消除 AC 輸入波形。此步驟可用全波或橋式整流器來處理。整流也可以透過更特別的元件裝置處理，如閘極關閉閘流體（GTO）和絕緣柵雙極型電晶體（IGBT）。

步驟 3：用濾波器過濾整流輸出波形，除去交流的波紋剩餘量。該步驟可用 RC 低通（抗波紋）濾波器來處理成一個簡單的直流電源，如圖 9.41，或是由複雜的主動低通濾波器來處理。

步驟 4：調整濾波後 DC 輸出電壓，並在一個大的負載範圍內保持強度。稽納二極體提供了一個非常廉價和簡單的電壓調整的方式。具有優良雜訊特性的線性穩

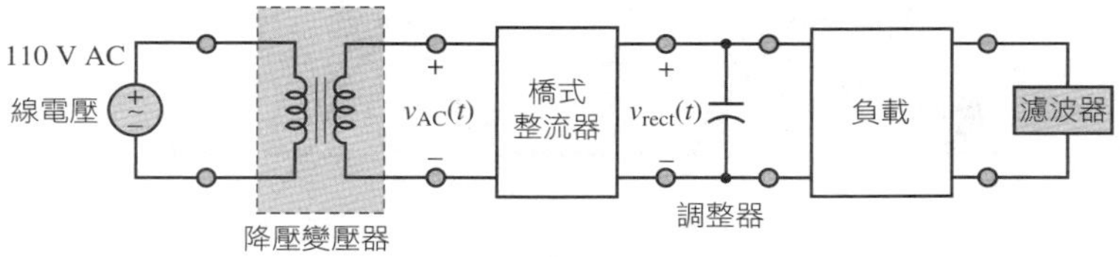

第 9 章 半導體與二極體

圖 9.42 直流電源供應器

壓器，以及高效能的開關調節器，都有積體電路可用（例如，78xx 系列的線性穩壓器）。

圖 9.42 描述了這些步驟。

範例 9.7 使用偏移二極體模型在半波整流器

問題

計算和繪製圖 9.43 整流負載電壓 v_R 電路。

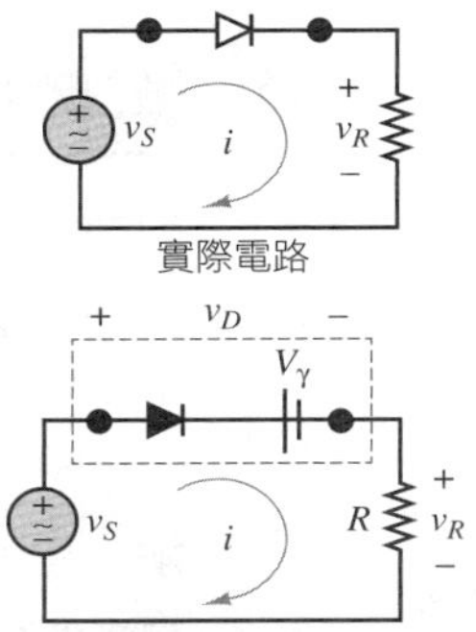

解

已知條件：$v_S(t) = 3 \cos \omega t$；$V_\gamma = 0.6$ V。

求解：一種負載電壓的表示式。

假設：使用偏移二極體模型。

分析：如圖 9.43 的下半部分，將二極體替換為偏移二極體模型，並使用前面學習到的理想二極體問題處理方法。

在圖 9.44(a) 中，首先假設二極體是逆向偏壓，並將其替換成開路。由於流經 R 的電流是零、二極體的電壓 v_D，從 KVL 定理分析：

$$v_D = v_S \quad \text{則} \quad v_S < V_\gamma \quad \text{逆向偏壓的條件}$$

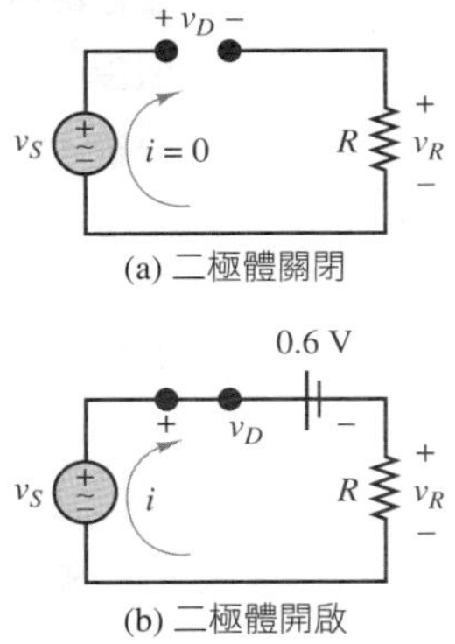

在圖 9.44(b) 中，當來源電壓大於 $V_\gamma = 0.6$ V 時，二極體在順向偏壓下，二極體就如同一個被串聯的短路，會有一個小小的偏移壓降。迴路電流 i 和 R 兩端的電壓 v_R 由下列公式表示出：

$$i = \frac{v_S - V_\gamma}{R} \qquad v_R = iR = v_S - V_\gamma$$

因此，半波整流器電路特性可以表示為：

$$v_R = \begin{cases} 0 & v_S < 0.6 \text{ V} \\ v_S - 0.6 & v_S \geq 0.6 \text{ V} \end{cases}$$

圖 9.43

(a) 二極體關閉

(b) 二極體開啟

圖 9.44

所得的整流波形 $v_R(t)$ 與 $v_S(t)$ 可見圖 9.45。偏移電壓會使整流器波形的正部分減少 V_γ。波形為正值的週期 T^+ 會比輸入波形全週期 T 的一半稍短。對於理想二極體，整流波形的最大振幅等於輸入波形幅度，且 $T^+ = T/2$。

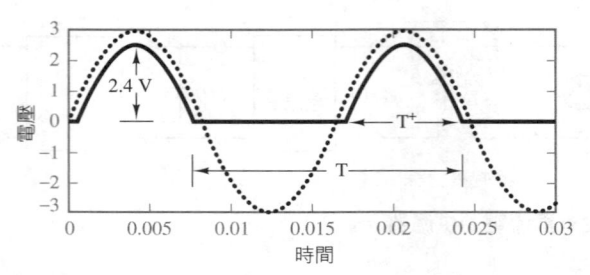

圖 9.45 電壓波形（⋯）和整流波形（－）用於圖 9.43 的電路

評論：整流器波形移位下降的量等於偏移電壓 V_γ。在本範例可以清楚看出位移，因為 V_γ 是電壓源的一個相當大的部分。如果電源電壓有幾十或幾百伏的電壓峰值，這樣的轉變則相當微不足道，因此可以用理想二極體模型近似。

範例 9.8　半波整流器

問題

類似圖 9.34 的半波整流器，用來提供直流電源給一個 50-Ω 負載。如果交流電源電壓為 20 V rms，，計算出峰值和平均電流負載。假設使用理想二極體。

解

已知條件：電路元件和電壓源的值。

求解：半波整流器電路負載電流的峰值和平均值。

已知資料：$v_S = 20$ V rms，$R = 50\ \Omega$。

假設：理想二極體。

分析：根據理想二極體模型，峰值負載電壓等於峰值正弦源電壓。因此，峰值負載電流是

$$i_{\text{peak}} = \frac{v_{\text{peak}}}{R} = \frac{\sqrt{2}\, v_{\text{rms}}}{R} = 0.567\ \text{A}$$

要計算平均電流，需先整合半波整流器的正弦曲線：

$$\langle i \rangle = \frac{1}{T}\int_0^T i(t)\,dt = \frac{1}{T}\left[\int_0^{T/2} \frac{v_{\text{peak}}}{R}\sin(\omega t)\,dt + \int_{T/2}^T 0\,dt\right]$$

$$= \frac{v_{\text{peak}}}{\pi R} = \frac{\sqrt{2}\, v_{\text{rms}}}{\pi R} = 0.18\ \text{A}$$

範例 9.9　橋式整流器

問題

類似圖 9.38 的橋式整流器，用來產生 50-V，5-A 直流電源。負載 R 該是多少，才會產生 5-A 直流輸出電流？電壓源 v_s（V rms）該是多少，才會達到所需的直流輸出電壓？假設使用理想二極體。

解

已知條件：電路元件和電壓源的值。

求解：電壓源 v_S（V rms）和負載電阻 R。

已知資料：$\langle v_o \rangle = 50$ V；$\langle i_o \rangle = 5$ A。

假設：理想二極體。

分析：將導致直流電流平均值 5 A 的負載電阻：

$$R = \frac{\langle v_o \rangle}{\langle i_o \rangle} = \frac{50}{5} = 10 \ \Omega$$

這是讓直流電源將能夠提供所需的電流的最低電阻值 R。計算所需電壓源，我們發現平均負載電壓可以從以下公式算出

$$\langle v_o \rangle = R\langle i_o \rangle = \frac{R}{T}\int_0^T i(t)\,dt = \frac{R}{T}\left[\int_0^{T/2} \frac{v_{\text{peak}}}{R}\sin(\omega t)\,dt\right] \times 2$$

$$= \frac{2v_{\text{peak}}}{\pi} = \frac{2\sqrt{2}v_{\text{rms}}}{\pi} = 50 \text{ V}$$

所以：

$$v_{\text{rms}} = \frac{50\pi}{2\sqrt{2}} = 55.5 \text{ V}$$

檢視學習成效

計算圖 9.34 電路整流波形的直流電壓，$v_i = 52 \cos \omega t$ V。

解答：16.55 V

檢視學習成效

在範例 9.8，偏移二極體模型 $V_\gamma = 0.6$V 時，峰值電流會是多少？

解答：0.554 A

> **檢視學習成效**
>
> 圖 9.36 的全波整流器的直流輸出電壓為 $2Nv_{Speak}/\pi$。
>
> 計算圖 9.38 的橋式整流器的電壓輸出值，假設二極體有 0.6-V 的偏移電壓和 110 V 交流電源。
>
> 解答：154.36 V

9.6 稽納二極體和電壓調節器

許多應用需要穩定且無波紋的直流電源，所以會用到電壓調節器。最常用來當作電壓調整器的元件是稽納二極體。稽納二極體是工作在 9.2 節所述 i-v 特性的逆向部分。還記得稽納和逆向崩潰效應不同，導致兩者崩潰電壓 V_Z 的範圍也不同。對稽納二極體而言，V_Z 通常不會超擴 5.6V。

圖 9.10 說明一般二極體的 i-v 特性，包含順向偏移電壓 V_γ 和**逆向崩潰電壓** V_Z。注意到在 V_Z 的 i-v 特性曲線十分陡峭，表示當 $v_D \approx -V_Z$，即使二極體電流變化大，電壓也不會受到太大影響。這個特性使得稽納二極體適合用來當作電壓調整器。

雖然 i-v 特性在 $-V_Z$ 附近並非常數，為了簡單起見，在此我們假設它為常數，讓稽納二極體在靠近 $v_D = -V_Z$ 的逆向偏壓狀態時，可用線性元件來建構模型。

和其他二極體一樣，稽納二極體有三個運作範圍：

1. 當 $v_D \geq V_\gamma$，稽納二極體為順向偏壓，可用圖 9.46 的線性模型分析。
2. 當 $-V_Z < v_D < V_\gamma$，稽納二極體為逆向偏壓，但是尚未崩潰。因此，它操作如開路一般。
3. 當 $v_D \leq -V_Z$，稽納二極體為逆向偏壓，且發生崩潰，可用圖 9.47 的線性模型分析。

順向和逆向偏壓結合的效應可用理想二極體合成為單一模型，如圖 9.48 所示。

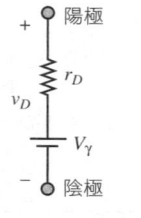

圖 9.46 順向偏壓稽納二極體模型

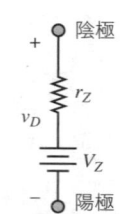

圖 9.47 逆向偏壓稽納二極體模型

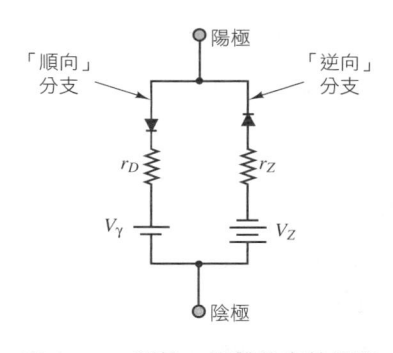

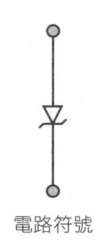

圖 9.48 稽納二極體的完整模型

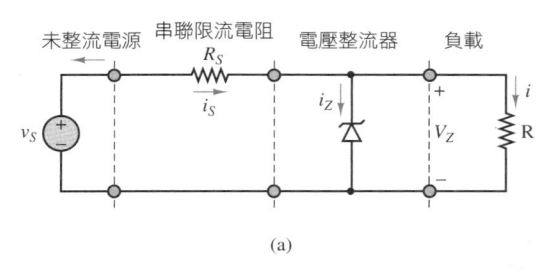

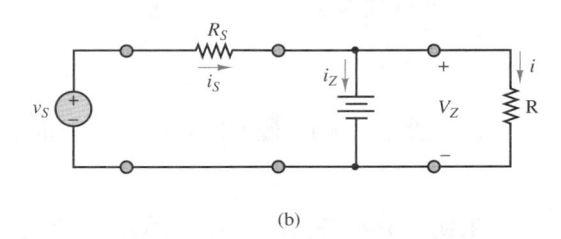

圖 9.49 (a) 稽納二極體電壓整流器,以及 (b) 稽納整流器的簡化電路

為了說明稽納二極體如何能運作成電壓調整器,考慮圖 9.49(a) 電路,其中未調整電壓 V_S 被調整到稽納電壓 V_Z 的值。注意到,二極體必需反向連結才能得到正的調整電壓。同時注意到,如果 $v_S > V_Z$,稽納二極體會處於逆向崩潰模式(實務上,v_S 一定要維持比 V_Z 大)。電阻 R_S 很重要,因為 v_S-V_Z 的差異不等於零。假設電阻 r_Z 與 R_S 和 R 相較之下可忽略,圖 9.47 中的稽納二極體模型可近似成強度為 V_Z 的電池,以圖 9.49 (b) 的簡單電路取代。

這個電壓調整器有三個運作重點:

1. 只要稽納二極體處於逆向崩潰模式,負載電壓必定等於 V_Z。所以

$$i = \frac{V_Z}{R} \tag{9.20}$$

2. 輸出電流近似定值,是未調整的電源電流 i_S 和二極體電流 i_Z 之差:

$$i = i_S - i_Z \tag{9.21}$$

任何超過使負載保持在定電壓 V_Z 的電流都經由二極體流到地。因此稽納二極體的操作就像收集多餘電流的收集槽。

3. 電源電流大小為:

$$i_S = \frac{v_S - V_Z}{R_S} \tag{9.22}$$

以下的範例和章後習題會說明一些在設計電壓調節器時所需考量的實務要點。其中一項是二極體的功率等級。二極體的功率散逸 P_Z 為：

$$P_Z = i_Z V_Z \tag{9.23}$$

由於 V_Z 近似常數，因此，功率限制會設定可容許的二極體電流 i_Z 的最大值。若電源電壓無預警上升，或負載被移除，導致所有電流全部流向二極體，結果都會使 i_Z 超過限值。因此在實務設計時，必須考慮輸出為開路的可能性。

另一個情況是，負載電阻太小而需要自未調整的電源取得大量電流。在這個情形下，稽納二極體幾乎不需花費功率，但是未調整電源不見得能提供足夠電流需求以保持所需負載電壓。所以在實務設計上，負載電阻必需限制在一個區間範圍中：

$$R_{\min} \leq R \leq R_{\max} \tag{9.24}$$

$R_{\max}$ 受限於稽納二極體的功率等級，而 $R_{\min}$ 受限於最大電源電流。

範例 9.10　求出稽納二極體的額定功率

問題

設計一個類似圖 9.49(a) 的調整器。求出稽納二極體可接受的最小額定功率。

解

已知條件： $v_S = 24$ V；$V_Z = 12$ V；$R_S = 50\ \Omega$；$R = 250\ \Omega$。
求解： 在最差的情況下稽納二極體的最大功率散逸。
假設： 使用片斷線性稽納二極體模型（圖 9.48），其中 $r_Z = 0$。
分析： 當負載為 $250\ \Omega$ 時，電源和負載電流可以計算如下：

$$i_S = \frac{v_S - V_Z}{R_S} = \frac{12}{50} = 0.24\text{ A}$$

$$i = \frac{V_Z}{R} = \frac{12}{250} = 0.048\text{ A}$$

因此，稽納電流為

$$i_Z = i_S - i = 0.192\text{ A}$$

相對應的功率散逸為

$$P_Z = i_Z V_Z = 0.192 \times 12 = 2.304\text{ W}$$

然而，如果負載不小心（或故意地）自電路中被移開，所有的負載電流都會轉而流向稽納二極體。所以，最差情況之下的稽納電流會等於電源電流：

$$i_{Z\max} = i_S = \frac{v_S - V_Z}{R_S} = \frac{12}{50} = 0.24\text{ A}$$

因此稽納二極體要能支撐的最大功率散逸為：

$$P_{Z\max} = i_{Z\max}V_Z = 2.88 \text{ W}$$

評論：一個較安全的設計是要超過上面所計算出 $P_{Z\max}$ 的值。比如說選擇 3 W 的稽納二極體。

範例 9.11　對已知稽納調整器來計算其所允許的負載電阻

問題

計算圖 9.50 稽納調整器所允許的負載電阻範圍，使其不會超過二極體的額定功率。

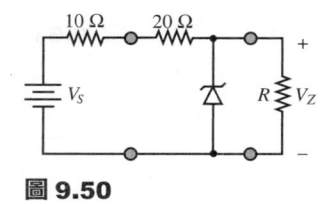

解

已知條件： $V_S = 50$ V；$V_Z = 14$ V；$P_Z = 5$ W。

求解：當負載電壓調整至 14 V 時，求不會使得二極體超過額定功率的最小的和最大的 R。

假設：使用片斷線性稽納二極體模型（圖 9.47），其中 $r_Z = 0$。

分析：

1. 求出可接受的最小負載電阻。調整器最多能提供負載的電流就是電源所提供的電流。所以要計算理論上的最小電阻，可以假設所有電源電流均流向負載，因此：

$$R_{\min} = \frac{V_Z}{i_S} = \frac{V_Z}{(V_S - V_Z)/30} = \frac{14}{36/30} = 11.7 \text{ Ω}$$

如果負載還需要更多的電流，電源將無法提供。要注意的是，在這個電阻值下稽納二極體的功率散逸是零。因為流過稽納二極體的電流是零。

2. 求出可接受的最大負載電阻。第二個要考慮的限制是二極體的功率額定。對於 5-W 的額定值，最大稽納電流是：

$$i_{Z\max} = \frac{P_Z}{V_Z} = \frac{5}{14} = 0.357 \text{ A}$$

因為電源可以產生電流

$$i_{S\max} = \frac{V_S - V_Z}{30} = \frac{50 - 14}{30} = 1.2 \text{ A}$$

所以流經負載電流必定不能夠少於 $1.2 - 0.357 = 0.843$ A。如果流經負載的電流少於這個值（比如說電阻太大），二極體將被迫流過過多的電流而使其超過功率額定。由這樣的需求我們可以計算出：

$$R_{\max} = \frac{V_Z}{i_{S\max} - i_{Z\max}} = \frac{14}{0.843} = 16.6 \text{ Ω}$$

最後，所允許的電阻範圍是 $11.7 \text{ Ω} \leq R \leq 16.6 \text{ Ω}$。

評論：注意這個調整器不能用在開路型的負載！

範例 9.12　非零稽納電阻對調整器的影響

問題

計算圖 9.51 調整器輸出電壓漣波的振幅。具有漣波之電源電壓繪於圖 9.52。

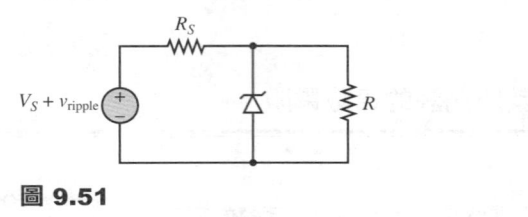

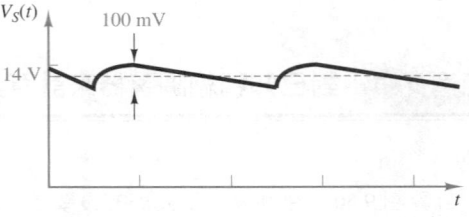

圖 9.51

圖 9.52

解

已知條件：$V_S = 14\text{ V}$；$v_{\text{ripple}} = 100\text{ mV}$；$V_Z = 8\text{ V}$；$r_Z = 10\text{ }\Omega$；$R_S = 50\text{ }\Omega$；$R = 150\text{ }\Omega$。

求解：負載電壓漣波成分的振福。

假設：使用片斷線性稽納二極體模型（圖 9.47）。

分析：要分析這個電路，要分別考慮如圖 9.53 的直流和交流等效電路。

直流等效電路

交流等效電路

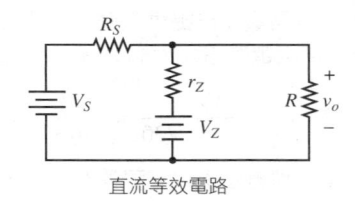

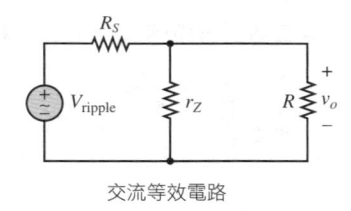

圖 9.53

1. **直流等效電路**：從直流等效電路可知負載電壓由兩個成分所構成：直流電源和稽納二極體（V_Z）。由重疊定理和分壓定理，我們可以得到：

$$V_o = V_S\left(\frac{r_Z\|R}{r_Z\|R + R_S}\right) + V_Z\left(\frac{R_S\|R}{R_S\|R + r_Z}\right) = 2.21 + 6.32 = 8.53\text{ V}$$

2. **交流等效電路**：交流等效電路可由下式計算負載電壓的交流成分：

$$v_o = v_{\text{ripple}}\left(\frac{r_Z\|R}{r_Z\|R + R_S}\right) = 0.016\text{ V}$$

也就是說 16 mV 的漣波存在負載電壓，或者說大約六分之一電源電壓漣波。

評論：如果波動電源變化過於激烈還是會影響到直流負載電壓。所以，稽納電阻的影響之一就是使得整流的效果不夠完善。如果稽納電阻比 R_S 和 R 小許多，則這種影響就不會那麼明顯。

> **檢視學習成效**
>
> 在範例 9.10，如果負載減少到 100 Ω，額定功率將如何變化？
>
> 解答：最差的情況下，額定功率也不會改變

> **檢視學習成效**
>
> 在範例 9.11，稽納二極體的額定功率應該是多少，才經得起開路負載操作？
>
> 解答：$P_{Z\,max} = 16.8\,W$

> **檢視學習成效**
>
> 計算範例 9.12 中實際的直流負載電壓和到達負載的漣波百分比（跟原先 100 mV 的漣波相比較）。其中 $r_z = 1\,\Omega$。
>
> 解答：8.06 V, 2%

9.7 訊號處理的應用

由於二極體元件非線性的特質，在二極體的眾多應用中有許多是有趣的訊號調整和訊號處理的應用。在這裡我們要探討的是**二極體限制器**（diode limiter）、**截波器**（clipper）、**箝位器**（clamp）以及**峰值偵測器**（peak detector）。其他的應用留下在習題中討論。

二極體截波器（限制器）

二極體截波器是簡單的二極體電路，經常用來保護負載，防止負載上電壓過高。截波器電路的目的是保持負載電壓在一個範圍內，比如說 $-V_{max} \leq v_o(t) \leq V_{max}$，這樣最大可容忍的負載電壓（或功率）就不會過高，像是圖 9.54 中的電路。

要分析圖 9.54 中的電路，從 D_1 開始最簡單，也就是只先分析正峰值電壓時的情形；負電壓時的分析留做課後練習。含有 D_1 分支的電路畫在圖 9.55，注意到為了方便起見，D_1 分支與負載分支的位置被對調了。此外，該電路進一步簡化成戴維寧等效電路。簡化後的電路可利用兩種模型來討論。

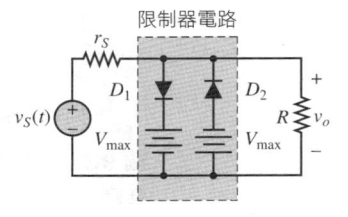

圖 9.54 雙向二極體截波器

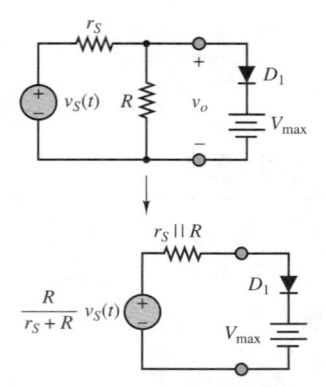

圖 9.55 二極體截波器電路模型

1. 理想二極體模型：

如果

$$\frac{R}{r_S + R} v_S(t) \geq V_{\max} \tag{9.25}$$

則 D_1 明顯導通，成為短路，負載電壓 V_0 等於 $V_{\max}$。D_1 導通的等效電路如圖 9.56 所示。

但是，如果電壓源的大小使得

$$\frac{R}{r_S + R} v_S(t) < V_{\max} \tag{9.26}$$

那麼 D_1 變成開路，負載電壓則變成

$$v_o(t) = \frac{R}{r_S + R} v_S(t) \tag{9.27}$$

圖 9.57 顯示這種情況下的等效電路。

圖 9.54 電路中負分支的分析可由類似的推導求得。最後所得的波形示於圖 9.58。注意到圖中負載電壓波形被限制器大幅地「裁」掉了。事實上，這樣的情況並不會發生。因為真實二極體的特性不會像理想二極體模型那樣有一個很陡峭的開關切換點。我們可以使用片斷線性模型更合理地表達實際二極體體限制器的動作。

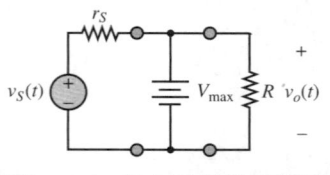

圖 9.56 單向限制器等效電路（二極體 on）

2. 片斷線性二極體模型：

為了簡化分析，假設 Vmax 比二極體的偏移電壓大得多，使 $V_\gamma \approx 0$，但是仍考慮有限的二極體電阻 r_D。圖 9.55 中的電路仍然有效，因此決定二極體 on-off 狀態仍取決於 $[R/(r_S + R)]v_S(t)$ 是大於或小於 $V_{\max}$。當 D_1 為開路時，負載電壓仍為

$$v_o(t) = \frac{R}{r_S + R} v_S(t) \tag{9.28}$$

但是當 D_1 導通時，所對應的電路如圖 9.59 所示。

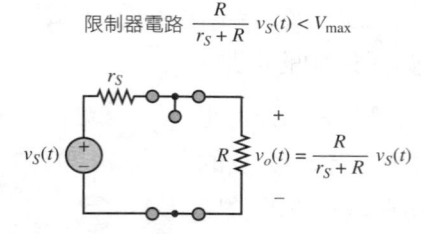

圖 9.57 單向限制器等效電路（二極體 off）

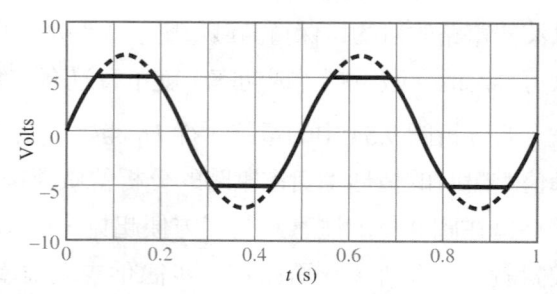

圖 9.58 雙向截波器輸入及輸出電壓（理想二極體模型）

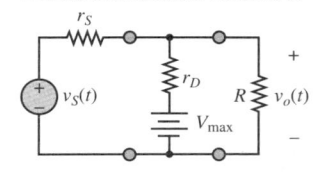

圖 9.59 二極體截波器電路模型（片斷線性二極體模型）

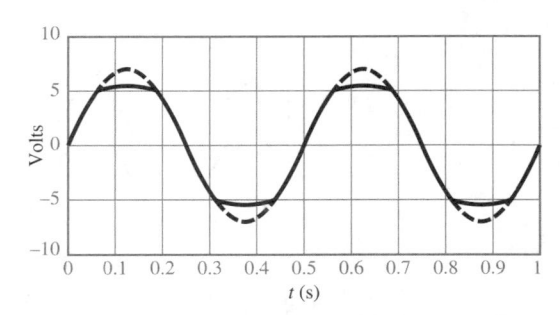

圖 9.60 二極體截波器電壓（片斷線性二極體模型）

二極體電阻表現在負載波形最主要的影響的是，即使二極體是導通的，仍有部分電源電壓會到達負載。這很容易可以由重疊定理來證明。可以發現，負載電壓是由兩個部分所組成，一個是與 V_{max} 相關，另一個則正比於 $v_S(t)$：

$$v_o(t) = \frac{R \parallel r_S}{r_D + (R \parallel r_S)} V_{max} + \frac{r_D \parallel R}{r_S + (r_D \parallel R)} v_S(t) \qquad (9.29)$$

當 $r_D \to 0$，很容易證明 $v_o(t)$ 的表示式和先前理想二極體模型一樣。二極體電阻對限制器電路的影響如圖 9.60 所示。可以發現「裁」掉的情形較為平緩且稍為圓順。

二極體箝位器

另一個常見的應用是二極體箝位器，用來「箝住」一個波形到固定的直流準位上。圖 9.61 畫出了兩種不同型式的箝位電路。

簡單的箝位電路的作用主要是基於二極體只會在順向時導通電流的現象，使得電容會在的 $v_S(t)$ 正半週時進行充電，但在負半週時卻不會放電。所以電容會逐漸充到 $v_S(t)$ 的峰值 V_{peak}。跨在電容兩端的直流電壓產生的效應是將電源波形向下偏移 V_{peak}，所以在初始的暫態之後，輸出電壓會變成

$$v_{out}(t) = v_S(t) - V_{peak} \qquad (9.30)$$

$v_S(t)$ 內的的正峰值被箝位到 0 V。要使公式 9.30 準確，RC 時間常數需要比 $v_S(t)$ 的週期 T 要來得大才行：

$$RC \gg T \qquad (9.31)$$

圖 9.62 所示為二極體箝位器將弦波輸入波形箝位的情形，其中虛線代表的是電源電壓，實線代表的是箝位後的電壓。

箝位電路在二極體反向時仍然可以運作，但電容將會充電到 $-V_{peak}$，輸出電壓會變成：

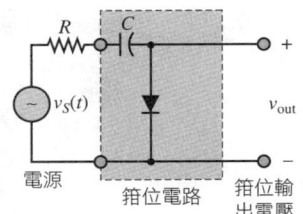

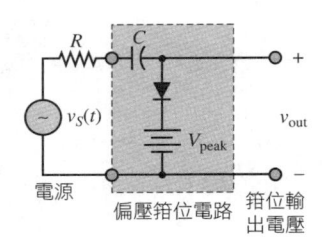

圖 9.61 二極體箝位電路

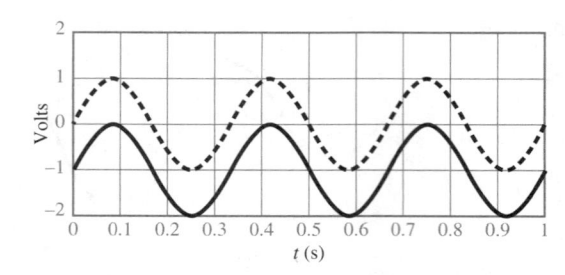

圖 9.62 理想二極體箝位器輸出與輸入的電壓

$$v_{\text{out}}(t) = v_S(t) + V_{\text{peak}} \tag{9.32}$$

由於整個波形被向上移動了 V_{peak} 電壓，使得輸出電壓的負峰值現在被箝位到 0。所以不論哪種情形，二極體箝位器會在原來沒有直流成分的波形中，引入一個直流成分。也可以將二極體串聯電源 V_{DC}，讓輸入波形偏移非 V_{peak} 值的電壓，條件是

$$V_{\text{DC}} < V_{\text{peak}} \tag{9.33}$$

這種電路稱為偏壓二極體箝位器，將會在範例 9.13 討論。

二極體峰值偵測器

半導體二極體另一個常見的應用是峰值偵測器，在外觀上與就像加了電容濾波的半波整流器，如圖 9.65 所示。其最典型的應用是用在調幅（AM）訊號的解調變上。

量測重點

電容位移換能器的峰值偵測電路

在第 4 章的「量測重點」中的「電容位移換能器和麥克風單元」中我們已經介紹過電容位移換能器是由平行平板電容所組成，其中一片是固定的，另一片是可移動的。這個可變電容的大小已經證明是兩片平板距離的函數，所以可當成是一個線性的換能器。回顧第 4 章的推導：

$$C = \frac{8.854 \times 10^{-3}\, A}{x}$$

其中 C 是電容（pF），A 是平板的面積（mm²），x 是（可變動的）距離（mm）。平板間距離為 d。如果將這個電容置於 AC 電路中，則其阻抗可由下式表示：

$$Z_C = \frac{1}{j\omega C}$$

使得

$$Z_C = \frac{x}{j\omega 8.854 \times 10^{-3}\, A}$$

因此，在固定的頻率 ω 下，電容的阻抗將會隨兩片平板的距離而線性變化。這個特性應用在圖 9.63 的橋式電路中。這是個由兩個可移動式的平板電容所構成的差動壓力換能器。如果其中一個電容因壓力差而增加其電容量，則另一個電容將會減少同樣的量。可以在圖 4.5 看到這種換能器的圖。該橋式電橋是由弦波電源所驅動。

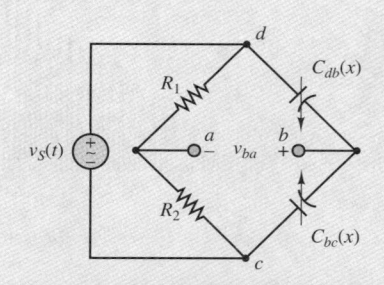

圖 9.63 位移換能器的橋式電路

使用相量法，橋式電路的輸出電壓是：

$$\mathbf{V}_{ba}(j\omega) = \mathbf{V}_S(j\omega)\frac{x}{2d}$$

其中，我們假設 $R_1 = R_2$。因此，輸出電壓將會呈現出和位移成比例的關係。典型的 $v_{ba}(t)$ 繪製於圖 9.64，其中 $d = 0.5$ mm，V_S 是頻率 50-Hz，振幅 1-V 的弦波訊號。很明顯的，即使輸出電壓是位移 x 的函數，但所呈現出來的卻是一個不容易得知的形式。因為位移事實上是比例於弦波的峰值。

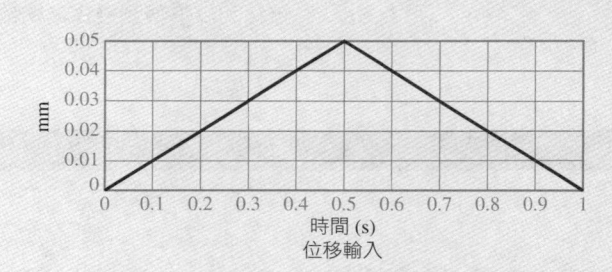

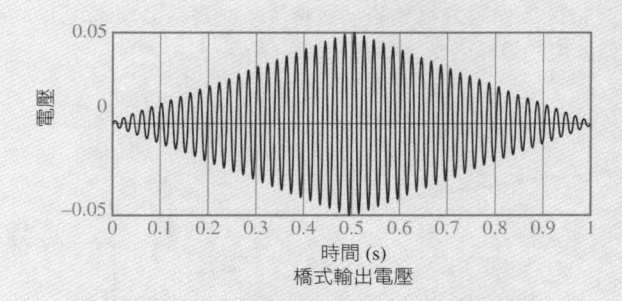

圖 9.64 位移和橋式電橋輸出電壓的波形

二極體峰值偵測器是一種能夠追蹤橋式電橋輸出電壓的弦波峰值而不會顯示出振盪波形的電路。峰值偵測電路工作方式類似圖 9.34 利用整流和濾波的原理。圖 9.65 所示為理想的峰

值偵測電路，實際峰偵測器的響應如圖 9.66。其運作原理是根據二極體的整流特性，並結合並聯電容的低通濾波效應。

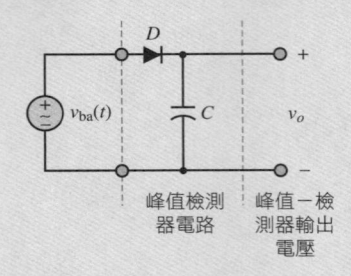

圖 9.65 峰值檢測器電路

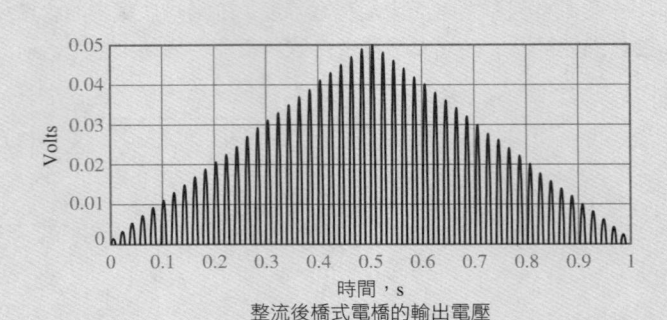

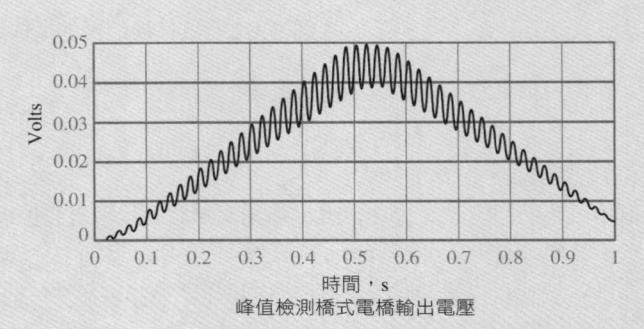

圖 9.66 整流後和峰值偵測橋式電橋輸出電壓波形

量測重點

二極體溫度計

問題：

二極體溫度計是依據二極體方程式的一種應用。從實驗上觀察到，如果二極體的電壓近似常數，偏壓會近似溫度的線性函數，如圖 9.67(a) 所示。

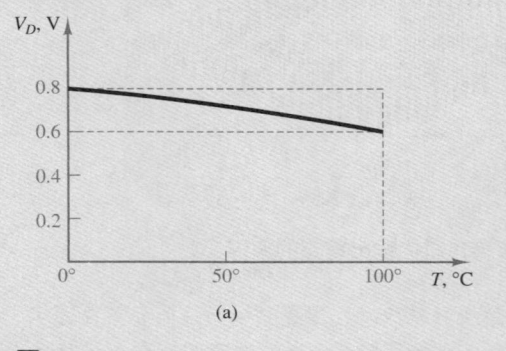

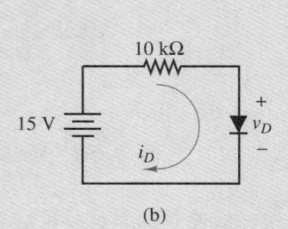

圖 9.67

1. 證明圖 9.67(b) 中當 v_D 改變時 i_D 幾乎維持定值不變。這可以計算當 v_D 變化多少百分比，i_D 會改變多少百分比。假設 v_D 變化 10%，從 0.6 至 0.66V。
2. 從圖 9.67(a) 中，為 $v_D(T°)$ 寫出一個如下型式方程式：

$$v_D = \alpha T° + \beta$$

解：

1. 參考圖 9.67(b)，電流 i_D 為

$$i_D = \frac{15 - v_D}{10} \quad \text{mA}$$

由於

$$v_D = 0.8 \text{ V}(0°), i_D = 1.42 \text{ mA}$$
$$v_D = 0.7 \text{ V}(50°), i_D = 1.43 \text{ mA}$$
$$v_D = 0.6 \text{ V}(100°), i_D = 1.44 \text{ mA}$$

v_D 在溫度計全刻度的變化百分比為（假設 50° 為參考值）

$$\Delta v_D\% = \pm \frac{0.1 \text{ V}}{0.7 \text{ V}} \times 100 = \pm 14.3\%$$

所以相對應的 i_D 變化百分比為

$$\Delta i_D\% = \pm \frac{0.01 \text{ mA}}{1.43 \text{ mA}} \times 100 = \pm 0.7\%$$

因此在二極體溫度計的工作範圍內的 i_D 接近定值。

2. 二極體電壓對溫度的方程式可從圖 9.67(a) 中推導出來：

$$v_D(T) = \frac{(0.8 - 0.6) \text{ V}}{(0 - 100)°\text{C}} T + 0.8 \text{ V} = -0.002T + 0.8 \text{ V}$$

評論： 圖 9.67(a) 是由經由實驗方式在熱水和冰水中校正二極體所得的曲線。圖 9.67(b) 的電路相當簡易，我們可以很輕易地發展出更穩定的定電流源。但是這個例子顯示，一個便宜的二極體如何可以在**電子溫度計**中成為一個穩定的感測元件。

範例 9.13　偏壓二極體箝位器

問題

設計一個偏壓二極體箝位器，使其將訊號 $v_S(t)$ 向上移動 3 V 直流準位。

解

已知條件： $v_S(t) = 5 \cos \omega t$。

求解： 求圖 9.61 下半部電路中 V_{DC} 的值。

假設： 使用理想二極體模型。

分析： 觀察到一旦電容充電到 $V_{peak} - V_{DC}$，則輸出電壓為：

$$v_o = v_S - V_{peak} + V_{DC}$$

因為 V_{DC} 必須小於 V_{peak}（否則二極體將不會導通），所以這個電路將不會使 v_{out} 上升至直流準位。要解決這個問題，必須將二極體和電源反轉，如圖 9.68 所示。現在輸出電壓將會變成：

$$v_o = v_S + V_{peak} - V_{DC}$$

為了得到一個 3 V 的直流準位，我們選擇 $V_{DC} = 2$ V。結果就如同圖 9.69 的波形。

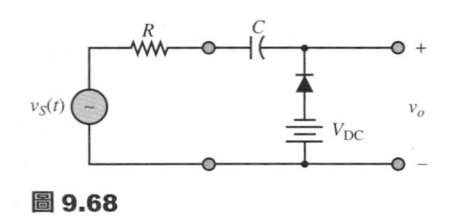

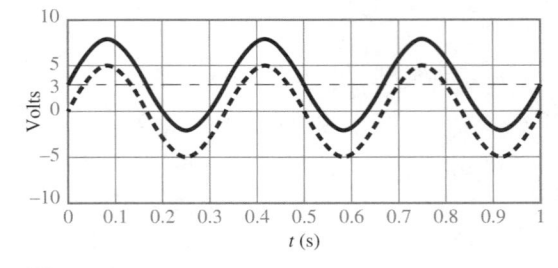

圖 9.68

圖 9.69

檢視學習成效

從圖 9.55 的單側二極體截波器，求到達負載的電源電壓百分比，其中 $R = 150\ \Omega$，$r_S = 50\ \Omega$，$r_D = 5\ \Omega$。假設二極體是導通的，並且使用圖 9.59 的電路模型。

解答：8.8%

9.8 光二極體

另一種經常應用在各種量測系統上的半導體二極體材料特性就是其對光能量的響應。經過特別製造的**光二極體**，當光到達 pn 接面的空乏區時，光子經由光離子化（phtoinonization）的過程產生電子－電洞對；這種效應可用透明的表面材料達成。結果是，除了之前在 9.2 章節所提到的因素之外，逆向飽和電流也會相關於光強度（也就是入射光子的數量）。在光二極體中，逆向飽和電流可表示成 $-(I_0 + I_p)$，其中 I_p 是由光離子化所額外產生的電流。圖 9.70 描述出光二極體在不同 I_p 值下的 i-v 特性，其中 i-v 曲線隨 I_p 值的漸增而往右偏移。這個電路的模型繪於圖 9.71 中。

在圖 9.70 中同時也可以看出三條負載線，分別代表了光二極體的三種不同操作模式。曲線 L_1 代表在順向偏壓下的正常二極體操作。要注意的是該裝置的偏壓點位於 i-v 平面的正 i 及正 v 象限（即第一象限），因此在這個模型下二極體散逸的是正的功率，也就是一個耗能元件。而負載線 L_2 代表將光二極體操作成**光電池**的模式。在這個模式，該裝置的操作點位於負 i 及正 v 象限（即第四象限），因此能量散逸是負的。

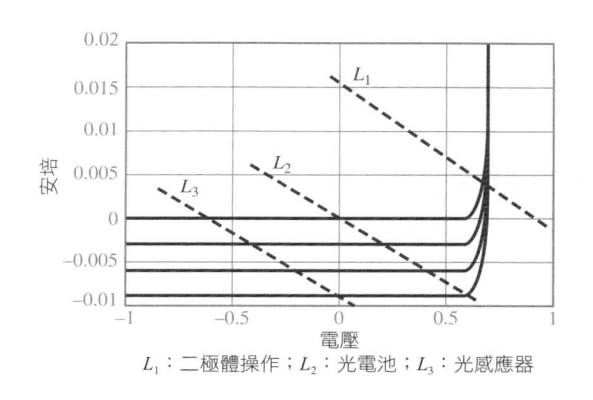

圖 9.70 光二極體 i-v 曲線（—）和三種負載線（⋯）
L_1：二極體操作；L_2：光電池；L_3：光感應器

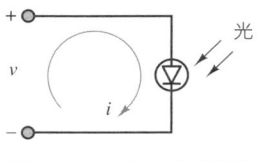

圖 9.71 光二極體電路符號

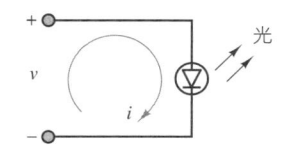

圖 9.72 發光二極體電路符號

換句話說，光二極體將光能轉換成電能。更要注意的是負載線與電壓軸交叉於零，這表示在光電池模式下，不需要提供電壓使光二極體產生偏壓。最後負載 L_3 表示將二極體當作光感應器使用；當二極體逆向偏壓時，流經二極體的電流由光的強度所決定。因此二極體的電流大小會隨入射光的強度而改變。

光二極體同樣可以操作在順向偏壓下，使得空乏區發生大量的電子電洞再結合現象。部分被釋放出來的能量轉化成光能並射出光子。所以二極體操作在此模式並加以順向偏壓時會發光。光二極體用這種方式來使用時稱為**發光二極體（LED）**。其呈現出的順向（位移）電壓為 1～2 V。圖 9.72 所示為 LED 的電路模型。

砷化鎵（GaAs）是一種最常見的用來產生 LED 基底的材料；砷化磷（GaP）和 $GaAs_{1-x}P_x$ 合金也是常見的材料。表 9.1 列出了常見的 LEDs 所使用的材料和摻雜物的組合以及它們所發光的顏色。摻雜物是用來建立 pn 接面。

圖 9.73 所示為典型 LED 的結構。由於電子性的接觸，同時在 p 區和 n 區兩邊建立了 pn 接面。p 型材料的上層表面應儘可能的不要被遮擋，這樣才能使光順暢地離開 LED 元件。然而，有一點要注意的是：只有相當小部分射出的光能夠離開元件，大部分的光還是會留在 LED 元件中。留在 LED 元件中的光子最後會撞擊價帶內的電子，使得該電子跳至傳導帶、射出電子與電洞對並吸收光子。為了要減少光子在離開 LED

表 9.1 LED 的材料和波長

材料	摻雜	波長 (nm)	顏色
GaAs	Zn	900	紅外線
GaAs	Si	910–1,020	紅外線
GaP	N	570	綠
GaP	N	590	黃
GaP	Zn, O	700	紅
$GaAs_{0.6}P_{0.4}$		650	紅
$GaAs_{0.35}P_{0.65}$	N	632	橙
$GaAs_{0.15}P_{0.85}$	N	589	黃

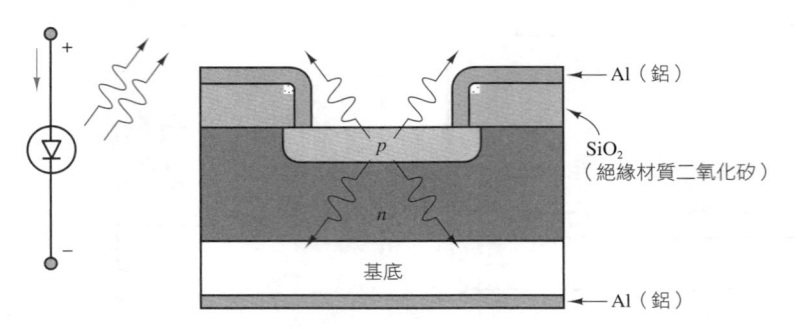

圖 9.73 發光二極體（LED）

之前被吸收的機會，應使 p 型區的厚度減薄。這樣做法另一個好處是讓產生發射光子的再結合效應能儘可能發生在 LED 元件的表面。但是即使如此，流過 LED 元件的載子中只有很少的一部分能順利離開 LED 元件而射出光子。

圖 9.74 所示是一個簡單的 LED 驅動電路。從電路分析的觀點來看，除了 LED 的偏移電壓較大之外，其特性十分近似於矽二極體。典型的 V_γ 值大約是在 1.2 至 2 V 之間，操作電流約在 20 至 100 mA 間。

量測重點

光隔離器

光二極體和 LED 常見的應用之一就是**光耦合器**或**光隔離器**。這種元件通常會封裝起來，利用光二極體的光對電流和 LED 的電流對光的轉換特性將兩個電路作訊號的連接，而不需要電子接觸。圖 9.74 所示就是這種光隔離器電路符號。

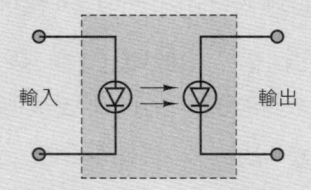

圖 9.74 光隔離器

由於二極體是非線性裝置，光隔離器並不用來傳輸類比訊號。這是因為二極體的非線性特性會使得訊號失真。然而光隔離器卻有一個很重要的應用：那就是高功率的機械到精密電腦的控制迴路間開關訊號的傳輸。這一種光介面使得有損害性的大電流無法到達精密的儀器和電腦電路中。

範例 9.14　分析發光二極體

問題

從電路圖 9.75 中，決定：(1) LED 的功率消耗；(2) 電阻 R_S；(3) 電壓源所需功率。

解

已知條件：二極體操作點：$V_{LED} = 1.7$ V；$I_{LED} = 40$ mA；$V_S = 5$ V。

求解：P_{LED}；R_S；P_S。

假設：使用理想二極體模型。

分析：

1. LED 的功率消耗可直接由指定的操作點求得：

$$P_{LED} = V_{LED} \times I_{LED} = 68 \text{ mW}$$

2. 為求得達到操作點所需的 R_S 值，我們對圖 9.74 採用 KVL 定理：

$$V_S = I_{LED} R_S + V_{LED}$$

$$R_S = \frac{V_S - V_{LED}}{I_{LED}} = \frac{5 - 1.7}{40 \times 10^{-3}} = 82.5 \text{ }\Omega$$

3. 為符合電路所需功率，電池必需要能提供的 40 mA 到二極體。所以，

$$P_S = V_S \times I_{LED} = 200 \text{ mW}$$

評論：一個實際的 LED 偏壓電路，可以在第 10 章找到（範例 10.8）。

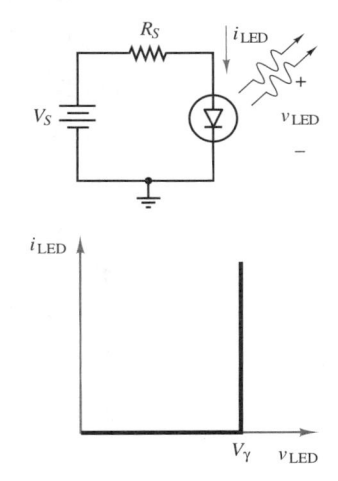

圖 9.75 LED 驅動電路和 $i\text{-}v$ 特性

檢視學習成效

在範例 9.14 中，如果需要 LED 電流為 24 mA，在 LED 施加偏壓時請判斷電阻需要多少？

解答：137.5 Ω

結論

由本章所介紹的電子元件的主題：半導體二極體。在學習完這一章，你應該已經掌握了以下學習目標：

1. 了解半導體元件的基礎物理，尤其是 *pn* 接面的基本原則。熟悉二極體方程式和 $i\text{-}v$ 特性。半導體材料的導通特性介於導體與絕緣體之間，其非線性特性在許多電子元件上非常有用。在這些元件中，二極體是最常使用元件之一。

2. 使用半導體二極體的各種簡單的電路模型,並分成兩類:大訊號模型,在研究整流電路最為有用,而小訊號模型,應用在訊號處理最佳。半導體二極體的操作像是單向的電流閥,使得電流只能在順偏時流動。即使二極體的行為是由指數方程式來描述,我們能將其近似成簡單的電路。最簡單的模型就是將之視為短路或開路。理想二極體模型進一步衍生為含有偏移電壓,即代表了二極體接面的接觸電位。片斷線性二極體模型是較精細的模型,二極體的順向電阻也考慮進去了。經由這些電路模型的幫助,可以利用較前面的章節介紹的 DC 和 AC 分析技巧來分析二極體電路。

3. 學習全波整流電路,並學習分析與使用大訊號二極體型號整流器的實際規格。半導體二極體最重要的特性之一是整流,也就是將 AC 電壓或電流轉換成 DC 電壓或電流。二極體整流器可以是半波型式或全波型式。全波整流器可以是普通的雙二極體結構或是橋式結構。二極體整流器是直流電源供應器中最重要的部分,通常會接上濾波電容可以得到相當平滑的直流電壓波形。除了整流和平滑之外,直流電源供應器輸出準位的調整也是相當重要的。

4. 了解稽納二極體的基本電壓操作,並用簡單的電路模型來分析電壓調節器。稽納二極體能勝任這項工作,因為在逆向偏壓大於稽納電壓時能保持固定的電壓。

5. 使用 9.2 節介紹的二極體模型來分析訊號調整並應用在各種實際二極體電路操作。除了直流電源的應用,二極體在訊號調整與訊號處裡的應用。本章節介紹了二極體峰值偵測器,二極體限制器和二極體箝位器。

6. 了解光電二極體,包括光電池,光傳感器,和發光二極體的基本操作原理。由於半導體二極體材料的特性也受光強度的影響,某種型式的二極體(如光二極體)能夠當作光偵測器,光電池或發光二極體。

習題

第 9.1 節:半導體元件的輸導;

第 9.2 節:PN 接面與半導體二極體

9.1 在半導體材料中,其淨電荷為零。這個條件要成立,正電荷密度必需等於負電荷密度。兩種電荷載子(自由電子和電洞)及離子化的雜質原子電量等於一個電子電量的大小。因此電中性方程式(charge neutrality equation,CNE)為:

$$p_o + N_d^+ - n_o - N_a^- = 0$$

其中

$n_o =$ 平衡負載子密度

$p_o =$ 平衡正載子密度

$N_a^- =$ 離子化的受體密度

$N_d^+ =$ 離子化的施體密度

載子產生方程式(carrier product equation,CPE)說明了當摻雜半導體後,電荷載子密度的乘積會保持定值:

$$n_o p_o = 定值$$

純矽在 $T = 300$ K 時:

定值 $= n_{io}p_{io} = n_{io}^2 = p_{io}^2$

$$= \left(1.5 \times 10^{16} \frac{1}{\text{m}^3}\right)^2 = 2.25 \times 10^{32} \frac{1}{\text{m}^2}$$

半導體材料是 n 型或 p 型取於是受體還是施體摻雜來得大。幾乎所有的雜質原子在室溫時會離子化。若純矽被摻雜：

$$N_A \approx N_a^- = 10^{17} \frac{1}{\text{m}^3} \qquad N_d = 0$$

試問：

a. 此非本質的半導體為 n 型或 p 型。

b. 主要載子與少數載子分別為何。

c. 主要載子與少數載子密度為何。

9.2 試述半導體材料的微觀結構。最常使用的三種半導體材料為何？

9.3 試述施體和受體雜質原子的特性，以及如何影響半導體材料中電荷載子的密度。

第 9.3-9.4 節：二極體電路模型

9.4 參考圖 P9.4 的電路，確認二極體是否導通。假設在理想二極體中，$V_A = 12\text{ V}$，$V_B = 10\text{ V}$。

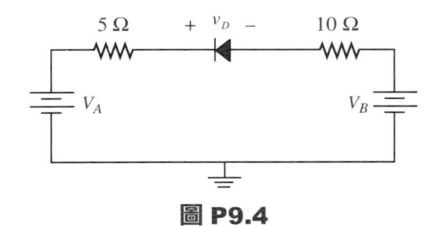

圖 P9.4

9.5 參考圖 P9.5 的電路，確認二極體是否導通。假設在理想二極體中，$V_A = 12\text{ V}$，$V_B = 10\text{ V}$，$V_C = 5\text{ V}$。

圖 P9.5

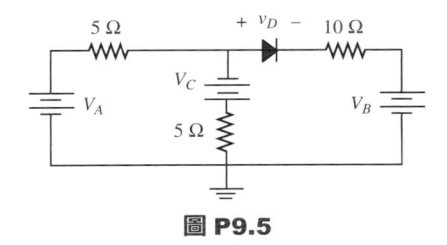

9.6 重複問題 9.5。當 $V_C = 15\text{ V}$。

9.7 對於圖 P9.7 的電路，敘述 $i_D(t)$ 的使用：

a. 理想二極體模型。

b. 理想二極體模型的偏壓（$V_\gamma = 0.6\text{ V}$）。

c. 片斷線性二極體模型來近似出 $r_D = 1\text{ k}\Omega$ 與 $V_\gamma = 0.6\text{ V}$。

圖 P9.7

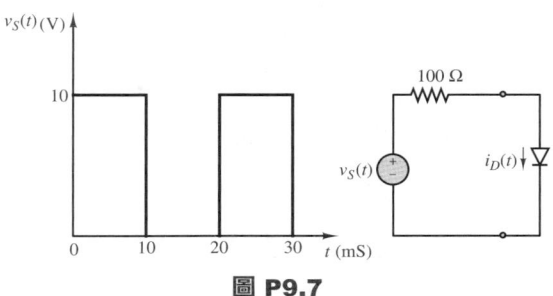

9.8 二極體的基礎應用，應用在二極體方程式，在電子溫度計中。從實驗上觀察到，如果流經二極體的電流維持一定值，則偏移電壓會近似於溫度的線性函數，如圖 P9.8(a) 中。

a. 圖 9.8(b) 電路中 v_D 改變時 i_D 幾乎維持定值。這樣做，可以計算當 v_D 變化多少百分比時，i_D 會改變多少百分比。假設 v_D 變化 10% 從 0.6 V 至 0.66 V。

b. 從圖 P9.8(a) 中，為 $v_D(T°)$ 寫出一個如下型式方程式

$$v_D = \alpha T° + \beta$$

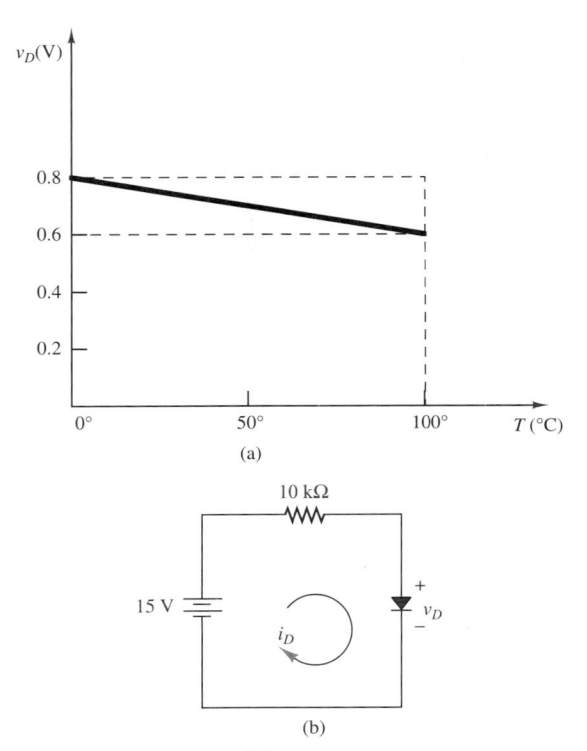

圖 P9.8

9.9 圖 P9.9 查看到戴維寧等效電路中的二極體 D，並用來決定的二極體電流 i_D。此外，解出電流 i_1 和 i_2。假設 $R_1 = 5\text{ k}\Omega$，$R_2 = 3\text{ k}\Omega$，$V_{cc} = 10\text{ V}$ 與 $V_{dd} = 15\text{ V}$。

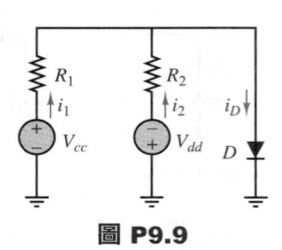

圖 P9.9

9.10 確認圖 9.10 中的電壓 V_o，假設每個配置電路中都是理想二極體。

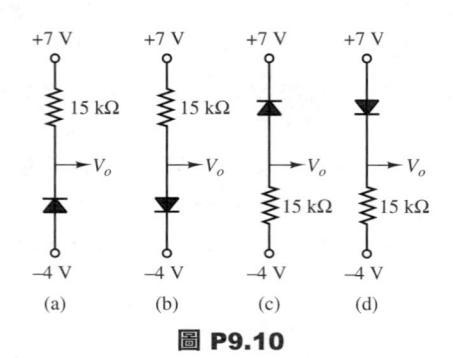

圖 P9.10

9.11 找出圖 P9.11 的電路架構中哪個二極體為順向偏壓？哪個為逆向偏壓？假設每個順向偏壓的二極體兩端均時有 0.7 V 的壓降，求出輸出電壓 v_out 大小。

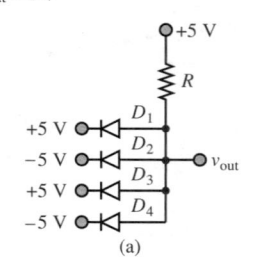

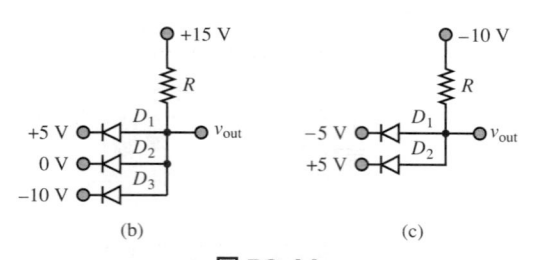

圖 P9.11

9.12 假設圖 P9.12 中的二極體是矽二極體，並且：

$$i_D = I_o(e^{v_D/V_T} - 1)$$

其中在 $T = 300$ K

$$I_o = 250 \times 10^{-12}\text{ A} \qquad V_T = \frac{kT}{q} \approx 26\text{ mV}$$

$$v_S = 4.2\text{ V} + 110\cos(\omega t)\text{ mV}$$

$$\omega = 377\text{ rad/s} \qquad R = 7\text{ k}\Omega$$

使用重疊定理，決定流經二極體的 Q 點電流 i_D：

a. 使用直流偏移二極體模型。

b. 使用迭代求出電路的特性（即直流負載線方程式）元件的特性（即二極體方程式）。

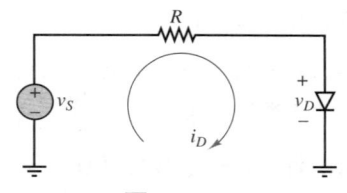

圖 P9.12

9.13 在圖 9.8 中二極體串聯連 5 V 電壓源（在順向偏壓方向）和 200 Ω 的負載電阻的 i-v 特性。求出：

a. 負載電流和電壓。

b. 二極體耗散的功率。

c. 負載電流和電壓，如果負載改為 100 Ω 和 500 Ω。

第 9.5 節：整流電路

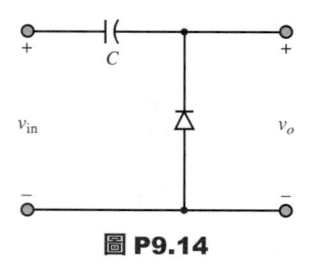

9.14 參考圖 P9.14 所示，找出輸出電壓 v_o 的平均值。假設 $v_\text{in} = 10\sin(\omega t)$ V，$C = 80$ nF 和 $V_\gamma = 0.5$ V。

圖 P9.14

9.15 一輸出電壓平均值為 50 V 的半波整流器：

a. 繪出其電路圖。

b. 繪出輸出電壓的波形。

c. 求輸出電壓的峰值。

d. 繪出輸入電壓的波形。

e. 輸入電壓的均方根（rrns）值為何？

9.16 圖 P.9.16 為理想二極體的一個整式整流器是由一個正弦電壓源啟動 $v_S(t) = 6\sin(314t)$ V。確定通過二極體的平均電流和峰值與 $R_o = 200\ \Omega$。

圖 P9.16

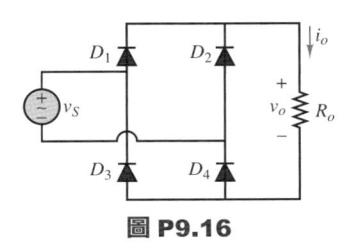

9.17 假設你要求設計一個電源供應器的橋式全波整流器。在整流器中的降壓變壓器為 12 Vrms。圖 P.9.17 所示為橋式全波整器。

a. 如果二極體的偏移電壓為 0.6 V，請畫出輸入電壓內 $v_S(t)$ 及輸出電壓 $v_o(t)$ 之波形，並說明在不同週期時哪個二極體為開？哪個二極體為關？

b. 如果 $R_o = 1,000\ \Omega$，並且有 $8\mu F$ 的電容加在 R_o 兩端來提供濾波的作用。請畫出輸出電壓 $v_o(t)$ 波形。

c. 將問題 b 的電容換成 $100\mu F$，重作問題 b。

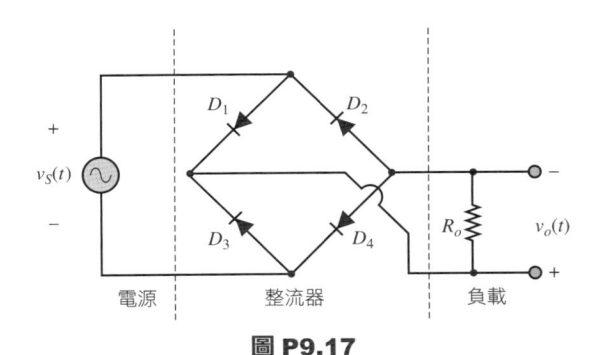

圖 P9.17

9.18 重複問題 9.16，使用片斷線性二極體模型 $V_\gamma = 0.8$ V 和電阻 $R_D = 25\ \Omega$。

第 9.6 節：稽納二極體和電壓調節器

9.19 圖 P9.19 電路圖中的二極體具有片斷線性的特性，並通過以下幾點：$(-10\ V, -5\ \mu A)$，$(0, 0)$, $(0.5\ V, 5\ mA)$ 及 $(1\ V, 50\ mA)$。試求其片斷線性模型並利用該模型求解 i 和 v。

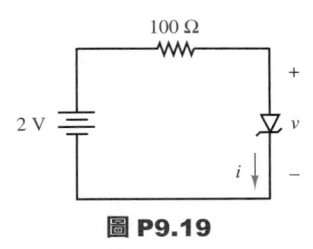

圖 P9.19

9.20 求當輸入電壓自 35 V 變化到 40 V 時，使電壓調節器輸出保持在 25 V 之最小及最大串聯電阻值，並且其最大負載電流為 75 mA。在此電路中所使之稽納二極體最大額定電流是 250 mA。

9.21 在圖 P9.21 所示之簡單電壓調節器中使用 lN5231B 之稽納二極體。電壓源是從直流電源供應器而來，其直流及漣波成分為：

$$v_S = V_S + v_r$$

其中：

$V_S = 20$ V　　$|v_r| = 250$ mV

$R = 220\ \Omega$　　$|i_o|_{avg} = 65$ mA　　$|v_o|_{avg} = 5.1$ V

$V_z = 5.1$ V　　$r_z = 17\ \Omega$　　$P_{rated} = 0.5$ W

$|i_z|_{min} = 10$ mA

試求不超過該二極體功率極限之最大額定電流。

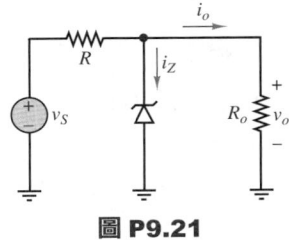

圖 P9.21

9.22 在圖 P9.21 所示之簡單電壓調節器電路中，輸入電壓、負載電流及稽納二極體電壓所有可能的變化範圍內 R 的大小須讓稽納電流保持在一定範圍內。試求可以使用的最大及最小電阻值 R。

$V_z = 5V \pm 10\%$　　$r_z = 15\ \Omega$

$|i_z|_{min} = 3.5$ mA　　　　$|i_z|_{max} = 65$ mA

$|v_S| = 12 \pm 3V$　　$|i_o| = 70 \pm 20$ mA

9.23 在圖 P9.23 中所示的電路，計算二極體電流。讓 $V_{cc} = 24$ V，$I_o = 5$ mA，$R_1 = 1$ kΩ，

$V_{dd} = 6$ V，$V_{z1} = V_{z2} = 5$ V，$R_2 = 3$ kΩ。

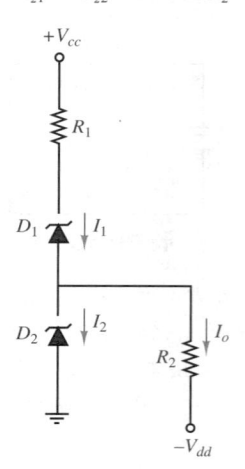

圖 **P9.23**

9.24 如圖所示 P9.24 該稽納調節器，保持負載電壓為 $V_o = 14$ V。找到負載電阻 R_o 求哪些可以在調節的範圍內，如果稽納二極體的額定功率為 14 V、5 W。

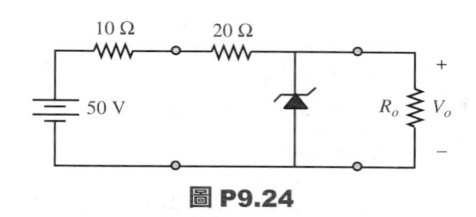

圖 **P9.24**

第 9.7 節：訊號處理應用；

第 9.8 節：光二極體

9.25 對於圖 P9.25 的電壓限制器，繪製 R_o 與 V_S 兩端的電壓從 $-20 < V_S < 20$ V。假設

$R_S = 10$ Ω $V_{Z1} = 10$ V $R_2 = 10$ $V_{Z4} = 5$ V

$R_1 = 1$ Ω $R_o = 40$ Ω

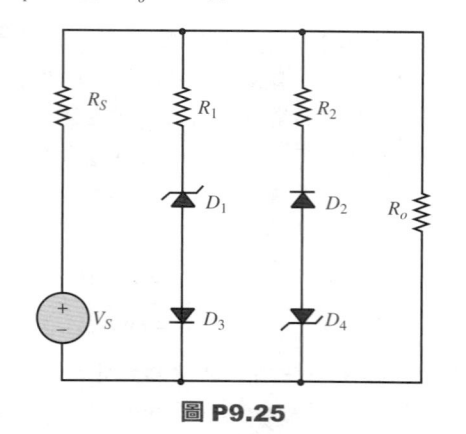

圖 **P9.25**

9.26 假設二極體是理想的。試求並繪出圖 P9.26 電路的 i-v 特性圖，考慮 v 的範圍為 $0 \le V \le 81$ V。

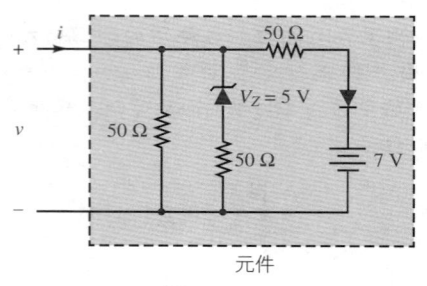

圖 **P9.26**

9.27 如果我們使用如圖 P9.27(a) 所示之電路對電源進行充電。在 $t = t_1$ 時，電源的保持電路使用開關 S_1 閉合（短路），使得電源電壓變成零。試在以下條件下，求出 I_S、I_B 和 I_{SW}：

a. $t = t_1^-$

b. $t = t_1^+$

c. 在開關閉合後，電源會有什麼反應？

現在，如果我們要使用如圖 P9.27(b) 所示之電路對電源進行充電。重作 a 和 b 並假設二極體有 0.6 V 的偏移電壓。

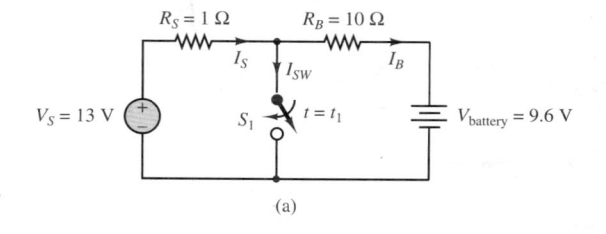

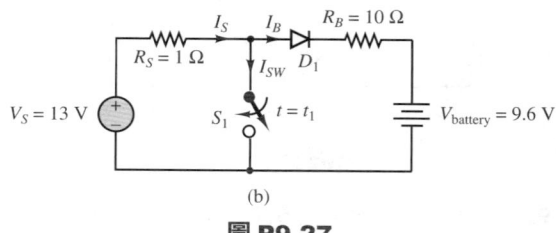

圖 **P9.27**

9.28 依據範例 9.14 的 LED 電路，求出 LED 的功耗，如果 LED 在相同的電壓下消耗 20 毫安。必須要多大的功率來源？

Part 2　電子學

10 雙極性接面電晶體：操作，電路模型和應用

在過去的半個世紀中，電晶體技術已經徹底改變了現今社會傳輸功率和訊息的方式。而此技術的影響並非誇大，其各式應用實例是隨處可見。許多電子產品也因此而不斷地迅速開發。1984 年 1 月，蘋果電腦公司推出第一台麥金塔個人電腦，其規格為 64 kB ROM，128 kB RAM，主機板為 8 MHz，並具有 384 × 256 像素的顯示器，而要價 $2,495 美元，大約相當於 2012 年的 $5,500 美元。 同年，IBM 也發表了其第二代 AT 個人電腦，規格為 16 位元 6-MHz 的英特爾 80286 微處理器，20-MB 的硬碟。30 多年後的今天，電腦的基本規格已進步到 64 位元，3.0-GHz 處理器，記憶體 6 GB，1.3-GHz 的數據處理，和 1600 × 900 以上像素的顯示器。

當然，先進的類比與數位技術不侷限於個人電腦，對各種通信系統產生了革命性改變。25 年前，人們只能用市內電話通話，而非即時的通訊也只能透過類比電話錄音機、郵局或包裹遞送服務。雖然這些服務直至目前仍在現代社會扮演著重要角色，但新形式的溝通方式有了非常大的突破。現在的每一天，甚至每小時，我們都會透過手持通訊設備傳輸、傳遞和廣播數位圖像，影像，文字以及語音。將這些智慧型手機就當成一台袖珍型的個人電腦完全不為過。根據皮尤研究中心的網際網路與美國生活計畫，截至 2011 年 5 月，35% 的美國成年人擁有一支智慧型手機。2012 年 2 月已上升到 46%。

這一切的進展都是因為電晶體技術的進步。由於這項技術的影響廣泛，所有工程師都應該對電晶體有基本了解，並知道所有通訊和功率應用的兩種基本元件。這兩種基本元件是作為**開關**和**放大器**。第 10 章至第 11 章主要介紹電晶體是如何用於生產各類開關和放大器。第 10 章的介紹的是一個稱為**雙極性接面電晶體**（BJT）的電晶體家族。內容會涵蓋足夠的基本物理學，以便讀者容易了解 BJT 的三種基礎操作模式。實際範例會用來說明重要的 BJT 電路，並如何使用線性電路模型進行分析。

> **學習目標**
>
> 1. 了解放大和開關的基本原理。10.1 節。
> 2. 了解雙極性接面電晶體的物理操作；確定一個雙極性接面電晶體電路的操作點。10.2 節。
> 3. 了解雙極性接面電晶體大訊號模型，並將其應用到簡單的放大器電路。10.3 節。
> 4. 選擇一個雙極性接面電晶體電路的操作點；了解小訊號放大器的原理。10.4 節。
> 5. 了解一個雙極性接面電晶體作為開關的操作，並分析基本類比和數位閘電路。10.5 節。

10.1 放大器和開關

電晶體是一個三端半導體元件，可以執行電子電路設計的兩個基本功能：**放大**（**amplification**）及**開關**（**switching**）。簡單來說，放大是藉由外部電源，產生以倍數重製的訊號。開關則是利用小的輸入電流或電壓來控制大的輸出電流或電壓。

圖 10.1 描述四種不同的線性放大性模型。受控電壓及電流源產生一個正比於輸入電流或電壓的輸出；比例常數 μ 為電晶體的內部增益。BJT 基本上是一個電流控制的元件。[1]

電晶體也可操作於非線性模式下，作為電壓或電流控制開關。圖 10.2 說明電晶體

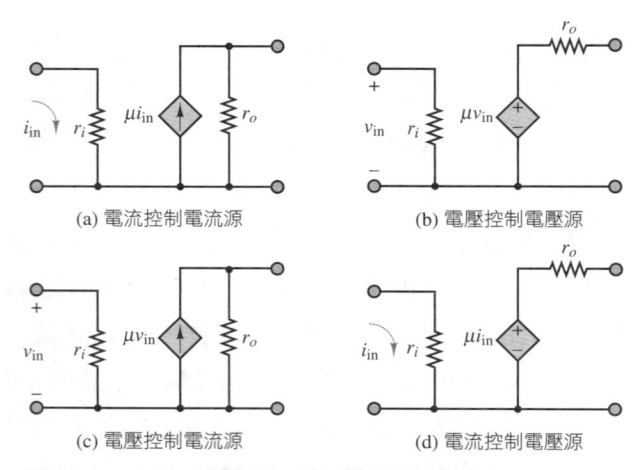

圖 10.1 電晶體線性放大器的受控電源模型

(a) 電流控制電流源
(b) 電壓控制電壓源
(c) 電壓控制電流源
(d) 電流控制電壓源

---

[1] 電晶體的另一個家族，場效應電晶體（FET），是電壓控制元件良好的模型。請參見第 11 章。

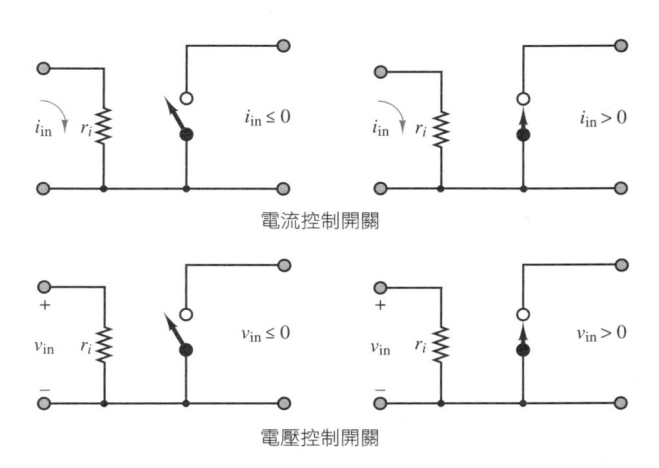

圖 10.2　理想電晶體開關模型

當作開關時的理想操作：當控制電壓或電流大於零時，開關為閉合（導通 on），反之則為斷開（截止 off）。將電晶體當作開關的操作在第 11 章有更詳細的說明。

範例 10.1　線性放大器的模型

問題

求出圖 10.3 所示之放大器電路模型的電壓增益。

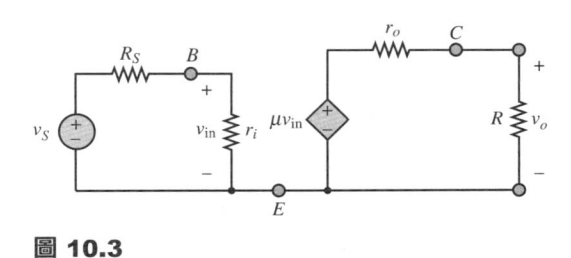

圖 10.3

解

已知條件：放大器內部輸入及輸出電阻 r_i 及 r_o；放大器內部增益 μ；電源及負載電阻 R_S 及 R。

求出：$G = \dfrac{v_{\text{load}}}{v_S}$

分析：首先求出輸入電壓 v_{in}，利用分壓法：

$$v_{\text{in}} = \frac{r_i}{r_i + R_S} v_S$$

然後，控制電壓源的輸出為：

$$\mu v_{\text{in}} = \mu \frac{r_i}{r_i + R_S} v_S$$

接著由分壓法可求得輸出電壓：

$$v_o = \mu \frac{r_i}{r_i + R_S} v_S \times \frac{R}{r_o + R}$$

計算後可求得放大器電壓增益：

$$G = \frac{v_o}{v_S} = \mu \frac{r_i}{r_i + R_S} \times \frac{R}{r_o + R}$$

評論： 注意以上所求得的電壓增益一定小於電晶體內部電壓增益 μ。簡單的證明：若 $r_i \gg R_S$ 且 $r_o \ll R$，則放大器的增益則趨近於電晶體的增益。一般來説，放大器的實際增益定與電源及輸入電阻的比值，還有輸出與負載電阻的比值有關。

檢視學習成效

以圖 10.1(d) 電流控制電壓源（CCVS）模型，重複分析範例 10.1。放大器電壓增益為何？什麼情況下增益 $G = \mu / R_S$？

以圖 10.1(a) 電流控制電流源（CCCS）模型重複分析範例 10.1。放大器電壓增益為何？

以圖 10.1(c) 電壓控制電流源（VCCS）模型，重複分析範例 10.1。放大器電壓增益為何？

解答：$G = \mu \frac{1}{r_i + R_S} \frac{R}{r_o + R}$ $\quad r_i \to 0, r_o \to 0; G = \frac{1}{r_i + R_S} \frac{r_o R}{r_o + R} \mu;$

$G = \mu \frac{r_i}{r_i + R_S} \frac{r_o R}{r_o + R}$

10.2 雙極性接面電晶體（BJT）

雙極性接面電晶體是由三層交替的 p 和 n 型材料接合而成。npn 半導體是一個雙極性接面電晶體，其基極是一層薄且低濃度的 p 區域，夾在兩層厚的 n 區域間，濃度高的那一層為**射極**，濃度低的那層為**集極**。pnp 半導體則剛好相反。圖 10.4 説明了近似的結構，符號及兩種雙極性接面電晶體的命名。請注意，雙極性接面電晶體有兩個 pn 接面：**射極－基極接面（emitter-base junction，EBJ）**和**集極－基極接面（collector-base junction，CBJ）**。BJT 的操作模式取決於這些接面是逆向偏壓還是順

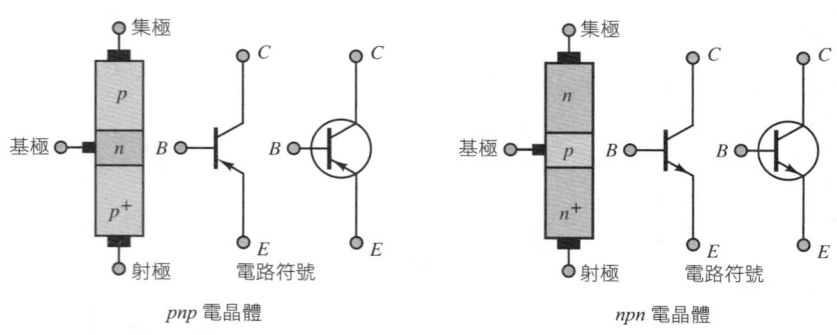

圖 10.4 雙極性接面電晶體

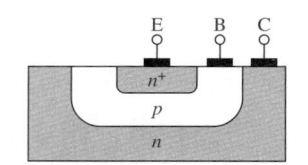

表 10.1 BJT 操作模式

模式	EBJ	CBJ	應用
截止	逆向偏壓	逆向偏壓	打開開關
主動	順向偏壓	逆向偏壓	放大器
飽和	順向偏壓	順向偏壓	關閉開關

圖 10.5 一個 *npn* 電晶體的橫截面。注意，集極是很大的區域，摻雜濃度比射極低。然而，基極其實比射極和集極還要薄

向偏壓，如表 10.1 所示。

避免認為雙極性接面電晶體裡面的結構是兩個相同並且相對的接面二極體。EBJ 結構可以代表成為一個真正的二極體，但是 CBJ 則沒有辦法，因為其基極區域較薄且集極區域摻雜較輕。圖 10.5 表示出的雙極性接面電晶體的橫截面的基本結構形狀。此結構的基極區域明顯比射極和集極厚很多。圖中兩個關鍵點要特別注意：(1) 基極是包覆著射極的薄層，(2) 集極的厚度遠大於射極和基極，因為集極不但包覆圍繞著射極和基極，本身也很厚。這種結構使得集極可接收大量的移動電荷載子而且不會影響到載子密度。

截止模式（EBJ 逆向偏壓；CBJ 逆向偏壓）

當兩個 *pn* 接面都是逆向偏壓，沒有電流能通過任何一個接面，因此從集極到射極的路徑近似為開路。事實上，橫跨接面的少數載子的確會產生微小的逆向電流，但通常可以忽略不計。對於矽基底的雙極性接面電晶體而言，其 EBJ 的偏移電壓和在第 9 章所介紹的單一矽二極體一樣，都是 0.6 V。因此在截止模式下，當 VBE < 0.6 V 時，電晶體就像是一個開路狀態的開關。

主動模式（EBJ 順向偏壓；CBJ 逆向偏壓）

圖 10.6 顯示一個基極和射極端連接諾頓電源的 *npn* 電晶體，以及其 EBJ 所得的 *i-v* 特性。請注意，當 $v_{BE} \leq 0.6$ V，I B ≈ 0，也就是截止模式。然而，當 EBJ 是順向偏壓使得 $v_{BE} \geq 0.6$ V，電晶體即會傳導電流，如同典型的二極體。受到順向偏壓的影響，射極和基極的多數載子會突破 EBJ 空乏區的電位能障而飄移過去。然而，由於射極重摻雜而基極輕摻雜，跨越過 EBJ 的射極電流（IE）是由射極的多數載子所主導。

結構的 *npn* 和 *pnp* 電晶體 EBJ 的 *i-v* 特性，除了 v_{BE} 和 v_{EB} 的寫法不同，其他完全一樣。下面的討論是根據 *npn* 電晶體；然而，*pnp* 型電晶體的特性幾乎完全一樣，只是正負電荷載體要互換，和 EBJ 的順向偏壓是從射極到基極，而不是從基極到射極。

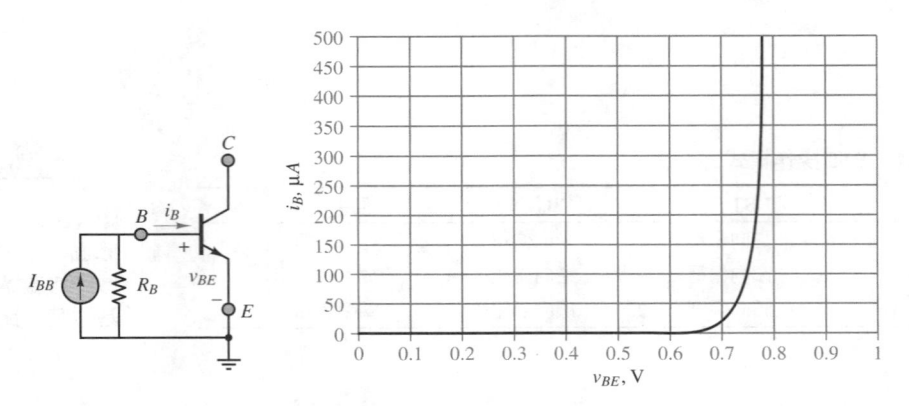

圖 10.6　一個典型射極-基極接面 npn 電晶體的 i-v 特性

> pnp 電晶體的特性完全可類比於 npn 的電晶體，不同之處在於正負電荷載體相反，並且在 EBJ 的順向偏壓是從射極到基極，而不是從基極到射極。

對於一個 npn 雙極性接面電晶體，射極的多數載子是電子，而基極的多數載子是電洞，如圖 10.7 所示。有些電子會在基極與電洞重新結合。然而，由於基極為輕摻雜，大部分電子在 p 型基極仍舊會是移動的少數載子。隨著這些移動電子穿越過 EBJ，在基極的密度會升高而往 CBJ 擴散。這些移動電子在整個基極區域中，平衡濃度會在 EBJ 的達到最大的，由下列公式所示：

$$(n_p)_{\max} = (n_p)_o \left(e^{v_{BE}/V_T} - 1 \right) \tag{10.1}$$

其中，v_{BE} 是基極到射極的順向偏壓，$(n_p)_o$ 是基極電子的熱平衡濃度。由於基極很薄，跨越基極的平衡濃度梯度幾乎呈線性，如圖 10.8 所示，使得從 EBJ 到 CBJ 的電

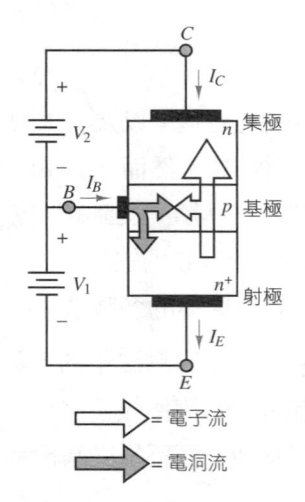

圖 10.7　一個 npn 電晶體的射極電子流動到集極

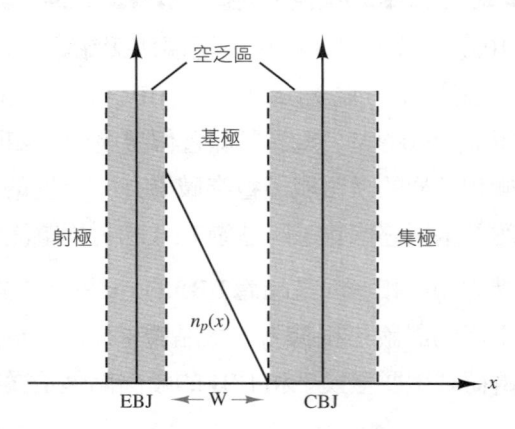

圖 10.8　順向偏壓 NPN 電晶體的自由電子在 p 型基極平衡濃度梯度

子擴散率可近似為：

$$\frac{Aq_e D_n (n_p)_{\max}}{W} \tag{10.2}$$

其中 A 是 EBJ 的橫截面面積，W 是基極寬度（不包含兩邊空乏區的寬度），D_n 是基極電子的擴散率。需要注意的是，這種電子擴散速率會受溫度影響，且呈現從 CBJ 到 EBJ 的擴散電流方向，因為一般視正電流的方向就是正電荷載子流動的方向。一旦這些擴散電子到達 CBJ，就會被 CBJ 的逆向偏壓趕到集極。

因此，**集極電流** i_C 為：

$$\begin{aligned}
i_C &= \frac{Aq_e D_n (n_p)_o}{W} \left(e^{v_{BE}/V_T} - 1 \right) \\
&= \frac{Aq_e D_n n_i^2}{W N_A} \left(e^{v_{BE}/V_T} - 1 \right) \\
&= I_S \left(e^{v_{BE}/V_T} - 1 \right) \quad \text{衣伯-莫耳方程式}
\end{aligned} \tag{10.3}$$

其中，N_A 是基極摻雜電洞的濃度，I_S 是已知的電流量，因為與 EBJ 橫截面面積 A 成等比。典型的 I_S 值範圍從 10^{-12} A 到 10^{-15} A。

基極電流 i_B（從基極到射極）是由穿越過 EBJ 的基極多數載子（例如，npn 電晶體的電洞）所構成。有些載子會和射極的多數載子（例如，npn 電晶體的電子）再結合；然而，因再結合而失去的多數載子會由 V_1 提供更多的多數載子而補上。由於這些多數載子的濃度成正比於 $e^{v_{BE}/V_T} - 1$，基極電流也正比於集極電流 i_C，使得：

$$i_B = \frac{i_C}{\beta} = \frac{i_C}{h_{FE}} \tag{10.4}$$

其中 β 是已知的正向**共射極電流增益**，一般範圍是在 20 到 200 之間。雖然不同電晶體的 β 可以差異甚大，實際上多數電子元件只要求 $\beta \gg 1$。圖 10.7 為一個 npn 電晶體中從射極到基極再到集極與從基極到射極的電荷載子流動。BJT 是雙極性元件，因為它的電流包含了電子流和電洞流。[2]

參數 β 不容易在數據表中找到。反倒是參數 β 的正向 DC 值被列為 h_{FE}，稱為**大訊號電流增益**。相關的參數，h_{fe}，則是**小訊號電流增益**。

最後，為了符合 KCL，**射極電流** i_E 必須為集極和基極電流的總和，因此也必須是正比於 e^{v_{BE}/V_T}。所以：

$$\begin{aligned}
i_E &= I_{ES} \left(e^{v_{BE}/V_T} - 1 \right) \\
&= i_C + i_B = \frac{\beta + 1}{\beta} i_C = \frac{i_C}{\alpha}
\end{aligned} \tag{10.5}$$

其中 I_{ES} 是逆向**飽和電流**，而 α 是**共基極電流增益**，其典型值接近，但不超過 1。

---

[2] 與此相反，一個場效應電晶體（FET）是一個單極元件。請參考第 11 章。

飽和模式（EBJ 順向偏壓；CBJ 順向偏壓）

只要 CBJ 是逆向偏壓，BJT 即會保持在主動模式；也就是說，只要 $V_2 > 0$，一旦達到 CBJ 是逆向偏壓時，電子將擴散穿過基極，全部集中在集極的位置。然而，當 CBJ 是順向偏壓時（$V_2 < 0$），這些擴散電子不再流進集極，而會聚集在 CBJ，使得該處的少數載子電子濃度不再為零。此濃度會隨著偏壓 V_2 下降而升高，使得穿越過基極的濃度梯度降低。結果是，穿過基極的少數載子電子擴散減少；換句話說，CBJ 的順向偏壓增加，會使得集極電流 i_C 降低。

有一點是很重要的，當基極濃度梯度減少，且載子穿過基極的擴散速率也降低時，靠近 CBJ 的濃度增加速率會減緩，而穿越過基極的濃度梯度也逐漸趨近於零。這個趨近於零的過程可以表示成 CBJ 順向偏壓的最高極限。圖 10.9 定義了跨越過一個 npn 電晶體三端的電壓。在飽和模式時，電晶體的操作限制了 v_{CB}，使得 v_{CE} 都是正值（雖然不大，一般在 0.2 V 左右）。實際上，飽和模式由 v_{CE} 的值來決定最好；矽基板的雙極性接面電晶體一般 v_{CE} 的值大約為 0.2 V。

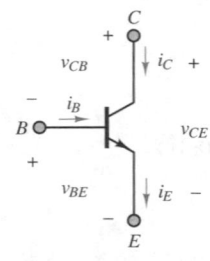

圖 10.9 BJT 電壓和電流的定義

> 在飽和模式下，集極電流對於基極電流將不再成正比，而且矽基板的雙極性接面電晶體的集極－射極電壓 VCE 會非常小（< 0.4 V）。增加基極電流將使雙極性接面電晶體更加飽和，且 VCE 會接近飽和極限，$v_{CE\,\text{sat}} \approx 0.2$ V。

$$V_{CE\,\text{sat}} \approx 0.2\ \text{V} \qquad \text{飽和極限} \tag{10.6}$$

BJT 主要的特性

圖 10.9 顯示的 npn 電晶體的電壓和電流都與 KCL 和 KVL 相關。

$$v_{CE} = v_{CB} + v_{BE} \qquad \text{KVL 克希荷夫電壓定律} \tag{10.7}$$

$$i_E = i_C + i_B \qquad \text{KCL 克希荷夫電流定律} \tag{10.8}$$

雙極性接面電晶體的電流會受溫度影響，因為正比於 n_i^2 和 e^{v_{BE}/V_T}。這些電流也正比於 EBJ 的截面積 A，以及反比於基極的有效寬度 W。

這些電壓和電流之間的關係通常是由 i_C 與 v_{CE} 圖來表示，而 i_B 則視為一個參數。圖 10.10 就是一個典型範本。BJT 的操作模式完全是由這三個變數所掌握。圖 10.10 顯示出 BJT 的三種操作模式。i_C 非常小會出現截止模式，而 v_{CE} 非常小時會出現飽和模式。

在主動模式下，當 i_B 為任何一個定值時，電晶體特性的斜率非常小。在理想的情況下，該斜率為零。然而，基極有效寬度會隨著 v_{CE} 縮減導致基極的電荷載子濃度梯

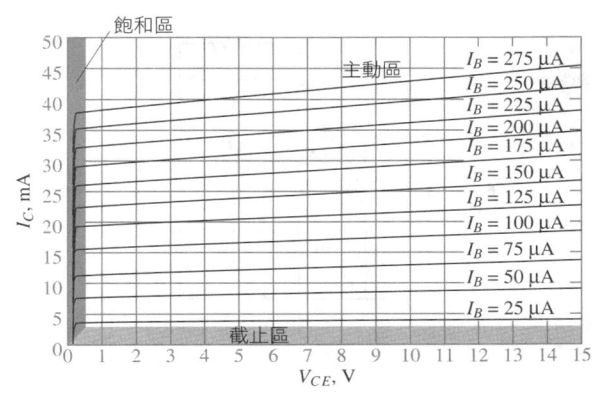

圖 10.10 一個 BJT 的典型特性曲線

度增加，使得集極電流也跟著增加。這種 i_C 與 v_{CE} 的增加稱為**爾利效應（Early effect）**或**基極寬度調變（base-width modulation）**。

i_B、i_C 與 v_{CE} 的操作值以及操作模式，是由連接至雙極性接面電晶體的外部電路來決定。本章的一個重要目標是提供設計外部電路的方法，來決定與控制雙極性接面電晶體的操作模式。要理解這種方法的發展，最重要的就是必須牢記截止、主動，與飽和模式的主要特性。這些特性對於 npn 或 pnp 電晶體都一樣，並總結於下框。

截止模式：EBJ 和 CBJ 均為逆向偏壓，而所有三個電流 i_C、i_B 與 i_E 都近似於零。在截止模式下，BJT 有如集極與射極之間的開路開關。

主動模式：EBJ 為順向偏壓而 CBJ 為逆向偏壓。

BJT 的電流關係為：

$$i_C = \beta i_B \qquad i_C = \alpha i_E$$

在主動模式下，這些電流幾乎不受 v_{CB} 影響，而 BJT 等同於線性放大器。

飽和模式：EBJ 和 CBJ 均為順向偏壓，使得 $v_{BE} \approx 0.7\ \text{V}$，$v_{CE} \approx 0.2\ \text{V}$。集極電流 i_C 對於 v_{CE} 的任何微小變化都很敏感，而且由於 v_{CE} 非常小，i_C 主要是受連接集極端的外部電路所決定。在飽和模式下，BJT 如同集極和射極間的閉路開關。

找出 BJT 的操作模式

有幾種簡單的電壓量測方式可以快速地分析出電晶體的狀態。舉例來說，一個 npn 電晶體電路的設置如圖 10.11，其中：

$$R_B = 40\ \text{k}\Omega \qquad R_C = 1\ \Omega \qquad R_E = 161\ \Omega$$

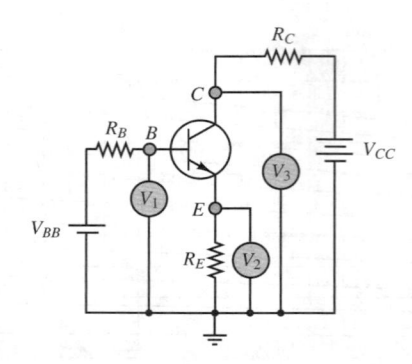

圖 10.11 判定一個 BJT 的操作模式

與

$$V_{BB} = 4 \text{ V} \qquad V_{CC} = 12 \text{ V}$$

假設測量的集極，射極與基極端電壓為：

$$V_B = V_1 = 2.0 \text{ V} \qquad V_E = V_2 = 1.3 \text{ V} \qquad V_C = V_3 = 4.0 \text{ V}$$

要找出電晶體的狀態，在此使用的方法是先假定一個操作模式，然後根據已知數據來假設並測試計算出電晶體的狀態。通常最初都是假設電晶體在截止模式，並檢查 EBJ 是不是逆向偏壓。橫跨過 EBJ 的電壓為：

$$V_{BE} = V_B - V_E = 0.7 \text{ V}$$

因此，得知 EBJ 是順向偏壓，不是逆向偏壓，電晶體的狀態不處於截止模式。

接著我們可以假設測試的模式，無論是主動模式或是飽和模式。在這個例子中，我們假設飽和模式，然後測試 CBJ 是否為順向偏壓。橫跨越過 CBJ 的電壓為：

$$V_{BC} = V_B - V_C = -2.0 \text{ V}$$

因此，CBJ 是逆向偏壓，而電晶體在主動模式。相同的方法可以分析橫跨過集極－射極端的電壓。

$$V_{CE} = V_C - V_E = 2.7 \text{ V}$$

飽和模式的條件是 $V_{CE} < 0.4$ V，這顯然不符合。由於電晶體在主動模式可以計算出共射極電流的增益 β。基極電流是：

$$I_B = \frac{V_{BB} - V_B}{R_B} = \frac{4-2}{40,000} = 50 \text{ μA}$$

集極電流為：

$$I_C = \frac{V_{CC} - V_C}{R_C} = \frac{12-4}{1,000} = 8 \text{ mA}$$

因此，電流放大係數（放大倍數）是：

$$\frac{I_C}{I_B} = \beta = 160$$

特定電路中，電晶體的操作點可以在特性曲線上找到，如圖 10.10。值得注意的是，電晶體的操作模式是由所連接的電路所決定。在此例中，V_B、V_C 與 V_E 均為測量值。然而，若用分析的方式的話，這些數值可以用 KCL、KVL、歐姆定律，以及三種操作模式的已知特性來計算。

範例 10.2　找出 BJT 的操作模式

問題

找出圖 10.11 電路的 BJT 操作模式。

解

已知條件：相對於接地的基極、集極與射極電壓。

求出：電晶體的操作模式。

已知資料：$V_1 = V_B = 1.0$ V；$V_2 = V_E = 0.3$ V；$V_3 = V_C = 0.6$ V；$R_B = 40$ kΩ；$R_C = 1$ kΩ；$R_E = 26$ Ω。

分析：計算 V_{BE} 和 V_{BC} 來決定 EBJ 和 CBJ 的偏壓條件，這將決定電晶體的操作模式。

$$V_{BE} = V_B - V_E = 0.7 \text{ V}$$
$$V_{BC} = V_B - V_C = 0.4 \text{ V}$$

兩個接面都是順向偏壓，因此電晶體在飽和模式。此外，請注意 $V_{CE} = V_C - V_E = 0.3$ V 是小於 0.4 V，表示 BJT 的操作是接近飽和區域。

這個電晶體的操作點可經過計算後，在圖 10.10 上找到：

$$I_C = \frac{V_{CC} - V_C}{R_C} = \frac{12 - 0.6}{1,000} = 11.4 \text{ mA}$$

與

$$I_B = \frac{V_{BB} - V_B}{R_B} = \frac{4 - 1.0}{40,000} = 75.0 \text{ μA}$$

注意，圖 10.10 的操作點在是在曲線轉彎處 $I_B = 75.0$ μA 附近，$V_{CE} = 0.3$ V。

評論：KCL 要求 $I_E = I_C + I_B$。後者總和為 11.475 mA，而 I_E 為 0.3 V / 26 Ω = 11.5 mA。這兩個電流之間的差異完全是由於數值近似。

請注意，只要把 R_E 從 26 Ω 改變到 161 Ω，電晶體操作模式會從飽和模式改變成主動模式。

檢視學習成效

描述一個 *pnp* 電晶體在主動模式的操作情況，類比於 *npn* 電晶體。

> **檢視學習成效**
>
> 圖 10.11 中的電路，測量得知 $V_1 = 3$ V，$V_2 = 2.4$ V 和 $V_3 = 2.7$ V。找出電晶體的操作模式。
>
> 解答：飽和

10.3 BJT 的大訊號模型

BJT 的 i-v 特性顯示它在截止模式與主動模式時，為一個電流控制電流源（current-controlled current source，CCCS）。在這兩個模式下，基極電流決定了 BJT 的行為。這些特性同屬 BJT 的**大訊號模型**，用基極和集極電流的大小來描述 BJT 的行為。如同所有的模型，大訊號模型無法囊括 BJT 的每一個特性。尤其不考慮爾利效應（Early effect），也不考慮溫度的影響。但的確為電晶體電路分析提供一個簡單又有效的分析方法。

值得一提的是，第 10.4 節介紹了一個 BJT 的**小訊號模型**，可近似在電流或電壓有微小變化時的電晶體行為。簡單來說，大、小訊號模型關係到 BJT 變量 (I, V) 和 ($\Delta I, \Delta V$)。

npn BJT 的大訊號模型

在截止模式時，BE 接面為逆向偏壓，幾乎沒有基極和集電極電流，因此電晶體如同開路。實際上，即使當 $V_{BE} = 0$ 及 $I_B = 0$ 時，仍會有一個漏電流 I_{CEO} 流經集極。

在主動模式時，B_E 接面為順向偏壓，且基極電流在集極端被放大了一個常數 β：

$$I_C = \beta I_B \tag{10.9}$$

由於 $\beta \gg 1$，此關係表示集極電流是受一個相對小的基極電流所控制。

最後，在飽和模式時，基極電流夠大，集極－射極電壓 V_{CE} 將達到飽和極限，使得集極電流不再與基極電流成正比。事實上，集極－射極通路就像一個虛擬短路，除了小的電位差 $V_{CEsat} \approx 0.2$ V。

圖 10.12 的簡單電路模型描述了這三種操作模式。每個單獨的模型都近似圖 10.10 中，三種操作模式的其中之一。請注意，大訊號模型將順向偏壓的 BE 接面當成偏移二極體。

選擇 BJT 電晶體的操作點

從圖 10.10 中集極 i-v 特性曲線組，可以看出集極電流隨著基極電流而改變。每個

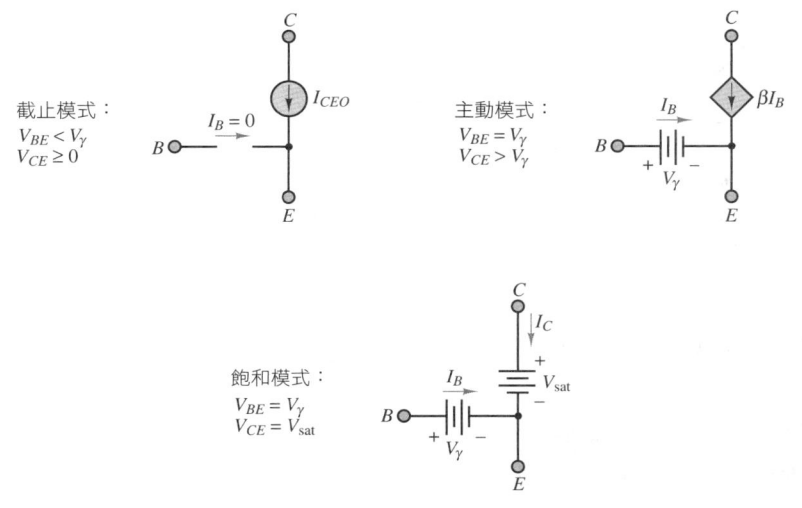

圖 10.12　*npn* BJT 大訊號模型

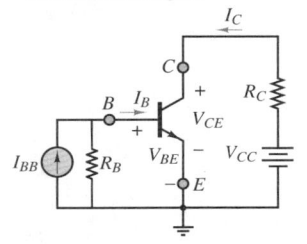

圖 10.13　一個簡單理想 BJT 電晶體放大器的偏壓電路

基極電流值 i_B 都對應一條 i_C-v_{CE} 曲線。因此，只要選取基極電流以及集極電流（或是集極－射極電壓），就可以確定電晶體的操作點 Q。當接上 DC 電源時，元件兩端的**靜態電流**及**電壓**（quiescent currents and voltages）（或稱**閒置電流**及**電壓**，idle currents and voltages）被用來描述 Q。圖 10.13 顯示一個理想的 DC **偏壓電路**，用來將電晶體的 Q 點設於集極特性曲線的中心 $V_{CE} \approx V_{CC}/2$。（本章後面會討論實用的偏壓電路。）基本原則是，挑選合適的 R_C 和 R_B，使得靜態直流條件下 BJT 被保持在主動模式中，不論 I_B、I_C 和 V_{CE} 在操作（非靜止）條件下的所有預期變化。

應用 KVL 可得：

$$I_B = I_{BB} - \frac{V_{BE}}{R_B} \tag{10.10}$$

以及

$$V_{CE} = V_{CC} - I_C R_C \tag{10.11}$$

或表示為

$$I_C = \frac{V_{CC} - V_{CE}}{R_C} \tag{10.12}$$

注意，式 10.11 代表負載線的源網路，V_{CC} 串聯 R_C。當 $V_{CE} = 0$，集極電流是 $I_C = V_{CC}/R_C$；當 $I_C = 0$，集極－射極電壓為 $V_{CE} = V_{CC}$。這兩個條件代表在虛擬的短路和開路情況下的集極－射極通路，也就是 BJT 的飽和模式和截止模式。負載線可以疊加在 BJT 特性上，如圖 10.14。負載線的斜率為 $-1/R_C$。操作點 Q 是負載線與 BJT 特性其中一條線的交叉點。確實是哪條特性曲線是由基極電流 I_B 決定，可由式 10.9 查出。圖 10.14 中所示的負載線假設 $V_{CC} = 15$ V，$V_{CC}/R_C = 40$ mA 及 $I_B = 150$ μA。

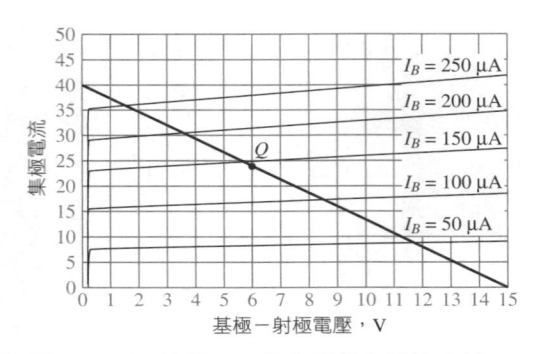

圖 10.14 簡單 BJT 放大器的負載線分析

一旦建立了操作點，BJT 即被認為是**偏壓**，並可操作如線性放大器。要注意，在電路圖中，電晶體通常標示成 Q_1、Q_2 等。使用的 Q 只是代表與操作 Q 點有關，但兩者的意義不同。

量測重點

二極體溫度計的大訊號放大器

問題

二極體可以用作為電子溫度計的溫度感測器（參考第 9 章「量測重點：二極體溫度計」）。本範例中，圖 10.15 的電晶體放大器電路中的二極體元件再度表現得像溫度感測器。

解

已知條件──二極體與電晶體放大器的偏壓電路；二極體電壓對溫度的響應。

求解──集極電阻與電晶體輸出電壓對溫度的關係。

已知── $V_{CC} = 12$ V；大訊號 $\beta = 188.5$；$V_{BE} = 0.75$ V；$R_S = 500\ \Omega$；$R_B = 10$ kΩ。

假設──使用 1N914 二極體與 2N3904 電晶體。

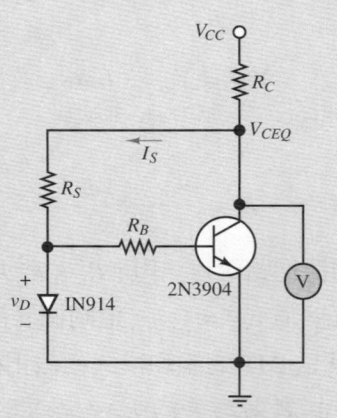

圖 10.15 二極體溫度計的大訊號放大器

分析——圖 10.16(a) 為二極體的溫度響應特性。可看出二極體溫度計輸出電壓的中點大約 1.1 V。因此，我們可以將電晶體放大器設計成 $v_D \approx 1.1$ V，以降低其他非線性的二極體溫度反應特性可能造成的失真。由於 $V_{CC} = 12$ V，我們選擇 Q 點在 V_{CEQ} 為 V_{CC} 的一半，也就是 6 V。如此即便二極體溫度有變化，V_{CEQ} 仍有 $V_{CC}/2$ 的上下空間。

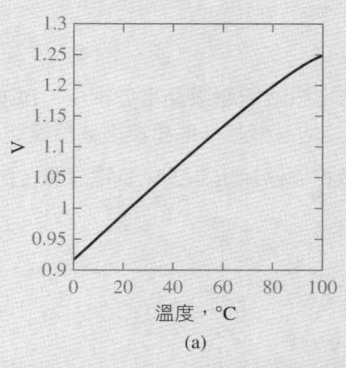

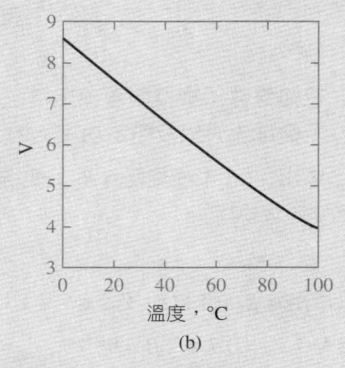

圖 10.16 (a) 二極體電壓與溫度關係圖；(b) 放大器的輸出

已知二極體在靜態點的輸出電壓為 $v_D = 1.1$ V，計算靜態基極電流 I_{BQ}：

$$v_D - I_{BQ}R_B - V_{BEQ} = 0$$

$$I_{BQ} = \frac{v_D - V_{BEQ}}{R_B} = \frac{1.1 - 0.75}{10,000} = 35 \ \mu A$$

集極電流可以計算為：

$$I_{CQ} = \beta I_{BQ} = 188.5 \times 35 \ \mu A = 6.6 \ mA$$

最後，應用 KVL 找到與 R_C 的關係：

$$V_{CC} - (I_{CQ} + I_S)R_C - V_{CEQ} = 0$$

$$R_C = \frac{V_{CC} - V_{CEQ}}{I_{CQ} + I_S} = \frac{12 \ V - 6 \ V}{6.6 \ mA + (V_{CEQ} - v_D/R_S)} = \frac{6 \ V}{16.4 \ mA} = 366 \ \Omega$$

一旦電路根據這些規格設計，即可算出基極電流；基極電流為二極體電壓的函數（電壓為溫度的函數）。由基極電流，我們可以計算集極電流，並利用集極方程式來求出輸出電壓，$v_{out} = v_{CE}$。結果如圖 10.16(b) 所示。

評論——注意到電晶體對溫度的斜率放大因子大約為 6。而本範例使用共射極放大器會使得輸出反相（輸出電壓此時隨著溫度的增加而降低，同時二極體電壓增加）。最後要注意的是，本範例的設計是假設電壓表的阻抗為無限大。如果要將溫度計與其他電路連接，需要特別注意第二個電路的輸入阻抗，以確保不會發生負載現象。

範例 10.3　LED 驅動器

問題

設計一個電晶體放大器來驅動 LED，如圖 10.17 所示。此 LED 的 on 與 off 的狀態必須隨著一個微控制器數位輸出埠的 on-off 訊號而改變。

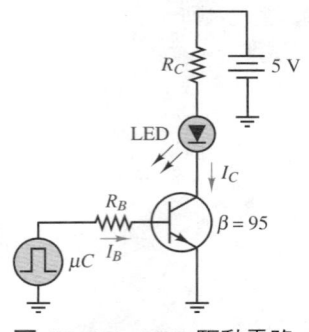

圖 10.17　LED 驅動電路

解

已知條件： 微控制器輸出電阻與輸出訊號電壓以及電流準位；LED 的偏移電壓、所需電流，以及額定功率；BJT 電流增益與基－射極接面偏移電壓。

求出： (a) 集極電阻，R_C，使得當微控制器輸出為 5 V 時電晶體在飽和區；(b) LED 的功率消耗。

已知資料：

微控制器：輸出電阻 $= R_B = 1\ \text{k}\Omega$；$V_{ON} = 5\ \text{V}$；$V_{OFF} = 0\ \text{V}$。

電晶體：$V_{CC} = 5\ \text{V}$；$V_\gamma = 0.7\ \text{V}$；$\beta = 95$；$V_{CEsat} = 0.2\ \text{V}$。

LED：$V_{LED} = 1.4\ \text{V}$；$I_{LED} = 30\ \text{mA}$；$P_{max} = 100\ \text{mW}$。

假設： 使用圖 10.12 截止和飽和的大訊號模型。在飽和時，$V_{CE} \approx V_{CEsat} = 0.2\ \text{V}$。

分析： 當微控制器輸出電壓為 0，BJT 很明顯的是在截止區，所以沒有基極電流流過。當微控制器輸出電壓為 $V_{ON} = 5\ \text{V}$，電晶體在飽和區，使 LED 從集極看到射極時幾乎是短路。圖 10.18(a) 是微控制器輸出電壓 $V_{ON} = 5\ \text{V}$ 時的等效基－射極電路。圖 10.18(b) 是集極電路。圖 10.18(c) 是相同的集極電路，但以大訊號模型的電晶體（V_{CEsat} 飽和）取代 BJT。應用 KVL 可得：

$$V_{CC} = R_C I_C + V_{LED} + V_{CEsat}$$

或

$$R_C = \frac{V_{CC} - V_{LED} - V_{CEsat}}{I_C} = \frac{3.4}{I_C}$$

一般 LED 需要至少 15 mA 才會作用。此例中，LED 電流被設為 30 mA，在作用時可產生足夠亮度，而符合此設計的集極電阻 R_C 約為 113 Ω。

要確認該電晶體處於飽和時，微控制器的電壓為 5 V，I_C / I_B 的比率應小於 β。對於已知規格，

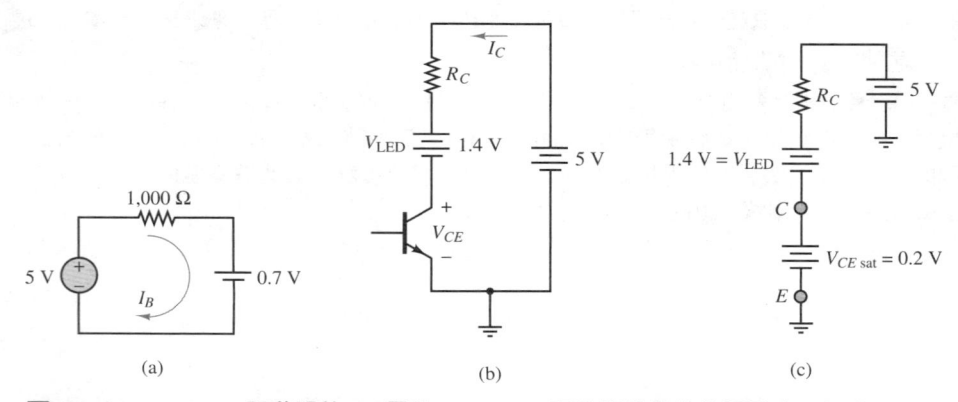

圖 10.18　(a) LED 驅動器的 BE 電路；(b) LED 驅動器的等效集極電路，假設 BJT 是位於線性主動區；(c) LED 驅動器等效集極電路，假設 BJT 位於飽和區

基極電流是：

$$I_B = \frac{V_{ON} - V_\gamma}{R_B} = \frac{4.3}{1,000} = 4.3 \text{ mA}$$

而：

$$\frac{I_C}{I_B} \approx 7$$

在主動模式下，$I_C / I_B = \beta = 95$。基極電流夠大時，電晶體會從主動模式進入飽和模式。在飽和模式，I_C / I_B 的比值不再恆定，並且小於 β。顯然符合該條件時，微控制器的輸出是開（on）。對於任何特定的電晶體，β 的值可以和通用數據手冊中的典型值差異甚大。所以最好要確定 I_C / I_B 確實極小於 β。在此例中，$7 \ll 95$，因此可以合理確定該電晶體將處於飽和 $R_C \approx 113\,\Omega$ 的設計規範。

LED 消耗的功率為：

$$P_{LED} = V_{LED} I_C = 1.4 \times 0.3 = 42 \text{ mW} < 100 \text{ mW}$$

由於並未超過 LED 的額定功率，所以設計完成。

評論：BJT 大訊號模型的使用很簡單，因為此模型直接以電壓源來取代 BE 與 CE 接面。記得先核對電流增益或是 CE 接面電壓值，以確保操作在正確的模型（例如飽和區或主動區）。若電流增益接近給定的 β 值，表示操作在主動區；而小於 CE 接面電壓值，表示操作在飽和區。

範例 10.4 簡單的 BJT 電池充電器（電流源）

問題

選定適合的 V_{CC}、R_1、R_2（電位器）來設計一個定電流源，使電晶體 Q_1 成為電流－控制電流源（CCCS），其可選範圍為 $10 \text{ mA} \leq i_C \leq 100 \text{ mA}$。

解

已知條件：電晶體大訊號參數；鎳鎘電池的額定電壓。

求出：V_{CC}、R_1、R_2。

已知資料：圖 10.19。$V_{CC} = 12\,\text{V}$；$V_\gamma = 0.6\,\text{V}$；$\beta = 100$。

假設：假設電晶體可用大訊號模型來表示。

分析：要找出電晶體的操作模式，假設三種可能模式中的一個，並檢查是否有任何矛盾之處。首先，如果假設截止模式，$i_B = 0$ 和 $i_C = 0$。這種模式顯然無法進行充電。此外，KVL 要求 $V_{BE} + i_B(R_1 + R_2) = V_{CC}$，或由於 $i_B = 0$，所以 $V_{BE} = V_{CC} = 12\,\text{V}$。因此，如果 $i_B = 0$，EBJ 為順向偏壓。這種結果抵觸到截止模式的假設，因此不正確。

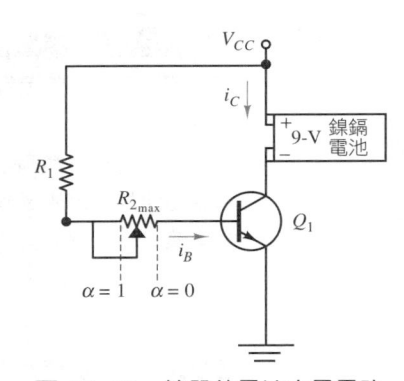

圖 10.19 簡單的電池充電電路

其次，如果假設為飽和模式，$V_{CE} \approx V_{CEsat} = 0.2\,\text{V}$。然而，KVL 要求 $V_{CE} + 9\,\text{V} = V_{CC} = 12\,\text{V}$，或 $V_{CE} = 3\,\text{V}$，同樣牴觸飽和模式。

因此，電晶體必須處於主動模式。由歐姆定律分別找出基極和集極電流 i_B 與 i_C，以及 $i_C = \beta i_B$。

$$i_B = \frac{V_{CC} - V_\gamma}{R_1 + R_2} \qquad \text{和} \qquad i_C = \beta \frac{V_{CC} - V_\gamma}{R_1 + R_2}$$

對電池進行充電的集極電流 i_C 上下限為：

$$10 \text{ mA} \leq i_C \leq 100 \text{ mA}$$

電位器的清除範圍可設定為 $0 \leq \alpha \leq 1$ 的任意值，使得由基極看到的電阻是 $R_1 + \alpha R_{2\max}$。清除器設置到最右邊位置 $\alpha = 0$ 時，集極電流最大。因此，當 $\alpha = 0$，設定 $i_C = i_{C\max} = 100$ mA 以選擇 R_1。

$$100 \text{ mA} = \beta \left(\frac{V_{CC} - V_\gamma}{R_1} \right)$$

或

$$R_1 = (V_{CC} - V_\gamma) \frac{\beta}{10^{-1}} = (12 - 0.6) \frac{100}{10^{-1}} = 11{,}400 \text{ }\Omega$$

如果 R_1 的值被限制為 E12 系列的標準電阻值，最接近的標準值是 $R_1 = 12$ kΩ，會導致一個較低的最大集極電流。當清除器設置為最左邊的位置 $\alpha = 1$ 時，設定 $i_C = i_{C\min} = 10$ mA 可找出電位器 $R_{2\max}$ 的額定值。因此：

$$i_{C\min} = 10 \text{ mA} = \beta \frac{V_{CC} - V_\gamma}{R_1 + R_{2\max}}$$

或

$$R_{2\max} = \frac{\beta}{10 \text{ mA}} (V_{CC} - V_\gamma) - R_1 = 102{,}600 \text{ }\Omega$$

再次，如果 $R_{2\max}$ 的值被限制為 E12 系列的標準電阻值，最接近標準值是 $R_{2\max} = 100$ kΩ，會導致略高的最小集極電流。

評論：鎳鎘電池的實用注意事項：一個標準 9-V 鎘電池是由 8 個 1.2-V 元件所組成。因此，實際的標準電池電壓為 9.6 V。另外，當電池充滿電時，每個元件上升到大約 1.3 V，從而導致電池完全充電電壓為 10.4 V。

範例 10.5　簡單的 BJT 馬達驅動電路

問題

本例是要為樂高®9V 直流馬達〈型號 43362〉設計一個 BJT 驅動器。圖 10.20 顯示驅動電路圖和馬達照片。該馬達有 340 mA 的最大電流。啟動馬達旋轉所需的最小電流為 20 mA。該電路的目的是通過電位器 $R_{2\max}$，控制電流到馬達（也就是馬達扭矩，和電流成正比）。

解

已知條件：電晶體大訊號參數；元件值。

求出：R_1 與 $R_{2\max}$ 的值。

已知資料：圖 10.20。最大電流 340 A；最小電流 20 mA；$V_\gamma = 0.6$ V；$\beta = 40$；$V_{CC} = 12$ V。

假設：在每個電晶體使用大訊號模型與 $\beta = 40$。

分析：這個電路是一個很好的範例，顯示多階電晶體如何完成單一電晶體很難達到的任務。假定這兩個電晶體都在主動模式，且都是 $i_C = \beta i_B$。一旦求解答後，可用橫跨 EBJ 和 CBJ 的電壓檢查是否

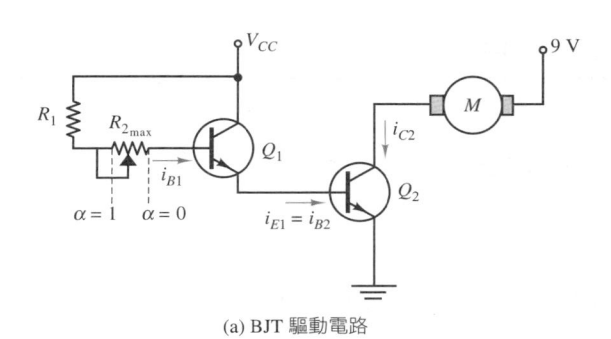

第 **10** 章　雙極性接面電晶體：操作，電路模型和應用　　483

(a) BJT 驅動電路

(b) 樂高® 9V 直流馬達，型號 43362。
Philippe "Philo" Hurbain 提供

圖 10.20　馬達驅動電路

與主動模式的假設相容。然而這麼做需要馬達的 i-v 特性。對於本例，我們姑且假設主動模式的假設是正確的。

特別要注意的是，Q_1 的射極電流是 Q_2 的基極電流。由於 $i_{E1} = i_{C1} + i_{B1} = (\beta + 1)i_{B1}$、$i_{B2} = i_{E1}$ 且 $i_{C2} = \beta i_{B2}$，Q_2 的集極電流 i_{C2} 相關於 Q_1 的基極電流 i_{B1}：

$$i_{C2} = \beta i_{B2} = \beta i_{E1} = \beta(\beta+1)i_{B1}$$

Q_1 的基極電流 i_{B1} 由歐姆定律可得。

$$i_{B1} = \frac{V_{CC} - 2V_\gamma}{R_1 + R_{2\max}}$$

因此，馬達電流的範圍是：

$$i_{C2\min} \leq \beta(\beta+1)\left(\frac{V_{CC} - 2V_\gamma}{R_1 + R_{2\max}}\right) \leq i_{C2\max}$$

電位器的清除範圍可設定為 $0 \leq \alpha \leq 1$ 間的任意值，使得從 Q_1 基極看到的電阻為 $R_1 + \alpha R_{2\max}$。當清除器被設置為最右側位置 $\alpha = 0$ 時，馬達的電流最大。因此，當 $\alpha = 0$ 時，設定 $i_{C2} = i_{C2\max} = 340$ mA 以選擇 R_1。

$$i_{C2\max} = 0.34 \text{ A} = \beta(\beta+1)\left(\frac{V_{CC} - 2V_\gamma}{R_1}\right)$$

或

$$R_1 = \frac{\beta(\beta+1)}{0.34}(V_{CC} - 2V_\gamma) = 52,094 \ \Omega$$

如果 R_1 的值被限制為 E12 系列的標準電阻值，最接近的標準值是 $R_1 = 56$ kΩ，會導致略低的馬達最大電流。當清除器被設置到最左邊的位置 $\alpha = 1$ 時，設定 $i_{C2} = i_{C2\min} = 20$ mA 以找出電位 $R_{2\max}$ 的額定值：

$$R_{2\max} = \frac{\beta(\beta+1)}{0.02}(V_{CC} - 2V_\gamma) - R_1 = 829.6 \text{ k}\Omega$$

再次，如果 $R_{2\max}$ 的值被限制為 E12 系列的標準電阻值，最接近的標準值且仍高於 833,508 Ω 的值為 $R_{2\max} = 1$ MΩ，會導致略低的馬達最低電流。最低的馬達電流將允許以調節電位器關閉馬達。

評論：這種設計很簡單，允許手動操控馬達電流（及轉矩）。如果馬達是由微控制器來控制，該電路應當重新設計，以接收外部電壓輸入。

範例 10.6　計算一個 BJT 放大器的操作點

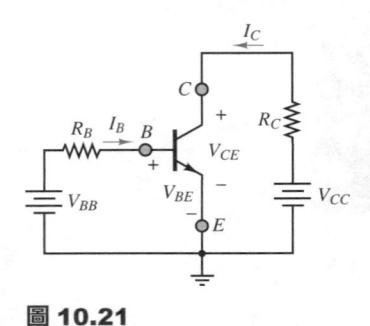

問題

找出圖 10.21 電路中 BJT 放大器的直流操作點。

解

已知條件：基極和集極電阻 R_B 與 R_C；基極和集極電壓源 V_{BB} 與 V_{CC}；BJT 特性曲線；BE 接面偏移電壓。

求出：靜態電流 I_{BQ} 與 I_{CQ} 和集極－射極電壓 V_{CEQ}。

已知資料：$R_B = 62.7 \text{ k}\Omega$；$R_C = 375 \text{ }\Omega$；$V_{BB} = 10 \text{ V}$；$V_{CC} = 15 \text{ V}$；$V_\gamma = 0.6 \text{ V}$。圖 10.14 的 BJT 特性曲線。

假設：電晶體處於主動模式。

分析：KVL 提供了與 R_C 串連的電源網絡 V_{CC} 其負載線方程式。

$$V_{CE} = V_{CC} - R_C I_C = 15 - 375 I_C$$

負載線顯示於圖 10.14。要找出 Q 點，必須知道基極電流。在基極電路應用 KVL，並假設 BE 接面是順向偏壓，基極電流是：

$$I_B = \frac{V_{BB} - V_{BE}}{R_B} = \frac{V_{BB} - V_\gamma}{R_B} = \frac{10 - 0.6}{62,700} = 150 \text{ }\mu A$$

負載線與 150 μA 的基極曲線的交叉點即為電晶體的的操作點或靜態點，三個值定義如下：

$$V_{CEQ} = 6 \text{ V} \qquad I_{CQ} = 25 \text{ mA} \qquad I_{BQ} = 150 \text{ }\mu A$$

評論：儘管本例採用兩個單獨的電壓源 V_{BB} 和 V_{CC}，只用一個電壓源來偏壓電晶體也行得通。注意，即使在靜止狀態，電晶體也會消耗功率；如預期所料，大部分功率是被 R_C 消耗：$P_{CQ} = V_{CEQ} \times I_{CQ} = 150 \text{ mW}$。

圖 10.21

檢視學習成效

重複分析範例 10.3，使 $R_C = 400 \text{ }\Omega$。電晶體的操作模式為何？集極電流為何？如果 $R_C = 30 \text{ }\Omega$，範例 10.3 LED 所消耗的功率為何？

解答：飽和；8.5 mA；159 mW

檢視學習成效

在範例 10.4，當電池充滿電（10.4 V）時，V_{CE} 為何？該值與電晶體在主動模式的假設是否一致？

解答：$V_{CE} \approx 1.6 \text{ V} \gg V_{CE\text{sat}} = 0.2 \text{ V}$；一致

檢視學習成效

R_1 和 $R_{2\max}$ 為選定標準電阻值，計算範例 10.5 電路中的最大和最小可能的馬達電流。

解答：$i_{C2\max} = 316.3$ mA; $i_{C2\min} = 16.8$ mA

檢視學習成效

在範例 10.6，如果 R_B 降低，使得基極電流升高到 200 μA，Q 點將如何變化？

解答：$V_{CEQ} \approx 4$ V, $I_{CQ} \approx 31$ mA

10.4 小訊號放大器的基本介紹

BJT 電路直流操作點 Q 的目的是用來偏壓 BJT，使其能針對相對小且隨時間變化的輸入訊號產生像是線性放大器的行為。

通常情況下，隨時間變化的電壓訊號 ΔV_B 會疊加在一個大得多的直流電壓 V_{BB} 上，如圖 10.22，使得基極電流也是隨時間變化的函數 $I_B + \Delta I_B$。直流偏壓的主要目的是為了避免基極的變化電流 ΔI_B 讓 BJT 離開主動模式。要達到此目的，基極的最大變化電流 $\Delta I_{B\max}$ 相較於 DC 偏壓電流 I_B 還要小，而且選定的 I_B 會讓 BJT 的操作點處於主動模式，遠離截止和飽和。圖 10.14 顯示這種 Q 點的範例。從圖中可看出，BJT 的 I_B 從 150 μA 偏壓電流至少要有 ± 100 μA 的變化，才能使 BJT 離開主動模式，進入截止區或飽和區。隨著基極電流改變，Q 的位置會沿著負載線移動。

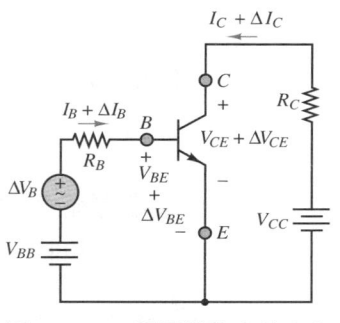

圖 10.22 電晶體放大效應之說明電路

小訊號模型是指：被放大訊號的最大變化必須小於 DC 偏壓條件。

只要 BJT 保持在主動模式，集極電流大約會和基極電流成正比：

$$I_C + \Delta I_C = \beta (I_B + \Delta I_B) \tag{10.13}$$

此外，如圖 10.22 所示，在集極源網絡使用 KVL 可得：

$$V_{CE} + \Delta V_{CE} = V_{CC} - (I_C + \Delta I_C) R_C = V_{CC} - \beta (I_B + \Delta I_B) R_C \tag{10.14}$$

在靜止狀態（沒有隨時間變化輸入訊號），該方程變為：

$$V_{CE} = V_{CC} - I_C R_C = V_{CC} - \beta I_B R_C \tag{10.15}$$

從式 10.14 減去式 10.15 獲得：

$$\Delta V_{CE} = \Delta I_C R_C = \beta \Delta I_B R_C \tag{10.16}$$

請注意，集極射極電壓 ΔV_{CE} 的變化 - 是正比於基極電流，比例常數為 βR_C。

在基極源網路應用 KVL 作進一步的分析可得：

$$V_{BB} + \Delta V_{BB} = (I_B + \Delta I_B) R_B + V_{BE} + \Delta V_{BE} \tag{10.17}$$

在靜止狀態下，該方程式變為：

$$V_{BB} = I_B R_B + V_{BE} \tag{10.18}$$

從式 10.17 減去式 10.18 獲得：

$$\Delta V_{BB} = \Delta I_B R_B + \Delta V_{BE} \tag{10.19}$$

或

$$\Delta I_B = \frac{\Delta V_{BB} - \Delta V_{BE}}{R_B} \tag{10.20}$$

使用此結果來替代式 10.15 中的 ΔI_B：

$$\Delta V_{CE} = \beta \frac{R_C}{R_B} (\Delta V_{BB} - \Delta V_{BE}) \tag{10.21}$$

這個方程式表明，輸入電壓中隨時間變化的 ΔV_{BB} 會被放大 $\beta R_C / R_B$ 倍，以產生輸出電壓中隨時間變化的 ΔV_{CE}。注意在圖 10.22 BJT 電路的輸出被認為是集極－射極電壓。

要特別說明的是，式 10.20 顯示，唯有當相較於 ΔV_{BB}，ΔV_{BE} 小到可以被忽略時，ΔV_{CE} 與 ΔV_{BB} 才成正比。請記住，當 BJT 處於主動模式，EBJ 是順向偏壓，使得 EBJ 二極體的操作點位於圖 10.6 所示曲線的陡峭部分。因此，不管 I_B 的變化是多少，ΔV_{BE} 往往非常小。而 ΔV_{BE} 是否小到可忽略的程度則需要更細部的研究，不適合在此討論。此外，BJT 還有其他的非理想特性，使放大器的行為偏離線性。關鍵是，只要 BJT 是適當偏壓，這些非理想效果的影響可以控制到非常小。

圖 10.23 顯示以上放大過程的範例，其中隨時間變化的正弦集極電流 $I_C + \Delta I_C$ 呈現在在水平時間軸的右邊，而所產生的隨時間變化的正弦集極－射極電壓 $V_{CE} + \Delta V_{CE}$ 則會出現在 V_{CE} 軸線的下方。注意，基極電流振盪在 110 μA 和 190 μA 間，導致集極電流也相對振盪在 15.3 mA 和 28.6 mA 之間。因此，BJT 可視為一個電流放大器。

圖 10.23　BJT 電晶體中放大之弦波振盪

一種實用的 BJT 自偏壓電路

在實務上，如圖 10.22 所示的電路可以用來偏壓 BJT；然而有一些缺點，可能造成應用上嚴重的問題。特別是，溫度變化會導致操作點 Q 明顯位移，可能導致元件本身熱失控。即使有其他方式可以彌補此缺點，若兩個看似相同的電路所使用的 BJT 的 β 值不同的話，兩者的 Q 點可能差異甚大。

圖 10.24 顯示一個能自動偏壓這種參數變化的自偏電路。此電路的附加優點是僅需要一個公共電源 V_{CC}。V_{CC} 分別位於 (R_1, R_2) 和 (R_C, R_E) 的兩端，使得圖可以重畫成圖 10.25(a)。圖 10.25(b) 顯示由基極看到的戴維寧等效網絡，其中：

$$V_{BB} = \frac{R_2}{R_1 + R_2} V_{CC} \tag{10.22}$$

和

$$R_B = R_1 \parallel R_2 = \frac{R_1 R_2}{R_1 + R_2} \tag{10.23}$$

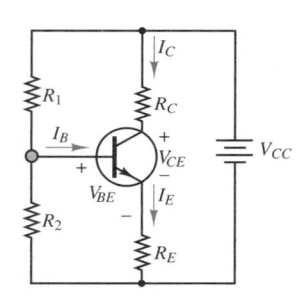

圖 10.24　實用的單電源 BJT 自偏壓 DC 電路

注意圖 10.25(b) 的電路非常類似圖 10.22 電路。主要的差異是射極到底部節點中間 R_E

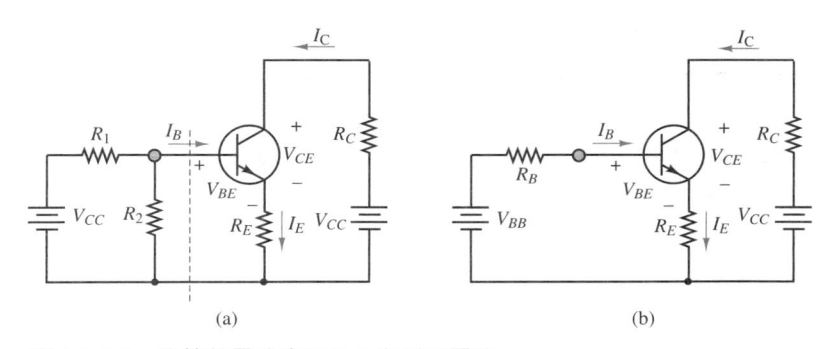

圖 10.25　從等效電路表示 DC 自偏壓電路

KVL 可以應用在基極和集極網路得到：

$$V_{BB} = I_B R_B + V_{BE} + I_E R_E = [R_B + (\beta+1)R_E]I_B + V_{BE} \tag{10.24}$$

和

$$V_{CC} = I_C R_C + V_{CE} + I_E R_E = I_C\left(R_C + \frac{\beta+1}{\beta}R_E\right) + V_{CE} \tag{10.25}$$

則

$$I_E = I_C + I_B = (\beta+1)I_B = \frac{\beta+1}{\beta}I_C \tag{10.26}$$

求解可得：

$$I_B = \frac{V_{BB} - V_{BE}}{R_B + (\beta+1)R_E} \qquad I_C = \beta I_B \tag{10.27}$$

和

$$V_{CE} = V_{CC} - I_C\left(R_C + \frac{\beta+1}{\beta}R_E\right) \tag{10.28}$$

後者是偏壓電路的負載線。請注意，由集極電路看到的有效負載電阻為：

$$R_C + \frac{\beta+1}{\beta}R_E \approx R_C + R_E \qquad \beta \gg 1$$

而不是簡單的 R_C。

R_E 的作用是在操作點 Q 變化時，提供負反饋，例如，溫度的變化將改變電晶體的 β。圖 10.25（b）顯示一個 $\Delta\beta$ 變化的情況。最直接的影響是集極電流 $\Delta I_C = \Delta\beta I_B$ 的變化。然後，這種變化導致在射極電流的變化 $\Delta I_E = \Delta I_C + \Delta I_B$。$R_E$ 即是在這裡發揮其作用。射極電流的改變會使跨越 $\Delta I_E R_E$ 中 R_E 兩端的電壓產生變化，進而導致橫跨 EBJ 的電壓 V_{BE} 產生變化。最後，V_{BE} 的變化會造成基極電流的變化，因為 EBJ 是一個二極體。基極電流變化永遠會抵消集極電流原來的改變，因為 $\Delta I_C = \beta\Delta I_B$。換句話說，如果 $\Delta\beta$ 是正的，那麼 ΔI_B 將是負的，反之亦然。因此，雖然 β 的變化會移動操作點 Q，R_E 會抑制 Q 點移動。

範例 10.7　一個 BJT 小訊號放大器

問題

參考圖 10.26 的電晶體放大器以及圖 10.23 的集極特性曲線，求：(1) BJT 的直流操作點；(2) 在操作點的電流增益 β；(3) AC 電壓增益 $G = \Delta V_o / \Delta V_B$。

解

已知條件：基極、集極，以及射極電阻；基極與集極電壓；集極特性曲線；BE 接面偏移電壓。

求出：(1) DC（靜態）基極與集極電流，I_{BQ} 與 I_{CQ} 以及集－射極電壓 V_{CEQ}，(2) $\beta = \Delta I_C / \Delta I_B$ 和 (3) $G = \Delta V_o / \Delta V_B$。

已知資料：$R_B = 10\ \text{k}\Omega$；$R_C = 375\ \Omega$；$V_{BB} = 2.1\ \text{V}$；$V_{CC} = 15\ \text{V}$；$V_\gamma = 0.6\ \text{V}$。集極特性曲線如圖 10.28。

假設：假設與基極電阻相較下，B_E 接面電阻可忽略。假設每個電壓及電流可以表示成 DC（靜態）值與 AC 的疊加。例如：$v_o = V_{oQ} + \Delta V_o$。

分析：

1. DC 工作點。假設 BE 接面電阻比 R_B 小很多，EBJ 電壓的任何變化都是可忽略的，使得 $v_{BE} = V_{BEQ} = V_\gamma$。圖 10.27 顯示所得的 DC 等效積極電路。使用 KVL 表示成：

$$V_{BB} = R_B I_{BQ} + V_{BEQ}$$

靜態的基極電流的計算為：

$$I_{BQ} = \frac{V_{BB} - V_{BEQ}}{R_B} = \frac{V_{BB} - V_\gamma}{R_B} = \frac{2.1 - 0.6}{10{,}000} = 150\ \mu\text{A}$$

集極電路中的負載線方程式可由 KVL 寫出：

$$V_{CE} = V_{CC} - R_C I_C = 15 - 375 I_C$$

圖 10.28 顯示負載線與 150 μA 基極曲線的交叉點 Q。在此操作點或是靜態點 Q，$V_{CEQ} = 7.2$ V，$I_{CQ} = 22$ mA，$I_{BQ} = 150\ \mu\text{A}$。

2. AC 電流增益。從圖 10.28 的特性曲線可找出求電流增益。相對應基極電流 190 與 110 μA 的集極電流為 28.6 和 15.3 mA。這些集極電流與 Q 點之間的偏差量，ΔI_C，是相對應於基極電流 ΔI_B 的擺幅所引起的效應。因此，電晶體放大器的電流增益為：

$$\beta = \frac{\Delta I_C}{\Delta I_B} = \frac{28.6 \times 10^{-3} - 15.3 \times 10^{-3}}{190 \times 10^{-6} - 110 \times 10^{-6}} = 166.25$$

這是電晶體的額定電流增益。

3. AC 電壓增益。求解 AC 電壓增益 $G = \Delta V_o / \Delta V_B$，將 ΔV_o 表示為 ΔV_B 的函數。已知 $v_o = -R_C i_C = -R_C I_{CQ} - R_C \Delta I_C$，因此：

$$\Delta V_o = -R_C\ \Delta I_C = -R_C \beta\ \Delta I_B$$

疊加原理允許由 KVL 基極方程式計算 ΔI_B。

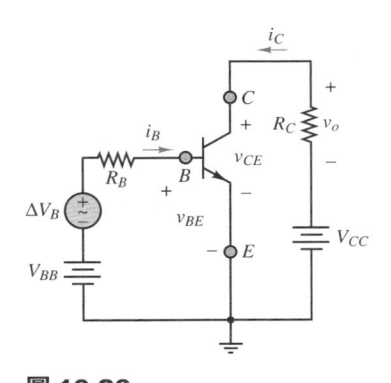

圖 10.26

圖 10.27

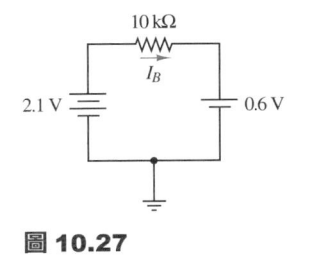

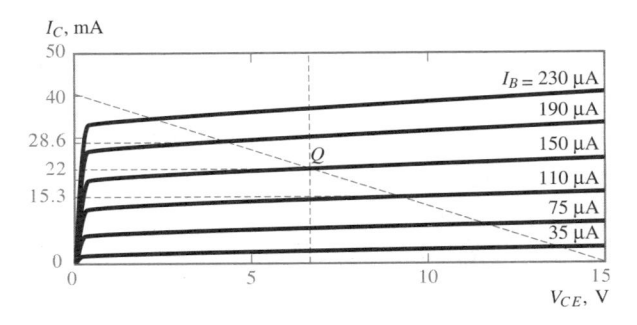

圖 10.28 特性曲線上的操作點

$$\Delta V_B = R_B \Delta I_B + \Delta V_{BE}$$

然而，由於 EBJ 電阻的假設值非常小，ΔV_{BE} 是微不足道的。因此：

$$\Delta I_B = \frac{\Delta V_B}{R_B}$$

將結果帶入 ΔV_o 的表示式求出：

$$\Delta V_o = -R_C \beta \Delta I_B = -\frac{R_C \beta \Delta V_B}{R_B}$$

或

$$\frac{\Delta V_o}{\Delta V_B} = G = -\frac{R_C}{R_B}\beta = -6.23$$

評論：本範例所用之電路並非自偏壓，但能顯示電晶體放大器大部分的基本特性，總結如下。

- 應用重疊定理，將 DC 偏壓電路與 AC 等效電路分開處理，可以大幅簡化電晶體放大器的分析。
- 決定偏壓點（或 DC 操作點或靜態點）後，即可找出電晶體的電流增益。此增益多少會受操作點位置的影響。
- 放大器的 AC 電壓增益受基極與集極的電阻值（R_B 和 R_C）的影響很大。注意到 AC 電壓增益 ΔV_o 是負值！對於正弦 AC 輸入而言，這代表 180 度相位反轉。

範例 10.8　實用的 BJT 偏壓電路

問題

求出圖 10.24 電路中電晶體的直流偏壓點。

解

已知條件：基極、集極，以及射極電阻．集極電壓；電晶體電流增益；BE 接面偏移電壓。

求出：DC（靜態）基極與集極電流，I_{BQ} 與 I_{CQ} 以及集－射極電壓 V_{CEQ}。

已知資料：$R_1 = 100\ \text{k}\Omega$；$R_2 = 50\ \text{k}\Omega$；$R_C = 5\ \text{k}\Omega$；$R_E = 3\ \text{k}\Omega$；$V_{CC} = 15\ \text{V}$；$V_\gamma = 0.7\ \text{V}$，$\beta = 100$。

分析：我們先找出式 10.7 中的的等效基極電壓，

$$V_{BB} = \frac{R_2}{R_1 + R_2}V_{CC} = \frac{50}{100+50}15 = 5\ \text{V}$$

以及式 10.8 的等效基極電阻，

$$R_B = R_1 \| R_2 = 33.3\ \text{k}\Omega$$

現在我們可以從式 10.11 計算基極電流，

$$I_B = \frac{V_{BB} - V_{BE}}{R_B + (\beta+1)R_E} = \frac{V_{BB} - V_\gamma}{R_B + (\beta+1)R_E} = \frac{5 - 0.7}{33{,}000 + 101 \times 3{,}000} = 12.8\ \mu\text{A}$$

已知電晶體的電流增益 β，我們可以確定集極電流：

$$I_C = \beta I_B = 1.28\ \text{mA}$$

最後，集極－射極接面電壓可參照式 10.12 計算：

$$V_{CE} = V_{CC} - I_C \left(R_C + \frac{\beta + 1}{\beta} R_E \right)$$

$$= 15 - 1.28 \times 10^{-3} \left(5 \times 10^3 + \frac{101}{100} \times 3 \times 10^3 \right) = 4.78 \text{ V}$$

因此，電晶體的 Q 點為：

$$V_{CEQ} = 4.73 \text{ V} \qquad I_{CQ} = 1.28 \text{ mA} \qquad I_{BQ} = 12.8 \text{ } \mu\text{A}$$

檢視學習成效

範例 10.7 中的 R_C 如果增加至 680 Ω，找到新的 Q 點。

解答：因為 V_{BB} 與 R_B 不便，但 V_{BEQ} 的變化可忽略不計。I_{BQ} 將保持約等於 150 μA。藉由觀察可知，$V_{CEQ} \approx 0.5$ V 是非常的小、與 BJT 接近飽和。而新的集極電流 $I_{CQ} \approx 20$ mA。

檢視學習成效

如圖 10.25 的電路所示，求 V_{BB} 的值，使得集極電流 $I_C = 6.3$ mA。其相對應的集－射極電壓為何？假設 $V_{BE} = 0.6$ V，$R_B = 50$ kΩ，$R_E = 200$ Ω，$R_C = 1$ kΩ，$\beta = 100$，和 $V_{CC} = 14$ V。

若範例 10.8 中的 β 值改為 150，集極電流會改變百分之多少？為什麼集極電流的增加會少於 50％？

解答：$V_{BB} = 5$ V，$V_{CE} = 6.43$ V；3.74%。因為 R_E 提供負回饋作用，會讓 I_C 與 I_E 幾乎維持恆定不便。

10.5 閘極和開關

在描述電晶體的特性時，曾提過電晶體除了作為放大器外，三端元件可以用來作為電子開關，其中一端是用來控制另外兩端間的電流。第 9 章也暗示過，二極體可以作為開關的元件。在這節裡，我們討論二極體和電晶體作為電子開關的操作方法，說明在**類比（analog）**和**數位（digital）開關**電路中，這些電子元件的使用方式。電晶體開關電路是數位邏輯電路的基礎，會在第 12 章有更詳細地介紹。本節的目的在討論這些電路的內部操作，讓對數位電路內部操作有興趣的讀者對基本原理有適當的瞭解。

電子閘（electronic gate）是種基於一個或多個輸入訊號，產生兩者之一或多個指定的輸出的元件，可以是數位閘或類比閘。首先，考慮類比和數位字面上的意義。類

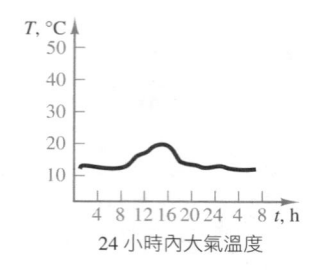

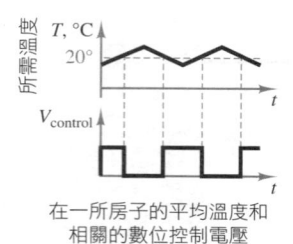

比訊號會隨時間有連續性的變化，可比擬為物理量。一個類比訊號的範例為感應器電壓，會根據一天內周遭環境的溫度變化而有不同反應。另一方面，數位訊號代表訊號只能得到有限的數值；尤其是一個普遍的數位訊號包含**二進制訊號**，在同一時間內只會出現兩個值的其中之一（例如 1 和 0）。一個二進制訊號的典型例子就是家中暖氣系統的暖氣爐控制訊號，藉由傳統的自動調溫器控制。如果家中溫度已經降到自動調溫器設定值之下，可以想成訊號控制（或 1），如果家中溫度已經超過或等於設定的溫度（如 20°C），則訊號就變成關閉（或 0），圖 10.29 說明在暖氣爐例子中的類比及數位訊號的波形。在第 12 章中將繼續討論數位訊號。

圖 10.29 邏輯和數位訊號的圖示

二極體閘

前面曾提過，二極體在順向偏壓時可導通電流，否則可視為開路，所以只要適當地利用，就可以作為開關。圖 10.30 中的電路稱作**或閘**（**OR gate**），操作如下。假設大於 2 V 的電壓對應為「邏輯 1」，小於 2 V 則對應為「邏輯 0」。接著，假設輸入電壓 v_A 和 v_B 可以等於 0 V 或 5 V。如果 v_A = 5 V，二極體 D_A 將會導通；如果 v_A = 0 V，二極體 D_A 為開路。二極體 D_B 也是如此。但如果 v_A 和 v_B 都為 0，跨越過電阻 R 的電壓將是 0 V，或者可說成邏輯 0。或 v_B 其中一個為 5 V，對應的二極體會導通，而且（假設二極體的偏移模型 V_γ = 0.6 V）我們可以求得 v_o = 4.4 V，或是邏輯 1。如果 v_A 或 v_B 都等於 5 V，相同的分析會產生同樣等效結果。

這個電路稱為或閘，因為只要 v_A 或 v_B 為「on」，則 v_o 等於邏輯 1（或「high」），而唯有 v_A 和 V_B 都不是「on」時，v_o 才為邏輯 0（或「low」）。二極體閘的討論將被限制在這段簡單的介紹中，因為類似圖 10.30 的二極體閘電路，在實際上很少使用。現在大部分的數位電路是利用電晶體達到開關和邏輯閘的功能。

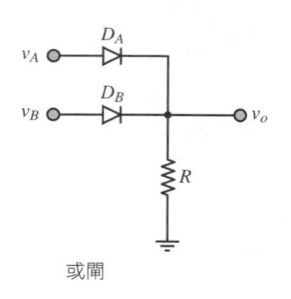

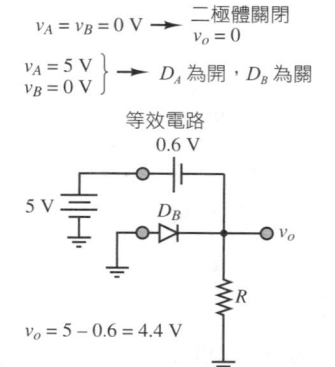

BJT 閘

在 BJT 的大訊號模型討論中，我們知道這一類元件的 i-v 特性包含一個截止區，在其中幾乎沒有電流流入電晶體。另一方面，當一個足夠大的電流注入到電晶體的基極時，雙極性電晶體到達飽和區，進而產生大量的集極電流。這種特性相當適合電子閘和開關的設計，並藉由在集極特性曲線上疊加負載線，如圖 10.31 所示。

第 **10** 章　雙極性接面電晶體：操作，電路模型和應用　　493

這個簡單的 **BJT 開關**操作示於圖 10.31 的負載線分析。集極電路的負載線方程式為：

$$v_{CE} = V_{CC} - i_C R_C \tag{10.29}$$

和

$$v_o = v_{CE} \tag{10.30}$$

因此，當輸入電壓 v_{in} 低時（例如 0 V）時，電晶體處於截止狀態並且其電流非常小。然後：

$$v_o = v_{CE} = V_{CC} \tag{10.31}$$

使得該輸出為「邏輯 high」。

當 v_{in} 大到足以將電晶體推進飽和區時，相當多的集極電流將導通，且集射極電壓將降到小的飽和值 V_{CEsat}，通常只有零點幾個伏特而已。這會對應到負載線上的 B 點。輸入電壓 v_{in} 要驅動圖 10.31 中的電晶體進入飽和區，基極電流需接近 50 μA。然後，假設電壓 v_{in} 等於 0 V 或 5 V。若 v_{in} = 0 V，v_o 將近似於 V_{CC}，也就是 5 V。另一方面，若 v_{in} = 5 V 且 R_B 等於 89 kΩ（所以為了要達到飽和，流入基極的基極電流需要：$i_B = (v_{in} - V_\gamma) / R_B = (5 - 0.6) / 89000 \approx 50$ μA），我們使 BJT 操作在飽和區，並且 $v_o = V_{CEsat} \approx 0.2$V。

因此，每當 v_{in} 對應邏輯「high」（或邏輯 1），v_o 會是一個接近 0 V 的值，也就是邏輯「low」（或邏輯 0）；相反的，v_{in}=「0」（邏輯「low」），導致 v_o =「1」。對應這兩個邏輯準位 1 和 0 的 5 V 和 0 V，實際上是常使用在一種稱為**電晶體－電晶體邏輯**（**transistor-transistor logic**，**TTL**）[3] 電路的標準值。較普遍的 TTL 方塊圖為圖 10.31 中的**反相器**（inverter），會這樣稱呼是因為它在高輸入訊號下提供一個低輸出訊號，「反轉」了輸入訊號，反之亦然。這種反相，或稱作「負」邏輯動作，是個相當典型的 BJT 閘（和一般的電晶體閘）。

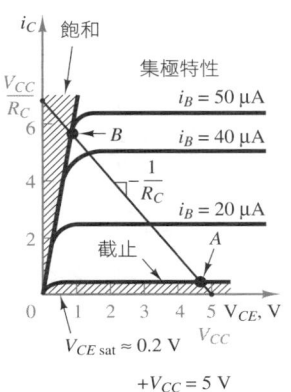

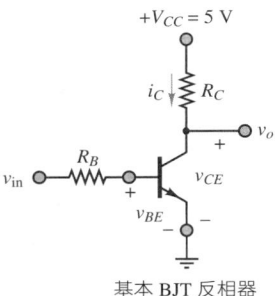

圖 10.31　BJT 開關特性

基本 BJT 反相器

範例 10.9　TTL NAND 邏輯閘

問題

參考圖 10.32，並完成下表，來找出 TTL NAND 邏輯閘的操作方式。

---

[3] TTL 邏輯值實際上是相當靈活的，v_{HIGH} 可低至 2.4 V 和 v_{LOW} 可高至 0.4 V。

v_1 (V)	v_2 (V)	Q_1 的狀態	Q_2 的狀態	v_o
0	0			
0	5			
5	0			
5	5			

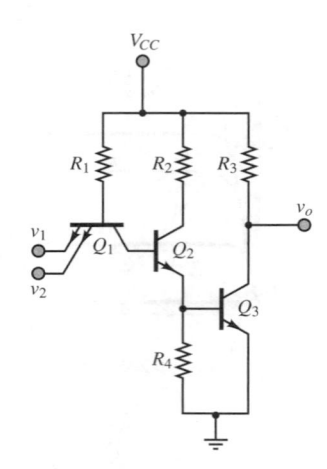

圖 10.32 TTL NAND gate

圖 10.33

解

已知條件： 電阻值；每個電晶體的 V_{BEon} 和 V_{CEsat}。

求出： 四種 v_1 和 v_2 組合的 v_o 值。

已知資料： $R_1 = 5.7\ k\Omega$；$R_2 = 2.2\ k\Omega$；$R_3 = 2.2\ k\Omega$；$R_4 = 1.8\ k\Omega$；$V_{CC} = 5\ V$；$V_{BEon} = V_\gamma = 0.7\ V$；$V_{CEsat} = 0.2\ V$。

假設： Q_1 的 BE 和 BC 接面是為偏壓二極體。假設電晶體在導通後進入飽和區操作。

分析： TTL 閘的輸入電壓 v_1 和 v_2 加到電晶體 Q_1 的射極。電晶體被設計成像是有兩個並聯的射極電路。Q_1 由偏壓二極體模型來構成，如圖 10.33 所示。現在分別考慮下面四種情況：

1. $v_1 = v_2 = 0\ V$。Q_1 的射極接地，且基極電壓等於 5 V，所以 BE 接面明顯地是順向偏壓且 Q_1 導通。此結果表示，Q_2 基極電流（等於 Q_1 的集極電流）為負的，所以 Q_2 必不導通。如果 Q_2 不導通，射極電流一定為零，所以也沒有基極電流會流入 Q_3，Q_3 也是不導通。當 Q_3 不導通，沒有電流流過 R_3，所以 $v_o = 5 - v_{R3} = 5V$。

2. $v_1 = 5\ V$；$v_2 = 0\ V$。參考圖 10.33，二極體 D_2 仍然是順向偏壓，但 D_1 現在是反向偏壓，因為 v_2 有 5 V 的電壓。兩個射極分支其中一個可以導通，基極電流將會存在且 Q_1 會導通。後面的分析和第 1 種情況的說明相同，Q_2 和 Q_3 仍然都是不導通的，導致 $v_o = 5\ V$。

3. $v_1 = 0\ V$；$v_2 = 5\ V$。和第 2 種情況對稱，同樣的，一個射極分支能導通，所以 Q_1 會導通。Q_2 和 Q_3 都是不導通，$v_o = 5\ V$。

4. $v_1 = 5\ V$；$v_2 = 5\ V$。此處的 D_1 和 D_2 都是反向偏壓，所以沒有射極電流，Q_1 為不導通。然而，雖然 D_1 和 D_2 都是反向偏壓，D_3 為順向偏壓，所以有電流會流入 Q_2 的基極；所以 Q_2 是導通的，其射極電流會倒通 Q_3。要求解輸出電壓，假定 Q_3 操作於飽和區，使得：

$$v_o \approx V_{CEsat}$$

然後利用 KVL 到集極電路，求出：

$$V_{CC} = I_{C3}R_3 + V_{CE3}$$

或

$$I_{C3} = \frac{V_{CC} - V_{CE3}}{R_3} = \frac{V_{CC} - V_{CEsat}}{R_3} = \frac{5 - 0.2}{2,200} \approx 2.2\ mA$$

一個合理的問題是，Q_2 是否也為飽和？如果是，則 R_2 和 R_4 幾乎串聯，而 Q_3 的基極電壓可由分壓來計算。

$$V_{B_3} \approx \frac{R_4}{R_2 + R_4}V_{CC} = \frac{1.8}{2.2 + 1.8}5 = 2.25\ V$$

由於 Q_3 的射極直接連接到參考節點（V = 0），跨越 Q_3 的 EBJ 的電壓也將是 2.25 V。但此值不

符合假設，也就是矽基電晶體的 $V_\gamma \approx 0.7\text{V}$。因此，$Q_2$ 不能是飽和。但由於它是開啟，一定在主動模式。

下表整理了四種狀況的結果。輸出結果符合 TTL 邏輯；第 4 種情況的輸出電壓十分接近 0，在此可以考慮成 0。

v_1 (V)	v_2 (V)	Q_2 的狀態	Q_3 的狀態	v_o (V)
0	0	Off	Off	5
0	5	Off	Off	5
5	0	Off	Off	5
5	5	On	On	0.2

評論：TTL 邏輯閘電路的精確分析冗長且複雜。這個範例裡使用非常簡單地驗證方法來決定電晶體是導通或不導通。操作邏輯裝置時，主要關心的是邏輯判斷準位而非確實數值，因此這個近似分析的方法非常合適。

檢視學習成效

使用圖 10.31 的 BJT 的開關特性，找出所需的 R_B，以驅動電晶體飽和。假設導通電晶體的最小 v_in 為 2.5V，基極電流為 50 μA。

解答：$R_B \leq 38\text{ k}\Omega$

結論

本章介紹雙極性接面電晶體，並透過簡單的電路模型的方式，展示了其作為放大器和開關的操作。完成本章後，你應該已經掌握了以下學習目標：

1. 了解放大和開關的基本原理。電晶體是可以作為放大器和開關的三端電子半導體元件。
2. 了解雙極性接面電晶體的物理操作；確定一個雙極性接面電晶體的操作點。雙極性接面電晶體具有四種操作模式。
3. 了解雙極性接面電晶體的大訊號模型，並將其應用到簡單的放大器電路。BJT 的大訊號模式很容易使用，僅需直流電路分析基本理解，並可以容易地應用到許多實際情況。
4. 選擇雙極性接面電晶體電路的操作點。要偏壓雙極性接面電晶體，需要選擇適合的直流電源電壓（多個），和用於電晶體放大器電路中的電阻值。在主動模式偏壓下，雙極性接面電晶體可用作電流控制電流源，可以將進入基極的小電流放大到 200 倍。
5. 理解雙極性接面電晶體作為開關的操作，並分析基本類比和數位閘電路。BJT 作為開關的操作非常簡單，包括設計一個電晶體電路，能依輸入電壓的改變而從截止到飽和。電晶體開關通常用於數位邏輯閘設計。

習題

第 10.2 節：雙極性接面電晶體

10.1 如圖 P10.1 所示，說明每一個電晶體的 BE 及 BC 接面是順向—或是逆向—偏壓，並判定其操作模式。

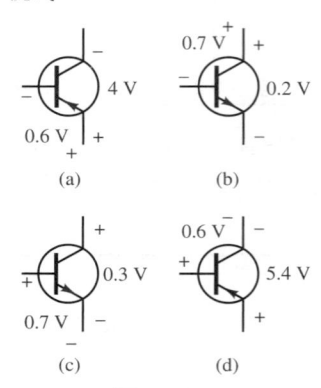

圖 **P10.1**

10.2 圖 P10.2 的電路中，找出電晶體的操作點。$\beta = 100 \div 200$，$R_B = 100 \text{ k}\Omega$，$R_c = 200 \text{ }\Omega$ 和 $V_{CC} = 7$ V。

圖 **P10.2**

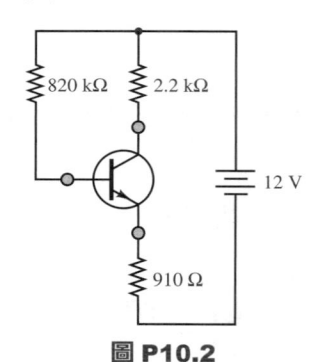

10.3 對於圖 P10.3 中所示的電路，求所述射極電流 I_E 和集極—基極電壓 V_{CB}，如在圖 10.9 中定義。假設 $V_\gamma = 0.62$ V。

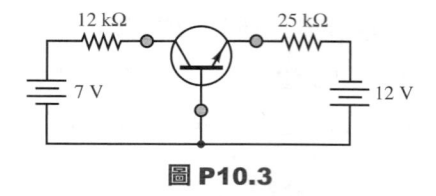

圖 **P10.3**

10.4 參考圖 P10.4 的電路，求射極電流 I_E 以及集—基極電壓 V_{CB}。假設偏壓電壓是 $V_\gamma = 0.6$ V。

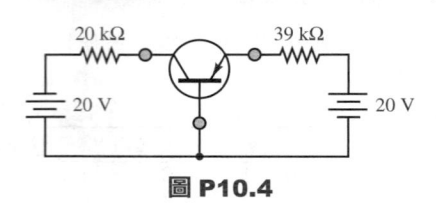

圖 **P10.4**

10.5 某電晶體的集極特性曲線如圖 P10.5 所示。

a. 若 $V_{CE} = 10$ V 與 $I_B = 100$、200 和 600 μA，求 I_C / I_B。

b. 如果 $I_B = 500$ μA 時，集極最大允許功耗是 $P = i_C v_{CE} = 0.5$ W，求 V_{CE}。

圖 **P10.5**

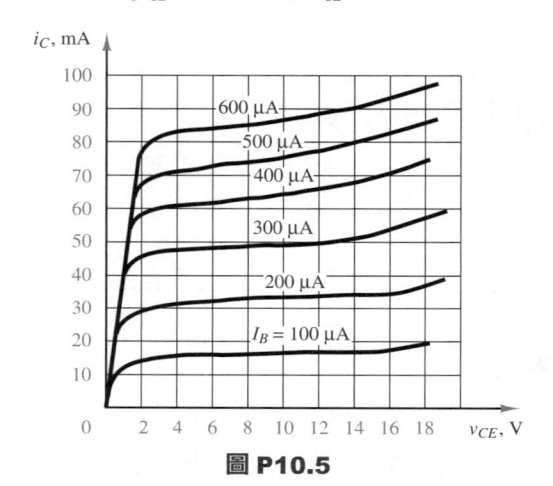

10.6 參考圖 P10.6 的電路中，求 I_R。$R_B = 50$ kΩ，$R_C = 1$ kΩ，$R = 2$ kΩ，$V_{BB} = 2$ V，$V_{CC} = 12$ V 與 $\beta = 120$。

圖 **P10.6**

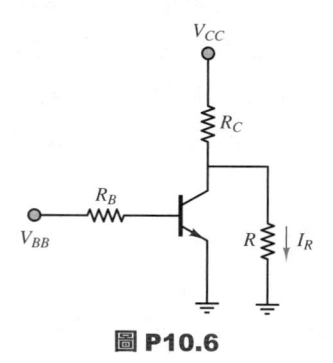

10.7 一個如圖 10.9 所示的 npn 型電晶體操作於主動模式，其 $i_C = 60 i_B$，接面電壓為 $V_{BE} = 0.6$ V 和 $V_{CB} = 7.2$ V。如果 $|I_E| = 4$ mA，求 (a) I_B 與 (b) V_{CE}。

第 10.3 節：BJT 大訊號模型

10.8 參考範例 10.3 與圖 10.17。假設除了應用需要 $I_{LED} = 10$ mA 以外，其他所有給定值不變。求出集極電阻的 R_C 範圍值，以便電晶體能提供所需電流。

10.9 參考範例 10.3 和圖 10.17。假定除了 $R_C = 340\ \Omega$，$I_{LED} \geq 10$ mA，所有給定值不變，並且由微處理器提供的最大基極電流為 5 mA。求出滿足這些要求的 R_B 範圍值。

10.10 圖 P10.10 中所示的電路是一個 9 V 電池充電器。其稽納二極體目的是提供一種在電阻 R_2 的恆定電壓，使得該電晶體將輸出恆定射極（因而集極）電流。求出 R_2 及 R_1 的值，和 V_{CC} 值，使得電池會能有恆定的 40 mA 的充電電流。

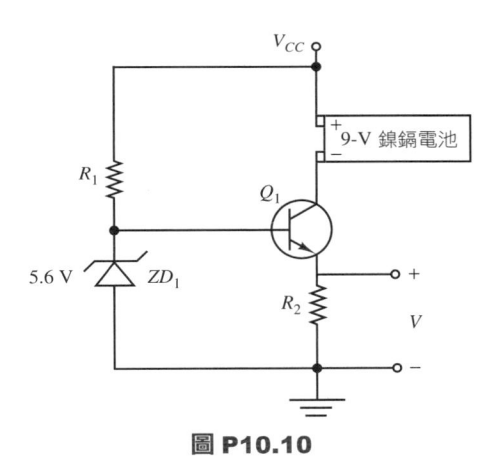

圖 P10.10

10.11 圖 P10.11 中所示的電路是範例 10.5 的馬達驅動電路的變型。外部電壓 v_{in} 代表一個微控制器的模擬輸出，會在 0 和 5 V 之間變換。選擇適合的基極電阻 R_b，使得當 $v_{in} = 5$V 時，馬達將看到最大設計電流值。使用在範例 10.5 給出的設計規格。

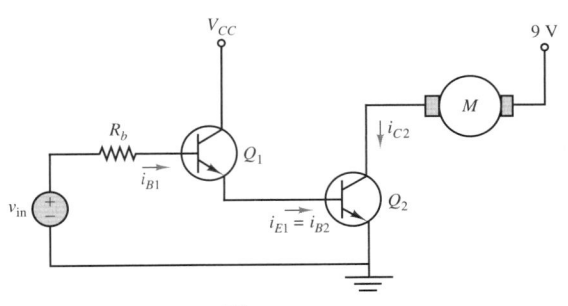

圖 P10.11

10.12 對於圖 10.21 中所示的電路，$V_{CC} = 5$ V，$R_C = 1$ kΩ，$R_B = 10$ kΩ 與 $\beta_{min} = 50$。求出 V_{BB} 值的範圍，使電晶體是在飽和模式。

第 10.4 節：小訊號模型和 AC 放大

10.13 圖 P10.13 中所示的電路是一個共射極放大器。找出基節點與參考節點之間網絡的 DC 戴維寧等效電路，用於重新繪製電路。

$V_{CC} = 20$ V $\quad \beta = 130$
$R_1 = 1.8$ MΩ $\quad R_2 = 300$ kΩ
$R_C = 3$ kΩ $\quad R_E = 1$ kΩ
$R_o = 1$ kΩ $\quad R_S = 0.6$ kΩ
$v_S = 1\cos(6.28 \times 10^3 t)$ mV

圖 P10.13

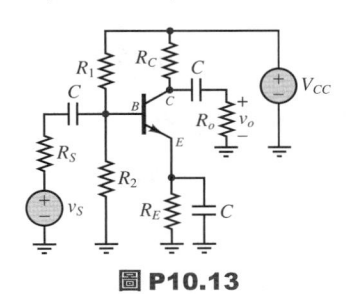

10.14 圖 P10.14 是一個共射極放大器，使用的是 npn 矽電晶體和兩個 DC 電源 $V_{CC} = 12$ V 和 $V_{EE} = 4$ V。求 V_{CEQ} 及操作模式。

$\beta = 100$ $\quad R_B = 100$ kΩ
$R_C = 3$ kΩ $\quad R_E = 3$ kΩ
$R_o = 6$ kΩ $\quad R_S = 0.6$ kΩ
$v_S = 1\cos(6.28 \times 10^3 t)$ mV

圖 P10.14

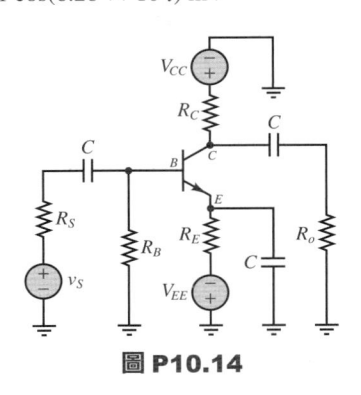

10.15 對於圖 P10.15 中所示的電路，v_S 是平均值小於 3 V 的正弦波訊號。如果 $\beta = 100$ 與 $R_B = 60$ kΩ，

a. 求使得 I_E 為 1 mA 的 R_E 值。
b. 求使得 V_C 為 5 V 的 R_C 值。
c. $R_o = 5\ \text{k}\Omega$。找出放大器的小訊號等效電路。
d. 求電壓增益。

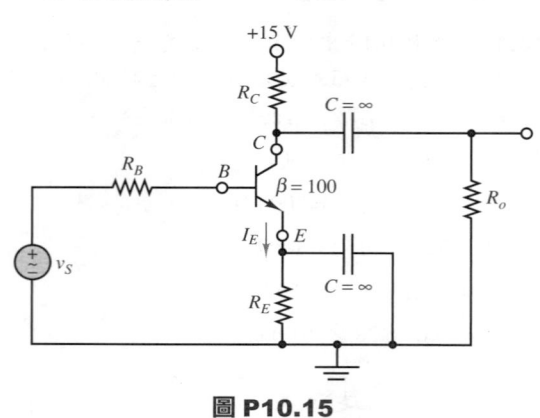

圖 P10.15

第 10.5 節：BJT 開關和閘極

10.16 說明圖 P10.16 的電路，如果輸出在 v_{o1}，功能如同一個 OR 閘。

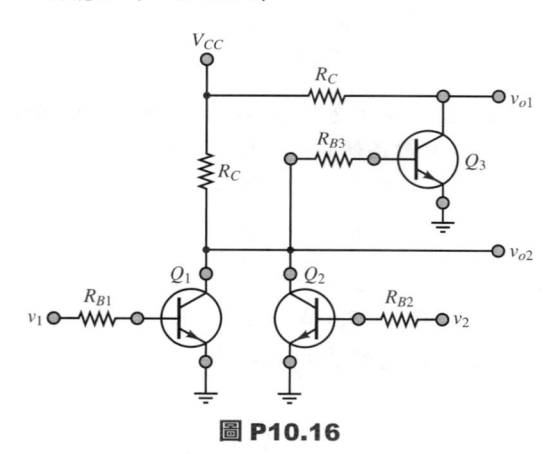

圖 P10.16

10.17 圖 P10.17 所示為 TTL 閘的基本電路（電晶體—電晶體邏輯閘）。求其邏輯功能。

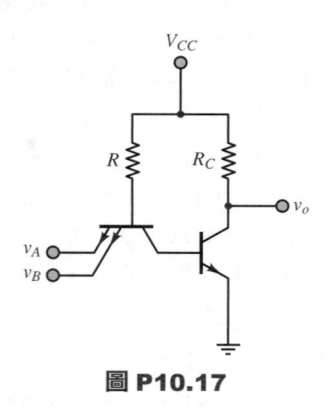

圖 P10.17

10.18 如圖 P10.18 所示，說明有兩個或更多個射極隨耦器輸出連接到一個共同的負載，將導致一個 OR 運算：$v_o = v_1 + v_2$。在這裡，+ 號代表一個邏輯 OR 運算。

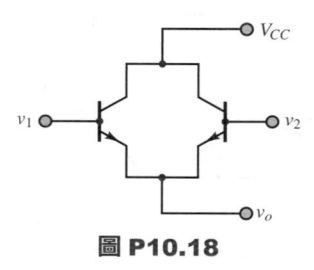

圖 P10.18

Part 2　電子學

11 場效電晶體：操作、電路模型及應用

第 11 章介紹場效電晶體（FET）家族。我們利用外部電場來控制一個通道的導電性，使得 FET 表現像是一個電壓控制電阻 或是一個電壓控制電流源。現今的積體電路 IC 中，FET 是主要的電晶體家族成員。雖然有幾種不同的結構，我們將重點集中在其中一種就能對不同的種類有大致了解。FET 的兩個大家族可分為 JFET（接面場效電晶體）和 MOSFET（金屬氧化物半導體場效電晶體）。這兩個類型都可以用模式（增強型或空乏型）和通道類型（n 或 p）來加以細分。本章的學習重點是增強型 MOSFET，不論是 n 型通道（NMOS）或 p 型通道（PMOS）。本章節還介紹了結合 NMOS 和 PMOS，非常重要的 CMOS 技術。

學習目標

1. FET 的分類。11.1 節。
2. 增強型 MOSFET 的基本操作與 i-v 曲線和方程式的定義。11.2 節。
3. 增強型 MOSFET 電路如何偏壓。11.3 節。
4. FET 訊號放大器的概念和操作。11.4 節。
5. FET 開關的概念和操作。11.5 節。
6. 分析 FET 開關及數位閘。11.5 節。

11.1 FET 種類

FET 主要分為三類：

1. **增強型場效電晶體**（Enhancement-mode MOSFET）

2. **空乏型場效電晶體**（Depletion-mode MOSFET）
3. **接面場效電晶體**（Junction field-effect transistor，JFET）

每一類都含有 n 通道和 p 通道元件。n 或 p 代表在半導體通道摻雜的特性。MOSFET 是**金屬氧化物半導體場效電晶體**的縮寫。M 代表金屬，O 代表氧化物，S 代表半導體。雖然隨著時間的演變，製程技術也有不同，MOSFET 仍持續用來代表所有增強型和空乏型 FET。

圖 11.1 顯示三種類型電晶體的 n 型和 p 型通道元件的典型電路符號。這些電晶體有類似的特性和應用性。為了簡便起見，本章節僅針對增強型 MOSFET 詳細討論。所有的 FET 都是單極性元件，僅由一種類型的電荷載子導通，如電洞或是電子；FET 不像 BJT 可以使用電洞和電子兩者傳導電流。雖然 FET 和 BJT 都是三端電子元件，雙極性接面電晶體是不對稱元件，因為雙極性接面電晶體的集極和射極不能互換。然而，FET 的汲極與源極是完全對稱的，因此可以互換。

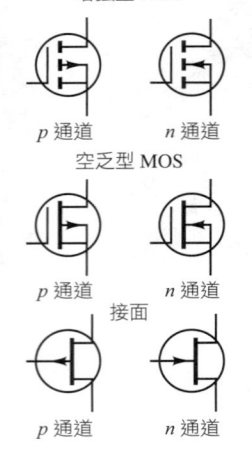

圖 11.1 FET 的分類方法

11.2 增強型 MOSFET

圖 11.2 描繪了典型 n 通道增強型 MOSFET 結構以及電路符號。該元件有四個區域：**閘極、汲極、源極**和**基塊**。[1] 每個區域有自己的導電端子。基塊和源極終端經常導電連接在一起，在這種情況下，基塊在電路符號中通常不標示。閘極結構包含一個非常薄的絕緣層（10^{-9} m），通常是二氧化矽，將 p 型基塊隔開。[2] 汲極和源極都是由 n^+ 材料構成。

考慮如圖 11.3(a) 顯示，閘極和源極端子連接到一參考節點，且汲極端連接到正電源 V_{DD} 的情況。基塊端也連接到參考節點，而由於基塊端是連接到源極端的，所以基塊和汲極之間的 pn^+ 接面為逆向偏壓。同樣地，在整個基塊和源極之間的 pn^+ 接面的電壓為零，因此該接面也是逆向偏壓。由此，汲極與源極之間的路徑間為兩個逆向偏壓的 pn^+ 接面，使得從汲極到源極的電流近乎零。在這種情況下，從汲極到源極的電阻是 10^{12} Ω。

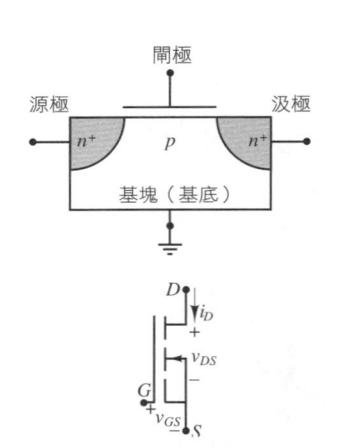

圖 11.2 n 通道增強型 MOSFET 結構和電路符號

當從閘極到源極的電壓為零時，n 通道增強型 MOSFET 視為開路。因此，增強型元件被稱為正常關閉，而其通道被稱為正常開路。

---
[1] 基塊本體也被稱為在**基底、基體**，或**基板**。
[2] 在過去，使用金屬氧化物來製作 MOS，這也就是金屬氧化物半導體名稱的由來。

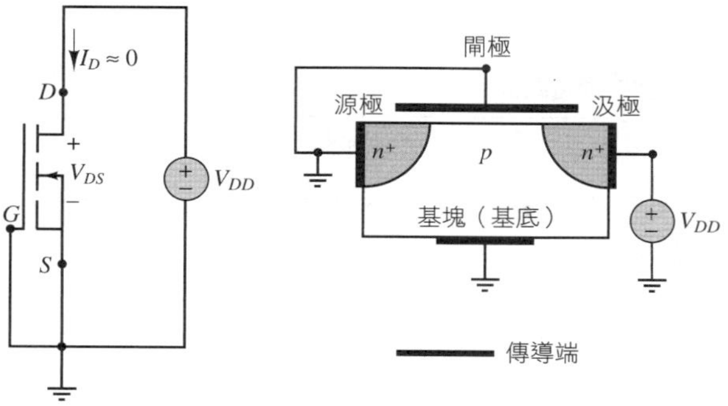

圖 11.3 NMOS 電晶體通道結構：(a) 閘極電壓零伏特時，源極－基塊和基塊－汲極都是逆向偏壓，通道可視為開路；(b) 在閘極施加正電壓時，基塊內的多數載子（即，電洞）會被閘極排斥，留下帶負電荷的原子。此外，來自源極和汲極的多數載子（即，電子）會被吸引至閘極。其結果是源極和汲極之間導通的 n 型通道。

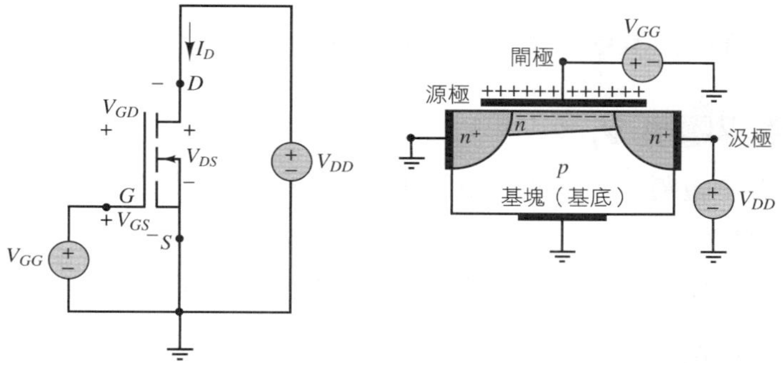

現在假設，如圖 11.3(b) 的正直流電壓 V_{GG} 被施加到閘極。在基塊的正多數載子〈電洞〉在離閘極最近的區域被排斥。同時，源極和汲極的負多數載子〈電子〉被吸引到同一區域。結果會在絕緣層下方形成窄的 n 型**通道**，將基塊與閘極分隔開。對於已知的汲極電壓，閘極電壓越高，電子載子在通道的濃度跟著越高，其導電性也越高。「增強型」指的是閘極電壓對提高通道導電性的影響。「場效」是指與閘極電壓相關的由閘極到基塊的電場效應。

也有空乏型元件，其中外部施加電場會縮減有效通道寬度，使得通道少了電荷載體而變空乏。空乏型 MOSFET 是常開（即，通道導通）；截止（即，通道不導通）則會由外部閘極電壓來控制。

增強型 MOSFET 和空乏型 MOSFET 皆可以有 n 或 p 型通道。增強型元件本身沒有內建的導電通道；然而，可以通過在閘極的電壓施加作用而產生通道。另一方面，空乏型元件的確有一個內建的導通通道，可以透過閘極的電壓施加成為空乏通道。

表 11.1

通道類型	模式	
	增強型	空乏型
n	高態動作	低態動作
p	低態動作	高態動作

取決於各種模式和通道類型，FET 可以是高態動作或低態動作的元件，其中高或低指的是相對於某共同參考值的閘極電壓。表 11.1 總結了這些結果。n 型和 p 型通道 MOSFET 被分別稱為 **NMOS** 和 **PMOS** 電晶體。

操作區域和臨界電壓 V_t

若 NMOS 電晶體閘極－基塊的電壓（見圖 11.4）低於某臨界電壓 Vt，源極和汲極間便不會形成通道。其結果是汲極到源極間沒有電流可以流通，而電晶體是在截止區狀態。典型的 V_t 值是 0.3 和 1.0 V 之間，不過也可以是更大的值。

當閘極－基塊電壓比源極和汲極之間任何點的臨界電壓 V_t 更大時，該點形成導電的 n 型通道。如果像往常一樣，源極和基塊都連接到一個共同的參考節點，那麼閘極－基塊電壓和閘極－源極電壓 VGS 相同。如果汲極也連接到同一個共同的參考節點使得 $v_{DS} = 0$，則當 $v_{GS} > V_t$ 時，汲極到源極將形成均勻厚度的通道。過驅電壓 v_{OV} 通常可被視為 $v_{OV} = v_{GS} - V_t$，也就是比建立通道所需的必要電壓多出的閘極－源極電壓。需要注意的是 $v_{OV} > 0$ 代表的是 $v_{GS} > V_t$。

請注意，如果 $v_{DS} = 0$，則 $v_{GD} \equiv v_{GS} - v_{DS} = v_{GS}$，通道具有均勻厚度，且每單位通道長度的電阻也是均勻的。在這種被稱為歐姆區的狀態下，通道有效地充當可變電阻，其電阻值由閘極電壓決定。換句話說，就已知 v_{GS}，通道電流 i_D 正比於 v_{DS}。i_D 和 v_{DS} 間的這種線性關係在 v_{DS} 很小時可成立。

$$i_D \propto v_{DS} \quad \text{當} \quad v_{DS} \ll v_{OV} \quad \text{歐姆區} \tag{11.1}$$

當 $v_{GS} > V_t$，且汲極－源極電壓 v_{DS} 值不再微小，而是保持在 V_{DD} 正值時，在汲極附近的通道會比在源極附近窄，如圖 11.3(b) 所示。此外，只要 $v_{GD} > V_t$，源極到汲極的通道仍然存在。此條件等同要求 $v_{DS} < v_{OV}$。在該狀態下，每單位長度的通道電阻不再均勻分布，通道電流 i_D 是正比於 v_{DS}^2，並且電晶體是處於三極體區。

$$i_D \propto v_{DS}^2 \quad \text{當} \quad v_{DS} < v_{OV} \quad \text{三極體區} \tag{11.2}$$

要知道，歐姆區只是當 $v_{DS} \ll v_{OV}$ 時，三極體區裡的一部分。

最終，如果 v_{DS} 不斷增加，將超過 v_{OV} 使得通道厚度在汲極變為零。實際上，由於 v_{DS} 的增加，基塊－汲極接面的空乏區已充分膨脹，取代原有的通道。此狀況通常被稱為通道夾止。雖然此時通道厚度為零，電流仍然在通道中進行，因為汲極電壓夠大，能在空乏區驅動移動電子使其橫跨通道。但是，增加 v_{DS} 使其超出 v_{OV} 則會被限制在空乏區中，使得整個通道長度上的電壓保持恆定。其結果是，通道電流不會受到 v_{DS} 影響，而只依賴 v_{OV}。在這種狀態下，電晶體處於飽和區。

$$i_D \propto v_{OV}^2 \quad 當 \quad v_{DS} > v_{OV} \quad 飽和區 \tag{11.3}$$

圖 11.4 描繪出這些操作區，及其與 v_{GD} 和 v_{GS} 的關係。

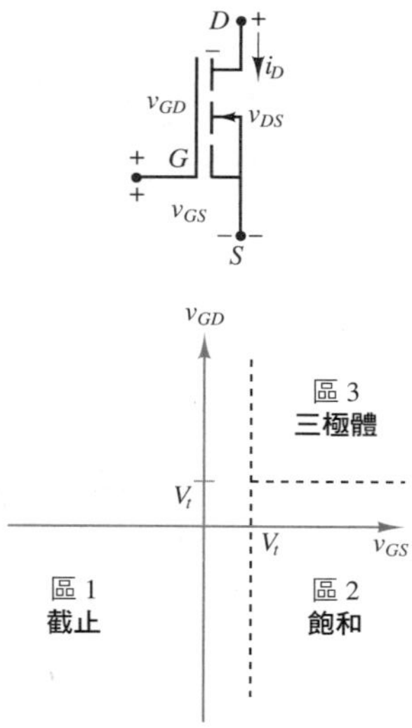

圖 11.4 NMOS 電晶體的操作的區域

通道電流 i_D 和導電參數 K

通道的導通能力取決於不同機制，所造成的影響為導電參數 K，可定義為：

$$K = \frac{W}{L} \frac{\mu C_{ox}}{2} \tag{11.4}$$

其中，W 是通道的橫截面寬度，L 為通道長度，μ 是多數的移動通道電荷載子（n- 通道元件是電子載子，p- 通道元件是電洞載子），C_{ox} 是閘極－通道中薄絕緣氧化層的電容。K 的單位是 A/V^2。

定義了導電參數後，就可呈現出各種操作區域 i_D 和 v_{DS} 之間的關係。在截止區：

$$i_D = 0 \quad 當 \quad v_{GS} \ll V_t \quad 截止區 \tag{11.5}$$

在三極體區：

$$i_D = K(2v_{OV} - v_{DS})v_{DS} \quad 當 \quad v_{DS} < v_{OV} \quad 三極體區 \tag{11.6}$$

當 $v_{DS} \ll v_{OV}$，這表示近似於

$$i_D \approx 2K v_{OV} v_{DS} \quad 當 \quad v_{DS} \ll v_{OV} \quad 歐姆區 \tag{11.7}$$

這是歐姆區的線性關係特性。在歐姆區，電晶體表現得像是電壓控制電阻，因此可在積體電路（IC）的設計中充當電阻。其他的用途為可調增益放大器和類比閘。

在飽和區：

$$i_D \approx K v_{OV}^2 \quad 當 \quad v_{DS} > v_{OV} \quad 飽和區 \tag{11.8}$$

這只是種近似關係，若考慮**爾利效應**，也就是 v_{DS} 對通道有效長度產生影響的話會更精確。這效應會加入**爾利電壓** V_A：

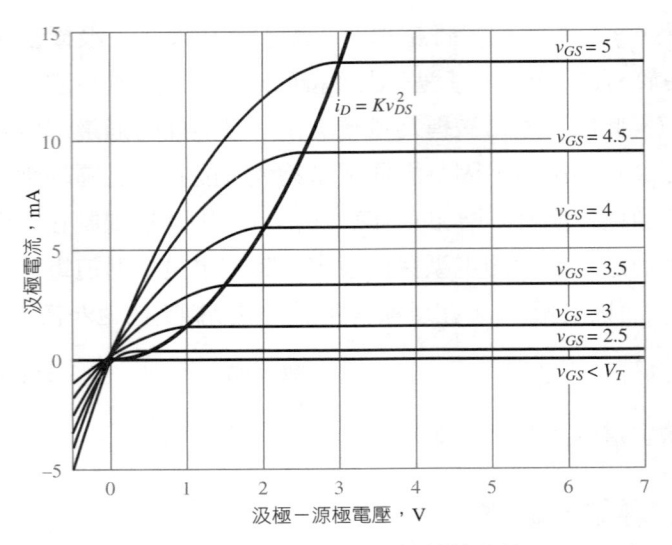

圖 11.5 對於 NMOS 電晶體與汲極特性曲線 $V_t = 2$ V 和 $K = 1.5$ mA/V²

$$i_D = K v_{OV}^2 \left(1 + \frac{v_{DS}}{V_A}\right) \quad \text{當} \quad v_{DS} > v_{OV} \quad \text{飽和區} \tag{11.9}$$

當 V_A 大於 v_{DS}，爾利效應的影響較小，而式 11.9 近似於式 11.8。此時，電晶體可充當電壓－控制電流源。

針對圖 11.3(b) 的電路，改變閘極和汲極的電壓，可以產生如圖 11.5 所示三個區域操作的特性曲線。注意，對於 $v_{GS} < V_t$，電晶體是在截止區，且 $i_D = 0$。飽和區和三極體區之間的邊界處是由曲線 $i_D = K v_{DS}^2$ 表示，是當 v_{DS} 增加時，特性曲線斜率最早為零的所有點的軌跡。（如果爾利電壓 V_A 是不可忽略的，則在飽和的特性線斜率不為零，但會是一些較小的正數。）在飽和區中，電晶體汲極電流幾乎保持不變，且獨立於 v_{DS}。事實上其值和 v_{GS}^2 成正比。最後，在三極體區中，汲極電流受 v_{GS} 和 v_{DS} 的影響極大。當 $v_{DS} \to 0$，每個斜率特性曲線變得接近恆定，這是歐姆區的特性。

P- 通道增強型 MOSFET 的操作

PMOS 增強型電晶體的操作在概念上和 NMOS 元件非常相似。圖 11.6 描述了測試電路和元件結構的草圖。注意，在 n 型和 p 型材料互換時，通道中的電荷載子是電洞，而不是電子。另外，臨界電壓 V_t 為負值。然而，如果 v_{GS} 被替換成 v_{SG}，v_{GD} 被換成 v_{DG}，v_{DS} 被換成 v_{SD}，與 V_t 被換成 $|V_t|$，那麼元件的分析便完全類似於 NMOS 電晶體的分析。尤其是，圖 11.7 顯示 PMOS 電晶體的閘極－汲極和閘極－源極電壓，和圖 11.4 相對等。所得的 PMOS 電晶體的三種操作模式方程式如下：

截止區：當 $v_{SG} < |V_t|$ 和 $v_{DG} < |V_t|$。

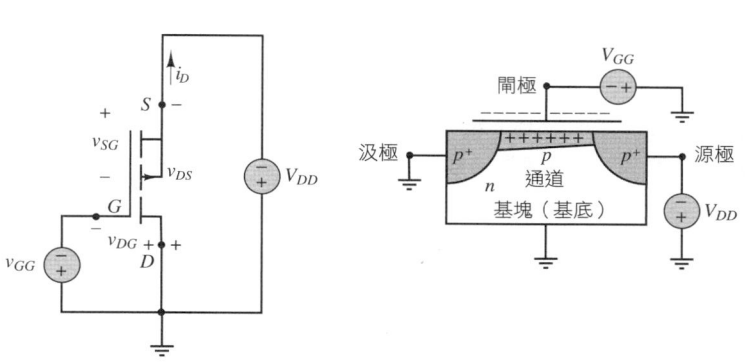

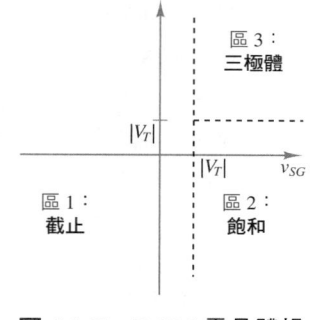

第 11 章 場效電晶體：操作、電路模型及應用　505

圖 11.6 p- 通道增強型場效電晶體（PMOS）

圖 11.7 PMOS 電晶體操作的區域

$$i_D = 0 \quad \text{截止區} \tag{11.10}$$

飽和區：當 $v_{SG} > |V_t|$ 和 $v_{DG} < |V_t|$。

$$i_D \cong K(v_{SG} - |V_t|)^2 \quad \text{飽和區} \tag{11.11}$$

三極體區：當 $v_{SG} > |V_t|$ 和 $v_{DG} > |V_t|$。

$$i_D = K[2(v_{SG} - |V_t|)v_{SD} - v_{SD}^2] \quad \text{三極體區或歐姆區} \tag{11.12}$$

範例 11.1　找出 MOSFET 的操作狀態

問題

已知 V_{DD} 和 V_{GG}，如果電流和電壓表示為下列值找出如圖 11.8 所示作 MOSFET 的操作狀態：

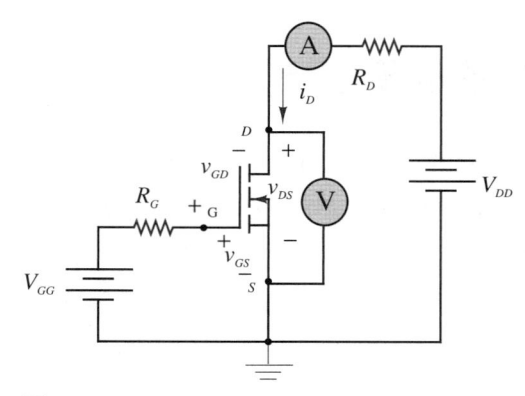

圖 11.8

a. $V_{GG} = 1$ V；$V_{DD} = 10$ V；$v_{DS} = 10$ V；$i_D = 0$ mA；$R_D = 100$ Ω。
b. $V_{GG} = 4$ V；$V_{DD} = 10$ V；$v_{DS} = 2.8$ V；$i_D = 72$ mA；$R_D = 100$ Ω。
c. $V_{GG} = 3$ V；$V_{DD} = 10$ V；$v_{DS} = 1.5$ V；$i_D = 13.5$ mA；$R_D = 630$ Ω。

解

已知條件：MOSFET 汲極電阻；汲極和閘極電壓源；MOSFET 方程式。

求解：MOSFET 靜態汲極電流 i_{DQ} 和靜態汲極－源極電壓 v_{DSQ}。

已知資料：$V_t = 2$ V；$K = 18$ mA/V^2。

分析：首先，注意圖 11.8 中二極體由基塊指向通道。這些箭頭總是從 p 指到 n；因此，該通道是 n 型，而電晶體是 NMOS。通道也由虛線標記，代表為增強型。

a. 由於汲極電流為零，MOSFET 在截止區。你應該驗證這兩個條件：$v_{GS} < V_t$，且 $v_{GD} < V_t$ 飽和。

b. 在這種情況下，$v_{GS} = V_{GG} = 4$ V $> V_t$。此外，$v_{GD} = v_G - v_D = 4 - 2.8 = 1.2$ V $< V_t$。因此，電晶體在飽和區。我們可以計算出汲極電流 $i_D = K(v_{GS} - V_t)^2 = 18 \times (4 - 2)^2 = 72$ mA。汲極電流可以計算為：

$$i_D = \frac{V_{DD} - v_{DS}}{R_D} = \frac{10 - 2.8}{0.1\,\text{k}\Omega} = 72\,\text{mA}$$

c. 在這種情況下，$v_{GS} = V_{GG} = v_G = 3$ V $> V_t$。汲極電壓被測定為 $v_{DS} = v_D = 1.5$ V，因此，$v_{GD} = 3 - 1.5 = 1.5$ V $< V_t$。在這種情況下，MOSFET 為是歐姆區或三極體區。現在，我們可以計算出 $i_D = K[2(v_{GS} - V_t)v_{DS} - v_{DS}^2] = 18 \times [2 \times (3 - 2) \times 1.5 - 1.5^2] = 13.5$ mA。汲極電流也可以計算為：

$$i_D = \frac{V_{DD} - v_{DS}}{R_D} = \frac{(10 - 1.5)\,\text{V}}{0.630\,\text{k}\Omega} = 13.5\,\text{mA}$$

檢視學習成效

使用下列條件，範例 11.1 的 MOSFET 的操作狀態為何？

$$V_{GG} = \tfrac{10}{3}\,\text{V} \quad V_{DD} = 10\,\text{V} \quad v_{DS} = 3.6\,\text{V} \quad i_D = 32\,\text{mA} \quad R_D = 200\,\Omega$$

解答：飽和

11.3 MOSFET 的偏壓電路

以上討論了增強型 MOSFET 基本特性和判定操作區的方式後，接下來要制定偏壓 MOSFET 的方式。本節提供兩種偏壓電路，和前面偏壓 BJT 的電路一樣。第一種在範例 11.2 和 11.3 所示，使用兩個不同的電壓源。此偏壓電路較容易理解，但不是非常實用，因為如在 BJT 時所討論，挑選單一直流電壓源，並使電路調整到偏壓點是較理想的做法。這些特性在第二種偏壓電路被提出，如同範例 11.4 和 11.5 的描述。

範例 11.2　MOSFET Q 點圖形測定

問題

求圖 11.9 的電路中 MOSFET 的 Q 點。

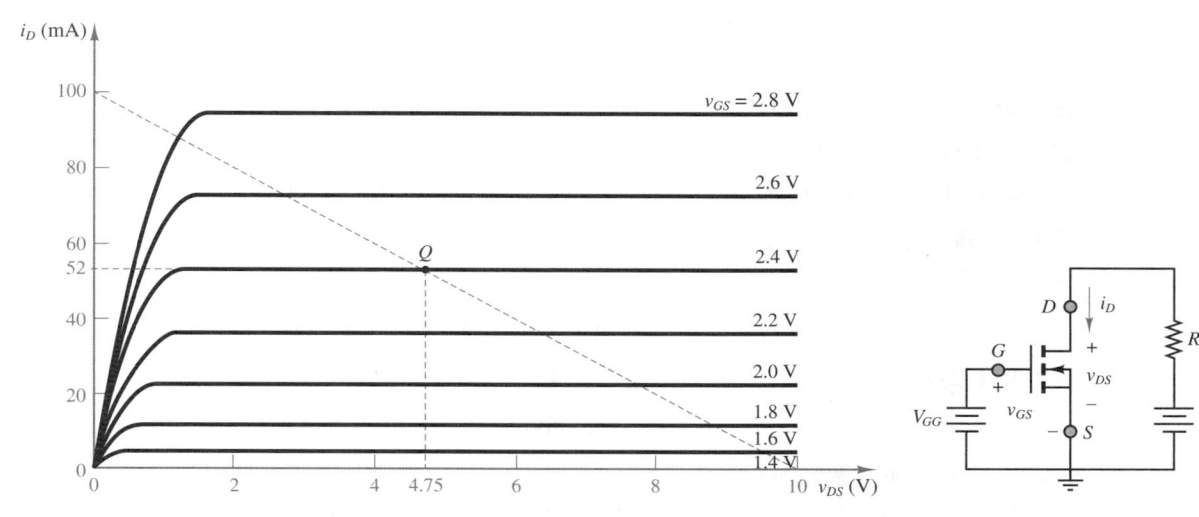

圖 11.9　n 通道增強型 MOSFET 電路和特性

解

已知條件：MOSFET 汲極電阻；汲極和閘極電壓源；MOSFET 汲極曲線。

求解：MOSFET 靜態汲極電流 i_{DQ} 和靜態汲極－源極電壓 v_{DSQ}。

已知資料：V_{GG} = 2.4 V；V_{DD} = 10 V；R_D = 100 Ω。

假設：使用圖 11.9 的特性曲線。

分析：首先，注意圖 11.9 中二極體由基塊指到通道。這些箭頭總是從 p 指到 n；因此，該通道是 n 型，所述電晶體是 NMOS。通道也由虛線標記代表為增強型。

要確定 Q 點，寫出汲極電路方程式並應用 KVL：

$$V_{DD} = R_D i_D + v_{DS}$$
$$10 = 100 i_D + v_{DS}$$

所得的曲線在圖 11.9 上用虛線畫成汲極電流曲線，而汲極電流軸交叉點為 V_{DD} / R_D = 100 mA，汲極－源極電壓軸交叉點 V_{DD} = 10 V。然後，負載線和 v_{GS} = 2.4 V 曲線的交點即為出 Q 點。因此，i_{DQ} = 52 mA 和 v_{DSQ} = 4.75 V。

評論：MOSFET Q 點的判定比 BJT 容易，因為閘極電流實質上為零。

範例 11.3　MOSFET Q 點計算

問題

使用圖 11.9 所示的 MOSFET 特性曲線，確定以下條件的 Q 點。

解

已知條件：MOSFET 汲極電阻；汲極和閘極電壓源；MOSFET 方程式。

求解：MOSFET 靜態汲極電流 i_{DQ} 和靜態汲極－源極電壓 v_{DSQ}。

已知資料：$V_{GG} = 2.4$ V；$V_{DD} = 10$ V；$V_t = 1.4$ V；$K = 48.5$ mA/V^2；$R_D = 100\ \Omega$。

分析：閘極電壓源 V_{GG} 使 $v_{GSQ} = V_{GG} = 2.4$ V。因此，$v_{GSQ} > V_t$。先假設 MOSFET 是在飽和區，所以使用式 11.8 計算汲極電流：

$$i_{DQ} = K(v_{GS} - V_t)^2 = 48.5 \times 10^{-3}(2.4 - 1.4)^2 = 48.5 \text{ mA}$$

應用 KVL 到汲極迴路，我們可以計算出靜態汲極－源極電壓為：

$$v_{DSQ} = V_{DD} - R_D i_{DQ} = 10 - 100 \times 48.5 \times 10^{-3} = 5.15 \text{ V}$$

現在，我們可以驗證該 MOSFET 是在飽和區中操作的假設。回想一下，在區域 2（飽和）操作所需的條件為：$v_{GS} > V_t$ 和 $v_{GD} < V_t$。第一個條件是顯然符合。第二個條件可被驗證：

$$v_{GD} = v_{GS} + v_{SD} = v_{GS} - v_{DS} = -2.75 \text{ V}$$

顯然，條件 $v_{GD} < V_t$ 也是被滿足。因此和 MOSFET 確實在飽和區操作。

範例 11.4　MOSFET 自偏壓電路

問題

求圖 11.10(a) 中 MOSFET 自偏壓電路的 Q 點。選擇 R_S 值讓 $v_{DSQ} = 8$ V。

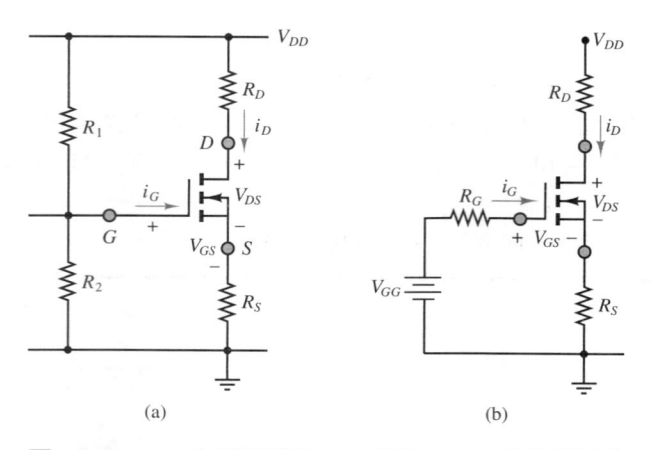

圖 11.10　(a) 自偏壓電路；(b) 簡化 R_1、R_2 的等效電路

解

已知條件：MOSFET 汲極和閘極電阻；汲極電壓源；MOSFET 參數 V_t 和 K；汲極－源極電壓 v_{DSQ}。

求解：MOSFET 靜態閘極－源極電壓 v_{GSQ}，靜態汲極電流 i_{DQ} 和靜態汲極－源極電壓 v_{DSQ}。

已知資料：$V_{DD} = 30$ V；$R_D = 10$ kΩ；$R_1 = R_2 = 1.2$ MΩ；$V_t = 4$ V；$K = 0.2188$ mA/V^2；$v_{DSQ} = 8$ V。

假設：假設在飽和區中操作。

分析：首先，我們將圖 11.10(a) 簡化至圖 11.10(b) 的電路，其中分壓器規則已被用來計算等效電路由閘極看到的值。

$$V_{GG} = \frac{R_2}{R_1 + R_2} V_{DD} = 15 \text{ V} \qquad R_G = R_1 || R_2 = 600 \text{ kΩ}$$

讓所有電流表達成毫安，電阻表達成千歐。應用 KVL 於如圖 11.10(b) 圍繞閘極電路，可得：

$$v_{GSQ} + i_{GQ} R_G + i_{DQ} R_S = V_{GG} = 15 \text{ V}$$

由於 MOSFET 的無限輸入電阻使得 $i_{GQ} = 0$，該閘極方程式簡化為：

$$v_{GSQ} + i_{DQ} R_S = 15 \text{ V} \tag{a}$$

汲極電路方程式為：

$$v_{DSQ} + i_{DQ} R_D + i_{DQ} R_S = V_{DD} = 30 \text{ V} \tag{b}$$

使用式 11.8 得到：

$$i_{DQ} = K(v_{GS} - V_t)^2 \tag{c}$$

解決三個未知數 v_{GSQ}、I_{DQ} 和 v_{DSQ} 所需的第三個方程式能夠從方程式 (a) 得到為：

$$i_{DQ} R_S = V_{GG} - v_{GSQ} = \frac{V_{DD}}{2} - v_{GSQ}$$

替換結果代入式 (b) 發現：

$$V_{DD} = i_{DQ} R_D + v_{DSQ} + \frac{V_{DD}}{2} - v_{GSQ}$$

或

$$i_{DQ} = \frac{1}{R_D} \left(\frac{V_{DD}}{2} - v_{DSQ} + v_{GSQ} \right)$$

將上述方程式代入方程式 (c)，可求解 v_{GSQ}：

$$\frac{1}{R_D} \left(\frac{V_{DD}}{2} - v_{DSQ} + v_{GSQ} \right) = K \left(v_{GSQ} - V_t \right)^2$$

$$K v_{GSQ}^2 - 2K V_t v_{GSQ} + K V_t^2 - \frac{1}{R_D} \left(\frac{V_{DD}}{2} - v_{DSQ} \right) - \frac{1}{R_D} v_{GSQ} = 0$$

$$v_{GSQ}^2 - \left(2V_t + \frac{1}{KR_D} \right) v_{GSQ} + V_t^2 - \frac{1}{KR_D} \left(\frac{V_{DD}}{2} - v_{DSQ} \right) = 0$$

$$v_{GSQ}^2 - 8.457 v_{GSQ} + 12.8 = 0$$

可得的兩個解是：

$$v_{GSQ} = 6.48 \text{ V} \qquad 和 \qquad v_{GSQ} = 1.97 \text{ V}$$

兩者中，只有第一個可在飽和區域操作，因為第二個解對應出的 v_{GS} 值比臨界電壓 V_t =4V 低。將第

一值代入等式 (c) 以計算靜態汲極電流：

$$i_{DQ} = 1.35 \text{ mA}$$

在閘極電路方程式 (a) 使用這個值來求解源極電阻：

$$R_S = 6.32 \text{ k}\Omega$$

評論：這個問題有兩種數學解，因為汲極電流方程是一元二次方程式。該問題的合適解應該考量到實際限制。

範例 11.5　分析一個 MOSFET 放大器

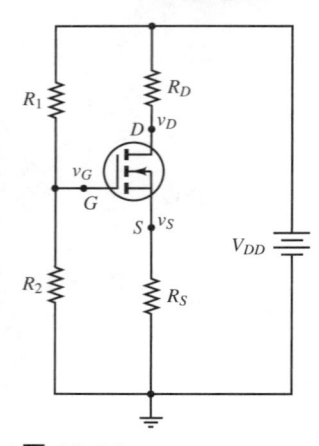

問題

求解圖 11.11 MOSFET 放大器的閘極與汲極－源極電壓與汲極電流。

解

已知條件：汲極、源極和閘極電阻；汲極電壓源；MOSFET 參數。

求解：v_{GS}；v_{DS}；i_D。

已知資料：$R_1 = R_2 = 1 \text{ M}\Omega$；$R_D = 6 \text{ k}\Omega$；$R_S = 6 \text{ k}\Omega$；$V_{DD} = 10 \text{ V}$；$V_t = 1 \text{ V}$；$K = 0.5 \text{ mA/V}^2$。

假設：MOSFET 在飽和區操作。

分析：由於閘極電流為零，在 R_1 和 R_2 間應用電壓分配規則以計算閘極電壓：

$$v_G = \frac{R_2}{R_1 + R_2} V_{DD} = \frac{1}{2} V_{DD} = 5 \text{ V}$$

圖 11.11

假設飽和區操作：

$$v_{GS} = v_G - v_S = v_G - R_S i_D = 5 - 6 i_D$$

汲極電流可從方程式 11.8 計算：

$$i_D = K(v_{GS} - V_t)^2 = 0.5 (5 - 6 i_D - 1)^2$$

或

$$36 i_D^2 - 50 i_D + 16 = 0$$

因此

$$i_D = 0.89 \text{ mA} \quad \text{和} \quad i_D = 0.5 \text{ mA}$$

為了確定該選擇哪一個解，需要計算每個解的閘極－源極電壓。$i_D = 0.89 \text{ mA}$ 時，$v_{GS} = 5 - 6 i_D = -0.34 \text{ V}$。$i_D = 0.5 \text{ mA}$ 時，$v_{GS} = 5 - 6 i_D = 2 \text{ V}$。由於在飽和區的 MOSFET 其 v_{GS} 值必須比臨界電壓 V_t 大，所以正確解應為

$$i_D = 0.5 \text{ mA} \qquad v_{GS} = 2 \text{ V}$$

對應的汲極電壓可被計算出

$$v_D = v_{DD} - R_D i_D = 10 - 6i_D = 7 \text{ V}$$

因此

$$v_{DS} = v_D - v_S = v_D - i_D R_S = 7 - 3 = 4 \text{ V}$$

評論：現在已算出所需要的電壓和電流，我們可以驗證飽和操作條件的假設：$v_{GS} = 2 > V_t$ 和 $v_{GD} = v_{GS} - v_{DS} = 2 - 4 = -2 < V_t$。由於不等式的條件被滿足，因此 MOSFET 確實在飽和區操作。

檢視學習成效

當 v_{GS} = 3.5 V 時，範例 11.2 MOSFET 的操作區域為何？

解答：MOSFET 在歐姆區。

檢視學習成效

為範例 11.3 中的 MOSFET，找出可使 MOSFET 在三極體區操作的最小 R_D 值。

解答：$\approx 185.6\Omega$

檢視學習成效

求適當的 R_S 值，使得範例 11.4 中 MOSFET 的操作點移到 $v_{DSQ} = 12$ V。並求出 v_{CSQ} 和 i_{DQ} 的值。這些值是唯一的嗎？

解答：這些值是唯一的。第一解法為 $v_{GS} = 2.42$ V，但此值小於 V_t，所以無效。第二種解法為 $v_{GS} = 6.03$ V 與 RS = 9.9 Ω 和 $i_D = 0.9$ mA

11.4 MOSFET 訊號放大器

本節的目的是說明 MOSFET 如何可用為一個訊號放大器，類似於第 10 章曾說明有關雙極性接面電晶體的那些應用。式 11.8 描述 MOSFET 訊號放大器中，汲極電流和閘極－源極電壓之間近似飽和區的關係。如前一節中所解釋的，適當的偏壓是用來確認 MOSFET 在飽和狀態下操作。

$$i_D \approx K(v_{GS} - V_t)^2 \tag{11.13}$$

MOSFET 放大器通常有兩種結構：共源極和源極隨耦器。圖 11.12 為基本的共源極配置。請注意，當 MOSFET 處於飽和，此放大器基本上是一種電壓控制電流源（VCCS），其汲極電流由閘極電壓控制。因此，跨越負載 R_o 的負載電壓 v_o 為：

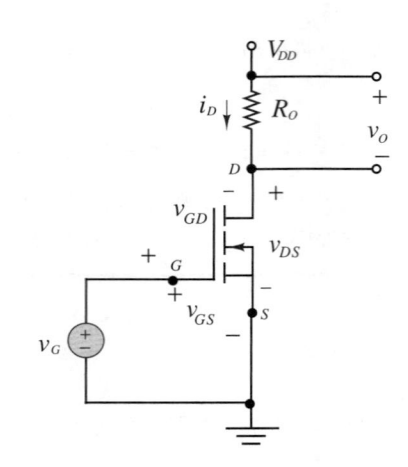

圖 11.12 共源極 MOSFET 放大器

$$v_o = R_o i_D \approx R_o K(v_{GS} - V_t)^2 = R_o K(V_G - V_t)^2 \tag{11.14}$$

源極隨耦器放大器如圖 11.13(a) 所示。在此，負載連接在源極和接地之間。該電路的行為取決於負載電流。已知圖 11.13 的負載電壓 $v_o = R_o i_D$，要找出電阻負載，可以透過下式，當

$$i_D \approx K(v_{GS} - V_t)^2 = K(v_G - V_t - v_o)^2 = K(\Delta v - R_o i_D)^2 \tag{11.15}$$

其中 $\Delta v = v_G - V_t$。展開方程式得到：

$$i_D = K(\Delta v - R_o i_D)^2 = K\Delta v^2 - 2K\Delta v R_o i_D + R_o^2 i_D^2 \tag{11.16}$$

重新排列該公式可得：

$$i_D^2 - \frac{1}{R_o^2}(2K\Delta v R_o + 1)i_D + \frac{K}{R_o^2}\Delta v^2 = 0 \tag{11.17}$$

使用二次方程求解負載電流：

$$i_D = \frac{1}{2}\left\{-b \pm \sqrt{b^2 - 4c}\right\} \tag{11.18}$$

其中

$$b = \frac{2K\Delta v R_o + 1}{R_o^2} \qquad \text{和} \qquad c = \frac{K\Delta v^2}{R_o^2} \tag{11.19}$$

圖 11.13(b) 描述了當 $K = 0.018$ 和 $V_t = 1.2$ V，負載為 100-Ω 而閘極電壓在臨界電壓與 5 V 間變化時，源極－隨耦器 MOSFET 放大器的汲極電流響應。請注意，此放大器的響應在閘極電壓是線性的。由於源極電壓正比於 i_D，所以源極電壓會隨著汲極電流增加。

(a)

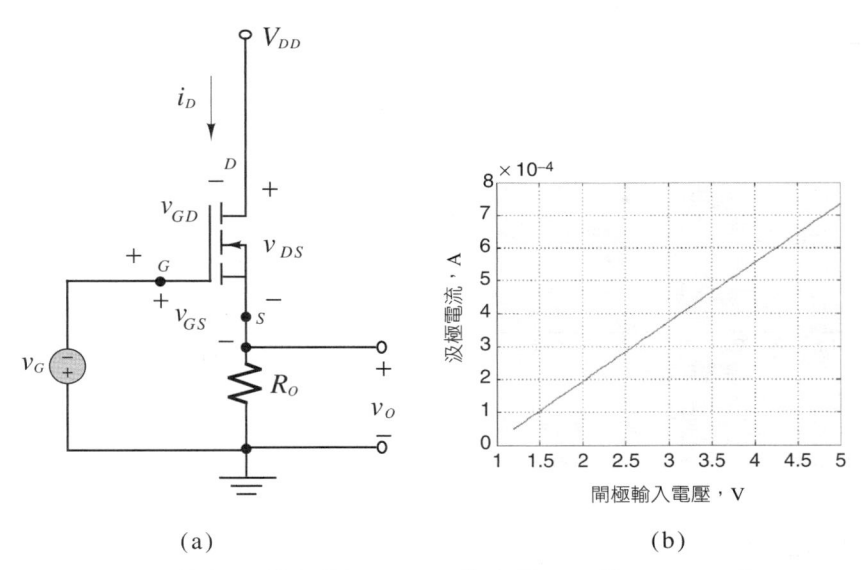

圖 11.13 (a) 源極－隨耦器 MOSFET 放大器。(b) 當 $K = 0.018$ 和 $V_t = 1.2$ V，汲極電流響應在共源極放大器負載 100-Ω

範例 11.6　使用 MOSFET 作為一個電流源為電池充電

問題

分析在圖 11.14 中所示的兩個電池充電電路 (a) 和 (b)。使用電晶體參數，找出可以提供可變充電電流最多 0.1 A 所需要的閘極電壓 v_G 範圍。假設一個放電電池的端點電壓是 9 V，而一個充電電池端點電壓是 10.5 V。

解

已知條件：電晶體訊號參數，鎳鎘電池標稱電壓。

求解：V_{DD}、v_G、閘極電壓範圍使得最大充電電流為 0.1 A。

已知資料：圖 11.14(a) 和 (b)。$V_t = 1.2$ V；$K = 18$ mA/V^2，$V_B = 9$ V。

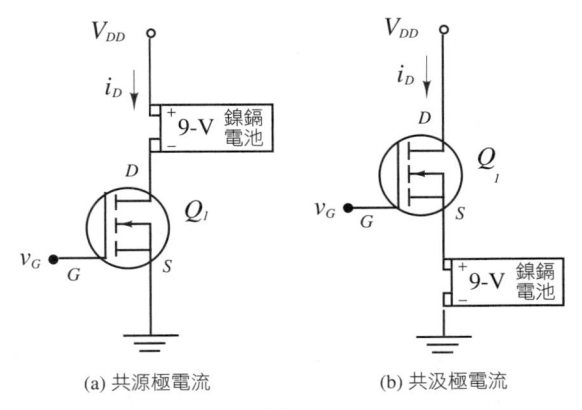

(a) 共源極電流　　(b) 共汲極電流

圖 11.14　MOSFET 電池充電器

(c)

(d)

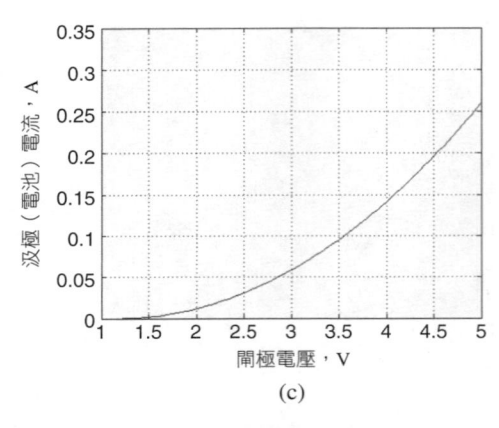

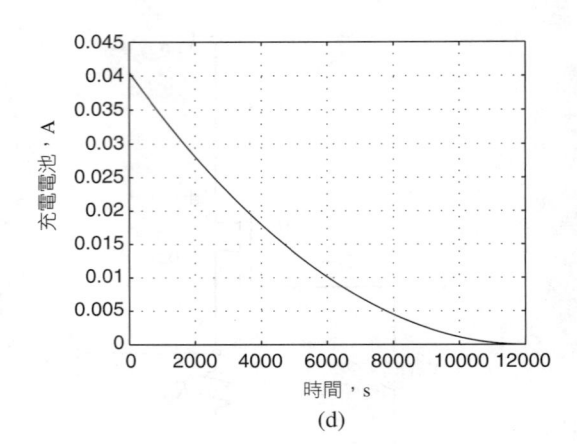

圖 11.14 MOSFET 電池充電器（續）

假設：假設 MOSFET 是在飽和區中操作。

分析：

a. MOSFET 在飽和區中的條件是：$v_{GS} > V_t$ 和 $v_{GD} < V_t$。$v_G \geq 1.2$ V 時可滿足第一個條件。暫時假設兩個條件都滿足，而 V_{DD} 足夠大時，汲極電流可以計算為：

$$i_D = K(v_{GS} - V_t)^2 = 0.018 \times (v_G - 1.2)^2 \text{ A}$$

圖 11.14(c) 的曲線描繪了電池充電（汲極）電流作為閘極電壓的函數。約 3.5 V 閘極電壓產生最大的充電電流 100 mA。

飽和區的要求是 $v_{DS} > v_{GS} - V_t$，這相當於 $v_{GD} < V_t$。但在這裡要小心。如果 $v_{DS} > v_{GS} - V_t$，則 v_{GD} 可能是負的，因為汲極電壓比源極電壓大。考慮到 $v_{GD} = v_G - v_D$ 和 $v_D = V_{DD} - V_B$，其中 V_B 是電池電壓。那麼，條件 $v_{GD} < V_t$ 可改寫為：

$$v_{GD} = v_G - v_D < V_t$$
$$v_D > v_G - V_t$$
$$V_{DD} - V_B > v_G - V_t$$

V_{DD} 必須足夠大才能確保在整個電池電壓的範圍內，NMOS 留在飽和區。在這種情況下，V_{DD} 應超過 12.8 V。

b. 第二電路的分析是，在 MOSFET 源極端的電壓等於閘極電壓減去臨界電壓。如果電池被充電到 10.5 V，閘極電壓必須至少為 11.7 V 才符合 $v_{GS} > V_t$。假設電池最初為放電（9V），並計算初始充電電流。

$$i_D = K(v_{GS} - V_t)^2 = K(v_G - V_B - V_t)^2 = 0.018 \times (11.7 - 9 - 1.2)^2$$
$$= 0.0405 \text{ A}$$

同時假設在充電時，電池電壓在 20 分鐘內從 9 V 線性增加到 10.5 V，計算當電池電壓升高的充電電流。注意，當電池充完電後，v_{GS} 不再大於 V_t，這時電晶體是截止。圖 11.14(d) 顯示汲極（充電）電流與時間的函數曲線。注意，電池電壓增加時，充電電流自然減少至零（電池充飽狀態）。

評論：在 b 部分的電路，請注意，電池電壓可能不會實際線性增加。當電壓直間接近充滿電時，電壓上升會減緩。在實際上，這意味著充電時間會比圖 11.14(d) 所示花費更久的時間。

範例 11.7　MOSFET 直流馬達驅動電路

問題

本範例的目的是為**型號為 43362 的樂高 9V 技術馬達**設計 MOSFET 驅動器。圖 11.15(a) 和 (b) 分別顯示驅動電路和馬達。馬達最大電流為 340 mA。啟動馬達的旋轉所需的最小電流為 20 mA。該電路的目的是經由閘極電壓來控制到馬達的電流（也等同控制電動機的轉矩，和電流成正比）。

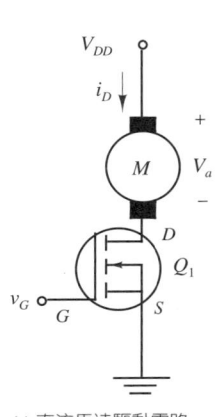

(a) 直流馬達驅動電路。

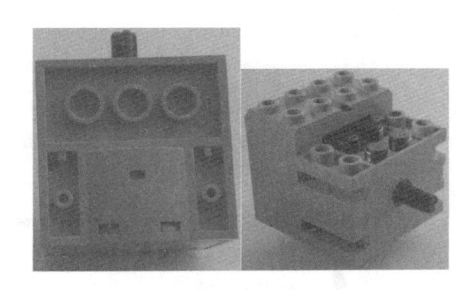

(b) 樂高® 9V 技術馬達，頂部圖：型號 43362；
底部圖：家用樂高® 馬達
Courtesy: Philippe "Philo" Hurbain

圖 11.15　直流馬達驅動電路

解

已知條件：電晶體訊號參數，元件值。

求解：R_1 和 R_2 和驅動馬達所需的 v_G 值。

已知資料：圖 11.15。$V_t = 1.2$ V；$K = 0.08$ A/V^2。

假設：假設 MOSFET 是在飽和區。

分析：MOSFET 在飽和區中的條件是 $v_{GS} > V_t$ 和 $v_{GD} < V_t$。第一條件符合時的閘極電壓要高於 1.2 V。因此，$v_G = 1.2$ V 時，電晶體將首先開始導通。假設這兩個條件都符合，且 V_{DD} 是足夠大的，我們可以計算出汲極電流為：

$$i_D = K(v_{GS} - V_t)^2 = 0.08 \times (v_G - 1.2)^2 \text{ A}$$

圖 11.15(c) 描繪直流馬達（汲極）電流的閘極電壓函數。可以用約 3.3 V 的閘極電壓產生 340 mA 的最大電流。在閘極大約 1.5V，可以產生 20 mA 的最小電流。

評論：使用驅動馬達以及微控制器的訊號可很容易地實現此電路。在實際上，與其輸出一個類比電壓，微控制器更適合產生數位（開／關）訊號。例如，閘極驅動訊號可以是脈衝寬度調變（PWM）0-5 V 脈衝串。其中的時間到波形的時間週期比率稱為工作週期。圖 11.15(d) 描繪了一個數位 PWM 閘極電壓輸入的可能外觀。

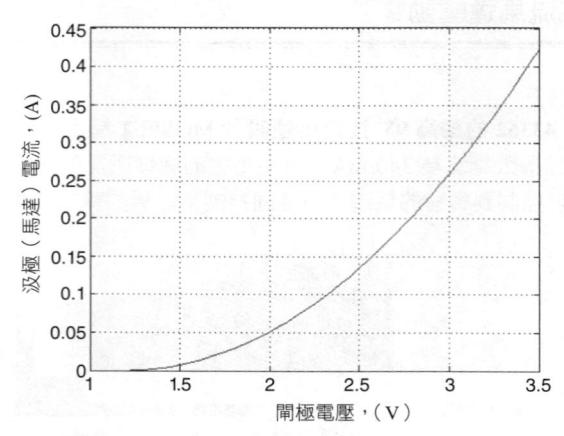

(c) 汲極電流－閘極電壓曲線在 MOSFET 的飽和區

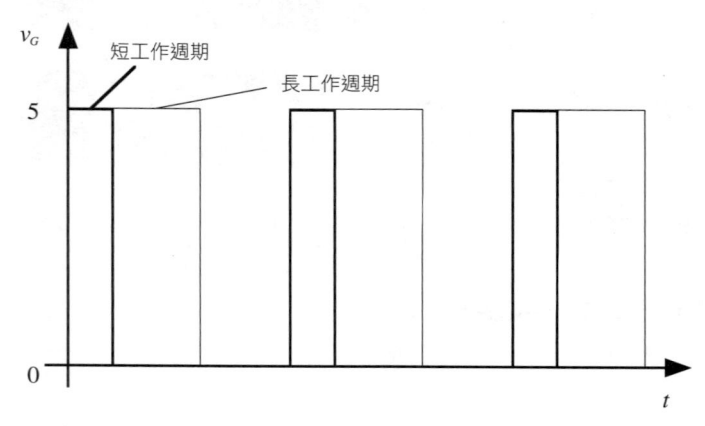

(d) 脈衝寬度調變（PWM）閘極電壓波形

圖 11.15 （延續）直流馬達驅動電路

檢視學習成效

範例 11.6 中每個電路的 MOSFET 的最大功率消耗為何？

解答：a: $P_{\text{NMOS}} = v_{DS} \times i_D = (v_D - v_S) \times i_D = 2.36 \times 0.1 = 236$ mW
b: $P_{\text{NMOS}} = v_{DS} \times i_D = (v_D - v_S) \times i_D = 2.36 \times 0.0405 = 95.4$ mW

檢視學習成效

樂高馬達電流範圍所需的工作週期範圍是多少？

解答：30%~66%

11.5 CMOS 技術與 MOSFET 開關

本節說明 MOSFET 如何作成一個類比或數位開關（或閘極）。大多數 MOSFET 開關是基於一個**互補 MOS** 或 **CMOS** 技術，利用 PMOS 和 NMOS 元件的特性互補，形成高效能的積體電路。另外，製造 CMOS 電路很容易，只需要一個簡單的電源電壓即可，這是 CMOS 電路的優勢。

數位開關和閘

圖 11.16 為 **CMOS 反相器**，其中兩個增強型電晶體，一個 PMOS 和一個 NMOS 被連接到單一電壓源（V_{DD} 時，相對於參考節點）。兩者的閘極有共同的輸入電壓 v_{in}。這個元件稱為反相器，因為每當 $v_{in} \approx 0$，輸出電壓 $v_o \approx V_{DD}$，反之亦然。當作邏輯元件使用時，接近 V_{DD} 的電壓被稱為邏輯高，或 1，而接近 0 V 的電壓被稱為邏輯低，或 0。

當 V_{IN} 為邏輯高，並假設電晶體的 $V_t \ll V_{DD}$。該 PMOS 電晶體閘極－源極電壓為 $v_{in} - v_o \approx V_{DD} - v_o$。由於 Vo 不能超過電壓源 V_{DD}，PMOS 電晶體的閘極－源極電壓必須在 0 至 V_{DD} 的範圍內。換句話說，它的閘極－源極電壓不能為負，沒有通道形成，PMOS 為截止狀態，且 $i = 0$。

關於 NMOS 電晶體，閘極－源極電壓為 $v_{in} - 0 \approx V_{DD}$，使得通道形成。此時還不清楚電晶體是否在三極體或飽和的狀態；也就是說，目前還不清楚閘極－汲極電壓是否超過 V_t。然而，由於 $v_{in} \approx V_{DD}$ 時，若要閘極－汲極電壓小於 V_t 以及電晶體是飽和狀態的話，汲極電壓也必須接近 V_{DD}。若要如此，汲極電流 i 必須足夠大，以致於 $iR_D \approx V_{DD}$。但是，由於 PMOS 電晶體處於截止，$i = 0$。其結果是，NMOS 電晶體是在三極體狀態，其汲極電流為零，且其汲極－源極電壓 v_{out} 為零。這個結果可以用來驗證三極體電流方程式 11.6：

$$i_D = K(2v_{GS} - 2V_t - v_{DS})v_{DS} = 0$$

顯然，$i_D = 0$ 的一個解為 $v_{DS} = 0$。

最後結果是，對於一個邏輯高的輸入電壓 v_{in}，輸出電壓 v_{out} 為邏輯低。注意，PMOS 電晶體是在截止狀態，並且就像一個開路（$i_D = 0$）。另一方面，NMOS 電晶體是在三極體狀態，有一個像是短路的開放通道。這兩種狀態可分別被表示為理想開放和閉合的開關，如圖 11.17(a)。

相同的分析也可應用到當 v_{in} 是邏輯低的情況。此時，PMOS 電晶體看到一個大的負閘極－源極電壓，並在三極體狀態下形成通道。相反地，NMOS 電晶體看到一個閘極－源極電壓接近零，使得在此截止狀態下沒有通道形成。圖 11.17(b) 代表在這狀

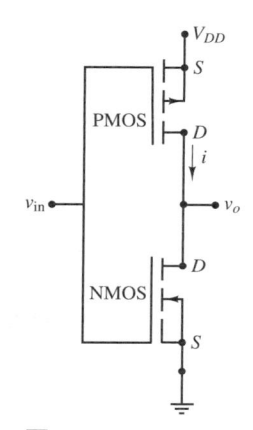

圖 11.16 CMOS 反相器

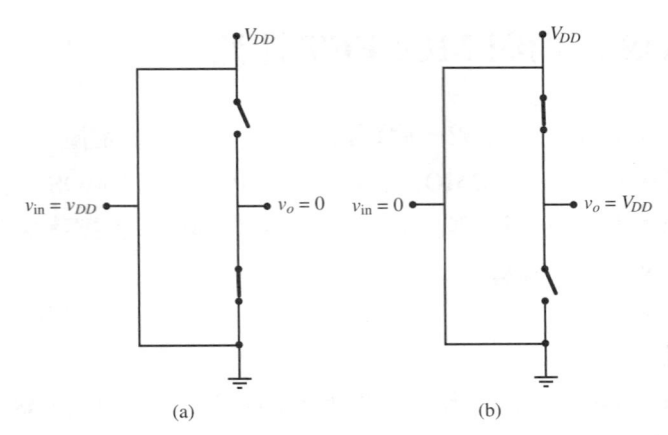

圖 11.17 CMOS 反相器近似理想開關：(a) 當 v_{in} 為高，v_{out} 連接到地；(b) 當 v_{in} 為低，v_{out} 連接到 V_{DD}

態下的理想開關。注意，該電路不需要電晶體被偏壓。另外，在這兩種情況下的汲極電流 i_D 是均為零，使得 CMOS 反相器消耗很少的功率。

類比開關

常見的類比閘會採用 FET，並利用其電流在歐姆區是可以雙向流動的優點。回想一下，在歐姆狀態操作的 MOSFET 行為就如同線性電阻一樣。例如，對於 NMOS 增強型電晶體的歐姆狀態的條件可以定義為：

$$v_{GS} > V_t \quad \text{和} \quad |v_{DS}| \leq \frac{1}{4}(v_{GS} - V_t) \tag{11.20}$$

只要 NMOS 符合這些條件，就能當成一個簡單線性電阻與一個通道電阻：

$$r_{DS} = \frac{1}{2K(v_{GS} - V_t)} \tag{11.21}$$

由此，汲極電流可被簡單地表示為：

$$i_D \approx \frac{v_{DS}}{r_{DS}} \quad \text{則} \quad |v_{DS}| \leq \frac{1}{4}(v_{GS} - V_t) \quad \text{和} \quad v_{GS} > V_t \tag{11.22}$$

在歐姆區操作的 MOSFET 最重要的特點是表現得如同電壓控制電阻，閘極－源極電壓 v_{GS} 控制通道電阻 R_{DS}。在歐姆區中，MOSFET 作為開關的使用，包括提供可以讓 MOSFET 保持在截止區（$v_{GS} \leq V_t$）或歐姆區的閘極－源極電壓。

考慮圖 11.18 中所示的電路，其中 v_G 可以從外部改變，而 v_{in} 是一個類比輸入訊號源，會適時被連接到負載 R_o。當 $v_G \leq V_t$，FET 在截止區，視為開路。如果 $v_{GS} \geq V_t$ 使得 MOSFET 處於歐姆區，那麼 $v_G > V_t$，且電晶體作為一個線性電阻 R_{DS}。如果 $R_{DS} \ll R_o$，那麼 $v_o \approx v_{in}$。

MOSFET 的類比開關通常以積體電路（IC）的形式產生，由圖 11.19 中所示的符號表示，其中 v_G 是控制電壓（v_G 在圖 11.18）。

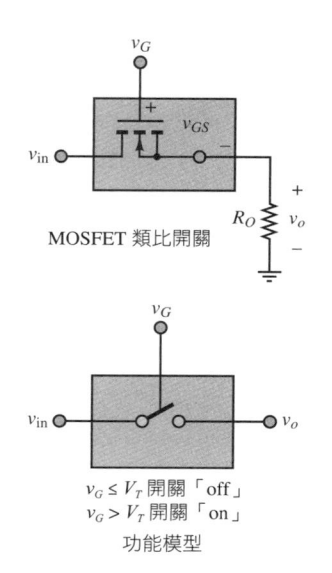

第 11 章　場效電晶體：操作、電路模型及應用　519

圖 11.18　MOSFET 類比開關

$v_c = V \Rightarrow$ on 狀態
$v_c = 0 \Rightarrow$ off 狀態

圖 11.19　雙邊符號 FET 類比閘

$v_G \leq V_T$ 開關「off」
$v_G > V_T$ 開關「on」
功能模型

量測重點

MOSFET 雙向類比閘

工作在歐姆區時的 MOSFET 可變電阻特性可以應用在**類比傳輸閘**（analog transmission gate）上。圖 11.20 所示為由 CMOS 電路所構成。此電路的動作主要是根據一可以為低（0 V），或者是高（$v_C > V_t$）的控制電壓 v_C，其中 V_t 是 n 通道 MOSFET 的臨界電壓，而 $-V_t$ 是 p 通道 MOSFET 的臨界電壓。此電路有兩種可能的工作模式。當 Q_1 的閘極連接到高電壓，而 Q_2 的閘極連接到低電壓時，v_{in} 和 v_o 之間為小電阻，而傳輸閘得以導通。當 Q_1 的閘極連接到低電壓，而 Q_2 的閘極連接到高電壓時，此時傳輸閘如同一個大電阻，實際上等於是開路。下列為更詳細的分析。

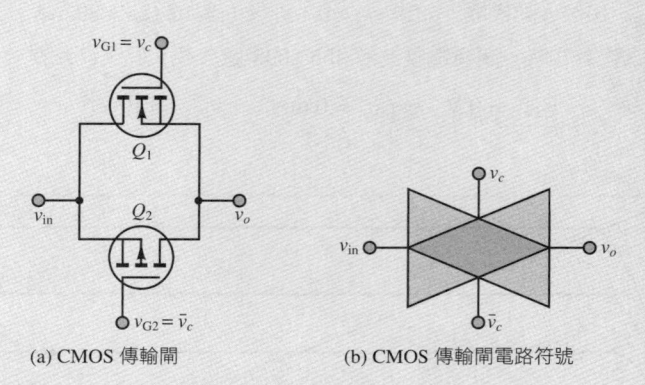

(a) CMOS 傳輸閘　　(b) CMOS 傳輸閘電路符號

圖 11.20　類比傳輸閘

設 $v_C = V > V_t$ 且 $\bar{v}_c = 0$。假設輸入電壓，v_{in} 的範圍是 $0 \leq v_{in} \leq V$。為求得傳輸閘的工作狀態，我們僅考慮 $v_{in} = 0$ 以及 $v_{in} = V$。當時 $v_{in} = 0$，$v_{GS1} = v_C - v_{in} = V - 0 = V > V_t$。由於 V 大於臨界電壓，所以 MOSFET Q_1 導通（在歐姆區內）。另外，$v_{GS2} = \bar{v}_c - v_{in} = 0 > -V_t$。由於閘極－源

極電壓大於負的臨界電壓，Q_2 截止而不導通。因為 v_{in} 和 v_{out} 間有一路徑是通的，所以傳輸閘是導通的。現在考慮另一種情況，也就是 $v_{in} = V$。與前面的論點相反，Q_1 為截止，因為 $v_{GS1} = 0 < V_t$。然而，Q_2 位於歐姆區，因為 $v_{GS2} = \bar{v}_c - v_{in} = 0 < -V_t$。此時，$Q_2$ 在傳輸閘的輸出與輸入之間提供傳導路徑，所以傳輸閘也是導通的。因此結論是，當 $v_c = v$ 且 $\bar{v}_c = 0$ 時，傳輸閘導通，並且提供輸入與輸出之間一個非零電阻值（一般為幾十個歐姆），隨著輸入變化由 0 到 V 而變化。

若將控制電壓反向並設置 $v_C = 0$ 及 $\bar{v}_c = V > V_t$。此時可以明顯地看出，不管是多少，Q_1 和 Q_2 均為截止；因此，傳輸閘為開路。

類比傳輸閘常應用在類比多工器和取樣薄持電路之中。

範例 11.8　NMOS 開關

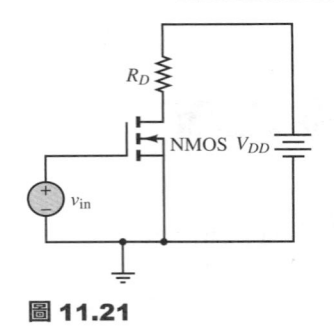

問題

求圖 11.21 中 NMOS 開關的操作點，訊號源輸出分別為 0 和 2.5 V。

解

已知條件：汲極電阻；V_{DD}；輸入訊號電壓。

求解：每個輸入訊號電壓值的 Q 點。

已知資料：$R_D = 125\ \Omega$；$V_{DD} = 10\ V$；$v_{in} = 0\ V$ 對於 $t < 0$；$v_{in} = 2.5\ V$ 對於 $t \geq 0$。

假設：使用 NMOS（圖 11.22）的汲極特性曲線。

分析：應用 KVL 在汲極電路上以找出負載線：

$$V_{DD} = R_D i_D + v_{DS} \qquad 10 = 125 i_D + v_{DS}$$

如果 $i_D = 0$，然後 $v_{DS} = 10\ V$。同樣地，如果 $v_{DS} = 0$，然後 $i_D = 10/125 = 80\ mA$。

1. $t < 0\ s$：當輸入訊號為零時，閘極電壓為零和 NMOS 處於截止區。Q 點是

$$v_{GSQ} = 0\ V \qquad i_{DQ} = 0\ mA \qquad v_{DSQ} = 10\ V$$

圖 11.21

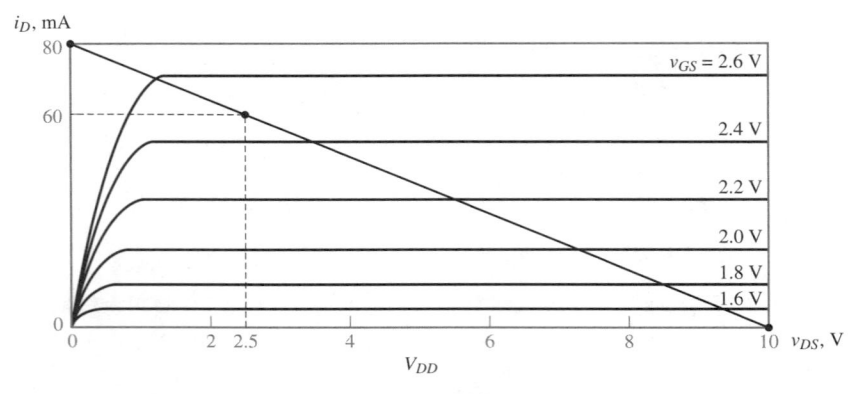

圖 11.22　對於圖 11.21 的 NMOS 汲極曲線

2. $t \geq 0$ s：當輸入訊號是 2.5 V，所述閘極電壓為 2.5 V 而 NMOS 是在飽和區。Q 點是

$$v_{GSQ} = 2.5 \text{ V} \qquad i_{DQ} = 60 \text{ mA} \qquad v_{DSQ} = 2.5 \text{ V}$$

這結果滿足 KVL，因為 $R_D i_D = 0.06 \times 125 = 7.5$ V。

範例 11.9　CMOS 閘

問題

求出由圖 11.23 的 CMOS 閘實現的邏輯功能。使用下表列出所有電路的狀態。

v_1 (V)	v_2 (V)	M_1 的狀態	M_2 的狀態	M_3 的狀態	M_4 的狀態	v_o
0	0					
0	5					
5	0					
5	5					

解

求解：v_{out} 為 v_1 和 v_2 的每一個組合的邏輯值。

已知資料：$V_t = 1.7$ V；$V_{DD} = 5$ V。

假設：當 MOSFET 作為開放式電路關閉，導通時視為線性電阻。

分析：注意，高（5 V）閘極輸入的 NMOS 電晶體狀態和低（0 V）閘極輸入的 PMOS 電晶體狀態為一樣的；兩者都會在電晶體三極體（歐姆）狀態下形成通道。在這兩種情況下，電晶體可以表示為簡單的線性電阻器。

另一方面，低（0 V）閘極輸入的 NMOS 電晶體狀態和高（5 V）閘極輸入的 PMOS 電晶體狀態為一樣的；兩者在電晶體為截止狀態下都沒有通道形成。在這兩種情況下，電晶體可表示為開放電路。

a. $v_1 = v_2 = 0$ V：兩個輸入電壓等於零，M_3 和 M_4 是在截止和關閉，因為兩個電晶體的 $v_{GS} < V_t$。另一方面，M_1 和 M_2 形成通道，是開、且充當成簡單的線性電阻。但是，由於這兩個 M_3 和 M_4

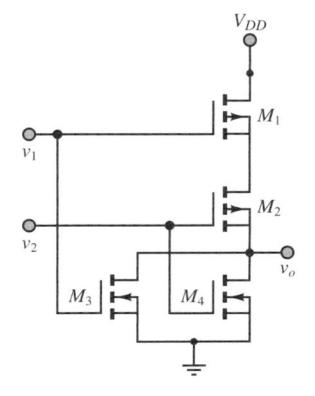

在這電路中的每個電晶體基底連接到各自的閘極。在一個真正的 CMOS 積體電路中，p 通道電晶體的基底連接到 5 V，而 n 通道電晶體的基底連接到地。

圖 11.23

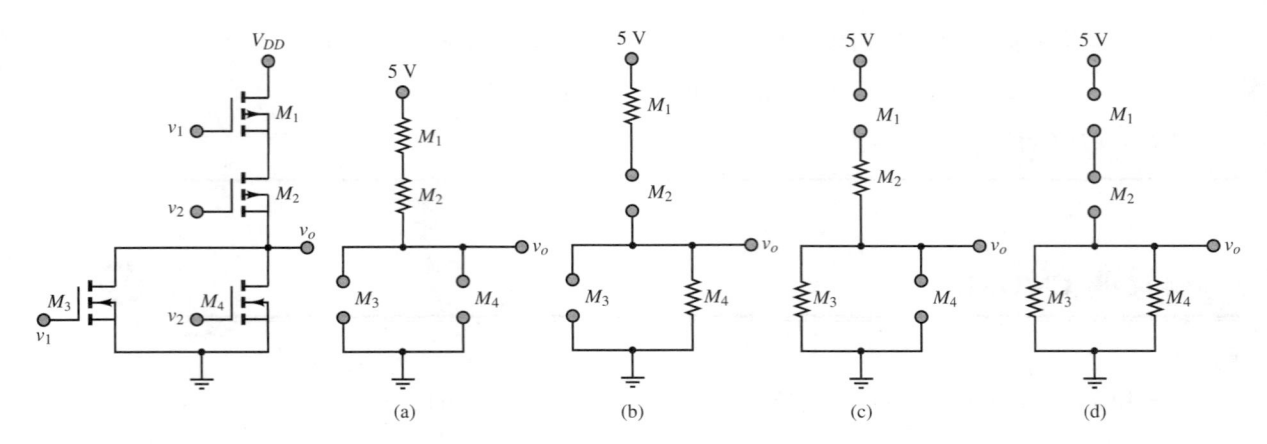

圖 11.24 當 $v_1 = v_2 = 0$，所有四個電晶體閘極 - 源極電壓為低。其結果是，在 NMOS 電晶體 M_3 和 M_4 都關閉，而在 PMOS 電晶體 M_1 和 M_2 是開。

充當開路電路，沒有電流通過 M_1 和 M_2，而作為上拉電阻；也就是說，M_1 和 M_2 沒有電流通過，代表電晶體兩端沒有電壓降，因此，$v_o = V_{DD} = 5$ V，這是一個邏輯高。圖 11.24(a) 描述這種情形。

b. $v_1 = 0$ V；$v_2 = 5$ V：$v_1 = 0$，M_1 形成通道，是開、並當作為一個線性電阻。然而，M_3 不形成通道，是關閉的，被充當成開路。$v_2 = 5$ V 時，M_2 不形成通道，是關閉的，也被充當成開路。而 M_4 形成通道，是開、並當作為一個線性電阻。圖 11.24(b) 描述這種情形。請注意，沒有電流通過 M_4，因為 M_2 阻止 M_4 看到 5 V 的電源。結果是 $v_o = 0$，是邏輯低。

c. $v_1 = 5$ V；$v_2 = 0$ V：與條件 b 對稱，當 v_1 和 v_2 中的值被反轉，四個電晶體狀態也是反相。結果是，M_1 和 M_4 是關閉，被充當成開路電路，而 M_2 和 M_3 是開，被充當成線性電阻，如圖 11.24(c) 所示。再次，開路 M_1 防止 M_3 看到 5 V 電源，使得 M_3 無電流通過。結果又再次是 $v_o = 0$，是邏輯低。

d. $v_1 = v_2 = 5$ V：最後，這兩個輸入電壓等於 5 V，M_1 和 M_2 不形成通道，是截止，而作為充當開路電路。雖然 M_3 和 M_4 都形成通道，是開、並當作為線性電阻，如圖 11.24(d) 所示，但是無法看到 5 V 電源電壓，因此電流為零。因此，$v_o = 0$，這是邏輯低。請注意，這種情況是和條件 a. 相反。

這些結果總結於下表中。

v_1 (V)	v_2 (V)	M_1	M_2	M_3	M_4	v_o (V)
0	0	On	On	Off	Off	5
0	5	On	Off	Off	On	0
5	0	Off	On	On	Off	0
5	5	Off	Off	On	On	0

當 0 V 和 5 V 分別解釋為 FALSE 和 TRUE 的條件時，v_1 列、v_2 列和 v_o 列表示兩個變量的真值表。結果顯示，在兩個輸入變量是 FALSE（$v_1 = 0$, $v_2 = 0$），只有這條件輸出變量 v_o 為 TRUE（$v_o = 5$）。否則，其餘的輸出都為 FALSE。這樣的真值表描述一個雙輸入 NOR 閘。

檢視學習成效

在範例 11.8 中電路，R_D 該為多少才能確保汲極－源極電壓為 5 V？

解答：83.3 Ω

檢視學習成效

分析圖 11.25 的 CMOS 閘，並找到下列條件的輸出電壓：
(a) $v_1 = 0$，$v_2 = 0$；(b) $v_1 = 5$ V，$v_2 = 0$；(c) $v_1 = 0$，$v_2 = 5$ V；(d) $v_1 = 5$ V，$v_2 = 5$ V。說明此電路的邏輯功能。

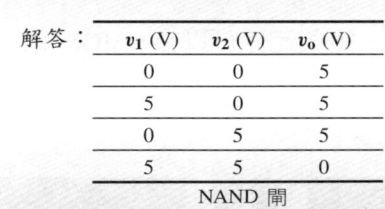

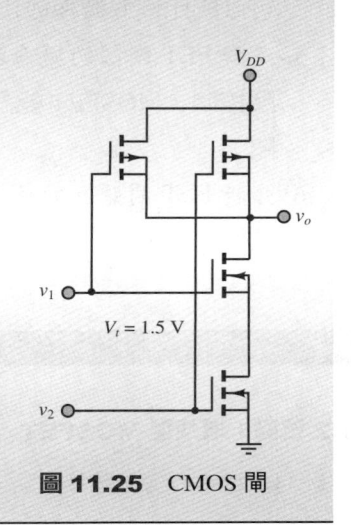

解答：

v_1 (V)	v_2 (V)	v_o (V)
0	0	5
5	0	5
0	5	5
5	5	0

NAND 閘

圖 11.25 CMOS 閘

檢視學習成效

在測試應用「MOSFET 雙向類比閘」中所述的 CMOS 雙向閘，若 $v_C = 0$ 和 $\bar{v}_C = V > V_t$，所有在 0 和 V 之間的 v_{in} 值都會使該閘關閉不導通。

結論

本章介紹了 FET，主要著重於金屬氧化物半導體增強型 n- 通道元件並解釋了 FET 作為放大器的操作模式。介紹 CMOS 技術時也簡單介紹了 p- 通道元件的基礎，並提出類比和數位開關以及 MOSFET 的邏輯閘應用。完成這一章後，你應該已經掌握了以下學習目標：

1. 了解 FET 的分類。FET 包括三大分類；增強型分類是最常被使用到的，也是本章探討的重點。而空乏型和接面 FET 只有簡單介紹。.
2. 透過 i-v 曲線和方程式定義，了解增強型 MOSFET 的基本操作。MOSFET 透過 i-v 汲極特性曲線可以描述出汲極電流與閘極－源極和汲極－源極電壓非線性的方程式。MOSFET 可分別操作四個區域中：截止區，電晶體不傳導電流；三極體

區，電晶體一定的條件下可以作為一個電壓控制電阻；飽和區，電晶體可用作電壓控制電流源，並且當作放大器；崩潰，當操作超出限制。

3. 了解增強型 MOSFET 電路如何偏壓。當選擇了合適的電源電壓和電阻，MOSFET 的電路可被偏壓到一定的工作點，稱為 Q 點。

4. 了解 FET 訊號放大器的概念和操作。一旦 MOSFET 電路被適當地偏壓在飽和區中，它可以根據其電壓控制電流源特性來作為放大器：一個小的閘極－源極電壓可以成比例的轉換成汲極電流。

5. 了解 FET 開關的概念和操作。MOSFET 可以作為類比與數位開關：通過閘極電壓控制，MOSFET 能夠被打開和關閉（數位開關），或者其電阻可調變（類比開關）。

6. 分析 FET 開關及數位閘。這些元件可以在 CMOS 電路中應用成數位邏輯閘和類比傳輸閘。

習題

第 11.2 章節：增強型 MOSFET

11.1 圖 11.1 所示的電晶體其 $|V_t|$ = 3 V。確認操作區。

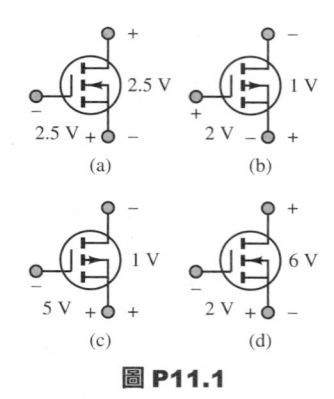

圖 P11.1

11.2 增強型 NMOS 電晶體與 V_t = 2 V 有源極接地和 3 VDC 源極連接到閘極。確認操作狀態，如果：

a. $v_D = 0.5$ V
b. $v_D = 1$ V
c. $v_D = 5$ V

11.3 當 $v_{GS} = v_{DS} = 4$ V，增強型 NMOS 電晶體具有 $V_t = 2.5$ V 和 $i_D = 0.8$ mA。求 $v_{GS} = 5$ V 時的 i_D 值。

11.4 圖 P11.4 中電路中，汲極電壓為 0.1 V。若 $V_t = 1$ V 和 $k = 0.5$ mA/V^2，找出電流 i_D。

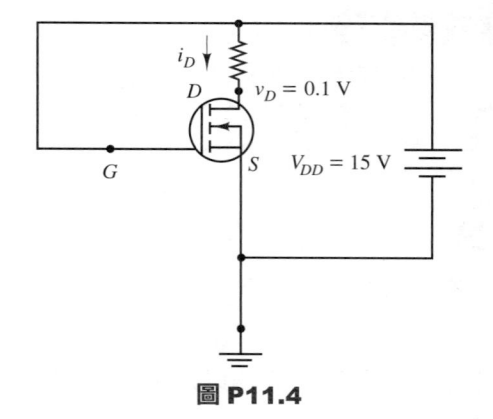

圖 P11.4

第 11.3 章節：MOSFET 的偏壓電路

11.5 計算圖 P11.5 電路的消耗功率。讓 $V_{DD} = V_{SS} = 15$ V，$R_1 = R_2 = 90$ kΩ，$R_D = 0.1$ kΩ，$V_t = 3.5$ V，$K = 0.816$ mA/V^2。

圖 P11.5

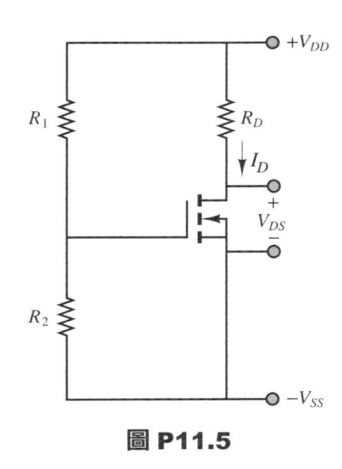

11.6 n-通道增強型 MOSFET 的 i-v 特性呈現於圖 P11.6(a)；一個標準的 n-通道 MOSFET 放大器電路則在圖 P11.6(b) 中。若 $V_{DD} = 10$ V 和 $R_D = 5$ Ω，求解靜態電流 I_{DQ} 和汲極—源極電壓 V_{DS}。電晶體是在哪個區域操作？

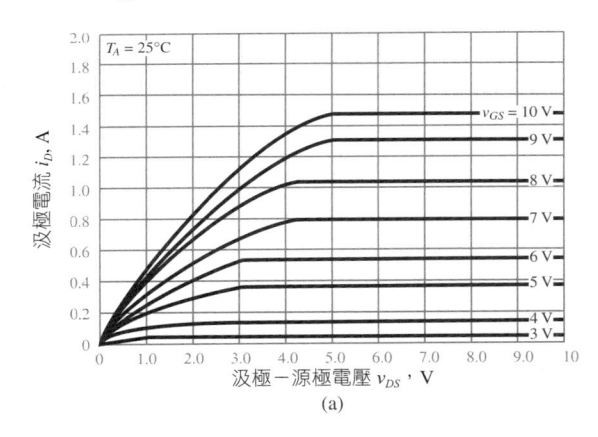

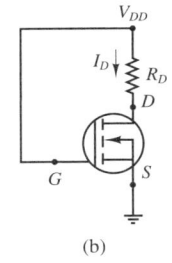

圖 P11.6

第 11.4 章節：MOSFET 訊號放大器

11.7 圖 P11.7 的功率 MOSFET 電路被配置為電壓控制電流源（VCCS）。讓 $K = 1.5$ A/V² 和 $V_t = 3$ V。

a. 如果 $V_G = 5$ V，求可讓 VCCS 操作的 R 的範圍。

b. 如果 $R = 1$ Ω，求可讓 VCCS 操作的 V_G 的範圍。

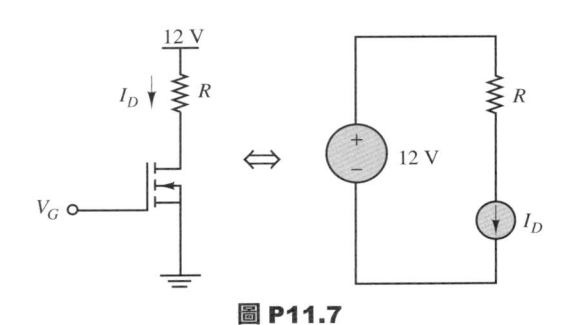

圖 P11.7

11.8 圖 P11.8 的電路是 A 類放大器。

a. 給定偏壓低周波訊號輸入 $v_G = 10 + 0.1\cos(500t)$ V。讓 $K = 2$ mA/V² 和 $V_t = 3$ V。求解輸出電流。

b. 求解輸出電壓 v_o。

c. 求解訊號 $\cos(500t)$ 的電壓增益。

d. 求解電阻和 MOSFET 的直流功耗。

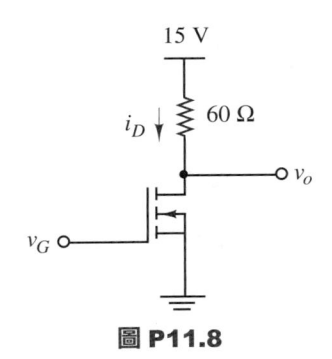

圖 P11.8

11.9 有時電池在充電前需要先放電。要做到這一點，可以使用電子負載。圖 P11.9 顯示一個可用來為電池放電的高功率電子負載。若 $K = 4$ A/V²，$V_t = 3$ V 和 $V_G = 8$ V，求解放電電流 I_D 和所需的 MOSFET 的額定功率。

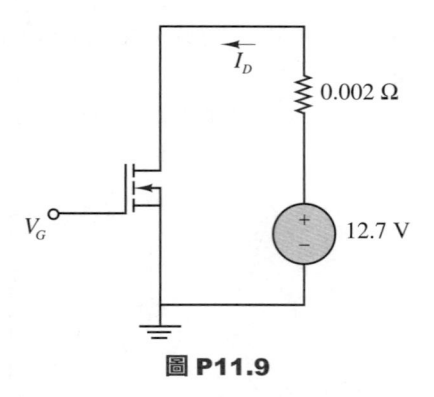

11.14 證明圖 P11.14 的電路有 NOR 閘電的功能。

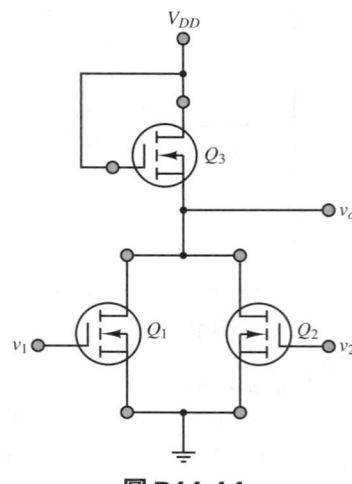

圖 **P11.9**

11.10 要在 MOSFET 放大器裡有更多的電流，可以並聯數個 MOSFET。求解圖 P11.10 的電路中的電流 I_D 和 I_S。讓 $K = 0.2$ A/V^2，$V_t = 3$ V 和 $V_G = V_{DD}$。

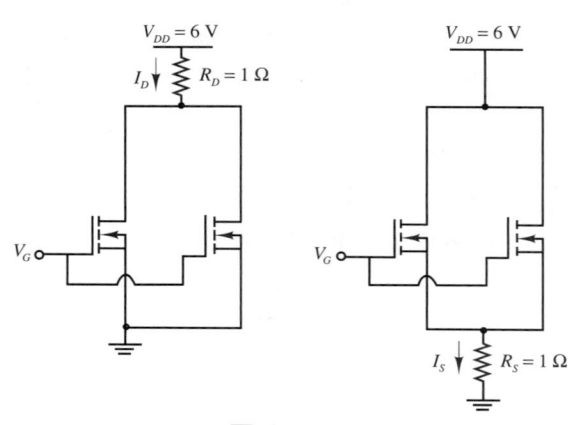

圖 **P11.10**

圖 **P11.14**

11.15 找出圖 P11.15 中 CMOS 閘實現的邏輯功能。使用表敘述電路的特性。

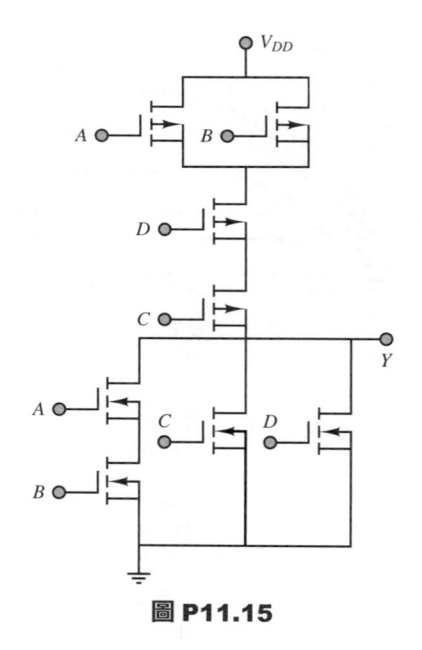

第 11.5 章節：CMOS 技術與 MOSFET 開關

11.11 圖 11.23 為 CMOS NOR 閘。當 $v_1 = v_2 = 5$ V，找出每個電晶體狀態。假設 $V_{DD} = 5$ V。

11.12 繪製一個雙輸入 CMOS OR 閘的示意圖。

11.13 繪製一個三輸入 CMOS 閘完成邏輯功能的示意 $\overline{A(B+C)}$。

圖 **P11.15**

Part 2　電子學

12　數位邏輯電路

在這半世紀，數位電腦在工程及科學界展現像是數值運算及資料擷取的重要功能。所有數位電腦的基礎元件是由邏輯閘所建構的組合及序相邏輯電路。這些電路的輸入、運算及輸出都是以二進制系統和布林代數來表示。課文中會舉出許多實例來說明，即使簡單的邏輯閘組合也能實現工程上的有用功能。一些簡單邏輯閘組成的邏輯模組能提供較進階的功能，像是唯讀記憶體、多工及解碼。本章的基本範例能展示數位邏輯電路不同的工程應用。

LO 學習目標

1. 瞭解類比和數位訊號及量化的觀念。12.1 節。
2. 轉換十進制及二進制系統，使用十六進制系統和 BCD 及格雷碼。12.2 節。
3. 編寫真值表，用邏輯閘實現真值表的邏輯功能。12.3 節。
4. 運用卡諾圖做系統性設計邏輯功能。12.4 節。
5. 學習多工器、記憶體和解碼元件及可程式化邏輯陣列。12.5 節。

12.1 類比及數位訊號

在學習電子電路時（以及源自物理量測之各種訊號分析），一個基本重要概念就是類比及數位訊號。**類比訊號**是一個變化量與物理值類比的電子訊號（如：溫度、力、加速度）。舉例來說，一個等比於某測量可變壓或某種震動的電壓，也自然地以類比方式變化。圖 12.1 描述一個對時間的類比函數 $f(t)$。我們馬上留意到對每一個時間值 t，對已知範圍內的任何數值，$f(t)$ 都能取得一個對應值。譬如，以一個運算放大器的輸出電壓來說，我們預期訊號值會在 $+V_{sat}$ 和 $-V_{sat}$ 之間，V_{sat} 是電源所形成的飽和電壓。

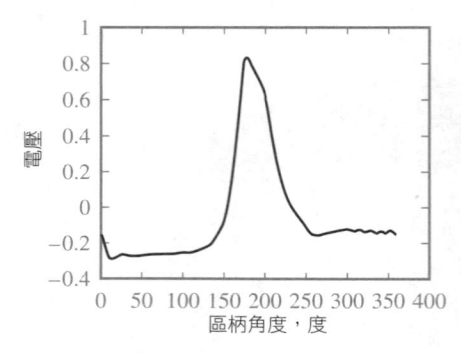

圖 12.1 內燃機汽缸內壓的類比電壓

另一方面，**數位訊號**只能取有限數量的數值。我們馬上看得到這是極重要的區別。一個數位訊號的例子是數位溫度計的顯示值。假設數位讀數為能顯示 0 到 100 的 3 位數，並且溫度感測器能正確量測 0 到 100°C。再者，感測器的輸出為 0 到 5 V。這裡 0 V 對應 0°C，而 5 V 對應 100°C。因此，這個溫度感測器的校正常數為

$$k_T = \frac{100°C - 0°C}{5\ V - 0\ V} = 20°C/V$$

很明顯地，感測器輸出是類比訊號，但是顯示只能呈現有限數量的 101 種讀取數值。由於顯示器只能呈現 0 到 100 間的某個離散值，我們稱它為數位顯示器，表示能顯示的變量值為數位形式。

每個顯示的溫度對應到一個範圍的電壓：一位數代表感測電壓範圍 5-V 的百分之一，亦即 0.05 V = 50 mV。因此感測到 0 到 49 mV 之間時都會顯示 0°C，50 到 99 mV 之間時都會顯示 1°C。圖 12.2 描述類比電壓和數位讀取數值之間的階梯函數關係。感測器輸出電壓的**量化**實際上是取近似值。若是想更精確的顯示溫度值，可以增加顯示位數。

最常見的數位訊號是二進制訊號。**二進制訊號**只有兩種離散值，因而其特徵為在兩種狀態之間切換。圖 12.3 顯示一個典型的二進制訊號。在二進制數學（在 12.2 節

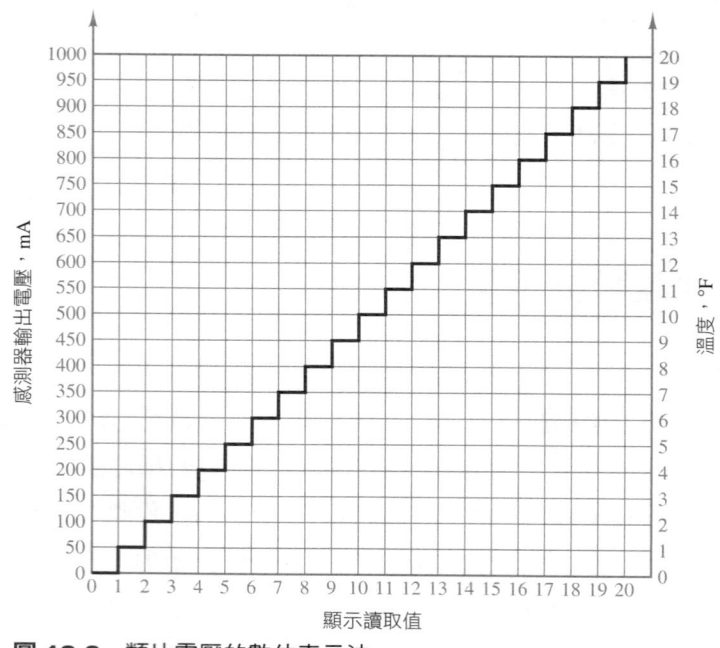

圖 12.2 類比電壓的數位表示法

說明）兩個離散值 f_1 及 f_0 分別由 1 和 0 表示。在二進制電壓波形，這數值由兩種電壓準位表示。例如，就 TTL 慣例（第十章）這兩種數值分別是 5 和 0 V；而在 CMOS 電路，這兩種數值的差距可以很大。另有別的作法，包括反轉指定值，讓 0 V 為邏輯 1 而 5 V 為邏輯 0。注意在二進制波形，認知由一狀態轉換到另一狀態（當 $t = t_2$，從 f_0 到 f_1）等同是認知狀態。因此數位電路藉著偵測兩種電壓的轉變來運作。這轉變通稱為**邊緣**，有正緣（f_0 到 f_1）及負緣（f_1 到 f_0）。幾乎所有計算機處理的訊號都是二進制。本章後面談到數位訊號時，除非特別說明，不然都是指二進制格式。

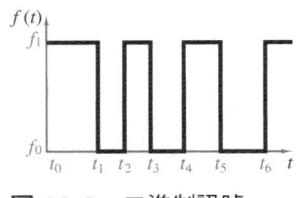

圖 12.3 二進制訊號

12.2 二進制數字系統

二進制數字系統是對運作在兩種狀態的電路（on 或 off，1 或 0）的自然表達方式。表 12.1 列出整數十進制數字和二進制數字系統的對應。

二進制數字是應用 2 的次方，十進制系統則是應用 10 的次方。譬如十進制數字 372 是這樣表示

$$372 = (3 \times 10^2) + (7 \times 10^1) + (2 \times 10^0)$$

而二進制數字 10110 對應到下列 2 的次方之組合：

$$10110 = (1 \times 2^4) + (0 \times 2^3) + (1 \times 2^2) + (1 \times 2^1) + (0 \times 2^0)$$

若把進制的基底標記在上列數值的右邊，則兩種數字系統的對應會很簡明，也就是以 n_2 表示數值 n 以 2 為基底，n_{10} 則是以 10 為基底：

$$10110_2 = 16 + 0 + 4 + 2 + 0 = 22_{10}$$

分數同樣也可以表示，譬如十進制數值 3.25 可以列成

$$3.25_{10} = 3 \times 10^0 + 2 \times 10^{-1} + 5 \times 10^{-2}$$

二進制數值 10.011 則對應成

$$10.011_2 = 1 \times 2^1 + 0 \times 2^0 + 0 \times 2^{-1} + 1 \times 2^{-2} + 1 \times 2^{-3}$$
$$= 2 + 0 + 0 + \tfrac{1}{4} + \tfrac{1}{8} = 2.375_{10}$$

表 12.1 顯示，需要 4 位二進制數字（**位元**，bit）來表示十進制中最高到 15 的值。通常最右邊位元稱為**最低有效位元**（least significant bit，LSB），最左邊位元稱為**最高有效位元**（most significant bit，MSB）。由於二進制數值需要的數字明顯比十進制的多，位數常以 4、8 或 16 來分

表 12.1 十進制轉換成二進制

十進制數字 n_{10}	二進制數字 n_2
0	0
1	1
2	10
3	11
4	100
5	101
6	110
7	111
8	1000
9	1001
10	1010
11	1011
12	1100
13	1101
14	1110
15	1111
16	10000

組。4 位元是一個**半位元組**（**nibble**），8 位元為一個**位元組**（**byte**）。字組是數位系統資料的基本單位，依系統架構，可能是二或更多個位元組。

加法及減法

加法及減法的運算是根據表 12.2 所列的基本法則，如同十進制作法，進位產生於當兩位數的和超過單一位數的最大值，也就是二進制系統的 1。圖 12.4 列出幾個二進制加法的舉例及十進制的對應。

表 12.2　加法規則

$0 + 0 = 0$
$0 + 1 = 1$
$1 + 0 = 1$
$1 + 1 = 0$（進位 1）

表 12.3　減法規則

$0 - 0 = 0$
$1 - 0 = 1$
$1 - 1 = 0$
$0 - 1 = 1$（借位）

表 12.4　乘法規則

$0 \times 0 = 0$
$0 \times 1 = 0$
$1 \times 0 = 0$
$1 \times 1 = 1$

表 12.5　除法規則

$0 \div 1 = 0$
$1 \div 1 = 1$

圖 12.4　二進制加法範例

十進制	二進制	十進制	二進制	十進制	二進制
5	101	15	1111	3.25	11.01
+6	+110	+20	+10100	+5.75	+101.11
11	1011	35	100011	9.00	1001.00

（在這舉例，$3.25 = 3\frac{1}{4}$ and $5.75 = 5\frac{3}{4}$）

二進制減法是根據表 12.3 規則。圖 12.5 列出幾個二進制的減法範例及其十進制的對應。

圖 12.5　二進制減法舉例

十進制	二進制	十進制	二進制	十進制	二進制
9	1001	16	10000	6.25	110.01
−5	−101	−3	−11	−4.50	−100.10
4	0100	13	01101	1.75	001.11

乘法及除法

在十進制系統的乘法表有 $10^2 = 100$ 項，在二進制系統僅有 $2^2 = 4$ 項。表 12.4 呈現二進制系統的乘法表。

二進制系統的除法法則類似十進制系統，表 12.5 顯示兩個基本法則。而如同十進制系統，我們只須注意兩種情況，而不必考慮除零。

十進制轉成二進制

十進制要轉成等值二進制是以連續除以十進制的 2，並取每次的餘數。圖 12.6 演示這個概念。圖 12.6 的結果可以簡易地由二進制反轉成十進制來驗證：

$$110001 = 2^5 + 2^4 + 2^0 = 32 + 16 + 1 = 49$$

同樣的方法可用來將十進制分數轉成二進制格式，只要先將整數部分和小數分離，各自轉成二進制格式後再合併。圖 12.7 顯示將數值 37.53 轉成二進制的兩個步驟。首先轉換整數部分，接著轉換小數部分，方法之一

餘數
$49 \div 2 = 24 + 1$
$24 \div 2 = 12 + 0$
$12 \div 2 = 6 + 0$
$6 \div 2 = 3 + 0$
$3 \div 2 = 1 + 1$
$1 \div 2 = 0 + 1$

$49_{10} = 110001_2$

圖 12.6　十進制轉二進制舉例

是將十進制小數連續乘以 2。若乘積大於 1，則在二進制分數右側補上一個 1（本範例 100101…），否則補 0。這個程序進行到沒有分數項為止。在這範例中十進制分數為 0.53_{10}，而圖 12.7 展示了相續演算。演算到 11 位數停止後，得到下列的近似值：

$$37.53_{10} = 100101.10000111101$$

繼續演算可增加更多二進制位數，得到更精確的值，但是會較複雜。若要正確代表這個十進制數值可能會需要一個無限位數的二進制數字。

補數及負數

為簡化減法演算，數位計算機都使用**補數**。實務上，就是將 $X - Y$ 的計算替換成 $X + (-Y)$。這程序大大簡化設計，因為計算機硬體只需要增加加法電路。二進制採用兩種補數：**1 的補數**及 **2 的補數**。

將 n 位元二進制數值減去 $2^n - 1$ 可以得到 1 的補數，舉兩個例：

$$a = 0101$$
$$a \text{ 數 1 的補數} = (2^4 - 1) - a$$
$$= (1111) - (0101)$$
$$= 1010$$
$$b = 101101$$
$$b \text{ 數 1 的補數} = (2^6 - 1) - b$$
$$= (111111) - (101101)$$
$$= 010010$$

將 n 位元二進制數值減去 2^n 可以得到 2 的補數。前述的兩個值 a 和 b 的 2 的補數可計算如下：

$$a = 0101$$
$$a \text{ 數 2 的補數} = 2^4 - a$$
$$= (10000) - (0101)$$
$$= 1011$$
$$b = 101101$$
$$b \text{ 數 2 的補數} = 2^6 - b$$
$$= (1000000) - (101101)$$
$$= 010011$$

直接從二進制數值得到 2 的補數的一個簡單法則為：從最低有效位元開始複製位元直到第一個 1，接著替換後續的位元，0 換成 1，1 換成 0。你可以試用這個法則於前述的兩個範例，以確認這個方法的確比減去 2^n 還簡單。

二進制系統表示正負數則有不同的做法。一個稱為**符號數值表示法**是，使用一個通常位於數值開頭的符號位元，其中 1 代表負數，0 為正數。因此一個 8 位元二進制

餘數
$37 \div 2 = 18 + 1$
$18 \div 2 = 9 + 0$
$9 \div 2 = 4 + 1$
$4 \div 2 = 2 + 0$
$2 \div 2 = 1 + 0$
$1 \div 2 = 0 + 1$
$37_{10} = 100101_2$
$2 \times 0.53 = 1.06 \to 1$
$2 \times 0.06 = 0.12 \to 0$
$2 \times 0.12 = 0.24 \to 0$
$2 \times 0.24 = 0.48 \to 0$
$2 \times 0.48 = 0.96 \to 0$
$2 \times 0.96 = 1.92 \to 1$
$2 \times 0.92 = 1.84 \to 1$
$2 \times 0.84 = 1.68 \to 1$
$2 \times 0.68 = 1.36 \to 1$
$2 \times 0.36 = 0.72 \to 0$
$2 \times 0.72 = 1.44 \to 1$
$0.53_{10} = 0.10000111101_2$

圖 12.7 十進制轉二進制

符號位元 b_7	b_6	b_5	b_4	b_3	b_2	b_1	b_0
	← 二進制數值的真正數值 →							

(a)

符號位元 b_7	b_6	b_5	b_4	b_3	b_2	b_1	b_0
	← 二進制數值的真正數值（若 $b_7 = 0$）→ ← 二進制數值的 1 的補數（若 $b_7 = 1$）→							

(b)

符號位元 b_7	b_6	b_5	b_4	b_3	b_2	b_1	b_0
	← 二進制數值的真正數值（若 $b_7 = 0$）→ ← 二進制數值的 2 的補數（若 $b_7 = 1$）→							

(c)

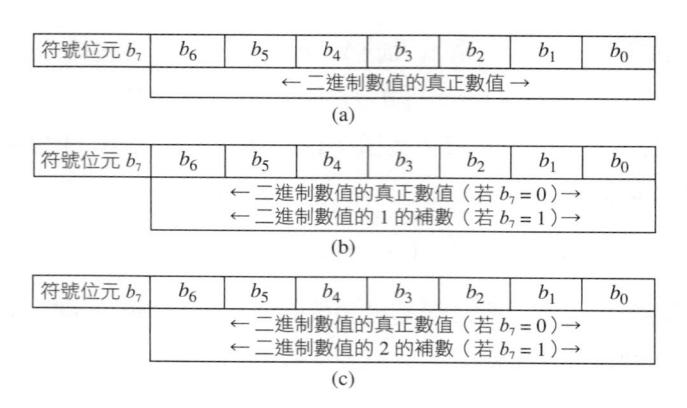

圖 12.8 (a) 8 位元帶符號二進制數值；(b) 8 位元 1 的補數二進制數值；(c) 8 位元 2 的補數二進制數值

數值有 1 個符號位元跟著 7 個數值位元，如圖 12.8(a)。在數位系統若採用 8 位元帶符號整數，能表示的整數範圍為

$$-(2^7 - 1) \leq N \leq +(2^7 - 1)$$

或

$$-127 \leq N \leq +127$$

第二種是採用 1 的補數表示法。這個做法使用 1 個位元來表示正負數，0 表正數，1 表負數。若是正數，這個二進制數值的數量就是真正的數值，若是負數，則由 1 的補數來代表。圖 12.8(b) 說明這個做法。譬如，數值 91_{10} 表示為 7 位元二進制數值 1011011_2 加上前導位元 0（符號）：01011011_2。而數值 -91_{10} 表示為 7 位元 1 的補數 0100100_2 加上前導位元 1（符號）：10100100_2。

大部分數位計算機使用 2 的補數來進行整數運算。2 的補數方法以符號位元 0 加上真實二進制數值來表示正數，負數則是以符號位元 1 加上二進制數值的 2 的補數表示，如圖 12.8(c)。2 的補數做法的優點是，其代數加算就是簡單的將兩組數值連同符號位元加起來。

十六進制系統

明顯地，以二進制或十進制來表示數值是對特定應用的方便性而定。另一個常用的是**十六進制**，是將二進制的位元區分為 4 位元一組。由於 4 個位元有 16 種可能組合，因此十進制系統的 0 到 9 便不足以表示一位十六進制碼。為解決這問題，前 6 個英文字母便被引用，如表 12.6。一個 8 位元字組對應 2 位十六進制碼，舉例

$$1010\ 0111_2 = A7_{16}$$
$$0010\ 1001_2 = 29_{16}$$

表 12.6　十六進制碼

0	0000
1	0001
2	0010
3	0011
4	0100
5	0101
6	0110
7	0111
8	1000
9	1001
A	1010
B	1011
C	1100
D	1101
E	1110
F	1111

ASCII[1] 字碼將所有字元數字及其他常見於列印文件上的字元，以十六進制值表示。例如，這個編碼用於定義電腦程式中與字元型態變數相關的視覺輸出。標準 ASCII 字元組及其十六進制值表列在附錄 D。

二進碼

本節描述基於實務原因常被運用的兩種二進碼。首先是**二進制編碼十進碼（BCD）表示法**，在數位邏輯電路用來表示十進碼，其實，最簡單的 BCD 表示法僅是將 4 位元二進制數值的序列停在第 10 項，如表 12.7。有其他的 BCD 編碼，都反映相同的原理：每個十進制數字由一個固定長度的二進制字組表示。雖然這方法可直接對應到十進制系統而吸引人，卻是效率不佳。舉十進制數值 68 為例，二進制表示法的直接轉換為 7 位元數 1000100，但對應的 BCD 表示法需要 8 位元：

$$68_{10} = 01101000_{BCD}$$

另一個常用的**格雷碼**是二進碼的重組，特性是任何連續的兩個數值只有一個位元不同。表 12.8 展示 3 位元格雷碼。格雷碼在編碼上很有用，因為單一位元讀取錯誤將導致差一計數錯誤，因此位元讀取錯誤的影響，比使用其他編碼方式要小很多。

表 12.7　BCD 編碼

0	0000
1	0001
2	0010
3	0011
4	0100
5	0101
6	0110
7	0111
8	1000
9	1001

表 12.8　3 位元格雷碼

二進碼	格雷碼
000	000
001	001
010	011
011	010
100	110
101	111
110	101
111	100

---

[1] American Standard Code for Information Interchange，美國標準信息交換碼。

量測重點

數位位置編碼器

位置編碼器會輸出等比於線性或角度位置的數位訊號。於動作控制應用時,這種裝置對量測即時位置很有用。需要準確控制移動物的運動時,像是機器人、工具機及伺服機制,就得用到動作控制技術。譬如,定位機器手臂以夾取物品時,隨時掌握手臂確切位置很重要。由於操作者一般也會在意旋轉及平移運動,本例將討論兩種編碼器:線性及角度位置編碼器。

光學位置編碼器由具有交替黑白區域的長條(平移運動)或圓盤(旋轉運動)編碼片組成。這些區域被安排來重現一些二進碼,如圖 12.9 所列的傳統二進碼及格雷碼搭配 4 位元線性編碼片。一列光電二極體(參考第 9 章)感測來自編碼路徑每個元件的反射光;依照反射光強弱,每個光電二極體電路輸出相應二進制 1 或 0 的電壓,因此編碼器的各列會生成不同的 4 位元字組。

十進制	二進制	十進制	格雷碼
15	1111	15	1000
14	1110	14	1001
13	1101	13	1011
12	1100	12	1010
11	1011	11	1110
10	1010	10	1111
9	1001	9	1101
8	1000	8	1100
7	0111	7	0100
6	0110	6	0101
5	0101	5	0111
4	0100	4	0110
3	0011	3	0010
2	0010	2	0011
1	0001	1	0001
0	0000	0	0000

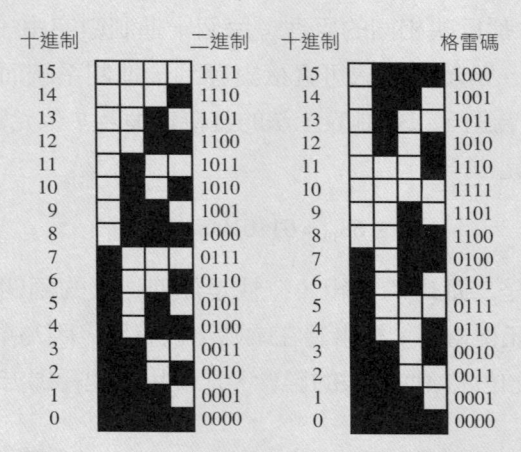

圖 12.9 線性編碼器的二進碼及格雷碼樣式

假設編碼片長度為 100 mm,而解析度可以這樣計算。編碼片分成 $2^4 = 16$ 段,每段對應一個增量 100/16 mm = 6.25 mm。若需要更高精度,可以引用較多位元:相同長度的 8 位元編碼片可以獲得解析度 100/256 mm = 0.39 mm。

圖 12.10 的 5 位元角度編碼器使用相似的架構。在此,角度解析度可用旋轉角度表示,其中 $2^5 = 32$ 段對應 360°,因此解析度為 360°/32 = 11.25°。再次,運用較多位元可以獲得較高的角度解析度。

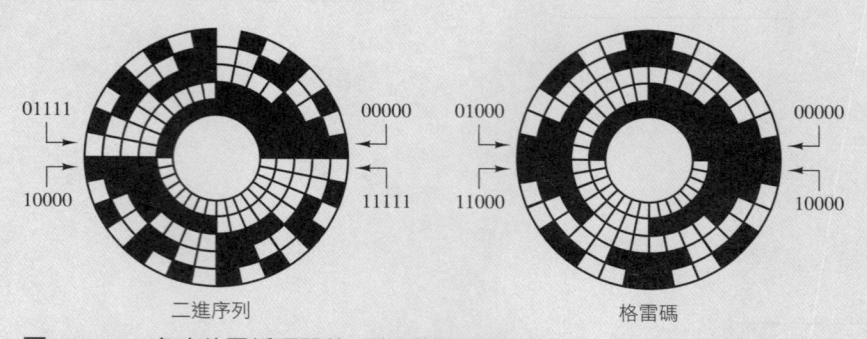

圖 12.10 角度位置編碼器的二進碼及格雷碼樣式

第 12 章　數位邏輯電路　　535

例題 12.1　2 的補數運算

問題

使用 2 的補數來完成下列減法

1. $X - Y = 1011100 - 1110010$
2. $X - Y = 10101111 - 01110011$

解

分析：2 的補數減法是將演算 $X - Y$ 替換成 $X + (-Y)$。因此首先取得 Y 的 2 的補數再去加到 X：

$$X - Y = 1011100 - 1110010 = 1011100 + (2^7 - 1110010)$$
$$= 1011100 + 0001110 = 1101010$$

接著在數目前頭添加符號位元（粗體字），第一個位元為 1 因為 $X - Y$ 的差是負數：

$$X - Y = \mathbf{1}1101010$$

再來計算第二組數字

$$X - Y = 10101111 - 01110011 = 10101111 + (2^8 - 01110011)$$
$$= 10101111 + 10001101 = 00111100$$
$$= \mathbf{0}00111100$$

第一位元是 0 因為 $X - Y$ 是正數。

例題 12.2　二進制轉十六進制問題

問題

將下列二進制數值轉為十六進制。

1. 100111
2. 1011101
3. 11001101
4. 101101111001
5. 100110110
6. 1101011011

解

分析：一個將二進制數值轉為十六進制的簡單方法是將二進制數值分成 4 位元一組，接著轉換每個 4 位元組。

1. $100111_2 = 0010_20111_2 = 27_{16}$
2. $1011101_2 = 0101_21101_2 = 5D_{16}$

3. $11001101_2 = 1100_2 1101_2 = CD_{16}$
4. $101101111001_2 = 1011_2 0111_2 1001_2 = B79_{16}$
5. $100110110_2 = 0001_2 0011_2 0110_2 = 136_{16}$
6. $1101011011_2 = 0011_2 0101_2 1011_2 = 35B_{16}$

評論：將十六進制轉為二進制，須將每個十六進制數字替換成 4 位元的半位元組。

檢視學習成效

轉換下列十進制數值為二進碼。

a. 39 b. 59
c. 512 d. 0.4475
e. $\frac{25}{32}$ f. 0.796875
g. 256.75 h. 129.5625
i. 4,096.90625

轉換下列二進制數值為十進碼。

a. 1101 b. 11011
c. 10111 d. 0.1011
e. 0.001101 f. 0.001101101
g. 111011.1011 h. 1011011.001101
i. 10110.0101011101

解答：(a) 100111, (b) 111011, (c) 1000000000, (d) 0.011100101000, (e) 0.11001, (f) 0.110011, (g) 100000000.11, (h) 10000001.1001, (i) 1000000000000.11101; (a) 13, (b) 27, (c) 23, (d) 0.6875, (e) 0.203125, (f) 0.212890625, (g) 59.6875, (h) 91.203125, (i) 22.3408203125

檢視學習成效

完成下列加法及減法，(a) 到 (d) 的答案用十進制，(e) 到 (h) 的答案用十進制。

a. $1001.1_2 + 1011.01_2$ b. $100101_2 + 100101_2$
c. $0.1011_2 + 0.1101_2$ d. $1011.01_2 + 1001.11_2$
e. $64_{10} - 32_{10}$ f. $127_{10} - 63_{10}$
g. $93.5_{10} - 42.75_{10}$ h. $(84\frac{9}{32})_{10} - (48\frac{5}{16})_{10}$

解答：(a) 20.75_{10}, (b) 74_{10}, (c) 1.5_{10}, (d) 21_{10}, (e) 100000_2, (f) 1000000_2, (g) 110010.11_2, (h) 100011.11111_2

檢視學習成效

12 位元字組能表示多少種數值？

若使用 8 位元字組（7 位元數值，1 位元符號）來表示 +5 到 −5V，所能表示的最小電壓增量是多少？

解答：4,096; 39 mV

檢視學習成效

計算下列二進制數值的 2 的補數。

a. 11101001　　b. 10010111
c. 1011110

解答：(a) 00010111, (b) 01101001, (c) 0100010

檢視學習成效

將下列數值從十六進制轉成二進制或從二進制轉成十六進制。

a. F83　　　　b. 3C9
c. A6　　　　d. 110101110_2
e. 10111001_2　f. 11011101101_2

將下列數值從十六進制轉成二進制並計算其 2 的補數。

a. F43　　　　b. 2B9
c. A6

解答：(a) 111110000011, (b) 001111001001, (c) 10100110, (d) 1AE, (e) B9, (f) 6ED;
(a) 0000 1011 1101, (b) 1101 0100 0111, (c) 0101 1010

12.3 布林代數及邏輯閘

與二進制系統關聯的數學稱為布林（boolean），以紀念英國數學家 George Boole 在 1854 年發表的研究論文。其中的一項結果是他發展出來的**邏輯代數**（logical algebra）。布林或邏輯表示式的變量只能取兩種值，通常是以數字 0 和 1 代表。這些變量有時被稱為真（1）及假（0）。這個常規通常稱作**正邏輯**，也有**負邏輯**常規，邏輯 1 和邏輯 0 的角色互換。本書僅採用正邏輯。

邏輯函數分析，亦即邏輯（布林）變數的函數，能以真值表來進行。真值表列出所有變數的可能值及其選定函數的對應值。以下段落中，我們定義基本邏輯函數以作為布林代數的基礎，並以法則和真值表來描述。再者，我們會介紹邏輯閘。邏輯閘是實體元件（參考 11 和 12 章），能用來實現邏輯函數。

及閘和或閘

布林代數的基礎，在於**邏輯加法**〔也稱為或（OR）運算〕，以及**邏輯乘法**〔也稱為及（AND）運算〕。這兩種運算都有對應的邏輯閘。邏輯加法雖然以加號 + 表示，卻異於傳統的代數加法，如表 12.9 最後所列的規則。注意這個規則也異於 12.2 節所

談的二進制加法。邏輯加法可用邏輯閘的或閘來代表，其符號及輸出輸入則如圖 12.11 所示。或閘表示下列的邏輯敘述：

$$\text{假如 } X \text{ 或 } Y \text{ 任一為真（1），則 } Z \text{ 是真（1）。} \qquad \text{邏輯或} \qquad (12.1)$$

這裡邏輯 1 對應到 5V，邏輯 0 對應到 0 V。

邏輯乘法以點符號 · 表示，並以表 12.10 的規則定義。圖 12.12 描述對應到本運算的及閘。及閘對應到下列的邏輯敘述：

$$\text{假如 } X \text{ 和 } Y \text{ 都為真（1），則 } Z \text{ 是真（1）。} \qquad \text{邏輯及} \qquad (12.2)$$

我們能想像有隨意數量輸入的邏輯閘（AND 和 OR），3 或 4 輸入邏輯閘並非少見。

定義邏輯函數的規則常以真值表來表列。及閘和或閘的真值表列在圖 12.11 及圖 12.12。**真值表**其實就是一個邏輯閘在各種可能輸入值時的輸出值摘要。假使輸入數量為 3，可能的組合數量會變成 8 種，但基本概念並無改變。在定義邏輯函數時，真值表很有用。一個典型的邏輯設計題目可能會指定需求，比如，只有當條件 ($X = 1$ AND $Y = 1$) OR ($W = 1$) 發生時，輸出 Z 會是邏輯 1，否則將為邏輯 0。圖 12.13 展示這個特定邏輯函數的真值表。設計則需要確定能實現此指定邏輯功能的邏輯閘組合。真值表能大大地簡化這程序。

及閘和或閘再搭配**反閘**，構成所有邏輯設計的基礎。反閘實質上就是反相器，提

表 12.9 邏輯加法（OR）規則

$0 + 0 = 0$
$0 + 1 = 1$
$1 + 0 = 1$
$1 + 1 = 1$

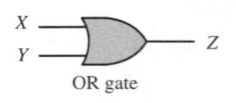

OR gate

X	Y	Z
0	0	0
0	1	1
1	0	1
1	1	1

真值表

圖 12.11 邏輯加法和或閘

表 12.10 邏輯乘法（AND）規則

$0 \cdot 0 = 0$
$0 \cdot 1 = 0$
$1 \cdot 0 = 0$
$1 \cdot 1 = 1$

及閘

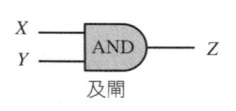

X	Y	Z
0	0	0
0	1	0
1	0	0
1	1	1

真值表

圖 12.12 邏輯乘法和及閘

以邏輯閘實現這敘述：只有當條件 ($X = 1$ AND $Y = 1$) OR ($W = 1$) 發生時，輸出 Z 會是邏輯 1，否則將為邏輯 0。

X	Y	W	Z
0	0	0	0
0	0	1	1
0	1	0	0
0	1	1	1
1	0	0	0
1	0	1	1
1	1	0	1
1	1	1	1

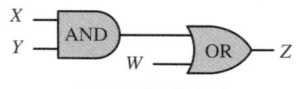

真值表

運用邏輯閘的解法

圖 12.13 用邏輯閘來完成邏輯功能之舉例

供邏輯變數輸入的補數。邏輯變數 X 的補數符號為 $\bar{X}$，如圖 12.14 所示反閘僅有一個輸入。

為演示反閘（反相器）用法，我們回到圖 12.13 的範例，其中邏輯電路只有在 $X = 0$ AND $Y = 1$ OR if $W = 1$ 時，輸出 $Z = 1$。我們意識到除了要求 $X = 0$ 之外，問題會是等同於這樣的陳述：「只有在條件 ($\bar{X} = 1$ AND $Y = 1$) OR ($W = 1$) 時，輸出 $Z = 1$，否則 $Z = 0$」。若使用一個反相器將 X 轉成 $\bar{X}$，我們看出所需條件變成 ($\bar{X} = 1$ AND $Y = 1$) OR ($W = 1$)。圖 12.15 演示這個基本設計練習的正式解法。

我們在邏輯閘的討論過程，會多次用到真值表來求取邏輯算式的值。一組基本規則可使這工作更容易達成。表 12.11 列出部分布林代數規則，其中每個都能運用真值表來證明，這將在範例及練習中看到，像是圖 12.16 的真值表即是規則 16 的證明。這個方法可以用來證明表 12.11 的每個規則。從圖 12.16 逐步獲得的簡單真值表，我們清楚看到確實是 $X \cdot (X + Y) = X$。這個證明邏輯等式有效性的方法，稱作**完全歸納法證明（proof by perfect induction）**。表 12.11 的 19 條規則可以用來簡化邏輯算式。

表 12.11　布林代數規則

1.	$0 + X = X$	
2.	$1 + X = 1$	
3.	$X + X = X$	
4.	$X + \bar{X} = 1$	
5.	$0 \cdot X = 0$	
6.	$1 \cdot X = X$	
7.	$X \cdot X = X$	
8.	$X \cdot \bar{X} = 0$	
9.	$\bar{\bar{X}} = X$	
10.	$X + Y = Y + X$	⎱ 交換律
11.	$X \cdot Y = Y \cdot X$	⎰
12.	$X + (Y + Z) = (X + Y) + Z$	⎱ 結合律
13.	$X \cdot (Y \cdot Z) = (X \cdot Y) \cdot Z$	⎰
14.	$X \cdot (Y + Z) = X \cdot Y + X \cdot Z$	分配律
15.	$X + X \cdot Z = X$	吸收律
16.	$X \cdot (X + Y) = X$	
17.	$(X + Y) \cdot (X + Z) = X + Y \cdot Z$	
18.	$X + \bar{X} \cdot Y = X + Y$	
19.	$X \cdot Y + Y \cdot Z + \bar{X} \cdot Z = X \cdot Y + \bar{X} \cdot Z$	

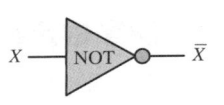

圖 12.14 補數與 NOT 閘

NOT 閘

X	$\bar{X}$
1	0
0	1

NOT 閘的真值表

X	$\bar{X}$	Y	W	Z
0	1	0	0	0
0	1	0	1	1
0	1	1	0	1
0	1	1	1	1
1	0	0	0	0
1	0	0	1	1
1	0	1	0	0
1	0	1	1	1

真值表

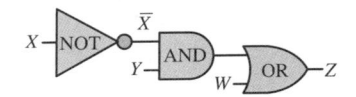

使用邏輯閘的解答

圖 12.15 應用邏輯閘來解答邏輯問題

X	Y	$X+Y$	$X \cdot (X+Y)$
0	0	0	0
0	1	1	0
1	0	1	1
1	1	1	1

圖 12.16 以完全歸納法證明規則 16

德摩根定律

兩個非常重要的邏輯規則被稱為**德摩根定律**。這規則說明透過適當 NOT 運算，AND 和 OR 函數可以互換。就布林代數而言，這些定理為：

$$\overline{(X+Y)} = \overline{X} \cdot \overline{Y} \tag{12.3}$$

德摩根定律

$$\overline{(X \cdot Y)} = \overline{X} + \overline{Y} \tag{12.4}$$

注意**二元性**存於 AND 和 OR 運算之間，德摩根定律的一個推論是這樣敘述：

> 任何邏輯函數可以只用 OR 和 NOT 閘來實現，或只用 AND 和 NOT 閘。

德摩根定律可以邏輯閘及關聯的真值表來呈現，如圖 12.17。

另一個德摩根定律的推論是任意函數能表示為**積項和**（SOP）以及／或是**和項積**（POS），如圖 12.18。這兩種形式在邏輯上相同，但以邏輯閘來實現時，其中一種形式或許簡易些。

在圖 12.18，SOP 算式可以表示為：

$$XY + WZ = \overline{\overline{XY + WZ}} = \overline{\overline{XY} \cdot \overline{WZ}}$$

若 $\overline{XY} = (A + B)$ 且 $\overline{WZ} = (C + D)$，則：

$$XY + WZ = \overline{(A + B) \cdot (C + D)}$$

所以 SOP 形式 $XY + WZ$ 相等於 POS 形式 $(A + B) \cdot (C + D)$ 的補數（否定）。

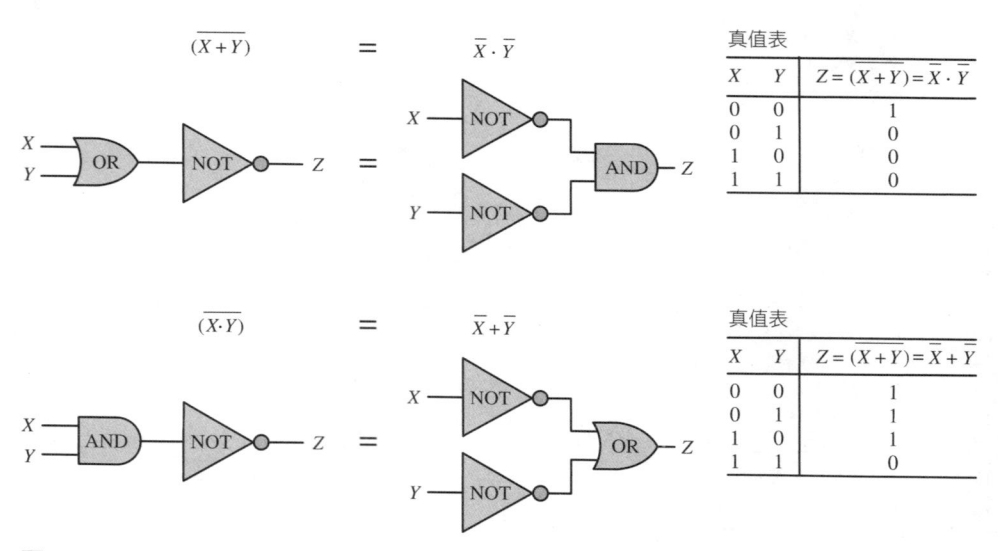

圖 12.17 德摩根定律

積項和算式
$(X \cdot Y) + (W \cdot Z)$

和項積算式
$(A + B) \cdot (C + D)$

圖 12.18 積項和以及和項積的邏輯函式

反及與反或閘

除了剛分析的 AND 和 OR 閘，這些閘的補數形式稱為 NAND 和 NOR，在實務上常被用到。事實上 NAND 和 NOR 構成大部分實務邏輯電路的基礎。圖 12.19 描述兩種閘並說明如何憑藉德摩根定律，容易的以 AND、OR 和 NOT 閘來解讀。你能容易地驗證那 NAND 和 AND 閘完成的邏輯函數各自對應到 AND 和 OR 閘跟一個反相器。很重要的是，依據德摩根定律，NAND 閘對輸入的補數執行一個邏輯加法，而 NOR 閘對輸入的補數執行一個邏輯乘法。因此就功能上，任何邏輯函數都可以單獨用 NOR 或 NAND 閘實現。

$\overline{(A \cdot B)} = \overline{A} + \overline{B}$

$\overline{(A + B)} = \overline{A} \cdot \overline{B}$

A	B	$\overline{A}$	$\overline{B}$	$\overline{(A \cdot B)}$
0	0	1	1	1
0	1	1	0	1
1	0	0	1	1
1	1	0	0	0

NAND 閘

A	B	$\overline{A}$	$\overline{B}$	$\overline{(A + B)}$
0	0	1	1	1
0	1	1	0	0
1	0	0	1	0
1	1	0	0	0

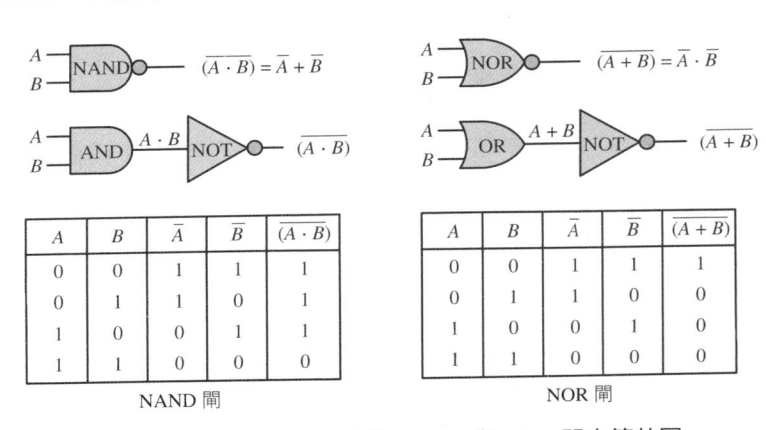

NOR 閘

圖 12.19 使用 AND 與 OR 閘的 NAND 與 NOR 閘之等效圖

下一節說明如何有系統地著手處理邏輯函數設計。首先會提供幾個例題來展示用 NAND 和 NOR 閘進行邏輯設計。

XOR（互斥 OR）閘

積體電路製造商常會在一顆積體電路封裝中，提供通用組合的邏輯電路。第 12.5 節會檢視許多通用**邏輯模組**。例如 **XOR 閘**提供一個類似但**不同於 OR 閘**的邏輯函數。XOR 閘的動作如同 OR 閘，只是除了當輸入都是邏輯 1 時，輸出會是邏輯 0。圖 12.20 顯示 XOR 閘的邏輯電路符號及其對應的真值表。XOR 閘實現的邏輯函數如下：任一 X 或 Y，但不

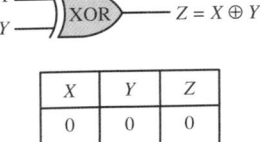

$Z = X \oplus Y$

X	Y	Z
0	0	0
0	1	1
1	0	1
1	1	0

真值表

圖 12.20 XOR 閘

是兩者。這個描述可以擴展到任意數量的輸入值。

互斥 OR 運算採用的符號是 ⊕，所以我們寫成

$$Z = X \oplus Y$$

來表示此邏輯運算。XOR 閘能以基本閘的組合來取得，譬如，XOR 函數會對應成 $Z = X \oplus Y = (X + Y) \cdot (\overline{X \cdot Y})$，所以 XOR 閘可以用圖 12.21 的電路來具體呈現。

通用積體電路邏輯閘結構，通常提供兩種元件家族 TTL 和 CMOS。

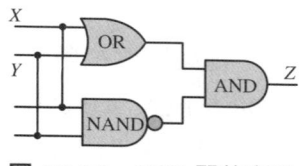

圖 12.21 XOR 閘的實現

量測重點

防誤自動駕駛邏輯

本例說明德摩根定律以及積項和與和項積類雙重性的。假設裝在商用飛機上的一套防誤自動駕駛系統，要求在啟動起飛或降落操作程序前，需通過下列檢查：三個可能駕駛員的兩位要在位。三個人選是正駕駛、副駕駛和自動駕駛。再進一步假想，正駕駛和副駕駛的座位裝有由人員的體重來啟動的開關，且有一套確認自動駕駛系統正確動作的自我檢查電路。假設變數 X 表示正駕駛狀態（1 假使正駕駛坐在控制臺），Y 表示副駕駛的同樣狀態，Z 表示自動駕駛狀態，$Z = 1$ 表示自動駕駛在運作。由於我們希望前述狀況中的兩種能在操作程序前便已啟動，這對應到「系統備妥」的邏輯函數為

$$f = X \cdot Y + X \cdot Z + Y \cdot Z$$

這也可用以下的真值表來驗證。

正駕駛	副駕駛	自動駕駛	系統備妥
0	0	0	0
0	0	1	0
0	1	0	0
0	1	1	1
1	0	0	0
1	0	1	1
1	1	0	1
1	1	1	1

上述定義的函數 f 是基於正面檢查的概念，當系統備妥時會指出。讓我們套用德摩根定律到函數 f，以積項和的格式：

$$\overline{f} = g = \overline{X \cdot Y + X \cdot Z + Y \cdot Z} = (\overline{X} + \overline{Y}) \cdot (\overline{X} + \overline{Z}) \cdot (\overline{Y} + \overline{Z})$$

函數 g 以和項積格式，傳達和函數 f 完全相同資訊，但只進行一種負向檢查，也就是 g 驗證系統非備妥狀況。顯然實施何種格式的函數可自由選擇；這兩種格式提供的訊息完全相同。

範例 12.3　邏輯算式簡化

問題

使用表 12.11 的規則，簡化下列函數。

$$f(A, B, C, D) = \overline{A} \cdot \overline{B} \cdot D + \overline{A} \cdot B \cdot D + B \cdot C \cdot D + A \cdot C \cdot D$$

解

搜尋：4 個變數之邏輯函數的簡化算式。

分析

$$\begin{aligned}
f &= \overline{A} \cdot \overline{B} \cdot D + \overline{A} \cdot B \cdot D + B \cdot C \cdot D + A \cdot C \cdot D \\
&= \overline{A} \cdot D \cdot (\overline{B} + B) + B \cdot C \cdot D + A \cdot C \cdot D && \text{規則 14} \\
&= \overline{A} \cdot D + B \cdot C \cdot D + A \cdot C \cdot D && \text{規則 4} \\
&= (\overline{A} + A \cdot C) \cdot D + B \cdot C \cdot D && \text{規則 14} \\
&= (\overline{A} + C) \cdot D + B \cdot C \cdot D && \text{規則 18} \\
&= \overline{A} \cdot D + C \cdot D + B \cdot C \cdot D && \text{規則 14} \\
&= \overline{A} \cdot D + C \cdot D \cdot (1 + B) && \text{規則 6 和 14} \\
&= \overline{A} \cdot D + C \cdot D = (\overline{A} + C) \cdot D && \text{規則 2 和 14}
\end{aligned}$$

範例 12.4　由真值表實現邏輯函數

問題

實現下列真值表所描述的邏輯函數。

A	B	C	y
0	0	0	0
0	0	1	1
0	1	0	0
0	1	1	1
1	0	0	1
1	0	1	1
1	1	0	1
1	1	1	1

解

已知條件：邏輯變數 A、B、C 各種組合所對應的函數 $y(A, B, C)$ 的值。

求：邏輯算式來實現函數 y。

分析：要求出一個函數 y 的邏輯算式，首先要將真值表轉換成邏輯算式。取 3 個變數會產生 $y = 1$ 的各個組合，將 y 表示為積項和。若變數值為 1 則使用取非補數變數，若為 0 則使用取補數變數。譬如，第二列（首例 $y = 1$）將得到項目 $\overline{A} \cdot \overline{B} \cdot C$，因此，

$$y = \overline{A} \cdot \overline{B} \cdot C + \overline{A} \cdot B \cdot C + A \cdot \overline{B} \cdot \overline{C} + A \cdot \overline{B} \cdot C + A \cdot B \cdot \overline{C} + A \cdot B \cdot C$$
$$= \overline{A} \cdot C(\overline{B} + B) + A \cdot \overline{B} \cdot (\overline{C} + C) + A \cdot B \cdot (\overline{C} + C)$$
$$= \overline{A} \cdot C + A \cdot \overline{B} + A \cdot B = \overline{A} \cdot C + A \cdot (\overline{B} + B) = \overline{A} \cdot C + A = A + C$$

因此，函數為一個 2 輸入 OR 閘如圖 12.22。

$$A + C = y \quad \text{or} \quad \begin{array}{c} A \\ C \end{array} \boxed{\text{OR}} - y$$

圖 12.22

評論： 上面推導，使用表 12.11 的兩個規則：規則 4 和 18。你能料想到變數 B 並沒有用在最後的實現嗎？

範例 12.5　德摩根定律和和項積算式

問題

以和項積格式實現邏輯函數 $y = A + B \cdot C$。使用 AND、OR 與 NOT 閘來執行。

解

已知條件： 函數 $y(A, B, C)$ 的邏輯算式。

求： 使用 AND、OR 與 NOT 閘來具體實現。

分析： 我們引用論據 $\overline{\overline{y}} = y$ 並運用德摩根定律如下：

$$\overline{y} = \overline{A + (B \cdot C)} = \overline{A} \cdot \overline{(B \cdot C)} = \overline{A} \cdot (\overline{B} + \overline{C})$$
$$\overline{\overline{y}} = y = \overline{\overline{A} \cdot (\overline{B} + \overline{C})}$$

前述積項和函數以各變數補數來實現（使用 NOT 閘），最後再加上補數如圖 12.23。

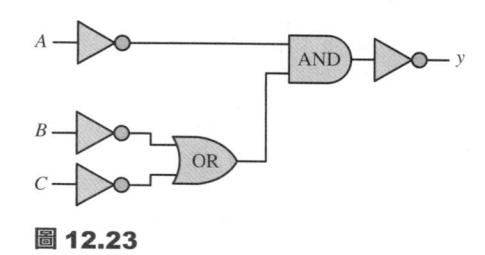

圖 12.23

評論： 明顯地，原本積項和算式能以一個 AND 閘和一個 OR 閘來製作，是較快的做法。

範例 12.6　以 NAND 閘來實現 AND 函數

問題

使用真值表來說明 AND 函數可以用 NAND 閘實現，並具體實作。

解

已知條件：AND 和 NAND 真值表。

求：運用 NAND 閘來實現 AND。

假設：考慮 2 輸入函數與邏輯閘。

分析：下列真值表總結 2 個函數：

A	B	NAND $\overline{A \cdot B}$	AND $A \cdot B$
0	0	1	0
0	1	1	0
1	0	1	0
1	1	0	1

A	B(=A)	A·B	$\overline{(A \cdot B)}$
0	0	0	1
1	1	1	0

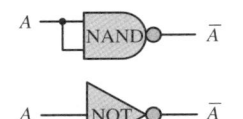

圖 12.24 NAND 閘作為反相器

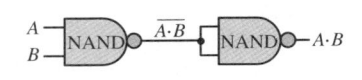

顯然要實現 AND 函數，只要簡單將 NAND 閘輸出反相。而這很簡易可以做到，因為留意到將 NAND 閘的輸入接一起就是反相器了。參考上列真值表，觀察 NAND 在輸入組合為 0-0 和 1-1 時的輸出可得到驗證，或參照圖 12.24。最終如圖 12.25。

圖 12.25

評論：NAND（和 NOR）閘很適合來實現含有積之補數的函數。補數邏輯閘從電晶體開關的反相特性自然地出現。

範例 12.7　以 NOR 閘實現 AND 函數

問題

解析說明 AND 函數可以只用 NOR 閘來實現，並確定具體實現。

解

已知條件：AND 與 NOR 函數。

求：用 NOR 閘來實現 AND。

假設：考慮 2 輸入函數與邏輯閘。

A	B(=A)	A+B	$\overline{(A+B)}$
0	0	0	1
1	1	1	0

圖 12.26 NOR 閘作為反相器

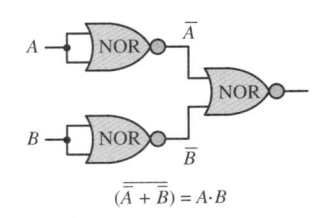

分析：我們可以用德摩根定律來解題。AND 閘的輸出可以寫成 $f = A \cdot B$，使用德摩根定律可寫成：

$$f = \overline{\overline{f}} = \overline{\overline{A \cdot B}} = \overline{\overline{A} + \overline{B}}$$

上列函數很容易可實現，因為我們看 NOR 閘的輸入接一起就是 NOT 閘（參考圖 12.26），因此圖 12.27 的邏輯電路提供所要的解答。

圖 12.27 $\overline{(\overline{A} + \overline{B})} = A \cdot B$

評論：NAND（和 NOR）閘很適合來實現含有積之補數的函數。補數邏輯閘從電晶體開關的反相特性自然地出現。結果是這些閘常用於實作。

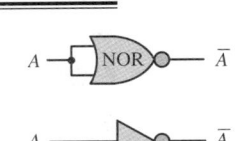

範例 12.8　用 NAND 與 NOR 閘實現函數

問題

運用 NAND 與 NOR 閘來實現下列函數：
$$y = \overline{\overline{(A \cdot B)} + C}$$

解

已知條件：y 的邏輯算式。

求：只用 NAND 與 NOR 閘來實現函數 y。

假設：考慮 2 輸入函數與閘。

分析：參照範例 12.6 與 12.7，使用 2 輸入 NAND 閘來實現 $Z = \overline{(A \cdot B)}$ 這項，使用 2 輸入 NOR 閘來實現 $\overline{Z + C}$ 這項。解答如圖 12.28。

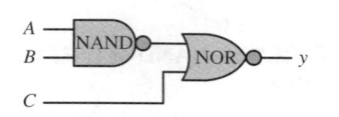

圖 12.28

範例 12.9　半加器

問題

分析圖 12.29 的半加器電路。

解

已知條件：邏輯電路。

求：真值表與功能描述。

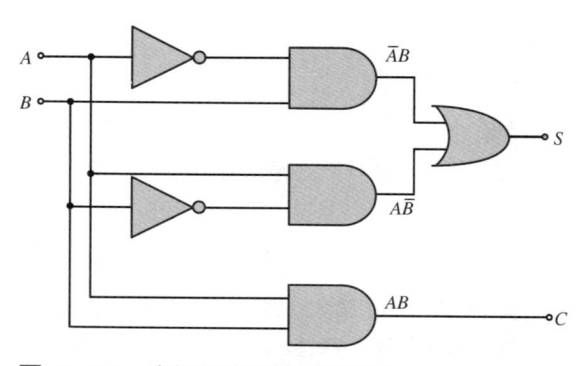

已知資料：圖 12.29。

圖 12.29　半加器的邏輯電路實現

分析：表 12.2 總結兩個二進制數字相加。重要的是去觀察當 A 和 B 都等於 1 時，和需要兩位數：低位元為 0 以及進位為 1。因此代表這個運作的電路就必須輸出 2 位數，圖 12.29 的半加器電路能執行二進制加法並提供 2 個輸出位元：和 S 與進位 C。

加法規則的邏輯敘述可寫為：若 A 是 0 且 B 是 1，或者 A 是 1 且 B 是 0，則 S 為 1。若 A 和 B 都是 1 則 C 為 1。就邏輯函數來說，這個敘述可用以下邏輯算式表達：

$$S = \bar{A}B + A\bar{B} \quad 與 \quad C = AB$$

圖 12.29 電路使用 NOT、AND 與 OR 閘來實現這個函數。

範例 12.10　全加器

問題

分析圖 12.30 的全加器電路。

解

已知條件：邏輯電路。

求：真值表與功能描述。

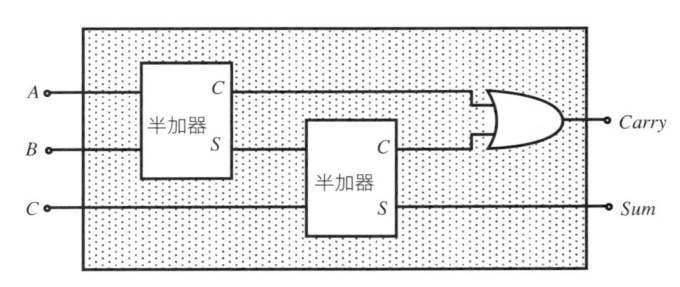

已知資料：圖 12.30。

圖 12.30 全加器的邏輯電路實現

分析：要進行完整加法需要用全加器，也就是電路能進行完整 2 位元加算，包含引入前面運算的進位。圖 12.30 電路使用兩個在範例 12.9 所描述的半加器再加上一個 OR 閘來處理 2 位元 A 與 B 的加算，以及可能來自前面加算電路的進位。下列真值表說明這個動作。

A	0	0	0	0	1	1	1	1
B	0	0	1	1	0	0	1	1
C	0	1	0	1	0	1	0	1
Sum	0	0	0	1	0	1	1	1
Carry	0	1	1	0	1	0	0	1

全加器的真值表

評論：要進行 4 位元組加算，需要一個半加器對第一欄（LSB），再對後續每一欄用一個全加器，也就是 3 個全加器。

檢視學習成效

循序漸進為下列邏輯算式製作真值表。

a. $\overline{(X+Y+Z)} + (X \cdot Y \cdot Z) \cdot \overline{X}$
b. $\overline{X} \cdot Y \cdot Z + Y \cdot (Z+W)$
c. $(X \cdot \overline{Y} + Z \cdot \overline{W}) \cdot (W \cdot X + \overline{Z} \cdot Y)$

（提示：你的真值表必須有 2^n 個項次，n 是邏輯變數的數量。）

解答：(a)

X	Y	Z	Result
0	0	0	1
0	0	1	0
0	1	0	0
0	1	1	0
1	0	0	0
1	0	1	0
1	1	0	0
1	1	1	0

(b)

X	Y	Z	W	Result
0	0	0	0	0
0	0	0	1	0
0	0	1	0	0
0	0	1	1	0
0	1	0	0	0
0	1	0	1	1
0	1	1	0	1
0	1	1	1	1
1	0	0	0	0
1	0	0	1	0
1	0	1	0	0
1	0	1	1	0
1	1	0	0	0
1	1	0	1	1
1	1	1	0	1
1	1	1	1	1

(c)

X	Y	Z	W	Result
0	0	0	0	0
0	0	0	1	0
0	0	1	0	0
0	0	1	1	0
0	1	0	0	0
0	1	0	1	0
0	1	1	0	0
0	1	1	1	0
1	0	0	0	0
1	0	0	1	1
1	0	1	0	0
1	0	1	1	1
1	1	0	0	0
1	1	0	1	0
1	1	1	0	0
1	1	1	1	0

檢視學習成效

實現上一個檢視學習成效中三個邏輯函數，只使用最少數量的 AND、OR 與 NOT 閘。

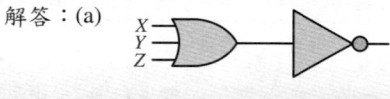

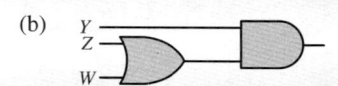

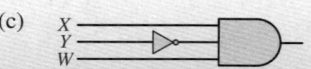

解答：(a) X, Y, Z 經 OR 閘後接 NOT 閘

(b) Y, Z 經 OR 閘，再與 W 經 AND 閘

(c) X, Y, W（Y 經 NOT 閘）經 AND 閘

檢視學習成效

實現上一個檢視學習成效中 3 個邏輯函數，只使用最少數量的 NAND 與 NOR 閘。（提示：使用德摩根定律與 $\overline{\overline{f}} = f$ 的論據。）

解答：(a) 圖示：X, Y, Z 輸入 NOR 閘
(b) 圖示：Y, Z, W 輸入組合 NAND/NOR 閘
(c) 圖示：X, W, Y 輸入 AND 後接 NOR 閘

檢視學習成效

說明僅使用 NAND 閘便可取得 OR 閘。（提示：使用 3 個 NAND 閘。）

檢視學習成效

說明 XOR 函數也能表示成 $Z = X \cdot \overline{Y} + Y \cdot \overline{X}$。使用 NOT、AND 與 OR 閘實現這對應的函數。〔提示：使用邏輯函數 Z（定義在習題內）及 XOR 函數的真值表。〕

12.4 卡諾圖與邏輯設計

在檢視用邏輯閘來設計邏輯函數時，我們發現已知的邏輯算式，通常不只一個解答可來實現。目前為止，在實現已知函數時，有些邏輯閘組合明顯比其他方式較有效率。我們如何確定已選擇了最有效的實現方式？幸運的是，有一程序可用圖來描述所有存在於所關注邏輯函數之變數的可能組合，並以紀念其發明者為名，稱**卡諾圖**。圖 12.31 描述有二、三及四變數的兩種表現格式的卡諾圖樣式。如所見，對兩個或更多變數，列與行的指定是安排成所有相鄰項只變動一個位元。譬如在兩變數的圖中，行 01 的相鄰行是 00 與 11。另注意每個圖由 2^N 個**小格**組成，N 是邏輯變數的數量。

在卡諾圖上每個小格含有一個**小項**，就是出現在邏輯算式上（或許是補數形式）的 N 個變數的積，譬如三個變數（$N = 3$），有 $2^3 = 8$ 種這種組合或小項：$\overline{X} \cdot \overline{Y} \cdot \overline{Z}$, $\overline{X} \cdot \overline{Y} \cdot Z$, $\overline{X} \cdot Y \cdot \overline{Z}$, $\overline{X} \cdot Y \cdot Z$, $X \cdot \overline{Y} \cdot \overline{Z}$, $X \cdot \overline{Y} \cdot Z$, $X \cdot Y \cdot \overline{Z}$, 與 $X \cdot Y \cdot Z$。每一小格的內容，就是小項，為出現在對應的垂直與水平座標的變數之積。譬如在三變數卡諾圖，$X \cdot Y \cdot \overline{Z}$ 出現在 $X \cdot Y$ 與 $\overline{Z}$ 的交點。在卡諾圖上對每個變數組合，想要輸出 1 的小格填放值 1。譬如，考量三變數函數，當變數 X、Y 和 Z 具有下述的值時，要輸出 1：

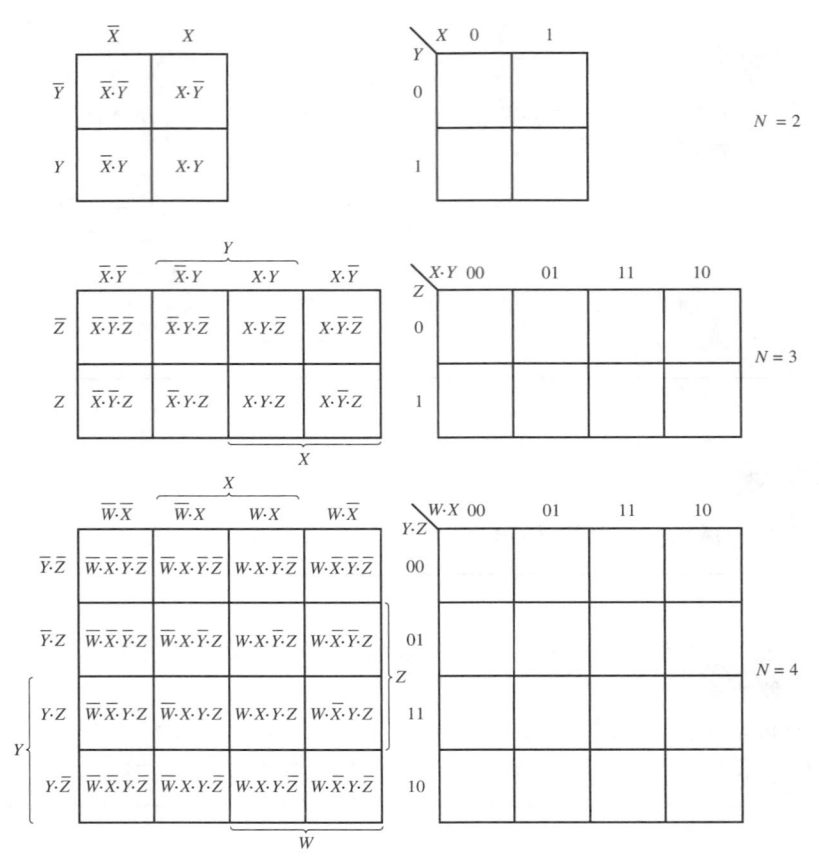

圖 12.31 二、三及四變數卡諾圖

$X = 0$	$Y = 1$	$Z = 0$
$X = 0$	$Y = 1$	$Z = 1$
$X = 1$	$Y = 1$	$Z = 0$
$X = 1$	$Y = 1$	$Z = 1$

相同的真值表在圖 12.32，還有對應的卡諾圖。

　　卡諾圖能立即提供函數值的圖形格式。再者，卡諾圖小格的安排是以兩相鄰小格所存的小項，只有一個變數改變。這特性在用邏輯閘設計邏輯函數時很有用，特別是把圖看成可反摺接續，就像是頂部和底部及右邊和左邊的邊緣會相接一般。以圖 12.31 的三變數卡諾圖，譬如小格 $X \cdot \overline{Y} \cdot \overline{Z}$ 接鄰 $\overline{X} \cdot \overline{Y} \cdot \overline{Z}$。假使我們捲起卡諾圖，使得右邊接觸左邊，注意兩小格只有變數 X 不同，這是前述的接鄰小格的特性。[2]

　　圖 12.33 展示一個較複雜的四變數邏輯函數，以解說卡諾圖如何用來直接實現一個邏輯函數。首先，定義一個聯格 為一組 2^m 個具有邏輯值 1 的相鄰小格，$m = 1, 2,$

---

[2] 一個要記住的有用規則是在二變數圖，會有兩個小項接鄰到任一指定小項。在三變數圖，會有三個小項接鄰到任一指定小項。在四變數圖，數量是四。以此類推。

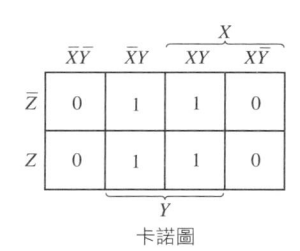

圖 12.32 邏輯函數的真值表與卡諾圖表示

圖 12.33 四變數算式的卡諾圖

3,..., N。因此，一個聯格可以由 1, 2, 4, 8, 16, 32,... 小格組成。對圖 12.31 的四變數圖的所有可能的聯格顯示在圖 12.34。注意在此特例中並無四格聯格，而且有些聯格之間有重疊。四格與八格聯格顯示在圖 12.35 作為隨意的範例呈現。

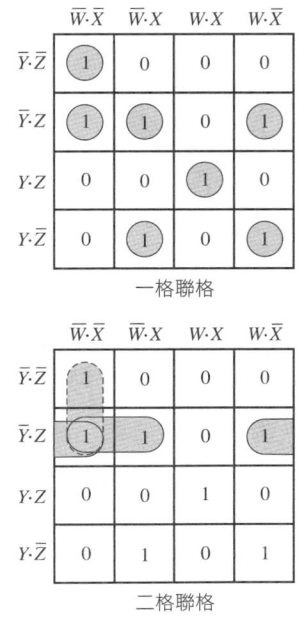

圖 12.34 圖 12.31 卡諾圖的一格和二格聯格

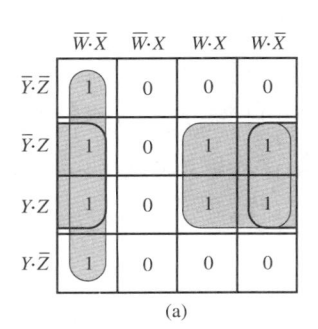

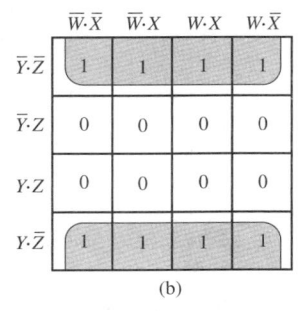

圖 12.35 一個隨意邏輯函數的四格及八格聯格

我們通常會試著找到最大可能聯格去含括圖中所有 1 的項目。那麼，圖和聯格如何幫助邏輯函數的實現？運用圖和聯格於極簡化邏輯算式，並考量下列布林代數規則來解說：

$$Y \cdot X + Y \cdot \overline{X} = Y$$

其中變數 Y 可能是邏輯變數的積，〔譬如我們同樣可寫出 $(Z \cdot W) \cdot X + (Z \cdot W) \cdot \overline{X}$ $(Z \cdot W) \cdot X + (Z \cdot W) \cdot \overline{X} = Z \cdot W$ 以 $Y = Z \cdot W$〕。這規則很容易證明，就是將 Y 因式分解

$$Y \cdot (X + \overline{X})$$

並一直注意到 $X + \overline{X} = 1$。因此很明顯變數 X 完全不需要出現在算式中。

讓我們將此規則應用到更複雜的邏輯算式，以證明能用於此舉例。考慮這邏輯算式

$$\overline{W} \cdot X \cdot \overline{Y} \cdot Z + \overline{W} \cdot \overline{X} \cdot \overline{Y} \cdot Z + W \cdot \overline{X} \cdot \overline{Y} \cdot Z + W \cdot X \cdot \overline{Y} \cdot Z$$

因式分解如下：

$$\overline{W} \cdot Z \cdot \overline{Y} \cdot (X + \overline{X}) + W \cdot \overline{Y} \cdot Z \cdot (\overline{X} + X) = \overline{W} \cdot Z \cdot \overline{Y} + W \cdot \overline{Y} \cdot Z$$
$$= \overline{Y} \cdot Z \cdot (\overline{W} + W) = \overline{Y} \cdot Z$$

這是相當的簡化！若我們現在考量一個卡諾圖，在圖上放入 1 到各小格以對應到小項 $\overline{W} \cdot X \cdot \overline{Y} \cdot Z, \overline{W} \cdot \overline{X} \cdot \overline{Y} \cdot Z, W \cdot \overline{X} \cdot \overline{Y} \cdot Z,$ 與 $W \cdot X \cdot \overline{Y} \cdot Z,$ 將對應前面算式，並得到圖 12.36 的卡諾圖。很容易驗證圖 12.36 呈現對應到項目 $\overline{Y} \cdot Z$ 的一個單一四格聯格。

我們雖尚未建立正式規則，但顯然以圖方法來簡化布林算式是一個方便的工具。此圖其實等於自動完成代數簡化！我們看到在任一聯格中，所出現的一或多個變數，其所有變數組合，會以補數與非補數形式呈現、然後消掉。圖 12.37 八格聯格說明此情況，所有列式為

	$\overline{W} \cdot \overline{X}$	$\overline{W} \cdot X$	$W \cdot X$	$W \cdot \overline{X}$
$\overline{Y} \cdot \overline{Z}$	0	0	0	0
$\overline{Y} \cdot Z$	1	1	1	1
$Y \cdot Z$	0	0	0	0
$Y \cdot \overline{Z}$	0	0	0	0

圖 12.36 下列函數之卡諾圖：
$\overline{W} \cdot X \cdot \overline{Y} \cdot Z + \overline{W} \cdot \overline{X} \cdot \overline{Y} \cdot Z + W \cdot \overline{X} \cdot \overline{Y} \cdot Z + W \cdot X \cdot \overline{Y} \cdot Z$

	$\overline{W} \cdot \overline{X}$	$\overline{W} \cdot X$	$W \cdot X$	$W \cdot \overline{X}$
$\overline{Y} \cdot \overline{Z}$	1	1	1	1
$\overline{Y} \cdot Z$	1	1	1	1
$Y \cdot Z$	0	0	0	0
$Y \cdot \overline{Z}$	0	0	0	0

圖 12.37

$$\overline{W} \cdot \overline{X} \cdot \overline{Y} \cdot \overline{Z} + \overline{W} \cdot X \cdot \overline{Y} \cdot \overline{Z} + W \cdot X \cdot \overline{Y} \cdot \overline{Z} + W \cdot \overline{X} \cdot \overline{Y} \cdot \overline{Z}$$
$$+ \overline{W} \cdot \overline{X} \cdot \overline{Y} \cdot \overline{Z} + \overline{W} \cdot X \cdot \overline{Y} \cdot \overline{Z} + W \cdot X \cdot \overline{Y} \cdot \overline{Z} + W \cdot \overline{X} \cdot \overline{Y} \cdot \overline{Z}$$

不過，若考量八格聯格，我們會注意到三變數 X、W 與 Z 於所有與其他變數的組合，都以補數與非補數形式出現，因此可以從算式中移除。把笨重的算式簡化成為 $\overline{Y}$！以邏輯設計術語，一個以 Y 輸入的簡單反相器便足以實現這算式。

積項和與和項積的實現

邏輯函數可以表示成兩種格式之一：積項和（SOP）或和項積（POS）。譬如下列邏輯列式是以 SOP 格式：

$$\overline{W} \cdot X \cdot \overline{Y} \cdot Z + \overline{W} \cdot \overline{X} \cdot \overline{Y} \cdot Z + W \cdot \overline{X} \cdot \overline{Y} \cdot Z + W \cdot X \cdot \overline{Y} \cdot Z$$

下列規則在推算最小積項和列式時很有用。

解題重點

積項和的實現

1. 從孤立小格開始，因為不可能再簡化了。
2. 找到所有只接鄰另一個小格的小格，形成二格的聯格。
3. 找到那些形成四格聯格、八格聯格的小格，並以此類推。
4. 最小數量的最大聯格之集合就是**最簡算式**。

德摩根定律說明每個 SOP 列式有一個相等的 POS 格式。$(W + Y) \cdot (Y + Z)$ 就是一個 POS 列式的簡單舉例。對任一特定邏輯列式，兩種格式當中的一種可能耗用較少數量的閘來實現。

解題重點

和項積的實現

1. 圈 0 為聯格，正如搜尋 SOP 列式時圈 1 一樣。
2. 用 $\overline{X}$ 取代 X，$\overline{Y}$ 取代 Y，$\overline{Z}$ 取代 Z。產生一個補數卡諾圖。
3. 各個 0 的聯格代表補數卡諾圖的各元素之和。
4. 形成這些和項積。

另一個實現 POS 的方法是，去表示 0 的每個聯格作為卡諾圖元素的積，再進行這些積項和，最後將整個和取補數。用德摩根定律進行一些演算之後，這結果會是相等的 POS 格式。要注意的是，以此另類方法產生的 POS 格式，或許與使用前面特出方

法找出的格式,不見得會是呈現相同。在這種情況下,總是可以驗證各格式產生相同卡諾圖,像是範例 12.16。範例 12.16 與 12.17 說明一個格式如何能比另一格式更易產生較有效解答。

無關項

當對某些輸入變數的組合,邏輯函數值允許為 0 或 1 時,就可運用另一簡化技巧。這情況常出現在問題規格。一個很好的例子是二進碼十進數系統,當中六組 4 位元組合 [1010], [1011], [1100], [1101], [1110] 和 [1111] 是不被允許的。用於決定 BCD4 位元組之值的演算法,應該完全忽視這六種組合。反過來說,一個錯誤檢測演算法就應該要能檢出錯誤的 4 位元組輸入。

當圖中的小格填 1 或 0 都沒影響時,就會使用**無關項**,以 x 表示。在卡諾圖中組成聯格時,每個無關項可視情況而當作 1 或 0 以便得到最少數量的聯格,進而得到最大的簡化。

量測重點

操作沖壓機的安全電路
問題

此範例應用前面範例解說的技術到實際狀況,要操作一部沖壓機,作業員必須按住兩個相距 1 公尺且離開機器的按鈕(b_1 和 b_2);這確保作業員的手不會卡入沖壓機。當兩個按鈕壓下,邏輯變數 b_1 和 b_2 等於 1。因此,我們可以定義一個新變數 $A = b_1 \cdot b_2$;$A = 1$ 表示作業員的手安全離開沖壓機。除了安全需求之外,作業員在啟動沖壓之前,還有其他情況須符合。沖壓機設計為每次只運作工件 I 或工件 II,但不會兩件同時。因此對此沖壓機運作可接受的邏輯狀態為「工件 I 在沖壓則非工件 II」,以及「工件 II 在沖壓則非工件 I」。

若是以邏輯變數 $B = 1$ 表示工件 I 在沖壓中,及變數 $C = 1$ 表示工件 II 在沖壓中,我們可以對沖壓機運作增加額外要求。譬如,一個用於放置零件到沖壓機的機器手臂可啟動對應到邏輯變數 B 與 C 的一對開關,指示是那個工件放置在沖壓機上。最後,要讓沖壓機能啟動運作,機器必須是備妥狀態,意謂必須已完成所有前面的沖壓運作。

讓邏輯變數 $D = 1$ 代表備妥狀態。我們現在以四個邏輯變數表示沖壓機運作,並摘要於表 12.12。注意,只有兩種組合邏輯變數會導致沖壓機運作:$ABCD$ = 1011 與 $ABCD$ = 1101。驗證這兩種狀況對應所要的沖壓機運作。使用卡諾圖來實現會執行所示真值表的邏輯電路。

解

表 12.12 會轉成圖 12.38 的卡諾圖,因為表中 0 項遠多過 1 項,使用 0 項填蓋此圖能產生較大簡化。這會產生和項積列式,在圖 12.38 的四個次方體產出方程式

$$A \cdot D \cdot (C + B) \cdot (\overline{C} + \overline{B})$$

依德摩根定律,此方程式會等於

表 13.12 沖壓機運作的條件

(A) $b_1 \cdot b_2$*	(B) 工件 I 在機臺	(C) 工件 II 在機臺	(D) 沖壓幾可運作	沖壓幾可運作 運作 1 = 壓 0 = 不壓
0	0	0	0	0
0	0	0	1	0
0	0	1	0	0
0	0	1	1	0
0	1	0	0	0
0	1	0	1	0
0	1	1	0	0
0	1	1	1	0
1	0	0	0	0
1	0	0	1	0
1	0	1	0	0
1	0	1	1	1
1	1	0	0	0
1	1	0	1	1
1	1	1	0	0
1	1	1	1	0

* 兩個按鈕 (b_1, b_2) 都需壓下才為 1。

$$A \cdot D \cdot (C + B) \cdot \overline{(C \cdot B)}$$

這能以圖 12.39 的電路來實現。

為了比較，對應的積項和的電路顯示在圖 12.40。注意這電路採用較多的閘，而讓設計較貴。

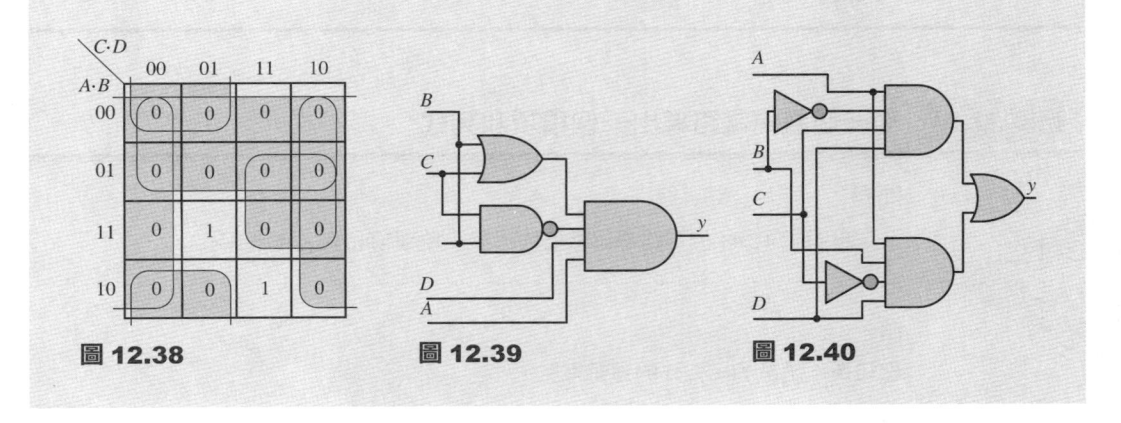

圖 12.38

圖 12.39

圖 12.40

範例 12.11　使用卡諾圖做邏輯電路設計

問題

設計邏輯電路來實現圖 12.41 的卡諾圖。

A	B	C	D	y
0	0	0	0	1
0	0	0	1	1
0	0	1	0	1
0	0	1	1	0
0	1	0	0	0
0	1	0	1	1
0	1	1	0	0
0	1	1	1	0
1	0	0	0	1
1	0	0	1	1
1	0	1	0	1
1	0	1	1	0
1	1	0	0	0
1	1	0	1	1
1	1	1	0	0
1	1	1	1	1

圖 12.41

解

已知量：$y(A, B, C, D)$ 的真值表。

求：y 的實現。

假設：可使用二、三及四輸入閘。

分析：我們使用圖 12.42 的卡諾圖，其中已填上 1 和 0 數值，我們認知到在圖上有 4 個聯格，其中三個四格聯格，以及一個兩格聯格。這些聯格的列式：兩格聯格為 $\overline{A} \cdot \overline{B} \cdot \overline{D}$，捲繞圖的聯格為 $\overline{B} \cdot \overline{C}$，四乘一聯格為 $\overline{C}D$，圖底方形聯格為 $A \cdot D$。因此 y 的列式為

$$y = \overline{A} \cdot \overline{B} \cdot \overline{D} + \overline{B} \cdot \overline{C} + \overline{C}D + AD$$

圖 12.43 顯示上列函數的實現。

評論：圖 12.42 卡諾圖標出的部分，由於標出所有的 1 所以產生了一個 SOP 項。

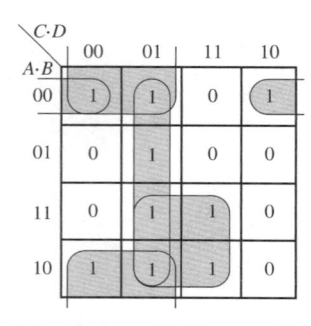

圖 12.42 範例 12.11 的卡諾圖

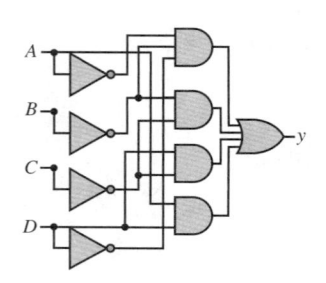

圖 12.43 圖 12.42 卡諾圖的邏輯電路實現

範例 12.12　從一個邏輯電路導出一個積項和列式

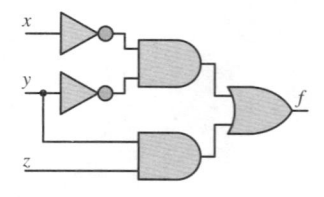

圖 12.44

問題

參照圖 12.44 的電路導出真值表與最小項積項和列式。

解

已知量：函數 $f(x, y, z)$ 的邏輯電路。

求：函數 f 的列式及真值表。

分析：為決定真值表，先寫出對應圖 12.44 邏輯電路的列式：

$$f = \overline{x} \cdot \overline{y} + y \cdot z$$

圖 12.45 顯示了對應此列式的真值表及含括積項和的卡諾圖。

評論：若使用 0 來涵蓋本例的卡諾圖，則結果列式將是一個和項積。請驗證此電路複雜性不變。

另注意聯格 ($x = 0, yz = 01, 11$) 並沒用上，因為這不會簡化解答。

x	y	z	f
0	0	0	1
0	0	1	1
0	1	0	0
0	1	1	1
1	0	0	0
1	0	1	0
1	1	0	0
1	1	1	1

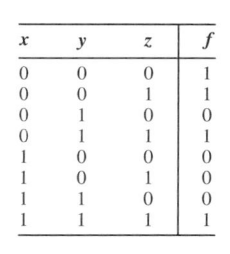

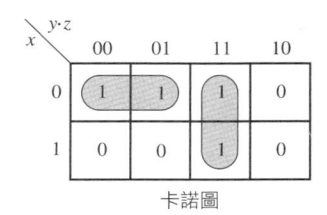

圖 12.45

範例 12.13　僅使用 NAND 閘來實現一個積項和

問題

僅使用二輸入 NAND 閘來實現以下積項和的函數。

$$f = (\overline{x} + \overline{y}) \cdot (y + \overline{z})$$

解

已知量：$f(x, y, z)$。

求：僅使用 NAND 的函數 f 的閘邏輯電路。

分析：第一步是將 f 列式轉換成容易以 NAND 閘實現的列式。觀察到直接應用德摩根定律將產生

$$\overline{x} + \overline{y} = \overline{x \cdot y}$$

$$y + \overline{z} = \overline{z \cdot \overline{y}}$$

因此我們將函數寫成

$$f = \overline{(x \cdot y)} \cdot \overline{(z \cdot \overline{y})}$$

再以五個 NAND 閘來實現，如圖 12.46 所示。

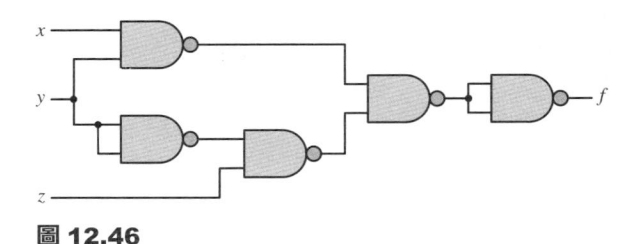

圖 12.46

評論：注意到我們使用兩個 NAND 閘作反相器，一個取得 $\overline{y}$，另一個反轉第四個 NAND 閘的輸出，等於 $\overline{\overline{(x \cdot y)} \cdot \overline{(z \cdot \overline{y})}}$。

範例 12.14　使用卡諾圖簡化列式

問題

使用卡諾突來簡化以下列式

$$f = x \cdot y + \overline{x} \cdot z + y \cdot z$$

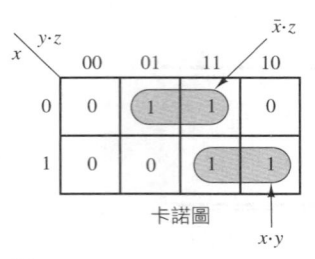

解

已知量：$f(x, y, z)$。

求：f 的最簡列式

分析：我們標出圖 12.47 所示三變數卡諾圖。1 的項只需兩聯格就能覆蓋：$f = x \cdot y + \overline{x} \cdot z$，因此這項 $y \cdot z$ 是多餘的。

評論：注意此項 $y \cdot z$ 也隱含於這兩個聯格。因而在此例中，列式 $x \cdot y + \overline{x} \cdot z + y \cdot z$ 等同 $x \cdot y + \overline{x} \cdot z$，但較複雜。

圖 12.47

範例 12.15　使用卡諾圖簡化邏輯電路

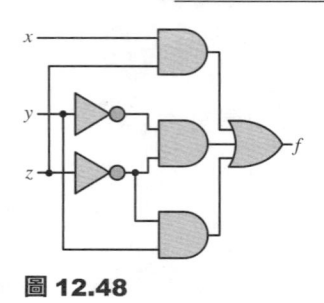

問題

推導圖 12.48 電路圖的卡諾圖，並用此圖來簡化列式。

圖 12.48

解

已知量：邏輯電路。

求：簡化的邏輯電路。

分析：首先由電路圖來確定 $f(x, y, z)$ 列式：

$$f = (x \cdot z) + (\overline{y} \cdot \overline{z}) + (y \cdot \overline{z})$$

這列式導出圖 12.49 卡諾圖。檢查此圖後發現，若使用四格聯格，此圖會較有效涵蓋。這改進的覆蓋對應到較簡化的函數 $f = x + \overline{z}$，並得到圖 12.50 邏輯電路。

$$f = \overline{y} \cdot \overline{z} + x \cdot z + y \cdot \overline{z}$$

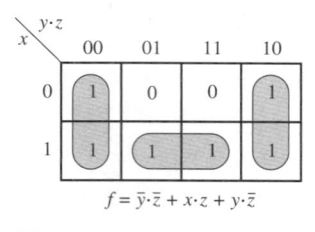

圖 12.49

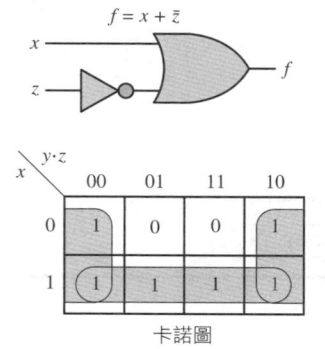

圖 12.50

評論：通常卡諾圖中最大的可能聯格對應到可能解答的底限。

範例 12.16　積項和及和項積設計的比較

問題

實現附隨的真值表所描述的函數 f，並在卡諾圖上運用 0 和 1 兩種覆蓋。

x	y	z	f
0	0	0	0
0	0	1	1
0	1	0	1
0	1	1	1
1	0	0	1
1	0	1	1
1	1	0	0
1	1	1	0

解

已知量：邏輯函數的真值表。

求：以積項和及和項積兩種格式去實現。

分析：

1. 和項積列式。和項積列式使用 0 項來決定一個卡諾圖的邏輯列式，圖 12.51 描述覆蓋 0 的卡諾圖，並導出此列式

$$f = (x + y + z) \cdot (\overline{x} + \overline{y})$$

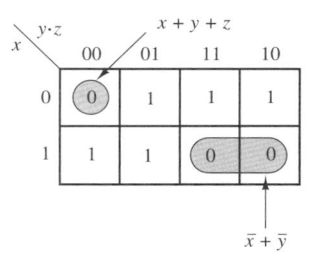

圖 12.51

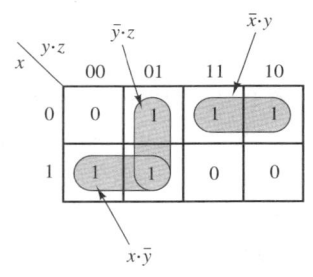

圖 12.52

2. 積項和列式。積項和列式使用 1 項來決定卡諾圖的邏輯列式，圖 12.52 描述覆蓋 0 的卡諾圖，並導出此列式

$$f = (\overline{x} \cdot y) + (x \cdot \overline{y}) + (\overline{y} \cdot z)$$

評論：和項積解法需要使用五個閘（2 個 OR、2 個 NOT 及 1 個 AND），而積項和解法需要六個閘（1 個 OR、2 個 NOT 及 3 個 AND），因此第一個解法產生較簡單設計。

範例 12.17　和項積設計

問題

實現附隨以最小項和項積格式的真值表所描述的函數 f，並畫出對應的卡諾圖。

x	y	z	f
0	0	0	1
0	0	1	0
0	1	0	1
0	1	1	0
1	0	0	1
1	0	1	1
1	1	0	0
1	1	1	0

解

已知量：邏輯函數的真值表。

求：以最小和項積格式來實現。

分析：我們以 0 項覆蓋圖 12.53 的卡諾圖並得到以下函數：

$$f = \overline{z} \cdot (\overline{x} + \overline{y})$$

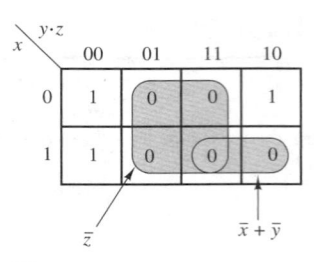

图 12.53

評論：什麼是相等的 SOP 解法？找出來！較簡單嗎？

範例 12.18　使用無關條件來簡化列式—1

問題

使用無關項簡化此列式

$$f(A, B, C, D) = \overline{A} \cdot \overline{B} \cdot \overline{C} \cdot D + \overline{A} \cdot \overline{B} \cdot C \cdot \overline{D} + \overline{A} \cdot \overline{B} \cdot C \cdot D \\ + \overline{A} \cdot B \cdot \overline{C} \cdot D + A \cdot \overline{B} \cdot C \cdot D + A \cdot B \cdot \overline{C} \cdot \overline{D}$$

注意 x 項從未發生，所以能指定為 1 或 0 項，就看哪一種最能簡化列式。

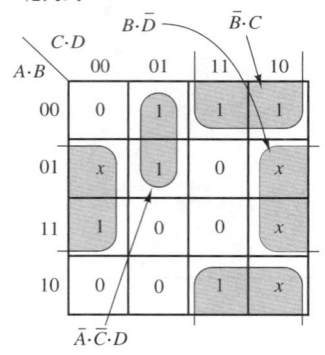

圖 12.54

解

已知量：邏輯列式；無關條件。

求：最小實現。

已知資料：無關條件：

$$f(A, B, C, D) = \{0100, 0110, 1010, 1110\}$$

分析：我們以 1 項覆蓋圖 12.54 的卡諾圖，並用 x 項填入各無關條件格。將所有 x 項視為 1 項，我們達成以兩個四格聯格和一個兩格聯格完成覆蓋，取得如下簡化的列式：

$$f(A, B, C, D) = B \cdot \overline{D} + \overline{B} \cdot C + \overline{A} \cdot \overline{C} \cdot D$$

評論：注意我們也能看待無關項為 0 項，並試著以和項積格式來解題。請驗證上面列式確實為最簡列式。

範例 12.19　使用無關條件來簡化列式—2

問題

求取列式 $f(A, B, C)$ 的最簡積項和的實現。

解

已知量：邏輯列式，無關條件。

求:最簡實現。

已知資料:

$$f(A, B, C) = \begin{cases} 1 & \text{for } \{A, B, C\} = \{000, 010, 011\} \\ x & \text{for } \{A, B, C\} = \{100, 101, 110\} \end{cases}$$

分析:我們以 1 項覆蓋圖 12.55 的卡諾圖,並用 x 項填入各無關條件格。適當從 3 格中選取 2 格無關項為 1 項,我們達成以一個四格聯格和一個兩格聯格完成覆蓋,取得如下最簡的列式:

$$f(A, B, C) = \overline{A} \cdot B + \overline{C}$$

評論:注意我們選擇去設定一個無關項為 0 項,因為它無法導致任何更大的簡化。

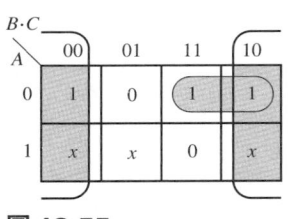

圖 12.55

A \ $B \cdot C$	00	01	11	10
0	1	0	1	1
1	x	x	0	x

範例 12.20　使用無關條件來簡化列式—3

問題

求取列式 $f(A, B, C, D)$ 的最簡和項積的實現。

解

已知量:邏輯列式,無關條件。

求:最簡實現。

電路圖、圖表、電路與所給資料:

$$f(A, B, C, D) = \begin{cases} 1 & \text{for } \{A, B, C, D\} = \{0000, 0011, 0110, 1001\} \\ x & \text{for } \{A, B, C, D\} = \{1010, 1011, 1101, 1110, 1111\} \end{cases}$$

分析:我們以 1 項覆蓋圖 12.56 的卡諾圖,並用 x 項填入各無關條件格。我們從 5 格中選取 4 格適合的無關項為 1 項,即可以一個四格聯格、兩個兩格聯格和一個單格聯格完成覆蓋,取得:

$$f(A, B, C) = \overline{A} \cdot \overline{B} \cdot \overline{C} \cdot \overline{D} + B \cdot C \cdot \overline{D} + A \cdot D + \overline{B} \cdot C \cdot D$$

評論:以和項積做實現是否較簡單?請驗證。

$A \cdot B$ \ $C \cdot D$	00	01	11	10
00	1	0	1	0
01	0	0	0	1
11	0	x	x	x
10	0	1	x	x

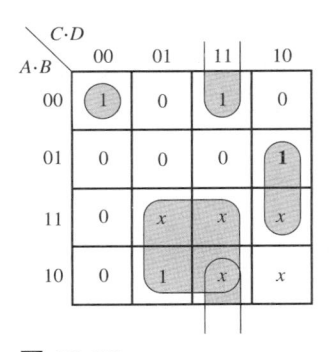

圖 12.56

檢視學習成效

運用卡諾圖來簡化下面列式。

$$\overline{W}\cdot\overline{X}\cdot\overline{Y}\cdot\overline{Z}+\overline{W}\cdot\overline{X}\cdot Y\cdot\overline{Z}+W\cdot X\cdot\overline{Y}\cdot\overline{Z}+W\cdot\overline{X}\cdot\overline{Y}\cdot\overline{Z}+W\cdot\overline{X}\cdot Y\cdot\overline{Z}$$
$$+W\cdot X\cdot Y\cdot\overline{Z}$$

運用卡諾圖來簡化下面列式。

$$\overline{W}\cdot\overline{X}\cdot\overline{Y}\cdot\overline{Z}+\overline{W}\cdot\overline{X}\cdot Y\cdot\overline{Z}+W\cdot X\cdot\overline{Y}\cdot\overline{Z}+W\cdot\overline{X}\cdot\overline{Y}\cdot\overline{Z}$$
$$+W\cdot\overline{X}\cdot Y\cdot\overline{Z}+\overline{W}\cdot X\cdot\overline{Y}\cdot\overline{Z}$$

解答：$W\cdot\overline{Z}+\overline{X}\cdot\overline{Z}$；$\overline{Y}\cdot\overline{Z}+\overline{X}\cdot\overline{Z}$

檢視學習成效

證驗範例 12.16 和項積列式能以較少閘來實現。

檢視學習成效

範例 12.17 若以積項和實現是否會用較少閘？

解答：否

檢視學習成效

證明圖 12.53 電路圖也能以積項和獲得。

檢視學習成效

範例 12.18 指定 0 值給無關項並導出對應的最簡列式。這個新函數是否更簡化？

解答：$f=A\cdot B\cdot\overline{C}\cdot\overline{D}+\overline{A}\cdot\overline{C}\cdot D+\overline{A}\cdot\overline{B}\cdot C+\overline{B}\cdot C\cdot D$；否

檢視學習成效

在範例 12.19 指定 0 值給無關項並導出對應最簡列式。這個新函數是否更簡化？
在範例 12.19 指定 1 值給所有無關項並導出對應最簡列式。這個新函數是否更簡化？

解答：$f=\overline{A}\cdot B+\overline{A}\cdot C$；否；$f=\overline{A}\cdot B+A\cdot\overline{B}+\overline{C}$；否

> **檢視學習成效**
>
> 在範例 12.20 指定 0 值給所有無關項並導出對應最簡列式。這個新函數是否更簡化？
>
> 在範例 12.20 指定 1 值給所有無關項並導出對應最簡列式。這個新函數是否更簡化？
>
> 解答：$f = \overline{A} \cdot \overline{B} \cdot \overline{C} \cdot \overline{D} + \overline{A} \cdot \overline{B} \cdot C \cdot D + A \cdot \overline{B} \cdot \overline{C} \cdot D + \overline{A} \cdot B \cdot C \cdot \overline{D}$；否；
> $f = \overline{A} \cdot \overline{B} \cdot \overline{C} \cdot \overline{D} + B \cdot C \cdot \overline{D} + A \cdot D + \overline{B} \cdot C \cdot D + A \cdot C$；否

12.5 組合邏輯模組

前面章節介紹的基本邏輯閘可用於實現更進階函數，並常結合形成邏輯模組，以小型的積體電路封裝來提供使用。本節會討論一些較常見的**組合邏輯模組**，以說明如何用於實現進階邏輯函數。

多工器

多工器（或稱**資料選擇器**）是組合邏輯電路，能允許在多輸入線中選一條。一個典型多工器（MUX）有 2^n 條**資料線**，n 條**位址**（**資料選擇**）**線**，及一個輸出。此外也可能有其他控制輸入線（譬如致能）。標準商用多工器提供 n 至多到 4，不過若需要較大範圍，可將兩個以上 MUX 結合。

MUX 允許 2^n 個輸入之一被選為輸出資料；選擇的方式是靠位址線。圖 12.57 描繪 4 輸入 MUX 方塊圖。輸入資料線標示為 D_0、D_1、D_2 及 D_3；**資料選擇**（或位址）**線**標示為 I_0 與 I_1；輸出有補數與非補數格式，是以標示為 F 及 $\overline{F}$。

最後，一個**致能**輸入線標示為 E，也提供來啟用或禁用這 MUX。若 $E = 1$，禁用 MUX；若 $E = 0$，啟用 MUX。負邏輯以致能輸入線上的一個小「圓圈」來表示，這代表補數運算（如同 NAND 和 NOR 閘的輸出）。當需要串接 MUX 時，這致能輸入就派上用途，像是我們想從大數量輸入線（譬如 $2^8 = 256$）選 1 輸出時，則兩個 4 輸入 MUX 能用以提供 8 選 1 資料選擇。

前幾節的教材很適合來描述多工器內部運作。圖 12.58 顯示只用 NAND 閘的 4 對 1 多工器內部構造。雖也用了反相器，但大家應記得在適當連接時 NAND 閘能做為反相器。

數位系統設計（譬如微處理器）常需要用單一條線去載送兩種以上不同數位訊號。然而在同一時間，只能有一個訊號置於線上。一個多工器讓我們在不同時刻選擇所要置於線上的訊號，這特性以 4 對 1

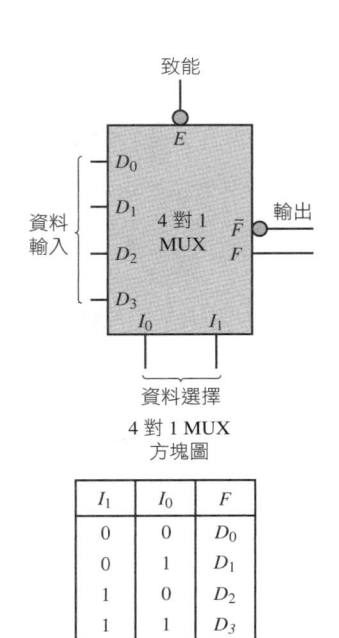

I_1	I_0	F
0	0	D_0
0	1	D_1
1	0	D_2
1	1	D_3

4 對 1 MUX 真值表

圖 12.57 4 對 1 多工器

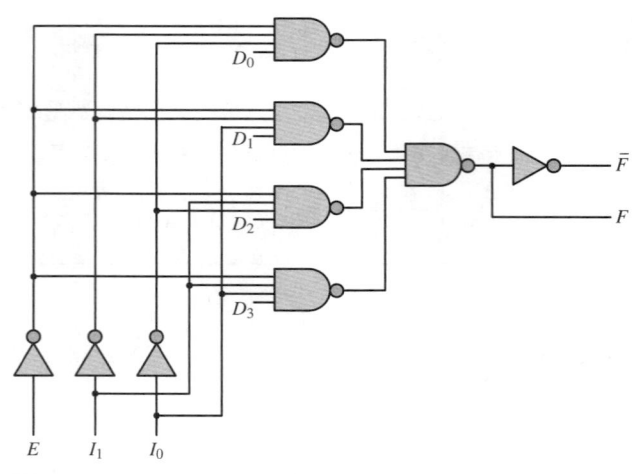

圖 12.58 4-to-1MUX 內部結構

多工器來呈現。圖 12.59 描繪 4 對 1 多工器的功能圖，展示了 4 條資料線 D_0 到 D_3 及兩條選擇線 I_0 與 I_1。

表 12.13 最能說明多工器中資料選擇器的函數。在這真值表中 x 代表無關項，並其中依照 I_1 與 I_0 的值，輸出會選擇一條資料線。例如，$I_1I_0 = 10$ 會選擇 D_2，意即輸出 F 會選定資料線 D_2 的值。因此，若 $D_2 = 1$，$F = 1$，且若 $D_2 = 0$，$F = 0$。

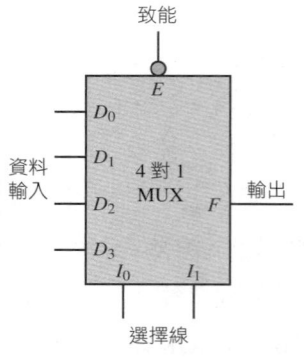

表 12.13

I_1	I_0	D_3	D_2	D_1	D_0	F
0	0	x	x	x	0	0
0	0	x	x	x	1	1
0	1	x	x	0	x	0
0	1	x	x	1	x	1
1	0	x	0	x	x	0
1	0	x	1	x	x	1
1	1	0	x	x	x	0
1	1	1	x	x	x	1

圖 12.59 4 輸入多工器功能圖

唯讀記憶體（ROM）

另一常用的實現邏輯函數的技術是運用**唯讀記憶體（ROM）**。ROM 是一個會以二進數碼格式保存資料（記憶）的邏輯電路，只能「讀取」但不能更改內容。ROM 是記憶元件陣列，每個元件能儲存 1 或 0。陣列由 $2^m \times n$ 個元件組成，這裡 n 是存在 ROM 中各字組的位元數量。

存取 ROM 儲存的資料會需要 m 條位址線。類似多工器的運作方式，當一個位址被選定，對應選定位址的 n 位元二進制字組出現在輸出，就是與儲存字組同樣數量的位元。就某種意義來說，一個 ROM 可認為是一個具有字組輸出而非單一位元的多工器。

圖 12.60 描繪 $n = 4$ 及 $m = 2$ 的 ROM 其概念性布局。這 ROM 表以填入任意 4 位元字組來說明。在圖 12.60，如果致能輸入設 0（on）值，對應位址線 $I_0 = 0$ 及 $I_1 = 1$，其輸出字組將是 $W_2 = 0110$，也就是 $b_0 = 0$、$b_1 = 1$、$b_2 = 1$、$b_3 = 0$。根據 ROM 內容及位址與輸出線數量，我們能實現任意的一個邏輯函數。

可惜的是，儲存在唯讀記憶體的資料必須在製造時存入，且之後無法更改。一種較方便的唯讀記憶體類型是**可抹除可程式化唯讀記憶體（EPROM）**，其內容能容易規劃與儲存，且需要時能更改。由於內容彈性且容易規劃，EPROM 常用在許多實際應用。以下範例說明運用 EPROM 來施行非線性函數的線性化。

ROM 位址		ROM 內容（4 位元組）				
I_1	I_0	b_3	b_2	b_1	b_0	
0	0	0	1	1	0	W_0
0	1	1	0	0	1	W_1
1	0	0	1	1	0	W_2
1	1	1	1	1	1	W_3

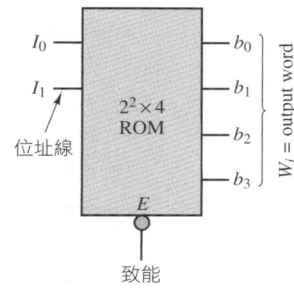

圖 12.60 唯讀記憶體

解碼器與讀寫記憶體

解碼器也是組合邏輯電路，常用於地址解碼或記憶體擴充。介紹解碼器的原因是想展示半導體記憶體裝置的一些內部結構。

圖 12.61 顯示 2 對 4 解碼器的真值表，這解碼器有一個致能輸入 $\overline{G}$ 及選擇輸入 B 和 A，並有 4 個輸出 Y_0 至 Y_3。當致能輸入是邏輯 1，不管選擇輸入為何，所有解碼器輸出被迫為 1。

這簡單的解碼器描述讓我們可以進行 **SRAM**（**靜態隨機存取**或**可讀寫記憶體**）內部組織的簡短討論。SRAM 的內部組織可提供記憶體，具有高速（短存取時間）、大的位元容量與低成本。在記憶裝置內的記憶體陣列具有字組數量 W 的行長及每字組之位元數量 N 的列長。要選定一個字組，需要一個 n 對 W 解碼器。由於送到解碼器的位址輸入選定一個解碼器輸出，解碼器將只選定記憶陣列中的一個字組。圖 12.62 說明典型 SRAM 的內部組織。

因此要從記憶陣列選定所要的字組，就需要正確的位址輸入。舉例來說，若記憶陣列的字組數量為 8，則需要一個 3 對 8 解碼器。

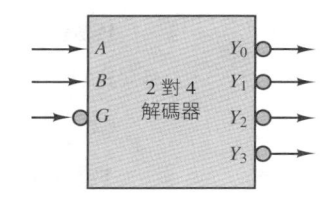

輸入			輸出			
致能	選擇					
$\overline{G}$	A	B	Y_0	Y_1	Y_2	Y_3
1	x	x	1	1	1	1
0	0	0	0	1	1	1
0	0	1	1	0	1	1
0	1	0	1	1	0	1
0	1	1	1	1	1	0

圖 12.61 2 對 4 解碼器

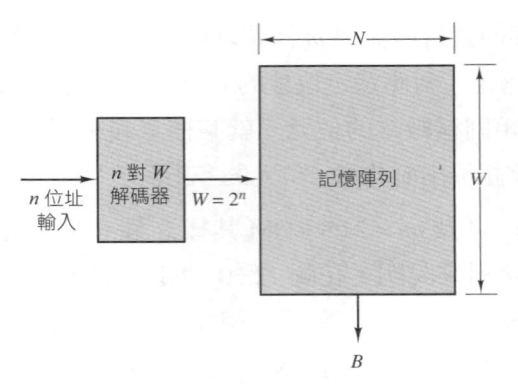

圖 12.62 SRAM 內部組織

閘陣列與可程式化邏輯裝置

現今主要使用**可程式化邏輯裝置（PLD）**來進行數位邏輯設計，是能以程式化來有連接之閘陣列，以執行特定邏輯函數。PLD 是由 AND 和 OR 閘陣列組成的大型的組合邏輯模組，能使用名為**硬體描述語言（HDL）**的特殊程式語言來進行程式化。圖 12.63 顯示一型高密度 PLD 的方塊圖，我們定義三種 PLD 類型：

PROM（可程式化唯讀記憶體）：提供高速及低價給相對小型設計。
PLA（可程式化邏輯陣列）：提供彈性特色給較複雜設計。
PAL/GAL（可程式化陣列邏輯／通用陣列邏輯）：提供很好彈性並比 PLA 快些且較不貴。

為說明使用 PLD 做邏輯設計的觀念，我們採用一個通用陣列邏輯（ispGAL16V8）來實現從三條輸入訊號 AND 後產生一個輸出訊號。GAL 功能方塊圖如圖 12.64(a) 所

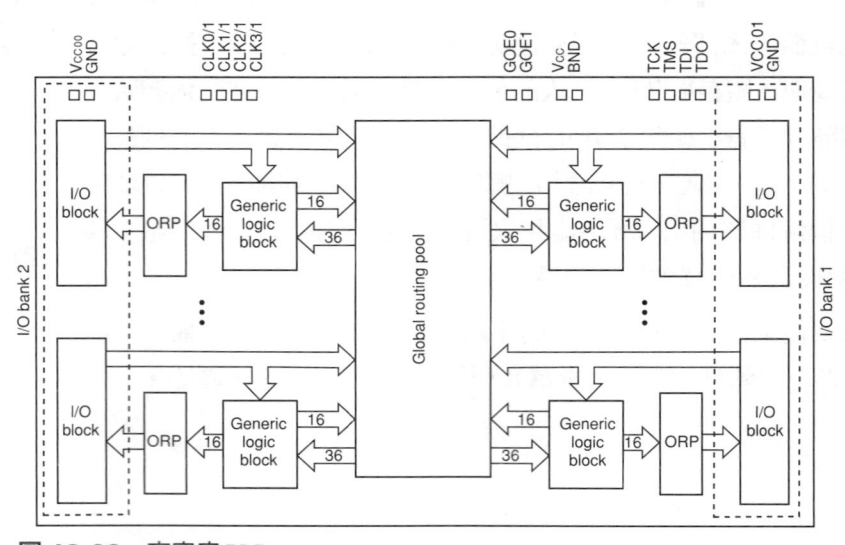

圖 12.63 高密度 PLD

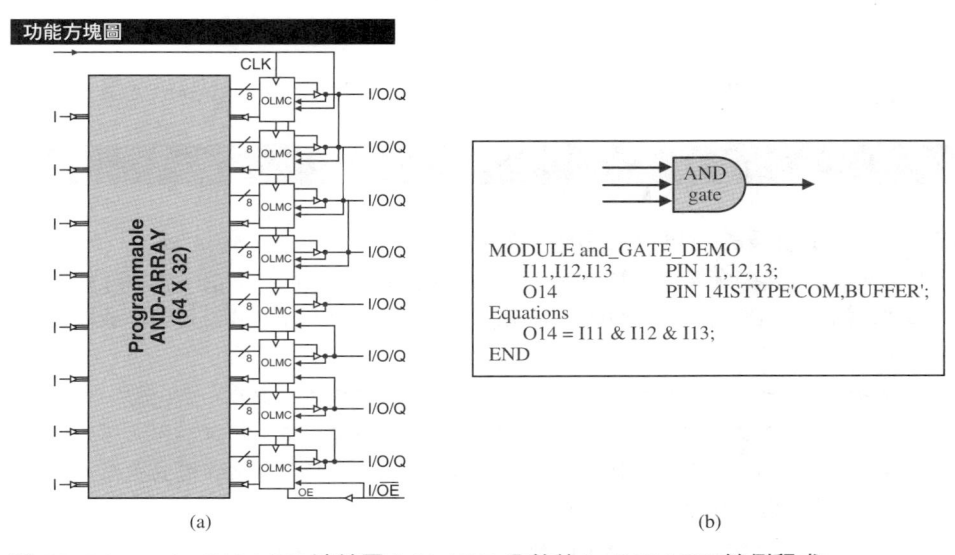

圖 12.64 (a) ispGAL16V8 連線圖；(b) AND 函數的 ispGAL16V8 範例程式

```
MODULE and_GATE_DEMO
    I11,I12,I13        PIN 11,12,13;
    O14                PIN 14 ISTYPE 'COM,BUFFER';
Equations
    O14 = I11 & I12 & I13;
END
```

示，注意此元件有 8 輸入線及 8 輸出線，輸出線也提供一個時脈輸入作時序功能。

圖 12.64(b) 列出範例程式，程式首先定義輸入與輸出，接著陳述一個等式 O14=I11&I12&I13，這描述了待實現的函數，也定義將使用那些輸出與輸入以及函數關係。注意符號 & 代表邏輯函數 AND。

運用 PLD 的第二個範例，介紹時序圖的觀念。圖 12.65 為某汽車燃油噴射系統相關的時序圖，這系統會進行多次噴射，會進行三次先導噴射及一次主要噴射。這主控線致能整個程序。輸出程序 顯示在圖底部標示「噴射器燃油脈衝」是結合 3 個先導脈衝及 1 個主脈衝，基於圖 12.65(a) 訊號時序圖，我們使用下列輸入：I11 = 主控、I12 = 先導噴射 #1、I13 = 先導噴射 #2、I14 = 先導噴射 #3、I14 = 主噴射、以及輸出 O14 = 噴射器燃料脈衝，你得說服自己這所需函數為

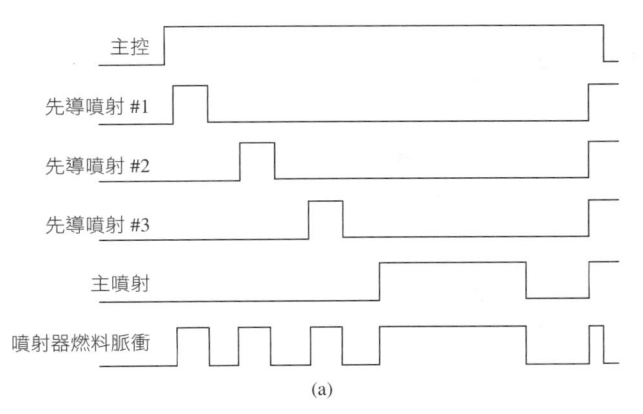

```
MODULE MULTI_INJECTION
    I11,I12,I13,I14,I15    PIN 11,12,13,14,15;
    O14                    PIN 14 ISTYPE 'COM,BUFFER';
Equations
    O14 = I11 & (I12 | I13 | I14 | I15);
END
```

圖 12.65 (a) 噴射器時序；(b) 多次噴射程序之範例程式

I11 AND [I12 OR I13 OR I14 OR I14]

圖 12.65(b) 程式將實現這函數，注意符號 I 代表邏輯函數 OR。

量測重點

基於 EPROM 查表的汽車燃油噴射系統控制

算術查表是 EPROM 常見的應用之一，用於存放某些函數的計算值，免除計算函數的需求。這概念的一個實際應用自 1980 年代起每部美國製造的汽車上，作為**廢氣排放控制系統**的一部分。

為讓觸媒轉化器將廢汽排放（特別是碳氫化合物、氮的氧化物及一氧化碳）減到最小，需要維持空氣－燃料比 A/F 儘可能接近化學計量比 14.7 份空氣對 1 份燃料。大部分現代引擎已配置燃料噴射系統，能輸送準確燃料量到各汽缸，因此保持準確 A/F 量的工作，等同去量測吸進到各汽缸空氣量及計算對應燃料量。

許多汽車配備空氣流量感測器，能夠量測在各引擎週期中吸進到各汽缸的空氣質量。假設空氣流量感測器的輸出以變數 M_A 代表，此變數代表在一特定行程中進入汽缸的空氣質量（單位為公克）。想要計算所需要燃料質量 M_F（單位為公克）以達到 A/F 為 14.7 的簡單計算為

$$M_F = \frac{M_A}{14.7}$$

雖然這只是簡單除法運算，但對低價數位計算機（如在汽車上使用的）是頗複雜的。較簡單的做法是，將一些 M_A 數值製表，並預先計算變數 M_F，然後儲存計算結果在 EPROM 中。如果 EPROM 位址對應到空氣質量的列表值，每個位址的內容對應到燃料質量（依照算式 $M_F = M_A/14.7$ 預先計算數值），就不需要進行除以 14.7。對進入汽缸的每個空氣質量的量測值會指定一個 EPROM 位址，然後讀取對應內容，在這特定位址的內容是特定汽缸所需要的燃料質量。

實務上，燃料質量需要轉換成時間間隔，來對應到燃料噴射器開啟的持續時間。這最終轉換係數也能以表格完成。例如，假定燃料噴射器能噴射 K_F g/s 的燃料，則在噴射器需要開啟去噴射 M_F 公克燃料進入汽缸的時間間隔 T_F 為

$$T_F = \frac{M_F}{K_F} \text{ s}$$

因此，要計算並存入 EPROM 的完整算式為

$$T_F = \frac{M_A}{14.7 \times K_F} \text{ s}$$

圖 12.66 為這過程的圖示。

為提供數字說明，考量一部假想引擎其進氣範圍 $0 < M_A < 0.51$ 公克，配置的燃料噴射器其噴射速率 1.36 g/s。因此 T_F 和 M_A 的關聯為

$$T_F = 50 \times M_A \quad \text{ms} = 0.05 M_A \text{ s}$$

假設數位數值 M_A 以 dg（1/10 公克）表示，則能完成圖 12.67 的查表來展示 EPROM 所提供的轉換能力。注意，為了以相容於 8 位元 EPROM 的適當二進制格式來表示相關數量，空氣質量及時間的單位已調整比例。

第 **12** 章　數位邏輯電路　　569

運用 EPROM 查表在汽車燃料噴射系統示意圖，包含類比對數位轉換器、A/D、EPROM、燃料噴射系統、燃料噴射器、進氣、空氣流量感測器等。M_A 數位數值（EPROM 位址），T_F 數位數值（EPROM 內容），T_F 燃料噴射器脈波寬度。

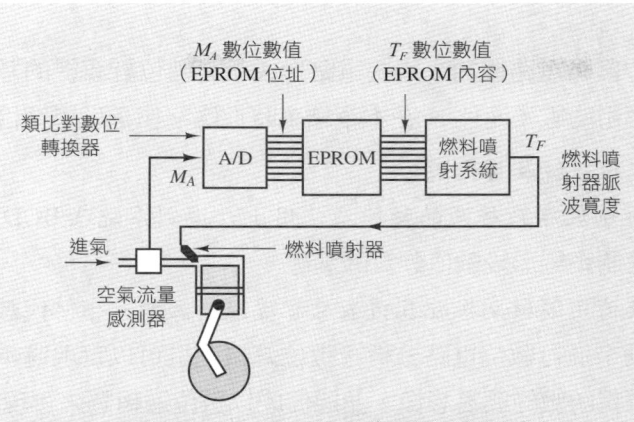

圖 12.66　運用 EPROM 查表在汽車燃料噴射系統

M_A (g) $\times 10^{-2}$	位址（M_A 數位數值）	內容（T_F 數位數值）	T_F (ms) $\times 10^{-1}$
0	00000000	00000000	0
1	00000001	00000101	5
2	00000010	00001010	10
3	00000011	00001111	15
4	00000100	00010100	20
5	00000101	00011001	25
⋮	⋮	⋮	⋮
51	00110011	11111111	255

圖 12.67　查表在汽車燃料噴射系統的應用

檢視學習成效

哪種控制線組合會選定 4 對 1 多工器的資料線 D_3？

證明具有 8 輸入線（D_0 到 D_7）及 3 控制線（I_0 到 I_2）的 8 對 1 多工器能作為資料選擇器，哪種控制線組合會選定資料線 D_5？

哪種控制線組合會選定 8 對 1 多工器的資料線 D_4？

解答：要選定 D_3 使用 $I_1 I_0 = 11$；要選定 D_5 使用 $I_2 I_1 I_0 = 101$；要選定 D_4 使用 $I_2 I_1 I_0 = 100$

檢視學習成效

假如記憶體字組數量是 16，需要多少個位址輸入？

解答：4 個

結論

本章涵蓋數位邏輯電路概論。這些電路形成所有數位計算機的基礎，及大部分用於工業及消費類應用的電子元件。在本章結束時你應掌握下列學習目標：

1. 了解類比與數位訊號及量化觀念。
2. 十進制與二進制數字系統間的轉換及使用十六進制系統及 BCD 碼與格雷碼。二進制與十六進制系統形成數值計算的基礎。
3. 填寫真值表及使用邏輯閘搭配真值表來實現邏輯函數。布林代數容許經由一套比較簡單的法則來進行數位電路分析。數位邏輯閘是可以實現邏輯函數的工具；真值表提供對邏輯函數的簡易想像，並能促成以數位邏輯閘來實現邏輯閘函數。
4. 運用卡諾圖進行邏輯函數的系統設計。邏輯電路設計能系統性的使用卡諾圖來著手處理。卡諾圖促成邏輯邏輯算式及其用邏輯閘經積項和或和項積格式來實現的簡化。
5. 學習多工器、記憶體與解碼單元及可程式化邏輯陣列。實務的邏輯閘電路極少採用個別的邏輯閘；閘通常整合在含記憶體單元及閘陣列的組合邏輯模組內。

習題

12.2 節　二進制系統

12.1 轉換下列十進制數值成為十六與二進制：
a. 303　b. 275　c. 18　d. 43　e. 87

12.2 轉換下列十進制數值成為二進制：
a. 231.45　b. 58.78　c. 21.22　e. 93.375

12.3 進行下列二進制系統加算：
a. 10101111 + 10100
b. 111100001 + 111000
c. 111001011 + 111001

12.4 假設最高位元是符號位元，計算下列 8 位元二進制數值的十進值：
a. 10100111　b. 01010110　c. 11111100

12.5 計算下列二進碼 2 的補數：
a. 1110　b. 1100101　c. 1110000　d. 11100

12.3 節　布林代數與邏輯閘

12.6 使用真值表證明

$$\bar{A} + AB = \bar{A} + B$$

12.7 使用完全歸納法來證明

$$(X + Y) \cdot (\overline{X} + X \cdot Y) = Y$$

12.8 使用布林代數簡化列式。

$$Y = A \cdot \overline{B} \cdot \overline{C} + A \cdot \overline{B} \cdot C + \overline{A} \cdot B \cdot C + A \cdot B \cdot C$$

12.9 推算圖 P12.9 之真值表的邏輯函數。

A	B	C	F
0	0	0	0
0	0	1	1
0	1	0	0
0	1	1	1
1	0	0	1
1	0	1	1
1	1	0	1
1	1	1	1

圖 P12.9

12.10 使用真值表來說明何時圖 P12.10 的電路輸出為 1。

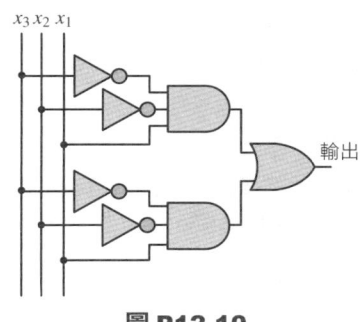

圖 **P12.10**

12.11 一個由三位委員組成的委員會，每位委員以投票來表決送到委員會的議案，並用按鈕來表示同意或反對議案，若兩位或更多委員投同意票則通過。設計一個邏輯電路讀取 3 個投票為輸入後，亮綠或紅燈來表示議案是否通過。

12.12 許多汽車整合邏輯電路以提醒司機問題或潛在問題。在某一型車，當門開著或未繫安全帶時去轉動點火鑰匙會響起蜂鳴器。或插著鑰匙未轉動但前燈亮著時蜂鳴器也會響起。此外除非鑰匙在點火位置、在停車狀態、所有的門關著且繫上安全帶否則這車就不發動。設計一組邏輯電路接收所有上述輸入訊號，在適當時機響起蜂鳴器或發動車子。

12.13 NAND 閘所需的電晶體比 AND 閘少一個，專門用於建構邏輯電路。圖 P12.13 為一使用 3 輸入 NAND 邏輯電路閘。

    a. 確定此電路真值表。

    b. 列出代表此電路的等式（不須簡化）。

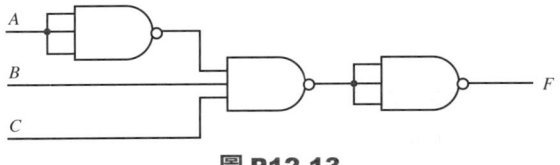

圖 **P12.13**

12.14 圖 P12.14 的電路稱為 2 單位元輸入的半加器，將產生 2 位元的和輸出。建立真值表並驗證這半加器的確是一個加法器。

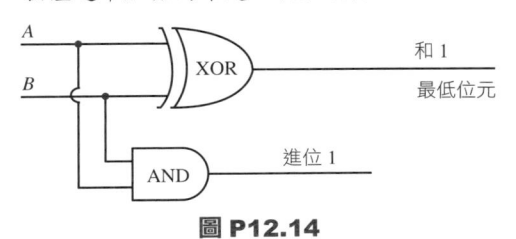

圖 **P12.14**

12.15 對圖 P12.15 的電路，寫出 F 的真值表及邏輯算式。

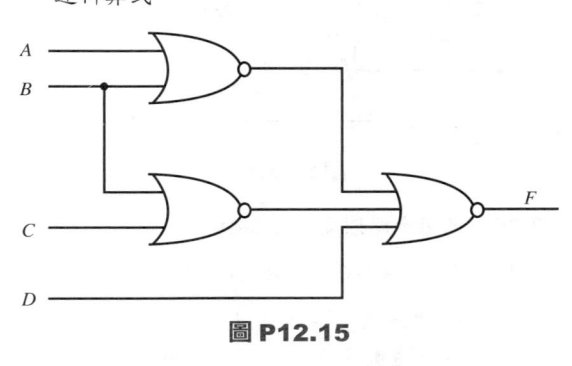

圖 **P12.15**

12.16 一個投票機邏輯電路會使輸出等於輸入的多數值，圖 P12.16 列出這種電路，具有 A、B 及 C 3 個投票者。寫出電路輸出邏輯的列式，並建立一個輸出值的真值表。

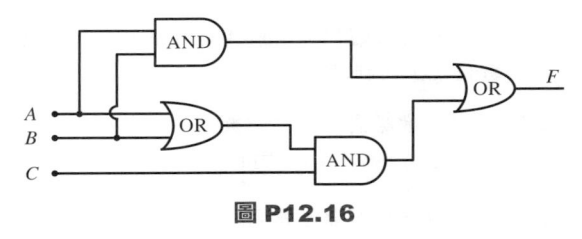

圖 **P12.16**

12.17 對圖 P12.17 的邏輯電路，寫出輸出的邏輯列式及真值表，包括必要的中間變數。

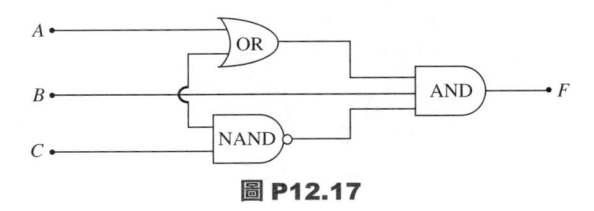

圖 **P12.17**

12.18 完成圖 P12.18 電路的真值表。

    a. 這電路完成何種數學功能，輸出代表什麼？

    b. 需要多少種標準 14 腳的 IC 來完成這電路？

x	y	C	S
0	0		
0	1		
1	0		
1	1		

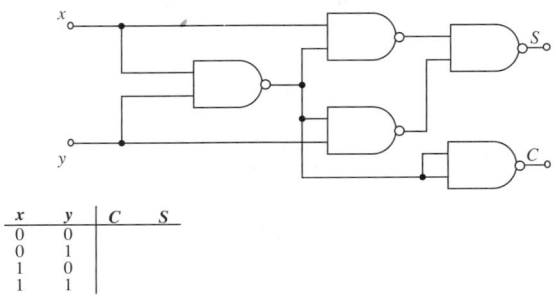

圖 **P12.18**

12.19 寫出圖 P12.19 邏輯電路的最簡列式。

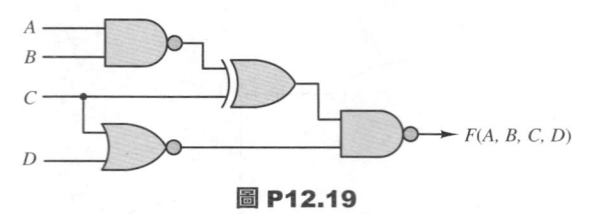

圖 P12.19

12.20 運用卡諾圖簡化這函數
$$Y = \bar{C} \cdot \bar{B} \cdot A + \bar{C} \cdot B \cdot \bar{A} + \bar{C} \cdot \bar{B} \cdot \bar{A}$$

12.21 一個函數定義為當 4 位元輸入碼等於任何一個十進數字 3、6、9、12 或 15 時輸出為 1，輸入碼為 0、2、8 或 10 時輸出為 0，其他的輸入碼並不會發生。使用卡諾圖找出函數的最簡式，並只用 AND 和 NOT 閘來設計並畫出實現此函數的電路。

12.22 設計一個邏輯電路能產生 8 位元有號二進制數值之 1 的補數。

12.23 使用卡諾圖來簡化函數
$$Y = (A + \bar{B}) \cdot \left[(\overline{C} \cdot D) + \bar{A} \right]$$

12.24 設計一個組合邏輯電路能對兩組 4 位元二進制數值做加算。

12.25 寫出圖 P12.25 邏輯電路的輸出最簡列式。

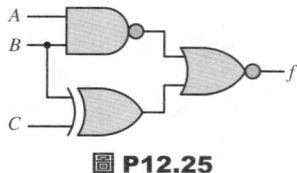

圖 P12.25

12.26 由圖 P12.26 的卡諾圖推導積項和的函數並簡化，x 為無關項。

C·D \ A·B	00	01	11	10
00	0	1	0	0
01	1	1	0	0
11	0	x	1	0
10	0	0	1	0

圖 P12.26

12.27 假設同位位元跟每筆 4 位元資料一起傳送，請為偶同位及奇同位系統各設計一個邏輯電路，檢查 4 位元資料及同位位元以確定是否有資料傳送錯誤。

12.28 設計一個邏輯電路從光學編碼器輸入 4 位元格雷碼後判定這輸入值是否為 3 的倍數。

12.5 節　組合邏輯模組

12.29 圖 P12.29 電路會以 4 對 16 解碼器運作，端點 EN 為致能輸入。描述此 4 對 16 解碼器的動作，並說明邏輯變數 A 的功用？

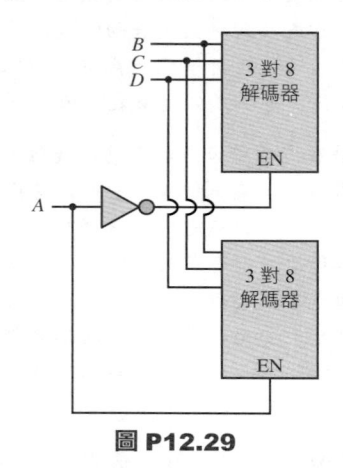

圖 P12.29

12.30 假使你的一位同學宣稱下列布林列式代表 4 位元格雷碼對 4 位元二進碼的轉換：

$B_3 = G_3$

$B_2 = G_3 \oplus G_2$

$B_1 = G_3 \oplus G_2 \oplus G_1$

$B_0 = G_3 \oplus G_2 \oplus G_1 \oplus G_0$

a. 證明你同學的主張是正確的。

b. 畫出實現此轉換的電路。

APPENDIX A

線性代數與複數

A.1 聯立方程式,克拉瑪法則及矩陣方程式之求解

利用聯立方程式求解的方法經常用於電路理論上,使用克拉瑪法則來求解相對是比較簡單的方式,這個方法可用在 2×2 或者更高階的系統上。使用克拉瑪法則會用到行列式的觀念,因其代數具有系統性與普遍性,對於解決複雜的問題是蠻有用的工具。行列式是一個純量,其定義為一個具有數值的方陣,或者陣列,如以下所示:

$$\det(A) = |A| = \begin{vmatrix} a_{11} & a_{12} \\ a_{21} & a_{22} \end{vmatrix} \tag{A.1}$$

此矩陣具有 2 行與 2 列的 2×2 陣列,其行列式定義為

$$\det = a_{11}a_{22} - a_{12}a_{21} \tag{A.2}$$

3 階或 3×3 行列式如

$$\det(A) = \begin{vmatrix} a_{11} & a_{12} & a_{13} \\ a_{21} & a_{22} & a_{23} \\ a_{31} & a_{32} & a_{33} \end{vmatrix} \tag{A.3}$$

計算如下

$$\det = a_{11}(a_{22}a_{33} - a_{23}a_{32}) - a_{12}(a_{21}a_{33} - a_{23}a_{31}) \\ + a_{13}(a_{21}a_{32} - a_{22}a_{31}) \tag{A.4}$$

至於更高階的行列式,可參考相關線性代數的書籍。為了說明克拉瑪法則,下面以 2 個一般的方程式組來求解,此聯立線性方程式中有 2 個未知數:

$$\begin{aligned} a_{11}x_1 + a_{12}x_2 &= b_1 \\ a_{21}x_1 + a_{22}x_2 &= b_2 \end{aligned} \tag{A.5}$$

其中 x_1 和 x_2 是兩個未知數,係數 a_{11}、a_{12}、a_{21}、a_{22} 是已知數,而位於右邊的 b_1、b_2 亦為已知數(通常為電路中電壓源或者電流源的數值)。此方程式可利用陣列型態加以呈現,如 A.6 式。

$$\begin{bmatrix} a_{11} & a_{12} \\ a_{21} & a_{22} \end{bmatrix} \begin{bmatrix} x_1 \\ x_2 \end{bmatrix} = \begin{bmatrix} b_1 \\ b_2 \end{bmatrix} \tag{A.6}$$

在式 A.6 中，右邊是係數陣列乘上未知數的向量，利用克拉瑪法則，可求出 x_1 和 x_2。

$$x_1 = \frac{\begin{vmatrix} b_1 & a_{12} \\ b_2 & a_{22} \end{vmatrix}}{\begin{vmatrix} a_{11} & a_{12} \\ a_{21} & a_{22} \end{vmatrix}} \qquad x_2 = \frac{\begin{vmatrix} a_{11} & b_1 \\ a_{21} & b_2 \end{vmatrix}}{\begin{vmatrix} a_{11} & a_{12} \\ a_{21} & a_{22} \end{vmatrix}} \tag{A.7}$$

因此，其解為兩個行列式值的比值，其中，分母是係數的陣列，而分子具有相同的陣列，但以右邊陣列 $[b_1\ b_2]^T$ 取代相對於第一行和第二行之目標值（第一欄 x_1，第二欄 x_2 等等）。在電路分析中，陣列係數為電阻值（或電容值），而未知數的向量可為網目電流或者節點電壓值，右邊則為電壓源或電流源。

在實務上，許多的計算會涉及到線性方程式較高階的演算，因此，市面上已有各類不同的電腦軟體可用於此類的計算。

檢視學習成效

A.1 用克拉瑪法則求解。

$5v_1 + 4v_2 = 6$
$3v_1 + 2v_2 = 4$

A.2 使用克拉瑪法則求解。

$i_1 + 2i_2 + i_3 = 6$
$i_1 + i_2 - 2i_3 = 1$
$i_1 - i_2 + i_3 = 0$

A.3 轉換下列系統線性方程式至 A.6 式之矩陣方程式，及求出矩陣 A 和 b。

$2i_1 - 2i_2 + 3i_3 = -10$
$-3i_1 + 3i_2 - 2i_3 + i_4 = -2$
$5i_1 - i_2 + 4i_3 - 4i_4 = 4$
$i_1 - 4i_2 + i_3 + 2i_4 = 0$

解答：A1: $v_1 = 2, v_2 = -1$;. A2: $i_1 = 1, i_2 = 2, i_3 = 1$;. A3:
$$A = \begin{bmatrix} 2 & -2 & 3 & 0 \\ -5 & 3 & -2 & 1 \\ 5 & -1 & 4 & -4 \\ 1 & -4 & 1 & 2 \end{bmatrix}, b = \begin{bmatrix} -10 \\ -2 \\ 4 \\ 0 \end{bmatrix}.$$

A.2 複數代數

從早期所學到的代數，像是 4、−2、5/9、π、e 等，可應用在量測某一個方向上的距離，或者量測到另外一個點的距離，不過，滿足下列方程式的解並非實數解。

$$x^2 + 9 = 0 \tag{A.8}$$

因此，需要利用虛數的觀念方能求解。虛數是原數字系統中新增加的維數，為了處理虛數的問題，新加入的元素 j 具有以下的性質：

$$j^2 = -1$$

或 $\tag{A.9}$

$$j = \sqrt{-1}$$

因而 $j^3 = -j$，$j^4 = 1$，$j^5 = j$ 等。利用式 (A.9)，我們可以求得式 (A.8) 的解為 $\pm j3$。在數學上，i 用於表示虛數的單位，但這與電機工程中使用的電流符號會有所混淆，因此，在本書中我們就使用 j 這個符號加以表示。

複數（以粗體標註）是一種數學表示式：

$$\mathbf{A} = a + jb \tag{A.10}$$

其中 a 和 b 是實數，複數 $\mathbf{A}$ 包含了實數項 a 與虛數項 b，可表示如下：

$$\begin{aligned} a &= \operatorname{Re} \mathbf{A} \\ b &= \operatorname{Im} \mathbf{A} \end{aligned} \tag{A.11}$$

有一點很重要需要注意的是，a 和 b 都是實數，複數 $a + jb$ 可利用直角坐標平面加以呈現，此稱為複數平面，亦即為點 (a, b) 的位置。也就是說，水平座標 a 位於實軸上，而垂直座標 b 位於虛軸上，如圖 A.1 所示。複數 $\mathbf{A} = a + jb$ 亦可在複數平面上，以原點為起始點，沿著直線的距離 r，以及角度 θ 來表示，這條直線可用於實軸的構成。

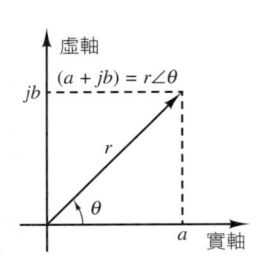

$$\begin{aligned} r &= \sqrt{a^2 + b^2} \\ \theta &= \tan^{-1}\left(\frac{b}{a}\right) \\ a &= r \cos \theta \\ b &= r \sin \theta \end{aligned} \tag{A.12}$$

圖 A.1 複數極座標

然後我們可以將複數表示如下：

$$\mathbf{A} = re^{j\theta} = r\angle\theta \tag{A.13}$$

此稱為複數的極座標，r 稱為大小，θ 稱為相位角。這兩個數值經常標示為 $r = |\mathbf{A}|$ 和

$\theta = \arg \mathbf{A} = \angle \mathbf{A}$。

已知一複數 $\mathbf{A} = a + jb$，其 $\mathbf{A}$ 之共軛複數標示為 $\mathbf{A}^*$，定義如下：

$$\begin{aligned} \text{Re}\,\mathbf{A}^* &= \text{Re}\,\mathbf{A} \\ \text{Im}\,\mathbf{A}^* &= -\text{Im}\,\mathbf{A} \end{aligned} \tag{A.14}$$

亦即複數共軛複數的虛數符號會相反。

最後，我們要注意一下，兩個共軛複數相等若且只有實數項與虛數項均相等。如果兩個複數的大小與相位均相等的話，這兩個複數也會相等。

以下的範例與練習會有助於澄清這些觀念。

範例 A.1

請將複數 $\mathbf{A} = 3 + j4$ 轉換成極座標的型態。

解答：

$$r = \sqrt{3^2 + 4^2} = 5 \qquad \theta = \tan^{-1}\left(\frac{4}{3}\right) = 53.13°$$

$$\mathbf{A} = 5\angle 53.13°$$

範例 A.2

請將 $\mathbf{A} = 4 \angle (-60°)$ 轉換成複數的型態。

解答：

$$\begin{aligned} a &= 4\cos(-60°) = 4\cos(60°) = 2 \\ b &= 4\sin(-60°) = -4\sin(60°) = -2\sqrt{3} \end{aligned}$$

因此，$\mathbf{A} = 2 - j2\sqrt{3}$。

複數的加法與減法依下列規則演算：

$$\begin{aligned} (a_1 + jb_1) + (a_2 + jb_2) &= (a_1 + a_2) + j(b_1 + b_2) \\ (a_1 + jb_1) - (a_2 + jb_2) &= (a_1 - a_2) + j(b_1 - b_2) \end{aligned} \tag{A.15}$$

複數的乘法以極座標的型態依據指數的演算規則計算，也就是說，乘積的大小是個別大小的乘積，乘積的相位角是個別相位角的相加和，如下：

$$\mathbf{AB} = (Ae^{j\theta})(Be^{j\phi}) = ABe^{j(\theta+\phi)} = AB\angle(\theta + \phi) \tag{A.16}$$

如果數值是以直角坐標來表示，而乘積也希望以直角坐標來表示的話，則直接利用進行乘法的運算會更方便一些，如式 A.17 的說明：

$$(a_1 + jb_1)(a_2 + jb_2) = a_1a_2 + ja_1b_2 + ja_2b_1 + j^2b_1b_2$$
$$= (a_1a_2 + j^2b_1b_2) + j(a_1b_2 + a_2b_1) \quad \text{(A.17)}$$
$$= (a_1a_2 - b_1b_2) + j(a_1b_2 + a_2b_1)$$

複數的除法以極座標的型態係依據指數的演算規則加以計算，也就是說，商數的大小是個別大小除數的商數，相位角是個別相位角的差值，如下式 A.18：

$$\frac{\mathbf{A}}{\mathbf{B}} = \frac{Ae^{j\theta}}{Be^{j\phi}} = \frac{A\angle\theta}{B\angle\phi} = \frac{A}{B}\angle(\theta - \phi) \quad \text{(A.18)}$$

直角坐標型態的除法可藉由分母的共軛複數將分子與分母相乘，乘上分母的共軛複數可將分母轉換成實數型態而簡化除法。複數極座標的冪次與根係依據指數的演算規則計算，如式 A.19 與式 A.20 所示。

$$\mathbf{A}^n = (Ae^{j\theta})^n = A^n e^{jn\theta} = A^n \angle n\theta \quad \text{(A.19)}$$

$$\mathbf{A}^{1/n} = (Ae^{j\theta})^{1/n} = A^{1/n} e^{j1/n\theta}$$
$$= \sqrt[n]{A}\angle\left(\frac{\theta + k2\pi}{n}\right) \quad k = 0, \pm 1, \pm 2, \ldots \quad \text{(A.20)}$$

範例 A.3

已知 $\mathbf{A} = 2 + j3$ 和 $\mathbf{B} = 5 - j4$，請進行下列的演算：
(a) $\mathbf{A} + \mathbf{B}$ (b) $\mathbf{A} - \mathbf{B}$ (c) $2\mathbf{A} + 3\mathbf{B}$

解答：
$$\mathbf{A} + \mathbf{B} = (2 + 5) + j[3 + (-4)] = 7 - j$$
$$\mathbf{A} - \mathbf{B} = (2 - 5) + j[3 - (-4)] = -3 + j7$$

(c) 的部分，$2\mathbf{A} = 4 + j6$，$3\mathbf{B} = 15 - j12$，因此，$2\mathbf{A} + 3\mathbf{B} = (4 + 15) + j[6 + (-12)] = 19 - j6$

範例 A.4

已知 $\mathbf{A} = 3 + j3$ 和 $\mathbf{B} = 1 + j\sqrt{3}$，請以直角坐標和極座標的型態進行下列的演算：
(a) $\mathbf{AB}$ (b) $\mathbf{A} \div \mathbf{B}$

解答：
(a) 直角坐標的型態：
$$\mathbf{AB} = (3 + j3)(1 + j\sqrt{3}) = 3 + j3\sqrt{3} + j3 + j^2 3\sqrt{3}$$
$$= (3 + j^2 3\sqrt{3}) + j(3 + 3\sqrt{3})$$
$$= (3 - 3\sqrt{3}) + j(3 + 3\sqrt{3})$$

為了以極座標型態求解，我們需要將 **A** 與 **B** 轉換成極座標的型態：

$$\mathbf{A} = 3\sqrt{2}e^{j45°} = 3\sqrt{2}\angle 45°$$
$$\mathbf{B} = \sqrt{4}e^{j60°} = 2\angle 60°$$

然後

$$\mathbf{AB} = (3\sqrt{2}e^{j45°})(\sqrt{4}e^{j60°}) = 6\sqrt{2}\angle 105°$$

(b) 為了以直角坐標計算 $\mathbf{A} \div \mathbf{B}$，我們可藉由 $\mathbf{B}^*$ 將 **A** 和 **B** 相乘。

$$\frac{\mathbf{A}}{\mathbf{B}} = \frac{3+j3}{1+j\sqrt{3}}\frac{1-j\sqrt{3}}{1-j\sqrt{3}}$$

然後

$$\frac{\mathbf{A}}{\mathbf{B}} = \frac{(3+3\sqrt{3})+j(3-3\sqrt{3})}{4}$$

以極座標型態，同樣的方式可以加以計算：

$$\frac{\mathbf{A}}{\mathbf{B}} = \frac{3\sqrt{2}\angle 45°}{2\angle 60°} = \frac{3\sqrt{2}}{2}\angle(45°-60°) = \frac{3\sqrt{2}}{2}\angle(-15°)$$

尤拉等式

尤拉公式延伸了一般指數函數的定義到複數的論述。

$$e^{j\theta} = \cos\theta + j\sin\theta \tag{A.21}$$

在複數平面上，所有標準的三角公式均與尤拉公式有直接的關聯，有兩個重要的公式是

$$\cos\theta = \frac{e^{j\theta}+e^{-j\theta}}{2} \qquad \sin\theta = \frac{e^{j\theta}-e^{-j\theta}}{2j} \tag{A.22}$$

範例 A.5

利用尤拉公式證明

$$\cos\theta = \frac{e^{j\theta}+e^{-j\theta}}{2}$$

解答：

由尤拉公式得知

$$e^{j\theta} = \cos\theta + j\sin\theta$$

延伸上述公式可以得到

$$e^{-j\theta} = \cos(-\theta) + j\sin(-\theta) = \cos\theta - j\sin\theta$$

因此，

$$\cos\theta = \frac{e^{j\theta}+e^{-j\theta}}{2}$$

檢視學習成效

A.4 在 AC 電路中，$V = IZ$，其中 $Z = 7.75 \angle 90°$，$I = 2 \angle -45°$，請求出 V。

A.5 在 AC 電路中，$V = IZ$，其中 $Z = 5 \angle 82°$，$V = 30 \angle 45°$，請求出 I。

A.6 證明在範例 A.4 中 AB 極座標的型態等於直角坐標的型態。

A.7 證明在範例 A.4 中 $A \div B$ 極座標的型態等於直角坐標的型態。

A.8 利用尤拉公式證明 $\sin\theta = (e^{j\theta} - e^{-j\theta})/2j$。

解答：A4: $V = 15.5 \angle 45°$；A5: $I = 6 \angle (-37°)$

APPENDIX B
拉普拉斯轉換

第 5 章中 1 階與 2 階電路暫態分析的方法，當應用至較高階電路時會變得相當繁雜，更進一步來說，直接解出微分方程並無法揭露電路暫態響應與頻率響應之間緊密關係。本附錄的目的是介紹複數頻率和**拉普拉斯轉換**的觀念，是另一種解法，利用拉普拉斯轉換的方法，這些觀念會說明線性電路的頻率響應只不過是一般暫態電路響應的特例而已，再者，拉普拉斯的轉換也會揭露系統的極點，零點與轉移函數等觀念。

B.1 複數頻率

在第 4 章，我們探討了弦波激發的電路，如以下：

$$v(t) = A\cos(\omega t + \phi) \tag{B.1}$$

我們也可以寫成等效的相量型態：

$$\mathbf{V}(j\omega) = Ae^{j\phi} = A\angle\phi \tag{B.2}$$

兩式之間的關係是：

$$v(t) = \text{Re}(\mathbf{V}e^{j\omega t}) \tag{B.3}$$

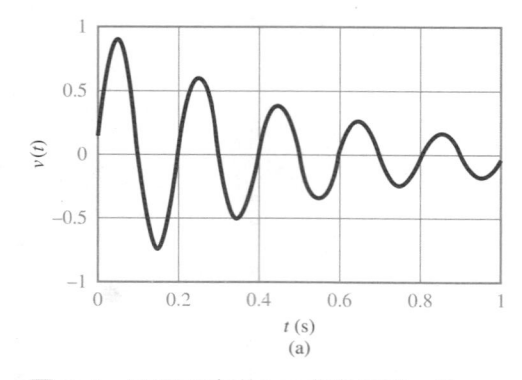

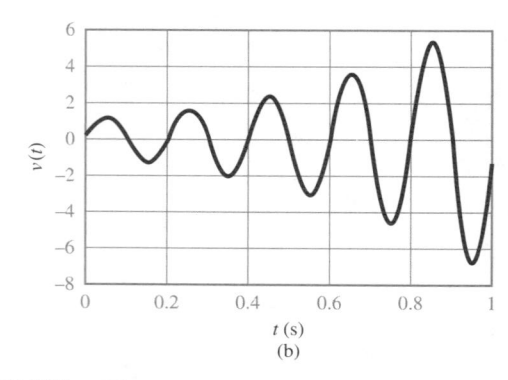

圖 B.1 阻尼正弦波：(a) 指數衰減，負 σ；(b) 指數增強，正 σ

如同第 4 章所述，相量的用法在解決 AC 穩態電路上非常有用，其中電壓與電流均為穩態正弦波函數，現在就讓我們來考慮不同種類的波形，這個在暫態電路的分析上是很有用的，此稱為阻尼正弦波，最通用的阻尼正弦波形態是

$$v(t) = Ae^{\sigma t}\cos(\omega t + \phi) \tag{B.4}$$

由此可見，阻尼正弦波就是一個正弦波乘上實數的指數函數 $e^{\sigma t}$，σ 這個常數為實數，大多數的實際電路上，其經常為零或是負數，圖 B.1(a) 與 (b) 分別呈現了負 σ 與正 σ 的阻尼正弦波形，請注意，當 $\sigma = 0$ 時，阻尼正弦波就成了純正弦波形。第 4 章中相量電壓與電流的定義，可以很容易地藉由定義新的變數 s 而延伸到阻尼正弦波上，此稱為**複數頻率**。

$$s = \sigma + j\omega \tag{B.5}$$

請注意，$\sigma = 0$ 時的特例是相對應 $s = j\omega$，這個也就是我們所熟悉的穩態正弦波（相量）的例子。我們可以看成複數變數 $\mathbf{V}(s)$ 是 $v(t)$ 的**複數頻域**。我們應該可以從電路分析的觀點來看，拉普拉斯轉換的使用類似於相量分析，也就是說，將 s 以 $j\omega$ 取代，僅需要這個步驟就可以用新標記來說明電路。

檢視學習成效

B.1　找出下列之複數頻率

a. $5e^{-4t}$　　b. $\cos 2\omega t$　　c. $\sin(\omega t + 2\theta)$　　d. $4e^{-2t}\sin(3t - 50°)$　　e. $e^{-3t}(2 + \cos 4t)$

B.2　依下列 $v(t)$，請找出 s 和 $\mathbf{V}(s)$。

a. $5e^{-2t}$　　b. $5e^{-2t}\cos(4t + 10°)$　　c. $4\cos(2t - 20°)$

B3　依下列條件找出 $v(t)$。

a. $s = -2$, $\mathbf{V} = 2\angle 0°$　　b. $s = j2$, $\mathbf{V} = 12\angle -30°$　　c. $s = -4 + j3$, $\mathbf{V} = 6\angle 10°$

解答：**B.1:** a. -4; b. $\pm j2\omega$; c. $\pm j\omega$; d. $-2 \pm j3$; e. -3 和 $-3 \pm j4$. **B.2:** a. -2, $5\angle 0°$; b. $-2 + j4$, $5\angle 10°$; c. $j2$, $4\angle -20°$. **B.3:** a. $2e^{-2t}$; b. $12\cos(2t - 30°)$; c. $6e^{-4t}\cos(3t + 10°)$

在第 4 章 AC 網路分析中所用到的觀念與規則，例如阻抗、電導、KVL、KCL、戴維寧與諾頓定理等，均可完全套用在阻尼正弦的情況。在複數頻域，電流 $\mathbf{I}(s)$ 和電壓 $\mathbf{V}(s)$ 有下列的關係：

$$\mathbf{V}(s) = \mathbf{Z}(s)\mathbf{I}(s) \tag{B.6}$$

其中 $\mathbf{Z}(s)$ 就是我們熟悉的阻抗，只是以 s 代替 $j\omega$。我們可以很簡單地以 s 代替 $j\omega$，就可從 $\mathbf{Z}(j\omega)$ 得到 $\mathbf{Z}(s)$。對電阻 R 而言，其阻抗為：

$$Z_R(s) = R \tag{B.7}$$

對電感 L 而言,其阻抗為

$$Z_L(s) = sL \tag{B.8}$$

對電感 C 而言,其阻抗為

$$Z_C(s) = \frac{1}{sC} \tag{B.9}$$

阻抗串聯或並聯的算法與 AC 穩態完全相同,因為只是將 s 代替 $j\omega$ 而已。

範例 B.1　複數頻率的標記

問題:

　　請利用複數阻抗的觀念來決定阻尼指數電壓對於串聯 RL 電路的響應。

解

已知條件: 電壓源、電阻、電感值。

找出: 以時域呈現串聯電流。

已知資料: $v_s(t) = 10e^{-2t}\cos(5t)$ V;$R = 4\ \Omega$;L=2H。

假設: 無。

分析: 輸入電壓相量可表示如下:

$$\mathbf{V}(s) = 10\angle 0\ \text{V}$$

從電壓源看到的阻抗是

$$Z(s) = R + sL = 4 + 2s$$

因此,串聯電流是

$$\mathbf{I}(s) = \frac{\mathbf{V}(s)}{\mathbf{Z}(s)} = \frac{10}{4 + 2s} = \frac{10}{4 + 2(-2 + j5)} = \frac{10}{j10} = j1 = 1\angle\left(-\frac{\pi}{2}\right)$$

最後,電流的實域表示式是

$$i_L(t) = e^{-2t}\cos(5t - \pi/2)\quad\text{A}$$

評論: 本章所說明的向量分析法完全和第 4 章的方法相同,僅將 s(阻尼正弦頻率)取代 $j\omega$(穩態正弦頻率)而已。

　　轉移函數 $H(s)$ 可定義成電壓對電流、電壓對電壓、電流對電流、電流對電壓的比值,轉移函數 $H(s)$ 是網路中元件及其之間相互作用的函數,若已知轉移函數,同時知道輸入至電路的訊號,則其輸出可用頻域或實域的方式加以呈現。舉例來說,假設 $\mathbf{V}_i(s)$ 與 $\mathbf{V}_o(s)$ 分別是電路中輸入與輸出的電壓,以複數頻率標記。

$$H(s) = \frac{\mathbf{V}_o(s)}{\mathbf{V}_i(s)} \tag{B.10}$$

由上式我們可求得輸出的頻域響應：

$$\mathbf{V}_o(s) = H(s)\mathbf{V}_i(s) \tag{B.11}$$

如果 $\mathbf{V}_i(s)$ 是已知的阻尼正弦波，則我們可以利用本節所介紹的方法求出時域的 $v_o(t)$。

檢視學習成效

B.4　已知 $H(s) = 3(s+2)/(s^2+2s+3)$，$\mathbf{V}_i(s) = 4\angle 0°$，請依以下條件找出輸出響應 $v_o(t)$。

　　　a. $s = -1$　　b. $s = -1 + j1$　　c. $s = -2 + j1$

B.5　已知 $H(s) = 2(s+4)/(s^2+4s+5)$，$\mathbf{V}_i(s) = 6\angle 30°$，請依以下條件找出輸出響應 $v_o(t)$。

　　　a. $s = -4 + j1$　　b. $s = -2 + j2$

解答：**B.4:** a. $6e^{-t}$; b. $12\sqrt{2}e^{-t}\cos(t+45°)$; c. $6e^{-2t}\cos(t+135°)$.
B.5: a. $3e^{-4t}\cos(t+165°)$; b. $8\sqrt{2}e^{-2t}\cos(2t-105°)$

B.2　拉普拉斯轉換

拉普拉斯轉換係以法國數學家與天文學家 Pierre Simon de Laplace 所命名，定義如下：

$$\mathcal{L}[f(t)] = \boldsymbol{F}(s) = \int_0^\infty f(t)e^{-st}dt \tag{B.12}$$

$\boldsymbol{F}(s)$ 是拉普拉斯轉換式，同時也是複數頻率 $s = \sigma + j\omega$ 的函數，請注意 $f(t)$ 僅定義在 $t \geq 0$，此拉普拉斯轉換式的定義是所謂的**單邊拉普拉斯的轉換式**，因為 $f(t)$ 僅在 t 為正時進行運算。傳統上，任意函數僅考慮正時間範圍，可利用特殊的函數**單位步階函數**（**unit-step function**）$u(t)$ 來加以呈現：

$$u(t) = \begin{cases} 0 & t < 0 \\ 1 & t > 0 \end{cases} \tag{B.13}$$

範例 B.2　拉普拉斯轉換

問題：

　　找出 $f(t) = e^{-at}u(t)$ 之拉普拉斯轉換。

解

已知條件： 可進行拉普拉斯轉換的函數。

找出： $F(s) = \mathcal{L}[f(t)]$。

已知資料： $f(t) = e^{-at}u(t)$。

假設： 無。

分析： 依據 B.12 公式，

$$F(s) = \int_0^\infty e^{-at}e^{-st}\,dt = \int_0^\infty e^{-(s+a)t}\,dt = \frac{1}{s+a}e^{-(s+a)t}\bigg|_0^\infty = \frac{1}{s+a}$$

評論： 表 B.1 列出一般常用的拉普拉斯轉換式。

範例 B.3　拉普拉斯計算

問題：

計算 $f(t) = \cos(\omega t)\,u(t)$ 的拉普拉轉換。

表 B.1　拉普拉斯轉換式

$f(t)$	$F(s)$
$\delta(t)$ (unit impulse)	1
$u(t)$ (unit step)	$\dfrac{1}{s}$
$e^{-at}u(t)$	$\dfrac{1}{s+a}$
$\sin\omega t\,u(t)$	$\dfrac{\omega}{s^2+\omega^2}$
$\cos\omega t\,u(t)$	$\dfrac{s}{s^2+\omega^2}$
$e^{-at}\sin\omega t\,u(t)$	$\dfrac{\omega}{(s+a)^2+\omega^2}$
$e^{-at}\cos\omega t\,u(t)$	$\dfrac{s+a}{(s+a)^2+\omega^2}$
$tu(t)$	$\dfrac{1}{s^2}$

解

已知條件： 函數為拉普拉轉換。

找出： $F(s) = \mathcal{L}[f(t)]$。

已知資料： $f(t) = \cos(\omega t)\,u(t)$.

假設： 無。

分析： 利用式 B.12 及從 (ωt) 應用尤拉公式可得：

$$F(s) = \int_0^\infty \frac{1}{2}(e^{j\omega t} + e^{-j\omega t})e^{-st}\,dt = \frac{1}{2}\int_0^\infty (e^{(-s+j\omega)t} + e^{(-s-j\omega)t})\,dt$$

$$= \frac{1}{-s+j\omega}e^{-(s+j\omega)t}\bigg|_0^\infty + \frac{1}{-s-j\omega}e^{-(s-j\omega)t}\bigg|_0^\infty$$

$$= \frac{1}{-s+j\omega} + \frac{1}{-s-j\omega} = \frac{s}{s^2+\omega^2}$$

評論： 表 B.1 包含一些常用拉普拉斯轉換式

檢視學習成效

B.6 求出以下函數之拉普拉斯轉換式。

a. $u(t)$　　b. $\sin(\omega t)\, u(t)$　　c. $tu(t)$

B.7 求出以下函數之拉普拉斯轉換式。

a. $e^{-at} \sin \omega t\, u(t)$　　b. $e^{-at} \cos \omega t\, u(t)$

解答：**B.6:** a. $\dfrac{1}{s}$; b. $\dfrac{\omega}{s^2 + \omega^2}$; c. $\dfrac{1}{s^2}$. **B.7:** a. $\dfrac{\omega}{(s+a)^2 + \omega^2}$; b. $\dfrac{s+a}{(s+a)^2 + \omega^2}$

很明顯我們可以利用公式 B.12 可進行各種不同時間函數的拉普拉斯轉換，而彙整一長串函數的表格，然後，利用這個表格，我們就可得到很多不同的逆轉換。**拉普拉斯的逆轉換**，一般來說，如果是考慮任意 s 的函數會變得相當複雜，在許多實際的應用上，利用已知的轉換式加以組成而獲得所需要的結果是可行的做法。

範例 B4　拉普拉斯的逆轉換

問題：

計算下式拉普拉斯的逆轉換

$$F(s) = \frac{2}{s+3} + \frac{4}{s^2+4} + \frac{4}{s}$$

解

已知條件： 可進行拉普拉斯逆轉換的函數。

找出： $f(t) = \mathcal{L}^{-1}[F(s)]$。

已知資料：

$$F(s) = \frac{2}{s+3} + \frac{4}{s^2+4} + \frac{4}{s} = F_1(s) + F_2(s) + F_3(s)$$

假設： 無。

分析： 利用表 B.1，我們可已分別求出個別項的逆運算：

$$f_1(t) = 2\mathcal{L}^{-1}\left(\frac{1}{s+3}\right) = 2e^{-3t} u(t)$$

$$f_2(t) = 2\mathcal{L}^{-1}\left(\frac{2}{s^2+2^2}\right) = 2\sin(2t)\, u(t)$$

$$f_3(t) = 4\mathcal{L}^{-1}\left(\frac{1}{s}\right) = 4u(t)$$

因此，

$$f(t) = f_1(t) + f_2(t) + f_3(t) = \left(2e^{-3t} + 2\sin 2t + 4\right) u(t)$$

範例 B.5　拉普拉斯的逆轉換

問題：

計算下式拉普拉斯的逆轉換

$$F(s) = \frac{2s+5}{s^2+5s+6}$$

解

已知條件： 可進行拉普拉斯逆轉換的函數。

找出： $f(t) = \mathcal{L}^{-1}[F(s)]$。

假設： 無。

分析： 直接利用表 8.1 並無法求出這個函數。像這樣的例子，必須利用函數 $F(s)$ 的部分分式展開式，然後進行個別的轉換，部分分式展開式事實上就是同分母的逆運算式，如下所示：

$$F(s) = \frac{2s+5}{s^2+5s+6} = \frac{A}{s+2} + \frac{B}{s+3}$$

為了得到常數 A 和 B，上式要分別乘上每一個分母項：

$$(s+2)F(s) = A + \frac{(s+2)B}{s+3}$$

$$(s+3)F(s) = \frac{(s+3)A}{s+2} + B$$

從上面 2 式可以計算 A 和 B：

$$A = (s+2)F(s)|_{s=-2} = \left.\frac{2s+5}{s+3}\right|_{s=-2} = 1$$

$$B = (s+3)F(s)|_{s=-3} = \left.\frac{2s+5}{s+2}\right|_{s=-3} = 1$$

最後，

$$F(s) = \frac{2s+5}{s^2+5s+6} = \frac{1}{s+2} + \frac{1}{s+3}$$

利用表 B.1，計算可得：

$$f(t) = \left(e^{-2t} + e^{-3t}\right)u(t)$$

檢視學習成效

B.8 計算以下函數的拉普拉斯逆運算：

a. $F(s) = \dfrac{1}{s^2+5s+6}$　　b. $F(s) = \dfrac{s-1}{s(s+2)}$

c. $F(s) = \dfrac{3s}{(s^2+1)(s^2+4)}$　　d. $F(s) = \dfrac{1}{(s+2)(s+1)^2}$

解答：a. $f(t) = (e^{-2t} - e^{-3t})u(t)$; b. $f(t) = (\frac{3}{2}e^{-2t} - \frac{1}{2})u(t)$;
c. $f(t) = (\cos t - \cos 2t)u(t)$; d. $f(t) = (e^{-2t} + te^{-t} - e^{-t})u(t)$

B.3 轉移函數，極點，零點

我們可以清楚地看到，拉普拉斯轉換在電路暫態分析上是一個很方便的工具，拉普拉斯變數 s 屬於穩態頻率響應變數 $j\omega$ 的延伸，這個部分在附錄中已有探討。因此，利用拉普拉斯轉換的觀念來描述電路輸入與輸出之間的關係是可行的，就如同前面所介紹的頻率響應的觀念一樣。現在，我們可以定義在複數域中的電壓與電流為 $\mathbf{V}(s)$ 和 $\mathbf{I}(s)$，阻抗符號則標示為 $\mathbf{Z}(s)$，其中 $j\omega$ 以 s 取代，我們定義電路頻率響應的延伸為轉移函數，亦即為輸出變數對輸入變數的比值，如下：

$$H_1(s) = \frac{\mathbf{V}_o(s)}{\mathbf{V}_i(s)} \quad \text{或} \quad H_2(s) = \frac{\mathbf{I}_o(s)}{\mathbf{V}_i(s)} \quad \text{等。} \tag{B.14}$$

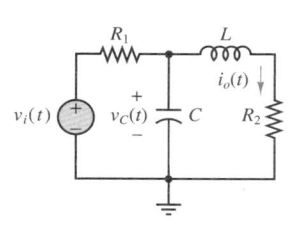

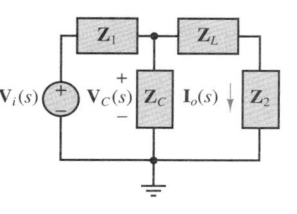

圖 B.2 電路以及其拉普拉斯轉換之等效電路

以圖 B.2 為例，我們利用類似相量分析的方法來定義阻抗：

$$\mathbf{Z}_1 = R_1 \quad \mathbf{Z}_C = \frac{1}{sC} \quad \mathbf{Z}_L = sL \quad \mathbf{Z}_2 = R_2 \tag{B.15}$$

然後我們利用網目電流法可以得到：

$$\mathbf{I}_o(s) = \mathbf{V}_i(s) \frac{\mathbf{Z}_C}{(\mathbf{Z}_L + \mathbf{Z}_2)\mathbf{Z}_C + (\mathbf{Z}_L + \mathbf{Z}_2)\mathbf{Z}_1 + \mathbf{Z}_1 \mathbf{Z}_C} \tag{B.16}$$

或者，利用式 B.15 加以簡化：

$$H_2(s) = \frac{\mathbf{I}_o(s)}{\mathbf{V}_i(s)} = \frac{1}{R_1 LCs^2 + (R_1 R_2 C + L)s + R_1 + R_2} \tag{B.17}$$

如果我們關注輸入電壓與電容電壓之間關係的話，同樣可以計算

$$H_1(s) = \frac{\mathbf{V}_C(s)}{\mathbf{V}_i(s)} = \frac{sL + R_2}{R_1 LCs^2 + (R_1 R_2 C + L)s + R_1 + R_2} \tag{B.18}$$

請注意轉移函數包含了多項式的比值，這也可以利用因式的型態加以呈現，因此而發現了電路額外重要的特性。為了簡化，我們選擇圖 B.2 電路的參數值，例如，$R_1 = 0.5$ Ω，$C = 1/4$ F，$L = 0.5$ H，$R_2 = 2$ Ω，然後將這些數值帶入式 B.18 中可得：

$$H_1(s) = \frac{0.5s + 2}{0.0625s^2 + 0.375s + 2.5} = 8\left(\frac{s+4}{s^2 + 6s + 40}\right) \tag{B.19}$$

式 B.19 可以一階項因式分解如下所示：

$$H_1(s) = 8\left[\frac{s+4}{(s - 3.0000 + j5.5678)(s - 3.0000 - j5.5678)}\right] \tag{B.20}$$

由上式很明顯可以看出，這個電路的響應在 $s = -4$；$s = +3.000 - j5.5678$；$s = +3.0000 + j5.5678$ 具有非常特殊的性質。第一種情況，複數頻率 $s = -4$ 時，轉移函數的分子為零及電路的響應為零，此與輸入電壓的大小無關，這個特殊值我們稱為轉移函數的**零點**（zero）。後兩種情況是當 $s = +3.000 - j5.5678$，$s = +3.0000 + j5.5678$ 時，轉移函數的響應變成無限大，我們稱這些數值為轉移函數的**極點**（pole）。

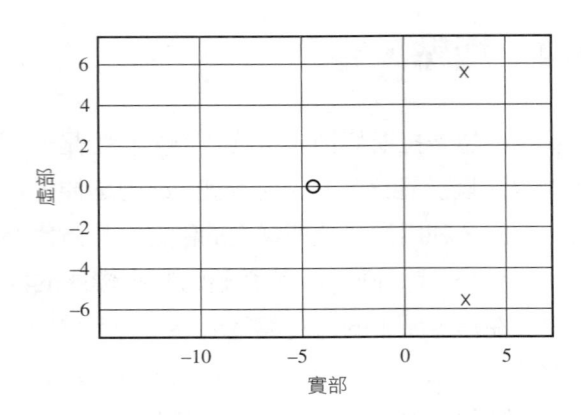

圖 B.3 圖 B.2 之極點和零點圖

一般來講,我們習慣以極點和零點來表示電路的響應,因為獲知這些極點和零點的位置,就等於知道轉移函數及提供了電路響應的完整資訊。進一步來說,假如電路轉移函數的極點和零點畫在複數平面上,就能很有效率地看出電路的響應。圖 B.3 畫出了圖 B.2 電路的極點和零點,習慣上,小圓圈代表零點,「x」代表極點。

轉移函數的極點具有特別的意義,其等於系統自然響應的根,亦稱為電路的**自然響應**,這個觀點以範例 B.6 加以說明。

範例 B.6　二階電路的極點

問題:

決定串聯 RLC 電路的極點,使 i_L 用作為獨立的變數以表示齊次方程式。

解

已知條件:電阻,電感與電容。

找出:電路的極點。

假設:無。

分析:以下微分方程式描述了串聯 RLC 電路的自然響應:

$$\frac{d^2 i}{dt^2} + \frac{R}{L}\frac{di}{dt} + \frac{1}{LC}i = 0$$

其特徵方程式是:

$$s^2 + \frac{R}{L}s + \frac{1}{LC} = 0$$

現在，我們可以決定電路的轉移函數 $\mathbf{V}_L(s) / \mathbf{V}_S(s)$，利用分壓定理可得到：

$$\frac{\mathbf{V}_L(s)}{\mathbf{V}_S(s)} = \frac{sL}{1/sC + R + sL}$$

$$= \frac{s^2}{s^2 + (R/L)s + 1/LC}$$

此轉移函數的分母與特徵方程式相同，因此，轉移函數的極點等於特徵方程式的根。

$$s_{1,2} = -\frac{R}{2L} \pm \frac{1}{2}\sqrt{\left(\frac{R}{L}\right)^2 - \frac{4}{LC}}$$

評論：藉由轉移函數來描述電路完全等效於微分方程式的呈現，不過，利用轉移函數的方式要比微分方程式來得容易許多。

APPENDIX C

工程師資格基礎考試

C.1 簡介

在美國，要通過四個階段才可以取得專業工程師的資格，工程師基礎考試（Fundamentals of Engineering (FE) examination）[1]為其中之一的要求，每一州均設有法律來規範工程師應具備的實務能力。這些法律主要是用於確保有註冊的專業工程師必須具備足夠的能力與經驗。每一州的註冊局（Board of Registration）負責試務工作，以及提供相關的訊息和註冊的表格等業務。

除了3月、6月、9月、12月之外，工程師基礎考試全年均有辦理。

在美國國家工程暨測量考試委員會的網站，會提供免費的考試簡章，其內容包括報考資格、註冊、費用、住宿，需要攜帶的文具、計算機使用規定、其他疑問解答及考場可能發生的情況等，**相關資訊可至美國國家工程暨測量考試委員會的網站查詢**。

成為專業工程師的四個步驟：

1. 教育程度：通常必須取得獲得認可大學工程科系的畢業文憑。
2. 工程基礎考試：必須通過 C.2 小節的專業考試。
3. 經驗：工程基礎考試通過之後，必須具備數年的工作經驗。
4. 工程考試的原理與實務：必須通過第二次考試，此亦為工程師基礎考試，不過更著重在某一領域專精的知識。

這個附錄提供了由美國國家工程暨測量考試委員會[2]所負責的考試中 3 種專業電機工程考試。

---

[1] 此考試一般稱為「培訓工程師」(*EIT*)。
[2] P.O. Box 1686 (1826 Seneca Road), Clemson, SC 29633-1686.

C.2 考試形式和內容

工程基礎考試有六類專業領域：化學、土木、電機與電腦、環境、工業、機械。第七類為其他專業領域，考試共 6 小時、110 個題目，並在經由美國國家工程暨測量考試委員會所認證的考場進行，詳細情況可至美國國家工程暨測量考試委員會的網站查詢。

美國國家工程暨測量考試委員會不會公告工程基礎考試通過的成績，因為每次由於題目與時間均會做一些微調，不過通過率相關的資料會在網站公告。

這七類的考試，在本書中僅涵蓋到其中三種，但電機與電腦考試的內容本書幾乎都有，而機械工程考試的內容則涵蓋了五種電力和電磁的領域：

- 電荷，電流，電壓，功率、和能量。
- 歐姆定律，克希荷夫電流與電壓定律。
- 等效電路 (串聯與並聯)。
- 交流電路。
- 馬達與發電機。

第七類其他專業領域的考試涵蓋類似的主題，如量測元件、感測器、資料擷取、資料處理等。

C.3 電力與電磁實務問題

有關工程基礎考試在電力與電磁方面實務的題型涵蓋電路理論、電子學、邏輯、儀表、通訊、機電等。因為這些問題在一般工程課程中都會有所涉及，因此題目予以依序排列，答案附就在附錄最後。

同學們在準備考試時，要謹記實際考試的時間僅有 5 小時 20 分鐘（320 分鐘），在 110 題中，平均每題作答的時間只有不到 3 分鐘。因此，培養作答技巧顯然很重要。換句話說，這種考試與一般課程的考試截然不同，因而如何在最短時間內刪除不正確或不合理的答案，的確是蠻重要的技巧。舉例而言，我們經常會刪除不合理的數據或是單位。另外，找出最接近的答案也是相當重要的技巧，記得因為每題作答的時間僅不到 3 分鐘，題目的設計會受到限制，因此要從題目中發現命題的特點。各位在解題時，就可找到更快、更接近、更可能得到正確答案的方法，且每題要限制在 3 分鐘以內。

最後，考試的分數完全取決於正確答題數，因此如果無法推論答案是否錯誤，就直接猜的比較務實。

檢視學習成效

C.1 如果通過元件的電流 $i = 5t$，在時間介於 $t = 1$ 與 $t = 2$ 之間，請計算進入這個電路的總電荷量。

C.2 一個電燈泡通過 3A 的電流有 15 秒之久，這個燈泡以光和熱的形態總共產生了 3 kJ 的能量，請問加到燈泡的電壓為何？

C.3 一個 75 W 的燈泡使用 6 小時，請問會消耗多少電能？

C.4 如果 $q = -6$ C 且移動電荷所需的電能為 30 J，請找出將電荷 q 從 a 點移動到 b 點所需要的電壓降 v_{ab}。

C.5 有兩個 2 C 電荷利用電介質厚度為 4 mm，$\varepsilon = 10^{-12}$ F/m 加以分隔，請問電荷彼此間產生的作用力有多少？

C.6 電荷粒子放置於兩個無限大平行板間空間處，其距離為 d，電位差為 V，請問其受到的作用力正比於

    a. qV/d^2　　b. qV/d　　c. qV^2/d　　d. q^2V/d　　e. q^2V^2/d

C.7 假設電線與電池的內阻均可忽略，請問圖 C.7 中跨於 25-Ω 的電壓為何？

    a. 25 V　　b. 60 V　　c. 50 V　　d. 15 V　　e. 12.5 V

C.8 假設電線與電池的內阻均可忽略，請問圖 C.8 中跨於 6-Ω 的電壓為何？

    a. 6 V　　b. 3.5 V　　c. 12 V　　d. 8 V　　e. 3 V

C.9 有一個 125 V 的電池充電器用於 75 V 具內阻的電池上充電，如圖 C.9 所示，若充電電流不超過 5 A，請問至少要串聯多少的電阻在充電器上方可達成目標？

    a. 10 Ω　　b. 5 Ω　　c. 38.5 Ω　　d. 41.5 Ω　　e. 8.5 Ω

C.10 一個具有 1 H 電感的線圈，若忽略其內阻，其攜帶的電流如圖 C.10 所示，請問其最大儲存在電感上的能量為何？

    a. 2 J　　b. 0.5 J　　c. 0.25 J　　d. 1 J　　e. 0.2 J

C.11 其出現在線圈上最大的電壓是

    a. 5 V　　b. 100 V　　c. 250 V　　d. 500 V　　e. 5,000 V

C.12 一個電壓正弦波具有峰值 100 V，其與 4 A 電流正弦波同步，電壓與電流皆為零、相未角為 60 度，其瞬時功率最接近多少？

    a. 300 W　　b. 200 W　　c. 400 W　　d. 150 W　　e. 100 W

C.13 一個電壓正弦波具有 $20\sqrt{2}$ V 的振幅，將其加到 5 Ω 的電阻上，請問電流的均方根值為多少？

    a. 5.66 A　　b. 4 A　　c. 7.07 A　　d. 8 A　　e. 10 A

C.14 如圖 C.14 中，跨於電容上的穩態均方根電壓值是

    a. 30 V　　b. 15 V　　c. 10 V　　d. 45 V　　e. 60 V

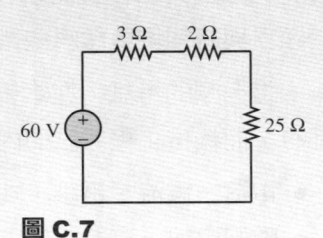

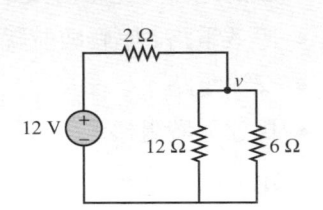

圖 C.7

圖 C.8

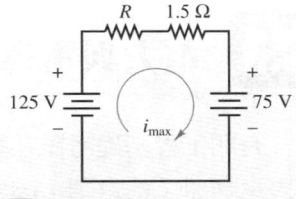

圖 C.9

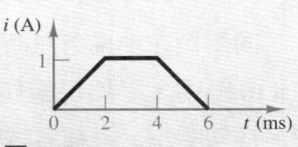

圖 C.10

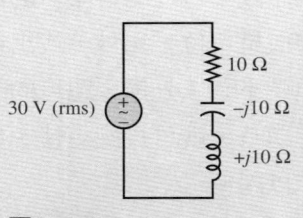

圖 C.14

以下的題目（練習題 C.15 到 C.19）屬於單相 AC 功率的計算，依據圖 C.15 單相電路，圖中 $\mathbf{E}_S = 480\angle 0°$ V；$\mathbf{I}_S = 100\angle -15°$ A；$\omega = 120\pi$ rad/s，而負載 A 為單相電動機組，其效率 $\eta = 80\%$，功率因數為 0.7 落後，負載為 20 hp。負載 B 為單相過激磁同步電動機組，其功率為 15 kVA，負載電流超前線電壓 30°。負載 C 是電阻性電燈，功率為 10 kW。負載 D 是用於功率因素校正為 1 的電容，相關的內容請參閱 7.1 和 7.2 小節。

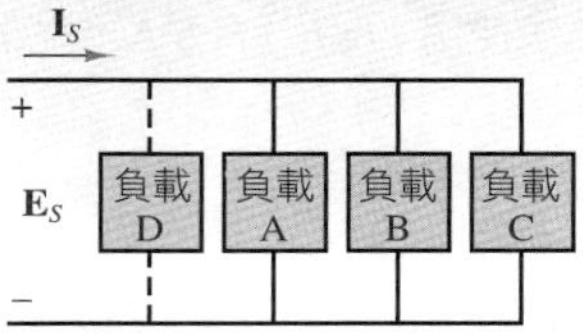

C.15　負載 A 電流的均方根值 I_A 最接近哪一個數值？

　　a. 44.4 A　　b. 31.08 A　　c. 60 A　　d. 38.85 A　　e. 55.5 A

C.16　相對於線電壓 $\mathbf{E}_S$ 的相位角 $\mathbf{I}_A$ 是

　　a. 36.87°　　b. 60°　　c. 45.6°　　d. 30°　　e. 48°

C.17　同步電動機所消耗的功率最接近哪一個數值？

　　a. 20,000 W　　b. 7,500 W　　c. 13,000 W　　d. 12,990 W　　e. 15,000 W

C.18　在負載 D 裝入前，系統功率因素最接近哪一個數值？

　　a. 0.70 落後　　b. 0.866 超前　　c. 0.866 落後　　d. 0.966 超前　　e. 0.966 落後

C.19　可以用於校正系統功率因素為 1 的電容值最接近哪一個數值？

　　a. 219 μF　　b. 187 μF　　c. 132.7 μF　　d. 240 μF　　e. 132.7 pF

圖 C.15

解答：**C.1:** $q = \int_{t=1}^{t=2} i\, dt = \int_{t=1}^{t=2} 5t\, dt = \left(\frac{5t^2}{2}\right)\bigg|_{t=1}^{t=2} = 7.5$ C

C.2: 總電荷為 $\Delta q = i\Delta t = 3 \times 15 = 45$ C。電壓降是

$$v = \frac{\Delta w}{\Delta q} = \frac{3 \times 10^3}{45} = 66.67 \text{ V}$$

C.3: 使用的能量為

$$w = pt = 75\,[\text{W}] \times 6\,[\text{h}] = 75\,[\text{W}] \times 6 \times 3,600\,[\text{s}]\,(450) = 1.62 \text{ MJ}$$

C.4: 電壓降是 $v_{ab} = \dfrac{w}{q} = \dfrac{30}{-6} = -5$ V

C.5: $F = \dfrac{q_1 q_2}{4\pi\varepsilon r^2} = \dfrac{(2 \times 10^{-3}) \times (2 \times 10^{-3})}{4\pi \times 10^{-12} \times (4 \times 10^{-3})^2} = 2 \times 10^{10}$ N

C.6: 答案為 a，因為只有這一項在分母有距離的平方值。

C.7: 此提示分壓定理的應用，2.6 節有討論過。圖 C.7 的電路利用分壓定理可得

$$v_{25\,\Omega} = 60\left(\frac{25}{3+2+25}\right) = 50 \text{ V}$$

因此答案為 c。

C.8: 此題以節點分析最為簡單 (3.1 節)，因為有一個已知節點電壓，利用 KVL 定理在節點 v，可得

$$\frac{12-v}{2} = \frac{v}{6} + \frac{v}{12}$$

此方程式可解出 $v = 8$ V。注意利用網目電流法（3.2 節）也有可能得到此答案。這是滿值得嘗試的方法。

C.9: 圖 C.9 的電路說明了充電的機制，利用 KVL 定理可得

$$i_{max}R + 1.5i_{max} - 125 + 75 = 0$$

並使用 $i = i_{max} = 5$ A，從下式可得到 R

$$5R + 7.5 - 125 + 75 = 0$$
$$R = 8.5 \ \Omega$$

因此正確答案為 e。

C.10: 儲存在電感上的能量為 $W = \frac{1}{2}Li^2$（見 4.1 節）。因為最大電流為 1 A，最大能量則為 $W_{max} = \frac{1}{2}Li_{max}^2 = \frac{1}{2}$ J。

C.11: 因為跨於電感的電壓為 $v = L(di/dt)$ 我們必須找到最大的 di/dt 值。這介於 $t = 0$ 與 $t = 2$

$$\left.\frac{di}{dt}\right|_{max} = \frac{1}{2 \times 10^{-3}} = 500$$

因此 $v_{max} = 1 \times 500 = 500$ V，正確答案為 d。

C.12: 如 7.1 節提過的，瞬時 AC 功率 $p(t)$ 為

$$p(t) = \frac{VI}{2}\cos\theta + \frac{VI}{2}\cos(2\omega t + \theta_V + \theta_I)$$

此題中，當跨越零點之後的相位角是 60 度。

$\theta_V = \theta_I = 0, \theta = \theta_V - \theta_I = 0, 2\omega t = 120°$。因此，此功率計算如下：

$$p = \frac{100 \times 4}{2} + \frac{100 \times 4}{2}\cos(120°) = 300 \text{ W}$$

正確答案為 a。

C.13: 由 4.2 節，我們可得知

$$V_{rms} = \frac{V}{\sqrt{2}} = \frac{20\sqrt{2}}{\sqrt{2}} = 20 \text{ V}$$

故 $I_{rms} = 20/5 = 4$ A。因此，b 為正確答案。

C.14: 此問題需要用到阻抗（4.4 節），並利用分壓定理，可以將電容上的電壓寫成

$$\mathbf{V} = 30\angle 0° \times \frac{-j10}{10 - j10 + j10}$$
$$= 30\angle 0° \times (-j1) = 30\angle 0° \times 1\angle -90° = 30\angle 90°$$

因此，電容上的有效電壓為 30V，正確答案為 a。注意相位角對此類問題相當重要。

C.15: 單相感應馬達的輸出功率 P_o 是

$P_o = 20 \times 746 = 14,920$ W。輸出功率 P_{in} 為

$$P_{in} = \frac{P_o}{\eta} = \frac{14,920}{0.80} = 18,650 \text{ W}$$

P_{in} 能表示如下

$$P_{in} = E_S I_A \cos\theta_A$$

因此電流 $\mathbf{I}_A$ 的有效值為

$$I_A = \frac{P_{\text{in}}}{E_S \cos\theta_A} = \frac{18,650}{480 \times 0.70} = 55.5015 \approx 55.5 \text{ A}$$

因此正確答案為 e。

C.16: 介於 I_A 與 E_S 得相位角是

$$\theta = \cos^{-1} 0.70 = 45.57° \approx 45.6°$$

正確答案為 c。

C.17: 視在功率 S 為 15 kVA，而 θ 為 30°。
利用功率三角形原理，可得

$$P = S \cos\theta$$

因此，同步馬達所吸收的功率為

$$P = 15,000 \times \cos 30° = 12,990.38 \approx 12.99 \text{ kW}$$

正確答案為 d。

C.18: 從 I_S 電流的式子中，可得

$$\text{pf} = \cos\theta = \cos[0° - (-15°)] = \cos 15° = 0.966 \text{ 落後}$$

正確答案為 e。

C.19: 負載 A 的總無效功率 Q_A 為

$$Q_A = P_A \times \tan\theta_A$$
$$\theta_A = \cos^{-1} 0.70 = 45.57°$$

因此

$$Q_A = 18,650 \times \tan 45.57° = 19,025 \text{ VAR}$$

負載 B 的總無效功率 Q_B 為

$$Q_B = S \times \sin\theta_B = 15,000 \times \sin(-30°) = -7,500 \text{ VAR}$$

總無效功率 Q 為

$$Q = Q_A + Q_B = 19,025 - 7,500 = 11,525 \text{ VAR}$$

為了要消除無效功率，我們設定

$$Q_C = -Q = -11,525 \text{ VAR}$$

和

$$Q_C = -\frac{E_S^2}{X_C} \quad \text{與} \quad X_C = -\frac{1}{\omega C}$$

因此，校正功率因素為 1 的電容值為

$$C = -\frac{Q_C}{\omega E_S^2} = \frac{11,525}{120\pi \times 480^2} = 132.7 \text{ }\mu\text{F}$$

正確答案為 c。

APPENDIX D

ASCII 字元碼

除了本書已介紹過的一些數碼如二進制、八進制、十六進制、二進碼十進制等之外，**ASCII**（American Standard Code for Information Interchange，美國資訊互換標準代碼）字元碼是所有電腦製造商均會採用的字元編碼轉換，其可以對照一個唯一的數值到任何一個 128 種通用的圖形或控制字元上，而用於文字的顯示上。表 D.1 所示為完整的代碼，請注意數值係以十六進位表示。另外，有 128 個非標準字元也經常利用 ASCII 加以定義而用於一些特殊的字型上，因此，總共有 256 個字元可用於傳統的字型上。毫無疑問地，因為只要利用 8 位元的記憶體就可以呈現唯一的對應關係，因此經常定義且使用這 256 個字元。

表 D.1　ASCII

圖形或控制碼	ASCII（十六進位）	圖形或控制碼	ASCII（十六進位）	圖形或控制碼	ASCII（十六進位）
NUL	00	+	2B	V	56
SOH	01	,	2C	W	57
STX	02	−	2D	X	58
ETX	03	.	2E	Y	59
EOT	04	/	2F	Z	5A
ENQ	05	0	30	[	5B
ACK	06	1	31	\	5C
BEL	07	2	32	]	5D
BS	08	3	33	↑	5E
HT	09	4	34	←	5F
LF	0A	5	35	`	60
VT	0B	6	36	a	61
FF	0C	7	37	b	62
CR	0D	8	38	c	63
SO	0E	9	39	d	64
SI	0F	:	3A	e	65
DLE	10	;	3B	f	66
DC1	11	<	3C	g	67
DC2	12	=	3D	h	68
DC3	13	>	3E	i	69
DC4	14	?	3F	j	6A
NAK	15	@	40	k	6B
SYN	16	A	41	l	6C
ETB	17	B	42	m	6D
CAN	18	C	43	n	6E
EM	19	D	44	o	6F
SUB	1A	E	45	p	70
ESC	1B	F	46	q	71
FS	1C	G	47	r	72
GS	1D	H	48	s	73
RS	1E	I	49	t	74
US	1F	J	4A	u	75
SP	20	K	4B	v	76
!	21	L	4C	w	77
"	22	M	4D	x	78
#	23	N	4E	y	79
$	24	O	4F	z	7A
%	25	P	50	{	7B
&	26	Q	51	|	7C
'	27	R	52	}	7D
(	28	S	53	~	7E
)	29	T	54	DEL	7F
*	2A	U	55		

名詞索引

3 dB 頻率（3-dB frequency）301
ASCII（American Standard Code for Information Interchange）533, 596
BJT 開關（BJT switch）493
CMOS 517
CMOS 反相器 517
i-v 特性（i-v characteristic/volt-ampere characteristic）40
NMOS 電晶體 502
n 型半導體（n-type semiconductor）421
PAL/GAL（programmable array logic/generic array logic，可程式化陣列邏輯／通用陣列邏輯）566
PLA（programmable logic array，可程式化邏輯陣列）566
PMOS 電晶體 502
PROM（programmable read-only memory，可程式化唯讀記憶體）566
p 型半導體（p-type semiconductor）421
RC 濾波器（RC filter）279
SRAM（static random-access/read and write memory，靜態隨機存取或可讀寫記憶體）565
XOR 閘（exclusive OR/XOR gate）541

一畫
一階系統（first-order system）214

二畫
二進制訊號（binary signal）492, 528
二進制編碼十進碼表示法（binary-coded decimal representation）533
二極體（diode）422
二極體限制器（diode limiter）449
十六進制（hexadecimal system）532

三畫
三相電源（three-phase power）344
大訊號電流增益（large-signal current gain）471
大訊號模型（large-signal model）476
小格（cell）549
小訊號電阻（small-signal resistance）430
小訊號電流增益（small-signal current gain）471
小訊號模型（small-signal model）476
小項（minterm）549

四畫
中心頻率（center frequency）295
分支（branch）23
分支電流（branch current）23, 80
分貝（decibels, dB）299
分散式電路分析（distributed circuit analysis）224
升壓變壓器（step-up transformer）336
反閘（NOT gate）538
心電圖儀（electrocardiograph）295
片斷線性二極體模型（piecewise linear diode model）431

五畫
主動濾波器（active filter）387
加法器（summing amplifier）371
功（work, W）32
功率因數（power factor, pf）317

599

匝數比（turns ratio）335
半功率頻率（half-power frequency）292
半功率頻寬（half-power bandwidth）292
半位元組（nibble）530
卡諾圖（Karnaugh map）549
可抹除可程式化唯讀記憶體（erasable programmable read-only memory, EPROM）565
可程式化邏輯裝置（programmable logic device, PLD）566
外殼接地（chassis ground）22
布林代數（boolean algebra）537
平衡的電壓（balanced voltage）344
本質濃度（intrinsic concentration, n_i）420
正 abc 相序（positive abc sequence）345
正邏輯（positive logic）537
瓦特計（voltmeter）68

六畫

伏安（volt-ampere, VA）322
伏特（volt）31
光二極體（photodiode）456
光電池（solar cell）456
全波整流器（full-wave filter）437
共射極電流增益（common-emitter current gain）471
共振頻率（resonant frequency）291
共基極電流增益（common-base current gain）471
共模（common mode）375
共模拒斥比（common mode rejection ratio, CMRR）376
地震位移轉換器（seismic displacement transducer）297
多工器／資料選擇器（multiplexer/data selector）563

安培（ampere）26
安培表（ohmmeter）67
自然頻率（natural frequency）232

七畫

位元（bit）529
位元組（byte）530
位址／資料選擇線（address/data select line）563
位置編碼器（position encoder）534
低通濾波器（low-pass filter）280
克希荷夫電流定律（Kirchhoff's current law, KCL）26
克希荷夫電壓定律（Kirchhoff's voltage law, KVL）31
克拉瑪法則（Cramer's rule）85-86, 573-574
完全歸納法證明（proof by perfect induction）539
完整響應（complete response）216
汲極（drain）500

八畫

和項積（product of sums, POS）540
固態電子學（solid state electronics）419
弦波頻率響應（sinusoidal frequency response）261
或閘（OR gate）492
拉普拉斯的逆轉換（inverse Laplace transform）585
拉普拉斯轉換（Laplace transform）580
放大（amplification）466
波德圖（Bode plot）299
直流電源（DC power supply）440
直流增益（DC gain）216
空乏型場效電晶體（Depletion-mode MOSFET）500

空乏區（depletion region）422

阻力（resistance）43

阻尼自然頻率（damped natural frequency）237

阻抗匹配（impedance matching）338

阻抗反射（impedance reflection）336-337

九畫

品質因數（quality factor）291

指數下降（falling exponential）201

指數上升（rising exponential）201

相依／控制電源（dependent/controlled source）43

相電壓（phase voltage）345

負載效應（loading effect）66

負載線分析（load-line analysis）138

負邏輯（negative logic）537

重疊原理（superposition）79, 105, 106

限制方程式（constraint equation）100

降壓變壓器（step-down transformer）336

十畫

射極（emitter）468

射極－基極接面（emitter-base junction, EBJ）468

射極電流（emitter current）471

峰值偵測器（peak detector）449

差動放大器（differential amplifier）373

差模（differential mode）375

庫倫（coulomb, C）25

時間常數（time constant）216

格雷碼（Gray code）533

真值表（truth table）538

衰減指數（decaying exponential）214

逆向偏壓（reverse-biased）423

逆向崩潰（reverse breakdown）424

逆向崩潰電壓（reverse breakdown voltage）444

逆向飽和電流（reverse saturation current）423

迴路（loop）23

高通濾波器（high-pass filter）281

弳度量（radian）16, 313

十一畫

偏移二極體模型（offset diode model）426

偏移電壓（offset voltage）402

偏壓電路（bias current）477

參考節點（reference node）22, 32, 80

唯讀記憶體（read-only memory, ROM）564

基本電荷（elementary charge）25

基塊（bulk）500

基極電流（base current）471

基極寬度調變（base-width modulation）473

基頻（fundamental frequency）269

帶通濾波器（bandpass filter）289

接地故障電路中斷器（ground fault circuit interrupter, GFCI）352

接地點（earth ground）22, 32, 80

接面場效電晶體（Junction field-effect transistor, JFET）500

接觸電位（contact potential）422

理想二極體（ideal diode）425

理想電阻（ideal resistor）44

理想電流源（ideal current source）42

理想電源（ideal source）41

理想電壓源（ideal voltage source）41

符號數值表示法（sign-magnitude convention）531

組合邏輯模組（combinational logic module）563

通帶（passband）290

通道（channel）501
陰極（cathode）424

十二畫

傅立葉級數（Fourier series）268
最大功率傳輸（maximum power transfer）132
最低有效位元（least significant bit, LSB）529
最高有效位元（most significant bit, MSB）529
單一增益頻率（unity gain frequency）391
單位步階函數（unit-step function）583
單相 AC 電源（single-phase AC Power）344
單埠網路（one-port network）109
單邊拉普拉斯的轉換式（unilateral Laplace transform）583
場效電晶體（FET）499
惠斯登電橋（Wheatstone bridge）58
焦耳（joule）31
無因次阻尼比（dimensionless damping ratio）201
無效伏安（volt-amperes reactive）322
無關項（don't-care entry）554
發光二極體（light-emitting diode, LED）457
短路（short-circuit）45
硬體描述語言（hardware description language, HDL）566
等效電阻（equivalent resistance）52
絕緣體強度（dielectric strength）46
視在功率（apparent power）322
超節點（supernode）21
量化（quantization）528
開路（open-circuit）45
開關（switch/switching）465
陽極（anode）424

集極（collector）468
集極—基極接面（collector-base junction, CBJ）468
集極電流（collector current）471

十三畫

源極（source）500
節點（node）21
節點分析（node analysis）79
節點電壓（node voltage）21, 80
節點電壓法（node voltage method）80
補數（complement）531
解碼器（decoder）565
資料線（data line）563
載波（carrier wave）295
運算放大器（operational amplifier）364
閘極（gate）500
隔離變壓器（isolation transformer）336
電子閘（electronic gate）491
電位差（potential difference）31
電位能障（potential barrier）422
電流（electric current）25
電流分流（current division）53
電容率（permittivity）149
電荷（charge）25
電荷放大器（charge amplifier）395
電晶體—電晶體邏輯（transistor-transistor logic, TTL）493
電源負載（source loading）133
電源轉換（source transformation）71
電導（conductance, G）44
電壓（voltage）31
電壓分壓（voltage division）51
電壓表（ammeter）68
飽和電流（saturation current）471

十四畫

截止頻率（cutoff frequency）280
截波器（clipper）449
摻雜（dope）421
漂移電流（drift current）422
爾利效應（Early effect）473, 476, 503
爾利電壓（Early voltage）503
箝位器（clamp）449
網目（mesh）23
網目分析（mesh analysis）92
網目電流法（mesh current method）91

十五畫

增強型場效電晶體（Enhancement-mode MOSFET）499
德摩根定律（De Morgan's laws）540
數位（digital）491
數位訊號（digital signal）527
歐姆（ohm, Ω）44
歐姆定理（Ohm's law）44
熱電壓（thermal voltage）423
稽納崩潰（Zener breakdown）424
稽納電壓（Zener voltage）424
線電壓（line voltage）345
複數功率（complex power S）321
複數頻域（complex frequency domain）581
調諧電路（tuning circuit）295

十六畫

獨立電源（independent source）43
積項和（sum of products, SOP）540
積體電路（integrated circuit, IC）364
諧波（harmonics）269
諾頓定理（Norton Theorem）111
靜止點／工作點（quiescent/operating point）431
靜態／閒置電流與電壓（quiescent/idle currents and voltages）477
頻率響應（frequency response）261
頻寬（bandwidth）291

十七畫

壓電換能器（piezoelectric transformer）394
戴維寧定理（Thévenin Theorem）111
瞬時功率（instantaneous power）314

十八畫

擴散電流（diffusion current）422
擺動率（slew rate）403
離散頻譜（frequency spectrum）270
雙極性接面電晶體（bipolar junction transition, BJT）465

十九畫

邊緣（edge）529
類比（analog）491
類比訊號（analog signal）527

二十三畫

變壓器（transformer）335
邏輯加法（logical addition）537
邏輯函數（logic function）537
邏輯乘法（logical multiplication）537
邏輯模組（logic module）541

教學配件僅提供用書教師參考

- 中文版 PowerPoint

- 英文版教科書資源網
  http://highered.mheducation.com/sites/0073529591/information_center_view0/index.html

- 若有教學資源服務需求，請洽麥格羅希爾客服專線：(02)2383-6008 申請。

原著

Principles and Applications of Electrical Engineering, 6e
ISBN：978-986-341-187-1

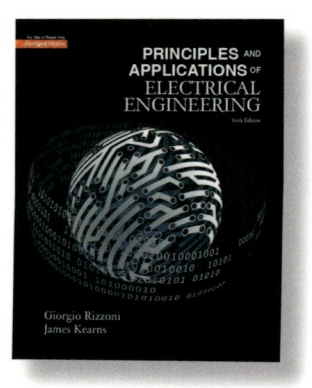

過去 50 年間，由於電子技術的革命性發展，對世界最顯著的改變是在工程設計與分析領域上，特別是日常生活常使用的個人電腦、智慧型手機、手持數位影音播放器、數位相機、觸控螢幕介面等設備上。由於電機工程技術的推展，連帶對於機械、工業、電腦、土木、航太、化工、核能、材料、生物工程等其他領域的發展亦助益匪淺。這些快速發展的技術已深深融入至各種工程設計當中。因此，身為工程師必須具備跨領域整合的能力，才能符合科技潮流所需。

　　本書譯自 Giorgio Rizzoni 及 James Kearns 的 *Principles and Applications of Electrical Engineering, 6e*，內容編排兼具邏輯與嚴謹架構，並輔以許多工業界應用範例，融入作者與業界合作的研發成果，讓其他工程領域學生能順利進入電機與電腦的領域。本書分為兩大部分，第一部分是電路，包括第 1 章電機工程概論，第 2 章基本電路，第 3 章電阻性網路分析，第 4 章交流網路分析，第 5 章暫態分析，第 6 章頻率響應與系統觀念，第 7 章交流電源。第二部分則為電子學，其中包括第 8 章運算放大器，第 9 章半導體與二極體，第 10 章雙極性接面電晶體，第 11 章場效電晶體，第 12 章電子邏輯電路。

本書特色

學習目標　　提供讀者快速瀏覽各章節的學習重點，以作為個人學習參考。

解題重點　　歸納出重要的解決問題方法與其步驟，幫助學生提升解決問題的能力。

範　例　　介紹電機工程實務應用案例，並整合解題重點、循序漸進地說明。

檢視學習成效　　讓學生得以確認自己學習的觀念是否正確。

量測重點　　著重在電機工程相關技術延伸到實際量測的實務上。

ISBN 978-986-341-274-8